W0263665

HANDBUCH DER NORMALEN UND PATHOLOGISCHEN PHYSIOLOGIE

MIT BERÜCKSICHTIGUNG DER EXPERIMENTELLEN PHARMAKOLOGIE

HERAUSGEGEBEN VON

A. BETHE · G. v. BERGMANN
G. EMBDEN · A. ELLINGER†

FRANKFURT A. M.

DRITTER BAND

B./II. VERDAUUNG UND VERDAUUNGSAPPARAT

SPRINGER-VERLAG BERLIN HEIDELBERG GMBH
1927

VERDAUUNG UND VERDAUUNGSAPPARAT

BEARBEITET VON

B. P. BABKIN · G. v. BERGMANN · M. BERGMANN · H. BLUNTSCHLI
A. ECKSTEIN · L. ELEK · H. EPPINGER · R. FEULGEN · H. FULL
O. GOETZE · F. GROEBBELS · N. GULEKE · G. CHR. HIRSCH
H. HUMMEL · H. J. JORDAN · H. KALK · G. KATSCH · PH. KLEE
M. KOCHMANN · E. MAGNUS-ALSLEBEN · J. MAREK · E. NIREN-
STEIN · J. PALUGYAY · H. RIETSCHEL · E. ROMINGER · P. RONA
R. ROSEMANN · F. ROSENTHAL · A. SCHEUNERT · M. SCHIEBLICH
E. SCHMITZ · K. SUESSENGUTH · P. TRENDELENBURG
H. H. WEBER · K. WESTPHAL · R. WINKLER

MIT 292 ABBILDUNGEN

SPRINGER-VERLAG BERLIN HEIDELBERG GMBH
1927

ISBN 978-3-642-48498-8   ISBN 978-3-642-48565-7 (eBook)
DOI 10.1007/978-3-642-48565-7

Inhaltsverzeichnis.

Vergleichende Physiologie des Verdauungsapparates.

Normale und pathologische Physiologie des Verdauungsapparates der höheren Tiere, insbesondere des Menschen.

Die Verdauungsstoffe.

Mechanik der Nahrungsaufnahme und Nahrungsbeförderung.

Inhaltsverzeichnis.

IX

Die sekretorische Tätigkeit des Verdauungsapparates und die Funktion der Sekrete.

Funktionelle Anatomie und Histophysiologie der Verdauungsdrüsen.

Gewinnung reiner Sekrete der Verdauungsdrüsen. Von Professor Dr. Boris Petrovič Babkin-Halifax N. S. (Canada). Mit einer Abbildung

Die sekretorische Tätigkeit der Verdauungsdrüsen. Von Professor Dr. Boris Petrovič Babkin-Halifax N. S. (Canada)

Pathologie der Verdauungsvorgänge.

Vergleichende Physiologie des Verdauungsapparates.

Die Nahrungsaufnahme bei Protozoen.

Von

Edmund Nirenstein

Wien.

Mit 16 Abbildungen.

Zusammenfassende Darstellungen.

Bütschli, O.: „Protozoa" in Bronns Klassen und Ordnungen des Tierreiches, Bd. I u. II. 1880—1889. — Lang, A.: Lehrbuch der vergleichenden Anatomie der wirbellosen Tiere, 2. Aufl. Protozoa. G. Fischer, Jena: 1901. — Biedermann, W.: Die Aufnahme, Verarbeitung und Assimilation der Nahrung, in H. Wintersteins Handb. d. vergl. Physiol. Jena: G. Fischer 1911. — Pütter, A., Vergleichende Physiologie. Jena: G. Fischer, 1911. — Jordan, H.: Vergleichende Physiologie wirbelloser Tiere. Bd. I. Die Ernährung. Jena: G. Fischer 1913. — Doflein, F.: Lehrb. d. Protozoenkunde. 4. Aufl. Jena: G. Fischer 1916. — Verworn, M.: Allgemeine Physiologie. 7. Aufl. Jena: G. Fischer 1922.

Die für den Aufbau des tierischen Organismus und den normalen Ablauf der Lebensvorgänge notwendigen Stoffe — die Nahrungsstoffe — sind den Organismen nur ausnahmsweise in einer Form zugänglich, in der sie ohne weiteres verwertet werden können. Beispiele derartiger Ernährung bieten die eines Verdauungsapparates entbehrenden Cestoden oder unter den Protozoen die Sporozoen dar, denen die im Darmsafte bzw. in der Körperflüssigkeit ihrer Wirte gelösten zur Resorption unmittelbar geeigneten Stoffe als Nahrung dienen. In der Regel erscheinen die Nahrungsstoffe in der Natur in der Form von *Nahrungsmitteln*, d. h. sie finden sich mit anderen Nahrungsstoffen bzw. mit Stoffen ohne Nährwert vermengt in einem Zustande, in dem sie vom tierischen Organismus nicht ohne weiteres verwendet werden können, sondern mehr oder weniger weitgehender chemischer Verarbeitung bedürfen, um für den Organismus verwertbar zu werden.

Die Mannigfaltigkeit der in der Natur vorkommenden Nahrungsmittel ist groß. Fast sämtliche Pflanzen und Tiere, von den niedrigsten Formen bis zu den höchsten, können tierischen Organismen als Nahrungsmittel dienen. In dem einen Falle sind es lebende Organismen, im anderen abgestorbene bzw. durch das Nahrung erwerbende Tier abgetötete Tiere, im dritten in den verschiedenen Stadien des Zerfalles befindliche pflanzliche und tierische Organismen, welche die Nahrung von Tieren bilden. Aber nicht nur die Leiber von Tieren und Pflanzen bzw. Teile davon, sondern auch die mannigfaltigen Produkte des pflanzlichen und tierischen Lebensprozesses (die verschiedenen Sekrete, Exkrete, der Kot usw.) kommen als tierische Nahrung in Betracht. Darunter finden sich auch Stoffe, die wie Holz, Horn, Seide wegen ihrer schweren Angreifbarkeit für die Mehrzahl der Tiere wertlos sind, bestimmten Tieren jedoch als Nahrung, häufig sogar als ausschließliche Nahrung dienen.

Der Verschiedenheit der Nahrung entspricht eine gewisse Verschiedenheit in der Art der Nahrungsaufnahme. Sicherlich sind die Mittel, deren sich die

Organismen im Einzelfalle bei der Herbeischaffung und Einverleibung der Nahrung bedienen, sehr mannigfaltig. Nichtsdestoweniger lassen sie sich auf einige wenige Grundtypen zurückführen, in denen die Anpassung an ebenso viele *Formen der Nahrung* zum Ausdruck kommt. Diese Nahrungsformen sind: A. *Die geformte Nahrung.* Sie ist von zweierlei Art. In dem einen Falle besteht die geformte Nahrung aus Teilen, die im Verhältnis zur Größe der Aufnahmsorgane relativ ansehnlich sind und einzeln aufgenommen werden. Im zweiten Falle handelt es sich um kleinste im Wasser suspendierte Nahrungsobjekte (organische Zerfallsprodukte = Detritus, Kleinlebewesen), die sich die betreffenden Organismen — dieser Ernährungsvorgang kommt nur bei Wassertieren in Frage — in großen Massen zuführen und einverleiben. B. *Die flüssige Nahrung.* Sie enthält die Nahrungsstoffe entweder in molekularer bzw. kolloidaler Lösung oder sie stellt eine mehr oder weniger grobe Suspension von Nahrungspartikelchen dar. Wenn die Dimensionen der suspendierten Partikel verschwindend klein sind im Verhältnis zu den aufnehmenden Organen, dann verhält sich eine derartige Suspension bei der Aufnahme nicht anders als eine echte oder kolloidale Lösung.

Den genannten drei Nahrungsformen entsprechen folgende drei Grundtypen der Herbeischaffung und Aufnahme der Nahrung. Der aus relativ ansehnlichen Nahrungsteilen sich zusammensetzenden geformten Nahrung entspricht der Typus der *Schlinger;* der aus kleinsten im Wasser verteilten Nahrungspartikeln bestehenden Nahrung der Typus der *Strudler* oder *Partikelfresser,* der flüssigen Nahrung schließlich der Typus der *Sauger.* Ersichtlicherweise ist es lediglich die relative Größe der Nahrungsteile, die die Nahrungsform und somit auch die Art der Nahrungsaufnahme bestimmt. Ein und derselbe Nahrungskörper — beispielsweise ein Teilchen von der Größe eines Säugererythrozyten — kann in dem einen Falle etwa von einem Infusor durch Schlingen, in einem zweiten Falle z. B. von einem Rotator durch Strudeln und in einem dritten Falle durch Saugen (Blutegel, Stechmücke usw.) aufgenommen werden.

Die in den einzelnen Typen zum Ausdruck kommende Anpassung der Organismen an eine bestimmte Nahrungsform beschränkt sich nicht auf die mit der Herbeischaffung und Einverleibung der Nahrung betrauten Einrichtungen, sondern betrifft, als Ausdruck der beherrschenden Stellung, die der Nahrungserwerb innerhalb des tierischen Geschehens einnimmt, mehr oder weniger die ganze Organisation des Tieres. Vielfach treten die anderen den morphologischen Charakter eines Organismus bestimmenden Faktoren so sehr in den Hintergrund, daß die Art des Nahrungserwerbes allein es ist, die letzten Endes der Organisation eines Tieres ihr charakteristisches Gepräge verleiht.

Die angeführten drei Ernährungstypen decken sich keineswegs mit den systematischen Typen. Nahe verwandte Formen gehören vielfach grundverschiedenen Ernährungstypen an, während sich andererseits der nämliche Ernährungstypus bei Formen findet, die im System weit voneinander entfernt sind. Allerdings bringt es in letzterem Falle die weitgehende Verschiedenheit im Bauplan häufig mit sich, daß das gleiche funktionelle Ziel — die Herbeischaffung genügender Nahrungsmengen — auf ganz verschiedenen Wegen erreicht wird.

Rhizopoden. Wenn von den Sporozoen abgesehen wird, die in Anpassung an ihre endoparasitische Lebensweise auf die Aufnahme gelöster Nahrungsstoffe eingestellt sind, kann als Regel gelten, daß sämtliche Rhizopoden geformte Nahrung aufnehmen. In Hinsicht auf die Art der Einverleibung der Nahrungskörper lassen sich zwei grundsätzlich verschiedene Modi der Nahrungsaufnahme feststellen: die Nahrungsaufnahme durch Umfließen (Zirkumfluenz) bzw. Umwallung (Zirkumvallation) und die Nahrungsaufnahme durch Einziehen der Nahrung (Import). Die Nahrungsaufnahme durch Umfließen, die in ihrer ausgeprägten Form bei Amöben mit relativ dünnflüssigem Protoplasmaleib zu beobachten ist, besteht darin, daß unbewegliche oder wenig bewegliche Objekte, auf die die Amöbe bei ihrem Vorwärtsfließen stößt, von dem vorfließenden Zellkörper bzw. den lappenförmigen Pseudopodien derartig umfaßt werden, daß sie schließlich allseitig vom Protoplasma der Amöbe umschlossen sind. Sie befinden sich nun von einer mehr oder weniger ansehnlichen Wasserhülle umgeben als Nahrungsvakuolen im Inneren der Amöbe. Von Bedeutung für den Vorgang ist die Abscheidung eines klebrigen Saftes, der das von der Amöbe beim Vorfließen berührte Nahrungsobjekt festhält. Die Absonderung dieses „Fangsaftes“ ermöglicht es der Amöbe, auch rasch bewegliche Organismen wie Infusorien, Flagellaten usw. zu erbeuten, wenn diese an dem klebrig gewordenen Ektoplasma wie an einem Fliegenstock hängenbleiben (RHUMBLER). Nebenbei scheint es sich auch um eine giftige Wirkung des Sekrets zu handeln, da gefangene Tiere in eine Art von Lähmung verfallen, aus der sie erst erwachen, wenn sich das Protoplasma allseitig um sie geschlossen hat. In anderen Fällen

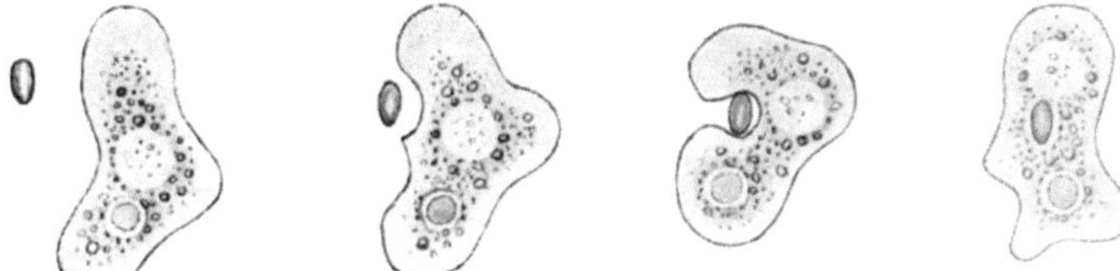

Abb. 1. Amöbe, eine Algenzelle fressend. „Zirkumvallation.“ Vier aufeinanderfolgende Stadien der Nahrungsaufnahme. (Nach VERWORN, aus JORDAN: Physiol. wirbelloser Tiere. I.)

erfolgt die Umfließung der Beute, ohne daß das Plasma der Amöbe bis dahin mit dem Nahrungsobjekt in direkten Kontakt gekommen wäre (Zirkumvallation; Abb. 1).

Das Umfließen von Nahrungskörpern findet sich nicht nur bei den mittels Lobopodien sich bewegenden bzw. mit dem ganzen Zelleib vorfließenden nackten und beschalten Amöben, sondern auch bei den durch den Besitz fadenförmiger Pseudopodien charakterisierten Rhizopoden. Diese Pseudopodien sind von zweierlei Art: zu netzartiger Anastomosenbildung befähigt und ohne starren Achsenfaden (bei Foraminiferen und Radiolarien) oder mit starrem Achsenfaden ohne Neigung zur Netzbildung (Axopodien der Heliozoen). Die Pseudopodien der genannten Organismen stellen einen Fangapparat dar, der hauptsächlich der Erbeutung rasch beweglicher Objekte dient. Wenn derartige Organismen, z. B. Infusorien, gegen das Pseudopodiumnetz etwa eines Foraminifers anschwimmen, so bleiben sie plötzlich wie gelähmt an ihm hängen. An den vom Beuteobjekt berührten Pseudopodienfäden macht sich nun eine Plasmaströmung in zentrifugaler Richtung bemerkbar, die sich auch auf die benachbarten Pseudopodien überträgt und dazu führt, daß sich eine Anzahl von Fäden an das erbeutete Tier anlegt. Indem die Fäden in der Umgebung der Beute zu einem Netz und schließlich einer homogenen Platte verschmelzen, wird das Nahrungsobjekt vollends umschlossen. Es folgt dann unter Verkürzung der Pseudopodien eine Strömung des pseudopodialen Protoplasmas in zentripetaler Richtung, die das erbeutete Objekt dem zentralen Plasmakörper zuführt, in dessen Innern die weiteren den Verdauungsvorgang begleitenden Veränderungen sich abspielen. Sind die Nahrungskörper zu groß, um durch die feinen Poren, die den Pseudopodien den Durchtritt durch die Schale ermöglichen, in das Innere des Zelleibes zu gelangen, dann erfolgt die Verdauung innerhalb des Protoplasmas der Pseudopodien (Abb. 2). Bei den Radiolarien und Heliozoen spielt sich der Nahrungsfang und die Nahrungsaufnahme in ähnlicher Weise ab.

Von der Nahrungsaufnahme durch Umfließen grundsätzlich verschieden ist
die Nahrungsaufnahme durch Hineinziehen der Nahrungskörper oder *Import*.

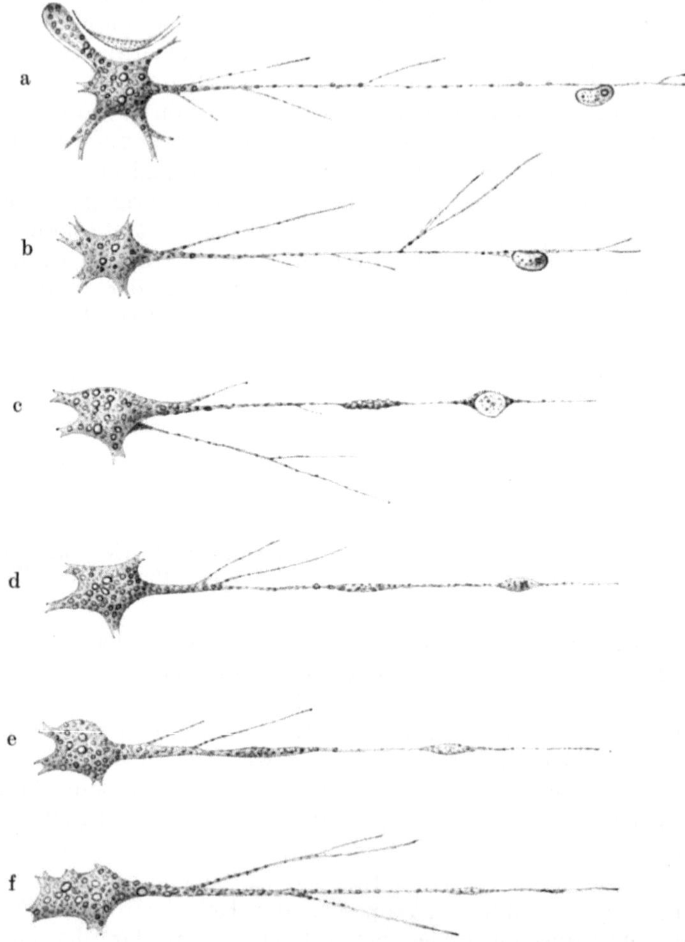

Abb. 2. Ein langausgestrecktes Pseudopodium von Lieberkühnia, auf dem sich ein Infusor
gefangen hat. a b c d e f verschiedene Stadien der Verdauung dieses Infusors. (Aus Verworn:
Allgem. Physiologie.)

An Exemplaren von Amoeba verrucosa, die mit Oscillariafäden gefüttert wurden,
konnte Rhumbler mehrere Modifikationen dieser Art von Nahrungsaufnahme
feststellen, deren Wesen aber stets darin besteht, daß der aufzunehmende
Nahrungskörper „wie aufgesogen" in die Amöbe eindringt. Für das Verständnis
der Aufnahme durch Import scheinen Beobachtungen von Grosse-Allermann[1])
von Belang zu sein, die sich auf die Nahrungsaufnahme von Amoeba terricola
beziehen. Der Besitz eines pelliculaartig verfestigten Ektoplasmas gestattet es,
den Vorgang der Einziehung in allen seinen Stadien zu verfolgen. Der an der

---

[1]) Grosse-Allermann, W.: Studien über Amoeba terricola Greef. Arch. f. Protistenkunde Bd. 17. 1909.

Oberfläche der Amöbe haftende Fremdkörper wird durch eine Einstülpung der berührten Stelle (*Invagination*) ins Innere der Amöbe befördert, wobei das eingestülpte Ektoplasma kanalartig ausgezogen wird. Der Kanal, der den vom Fremdkörper eingenommenen Raum mit der Außenwelt verbindet, peristiert eine Zeitlang, um sich dann zu schließen, worauf das ihn bildende Ektoplasma sich auflöst. Der Fremdkörper befindet sich nun in einer typischen Nahrungsvakuole (Abb. 3). Die Nahrungsaufnahme durch Import, die der geschilderten Beobachtung zufolge ganz allgemein darauf zu beruhen scheint, daß das Ektoplasma an einer umschriebenen Stelle sich einstülpt bzw. durch Vorgänge, die

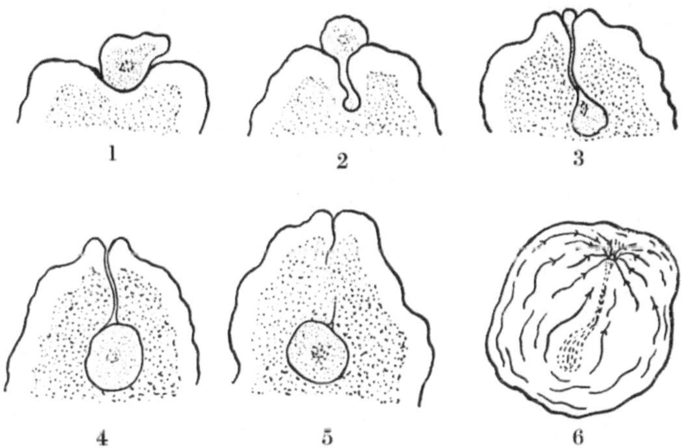

Abb. 3. Schematische Darstellung einer Nahrungsaufnahme durch Invagination bei Amoeba terricola. 1—5 aufeinanderfolgende Stadien; 6 Bewegungsrichtung der Pellicula. (Nach GROSSE-ALLERMANN, aus RHUMBLER: Arch. f. Entw. mech. 30.)

sich im darunterliegenden Plasma abspielen, eingestülpt wird, wobei anliegende Nahrungskörper mit hineingezogen werden, stellt die ursprünglichste Form des „Schlingens" dar.

Die auffallende Ähnlichkeit zwischen der Nahrungsaufnahme der Amöben und gewissen auf der Wirkung von Oberflächen- und Adhäsionskräften beruhenden Erscheinungen, die bei Flüssigkeitstropfen unter bestimmten Bedingungen hervorzurufen sind (Einziehung und Aufrollung von Schellackfäden durch Chloroformtropfen, pseudopodienartiges Vorkriechen von Mastixfirnis entlang eines mit Alkohol benetzten Glasstabes usw.), hat dazu geführt, auch die Nahrungsaufnahme der Amöben als Wirkung der genannten physikalischen Kräfte aufzufassen. Ganz abgesehen davon, daß alle Versuche, den gesamten Handlungsbereich der Amöben aus Spannungsanomogenitäten in kolloidalen Grenzflächen mechanisch zu erklären, weit davon entfernt sind, die gedachten Spannungsänderungen aus den Vorgängen der Umwelt direkt abzuleiten, m. a. W. um den Begriff des Reizvorganges nicht herumkommen, stellt sich einer solchen rein physikalischen Auffassung, die einen prinzipiellen Gegensatz schaffen würde zwischen der Nahrungsaufnahme der Amöben und derjenigen der höherorganisierten Protisten, eine Reihe schwerwiegender Bedenken entgegen. Zunächst die Tatsache, daß die Nahrungsaufnahme der Amöben durch gewisse Momente beeinflußt wird (Intensität der Beleuchtung, Erschütterungen usw.), für deren gleichsinnigen Einfluß auf die genannten physikalischen Phänomene vorläufig jeder Anhaltspunkt fehlt. Ferner sprechen gegen die rein physikalische Auffassung der Nahrungsaufnahme der Amöben die zahlreichen auf die *Nahrungswahl* der Rhizopoden bezüglichen Beobachtungen. Daß die chemischen Eigenschaften der Nahrungskörper bei ihrer Aufnahme in den Zelleib der Rhizopoden eine gewisse Rolle spielen, beweist die Beobachtung von JENSEN, daß Stärkekörner, Nuclein, Lecithin, Algenfragmente usw. die Fähigkeit besitzen, die Pseudopodien kurze Zeit nach der Berührung zur Einziehung zu veranlassen, wobei diese Körper dauernd festgehalten und an den zentralen Plasmakörper herangebracht werden, während chemisch unwirksame Körper, wie feiner Quarzsand, Glaspulver usw. niemals eine Einziehung der Pseudopodien zum Zwecke der Nahrungsaufnahme verursachen. SCHÄFFER[1]) fand, daß Amoeba proteus zwar Eiweißkörper sich einverleibt, Glas- und Kohlenpartikel hingegen unbeachtet läßt. Noch viel ausgeprägter erscheint das Wahlvermögen bei solchen Formen, die an eine bestimmte Art der Nahrung angepaßt sind, so bei den amöbenartigen Vampyrellen (Abb. 4), die bestimmte Algenarten angreifen, oder bei Amoeba Blochmann, die sich vom Haematococcus Bütschlii nährt, so zwar, daß sie die Hülle des Flagellaten durchbricht und durch Umfließen den Plasmaleib des Hämatokokkus in sich aufnimmt (Abb. 5). Wie kompliziert sich schon auf der untersten Stufe tierischer Organisation der Vorgang der Nahrungsaufnahme gelegentlich gestalten kann, lehrt die bei Heliozoen beobachtete Bildung kolonialer Verbände aus ursprünglich frei lebenden Individuen zum Zwecke erleichterter Nahrungsaufnahme. Der Vorgang besteht darin, daß die betreffenden Organismen (Actinophrys sol., Actinosphaerium) zunächst durch Verschmelzen ihrer Pseudopodien, dann ihrer

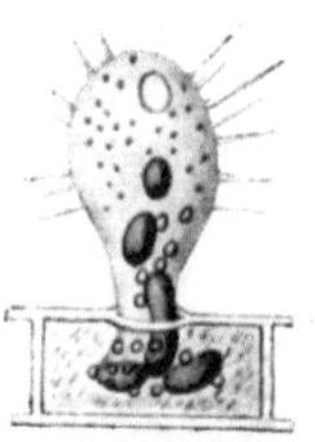

Abb. 4. Vampyrella, eine Algenzelle aussaugend. (Nach BLOCHMANN, aus: Handb. d. vergl. Physiol. II/1. BIEDERMANN.)

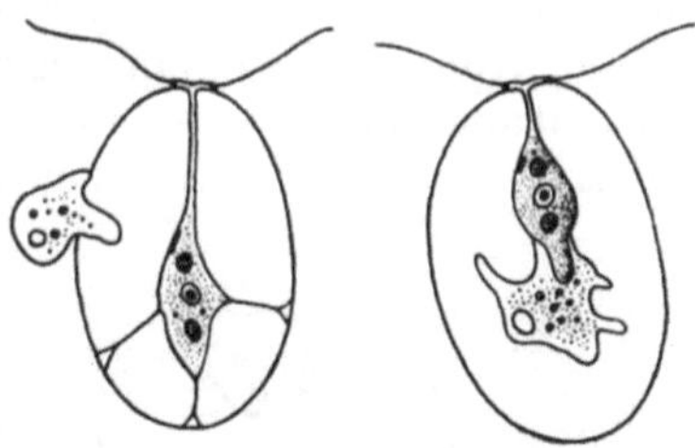

Abb. 5. Amoeba Blochmanni in Haematococcus Bütschlii eindringend und den Leib desselben verschlingend. (Nach BLOCHMANN, aus: Handb. d. vergl. Physiol. II/1. BIEDERMANN.)

Plasmaleiber zu einer einzigen Plasmamasse sich vereinigen, in deren Mitte Beuteobjekte angetroffen werden, deren Bewältigung dem einzelnen Individuum niemals gelungen wäre. Nach erfolgter Verdauung trennen sich die Individuen wieder voneinander (Abb. 6).

Offenbar liegen schon bei den Rhizopoden die Dinge so wie bei der Nahrungsaufnahme der höher organisierten Protisten und der Metazoen: der Vorgang in der Außenwelt wirkt als Reiz, der Bewegungsvorgänge im Protoplasma auslöst, die zur Aufnahme der Nahrung führen. Damit soll nicht geleugnet werden, daß in der langen Kette von Energiewandlungen, die den Bewegungsvorgängen bei der Nahrungsaufnahme der Amöben zugrunde liegen, auch Oberflächenkräfte eine wesentliche Rolle spielen. Einer chemisch-physikalischen Analyse jedoch sind die betreffenden Bewegungsvorgänge derzeit ebensowenig zugänglich wie alle anderen Formen mechanischer Energie, die von der lebendigen Substanz produziert werden.

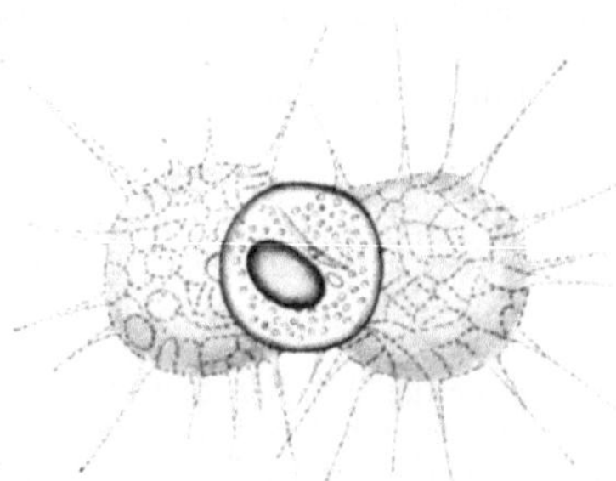

Abb. 6. Zwei verschmolzene Exemplare von Actinophrys. In der gemeinsamen Vakuole liegt ein Stärkekorn neben anderen unverdaulichen Nahrungsresten. (Nach MEISSNER, aus: Handb. d. vergl. Physiol. II/1. BIEDERMANN.)

Flagellaten. Den Anschluß an die Rhizopoden vermitteln Formen, die, wie die Rhizomastigidae, trotz des Besitzes von einer oder zwei Geißeln, die Nahrung nach Amöbenart aufnehmen, indem sie die Nahrungskörper mittels ausgesandter Pseudopodien umfließen. Die Geißeln können insofern in den Dienst der Nahrungsaufnahme treten, als sie kleine Nahrungskörper gegen die Oberfläche des Flagellaten schleudern. Bei den übrigen geformte Nahrung aufnehmenden Flagellaten ist die Aufnahme der Nahrung lokalisiert, d. h. sie erfolgt nur an einer bestimmten Stelle der Zelloberfläche. Durch die Geißelbewegung wird in der umgebenden Flüssigkeit eine Strömung erzeugt, die im Wasser enthaltene Partikelchen mitreißt und der genannten Stelle zuführt, an der dann ihre Aufnahme erfolgt. In Hinsicht auf die Art der Aufnahme sind zwei Fälle auseinanderzuhalten: es gibt Formen *ohne* und *mit* Mundöffnung. Im ersteren Falle bildet sich an einer bestimmten Stelle in der Nähe der Geißelbasis, häufig innerhalb eines pseudopodienartigen Fortsatzes des Zelleibes, eine Nahrungsvakuole, die sog. Empfangs-

---

[1]) SCHÄFFER, A. A.: Choice of food in ameba. Journ. of anim. behaviar. Bd. 7. 1917.

vakuole, in die die zugestrudelten Nahrungspartikelchen aufgenommen werden (Abb. 7). Weitaus die Mehrzahl der Flagellaten ist durch den Besitz eines Mundes (Cytostom) charakterisiert. Im einfachsten Falle besteht eine spalt-förmige Durchbrechung der ekto-plasmatischen Schicht, die sich im Momente der Nahrungsauf-nahme erweitert, während gleich-zeitig der Nahrungskörper ins

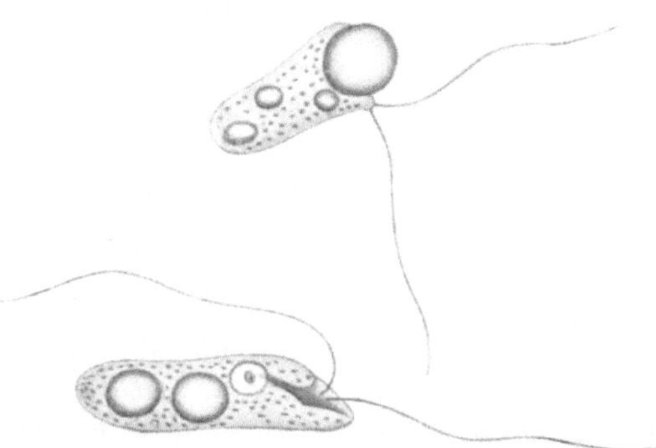

Abb. 7. Monas guttula mit Empfangs-vakuole (fressend). (Nach FISCH, aus: Handb. d. vergl. Physiol. II/1. BIEDERMANN.)

Abb. 8. Phyllomitus amylophagus, Stärkekörner aufnehmend. (Nach KLEBS, aus: Handb. d. vergl. Physiol. II/1. BIEDERMANN.)

Innere des Flagellatenleibes hineingezogen wird. Formen dieser Art nehmen relativ ansehnliche Nahrungskörper auf und stellen sich somit als richtige Schlinger dar (Abb. 8). Bei den Eugleniden hat die Verlagerung des Mundes in die Tiefe zur Entwicklung eines nicht erweiterungsfähigen Schlundes geführt, von dessen Wand die den Nahrungsstrom er-zeugende Geißel entspringt (Abb. 9). Bemerkenswerterweise findet sich ein Zellschlund auch bei Eugleniidenformen, die sich rein pflanz-lich, sei es holophytisch, sei es saprophytisch ernähren.

Infusorien. Die höchste Differenzierung und größte Mannig-faltigkeit erreichen die der Nahrungsaufnahme dienenden Einrich-tungen bei den Infusorien. Fast sämtliche bei den höheren Tieren zu beobachtenden Arten des Nahrungserwerbes werden von den An-gehörigen dieser Gruppe im Rahmen der einzelligen Organisation wiederholt. Den ihrer Beute nachjagen-den *Schlingern*, die sich der ihnen begegnenden, unter Umständen sehr großen Nahrungskörper mittels ihres sehr erweiterungsfähigen Mundes bemächtigen, lassen sich die *Strudler* gegenüberstellen, die der Besitz mit-unter recht komplizierter Strudelapparate in den Stand setzt, ansehnlichen Wassermengen ihren Gehalt an kleinsten nahrhaften Partikelchen zu entziehen. Der Typus der *Sauger* erscheint durch die Sauginfusorien oder Suctorien vertreten, während als Repräsentanten einer Ernährungsform, bei der ausschließlich gelöste Nahrungsstoffe durch die Oberfläche des Organismus ins Körperinnere gelangen, die im Froschdarm para-sitierenden Opalinen gelten können.

Der Mund der *schlingenden* Formen stellt in seiner

Abb. 9. Urceolus cyclo-stomus. *1* Schlundein-senkung, *2* pulsierende Vakuola, *5* Kern, *7* Stab-organ. (Nach KLEBS, aus A. LANG: Lehrb. d. vergl. Anat. 2. Aufl.)

einfachsten Gestaltung eine spaltförmige oder rundliche Durchbrechung der Pellicula und Alveolarschicht dar, in deren Grunde das Endoplasma frei zutage liegt. Durch röhrenförmige Einsenkung der Pellicula in der Umgebung des Mundes kommt es bei zahlreichen Formen zur Entwicklung eines Schlundes, dessen Wand in vielen Fällen von dicht nebeneinanderliegenden protoplasmatischen Stäbchen, dem Reusenapparat, gestützt wird. Gewisse räuberische holotriche Infusorien enthalten in ihrem Endoplasma nadelförmige Einschlüsse, sog. Trichiten, die die Bedeutung offensiver Organellen besitzen, da sie beim Angriff auf andere Infusorien ausgeschleudert werden und die Beute lähmen (Abb. 10). Eine eigentümliche Bewaffnung besitzt der Mund von Coleps hirtus, der von kleinen Zähnchen, den Ausläufern der Panzerung dieses Infusors, umstellt ist. Mittels dieser Zähnchen durchbohren die Tiere, indem sie mit großer Geschwindigkeit um ihre Längsachse rotieren, die Pellicula des angegriffenen, den Angreifer an Größe oft weit übertreffenden Infusors, um dann aus dem Innern des befallenen Tieres gewaltige Protoplasmafetzen herauszureißen und zu verschlingen (Abb. 11).

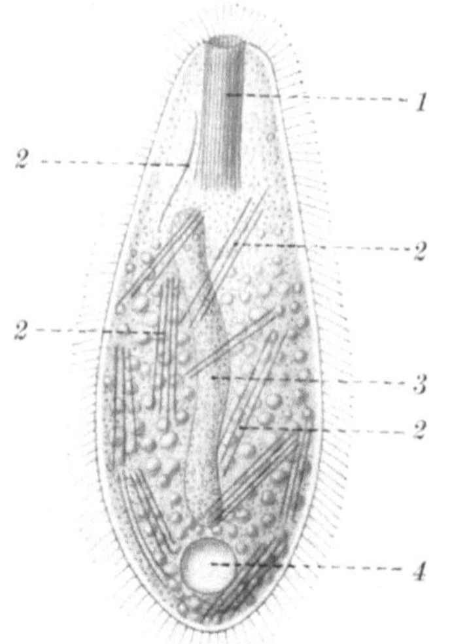

Abb. 10. Enchelyodon farctus. *1, 2* Trichiten, *3* Macronucleus, *4* pulsierende Vakuole. (Nach Blochmann, aus A. Lang: Lehrb. d. vergl. Anat. 2. Aufl.)

Ganz allgemein spielt sich der Vorgang der Nahrungsaufnahme bei den schlingenden Infusorien in der Weise ab, daß die Mundöffnung an den Nahrungskörper angepreßt wird, während die Mundränder bzw. der Schlund weit auseinandergezogen werden. Die gleichzeitig erfolgende grubenförmige Vertiefung des den Grund des Mundes bzw. Schlundes bildenden Plasmas zieht nun den mit dem Plasma in unmittelbarer Berührung befindlichen Nahrungskörper ins Innere des Tieres, worauf sich Mundspalt und Schlund wieder schließen.

Viele Schlinger sind Spezialisten, d. h. sie ernähren sich vorwiegend von einer einzigen Beuteart. So lebt Didynium nasutum fast ausschließlich von Paramäcien, Trachelius ovum von Vorticellinen, Amphileptus ebenfalls von Vorticellinen. An dem Vermögen der genannten Schlinger, ihre Nahrung zu wählen, ist demnach nicht zu zweifeln. Ob es sich in den genannten Fällen um die Wirkungen eines chemischen Sinnes, also eine Art von Witterungsvermögen handelt, erscheint äußerst fraglich. Eher dürfte eine bestimmte Beschaffenheit der Oberfläche des Beuteobjektes, also taktile Reize, bei der Aufnahme in Frage kommen[1].

Abb. 11. Vier Individuen von Coleps hirtus, einen Nahrungsballen umschwärmend und aufnehmend. (Nach Verworn.)

Auch für omnivore, schlingende Ciliaten ließ sich eine Bevorzugung von nahrhaften Körpern wertlosen Partikeln gegenüber feststellen[2].

<hr>

[1] Mast, S. O.: The reactions of Didinium nasutum Stein. Biol. bull. of the marine biol. laborat. Bd. 16. 1909.

[2] Vischer, I. P.: Feeding reactions in the ciliate dileptus gigas, with special reference to the function of trichocists. Biol. bull. of the marine biol. laborat. Bd. 45, Nr. 2. 1923.

Die Nahrungsaufnahme durch Schlingen, die sich durchgehend nur bei den primitiven Ciliatenformen findet, stellt zweifellos die ursprünglichste Ernährungsform der Infusorien dar. Durch Anpassung an eine aus feinsten Partikelchen, in der Hauptsache wohl aus Bakterien, bestehende Nahrung hat sich aus dem Schlingertypus derjenige der Strudler entwickelt. Das Ziel, dem Infusorienorganismus die aus kleinsten Teilchen bestehende Nahrung in genügender Menge zuzuführen, wird in zweierlei Weise erreicht: 1. tritt an die Stelle der gelegentlichen durch längere Pausen unterbrochenen Nahrungsaufnahme der Schlinger eine nahezu kontinuierliche Zufuhr von Nahrung; 2. sorgen Strudelapparate für eine Anreicherung des Nahrungsmaterials an der Stelle seiner Aufnahme in den Ciliatenkörper. Die Strudelapparate bestehen aus Wimpern, die sich im einfachsten Falle höchstens durch stärkere Entwicklung von der übrigen Körperbewimperung unterscheiden, insofern aber in den Dienst der Nahrungsaufnahme treten, als sie infolge ihrer Anordnung und Schlagrichtung im weiten Umkreis rings um das Tier lebhafte Strömungen erzeugen, die alle gegen die Mundöffnung gerichtet sind. Der Mund liegt im Grunde einer muldenförmigen Einsenkung der Körperoberfläche, des Mundfeldes oder Peristoms, das wie ein Trichter die gegen die Mundöffnung konvergierenden, die Nahrungspartikeln mit sich reißenden Ströme aufnimmt, um sie zum stets offenen Munde zu leiten (Abb. 12 u. 13). Auf solche Weise werden die Teilchen, die vorher auf ein relativ großes Wasservolum verteilt waren, in der Tiefe der Mulde jeweilig auf den engen Raum vor dem Mundeingang zusammengedrängt. Aus der Mundöffnung gelangen die Partikelchen in den Zellschlund. Durch die Tätigkeit der Schlundwimpern bzw. durch die wellenförmigen Bewegungen der „undulierenden Membranen", deren Tätigkeit niemals sistiert, solange das Tier lebt, werden die Nahrungspartikelchen in den Grund des Zellschlundes befördert, von wo sie in die Nahrungsvakuole eintreten. Diese stellt einen an der inneren Schlundöffnung hängenden, ins Endoplasma hineinragenden Tropfen dar, der, soweit er mit dem Endoplasma in Berührung steht, von einer feinsten Haut, der *Vakuolenhaut*, überzogen ist,

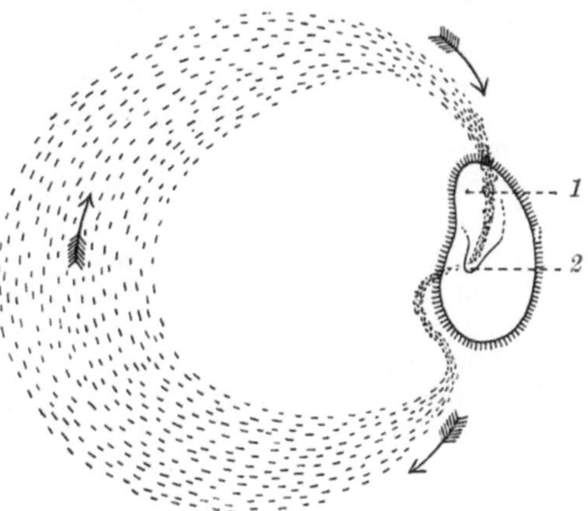

Abb. 12. Paramaecium bursaria. *1* Peristom, *2* Stelle des Zellmundes. (Nach MAUPAS, aus LANG: Lehrb. d. vergl. Anat. 2. Aufl.)

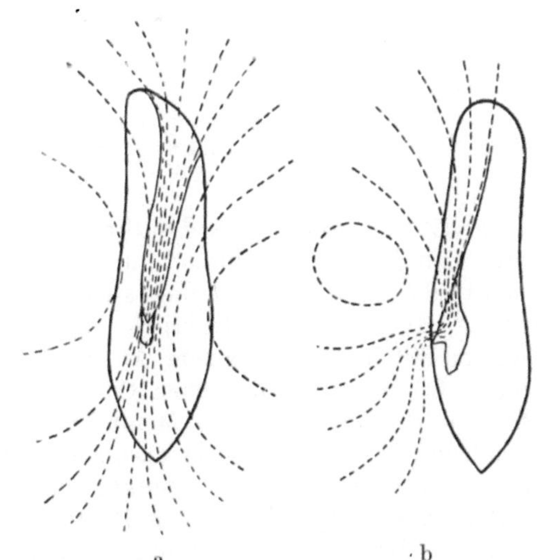

Abb. 13. Schematische Darstellung des Verlaufs des Nahrungsstromes. a Ventralansicht, b Seitenansicht. (Nach BOZLER.)

die sich an der Schlundmündung begrenzt. Die Bildung der Nahrungsvakuole erfolgt durch aktive Tätigkeit des dem Schlundende unterlagerten Plasmas, das sich halbkugelig aushöhlt, wodurch die den Schlund füllende Flüssigkeit in Form eines Tropfens ins Innere des Zellkörpers hineingezogen wird, während gleichzeitig die den Grund des Schlundes einnehmende plasmatische Lamelle sich entsprechend ausbaucht und zur Vakuolenhaut wird. Dieses Hineinziehen des Flüssigkeitstropfens entspricht vollkommen dem Vorgang bei der Nahrungsaufnahme der schlingenden Infusorien. Während aber bei diesen der Nahrungskörper sofort völlig ins Innere des Infusorienkörpers hineingezogen wird und sich hinter ihm Schlund und Mundöffnung schließen, wird bei den Strudlern der Schlingakt vorerst gewissermaßen nur eingeleitet. Der geschlungene Wassertropfen, die Nahrungsvakuole, bleibt zunächst noch mit der Schlundflüssigkeit in Verbindung und füllt sich allmählich mit den Partikelchen, die durch die Schlundbewimperung in die Vakuole hineinbefördert werden. Erst wenn die Erfüllung der Nahrungsvakuole mit corpusculären Elementen einen gewissen Grad erreicht hat, löst sich die Nahrungsvakuole vom Schlunde. Es geschieht dies in der Weise, daß von seiten des Endoplasmas, wie an der Gestaltveränderung der Nahrungsvakuole deutlich zu erkennen ist, eine Zugwirkung auf diese ausgeübt wird, während gleichzeitig durch konzentrische Zusammenziehung des die Schlundmündung umsäumenden Plasmaringes die Vakuole vom Schlundende abgeschnürt wird. Ist der Zusammenhang zwischen der Schlundflüssigkeit und der Vakuole gelöst, dann kann diese der Zugwirkung des Endoplasmas folgen und gelangt ins Innere des Tieres. Damit erscheint der Schlingakt beendet (Abb. 14).

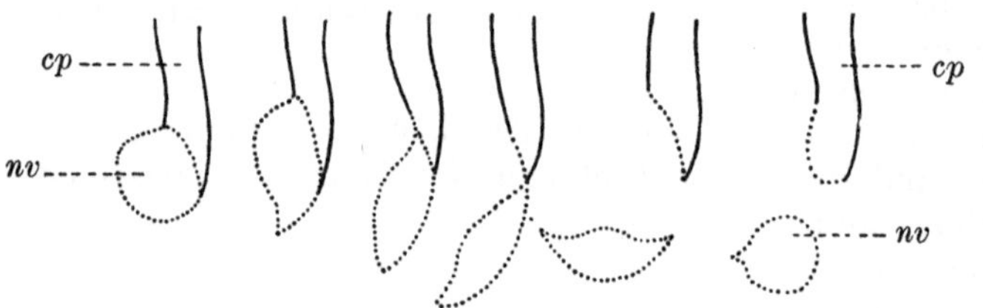

Abb. 14. Bildung und Ablösung der Nahrungsvakuole bei Paramaecium caudatum. *cp* Cytopharynx, *nv* Nahrungsvakuole. (Nach Nirenstein, aus Doflein: Lehrb. d. Protozoenkunde. 4. Aufl.)

Die vorstehende Schilderung der Nahrungsaufnahme bezieht sich auf die ursprünglichen Formen unter den Strudlern, wie sie in der Gruppe der holotrichen Infusorien anzutreffen sind. Eine viel höhere Entwicklung erfahren die in dem Dienste der Nahrungsaufnahme stehenden Apparate in der Gruppe der Heterotrichen, Hypotrichen und Peritrichen, insbesondere bei den vorübergehend oder dauernd festsitzenden Formen. An die Stelle der einfachen peristomalen Wimpern treten die aus verschmolzenen Cilien hervorgegangenen, als adorale Zone das Peristomfeld umsäumenden Membranellen auf, die einer viel größeren Kraftentfaltung fähig sind. So erweist sich der durch die adorale Zone des heterotrichen Infusors Stentor hervorgerufene Flüssigkeitswirbel kräftig genug, um relativ größere Organismen, wie Paramäcien oder Rotatorien, der Mundöffnung zuzuschleudern. Eine Erhöhung seiner Leistungsfähigkeit gewinnt der Apparat bei gewissen Vorticellinen, bei denen an Stelle des einfachen Membranellkranzes des Stentor eine in mehreren spiraligen Umgängen die Peristomscheibe umsäumende Membranellenzone tritt. Da die Wimperapparate der adoralen Zone nicht bloß durch Erzeugung von Flüssigkeitswirbeln die Zufuhr von Nahrungsteilchen besorgen, sondern auch unmittelbar die mit ihnen in Berührung tretenden Partikelchen zur Mundöffnung befördern, muß die Verlängerung der adoralen Zone die Anreicherung der Teilchen im Grunde des Peristomtrichters günstig beeinflussen. Aus der unmittelbaren Wirkung der peristomalen Wimperapparate auf die einzelnen Teilchen erklärt sich auch das vielfach bei strudelnden Infusorien zweifellos festgestellte Vermögen der Nahrungswahl.

Wohl werden Partikelchen ohne jeden Nährwert, wie Tusche, Carminkörner usw., sofern sie den Schlund der betreffenden Tiere passieren können, in Massen eingestrudelt; genauere Beobachtungen haben jedoch ergeben, daß unter den eingestrudelten Partikeln eine Auslese bis zu einem gewissen Grade statthat. Nach SCHAEFFER[1]) unterscheidet Stentor coeruleus zwischen nahe verwandten Flagellatenformen. Bei gleichzeitiger Darreichung von Euglena und Phacus wird erstere bevorzugt. Sogar zwischen Angehörigen derselben Gattung wird unterschieden, z. B. zwischen Phacus triqueter und Phacus longicaudes, von denen der erstere besser aufgenommen wird. Ein hochentwickeltes Wahlvermögen wird Paramäcien von METALNIKOW[2]) zugeschrieben. Nicht nur, daß Stoffe *mit* Nährwert von solchen *ohne* Nährwert unterschieden würden, auch die letzteren sollen je nach ihrer chemischen Beschaffenheit verschieden „intensiv" aufgenommen werden. Nach DEMBOWSKI[3]) sollen gewisse anorganische Substanzen wie Schwefel-, Glaspulver usw. von Paramaecium caudatum nur dann aufgenommen werden, wenn sie mit Nahrungsstoffen vermischt sind. Die Nachprüfung der gedachten Versuche durch BOZLER[4]) läßt es äußerst zweifelhaft erscheinen, daß den Paramäcien ein so weitgehendes Unterscheidungsvermögen zukommt. In beschränktem Maße soll eine Auswahl der zugestrudelten Nahrung allerdings stattfinden. So werden Carminteilchen einer bestimmten Größe verworfen, während wesentlich größere Hefezellen und Stärkekörner in großer Masse zur Aufnahme gelangen. Nicht die chemische Natur der zugestrudelten Partikelchen, sondern ihre Oberflächenbeschaffenheit soll es sein, die einen gewissen Einfluß auf die Aufnahme ausübt.

Ein über den Rahmen der Protozoenphysiologie hinausgehendes Interesse beansprucht die Frage, auf welche Weise die anscheinend gleichmäßig Partikelchen zustrudelnde Zelle zwischen den einzelnen Teilchen unterscheidet und wie sie den unerwünschten Teilchen den Eintritt in den Zellschlund verwehrt. Mit beiderlei Funktionen erscheinen die Cilienapparate des Peristoms und Schlundes betraut. Nach den Beobachtungen von A. A. SCHAEFFER und E. BOZLER unterliegt es keinem Zweifel, daß die Cilien die einzelnen Teilchen, mit denen sie in Berührung kommen, gewissermaßen abtasten und die unerwünschten durch Umkehr ihrer Schlagrichtung aus dem Bereich des Peristoms bzw. Schlundes entfernen (Abb. 15).

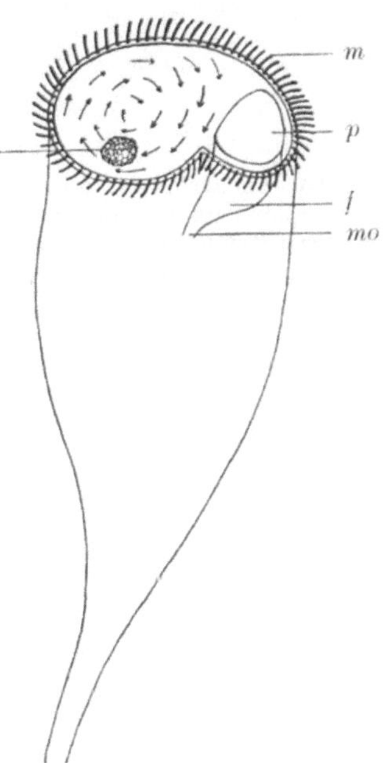

Abb. 15. Stentor coeruleus. *c* Haufen von Carminkörnern, die von den Cilien in der Richtung der Pfeile bewegt werden. (Beseitigung nutzloser Partikel), *m* adorale Membranellen, *p* Peristomtasche, *f* Zellschlund, *mo* dessen Mündung. (Nach SCHAEFFER, aus JORDAN: Phys.ol. wirbelloser Tiere. 1.)

Eine Beschränkung auf flüssige Nahrung, die durch Saugen aufgenommen wird, findet sich unter den Protisten lediglich bei der den Infusorien nahe-

[1]) SCHAEFFER, A. A.: Selection found in Stentor coeruleus. Journ. of exp. zool. Bd. 8. 1910.

[2]) METALNIKOW, S.: Les infusoires peuvent-ils apprendre à choisir leur nourriture? Arch. f. Protistenkunde Bd. 34. 1914.

[3]) DEMBOWSKI, J.: Weitere Studien über die Nahrungswahl bei Paramaecium caud. Travaux du labor. de biol. gén. de l'inst. M. Nencke Bd. 1, Nr. 2. 1921.

[4]) BOZLER, E.: Über die Morphologie der Ernährungsorganelle und die Physiologie der Nahrungsaufnahme bei Paramaecium caudatum Ehrb. Arch. f. Protistenkunde Bd. 49. 1924.

stehenden Gruppe der *Suctorien* oder *Sauginfusorien*. Als Organellen der Nahrungsaufnahme fungieren bei diesen durchaus mundlosen Formen röhrenförmige innen hohle Fortsätze des Ektoplasmas, die sog. Saugröhrchen oder Tentakel. Kommen ciliate Infusorien mit den Enden oder Endknöpfchen der Tentakel in Berührung, so bleiben sie daran hängen und werden rasch ausgesaugt, d. h. man sieht das Endoplasma des Beutetieres in langsamem oder rascherem Strome ins Innere der Suctorie fließen (Abb. 16).

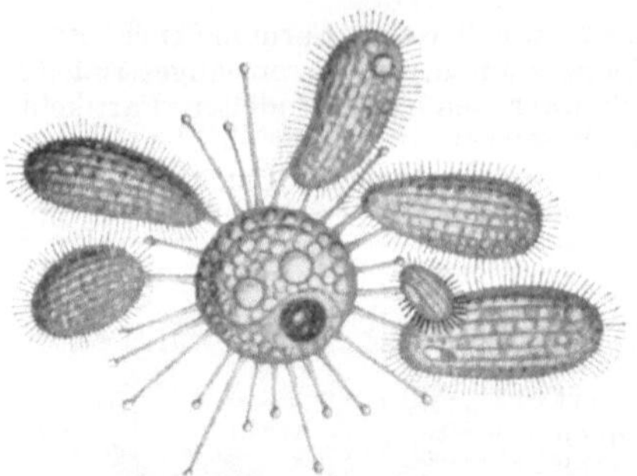

Abb. 16. Sphaerophrya magna, welche 5 Exemplare von Colpoda und 1 Cyclidium ergriffen hat und aussaugt. (Nach Maupas, aus Doflein: Lehrb. d. Protozoenkunde. 4. Aufl.)

Der Mechanismus des Saugens erscheint noch ungeklärt. Aktive Bewegungen der Saugröhrchen dürften beim Zustandekommen des Saugaktes kaum eine Rolle spielen.

Die Verdauungsvorgänge bei Protozoen.

Von

Edmund Nirenstein

Wien.

Mit 1 Abbildung.

Zusammenfassende Darstellungen.

Bütschli, O.: „Protozoa" in Bronns Klassen und Ordnungen des Tierreiches, Bd. I u. II. 1880—1889. — Biedermann, W.: Die Aufnahme, Verarbeitung und Assimilation der Nahrung, in H. Wintersteins Handb. d. vergl. Physiol. Jena: G. Fischer 1911. — Jordan, H.: Vergleichende Physiologie wirbelloser Tiere. Bd. I. Die Ernährung. Jena: G. Fischer 1913. — Doflein, F.: Lehrb. d. Protozoenkunde. 4. Aufl. Jena: G. Fischer 1916. — Verworn, M.: Allgemeine Physiologie. 7. Aufl. Jena: G. Fischer 1922.

Welches Schicksal erfährt die in den Protozoenkörper aufgenommene Nahrung? Da die saprophytisch und holophytisch lebenden Flagellaten hier außer Betracht bleiben sollen und der Ernährungsvorgang bei den lediglich gelöste Nahrungsstoffe aufnehmenden entoparasitischen Protozoen (Sporozoen, Opalina ranarum) derzeit noch in vollkommenes Dunkel gehüllt ist, soll uns im folgenden ausschließlich die Frage beschäftigen, welche Veränderungen die *geformte* Nahrung innerhalb des Protozoenkörpers erfährt bzw. inwieweit die beobachteten Veränderungen auf den Prozeß der Nahrungsverwertung zu beziehen sind.

Jahrelang war die Ernährungsphysiologie der einzelligen Tiere von der Vorstellung beherrscht, daß die unmittelbare Einverleibung der Nahrung in den Körper der Protozoenzelle bzw. der direkte Kontakt der Nahrung mit dem Plasma zu einer Vereinfachung aller Vorgänge führen müßten, die der Verwertung der aufgenommenen Nahrung dienen. Die genauere Verfolgung des Schicksals der aufgenommenen Nahrung ergab jedoch, daß die gedachten Prozesse bei den Protozoen im wesentlichen ganz in derselben Weise sich abspielen wie bei den vielzelligen Tieren. Auch bei den Protozoen erfolgt die Verdauung innerhalb eines von der lebenden Substanz scharf geschiedenen Raumes; auch bei der Verdauung der Einzelligen sind es fermenthaltige, in den Verdauungsraum — die Nahrungsvakuole — abgesonderte Sekrete, die die Zerlegung der Nahrungsstoffe in einfachere, assimilationsfähige Verbindungen bewirken; auch hier folgt auf die Verdauung der Nahrung die Resorption, d. h. der Übertritt der innerhalb der Nahrungsvakuole gebildeten Verdauungsprodukte in das Plasma der Protozoenzelle, während die nichtresorbierten Nahrungsteile im Verdauungsraum verbleiben, um später nach außen entleert zu werden; schließlich kommt auch den Protozoen die Fähigkeit zu, resorbierte Nahrungsstoffe als Reservematerial aufzuspeichern.

Im Gegensatz zur außerordentlichen Mannigfaltigkeit der Einrichtungen, die die Aufnahme geformter Nahrung bei den einzelligen Tieren vermitteln, scheinen die Vorgänge, die sich an der aufgenommenen Nahrung abspielen, in ziemlich übereinstimmender Weise bei Rhizopoden, Flagellaten und Ciliaten zu verlaufen. Systematische Beobachtungen liegen lediglich in Hinsicht auf einzelne Rhizopoden und Ciliaten vor. Unter den letzteren ist es besonders das holotriche Infusor Paramaecium caudatum, das mehrfach als Objekt eingehender ernährungsphysiologischer Untersuchungen gedient hat. Es empfiehlt sich daher, mit der Beschreibung der Vorgänge bei Ciliaten zu beginnen, wobei der Darstellung in erster Linie die bei Paramaecium erhobenen Befunde zugrunde gelegt werden sollen, und anschließend die Schilderung der einschlägigen Beobachtungen bei Rhizopoden folgen zu lassen.

Ciliaten.

Die Art, in der strudelnde Infusorien ihre Nahrung aufnehmen, bringt es mit sich, daß die eingestrudelten Partikelchen von vornherein in einem Wassertropfen eingeschlossen sind. In welcher Weise dieser Tropfen von seiten des unmittelbar angrenzenden Plasmas eine ihn umhüllende feinste Haut erhält, die sich nach der Ablösung des Tropfens vom Schlunde völlig um ihn schließt, wurde bei der Besprechung der Nahrungsaufnahme bereits angedeutet. Der von eingestrudelten Partikeln erfüllte Flüssigkeitstropfen stellt die *Nahrungsvakuole*, die vom Zellplasma scharf geschiedene ihn umhüllende Haut die *Vakuolenhaut* dar. Nach ihrer Ablösung vom Schlunde wird die Nahrungsvakuole in raschem Zuge zu einem Punkte hingeführt, wo sie zunächst zur Ruhe gelangt. Diese Ruhe dauert jedoch nur wenige Sekunden, nämlich bis zur Ablösung der nächsten Vakuole. Die Zeitintervalle, in denen sich die Vakuolen vom Schlunde ablösen, erweisen sich zwar bei kurzer Beobachtungsdauer als ziemlich konstant, ändern sich jedoch bei einer Änderung der äußeren Bedingungen. Bewirkt wird der Ablösungsvorgang durch eine periodisch erfolgende Zugwirkung des Plasmas auf die Vakuole und die darauf folgende Abschnürung des Tropfens von der Schlundflüssigkeit; durch welche Momente jedoch diese Vorgänge jedesmal ausgelöst werden, erscheint zur Zeit nicht klargestellt. Die Zahl und Beschaffenheit der eingestrudelten Partikelchen dürfte hierbei eine Rolle spielen. Daß diese Umstände nicht ausschließlich maßgebend sind, geht aus der Tatsache hervor, daß bei gewissen Infusorien (Colpidium) leere, d. h. vollkommen partikelchenfreie Vakuolen in der nämlichen Weise zur Ablösung gelangen, wie Vakuolen mit geformtem Inhalt.

Während die eben abgelöste Nahrungsvakuole ihrem ersten Ruhepunkt zueilt, verläßt ihre Vorgängerin diesen Platz, um ihre *Wanderung* durch das Plasma anzutreten. Bei Infusorien mit lebhafter Plasmaströmung fallen die von den Nahrungsvakuolen eingeschlagenen Bahnen vielfach mit dieser Strömung zusammen (Zyklose). Anderenfalls wird die Hauptströmung nur zum Teil zum Transport der Nahrungsballen benutzt. Viele Nahrungsvakuolen verlassen die Hauptströmung und beschränken sich auf kleine Ortsveränderungen im Endoplasma.

Während der Wanderung der Nahrungsvakuole vollzieht sich an ihr und ihrem Inhalt eine Reihe sehr auffallender Veränderungen, die mit der Verwertung der aufgenommenen Nahrung bzw. vorbereitenden Prozessen zusammenhängen. Hierbei lassen sich *zwei* scharf geschiedene *Perioden* unterscheiden: die Periode der *sauren* und die Periode der *alkalischen Vakuolenreaktion*. In die erste Periode fällt die Formung des *Nahrungsballens,* in die zweite die Bildung der *sekundären Nahrungsvakuole.*

Formung des Nahrungsballens. Unmittelbar nach der Ablösung der Vakuole vom Schlunde zeigt die Vakuolenflüssigkeit noch ihre ursprüngliche Beschaffenheit, d. h. sie erscheint vollkommen klar und läßt die Konturen der eingestrudelten Teilchen scharf hervortreten. Aber schon nach wenigen Sekunden ändert sich das Bild. Die Vakuolenflüssigkeit trübt sich rasch. Der trübe, die eingeschlossenen Teilchen nur undeutlich erkennen lassende Vakuoleninhalt zieht sich vollkommen gleichmäßig von der Vakuolenhaut zurück, behält jedoch seinen kreisrunden, glatten Kontur, während zwischen diesem und der Vakuolenwand ein klarer Flüssigkeitshof vom Lichtbrechungsvermögen des Wassers erscheint, der auf dem optischen Querschnitt ringförmig den Nahrungsballen umgibt. Dieser hat mittlerweile ein opakes Aussehen gewonnen; vom geformten Inhalt ist nichts mehr zu erkennen. Diese Ballung des geformten Inhaltes wurde zuerst von Greenwood[1]) bei Carchesium beobachtet und auf die Abscheidung einer gerinnbaren und nach der Gerinnung sich stark kontrahierenden Substanz zurückgeführt. Einen genaueren Einblick in den Vorgang ermöglichten Beobachtungen an Colpidium Colpoda [Nirenstein[2])]. Es zeigte sich, daß bei der Formung des Nahrungsballens zwei Prozesse beteiligt sind: erstens die Sekretion einer trüben Substanz, die die eingeschlossenen Teilchen ein- und umhüllt und der Beobachtung entzieht („Vakuolenschleim"), zweitens die Abscheidung einer überaus zarten, hyalinen Membran, die bestimmt ist, eine Hülle um den Vakuoleninhalt zu bilden. Das so gebildete Bläschen löst sich von der Vakuolenwand ab und verkleinert sich in konzentrischer Richtung, wobei der flüssige Inhalt wie durch die Maschen eines Filters ausgepreßt wird und sich außerhalb der Hülle ansammelt. Bei einer Reihe von Infusorien bilden sich die beschriebenen Hüllen ausnahmslos um jeden Nahrungsballen, bei anderen Ciliaten, wie bei Paramaecium caudatum, erfolgt die Bildung resistenter Hüllen nur bei einer bestimmten Beschaffenheit der Nahrung, während in anderen Fällen mangelhafte Abscheidung der gedachten Membranen zur Bildung lockerer, leicht zerfallender Nahrungsballen führt. In gewissen Fällen kann die Hüllenbildung und damit auch die Ballung des geformten Vakuoleninhaltes ganz unterbleiben. Die klare Flüssigkeit, die sich nach der Bildung des Nahrungsballens in seiner Umgebung angesammelt hat, wird nun rasch resorbiert, so daß die Vakuolenwand, die der Verkleinerung der ganzen Vakuole gefolgt ist, jetzt der Oberfläche des Nahrungsballens unmittelbar anliegt. Damit ist die erste Periode abgeschlossen. In diesem Zustand kann der Nahrungsballen stunden-, ja tagelang verweilen, ohne daß weitere Veränderungen bemerkbar wären, bis dann plötzlich die zweite Periode einsetzt. Die letztere kann sich aber auch ohne eingeschobene Ruhezeit unmittelbar an die erste Periode anschließen.

Bildung der sekundären Nahrungsvakuole. Die zweite Periode setzt plötzlich ein. Eingeleitet wird sie durch den plötzlichen Erguß einer wasserklaren Flüssigkeit in die Nahrungsvakuole, so zwar, daß der Nahrungsballen nunmehr wieder im Inneren eines klaren Flüssigkeitstropfens zu liegen kommt (*sekundäre Nahrungsvakuole*). Bald machen sich am Nahrungsballen auffällige Veränderungen bemerkbar; der Nahrungsballen verliert sein opakes Aussehen und läßt die Umrisse der eingeschlossenen Teilchen wieder scharf hervortreten, offenbar infolge Verschwindens des die einzelnen Partikelchen umhüllenden „Vakuolenschleimes". Lockere Nahrungsballen zerfallen sehr rasch in die sie zusammensetzenden Teilchen, die sich nunmehr wieder über die ganze Nahrungsvakuole verteilen. Aber auch mit Hüllen versehene Nahrungsballen erfahren häufig nach Auflösung der

---

[1]) Greenwood, M.: Philosoph. transact. of the roy. soc. of London Bd. 185. 1894.
[2]) Nirenstein, E.: Zeitschr. f. allg. Physiol. Bd. 5. 1905.

Hülle das gleiche Schicksal. In anderen Fällen erhalten sich die Hüllen bis zur Ausstoßung der Nahrungsballen. Wie man sieht, stehen die Vorgänge in beiden Perioden in einem gewissen Gegensatze zueinander: Ballung der einzelnen Teilchen und Aufsaugung des aufgenommenen Wassers in der ersten Periode, neuerlicher Flüssigkeitserguß und Zerfall der Ballen in der zweiten Periode. Besonders deutlich tritt dieser Gegensatz der beiden Perioden im Verhalten der *Reaktion* der Vakuolen zutage.

Reaktion der Nahrungsvakuole. Die Anwendung von Lackmus ergab bei allen darauf untersuchten Infusorien Rotfärbung der Vakuole, der nach einer gewissen Zeit Bläuung folgt. Zu analogen Ergebnissen führte die Verfütterung von Alizarinsulfat. Eine exaktere Verfolgung der Vakuolenreaktion ermöglicht die Verwendung des von Metschnikoff für derartige Untersuchungen empfohlenen Vitalfarbstoffes Neutralrot. Wie Untersuchungen bei Paramaecium caudatum ergeben haben, tritt die Rotfärbung der Nahrungsvakuole als Ausdruck ihrer sauren Reaktion sofort nach Ablösung der Vakuole vom Schlund auf und erhält sich während der ganzen Dauer der ersten Periode. Mit dem Eintritt der zweiten Periode erfolgt regelmäßig die plötzliche Gelbfärbung bzw. Entfärbung der Vakuole, ein Beweis, daß die am Beginn der zweiten Periode in die Vakuole abgeschiedene Flüssigkeit alkalisch reagiert. Auch mit Neutralrot ließ sich wie mit den beiden vorgenannten Indicatoren bei *allen* darauf untersuchten Ciliaten saure Reaktion nachweisen. Von weniger säureempfindlichen Indicatoren ergab Kongorot — geeignete Anwendung vorausgesetzt — bei Carchesium [Greenwood und Saunders[1])] und bei Paramaecium caudatum [Nirenstein[2])] positive Resultate. Bemerkenswert ist das Verhalten des noch säureunempfindlicheren (Umschlag in Fuchsinrot bei $p_H = 4$) Indicators Dimethylamidoazobenzol (Nirenstein). Unter einer großen Zahl untersuchter Infusorien war es ausschließlich Paramaecium caudatum, bei dem der Indicator saure Reaktion anzeigte. Wenige Minuten nach Ablösung der Vakuole vom Oesophagus färbt sich diese fuchsinrot und behält, wie beim Neutralrot, die Färbung während der ganzen ersten Periode bei, um sich mit dem Eintritt der zweiten Periode plötzlich zu entfärben. Der fuchsinrote Ton der Färbung spricht für eine starke Säure. Auch Tropaeolin 00, das bei $p_H = 1,4$ in Rot umschlägt, gab bei Paramaecium caudatum positive Resultate. Mit Hilfe eines Verfahrens, bei dem Kongorotalbumin als Indicator verwendet wird, konnte Nirenstein[3]) in jüngster Zeit den Nachweis erbringen, daß die H-Konzentration in den Vakuolen von Paramaecium caudatum einen noch wesentlich höheren Wert aufweist. Der mittels der genannten Methode bestimmte Säurewert entspricht der H-Konzentration einer $^n/_{12}$ HCl, ist also von der Größenordnung des Säurewertes im Hundemagensaft. Gleichzeitig konnte wahrscheinlich gemacht werden, daß die Vakuolensäure von Paramaecium caudatum Salzsäure ist. Die exzessive Säureproduktion in den Vakuolen von Paramaecium caudatum stellt allerdings einen Ausnahmsfall dar, da, wie schon hervorgehoben wurde, bei allen bis jetzt darauf untersuchten Ciliaten schon Dimethylamidoazobenzol ein negatives Resultat ergibt. Die biologische Bedeutung der Säureausscheidung erscheint trotz mancher der Frage gewidmeten Untersuchung nicht genügend geklärt. Daß die Säure nicht die Bedeutung einer Verdauungssäure hat, geht schon daraus hervor, daß zur Zeit der sauren Vakuolenreaktion überhaupt keine Verdauung stattfindet. Die einzige während der ersten Periode an der Nahrung nachweisbare Veränderung besteht in der Abtötung aufgenommener lebender Organismen. Daß eine Säure-

---

[1]) Greenwood u. Saunders: Journ. of physiol. Bd. 16. 1894.
[2]) Nirenstein, E.: Zeitschr. f. allg. Physiol. Bd. 5. 1905.
[3]) Nirenstein, E.: Zeitschr. f. wiss. Zool. Bd. 125. 1925.

konzentration, wie sie bei Paramaecium caudatum gefunden wird, für sich allein genügt, um toxisch zu wirken, unterliegt keinem Zweifel. Anders bei den übrigen Ciliaten. Bei der niedrigen Säurekonzentration kommt hier eine toxische Wirkung der Säure nicht in Frage, es sei denn, daß ihre Anwesenheit für das Zustandekommen der Wirkung irgendeines toxischen Prinzips notwendig wäre.

Verdauung. Nach den übereinstimmenden Befunden von GREENWOOD und SAUNDERS bei Carchesium und von NIRENSTEIN bei Paramaecium caudatum unterliegt es keinem Zweifel, daß die Verdauungsvorgänge in die zweite Periode fallen und somit auf Rechnung des am Beginn dieser Periode abgeschiedenen alkalischen Saftes zu setzen sind. Besonders klar liegen die Verhältnisse hinsichtlich der *Eiweiß*verdauung. Wie Fütterungsversuche mit koaguliertem Eiweiß oder Dotter ergeben haben, lassen die genannten Substanzen während der ganzen Zeit der sauren Reaktion keine Veränderung erkennen, während sich in der Periode der alkalischen Reaktion das Verschwinden der genannten Körnchen leicht verfolgen läßt. Die Tatsache, daß die Proteolyse bei neutraler oder schwach alkalischer Reaktion vor sich geht, befindet sich in guter Übereinstimmung mit den Feststellungen von MESNIL und MOUTON. Die genannten Autoren konnten aus Paramaecienleibern ein Ferment gewinnen, das Gelatine und Fibrin angreift und das Optimum seiner Wirkung bei Neutralität gegen Lackmus entfaltet.

Über die Verwertung der *Kohlenhydrate* sind wir mangelhaft unterrichtet. Den spärlichen, durchweg aus älterer Zeit stammenden Angaben zufolge sollen sich an den von Infusorien aufgenommenen Stärkekörnern Korrosionserscheinungen, vielfach auch verändertes Verhalten dem Jod gegenüber, nachweisen lassen.

Während früher der Infusorienzelle die Fähigkeit der *Fett*verwertung allgemein abgesprochen wurde, da Beobachtungen ergeben hatten, daß aufgenommene Fettkügelchen anscheinend unverändert den Ciliatenkörper verlassen, gelangte NIRENSTEIN[1]) zu Ergebnissen, die an der Ausnützung des Fettes durch die Infusorienzellen keinen Zweifel bestehen lassen. Schon die Tatsache, daß Paramaecien bei fettreicher Kost (Eidotter, Milch, Fettemulsion) in wenigen Stunden solche Mengen von Fett als Reserve in ihrem Endoplasma anhäufen, wie sie in gleichem Ausmaße bei fettloser Nahrung niemals zu erzielen sind, spricht für die Verdauung von Fett. Daß bei Verfütterung von Milch oder Ölemulsion die relativ ansehnlichen Fettkügelchen anscheinend unverändert den Infusorienkörper verlassen, erscheint bei der kurzen Verweildauer der Nahrung und der hierdurch bedingten relativ geringen Ausnützung der einzelnen Fettkugeln selbstverständlich. Klarer sind die Ergebnisse bei Verfütterung von Dotter, dessen Elemente (die Körnchen des gelben Dotters), wie die Sudanreaktion lehrt, neben Eiweiß Fett enthalten. Verfolgt man mittels der Sudanprobe die Veränderung der Dotterkörner während ihres Aufenthaltes im Paramaecienkörper, so zeigt es sich, daß das Fett während der ganzen ersten Periode unverändert bleibt, während es in der zweiten Periode vollkommen verschwindet. Es fällt also auch die Fettverdauung in diejenige Periode, in der die Proteolyse vor sich geht. Daß es sich bei der Fettverdauung nicht etwa um Aufnahme feinster Tröpfchen ins Endoplasma, sondern um Überführung von Fett in wasserlösliche Produkte handelt, beweist die Beobachtung, daß bei Verfütterung von mit Sudan gefärbtem Fett das im Endoplasma gespeicherte Reservefett farblos ist.

Bei den Fermentzellen der Metazoen erscheint die Fermentproduktion an eine bestimmte Zellstruktur, nämlich an die Entwicklung granulärer Gebilde gebunden. Läßt die Abscheidung der Verdauungsenzyme innerhalb der Protozoenzelle die gleiche Sekretionsform erkennen?

---

[1]) NIRENSTEIN, E.: Zeitschr. f. allg. Physiol. Bd. 10. 1909.

Es liegen Beobachtungen vor, die tatsächlich in diesem Sinne gedeutet werden könnten. Schon Prowazek konnte feststellen, daß bei mit Neutralrot vital gefärbten Paramaecien rings um die in Bildung begriffene Nahrungsvakuole eine Ansammlung feinster rotgefärbter Endoplasmakörnchen auftritt. Die weitere Verfolgung des Schicksals dieser Körnchen ergab folgendes (Nirenstein): Die Körnchen durchdringen die Vakuolenhaut und lagern sich nach Resorption des Vakuolenwassers der Oberfläche des Nahrungsballens an. In diesem Zustande verharren sie während der ganzen ersten Periode, d. i. bis zum Auftreten des alkalisch reagierenden Flüssigkeitsergusses rings um den Nahrungsballen. Jetzt lösen sich die Körnchen von der Oberfläche des Nahrungsballens ab, quellen zu tröpfchenartigen Gebilden auf und schwimmen noch eine Zeitlang in der Vakuolenflüssigkeit umher, um sich schließlich darin völlig aufzulösen. Der Umstand, daß die Auflösung der Endoplasmakörnchen in der Vakuolenflüssigkeit in diejenige Periode fällt, in der die Verdauung der Nahrung statthat, legt nun den Gedanken nahe, in den Endoplasmakörnchen Träger von Fermenten zu vermuten. Immerhin erscheint bei der Annahme einer Fermentnatur der Körnchen große Vorsicht geboten. Zunächst ist darauf hinzuweisen, daß es sich bei der Neutralrotfärbung nicht einfach um einen durch Färbung sichtbar gemachten Vorgang handelt, der in gleicher Weise auch am ungefärbten Tier verläuft, sondern die Sachlage ist vielmehr die, daß die Erscheinung mit der Wirkung des Neutralrot selbst zusammenhängt. Ein derartiges massenhaftes Eindringen von Endoplasmakörnchen in die Nahrungsvakuole findet am ungefärbten Tier nicht statt. Ferner wurde beobachtet, daß unter der Wirkung von Neutralrot — und zwar nur dann — ein massenhaftes Eindringen von Endoplasmakörnchen auch in solche Vakuolen stattfindet, die überhaupt keine Nahrungsvakuolen sind [Nirenstein[1])]. Man gewinnt den Eindruck, daß die Infusorienzelle die Tendenz hat, die farbstoffbeladenen Granula zu eliminieren. Von diesem Gesichtspunkte besehen würden sich die Körnchen eher als Exkretgranula präsentieren. Schließlich wäre zu erwägen, ob nicht die Vereinigung eines sekretorischen und exkretorischen Vorganges vorliegt, wie sie für manche Darmzellen niederer Metazoen beschrieben wurde.

Die zur Entleerung bestimmten Nahrungsvakuolen (Kotvakuolen) sammeln sich an einer bestimmten Stelle des Zellkörpers, wo sie häufig zu einer einzigen großen Kotvakuole konfluieren. Die Entleerung erfolgt durch den Zellafter (Cytopyge), d. i. durch eine persistierende Lücke im corticalen Plasma, die allerdings nur im Moment der Entleerung erkennbar wird.

Reservestoffe. Im Körper zahlreicher Ciliaten wurde *Glykogen* mikrochemisch nachgewiesen. Der makrochemische Nachweis gelang bei Glaucoma scintillans (Barfurth). Ein dem Glykogen verwandtes, aber mit ihm nicht identisches Kohlenhydrat, das Paraglykogen, findet sich bei den endoparasitischen Ciliaten Nyctotheres und Balantidium. Nahrungsabschluß bringt die Paramylumkörner zum Verschwinden.

Schon unter natürlichen Ernährungsbedingungen enthalten die meisten Infusorien in ihrem Endoplasma mehr oder minder erhebliche Mengen von *Fett*körnchen. Bei Verfütterung fettreicher Nahrung konnte die Menge des im Endoplasma von Paramaecium caudatum gespeicherten Fettes bis zu einem solchen Grade gesteigert werden, daß das Endoplasma von dichtgedrängten Fettkörnchen ganz erfüllt war (Nirenstein). Die Bedeutung dieses Fettes als Reservestoff ergibt sich aus dem Umstand, daß es durch Hungern zum Schwinden gebracht wird. Verfüttertem Fett analog wirken Seifen, auch ohne Glycerinzusatz. Auch mit Kohlenhydraten und Eiweiß ist, wenn auch in vermindertem Maße, Speicherung von Reservefett zu erzielen.

Rhizopoden.

Wie schon hervorgehoben wurde, scheinen sowohl die den Verdauungsvorgang vorbereitenden Prozesse wie auch die Verdauung selbst bei den Rhizopoden im großen und ganzen in ähnlicher Weise sich abzuspielen wie bei den Ciliaten. Die Menge der primären Vakuolenflüssigkeit hängt von der Art der

---

[1]) Nirenstein, E.: Pflügers Arch. f. d. ges. Physiol. Bd. 179. 1920.

Nahrung ab. Unbewegliche Nahrungskörper werden mit wenig Flüssigkeit aufgenommen, während bei beweglichen Objekten (Flagellaten, Infusorien, Rotatorien) die Menge des gleichzeitig mit aufgenommenen Wassers um so größer ist, je schwieriger sich die Einschließung des betreffenden Organismus gestaltete. Die Bildung einer *Vakuolenhaut* ist besonders bei Amöbenformen mit zähem Ektoplasma deutlich zu verfolgen. Hat das durch stärkeres Lichtbrechungsvermögen kenntliche Ektoplasma den Nahrungskörper von allen Seiten umschlossen, dann erhält es sich noch eine Zeitlang als glänzende Hülle, um schließlich bis auf eine persistierende Grenzschicht zu verschwinden (Abb. 17). *Ballung* des aus kleinsten Partikelchen (Bakterien) bestehenden Vakuoleninhaltes in der Weise, wie sie oben für Ciliaten beschrieben wurde, beobachteten GREENWOOD und SAUNDERS in den Vakuolen von Myxomycetenplasmodien. Daß auch hier bei der Formung von Nahrungsballen *Hüllen*-bildungen eine Rolle spielen, geht aus Beobachtungen von PENARD[1]) hervor, der bei Amoeba terricola kapselartige Hüllen rings um die Nahrungsballen feststellen konnte.

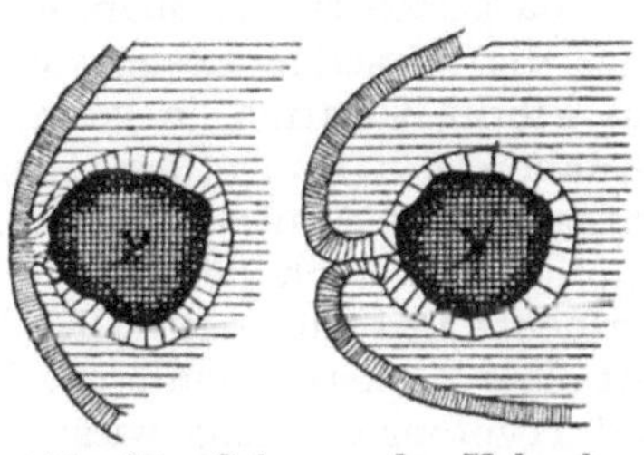

Abb. 17. Schema der Vakuolenwandbildung bei einer Amöbe. (Nach RHUMBLER, aus JORDAN: Physiol. wirbelloser Tiere.)

Das Verhalten der *Vakuolenreaktion* während der einzelnen Phasen des Verdauungsvorganges dürfte mit demjenigen bei Infusorien übereinstimmen; wenigstens fanden GREENWOOD und SAUNDERS, daß die Nahrungsvakuolen von Plasmodien zunächst immer sauer reagieren (gegen Lackmus, Alizarinsulfat, gelegentlich auch gegen Kongorot), und daß in einem späteren Zeitpunkte die saure Reaktion regelmäßig einer alkalischen Platz macht. In Hinsicht auf die eigentlichen Amöben fehlt es an systematischen, die Vakuolenreaktion betreffenden Untersuchungen. So viel scheint aber aus den Angaben hervorzugehen, daß um jeden aufgenommenen Fremdkörper, gleichgültig, ob er als Nahrung verwendet wird oder nicht, gleichgültig, ob er mit oder ohne Wasser einverleibt wurde, ein sauer reagierendes Sekret abgeschieden wird, das auf lebende Organismen toxisch wirkt. Die Geschwindigkeit der Abtötung hängt außer von der Natur des einschließenden Organismus von der Art, der Größe und der Zahl der aufgenommenen Individuen ab. Während Euglenen in den Nahrungsvakuolen von Plasmodien etwa erst am dritten Tage absterben (ČELAKOVSKY), erweist sich das Vakuolensekret von Amöben weitaus giftiger. Bei einem von einer Amoeba proteus aufgenommenen hypotrichen Infusor war schon nach 5 Minuten Verlangsamung des Wimperschlages und nach 13 Minuten völlige Unbeweglichkeit festzustellen [K. GRUBER[2])]. In diesem Zusammenhange sei daran erinnert, daß auch die nach außen abgeschiedenen klebrigen Sekrete mancher Amöben (Am. verrucosa) augenscheinlich ebenfalls giftig wirken, da sie die an der Oberfläche der Amöbe klebengebliebenen Beutetiere rasch lähmen. Ob bei der Giftwirkung des Vakuolensekretes die saure Reaktion eine Rolle spielt, entzieht sich der Beurteilung.

Verdauung. Daß das Vakuolensekret in einem gewissen Zeitpunkte *proteolytische* Fähigkeiten gewinnt, wurde durch zahlreiche unmittelbare Beobachtungen erhärtet. Erbeutete Flagellaten, Infusorien usw. zerfallen in den Vakuolen von Amöben und Heliozoen und verschwinden bis auf geringe Reste. Noch eindeutiger sind die Ergebnisse der Fütterung mit reinen Eiweißstoffen. Nach den Beobachtungen von ČELAKOVSKY bilden sich in den Plasmodien von Myxomyceten

[1]) PENARD, E.: Arch. f. Protistenkunde Bd. 28. 1913.
[2]) GRUBER, K.: Arch. f. Protistenkunde Bd. 25. 1912.

5—6 Stunden nach der Fütterung mit koaguliertem Eiweiß um die einzelnen Eiweißkörner kleine Vakuolen, in denen sich die Eiweißpartikelchen völlig auflösen. Štolc beobachtete Lösung von koaguliertem Eieralbumin in den Vakuolen von Pelomyxa palustris. Ein Zusammenhang zwischen Eiweißverdauung und saurer Reaktion scheint nicht zu bestehen, da nach den Untersuchungen von Greenwood und Saunders die Eiweißverdauung keineswegs mit dem Beginn der Säurereaktion zusammenfällt, sondern erst viel später einsetzt, und zwar zu einem Zeitpunkt, in dem die Vakuole zwar noch schwach sauer reagiert, sehr bald aber neutral bzw. alkalisch wird, ohne daß der weitere Fortgang der Verdauung dadurch gestört würde. Die Annahme, daß es sich in den Vakuolen der Rhizopoden bzw. Myxomyceten um tryptische Verdauung handelt, erhält eine wesentliche Stütze durch Untersuchungen von Mouton über die Wirkungsart der von ihm dargestellten Amöboprotease. Der Glycerinextrakt aus Amöbenkulturen bzw. die wässerige Lösung seines Alkoholniederschlages enthält ein Ferment, das Fibrin, Gelatine, in geringem Maße auch koaguliertes Eiereiweiß zu lösen imstande ist. Das Optimum der Wirkung liegt zwischen Neutralität für Phenolphthalein und Neutralität für Lackmus. Gegen Säuren ist das Ferment äußerst empfindlich. Auch die Art, wie Fibrin verdaut wird, spricht für ein trypsinartiges Ferment: Das Fibrin zerfällt ohne Quellung zu kleinsten Partikelchen, die sich fast ohne Rückstand auflösen. Unter den Verdauungsprodukten konnten Tyrosin und Tryptophan nachgewiesen werden. Während abgetötete Bacillen durch die Amöboprotease rasch aufgelöst werden, erweist sich diese lebenden Bacillen gegenüber vollkommen wirkungslos.

Die Angaben über *Kohlenhydrat*verdauung lauten widersprechend. Während sowohl Greenwood wie Meissner auf Grund von Beobachtungen bei Am. proteus bzw. Am. princeps, Am. radiosa und Pelomyxa palustris den Amöben jedes Verdauungsvermögen für ungequollene Stärke absprechen, konnte Štolc sowohl für Pelomyxa pal. als auch Am. proteus feststellen, daß von den genannten Rhizopoden aufgenommene rohe Weizenstärke in der für diastatische Enzymwirkung charakteristischen Weise korrodiert wird. Außerordentlich widerstandsfähig erwies sich Kartoffelstärke; Korrosionserscheinungen waren selbst nach mehrtägigem Verbleib der Stärke im Innern der Pelomyxa nicht nachzuweisen; daß aber selbst in diesem Falle eine Ausnützung des Kohlenhydrats stattgefunden hat, bewies die Auffüllung der als Glykogenspeicher dienenden „Glanzkörper". Auch für Foraminiferen ist eine wirkliche Verdauung dargebotener Stärkekörner nachgewiesen worden (Jensen). Ob Myxomycetenplasmodien rohe Stärke ausnützen, erscheint zweifelhaft, gequollene unterliegt der Verdauung (Čelakovsky). Die Anwesenheit celluloselösender Fermente innerhalb der Nahrungsvakuolen von Rhizopoden scheint ziemlich verbreitet zu sein. Schon die Beobachtung Rhumblers, daß von Am. verrucosa aufgenommene Oscillariafäden im Innern des Tieres zu einer braunroten krümeligen Masse zerfallen, beweist die Anwesenheit einer Cytase. Štolc fand, daß bei ausgehungerten Exemplaren von Pelomyxa, deren Glykogenreserven (Glanzkörper) erschöpft waren, diese sich wieder auffüllten, wenn Baumwoll- oder Filtrierpapierfasern verfüttert wurden. Schließlich sei daran erinnert, daß gewisse amöboide Formen (Vampyrellaarten) die Wand von Algenzellen anbohren, um sich des Zellinhaltes zu bemächtigen, ein Vorgang, der ebenfalls das Vorhandensein eines celluloselösenden Fermentes voraussetzt.

Die *Fettverdauung* der Rhizopoden wurde nur wenig untersucht, im wesentlichen mit negativem Erfolg. Meissner und Greenwood konnten bei Amöben keine Veränderung an aufgenommenen Fetttropfen nachweisen. Bei Aetinosphaerium hält Greenwood geringe Fettverdauung für wahrscheinlich.

Auf die Verdauung folgt die Resorption der Verdauungsprodukte, kenntlich an der Verkleinerung der Nahrungsvakuole. Über den Vorgang selbst ist nichts bekannt.

Die nichtresorbierten Nahrungsteile gelangen zur Ausstoßung. Gleich der Nahrungsaufnahme ist auch die Kotentleerung nicht an eine bestimmte Stelle des Rhizopodenkörpers gebunden, sondern kann an beliebiger Stelle der Körperoberfläche erfolgen. Dabei zeigen sich in der Art der Entleerung gewisse Verschiedenheiten, die an analoge Differenzen der Nahrungsaufnahme erinnern. Manche Entleerungsarten wiederholen geradezu die einzelnen Phasen der Nahrungsaufnahme in umgekehrter Reihenfolge.

Reservestoffe. Die Speicherung von *Kohlenhydraten* wurde eingehend an den schon erwähnten „Glanzkörpern" von Pelomyxa verfolgt (ŠTOLC). Diese stellen rundliche oder unregelmäßig geformte Körperchen dar, die innerhalb einer aus schwerlöslichem Kohlenhydrat bestehenden Hüllmembran Glykogen enthalten. Daß es sich tatsächlich um Reserveglykogen handelt, geht schon daraus hervor, daß es im Hunger schwindet und bei Verfütterung von Stärke, Cellulose, aber auch von Coniferin (Glucosid) wieder auftritt; durch Verfütterung von Eiweiß oder Fett war Glykogenbildung nicht zu erzielen. Bei reichlicher Kohlenhydratzufuhr kommt es nicht bloß zur Aufspeicherung des Glykogens in den Glanzkörpern, sondern zum Auftreten von Glykogenbrocken innerhalb des Endoplasmas [LEINER[1])].

Daß unter den Endoplasmaeinschlüssen verschiedener Amöbenformen auch *Fett*tropfen regelmäßig anzutreffen sind, wird mehrfach angegeben. Ob es sich um gespeichertes Reservefett handelt, steht noch dahin. Das gleiche gilt von den Fetttropfen, die sich in bedeutender Menge in der intrakapsulären Sarkode der Radiolarien vorfinden.

Steht die Verdauung, d. i. die Produktion des Verdauungssaftes, unter dem Einfluß des Zellkernes? Man versuchte die Frage durch Beobachtungen an kernlosen Teilstücken von Amöben zu entscheiden. Nach den übereinstimmenden Beobachtungen von ŠTOLC und von K. GRUBER nehmen kernlose Amöbenfragmente selbst bewegliche Beuteobjekte auf und verdauen sie in ihren Vakuolen. Während nun ŠTOLC daraus den Schluß zieht, daß auch dem kernlosen Plasma das Vermögen zukommt, Verdauungssäfte zu erzeugen, dürfte es sich nach GRUBER eher um eine Nachwirkung von Sekreten handeln, die noch zur Zeit der Kernhaltigkeit im Plasma gebildet wurden. Die Frage erscheint also nicht genügend klargestellt. Sicher ist nur, daß die Umwandlung der resorbierten Nahrung in Körpersubstanz, also die Assimilation, ausschließlich mit Hilfe des Kernes erfolgen kann, da kernlose Fragmente selbst bei wochenlanger Beobachtung trotz Nahrungsaufnahme keine Größenzunahme zeigen und schließlich (spätestens nach 30 Tagen) zugrunde gehen.

---

[1]) LEINER, M.: Arch. f. Protistenkunde Bd. 47. 1924.

Einige vergleichend-physiologische Probleme der Verdauung bei Metazoen[1].

(Typen des Nahrungsgewinns und der Nahrungszerkleinerung, extra- und intraplasmatische Verdauung, Darmbau, Sekretion und Enzyme.)

Von

H. J. JORDAN und **G. CHR. HIRSCH**

Utrecht.

Mit 49 Abbildungen.

Zusammenfassende Darstellungen.

WEINLAND, E.: Verdauung und Resorption bei Wirbellosen. Oppenheimers Handb. d. Biochem. Bd. III, S. 2. Jena 1909. (Übersicht über die Nahrung der Tiere und die bis 1909 bekannten Enzyme.) — BIEDERMANN, H.: Aufnahme, Verarbeitung und Assimilation der Nahrung. Wintersteins Handb. d. vergl. Physiol. Bd. II, S. 1. 1911. (Übersicht über die Gruppen der Invertebraten und Vertebraten.) — PÜTTER, A.: Vergleichende Physiologie. Jena 1912. — JORDAN, H. J.: Vergleichende Physiologie wirbelloser Tiere. Bd. I. Ernährung. Jena 1913. (Gruppenübersicht aller Invertebraten; vergleichende Darstellung unserer Fragen S. 641—668.) — BÜTSCHLI, O., F. BLOCHMANN u. C. HAMBURGER: Ernährungsorgane. Bütschlis Vorlesungen üb. vergl. Anat. Berlin 1924. (Anatomie der Verdauungsorgane.)

Die Literatur in unseren Fußnoten ist fast nur aus der Zeit nach 1913 angegeben; Literatur vor 1913 findet man entweder in den obengenannten Handbüchern oder im Autorenverzeichnis der Arbeiten nach 1913.

Wohl alle Tiere bauen die Nahrung[2]) so tief ab, daß die Bausteine zu arteigenen Stoffen verwendet werden können. Diese Zerkleinerung geschieht stets durch Fermente, aber an zwei verschiedenen Orten: entweder (gewöhnlich) *extraplasmatisch* in Höhlen (in einigen Fällen auch vor dem Munde) oder *intraplasmatisch* in Vakuolen aufnehmenden Gewebes (vgl. S. 65); beide Wege der Zerkleinerung können verbunden sein.

I. Die Extraplasmatische Verdauung.

Es soll hier erstmalig versucht werden, *sieben Typen der Nahrungsaufnahme bei den Metazoen* umfassend zu umreißen; gleichzeitig soll untersucht werden, ob eine typische Nahrungszerkleinerung auch mit einem typischen Darmbau in Beziehung steht.

---

[1]) Aus dem Zoologischen Laboratorium der Reichsuniversität Utrecht.

[2]) Über die Art der Nahrung, welche lebende Wesen benützen, hat W. SPEYER eine Übersicht gegeben: Die Ernährungsmodifikation der Organismen. Beiträge aus der Tierkunde, Festschr. Braun 1924.

A. Mikrophage Tiere.

Viele Tiere verzichten auf die Zertrümmerung großer Nahrungskörper und beschränken sich ausschließlich auf die Gewinnung kleiner Teile. Wir wollen diese Tiere die mikrophagen Tiere nennen.

Zu ihnen rechnen wir erstens solche Tiere, die nur kleine Partikel oder Organismen des Wassers in Mengen einstrudeln (Partikelfresser); zweitens solche Tiere, die sich darauf spezialisieren, nahrungsreiche Flüssigkeiten einzusaugen (Sauger). Beide Gruppen bedienen sich also des Wassers als Vehikel der Nahrung; beide setzen an Stelle der großen Beute, deren Jagd wieder besondere Fangorgane und Sinnesorgane nötig macht, die große Anzahl kleinster Beuteobjekte oder deren hochgradige Qualität (Blut, Pflanzensäfte).

Auch makrophage Tiere gehören letzten Endes zu den „Mikrophagen": erhalten doch auch ihre resorbierenden Darmflächen kleinste Partikel oder Flüssigkeiten. Der Unterschied liegt aber darin, daß die mikrophagen Tiere sich ausschließlich auf den Gewinn von Partikeln und Säften beschränken, also keine großen Stücke aufnehmen können; und daß sie für diesen Gewinn besondere Apparate besitzen.

1. Typus: Die reinen Partikelfresser.

Die Urstoffe des Wassers bilden die Nahrung dieser Tiere; eine Übersicht über diese Urnahrung läßt sich etwa so geben[1]):

Belebte Stoffe des Wassers		Unbelebte Stoffe		
Über $2\,\mu$	Unter $2\,\mu$	Detritus	Kolloide	Lösungen
Autotrophes Nanno-plankton	Bakterielles Nanno-plankton	über $0,1\,\mu$	$0,1-0,001\,\mu$	unter $0,001\,\mu$
Urnahrung der Partikelfresser			Urnahrung der Pflanzen	

Wahrscheinlich liefert der Detritus über $0,1\,\mu$, die zersetzte Masse zerfallender Organismen, den größten Anteil bei der Ernährung der meisten Partikelfresser.

Wir finden Partikelfresser in zwei Bezirken des Wassers: Als mobile, aktive Filtratoren[2]) durcheilen sie mehr oder weniger schnell das Wasser und gewinnen dabei jene Partikel (Pelagische Formen). Als sessile, aktive Filtratoren[3]) sitzen sie am Boden des Wassers fest und ernähren sich von den vorbeischwimmenden oder niederregnenden Kleinorganismen (Benthostiere). — Der *Pelagischen Formen*[4]) sind viele; zur Übersicht seien hier einige genannt: Unter den Crustaceen die Cladoceren (mit Ausnahme der räuberischen Gymnomera, z. B. Leptodera, Polyphemus und Bytothrephes), viele Copepoden und Naupliuslarven; die freischwebenden Tunicaten und Rotatorien; die Larven der Stechmücken; unter den Gastropoden die Pteropoden und Janthinen; von den Echinodermen die pelagische Holothurie Pelagothuria[5]). Diese Urnahrungsfresser dienen dann wieder Großen zur Beute, den eigentlichen Planktonfressern[6]), die man ruhig auch zu den Partikelfressern rechnen kann: z. B. die

---

[1]) NEUMANN, E.: Die natürliche Nahrung des limnischen Zooplanktons. Lunds universitets årsskrift, N. F. Avd. 2, Bd. 14. 1918. — Über die Ernährung durch gelöste Stoffe vgl. A. PÜTTER: Ernährung der Copepoden. Arch. f. Hydrobiol. Bd. 15, S. 70. 1924.

[2]) NAUMANN, E.: Spezielle Untersuchungen über die Ernährungsbiologie des tierischen Limnoplanktons. I. Cladoceren. Lunds universitets årsskrift, N. F. Avd. 2, Bd. 17. 1921.

[3]) NAUMANN, E.: Notizen zur Ernährungsbiologie der limnischen Fauna. Arkiv f. zool. Bd. 16, S. 1. 1924.

[4]) Übersicht über die Ernährung dieser Planktontiere gibt H. LOHMANN: Probleme der Planktonforschung. Verhandl. d. dtsch. zool. Ges. 1912. Vgl. auch E. NAUMANN: Zitiert auf S. 26.

[5]) CHUN: Aus den Tiefen des Weltmeeres. S. 546. Jena 1905.

[6]) WILLER, A.: Nahrungstiere der Fische. Handbuch der Binnenfischerei 1924, S. 143, wo auch andere Beispiele.

Jungfische, Heringe; ferner die Schizopoden unter den Krebsen[1]), die Mystacoceti (Bartenwale), welche vor allem von den Pteropoden leben (Limacina, Clio): in so großer Menge, daß man 2 cbm davon in dem Magen eines Finnwales antraf.

Benthontisch (als Grundbewohner), d. h. als sessile aktive Filtratoren, ernähren sich zahllose Tiere vom Detritus, der den mobilen Filtratoren entgeht. Hierzu gehören Tiere, die eine beinahe festsitzende Lebensweise führen, wie z. B. Amphioxus und die Lamellibranchiaten[2]); unter den Holothurien Cucumaria und Thyone[3]). Ganz fest sitzen z. B. die Spongien, viele Actinien [Actinoloba, Prontanthea, Metridium, Korallen[4])], sedentäre Anneliden und Rotatorien, Cirripedien, Ascidien, Brachiopoden, festsitzende Crinoiden, Bonellia usw.

Ein mechanisch-physiologisch sehr anziehendes Problem ist nun die Frage: *auf welche Weise gewinnen diese Tiere die Partikel?* Das Wasser hält die Nahrungsteilchen schwebend; gesammelt werden sie vom Tier auf recht verschiedene Weisen: durch Filtrieren, Schleimverkleben und Abtasten.

1. Zum **Filtrieren** sind drei Dinge notwendig: Wasserbewegung, Filtrieren und Sammeln (bzw. Einschlucken) des Filtrates. Die *Wasserbewegung* kann mechanisch recht verschieden hervorgerufen werden. Zunächst gibt es einige Tiere, die sich *passiv* dabei verhalten; sie seihen einen von der Natur gegebenen Wasserstrom durch besondere Filtriervorrichtungen ab, ohne selbst etwas zur Wasserbewegung beizutragen; so stellen sich die Simuliumlarven (Kriebelmücken) gegen den Wasserstrom fest und filtrieren ihn passiv durch Mundanhänge[5]); die Ephemeridenlarve Chirotonetes dagegen filtriert Diatomen passiv durch die Thorakalfüße, die mit langen Haaren besetzt sind; aber auch hier sind die Kopfextremitäten zum Sammeln der Nahrungsteilchen und zum Fortbringen an den Mund geeignet[6]). Bei vielen Tiefseeschwämmen ist eine Rückbildung des Wimperapparates zu beobachten; wahrscheinlich seihen diese Tiere Tiefseeströme durch die Kanäle ihres Körpers passiv ab[7]).

Vielfach geschieht aber die aktive Wasserbewegung durch *Wimpernschlag*, meist in Verbindung mit besonderen Filtern. So bei den Rotatorien durch das Wimperorgan[8]), bei den Muscheln[9]) (Abb. 18 und 19), Aszidien und bei Amphioxus durch die Wimpern der Kiemen, wobei die Kiemen selbst als sehr feines und stark ausgedehntes Filter Dienst leisten. Das Filtrat wird zu bestimmten Schleimrinnen gebracht, hier angehäuft und durch besonders kräftige Wimpern dem Munde zugeführt. Bei den Schwämmen, deren Geißelschlag und eigentümlicher

---

[1]) Depdolla, Ph.: Nahrung und Nahrungserwerb bei Praunus. Biol. Zentralbl. Bd. 43, S. 534. 1923.

[2]) Letzte (und recht genaue) Untersuchungen von C. M. Yonge: Mechanism of feeding, digestion and assimilation in Mya. Brit. journ. of exp. biol. Bd. 1, S. 15. 1923. — Ostrea, Journ. of the Marine Biolog. Assoc. Bd. 14, S. 295. 1926.

[3]) Heyde, H. C. v. d.: Arch. néerland. de physiol. de l'homme et des anim. Bd. 8, S. 112. 1923.

[4]) Carpenter, F. W.: Feeding reactions of the rose coral. Proc. of the Americ. acad. of arts Bd. 46, S. 149. 1910. — Boschma, H.: Voedsel d. Koraaldieren. Ned. Dierk. Vereen., 29. Sept. 1923; Jaarb. v. de kon. acad. v. wetensch. (Amsterdam) Bd. 27. 1923; Proc. of the Americ. acad., Cambridge U. S. A. 1925.

[5]) Naumann, E.: Notizen zur Ernährungsbiologie der limnischen Fauna. Arkiv f. zool. Bd. 16. 1924.

[6]) Clemens, W. A.: An ecological study of the Mayfly Chirotonetes. Univ. of Toronto studies, biol. series Bd. 17. 1917.

[7]) Bidder, G. P.: Relation of the form of a sponge to its currents. Quart. journ. of microscop. science Bd. 67, S. 293. 1923.

[8]) Naumann, E.: Nahrungserwerb und Nahrung der Copepoden und Rotiferen. Lunds universitets årsskrift Avd. 2, Bd. 19, Nr. 6. 1923.

[9]) Genauere Angaben über die besondere Verteilung gröberer und feinerer Partikel auf den Mundlappen und im Magen findet man in den schönen Arbeiten von C. M. Yonge: Mechanism of feeding in Mya. Brit. journ. of exp. biol. Bd. 1, S. 15. 1923. — Derselbe: Structure and physiology of the organs of feeding and digestion in Ostrea. Journ. of the Marine Biolog. Assoc. Bd. 14, S. 299. 1926. (Gute Abbildungen.)

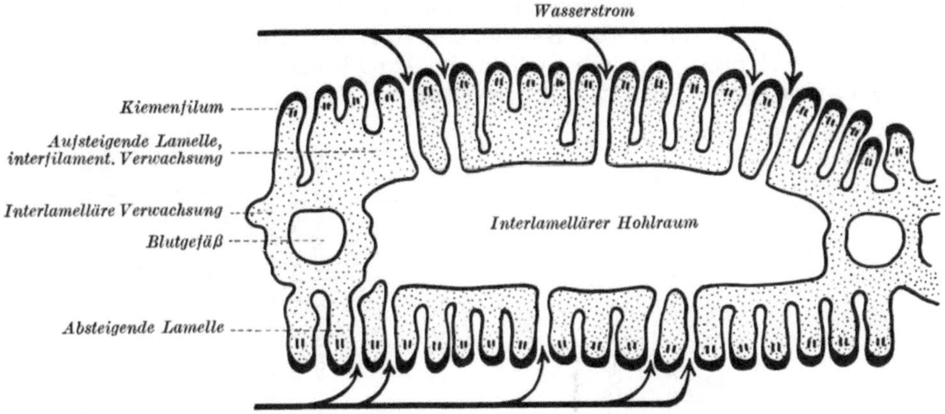

Abb. 18a—c. *Schemata zur Verdeutlichung des Wasserstromes in einer Muschelkieme.* — Abb. 18a: Horizontal-
schnitt durch einen kleinen Teil einer Kiemenhälfte,
von dorsal gesehen. Nach dem Tierkörper zu (medial)
liegt die absteigende Lamelle, vom Tierkörper ab
(lateral) die aufsteigende Lamelle. Beide Lamellen
sind teilweise durch die „interlamelläre Verwachsung"
verbunden. Jede Lamelle besteht aus Kiemenfila, die
durch die „interfilamentäre Verwachsung" verbunden
sind, bis auf Aussparungen, durch welche das Wasser
eintritt in den interlamellären Hohlraum. — Abb. 18b:
Körperliche Darstellung eines gleichen Schnittes wie
in Abb. 18a. Es wird hieraus deutlich, daß der Wasserstrom nur durch feine Öffnungen (Röhren) von beider-
seits-außen in den interlamellären Hohlraum gelangen
kann. Diese Öffnungen sind die Aussparungen der
interfilam. Verwachsungen. Der interlamelläre Hohlraum ist allseitig geschlossen; in ihm steigt das Wasser
dorsad empor (großer Pfeil) und verläßt durch einen
besonderen dorsalen Kanal den Körper des Tieres.

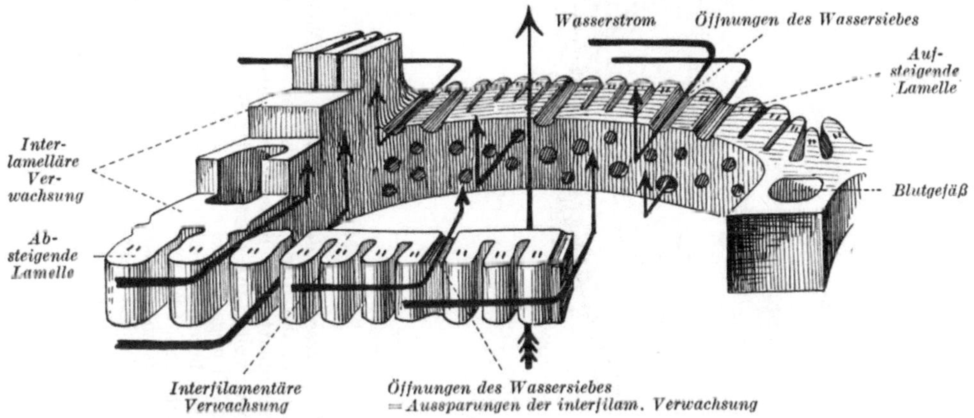

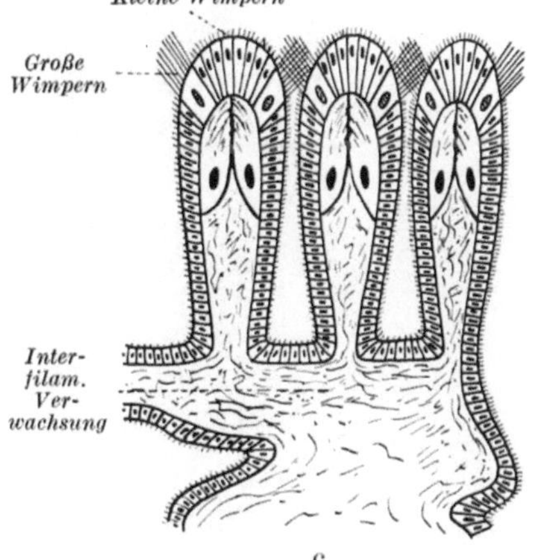

Da die Öffnungen in den Lamellen sehr klein sind, so dienen die Lamellen neben der Atmung
als Sieb. Der Partikelfang findet also vor den Öffnungen statt, indem die Partikel vor
den Öffnungen liegen bleiben. — Abb. 18c: Drei Kiemenfila stärker vergrößert, um den Bau
der Wimpern sehen zu lassen, welche den Wasserstrom bewirken und die abfiltrierten
Partikel an der Außenwand der Lamellen transportieren (vgl. Abb. 19). — Entworfen durch
G. C. Hirsch unter Benutzung von Langs Lehrbuch der vergl. Anatomie.

Filterapparat in Abb. 20 eingehend dargestellt ist[1]), bewirken die Geißeln einen gleichmäßigen Strom durch die Kanäle des Körpers, wobei dann besondere „Schornsteine" (Kragen) um die Geißeln die Fangflächen bilden; eine 25 mm hohe Leucandra aspera filtriert 22 l Seewasser pro Tag[2]).

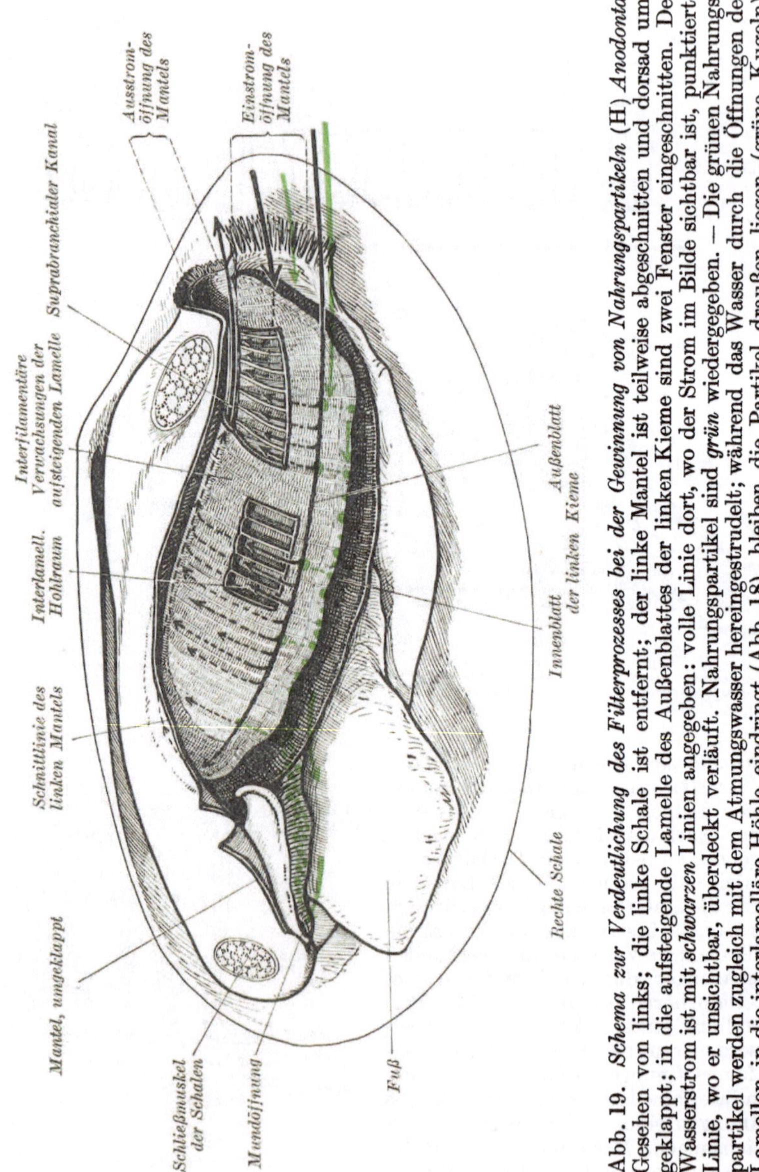

Abb. 19. *Schema zur Verdeutlichung des Filterprozesses bei der Gewinnung von Nahrungspartikeln (H) Anodonta.* Gesehen von links; die linke Schale ist entfernt; der linke Mantel ist teilweise abgeschnitten und dorsad umgeklappt; in die aufsteigende Lamelle des Außenblattes der linken Kieme sind zwei Fenster eingeschnitten. Der Wasserstrom ist mit *schwarzen* Linien angegeben: volle Linie dort, wo der Strom im Bilde sichtbar ist, punktierte Linie, wo er unsichtbar, überdeckt verläuft. Nahrungspartikel sind *grün* wiedergegeben. — Die grünen Nahrungspartikel werden zugleich mit dem Atmungswasser hereingestrudelt; während das Wasser durch die Öffnungen der Lamellen in die interlamelläre Höhle eindringt (Abb. 18), bleiben die Partikel draußen liegen (grüne Kugeln). Durch besondere Wimpern werden sie ventrad bis zum Umschlagrande der Kieme transportiert, hier in Schleim gehüllt und (längs dem grünen Pfeil) zum Mundlappen gebracht (weißes längliches Dreieck); von hier werden sie in die Mundöffnung gestrudelt. — Das Wasser tritt in die interlamellären Hohlräume ein, wird hier dorsad gebracht und verläßt schließlich durch den suprabranchialen Kanal den Körper. (Entwurf von G. C. Hirsch.)

Andere Festsitzende dagegen, wie die Crinoidea, die angeführten Actinien[3]), die Terebelliden unter den Brachiopoda und die thecosomen Pteropoda strudeln

---

[1]) Trigt, H. van: Contribution to the physiologie of the fresh-water sponges. Tijdschr. d. nederl. dierk. vereeniging 2, Bd. 17, S. 1. 1919.
[2]) Bidder, G. P.: Zitiert auf S. 26.   [3]) Carpenter, F. W.: Zitiert auf S. 26.

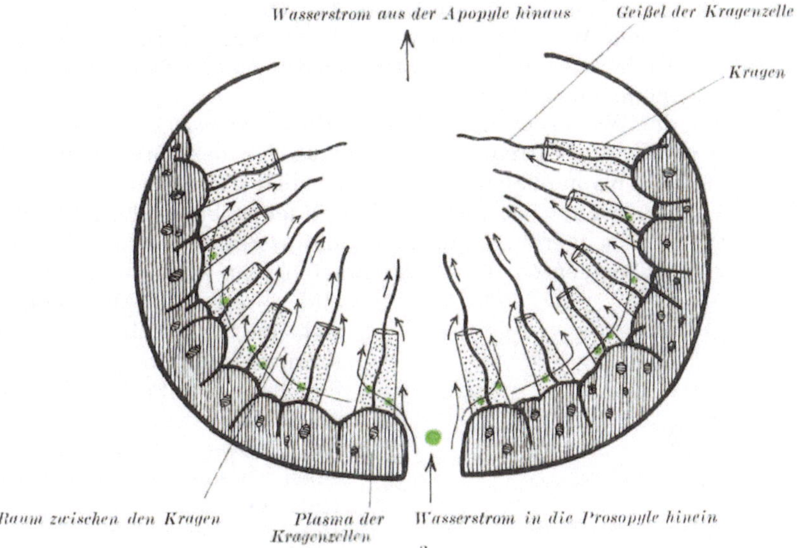

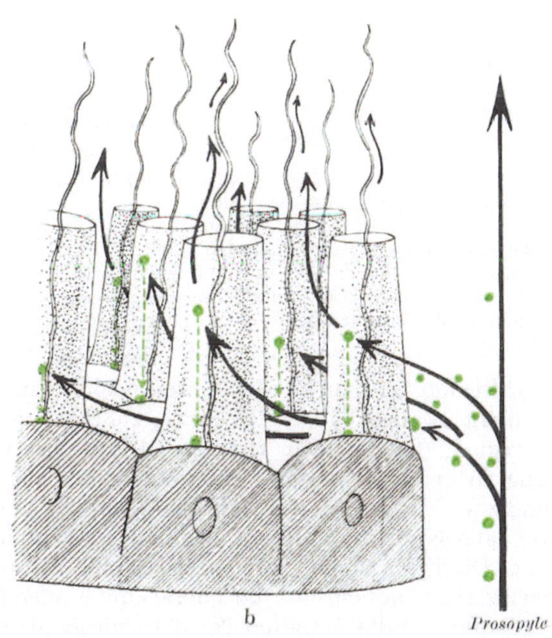

Abb. 20a und b. *Schemata zur Verdeutlichung des Wasserstromes in den Geißelkammern des Süßwasserschwammes Spongilla.* — Abb. 20a: Durchschnitt durch eine Geißelkammer, die eine kugelige Gestalt hat, mit zwei Öffnungen: die Prosopyle zum Einstrom des Wassers, die Apopyle zum Ausstrom. Der Weg des Wasserstromes ist mit schwarzen Linien angegeben, der Weg der Nahrungspartikel mit grün. — Abb. 20b: Stück der Geißelkammerwand, stärker vergrößert und körperlich gezeichnet. — Die Geißeln der Kragenzellen saugen das Wasser durch ihre stoßende Bewegung aus der Prosopyle zwischen die Kragen und drücken es konzentrisch zur Apopyle. Während das Wasser dabei an die Kragen anstößt, bleiben die Partikel an der Außenwand der Kragen haften. Hier werden sie durch Protoplasmaströmung der äußeren Kragenwand (grüner Pfeil) zur Kragenbasis .transportiert und darauf in das Plasma der Kragenzellen aufgenommen (vgl. Abb. 51). — Abb. 20a mit Benutzung von v. TRIGT, 1919, Fig. 59 u. 63. (Entwurf von G. C. HIRSCH.)

durch Wimpern direkt die Nahrung in den Mund. Bei der Siphonophore Apolemia uvaria (Abb. 21) schlagen Wimpern in eine trichterförmige Öffnung das Zellsyncytiums, wo am Ende eines intraplasmatischen Kanals die Partikel (Tusche) in das Plasma aufgenommen werden[1]).

Drittens kann die Wasserbewegung durch *Körperanhänge* geschehen. Als Beispiele seien genannt: die Cirren des Amphioxus vor dem Munde und die spiralförmig gedrehten Kopfanhänge der festsitzenden Röhrenwürmer, z. B. Spirographis. Sicher beobachtet ist aber das Fangen feiner Partikel durch eigentümliche Rumpfborsten beim röhrenbauenden Süßwasseranelid Ripistis[2]): hier sind an drei vorderen Segmenten (6—8) die Borsten sehr lang entwickelt; sie

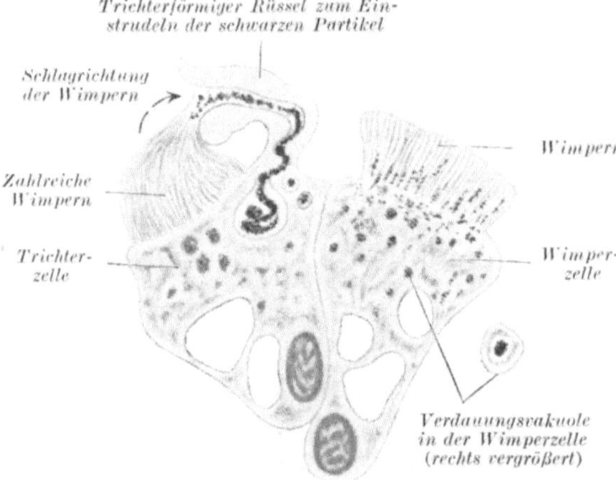

Abb. 21. Zwei Zellen aus dem Entoderm eines *Tasters der Siphonophore Apolemia uvaria*, nach Fütterung mit Tusche. Besondere „Wimperflammen" schlagen bei der linken Zelle die Tusche in einen „Trichter", welcher die Partikel zum Zellinneren leitet. (Nach V. Willem, 1894.)

bilden quer zur Körperachse stehende Fächer, die ständig auf und nieder schwingen. Die dabei festklebenden Partikel werden regelmäßig vom Munde abgefegt, wobei sich der Kopf in einem besonders entwickelten Halsteile nach hinten neigt. Beim Abstreifen helfen ventrale Borstenbündel des 2. Segmentes, die wie ein Kamm den Mund umstehen.

Vor allem aber ist die Partikelaufnahme durch die Körperanhänge bei den niederen Krebsen uns durch die aufschlußreichen Untersuchungen von O. Storch in den letzten Jahren erst verständlich geworden. Offenbar bei sehr vielen niederen Krebsen wird ein Wasserstrom zustande gebracht, der vom Vorderende her das Tier bauchwärts trifft und am Bauche nach hinten geleitet wird (Abb. 23a). Diese Wasserbewegung dient in allen Fällen gleichzeitig zur Atmung, in einigen Fällen auch zur Fortbewegung (Schizipoden, Ostracoden, teilweise Copepoden). Aber recht verschiedene Arten der Extremitäten werden hier zur Wasserbewegung, zum Filtrieren und zum Vorbringen der Nahrung benutzt. Es ist wahrscheinlich, daß die Trilobiten alle Kopf- und Rumpfgliedmaßen dazu verwendeten[3]) (holethidischer Typus). Die Euphyllopoden dagegen [Daphnia[4])] und die Schizopoden [Praunus[5]), Euphausia[4])] benutzen nur die Thoracalfüße (metethidischer Typus); die Ostracoden gebrauchen die Mandibeln[6]), die Culicidenlarven die Oberlippe

---

[1]) Willem, V.: Bull. de l'acad. belgique (3) Bd. 27, S. 354. 1894.

[2]) Cori, C. J.: Nahrungsaufnahme bei Nais, Stylaria und Ripistis. Lotos, Prag Bd. 71, S. 67. 1923.

[3]) Storch, O.: Bau und Funktion der Trilobitengliedmaßen. Zeitschr. f. wiss. Zool. Bd. 125, S. 299. 1925.

[4]) Storch, O.: Morphologie und Physiologie des Fangapparates der Daphniden. Ergebn. u. Fortschr. d. Zool. Bd. 6. 1924; vgl. dazu E. Naumann: Zitiert auf S. 25, und O. Storch: Internat. Rev. d. ges. Hydrogr. 1925, und O. Storch: Cladoceren. Biologie der Tiere Deutschlands. Berlin 1925. — Franke: Der Fangapparat von Chydorus. Zeitschr. f. wiss. Zool. Bd. 125. 1925.

[5]) Depdolla, Ph.: Zitiert auf S. 26.

[6]) Storch, O.: Fangapparat eines Ostracoden. Verhandl. d. dtsch. zool. Ges. 1926.

mit zwei großen Borstenbüscheln[1]); und schließlich Diaptomus (Copepode) ausschließlich die Mundgliedmaßen (proethidischer Typus). — Von diesen letzten Tieren ist physiologisch bisher nur Diaptomus durch O. Storch[2]) genauer analysiert; Abb. 22 möge dies erläutern: die Äste der Antenne II, der Mandibel und der Maxille I schlagen kräftig nach hinten in der Sagittalebene; dadurch wird das Tier gleitend vorwärts gebracht; gleichzeitig wird hierdurch ein Wasserstrom erzeugt (Abb. 22b: Strom I), der vorn in einiger Entfernung vom Körper beginnt und nach hinten bauchwärts verläuft; zwischen Maxille I und Maxille II trifft dieser Strom die Bauchwand. Hier wird das Wasser durch die Außenäste der Maxille I besonders dem Bauche und dem Hinterende zugeführt (Strom 2 in Abb. 22b). Nach Art der Wasserstrahlpumpe saugt dieser Strom 2 das Wasser zwischen Maxille I und II an (Pfeil 3). Dadurch entsteht ein Unterdruck im „Filterraume" (Pfeil 4), der zwischen den Siebborsten der Maxille II und den Maxillipeden gelegen ist; deshalb tritt das Wasser durch die Filterborsten in Richtung des Pfeiles 3 hindurch; gleichzeitig strömt Wasser von hinten (Pfeil 4) und von den Seiten über die Maxillipeden hinweg in den Filterraum hinein. Die Wasserbewegung kommt also zustande durch caudaden Schlag von drei Kopfextremitäten; filtriert wird nur durch Borsten des Maxille II. Die Nahrungsteile werden gesammelt durch den spitzen Bau des Filterraumes, durch die Ober- und Unterlippe (welche letztere die Nahrungsteile hindurchtreten läßt) und schließlich durch die Innenäste der Maxille I, welche besonders die Partikel zum Munde geleiten.

Schließlich bedienen sich viele Tiere zur Wasserbewegung einer *Pumpe*, die abwechselnd Saug- und Druckpumpe ist: so der bekannte Atmungsstrom der Teleostier von vorn nach hinten, bei welchem Nahrungsstücke wohl teilweise am Kiemenapparat hängenbleiben können. Die Bartenwalfische bewegen die Kleinnahrung durch den Einstrom des Wassers in den Mund; sie filtrieren das Wasser, indem sie es mit erhöhtem Druck durch die Barten pressen, die dadurch alles Kleingetier zurückhalten. Dabei kann der Mund fast die Hälfte des Körpers einnehmen: auch hier — wie bei den Kiemen — starke Oberflächenvergrößerung. — Am besten ist uns aber die Mechanik des Ansaugens und Filtrierens bei Daphnia (Cladoceren) durch O. Storch bekannt[3,4]). Der Wasserstrom (Abb. 23 und 24: schwarze Linie) kommt halb von vorn, halb von ventral, wird dem Bauche zugeleitet, hier durch Filterborsten des 3. und 4. Thoracopods filtriert und durch besondere Abzugskanäle nach hinten abgeführt; er beschreibt damit einen flachen Bogen. Der Strom wird verursacht durch abwechselndes Ansaugen und Auspressen einer Pumpe; deren Wand (Abb. 24) wird gebildet aus folgenden Stücken: dorsal aus dem Rumpfe, lateral von der Schale und den Beinen, ventral aus bestimmten Teilen des 3. und 4. Thoracopods. Dieser Pumpenraum wird dadurch vergrößert, daß Teile des 3. und 4. Thoracopods sich spreizen, trotzdem aber mit ihren Exiten abdichtend (Abb. 24a) der Schale eng anliegen. Dadurch strömt das Wasser durch den Spalt der Schale (schwarzer und grüner Pfeil) mit großer Geschwindigkeit ein. Dadurch entsteht ein Unterdruck in den seitlich der Filterborsten gelegenen Abzugsräumen: es strömt also Wasser durch die Filter hindurch: Saugfiltration. Es werden 4—5 solcher Saugbewegungen in der Sekunde ausgeführt. Ventrale Schließung des Pumpenraumes (Abb. 24b) und darauf Ver-

---

[1]) Naumann, E.: Zitiert auf S. 25.

[2]) Storch, O. u. O. Pfisterer: Fangapparat von Diaptomus. Zeitschr. f. vergleich. Physiol. Bd. 3, S. 330. 1925.

[3]) Storch, O.: Zitiert auf S. 30.

[4]) Cannon, G. H.: Labral glands of Simocephalus and mode of feeding. Quart. journ. of microscop. science Bd. 66, S. 213. 1922. — Vgl. auch Naumann, E.: Zitiert auf S. 25, u. Lundblad, O.: Nahrungsaufnahme der Phyllopoden. Arkiv f. zool. Bd. 13. 1921.

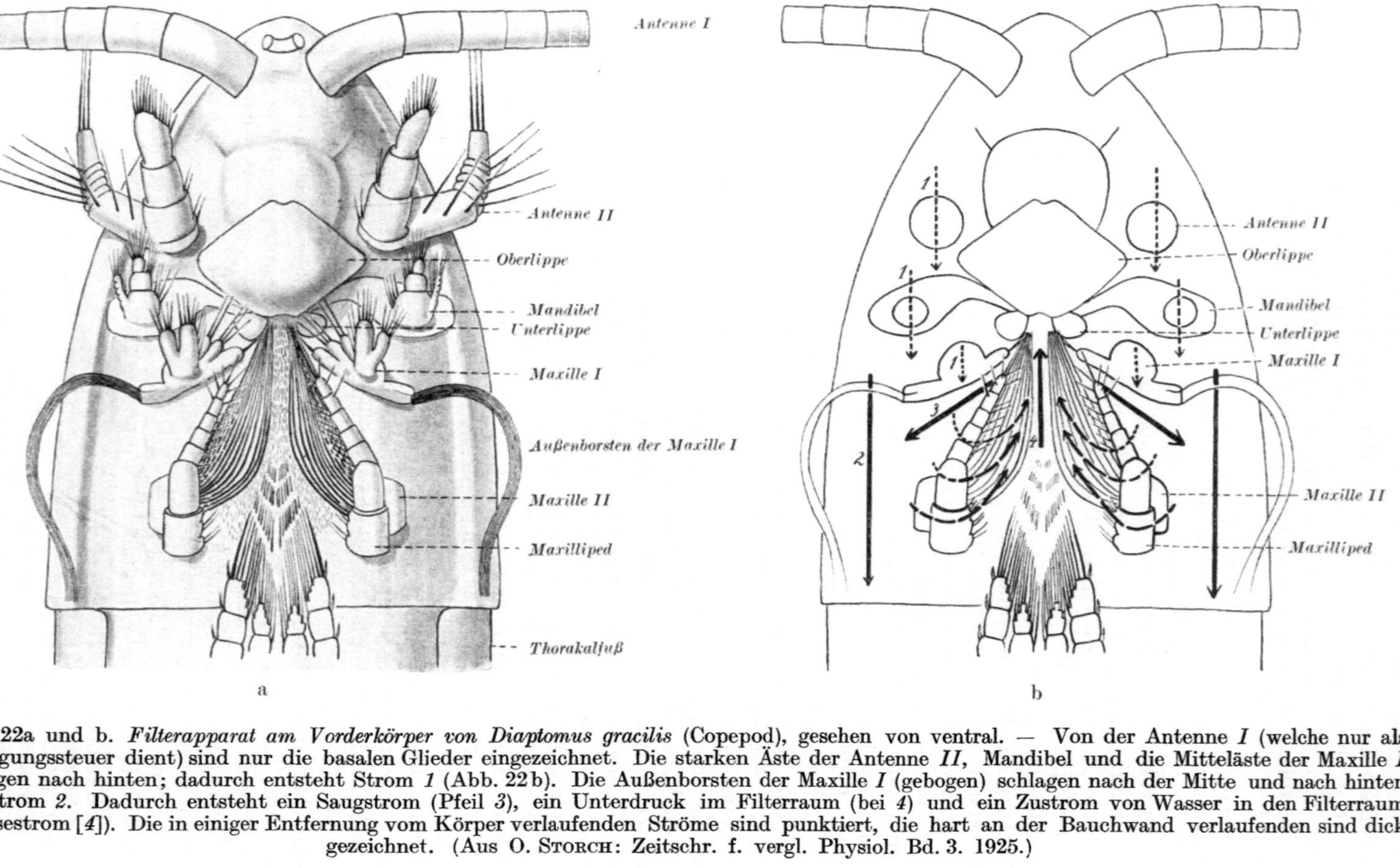

Abb. 22a und b. *Filterapparat am Vorderkörper von Diaptomus gracilis* (Copepod), gesehen von ventral. — Von der Antenne *I* (welche nur als Bewegungssteuer dient) sind nur die basalen Glieder eingezeichnet. Die starken Äste der Antenne *II*, Mandibel und die Mitteläste der Maxille *I* schlagen nach hinten; dadurch entsteht Strom *1* (Abb. 22b). Die Außenborsten der Maxille *I* (gebogen) schlagen nach der Mitte und nach hinten zu: Strom *2*. Dadurch entsteht ein Saugstrom (Pfeil *3*), ein Unterdruck im Filterraum (bei *4*) und ein Zustrom von Wasser in den Filterraum (Speisestrom [*4*]). Die in einiger Entfernung vom Körper verlaufenden Ströme sind punktiert, die hart an der Bauchwand verlaufenden sind dick gezeichnet. (Aus O. Storch: Zeitschr. f. vergl. Physiol. Bd. 3. 1925.)

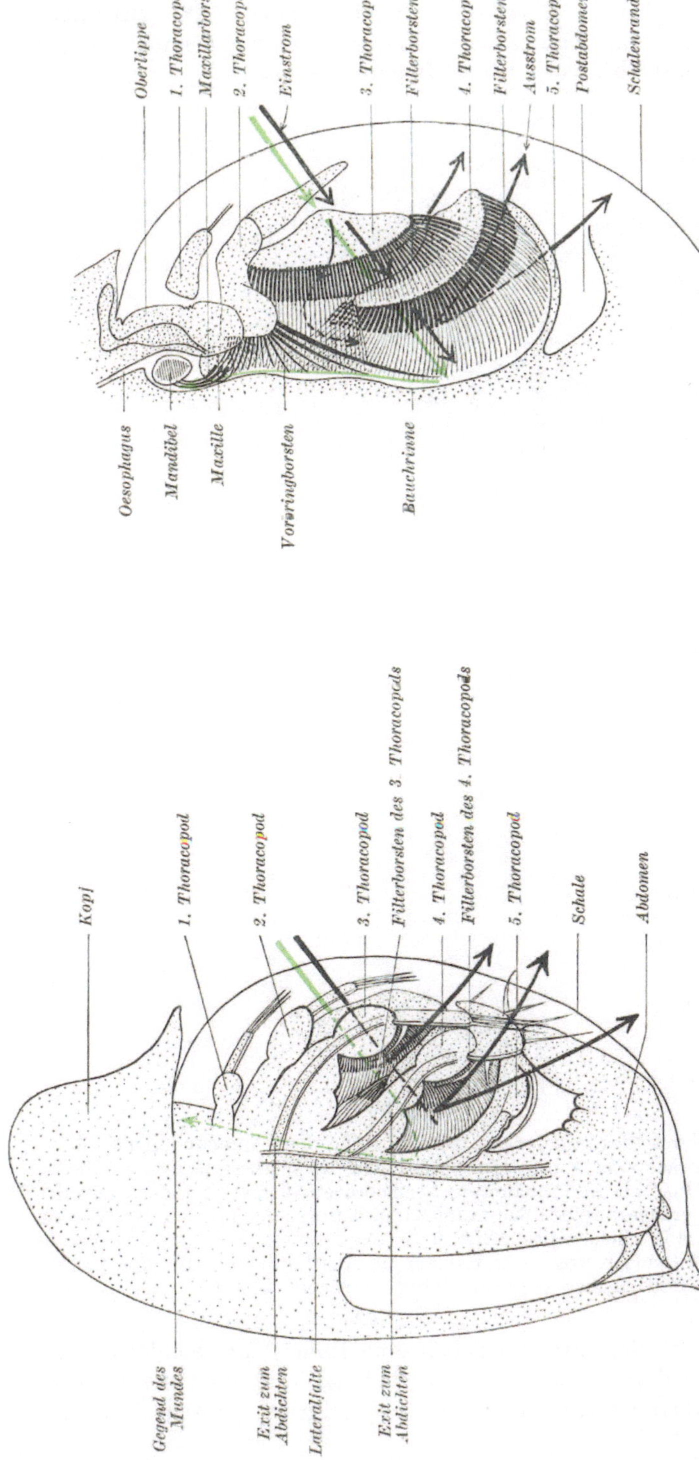

Abb. 23 a. Ansaugen des Wassers (schwarz) mit den Partikeln (grün), von außen gesehen.

Abb. 23 b. Medianschnitt durch Abb. 23 a.

Abb. 23 a und b. *Seitenansicht von Daphnia magna beim extremen Spreizen der Thoracopodien:* Ansaugen des Wassers (schwarze Linien). Soweit der Wasserstrom durch die rechte Schale hindurch sichtbar ist, wurde die schwarze Linie ausgezogen; verschwindet der Wasserstrom unter den Thoracopodien, so ist er gestrichelt gezeichnet. — Abb. 23 a: Der Wasserstrom gelangt (in dieser Ansicht) unter die rechten 3. und 4. Thoracopodien und wird dann durch die Filterborsten hindurch dem Beschauer zu (lateral) gepreßt; er entweicht durch bestimmte Abzugskanäle. — Abb. 23 b: Medianschnitt; die rechte Körperhälfte ist abgetragen. Das hereinströmende Wasser befindet sich in dieser Ansicht auf dem linken 3. und 4. Thoracopod und wird durch die Filterborsten hindurch vom Beschauer fort (lateral) gepreßt (Strichellinie). In beider Abbildungen bleibt die abfiltrierte Nahrung (grün) auf den Filterborsten liegen, wird zur Bauchrinne gebracht und durch eine komplizierte Vorbringevorrichtung nach vorn zum Munde transportiert. — Entworfen von G. C. HIRSCH im Anschluß an O. STORCH (1924), mit freundlicher Durchsicht des Forschers.

engerung des Raumes (Abb. 24c—d) drückt das Wasser durch die Filterborsten und bringt die Partikel zur Bauchrinne: Druckfiltration. Von hier werden die Nahrungsteile durch komplizierte Borsten des 2. Thoracopods (Abb. 23b) nach vorn zum Munde gebracht. Ein Kauen der Nahrung findet nicht statt. Bis zur Größe von 0,1 μ wird alles abfiltriert (Zentrifugenplankton).

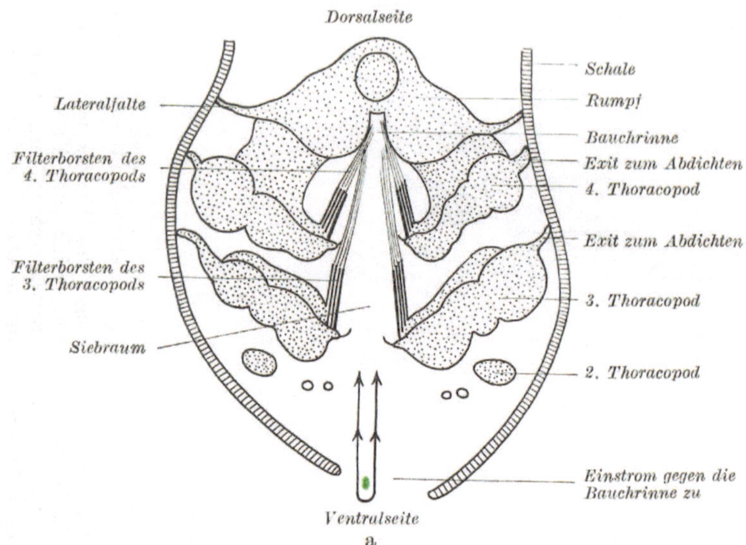

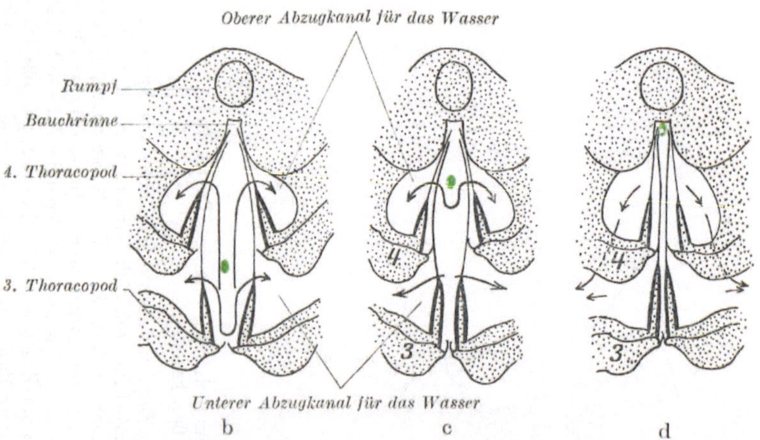

Abb. 24a—d. *Querschnitte durch Daphnia magna*, auf der Höhe der Thoracopodien 3—4. — Abb. 24a: Spreizen der Thoracopodien und damit Ansaugen des Wassers (schwarze Pfeile) mit der Nahrung (grün). — Abb. 24b—d: Annäherung der Thoracopodien aneinander, ventrales Schließen des Siebraumes, Verengerung des Siebraumes und dadurch Auspressen des Wassers durch die Filterborsten laterad. Gleichzeitig Abfiltrieren der (grünen) Nahrung und Transport zur Bauchrinne. — Entworfen von G. C. Hirsch im Anschluß an O. Storch (1924), mit freundlicher Durchsicht des Forschers.

Überall spielt hier *Schleim* zum Verkleben eine Rolle[1]); am sonderbarsten aber haben die Appendicularien den „Schleim" benutzt (die auch die Wasserbewegung durch einen Körperanhang, und zwar den Schwanz, zuwege bringen):

---

1) Cannon, G. H.: Zitiert auf S. 31.

sie formen aus Hautdrüsensekret ein Filter, das $1\,^1/_2$mal so groß ist wie ihr Körper; es besitzt eine Maschenweite von 9—65 μ und filtriert ca. 27 ccm Seewasser pro Stunde[1]). Mit ihm fangen sie Zentrifugenplankton.

2. Selten geschieht es, daß Tiere nur durch Schleimabsonderung und **Wiedereinschlürfen** Partikel gewinnen: so die festsitzende Wurmschnecke Vermetus, die eine große Fußdrüse zu diesem Zwecke benutzt[2]).

3. Sehr verbreitet dagegen ist der Fang durch *fadenförmige oder büschelförmige* **Anhänge,** die oft wie Reisig durch das Wasser gezogen werden; dadurch werden die Partikel mittels Schleim festgehalten und dem Munde zugeführt. So nimmt der Mollusk Dentalium durch die klebrigen Capitacula Kleinnahrung des Bodens auf. Rhythmisch und unaufhörlich werden die Extremitäten der Brachiopoden und Cirripedien, die „Tentakeln" der festsitzenden Anneliden eingezogen und abgestreift; das gleiche ist beobachtet bei den Holothurien Cucumaria und Thyone[3]), wahrscheinlich auch bei Pelagothuria. Auch die Tentakel der obenangeführten Actinien können eingeschlagen werden.

Ein weiteres gemeinsames Kennzeichen aller dieser sehr verschiedenen Partikelfresser beruht darin, daß sie größtenteils *keine Nahrungswahl außerhalb des Körpers* kennen: wahllos wird alles eingestrudelt und eingefangen, was entsprechend klein ist. Es fehlen für diese Fragen zwar meist systematische Fütterungsversuche und stufenweise Darmuntersuchungen; in neuerer Zeit ist jedoch für die Culex- und Simuliumlarven[4]), für die Cladoceren und die meisten Copepoden[5]), für Praunus (Schizopod) sowie für einige Rädertiere [Conochilus, Triarthra[5])] nachgewiesen, daß sie ohne Rücksicht auf Verwertbarkeit die Nahrung abfiltrieren und verschlucken. — Andere nahe verwandte Formen dagegen, wie Cyclops und Heterocope unter den Copepoden[5]) und viele Rotatorien[5]), weisen bestimmte Nahrungskörper schon vor dem Munde ab. Das gleiche wurde in sehr ausgeprägtem Maße bei den Süßwasserfischen festgestellt, die teilweise geradezu Nahrungsspezialisten sind[6]).

Das häufig wahllose Aufnehmen bringt es mit sich, daß die Partikelfresser (soweit sie nicht Hautnahrungsaufnahme haben) *großer Nahrungsmengen* bedürfen, die verhältnismäßig schnell den Darm passieren: so wird von der filtrierenden Cladocera (z. B. Daphnia) je nach dem Genus in 15—60 Minuten der ganze Darminhalt erneuert[7]), von Culicidenlarven und Ostracoden binnen einer Stunde[8]). Gibt man jedoch experimentell den Cladoceren wenig Seston, so steigt die Erneuerungszeit des Darminhaltes bis zu 15 Stunden, d. h., die Nahrung wird viel besser ausgenutzt.

2. Typus: Die Sauger.

Eine Beschränkung auf hochwertige flüssige Nahrung bedeutet die Aufnahme von Blut bei den stechenden Dipteren, Acarinen, Copepoden; bei den Hirudineen, Ancylostoma, Ichthyotomus und einigen Mallophagen[9]); oder von Pflanzensäften bei den Blattläusen, Schmetterlingen, Macrobioten usw.; oder von Darminhalt bei den parasitischen Nematoden, Trematoden; von Detritus-

---

[1]) LOHMANN, H.: Die von Sekretfäden gebildeten Fangapparate im Tierreich und ihre Erbauer. Mitt. a. d. Naturhist. Museum Hamburg Bd. 30. 1913.
[2]) SIMROTH, H.: Verh. d. V. internat. Zoologenkongr. Berlin 1901.
[3]) v. d. HEYDE, H. C.: Zitiert auf S. 26.
[4]) NAUMANN, E. 1924: Zitiert auf S. 26.   [5]) NAUMANN, E. 1923: Zitiert auf S. 26.
[6]) SCHIEMENZ, P.: Nahrung der Süßwasserfische. Naturwissenschaften Bd. 12, S. 522. 1924.
[7]) NAUMANN, E.: Zitiert auf S. 26.   [8]) NAUMANN, E. 1924: Zitiert auf S. 26.
[9]) KOLLAN, A.: Blutaufnahme der Mallophagen. Zool. Anz. Bd. 56, S. 231. 1923.

schlamm z. B. bei den Nematoden oder von Schleimgalle bei Distomum hepaticum[1]).

In den letzten Fällen ist natürlich ein *Öffnen von Wänden* für die Nahrungsaufnahme nicht nötig. Bei den ersten Beispielen dagegen wird die Körperwand (Haut oder Darm) des Wirtes eröffnet. Geschieht dies durch die Extremitäten, so ist die Form fast durchweg die eines Troicarts: einer Stechkanüle mit Führung. Es ist erstaunlich, aus welchen verschiedenen morphologischen Teilen solche Stechapparate aufgebaut werden und wie ähnlich sie einander doch im physiologischen Bauplan sind (Insekten, parasitische Crustaceen, parasitische Acarinen). In anderen Fällen dienen zum Öffnen Zähne der Mundhöhle mit besonderer Konstruktion (Hirudo, Ancylostoma, Ichthyotomus).

Merkwürdige Einrichtungen treffen wir bei den Insekten; hiervon nur ein Beispiel: Die Schlupfwespe Hybrocytus[2]) sticht die Beuteraupe durch den caudalen Stechapparat des Eilegebohrers an; Hybrocytus wartet darauf eine halbe Stunde in dieser Stellung, bis das ausgetretene Beutesekret den Stachel umhüllt und gerinnt; wird dann der Stachel herausgezogen, so bleibt ein Kanal im geronnenen Sekret zurück, der nun von der Schlupfwespe als Saugrohr benutzt werden soll.

Der Pumpmechanismus liegt wohl in allen Fällen im Pharynx, allerdings von recht verschiedener Konstruktion.

Bei vielen Blutsaugern wird das Gerinnen des Wirtsblutes durch ein *Anticoagulin* verhindert, gleichzeitig mit einer Reizung des capillarmotorischen Apparates (Hirudo, Ancylostoma, Ixodinen, Ichthyotomus, Ornithodorus). Das Resultat des Saugens ist dementsprechend: die Zecke Argas (Abb. 49a—b auf S. 64) nimmt in 20—60 Minuten die fünffache Menge ihres Körpergewichtes auf[3]), Hirudo bis zur siebenfachen Menge. Während aber Hirudo längere Zeit vom Erworbenen lebt und wahrscheinlich alles Bluteiweiß in arteigenes Eiweiß umschmilzt, soll Argas anders verfahren[3]): die Hauptleistungen des Körpers, wie Häutung, Kopulation, Eibildung, vollziehen sich sehr schnell nach der Blutaufnahme; wahrscheinlich in Beziehung zu diesem starken Stoffverbrauch soll das artfremde Bluteiweiß unverändert den Zeckenkörper durchsetzen; erst das Ei zeigt wieder das spezifische Zeckeneiweiß.

B. Die makrophagen Tiere (Zerkleinerer).

Unter makrophagen Tieren wollen wir solche verstehen, welche auch große Beutestücke in Partikel zerlegen können, die darauf ebenso weiter abgebaut werden wie bei den mikrophagen Tieren.

Wir wollen kurz überblicken, wieviel verschiedene typische Mechanismen im Tierreich ausgebildet sind, um diese großen Stücke in kleine zu spalten.

Echtes Kauen, wie es bei uns vorkommt, d. h. das mühselige Zerkleinern durch Mahlzähne, findet sich bei den niederen Tieren nur selten. Wir finden dagegen zahlreiche Arten der Zerkleinerung, welche nicht auf echtem Kauen beruhen. Da ist in erster Linie die vornehmlich chemische Zerkleinerung ungeteilt aufgenommener Nahrung im Darm zu nennen (Schlinger); weiterhin der chemische Abbau durch die Außenverdauung. Die mechanische Zerstückelung dagegen geschieht bei Wirbellosen fast durchweg anders als bei uns, wie ja auch die

---

[1]) Müller, W.: Nahrung von Fasciola hepatica und ihre Verdauung. Zool. Anz. Bd. 57, S. 273. 1923.

[2]) Lichtenstein, J.: Biologie d'un Chalcidiens. Cpt. rend. hebdom. des séances de l'acad. des sciences Bd. 173. 1921.

[3]) Zuelzer, M.: Biologie von Argas persicus. Arb. a. d. Reichs-Gesundheitsamte Bd. 52, S. 163. 1920 u. Zeitschr. f. Immunitätsforsch. u. exp. Therapie, Orig. Bd. 30, S. 185. 1920.

Zähne der Nichtsäuger fast durchweg Fangapparate sind und keine Kauwerkzeuge. An Stelle echten Kauens tritt bei vielen Tieren das Raspeln. Andere verlegen das mechanische Zerkleinern ganz in das Innere: in den Mund, den Oesophagus oder den Magen.

Beginnen wir mit dem einfachsten: die Tiere nehmen große Beutestücke unzerteilt auf und verdauen sie innerhalb des Darmes ohne besondere harte Hilfsapparate; wir wollen diese Tiere zusammenfassen zum

3. Typus: Die Schlinger.

Die *Aufnahme der unzerteilten Nahrung* geschieht bei den Schlingern zunächst undifferenziert durch *Umgreifen mit dem Munde* und durch peristaltisches Hinabwürgen. So umfaßt z. B. die Ctenophore Beroë eine doppelt so

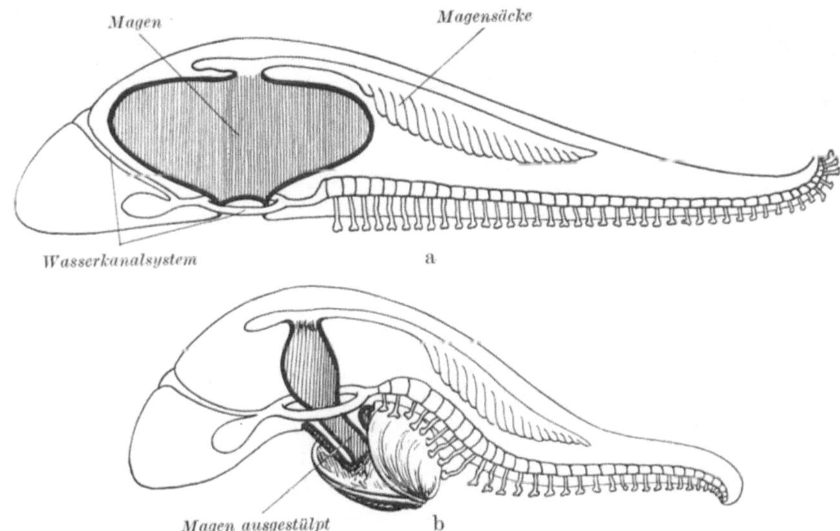

Abb. 25a und b. *Schemata eines Seesterns im Querschnitt*, links interradial, rechts radial getroffen. — Abb. 25a: Magen in Verdauungslage. — Abb. 25b: Magen ausgestülpt um das Innere einer Muschel, welche durch beiderseitigen Zug der Ambulakralfüße geöffnet ist, auszuschlingen. Kleinere Muscheln können auch als Ganzes in das Mageninnere hineingelangen.

große Eucharis mit breitem Maule und schlingt sie binnen einer Viertelstunde herab[1]). Ähnlich arbeiten die Asteriden (Abb. 25), welche den Vorderdarm (Magen) sackförmig ausstülpen und Muscheln, Schnecken usw. entweder ganz darin aufnehmen können oder nach dem Eröffnen ausdauen. Manche Raubanneliden, wie Nais und Stylaria, stülpen Pharynxboden und Pharynxdecke in zwei zylinderförmigen Wülsten aus; durch diese wird dann die Nahrung wie durch zwei Walzen mit verschiedener Drehungsrichtung hineingeschlungen[2]). Die Turbellarien dagegen [Pharynx simplex der Rhabdocoelen, tonnenförmiger Pharynx der Dalyelliden[3])] krempeln den Pharynx allseitig um; sie ergreifen

[1]) CHUN: Ctenophoren des Golfs von Neapel. Fauna u. Flora d. Golfs v. Neapel Bd. 1, S. 240. 1880.
[2]) CORI, C. J.: Nahrungsaufnahme bei Nais, Stylaria und Ripistes. Lotos, Prag Bd. 71, S. 69. 1923.
[3]) WESTBLAD, E.: Verdauung und Exkretion bei Turbellarien. Lunds univ. årsskr. N. F. Bd. 18, S. 55. 1923.

und verschlingen damit sehr ansehnliche Beutestücke: so wird von Stenostomum berichtet, daß es Nahrungsstücke von weit über eigener Größe verschlingt; von dem 4 mm langen Macrostomum, daß 13 Daphniden unzerteilt im Magen lagen[1]).

Eine differenziertere Gruppe stellen dann jene Formen dar, bei denen besondere *Tentakel* ausgebildet sind, die zum Nahrungsschlingen gebraucht werden. Als Übergangsformen kann man einmal die irregulären Echiniden rechnen, die mittels eigener Körperbewegung, durch ihre Lippe und auch durch Mundtentakeln Sand in großen Mengen aufnehmen; und zweitens Hydra und viele Hydroiden (Abb. 26), die in der Regel mit Tentakeln nur packen, mit dem Mund-

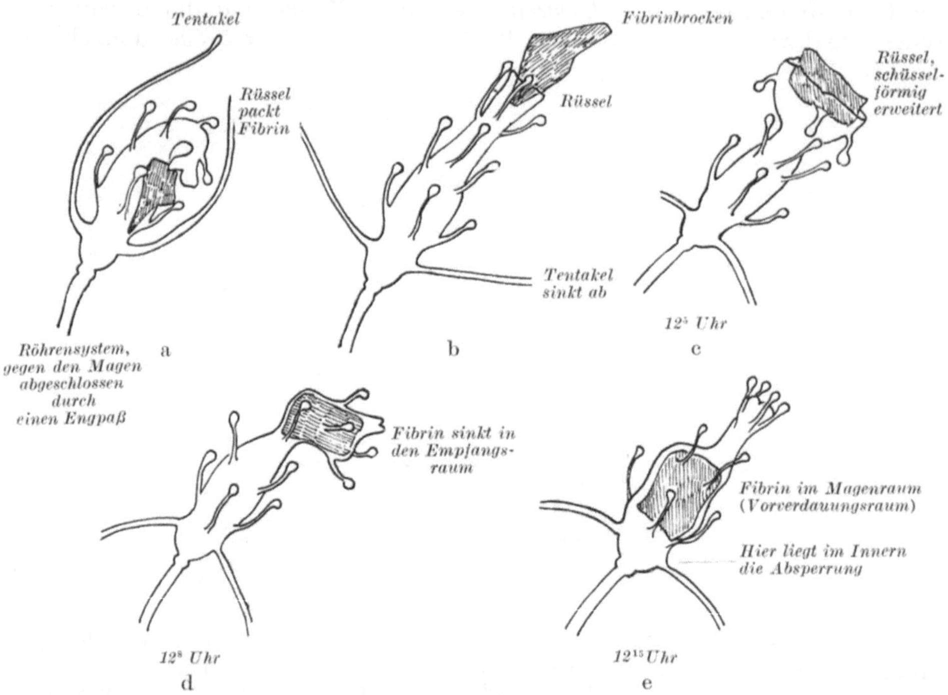

Abb. 26 a—e. Die *Hydroide Pennaria* verschlingt einen Fibrinbrocken. (Aus R. Beutler, 1926.)

feld aber (Proboscis der Campanulariden, Rüssel bei Pennaria) und selbst mit dem oberen Körperteil die Nahrung umschließen, um die große Beute aufnehmen zu können[2]).

Actinien[3]) (Abb. 27) und Medusen packen ebenfalls mit den Tentakeln die lebende, oft recht große Beute und drücken sie, aber mittels der Tentakeln, durch die Mundöffnung hindurch in den Gastralraum (oder bei der Rosenkoralle Isophyllia in den Vorraum). Die Schnecke Tethys leporina verschlingt ohne Radula z. B. unzerkleinerte Jungfische: ein riesiger Kopflappen nimmt dabei wie ein

---

[1]) Westblad, E.: Zitiert auf S. 37.

[2]) Goetzsch, W.: Ungewöhnliche Art der Nahrungsaufnahme bei Hydra. Biol. Zentralbl. Bd. 41. 1921. — Beutler, R.: Beobachtungen an gefütterten Hydroidpolypen. Zeitschr. f. vergl. Physiol. Bd. 3, S. 745. 1926.

[3]) Die Giftwirkung vgl. bei Cantacuzène: Action toxique des poisons d'Adamsia. Cpt. rend. des séances de la soc. de biol. Bd. 92, S. 1131. 1925. — Auch der erst kürzlich genauer beschriebene Süßwassercölenterat Polypodium hat diese Art der Nahrungsaufnahme (A. N. Lipin: Zool. Jahrb., Abt. Anat. Bd. 47, S. 541. 1926).

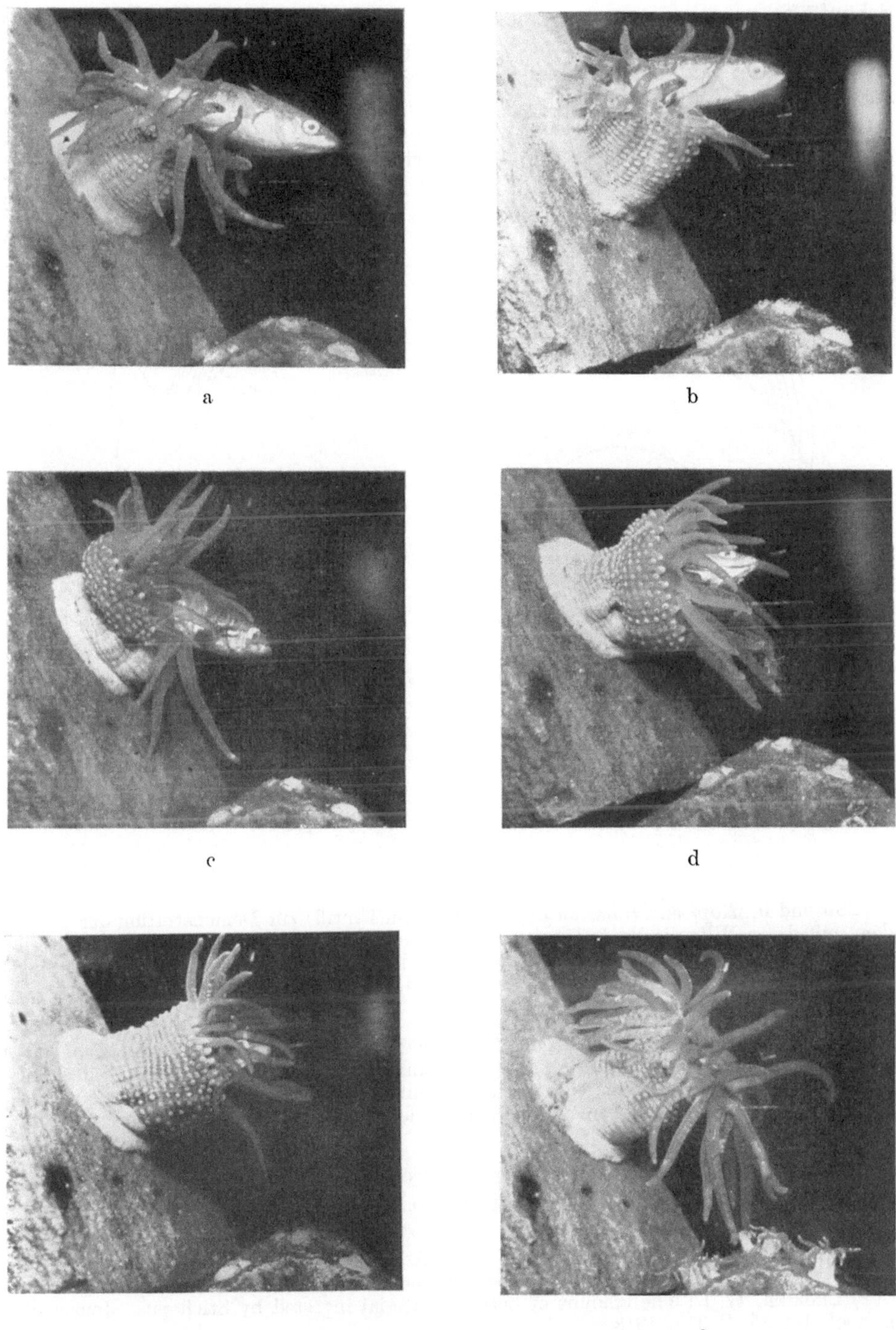

Abb. 27a—f. *Cribrina gemmacea* (Edelsteinrose); verschiedene Zeiten nach dem Anpacken eines Fisches mit den Tentakeln. Die Tentakel stülpen die Beute in die Mundöffnung hinein. Die Aufnahmen sind in Abständen von 5—10 Minuten gemacht. (Nach C. O. Bartels, aus Brehms Tierleben.)

Schöpflöffel alles auf, was eine bestimmte Konsistenz hat; eine Nahrungswahl findet erst vor dem Munde statt[1]). Ctenophoren greifen mittels zweier langer Fangtentakel. Sagitten (Abb. 28) haben besondere Fangarme eigenartiger Konstruktion ausgebildet[2]) und verschlingen Tintinnen, ja sogar Jungfische. Corethralarven (Abb. 33c) benutzen vogelschnabelartige Mundwerkzeuge und Antennen zum Packen und Verschlingen unzerteilter Beute. Und schließlich schaufeln Stichopus[3]), Holothuria (Abb. 29) und Sipunculus den Sand mit Nahrungsstücken in großen Mengen durch einen Kranz handförmiger Schippen in den Darm.

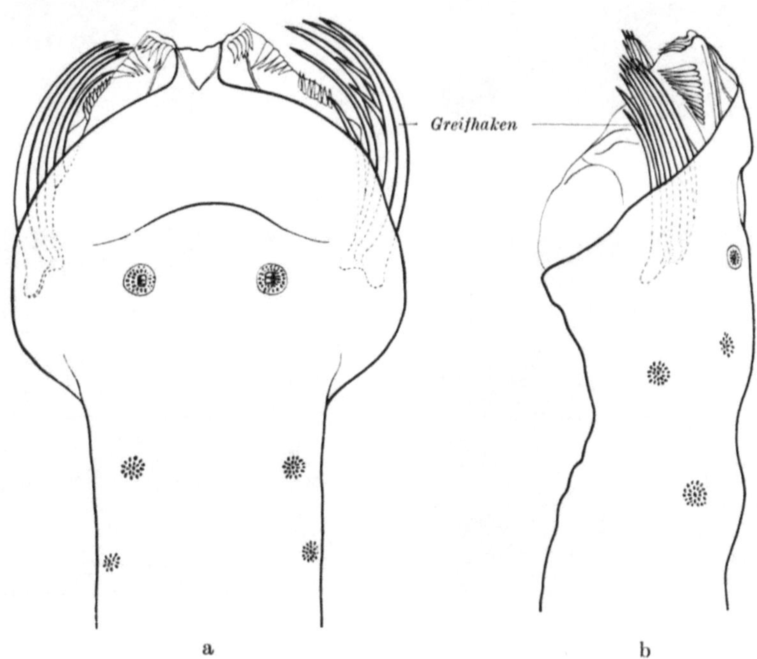

Abb. 28a und b. *Kopf und Hals von Sagitta setosa*, im Umriß; zur Demonstration der Greifhaken, mit deren Hilfe die Beute eingeschlungen wird. Die Greifhaken sind etwa in Mittelstellung. — Abb. 28a von dorsal, Abb. 28b von der linken Seite gesehen, Vergrößerung 87fach. — Im Anschluß an W. Kuhl (Abh. d. Senckenberg. Ges. Bd. 38. 1923).

Ein solcher Tentakelkranz ist bei den festsitzenden Weibchen des Rädertieres Stephanoceros in zwei Richtungen spezialisiert: die fünf langen, mit bedeutenden Cilien bedeckten Arme werden zusammengebogen, so daß ein Reusenfangapparat entsteht; zweitens sind die langen Cilien imstande, Beutetiere in die Reuse hineinzuschleudern und darin festzuhalten, bis die Beute verschlungen wird[4]).

Eine weitere Differenzierung zeigen Tiere, deren *ausstülpbarer Pharynx mit Fangzähnen* besetzt ist. Hier wären die Raubanneliden zu nennen, z. B. Nereis[5])

[1]) Krumbach, Th.: Thetys leporina. Zool. Anz. Bd. 48, S. 271. 1917.
[2]) Krumbach, Th.: Zool. Jahrb., Abst. System. Bd. 18, S. 590. 1903.
[3]) Crozier, W. I.: The amount of bottom material ingested by Stichopus. Journ. of exp. zool. Bd. 26, S. 379. 1918.
[4]) Ubisch, L. v.: Reuse des Weibchens von Stephanoceros. Zeitschr. f. wiss. Zool. Bd. 127, S. 590. 1926.
[5]) Neuerdings wurde für Nereis Algennahrung angegeben (Gross, A. O.: The feeding habits an chemical sense of Nereis. Journ. of exp. zool. Bd. 32, S. 427. 1921), doch widerspricht dem mit Recht Manton Copeland und H. L. Wieman (Biol. bull. Woods Hole Bd. 47, S. 231. 1924): Nereis ist reiner Fleischfresser.

und vor allem die bewaffneten Schlinger unter den Gastropoden[1]). Hier sind wieder zwei Untertypen zu unterscheiden: Detritus- und Schlammfresser, welche die unzerteilte Nahrung durch eine Schaufel- und Siebradula einschippen (Ancylus, Acrolaxus, Physa); die Schlammasse passiert den Darm mit großer Geschwindigkeit, binnen 24 Stunden wird eine Kotsäule abgeschieden, die 10mal so lang als der Darm ist[2]) (vgl. Kratzer S. 51). Den zweiten Untertypus dagegen bilden diejenigen Gastropoden, die hochwertige Nahrung unzerteilt ein-schlingen, z. B. Pleurobranchaea (Abb. 32) und Pterotrachea (Abb. 61)[1]); Pleurobranchaea verschlingt bis zur Hälfte des eigenen Gewichtes in 10—20 Minuten.

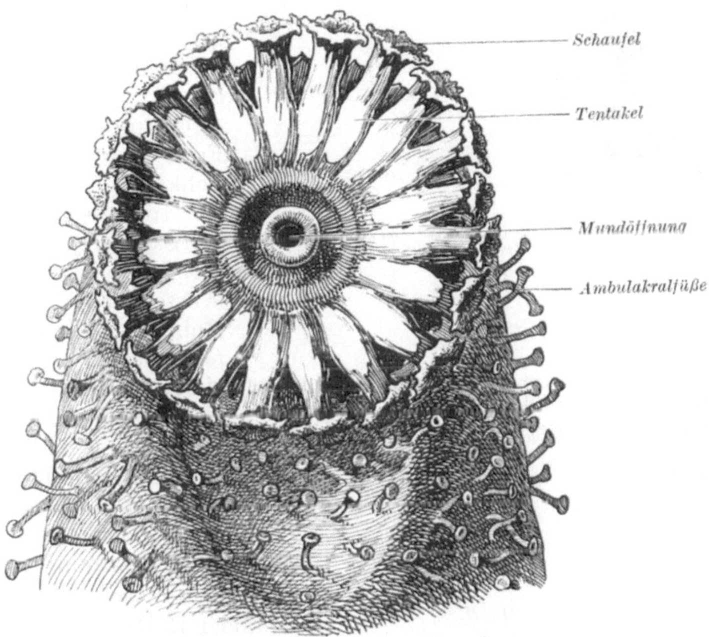

Abb. 29. *Holothuria tubulosa, Kopfende.* Der Mund ist umstellt von zahlreichen kurzen Tentakeln, von denen jeder am Ende mit einer kräftigen Schaufel zum Einschaufeln der Sandnahrung versehen ist.

Unter den Vertebraten gehören die meisten Gattungen den Schlingern an[3]). Hier sind der *verschiebbare Unterkiefer* und der Gaumen besetzt mit Zähnen: eine besonders günstige Fang- und Schlingeinrichtung. Raubfische, wie z. B. Esox, Acanthias und viele Tiefseefische, würgen große Beute unzerteilt herab. Fast alle Amphibien und Reptilien tuen das gleiche: mögen sie kleine Objekte erhaschen mit der Fangzunge, wie Rana, Chamaeleon usw., mögen sie große Beute mit den Fangzähnen packen wie Schlangen, Salamander, Varanus: in allen Fällen würgen sie durch Kieferbewegung und Schluckmuskulatur die Beute ungeteilt herab. So verschlingt der japanische Riesensalamander Megalobatrachus in

---

[1]) HIRSCH, G. C.: Ernährungsbiologie fleischfressender Gastropoden. I. Makroskopischer, Bau, Nahrung, Nahrungsaufnahme, Verdauung, Sekretion. Zool. Jahrb., Abt. f. Physiol. Bd. 35, S. 376. 1915.

[2]) HEIDERMANNS, C.: Über den Muskelmagen der Süßwasserlungenschnecken. Zool. Jahrb., Abt. f. Physiol. Bd. 41, S. 335. 1924.

[3]) Vgl. dazu die interessante Übersicht von O. JAEKEL: Morphogenie der Gebisse und Zähne. Vierteljahrsschr. f. Zahnheilk. Bd. 1, H. 4, S. 338. 1926.

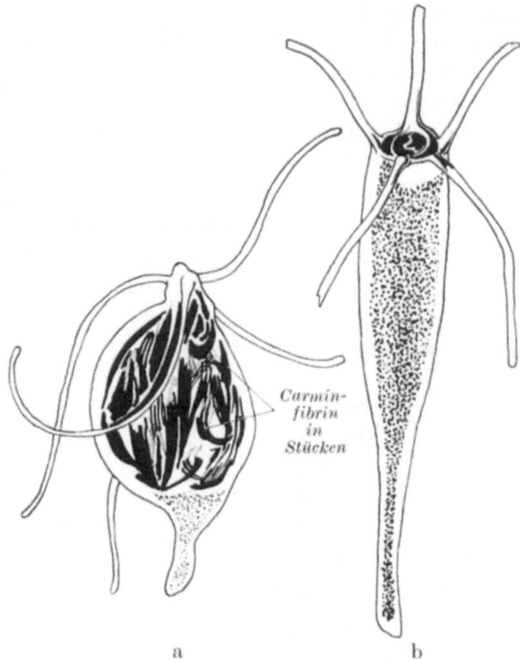

Abb. 30. *Hydra*, a: sofort nach Aufnahme mehrerer Carminfibrinbrocken in den Magen; b: 6 Stunden nach Nahrungsaufnahme. (Nach R. Beutler, 1924.)

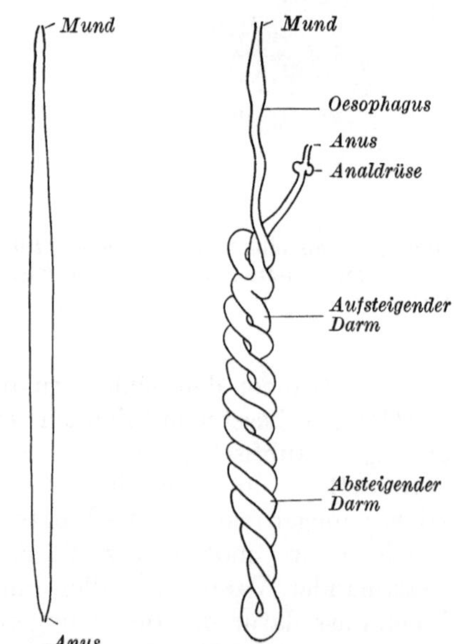

Abb. 31 a: *Sagitta.*   Abb. 31 b: *Sipunculus.*
Abb. 31 a und b. Schemata der Darmformen von zwei Schlingern mit langem erweiterungsfähigem, geradem Darmrohr. Eine Trennung des Darmes in Vorverdauungsraum (Abb. 32 und 33) und Verdauungsraum findet hier wahrscheinlich nicht statt. (Entworfen von G. C. Hirsch.)

einer Viertelstunde einen Frosch. An Stelle der Fangzähne treten bei Vögeln und vielen Schildkröten Hornleisten, die meist nicht dem Zerkleinern, sondern dem Packen dienen. Bei den Vögeln und Säugern sind zwar die meisten Tiere zu einer mechanischen Zerkleinerung der Nahrung übergegangen (s. unten). Doch gibt es darunter viele Ausnahmen: unter den Vögeln verschlingen die Raubvögel die Beute bis zu Mausgröße ungeteilt und zerdauen sie ohne mechanische Beihilfe; ebenso die Fischfresser, z. B. Reiher und Pelikan.

Interessanterweise sind unter den Säugern jene Gruppen Schlinger, die zu reinen oder fast reinen Wassertieren geworden sind[1]). Robben vermögen die Beute nicht festzuhalten und nicht zu kauen, ein Abbeißen ist eine Ausnahme: also bleibt nichts übrig als Verschlingen; so sind sämtliche Zähne spitze, kegelförmige Fangzähne wie bei den Reptilien. Die Delphine unter den Cetaceen haben eine erhöhte Anzahl Fangzähne: Orca mit einer Körperlänge von $7^1/_2$ m verschlang unzerteilt hintereinander 13 Delphine und 15 Seehunde. Auch Manatus, der große Pflanzenmengen verschlingt, nicht kaut und nicht wiederkaut, kann hierher gerechnet werden. Einige Wale, wie der Narwal und Weißwal, sind zahnlos, ihre Nahrung sind Seetiere. Die größten Wale haben aber Barten geformt und sind Partikelfresser geworden (s. S. 26). Je kleiner die Beute, desto größer die Vertilger.

Die *Nahrungszerteilung innerhalb des Darmes* der Schlinger drückt sich typisch durch Bildung eines großen Hohlraumes aus, in welchem die Beute lang liegt, zerkleinert und zerdaut wird. Wir wollen diesen Raum den *Vorver-*

---

[1]) Doederlein, L.: Entwicklung der Nahrungsaufnahme bei den Wirbeltieren. Zoologica Bd. 27, S. 1. 1921.

dauungsraum nennen. Berücksichtigen wir hierbei den ererbten Grundplan der Gruppenform, so lassen sich etwa zwei Untertypen synthetisieren:

1. *Der ganze Darm bildet einen einzigen, blind endenden Vorverdauungsraum.* Alle Coelenteraten und die rhabdocoelen und acoelen Turbellarien sind so gebaut. Zwar sind auch die partikelfressenden Coelenteraten so geformt: das liegt am morphogenetischen Grundplan. Als Beispiel der Zerkleinerung diene Abb. 30 von Hydra: rohes und gekochtes Fibrin (Abb. 30a) zerfällt durch Protease in kleine, mikroskopisch noch gut erkennbare Partikel binnen 5—6 Stunden (Abb. 30b), Gelatine dagegen wird vollkommen verflüssigt binnen 10 Stunden[1]). Actinien verflüssigen Fibrin, das dreifach mit fleischsaftdurchtränktem Filtrierpapier um-

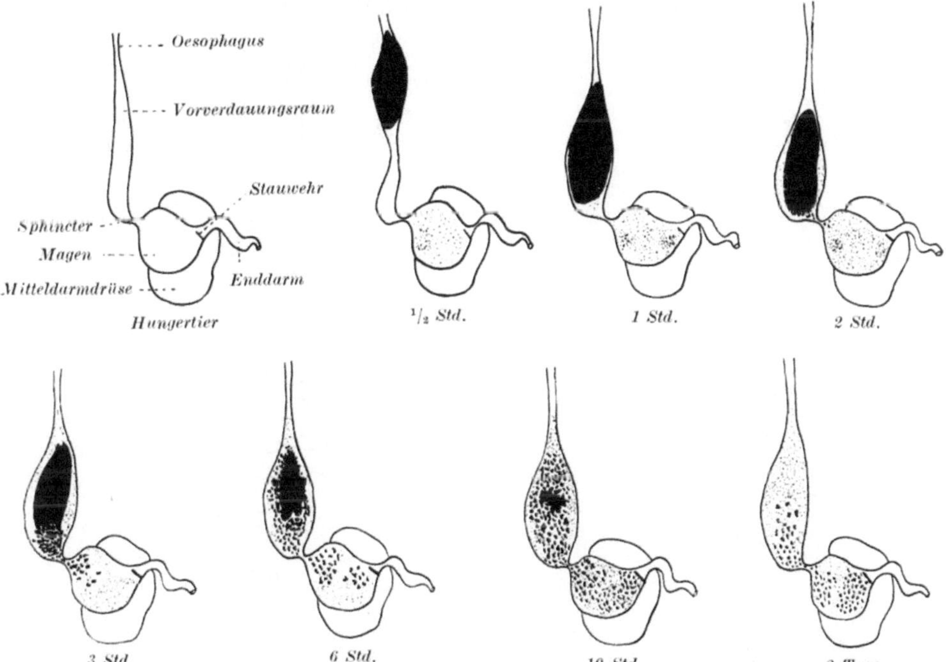

Abb. 32. *Schemata zur Verdeutlichung des Ablaufes der Nahrungszerkleinerung bei einem Schlinger mit Vorverdauungsraum* (Kropf). Dargestellt ist der Darm der Schnecke Pleurobranchaea Meckeli. Der von der Mitteldarmdrüse zum Vorverdauungsraume strömende Fermentsaft ist durch feine Punkte angedeutet. Die (hier schwarze) Nahrung ist in den beiden letzten Schemata der Deutlichkeit halber zu groß gezeichnet. Es ist deutlich, wie der unzerteilte Nahrungsbrocken im Vorverdauungsraume durch einen Sphincter festgehalten wird, bis er in Partikel zerkleinert zum Verdauungsraume (Magen und Mitteldarmdrüse) strömt. (Nach G. C. HIRSCH, 1915.)

geben und versiegelt war[2]); der Korallenpolyp Astrangia verdaut verschlungene Copepoden binnen 3 Stunden, so daß nur die leeren Chitinschalen übrigbleiben[3]). Die weitere Verteilung der Nahrungsbrocken in Tentakel und Fuß geschieht durch Entodermwimpern und Körperbewegung. Eine ähnliche Wirkung entfaltet Stenostomum (rhabdocoele Turbellarie), wo binnen 22 Stunden einige Rotatorien restlos verdaut werden[4]).

---

[1]) BEUTLER, R.: Experimentelle Untersuchungen über die Verdauung bei Hydra. Zeitschr. f. vergl. Physiol. Bd. 1, S. 1. 1924.

[2]) JORDAN, H. J.: Pflügers Arch. f. d. ges. Physiol. Bd. 116, S. 617. 1907.

[3]) BOSCHMA, H.: Biol. bull. Bd. 49, S. 427. 1925.

[4]) WESTBLAD, E.: Zitiert auf S. 37.

Eine Art Übergang zum zweiten Untertypus bilden Chaetognaten (Abb. 31 a) Sipunculus (Abb. 31 b), und schlammfressende Schnecken (Ancylus usw.), die alle ebenfalls ein einziges, langes, erweiterungsfähiges Rohr als Verdauungshohlraum besitzen, das aber mit einem Anus endet. Dabei ist bei den Schlammschnecken eine besondere Druckeinrichtung im Magen durch Muskelwülste geschaffen.

2. Diese Organisation wird nun bei den Schlingern in den meisten Fällen dahin typisiert, daß *ein abgesonderter, sehr erweiterungsfähiger Vorverdauungsraum* entsteht, in welchem die Nahrung zerdaut wird; dieser Raum ist durch

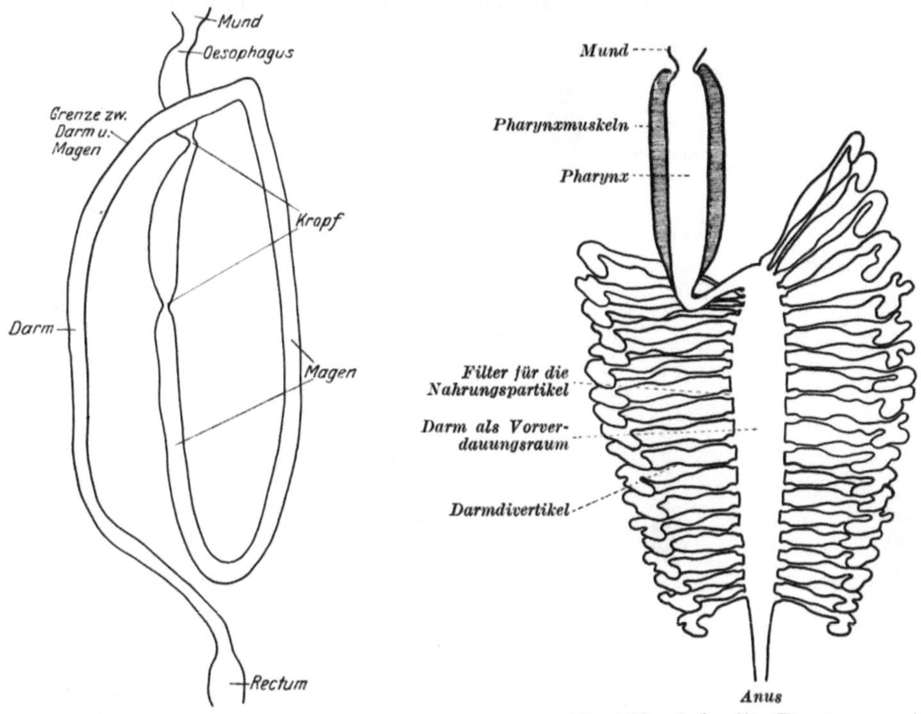

Abb. 33 a. *Holothuria.*   Abb. 33 b. *Aphrodite* (Borstenwurm).

Abb. 33 a—e. *Darmschemata von Schlingern mit Vorverdauungsraum, der aus nichtsezernierenden Wänden besteht* (dazu gehört auch Abb. 32); der vorverdauende Fermentsaft muß also in diesen Fällen von hinten her zum Vorverdauungsraume strömen und hier wirken (Abb. 32, feine Punkte). Der Vorverdauungsraum ist durch Filter oder Sphincter deutlich gegen den Verdauungsraum abgegrenzt. (Abb. 33a nach Oomen, 1926.) (Entworfen von G. C. Hirsch.)

einen Sphincter oder ein Filter zeitweilig abgeschlossen gegenüber den auf ihn folgenden Darmteilen (Magen, Mitteldarmcoeken, Darm), in welche die zerkleinerten Nahrungsbrocken nur langsam übertreten können und dann weiter verdaut werden (Analogie zum Pylorusreflex). Der Vorverdauungsraum ist anatomisch ein Kropf oder Magen. Die Abb. 32 u. 61 zweier Schneckendärme[1]) können das Prinzipielle dieser Vorverdauung allgemein illustrieren.

Dieser Vorverdauungsraum kann nun so eingerichtet sein, daß seine Wand selbst *nicht sezerniert*, sondern ihm die verdauenden Fermente von anderswo zuströmen; dies ist der Fall z. B. bei den Tieren, welche Abb. 32, 33, 61 wiedergeben. Bei dem Annelid Aphrodite (Abb. 33b) ist der ganze Darm Vorverdauungsraum;

---

[1]) Hirsch, G. C.: Zitiert auf S. 41.

sezerniert und resorbiert wird in den Darmvertikeln; dasselbe findet man bei Asteriden und den polycladen Turbellarien, soweit sie Schlinger sind. Bei den vier folgenden Formen dagegen wird gerade wie in Abb. 32 und 61 der Vorver-

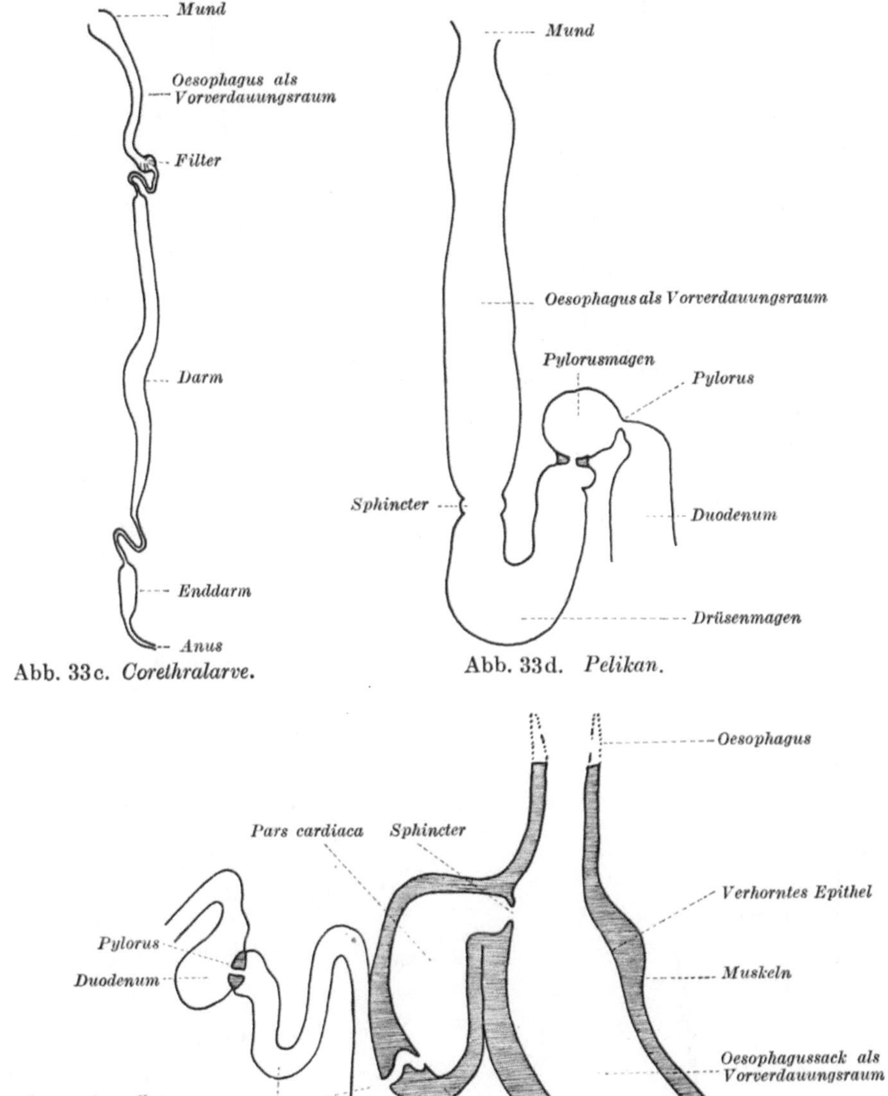

Abb. 33c. *Corethralarve.*   Abb. 33d. *Pelikan.*

Abb. 33e. *Phocaena* (Zahnwalfisch).

dauungsraum nur aus dem Oesophagus gebildet. Bei einer verdauenden Holothuria [Abb. 33a[1])] (und sie fressen ja immer) sind Schlund und Kropf prall mit Nahrungssand gefüllt; ein Sphincter teilt diesen Vorverdauungsraum ab gegen

---

[1]) OOMEN, H. A. P. C.: Verdauungsphysiologische Studien an Holothurien. Publ. della Staz. Zool. di Napoli Bd. 7. 1926. Gleichzeitig Inaug.-Dissert. naturwiss. Fak. Utrecht 1926.

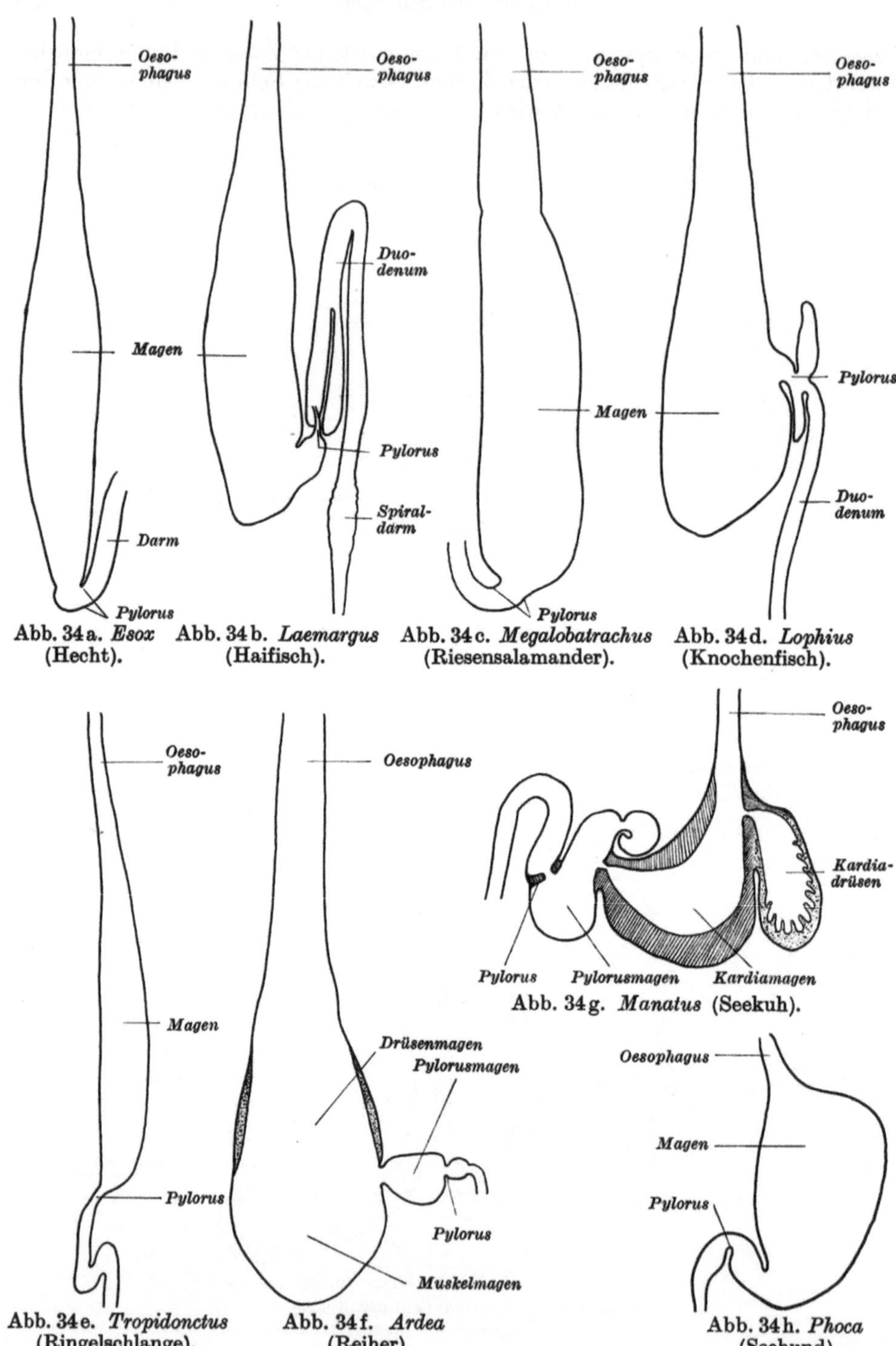

Abb. 34a—h. *Darmschemata von Schlingern mit Vorverdauungsraum, dessen Wände (wenigstens teilweise) Fermente sezernieren.* Auch hier ist der Vorverdauungsraum durch den Pylorus oder einen davorliegenden Sphincter abgeteilt gegen den darauf folgenden Verdauungsraum. (Entworfen von G. C. HIRSCH.)

den Magen, der (besonders in seinem Anfangsteile) viel Verdauungsflüssigkeit und
wenig Nahrung enthält. Im Magen wird sezerniert und resorbiert (vgl. Abschn.
Resorption). — Die Corethrallarve (Abb. 33c) teilt den Vorverdauungsraum ab gegen
den sezernierenden und resorbierenden Darm durch ein Filter aus Haaren. — Beim
Pelikan und bei Phocaena (Zahnwal) (Abb. 33d und 33e) findet sich zwischen dem
nicht sezernierenden Vorverdauungsraum und dem Drüsenmagen ein Sphincter.

Eine zweite Gruppe bilden Tiere (Abb. 34), bei denen der Vorverdauungsraum
selbst ganz oder teilweise *sezerniert*[1]). Es ist hier der nichtsezernierende Oesophagus mit dem sezernierenden Magen zu einem einzigen großen Vorverdauungsraume vereinigt. Dieser Raum ist nach hinten meist durch den Pylorus abgegrenzt, der die vorverdaute Nahrung nur in Partikeln durchläßt. Ardea und
Manatus (Abb. 34f und g) haben dagegen im Magen selbst eine besondere Vor-
abteilung geschaffen und gegen den Pylorusteil abgesondert.

Wie die Abb. 34 zeigt, finden wir solches nur bei Wirbeltieren. Und doch
gibt es eine sehr interessante Parallele bei „niedersten" Wirbellosen: bei den
stockbildenden Hydrozoen. Hier hat eine Differenzierung stattgefunden in
mindestens Freß- und Geschlechtspolypen, welche durch Röhren miteinander
im Zusammenhang stehen. Der sezernierende Magen des Freßpolypen ist nun
durch mannigfache Absperrvorrichtungen gegen das Röhrensystem des Stockes
abgegrenzt[2]); somit kann die verschlungene Nahrung (Abb. 26e: Pennaria) nur
stark zerdaut die Absperrung passieren. Die zerdaute Nahrung wird dann durch
kräftige Pumpbewegungen des Magens in das Röhrensystem gepreßt — wie ja
auch bei den anderen Vorverdauungsräumen —, bei einigen Formen im Wechsel-
spiel mit anderen kontraktilen Stellen. Resorbierbare Nahrung wird so allen
Entodermdifferenzierungen des Körpers zugefuhrt. Es ist hier also auch ein
sezernierender Vorverdauungsraum, abgeschlossen gegen die folgenden Ento-
dermteile, gebildet.

Große Reste der Nahrung müssen bei Bildung eines solchen Vorverdauungsraumes oft
wieder erbrochen werden: das ist bekannt bei den Raubvögeln, den Asteriden, bei der
Corethrallarve und den Hydroiden; vermutlich werden aber viele der genannten Tiere es
ebenso machen.

4. Typus: Die Kauer.

Die chemische und teilweise muskelmechanische Vorverdauung wird bei
vielen Tieren unterstützt durch besondere innere Reibevorrichtungen, mit denen
sie die als Ganzes aufgenommene Nahrung zerteilen. Wir wollen diese Gruppe die
Kauer nennen. Sie schließen sich eng an die Schlinger an; jedoch wird im Vorverdauungsraum die unzerteilte Nahrung durch mechanische Beihilfe zerteilt[3]). Dieser Vorverdauungsraum kann gebildet werden durch den Mund oder
den Oesophagus oder den Magen.

Viele Säugetiere sind *Mundkauer*; halten wir daran fest, daß der Mund der
craniale Teil des Oesophagus ist, so ist ein Vergleichsobjekt bei den Wirbellosen dazu
nicht zu finden; Wirbellose zerkleinern entweder vor dem Mund (Kratzer, s. S. 51)

[1]) Unter den Larven der Limnobiiden sollen Pflanzenfresser einen kurzen Vorderdarm
haben (also ohne Vorverdauungsraum), die Tierfresser dagegen einen umfangreichen Vorderdarm, in welchem die Nahrung lange verweilt und aufgelöst wird; die Fermente sollen aber
hier meist durch die vorn liegenden Speicheldrüsen geliefert werden. Doch sind diese Formen
physiologisch zu wenig analysiert, um hier eingeordet zu werden (R. KÖNNEMANN: Zool.
Jahrb., Abt. f. Anat. Bd. 46, S. 343. 1924).

[2]) BEUTLER, R.: Beobachtungen an gefütterten Hydroidpolypen. Zeitschr. f. vergl.
Physiol. Bd. 3, S. 751. 1926.

[3]) Vgl. dazu E. MEYERHOFF: Kaubewegung, Kiefergelenk und Zahnform. Dissert.
Greifswald 1920.

oder im caudalen Teile des Oesophagus. Auch unter Fischen, Amphibien, Reptilien, Vögeln ist Mundkauen eine Seltenheit. Wohl machen manche dieser Tiere durch Zerdrücken die Beute geeignet zum Schlucken; aber als echte Kauer sind nur etwa folgende Ausnahmen zu nennen: die Pflasterzähne der Fische Labrus und Sargus (Abb. 35a) und des Seewolfes; die Mahlzähne der Eidechsen Varanus niloticus (Abb. 35b) und Dracaena[1]) dienen alle besonders zum Knacken von hartschaligen Tieren, oft von Muscheln[2]). Mit den zwei oberen und der einen unteren Reihe von Hartgebilden im Munde bricht auch die Scholle Pleuronectes die Muscheln auf. Die Schlundzähne der Cyprinoiden haben wohl auch eine ähnliche Aufgabe; sie verletzen allerdings einen Regenwurm nur wenig[3]).

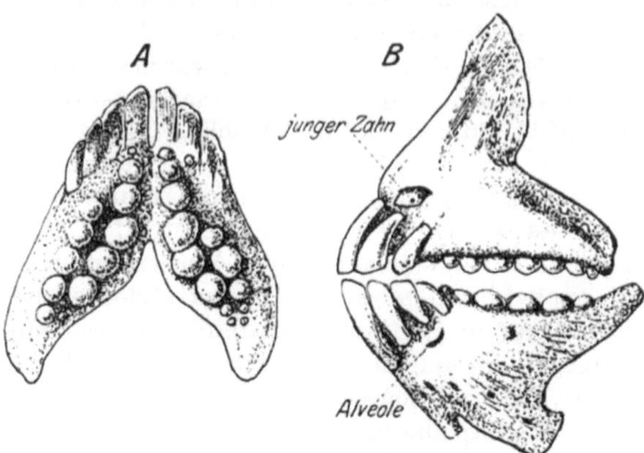

Abb. 35a. *Sargus* (Knochenfisch).

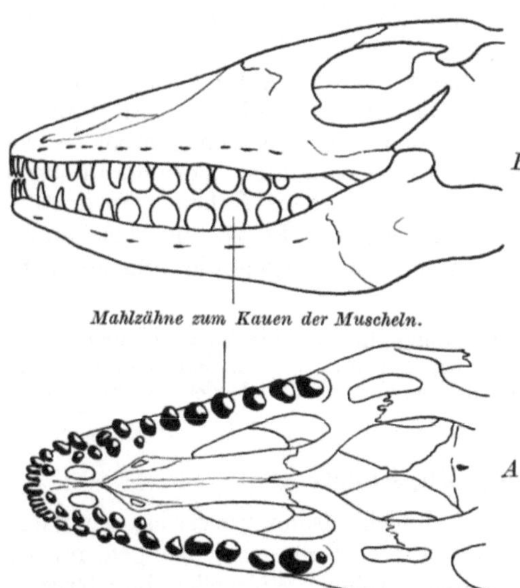

Abb. 35b. *Varanus niloticus* (Nileidechse).

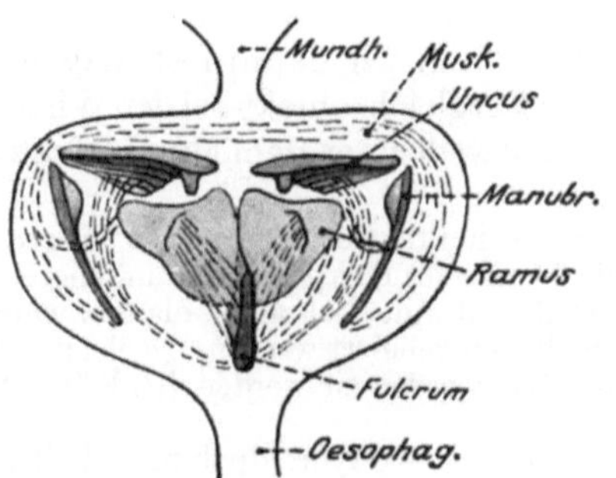

Abb. 35c. Oesophagusanschwellung mit Kauzähnen von
Mastax (Rädertier).

Abb. 35a—c. Beispiele für Kaueinrichtungen bei *Mundkauern* (a und b) und bei *Oesophaguskauern* (c) unter den Nichtsäugetieren. — Abb. 35a und b: Fang- und Kaugebiß eines Knochenfisches und einer Eidechse, *A* der Oberkiefer (bzw. Unterkiefer) von innen gesehen, *B* der Kauapparat von links (Abb. 35a aus Bütschli - Blochmann, 1924). — Abb. 35c: Die Hauptmuskeln des Oesophagus zur Bewegung der Kauzähne sind durch Strichelung wiedergegeben. (Aus Bütschli-Blochmann, 1924.)

---

[1]) Doederlein, L.: Entwicklung der Nahrungsaufnahme bei den Wirbeltieren. Zoologica Bd. 27, S. 1. 1921.

[2]) Weitere Beispiele siehe bei O. Jaekel: Morphogenie der Gebisse und Zähne. Vierteljahrsschr. f. Zahnheilk. 1926, H. 2, S. 229. Diese gute Zusammenstellung konnte leider nicht mehr für diesen Artikel verwendet werden.

[3]) Nach Untersuchungen in unserem Institut.

Aber erst für den Säuger wird das eigentliche Mundkauen: die mehr oder weniger vollständige Zerkleinerung der Nahrung durch die Molaren, zum kennzeichnenden Merkmal. Aus ursprünglich mehrspitzigen Schneidezähnen zum Fangen und Zerkleinern von Insekten bilden sich in zahlreichen Säugergruppen breite Mahlflächen mit Rippeln aus. Dazu treten die Knochenscheren (Reißzähne) der Caniden. Am vielseitigsten ist das Gebiß der Omnivoren[1]) (Ursus, Procyon, Meles). Ornithorhynchus[2]) dagegen ist ganz auf Zerbrechen spezialisiert: mit breitem Hornschnabel knackt er Muscheln. Andere Säuger haben das Kauen wieder verlassen und schneiden allein noch als „Kratzer" (s. unten). —

Viele Tiere haben die Tätigkeit der Zerkleinerung etwas mehr nach hinten verlegt: die *Oesophaguskauer*. Man kann hierher auch die „Oesophaguszähne" bestimmter Schlangen rechnen (Dasypeltis und Elachis), die tatsächlich Processus spinosi ventrales sind; sie dienen dem Eröffnen verschluckter hartschaliger Eier. Hauptsächlich die Rotatorien [Abb. 35c; [3])] und die malakostraken Krebse (Abb. 48) verschlingen die Beute als Ganzes und zerwalken sie durch sehr differenzierte Oesophaguszähne des Vorverdauungsraumes, auf welche bei den Krebsen dann ein Filter folgt; wie bei den Schlingern (Abb. 32 und 33) strömen hier die Fermente aus dem hinteren Magen nach vorn in den Vorverdauungsraum; sie werden aber bei diesem Typus unterstützt durch die Kauzähne, welche große, oft chitinisierte Nahrungstiere zerlegen. Chitinreste werden erbrochen. Die Resorption findet nur im Mitteldarm statt. — Diese Aufnahme unzerteilter Nahrung finden wir hauptsächlich bei den Rotatorien[3]). Dasselbe kann man aber auch von vielen malakostralen Krebsen sagen; können doch viele von ihnen wenigstens kleinere Beute auch als Ganzes verschlingen; so kann z. B. der schizopode Krebs Praunus auch unzerteilte Nahrung dem Kauapparat des Oesophagus überliefern[4]). —

Bei anderen Tieren ist das Kauen in den Mitteldarm verlegt: die *Magenkauer* (Abb. 36). So haben die Krokodile (Abb. 36b) einen besonders starken Magenmuskel ausgebildet zur mechanischen Bewältigung der großen Nahrungsstücke. Viel weiter aber gehen die drei anderen Beispiele der Abb. 36: hier sind besondere, harte Reibplatten aus Horn oder Drüsensekret gebildet; dabei sind die Fermentquellen entweder mit diesem Mahlapparat vereinigt (Manis), oder sie sind von ihm getrennt und liegen dann entweder vor ihm: wie bei Columba, oder hinter ihm wie bei Lumbricus[5]). Stets aber liegt der eigentliche Resorptionsort weit dahinter; er empfängt nur stark vorverdaute Stücke.

In jedem Falle dieses Kauertypus wird also ein Vorverdauungsraum gebildet, der gegen den Resorptionsort abgeschlossen ist und durch Fermente und mechanische Hilfsmittel die Nahrung zerkleinert.

Alle bisher betrachteten Typen zerkleinerten die große Beute innerhalb des Körpers chemisch und mechanisch. Wie nun der Mensch auch seine Nahrung außerhalb seines Mundes durch Messer und Gabel in Stücke zerlegt oder garkocht, so haben auch viele Tiere Einrichtungen getroffen, um *vor ihrem Munde* die Nahrung mechanisch zu teilen (Kratzer) oder chemisch aufzulösen (Außenverdauer). Das Ergebnis ist in beiden Fällen bei diesen Tieren das gleiche wie

---

[1]) DOEDERLEIN, L.: Zitiert auf S. 48.
[2]) SEMON: Im australischen Busch, S. 47. Leipzig 1903.
[3]) CORI, CARL J.: Morphologie und Biologie von Apsilus vorax. Zeitschr. f. wiss. Zool. Bd. 125, S. 572. 1925.
[4]) Nach Beobachtungen von J. W. B. v. d. STIGCHEL aus Utrecht in Helgoland.
[5]) Ähnlich die schlammbewohnenden Nematoden und Ostracoden. Nahrungsaufnahme bei Lumbricus durch Vorstülpen des Pharynx nach Schlingermanier (H. KRIEG: Ernährung des Regenwurmes. Doktordissert. Bonn 1922).

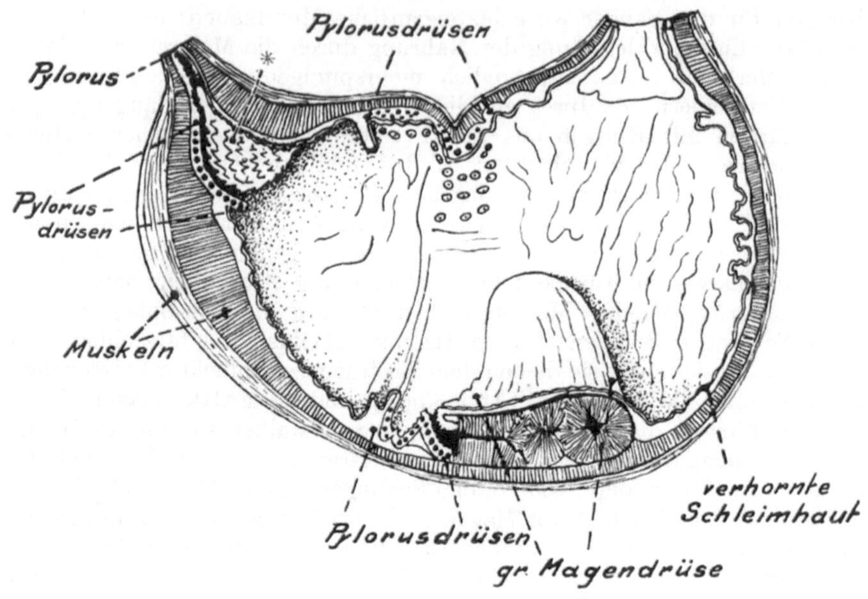

Abb. 36a. *Manis* (Schuppentier).

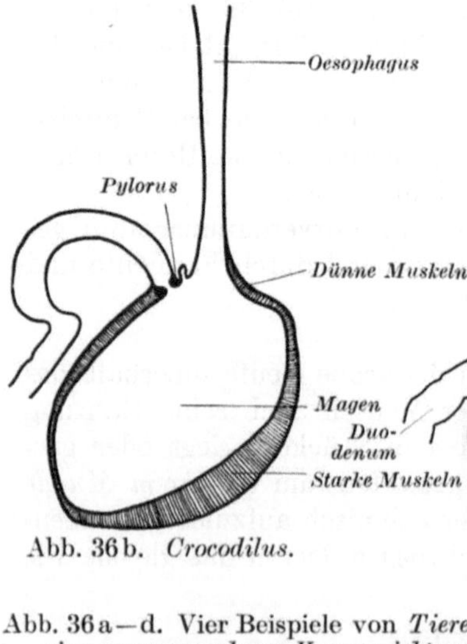

Abb. 36b. *Crocodilus.*

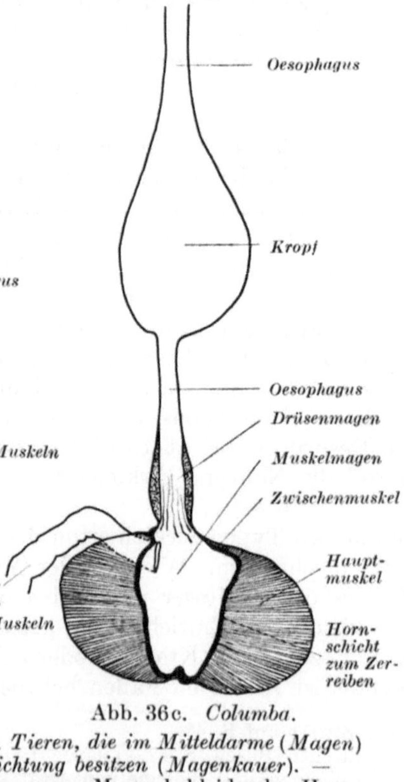

Abb. 36c. *Columba.*

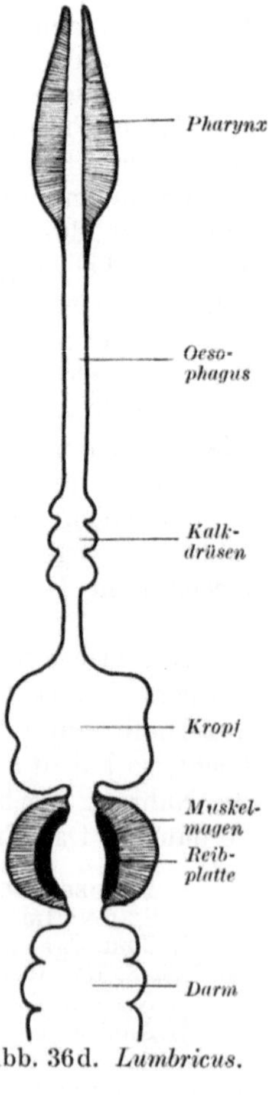

Abb. 36d. *Lumbricus.*

Abb. 36a—d. Vier Beispiele von *Tieren, die im Mitteldarme* (*Magen*)
eine ausgesprochene Kauvorrichtung besitzen (*Magenkauer*). —
Abb. 36a: Dorsale Hälfte; die den ganzen Magen bekleidende „Horn-
haut" ist dicht vor dem Pylorus zum gezähnten Reiborgan ausgebildet (*), mit welchem die Nahrungsinsekten zerkleinert werden.
(Aus Bütschli-Blochmann, 1924.) — Abb. 36b—d: Original, entworfen von L. Bretschneider.

bei den Partikelfressern, Schlingern und Kauern: der resorbierende Darm empfängt nur kleine Stücke oder nur hochwertige Flüssigkeiten.

5. Typus: Die Kratzer.

Betrachten wir unter den Kratzern[1]) zuerst diejenigen Formen, welche *nur* außerhalb des Körpers die Nahrung mechanisch zerkleinern; man könnte sie den *Untertypus der reinen Kratzer* nennen. Wir möchten hier wieder zwei Gruppen unterscheiden:

Die regulären Echiniden [Seeigel[2])], viele Schnecken, z. B. Patella[2]), Haliotis und Chiton, weiden mit ihren Kauwerkzeugen die Algen der Felsen ab; die Petromyzontes (Neunaugen) beraspeln mit den Lippenzähnen feste Gegenstände oder das Fleisch der Wirte. Die holzbohrende Muschel Teredo navalis (Schiffswurm) zerreibt mit ihren Schalenresten Holz in kleine Teile durch Drehung um die Längsachse ihres Körpers[3]) und bohrt sich so pro Woche etwa 1 cm im Holze weiter[4]). Die Krätzmilbe Notoedres schabt mit den abwechselnd vorgestoßenen Mandibeln die Haut des Wirtes ab und gräbt damit ihre Gänge[5]). Zahlreiche Insekten graben im Holz[6]). In allen diesen Fällen wird die Nahrung von einer großen, massiven Masse abgefeilt; sie braucht also nicht festgehalten zu werden[1]).

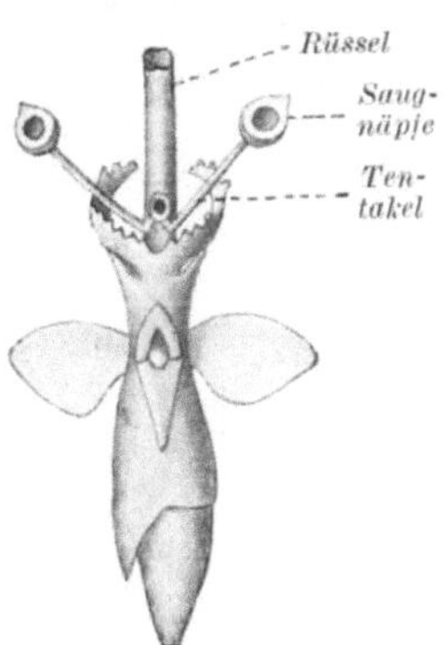

Abb. 37. Dexiobranchaea ciliata. (Nach SCHIEMENZ u. STEUER.)

Andernfalls muß zu demselben Raspelvorgang die kleinere Beute gepackt und festgehalten werden; so wie Raubvögel und Krähen mit den Krallen packen und mit dem Kopfe reißen; wie die Feliden mit den Krallen halten, mit dem Kopfe zerren und den Reißzähnen das Fleisch Stück für Stück abschneiden, so halten viele Gastropoden[1]) (Buccinum, Murex, Tritonium) mit dem anschmiegenden Fuß das Beutetier fest; auf ausstülpbarem Rüssel ist die schabende Radula weit vortragbar. Cephalopoden dagegen halten die Beute mit den Tentakeln fest; unter den Gastropoden merkwürdig analog viele Pteropoda (z. B. Clione, Dexiobranchaea) (Abb. 37) durch die Saugnäpfe des Kopfes. Lithobius hält die Beutefliege mit den Giftzangen fest, während die Kiefer die Bissen abschneiden. Phalangiden reißen mit den Cheliceren einer Spinne den Bauch auf und führen die Eingeweide stückweis den Laden der 1. Laufbeine zu, welche die Nahrung dem Munde zuführen[7]). Die Raupe eines Seidenspinners (Abb. 38) hält mit den Füßen, der Oberlippe und den Unterlippen das Blatt fest, während die Mandibeln Stücke der Blätter losreißen[8]). Gammarus[9]) benutzt die Exopoditen des

---

[1]) HIRSCH, G. C.: Ernährungsbiologie fleischfressender Gastropoden. Teil I, Kap. 2: Nahrungserwerb und -aufnahme. Zool. Jahrb., Abt. f. Physiol. Bd. 35, S. 380. 1915.

[2]) KRUMBACH, TH.: Nahrung der Seeigel. Zool. Anz. Bd. 44, S. 440. 1914. — KRUMBACH, TH.: Zool. Anz. Bd. 49, S. 105. 1918.

[3]) HARRINGTON, C. R.: Physiology of the ship-worm. Biochem. journ. Bd. 15, S. 736. 1921. — MILLER, R. C.: Boring mechan. of Teredo. Univ. Calif. publ. zool. Bd. 26. 1924 u. Scient. monthly Bd. 19. 1924.

[4]) POTTS, F. A.: Structure and function of the liver of Teredo. Proc. of the Cambr. philos. soc. Bd. 1, S. 1. 1923.

[5]) SCHUURMANS-STEKHOVEN, J. H.: Zur Biologie der Krätzmilbe. Verh. d. kon. Acad. v. wetensch., Amsterdam (2. sect.) Bd. 21, Nr. 2. 1921.

[6]) Z. B. Larven von Cetonia (E. WERNER: Zeitschr. f. Morphol. u. Ökol. d. Tiere Bd. 6, S. 177. 1926, wo weitere Beispiele).

[7]) KÄSTNER, A.: Zool. Anz. Bd. 62, S. 212. 1925.

[8]) JORDAN, H. J.: Biol. Zentralbl. Bd. 30, S. 111. 1911.

[9]) WILLER, A.: Ernährungsphysiologie von Gammarus. Schriften d. phys.-ökon. Ges. Königsberg Bd. 63, S. 60. 1922.

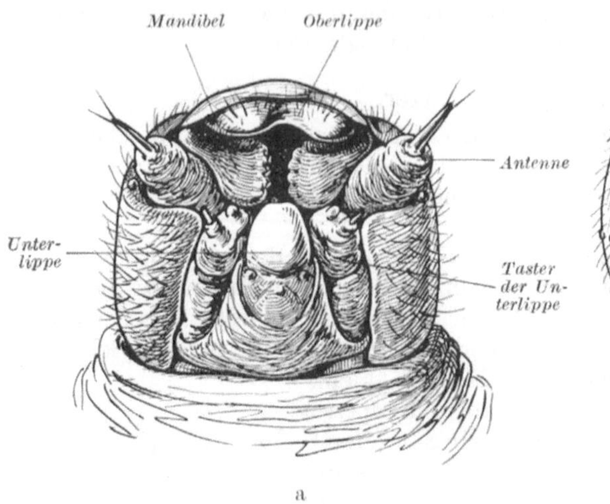

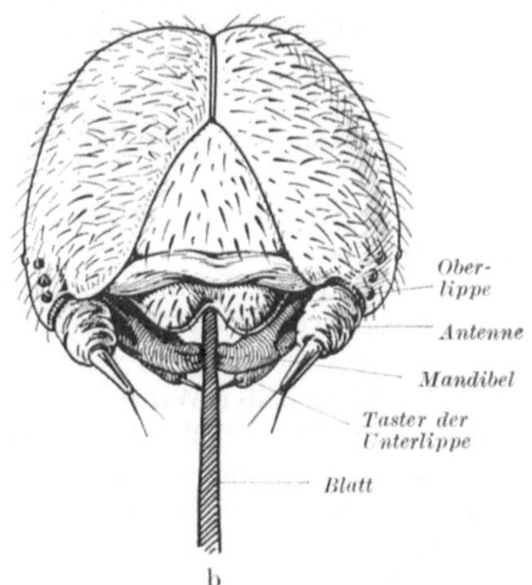

a   b

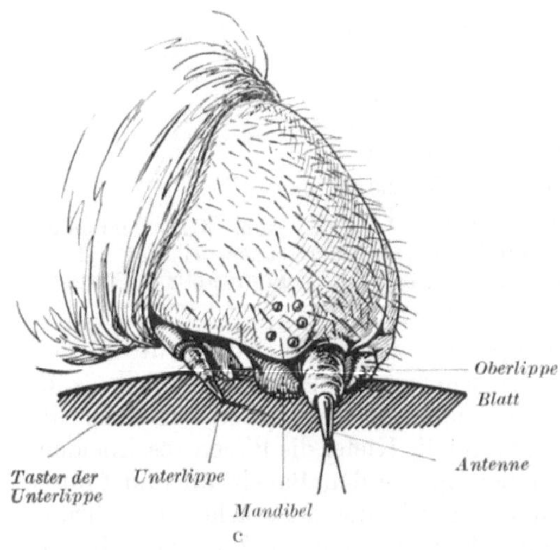

c

d

Abb. 38 a—d. *Schemata zur Nahrungs-aufnahme einer Raupe.* (Entworfen durch G. C. HIRSCH und J. PRIJS, im Anschluß an H. J. JORDAN, 1911.). — Abb. 38a: Kopf einer Raupe von ventral, ohne Blatt, zur Orientierung über die Lage der Mundwerkzeuge. — Abb. 38b: Kopf, gesehen von vorn. Das Blatt stößt dorsal gegen die mediale Aussparung der Oberlippe und wird seitlich fest-gehalten durch die Taster der Unter-lippe. — Abb. 38c: Seitlich gesehen er-gibt sich, daß das Blatt (außer durch die Oberlippe) auch durch eine Aussparung der Unterlippe dorsal festgehalten wird, seitlich durch die Taster der Unterlippe. Die Mandibeln packen seitlich. — Abb. 38d: Der Kopf wird als Ganzes gehoben, die Mandibeln bleiben in ihrer Lage, Unterlippe, Oberlippe und Taster der Unterlippe werden vorgestoßen: da-durch wird ein Blattstück aus dem Blatt herausgerissen. (In der Abbildung ist das abgerissene Stück Blatt zu groß gezeichnet.)

1. Thoracopods (Kieferfuß) und die 2. und 3.Thoracopodien zum Festhalten der Blätter; mit den Enditen und Exopoditen des 1. Thorapods reißt er die Stücke ab; mit den Maxillen II und Mandibeln wird die Nahrung zersägt, zerbissen und zermahlen. Ähnlich wird bei Cyclops[1,2]) und

---

[1]) FARKAS, B.: Anatomie und Histo-logie des Darmkanals der Copepoden. Acta litter. ac. scient. regiae univ. Fran-cisco-Jos., sectio sc. nat. Bd. 1, S. 47. 1923.
[2]) NAUMANN, E.: Nahrungserwerb bei Copepoden. Lunds nniv. årskkr. 2 ser. Bd. 19, Nr. 6. 1923.

Heterope[1]) die Nahrung im „Atrium" (Abb. 39 und 47a) vor dem Munde festgehalten und durch Maxillen, Seitenlippen und ein sog. „rotierendes Organ"
mundgerecht gemacht[2]). Machen wir schließlich auf echte Blattschneider-
ameisen (Atta) und die Plecopterenlarven[3]) unter den Insekten aufmerksam,
so sind einige Hauptformen genannt.

Diese Nahrungszerkleinerung außerhalb des Körpers kann nun unterstützt
werden durch *wirksame Mittel innerhalb des Darmes*. Diese Mittel können entweder mechanische oder fremd-chemische sein.

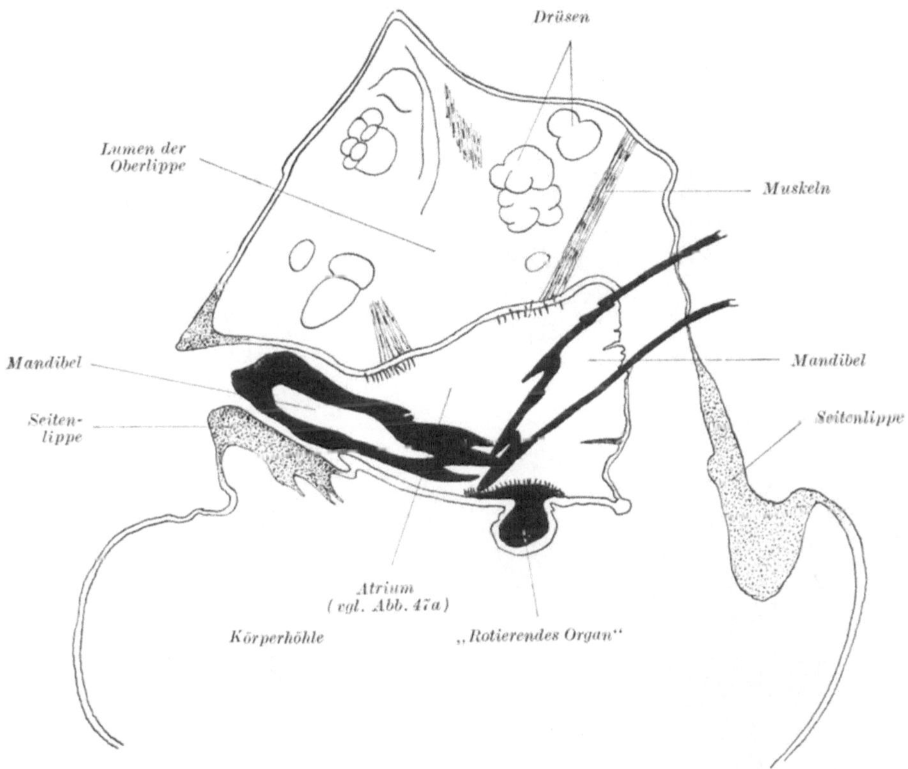

Abb. 39. *Frontalschnitt durch die Mundgegend eines Cyclops.* (Entworfen im Anschluß an
B. FARKAS, 1923.)

Sind die *Hilfsmittel mechanisch*, so bilden diese Tiere gewissermaßen eine
Vereinigung von Kratzern und Kauern; wir wollen sie den *Untertypus der Doppelkauer* nennen. Unter den Säugetieren weisen wir eben auf die Nagetiere (Ro-
dentia und diprotodonte Marsupialier), viele Raubtiere, die Nonruminantia unter
den Huftieren, die Affen und Primaten: sie „kratzen" durch die Schneide- und
Eckzähne mit starker Bewegung des Kopfes, indem sie nötigenfalls die Beute
mit den Füßen festhalten; sie „kauen" durch die Presse der Molaren, durch die

---

[1]) NAUMANN. E.: Zitiert auf S. 52.
[2]) Ähnlich Mirodon eggeri (F. KRÜGER: Sysphidenlarven. Zeitschr. f. Morphol. u.
Ökol. d. Tiere Bd. 6, S. 136. 1926).
[3]) Die Plecopterenlarven ergreifen und halten die Beute mit den Maxillen; die Mandibeln
zerkleinern die Nahrung und schieben sie in den Mund (E. SCHOENEMUND: Biologie der
Plecopterenlarven. Arch. f. Hydrobiol. Bd. 15, S. 347. 1924).

Knochenschere der Reißzähne [Hund[1])] und die mechanische Knetarbeit des Antrum Pylori. Auch die Krokodile könnte man an dieser Stelle nennen, soweit sie außerhalb des Mundes die Beute zerreißen. Unter den Wirbellosen weisen wir eben auf folgende Beispiele (Abb. 40): unter den Schnecken

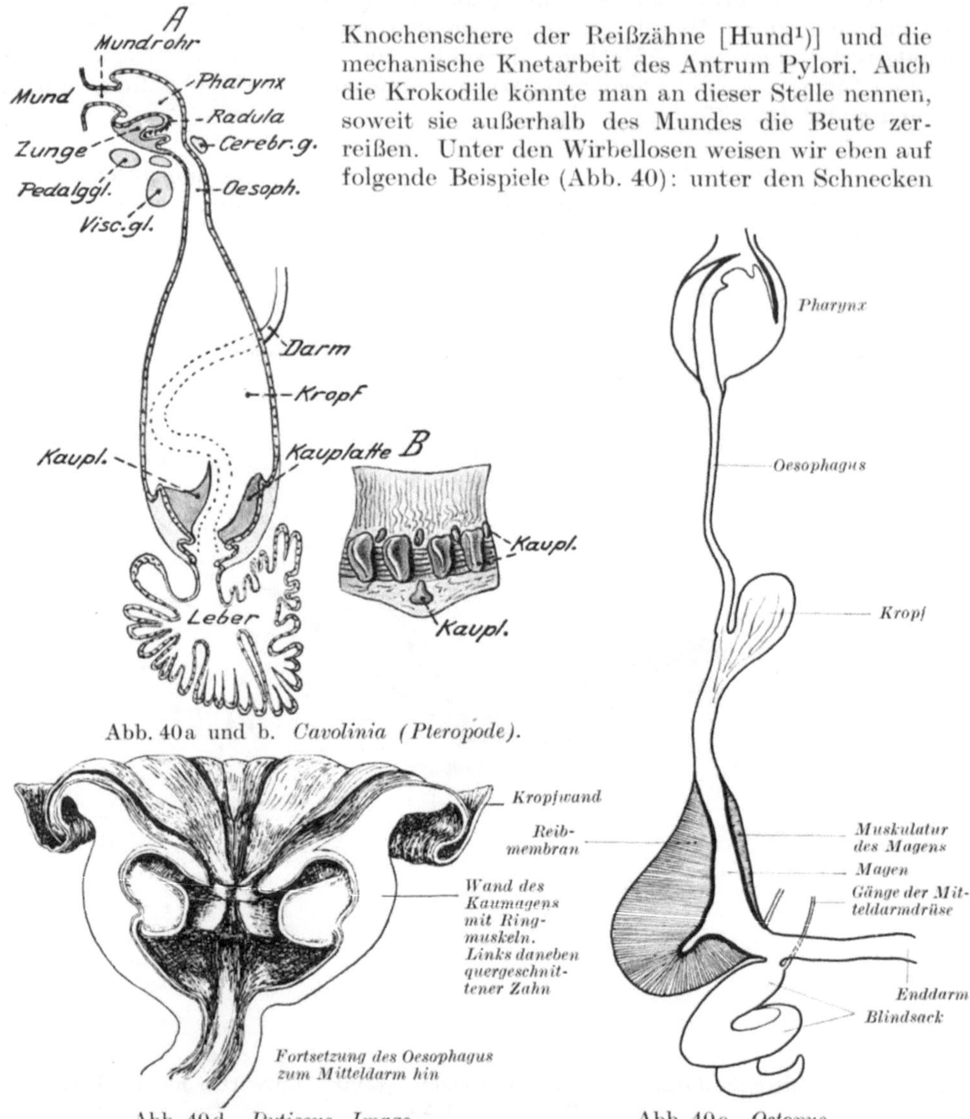

Abb. 40a und b. *Cavolinia (Pteropode).*

Abb. 40d. *Dytiscus, Imago.*   Abb. 40c. *Octopus.*

Abb. 40a—d. *Einige Beispiele für den Darmkanal von „Doppelkauern“*, welche vor dem Munde die Beute zerkleinern und auch im Magen kauen. — Abb. 40a: Schema des Darmes von dem Gastropoden Cavolinia. Vorderarm und „Leber“ (Mitteldarmdrüse) sind im Medianschnitt gezeichnet; der folgende Darm ist im Verlaufe eingetragen. Das Tier zerraspelt die Nahrung mit der Radula und zerkaut sie mechanisch (und chemisch) im Kropf mittels der Kauplatten. — Abb. 40b zeigt die Kropfwand ausgebreitet, von innen gesehen. (Beide Abbildungen aus Bütschli-Blochmann, nach Meisenheimer, 1905.) — Abb. 40c: Schema des Darmes eines Octopoden. Auch hier findet die Zerkleinerung der Nahrung zuerst durch die Radula im Pharynx statt, dann durch die Reibmembran des Magens. (Entworfen von L. Bretschneider.) — Abb. 40d: Kaumagen von Dytiscus (Gelbrandkäfer). Von dem hinten gelegenen Mitteldarm her strömt das verdauende Sekret durch den Kaumagen in den Kropf. Die durch die Mandibeln zunächst zerkleinerte Nahrung wird im Kropf angedaut und darauf im Kaumagen endgültig zerrieben. Vorn sitzende Deckel leiten die Nahrung zu den meißelförmigen, dahinter befindlichen Zähnen. (Nach E. Korschelt, 1924.)

[1]) Doederlein, L.: Zitiert auf S. 48.

Aplysia[1]), die thecosomen Pteropoden (Abb. 40a und b), Planorbis und Limnaea; die beiden letzten zerreißen Pflanzen mit dolch- und sägeartigen Zähnen und zerkleinern sie im Magen mit Hilfe eines Muskelmagens (der mit einer dicken Cuticula bekleidet ist) und aufgenommenen Steinchen; im Gegensatz zu ihren Verwandten (s. S. 41) geben diese Formen in 24 Stunden eine Kotsäule ab, die nur 1—1,4mal so lang ist als der Darm[2]). — Octopus (Abb. 40c) unter den Tintenfischen raspelt ebenso mit der Radula und kaut mit dem Kaumagen. Von den vielen Insekten seien genannt: Periplaneta, die Mantiden und die Gelbrandkäfer[3]) (Abb. 40d und 42). Das am besten bekannte Beispiel aber ist der Flußkrebs (Abb. 48) [mit Verwandten[4])], welcher imstande ist, große und harte Nahrung durch Scheren, Mandibeln und Maxillen zu zerkleinern, z. B. tote Artgenossen vollständig auszufressen; dabei unterstützt ihn der starke Kauapparat im Oesophagus, dessen Mechanik durch H. J. JORDAN ausführlich beschrieben wurde[5]), der (wie auch der Kaumagen von Dytiscus) gleichzeitig als Filter

dient. Diese und viele andere Formen sind bei kleiner Beute oft Schlinger (wie auch die Säugetiere); große Beute aber zerlegen sie außerhalb durch die Mandibeln, innerhalb durch mehr oder weniger komplizierte Kaumägen mit Hilfe von zuströmenden Fermenten. In allen diesen Fällen ist der Magen bei Wirbellosen und bei Wirbeltieren in zwei Teile geteilt: einen Vordermagen, der eigentlich nur als Empfangsraum dient, wenig Muskulatur besitzt und demnach eine mechanische Funktion bei der Verdauung nicht spielt: Oesophagus, Kropf, Fundus; daneben oder daran anschließend ein Muskelmagen: Kaumagen (Antrum pylori). Man kann z. B. einen auspräparier-

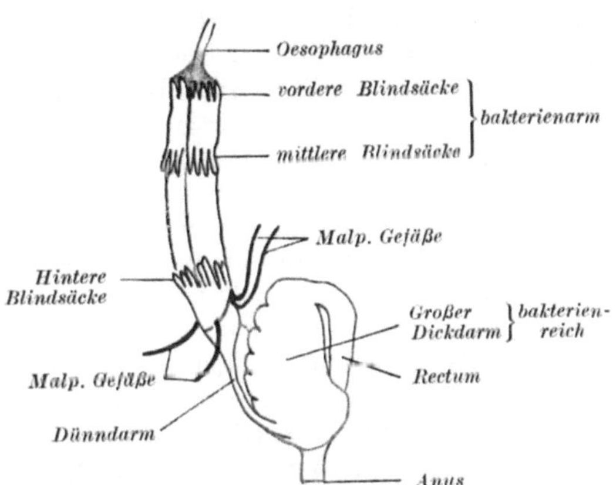

Abb. 41. *Darmkanal der Larve von Cetonia* (Rosenkäfer), $1\frac{1}{2}$fach vergrößert, von lateral gesehen (links ist dorsal). Beispiel eines Wirbellosen, der die Nahrung durch Mandibeln kaut und durch die Cellulase von Bakterien im „großen Dickdarm" abbaut. (Aus E. WERNER, 1926.)

ten Insektendarm beim Oesophagus packen, ohne daß Flüssigkeit den Kropf verläßt; die Analogie mit den beiden Hauptmagenteilen bei den Wirbeltieren ist deutlich: der Kropf befindet sich in Ruhe, seine Wand umschließt die aufgenommene Lösung ebenso gut wie die Funduswand beim Säuger (Tonusfunktion); dagegen sieht man beim Kaumagen fortwährende Kaubewegungen.

Andere Tiergruppen vermögen auch vor oder in dem Munde zu nagen und zu kauen; sie *unterstützen diese Zerkleinerung aber durch die Fermente fremder Symbionten*. So wird die Cellulose wenigstens im Pansen der Wiederkäuer durch einzellige Symbionten gespalten, wahrscheinlich auch im großen Blinddarm zahlreicher herbivorer Säugetiere. Interessanterweise schließen sich diesen Fällen sicher zwei Insekten an (vermutlich noch viel mehr): Erstens können die Larven von Cetonia (Rosenkäfer) ein halbes Jahr mit reinem Filtrierpapier ge-

---

[1]) HIRSCH, G. C.: Zitiert auf S. 51.
[2]) HEIDERMANNS, C.: Zitiert auf S. 41.
[3]) KORSCHELT, E.: Dytiscus marginalis. Bd. II, S. 827. Leipzig 1924.
[4]) YONGE, C. M.: Mechanism of feeding and digestion of Nephrops. Brit. journ. of exp. biol. Bd. 1, S. 343. 1924.
[5]) JORDAN, H. J.: Vergl. Physiol. 1913, S. 396. — BOERMAN, A. W.: Bydrage tot de kennis van den maag van enkele Crustaceen. Dissert. Utrecht 1921.

füttert werden[1]); ihre normale Nahrung sind Fichten- und Kiefernadeln. In ihrem „Dickdarm" (Abb. 41) finden sich sehr viele Bakterien, die Cellulose vergären können. — Zweitens ist der Darmkanal der Termiten an derselben Stelle stark erweitert; hier lebende Flagellaten zerlegen die Holzpartikel; ohne diese fremde Hilfe sterben die Termiten binnen 3—4 Wochen[2]).

6. Typus: Die Außenverdauer[3]).

Wie die Kauer und Kratzer innerhalb des Organismus mechanisch und chemisch die Nahrung zerkleinern, so kennen wir heute eine Reihe Tiere, die außerhalb des Körpers große Beutestücke chemisch abbauen.

Die Beute wird in vielen Fällen durch *Gift* unbeweglich gemacht; zu welchen Erfolgen das führt, ist bei der Lampyrislarve[4]) zu ersehen, wo eine 22mal so schwere Schnecke durch Mandibelbiß getötet und dann in 2—3 Tagen verzehrt wird; Ähnliches ist bei den Larven von Carabus, Calosoma, Cybistes und Dytiscus beobachtet sowie bei den erwachsenen Wasserwanzen [Notonecta[5])], Araneiden und Cephalopoden. Neuerdings wurde gesehen, wie der Ameisenlöwe (Larve von Myrmeleo) Ameisen binnen 3 Minuten durch Nervengift tötet, andere Arthropoden binnen 1—30 Minuten[6]).

Eine Außenverdauung kommt im einfachsten Falle dadurch zustande, daß die Tiere nur Enzyme auf die Beute speien; die Beute wird also *rein enzymatisch zersetzt, ohne mechanische Beihilfe.* So liegen Larven von Miastor[7]) im Holz nesterweise beieinander; sie speien das Sekret der Speicheldrüsen aus; dadurch wird das Holz der Umgebung aufgelöst und zu tiefen Rillen ausgefressen. Schließlich liegen die Tiere selbst in einer Nährflüssigkeit, die sie gemächlich aufsaugen (Beobachtung ohne Versuche). Auch die anderen zahlreichen Cecidomyidenlarven ernähren sich in derselben Weise[8]); es konnte hier ergänzend experimentell festgestellt werden, daß sich Nahrungspartikel nicht im Darm finden, und daß Eisenzucker nur durch den Darm (nicht durch die Haut) resorbiert wird. Ähnlich wird es wahrscheinlich bei den Muscidenlarven sein. Auch die Larve von Pseudogenia verdaut in zwei Tagen eine viel größere Spinne rein durch erbrochenes Speichelferment[9]). Und schließlich speien die Pimplalarven Verdauungssäfte auf die Larve des Apfelblütenstechers, und dauen sie aus durch rhythmische Schlundbewegung[10]). Es fehlt hier in allen Fällen jede mechanische Nachhilfe.

---

[1]) Werner, E.: Ernährung der Larve von Potosia (Cetonia). Zeitschr. f. Morphol. u. Ökol. d. Tiere Bd. 6, S. 150. 1926.

[2]) Cleveland, L. R.: Biol. bull. of the marine lab. Woodshole Bd. 48, S. 289. 1925.

[3]) Zusammenfassungen bei H. J. Jordan: Biol. Zentralbl. Bd. 30, S. 85. 1910. — Lengerken, H. v.: Ebenda Bd. 44, S. 273. 1924.

[4]) Vogel, R.: Larve von Lampyris. Zeitschr. f. wiss. Zool. Bd. 112, S. 414. 1915.

[5]) Vries, D. M. de: Nach unveröffentlichten Untersuchungen im Utrechter Laboratorium.

[6]) Stäger, R.: Studien am Ameisenlöwen. Biol. Zentralbl. Bd. 45, S. 75. 1925.

[7]) Springer, F.: Polymorphismus bei den Larven von Miastor. Zool. Jahrb., Abt. f. System. Bd. 40, S. 57. 1917.

[8]) Wehrmeister, H.: Zool. Jahrb., Abt. f. System. Bd. 49, S. 299. 1924.

[9]) Ramme, W.: Lebensweise von Pseudagenia. Sitzungsber. d. naturf. Freunde Berlin 1920, S. 130. Für die Larven von Tabaniden hält H. J. Stammer (Zeitschr. f. Morphol. u. Ökol. d. Tiere Bd. 1, S. 122. 1924) Außenverdauung für wahrscheinlich, doch ist es nicht bewiesen.

[10]) Speier, W.: Arb. a. d. Reichs-Gesundheitsamte Bd. 14, S. 247. 1925. — Es wird übrigens auch bei den Imagines der Silpha obscura eine Außenverdauung vermutet (R. Heymons u. H. v. Lengerken: Zeitschr. f. Morphol. u. Ökol. d. Tiere Bd. 6, S. 292. 1926).

Einen Schritt weiter gehen Tiere, die *besondere Werkzeuge ausbilden*, um die Enzyme zu injizieren und das Verdaute einzusaugen (Abb. 42 und 43). Das finden wir begreiflicherweise hauptsächlich bei Wassertieren, die ein Interesse daran haben, die Enzyme und das Verdaute unverdünnt zu lassen. Die Stechwerkzeuge werden dazu benutzt, Wasserinsekten anzustechen und auszudauen, bis ihre Chitinhülle leer ist. Hierbei sind entweder die Mundwerkzeuge als Ganzes zum komplizierten Stechapparat umgewandelt: so bei Notonecta[1]), welche Insekten sticht wie eine Bettwanze den Menschen. Der einströmende Speichel enthält neben dem Gift eine Protease; durch einen besonderen Kanal wird das Gelöste wieder eingesogen. Cybistes[2]) und Dytiscuslarven[3]) dagegen (Abb. 42 und 43) benutzen zum gleichen Effekt die eingefalzten Mandibeln: im Wechsel von 1—2 Minuten strömt Magensaft durch die Mandibeln in das Beuteinsekt ein und wieder zurück, so lange, bis die Beute leergefressen ist; auf diese Weise wird eine Trichopterenlarve in 10 Minuten ausgedaut. In allen diesen Fällen ist die typische Mundöffnung geschlossen (Abb. 43a und 42b). Durch diese (übrigens ganz verschieden entstandenen) Injektions- und Saugeapparate sowie durch die Chitinhülle der Beute wird verhindert, daß der Verdauungssaft und die Nahrung durch Wasser verdünnt werden[4]). Die Octopoden umgeben die Beute mit dem Schirm ihrer

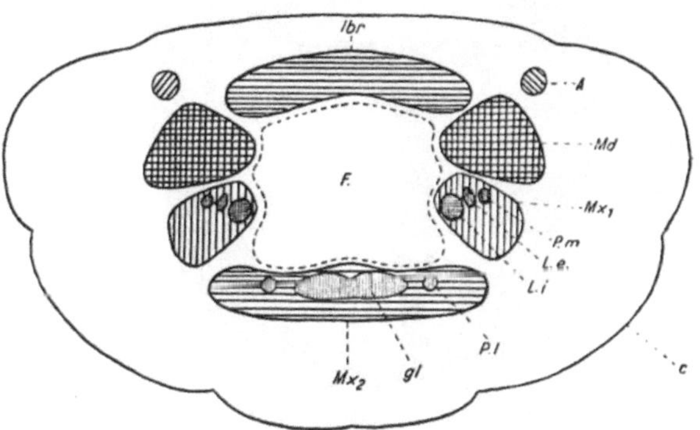

Abb. 42a. Dytiscus-Imago (Doppelkauer).

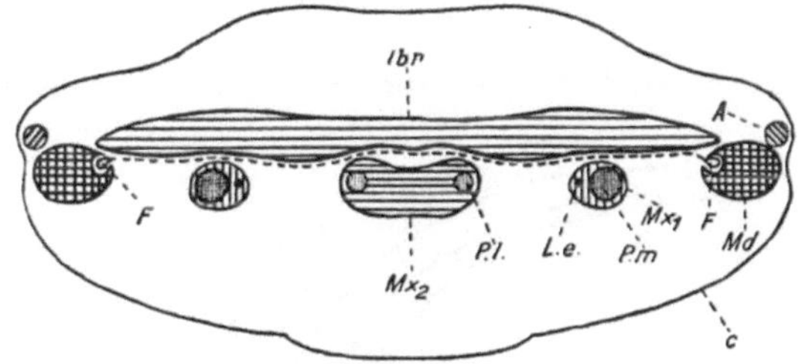

Abb. 42b. Dytiscus-Larve (Außenverdauer).

Abb. 42a und b. *Zwei Diagramme von Mundwerkzeugen* ein und desselben Tieres, das als Larve ein Außenverdauer ist, als Imago ein „Doppelkauer" (Abb. 40d). — Abb. 42a: Die Mandibeln (Md) zerfleischen die Nahrung, die Maxillen I (Mx_1) greifen mit zwei Tastern ($P.m.$ und $L.e.$), während die große innere Lade ($L.i.$) die abgerissenen Fleischstücke in den Mund schiebt. Vorn und hinten wird der Mund durch die Oberlippe (lbr) und die Maxille II (Mx_2) abgeschlossen. F ist der Eingang zum Munde, der durch Einschlag der Mandibeln und Maxillen I geschlossen wird. — Abb. 42b: Beim Außenverdauer dagegen ist das Mundloch F geschlossen bis auf zwei Kanäle am medialen Rande der Mandibeln (vgl. Abb. 43a, b). Damit im Zusammenhang sind Oberlippe (lbr) und Maxille II (Mx_2) dicht zusammengetreten, Maxille I und Mandibel sind seitlich davon angeordnet. Nur durch die beiden Kanäle der Mandibeln werden die Enzyme injiziert und wird die Nahrung eingesogen. Maxille I und II sind Tastwerkzeuge; die große innere Lade ($L.i.$) ist also nicht ausgebildet (A Antenne). (Nach BLUNCK, aus KORSCHELT 1924.)

---

[1]) DE VRIES, D. M.: Zitiert auf S. 56.

[2]) BLUNCK, H.: Cybistes-Leben. Zool. Anz. Bd. 55, S. 106. 1922.

[3]) KORSCHELT, E.: Zitiert auf S. 55.

[4]) Nicht gut aufgelöst ist die Frage, ob auch der Rüssel polyclader Turbellarien so wirkt: man findet hier die Nahrung nur in feinzerteiltem Zustand im Darmlumen. OYE, P. v.: Over de voedselopname by zoetwaterplanarien. 18. Vlaamsch natuurk. Congress, Antwerpen 1919, S. 45. — WESTBLAD (Lunds univ. årsskr., N. F. 2, Bd. 18, S. 17. 1923) spricht nur vom „Aussaugen" eines Wurmes oder einer Wasserassel; wie aber wird das Gewebe des Wurmes zerteilt?

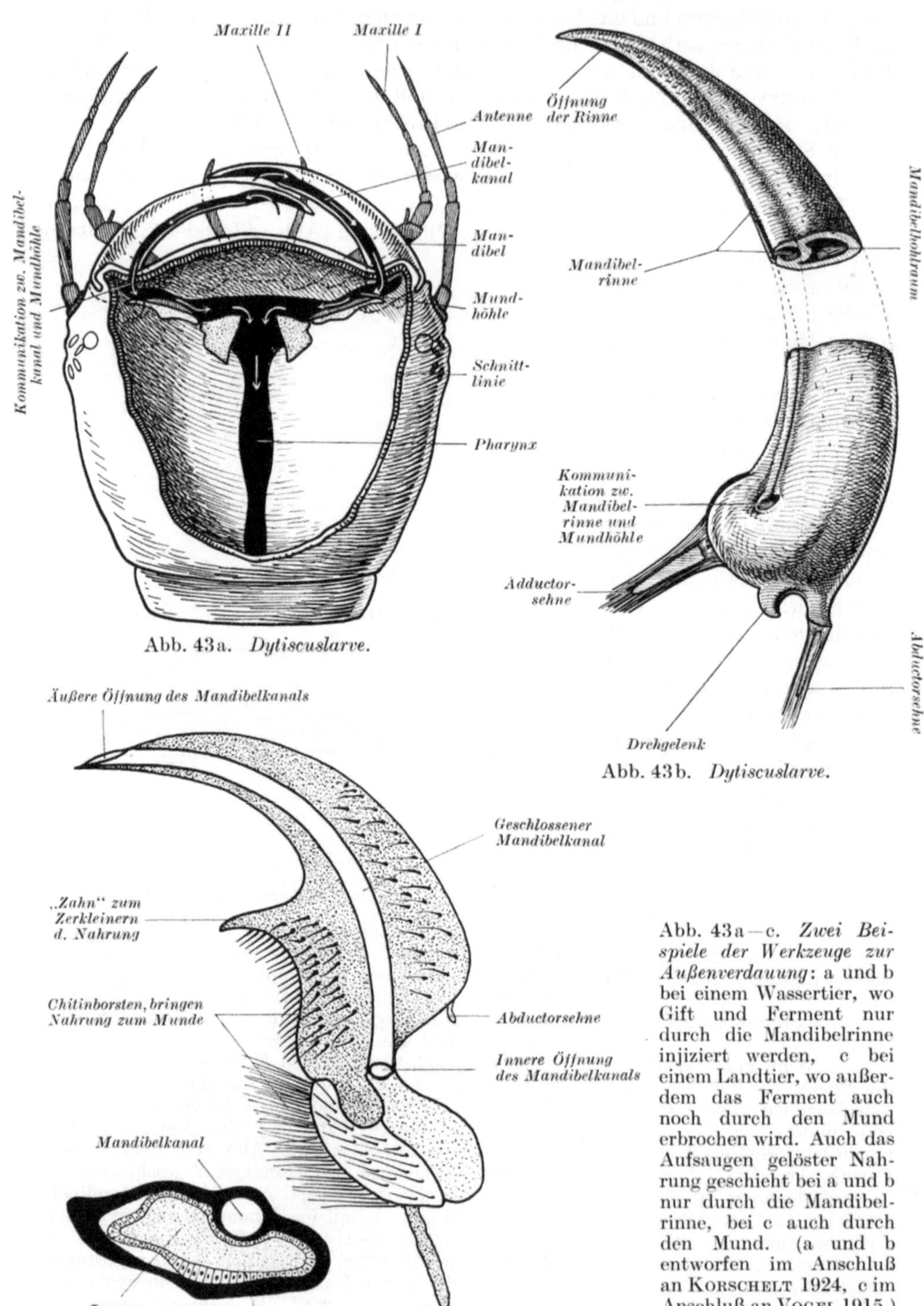

Abb. 43a.   *Dytiscuslarve.*

Abb. 43b.   *Dytiscuslarve.*

Abb. 43c.   *Lampyrislarve.*

Abb. 43a—c. *Zwei Beispiele der Werkzeuge zur Außenverdauung:* a und b bei einem Wassertier, wo Gift und Ferment nur durch die Mandibelrinne injiziert werden, c bei einem Landtier, wo außerdem das Ferment auch noch durch den Mund erbrochen wird. Auch das Aufsaugen gelöster Nahrung geschieht bei a und b nur durch die Mandibelrinne, bei c auch durch den Mund. (a und b entworfen im Anschluß an Korschelt 1924, c im Anschluß an Vogel 1915.)

Tentakeln und speien während des Abraspelns Protease. — Eine Form unter den Landtieren bedient sich übrigens auch der Injektion: die Larven von Myrmeleo (Ameisenlöwe) sollen durch eine Stichkanüle Protease in die Ameise spritzen; die doppelte Kanüle soll von Maxillen und Mandibeln gebildet werden[1]).

Eines solchen Apparates zum Injizieren entraten die Landbewohner aber in der Regel; sie speien einfach die Enzyme auf die getötete Beute. Eine Mittelstellung zwischen den Wasserinsekten und diesen Landbewohnern nimmt die Larve des Leuchtkäfers Lampyris ein[2]): ebenfalls durch einen besonderen Kanal in der Mandibel (Abb. 43 c) wird Gift und Ferment in die Beute injiziert; gleichzeitig wird aber auch durch den offenen Mund Fermentsaft auf die Beute gespien. Mit den Mandibeln, die durch besondere Zähne ausgerüstet sind (Abb. 43 c), wird der fermentative Prozeß beschleunigt: taktmäßig schlagen viele Stunden lang die Mandibeln in das Beutefleisch, bis dieses zu einer breiartigen Masse zerdaut ist. Durch Borsten an den Mandibeln und durch die Maxillen wird die verdaute Masse in den Mund gefegt. Nach 3 Tagen hat sich das Gewicht der Larve verdoppelt.

Solcher mechanischen Knetmittel bedienen sich auch zahlreiche andere Arthropoden: bei den Spinnen halten Pedipalpen und Cheliceren die bespeichelte Nahrung und durchwalken sie mit dem Ferment; Imago und Larve von Carabus[3]) durchkneten mit den Mandibeln die Fleischmasse und schöpfen den verdauten Brei in den Mund; die Hydrophiluslarve arbeitet mit den Mandibeln und den hakenbesetzten Antennen. Bei der Carabuslarve wird übrigens durch eine besondere Siebvorrichtung das Eintreten von noch ungelösten Partikeln in den Mund verhindert.

Der verdauende Saft kann von zweierlei Herkunft sein: aus den Speicheldrüsen bei den Spinnen (?), Miastor, Notonecta, Octopoden, Pseudagenia — oder aus dem Magen bei Carabus, Dytiscus, Cybister, Hydrophiluslarve und Turbellarien (?).

7. Typus: Die Parenteralen.

Diesen zwei Arten der Nahrungsaufnahme: den Mikro- und den Makrophagen, stehen als 7. Typus wenige andere Tiere gegenüber, die keinen Darm haben, also keine Nahrung zerkleinern. Sehen wir ab von den Fällen (z. B. bei Insekten), in denen das erwachsene Tier keine Nahrung mehr aufnimmt, sondern als Larve die Nahrungsstoffe speichert, und als geschlechtsreifes Tier kurz von den Reserven lebt, dann bleiben vor allem die darmlosen Parasiten übrig.

Biologisch reizvoll sind Fälle, bei denen das darmlose Männchen zum Parasiten am oder im Weibchen geworden ist: bei Bonellia lebt es in den Geschlechtsgängen des Weibchens, bei Alcippe (Abb. 44) (Cirripidien) in der Haut als einfacher Sack; in beiden Fällen ist

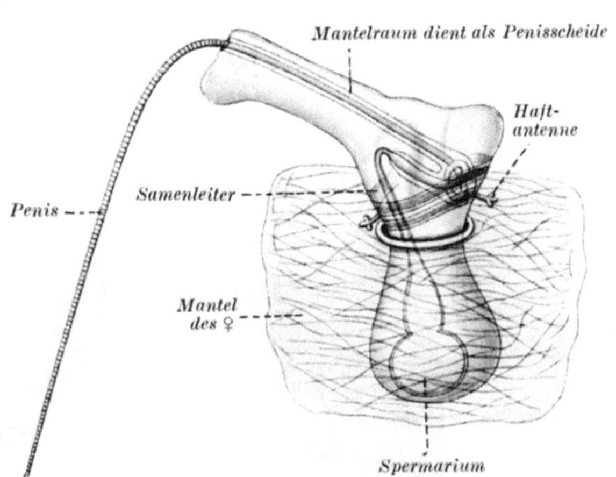

Abb. 44. *Beispiel eines darmlosen Parasiten:* Alcippe lampas (Cirripedien, Krebse); das ♂ ist eingesenkt in den Mantel des ♀; es hat seinen Darm verloren und ernährt sich wahrscheinlich durch parenterale Aufnahme von Stoffen des ♀. [Der Verweisungsstrich bei „Samenleiter" muß etwas weiter reichen.] (Nach J. MEISENHEIMER, 1921.)

---

[1]) DOFLEIN, F.: Ameisenlöwe. Jena 1916.   [2]) VOGEL, R.: Zitiert auf S. 56.

[3]) JORDAN, H. J.: Biol. Zentralbl. Bd. 30, S. 85. 1910. — LENGERKEN, H. v.: Ebenda Bd. 44, S. 273. 1924. — OERTEL, R.: Biologische Studien über Carabus granulatus. Zool. Jahrb., Abt. f. System. Bd. 48. 1924.

der Larvendarm geschwunden (er wird bei Bonellia als Samengang benutzt): die Ernährung wird vermutlich also parenteral durch die Körperoberfläche geschehen. Bei den Rhizocephalen geht nur das Weibchen zum Parasitismus in und an Krabben über und ernährt sich durch wurzelartige Ausläufer im Wirt; das Männchen ernährt sich selbst.

In den meisten Fällen jedoch sind Männchen und Weibchen Parasiten: z. B. die parasitisch auf der Fischhaut lebenden Larven von Anodonta[1]). Darmlos sind ganze Gruppen wie die Cestoden und Acanthocephalen; oder Ausnahmen innerhalb der Gruppen wie Sphaerularia, Bradynema, Mermitiden, Alantonema, Filarien unter den Nematoden; Entoconcha, Entocolax, Entoxenos unter den Gastropoden; Constrillen unter den Copepoden und schließlich manche Entwicklungsstadien der Trematoden. Bekannt ist über ihre Nahrungsaufnahme physiologisch nichts; die Einpassung ihrer Hautfunktionen in den neuen Lebenskreis wäre mindestens so interessant zu verfolgen wie die Veränderung der Form dieser Tiere.

Hier würden sich eine Reihe Tiere anschließen, die sich teilweise parenteral ernähren. Pütter wird in diesem Handbuch darüber berichten.

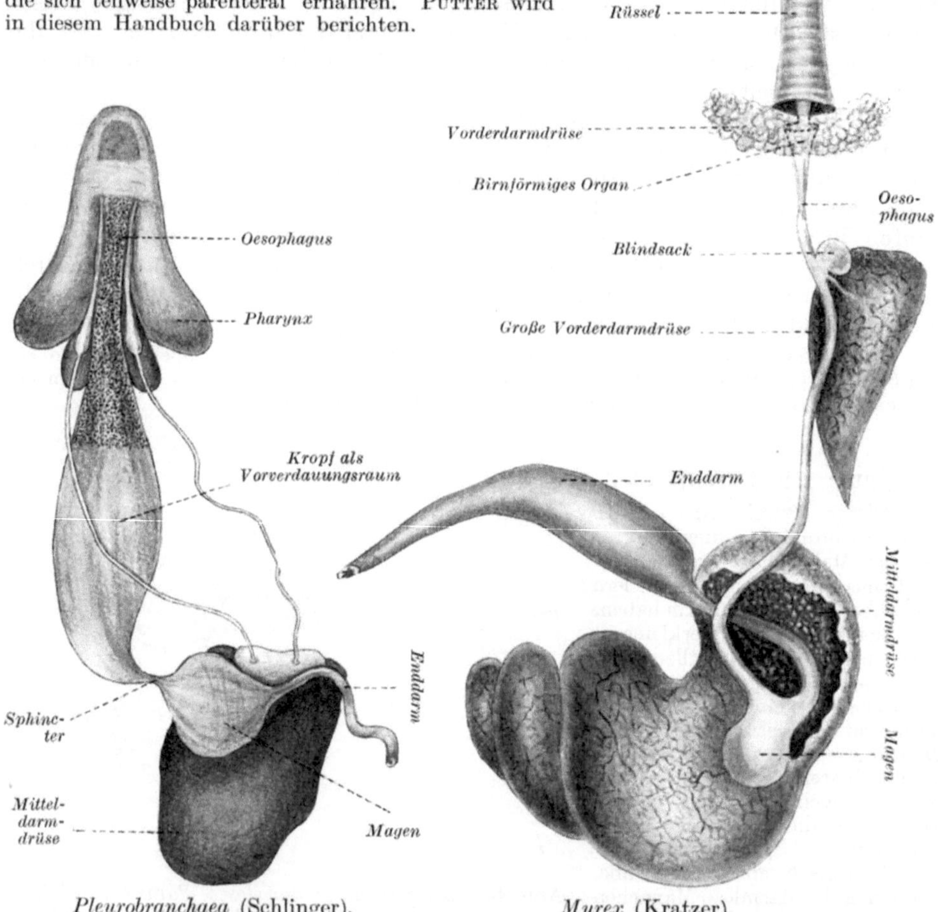

Abb. 45. *Gegenüberstellung der Darmformen eines Schlingers* (Pleurobranchaea) *und eines Kratzers* (Murex) unter den Gastropoden. Bezeichnend für den Schlinger ist der Bau des Vorderdarmes: der große Pharynx und sehr große Kropf (Vorverdauungsraum, vgl. Abb. 32) — für den Kratzer der kleine Pharynx im Rüssel, der dünne Oesophagus (nur als Leitungsrohr dienend) bis zum Magen. (Nach G. C. Hirsch, 1915.)

---

[1]) Harms, W.: Postembryonale Entwicklung der Unioniden. Zool. Jahrb., Abt. f. Anat. Bd. 28. 1909.

C. Beziehungen zwischen Darmbau und Nahrungsaufnahme.

Wir haben gesehen, daß Tiere auf sehr verschiedene Weise Nahrung abbauen. In ihrer Darmorganisation drückt sich dies teilweise deutlich aus.

Wollen wir aber den Darmbau wirklich in seinen Typen erfassen, dann kann das Problem Makrophagie oder Mikrophagie nur eine untergeordnete Rolle spielen: dann ist wichtiger der Faktor: in welchem Zustande empfängt der Darm die Nahrung?

Dabei sind drei Möglichkeiten gegeben: die Nahrung kann unzerteilt und dann sehr umfangreich dem Darm übergeben werden (Schlinger); sie kann in

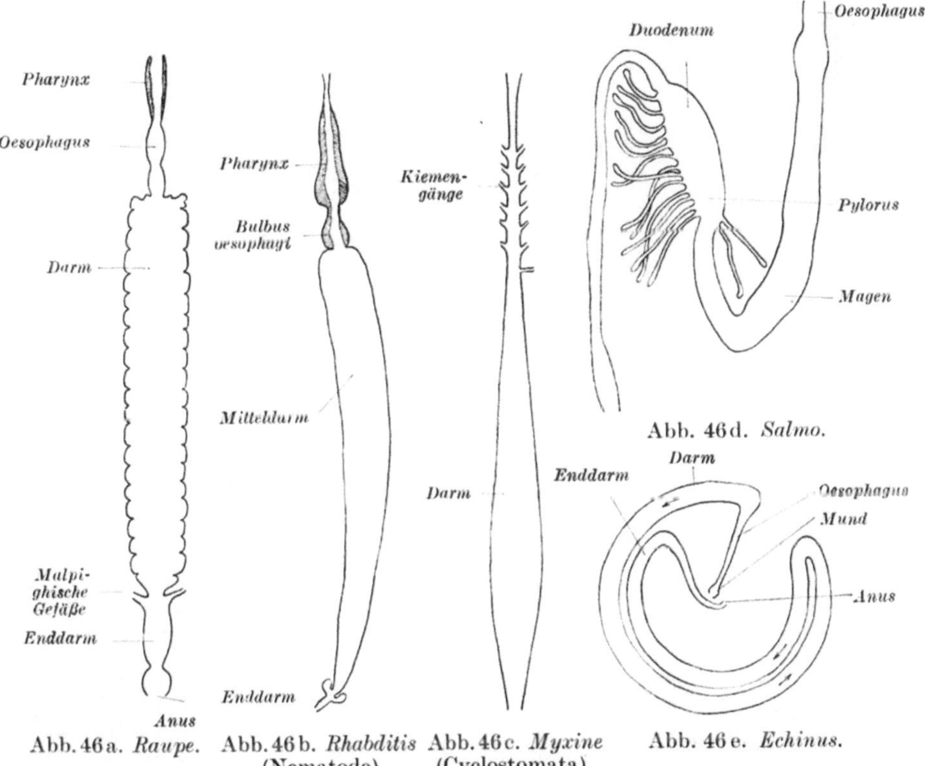

Abb. 46a. *Raupe.*   Abb. 46b. *Rhabditis*   Abb. 46c. *Myxine*   Abb. 46e. *Echinus.*
(Nematode).   (Cyclostomata).

Abb. 46a—e. *Schemata von Tieren, welche dem Darm nur kleine Stücke überliefern.* Erster Untertypus: Glatt durchlaufende Darmformen, ohne nennenswerte Ausstülpungen, ohne besondere Erweiterungsfähigkeit und ohne Vorverdauungsraum. (G. C. HIRSCH.)

kleinen Stücken überliefert werden (Kratzer und Partikelfresser); sie kann schließlich flüssig-breiartig sein (Sauger und Außenverdauer). Untersucht man unter dem Gesichtspunkt dieser Dreiteilung die Därme der Tiere, so ergeben sich verhältnismäßig deutliche Darmtypen; allerdings nur unter zwei Bedingungen: einmal, daß man Spongien, Coelenteraten und Plathelminthen außer Betrachtung läßt, und daß man ferner den vererbten Bauplan als Gegenspieler der Funktion im Auge behält.

Den ersten *Darmtypus des Schlingers* haben wir auf S. 42f besprochen: es ergab sich, daß hier typisch ein Vorverdauungsraum gebildet wird, der in komplizierten Fällen deutlich gegen den folgenden Verdauungsraum abgeschlossen ist (Abb. 32, 33, 34).

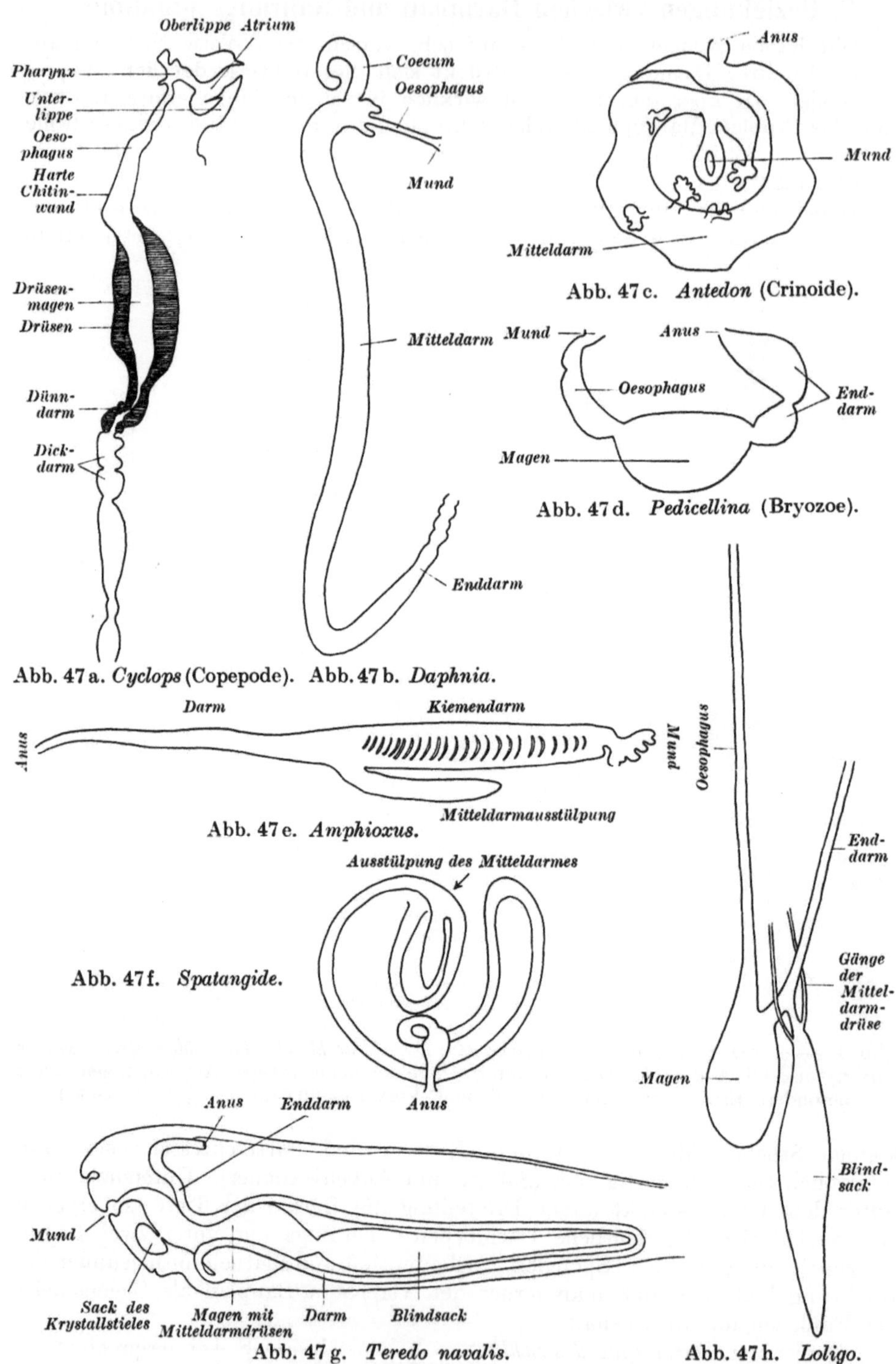

Abb. 47c. *Antedon* (Crinoide).

Abb. 47d. *Pedicellina* (Bryozoe).

Abb. 47a. *Cyclops* (Copepode). Abb. 47b. *Daphnia.*

Abb. 47e. *Amphioxus.*

Abb. 47f. *Spatangide.*

Abb. 47g. *Teredo navalis.*

Abb. 47h. *Loligo.*

Abb. 47a—h. *Weitere Beispiele von Därmen der Partikelfresser und Kratzer,* die also dem Darm nur kleine Stücke übergeben. *Zweiter Untertypus:* Gerade gestreckte Därme, ohne Vorverdauungsraum, aber mit (meist unpaaren) Ausstülpungen, in denen wohl zumeist die kleinen Nahrungsstücke eindringen können und verdaut werden. (G. C. Hirsch.)

Der zweite Fall: **Übergabe kleiner Nahrungsstücke an den Darm durch Kratzer und Partikelfresser** läßt (im Gegensatz zu den meisten Schlingern und den Saugern) lange, schlanke Darmformen erkennen; ein abgegrenzter Vorverdauungsraum wird *nicht* gebildet. Verwandte Formen machen uns dies deutlich: in Abb. 45 sind zwei Schneckendärme: von einem Schlinger und einem Kratzer einander gegenübergestellt; der Unterschied im Bau des Vorderdarmes ist zurückzuführen auf die verschiedene Größe der zugeführten Nahrung.

Die Fülle der Darmformen bei Kratzern und Partikelfressern läßt (ähnlich wie bei den Schlingern) zwei Untertypen verschiedener Differenzierung erkennen. Der *erste Untertypus* einfacher Organisation wird gebildet durch ein Rohr, das gerade oder gewunden verläuft (Abb. 46), ohne besondere Anhänge. Dieser Untertypus gleicht zunächst dem ersten Untertypus der Schlinger (Abb. 31); ein Vergleich aber — besonders mit Sagitta (Abb. 31a) — lehrt, daß naturgemäß bei den Kratzern und Detritusfressern der Darm nicht in dem Maße ausdehnbar ist wie bei den Schlingern; ferner ist in Abb. 31b Sipunculus dargestellt, der wohl niemals ganz große Beute aufnimmt, sondern mittelgroße, dessen typische Einordnung darum schwierig ist. — Das Fehlen eines besonders entwickelten Vorverdauungsraumes ist bei einem Vergleich zwischen Salmo (Abb. 46d) mit den verwandten Schlingern Esox und Lophius (Abb. 34a und d) deutlich.

Der *zweite Untertypus* — der am häufigsten ist — läßt am geraden, nicht erweiterungsfähigen Rohr allerlei Coeca erkennen (Abb. 47). Soweit uns dies bekannt ist, treten die kleinen Nahrungsstücke dieser Kratzer und Partikelesser meist in diese Coeca ein. Was aber diese Därme unterscheidet von den Schlingern der Abb. 33, die ihnen auf den ersten Blick ähneln, das ist wieder der Mangel eines Vorverdauungsraumes. Betrachten wir die Därme der Abb. 33 und 34 vom Vorverdauungsraum ab, betrachten wir also nur diejenigen Darmteile, denen zerdaute kleine Nahrungsteile vom

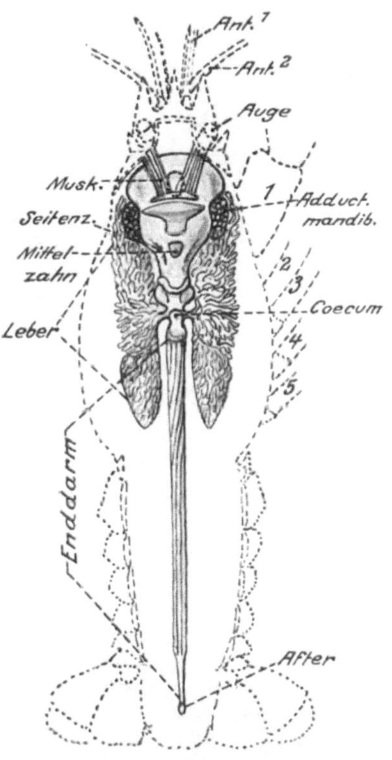

Abb. 48. *Astacus fluviatilis, Darm* von dorsal gesehen. (Aus Bütschli-Blochmann, 1924.)

Vorverdauungsraum übergeben werden: dann ist die Ähnlichkeit zwischen den Därmen bei Schlingern und Partikelfresser-Kratzern deutlich. Daraus ergibt sich, daß die Bildung des Vorverdauungsraumes das wesentliche Kennzeichen des Schlingers ist.

Solche blind endenden Ausstülpungen in größerer Zahl führen schließlich zur Bildung von „*Mitteldarmdrüsen*". Sie sezernieren in allen Fällen, wahrscheinlich deponieren sie auch alle; ihre weitere Bedeutung aber schwankt. In den allgemeinsten Fällen dienen sie gleichzeitig der Aufnahme, Verdauung und Resorption der Partikel, welche im Vorverdauungsraume bei Schlingern entstehen (Abb. 32) oder bei Partikelesser-Kratzern gleich in den Darm gelangen. Diese Partikel können häufig in den engen Lumina phagozytiert werden (s. S. 70). — In weiteren Fällen spezialisiert sich die Bedeutung der Ausstülpungen auf die

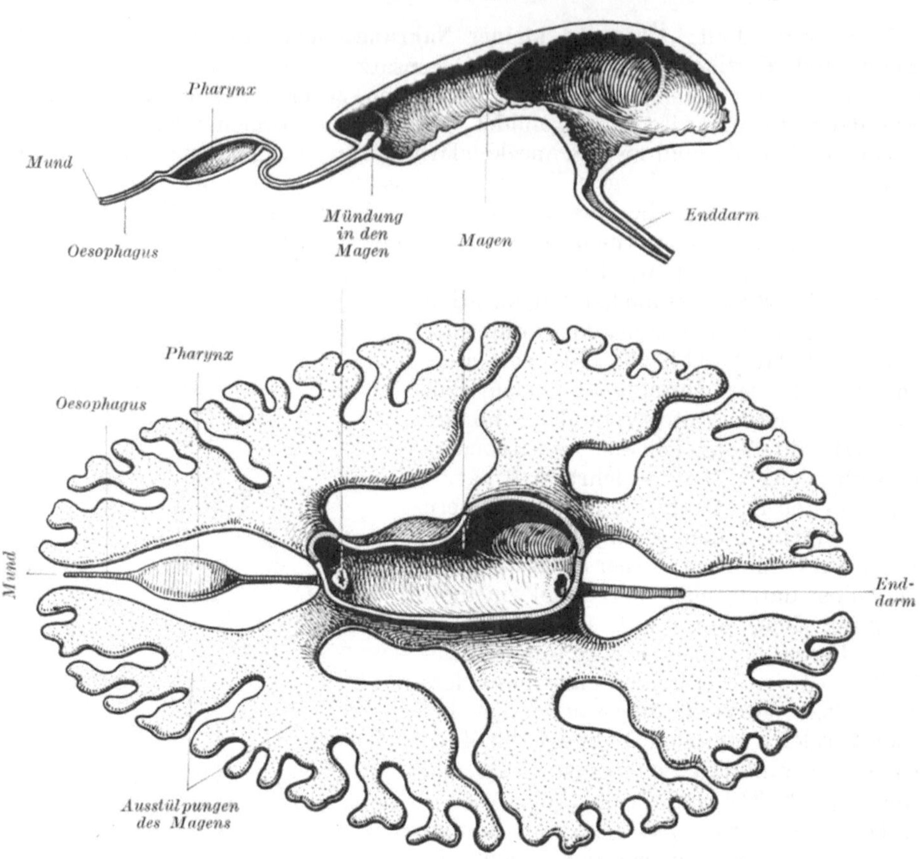

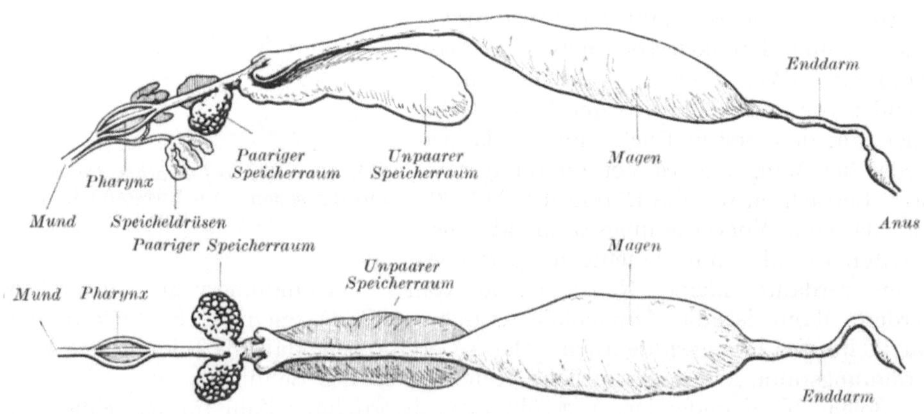

Abb. 49a und b. *Argas (Zecke).*

Abb. 49c und d. *Culex.*

Abb. 49 a—d. *Zwei Beispiele von Speicherräumen bei Saugern,* die dem Aufnehmen der großen, mit einem Male einströmenden Blutmenge dienen. — Abb. 49 a und b: *Argas* (Zecke), a im Medianschnitt von links gesehen; b von dorsal gesehen, der Mitteldarm dorsal aufgeschnitten. Die großen verzweigten Coeca dienen als Speicher. — Abb. 49 c—d: *Culex.* c von links, d von dorsal gesehen. Abgesehen vom großen Magen sind noch drei Speicherräume für Blut ausgebildet. (Entworfen durch G. C. Hirsch und J. Prijs, teilweise im Anschluß an E. Martini, 1923.)

Sekretion (z. B. bei den Cephalopoden: Loligo, Abb. 47 h). — Wahrscheinlich erfüllen aber alle diese „Leberschläuche" durch ihre bedeutende Oberfläche nach der Leibeshöhle zu noch eine andere Funktion: nicht überall finden wir ein gut ausgebildetes Blutgefäßsystem; vielleicht steht das Blindsacksystem der Asteriden und dendrocoelen Strudelwürmer, der Krebse und Insekten ebenso wie die Windungen des Darmes bei vielen Echinodermen in Beziehung zur Stoffverteilung (Aphrodite)? Vielleicht dient die Mitteldarmdrüse der Gastropoden mit zur Ernährung der eingebetteten Zwitterdrüse[1]). Wieder andere Beziehungen ergeben sich bei Malakostraken-Krebsen (Abb. 48): fast der gesamte Mitteldarm besteht aus Blindschläuchen, während der chitinisierte Vorderdarm vom chitinisierten Enddarm nur durch eine schmale Brücke getrennt ist; hierdurch wird erreicht, daß die resorbierenden Mitteldarmdrüsen aus dem Kaumagen nur Partikel erhalten, während die Filtrierrückstände unmittelbar dem Enddarm übergeben werden (H. J. JORDAN).

Därme, die nur Flüssigkeiten empfangen oder breiartige Substanzen, finden wir bei den Saugern und Außenverdauern. Bei den Tieren mit Außenverdauung haben wir einen Ausdruck dieser besonderen Nahrungszerkleinerung in der Darmform nicht finden können; jedenfalls sind keine extremen, ins Auge fallenden Einrichtungen getroffen. Bei den *Saugern* dagegen fällt Eines wenigstens auf (Abb. 49): die häufige Ausbildung von großen Aussackungen und weitem Lumen (Gegensatz zu der engen Mitteldarmdrüse), welche dem Speichern des schnell aufgenommenen Blutes dienen (Blutmenge, s. S. 36). Außer den in Abb. 49 dargestellten Saugern sei hingewiesen auf die Lepidopteren, Tabaniden, Hirudineen und auf Ichthyotomus unter den Anneliden.

II. Die Intraplasmatische Verdauung[2]).

Wir haben gesehen, wie bei den mikrophagen und makrophagen Tieren *schließlich* die Nahrung stets den resorbierenden Darmflächen in zerkleinerter Form als *Partikel* dargereicht wird. Doch kann die Größe derjenigen Nahrungsteile, welche daraufhin die Plasmaschicht passieren, sehr verschieden sein. Die beiden größten Extreme sind folgende: einmal können molekulär gelöste Stoffe in das Plasma aufgenommen werden, ein Vorgang, den G. C. HIRSCH *Mollekelpermeation* genannt hat[2]); das andere Extrem ist die Aufnahme von Partikeln, die größer sind als $0,1\,\mu$ (S. 25); diesen letzten Vorgang nennt man seit langer Zeit *Phagocytose*. Zwischen beiden Extremen stehen natürlich zahlreiche Zwischenfälle [z. B. Kolloidpermeation[2])]. In allen Fällen werden die Partikel zertrümmert: in dem ersten Extrem (Mollekelpermeation) außerhalb des Protoplasmas durch sezernierte Fermente; in dem zweiten Extrem (Phagocytose) innerhalb des Protoplasmas durch Sekretion von Fermenten in Vakuolen hinein, welche das aufgenommene Particulum umgeben. Das Gemeinschaftliche zwischen beiden Vorgängen liegt dann weiter darin, daß in jedem Falle innerhalb der Zelle Veränderungen mit den in das Plasma aufgenommenen Stoffen stattfinden.

Es ist weiterhin allgemein bekannt, daß die höheren Tiere nicht imstande sind, durch die Darmwand Partikel von der angegebenen Größe aufzunehmen; nur

---

[1]) DEFLANDRE, C.: Journ. de anat. et physiol. Paris Bd. 40, S. 73. 1904.

[2]) Eine genauere Übersicht gibt G. C. HIRSCH: Probleme der intraplasmatischen Verdauung. Ihre Beziehungen zur Resorption, Diffusion, Nahrungsaufnahme, Darmbau und Nahrungswahl bei den Metazoen. Zeitschr. f. vergl. Physiol. Bd. 3, S. 183. 1925. — HIRSCH, G. C.: Einige Fragen der intraplasmatischen Verdauung. Verhandl. d. dtsch. zool. Ges. 1925 (Zool. Anz.). — HIRSCH, G. C.: Permeatie en intraplasmatische stofverwerking. Tijdschr. d. Nederlandsch Dierkundige Vereeniging (2) Bd. 20. 1926.

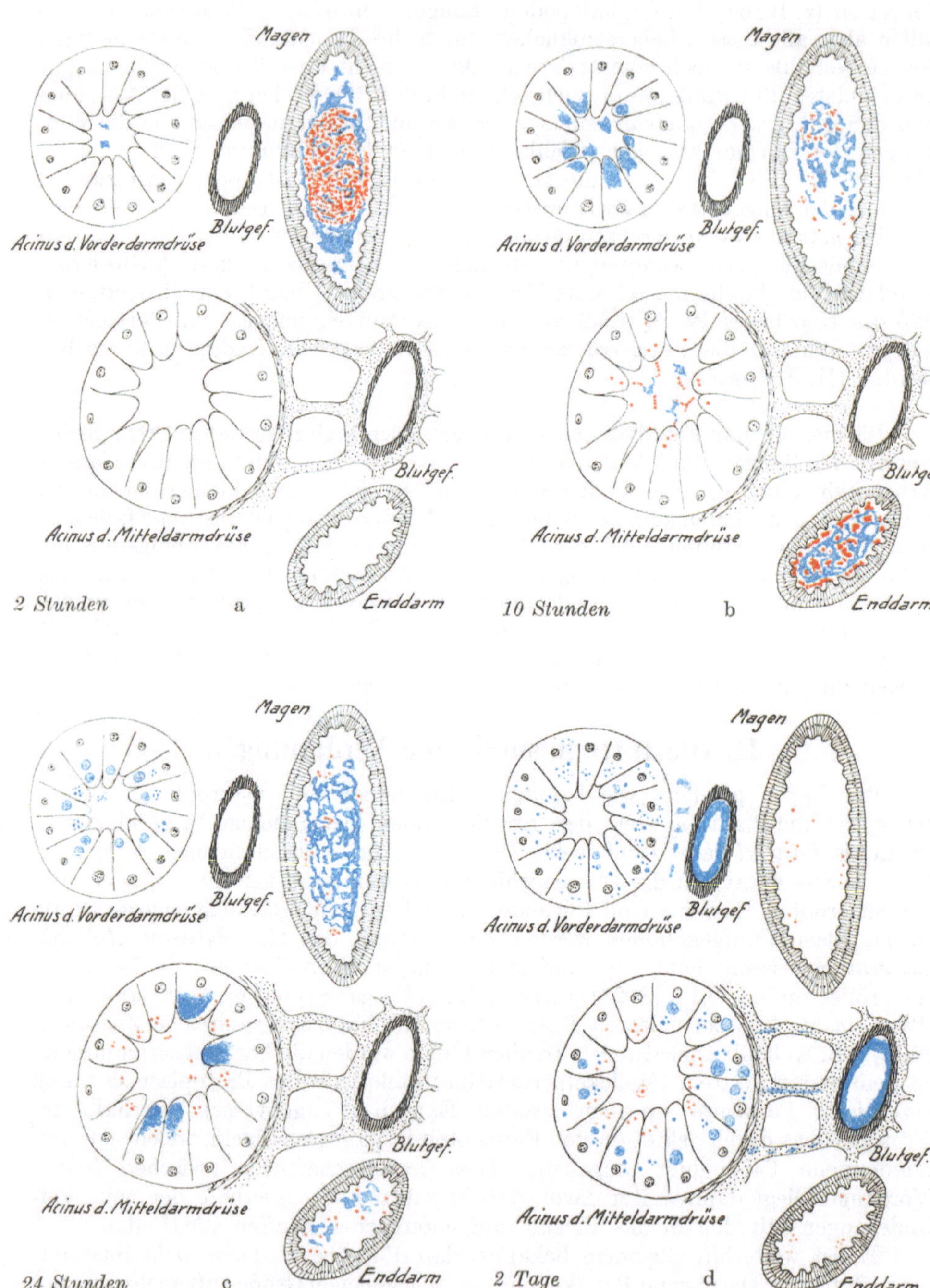

bei saugenden jungen Mäusen ist im letzten Jahre gefunden[1]), daß sie vielleicht kleine Tuschepartikel in das Darmplasma aufnehmen (vgl. S. 70) können.

[1]) Möllendorff, W. v.: Einschaltung des Farbstofftransportes in die Resorption bei Tieren verschiedenen Lebensalters. Zeitschr. f. wiss. Biol., Abt. B: Zeitschr. f. Zellforsch. u. mikroskop. Anat. Bd. 2, S. 130. 1925.

Abb. 50 a—e. Schemata zur vergleichenden Darstellung des Weges, den Eisen
(blau) und Carmin (rot) durch den Körper
der Schnecke Murex trunculus nehmen.
Zugleich Darstellung der Methode, um
bei auch phagocytierenden Tieren das
Verhältnis der Phagocytose zur Kolloidpermeation zu schätzen.
(Aus G. C. Hirsch, 1924.)

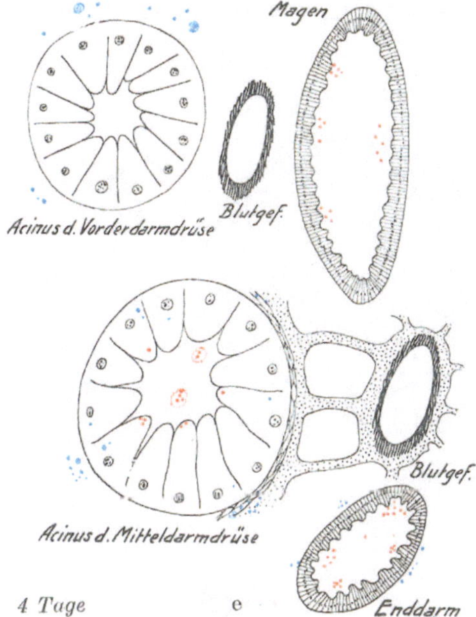

Andererseits ist von den Spongien, vielen Turbellarien und einigen Coelenterata
bekannt, daß sie sich beinahe ausschließlich durch Partikelaufnahme und intraplasmatischen Abbau dieser Partikel ernähren.

Dadurch entsteht die erste Frage: **in welchem Verhältnis steht die Mollekelpermeation zur Phagocytose** in den verschiedenen Tiergruppen? Dies ist eine
Frage, die bisher noch keineswegs systematisch erforscht worden ist. Man
kann diese Frage auch nur dann exakt beantworten, wenn man bei einem Tiere
imstande ist, den Darm herauszunehmen und im überlebenden Zustande den
Durchtritt verschieden großer Stoffe zu beobachten. Ist dies nicht möglich,
dann sind doch immerhin einige Wege zur Schätzung des Verhältnisses Mollekelpermeation zur Phagocytose möglich: so sind Eisen- und Carmin-Partikel
gleichzeitig verfüttert worden[1]) (Abb. 50). Ferner kann auch die Kraft der
extraplasmatisch und intraplasmatisch wirksamen Fermente gegeneinander ab-
geschätzt werden.

Eine vorläufige Schätzung des dargelegten Verhältnisses läßt etwa folgende
Reihe erkennen.

1. *Vor allem oder ausschließlich durch Phagocytose ernähren sich* z. B. die
Spongien[2]) (Abb. 20 und 51). Fermente im Plasma wurden schon früher durch
Extrakte nachgewiesen. Daneben könnte wohl Diffusion gelöster Nahrungs-
stoffe eine Rolle spielen. — Nach einer neueren Untersuchung[3]) soll Planaria
dorotocephala keinen Eiweißabbau im Darmlumen besitzen; die aufgenommenen
Leberstücke werden hier offenbar nur mechanisch zerwalkt und dann phagocytiert.

---

[1]) Hirsch, G. C.: Der Weg des resorbierten Eisens und des phagocytierten Carmins
bei Murex trunculus. Zeitschr. f. wiss. Biol., Abt. C: Zeitschr. f. vergl. Physiol. Bd. 2, S. 1. 1924.

[2]) Trigt, H. v.: Contribution to the physiologie of the freshwater Sponges (Spongilidae).
Tijdschr. d. Nederlandsch Dierkund. Vereeniging (2) Bd. 17, S. 1. 1919.

[3]) Willier, B. H., L. H. Hyman and S. A. Rifenburgh: A histochemical study of
intracellular digestion in triclad worms. Journ. of morphol. a. physiol. Bd. 40, S. 299. 1925.

2. *Vorwiegend mittels der Phagocytose* scheint sich Hydra zu ernähren[1,2] (Abb. 56, 57), vermutlich auch die meisten Actinien[3] (Abb 52b). Bei den meisten

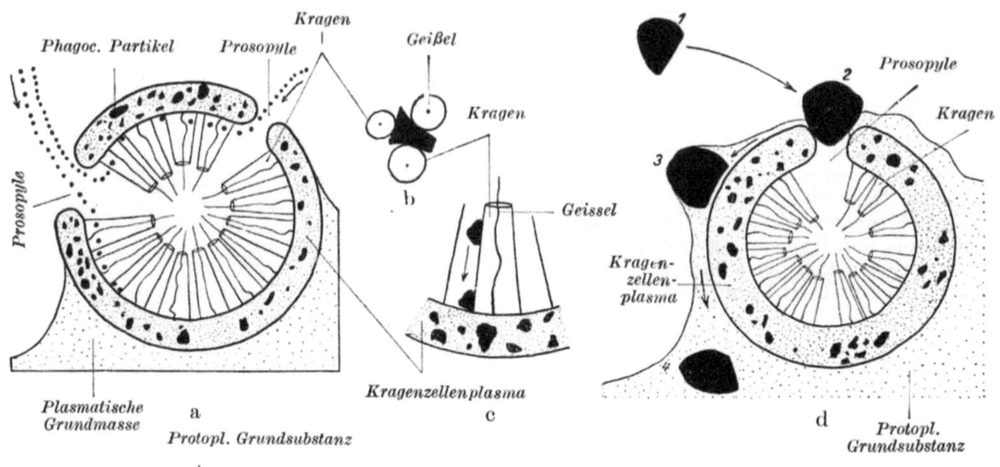

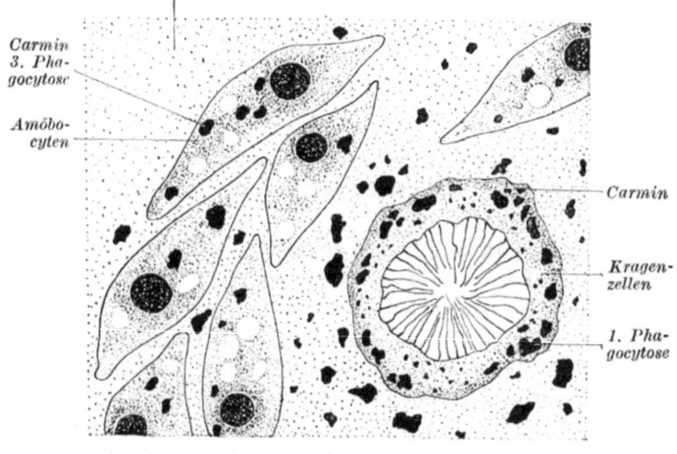

Abb. 51 a—e. *Phagocytose bei Spongilla* (Süßwasserschwamm). Halbschematische Zeichnungen nach dem lebenden Tier, teilweise unter der Ölimmersion gesehen. — Abb. 51 a: Eine Geißelkammer im Querschnitt mit zwei Prosopylen. Die Geißeln verursachen einen Wasserstrom in die Prosopyle hinein und zu einer Apopyle heraus, die etwa nach dem Beschauer zu in der Geißelkammerwand liegt. Mechanik: Die Geißeln stoßen das Wasser von der Zelle fort zur Apopyle zu. Dadurch gleitet das Wasser an den „Kragen" vorbei, welche die Partikel auffangen (vgl. Abb. 20). — Abb. 51 b: Drei „Kragen" von der Geißelkammer aus gesehen: Transport eines Nahrungsbrockens gemeinschaftlich durch die drei Kragen basalwärts. — Abb. 51 c: Transport an der Außenwand des Kragens zum Plasma der Kragenzellen in der Pfeilrichtung. Erste Phagocytose durch das Plasma der Kragenzellen. — Abb. 51 d: Die Prosopyle wird durch einen großen Nahrungsballen verstopft. Dessen Weg ist durch die Ziffern *1—4* wiedergegeben: die protoplasmatische Grundmasse phagocytiert den Nahrungsbrocken und transportiert ihn längs der Geißelkammerwand nach innen. — Abb. 51 e: Carminfütterung; erste Phagocytose im Plasma der Kragenzellen. Abgabe der Carminstücke an die plasmatische Grundsubstanz; hier zweite Phagocytose. Schließlich dritte Phagocytose in den Amöbocyten. (Nach v. Trigt 1919, aus G. C. Hirsch 1925.)

[1]) Beutler, R.: Experimentelle Untersuchungen über Hydra. Zeitschr. f. wiss. Biol., Abt. C: Zeitschr. f. vergl. Physiol. Bd. 1, S. 1. 1924.

[2]) Meyer-Bodansky: Comp. studies of digestion. Amer. journ. of physiol. Bd. 67, S. 547. 1924.

[3]) Boschma, H. (Over het voedsel der Rifkorallen; Kon. acad. v. wetensch., afd. natuurk. Bd. 35. 1926) fand übrigens, daß Actinien, die in Symbiose mit Zooxanthellen leben, doch stets auch tierische Beute aufnehmen; nur im Hunger leben sie vor allem von Zooxanthellen.

bekannten Tricladen, Acoelen und lecitophoren Rhabdocoelen soll ebenso die Phagocytose bei weitem überwiegen[1]). Das gleiche ist jetzt mit größerer Sicherheit bei Teredo festgestellt: im Magensafte fand sich wohl eine Amylase, aber keine Cellulase[2]); ergänzend fand aber F. A. Potts[3]), daß Teredo eine starke intraplasmatische Verdauung der abgeraspelten Holzstückchen besitzt (Abb. 52 a), von denen sich dieses Tier vor allem ernährt. Bei den Muscheln[4]) Mya und Ostrea findet sich nur im Krystallstiel (S. 92) Ferment; der ganze andere Abbau der Nahrung findet intraplasmatisch statt: durch Wanderzellen (!) und Zellen der Mitteldarmdrüse. — Die blutsaugende Milbe Liponyssus besitzt weiterhin die Fähigkeit, die roten Blutkörperchen des eingesogenen Wirtsblutes zu phagocy-

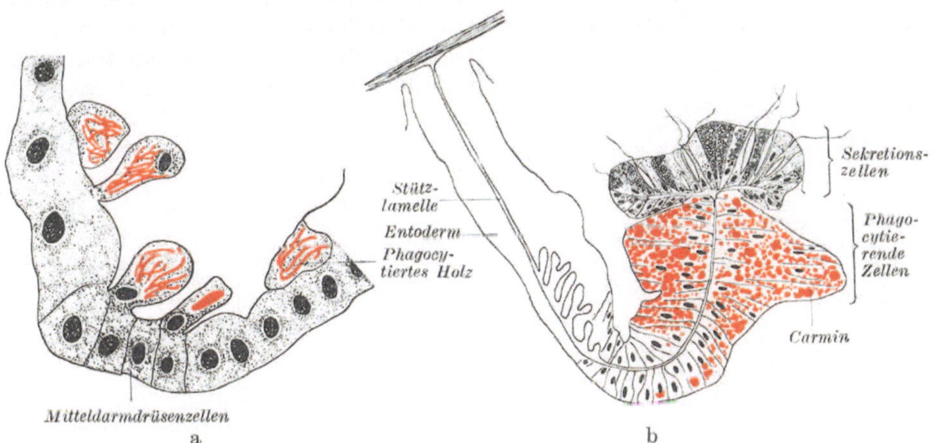

Abb. 52a und b. Zwei weitere *Beispiele für die Phagocytose bei Metazoen.* — Abb. 52a: *Mitteldarmdrüse von Teredo navalis.* Die Zellen sind teilweise zu einem Syncytium zusammengeflossen; teilweise schnüren sich „Phagocyten" ab. Anfangsstadien der intraplasmatischen Verdauung abgeraspelter Holzstückchen. (Nach Potts 1923, aus G. C. Hirsch 1925.) — Abb. 52b: Ein *Septum von Sagartia troglodytes* (Actinie), 6 Stunden nach Fütterung mit einem Gemisch von Fischmuskeln und zerriebenem Carmin. Fixiert mit Sublimat-Eisessig, gefärbt mit Pikrinsäure. (Aus G. C. Hirsch 1925.)

tieren[5]), welche dann intraplasmatisch abgebaut werden; daneben soll auch eine Resorption des Blutplasmas vorkommen.

3. Die *extraplasmatische Darmverdauung überwiegt* dann bei weitaus den meisten Tieren. Das ist wahrscheinlichgemacht bei Murex[6]) (Abb. 50 und 53), bei Helix[7]),

---

[1]) Westblad, E.: Verdauung und Exkretion bei Turbellarien. Lunds univ. arsksr. N. F. 2, Bd. 18. 1923.

[2]) Harrington, C. R.: Physiology of the ship-worm Teredo. Biochem. journ. Bd. 15, S. 736. 1921.

[3]) Potts, F. A.: The structure and function of the liver of Teredo. Proc. of the Cambr. philos. soc. Bd. 1, S. 1. 1923.

[4]) Letzte Untersuchungen: C. M. Yonge: Mech. of feeding, digestion and assim. of Mya. Brit. journ. of exp. biol. Bd. 1, S. 50. 1923. — C. M. Yonge: Structure and physiology of the organs of feeding and digestion in Ostrea. Journ. of marine biol. assoc. Bd. 15, S. 340. 1926.

[5]) Reichenow, E.: Digestion intracellular en an Acaro. Bol. R. Soc. Esp. Hist. Natural. Bd. 18. S. 258. — Reichenow, E.: Hämacoccidien der Eidechsen. Arch. f. Protistenkunde Bd. 42, S. 186. 1921; Bd. 45. 1922.

[6]) Hirsch, G. C., 1924: Zitiert auf S. 67.

[7]) Jordan, H. J.: Phagocytose und Resorption bei Helix. Arch. néerland. de physiol. de l'homme et des anim. Bd. 2, S. 471. 1918.

Limnaea[1]) (Abb. 55) und schließlich bei Seesternen[2]). Saugende Mäuse besitzen wohl noch die Fähigkeit, Tusche in das Plasma aufzunehmen; ältere Tiere aber nicht mehr[3]); dabei ist es übrigens nicht bekannt, in welcher Größe die Tuscheteile aufgenommen werden; es ist (nach W. v. Möllendorff) möglich, daß sie in kolloidaler Größe permeiren und dann zu Partikeln konzentriert werden.

Die zweite Beziehungsgruppe und damit das zweite Problem kann gesucht werden in dem **Verhältnis der Nahrungsaufnahme zur Phagocytose und des Darmbaues zur Phagocytose** bei denjenigen Tieren, die mit Sicherheit auch phagocytieren. Unter ihnen finden wir zunächst mikrophage Tiere (vgl. S. 25); der Typus der reinen Sauger (S. 35) kommt unter den phagocytierenden Mikrophagen nicht vor; es bleiben also nur die *Partikelfresser*. Zu ihnen gehören die Spongien, die Lamellibranchiaten und die Milbe Liponyssus. — Die übrigen

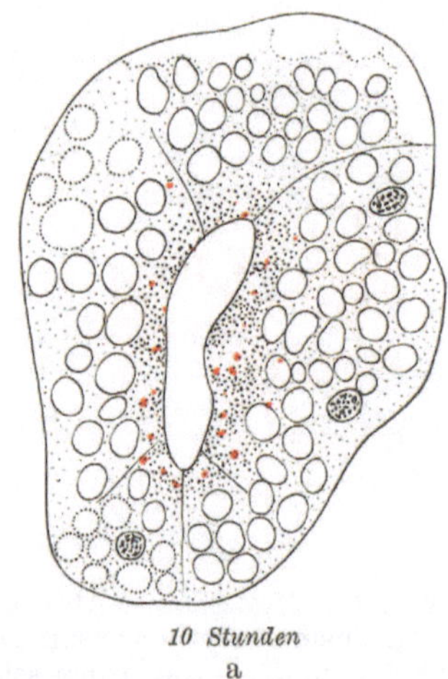
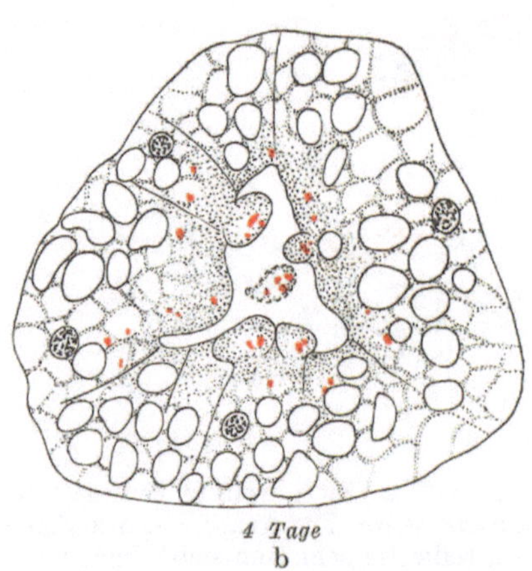

Abb. 53a und b. *Mitteldarmdrüse von Murex trunculus,* nach Fütterung mit Carmin. (Fixierung in 6proz. Sublimatseewasser; Schnitte in Paraffin 5—10 μ; Färbung mit Pikrinsäure in Xylol.) — Abb. 53a: Carminkörner phagocytiert im freien, feingranulierten Zellende. Die Zellen bilden teilweise ein Syncytium, was aber in anderen Präparaten noch deutlicher war. — Abb. 53b: Die Zellgrenzen werden teilweise wiederhergestellt. Die Carminkörner werden in das Zellumen hinein wieder abgeschnürt. Entstehung des Zellkotes.

intraplasmatisch verdauenden Tiere sind makrophage Tiere (vgl. S. 36). Wir rechnen hierzu einmal den Typus der *Schlinger*: viele Gastropoden [z. B. Pleurobranchaea[4])] (Abb. 32 und 45), Asteriden (Abb. 25), Turbellarien und Actinien (Abb. 27). Andere intraplasmatisch verdauende Tiere gehören dem Typus der *Kratzer* an: z. B. Murex[5]) (Abb. 45), Teredo[6]) und Helix[7]), welche außerhalb des Körpers die große Nahrung mechanisch zerteilen. Es fehlen also unter den intraplasmatisch verdauenden Tieren die Sauger und zwei Typen der makrophagen Tiere: einmal die Kauer, welche im Munde oder Magen die Nahrung mechanisch und chemisch zerkleinern; und zweitens die Außen-

[1]) Peczenik, O.: Intracellulare Eiweißverdauung in der Mitteldarmdrüse von Limnaea. Zeitschr. f. wiss. Biol., Abt. C: Zeitschr. f. vergl. Physiol. Bd. 2, S. 215. 1925.
[2]) Heyde, H. C. v. d. u. H. A. P. C. Oomen: Sur l'existence, chez les Etoiles de mer, d'une digestion intracellulaire. Arch. internat. de physiol. Bd. 25, S. 41. 1924.
[3]) Möllendorff, W. v.: Zitiert auf S. 66.
[4]) Nach einer noch unveröffentlichten Untersuchung von G. C. Hirsch.
[5]) Hirsch, G. C.: Zitiert auf S. 67.
[6]) Potts, F. A.: Zitiert auf S. 69.   [7]) Jordan, H. J., 1918: Zitiert auf S. 69.

verdauer, welche außerhalb des Mundes die Nahrung chemisch zerlegen. — Daraus ergibt sich, daß intraplasmatische Verdauung nur bei denjenigen Tieren zu beobachten ist, welche entweder nur kleine Nahrungsstücke aufnehmen, oder die Nahrung im Munde oder im Vordarm in kleine Stücke zerlegen. Tritt aber zu dieser Zerlegung noch ein weitgehender chemischer Abbau hinzu, so daß den Darmwänden fast ausschließlich tief abgebaute Nahrung geboten wird, dann finden wir auch bei diesen Tieren in der Regel nicht mehr die Fähigkeit der intraplasmatischen Verdauung.

Daraus wieder kann man schließen, daß intraplasmatische Verdauung nichts anderes ist als ein letztes Glied der bekannten Kette von Geschehnissen, die sich beim Nahrungserwerb stets abspielen muß: Nahrungsaufnahme in Körperhöhlen, Nahrungszerkleinerung, molekularer Abbau, Aufnahme in das Plasma [Permeation[1])]. Diese Kette muß sich überall abrollen. Nur der Ort, wo die Glieder der Kette sich abspielen, ist verschieden bei verschiedenen Tieren.

Wir wiesen schließlich schon oben (S. 63) auf die morphologische Beziehung eines sehr engen Darmbaues zur intraplasmatischen Verdauung[2]): enge Kanäle der Schwämme, starke Einengung des Magenraumes bei vielen Coelenteraten durch Kontraktion oder Septen, enge Mitteldarmschläuche bei den Mollusken, den Turbellarien und den Seesternen.

Als dritte Beziehungsgruppe läßt sich einiges über die **Beziehung der Phago-cytose zur Nahrungswahl** sagen. Eine Nahrungswahl findet sich bei den Tieren mit intraplasmatischer Verdauung an zwei Stellen: Erstens kann durch die Darmzellen bereits vor dem Eintritt in das Protoplasma ausgewählt werden: Hydra phagocytiert Stärkekörner nur in Verbindung mit Eiweiß[3]), Ostrea nimmt nur wenig reine Tusche auf[4]), Limnaea überhaupt nicht[5]). — In anderen Fällen wird jedenfalls durch die phagocytierenden Zellen selbst im Plasma unterschieden, ob ein Stoff verdaulich ist oder nicht. So wirft Murex 4 Tage nach Nahrungsaufnahme das phagocytierte Carmin wieder heraus[6]) (Abb. 50 und 53); bei Hydra und bei den Planarien treten unverdauliche Partikel nicht in das Ektoderm über[7]).

Die interessantesten Probleme stellt aber natürlich der **Abbau und Wiederaufbau der Partikel im Plasma** selbst dar. Diese Vorgänge rollen sich in einer bestimmten Reihenfolge ab. Es ist möglich, verschiedene Phasen des Ablaufes zu unterscheiden.

1. Der *Eintritt der Partikel in das Protoplasma*. Dieses Problem ist vom physico-chemischen Standpunkte aus durch RHUMBLER[8]) behandelt. Wir halten es für sehr möglich, daß sich das Protoplasma in vielen Fällen der dort dargelegten Mechanik bedient. Daß aber durch eine solche Mechanik der Vorgang bereits restlos erklärt wäre, müssen wir bestreiten; und zwar aus folgenden zwei Gründen: einmal ist an keiner lebenden Darmzelle eines Metazoen ein amöboides Umfließen der Nahrungspartikel gesehen worden, selbst in den Fällen,

---

[1]) HIRSCH, G. C.: Zitiert auf S. 65.

[2]) JORDAN, H. J. u. H. BEGEMANN: Die Bedeutung des Darmes bei Helix pomatia. Zool. Jahrb., Abt. f. Physiol. Bd. 38, S. 565. 1921.

[3]) BEUTLER, R.: Zitiert auf S. 68.

[4]) VONK, H. J.: Verdauungsphagocytose bei den Austern. Zeitschr. f. wiss. Biol., Abt. C: Zeitschr. f. vergl. Physiol. Bd. 1, S. 607. 1924.

[5]) PECZENIK, O.: Zitiert auf S. 70.   [6]) HIRSCH, G. C.: Zitiert auf S. 67.

[7]) BEUTLER, R.: Zitiert auf S. 68.

[8]) RHUMBLER, L.: Protoplasma als physiologisches System. Ergebn. d. Physiol. Bd. 15. 1914.

wo die lebende Zelle mit der Ölimmersion betrachtet wurde [van Trigt[1]); R. Beutler[2]); O. Peczenik[3])]. Nur in zwei Fällen wird von einer solchen „Umarmung" der Nahrungspartikel gesprochen: bei der Schnecke Caliphylla[4]) und bei Planaria dorotocephala[5]). In beiden Fällen sind aber nicht lebende Zellen untersucht worden, sondern nur fixierte Schnitte, die gerade bei diesen außerordentlich labilen Zellen leicht Täuschungsbilder hervorrufen können. — Der weitere Grund gegen die Annahme der restlosen Erklärung durch die Rhumbler-sche Mechanik ist die Fähigkeit vieler phagocytierender Darmzellen, eine Auswahl unter den Partikeln im Darmlumen selbst vorzunehmen (S. 71).

In einem interessanten Zusammenhange zum Eintritt der Partikel in das Protoplasma steht ferner die Bildung von Syncytien. Das ist beobachtet bei

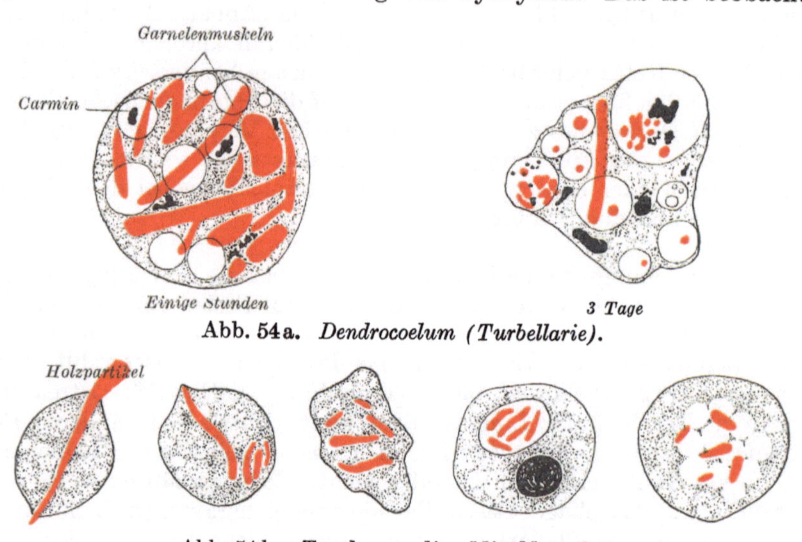

Abb. 54a. *Dendrocoelum (Turbellarie).*

Abb. 54b. *Teredo navalis, Mitteldarmdrüse.*

Abb. 54a und b. Zwei Beispiele für die Tatsache, daß in vielen Fällen in dem Anfangsstadium die phagocytierten verdaulichen *Partikel ohne Nahrungsvakuole* im Plasma liegen. Die Reihe der Stadien bei Teredo ist künstlich; es liegt keine Stufenuntersuchung vor. (Dendrocoelum: nach Westblad 1923; Teredo: nach Potts 1923; beides aus G. C. Hirsch 1925.)

Teredo[6]) (Abb. 52a), bei Murex[7]) (Abb. 52a), bei Ostrea[8]) und bei Ctenotophoren[9]). In einigen Fällen ist gesehen worden, daß die Zellgrenzen sich später wiederherstellten[10,9]) (Abb. 53b). Das ist wichtig für die Auffassung des Metazoenkörpers.

2. Das aufgenommene Particulum liegt in weitaus den meisten Fällen zunächst *direkt vom Plasma umgeben in der Zelle.* Das gilt in erster Linie für die unverdaulichen Partikel [Murex (Abb. 53a), Helix[11]), Sagartia (Abb. 52b), Spon-

---

[1]) Trigt, H. v.: Zitiert auf S. 67.
[2]) Beutler, R.: Zitiert auf S. 68.   [3]) Peczenik, O.: Zitiert auf S. 70.
[4]) Brüel, L.: Geschlechts- und Verdauungsorgane von Caliphylla. Habilitationsschrift Halle 1904.
[5]) Willier, B. H., L. H. Hyman u. S. A. Rifenburgh: Zitiert auf S. 67.
[6]) Potts, F. A.: Zitiert auf S. 69.   [7]) Hirsch, G. C.: Zitiert auf S. 67.
[8]) Yonge, C. M.: Structure and physiology of the organs of feeding and digestion in Ostrea. Journ. of the marine biol. assoc. Bd. 14. 1926. Abb. 11.
[9]) Krumbach, Th.: Ctenophora. Handb. d. Zool. Bd. I. 1925.
[10]) Hirsch, G. C.: Zitiert auf S. 67.
[11]) Jordan, H. J.: Zitiert auf S. 69.

gilla (Abb. 51)], ist aber auch bei verdaulichen Partikeln im Plasma von Dendrocoelum (Abb. 54a), Teredo (Abb. 52a und 54b), Spongilla (Abb. 51) und Hydra gesehen worden. Nur die neueste und genaue Untersuchung von WILLIER, HYMAN und RIFENBURGH[1]) (Abb. 58 u. 59) gibt dieses Stadium bei Planaria dorotocephala nicht an: die Untersucher führen das darauf zurück, daß stets gleichzeitig mit den Partikeln Darmflüssigkeitsmengen mit in das Protoplasma aufgenommen werden.

3. Das folgende Stadium besteht in der *Bildung eines Flüssigkeitsmantels um das aufgenommene Particulum* (Abb. 54, 55, 57). Die alte Meinung[2]), daß

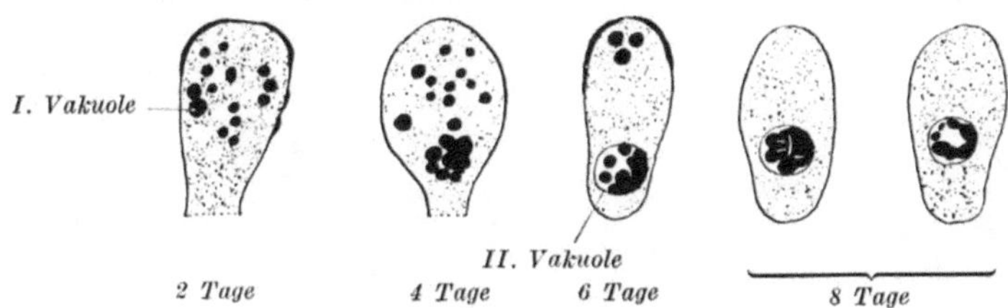

Abb. 55. *Limnaea* (Süßwasserschnecke); einzelne Zellen der zerzupften *Mitteldarmdrüse* nach Fütterung eines Gemisches von Tusche und Eiweiß; keine genaue Stufenuntersuchung. (Nach O. PECZENIK 1925, aus G. C. HIRSCH 1925.)

bei Planaria bereits vorhandene kleine Nahrungsbläschen zu einer Vakuole verschmelzen, ist neuerdings von WESTBLAD und WILLIER usw. widerlegt worden.

Unverdauliche Nahrungskörper (Abb. 51e, 52b und 53) und Fett (Abb. 56) werden nicht von einer Verdauungsvakuole umgeben.

Was nun speziell innerhalb einer Verdauungsvakuole geschieht, das ist nur in wenigen Fällen genauer beobachtet. So konnte R. BEUTLER (1924) in einem

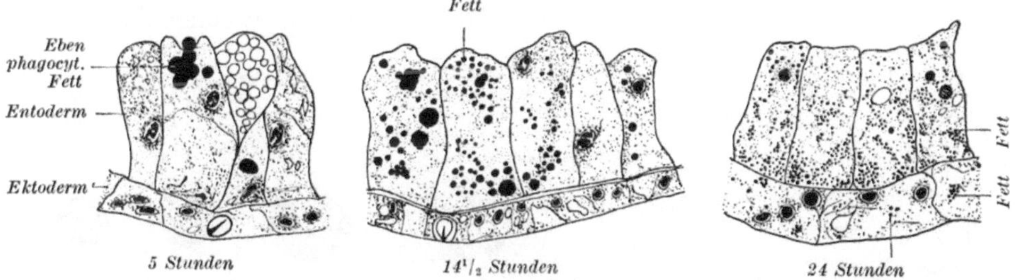

Abb. 56. Durchschnitte durch die Körperwand von *Hydra* nach *Ölinjektion* in den Magen. Fixation nach FLEMMING in den angegebenen Stunden nach der Nahrungsinjektion. Darstellung der allmählichen Aufteilung der Fetttropfen nach Phagocytose und deren Verteilung im Körper. (Nach R. BEUTLER 1924 aus G. C. HIRSCH 1925.)

ansprechenden Reihenversuche (Abb. 56) zeigen, wie die aufgenommenen Fettpartikel bis zu 24 Stunden immer kleiner werden — gerade im Gegensatz zu der Fettresorption bei den Wirbeltieren, bei denen die Fetttropfen zuerst außerordentlich klein im Protoplasma erscheinen, um dann später je länger, je größer zu werden. — Auch die Aufnahme und Verarbeitung von

---

¹) WILLIER, HYMAN u. RIFENBURGH: Zitiert auf S. 67.
²) SAINT-HILAIRE, C.: Intracelluläre Verdauung in den Darmzellen der Planarien. Zeitschr. f. allg. Physiol. Bd. 11, S. 177. 1910. — SAINT-HILAIRE, C.: Phagocytose der Dotterkörner bei Leukocyten im Darm der Turbellarien und Protozoen. Zool. Jahrb., Abt. f. Physiol. Bd. 34. 1914. — SAINT-HILAIRE, C.: Veränderung der Dotterkörner der Amphibien bei intrac. Verdauung. Ebenda Bd. 34, S. 107. 1914.

einem Gemisch Ruß mit Gelatine wurde bei Hydra in 4 Stufen verfolgt (Abb. 57): es fand in der Vakuole eine deutliche Konzentration der Rußpartikel statt. — Ein Zusammenfließen mehrerer Vakuolen zu einer einzigen zeigt Abb. 55.

Die beste Untersuchung über den weiteren Ablauf der intraplasmatischen Vorgänge ist 1925 von WILLIER, HYMAN und RIFENBURGH veröffentlicht. Hier wurden in 38 verschiedenen Zeitabschnitten nach der Fütterung die Tiere getötet; auf diesem Wege ist eine relativ genaue Stufenuntersuchung entstanden, die denn auch deutliche Resultate geliefert hat. Zuerst besteht der Inhalt der

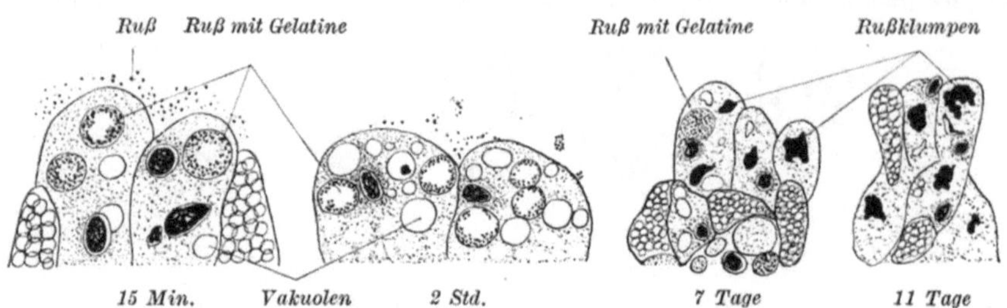

Abb. 57. *Hydra*, nach *Phagocytose* eines Gemisches von Ruß und Gelatine. Beobachtung der lebenden Zellen in den angegebenen Stunden nach der Aufnahme. (Nach R. BEUTLER 1924 aus G. C. HIRSCH 1925.)

Vakuolen aus Leberstücken (Abb. 58a), welche noch genau die Färbbarkeit und chemischen Reaktionen der frischen Leber geben. Dann beginnt eine Verdichtung des Lebermaterials zu einer sog. „Körnerkugel" (Abb. 58b): die Leberzellgrenzen verschwinden, das Leber-Protoplasma wird granulär, die Kerne zerfallen langsam in kleine Stückchen; Eiweißreaktionen sind positiv, Fettreaktionen negativ.

4. Das folgende Stadium zeichnet sich aus durch eine *wachsende Homogenität und Dichtigkeit* der phagocytierten Masse (Abb. 57), in einem Abnehmen

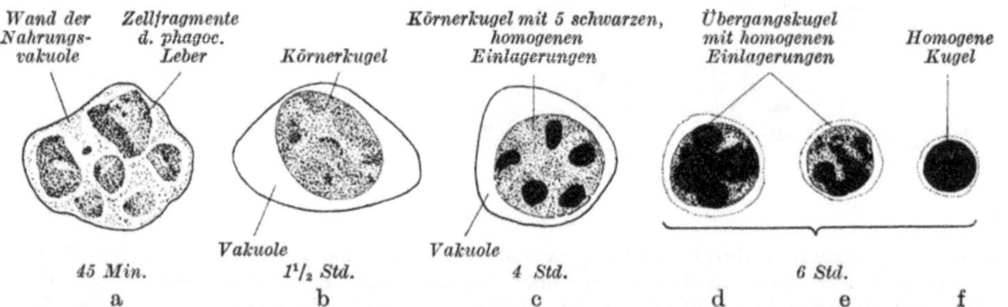

Abb. 58a—f. Vorgänge in den einzeln gezeichneten *Nahrungsvakuolen* während der ersten 6 Stunden nach Fütterung bei Planaria dorotocephala: Einschmelzung und Verdichtung phagocytierter Leberstücke. (Sublimatfixierung, Färbung mit Eisenhämatoxylin.) Etwa 900×. (Nach WILLIER, HYMAN and RIFENBURGH, 1925.)

ihrer Größe und in einer wachsenden Färbbarkeit (Abb. 58c—f bei Planaria). Hier wird stufenweise, im Durchgange durch mehrere „Übergangskugeln" (Abb. 58d, e) eine einheitliche Masse erzeugt, welche „homogene Kugel" genannt wird. Diese liegt schließlich direkt vom Protoplasma umgeben in der Zelle (Abb. 58f). Hier konnte an lebenden Zellen zerdrückter Würmer festgestellt werden, daß diese Kugeln homogen farblos durchscheinend und von gelatinöser Konsistenz sind; sie sind im wachsenden Maße färbbar mit Eosin und besonders mit Eisenhämatoxylin. Es ist also eine deutliche Veränderung der Farbenaffinität zu beobachten.

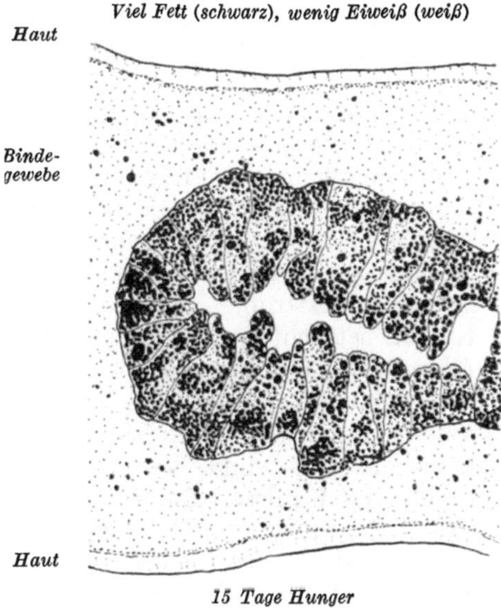

15 Tage Hunger
a

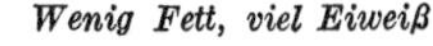

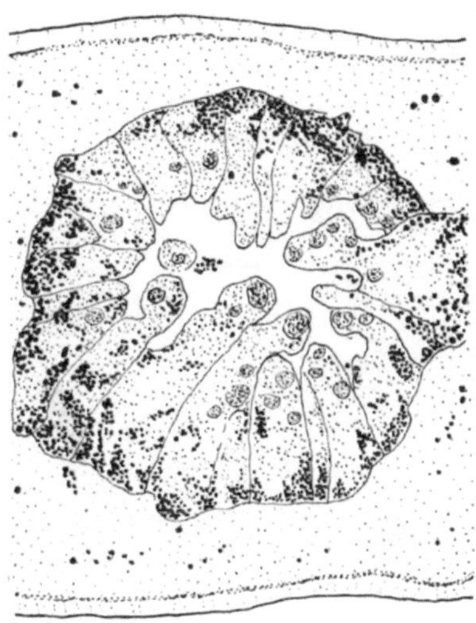

15 Tage Hunger, Fütterung, 8 Std. ohne Futter
b

Diese letzte Umbildung geschieht bei
Planaria zwischen 3 und 25 Stunden nach Nahrungsaufnahme mit
einem quantitativen Höhepunkte bei
6 Stunden.

5. Diese homogenen Kugeln verschwinden nach dem 5. Tage. Von
diesem Punkte aus gibt es nun zwei
Möglichkeiten: einmal werden die
verdichteten, homogenen Stoffe
weiter intraplasmatisch verarbeitet,
oder sie werden als unverdaulich aus
der Zelle ausgestoßen. Wir verfolgen
hier zuerst den ersten Weg. Die
Umbildung ist am besten wieder
von WILLIER usw. beobachtet. Das
Schicksal des abgebauten Eiweiß
war ein doppeltes: entweder es wurde
in Form sehr kleiner, dicht ge-
drängter *Proteinkügelchen in der Zelle
bewahrt*, Kügelchen, die man bisher
für Sekretkörner gehalten hatte; oder
das Eiweiß wurde zu Fett umge-
bildet. Diese Umbildung kann als
die 6. Stufe unterschieden werden.

6. Bei Tieren, welche 5 Tage
bis 6 Wochen gehungert haben
(Abb. 59 a), findet man in jedem

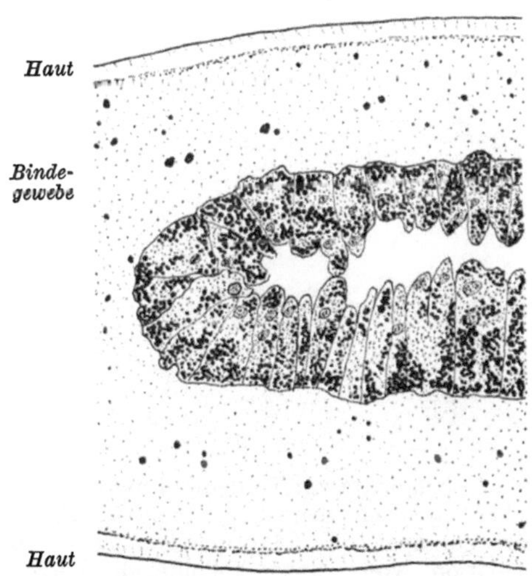

15 Tage Hunger, Fütterung, 48 Std. ohne Futter
c

Abb. 59 a—c. Planaria dorotocephala, Durch-
schnitte durch Haut, Bindegewebe und Darm
in verschiedenen Stufen nach Hunger und
Fütterung: Schwund des Fettes während der
Verdauung, Umsatz des Eiweißes in Fett nach
der Verdauung. Osmiumsäure-Bichromat ohne
Färbung; 100mal vergrößert. (Nach WILLIER,
HYMAN, RIFENBURGH, 1925.)

Falle alle Darmzellen voll mit Fetttropfen (Sudan III, Osmium-Bichromat).
Diese Fettmasse wird während der intraplasmatischen Verdauung langsam
reduziert auf $^1/_3$ bis $^1/_5$ der Hungermenge. Die Fettmenge ist nach 6 bis

8 Stunden zurückgebildet bis auf einen schmalen Streifen an der Basis der Zelle (Abb. 59 b). Daraufhin beginnt der Fettstreifen wieder langsam zu wachsen in der Zeit von 12 Stunden bis zu 32 Tagen nach Fütterung (Abb. 59 c). Mit diesem Anwachsen stimmt überein ein langsames Verschwinden der homogenen Eiweißkugeln. Daraus schließen die Verfasser, daß die *Eiweißkugeln umgesetzt werden in Fett*. Das wird besonders deutlich nach Osmium-Bichromat-Fixierung und Malloryfärbung: dabei ist eine schmale Zone gelber Kugeln zu beobachten zwischen den typischen homogenen Eiweißkugeln und den basalwärts gelegenen Fetttropfen. Diese gelben Kugeln betrachten die Verfasser als *Übergangsstadien zwischen Eiweiß und Fett*: sie haben eine durchscheinende gelbe Farbe; sie geben keine Eiweiß- und keine Fettreaktionen. Kohlenhydratreaktionen nach Flükkigen und nach der Jodmethode waren negativ. Die Verfasser glauben also an eine Umsetzung des Eiweißes in Fett ohne Kohlenhydratzwischenstadium. — Für eine ähnliche intraplasmatische Umsetzung sprechen Versuche von C. M. Yonge[1]) an den Wanderzellen bei der Auster: Wanderzellen beladen sich im Magen mit eingestrudelten Fischerythrocyten, liegen 3 Stunden nach Fütterung im Magenepithel und lassen 6—10 Stunden nach Fütterung die Erythrocyten zerfallen in Fetttropfen.

7. Nahrungsreserve besteht bei Planaria in Eiweiß und Fett; Glykogen konnte nicht gefunden werden. Während des weiteren Hungerns bleibt das Bild der Zelle bis zu 6 Wochen das gleiche. Dann degenerieren die Zellen, und das Fett und Eiweiß werden schrittweise vermindert. Nach 12 Wochen Hungern verschwindet das Eiweiß, doch enthält das stark zurückgebildete Darmepithel noch immer ansehnliche Mengen Fett. — Bei Hydra (Abb. 56) wird das aufgenommene Fett auch im Entoderm abgelagert.

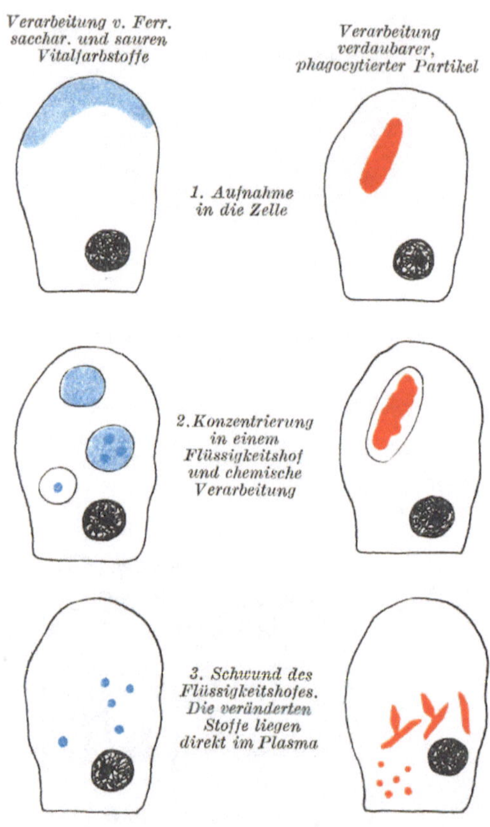

Abb. 60. Schemata zur Verdeutlichung des Vergleiches zwischen den mikroskopisch erkennbaren Vorgängen im Protoplasma nach der Permeation von: links kolloidalem Ferrum saccharatum oder kolloidalen Vitalfarbstoffen — rechts von verdaubaren, phagocytierten Partikeln.

8. Eine Ausstoßung unverdaulicher Teile zeigt Abb. 53 b bei Murex nach 2 bis 4 Tagen. Beutler beobachtete dasselbe bei Hydra; und Reichenow[2]) sah das Ausstoßen der mit Nahrungsresten beladenen Zellen in das Darmlumen.

Dieses sind die Vorgänge, welche man bisher beobachtete nach Eintritt von Partikeln in das Protoplasma. Weitere Untersuchungen werden zeigen, daß

¹) Yonge, C. M.: Structure and physiology of the organs of feeding and digestion in Ostrea. Journ. of the marine biol. assoc. Bd. 14, S. 346. 1926.
²) Reichenow, E.: Zitiert auf S. 69.

diese 6—7 Stadia noch lange nicht für eine tiefere Analyse ausreichen. Wir werden noch immer mehr Stadia unterscheiden müssen und werden auf diese Weise hoffentlich auch einen Einblick bekommen in die chemischen Vorgänge innerhalb der Zelle. Alle diese Vorgänge kann man dann unter der Bezeichnung „intraplasmatische Stoffverarbeitung" zusammenfügen.

Wie verhalten sich nun aber Stoffe, welche auch durch die Phasengrenze des Protoplasmas eintreten, die aber eine *kleinere Größe als die Partikel* besitzen? Es ist vor kurzem darauf hingewiesen worden[1]), daß die intraplasmatischen Vorgänge nach der Aufnahme von Ferrum sacchar. oder von sauren Vitalfarbstoffen sehr ähneln den eben dargelegten Vorgängen nach Aufnahme der größeren Partikel (Abb. 60)[2]). Ferrum sacchar. und diese Vitalfarbstoffe (Lithiumcarmin, Trypanblau) haben die Größe von Kolloiden (Submicronen: $0,1\ \mu$ bis $0,001\ \mu$). Die weiteren Untersuchungen werden das Gemeinschaftliche und das Verschiedene beider Ablaufsreihen darzulegen haben.

Man kann auch die Molekelpermeation (soweit bekannt) heranziehen; es ergibt sich dann eine gewisse Übereinstimmung für die Permeation von Molekülen, von Kolloiden und von Partikeln. Das Gemeinsame ruht u. a. in dem Energieaufwande, den die Zelle für die Permeation notig hat; das ist für die Molekelpermeation und die Kolloidpermeation bereits bekannt, für die Phagocytose hat HYMAN[3]) einen erhöhten Sauerstoffverbrauch während der Darmphagocytose wahrscheinlichgemacht. Der zweite gemeinsame Punkt ist der, daß diese drei Permeationen nicht nach dem FICKschen Diffusionsgesetze verlaufen. Und schließlich kann man auf die ähnliche intraplasmatische Verarbeitung weisen; für dieses letzte Kritorium fehlen aber noch die Beweise nach der Permeation von Molekülen.

So ergibt sich, daß in den Fragestellungen über die intraplasmatische Verdauung eigentlich alles wirklich Bezichungsreiche noch gearbeitet werden muß. Das Interesse aber, das vor allem die Amerikaner und Engländer in den letzten Jahren an diesen Fragen gewonnen haben, läßt hoffen, daß bald mehr Licht auf diese Vorgänge innerhalb des Protoplasmas fällt.

III. Die Sekretion der Verdauungssäfte bei Wirbellosen.

1. Das allgemeine Vorkommen von sichtbaren Sekretelementen und sekretorischen Zellveränderungen in den Sekretzellen.

Zwei Beispiele für das Vorkommen von Sekretgranula bei *Protozoen* müssen genügen. Es handelt sich um die Abscheidung des Saftes der Verdauungsvakuolen. PROWAZEK[4]) färbte lebende Exemplare von Paramaecium mit Neutralrot. Er sah feinste Granula um die Vakuole auftreten, die hier eine

---

[1]) HIRSCH, G. C.: Probleme der intraplasmatischen Verdauung. Zeitschr. f. wiss. Biol., Abt. C: Zeitschr. f. vergl. Physiol. Bd. 3, S. 200. 1925. — HIRSCH, G. C.: Permeatie en intraplasmatische stofverwerking. Tijdschr. d. Nederlandsch Dierkundige Vereeniging (2) Bd. 20. 1926.

[2]) In den letzten Monaten fand G. C. HIRSCH zusammen mit W. BUCHMANN, daß Lithiumcarmin dieselben Stadien nach der Permeation durchläuft, wie Abb. 60 für Eisen zeigt (Resorption in der Mitteldarmdrüse von Astacus; erscheint 1927 in der Zeitschr. f. vergl. Physiologie). — Dagegen konnte C. M. YONGE (Journ. of the marine biol. assoc. Bd. 14, S. 343. 1926) bei Ostrea das diffuse Anfangsstadium nicht finden.

[3]) HYMAN, L. H., B. H. WILLIER and S. A. RIFENBURGH: Resp. and histochem. investigation of the source of the increased metabolism after feeding. Journ. exper. Zool. Bd. 40, S. 473. 1924.

[4]) PROWAZEK, S.: Zeitschr. f. wiss. Zool. Bd. 63, S. 187. 1897.

rote Zone bilden. Die Körnchen werden größer und deutlicher. Sie werden als die Träger der Enzyme angesehen. Nirenstein[1]) hat das Schicksal dieser Granula bei Paramaecium und Colpidium weiter verfolgt. Er sah, daß sie in die Verdauungsvakuole eindringen, daselbst quellen und sich schließlich auflösen. Zu dieser Zeit wird der Vakuoleninhalt alkalisch, und die Verdauung setzt ein; dadurch erhält die Meinung, daß die Granula die Träger des Enzyms sind, gute Begründung.

Bei *Hydra* werden in den Drüsenzellen Granula beschrieben, die sich durch besondere Färbbarkeit auszeichnen (z. B. mit Säurefuchsin, Eisenhämatoxylin). Sie lösen sich in Kochsalzlösungen von 10% auf und zeigen charakteristische Formveränderungen bei Behandlung mit Säure und Alkali. — Derartige Granula kommen innerhalb der Verdauungszellen wirbelloser Tiere in sehr mannigfaltiger Form allgemein vor: von den feinsten Körnchen bis zu großen Trauben regelmäßiger runder Kügelchen (Morula). Oft sind diese Sekretmassen ausgezeichnet durch Färbbarkeit, auch mit Kernfarbstoffen. Als Beispiel für feine Granula nennen wir die Drüsenzellen aus dem Mitteldarm von *Aphrodite aculeata*, von *Julus*[2]) und der *Gastropoden* (Abb. 63). Sehr große Verschiedenheit bezüglich des Aussehens der Sekretmassen finden wir bei den *Insekten*. Wieder ganz anderen Formen des geformten Sekretes begegnet man bei Schleim, z. B. in Speicheldrüsen (Helix pomatia); hier treten u. a. dicke Sekretfäden auf (Abb. 65).

Vom Entstehen und von der Auflösung der Granula wollen wir zunächst einige Beispiele beschreiben, wobei wir mit Absicht zunächst solche Tierarten wählen, bei denen noch keine Stufenuntersuchungen angestellt worden sind. Im basalen Teile der Drüsenzellen von *Lumbricus*, die zwischen den sog. „Resorptionszellen" liegen, sieht man ein stark mit Kernfarbstoffen färbbares Protoplasma. Darin entwickeln sich die gleichfalls färbbaren Granula, die durch Eisenhämatoxylin schwarz gefärbt werden[3]). Sie geben eine deutliche Millonsche Reaktion (Willem und Minne). Gegen die Zellfront hin wird die Zelle heller (unabhängig von irgendeinem gut definierten Ernährungszustande untersucht); die Granula liegen hier viel weniger dicht (Gurwitsch); auch soll nach der Zellfront zu die Färbbarkeit abnehmen (K. C. Schneider). Man zog daraus den Schluß, daß die Granula sich noch innerhalb der Zelle auflösen und so das eigentliche flüssige Sekret bilden.

Bei *Aphrodite aculeata*[4]) findet man stets verschiedene Stadien der Sekretion auf einem Schnitte nebeneinander. Allerdings wurde der Zusammenhang auch hier nur konstruiert (ohne Beweis). Erst wird das Protoplasma stark färbbar für Kernfarbstoffe. Die durch Färbung dunkle Plasmamasse teilt sich in Schollen; in einer dritten Gruppe von Zellen treten nunmehr erst einzelne, dann mehrere Kugeln auf, welche alle stark mit Hämatoxylin färbbar sind. Diese Plasmamasse verschwindet, je mehr die Kügelchen an Zahl zunehmen; endlich sehen wir nur Kugeln, die sich an der Spitze der Zelle anhäufen. Diese Spitze schwillt darauf kolbenförmig an. In manchen dieser Kolbenzellen ist die Körnertraube nicht mehr vollständig, sondern an Stelle von einzelnen Kügelchen sind Vakuolen sichtbar, deren Inhalt Gerinnsel erkennen läßt, so daß innerhalb der lebenden Zelle das Granulum sich in eine eiweißhaltige Flüssigkeit aufgelöst hat. Endlich finden wir reife Kolbenzellen, bei denen höchstens einzelne Kügelchen noch unaufgelöst vorhanden sind; der Rest der Traube besteht aus Vakuolen. In diesem Zustande finden wir öfters die ersten Anzeichen für die nun auftretende Abschnürung: der Kopf der Keule wird als Kugel abgeschnürt; nicht selten ist in einzelnen Zellen diese Kugel noch durch eine Brücke mit der eigentlichen Zelle verbunden.

---

[1]) Nirenstein: Zeitschr. f. allg. Physiol. Bd. 5. 1905 u. Bd. 10. 1909.
[2]) Randow, E.: Zeitschr. f. wiss. Zool. Bd. 122, S. 562. 1924.
[3]) Gurwitsch, A.: Arch. f. mikroskop. Anat. Bd. 57, S. 184. 1901.
[4]) Jordan, H. J.: Zeitschr. f. wiss. Zool. Bd. 78, S. 165. 1904.

Die Drüsenzellen von *Astacus fluviatilis*[1]) gehören zum Epithel der Mitteldarmcoeca („Mitteldarmdrüse"). Am blinden Ende befinden sich „Vegetationspunkte", wo junge, undifferenzierte Zellen vorhanden sind, die sich offenbar im Laufe des Wachstums nach der Mitte der Coeca zu zu aktiven Zellen differenzieren. Die unreifen Zellen, die auf dem Wege sind, um aktive Zellen zu werden, zeigen folgende Entwicklungsstadia: a) Der Kern ist groß, das Plasma hat deutlich den Kernfarbstoff angenommen. b) Es treten nun kleine Vakuolen auf, in Längsreihen, zwischen denen Fibrillen sich befinden („Sekretionsfibrillen" der Fibrillenzellen). c) In den Vakuolen werden kleinere und größere Granula mehr und mehr sichtbar, die auf Kosten des stark färbbaren Plasmas wachsen. d) Die Granula lösen sich auf, die Vakuolen wachsen und füllen sich mehr und mehr mit Saft, so daß schließlich durch Zusammenfluß je eine große Saftblase entsteht, die das Protoplasma verdrängt. e) Diese Saftblase, die die Zellfront völlig einnimmt, kann nun platzen und so ihren Inhalt in das Lumen entleeren; oder es kann die ganze Zelle abgestoßen werden. Man findet die Reste solcher Zellen im Magensafte sowie in den Faeces. Man vermutete, daß die abgestoßenen Zellen durch die indifferenten Zellen der Vegetationspunkte ersetzt werden. Dieser von APATHY und FARKAS beschriebene Entwicklungsgang wurde nunmehr von G. G. HIRSCH und W. JACOBS durch Stufenuntersuchungen und genaue Berechnung nachgeprüft. Hierbei hat sich ergeben, daß die Differenzierung von indifferenten Anfangs- zu Blasenzellen tatsächlich auf dem angegebenen Wege vor sich geht, und daß jeder Schub von von abgegebenen Blasenzellen ersetzt wird durch einen Schub von im Vegetationspunkt auftretenden Mitosen.

Bei *Periplaneta* findet man große, scharf begrenzte Vakuolen, die oberhalb des Kernes liegen und oft eine körnige Masse oder etliche größere färbbare Körner enthalten. STEUDEL[2]) konnte nachweisen, daß ein und dieselbe Zelle sezerniert und resorbiert, was wohl bei vielen Invertebraten der Fall sein wird. Nach dem Sekretionsakte macht wahrscheinlich bei allen Insekten die Mitteldarmzelle eine Ruheperiode durch (ADLERZ); STEUDEL konnte, vor allem für die Mitteldarmcoeca von Periplaneta, zeigen, daß sie in diesem Zustande resorbieren. Der Sekretionsakt ist bei den Insekten ein in das Leben der Zellen tief eingreifender Prozeß, der in der Regel unter Verlust großer Teile der Zelle vor sich geht. Bei vielen Arten sieht man im Zustande der Sekretion auch pilzförmige Blasen auf der Zellfront sich erheben, die entweder abgeschnürt werden oder bersten[3]). Auch ist die Abschnürung ganzer Zellen beschrieben worden, so z. B. bei Julus[4]). In anderen Fällen könnte es sich allerdings dabei um eine Alterserscheinung der Zelle handeln; denn offenbar kann jede Zelle nur einige Male Substanz opfern. Zumal bei der dritten Art der Sekretion, die bei Periplaneta beschrieben wurde[2]), ist dies der Fall. Hier gewinnt man beim Studium der histologischen Bilder den Eindruck, daß etwa die vordere Hälfte der Zelle sich auflöst, wobei die darin enthaltenen Sekrete frei werden[5]). Daß es sich dabei in der Tat um Sekretion handelt, konnte durch Injektion von Eisen in die Leibeshöhle nachgewiesen werden[2]): das Eisen wurde später mikrochemisch in dem sich auflösenden Protoplasma gefunden. Zum

---

[1]) APATHY, ST. u. B. FARKAS: Naturwiss. Museumshefte Klausenburg Bd. 1, S. 117. 1908.

[2]) STEUDEL, A.: Absorption und Sekretion im Darm von Insekten. Zool. Jahrb., Abt. Physiol. Bd. 33, S. 165. 1913.

[3]) v. GEHUCHTEN: Cellule Bd. 6.

[4]) RANDOW, E.: Morphologie und Physiologie des Darmkanals der Juliden. Zeitschr. f. wiss. Zool. Bd. 122, S. 563. 1925.

[5]) TRAPPMANN, W.: Bildung der peritrophischen Membran bei Apis. Arb. a. d. biol. Reichsanstalt Bd. 11, S. 594. 1923.

Ersatz der verbrauchten Zellen findet man bei den Insekten an allen Orten des Mitteldarmepithels Herde embryonaler Zellen oder eigenartige Krypten unter dem Epithel, die das Ersatzepithel nebst einem Hohlraum enthalten, in dem sich bei der „Regeneration" Saft ansammelt[1]). Dieser Saft soll das alte Epithel von seiner Unterlage abdrücken, so daß es dem neuen Epithel Platz macht. Dieser Wechsel findet wahrscheinlich periodisch während der Verdauung statt[2]).

Ganz außerhalb des Gesagten stehen die Sekretionserscheinungen bei den *Holothurien*[3]). Während bei allen Wirbellosen der eigentliche Mitteldarm der Ort (der Resorption und) der Sekretion ist, findet man in den verschiedenen Darmabschnitten der Holothurien keine Drüsenzellen. Den Darm dieser Tiere begleiten aber, äußerlich sichtbar, zahlreiche Blutgefäße, die längs des Darmes sog. „Wundernetze" bilden. In der Wand dieser Blutgefäße entsteht das Sekret; es ist dort in Form von bräunlich-grünen, stark lichtbrechenden Körnern zu sehen. Zahlreiche Wanderzellen umgeben im Lumen der Blutgefäße diese Körnchenhaufen; auf entsprechenden Präparaten kann man derartige Transporte in denjenigen Lakunen wiederfinden, die sich unter dem Darmepithel befinden und die mit den eigentlichen Blutgefäßen zusammenhängen. In diesen Lakunen findet man die Hauptmengen der Körner. Versuche in „Stufen" (im Hunger und in verschiedenen Zeitabständen nach Fütterung) ließen sich zufolge der eigenartigen Ernährungsbiologie bei diesen Tieren nicht ausführen. Aber als Argumente zugunsten der erwähnten Meinung kann man anführen: ein Extrakt der Wundernetze hat kräftige Enzymwirkung; im Hunger nehmen die Enzyme im Magen langsam ab, ebenso sinkt aber auch die Fermentkraft der Extrakte der Magenwand und der Wundernetze, sowie die Masse der bräunlich-grünen Körnchen in Magenwand und Wundernetzen. Die Art und Weise, wie die Enzymkörnchen innerhalb der Wandzellen der Wundernetze (Coelomepithel) gebildet werden, wie sie dann in das Bindegewebe gelangen, das die eigentliche Wand der Gefäße bildet, wie sie weiterhin aus den Lakunen durch das Darmepithel dringen, ist unbekannt.

2. Sekretion auf künstlichen Reiz.

Sind durch irgendwelche künstliche Reizung die Drüsen Wirbelloser zu ihrer eigentlichen Tätigkeit anzuregen? In einigen Fällen hat man einfach die Elektroden an die betreffende Drüse gelegt und nachgesehen, ob diese bei Faradisierung einen Saft absondert. An sich sagt das wenig. Viele drüsige Organe Wirbelloser besitzen eine Muskelschicht, die in einigen Fällen auf den künstlichen Reiz hin sich zusammenzieht und eine Sekret herausdrückt, welches innerhalb eines Vorratsraumes aufbewahrt gehalten wurde; so z. B. die großen Säuredrüsen von Dolium galea. Eine Entladung dieses Vorrates hat natürlich mit Sekretion nichts zu tun. Einige Versuche an den Speicheldrüsen von Helix[4]) mit Pilocarpin, sowie mit dem Induktionsapparat[5]) wollen wir nur erwähnen. Gorca reizte auf dem Objektträger; Krijgsman hat aber mit dieser Methode keine Resultate erzielt[6]). Schönlein[7]) hatte bei den Säuredrüsen der marinen Schnecken nach Reizung mit Pilocarpin und Physostigmin auf Schnitten gesehen, daß viele leere Zellen zu finden waren; deswegen wurde auf Sekretionserregung geschlossen.

Bessere Resultate hat man bei den Cephalopoden[8]) erzielt. Die hinteren Speicheldrüsen der Cephalopoden erhalten ihren Nerven aus dem Ganglion infrabuccale (G. bucco-intestinale). Dieser Nerv tritt zugleich mit dem Ausführungsgang in die Drüsen ein. Man kann also die Drüsen herausnehmen

[1]) Rengel: Zeitschr. f. wiss. Zool. Bd. 63, S. 445. 1898.

[2]) Hirsch, G. C.: Arbeitsrhythmus der Verdauungsdrüsen. Biol. Zentralbl. Bd. 38, S. 51. 1918.

[3]) Oomen, H. A. P. C.: Verdauungsphysiologische Studien an Holothurien. Dissert. Utrecht. Publ. d. Stazione zool. Napoli Bd. 7. 1926.

[4]) Pacaut u. Vigier: Arch. anat. microscop. Bd. 8, S. 425. 1906.

[5]) Gorka, A.: Mathem.-naturwiss. Berichte Ungarns Bd. 23, S. 156. 1906.

[6]) Krijgsman: Zitiert auf S. 84.

[7]) Schönlein, K.: Zeitschr. f. Biol. Bd. 36, S. 523. 1898.

[8]) Krause, R.: Zentralbl. f. Physiol. Bd. 9, S. 273. 1895. — Hyde, J.: Zeitschr. f. Biol. Bd. 35, S. 459. 1895.

und den Ausführungsgang auf die Elektroden legen. In den Ausführungsgang kommt eine Kanüle. Es ergibt sich, daß die Drüse das Material zur Saftbereitung, zunächst das Wasser, dem Blute der Leibeshöhle entzieht und nicht dem Blute der schwachen Arterie, die ihr den Sauerstoff zuführt. Wenn man nun die Drüse in eine Schale mit Blut oder Seewasser legt, „so saugt die Drüse den größten Teil des Blutes in sich ein wie ein trockener Schwamm"[1]). Etwas später tritt die Sekretion auf, die dann auch länger dauert als die Aufnahme des Blutes. Fügt man zu der Flüssigkeit in der Uhrschale etwas Farbstoff, so erscheint dieser alsbald in dem Sekret. Wir möchten jedoch davor warnen, dieses Resultat zu verallgemeinern. Cephalopoden sind in so vielen Punkten ihrer Physiologie den Wirbeltieren ähnlich, daß man nicht sagen kann, was bei ihnen gilt, auch bei den anderen Wirbellosen zutreffen muß. Hier bei den Cephalopoden, vielleicht unter den Invertebraten nur hier, haben wir die für Wirbeltiere typische Trennung in einen Wasserstrom und einen Chemismus der Sekretionsdrüse. Der Chemismus kann eine Weile aus den in den Zellen anwesenden Stoffen bestritten werden; bald entnimmt aber die Zelle auch direkt dem Blute die nötigen Stoffe während der Sekretion. KRAUSE wenigstens meint, daß der Gehalt an organischen Stoffen höher ist, wenn man die Drüse in Blut legt, als wenn man sie in Seewasser eintaucht.

3. Die kontinuierliche oder Hungersekretion.

Es gibt einige Drüsen Wirbelloser, die außerhalb der Verdauungszeit, der reaktiven Sekretion, also während des Hungerns ständig produzieren. Behauptet wird dies z. B. von den Speicheldrüsen bei Hirudo; doch ist es unsicher. Sicher dagegen ist es bei Astacus und Helix. Wenn man Astacus den Hungersaft aushebert, so ergänzt er sich unabhängig von jeder Fütterung; ob es sich hier um eine reaktive oder um eine periodische oder gar kontinuierliche Sekretion handelt, wird jetzt von G. C. HIRSCH untersucht. Ebenso werden wir in Kürze entscheiden, in welchem Verhältnis die Hungersekretion zur rhythmischen Sekretion während der Verdauung steht; eine solche ist nämlich soeben durch HIRSCH und seine Mitarbeiter W. JACOBS und W. BUCHMANN auch bei Astacus entdeckt. Bei der hungernden Helix fand unser Schüler KRIJGSMAN[2]) histologisch eine bestimmte Sekretionsbahn in den Zellen der Speicheldrüsen (Abb. 65), die anders verläuft als die Bahn der reaktiven Sekretion. Auf diese Hungersekrete ist es wohl zurückzuführen, daß man bei Helix selbst bei längerem Hungern stets einen fermenthaltigen Kropfsaft findet, dessen Fermentmenge dann während der Verdauung ansteigt und weiter reaktiv rhythmisch verläuft (S. 89). Das Verhalten des Hungersaftes muß aber noch näher bestimmt werden.

Ähnliches finden wir ja auch bei Wirbeltieren: z. B. an den Speicheldrüsen der Wiederkäuer; auch beim Pankreas wurden bekanntlich neben den Secretinesekretionen auch Hungersekretionen beschrieben. — Neuerdings wird dasselbe von den BRUNNERschen Drüsen des Duodenums behauptet[3]).

4. Die reaktive Sekretion und ihr Arbeitsrhythmus.
Allgemeines Vorkommen.

Die reaktive Sekretion ist vor allem bekannt bei den Protozoen[4]) sowie den Wirbellosen mit intraplasmatischer Verdauung: wird doch in deren Zellen nur um verdauliche Nahrung eine Saftvakuole abgesondert (Abb. 54, 55, 57, 60).

---

[1]) KRAUSE, R.: Zitiert auf S. 80.   [2]) KRIJGSMAN: Zitiert auf S. 84.
[3]) TSCHASSOWNIKOW, N.: Anat. Anz. Bd. 61, S. 418. 1926.
[4]) Vgl. auch den Abschnitt von NIRENSTEIN in diesem Handbuch.

So beobachtete Prowazek bei Paramaecium, daß die (S. 77) erwähnten Granula nur gebildet und in die Vakuole abgegeben werden, wenn diese Nahrung enthält[1]).

Bei den „höheren" Wirbellosen liegen zunächst einige Vermutungen vor, daß die Nahrungsverarbeitung die Saftbildung beeinflußt; wir wollen sie jedoch

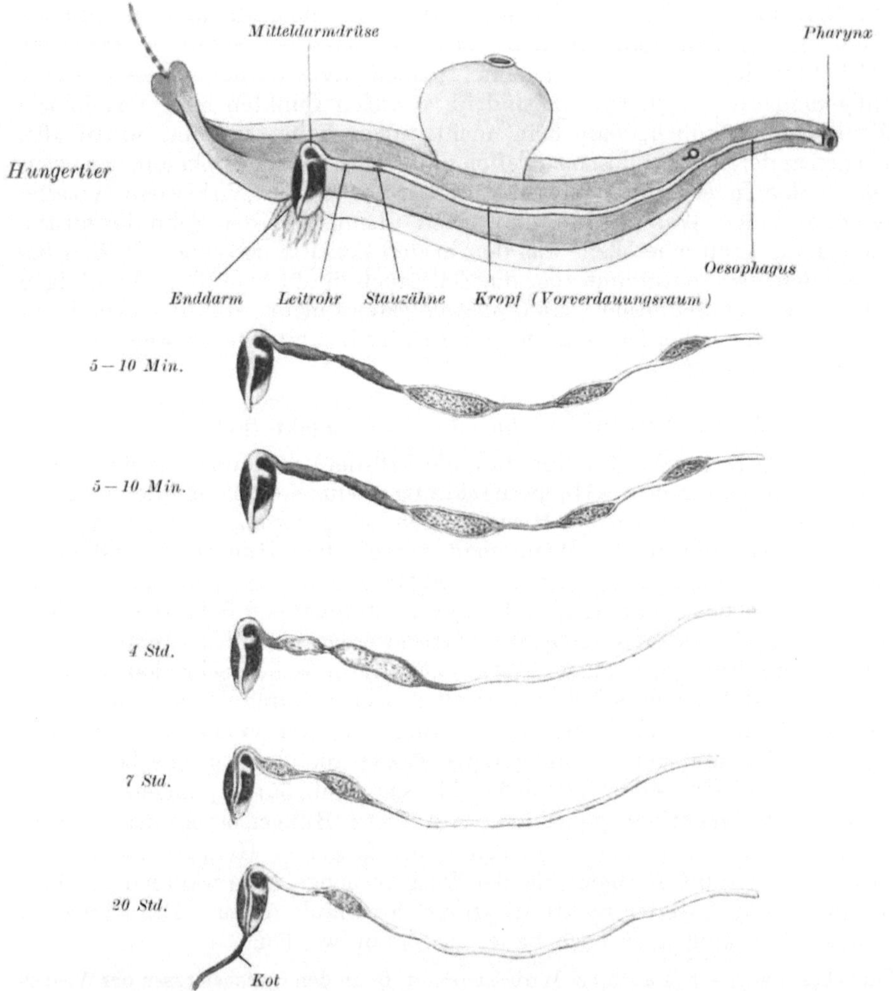

Abb. 61. Pterotrachea mutica: 6 Stadien der Verdauung im Darm dieser glasdurchsichtigen Meeresschnecke. Gezeichnet nach der Natur. Der Kropf ist auch in der Natur so durchsichtig; Enddarm und Mitteldarmdrüse sind dagegen durchsichtig gedacht. Die Bilder sollen zeigen: das Zuströmen des Saftes aus der Mitteldarmdrüse, den Ablauf der Verdauung, die Absperrung des Kropfes gegen den Mitteldarm, die Zeit der Verdauung, die Kotbildung. (Aus G. C. Hirsch 1915.)

nicht alle aufzählen. Es sollen bei *Lumbricus* im Hunger mehr Granula in den Sekretzellen des Mitteldarmes vorkommen als bei vollem Darm; bei *Hydrophilus* (Wasserkäfer) wird sogar eine rhythmische Sekretion während der Verdauung

---

[1]) Le Dantec (Ann. de l'inst. Pasteur Bd. 4. 1890) meint, daß um Alizarinpartikelchen auch Vakuolenbildung stattfindet (Sarcordinen).

wahrscheinlich gemacht [G. C. Hirsch[1])]. Nach Steudel, der leider Stufenuntersuchungen unterließ, sollen die Darmzellen von *Periplaneta* während der
Nacht, wenn das Tier Nahrung zu sich nimmt, im Resorptionszustande ver-
kehren; während des Tages aber findet die Sekretion statt.

Bei den Cephalopoden *Octopus* und *Eledone* wurde eine Glaskanüle in den
Ausfuhrgang der „Leber" gebracht[2]). Der abgesonderte Saft wurde aufgefangen
und gemessen. Beim Hungertiere findet keine Absonderung statt. Während
der Verdauung fließen zunächst wenige Tropfen aus der Kanüle; aber einige
Zeit nach Beginn der Mahlzeit (wenn der Darm noch leer ist, aber der Kropf
schon einige Nahrung enthält) wurden mehrere Kubikzentimeter Saft aus beiden
Ausführungsgängen einer Eledone aufgefangen. (Auch hier sei wieder darauf
hingewiesen, daß diese profuse Sekretion von relativ kurzer Dauer offenbar unter
den Wirbellosen eine Besonderheit ist.)

Besonders deutliche Beobachtungen konnte G. C. Hirsch[3]) bei der völlig
durchsichtigen Meeresschnecke *Pterotrachea* machen (Abb. 61): hier strömt
der Verdauungssaft, einige Minuten nach Durchtritt der Nahrung durch den
Pharynx, von der weit hinten gelegenen Mitteldarmdrüse her nach vorn in den
leeren Kropf; dasselbe konnte bei dem Schlinger Pleurobranchaea beobachtet
werden[0]) (Abb. 32), wo aber die Latenzzeit 20—30 Minuten währt.

Morphostatische und morphokinetische Sekretion.

Die reaktive Sekretion der Verdauungsdrüsen vieler Tiere verläuft in den
bisher bekannten Fällen auf zwei verschiedene Weisen. Soweit sich der Ablauf
der Sekretion bisher beurteilen läßt, zeigen sich folgende Unterschiede: Wie
bei der Verdauungsphagocytose (s. S. 65), so beobachten wir bei der Sekretion
von Drüsen *der einen Gruppe* eine geringere Zellindividualität als bei der anderen.
Wahrscheinlich ist bei der ersten Gruppe die Haupterscheinung der Sekretion
ein gleichmäßiger Strom, der vom Blut zum Drüsenlumen fließt: die Zelle
schöpft basal die für die Absonderung nötigen Stoffe; sie verarbeitet sie zur
gleichen Zeit im Protoplasma und gibt ebenfalls gleichzeitig Stoffe an ihrem
freien Ende, mit dem Wasserstrome gemischt, ab. Die morphologischen Veränderungen, welche man bei dieser Tätigkeit in den Drüsenzellen nachweisen
kann (vgl. den Artikel von Groebbels in diesem Handbuch), beschränken sich
darum (in groben Zügen) auf etwa folgendes: Da die Zellen den Stoff zum
Sekret auch aus eigenem Vorrat nehmen können, kann man eine Zelle, die
sezerniert hat, durch die Verminderung der Proenzymgranula unterscheiden
von einer „ruhenden Zelle" (Phasen: körnige Trübung des Plasmas, helle
Granula, teilweises Verschwinden der Granula, Vakuolen); allein im Vergleich mit
den morphologischen Veränderungen, die eine Drüsenzelle bei der zweiten Gruppe
erleidet, ist diese Veränderung gering[4]). — Die Fermentkurve dieser Gruppe
während der Verdauungszeit ist also schematisch eine *eingipflige Kurve*.

Bei der *zweiten Gruppe* entsprechen bestimmten mehreren Stadien der Sekret-
entwicklung bestimmte mehrere, morphologisch charakterisierbare Stadien der
Drüsenzelle[1, 3, 5]). Nachdem die im Hunger fabrizierten und deponierten Sekrete

---

[1]) Hirsch, G. C.: Arbeitsrhythmus der Verdauungsdrüsen; Beiträge zur Arbeitsauto-
matie und Reizwirkung in tierischen Zellen. Biol. Zentralbl. Bd. 38, speziell S. 63, 76. 1918.
— N. Tschassownikow: Brunnersche und Pylorusdrüsen. Anat. Anz. Bd. 61, S. 417. 1926.

[2]) Cohnheim, O.: Hoppe-Seylers Zeitschr. f. physiol. Chem. Bd. 35, S. 369. 1902.

[3]) Hirsch, G. C.: Ernährungsbiologie fleischfressender Gastropoden. I. Bau, Nahrung,
Nahrungsaufnahme, Verdauung, Sekretion. Zool. Jahrb., Abt. Physiol. Bd. 35. 1915,

[4]) Lim R. K. and W. Ma: Quart. journ. exper. physiol. Bd. 16. 1926.

[5]) Hirsch, G. C.: Ernährungsbiologie usw., Teil II. Kalk und Kalkstoffwechsel. Zool.
Jahrb. Abt. Physiol. Bd. 36, S. 199. 1926.

mobil gemacht und hinausgeworfen sind, baut die Zelle langsam neue Sekrete auf. Diese nehmen ihren Ursprung aus Stoffen der Zelle selbst und aus solchen, die dem Blute in diesem Augenblicke entnommen werden; bei der Reifung durchläuft die Sekretbereitung im langsamen Tempo mehrere (viele) Stadien. Nach Ausstoßen des neuen, fertigen Sekrets kann die Zelle wieder neue Stoffe basal aufnehmen und so eine neue Portion Stoff zur Reife bringen; hierbei werden wieder all die Stadien durchlaufen, die hierzu nötig sind. Während dieser Fabrikationszeit ist die *Sekretion „refraktär"*[1]): es wird kein Ferment abgeschieden. Dieser Wechsel wiederholt sich in mehreren Perioden. — Die Fermentkurve dieser Gruppe von Drüsen muß demnach in einer *mehrgipfligen Kurve* (Rhythmus) bestehen.

Lehren uns zukünftige Untersuchungen, daß dieser Unterschied zwischen beiden Gruppen in dieser Schärfe aufrechterhalten werden kann, so könnte man die sekretorischen Erscheinungen bei der ersten Gruppe wegen der Geringfügigkeit jener morphologischen Veränderungen *„morphostatisch"* nennen; hingegen die Zellerscheinungen bei der Sekretion der zweiten Gruppe *„morphokinetisch"*.

Es handelt sich aber bei der kontinuierlichen Absonderung der ersten Gruppe Drüsen vielleicht auch um eine rhythmische Phasenfolge; allein wir vermuten, daß die Einzelphasen dieses Rhythmus so schnell ablaufen, daß sie mit der heutigen Untersuchungstechnik nicht wahrnehmbar sind (s. S. 85). Man hat vor allem bei Wirbellosen[2, 3, 4]), oberflächlicher auch bei Wirbeltieren[5]), Untersuchungen angestellt, wobei man den Zustand der Zellen in bestimmten Zeitabständen nach einer Fütterung untersucht hat: Stufenuntersuchungen[3]). Die Zeitabstände jedoch, mit denen man bisher gearbeitet hat, ergeben bei der ersten Gruppe Drüsen meist relativ leichte Schwankungen der Intensität innerhalb eines kontinuierlichen Prozesses [vgl. z. B. die nach 65 russischen Untersuchungen von G. C. Hirsch konstruierten Kurven[1])]. Die mögliche rhythmische Einzelphase dieses Dauerstromes innerhalb der Zelle ist wahrscheinlich viel zu kurz, als daß sie durch die Methode des Wartens: durch halbstündige Zeitabstände nach der Fütterung, erfaßt werden könnte.

Die zweite Gruppe Drüsen dagegen zeigt morphologisch und chemisch tiefe Schwankungen, wie sie G. C. Hirsch für die Protease in der Fundusschleimhaut des Schweines wiedergibt[1]). Ebenso wahrscheinlich sind die neugefundenen tiefen periodischen Schwankungen der Parotis des Menschen während kontinuierlicher Reizung durch Geschmack und Geruch[5]) und der Rhythmus der Brunnerschen Drüsen[6]): bei den letzten findet eine geringe Hungersekretion statt. Bis zur 3. und 5. Stunde nach Fütterung werden die im Hunger gebildeten Sekrete ausgestoßen; dann soll die Sekretion viel schwächer werden, während neue Sekretmengen sich bilden; erst 10—12 Stunden nach Fütterung sind diese Sekrete verbraucht und eine neue Refraktärperiode tritt ein. Hier sind die Rhythmen also von so langsamer Art, daß die Einzelphasen sich bei dieser Methode ohne weiteres ergeben.

Wirklich beweisen und tiefer analysieren kann man aber den Ablauf der Sekretion nur durch gleichzeitige Verfolgung mehrerer Sekretionssignale während

---

[1]) Hirsch, G. C. 1918: Zitiert auf S. 83.   [2]) Hirsch, G. C. 1917: Zitiert auf S. 83.
[3]) Hirsch, G. C.: Ernährungsbiologie fleischfressender Gastropoden. I. Teil: Bau, Nahrung, Nahrungsaufnahme, Verdauung, Sekretion. Zool. Jahrb., Abt. Physiol. Bd. 35. 1915.
[4]) Krijgsman, B. J.: Arbeitsrhythmus der Verdauungsdrüsen bei Helix pomatia. I. Zeitschr. f. vergl. Physiol. Bd. 2, S. 264. 1925.
[5]) Grisogani, N.: Ritmo delle secrezione parotidea nell' uomo e sensacione questative e offattive. Atti d. reale accad. naz. dei Lincei, rendiconti Bd. 6, 1. 1925.
[6]) Neueste Arbeit: Tschassownikow, N.: Brunnersche und Pylorusdrüsen. Anat. Anz. Bd. 61, S. 417. 1926.

der Verdauung in regelmäßigen Stufen. Die Signale, deren gleichzeitige Verwendung G. C. Hirsch[1]) 1915 in die Methodik einführte, sind folgende: 1. die Verdauungskraft des Saftes, 2. die Verdauungskraft der Extrakte aus der Drüse, 3. die unter dem Mikroskop wahrnehmbaren histologischen Bestandteile des Darmsaftes (abgestoßene Zellen der Drüse, Granula, die noch nicht aufgelöst sind), 4. die histologischen Befunde der Drüse. Diese vier Signale werden gleichzeitig auf jeder Verdauungsstufe in regelmäßiger Folge untersucht.

Es ließen sich so bei *Pleurobranchaea* histologisch *vier Phasen der Sekretion* unterscheiden: 1. Aufnahme von Rohstoffen mit Homogenität des Plasmas. 2. Bildung der Vorstoffe: ein mit Hämatoxylin besonders färbbares verästeltes Gerüst im Plasma. 3. Bildung der Granula (Abb. 63). 4. Abscheidung des Sekrets: intracelluläre (Abb. 63) oder extracelluläre Lösung der Granula. Diese Phasen bilden zusammen eine *Periode*. Unter der „Hungerperiode" versteht Hirsch[2]) diejenige Periode, in welcher die im Hunger gespeicherten Granula gebildet, bewahrt und ausgestoßen werden.

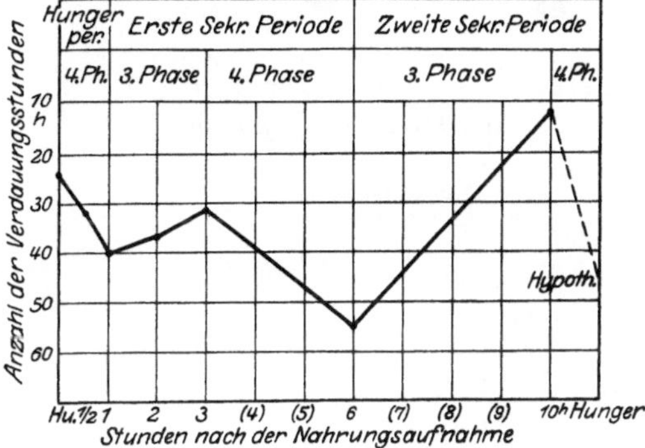

Abb. 62a. Extrakt der Mitteldarmdrüse.

Die Resultate sind folgende: Während dieser *Hungerperiode* findet sich im Drüsenextrakt (Abb. 62a) eine bis 1 Stunde absinkende Menge Ferment, im Magensaft dagegen eine bis zu 3 Stunden ansteigende Fermentkraft (Abb. 62b). Die Drüsenzellen sind während des Hungerns in der 3. Phase stehengeblieben (Abb. 63a); nach einer halben Stunde sind aber die Granula gelöst (4. Phase). So läuft naturgemäß die Hungerperiode in den Zellen bis zu $\frac{1}{2}$ Stunde, im Extrakt bis zu 1 Stunde, im Magensaft bis zu 3 Stunden; mit anderen Worten: die verschiedenen Phasen der Hungerperiode in den verschiedenen Orten jagen einander nach.

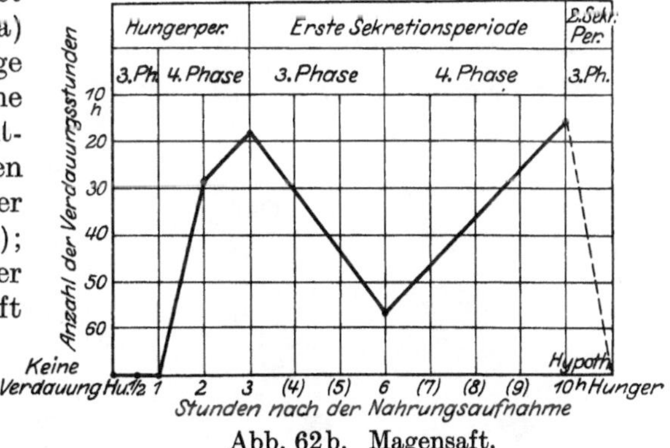

Abb. 62b. Magensaft.

Abb. 62a und b. Periodisches Schwanken der Fermentkraft bei Pleurobranchaea. (Nach G. C. Hirsch 1915 und 1918.)

Darauf folgen *zwei „Sekretionsperioden"*, die dadurch gekennzeichnet sind, daß ihre ersten Stadien während oder direkt nach der „Hungerperiode" einsetzen. Beide Perioden zeigen histologisch (Abb. 63b) nach $\frac{1}{2}$—1 Stunde und dann nach 3 Stunden Vorstoffe (2. Phase); nach 2 Stunden und dann 6 Stunden Granula (3. Phase), nach 3 Stunden und dann nach 10 Stunden Blasen (4. Phase). Im Extrakt (Abb. 62a) erstes Ansteigen bis 3 Stunden, Absinken bis 6 Stunden; im Magensaft (Abb. 62b) erstes Absinken bis zu 6 Stunden, Ansteigen bis 10 Stunden. Der Arbeitsrhythmus

---

[1]) Hirsch, G. C. 1915: Zitiert auf S. 83.
[2]) Hirsch, G. C.: Arbeitsrhythmus der Verdauungsdrüsen. Biolog. Zentralbl. Bd. 38, S. 51. 1918.

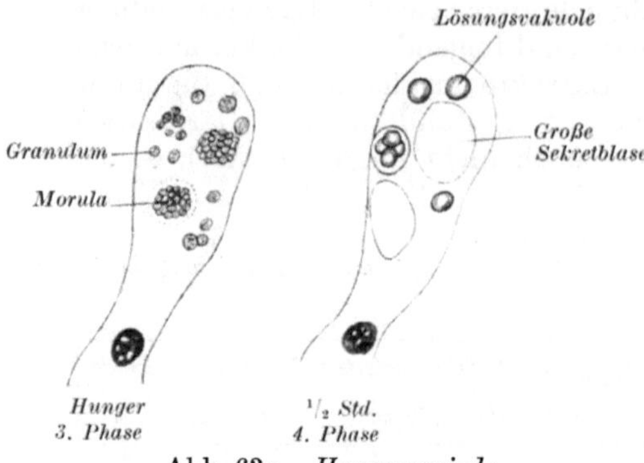

Abb. 63a. *Hungerperiode.*

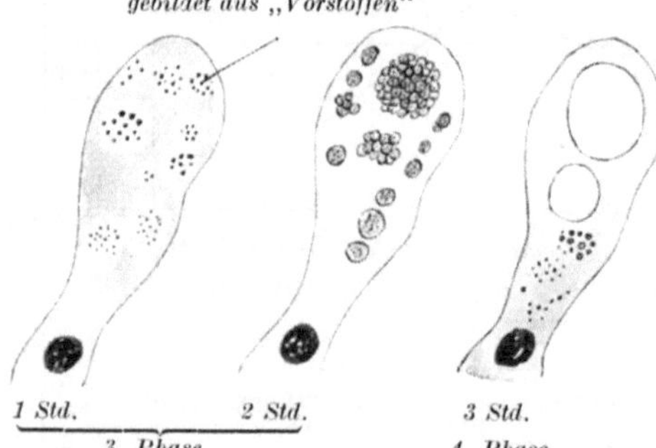

Abb. 63b. *1. Sekretionsperiode.*

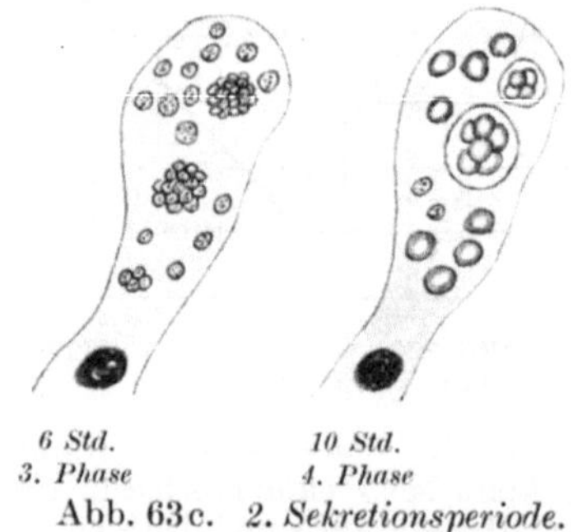

Abb. 63c. *2. Sekretionsperiode.*

Abb. 63a—c. Sekretionsablauf innerhalb der „Kleinkernzelle" in der Mitteldarmdrüse von Pleurobranchaea. Halbschema. (Nach G. C. HIRSCH 1915 und 1918.)

zeigt also bei Pleurobranchaea während einer zehnstündigen Verdauungszeit die 3. und 4. Phase der Hungerperiode und zwei folgende Sekretionsperioden.

Mängel dieser Methodik (Ungleichmäßigkeit der Zeitstufen, zu große Spatien, Willkür der Schätzung) wurden durch unseren Schüler B. J. KRIJGSMAN[1]) bei seiner Untersuchung an *Helix pomatia* verbessert. Die Stufen wurden gleichmäßig zu einer halben Stunde genommen; die Schätzung des histologischen Bildes wurde ersetzt durch eine genaue prozentuale Berechnung der einzelnen Stadia jeder Periode. Es wurde zunächst mit dieser exakteren Technik an der *Mitteldarmdrüse* ein Rhythmus gefunden, der dem bei Pleurobranchaea gleicht: die Hungerperiode reicht histologisch bis zur ersten Stunde (Abb. 64), im Magensaft bis zu 3 Stunden (Abb. 64). In der ersten Sekretionsperiode spielt sich der Wiederaufbau ab histologisch bis zu 4 Stunden, im Magensaft bis zur 5. Stunde; das Ausstoßen des Ferments zeigt sich histologisch nach $4—4\frac{1}{2}$ Stunden, chemisch nach 5 bis 6 Stunden. Die zweite Sekretionsperiode verläuft in der Zelle von $4\frac{1}{2}$—x-Stunden; im Magensaft liegen noch keine Ergebnisse vor.

Die Sekretion in den *Speicheldrüsen* von Helix ergab (im Gegensatz zu früheren, rein statisch untersuchenden Forschern), daß die Drüse nur einerlei Zellen hat, die allerdings in verschiedenen Stadien sehr verschieden aussehen. KRIJGSMAN unterscheidet 8 Zellstadia (Abb. 65) und konnte ihre Abfolge durch Berechnung *beweisen:*

1. Phase: Rohstoff- aufnahme	I. Der Kern ist reich an Chromatin und färbt sich stark mit Hämatoxylin; Protoplasma feinkörnig, homogen.
	II. Die Kernmembran fängt an sich aufzulösen, Verminderung des Chromatins.
	III. Auftreten von Vakuolen im Plasma.

¹) KRIJGSMAN, B. J.: Arbeitsrhythmus der Verdauungsdrüsen bei Helix pomatia. Zeitschr. f. vergl. Physiol. Bd. 2, S. 264. 1925.

2. Phase:
Bildung der
Vorstoffe

IV. In den Vakuolen erscheinen Sekretgranula.

V. Die Granula füllen die Zelle, das Protoplasma wird durch sie verdrängt; der Kern erscheint geschrumpft und färbt sich schwach mit Hämatoxylin.

VI. Aus den Granula entstehen durch Zerfließen blaue (Hämatoxylin) Mucinfäden. Kern eosinophil.

3. Phase:
Bildung des
Sekrets

VII. Die Granula sind verschwunden; die Zelle ist erfüllt mit Mucinfäden.

4. Phase:
Ausscheidung

VIII. Der Kern ist klein, geschrumpft, und seine Membran ist gefaltet; er ist eosinophil; eine einzige große, leere Vakuole befindet sich in zentraler Lage.

Alle diese Stadien kann man bei einer Hungerdrüse nebeneinander finden. Unsere Reihenordnung ist zunächst rein statisch, hypothetisch. Es gelingt dann aber, durch Stufen und Berechnung den Zusammenhang zu beweisen. Man zählt auf jeder Fütterungsstufe mehrere Male von jedem Zellstadium die Anzahl, die sich in einem mikroskopischen Gesichtsfelde findet und bestimmt sie prozentual. Dann wird von diesen Resultaten eine Kurve gemacht, wobei für jedes Zellstadium zunächst eine besondere Kurve gezeichnet wird, mit dem Zeitabstande nach der Fütterung als Abszisse und der prozentualen Anzahl per Gesichtsfeld als Ordinate. Trägt man nun alle Kurven auf ein einziges Koordinatensystem ein (Abb. 66) und beschränkt man die Aufmerksamkeit auf die Maxima, so nimmt man eine regelmäßige Folge der

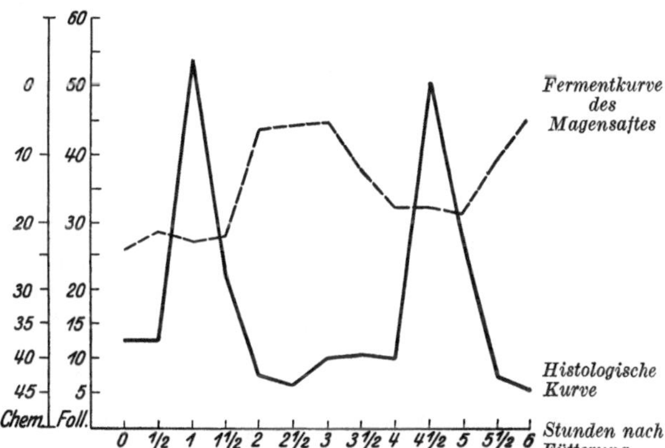

Abb. 64. *Helix pomatia*, Mitteldarmdrüse. Vergleich der Kurve der Fermentstärke im Magensaft (-------) mit der Kurve der prozentualen Durchschnittszahl der sezernierenden Follikel (———). Die Ziffern über „Foll." beziehen sich auf die Anzahl der sezernierenden Follikel in Prozenten aller Follikel. Die Ziffern über „Chem." stellen die Stunden dar, welche der Magensaft brauchte, um Stärkekörner in einer bestimmten Menge Kartoffel zu lösen. Nach der Granulaausscheidung (1 Std.) steigt die Fermentkraft (2—2^1/$_2$ Std.), nach einer neuen Sekretion (4^1/$_2$ Std.) tritt eine neue Fermentkraftsteigerung auf (5^1/$_2$—6 Std.) (Aus B. J. KRIJGSMAN, 1925.)

Maxima der einzelnen Stadien wahr. Damit ist die Abfolge der Stadia bewiesen.

Zweitens kann aus der Abb. 66 ersehen werden, daß diese Abfolge binnen 6 Stunden rhythmisch zweimal sich abspielt: *Erste Sekretionsperiode*: Vor und unmittelbar nach der Fütterung findet man ein Maximum von Stadium I. — ^{1}/$_2$ Stunde nach der Fütterung kommt das Maximum von Stadium II + III (Kernmembranlösung, Auftreten der Vakuolen). — 1 Stunde nach Fütterung beobachten wir das Maximum von Stadium VII mit Mucinfäden. — 1^1/$_2$ Stunde nach Fütterung kommt das Maximum von Stadium VIII: die Zelle ist leer geworden. — *Zweite Sekretionsperiode*: Nach 2 Stunden tritt Stadium I wieder maximal auf und der Kreislauf wiederholt sich (Stadium II und III nach etwa 2^1/$_2$ Stunden, Stadium VII nach 3—3^1/$_2$ Stunden, Stadium VIII nach 4^1/$_2$ Stunden usw.).

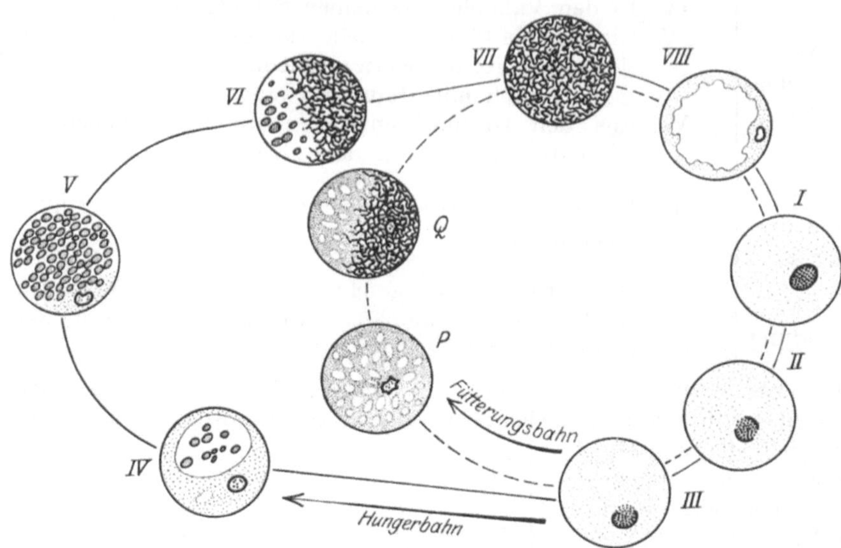

Abb. 65. Helix pomatia, Speicheldrüse. Schema des Arbeitszyklus innerhalb einer Zelle während des Hungerns und während der Fütterung. Während des Hungerns wird aus der ruhenden Zelle (*I*) über *II* und *III* Stad. *IV* gebildet, dieses bildet via *V* und *VI* Stad. *VII*, wird nach Ausscheidung zu *VIII* und nach Regeneration zu *I*. Während der Fütterung wird die Granulaphase (*IV* + *V* + *VI*) ausgeschaltet. Stad. *III* bildet durch Alveolenvermehrung Stad. *P*, dieses Stad. *Q*, dieses wird zum Stad. *VII*, welches via *VIII* wieder *I* gibt. (Aus B. J. Krijgsman, 1925.)

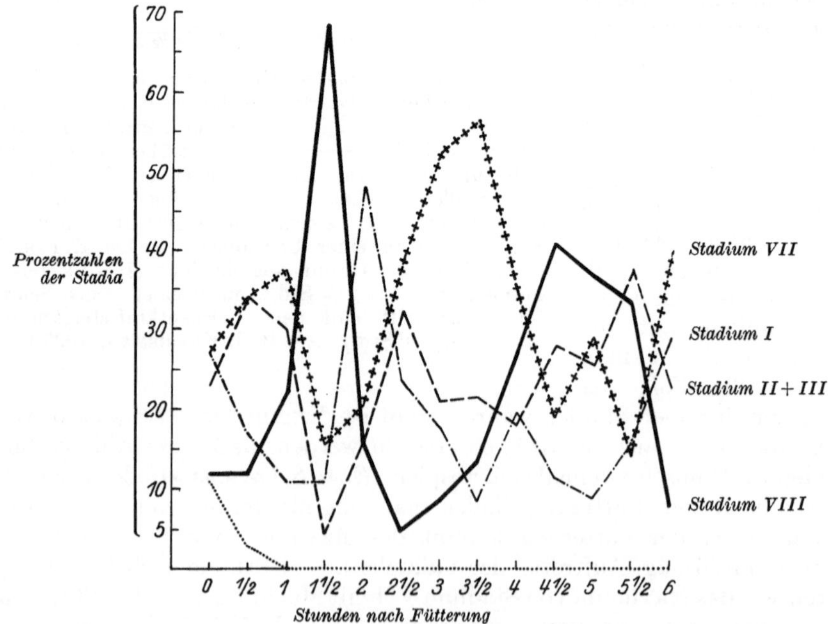

Abb. 66. Helix pomatia, Speicheldrüse. Die Kurven zeigen das prozentuale Verhältnis der einzelnen Zellstadien (vgl. Abb. 65) zur Gesamtzahl der Zellen. Stad. *I* —·—·—, Stad. *II* + *III* — — — —, Stad. *IV* + *V* + *VI* ·········, Stad. *VII* +++++, Stad. *VIII* ——————. (Aus B. J. Krijgsman, 1925.)

Drittens ergibt sich, daß die Stadien IV, V, VI, welche im Hunger 12% der Zellen ausmachten, 1 Stunde nach der Fütterung vollständig verschwinden, um während der reaktiven Sekretion nicht mehr aufzutreten. Die Granula sind nicht das Merkmal einer besonderen Zellart, wie man das früher dachte, sondern bilden einen Reservestoff des Sekrets im Hunger. Damit zeigt sich auch, daß die alte Lehre von zweierlei Zellen, wovon die eine Art Mucin, die andere Enzym liefern soll, falsch ist. Es gibt nur eine Zellart, die beide Stoffe absondert.

Was geschieht nun während der *Hungerperiode*? Während des Hungers findet eine geringfügige chaotische Sekretion statt, d. h. die einzelnen Zellrhythmen laufen nicht parallel. Sobald wir das Tier füttern, hat das zunächst den Einfluß, daß alle Zellen, die im Reservestadium sich befinden (IV, V, VI), in das Stadium VII mit reifen Sekretfäden übergehen (Abb. 65). Zellen im früheren Stadium (II, III) aber werden beinahe unmittelbar zu reifen Sekretzellen VII (Abb. 65: Fütterungsbahn), d. h. ohne vorige Granulabildung; nur die Vakuolen nehmen in Zahl zu (Stadium P), und es treten Sekretfäden auf (Stadium Q). So kommt es, daß sehr bald nach der Fütterung (nach 1 Stunde) die Mehrzahl der Zellen in diesem reifen Stadium sind; hierdurch ist zugleich erreicht, daß im weiteren Verlaufe der Sekretion, welche auf diese eine Fütterung folgt, die Zellen in *gemeinsamem, synchronen Rhythmus weiterarbeiten*. So kann trotz der „Zellindividualität" und der hieraus sich ergebenden Langsamkeit der beprochenen Reaktion das Sekret, nach Maßgabe des Bedarfs, in größeren Schüben abgegeben werden.

G. C. HIRSCH und seine Mitarbeiter W. JACOBS und W. BUCHMANN haben im letzten Jahr auch für die Mitteldarmdrüse von Astacus einen Sekretionsrhythmus entdeckt: binnen 6 Stunden wird das Sekret zweimal ausgestoßen und neu gebildet (fermentative und histologische Untersuchung). Die Arbeit erscheint 1927 in der Zeitschrift für vergleichende Physiologie.

5. Fälle, in denen Resorption und Sekretion in ein und derselben Zelle stattfinden und in denen die Resorpta vermutlich mit zum Aufbau der Sekrete gebraucht werden.

G. C. HIRSCH hat in Stufenuntersuchungen das Schicksal des resorbierten Eisens innerhalb der Zellen bei Murex trunculus (einer marinen, carnivoren Schnecke) verfolgt und dieses Eisen in Beziehung gebracht zu den Stadien der Saftsekretion in den gleichen Zellen[1]). Die Vorderdarmdrüse von Murex trunculus resorbiert und sezerniert, jede Zelle ist zu beiden Funktionen befähigt. Zwei Tage nach einer Fütterung findet man in den nämlichen Zellen folgende Erscheinungen nebeneinander (Abb. 50d): Neben dem diffus aufgenommenen Eisen liegen innerhalb der Zelle Granula, die unmittelbar im Plasma (d. h. ohne Vakuole) eingeschlossen sind. Zu gleicher Zeit findet man in diesen Zellen viele Sekretgranula der zweiten Sekretionsphase (S. 85). Beide Arten von Granula bilden zusammen eine Morula. Nach 4 Tagen sind diese Bestandteile aus den Zellen verschwunden; aber im Lumen findet man Sekretgranula, die Eisen enthalten. — Auch in der Mitteldarmdrüse mit ihren phagocytierenden und sezernierenden Zellen findet man abgeschnürte Zellteile, die Sekret und Eisen enthalten.

Soeben haben G. C. HIRSCH und seine Mitarbeiter Ähnliches bei Astacus gefunden: Lithiumcarmin gelangte mit der Nahrung in das Lumen der Mitteldarmdrüse; hier wird es u. a. von den fermentaufbauenden Fibrillenzellen resorbiert und dann nur zum kleinsten Teile an das Bindegewebe abgegeben; der größte Teil wird bei der Entstehung der „Blasen" in den Zellen und ihrer Ausstoßung

---

[1]) HIRSCH, G. C.: Der Weg des resorbierten Eisens und des phagocytierten Carmins bei Murex trunculus. Zeitschr. f. vergl. Physiol. Bd. 2, S. 1. 1924.

in das Lumen wieder aus der Zelle entfernt. (Die Arbeit erscheint in „Zeitschrift für vergleichende Physiologie" 1927.)

Ob das Eisen und Lithiumcarmin in diesen drei Fällen als „Exkret" den Sekreten beigemengt wird, läßt sich zunächst nicht sagen. Von phagocytierenden Darmzellen ist es zwar bekannt, daß sie unbrauchbare Stoffe als Zellfaeces in das Darmlumen abgeben können (S. 76). Bei Resorptionszellen (Vorderdarmdrüse von Murex und Mitteldarmdrüse von Astacus) aber, bei denen es keine Phagocytose gibt, ist dies weniger wahrscheinlich. Es ist darum möglich, daß das Eisen und das Lithiumcarmin hier den Weg angeben, wodurch in der Norm resorbierte Stoffe unmittelbar zum Aufbau der Sekrete gebraucht werden.

IV. Die Enzyme der Wirbellosen.

1. Der Habitus der verdauenden Säfte Wirbelloser.

Wir wollen als Beispiele der verschiedenen Verdauungssäfte Wirbelloser zwei Typen besprechen: den eiweißreichen Magensaft von Astacus fluviatilis und den eiweißlosen von Holothuria.

Der Magensaft von *Astacus*[1]) stellt den einzigen Fermentsaft dar, welchen der Flußkrebs für seine Nahrung besitzt. Der Saft ist pigmenthaltig (braun) und sehr eiweißreich. Das Eiweiß, ein Globulin, gehört zum eigentlichen Sekret und ist gegenüber der Protease des Saftes sehr widerstandsfähig. Wenn man dem Magensafte einen Tropfen Säure zusetzt, so entsteht ein voluminöser Niederschlag von diesem Eiweiß. Das Filtrat hat keinerlei verdauende Wirkung, auch wenn man es wieder neutralisiert, während der Niederschlag, in Alkali gelöst, die volle verdauende Wirkung besitzt. Die Reaktion des Saftes von Astacus fluviatilis oder auch des ihm ähnlichen Saftes der Larve von Tenebrio molitor (Mehlwurm) ist sauer auf Lackmus. Freie Säure fehlt jedoch (Beweis durch Prüfung der Reaktion mit Günzburgs Reagens und auf Kongorot). Moderne p_H-Bestimmungen besprechen wir später (S. 97). Erwähnt sei noch, daß während der Passage durch den Darm die Reaktion des Saftes auf Lackmus sich verändern kann, so z. B. bei Tenebrio[2]) und der Cetonialarve (S. 98). Nur der proximale Teil des Mitteldarmes ist hier sauer, während der distale Teil stark alkalisch reagiert.

Die Frage, ob ein Pigment ein regelmäßiger Bestandteil der „Magensäfte" der meisten Wirbellosen ist, kann noch nicht mit Sicherheit beantwortet werden. Bei Cephalopoden wird vom Sekret der „Leber" und des „Pankreas", wie es sich im Magen befindet, angegeben, daß es nur im Hunger die eigenartige braune Färbung besitzt. Wenn man aus einer Fistel Saft während der Verdauung auffängt (s. S. 81), dann erweist sich dieser als ungefärbt (höchstens etwas bräunlich). Auch bei Astacus kommt zuweilen ein hellgelber Saft vor. Wenn man einem hungernden Tiere Saft entnimmt, so ist der darauf gebildete Saft weniger gefärbt und enzymschwächer.

Bei den *Holothurien* kommt eiweißloser Verdauungssaft[3]) vor. 10—20 ccm honigfarbene Flüssigkeit findet man bei der frisch gefangenen Holothuria tubulosa und stellati im eigentlichen „Magen". Obwohl dies kein Hungersaft ist, so ist er doch beinahe frei von Nahrungsbestandteilen, da aus dem stets vollen Kropfe nur geringe Nahrungsmengen in den Magen treten (Abb. 33 a). Charakteristisch für diesen Saft ist sein eigenartiger aromatischer Geruch. In diesem Safte fehlt jegliches Eiweiß (zahlreiche Reaktionen); auch Pepton wurde nicht gefunden.

---

[1]) Literatur zusammengefaßt bei H. Jordan: Vergleichende Physiologie Wirbelloser, S. 402. Jena 1913.

[2]) Biedermann: Pflügers Arch. f. d. ges. Physiol. Bd. 72, S. 105. 1898.

[3]) Oomen, H. A. P. C.: Verdauungsphysiologische Studien an Holothurien. Dissert. Zool. Lab. Utrecht. Pubbl. d. Stazione zool. Napoli Bd. 7. 1926.

Hier findet man also die verschiedenen Enzyme ohne Begleitung von Eiweiß. Während das Δ ungefähr gleich ist wie im Seewasser, so enthält dieser Saft doch etwa 12% weniger Chlor, so daß ein anderer Stoff hier die osmotische Rolle des Kochsalzes auf sich nimmt (Δ Seewasser $- 2,26$ bis $- 2,28°$; Magensaft $- 2,13$ bis $2,21°$). Der Saft besitzt infolge seiner Eiweißlosigkeit geringe Viscosität, nur wenig höher als das Seewasser, wobei der Unterschied wohl durch den Schleim bedingt wird, der im filtrierten Safte anwesend ist (Durchlaufszeit: Saft 34,6 Sekunden, Seewasser bei gleicher Temperatur 33,7 Sekunden). Dagegen ist die Oberflächenaktivität des Saftes viel größer als diejenige des Seewassers (Anwesenheit von oberflächenaktiven Stoffen, Schaumfähigkeit, viel größere Tropfenzahl bei Anwendung der Tropfpipette von RONA und MICHAELIS). — Auffallend an dem Safte ist ferner seine ziemlich saure Reaktion: p_H 5,1—5,6, meist dem ersten Werte näherliegend (S. 97). Dieser Säuregrad wird vermutlich durch einen organischen Stoff von saurer Reaktion hervorgerufen; es handelt sich dabei um einen kohlenhydratartigen Stoff, der Pentosereaktion gibt.

Ähnlich scheinen die Dinge bei Aplysia limacina[1]) zu liegen (wo übrigens auch wenig [RÖHMANN] oder kein Eiweiß vorkommt), wo BOTTAZZI von einem „Acide pentosique" gesprochen hatte (auf die Polemik von RÖHMANN gegen diese letztere Meinung können wir hier nicht eingehen). Das Auftreten einer solchen organischen Säure (oder doch eines sauer reagierenden Körpers) in einem Verdauungssafte ist wohl auch allgemein-physiologisch von Interesse; nur darf man nicht vergessen, daß es im Gegensatze zu den Selachiern sich hier um einen Fall handelt, wo kein Pepsin in dem Safte vorkommt.

Der Saft der Holothuria ist weiterhin charakterisiert durch die Anwesenheit von sehr viel Leukocyten (s. Resorption). Ferner fallen zwei Tatsachen auf: erstens daß der Saft unter allen Bedingungen arm an Enzymen ist (OOMEN schätzt seine Enzymkraft, verglichen mit dem Magensaft von Astacus, etwa auf 1 : 190); und daß Extrakte aus der Magenwand eine größere Wirkung haben, während wir doch sonst bezüglich der Extrakte viel geringere Resultate zu erwarten pflegen. Auch muß noch auf die Tatsache hingewiesen werden, daß im Hunger der Saft, den man im Magen findet, mehr und mehr die Eigenschaften von reinem Seewasser annimmt (Farbe, Geruch, p_H, Chlorgehalt, Enzymkraft).

Bei vielen wirbellosen Tieren ist der Kropf oder Magen auch im Hunger mit Verdauungssaft gefüllt (vgl. S. 81). Man kann ihn sich dann in durchaus reinem Zustande verschaffen; die Fistelmethode ist daher in solchen Fällen unnötig.

2. Verdauende Säfte in Gallert- und Schleimform.

In manchen Fällen treten die verdauenden Säfte in Form von Gallerten oder zähem, klebendem Schleime auf. Vermutlich sind dann die Enzyme an diese Gallerte oder Schleimsekrete adsorbiert. Stets dürfte diese Form des Sekrets eine besondere biologische Rolle spielen. So z. B. bei den *Actinien:* die Verdauung im Magenraume beschränkt sich hier auf Vorverdauung (s. S. 43). Niemals findet man im Magenraum frei gelöste Enzyme; die Stücke der Nahrung werden festgeklebt an den Rändern der Magensepten. Der Schleim, der die Stücke hieran befestigt, ist zugleich Träger der Enzymwirkung. Dies ergab sich aus dem Zerfall von Fibrin in Fliespapierbeutelchen, die H. J. JORDAN durch Actinien hatte verschlucken lassen[2]). Die weiteren Eigenschaften des Enzymschleimgemisches sind unbekannt. Für die Verdauung der Actinien hat diese Enzymform die

---

[1]) BOTTAZZI, F.: Arch. ital. de biol. Bd. 35, S. 317. 1901. — RÖHMAN, F.: Festschr. Salkowski, Berlin 1904.
[2]) JORDAN, H. J.: Pflügers Archiv f. d. ges. Physiologie. Bd. 116, S. 617. 1907.

folgende Bedeutung: der Magenraum ist nur durch einen kurzen Schlund vom Außenwasser geschieden; durch diesen Schlund werden auch die Verdauungsrückstände nach außen abgegeben. Darin liegt der Nutzen der Tatsache, daß in diesem Magenraume kein freier Magensaft vorkommt.

Im Magen der *Muscheln* kommt eine doppelte Gallertbildung als Sekret verschiedener Abschnitte des entodermalen Epithels vor. Im Magen findet man den „dreizackigen Pfeil“: ein Sekret der Magenepithelzellen selbst, das als Gallertschicht die Magenwand bekleidet. Der „Krystallstiel“[1]) dagegen ist ein Produkt eines Magenblinddarmes oder einer besonderen Rinne des ersten Mitteldarmabschnittes: ebenfalls ein gallertiges Sekret, welches in der „Scheide“ sich drehend, distal sich langsam zum Magen bewegt (Cilien) und proximal dauernd neu gebildet wird. Da das Lumen der Scheide eng ist, so entsteht eine aus spiraligen Schichten gebildeter Stab (Stiel), von rein hyaliner Beschaffenheit, der aus der Scheide in den Magen ragt, wo er etwas verdickt erscheint. C. M. Yonge[2]) hat soeben durch Eiseninjektionsversuche bewiesen, daß die Grubenzellen des Stielsackes von Ostrea tatsächlich den Stiel sezernieren. Die Nahrung (Abb. 18, 19) mengt sich mit beiden Gallertbildungen. List[3]) fütterte Mytilus galloprovincialis mit Tusche. 2 Stunden nach der Fütterung sah er auf Schnitten, daß der „Pfeil“ und der Krystallstiel oberflächlich zerfielen und sich mit den Tuschekörnchen gemischt hatten. Nahrungspartikel dringen auch in die Scheide des Krystallstiels ein und mischen sich daselbst mit der Gallerte, so daß zwischen den spiralig gerollten Schichten Partikel anzutreffen sind. Der Krystallstiel ist sauer: bei Pecten p_H 5,4, Ensus 4,6 und Mya 4,45. Er ist die Ursache der saueren Reaktion im Magen[4]). — Auch bei dem *Gastropod* Crepidula kommt ein Krystallstiel vor[5]); er hat ein p_H von 5,8 [4]).

Als Enzyme dieser Gallertbildungen sind Amylase und Invertase nachgewiesen worden. Ob diese Enzyme durch die nämlichen Zellen geliefert werden wie die Gallerte, wissen wir nicht. Es wäre denkbar, daß die Mitteldarmdrüse die Enzyme liefert und daß diese Enzyme durch die Gallerte adsorbiert werden (Extrakte aus dieser Drüse nämlich liefern zwar auch Amylase und Invertase, allein die Drüsenzellen verdauen intracellulär (s. S. 69); ob sie überhaupt einen Saft bereiten, der extracellulär wirkt, ist unbekannt). Die Fixierung der Nahrungspartikel durch einen enzymbindenden Stoff ist offenbar die biologische Bedeutung aller dieser Gallerten.

3. Welche bestimmten Enzyme kommen bei Wirbellosen allgemein vor?

Wir halten es nicht für richtig, eine Tabelle aller bislang bei Invertebraten gefundenen Enzyme zu geben. Die Angaben sind zu ungleichwertig; der Vergleichswert all dieser Einzeltatsachen ist zu problematisch. Wir wollen uns auf Beispiele und die Nennung bestimmter Enzyme beschränken.

---

[1]) Letzte Untersuchungen: Yonge, C. M.: Mechanism of feeding, digestion and assimilation of Mya. Brit. journ. of exp. biol. Bd. 1, S. 42. 1923. — Yonge, C. M.: Structure and physiology of the organs of feeding and digestion in Ostrea. Journ. of the marine biol. assoc. Bd. 15, S. 311. 1926. — Nelson, T. C.: Recent contributions to the knowledge of the crystalline style of Lamellibranchs. Biol. bull. Bd. 49, S. 46. 1925.

[2]) Yonge, C. M.: Structure and physiology of the organs of feeding and digestion in Ostrea. Journ. of the marine biol. assoc. Bd. 15, S. 313. 1926.

[3]) List, T.: Die Mytiliden. Fauna u. Flora d. Golfs v. Neapel Bd. 27.

[4]) Yonge, C. M.: Hydrog. cont. in the gut of certain Lamellibranchs and Gastropods. Journ. of the mar. biol. Bd. 13, S. 939. 1925.

[5]) Mackintosh, N. A.: The Crystalline style in Gastropods. Quart. journ. microscop. science Bd. 69, S. 317. 1925.

Ein typischer Verdauungssaft von einem wirbellosen Tiere enthält Enzyme für alle in Frage kommenden Nahrungsstoffe, welche im Prinzipe natürlich dieselben wie bei den Wirbeltieren sind. So findet man bei einem wirbellosen Tiere in dem *einzigen* Verdauungssafte, den es besitzt, etwa folgende Enzyme gemischt:

Bei der Feststellung einer *Lipase* hat man sich in der Regel darauf beschränkt, den Saft zu mischen mit einer neutralen Fettemulsion. Später stellte man das Auftreten saurer Reaktion (trotz hinreichender Antisepsis) fest. Man schloß auf Fettspaltung in Säure und Glycerin.

Die auch beim Wirbeltiere vorkommenden *Carbohydrasen* wurden zunächst bei den Wirbellosen gesucht. Wir beschränken uns hier auf die verbreitetsten Enzyme. Besondere Carbohydrasen besprechen wir in einem besonderen Kapitel.

Die Versuche wurden angestellt mit Amylum, Glykogen, Rohrzucker, in selteneren Fällen mit Milchzucker und Malzzucker. Der Gang der Spaltung ist der nämliche wie beim Wirbeltier. Nur wollen wir hier schon sagen, daß im Gegensatz zum Säugetier die Amylase und die Enzyme, die auf Disaccharide wirken, nicht räumlich getrennt sind (das ergibt sich ja schon aus dem Vorkommen von oftmals nur einem einzigen Verdauungssaft). Eine deutliche Abhängigkeit des Vorkommens von Carbohydrasen von der Ernährungsweise hat sich bisher nur bei den niedersten Tieren finden lassen und soll im Abschnitt über Besonderheiten des Vorkommens der Enzyme besprochen werden.

Proteasen kommen naturgemäß ganz allgemein vor. Allerdings werden wir im Abschnitte über Besonderheiten des Vorkommens von einzelnen Enzymen hören, daß Proteasen im Safte einzelner Tiere fehlen können. Allein dann kommt solch ein Enzym doch immer intracellulär vor[1]). In der Regel greifen die Säfte wirbelloser Tiere natives Eiweiß an und spalten es bis zur Bildung freier Aminosäuren. Was beim Wirbeltier, sicherlich wenigstens beim Säugetier, durch eine Kette von verschiedenen Enzymen erzielt wird, ist bei Wirbellosen die Aufgabe eines einzigen Enzymgemisches.

Die älteren Untersucher begnügten sich damit, nachzuweisen, daß Eiweiß z. B. als Fibrinflocken in den Säften oder Mitteldarmextrakten der Invertebraten aufgelöst wurden. Eine wirkliche Problemstellung, die auf vergleichend-physiologische Gesichtspunkte einzugehen erlaubte, gab es damals noch nicht. Unter Vergleichung verstand man einfach die Konstatierung, daß bei niederen Tieren gleiche oder andere Verhältnisse vorliegen als bei den Säugetieren. So war die erste Frage, die man sich stellte, z. B. die, ob die Protease der Wirbellosen mit dem Pepsin oder dem Trypsin der höheren Tiere verglichen werden könne. Um diese Frage zu entscheiden, benutzten viele Untersucher einfach ein Stück Lackmuspapier. Wurde dieses rot, so sprach man von Pepsin, wurde es blau, so war der Name Trypsin am Platze. H. J. Jordan hat z. B. in seinen älteren Publikationen folgende Definition der beiden Enzymarten gebraucht: Pepsin ist eine Protease, die nur bei Gegenwart von freier Säure auf Eiweiß einwirkt und diesen Stoff nicht weiter spaltet als zur Bildung von Peptonen. Trypsinartig wurde ein Enzym genannt, wenn es Eiweiß verdaut, ohne daß die Anwesenheit von freier Säure oder freiem Alkali gefordert wird, also bei einer Reaktion, die sich nicht weit vom Neutralitätspunkte entfernt. Das „Optimum" mag bei verschiedenen Tieren jeweils etwas anders liegen. Zur Charakterisierung des Endpunktes der Verdauung diente das Auftreten von denjenigen Aminosäuren, die damals ohne größere Mühe nachgewiesen werden konnten: Leucin, Tyrosin und Tryptophan. Das Resultat der Anwendung dieser primitiven Definition war, daß bei Wirbellosen nirgends eine pepsinartige Eiweißverdauung vorkommt, daß überall eine Tryptase als „phylogenetisches Urferment" angesehen werden müsse. Naturgemäß ergab sich bald das Problem, wie ein möglicherweise „einheitliches" Enzym dasjenige zu leisten imstande sei, wozu das Wirbeltier seine Enzymketten braucht. Damals fehlte aber noch die strenge Abgrenzung des Wirkungsgebietes der Einzelbestandteile dieser Ketten, so mußte auch das vergleichende Problem ungenau gestellt werden. Die neuere Problemstellung, wie sie sich aus den Ergebnissen der Schule Willstätters ergibt, wollen wir in einem besonderen Kapitel (S. 99) besprechen.

---

[1]) Hirsch, G. C.: Intracelluläre Protease. Hoppe-Seylers Zeitschr. f. physiol. Chem. 1914.

4. Besonderheiten des Vorkommens einzelner Enzyme bei Wirbellosen.

Das Fehlen von Enzymen für Nahrungsstoffe, welche von den meisten Tieren verdaut werden können.

Bei den niedersten Invertebraten werden Fälle beschrieben, bei denen *Amylase* fehlt. In der älteren Literatur findet man zahlreiche Angaben dieser Art, die wir nicht einzeln anführen wollen. Sie beziehen sich in erster Linie auf Protozoen. In manchen Fällen ergab sich hier, daß die aufgenommene Stärke unverändert wieder ausgeschieden wurde. Bei Actinospharium und Amoeba proteus[1]) wird um aufgenommene Stärkekörner keine Vakuole gebildet; die Vakuolenbildung wird nämlich nur durch verdauliche Stoffe angeregt (S. 81). Meissner[2]) sah, daß bei Amoeba princeps, radiosa und Pelomyxa palustris aufgenommene Stärke innerhalb von 8 Tagen nicht verdaut wurde. Diese Resultate sind nicht unwidersprochen geblieben; aber es dürfte doch manche Infusorien geben, bei denen Stärkeverdauung zweifelhaft oder doch nur sehr unbedeutend ist.

Reine Stärke wird von Hydra nicht verdaut[3]). Es ist möglich, daß Glykogen verdaut werden kann: wenn man Hydren mit glykogenreichen Daphnien füttert, so findet man später viel Glykogen in den Zellen der Hydren. Ob dieses Glykogen aus verdautem und resorbiertem Daphnienglykogen stammt, ist allerdings nicht bewiesen. Bei Physalia (Siphonophore) ist neuerdings eine schwache Amylase gefunden[4]).

Auch bei einigen Insekten sollen Carbohydrasen im Darmsafte fehlen. Teils handelt es sich hierbei um fleischfressende Insekten, denen jegliche Kohlenhydratverdauung fehlen soll, teils um Insekten, bei denen die Kohlenhydratverdauung sich beschränkt auf den Speichel. Unter den Fleischfressern nennen wir Carabus und Dytiscus[5]), deren Mitteldarmextrakte oder Kropfinhalt keine Stärke verdaut; und die Larve von Calliphora[6]), deren proteasehaltiger Saft keine Amylase besitzt. Invertase fehlt gleichfalls verschiedenen carnivoren Insekten [Larve von Sarcophaga carnaria[7]) und andere Fälle].

Für *Lipasen* wird das Vorkommen bei einigen Protozoen bezweifelt [z. B. Meissner[2]) und Greenwood[1]) bei Amöben].

Eine *Protease* fehlt bei keinem Tier[8]). Wohl gibt es Tiere, die ausschließlich von Eiweiß leben, so daß ein Fehlen von Amylase und Lipase nicht zu befremden braucht; aber Eiweiß kann von keinem Tiere entbehrt werden. Wenn trotzdem im Magensafte einiger Tiere eine Protease fehlt, so bedeutet das nicht, daß diese Tiere überhaupt kein Eiweiß verdauen können. Es handelt sich hier vielmehr oft um Tiere mit phagocytärer Verdauung (S. 67); was fehlt, ist einzig die extracelluläre Protease: z. B. bei den Muscheln[9]) und einigen herbivoren Schnecken (Helix). Hier beschränkt die Vorverdauung (S. 43 und 69) sich völlig auf stickstofffreie Bestandteile der Nahrung; die Eiweißverdauung ist intracellulär[10]). Bei carnivoren Schnecken dagegen kommt auch im Magensafte eine Protease

[1]) Greenwood: Journ. of Physiologie. Bd. 7, S. 253. London 1886.
[2]) Meissner, M.: Zeitschr. f. wiss. Zool. Bd. 46, S. 498. 1888.
[3]) Beutler, R.: Zeitschr. f. vergl. Physiol. Bd. 1, S. 1. 1924.
[4]) Bodanski, M. u. W. C. Rose: Digestive enzymes of Coelenterates. Americ. journ. of physiol. Bd. 62. 1922.
[5]) Plateau: Mém. acad. Belge Bd. 41. 1875.
[6]) Weinland: Zeitschr. f. Biol. Bd. 47, S. 232. 1906.
[7]) Axenfeld: Zentralbl. f. Physiol. Bd. 17, S. 268. 1904.
[8]) Hirsch, G. C.: Zitiert auf S. 93.
[9]) Yonge, C. M.: Brit. journ. of exp. biol. Bd. 1, S. 15. 1923 u. Journ. of the marine biol. assoc. Bd. 14, S. 367. 1926.
[10]) Jordan, H. J.: Arch. néerland. de physiol. de l'homme et des anim. Bd. 2, S. 471. 1918.

vor, die die Beutetiere zur Phagocytose vorbereitet[1]). Verglichen mit der Magensaftprotease etwa eines Krebses, ist die verdauende Wirkung auf Eiweiß durch den Magensaft solcher Schnecken aber nur schwach: eine Fibrinflocke, die durch den Magensaft von Maja squinado in wenigen Stunden völlig verdaut war, wurde durch den Magensaft von Murex erst nach etwa 24 Stunden gelöst[1]).

Das Vorkommen einiger Enzyme bei Wirbellosen, die bei Säugetieren fehlen.

Auch hier wollen wir nicht alle Angaben aufzählen, sondern nur ein gut untersuchtes Beispiel beschreiben: Im Jahre 1898 entdeckten BIEDERMANN und MORITZ[2]), daß der Kropfsaft von Helix pomatia Cellulose zu verdauen vermag; freilich kein Filtrierpapier, sondern nur „Reservecellulose". Technik: Rasiermesserschnitte von Endospermien (z. B. Dattelkerne) wurden auf dem Objektträger mit dem Verdauungssafte bedeckt; nach einiger Zeit sind dann die Cellulosemembranen verschwunden. Im Gegensatze zur Celluloselösung beim Keimungsprozesse der betreffenden Pflanzen und zur Wirkung der Cellulose von Astacus fluviatilis wird durch Helixsaft das primäre Cellulosehäutchen, welches die einzelnen Zellen voneinander trennt, zuerst aufgelöst; dann erst verschwindet auch die Reservecellulose (die Verdickung der ursprünglichen Zellmembran). Alle cuticularisierten und verholzten (inkrustierten) Teile der Pflanzenmembranen (Gefäßbündel usw.) widerstehen der Auflösung.

Dieses Enzym von Helix pomatia ist nun neuerdings durch P. KARRER[3]) genauer und mit moderner Technik untersucht. Man unterscheidet zwischen Gerüstcellulosen und Reservecellulosen oder Lichenin als diejenigen Polymere der Glykose, die aus Cellobiose-Resten bestehen. Die Reservecellulose ist am besten bekannt in der Form, in der sie aus dem Isländischen Moos (Cetraria islandica) und anderen Flechten gewonnen worden ist („Lichenin"); dieser Stoff wurde aber auch bei höheren Pflanzen, z. B. Gerste und Mais, nachgewiesen.

Die Versuche wurden zuerst mit dem eigentlichen *Lichenin* ausgeführt. KARRER läßt den Kropfsaft von Helix mehrere Tage dialysieren. Er erhält dann ein Enzymgemisch, welches außer der Lichenase nur noch Invertase, Cellobiase und Mannase enthält, da die meisten Enzyme des Schneckensaftes in wässeriger Lösung labil sind. Hiernach wird das Enzym mit Aceton niedergeschlagen und mit Äther trocken gewaschen. So kann es lange bewahrt werden.

Lichenase spaltet die Reservecellulosen quantitativ zu Glykose. Das Reaktionsoptimum liegt bei schwach saurer Reaktion: es bildet einen Gipfel, der zwischen p_H 4,5—5,9 liegt und bei 5,25 ein geringes Maximum zeigt. „Die Spaltung zeigt im ersten Drittel annähernd — aber nicht genau — den Verlauf einer monomolekulären Reaktion. Nachher verläuft sie längere Zeit nach der SCHÜTZschen Regel, d. h. die gespaltene Substratmenge wird proportional der Quadratwurzel aus der Spaltungszeit." Offenbar spielen sich bei der Spaltung verschiedenartige Reaktionen ab: nur hochdisperse Lichenose wird schnell und quantitativ gespalten. Erst also wird diese durch den Verdauungsakt verbraucht, während später die „zusammengebackene" Lichenose angegriffen wird, wobei die SCHÜTZsche Regel sich offenbart. Daher ist also die Spaltungszeit nicht umgekehrt proportional mit der verdauten Menge. Kleine Mengen des Enzyms wirken relativ schneller als große. Bei den Messungen, welche wir besprechen müssen, beschränkte man die Spaltung auf 10—40% des Substrats. Innerhalb

---

[1]) HIRSCH, G. C.: Ernährungsbiologie fleischfressender Gastropoden. I. Bau, Nahrung, Nahrungsaufnahme, Verdauung, Sekretion. Zool. Jahrb. Bd. 35. 1915.

[2]) BIEDERMANN u. MORITZ: Pflügers Arch. f. d. ges. Physiol. Bd. 73, S. 219. 1898.

[3]) KARRER, P.: Einführung in die Chemie der polymeren Kohlenhydrate. Leipzig 1925.

dieses Bereiches spaltet die doppelte Enzymmenge 1,45mal soviel Substrat als die einfache Menge in gleicher Zeit.

Enzymmenge	1	2	4	8	16	$2\,n$
% gespaltenen Stoffes per Zeiteinheit .	1	1,45	$1{,}45^2$	$1{,}45^3$	$1{,}45^4$	1,45

Kinetik. Unter einer Lichenaseeinheit versteht Karrer diejenige Enzymmenge, die bei 37° und p_H 5,28 1 g Reservecellulose (in Lösung zu 0,15%) in 2 Stunden zu 20% löst. Lichenasewert nennt Karrer diejenige Anzahl Lichenaseeinheiten, die in 100 mg trockenen Enzyms vorhanden sind. Die hochwertigsten bisher erhaltenen Schnecken-Lichenasepräparate hatten einen Lichenasewert von 9. Karrer konnte, je nach Jahreszeit, Größe und Ernährung, verschieden große Enzymmengen erhalten. Als Mittelwert fand er 2—3 Lichenaseeinheiten (soviel wie in 50 g Grünmalz).

Lichenase kommt außer bei Helix pomatia vor bei Teredo norwegica, Astacus fluviatilis, Forficula auricularis, Gastropacha rubri. Bei Wirbeltieren fehlt sie.

Gerüstcellulose wird durch unser Enzym nur schwer angegriffen. Biedermann und Moritz hatten auch versucht, die Cellulose des Filtrierpapiers durch tagelange Behandlung mit chlorsaurem Kali und Salpetersäure, hernach mit Kalilauge, für die Verdauung vorzubereiten, aber ohne Erfolg. Karrer erzielte mit chemisch veränderter Gerüstcellulose die folgenden Resultate: „Frische, dialysierte Fermentlösungen sind so wirksam, daß es ohne Schwierigkeit gelingt, Kupferseide, Viscoseseide oder Calciumrhodanidcellulose praktisch vollkommen zu Glucose zu fermentieren." Sehr konzentrierter Schneckensaft spaltet selbst reine Watte und Filtrierpapier. Filtrierpapier konnte zur Zeit, wo Karrer das zitierte Buch schrieb, schon zu 30% in Glucose gespalten werden. Immerhin erweist Gerüstcellulose sich nach der Umlösung der Enzymwirkung viel zugänglicher als native Cellulose. „Kein Zweifel besteht dagegen, daß durch die Quellungs- und Umlösungsprozesse die Parallelorientierung der Cellulosemicellen mehr oder weniger stark gestört, das Krystallitgefüge gelockert und die freie Oberfläche entsprechend vergrößert wird. Man hat daher zunächst die Wahl anzunehmen, daß die leichtere Angreifbarkeit ungefällter Cellulose, die im Gegensatze steht zur relativen Enzymfestigkeit nativer Cellulosen, ihre Ursache in der Lockerung des Micellgewebes hat oder aber durch jene Umlagerung im Cellulosemolekül bedingt ist, die der mercerisierten Cellulose auf Grund des veränderten Röntgenspektrums zugeschrieben wird."

Eine andere Art der Cellulosespaltung, auch bei Invertebraten, s. S. 100.

Andere Polyasen bei Wirbellosen. Unter den verschiedenen Polyasen, die bei Wirbellosen beschrieben worden sind, wollen wir nur einige erwähnen. Mannanase und Galaktanase kommen bei Helix, Homarus und Astacus vor. Durch den Saft von Astacus und Homarus wird z. B. aus Corrozomannan Mannose gebildet, ähnlich aus Mannan von Phytelephas macrocarpa, aus Konjakmannan durch Schneckensaft. Verdaut werden auch durch Helixsaft: Raffinose und Stachyose[1]). Bei Schnecken und holzfressenden Käferlarven hat man ein Enzym gefunden, welches Xylan verdaut, wobei Xylose entsteht[2]).

5. Enzymindividuen, Enzymgemische und Enzymketten.

Welche Probleme ergeben sich nun aus der Vergleichung der einheitlichen Enzymgemische wirbelloser Tiere mit den Enzymketten der Säugetiere? Dieses Kapitel kann leider nur eine Anregung sein; die Untersuchungen, die zur Lösung der betreffenden Probleme nötig wären, harren noch ihrer Ausführung.

---

[1]) Bierry u. Giaja: Verschiedene Mitteilungen in den Cpt. rend. des séances de la soc. de biol. und Cpt. rend. hebdom. des séances de l'acad. des sciences, usw. Vgl. ferner Karrer; sowie Oppenheimer, Fermente.

[2]) Sellière, Gaston: Ebenda; vgl. auch die gleichen Handbücher.

Proteasen. Der Magensaft von Astacus wirkt auf Eiweiß (S. 90). Welche Enzyme enthält er? Welche Daten besitzen wir, um seine Protease oder seine Proteasen zu charakterisieren?

Zum Beweise, daß die Invertebratenproteasen dem Trypsin verwandt sei, dienten in der älteren Literatur zwei Argumente: 1. die „alkalische" Reaktion (S. 90), bei der die Verdauung normalerweise verlief, oder aber die Tatsache, daß bei Hinzufügung von Alkali die Verdauung schneller stattfand als in natürlicher Umgebung; 2. das Auftreten einzelner, leicht nachweisbarer Aminosäuren. Was den ersten Punkt betrifft, so ist zu sagen, daß die Bestimmung der Reaktion in der Regel ungenau war; und was den zweiten Punkt betrifft, daß nach neuesten Erfahrungen eine genauere Definition des Begriffs Trypsin möglich ist, vor allem durch die Unfähigkeit des echten Trypsins, Dipeptide zu spalten[1]).

Wir wollen zunächst die Frage nach dem Vorkommen von Pepsin unberücksichtigt lassen; sie wird uns interessieren im Zusammenhang mit den Enzymketten der Säugetiere. Die Frage, ob in den Säften der Wirbellosen „*Trypsin*" vorkommt, kann zur Zeit nicht mit Sicherheit beantwortet werden. Von keinem proteolytischen Enzym eines Wirbellosen besitzen wir hinreichende Angaben über die Kinetik; ja kein proteolytisches Enzym ist bei dieser Tiergruppe unseres Wissens bisher chemisch isoliert worden.

Die Mittel, um Enzyme zu charakterisieren, sind etwa die folgenden, wobei wir uns beschränken auf solche Mittel, die bis zu einem gewissen Grade in der Literatur schon gedient haben, um der Lösung der hier angerührten Frage näherzukommen. Man bestimmt die Menge des entstandenen Produktes in der Zeiteinheit, bei verschiedenen Temperaturen und bei verschiedener Wasserstoffionenkonzentration. Es fragt sich, ob man dabei ein Optimum findet, welches etwa für verschiedene Enzyme bei verschiedenen Tieren verschieden und jeweils charakteristisch ist.

Im Vordermagen des Oligochäten Chaetogaster fand NIERENSTEIN[2]) eine freie Säure (Kongorot, Dimethylamidoazobenzol), die aber mit der Proteolyse des Darmes nichts zu tun hat. Der Magensaft der Holothuria stellati besitzt eine p_H von 5,1—5,6 [Farbstoffmethode[3])]. Der Saft ist also ziemlich *sauer*, wesentlich saurer als das Seewasser (p_H 8,1—8,2). VAN DER HEYDE fand bei Thyone 7,2 —7,9, CROZIER bei Stichopus während der Verdauung 4,8—5,5, in leeren Tieren 5,0—6,5. Auch bei anderen Wirbellosen wurden derartige Zahlen gefunden, so z. B. für Astacus auch etwa 5, für den Krystallstiel der Lamellibranchiaten 5,4—4,45[4,5]), für den Magen der Gastropoden 5,4—6,8[5]). Allein, wie beim Wirbeltiere, kann man aus der Reaktion des Saftes keinen Schluß auf die Kinetik des proteolytischen Enzyms ziehen! Denn in allen untersuchten Fällen nimmt die Wirksamkeit des Enzyms zu, wenn man die Umgebung alkalischer macht. Ebensowenig wie Trypsin hat auch die Protease der Holothurien ein praktisch feststellbares Alkalioptimum[6]). RINGER vermutet, daß Säugetiertrypsin ein Optimum bei p_H 12,4 hat (wo die Quellung des Eiweißes am stärksten ist); allein bei dieser p_H wird Trypsin so schnell zerstört, daß man seine Wirkung nicht mehr messen kann, denn schon bei p_H 12 wird es fast augenblicklich vernichtet. OOMEN hat innerhalb einer p_H-Zone von 2,8—9,2 gearbeitet und gefunden, daß mit zunehmender Alkalinität bei Alkoholtitrierung die Menge des Spaltungsproduktes stets zunimmt, auch wenn man die Versuche über 162 Stunden aus-

---

[1]) WALDSCHMIDT-LEITZ, E. u. A. HARTENECK: Hoppe-Seylers Zeitschr. f. physiol. Chem. Bd. 149, S. 203. 1925.

[2]) NIERENSTEIN, E.: Pflügers Arch. f. d. ges. Physiol. Bd. 196, S. 60. 1922.

[3]) OOMEN, H. A. P. C.: Zitiert auf S. 90.

[4]) YONGE, C. M.: Journ. of the marine biol. assoc. Bd. 14, S. 357. 1926.

[5]) YONGE, C. M.: Journ. of the marine biol. assoc. Bd. 13, S. 939. 1925;

[6]) RINGER: Einfluß der Reaktion auf die Wirkung des Trypsins. I. Hoppe-Seylers Zeitschr. f. physiol. Chem. Bd. 116, S. 107. 1921.

dehnt. Wir geben seine Tabelle hier wieder, aus der sich noch manches entnehmen läßt, was hier unbesprochen bleiben muß.

Holothuria.

p_H des Gemisches	NaOH-Bindung in			Zunahme in 162 Stunden
	0 Stunden	75 Stunden	162 Stunden	
3,2	4,95	6,40	7,75	2,80
4,2	4,15	5,75	6,85	2,70
5,2	3,05	5,35	7,05	4,00
6,2	4,25	6,75	8,95	4,70
7,2	3,30	6,25	8,80	5,50
8,2	3,80	7,80	12,45	8,65
9,2	3,00	8,70	11,90	8,90

Daß bei höherer p_H auch hier eine Vernichtung des Enzyms beginnt, scheint aus der letzten Zahlenreihe hervorzugehen. — Dagegen fand C. M. Yonge ein bestimmtes p_H-Optimum für die Amylase des Krystallstieles von Ostrea bei 5,9[1]).

Neben diesen Fällen gibt es auch Tiere mit ausgesprochen *alkalischer Reaktion des Darmsaftes*[2]). Bei der Rosenkäferlarve (Potosia cuprea Fbr.) ist die Reaktion im Vorderdarme neutral bis schwach alkalisch, im Mitteldarm ausgesprochen alkalisch (Phenolphthaleinpapier schwach rot). Erst im Rectum tritt schwachsaure Reaktion auf, vermutlich verursacht durch die Gärungsprodukte der gefressenen Cellulose (vgl. S. 55).

Einige Daten aus der Literatur scheinen zur Annahme zu berechtigen, daß im Safte einiger Wirbelloser *Puffermischungen* vorkommen. Biedermann[3]) vermutet, daß im Safte der Larve von Tenebrio molitor Mononatriumphosphat vorkommt, dem die saure Reaktion auf Lackmus zuzuschreiben sei. Die hierbei erzielte Färbung sei genau die gleiche, welche man erhält, wenn man die Reaktion einer Mischung von Mononatriumphosphat mit etwas Ammoniak mit dem gleichen Lackmuspräparat prüft. Ähnliches gilt wohl für den Saft von Astacus. Der Regenwurm hat am Vorderarme Kalkdrüsen, die an den Darminhalt kleine Kalkkrystalle (kohlensaurer Kalk) abgeben. Diesen Krystallen wird eine Pufferwirkung zugeschrieben[4]), die von besonderer Bedeutung sein soll gegenüber den Humussäuren, die reichlich in der Nahrung dieser Tiere vorkommen.

Stets ist es den vergleichenden Physiologen aufgefallen, daß die Enzyme kaltblütiger Tiere ein *Temperaturoptimum* besitzen, wie es den Enzymen der Warmblüter zukommt, eine Temperatur, die bei den Kaltblütern (in gemäßigten Zonen) nicht erreicht wird. Dies hat sich auch bei den Versuchen mit Wirbellosen ergeben. So fand man im Krystallstiel von Mya[5]) ein Temperaturoptimum von 32°, für den Magensaft der Holothurien[6]) ein Temperaturoptimum bei etwa 40° (Alkoholtitrierung); für die Amylase im Krystallstiel von Ostrea[7]) 43°,

---

[1]) Yonge, C. M. 1925: Zitiert auf S. 97.

[2]) Werner, Erich: Die Ernährung der Larve von Potosia cuprea Fbr. (Cetonia floricola Hbst.). Ein Beitrag zum Problem der Celluloseverdauung bei Insektenlarven. Zeitschr. f. Morphol. u. Ökol. d. Tiere Bd. 6, S. 150. 1926.

[3]) Biedermann: Pflügers Arch. f. d. ges. Physiol. Bd. 72, S. 105. 1898.

[4]) Harrington: Journ. of morphol. Boston Bd. 15, Suppl. S. 105. 1900.

[5]) Yonge, C. M.: Brit. journ. of exp. biol. Bd. 1, 1924.

[6]) Oomen, H. A. P. C.: Zitiert auf S. 90.

[7]) Yonge, C. M.: Journ. of the marine biol. assoc. Bd. 14, S. 356. 1926.

in der Mitteldarmdrüse 44,5°; ja, für den Magensaft von Nephrops[1]) merkwürdigerweise das Optimum der Amylase bei 57°. Doch wurde am Pepsin des Hechtes beobachtet[2]), daß es gegenüber höheren Temperaturen empfindlicher ist als Hundepepsin: bei 39° wird die Wirkung des Hechtpepsins herabgesetzt, die des Hundepepsins nicht; auf Fibrin wirkt Hechtpepsin zwischen 0° und 20° stärker ein als Hundepepsin.

Wenn wir alle diese Daten übersehen (so ungenau sie auch noch sein mögen), so müssen wir zugeben, daß wesentliche Unterschiede zwischen dem Vertebratentrypsin und dem proteolytischen Enzyme der Wirbellosen sich nicht ergeben haben! Eine entsprechende Zunahme der Wirkung mit der Alkalinität, ferner daß auch hier die mehr und mehr optimale Reaktion für das Enzym zugleich schädlich ist, ergibt sich mit einiger Wahrscheinlichkeit aus beistehender Tabelle; außerdem könnte man diese Tatsache auch aus dem Umstande erschließen, daß die natürlichen Säfte stets eine Reaktion besitzen, die eher konservierend für das Enzym als optimal für seine Wirkung ist.

Künftige Untersuchungen nach den Methoden WILLSTÄTTERS werden zu entscheiden haben, ob die Protease der Invertebraten *einheitlich ist, oder als ein Gemisch von Trypsin und Erepsin* oder gar von mehr Enzymen aufzufassen ist. Nach den letzten Resultaten der Schule WILLSTÄTTERS muß die obige Annahme (S. 90), daß die Proteolyse bei Wirbellosen das Werk eines einzigen „Urenzyms" sei, als sehr zweifelhaft angesehen werden! E. WALDSCHMIDT-LEITZ spricht beim Säugetier von vier Enzymen: dem Pepsin, dem Trypsin, dem Trypsin plus Enterokinase und dem Erepsin. „Für eine Vertretbarkeit der vier Enzymtypen liegt kein Anhaltspunkt vor." Bekanntlich faßt WILLSTÄTTER und seine Schule das Eiweißmolekül als ein System mit komplizierten chemischen Bindungen auf, denen die Vierzahl der Enzyme entsprechen soll. Damit aber ist für die Vergleichende Physiologie ein ganz neues Gebiet von Problemen gegeben, die vorerst nur als Probleme besprochen werden können. Die Enzyme werden eine neue Definition erhalten müssen, nicht mehr nach Maßgabe ihrer optimalen Reaktion, sondern nach Maßgabe der spezifischen chemischen Bindung (als Teil des Gesamtverbandes, in welchem innerhalb des Eiweißmoleküls die Aminosäuren stehen), die sie zu lösen vermögen. Somit taucht die Frage nach dem Vorkommen von „Pepsin" bei den Invertebraten wieder auf, d. h. nach einem Enzyme, das nur hochmolekuläre Eiweißkörper anzugreifen vermag, aber keine Peptone verdaut.

Ein erster Schritt in dieser Richtung sind neuere Untersuchungen von G. C. HIRSCH, die 1927 in der Zeitschrift für vergleichende Physiologie publiziert werden. HIRSCH ließ denselben Magensaft von Astacus einwirken auf Casein und tief abgebautes Pepton Fe carne (Witte-Rostock). Wird nun die Enzymkraft in bestimmter Weise zu verschiedenen Zeiten nach Nahrungsaufnahme geprüft, so ergibt sich für die Menge der „Caseinase" und „Peptonase" je eine Kurve mit zwei Höhepunkten binnen 6 Stunden (S. 89). Aber die Kurven sind nicht gleich! Sie folgten vielmehr in ihren Maxima und Minima aufeinander. Daraus ergibt sich, daß die Kraft der Protease für hochzusammengesetzte und tiefabgebaute Eiweißkörper rhythmisch in reziprokem Verhältnis stehen. Diese eigentümlichen Befunde werden vermutlich am besten durch die Annahme von zwei verschiedenen Proteasen im Magensaft von Astacus erklärt.

Es gibt auch bei Haifischen im Magen ein als Pepsin beschriebenes Enzym, das bei „neutraler" Reaktion, allerdings in viel geringerem Grade als bei saurer

---

[1]) YONGE, C. M.: Brit. journ. of exp. biol. Bd. 1, S. 375. 1924.
[2]) RAKOCZY, A.: Hecht- und Hundepepsin. Hoppe-Seylers Zeitschr. f. physiol. Chem. Bd. 58. 1913.

Reaktion, zu verdauen imstande ist[1]). Trypsin und Erepsin wird man mit der Methodik WILLSTÄTTERS voneinander trennen müssen. Vor allem wird man den vorverdauenden Säften der phagocytierenden Tiere, verglichen mit den Magensäften der anderen, besondere Aufmerksamkeit schenken müssen.

Carbohydrasen. Dies gilt auch, wie schon angedeutet, für die Carbohydrasen. Wir wollen annehmen, daß auch bei den Wirbellosen die Disaccharide durch besondere Enzyme verdaut werden, daß es also neben der Lichenase und der Amylase auch noch besondere Cellobiasen, Maltasen, Invertasen, Lactasen usw. gibt. Jedenfalls aber kommen alle diese Enzyme stets zusammen in einem Safte vor. Dies gilt z. B. für Invertase, die nach verschiedenen Untersuchern vorkommt im Speichel und im Kropfsafte der Weinbergschnecke, sowie im Magensafte des Flußkrebses. Das gleiche gilt für Maltase, die nach unseren Untersuchungen (Osazon, BARFODTS Reaktion, quantitative Bestimmung der Reduktion) in allen Säften vorkommt, die Stärke verdauen. Endlich für Cellobiase nach KARRERS Untersuchungen. Einige Besonderheiten mögen hier folgen.

Der Extrakt aus der Speicheldrüse von Helix pomatia, der ziemlich schnell Stärke zu verdauen imstande ist, hatte in einem Falle nach 24 Stunden erst 10% Rohrzucker verdaut, während der Kropfsaft schon nach 3—4 Stunden alles invertiert hatte. Der Magensaft von Astacus fluviatilis invertierte innerhalb 24 Stunden nur 30% Rohrzucker, dagegen macht er innerhalb 2 Stunden aus Stärke ungefähr 100% Glucose. Wenn man diesen Versuch mit dem Kropfsafte der Weinbergschnecke unter quantitativ genau gleichen Bedingungen macht, dann erhält man nach 1 Stunde erst 50% Spaltung; 100% Glucose konnten wir erst nach etwa 24 Stunden nachweisen bei einem Safte, der, verglichen mit dem Magensafte vom Flußkrebs, so energisch auf Rohrzucker wirkt.

Einige Versuche über Cellobiase, das Teilenzym der Schneckenlichenase, hat P. KARRER[2]) ausgeführt. Es gelang ihm, im Helixkropfsaft durch fraktionierte Adsorption die Lichenase frei zu erhalten von der Cellobiase, d. h. er erhält ein Enzym, das Reservecellulose verdaut, dagegen aber Cellobiose intakt läßt. Leider gelang es ihm nicht, in den Verdauungsprodukten der so gereinigten (aber geschwächten) Lichenase Cellobiose nachzuweisen.

Bei Säugetieren kommt praktisch diese Vereinigung von Polysaccharasen mit Disaccharasen nicht vor. Dagegen findet VONK[3]) bei Knochenfischen (Karpfen) im Pankreas Amylase und Maltase. Erst bei höheren Wirbeltieren tritt die erwähnte Trennung des Endenzyms vom Anfangsenzym auf. Eine Darmmaltase fehlt dem Karpfen vermutlich vollkommen (die geringe Wirkung dürfte adsorbiertem Pankreasenzym zuzuschreiben sein). Dagegen ist die Verteilung der Proteasen bei den Fischen auf Pankreas und Darm die gleiche wie bei den Säugetieren.

Ganz andere Probleme ergeben sich bei „biologischer" Betrachtungsweise. Wir sahen: bei Wirbellosen ein einheitlicher Saft, bei den Säugetieren Enzymketten. Wenn wir uns zunächst auf den Unterschied zwischen Pankreassaft

---

[1]) Sogar bei alkalischer Reaktion wirkt Pepsin von Rochen und Haifischen, aber sehr langsam: Schleimhautextrakt oder reiner Magensaft plus Natriumcarbonat 1,5—2% bei 15—20° löst Fibrin innerhalb 1—5 Tagen. (WEINLAND, E.: Zeitschr. f. Biol. Bd. 41, S. 35. 1901.) — Auch Hechtpepsin verdaut bei Abnahme des Säuregrades besser als Hundepepsin (A. RAKOCZY).

[2]) KARRER, P.: Zitiert auf S. 95.

[3]) VONK, H. J.: Die Verdauung bei den Fischen. Wird erscheinen in Zeitschr. f. vergl. Physiol. 1927 (Dissert. Zool. Laborat. Utrecht).

mit Enterokinase und Darmsaft bei den Vertebraten beschränken, so ergibt sich ja ohne weiteres, daß es sich bei der Vergleichung nur um quantitative Unterschiede handeln kann. Denn wir wissen durch WILLSTÄTTER und seine Schule, daß der Darmsaft und auch der Pankreassaft sowohl Trypsin als Erepsin enthalten. Beide Säfte unterscheiden sich aber dadurch, daß im Pankreassafte das Trypsin, im Darmsafte das Erepsin vorherrscht. „Biologisch" gesprochen, finden wir bei den Säugetieren also folgendes: Magen und Darmsaft bereiten die Verdauung vor, ihre Vollendung ist das Werk des Darmsaftes. Das gilt natürlich auch für die Kohlenhydratverdauung. Diese Trennung der verschiedenen Phasen fehlt den Wirbellosen nun ganz bestimmt, während sie bei den Säugetieren überall vorkommt. Bei einigen Wirbeltieren fehlt die Magenverdauung (z. B. den Cyprinoiden). Für diese gilt natürlich auch das Pepsinproblem im Sinne WILLSTÄTTERS.

Man kann bei vielen Tieren eine *Vorverdauung* und eine *definitive* Verdauung unterscheiden (Abb. 32 u. 61). Bei den Säugetieren ist die Vorverdauung das Werk der Säfte lokalisierter Drüsen: des Magens und des Pankreas; große Mengen Saft ergießen sich dabei auf die Nahrung und bereiten die definitive Verdauung vor, ohne jedoch zu 100% den Zustand zu erreichen, in dem die Eiweißstoffe (und Kohlenhydrate) praktisch resorbiert werden können. Die *definitive Verdauung* ist das Werk einer extensiven Absonderung, nämlich längs des ganzen Dünndarms. Diese Verteilung spielt offenbar bei der Ernährung der Vertebraten eine große Rolle. Eine Überschwemmung des Blutes mit Verdauungsprodukten, die stattfinden müßte, wenn die Vorverdauung zugleich Endprodukte lieferte, wird durch diese Trennung vermieden. Bei den Wirbellosen findet die Verdauung dahingegen öfter statt in Räumen, die entweder für Verdauungsprodukte gänzlich impermeabel sind, oder diese doch nur durch langsame Diffusionsprozesse, ohne echte Resorption, hindurchlassen[1]). Diese Tatsache muß von großer Bedeutung sein für den Schutz des Tieres vor einer Überschwemmung mit Produkten[2]). Im Zusammenhang mit dem geringen Stoffverbrauche dieser Tiere ist hier durch die Langsamkeit der Verdauung und nicht durch Trennung in eine Vorverdauung und eine definitive Phase der Verdauung der Organismus vor Überschwemmung mit Produkten geschützt.

Die schützende Wirkung der Enzymketten bei den Wirbeltieren erhellt auch aus der folgenden Tatsache, die wir im Kapitel über Resorption noch erwähnen werden, daß nämlich der Wirbeltierdarm Saccharobiosen praktisch nicht hindurchläßt, solange das Epithel lebt. Durch den Darm einer Schnecke geht aber Rohrzucker fast ebenso schnell wie Traubenzucker[3]).

Wir hoffen, daß diese Übersicht eine Anregung sein wird, um die Enzyme der Wirbellosen in die moderne Enzymforschung mit einzubeziehen. Die Allgemeine und die Vergleichende Physiologie werden dabei lernen können.

---

[1]) Vgl. den Artikel „Vergleichende Probleme der Resorption" in diesem Handbuche.
[2]) Durch den Umstand, daß die Produkte der Verdauung daselbst nicht resorbiert werden, wird die Verdauung innerhalb der Mägen oder Kröpfe gehemmt.
[3]) JORDAN, H. J.: Zitiert auf S. 71.

Über tierverdauende Pflanzen.

Von

KARL SUESSENGUTH
München.

Zusammenfassende Darstellungen.

DARWIN, CH.: Insectivorous plants. London 1875. Deutsch von V. CARUS. Stuttgart 1876. — GOEBEL, K.: Pflanzenbiologische Schilderungen. Bd. II. Marburg 1891 u. 1893. Chem.-physiol. Literatur bei CZAPEK, F.: Biochemie der Pflanzen. 2. Aufl., Bd. II, S. 321 ff. — DIELS, L.: Droseraceae. Pflanzenreich. Bd. IV, S. 112. Leipzig 1906. — MACFARLANE: Sarraceniaceae, Nepenthaceae. Pflanzenreich. Bd. IV, S. 110 u. 111. Leipzig 1908.

Die sogenannten Insectivoren, Carnivoren oder fleischfressenden Pflanzen sind zu charakterisieren als Pflanzen mit normal grünen Blättern, die aber mit besonderen Einrichtungen zum Festhalten und Töten, evtl. auch zum Anlocken kleinerer Tiere ausgestattet sind und ihre Beute hernach weitgehend zu verdauen und zu resorbieren vermögen. Es sind aber keineswegs nur Insekten, die diesen Organismen Nahrung liefern, auch kleine Krebstiere, Würmer, Spinnentiere, Tausendfüßler, Rotatorien usw. kommen in Betracht. Außerdem kann von einer eigentlichen Freßbewegung („-voren") nur bei einer einzigen Gattung (Utricularia) die Rede sein. Die Bezeichnung insectivor erscheint daher nicht ganz zweckentsprechend, ebensowenig aber der Terminus carnivor, sowohl wegen der gleichen Nachsilbe als, weil man bei niederen Tieren nicht wohl von Fleisch sprechen kann. Abzulehnen ist auch die Bezeichnung „tierfangend", weil hierdurch gar nicht der wesentliche Punkt getroffen wird. Viele Pflanzen fangen Tiere (s. S. 103), ohne ihnen Nährstoffe zu entziehen. Es erscheint demnach am zweckmäßigsten, von *tierverdauenden* Pflanzen zu sprechen. Pathogene Bakterien, auf Tieren parasitierende oder auf Tierleichen lebende Pilze verwenden zwar auch zu ihrer Nahrung Stoffe des Tierkörpers, doch handelt es sich hier um das Substrat, nicht um die eingeführte Nahrung, in Verbindung mit der wir allein das Wort Verdauung gebrauchen.

Über die morphologischen Verhältnisse, die hier nicht behandelt werden können, findet man die ausführlichsten Angaben bei GOEBEL (s. oben).

Name, systematische Stellung und Verbreitung der Pflanzen, welche hier in Betracht kommen, seien im folgenden tabellarisch angegeben:

Nepenthes (Nepenthaceae) ca. 40 Arten, meist indomalaiisch,
Sarracenia (Sarraceniac.) 6 Arten, atlantisches Nordamerika,
Darlingtonia   „ 1 Art, Californien,
Heliamphora   „ 1 „ Roraimagebirge zwischen Guayana und Brasilien,
Cephalotus (Cephalotac.) 1 „ Westaustralien,
Drosera (Droseraceae) ca. 100 Arten, ubiquitär, mit Ausnahme der Arktis,
Drosophyllum   „ 1 Art, Portugal, Südspanien, Marokko,

Roridula (Droseraceae)   2 Arten, Südafrika (neuerdings z. d. Pittosporaceen ge-
                                          stellt),
Dionaea   „   1 Art, Nordkarolina,
Aldrovanda   „   1 Art, einzelne kleine Verbreitungsbezirke in Europa,
                                          Asien, Queensland,
Pinguicula (Lentibulariac.) ca. 30 Arten, nördl. gemäßigte Zone der Alten und Neuen
                                          Welt, Anden,
Utricularia   „   „ 250 „   gemäßigte Zonen u. Tropen,
Genlisea   „   10 Arten, trop. Amerika, 1 Art in Afrika
Polypompholyx   „   3 Arten, Australien, Südamerika,
Biovularia   „   1 Art, Westindien,
Byblis (Ochnaceae?) 2 Arten, Westaustralien.

Inwieweit der Nachweis, daß die aufgeführten Pflanzen wirklich Tiere verdauen, geführt ist, wird unten dargelegt werden. Außerdem gibt es zahlreiche
Blütenpflanzen, die zwar kleine Tiere in großer Zahl zu fangen, d. h. mittels
ihrer von Drüsenhaaren stammenden Sekrete festzuhalten vermögen, denselben
aber, soweit wir bis jetzt unterrichtet sind, keine Nährsubstanzen entziehen,
z. B. Mirabilis longiflora, Salvia glutinosa, Malachium aquaticum, Cerastium
glutinosum, Primula-, Saxifraga- und Silene-Arten, ferner die Gattungen Bart-
schia und Lathraea. Ebensowenig ist echte Verdauung nachgewiesen für die
sackartigen Blattorgane einiger tropischer Lebermoose, besonders der Gattungen
Colura, Physiotium, Pleurozia und Anomoclada.

Nach Zopf[1]) verfangen sich im Mycel eines Schimmelpilzes, Arthrobotrys
oligospora, des öfteren Nematoden, nach H. Sommerstorff[2]) an besonders ausgebildeten Kurzhyphen einer Saprolegniacee, Zoophagus insidians, Rotatorien.
Daß es sich in letzterem Falle und in ähnlichen um mehr als zufällige Ereignisse
handelt und tatsächlich eine Ausnützung der Tierkörper durch die Pilzhyphen
stattfindet, ist von N. Arnaudow, Flora 116, 1923 und 118/119, 1925 dargelegt
worden.

Die dem Tierfang dienenden Apparate sind sehr verschieden, stets handelt
es sich jedoch um umgebildete Blätter oder Blatteile. Bei Drosera, Drosophyllum, Byblis, Roridula und Pinguicula finden sich in Vielzahl auf den Blatt-
flächen angeordnet *Klebdrüsen* mit der Wirkungsweise von Leimruten; bei
Dionaea und Aldrovanda *Klappfallen* (das Scharnier der Falle bildet die Blatt-
mittellinie); bei Nepenthes, Sarracenia, Darlingtonia, Cephalotus als Fallgruben
wirkende Hohlräume: *Schlauchfallen*; bei Genlisea *Reusenfallen* (Haare als
Reusenstacheln in röhrenförmigen Blättern mit gerollten Endteilen); bei submer-
sen Utricularien *Saugfallen* mit Ventilklappe. Die Tiere werden eingeschluckt
infolge negativen Druckes im Blaseninnern, worauf sich der Eingang wieder
wasserdicht schließt. Literatur bei A. Czaja, Pflügers Archiv 206, S. 554 ff. 1924.

Mannigfache Vorrichtungen veranlassen die *Anlockung* der Tiere, so auffallende
Färbung, anlockende Gerüche, scheinbare Nektartropfen (glitzernde Schleimtropfen), echter Nektar. Der reichlich ausgeschiedene zähe *Schleim* hüllt in
manchen Fällen (Dionaea, Aldrovanda, Drosera) die gefangenen Tiere $\pm$ ein,
und diese ersticken darin. Bei Kannen, die reichlich Flüssigkeit enthalten
(Nepenthes, Cephalotus), wird dagegen ein Ertrinken der Tiere die Regel sein.

Die Schleimsekretion erfolgt plötzlich in erhöhtem Maß, z. B. (bei Drosera)
nach Fütterung mit Insekten, Fleisch, Brot, Käse, Mannit, Rohrzucker, Hämoglobin. Nach Beginn der Resorption gehen in den Drüsenzellen meist bemerkenswerte Veränderungen vor sich. Der Zellinhalt wird plötzlich durch feine,
eiweißhaltige und wahrscheinlich als Teilvakuolen zu bezeichnende Bläschen

---

[1]) Zopf: Nova Acta Leopold. Bd. 52, S. 321. 1888.
[2]) Sommerstorff, H.: Österr. botan. Zeitschr. Bd. 61, S. 361. 1911.

getrübt, die sich dann zu größeren Ballen vereinigen (Aggregationen Darwins).
Die Aggregation beginnt in der gereizten Drüse und schreitet in der Emergenz
von Zelle zu Zelle abwärts. In den nicht gereizten muß der Reiz sich zunächst
bis zur Drüse hinauf fortpflanzen, denn zuerst tritt in der Drüse die Sekretion,
dann erst die Aggregation in den Zellen ein, die nun auch hier abwärts fortschreitet. Erst wenn die Haare sich wieder geradestrecken, werden die Aus-
fällungen wieder gelöst. Die Aggregation kann durch Stoffe verschiedener Art
hervorgebracht werden, wie z. B. Eiweiß, Pepton, Asparagin, Pepsin, Phosphorsäure, Phosphate und Äthylalkohol. HCl, Milchsäure, H_2SO_4 und Neutralsalze
(Na-, K- und NH_4-Nitrat); einige Alkaloide (Coffein, Theobromin, Chinin) sind
in den geprüften Konzentrationen ohne Einfluß. Die Basen und Alkaloide, die
in den Zellen eine Gerbstoffällung hervorbringen, können sogar die Wirkung der
Reizstoffe aufheben und eine vorhandene Aggregation verhältnismäßig schnell
zum Zurückgehen bringen[1]). Bei starker chemischer Reizung schließt sich an
die Aggregation gewöhnlich eine Ausfällung im Zellsaft („Granulation") an.
Über die physikalisch-chemischen Ursachen der Aggregation ist Näheres nicht
bekannt.

Bei Dionaea wie bei Drosera werden die reichlich ausgeschiedenen Sekrete
während und gegen Schluß des Verdauungsprozesses wieder mit eingesogen,
das wiedergeöffnete Blatt erscheint trocken.

Seit den Versuchen Darwins wissen wir, daß Fleischstückchen und gewisse
Eiweißpräparate ebenso verdaut werden wie gefangene Tiere. Eiweißwürfel
werden auf Droserablättern in 1—2 Tagen aufgelöst, die entstandene klebrige
Flüssigkeit nach ca. 3 Tagen resorbiert. Drosophyllum und Nepenthes arbeiten
wesentlich rascher. Zum Schluß bleiben stets nur die aus Chitin bestehenden
Teile der Tiere übrig. Der direkte Beweis für die Aufnahme von Stoffen liegt
einesteils im Schwinden des dargebotenen Materiales, andernteils in Veränderungen des Zellinhaltes der Drüsen, z. B. im Auftreten von Fettkugeln. Das
Drosera-Enzym greift [nach W. Robinson[2])] auch trockenes Ovalbumin, Fibrin,
Nucleoproteid stark an, weniger stark Acidalbumin, Alkalieiweiß und Edestin,
gar nicht Kollagen und Elastin. Das Sekret von Pinguicula löst Muskeln von
Insekten, Fleisch, Knorpel, Eiweiß, Fibrin, Gelatine, Milchcasein. Auch Pollenkörner und Pflanzensamen werden ausgesogen, letztere nach Maßgabe der Durch-
dringlichkeit der Schalen. Künstlich präpariertes Casein und Leim reizen zwar
die Drüsen stark, werden aber wie bei Drosera nur teilweise gelöst. Dionaea
resorbiert ebenfalls Eiweiß, Fleisch, Gelatine und einige andere N-haltige Substanzen, dagegen nicht Casein oder Käse.

*Für die physiologische Betrachtung empfiehlt es sich, die eingangs in Be-
tracht gezogenen Pflanzen in zwei Gruppen zu gliedern.* Eine Anzahl von Pflanzen
muß hier allerdings von vornherein ausgeschieden werden, weil sie physiologisch
zu wenig bekannt sind, so Roridula, Genlisea, Heliamphora, Biovularia.

Zur ersten Kategorie sind die zu stellen, die *proteolytische Enzyme* u n d *Säuren*
in ihren Sekreten enthalten, so daß man mit weitgehender Berechtigung von
echter Verdauung sprechen kann. Hierher gehört vor allem Nepenthes, Drosera,
Drosophyllum, Pinguicula, Dionaea, Byblis [letztere nach A. Bruce[3])]. Die Anwesenheit von Bakterien in den Kannen von Nepenthes usw. ist physiologisch
nicht von Bedeutung, die Verdauung tritt auch in aseptisch entwickelten Kannen
ein. Die Eiweiß*lösung*, insbesondere das Verdauungsenzym, hat mit den Bak-

[1]) Åkermann, Å.: Untersuchungen über die Aggregation usw. Botan. Notiser 1917.
[2]) Robinson, W.: Torreya Bd. 9, S. 109. 1909.
[3]) Bruce, A.: Notes from roy. bot. Garden Edinbourgh Nr. 16, S. 9. 1905 u. Nr. 17,
S. 83. 1907.

terien nichts zu tun; erst bei übermäßigem Insektenfang tritt Verwesung ein. Die späteren Ausführungen über Enzyme beziehen sich vorzugsweise auf diese erste Kategorie. — Nepenthes ist schon wegen der Größe des Materials physiologisch am besten bekannt. Der Glycerinextrakt aus Kannen behält nach VINES monatelang unveränderte Verdauungskraft. Mit Alkohol läßt sich das Enzym ohne Verlust seiner Wirksamkeit fällen, bei einer Temperatur von 100° wird es zerstört, Filtration durch Berkefeldfilter beeinträchtigt die Wirkung. — Pepton wird aus in die Kannen eingefüllten 0,1 proz. HCOOH-Lösungen schnell resorbiert. Nach Beobachtungen in den Tropen werden eingeworfene Tiere bald getötet, schnell, aber ohne Fäulnis, zersetzt. Entleert man die Kannen durch Ausgießen, so wird die Flüssigkeit von den Drüsen aus wieder ersetzt. Der Ort der Sekretion und Nahrungsresorption fällt hier in den Drüsen zusammen. — Auch bei Dionaea tritt keine Fäulnis ein. Die dargereichten Portionen dürfen nur nicht zu groß sein. GOEBEL führte ferner den Nachweis, daß bei Drosera, Drosophyllum und Pinguicula gleichfalls echte, nicht bakterielle Verdauung vorliegt. Das Vorhandensein von Säure in den Sekreten dieser Pflanzen schließt an sich das Aufkommen der meisten Bakterien aus. Bei Aldrovanda setzt keine Verwesung ein, wohl aber eine Resorption. Speziell mit Rücksicht auf die Verhältnisse bei der verwandten Dionaea sind wir auch hier zur Annahme echter Verdauung berechtigt.

Utricularia galt lange Zeit als Insectivore ohne verdauendes Enzym. Die Zersetzung sollte durch Mikroorganismen bewirkt werden. Die Resorption der gelösten Substanzen erfolgt jedenfalls durch die 4- oder 2 armigen Haare an der inneren Blasenwand. Fäulnis tritt in den Blasen nicht ein, Eiweißspaltprodukte mit NH_2- oder NH-Gruppen sind nicht nachzuweisen[1]. Nach LUETZELBURG soll nun hier ein tryptisches Ferment in geringer Menge vorhanden sein. Der Stoff, der die Fäulnis verhindert, ist wahrscheinlich eine Benzoesäure-Verbindung. Es würde sich demnach um eine echte Verdauung, keine indirekte, bakterielle handeln und Utricularia in Kategorie 1 aufzunehmen sein. Gesichert ist jedenfalls die Anwesenheit einer fäulnishemmenden Substanz.

Bei *Cephalotus* konnten bis jetzt keine verdauenden Enzyme nachgewiesen werden, wohl aber *fäulnishemmende Stoffe,* die ähnlich wie z. B. 0,1 proz. Essigsäure oder Ätherspuren die Fleischfäulnis hintanhalten. Fleisch und Fibrin zerfällt im Innern der ziemlich viel Sekretflüssigkeit enthaltenden Schlauchblätter nicht schneller als außerhalb. Die Reaktion der Flüssigkeit wurde wechselnd befunden. Fäulnisgeruch war nicht zu beobachten, auch wenn viele tote Tiere, Bakterien, Fleisch oder Pepton im Kanneninhalt vorhanden war. Pepton wird aus Lösungen teilweise resorbiert, wie der colorimetrische Vergleich der Biuretreaktionen von Probe und Stammlösung zeigt (ob als solches?). Nach diesen Befunden liegt keine echte Verdauung vor, sondern Zersetzung durch Mikroorganismen. Erst die Zersetzungsprodukte scheinen verwertet zu werden. Streng genommen handelt es sich hier also um keine tierverdauende Pflanze.

Zu einer zweiten, provisorischen *Kategorie* ist Sarracenia und Darlingtonia zu stellen, in deren Kannen weder verdauendes Enzym noch fäulnishemmende Stoffe im Sekret mit aller Bestimmtheit nachgewiesen werden konnten. Ist hier eine Resorption von Nährstoffen aus den Tierkörpern möglich, so geht diese nach der älteren Anschauung auf die Tätigkeit von Bakterien zurück und erst die entstehenden löslichen Zersetzungsprodukte können von der Pflanze verwertet werden, die demnach sich eigentlich saprophytisch ernähren würde. Es muß aber darauf hingewiesen werden, daß neuerdings für Sarracenia andere

---

[1] v. LUETZELBURG: Beiträge zur Kenntnis der Utricularien. Flora Bd. 100. 1910.

Resultate als früher erhalten wurden. Nach W. S. GIES[1]) wirkt nämlich Glycerinextrakt der Kannen plus einer kleinen Menge HCl oder Oxalsäure auf Fibrin mäßig verdauend. Auch nach Angaben von FENNER[2]) scheint wenigstens ein verdauendes Enzym vorzuliegen. Die Auflösung der Insektenleiber erfolgt jedenfalls langsamer als in den Kannen der Nepenthes. Wasser und die darin gelösten organischen und anorganischen Verbindungen werden durch die Kannen aufgenommen. Es läßt sich dies durch Eingießen einer bestimmten Flüssigkeitsmenge, Abdichten derselben und nachherige, d. h. etwa nach 2—3 Tagen erfolgende Vergleichsmessung nachweisen. Derartige Tätigkeit der Blätter ist aber auch bei Nichtinsectivoren mehrfach bekannt geworden. Fäulnisgeruch wurde meist nicht beobachtet, obwohl zahllose Bakterien sich vorfanden; es läßt dies die Anwesenheit einer Fäulniserregern gegenüber antiseptisch wirkenden Substanz vermuten, über die Näheres jedoch nicht bekannt ist. FENNER nimmt an, daß der unterste Teil des Schlauches als Absorptionszone fungiert. Speziell in dieser Partie tritt auch nie Verwesung ein.

Eigentümlich ist der *Farbwechsel*, der nach dem Fang von Tieren vielfach zu erkennen ist: ungefütterte Utricularia-Blasen sind rot (Anthozyan), gefütterte werden alsbald blau. Dies ist darauf zurückzuführen, daß der zuerst sauere Zellsaft der Blasenwandzellen alkalisch geworden ist. Die hellroten Drüsenköpfchen von Drosera werden nach dem Fang trübpurpurn, die von Drosophyllum schwarzrot.

Früher nahm man für die tierverdauenden Pflanzen nur *ein* dem Pepsin verwandtes Sekretions- oder Ekto*enzym* an, welches die nativen Eiweißstoffe zu Peptonen umwandelt, die ihrerseits resorbiert werden können. In neuerer Zeit hat VINES[3]) als Verdauungsprodukte bei Nepenthes Deuteroalbumose, Pepton *und* Aminosäuren (Leucin) angegeben, sowie den positiven Ausfall der Tryptophanprobe. Daraus war zu schließen, daß neben dem früher schon sicher nachgewiesenen pepsinähnlichen Enzym auch noch ein Erepsin in der Schlauchflüssigkeit vorhanden sei, das die von ersterem gebildeten Peptone weiter abbaut.

ABDERHALDEN u. a.[4]) konnten aber für Nepenthes und Drosera im Gegenteil nachweisen, daß z. B. Glycyl-l-Tyrosin durch die Enzyme dieser Pflanzen nicht angegriffen wird. Ebenso fand WHITE[5]) bei Drosera-Arten nur Pepsin, kein Erepsin und keine Aminosäuren. Der Befund von VINES — Vorhandensein von peptolytischem Erepsin und Bildung von Aminosäuren — ist demnach nicht aufrechtzuerhalten, vielmehr *hat man*, wie bisher, *nur ein wirksames Enzym in der Art des Magenpepsins anzunehmen*. Daß Magenpepsin und Insectivorenpepsin identisch sind, läßt sich einstweilen natürlich nicht beweisen.

Außerdem kommt in den Blättern von Pinguicula- und Drosera-Arten noch ein Labenzym vor, das sich aber von dem Chymosin des Kälbermagens unterscheidet. Milch, kuhwarm über die Blätter gegossen, rasch filtriert und 1—2 Tage stehengelassen, wird zähflüssiger, eine Ausfällung (Trennung von Molken und Topfen wie bei Lab) tritt aber scheinbar nicht ein. Ähnliche Eigenschaften besitzen übrigens viele proteolytisch wirksame Pflanzensäfte, so von Ananas, Carica Papaya, Galium verum, Ficus carica, von Leptomsträngen, Samen, niederen Pilzen usf.

---

[1]) GIES, W. S.: Journ. of New York bot. Garden Bd. 4, S. 38. 1903. — MEYER, G. M. u. W. S. GIES: Biochem. Zeitschr. Bd. 3, Ref. Nr. 1992. 1905.

[2]) FENNER: Flora Bd. 93, 1904.

[3]) VINES: Ann. of botany Bd. 23, S. 1. 1909.

[4]) ABDERHALDEN, E. u. TERUUCHI: Hoppe-Seylers Zeitschr. f. physiol. Chem. Bd. 49, S. 21. 1906. — ABDERHALDEN, E. u. BRAHM: Ebenda Bd. 57, S. 342. 1908.

[5]) WHITE: Proc. of the roy. soc. of London, Ser. B. Bd. 83, S. 134. 1910.

Für das Vorhandensein von diastatischen, invertierenden usw. Enzymen boten sich keine genügenden Anhaltspunkte, so daß es den Anschein hat, als wenn nur Eiweißkörper angegriffen würden.

In vielen Sekreten finden sich ferner *Säuren*; werden diese neutralisiert, so hört auch die Verdauung auf. Es soll sich dabei handeln um: Ameisensäure (bei Dionaea, Drosophyllum und Drosera nach GOEBEL u. a., für Drosera be-stritten von FRANKLAND, für Drosophyllum bestritten von A. MEYER und A. DEWÈVRE[1]), ferner Propion-, Butter- und Valeriansäure, evtl. auch Citronen-säure und Apfelsäure. Anorganische Säuren, z. B. HCl, die man hätte erwarten können, wurden bisher nicht festgestellt. Im Sekret von Utricularia fand v. LUETZELBURG[2]) angeblich Benzoesäure. In den Blättern und Drüsen von Pinguicula kommt ebenfalls Benzoesäure vor.

Die Bedeutung des Säurevorkommens ist eine mehrfache. Einmal werden die Bakterien, die nicht säureresistent sind, ferngehalten (antiseptische Wir-kung). Ferner ist jedenfalls die Anwesenheit einer geringen Säuremenge wie im Magen des Menschen eine unentbehrliche Hilfe für den peptischen Ver-dauungsprozeß.

Hinsichtlich der Sekretion sind folgende Differenzen denkbar:

1. Es kann von vornherein Enzym und Säure ausgeschieden sein,

2. von vornherein ist entweder nur Enzym oder nur Säure (letzteres bei Droso-phyllum) sezerniert, die andere Substanz wird erst auf Reizung hin ausgeschieden.

3. Enzym und Säure werden erst infolge der von einer verdaulichen Substanz ausgehenden Reizung ausgeschieden. Hierher gehört in erster Linie Dionaea, bei der die Sekretion des Schleimes + Enzym *und* Säure durch die Digestions-drüsen erst nach der Reizung einsetzt. Es ist aber nicht leicht zu entscheiden, in welche Kategorie die einzelnen Pflanzen gehören.

Z. B. ist der Kanneninhalt von ungereizter *Nepenthes* meist zuerst eine schlei-mige Flüssigkeit von neutraler Reaktion[3]). Erst auf chemischen oder mecha-nischen Reiz, Schütteln oder Einbringen von Insekten, Fleisch, Eiweiß usf. wird eine starke Ansäuerung bemerkbar. Jetzt erst stellt sich die Fähigkeit der Verdauung ein, und zwar auch dann, wenn man noch geschlossene Kannen verwandte und Bakterien nicht eindringen konnten. Es kann nun im angeführten Fall ebensogut das Enzym schon vor der Reizung unwirksam im Sekret vor-handen gewesen als erst nachher zusammen mit der Säure ausgeschieden worden sein. Eine endgültige Klärung dürfte bis jetzt nicht vorliegen. Bei Drosera tritt nach dem Fassen eines Insektes oder nach sonstigem chemischen oder mecha-nischen Reiz, z. B. mittels Glaspulver, reichlicher Schleim hervor, und der Säure-gehalt erhöht sich, außerdem tritt das Enzym jetzt hinzu. Ob im Sekret schon vorher etwas Säure vorhanden war, wird verschieden angegeben. Auch hier bleibt die Frage, ob wir Drosera zur zweiten oder dritten Kategorie stellen sollen. Jedenfalls sind die Grenzen in Natur nicht scharf.

Verschiedene Beobachtungen deuten darauf hin, daß Sekret oder Honig mancher Insectivoren ein *Narkoticum* bzw. *Gift* enthalten. Nach MELLICHAMP und ZIPPERER[4]) z. B. betäubt die geringe Sekretmenge in Kannen gewisser Sarracenia-Arten — 10—15 Tropfen, selten mehr — Fliegen in kurzer Zeit. Ähnliches wird für Darlingtonia angegeben, die Natur der wirksamen Sub-stanzen ist jedoch nicht bekannt.

---

[1]) MEYER, A. u. A. DEWÈVRE: Bot. Zentralbl. Bd. 60. 1894.

[2]) v. LUETZELBURG: Flora Bd. 100. 1910.

[3]) ABDERHALDEN u. TERUUCHI: Zitiert auf S. 106.

[4]) MELLICHAMP u. ZIPPERER: Beiträge zur Kenntnis der Sarraceniaceen. Dissert. München 1885.

Außerordentlich groß ist die *Empfindlichkeit* mancher Blätter auf mechanische und chemische Reize, besonders gegen letztere. Drosera, Pinguicula, Dionaea, Aldrovanda reagieren auf Kontaktreiz mit beliebigen festen Körpern mit Bewegungen, Drosera z. B. auf Auflegen von Papierstückchen, Pinguicula auf das von Glassplittern. Die Blätter von Pinguicula werden besonders stark gereizt durch Bestreuen mit Pepton (nach Goebel). In gewissen Fällen lösen auch giftige Substanzen die Reizbewegung aus. Bei Drosera erfolgt schon nach mechanischem Reiz die Absonderung der Verdauungsstoffe, bei Pinguicula und Dionaea dagegen nicht. Bei Tentakeln von Drosera genügen nach Darwin zur Erzeugung einer deutlichen Einbiegung der Tentakelbasis 0,00000216, nach anderen 0,0004 mg $(NH_4)_3PO_4$ als wirksamsten Salzes, in verdünnter Lösung auf die Drüsenköpfchen gebracht. Der Reiz wird von der Spitze der Tentakeln zur Basis geleitet, und es liegt eine scharfe Trennung zwischen Perzeptions- und Reaktionsort, nämlich dem Ort der Krümmung an der Basis, vor. Blätter von Dionaea schließen sich auch, wenn unverdauliche anorganische Substanzen auf sie gebracht werden, öffnen sich aber dann, wie in Erkenntnis ihres Irrtums, bald wieder, während sie über Insekten oft wochenlang geschlossen bleiben, und ähnlich verhalten sich andere Objekte. Allgemein lösen stickstoffhaltige, überhaupt der Ernährung dienliche Substanzen chemonastische Bewegungen aus, und zwar vielfach auch, wenn sie ohne gleichzeitigen Stoßreiz aufgelegt werden. Die Bewegung erfolgt dann allerdings langsamer. Über die Verhältnisse bei Aldrovanda vgl. A. Czaja, Pflügers Arch., 206. S. 635 ff. 1924.

Den Nachweis, daß in Nepentheskannen, also gerade Organen mit verdauendem Enzym und saurem Sekret, *Tiere* auf Grund schützender *Antifermente* ihres eigenen Körpers dauernd leben können, erbrachte H. Jensen[1]). Er fand im ganzen 9 enzymharte Tierarten als Inwohner: 3 Arten von Fliegenlarven, 4 von Mückenlarven, 1 kleinen Rundwurm und 1 Milbe. Diese Tiere erwiesen sich nicht etwa auf Grund ihrer Hautdicke als geschützt, sondern eben wegen ihrer körpereigenen Antienzyme. Ihre ausgepreßte Körpersubstanz in ein Pepsin-Säure-Eiweißgemisch gebracht, verzögerte die zu erwartende Proteolyse merklich, noch stärker war die hemmende Wirkung ganzer Larven, in diesem Fall auch auf tryptisches Enzym plus Eiweiß. Larven beliebiger anderer Fliegenarten z. B. sind nicht enzymhart. Es darf demnach nicht wundernehmen, wenn ferner in den Schläuchen von Sarracenia und Darlingtonia, in denen verdauende Enzyme jedenfalls in viel geringerer Menge vorkommen, dauernd lebende Larven sich finden. — Es kommen also auch *in Pflanzen ,,Eingeweidewürmer"* vor, denen die Enzyme des Verdauungsapparates nichts anhaben.

Unentbehrlich ist die Tiernahrung, soweit bis jetzt bekannt, für keine der sog. Insectivoren. Dagegen ist der *Vorteil der tierischen Nahrung* nach Büsgen[2]) u. a. ein sehr erheblicher für Drosera- und Utricularia-Arten, insbesondere, wenn mit der Fütterung schon bei der Keimung der Pflanzen begonnen wird. Nicht nur der Zuwachs der vegetativen Organe übertrifft z. B. bei Utricularia den ungefütterter Kontrollexemplare etwa um das Doppelte, sondern auch das Gesamttrockengewicht (ca. 3:1), die Zahl der Blütenstände (3:1) und Kapseln (5:1), und das Gesamtgewicht der Samen ist bei gefütterten Exemplaren von Drosera ein weitaus größeres. Wir dürfen annehmen, daß bei anderen Gattungen der Vorteil der Tiernahrung ebenfalls bedeutend ist.

Der Nutzen des Tierfanges besteht, soviel wir derzeit wissen, in dem Gewinn verwertbarer stickstoffhaltiger Substanzen. Eine größere Zahl der in Frage

---

[1]) Jensen, H.: Ann. du Jardin Botan. de Buitenzorg, 2. Ser., Suppl.-Bd. II. 1910.
[2]) Büsgen: Bot. Ztg. 1883, Nr. 35 u. 36; Ber. d. dtsch. bot. Ges. 1888, S. 55.

kommenden Pflanzen bewohnt mineralsalz-, insbesondere N- und P-arme Standorte: Sphagnumpolster der Hochmoore, sterile Sandböden, vulkanisches Geröll, Baumstämme usf. Aus der Art der Bewurzelung dürfen generelle Schlüsse auf die Nährsalzaufnahme nicht gezogen werden. Die einheimischen Droseren sind zwar sehr schwach bewurzelt, bei Utricularia, Aldrovanda und Genlisea fehlen Wurzeln überhaupt. Damit ist aber nicht gesagt, daß diese Pflanzen etwa weniger Nitrat usw. aufnehmen, denn andere submerse oder schwimmende Gewächse entbehren gleichfalls der Wurzeln, ohne insectivor zu sein. Drosophyllum hat nach GOEBEL ein kräftiges Wurzelsystem und ist trotzdem eine äußerst gefräßige, ja unersättliche Insectivore.

Um den Gewinn von kohlenstoffreichen, organischen Verbindungen (etwa Zucker) aus dem Tierkörper kann es sich nicht handeln, denn alle bekannten tierverdauenden Pflanzen verfügen über einen gut entwickelten, nach KOSTYTSCHEW (Ber. d. bot. Ges. Bd. 41. 1923) — wenigstens bei den untersuchten Gattungen — auch photosynthetisch leistungsfähigen Assimilationsapparat. Vielleicht kommt außer dem Gewinn an Stickstoffverbindungen auch noch die Zuführung von Phosphat und Kalium aus den Tierkörpern in Betracht [G. SCHMID[1])].

Der Nutzen der Tierverdauung könnte nun ein quantitativer sein und darin liegen, daß *mehr* Nährsalze (N-Verbindungen und Aschenbestandteile) gewonnen werden, als das Substrat bietet und bei dem Verdauungsprozeß eine Überführung der N-, P- usw. -haltigen Substanzen in anorganischer Form erfolgt. Einstweilen ist aber die *Übernahme in organischer Bindung* noch *das Wahrscheinlichere*. JOST insbesondere hat die Anschauung vertreten, die tierverdauenden Pflanzen seien Peptonorganismen, die *Qualität* der übernommenen Stoffe gebe den Ausschlag, organisch gebundener Stickstoff sei ihnen besonders zuträglich, zuträglicher als NO_3 oder NH_4. Ähnlich ziehen gewisse Pilze und Fadenalgen peptonhaltige Nährböden allen anderen vor. Von Interesse ist in diesem Zusammenhang noch, daß Mykotrophie (Mykorrhiza-Bildung) und Tierverdauung niemals bei einer Pflanzenart vereinigt sind.

Stärke und Fett werden nach SCHMID nicht aufgenommen. Letzterer Angabe steht allerdings die von GOEBEL gegenüber, wonach bei Utricularia gerade die Übernahme von Fett zu erkennen ist.

Die Verdauung in Gebilden, die dem Magen der Tiere vergleichbar sind, die Ausnutzung fester Nahrung, die vor der Aufnahme in die Zellen verflüssigt wird, läßt die Ernährungsweise der hier geschilderten Pflanzen der der Tiere besonders verwandt erscheinen. Einen grundsätzlichen Unterschied bietet jedoch die Assimilation der Luftkohlensäure, die sich bei Tieren nie findet, sodaß Pilze oder Bakterien, die in bezug auf Kohlehydrate nicht autotroph sind, ernährungsphysiologisch den Tieren tatsächlich näher stehen als die tierverdauenden Pflanzen.

---

[1]) SCHMID, G.: Flora Bd. 104, S. 335. 1912.

Normale und pathologische Physiologie des Verdauungsapparates der höheren Tiere, insbesondere des Menschen.
Die Verdauungsstoffe.

Chemie der Kohlehydrate.

Von

Max Bergmann

Dresden.

Zusammenfassende Darstellungen.

Fischer, Emil: Untersuchungen über Kohlehydrate und Fermente. Bd. I. Berlin: Julius Springer 1909. Bd. II. Herausg. von M. Bergmann. Berlin: Julius Springer 1922. — Lippmann, E. O. v.: Chemie der Zuckerarten. Braunschweig: Vieweg & Sohn 1904. — Tollens, B.: Kurzes Handbuch der Kohlehydrate. Leipzig: Joh. Ambr. Barth 1914. — Armstrong, E. F.: The simple Carbohydrates. 4. Aufl. London: Longmans, Green and Co. 1924. — Pringsheim, H.: Zuckerchemie. Leipzig: Akad. Verlagsanstalt 1925. — Pringsheim, H.: Die Polysaccharide. Berlin: Julius Springer 1923. — Karrer, P.: Polymere Kohlehydrate. Leipzig: Akad. Verlagsanstalt 1925. — Zemplén, G.: Kohlehydrate. In Abderhaldens Handb. d. biol. Arbeitsmethoden. Berlin: Urban & Schwarzenberg 1922. — Neuberg, C., B. Rewald, G. Zemplén, V. Grafe, H. Euler u. J. Lundberg: In Abderhaldens Biochem. Handlexikon, Bd. II u. VIII. Berlin: Julius Springer 1911 u. 1914. — Schwalbe, K. G.: Die Chemie der Cellulose. Berlin 1918. — Heuser, E.: Lehrbuch der Cellulosechemie. 2. Aufl. Berlin 1923. — Levene, P. A.: Hexosamines and Mucoproteins. London: Longmans, Green and Co. 1925.

A. Definition.

Kohlehydrate nennt man seit langer Zeit eine Gruppe von Substanzen, die außer Kohlenstoff die Elemente des Wassers enthalten, untereinander nahe verwandt und für den Stoffwechsel von Pflanze und Tier von grundlegender Bedeutung sind. Teils sind sie einfache Zucker, teils lassen sie sich unter Aufnahme von Wasser zu einfachen Zuckern aufspalten. Unter Zuckern verstehen wir Oxyaldehyde und Oxyketone mit offener Kohlenstoffkette und einem oder mehreren Hydroxylen, von denen mindestens eines in direkter Nachbarschaft zum Carbonyl steht. Die verbreiteten natürlichen Zucker enthalten im allgemeinen eine größere Anzahl von Hydroxylen, die so verteilt sind, daß auf jedes oder fast jedes Kohlenstoffatom außerhalb der Carbonylgruppe je ein Hydroxyl kommt.

Man teilt die Kohlehydrate ein in

1. Monosaccharide oder einfache Zuckerarten. Sie lassen sich durch Hydrolyse nicht in kleinere Bruchstücke aufteilen.

2. Polysaccharide oder spaltbare Kohlehydrate. Je nach der Zahl der im Molekül vereinigten Zuckerreste spricht man auch von Di-, Tri-, Tetrasacchariden usw.

Nach den physikalischen Eigenschaften unterscheidet man weiter

a) Zuckerähnliche Polysaccharide. Sie bilden in Wasser echte Lösungen.

b) Komplexe Kohlehydrate. Sie bilden in Wasser nur kolloide Lösungen oder sind darin so gut wie unlöslich. Hierhin gehören vor allem Stärke, Glykogen und Cellulose.

B. Allgemeine Eigenschaften.

I. Einfache Zuckerarten.

Je nachdem, ob es sich um Oxyaldehyde oder Oxyketone handelt, spricht man von Aldosen oder Ketosen. Ferner drückt man die Zahl der im Zuckermolekül vorhandenen Sauerstoffatome durch Namen aus wie Triose (Zucker mit drei Sauerstoffatomen), Tetrose (Zucker mit vier Sauerstoffatomen), Pentose, Hexose usw., sowie Methylpentose. Auch kombinierte Namen wie Aldopentose, Ketohexose, die sich von selbst verstehen, werden häufig benutzt. In allen diesen und in anderen gebräuchlichen Namen soll die Endung „ose" als allgemeines Kennzeichen für alle Zuckerarten mit freier Carbonylgruppe dienen, mag es sich nun um Monosaccharide oder zuckerähnliche Polysaccharide handeln.

Fast alle natürlichen Zucker und ganz ausnahmslos die bisher im animalischen Stoffwechsel beobachteten haben eine normale, nichtverzweigte Kohlenstoffkette. Am einen Ende dieser Kette sitzt bei den Aldosen die Aldehydgruppe oder bei Ketosen am benachbarten, also zweiten Kohlenstoffatom die Ketogruppe. Dadurch bekommen alle Aldosen und die Ketosen mit mehr als drei Kohlenstoffatomen einen polaren Aufbau. Die übrigen Sauerstoffatome sind als Hydroxylgruppen auf die übrigen Kohlenstoffatome verteilt z. B.

$CH_2(OH) \cdot {}^*CH(OH) \cdot {}^*CH(OH) \cdot {}^*CH(OH) \cdot CHO$ Ribose und Isomere.

$CH_2(OH) \cdot {}^*CH(OH) \cdot {}^*CH(OH) \cdot {}^*CH(OH) \cdot {}^*CH(OH) \cdot CHO$ Glucose und Isomere.

$CH_2(OH) \cdot {}^*CH(OH) \cdot {}^*CH(OH) \cdot {}^*CH(OH) \cdot CO \cdot CH_2OH$ Fructose.

Alle nicht endständigen, hydroxylhaltigen Kohlenstoffatome tragen vier verschiedene Substituenten und werden im Sinne der le Bel- van 't Hoffschen Theorie räumlich asymmetrisch (in den obigen Beispielen sind die asymmetrischen Kohlenstoffatome, dem allgemeinen Gebrauch folgend, durch * kenntlich gemacht). Dadurch wird die Möglichkeit zum Auftreten von optisch-aktiven Raumisomeren geschaffen. Die Zahl der möglichen Isomeren wird durch den Ausdruck 2^n angegeben, wenn man mit n die Anzahl der vorhandenen asymmetrischen Kohlenstoffatome bezeichnet. Die Zahl der möglichen Isomeren verringert sich bei solchen Umwandlungsprodukten der Zucker, die nicht polar gebaut sind. Je zwei der aktiven Isomeren vom gleichen Strukturtypus stehen im Verhältnis von Bild und Spiegelbild und können zu inaktiven Formen zusammentreten.

Man unterscheidet die beiden spiegelbildisomeren Formen eines Zuckers durch die Zeichen „d" und „l" von den inaktiven „d, l"-Formen. Dabei wird nach E. Fischer die rechtsdrehende Form der Glucose als d-Glucose bezeichnet und alle anderen Zucker und Zuckerderivate, welche der d-Glucose in der räumlichen Anordnung der maßgebenden Gruppen gleichen, bekommen ebenfalls das Zeichen d-, ihre Spiegelbilder das Zeichen l-, unabhängig davon, ob die bezeichnete Substanz selbst rechts- oder linksdrehend ist. Dementsprechend wird z. B. die natürliche Fructose, obwohl sie linksdrehend ist, als d-Fructose bezeichnet, weil ihr räumlicher Bau dem der d-Glucose analog ist. Neuerdings wird nach dem Vorschlag von A. Wohl und K. Freudenberg[1]) die raumchemische Beziehung der einzelnen Zucker zum rechtsdrehenden d-Glycerinaldehyd für die Einteilung der Zucker benutzt. Will man die tatsächliche Drehung der Zucker eigens angeben, so spricht man dann von $(+)$-Zuckern und $(-)$-Zuckern, also z. B. bei der rechtsdrehenden Glucose von $(+)$-Glucose.

Die optische Aktivität findet ihren meßbaren Ausdruck im Drehungsvermögen, das man bei Zuckern und Zuckerderivaten an ihren Auflösungen in geeigneten Lösungsmitteln bestimmt. Die Größe des beobachteten Drehungswinkels ist

---

[1]) Wohl, A. und K. Freudenberg: Ber. d. dtsch. chem. Ges. Bd. 56, S. 309. 1923.

abhängig von der Länge der durchstrahlten Schicht (also der nutzbaren Länge
des Polarisationsrohres), der Konzentration und der Natur des Lösungsmittels,
der Wellenlänge der benutzten Lichtart und der Temperatur der Lösung. Für
Vergleichszwecke benutzt man das sog. *spezifische Drehungsvermögen* [α]. Man
versteht darunter in unserm Fall den Winkel, um welchen die gelöste Zucker-
art die Polarisationsebene ablenken würde, wenn von ihr 1 g in 1 ccm Lösung
enthalten und auf eine Schichtlänge von 1 dcm verteilt wäre. Man bestimmt
z. B. das spezifische Drehungsvermögen häufig für das gelbe Licht der *D*-Linie
bei 20° und bezeichnet diese dann als $[\alpha]_D^{20}$. Die spezifische Drehung errechnet
sich aus den beobachteten Daten nach den Formeln

$$[\alpha] = \frac{\alpha \cdot g}{s \cdot d \cdot 1} \qquad \text{oder} \qquad [\alpha] = \frac{\alpha \cdot v}{s \cdot 1},$$

in welchen α den beobachteten Drehungswinkel, *g* das Gesamtgewicht der Lösung
(Substanz und Lösungsmittel), *d* das spezifische Gewicht der Lösung, *v* das Volumen der Lösung, *s* das Gewicht der aufgelösten Substanz und *l* die Länge der
Beobachtungsröhre bedeutet. Diese Formeln sind bequemer als die in der medizinischen Literatur noch häufig benutzten, welche mit 100 g Lösungsmittel und
mit Prozentgehalten des gelösten Stoffes rechnen. Denn die modernen Polari-
sationsapparate benutzen Röhren von nur 1 oder wenigen Kubikzentimeter Inhalt und im Mikropolarisationsapparat nach E. Fischer genügen wenige Milli-
gramm Substanz und 0,2 bis 0,3 ccm Lösung zur raschen und genauen Bestimmung der spezifischen Drehung. In die obige, an erster Stelle wiedergegebene
Formel setzt man direkt die an der Wage ermittelten Werte für das Gewicht von
Substanz und Lösung ein.

Ist das spezifische Drehungsvermögen verhältnismäßig unabhängig von der
Konzentration, wie beim Rohrzucker, so kann man aus dem abgelesenen Drehungswinkel, der Länge der Beobachtungsröhre und der bekannten spezifischen
Drehung den Gehalt der untersuchten Lösung an aktiver Substanz nach der
folgenden Formel bestimmen.

$$e = \frac{\alpha \cdot 100}{1\,[\alpha]}.$$

Als molekulares Drehungsvermögen [*M*] bezeichnet man das Produkt aus
Molekulargewicht und spezifischer Drehung, wobei man zur Vermeidung zu
großer Zahlen meist noch durch 100 teilt:

$$[M] = \frac{M \cdot [\alpha]}{100}.$$

· Da die Drehung der Polarisationsebene für verschiedene farbige Lichtarten
verschieden ist, meistens für rotes Licht kleiner als für violettes, legt man in
neuerer Zeit auch häufig Wert auf die Bestimmung dieser „Rotationsdispersion".

Das verschieden große Drehungsvermögen der Zucker und ihrer Abkömmlinge ist eine wichtige Konstante, die zu ihrem Nachweis, ihrer Charakterisierung
und Bestimmung, sowie zur Verfolgung ihrer chemischen Veränderungen benutzt
wird. Z. B. läßt sich die Spaltung von Glucosiden und Polysacchariden sehr genau
polarimetrisch verfolgen und quantitativ studieren, wenn man die spezifischen
Drehungen der Ausgangsstoffe und Endprodukte kennt. Aus dem rechtsdrehenden
Rohrzucker entsteht bei der Spaltung ein linksdrehendes Gemenge von *d*-Glucose
und *d*-Fructose (*Inversion*). Bei solchen Messungen ist zu berücksichtigen, daß
sich das Drehungsvermögen der freien Zucker und mancher ihrer Abkömmlinge
nach der Auflösung zunächst eine Zeitlang ändert, um schließlich einem bestimmten Endwert zuzustreben. Die Ursache dieser *Mutarotation* (Multirotation) ist
bei den freien Zuckern in einer chemischen Wechselwirkung zwischen Carbonyl
und Hydroxylen zu suchen, die noch weiter unten besprochen wird.

Das Drehungsvermögen der optisch aktiven Kohlehydrate wird oft durch optisch indifferente Stoffe, ja schon durch die verschiedenen Lösungsmittel beeinflußt. Diese Stoffe bilden nämlich mit dem Kohlehydrat mehr oder weniger labile Verbindungen. Besonders eingehend sind die komplexen Verbindungen von Borsäure oder Boraten mit mehrwertigen Alkoholen untersucht. Man benutzt den Einfluß solcher Zusätze, um den Drehwert schwachdrehender Verbindungen zu erhöhen.

Die Monosaccharide sind neutrale, farb- und geruchlose, süßschmeckende Körper. Sie reduzieren alkalische Kupferlösung (vgl. unten bei Bestimmungsmethoden) unter Abscheidung von Kupferoxydul. Die Zucker werden dabei zu Gemischen verschiedener Oxysäuren neben Ameisensäure, Oxalsäure und Kohlensäure oxydiert. Die meisten Monosaccharide können, wenn sie rein sind, krystallisiert erhalten werden. Oft schreitet allerdings die Krystallisation nur langsam fort und kann durch Verunreinigungen auch ganz verhindert werden. Diese Schwierigkeiten hängen offenbar damit zusammen, daß jeder Zucker in Lösung oder, wenn er sirupös ist, als ein Gemisch von Isomeren vorliegt. Darum kann ein und dasselbe Monosaccharid häufig je nach den Bedingungen und Beimengungen in verschiedenen Modifikationen krystallisieren. Über die Art der Isomerie wird sogleich gesprochen werden.

Das chemische Verhalten der Zucker ist durch die gleichzeitige Anwesenheit von Carbonyl und Hydroxylen und bei den meisten Zuckern durch die Vielzahl der Hydroxyle bestimmt.

Ähnlich wie sich Aldehyde mit einfachen Alkoholen zu nicht sehr beständigen Additionsverbindungen (sog. Halbacetalen) vereinigen:

$$CH_3 \cdot C{<}{}^{H}_{O} + C_2H_5OH = CH_3 \cdot C{<}{}^{H}_{OH} \atop {OC_2H_5},$$

reagieren auch Hydroxyl und Carbonyl miteinander, wenn sie ein und demselben Molekül angehören, wie dies bei den Zuckern der Fall ist. Dabei geht die offene Carbonylform (Oxoform) der Zucker in cyclische Gebilde (Lactolform, Cycloform) über. Nachstehend sind solche Übergänge für eine Aldohexose (Glucose) mit Andeutung der räumlichen Verhältnisse formuliert unter der Voraussetzung, daß das Carbonyl mit dem Hydroxyl am Kohlenstoff 4 in Wechselwirkung tritt. Bei dem Übergang der Carbonylform in die Lactolform wird die Zahl der vorhandenen asymmetrischen Kohlenstoffatome um *ein* weiteres (Kohlenstoffatom 1) vermehrt, und darum entsprechen sich immer *zwei* Halbacetalformen von gleicher Ringweite:

<pre>
     OH   O H   H
      | / |
  H—C——   C   HOC——   C 1
      | | | |
  H—COH | H—COH   H—COH | C 2
      | O | | O |
  HOCH   ⇄   HO—CH   ⇄   HOCH   C 3
      | | | |
  H—C··   H—COH   H—C——   C 4
      | | | |
  H—COH   H—COH   H—COH   C 5
      | | | |
  CH_2(OH)   CH_2(OH)   CH_2(OH)   C 6
</pre>

Schema der Bezifferung einer Aldohexose.

Wahrscheinlich liegen die Verhältnisse aber noch viel verwickelter, weil auch die Hydroxyle an den Kohlenstoffatomen 2, 3, 5 und 6 für die Bildung von Cycloformen herangezogen werden können. Man hat anzunehmen, daß in der Lösung jedes Monosaccharids die derart möglichen Lactolformen mit der Carbonylform im Gleichgewicht stehen, wobei allerdings einzelne Lactolformen der Menge nach vorherrschen dürften. Sobald nun eine der vorhandenen Formen aus irgendeinem Grund zu krystallisieren beginnt, wird das Gleichgewicht durch die Ausscheidung dieser Form gestört. Sie muß zur Wiederherstellung des Gleichgewichtes aus den anderen Formen neu nachgebildet werden, scheidet sich dann wieder krystallisiert ab und schließlich kann alles in die Krystalle der zuerst abgeschiedenen Form übergehen. Umgekehrt muß sich beim Auflösen einer einheitlichen Form in der Lösung mehr oder minder rasch ein Gleichgewicht mehrerer Formen ausbilden. Da alle diese Formen ein verschiedenes Drehungsvermögen besitzen, muß nach dem Auflösen während der Einstellung des Gleichgewichtes eine Veränderung des Drehungsvermögens bis zu dem Drehungswert des Gleichgewichtsgemisches vor sich gehen. So erklärt sich die allmähliche Änderung des Drehungsvermögens frischer Zuckerlösungen (Mutarotation s. o.), welche schließlich zu einem konstanten Endwert (Gleichgewicht der Isomeren) führt. Man kann die Einstellung des Gleichgewichtes und die Erreichung des konstanten Endwertes der Drehung durch Aufkochen der Zuckerlösung oder durch Hinzufügen einer ganz geringen Menge Ammoniak stark beschleunigen.

Eigentümlich äußert sich die Lactolisierung bei den Zuckern mit 1 oder 2 Hydroxylen, also vor allem bei den Zuckern der Zwei- oder Dreikohlenstoffreihe. Sie können nämlich in dimolekularen Formen auftreten, die man bisher z. B. beim Glykolaldehyd nach der Gleichgewichtsformel

$$2\,CH_2(OH) \cdot CH{=}O \;\rightleftarrows\; O\!\!<\!\!\begin{array}{c} CH_2 \cdot CH(OH) \\[4pt] CH(OH) \cdot CH_2 \end{array}\!\!>\!\!O$$

entstanden dachte, also für Produkte der Halbacetalbildung zwischen zwei Molekülen desselben Zuckers auffaßte. Neuerdings zieht man in Erwägung, daß echte Lactole vorliegen könnten, welche durch besondere Assoziationsneigung ausgezeichnet sind:

$$2\,CH_2(OH) \cdot CH{=}O \;\rightleftarrows\; \left(\!\!\begin{array}{c} CH_2 \cdot CH \cdot (OH) \\[4pt] O \end{array}\!\!\right)_2 .$$

Von den Halbacetalformen der Zucker leiten sich sehr viele physiologisch wichtige Abkömmlinge der Zucker ab, z. B. die Glucoside, gepaarten Glucuronsäuren, Di- und Polysaccharide.

II. Glucoside.

Wenn man in den Cycloformen der Zucker das Hydroxyl am Lactol-Kohlenstoffatom durch einen Alkohol-, Phenolrest oder dgl. veräthert, so gelangt man zur Klasse der Glucoside z. B.

$$
\text{I.}\quad
\begin{array}{c}
CH(OH) \\
| \\
H{-}C{-}OH \\
| \\
OH{-}C{-}H \\
| \\
H{-}C{-\!-} \\
| \\
H{-}C{-}OH \\
| \\
CH_2OH
\end{array}\ O
\qquad
\text{II.}\quad
\begin{array}{c}
OCH_3 \\
| \\
H{-}C{-\!-\!-} \\
| \\
H{-}C{-}OH \\
| \\
HO{-}CH \\
| \\
H{-}C{-\!-} \\
| \\
H{-}C{-}OH \\
| \\
CH_2OH
\end{array}\ O
\qquad
\text{III.}\quad
\begin{array}{c}
H \\
| \\
CH_3O{-}C \\
| \\
H{-}C{-}OH \\
| \\
HO{-}C{-}H \\
| \\
H{-}C \\
| \\
H{-}C{-}OH \\
| \\
CH_2OH
\end{array}\ O
$$

Traubenzucker[1] (Cycloform). α- und β-Methylglucosid.

[1] Für die freie Glucose und für α- und β-Methylglucosid werden neben diesen 1, 4-Ringformeln neuerdings auch solche mit 1, 5-Ring in Betracht gezogen. Vgl. B. HELFERICH und TH. MALKOMES: Ber. d. dtsch. chem. Ges. Bd. 55, S. 703. 1922 — BERGMANN, M. u. A. MIEKELEY: Ebenda Bd. 55, S. 1403. 1922. — HAWORTH, W. N.: Nature Bd. 116. S. 430. 1925. — CHARLTON, W., W. N. HAWORTH und ST. PEAT: Journ. of the chem. soc. (London) Bd. 129, S. 88. 1926. — HIRST, E. L.: Ebenda S. 350. 1926.

In den Glucosiden ist, genau wie in den Cycloformen der Zucker, das Kohlenstoffatom 1 asymmetrisch, so daß auch hier jedes einzelne Glucosid eines Zuckers in 2 strukturgleichen, aber in bezug auf die räumliche Anordnung der charakteristischen glucosidischen Gruppe, isomeren Formen auftreten kann. Außerdem kann auch noch die Spannweite der Sauerstoffbrücke schwanken. So ist von jedem einzelnen Zucker eine größere Zahl gleich zusammengesetzter, aber struktur- und raumchemisch verschiedener Glucoside möglich. Für bestimmte physiologische Zwecke scheinen aber immer bestimmte Ring- und Raumformeln ausersehen zu sein.

Die Glucoside sind meist gut krystallisierende Verbindungen, die von heißen Alkalien, Fehlingscher Lösung oder freiem Phenylhydrazin nicht verändert werden. Die natürlichen Vertreter werden meist von Fermenten begleitet, welche auf die Zerlegung des betreffenden Glucosides eingestellt sind. Die Enzymwirkung ist stark von der Struktur und dem räumlichen Bau der Glucoside abhängig. Z. B. wird α-Methylglucosid leicht von Hefenenzym gespalten, nicht aber β-Methylglucosid; gegen das Enzymgemisch des „Emulsins" verhalten sich die beiden Glucoside, die sich beide von der d-Glucose ableiten, gerade umgekehrt. Die entsprechenden Glucoside der l-Glucose werden von beiden Fermenten und auch von anderen Fermenten überhaupt nicht angegriffen.

Man hat neuerdings festgestellt, daß die verhältnismäßig große hydrolytische Beständigkeit der Glucoside mit der Anwesenheit der Hydroxyle an den Kohlenstoffatomen 2 und 3 zusammenhängt. Wenn die Hydroxyle fehlen, wird die glucosidische Gruppe außerordentlich zersetzlich. Man hat darum die Vermutung ausgesprochen[1]), daß auch die Wirkung der Fermente in einer Unschädlichmachung der Hydroxyle und damit in einer Erhöhung der hydrolytischen Empfindlichkeit der Glucoside beruht. Damit wäre auch die starke Abhängigkeit der fermentativen Hydrolyse von der räumlichen Anordnung der Hydroxyle erklärt.

Die glucosidartigen Abkömmlinge der einfachsten Zucker mit 1 oder 2 Hydroxylen wie Glykolaldehyd, Acetol, Acetoin treten wieder, wie die zugehörigen freien Zucker, in dimolekularen Formen auf. Für ihre Formulierung als Assoziationsprodukte vom Typus

$$\left[\begin{array}{c} CH_2\!-\!CH \cdot OC_2H_5 \\ \diagdown \; O \; \diagup \end{array} \right]_2$$

Äthyllactolid des Glykolaldehyd
„Äthyl-glycolosid".

spricht, daß sie bei hoher Temperatur im Vakuum in halb so große Moleküle zerfallen, um beim Erkalten wieder Doppelmoleküle zu bilden. Diese einfachsten Glucoside zeichnen sich gegenüber den Glucosiden der hydroxylreichen Zucker durch sehr große hydrolytische Empfindlichkeit aus. Mit Jodjodkalium ergeben sie Additionsverbindungen vom Typus 2 Cycloacetal, J_4, JK, welche den Jodjodkalium-Verbindungen der Stärke verwandt sind.

Wird der alkoholische Rest der Glucoside durch den Rest eines zweiten Zuckers ersetzt, so gelangt man zu den Disacchariden. Z. B. Maltose, Cellobiose, Gentiobiose, Galatose usw. Diese können dann wiederum glucosidisch mit einem dritten Zuckerrest verbunden werden. Ein Beispiel für ein so entstandenes Trisaccharid ist die natürliche Raffinose. Die Analogie von Glucosiden und Disacchariden ist aus nachfolgenden Formeln zu ersehen:

---

[1]) Bergmann: Liebigs Ann. d. Chem. Bd. 443, S. 229ff. 1925.

$$
\begin{array}{cccc}
\mathrm{CH(OCH_3)} & \mathrm{CH} & \mathrm{CH(OH)} & \mathrm{C\ 1} \\
\mathrm{H-C-OH} & \mathrm{H-C-OH} & \mathrm{H-C-OH} & \mathrm{C\ 2} \\
\mathrm{HO-C-H}\quad O & \mathrm{HO-C-H}\quad O & \mathrm{HO-C-H}\quad O & \mathrm{C\ 3} \\
\mathrm{H-C} & \mathrm{H-C} & \mathrm{H-C} & \mathrm{C\ 4} \\
\mathrm{H-C-OH} & \mathrm{H-C-OH} & \mathrm{H-C-OH} & \mathrm{C\ 5} \\
\mathrm{CH_2OH} & \mathrm{CH_2OH} & \mathrm{CH_2} & \mathrm{C\ 6}
\end{array}
$$

Methylglucosid.   Maltose (Cycloform)   Schema
$1 \longleftrightarrow 6$ der Bezifferung.
oder Glucosido $\langle 1,4 \rangle$ -glucose[1]).

In der Maltose wird das alkoholische Hydroxyl im Kohlenstoff[1]) 6 des zweiten
(reduzierenden) Glucoserestes für die Verknüpfung der beiden Zucker benutzt.
Bei anderen Disacchariden können auch andere Hydroxyle des reduzierenden
Zuckerrestes die Verknüpfung der Zucker besorgen, und so ist eine ganze Reihe
von Isomeriemöglichkeiten gegeben, die zu den Isomerien der Sauerstoffringe hinzutreten. Diese Variationsmöglichkeiten deutet man bei der rationellen Benennung der Zucker so an, daß man die Haftstellen des Lactolsauerstoffringes
durch die in gebrochene Klammer gesetzten Ziffern der beteiligten Kohlenstoffatome angibt, während die Verknüpfungsstellen der beiden Spaltzucker nach
einem neueren Vorschlag über oder unter dem rationellen Namen des Di- oder
Polysaccharids durch mit Nummern versehene Pfeile (s. oben die Formel der
Maltose) angedeutet werden.

Um diese strukturellen Einzelheiten analytisch zu ermitteln, macht man von
der Tatsache Gebrauch, daß die meisten Glucoside gegen Alkalien recht beständig
sind. Man führt durch alkalische Methylierung in alle freien Hydroxyle Methyl
ein und spaltet dann erst die Glucosidgruppe oder Disaccharidgruppe durch
Säuren unter Bedingungen, welchen die rein ätherartig gebundenen Methyle
widerstehen. Man erhält dann methylierte Spaltzucker, in welchen die Stellung
der festsitzenden Methyle meist mit einiger Wahrscheinlichkeit zu ermitteln ist
und schließt dann auf die Struktur des Glucosids oder Disaccharids zurück.
Bei der Auswertung der Ergebnisse ist Vorsicht geboten, weil nicht sicher ist,
ob die alkalische Methylierung und die nachfolgende Hydrolyse in allen Fällen
ohne Umlagerungen erfolgen.

III. Ester der Zucker.

Die zahlreichen Hydroxyle der Zucker bieten reichlich Gelegenheit zur
Veresterung mit anorganischen und organischen Säuren. Soweit dabei die gewöhnlichen alkoholischen Hydroxyle der Zucker in Mitleidenschaft gezogen werden, teilen die Produkte die Eigenschaften der gewöhnlichen Ester. Wird aber
das Hydroxyl am Kohlenstoffatom 1 der Cycloformen der Zucker zur Veresterung benutzt (also dasselbe, das bei den Alkylglucosiden acetalisiert wird), so
zeichnen sich die gebildeten Ester durch große hydrolytische Empfindlichkeit aus
(s. unten Glucogallin).

Ester mit anorganischen Säuren: Die Zuckerester der Phosphorsäure oder
Zuckerphosphorsäuren enthalten je *ein* Hydroxyl des Zuckers mit einem Wasserstoff der Phosphorsäure kondensiert:

$$\mathrm{C_6H_{11}O_5 \cdot OH + (HO)_3PO = C_6H_{11}O_5 \cdot O \cdot PO(OH)_2}\,.$$

---

[1]) *Anmerkung bei der Korrektur:* Die obiger Formel der Maltose zugrunde gelegte
Verknüpfung der beiden Teilzucker ist durch neuere Arbeiten wieder zweifelhaft geworden.
Vgl. weiter unten bei Maltose.

In den bisher untersuchten Beispielen biologisch wichtiger Zuckerphosphorsäuren ist immer nur eines von den drei Wasserstoffatomen der Phosphorsäure verestert, so daß noch die anderen zwei Wasserstoffatome ihre sauren Eigenschaften entfalten können. Dagegen kann der Zuckerrest mehr als *ein* Hydroxyl zur Veresterung zur Verfügung stellen.

Bei der alkoholischen Gärung von Glucose, Mannose und Fructose entsteht eine Hexose-Diphosphorsäure $C_6H_{10}O_1(O \cdot PO_3H_2)_2$, die bei der Umwandlung des Zuckers im weiteren Gärungsverlauf wieder freie Phosphorsäure abspaltet und zur Veresterung neuer Zuckermoleküle zur Verfügung stellt. Da aus allen drei genannten Zuckern dieselbe Fructose-Diphosphorsäure entsteht, müssen für ihre Bildung Glucose und Mannose erst eine Umlagerung erfahren. Neben der Diphosphorsäure tritt bei der Gärung eine Hexose-Monophosphorsäure auf.

Während man zeitweise den Hexosephosphorsäuren große Bedeutung für die Einleitung des Zuckerfalls bei der alkoholischen Gärung zuschrieb, lassen es neuere Untersuchungen zweifelhaft erscheinen, ob die primäre Bildung der Glucosephosphorsäure wirklich eine unerläßliche Vorbedingung hierfür ist[1]).

Bei der ziemlich verwickelt verlaufenden Umsetzung der Fructose-Diphosphorsäure mit Phenylhydrazin wird unter Bildung eines Osazons einer von den beiden Phosphorsäureresten aus dem Molekül herausgesprengt.

Nach Emden und Laqueur[2]) kommt in der Muskulatur eine Zuckerphosphorsäure vor, die Lactacidogen genannt wird und die vielleicht mit der zuvor besprochenen Fructose-Diphosphorsäure identisch, jedenfalls aber nahe verwandt damit ist. Sie gibt nämlich mit Phenylhydrazin dasselbe, verwickelt zusammengesetzte Osazon.

Kohlehydrat-Phosphorsäuren sind als Bestandteile von Stärke und im Glykogen nachgewiesen worden.

In den Nucleinsäuren oder Nucleotiden ist Phosphorsäure mit *Purin*- oder *Pyrimidinglucosiden* verbunden. Insbesondere bei der *Guanylsäure* und der *Inosinsäure* ist nachgewiesen, daß die Phosphorsäure direkt mit dem Zuckerrest (*d*-Ribose) verestert ist. Daneben steht sie natürlich als Säure mit den basischen Gruppen des Pyrimidinrestes noch in salzartiger Verbindung. E. Fischer[3]) hat in seiner Theophyllinglucosid-Monophosphorsäure zum erstenmal synthetisch einen Stoff vom allgemeinen Typus der Nucleinsäuren gewonnen.

Einfache Zuckerschwefelsäuren sind zwar bisher nicht mit Sicherheit aufgefunden worden, doch hat man sie in gebundener Form, also in komplizierte Glucoside und in Polysaccharide eingegliedert, angetroffen. So ist Agar-Agar nach den Feststellungen mehrerer Forscher eine Polysaccharidschwefelsäure. Dann ist eine Verbindung von ähnlichem allgemeinen Typus unter den Schleimstoffen von Chondrus crispus beobachtet worden. Mit Aminozuckerresten ist die Schwefelsäure verestert in der Chondroitinschwefelsäure und der Mucoitinschwefelsäure.

Erwähnenswert ist schließlich, gleichsam als Zuckerderivat des Schwefelwasserstoffes, eine Thiomethylpentose, die neuerdings von Suzuki, Odake und Mori[4]) aus Hefe isoliert worden ist. Sie ist nach Levene und Sobotka[5]) der Methyläther einer Thiopentose.

---

[1]) Neuberg u. Mitarbeiter: Biochem. Zeitschr. Bd. 78, S. 238. 1917; Bd. 83, S. 253. 1918 (hier zusammenfassende Angaben); Ber. d. dtsch. chem. Ges. Bd. 55, S. 2629. 1922.

[2]) Emden u. Laqueur: Hoppe-Seylers Zeitschr. f. physiol. Chem. Bd. 98, S. 181. 1917; Bd. 113, S. 9. 1921.

[3]) Fischer, E.: Ber. d. dtsch. chem. Ges. Bd. 47, S. 3193. 1914.

[4]) Suzuki, Odake u. Mori: Biochem. Zeitschr. Bd. 162, S. 413. 1925.

[5]) Levene u. Sobotka: Journ. of biol. chem. Bd. 65, S. 551. 1925.

Ester mit organischen Säuren: Hier kann nur angedeutet werden, daß die Essigsäureester der Zucker und die gemischten Essigsäure-Halogenwasserstoffester der Zucker in theoretischer und präparativer Beziehung erhebliche Bedeutung für die Chemie der Zucker gewonnen haben. Über ihr natürliches Vorkommen ist nichts bekanntgeworden. Dagegen sind die Ester aromatischer Säuren des öfteren beobachtet worden. Hier ist als besonders einfacher Typus eine amorphe Monobenzoylglucose zu nennen, die C. GRIEBEL[1]) aus Preißelbeeren gewonnen und Vacciniin genannt hat. Nach E. FISCHER und H. NOTH[2]) ist sie identisch mit der krystallisierten Benzoylglucose, die diese Forscher gewonnen haben. H. OHLE[3]) möchte sie für eine 6-Benzoylglucose ansehen. Ein benzoyliertes Disaccharid, Dibenzoylglucoxylose, haben POWER und SALVAY[4]) aus einer Leguminose isoliert. Im Populin handelt es sich um ein im Zuckerrest benzoyliertes Glucosid des Salicylalkohols

$$\text{OH} \atop \text{CH}_2\text{OH} .$$

Auch das zugehörige benzoylierte Glucosid des Salicylaldehyds kommt vielleicht in der Natur vor.

Besonders zu erwähnen ist das Delphinin, das nach R. WILLSTÄTTER und W. MIEG[5]) ein Delphinidin-Diglucosid mit zwei Molekülen p-Oxybenzoesäure $HO \cdot C_6H_4 \cdot COOH$ ist, die esterartig an den Zucker gebunden sein dürften. In dieser Verbindung von Oxybenzoesäure mit Glucoseresten ist der Übergang zu den Estern aus hydroxylreicheren Phenolcarbonsäuren und Zuckern zu erkennen, wie sie in der großen Klasse der natürlichen tanninartigen Gerbstoffe in den Pflanzen weitverbreitet sind.

Hier ist als einfachster Typus vor allem das krystallisierte Glucogallin zu nennen, das E. GILSON[6]) im chinesischen Rhabarber entdeckte. Seine Struktur als 1-Galloyl-β-glucose folgt aus der von E. FISCHER und M. BERGMANN[7]) ausgeführten Synthese. Es trägt den Gallussäurerest mit dem Carboxyl esterartig an das Hydroxyl der lactolisierten Aldehydgruppe gebunden. Sein Aufbau ist also grundsätzlich verschieden vom oben erwähnten Vacciniin. Durch Emulsin wird das Glucogallin leicht in Gallussäure und Glucose gespalten.

Das sog. Chinesische Tannin (aus den Blattgallen von Rhus semialata) enthält auf einen Glucoserest etwa 10 Moleküle Gallussäure, die zumeist in Form von Digallussäure vorhanden sein dürften. Das krystallisierte Eutannin und das „Türkische Tannin" (aus den Zweiggallen von Quercus infectoria) sind etwas komplizierter zusammengesetzt, aber gehören ebenfalls prinzipiell zur gleichen Esterklasse.

Mit Galaktose verbunden kommen höhere Fettsäurereste in einer Reihe von Cerebrosiden, Phosphatiden und Sulfatiden vor.

Die Ester der Zucker unterscheiden sich von den typischen Glucosiden der Alkohole und Phenole in ihrer leichten Spaltbarkeit durch Basen.

---

[1]) GRIEBEL, C.: Zeitschr. f. Untersuch. d. Nahrungs- u. Genußmittel Bd. 19, S. 241. 1910; Chem. Zentralbl. 1910, I, S. 1540.

[2]) NOTH, H.: Ber. d. dtsch. chem. Ges. Bd. 51, S. 321. 1918.

[3]) OHLE, H.: Biochem. Zeitschr. Bd. 131, S. 611. 1922.

[4]) POWER u. SALVAY: Journ. of the chem. soc. (London) Bd. 105, S. 767 u. 1062. 1904.

[5]) WILLSTÄTTER, R. u. W. MIEG: Liebigs Ann. d. Chem. Bd. 408, S. 61. 1915.

[6]) GILSON, E.: Bull. acad. roy. de méd. belgique, Ser. 4, Bd. 16, S. 827. 1902; Cpt. rend. des séances de l'acad. des sciences Bd. 136, S. 385. 1903.

[7]) FISCHER, E. u. M. BERGMANN: Ber. d. dtsch. chem. Ges. Bd. 51, S. 1760. 1918.

IV. Hydrazinderivate der Zucker.

Wie andere Aldehyde und Ketone reagieren die Zucker an ihrer Carbonylgruppe leicht mit Hydrazinen. Man benutzt aber dafür weniger das Hydrazin selber als substituierte Hydrazine vom allgemeinen Typus

$$H_2N \cdot NH \cdot R \quad \text{oder} \quad H_2N \cdot N \Big\langle {R \atop R},$$

z. B. Phenylhydrazin $\qquad\qquad H_2N \cdot NH \cdot C_6H_5$,

Methylphenylhydrazin $\qquad\qquad H_2N \cdot N \Big\langle {CH_3 \atop C_6H_5}$,

Benzylphenylhydrazin $\qquad\qquad H_2N \cdot N \Big\langle {CH_2 \cdot C_6H_5 \atop C_6H_5}$,

p-Bromphenylhydrazin $\qquad\qquad H_2N \cdot NH \cdot C_6H_4Br$,

p-Nitrophenylhydrazin $\qquad\qquad H_2N \cdot NH \cdot C_6H_4 \cdot NO_2$,

β-Naphthylhydrazin $\qquad\qquad H_2N \cdot NH \cdot C_{10}H_7$,

Diphenylmethandimethyldihydrazin $H_2N \cdot N(CH_3) \cdot C_6H_4 \cdot CH_2 \cdot C_6H_4 \cdot N \cdot (CH_3) \cdot NH_2$ u. a.

Man bringt diese Hydrazine meist in wässeriger oder alkoholischer Lösung, evtl. auch in Gegenwart von Essigsäure zur Anwendung, besonders wenn es gilt, die Zucker aus Lösungen abzuscheiden, welche noch andere Stoffe enthalten. Da die Zuckerarten aus solchen Lösungen wegen ihrer Zersetzlichkeit und ihrer geringen Krystallisationskraft ohne Anwendung von Hydrazinen meist schwer zu isolieren sind, wird die Überführung in Hydrazinverbindungen bei physiologischen Arbeiten zu einem wichtigen Hilfsmittel.

Man hat zwei Arten von Hydrazinderivaten zu unterscheiden. Zunächst entsteht, wie bei einfachen Aldehyden und Ketonen, das Hydrazon, z. B. aus Glucose und Phenylhydrazin das Glucosephenylhydrazon:

$$CH_2OH \cdot CHOH \cdot CHOH \cdot CHOH \cdot CHOH \cdot CH = N \cdot NHC_6H_5$$

und aus Fructose ganz entsprechend

$$CH_2OH \cdot CHOH \cdot CHOH \cdot CHOH \cdot C \cdot CH_2OH$$
$$\underset{N \cdot NHC_6H_5}{\overset{\|}{}} .$$

Da die Hydrazone der Zuckerarten krystallisiert und ihre Konstanten bei verschiedenen Zuckern hinreichend verschieden sind, so kann man mit ihrer Hilfe durch Bestimmung der analytischen Zusammensetzung, des Schmelzpunktes, des Drehungsvermögens die verschiedenen Zucker unterscheiden. Dabei muß aber berücksichtigt werden, daß die Hydrazone bestimmter Zucker in mehreren stereoisomeren oder strukturisomeren Formen auftreten können. Auch hier sind nämlich, wie bei den Zuckern selber, neben den oben angegebenen Formeln cyclische Strukturen möglich, z. B.

$$CH_2(OH) \cdot CH(OH) \cdot CH \cdot CH(OH) \cdot CH(OH) \cdot CH \cdot NH \cdot NH \cdot C_6H_5 .$$
$$\overline{}\ O\ \overline{}$$

Die Phenylhydrazone der meisten Zucker sind in Wasser mehr oder weniger leicht löslich. Nur das schwerlösliche Mannosephenylhydrazon bildet hiervon eine Ausnahme. Darum muß man bei anderen Zuckern meist zu den obenerwähnten substituierten Hydrazinen greifen.

Aus den Hydrazonen kann man die Zucker auf verschiedene Weise zurückgewinnen. Entweder spaltet man mit konzentrierter Salzsäure den Hydrazinrest als salzsaures Salz ab. Zweckmäßiger ist es, die große Menge starker Säure zu vermeiden und durch Behandlung mit einem echten Aldehyd in Gegenwart von Wasser den Hydrazinrest abzuspalten und an den zugesetzten Aldehyd zu binden. Hierfür hat man vor allem Benzaldehyd oder Formaldehyd zur Anwendung gebracht, z. B.

$$CH_2(OH) \cdot CH(OH) \cdot CH(OH) \cdot CH(OH) \cdot CH(OH) \cdot CH = N \cdot NHC_6H_5 + C_6H_5CHO$$
$$= CH_2(OH) \cdot CH(OH) \cdot CH(OH) \cdot CH(OH) \cdot CH(OH) \cdot CHO + C_6H_5 \cdot CH = N \cdot NH \cdot C_6H_5.$$

Besonders bei Verwendung von Benzaldehyd hat man den Vorteil, daß man ihn, soweit er unverbraucht bleibt, und seine Hydrazone durch Äther oder ähnliche Mittel entfernen kann, so daß reine wässerige Lösungen des in Freiheit gesetzten Zuckers zurückbleiben.

Läßt man aber auf zuckerhaltige Lösungen überschüssige Hydrazine (man arbeitet hier speziell meist mit Phenylhydrazin) in verdünnter essigsaurer Lösung bei 80—100° einwirken, so geht die Reaktion über die einfache Hydrazonbildung hinaus, und es entstehen die sog. *Osazone*. Das der Hydrazongruppe benachbarte Hydroxyl

$$-CHOH \cdot \overset{\overset{\textstyle |}{\textstyle |}}{C}-$$
$$N \cdot NH \cdot C_6H_5$$

wird dabei, nach einem Erklärungsversuch EMIL FISCHERS, durch das überschüssige Hydrazin zu einem Carbonyl oxydiert,

$$-CO-\overset{\overset{\textstyle |}{\textstyle |}}{C}-$$
$$N \cdot NH \cdot C_6H_5,$$

das nun wiederum mit dem Hydrazin reagieren kann unter Bildung der charakteristischen Osazongruppe:

$$-\overset{\overset{\textstyle |}{\textstyle |}}{C}\text{————}\overset{\overset{\textstyle |}{\textstyle |}}{C}-$$
$$N \cdot NHC_6H_5 \quad N \cdot NHC_6H_5.$$

Bei den natürlichen Zuckern bildet sich die Osazongruppe immer an den beiden endständigen Kohlenstoffatomen aus. Darum erhält man aus Glucose (Aldohexose) und Fructose (Ketohexose), die sich nur an den beiden Kohlenstoffatomen 1 und 2 unterscheiden, ein und dieselbe Verbindung, das Phenylglucosazon:

$$CH_2OH \cdot CHOH \cdot CHOH \cdot CHOH \cdot C-CH$$
$$C_6H_5 \cdot NH \cdot N \quad N \cdot NH \cdot C_6H_5.$$

Nach obiger Auffassung der Osazonbildung müßte man auf 1 Molekül Zucker mindestens 3 Moleküle Hydrazin zur Anwendung bringen. Ein Zusatz von etwas Kochsalz befördert häufig die Abscheidung des Osazons. Darum verwendet E. FISCHER an Stelle reiner Hydrazine lieber ein Gemisch von salzsaurem substituiertem Hydrazin mit Natriumacetat, das in wässeriger Lösung automatisch Kochsalz bildet.

Die Phenylosazone sind krystallisierte, gelbe Verbindungen, die in Wasser meist sehr schwer löslich sind. Darum kann man sie auch noch bei sehr großer Verdünnung der Zuckerlösung zum Nachweis und Charakterisierung der Zucker benutzen, denn die verschiedenen Osazone unterscheiden sich in bezug auf Zersetzungstemperatur, Löslichkeit und Drehungsvermögen hinreichend voneinander.

Die Anwendbarkeit der Osazonprobe für derartige analytische Zwecke findet ihre Grenze in der Tatsache, daß bei der Osazonbildung aus Aldosen das Kohlenstoffatom 2 seine Asymmetrie verliert, wie aus den weiter oben gegebenen Formeln zu ersehen ist. Ferner darin, daß Aldosen wie Ketosen, sofern sie sich nur an den Kohlenstoffatomen 1 und 2 unterscheiden, stets ganz die gleiche Osazongruppe liefern. Schließlich darin, daß auch Aminozucker und gewisse andere Zuckerderivate ebenfalls dieselbe Umbildung zu Osazonen erleiden:

$$
\begin{array}{ccccc}
CH{=}O & & & & CH{-}O \\
H{-}C{-}OH & \longrightarrow & & \longleftarrow & HO{-}C{-}H \\
& & CH{=}N \cdot NHC_6H_5 & & \\
CH_2OH & {-}{-}\rightarrow & C{=}N \cdot NHC_6H_5 & & CH{=}O \\
CO & \nearrow & \leftarrow & \longleftarrow & H{-}C{-}NH_2 \\
CH{-}O\ Acyl & & & & CH{=}O \\
H{-}C{-}OH & & & & NH_2{-}C{-}H \\
O & & & &
\end{array}
$$

Es werden also eine ganze Reihe von Verschiedenheiten an den Kohlenstoffatomen 1 und 2 durch die Osazonbildung beseitigt, und eine ganze Reihe verschiedener Stoffe geben dasselbe Osazon, z. B. erhält man aus *d*-Glucose, *d*-Mannose, *d*-Fructose, *d*-Glucosamin und α-Galloyl-*d*-glucose dasselbe *d*-Glucosephenylosazon. Verschiedene Osazone geben nur solche Zucker und Zuckerderivate, die sich an den Kohlenstoffatomen 3, 4, 5 usw. strukturell oder stereochemisch unterscheiden. Aus diesen Gründen behält neben der Osazonmethode das Hydrazonverfahren seine Bedeutung, das frei ist von dieser egalisierenden Wirkung. Ferner ist wertvoll, daß das asymmetrische Methylphenylhydrazin $C_6H_5 \cdot N(CH_3) \cdot NH_2$ bei nicht zu langer Ausdehnung des Experimentes nur mit Ketosen Osazone bildet, kaum aber mit Aldosen.

Weitere Mängel der Osazonprobe sind, daß sich die Osazone unter den üblichen Arbeitsbedingungen nicht in annähernd quantitativer Menge bilden und daß die Rückverwandlung der Osazone in die ursprünglichen Zucker nur ganz bedingt und auf recht umständliche Weise möglich ist.

V. Reduktion und Oxydation der Zuckerarten.

Die für Reduktion und Oxydation der typischen Aldehyde und Ketone geltenden Gesetzmäßigkeiten finden volle Anwendung auf die Zuckerarten. Aber hier kommen noch besondere Konsequenzen in bezug auf die räumlichen Verhältnisse hinzu.

Reduziert man eine Aldose mit Natriumamalgam oder metallischem Calcium in schwach saurer oder neutraler Lösung (also mit nascierendem Wasserstoff), so wird das Carbonyl der Aldehydgruppe in eine primäre Alkoholgruppe umgewandelt, ohne daß die räumliche Anordnung der benachbarten Gruppe eine Veränderung erfährt:

$$
\begin{array}{ccccccc}
H{-}C{=}O & & CH_2(OH) & & H{-}C{=}O & & CH_2(OH) \\
H{-}C{-}OH & \rightarrow & H{-}C{-}OH & \text{oder} & HO{-}C{-}H & \rightarrow & HO{-}C{-}H.
\end{array}
$$

So gibt α-Glucose bei der Reduktion α-Sorbit, *d*-Mannose gibt *d*-Mannit usw. Wird dagegen das Carbonyl einer Ketose auf analoge Weise zur sekundären Alkoholgruppe reduziert, so wird dieses Kohlenstoffatom asymmetrisch, und es entstehen gewöhnlich zwei stereoisomere Alkohole nebeneinander, z. B.:

$$
\begin{array}{ccccc}
CH_2OH & & CH_2OH & & CH_2OH \\
H{-}C^{\times}{-}OH & \leftarrow & CO & & HO{-}C^{\times}{-}H \\
HO{-}CH & & HO{-}C{-}H & & HO{-}C{-}H
\end{array}
$$

(das entstandene asymmetrische Kohlenstoffatom ist durch × gekennzeichnet).

Aus *d*-Fructose entstehen auf diese Weise nebeneinander *d*-Mannit und *d*-Sorbit.

Die auf solche Weise entstandenen vielwertigen Alkohole sind zum Teil in der Natur mehr oder weniger verbreitet, z. B.:

$C_3H_8O_3$ Glycerin,
$C_4H_{10}O_4$ Erythrit (frei und als Ester der Orsellinsäure in vielen Algen und Flechten),
$C_5H_{12}O_5$ Adonit (in Adonis vernalis),
$C_6H_{14}O_6$ Mannit (in der Manna, in Sellerie, in den Blättern von Syringa vulgaris, in Pilzen, im Roggenbrot, im Harn),
    Sorbit (im Saft der Vogelbeeren und vieler Obstarten),
    Dulcit sowie die siebenwertigen Alkohole $C_7H_{16}O_7$ Perseit, und Volemit.

Die *Oxydation* der Aldosen kann in zwei Stufen erfolgen. Durch gemäßigte Oxydationsmittel kann zunächst nur die Aldehydgruppe $-C\diagdown_H^O$ zum Carboxyl COOH oxydiert werden, während starke Mittel, wie Salpetersäure, gleichzeitig auch die am anderen Ende des Moleküls befindliche primäre Alkoholgruppe CH_2OH ebenfalls zum Carboxyl oxydieren.

$$
\begin{array}{ccccc}
\text{H—C=O} & & \text{COOH} & & \text{COOH} \\
\text{H—C—OH} & & \text{H—C—OH} & & \text{H—C—OH} \\
\text{HO—C—H} & & \text{HO—C—H} & & \text{HO—C—H} \\
\text{H—C—OH} & \rightarrow & \text{H—C—OH} & \rightarrow & \text{H—C—OH} \\
\text{H—C—OH} & & \text{H—C—OH} & & \text{H—C—OH} \\
\text{CH}_2\text{OH} & & \text{CH}_2\text{OH} & & \text{COOH} \\
\textit{d}\text{-Glucose.} & & \textit{d}\text{-Gluconsäure.} & & \textit{d}\text{-Zuckersäure.}
\end{array}
$$

Diese Säuren sind, wie viele Oxysäuren, zur intramolekularen Wasserabspaltung zwischen Carboxyl und einem der Hydroxyle befähigt. Die dabei entstehenden cyclischen Gebilde, Lactone, haben verwandte Struktur wie die weiter oben besprochenen Cycloformen der Zucker, die Lactole. (Das Lacton der Zuckersäure ist etwas weiter unten formuliert.)

Umgekehrt lassen sich die Zuckermono- und Zuckerdicarbonsäuren auf dem Umweg über ihre Lactone durch Natriumamalgam wieder zu Aldehydzuckern reduzieren. Auf diese Weise haben E. FISCHER und PILOTY aus der Zuckersäure die Glucuronsäure, aus Schleimsäure die Galacturonsäure synthetisch bereitet, z. B.

$$
\begin{array}{cccc}
\text{CO} & \text{CH(OH)} & \text{CH=O} & \text{CH=O} \\
\text{H—C—OH} & \text{H—C—OH} & \text{H—C—OH} & \text{H—C—OH} \\
\text{HO—C—H} & \text{HO—C—H} & \text{HO—C—H} & \text{C—H} \\
\text{H—C—} & \text{H—C} & \text{H—C—OH} & \text{H—C—OH} \\
\text{H—C—OH} & \text{H—C—OH} & \text{H—C—OH} & \text{H—C—OH} \\
\text{COOH} & \text{COOH} & \text{COOH} & \text{CO}
\end{array}
$$

d-Zuckersäuremono-lacton [1]. $+H_2 \longrightarrow$ Glucuronsäure [1].   oder   Glucuron [1,2].

Auch die Glucuronsäure vermag ein Lacton zu bilden, das sog. Glucuron (s. oben).

---

[1] Über die Spannweite der Sauerstoffbrücke in diesen Stoffen herrscht noch keine volle Sicherheit; z. B. käme auch eine 1, 5-Sauerstoffbrücke in Betracht. Analoges gilt mutatis mutandis für den Lactonring des Glucurons.

[2] Der Raumersparnis wegen ist die Formel des Glucurons nur mit einem Sauerstoffring (Lactonring) angegeben. Wahrscheinlich kommen aber auch noch Formeln in Betracht, bei denen die Aldehydgruppe mit einem der verfügbaren Hydroxyle lactolisiert ist.

Da also die Glucuronsäure dieselbe Aldehydgruppe wie der Traubenzucker enthält, nehmen FISCHER und PILOTY an, daß die Bildung der gepaarten Glucuronsäuren aus der Glucose, ohne den Umweg über die Zuckersäure, so vor sich geht, daß sich zunächst der Paarling mit der Aldehydgruppe des Traubenzuckers glucosidisch verbindet und diese dadurch vor Oxydation schützt, und daß dann erst durch Oxydation des Zwischenproduktes die gepaarte Glucuronsäure gebildet wird. M. BERGMANN und W. W. WOLFF[1]) haben diese Vermutung realisiert, indem sie zunächst Menthol mit Traubenzucker zum Mentholglucosid verknüpften und dann durch Oxydation die Mentholglucuronsäure gewannen. Da sie vom α-Mentholglucosid ausgingen, haben sie an Stelle der natürlichen β-Mentholglucuronsäure den ersten Vertreter der gepaarten α-Glucuronsäuren gewonnen.

$$
\begin{array}{ccc}
\mathrm{CH(OC_{10}H_{17})} & & \mathrm{CH(OC_{10}H_{17})} \\
\mathrm{H-C-OH} & & \mathrm{H-C-OH} \\
\mathrm{HO-C-H} & \mathrm{O} & \mathrm{HO-C-H} \quad \mathrm{O} \\
\mathrm{H-C-} \quad \longrightarrow & & \mathrm{H-C-} \\
\mathrm{H-C-OH} & & \mathrm{H-C-OH} \\
\mathrm{CH_2OH} & & \mathrm{COOH} \\
\alpha\text{-Menthol-glucosid.} & & \alpha\text{-Menthol-glucuronsäure.}
\end{array}
$$

Die Verhältnisse bei der Oxydation von Ketosen scheinen dadurch verwickelt zu werden, daß die Oxydation an dem Ende des Moleküls neben der Ketogruppe angreift und vielleicht über eine α-Ketosäure (Ketogluconsäure) hinweg zu einer Sprengung der Kohlenstoffkette und weiterer Zersetzung führt. Eine Ketogluconsäure („Oxygluconsäure")

$$\mathrm{CH_2(OH) \cdot CH(OH) \cdot CH(OH) \cdot CH(OH) \cdot CO \cdot COOH}$$

ist sowohl auf biologischem Wege aus Traubenzucker wie in vitro durch Oxydation von Glucose und Gluconsäure erhalten worden[2]).

VI. Verhalten der Zuckerarten gegen Säuren und Alkalien.

Gegen verdünnte Mineralsäuren sind die einfachen Zuckerarten nur in der Kälte beständig. Beim Erwärmen entstehen neben dunklen Huminstoffen flüchtige Stoffe der Furangruppe, die für die verschiedenen Klassen von Polyosen verschieden sind und darum verwendet werden können, um festzustellen, ob der untersuchte Zucker eine Pentose, Methylpentose oder Hexose ist. Es entstehen nämlich aus Pentosen:

$$\mathrm{Furfurol} \quad \underset{\mathrm{CH} \quad \mathrm{C \cdot C}}{\overset{\mathrm{CH-CH}}{\diagdown_{\mathrm{O}}\diagup}} \overset{\mathrm{H}}{\underset{\mathrm{O}}{}} \qquad (\mathrm{C_5H_{10}O_5 - 3\,H_2O = C_5H_4O_2}),$$

aus Methylpentosen:

$$\mathrm{Methylfurfurol} \quad \underset{\mathrm{CH_3 \cdot C} \quad \mathrm{C \cdot C}}{\overset{\mathrm{CH-CH}}{\diagdown_{\mathrm{O}}\diagup}} \overset{\mathrm{H}}{\underset{\mathrm{O}}{}} \qquad (\mathrm{C_6H_{12}O_5 - 3\,H_2O = C_6H_6O_2}),$$

---

[1]) BERGMANN, M. u. W. W. WOLFF: Ber. d. dtsch. chem. Ges. Bd. 56, S. 1060. 1923.
[2]) Vgl. besonders BOUTROUX: Cpt. rend. des séances de l'acad. des sciences Bd. 102, S. 924. 1886. — KILIANI: Ber. d. dtsch. chem. Ges. Bd. 55, S. 2819. 1922. — HÖNIG u. TEMPUS: Ebenda Bd. 57, S. 787. 1924. — RUFF: Ebenda Bd. 32, S. 2269. 1899. — BERTRAND: Ann. de chim. et de phys. [8], Bd. 3, S. 211 u. 279. 1904.

aus Hexosen:

w-Oxymethylfurfurol $\quad$ (C$_6$H$_{12}$O$_6$—3 H$_2$O = C$_6$H$_6$O$_3$).

Aus Glucuronsäure und analogen Aldehydsäuren der Hexosereihe entstehen wie aus Pentosen Furfurol, aber daneben Kohlensäure. Auf der Bildung der Furfurolderivate beruhen verschiedene, im analytischen Teil besprochene, Farbreaktionen, sowie eine quantitative Bestimmung der Pentosen, Methylpentosen und Pentosane. Im Gegensatz zu Furfurol und Methylfurfurol wird das Oxymethylfurfurol durch die heißen Säuren leicht weiter in Ameisensäure und Lävulinsäure gespalten:

$$C_6H_6O_3 + 2\,H_2O = H \cdot COOH + CH_3 \cdot CO \cdot CH_2 \cdot CH_2 \cdot COOH.$$

Die Zersetzung der Hexosen mit Säuren erfolgt schneller bei Ketohexosen als bei Aldohexosen.

Bei der Behandlung von Polysacchariden mit Säuren geht der Bildung obiger Stoffe vermutlich erst eine Hydrolyse zu den einfachen Zuckern voraus.

Eine merkwürdige Veränderung der Monosaccharide durch verdünnte Alkalien haben LOBRY DE BRUYN und ALBERDA VAN EKENSTEIN[1]) untersucht. Behandelt man z. B. in der Hexosereihe Glucose oder Manose oder Fructose mit verdünntem Alkali, so erhält man bei Zimmertemperatur allmählich oder rascher beim Erwärmen ein Gemisch, welches schließlich alle diese drei Zucker nebeneinander und neben noch weiteren Umwandlungsprodukten enthält. Man hat diese gegenseitige Umwandlung so zu erklären versucht[2]), daß intermediär eine „Enolform" entsteht, die für die drei genannten Zucker identisch ist und leicht wieder umgekehrt in dieselben Zucker verwandelt wird:

Bei längerer Wirkung der Alkalien oder mit stärkeren Alkalien erfolgt unter Braunfärbung weitergehende Zersetzung. Dabei treten inaktive Milchsäure und die verschiedenen „Saccharinsäuren" auf, nämlich je nach dem Ausgangszucker:

Saccharinsäure $\qquad$ CH$_2$(OH) $\cdot$ CH(OH) $\cdot$ CH(OH) $\cdot$ C(OH) $\cdot$ COOH,
$$\overset{\displaystyle |}{\text{CH}_3}$$

Parasaccharinsäure[3]) $\quad$ CH$_2$(OH) $\cdot$ CH(OH) $\cdot$ CH $\cdot$ CH(OH) $\cdot$ CH$_2$(OH),
$$\overset{\displaystyle |}{\text{COOH}}$$

Metasaccharinsäure $\quad$ CH$_2$(OH) $\cdot$ CH(OH) $\cdot$ CH(OH) $\cdot$ CH$_2$ $\cdot$ CH(OH) $\cdot$ COOH,

Isosaccharinsäure $\qquad$ CH$_2$(OH) $\cdot$ CH(OH) $\cdot$ CH$_2$ $\cdot$ C(OH) $\cdot$ CH$_2$(OH).
$$\overset{\displaystyle |}{\text{COOH}}$$

---

[1]) BRUYN, LOBRY DE u. ALBERDA VAN EKENSTEIN: Recueil de travaux chim. des Pays-Bas Bd. 14, S. 203. 1895.

[2]) WOHL, A. u. C. NEUBERG: Ber. d. dtsch. chem. Ges. Bd. 33, S. 3099. 1900.

[3]) NEF nimmt eine normale Kohlenstoffkette an.

Bei allen diesen Prozessen müssen Verschiebungen von Hydroxylgruppen stattfinden, da sowohl Milchsäure wie die Saccharinsäuren im Gegensatz zu den Zuk-
kern sauerstofffreie Kohlenstoffatome enthalten. Ferner scheint bei der Saccharinsäurebildung nach der Ansicht mancher Forscher eine Spaltung und Wieder-
vereinigung der Kohlenstoffkette einzutreten. Die Saccharinsäurebildung hat
nach Kiliani besonders eingehend Nef[1]) studiert.

Läßt man wässeriges Ammoniak in Form von Zinkhydroxyd-Ammoniak
bei gewöhnlicher Temperatur auf Monosaccharide wirken, so bilden sich erhebliche Mengen Methylimidazol[2]), deren Bildung man mit der primären Entstehung
von Methylglyoxal und Formaldehyd in Zusammenhang gebracht hat:

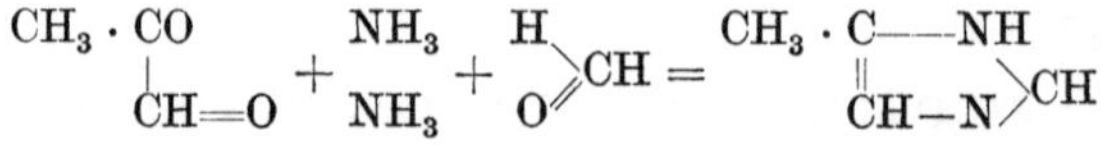

$$\begin{array}{c}CH_3 \cdot CO \\ | \\ CH{=}O\end{array} + \begin{array}{c}NH_3 \\ \\ NH_3\end{array} + \begin{array}{c}H \\ \diagdown \\ O\end{array}{>}CH = \begin{array}{c}CH_3 \cdot C{-}{-}NH \\ \| \qquad \diagdown \\ CH{-}N\end{array}{>}CH$$

Methylglyoxal.   Methylimidazol.

Methylglyoxal wird auch als Vermittler der schon erwähnten Milchsäurebildung
vorausgesetzt.

VII. Synthese der Zuckerarten.

Im Rahmen dieser Darstellung können nur jene Synthesen kurz besprochen
werden, welche in engerem Zusammenhang mit der biologischen Entstehung der
Zuckerarten stehen.

Die Hypothese A. v. Baeyers, daß die Assimilation der Kohlensäure in den
grünen Pflanzen zunächst zu Formaldehyd führt, der dann zu den Zuckerarten poly-
merisiert wird, hat durch die klassischen Arbeiten von Willstätter und A. Stoll[3])
ihre bedingte Bestätigung insoweit gefunden, als ein Zwischenprodukt von der
Oxydationsstufe des Formaldehyds einwandfrei erwiesen wurde. G. Klein und
O. Werner[4]) glauben neuestens den Formaldehyd direkt nachgewiesen zu haben.

Buterow[5]) hat bereits 1861 durch Einwirkung von Kalkwasser auf polymeren Formaldehyd (Trioxymethylen) einen zuckerhaltigen Sirup gewonnen,
das sog. Methylenitan. O. Loew hat die Umwandlung des Formaldehyds mit
Kalk oder Magnesia genauer studiert[6]) und die Bedingungen genau ausgearbeitet,
unter welchen ein Gemisch zuckerähnlicher Stoffe gewonnen werden kann, das
er Formose nannte. E. Fischer[7]) hat zeigen können, daß darin eine α-Acrose
genannte Hexose enthalten ist, die als d,l-Fructose identifiziert wurde. Neuere
Untersuchungen haben gezeigt, daß die Bildung der Hexosen über Zwischenprodukte von niedriger Kohlenstoffzahl führt. Bei Verwendung von Calciumcarbonat als Kondensationsmittel wurde nämlich Glykolaldehyd $CH_2(OH) \cdot C{<}^H_O$
isoliert[8]).

Bei seinen klassischen Synthesen der natürlichen Zucker ging E. Fischer von
Stoffen der Dreikohlenstoff-Reihe (Acrolein $CH_2 = CH \cdot C{<}^H_O$ und Glycerin) aus.

---

[1]) Nef: Liebigs Ann. d. Chem. Bd. 357, S. 301. 1907; Bd. 376, S. 58. 1910 (dort Literatur).

[2]) Windaus, A. u. F. Knoop: Ber. d. dtsch. chem. Ges. Bd. 38, S. 1166. 1905. — Windaus:
Ebenda Bd. 39, S. 3886. 1906; Bd. 40, S. 799. 1907. — Inouye, K.: Ebenda Bd. 40, S. 1890. 1907.

[3]) Willstätter, R. u. A. Stoll: Untersuchungen über die Assimilation der Kohlensäure. Berlin: Julius Springer 1918.

[4]) Klein, G. u. O. Werner: Biochem. Zeitschr. Bd. 168, S. 361. 1925.

[5]) Buterow: Cpt. rend. des séances de l'acad. des science Bd. 53, S. 145. 1861; Liebigs
Ann. d. Chem. Bd. 120, S. 295. 1861.

[6]) Vgl. besonders Ber. d. dtsch. chem. Ges. Bd. 22, S. 475. 1889; Bd. 39, S. 1592. 1906.

[7]) Fischer, E.: Ber. d. dtsch. chem. Ges. Bd. 21, S. 989. 1888. — Fischer, E. u.
I. Tafel: Ebenda Bd. 20, S. 1093, 2566 u. 3384. 1887.

[8]) Euler, H. u. A.: Ber. d. dtsch. chem. Ges. Bd. 39, S. 45. 1906.

C. Spezielle Beschreibung.

I. Monosaccharide.

Glykolaldehyd (Glykolose) $C_2H_4O_2 = CH_2(OH) \cdot C\langle^H_O$.

Dieser denkbar einfachste Oxyaldehyd ist in wässeriger Lösung zuerst von E.
FISCHER und LANDSTEINER[1]) aus Bromacetaldehyd mit Barytwasser

$$Br \cdot CH_2 \cdot CH{=}O \xrightarrow[Baryt]{} CH_2(OH) \cdot CH{=}O$$

erhalten worden. MARCKWALD und ELLINGER[2]) beschritten einen ähnlichen Weg.
Dagegen oxydierten M. BERGMANN und A. MIEKELEY[3]) den Vinyläthyläther
zunächst mit Benzopersäure zum Äthylglykolosid, das sich von der cyclischen
Form des Glykolaldehyd in analoger Weise ableitet wie die gewöhnlichen Glucoside von der Cycloform des Traubenzuckers. Durch Hydrolyse des Äthylglykol-
osids entsteht dann Glykolaldehyd:

$$
\begin{array}{ccc}
\overset{\textstyle CH_2}{\underset{\textstyle CH \cdot OC_2H_5}{\|}} \xrightarrow{+\,O_2}
&
\overset{\textstyle CH_2}{\underset{\textstyle CH \cdot OC_2H_5}{\triangleright}} O \to
&
\overset{\textstyle CH_2(OH)}{\underset{\textstyle O.}{C\langle^H}}
\end{array}
$$

Allen diesen und anderen Verfahren ist heute das von FENTON[4]) entdeckte vor-
zuziehen: Oxydation von Weinsäure zur sog. Dioxymaleinsäure, aus der bei
60° Kohlendioxyd abgespalten wird.

$$
\begin{array}{ccccc}
\overset{\textstyle HO_2C \cdot CH(OH)}{\underset{\textstyle HO_2C \cdot CH(OH)}{|}} \xrightarrow{+\,O}
&
\overset{\textstyle HO_2C \cdot C(OH)}{\underset{\textstyle HO_2C \cdot C(OH)}{\|}}
& \text{bzw.} &
\overset{\textstyle HO_2C \cdot CH(OH)}{\underset{\textstyle HO_2C \cdot CO}{|}} \to
&
\overset{\textstyle CH_2(OH)}{\underset{\textstyle O.}{C\langle^H}}
\end{array}
$$

FENTON und JACKSON erhielten den Glykolaldehyd krystallisiert. Er bildet
farblose, durchsichtige Tafeln, die bei 95—97° schmelzen, süß schmecken und
sich leicht in Wasser lösen. Frisch bereitete wässerige Lösungen ergeben bei der
kryoskopischen Bestimmung des Moleculargewichts Werte, die auf $C_4H_8O_4$
stimmen, beim Aufbewahren der Lösung findet man aber bald die normalen
Werte $C_2H_4O_2$.

Der Glykolaldehyd gibt die typischen Reaktionen der Zucker: Er reduziert
FEHLINGsche Lösung, färbt sich beim Erwärmen mit Alkalien gelb und gibt beim
Erwärmen mit essigsaurem Phenylhydrazin das Osazon $C_6H_5NH \cdot N = CH{-}CH$
$= N \cdot NH \cdot C_6H_5$, des Glyoxals vom Schmpt. 177—180°. Charakteristisch sind
auch die scharlachroten Nadeln des p-Nitrophenylosazons vom Schmpt. 311°.

Glykolaldehyd kondensiert sich leicht zu höheren Zuckern z. B. $CH_2(OH) \cdot$
$CHO + CH_2(OH) \cdot CHO = CH_2(OH) \cdot CH(OH) \cdot CH(OH) \cdot CHO$ usw. Schon
durch Erhitzen von Glykolaldehyd auf 100° im Vakuum erhält man ein dickflüssiges, süß schmeckendes, zuckerartiges Produkt. Mit verdünnten Alkalien
geht die Polymerisation zu Tetrosen und Hexosen schon bei Eistemperatur
vor sich. Von Hefe wird Glykolaldehyd nicht vergoren, aber unter geeigneten
Umständen zu Äthylenglykol reduziert[5]).

---

[1]) FISCHER, E. u. LANDSTEINER: Ber. d. dtsch. chem. Ges. Bd. 25, S. 2549. 1892.
[2]) MARCKWALD u. ELLINGER: Ber. d. dtsch. chem. Ges. Bd. 25, S. 2984. 1892.
[3]) BERGMANN, M. u. A. MIEKELEY: Ber. d. dtsch. chem. Ges. Bd. 54, S. 2150. 1921.
[4]) FENTON: Journ. of the chem. soc. (London) Bd. 65, S. 901; Bd. 67, S. 774; Bd. 71,
S. 376. 1897; Bd. 75, S. 575. 1899.
[5]) NEUBERG, C. u. E. SCHWENK: Biochem. Zeitschr. Bd. 71, S. 118. 1915. Bezüglich
des Verhaltens im Tierkörper vgl. J. SMEDLEY: Chem. Zentralbl. 1912, II, S. 731. — BARREN-
SCHEEN, H. K.: Biochem. Zeitschr. Bd. 58, S. 277. 1913. — SANSUM, W. D. u. R. T. WOODYATT:
Journ. of biol. chem. Bd. 17, S. 521. 1914. — CREMER, M. u. R. W. SEUFFERT: Chem. Zentralbl.
1916, II, S. 1045. — SCHWENKER, G.: Ebenda 1914, II, S. 64.

Das obenerwähnte Äthylglykolosid ist der einfachste Typus der Glucoside. Obwohl es in allen untersuchten Lösungsmitteln bimolekular ist, hat man ihm die oben angeschriebene Formel gegeben, weil es bei hoher Temperatur im Vakuum in Einzelmoleküle zerfällt, die nur die Formel

$$CH_2-C\overset{H}{\underset{O}{\diagup}}OC_2H_5$$

haben können. Dementsprechend hat man auch für die dimolekulare Form des Glykolaldehyds neuerdings die Formel

$$\left(\begin{array}{c}CH_2 \cdot CH \\ \diagdown O \diagup \diagdown OH\end{array}\right)_2$$

in Erwägung gezogen. Die große Neigung der einfachsten Glucoside und Zucker (vgl. auch Acetol und Acetoin) zur Assoziation ist von Bedeutung für das Verständnis der höheren, nicht zuckerähnlichen Polysaccharide.

Acetol (Methylketol, Oxyaceton, Brenztraubenalkohol)

$$C_3H_6O_2 = CH_2(OH) \cdot CO \cdot CH_3 .$$

Entsteht aus Chloraceton beim Austausch des Halogens gegen Hydroxyl

$$ClCH_2 \cdot CO \cdot CH_3 \rightarrow CH_2(OH) \cdot CO \cdot CH_3 .$$

Acetol wird ferner durch biochemische Oxydation von Propylenglykol $CH_2(OH)$ $\cdot CH(OH) \cdot CH_3$ mittels Bacterium xylinum oder Mycoderma aceti gebildet. Glycerin sowie Milchsäurealdehyd wandeln sich in der Hitze unter bestimmten Bedingungen ebenfalls in Acetol um. Acetol ist eine farblose Flüssigkeit von schwachem angenehmen Geruch und süßem, aber brennendem Geschmack. Es reduziert Fehlingsche Lösung und ammoniakalische Silberlösung schon in der Kälte. Mit Phenylhydrazin entsteht ein Hydrazon und weiterhin ein Osazon (das Osazon des Methylglyoxal). Mit festen Alkalien tritt Verharzung ein. Bei alkalischer Oxydation hat man an Stelle des erwarteten Methylglyoxal CH_3 $CO \cdot CH = O$ als dessen Umwandlungsprodukt Milchsäure $CH_3 \cdot CH(OH)COOH$ beobachtet. Der Methylcycloacetal (Methyllactolid) ist nach den Feststellungen von Bergmann und Ludewig[1]) in Lösung assoziiert und geht analog dem Äther des Glykolaldehyds bei hoher Temperatur im Vakuum in Moleküle

$$CH_2-C \cdot CH_3 \atop \diagdown O \diagup \diagdown OCH_3$$

über, die aber in der Kälte wieder assoziieren. Mit Jodjodkalium entsteht eine dunkelbraune krystallisierte, aber sehr zersetzliche Verbindung des Äthers $(C_4H_8O_2)_2J_4JK$, die nach demselben Typus aufgebaut zu sein scheint wie die bekannte Stärke-Jodjodkalium-Verbindung.

Acetoin (Dimethylketol) $C_4H_8O_4 = CH_3 \cdot CH(OH) \cdot CO \cdot CH_3$. Es entsteht bei der Vergärung von Glucose, Fructose und Rohrzucker durch manche niedere Organismen wie den Bacillus tartricus. Farblose Flüssigkeit, die beim Stehen allmählich in krystallisierte, dimolekulare, leicht wieder spaltbare Formen übergeht. Da diese vier asymmetrische Kohlenstoffatome enthalten, ist das Auftreten mehrerer inaktiver Formen verständlich und zum Teil auch beobachtet. Für die Cycloacetale gilt dasselbe wie bei Glykolaldehyd und Acetol.

Milchsäurealdehyd (α-Oxypropionaldehyd) $C_3H_6O_2 = CH_3 \cdot CH(OH) \cdot CHO$, von Wohl und Lange[2]) synthetisch bereitet. Farblose geruchlose Krystalle

---

[1]) Bergmann u. Ludewig: Liebigs Ann. d. Chem. Bd. 436, S. 173. 1924.
[2]) Wohl u. Lange: Ber. d. dtsch. chem. Ges. Bd. 41, S. 3612. 1908.

von schwach bitterem Geschmack, die FEHLINGsche Lösung schon in der Kälte reduzieren und fuchsinschweflige Säure röten. Sie lösen sich in Wasser zu einer bimolekularen Form, die langsam in Einzelmoleküle übergeht.

Glycerinaldehyd (Dioxypropionaldehyd) $C_3H_6O_3 = CH_2(OH) \cdot CH(OH) \cdot CHO$ entsteht vielfach bei der Oxydation von Glycerin neben dem unten beschriebenen Dioxyaceton. Reiner erhält man den inaktiven Dioxyaldehyd nach WOHL[1]) aus Acrolein-Diäthylacetal, indem man dieses mit Permanganat oxydiert und das entstandene Acetal des Glycerinaldehyd mit sehr verdünnter Schwefelsäure spaltet:

$$CH_2 = CH \cdot CH(OC_2H_5)_2 \rightarrow CH_2(OH) \cdot CH(OH) \cdot CH(OC_2H_5)_2$$
$$\rightarrow CH_2(OH) \cdot CH(OH) \cdot CHO .$$

Eine verbesserte Darstellung direkt aus Glycerin hat R. J. WITZEMANN[2]) beschrieben.

Glycerinaldehyd bildet farblose Krystalle vom Schmpt. 138°, die süß schmecken, sich in Wasser langsam auflösen, dann FEHLINGsche Lösung schon in der Kälte reduzieren und fuchsinschweflige Säure röten. Auch die ANGELI-RIMINIsche Hydroxamsäurereaktion verläuft positiv. Die wässerige Lösung enthält frisch bereitet eine dimolekulare, nach einigem Stehen aber eine monomolekulare Form. Mit Phenylhydrazin in essigsaurer Lösung entsteht dasselbe Osazon

$$CH_2OH \cdot \underset{\underset{N \cdot NH \cdot C_6H_5}{\|}}{C} \cdot CH = N \cdot NH \cdot C_6H_5$$

vom Schmpt. 132°, wie aus dem weiter unten beschriebenen Dioxyaceton.

Mit Phloroglucin entsteht in wässeriger, ganz schwach schwefelsaurer Lösung ein schwer lösliches Kondensationsprodukt (Unterschied von Dioxyaceton).

Farbreaktionen zum Nachweis des Glycerinaldehyd sind von C. NEUBERG[3]) und von G. DENIGES[4]) angegeben worden.

Die optisch-aktiven Formen des Glycerinaldehyds sind von WOHL und MOMBER[5]) mit $[\alpha] = +13$ bis $14°$ und $[\alpha]_D = -13$ bis $14°$ bereitet worden.

Der *d*-Glycerinaldehyd ist genetisch mit der *d*-Weinsäure und der *d*-Glucose in Beziehung gebracht und zur Grundlage der Bezeichnungsweise der aktiven Zucker gemacht worden (vgl. weiter oben). Wenn man mit E. FISCHER der *d*-Weinsäure die Raumformel

$$\begin{array}{c} COOH \\ | \\ H-C-OH \\ | \\ HO-C-H \\ | \\ COOH \end{array} \text{, also dem } d\text{-Glycerinaldehyd die Formel} \quad \begin{array}{c} H \\ \diagup \\ C=O \\ | \\ H-C-OH \\ | \\ CH_2OH \end{array}$$

gibt, so folgen daraus eindeutig festgelegte Formeln für alle Glieder der Zuckerreihe, soweit deren genetische Beziehungen festgelegt sind.

---

[1]) WOHL, A.: Ber. d. dtsch. chem. Ges. Bd. 31, S. 2394. 1898. — WOHL, A. u. C. NEUBERG: Ebenda Bd. 33, S. 3095. 1900.

[2]) WITZEMANN, R. J.: Journ. of the Americ. chem. soc. Bd. 36, S. 2223. 1914.

[3]) NEUBERG, C.: Hoppe-Seylers Zeitschr. f. physiol. Chem. Bd. 31, S. 564. 1901; Biochem. Zeitschr. Bd. 71, S. 150. 1915. — MANDEL, J. A. u. C. NEUBERG: Ebenda Bd. 71, S. 214. 1915.

[4]) DENIGES, G.: Cpt. rend. des séances de l'acad. des sciences Bd. 148, S. 172, 282 u. 422. 1909.

[5]) WOHL u. MOMBER: Ber. d. dtsch. chem. Ges. Bd. 47, S. 3346. 1914; Bd. 50, S. 456. 1917; Bull. de la soc. de chim. biol. Bd. 5, S. 878. 1909.

Eine Mischung von Glycerinaldehyd mit Dioxyaceton diente Emil Fischer bei seinen berühmten Synthesen der natürlichen Hexosen als Material, weil Glycerinaldehyd durch Alkalien in Hexosen übergeführt wird. Geht man von reinem Glycerinaldehyd aus, so erhält man nach E. Schmitz[1] reine, krystallisierte α-Acrose (*dl*-Fructose) und daneben *dl*-Sorbose. Glycerinaldehyd wird von Hefe nur ganz langsam und unvollständig vergoren, wahrscheinlich dürfte er also kein maßgebendes Zwischenprodukt der alkalischen Zuckergärung sein. Über das Verhalten des Aldehyds im Tierkörper ist die Originalliteratur zu vergleichen.

Dioxyaceton, $C_3H_6O_3 = CH_2(OH) \cdot CO \cdot CH_2(OH)$. Die Oxydation von Glycerin durch das Sorbosebakterium (Bacterium xylinum) zu Dioxyaceton ist nicht nur biologisch von Interesse, sondern auch die geeignetste Darstellungsweise. Zeitweise ist sie industriell zur Gewinnung eines Kohlenhydrates für Diabetiker ausgeführt worden. Andere Mikroorganismen bilden aus Traubenzucker, Rohrzucker, Maltose, sowie aus *d*-Gluconsäure Dioxyaceton. Man kennt sowohl eine monomolekulare, krystallisierte Modifikation, wie eine dimolekulare, assoziierte Form. Das Äthylcycloacetal ist nach H. O. L. Fischer und H. Mildbrand[2] dimolekular. Fehlingsche Lösung wird durch Dioxyaceton schon in der Kälte reduziert. Mit Phenylhydrazin entsteht Phenylglycerosazon. Mit verdünnter Natronlauge bildet sich, wie aus Glycerinaldehyd, Milchsäure. Unter geeigneten Bedingungen läßt sich aber auch Methylglyoxal abfangen, das übrigens aus Dioxyaceton bei der Destillation von Dioxyaceton mit Schwefelsäure oder noch besser mit Phosphorpentoxyd entsteht[3]. Die Frage der Vergärbarkeit von Dioxyaceton scheint noch nicht eindeutig entschieden. Jedenfalls wird es viel langsamer als die gärbaren Hexosen angegriffen[4]. Über das Verhalten im Tierkörper siehe die Originalliteratur.

Tetrosen $C_4H_8O_4$: Obwohl weit verbreitete Stoffe, wie der Erythrit und besonders die *d*-Weinsäure nahe mit den Aldotetrosen verwandt sind, sind diese selber bisher in der Natur nicht beobachtet worden. Dagegen ist die entsprechende Ketotetrose die sog. Erythrulose $CH_2(OH) \cdot CH(OH) \cdot CO \cdot CH_2OH$ in ihrer *d*-Form von Bertrand durch Oxydation des natürlichen, inaktiven Erythrits mit Hilfe des Bacterium xylinum erhalten worden. Dabei entsteht aus einem intramolekular inaktiven Stoff (mit zwei entgegengesetzt asymmetrischen Kohlenstoffatomen) ein aktiver mit nur einem Kohlenstoffatom.

Pentosen $C_5H_{10}O_5$ *und Methylpentosen* $C_6H_{12}O_5$.

In diesen beiden Gruppen finden sich eine ganze Reihe Zucker, die, wenn auch nicht in freiem Zustand, so doch in Form von Verbindungen in der Natur sehr verbreitet sind. Unter den normalen Aldopentosen sind diese vor allem Arabinose, Xylose und Ribose, von den Methylaldopentosen die Rhamnose, Rhodeose, Isorhodeose, Fucose und Chinovose. In den Pflanzen treten die Pentosen hauptsächlich in Form komplexer Polysaccharide, der sog. Pentosane", die Methylpentosen analog als „Methylpentosane" auf. Zellmembranen (Holz, Stroh, Samenschalen) Gummiarten und Seetang sind die hauptsächlichen Materialien zur Gewinnung solcher Pentosen und Methylpentosen. Aber auch in Glucosidform und in Esterbindung treten diese Zucker in der Natur auf.

[1] Schmitz, E.: Ber. d. dtsch. chem. Ges. Bd. 46, S. 2327. 1913.
[2] Fischer, H. O. L. u. H. Mildbrand: Ber. d. dtsch. chem. Ges. Bd. 57, S. 707. 1924.
[3] Pinkus, G.: Ber. d. dtsch. chem. Ges. Bd. 31, S. 35. 1898. — Fischer, H. O. L. u. C. Taube: Ebenda Bd. 57, S. 1502. 1924.
[4] Oppenheimer: Die Fermente. Bd. I, S. 33. 1925. — Fischer, H. O. L. u. C. Taube: Siehe Anm. 3. — Neuberg, C. u. A. Gottschalk: Biochem. Zeitschr. Bd. 154, S. 487. 1924.

Am tierischen Organismus hat zuerst E. SALKOWSKI[1]) das Auftreten einer Pentose bei einer Stoffwechselanomalie, der sog. „Pentosurie" festgestellt. Die ersten Beobachtungen über das normale Vorkommen einer Pentose als Baustein eines Nucleoproteids verdankt man HAMMARSTEN[2]). Sie ist von LEVENE, JACOBS und LA FORGE[3]) als d-Ribose erkannt worden. Vgl. im einzelnen pen zusammenfassenden Aufsatz von C. NEUBERG „Die Physiologie der Pentosen und der Glucuronsäuren in den Ergebnissen der Physiologie Bd. 3, S. 373 (ff. 1904) und C. NEUBERG, „Der Harn".

Über Nachweis und Bestimmung der Pentosen wird in einem besonderen analytischen Abschnitt gesprochen.

l-*Arabinose*

$$\text{CH}_2(\text{OH}) \cdot \overset{\overset{\displaystyle\text{OH}}{|}}{\underset{\underset{\displaystyle\text{H}}{|}}{\text{C}}} \cdot \overset{\overset{\displaystyle\text{OH}}{|}}{\underset{\underset{\displaystyle\text{H}}{|}}{\text{C}}} \cdot \overset{\overset{\displaystyle\text{H}}{|}}{\underset{\underset{\displaystyle\text{OH}}{|}}{\text{C}}} \cdot \text{CHO}.$$

Sie hat ihren Namen daher, daß sie zuerst durch Hydrolyse von arabischem Gummi erhalten wurde. Zur Darstellung eignet sich aber mehr die Hydrolyse von Kirschgummi. Sie bildet gewöhnlich Prismen, deren Lösung süß schmeckt. Man kennt eine α-Form von der spezifischen Drehung $+ 54°$ und eine β-Form von $[\alpha]_D = +175°$, die beide dem Gleichgewichtswert von $[\alpha]_D = 105°$ (in 10 proz. Lösung) zustreben. Das Phenylosazon, das mit dem der l-Ribose übereinstimmt, schmilzt bei 160°. Charakteristischer sind das p-Bromphenylhydrazon vom Schmpt. 160°, das Diphenylhydrazon vom Schmpt. 206° und das Benzylphenylhydrazon vom Schmpt. 170°.

Als dl-Arabinose, d. h. als Vereinigung oder Gemisch von l-Arabinose mit ihrem Spiegelbildisomeren, hat NEUBERG[4]) den bei Pentosurie ausgeschiedenen Zucker identifiziert. Es liegt hier also der nicht sehr häufige Fall vor, daß von einer optisch-aktiven Substanz neben den aktiven Formen auch die dl-Form in der Natur auftritt. Eine Reihe von Forschern haben später dieselbe Feststellung gemacht; andere glauben l-Arabinose, ferner dl-Ribose aufgefunden zu haben. LEVENE und LA FORGE[5]) glauben l-Ketolyxose oder d-Ketoxylose gefunden zu haben. Auch d-Xylose ist angegeben worden. Möglicherweise gibt es verschiedene Formen von Pentosurie. Jedenfalls ist aber auch zu beachten, daß bei Genuß besonders pentosanhaltiger Obstarten l-Arabinose im Harn erscheinen kann. Bei echter Pentosurie soll die Ausscheidung von der Nahrung unabhängig sein. Die abgeschiedene Pentosemenge ist immer gering.

d-Arabinose ist bei der Spaltung der Glucoside Barbaloin und Isobarbaloin beobachtet worden.

d-*Ribose*

$$\text{CH}_2\text{OH} \cdot \overset{\overset{\displaystyle\text{H}}{|}}{\underset{\underset{\displaystyle\text{OH}}{|}}{\text{C}}} \cdot \overset{\overset{\displaystyle\text{H}}{|}}{\underset{\underset{\displaystyle\text{OH}}{|}}{\text{C}}} \cdot \overset{\overset{\displaystyle\text{H}}{|}}{\underset{\underset{\displaystyle\text{OH}}{|}}{\text{C}}} \cdot \text{CHO}.$$

Krystalle, die bei 95° schmelzen, süß schmecken und in wässeriger Lösung eine spezifische Drehung von 21,5° aufweisen. Das p-Bromphenylhydrazon schmilzt bei 164°. Das Osazon ist mit dem der d-Arabinose identisch (Schmpt. 160°).

d-Ribose ist nach den Untersuchungen von LEVENE, JACOBS und LA FORGE[6]) in einer Reihe von Nucleinsäuren (Inosinsäure, Guanylsäure, Hefe- und Tritico-

[1]) SALKOWSKI, E.: Berlin. klin. Wochenschr. 1895, Nr. 17.
[2]) HAMMARSTEN: Hoppe-Seylers Zeitschr. f. physiol. Chem. Bd. 19, S. 19. 1894.
[3]) LEVENE, JACOBS u. LA FORGE: Ber. d. dtsch. chem. Ges. Bd. 45, S. 609. 1912.
[4]) NEUBERG, C.: Ber. d. dtsch. chem. Ges. Bd. 33, S. 2243. 1900.
[5]) LEVENE u. LA FORGE: Journ. of biol. chem. Bd. 18, S. 319. 1914.
[6]) LEVENE, JACOBS u. LA FORGE: Ber. d. dtsch. chem. Ges. Bd. 42, S. 2703. 1909; Bd. 43, S. 3147 u. 3164. 1910.

nucleinsäure) als Baustein enthalten und geht in die daraus bei geeigneter Spaltung erhaltenen Purinpentoside über. Nach Levene und Meyer[1]) ist d-Ribose widerstandsfähig gegen Muskelplasma und gegen Pankreassaft.

$$l\text{-}Xylose \qquad CH_2OH \cdot \overset{H}{\underset{OH}{C}} \cdot \overset{OH}{\underset{H}{C}} \cdot \overset{H}{\underset{OH}{C}} \cdot CHO.$$

Nadeln oder Prismen, die sehr süß schmecken und etwas über $150°$ schmelzen, je nach dem Erhitzen, aber auch etwas niedriger oder höher. Das Phenylosazon schmilzt bei etwa $158°$, also ähnlich wie das der Arabinose, von dem es aber dennoch verschieden ist. Da charakteristische, schwer lösliche Hydrazone nicht existieren, (Unterschied und Trennung von Arabinose) oxydiert man die Xylose für ihren Nachweis zur Xylonsäure, die als Cadmiumdoppelsalz mit Cadmiumbromid $(C_5H_9O_6)_2$ Cd, $CdBr_2$, $2H_2O$ identifiziert wird. Auch das Brucinsalz ist brauchbar.

l-Xylose kann bei der Fäulnis von d-Glucuronsäure entstehen.

Apiose heißt ein bei der Hydrolyse des Petersilienglucosids Apiin aufgefundener Zucker, der vielleicht eine verzweigte Kohlenstoffkette besitzt. Sie gibt bei der Destillation mit Salzsäure kein Furfurol und liefert darum auch nicht die rote Furfurol-Salzsäurereaktion. Die Apiose bedarf aber noch der näheren Untersuchung.

$$l\text{-}Rhamnose \qquad CH_3 \cdot \overset{OH}{\underset{H}{C}} \cdot \overset{OH}{\underset{H}{C}} \cdot \overset{H}{\underset{OH}{C}} \cdot \overset{H}{\underset{OH}{C}} \cdot CHO.$$

Sie kommt im Pflanzenreich in vielen Glucosiden vor, z. B. im Quercitrin, Frangulin, Hesperidin). Man gewinnt sie am besten durch Hydrolyse des Quercitrin oder des Xanthorhamnin der Gelbbeeren. Das Eiweiß der Eier von Hühnern, welche mit Gelbbeeren gefüttert werden, soll nach O. Weiss[2]) gebundene Rhamnose enthalten. Rhamnose krystallisiert als Monohydrat (Schmpt. $93°$) und wasserfrei (Schmpt. gegen $124°$). Beide Arten zeigen Mutarotation mit dem Endwert $[\alpha]_D = +8,4°$ (für wasserhaltigen Zucker berechnet). Das Phenylosazon schmilzt gegen $185°$. Bei der Destillation mit Schwefelsäure entsteht Methylfurfurol.

Fucose $C_6H_{12}O_5$. Tritt meist in Form von Methylpentosanen auf. Man erhält sie bei der Hydrolyse von Polysacchariden von Seetangarten, sowie von Tranganthgummi. Auch im Hefegummi soll sie vorkommen. Ihr Schmelzpunkt ist wenig charakteristisch ($130-140°$); der Endwert der spezifischen Drehung ist $-76°$. Das Phenylosazon schmilzt unter Zersetzung bei $178°$.

Rhodeose (l-Fucose) $C_6H_{12}O_5$ ist der optische Antipode der Fucose aus Seetang, darum sind die physikalischen Daten des Zuckers und seiner Derivate bis auf die Drehungsrichtung die gleichen. Rhodeose ist das Spaltprodukt verschiedener Glucoside.

Chinovose $C_6H_{12}O_5$ als Glucosid in gewissen Chinarinden. Ihr Osazon schmilzt bei $194°$.

Hexosen.

In diese Gruppe gehören die physiologisch wichtigsten Zucker. Die drei Aldohexosen: d-Glucose, d-Mannose und d-Galactose, sowie die Ketohexose, d-Fructose sind in der Natur ganz außerordentlich verbreitet. Wir begegnen ihnen sowohl frei, wie in Form von Glucosiden, wie in Form von zuckerähnlichen (Rohrzucker, Milchzucker, Maltose usw.) und nichtzuckerähnlichen (Glykogen, Stärke, Cellulose) Polysacchariden.

---

[1]) Levene u. Meyer: Journ. of biol. chem. Bd. 11, S. 347. 1912.
[2]) Weiss, O., vgl. C. Neuberg: Ergebn. d. Physiol. Bd. 3, S. 373. 1904.

$$d\text{-}\textit{Glucose, Traubenzucker} \quad CH_2(OH) \cdot \overset{H}{\underset{OH}{C}} \cdot \overset{H}{\underset{OH}{C}} \cdot \overset{OH}{\underset{H}{C}} \cdot \overset{H}{\underset{OH}{C}} \cdot CHO.$$

Sie wurde früher auch wegen der Rechtsdrehung ihrer wässerigen Lösung als Dextrose bezeichnet zum Unterschied von der linksdrehenden Fructose („Laevulose"). Sie ist weit verbreitet bei Pflanze und Tier. Das Blut, die Lymphe, überhaupt die meisten Körperflüssigkeiten und Organe enthalten Traubenzucker. Im Harn ist seine Menge sehr gering, kann aber unter pathologischen Verhältnissen bis auf etwa 12% steigen.

Wasserfreier Traubenzucker bildet Nadeln oder harte Krusten vom Schmpt. 146°. Das Monohydrat, das man aus wässeriger Lösung bei gewöhnlicher Temperatur erhält, bildet Tafeln oder warzenähnliche Gebilde. Beide zeigen in Wasser eine spezifische Anfangsdrehung von 110—111° (sog. α-Form). Außerdem kennt man noch eine β-Form, deren frisch bereitete wässerige Lösung $[\alpha]_D = +17,5°$, nach anderen Autoren $+19°$ oder $+20°$ zeigt. Beide Formen zeigen Mutarotation und erreichen nach einiger Zeit den Endwert von $[\alpha]_D = +52,3°$. In Lösung dürften auch noch andere Formen vorkommen. In physiologisch-chemischen Abhandlungen[1]), z. B. auch in der modernen Insulinliteratur mißt man neuerdings einer sog. γ-Form Bedeutung zu, deren Name aber nicht zweckmäßig gewählt ist, weil man früher dieselbe Bezeichnung in anderem Sinne gebraucht hat.

Es handelt sich bei der Mutarotation und den verschiedenen Formen des Traubenzuckers um räumliche und strukturelle Verschiedenheiten der Glucose, welche durch den Übergang der gewöhnlichen, offenen Aldehydform in cyclische Formen hervorgerufen werden. Den verschiedenen cyclischen Formen des Traubenzuckers entsprechen auch verschiedene mögliche Glucosidstrukturen. Z. B. kennt man schon heute mindestens drei verschiedene Methylglucoside. Das sog. γ-Methylglucosid, das von Säuren auffallend leicht gespalten wird, muß einen anderen Ring enthalten als die viel beständigeren α- und β-Methylglucoside. Man nimmt für α- und β-Methylglucosid die Formeln[2])

$$CH_2(OH) \cdot \overset{H}{\underset{OH}{C}} \cdot \overset{H}{C} \cdot \overset{OH}{\underset{H}{C}} \cdot \overset{H}{\underset{OH}{C}} \cdot \overset{H}{C} \cdot OCH_3$$

und

$$CH_2(OH) \cdot \overset{H}{\underset{OH}{C}} \cdot \overset{H}{C} \cdot \overset{OH}{\underset{H}{C}} \cdot \overset{H}{\underset{OH}{C}} \cdot \overset{OCH_3}{C} \cdot H$$

an, dagegen für γ-Methylglucosid, das übrigens ein Gemisch ist, Formeln[3]) wie die folgenden:

$$CH_2(OH) \cdot \overset{H}{\underset{OH}{C}} \cdot \overset{H}{\underset{OH}{C}} \cdot \overset{OH}{\underset{H}{C}} \cdot \overset{H}{C} \cdot C\overset{OCH_3}{\underset{H}{}} \quad \text{oder} \quad CH_2(OH) \cdot \overset{H}{\underset{OH}{C}} \cdot \overset{H}{\underset{OH}{C}} \cdot \overset{}{\underset{H}{C}} \cdot \overset{H}{\underset{OH}{C}} \cdot C\overset{OCH_3}{\underset{H}{}}.$$

---

[1]) Vgl. auch H. J. Hamburger: Biochem. Zeitschr. Bd. 128, S. 185. 1922.

[2]) Daneben kommen aber auch Formeln mit anderem Ringsystem in Betracht. Vgl. Anm. 1, S. 117.

[3]) Auch diese Formeln des γ-Methylglucosids sind in bezug auf die Weite des Sauerstoffringes in letzter Zeit zweifelhaft geworden. Gewiß ist aber, daß Glucoside mit verschieden weit gespannter Sauerstoffbrücke existieren.

Die Raumbeanspruchung, der Energieinhalt und das Brechungsvermögen der verschiedenen Formen des Traubenzuckers sind nach I. N. Riiber[1]) verschieden.

Traubenzucker schmeckt weniger süß als Rohrzucker, als dessen Ersatz er in der Form des sog. „Stärkezuckers" vielfach benutzt wird. Er ist in Wasser sehr leicht löslich. Durch vorsichtiges Erhitzen geht Traubenzucker in verschiedene Anhydride über.

$$d\text{-}Mannose \qquad \underset{\underset{OH\ OH\ H\ H}{|\ \ |\ \ |\ \ |}}{CH_2(OH) \cdot \overset{\overset{H\ \ H\ \ OH\ OH}{|\ \ \ |\ \ \ |\ \ \ |}}{C} \cdot C \cdot C \cdot C \cdot CHO.}$$

Kommt frei (Orangenschalen), glucosidisch gebunden (Strophanthin), vor allem aber in gewissen komplexen Kohlehydraten, den Mannanen, vor. Die Mannane der Steinnuß oder der Caruben („Johannesbrot")samenschalen sind ein geeignetes Ausgangsmaterial zur Gewinnung des Zuckers.

Mannose schmilzt bei 132°, schmeckt süß, dreht in frisch bereiteter Lösung erst links; Enddrehung $[\alpha]_D = +14{,}2°$. Das Phenylhydrazon vom Zersetzungspunkt 204° unterscheidet sich von den Hydrazonen aller übrigen verbreiteten Zucker durch seine Schwerlöslichkeit in Wasser und eignet sich darum zur Erkennung und Abscheidung der Mannose. Das Osazon ist dagegen mit dem der d-Glucose und der d-Fructose identisch. Das Reduktionsprodukt, der Mannit tritt gelegentlich im Harn auf, vielleicht gelangt es dorthin aus pflanzlicher Nahrung, da der Mannit in Pflanzen sehr verbreitet ist.

$$d\text{-}Galactose \qquad CH_2OH \cdot \overset{\overset{H\ \ OH\ OH\ H}{|\ \ \ |\ \ \ |\ \ \ |}}{\underset{\underset{OH\ H\ \ H\ \ OH}{|\ \ \ |\ \ \ |\ \ \ |}}{C}} \cdot C \cdot C \cdot C \cdot CHO.$$

Sie ist ein Spaltprodukt vieler Glucoside, Di- und Polysaccharide. Physiologisch wichtig ist sie besonders als Spaltprodukt des Milchzuckers. Von dort gelangt sie bei manchen schweren Verdauungsstörungen in den Harn von Säuglingen. In den Cerebrosiden des Gehirns findet sie sich reichlich in noch nicht genau festgelegter glucosidischer oder esterartiger Bindung. Sie krystallisiert mit 1 Molekül Wasser oder auch wasserfrei. In letzterem Fall schmilzt sie gegen 164°. Der Endwert der spezifischen Drehung in wässeriger Lösung liegt bei + 80,5°.

Das Phenyl-d-galactosazon schmilzt gegen 200°, das charakteristische Methylphenylhydrazon bei 191°. Mit Salpetersäure entsteht die optisch-inaktive Schleimsäure

$$HOOC \cdot \overset{\overset{H\ \ OH\ OH\ H}{|\ \ \ |\ \ \ |\ \ \ |}}{\underset{\underset{OH\ H\ \ H\ \ OH}{|\ \ \ |\ \ \ |\ \ \ |}}{C}} \cdot C \cdot C \cdot C \cdot COOH$$

vom Schmpt. 213°, die wegen ihrer geringen Löslichkeit in Wasser zum Nachweis und zur ungefähren quantitativen Bestimmung der Galactose benützt wird.

d-Galactose wird im allgemeinen von Hefen langsamer vergärt als d-Glucose, d-Mannose und d-Fructose. Manche Hefen vergären sie gar nicht. Neuere Arbeiten beschäftigen sich wieder mit der Tatsache, daß sich Hefen an die Vergärung von d-Galactose gewöhnen können.

Daß das Reduktionsprodukt der Galactose, der inaktive Dulcit, in manchen Pflanzen oder Pflanzenprodukten auftritt, wurde schon erwähnt. Auch inaktive Galactose ist wiederholt beobachtet worden.

---

[1]) Riiber, J. N.: Ber. d. dtsch. chem. Ges. Bd. 56, S. 2185. 1925.

d-Gulose ist eine weitere isomere Aldohexose. Ihr Vorkommen im Harn von Kaninchen nach Verfütterung von *d*-Glucuronsäure ist gelegentlich behauptet worden[1]).

$$\text{H} \quad \text{H} \quad \text{OH}$$
d-Fructose, Fruchtzucker $\quad CH_2(OH) \cdot \overset{\cdot}{C} \cdot \overset{\cdot}{C} \cdot \overset{\cdot}{C} \cdot CO \cdot CH_2(OH)\,.$
$$\text{OH} \quad \text{OH} \quad \text{H}$$

Bei der Spaltung von Rohrzucker (rechtsdrehend) entsteht sie neben Glucose. Da sie stärker nach links dreht als Glucose nach rechts, geht während der Hydrolyse die Rechtsdrehung in Linksdrehung über. Daher die Bezeichnung „Inversion" für die Spaltung und „Invertzucker" für das Gemisch aus Fructose und Glucose. Der Bienenhonig ist im wesentlichen Invertzucker. Frei findet sich Fructose auch in süßen Früchten[2]). Zur präparativen Darstellung spaltet man das komplexe Kohlehydrat Inulin der Dahlienknolle oder der Zichorienwurzel.

Fruchtzucker bildet entweder harte wasserfreie Krystalle oder wasserhaltige Nadeln $2\,C_6H_{12}O_6, H_2O$. Der Endwert der spezifischen Drehung ist $-93°$ in 10 proz. Lösung; er ist aber stark abhängig von der Temperatur. Durch Säuren wird Fruchtzucker viel leichter zersetzt als die Aldohexosen. Man hat darauf eine Bestimmung der Aldohexosen neben Fructose gegründet (SIEBEN[3])]. Von Bromwasser, oder durch alkalische Hypojoditlösung nach WILLSTÄTTER-SCHUDEL wird sie im Gegensatz zu den Aldohexosen kaum angegriffen.

Charakteristisch ist das Methylphenylosazon vom Schmpt. 153°. Das Phenylosazon ist mit dem der Glucose und der Mannose identisch.

Gegenstand einer ausführlichen Diskussion ist das Vorkommen freier Fructose in den Körperflüssigkeiten des menschlichen und tierischen Organismus. Zweifellos scheint sie im Urin ohne Begleitung von Traubenzucker aufzutreten. Es liegen auch verschiedene Beobachtungen vor, daß die Leber Fruchtzucker aus anderen Zuckern oder Zuckerderivaten bildet, aber auch in solche umwandeln kann. Daß man solche Übergänge mit Alkalien nachahmen kann, ist schon erwähnt. Vielleicht können auch Säuren in bescheidenem Umfang ähnlich wirken.

Fruchtzucker wird durch Hefe schnell und vollständig vergoren.

Mit *dl-Fructose* ist die für die Synthese der natürlichen Zuckerarten wichtige α-Acrose identisch.

$$\text{H} \quad \text{OH} \quad \text{H}$$
d-Sorbose $\quad CH_2(OH) \cdot \overset{\cdot}{C} \cdot \overset{\cdot}{C} \cdot \overset{\cdot}{C} \cdot CO \cdot CH_2(OH)\,.$
$$\text{OH} \quad \text{H} \quad \text{OH}$$

Sie wird in reichlicher Menge im Vogelbeersaft gefunden, wenn der in den Beeren reichlich vorhandene Sorbit während der Aufarbeitung der Oxydation durch die Tätigkeit des sog. Sorbosebakteriums (Bacterium xylinum) anheim gefallen ist. Farblose, rhombische Krystalle von sehr süßem Geschmack und dem Schmpt. 154°. $[\alpha]_D = -42{,}9°$ (in 1 proz. Lösung). d-Sorbosazon schmilzt bei 164°, p-Bromphenylsorbosazon bei 181°.

Durch Alkalien wird Sorbose leicht unter teilweiser Bildung von Galaktose und zwar von deren *l*-Form, umgewandelt.

d-Sorbose wird von Hefe nicht vergärt. Die Leber phloridzinbehandelter Tiere verwandelt *d*-Sorbose teilweise in Traubenzucker[4]).

---

[1]) PADERI, C.: Chem. Zentralbl. 1911, I, S. 1370.
[2]) LIPPMANN, E. v.: Ber. d. dtsch. chem. Ges. Bd. 59, S. 348. 1926.
[3]) SIEBEN: Zeitschr. f. anal. Chemie Bd. 24, S. 137. 1885. — FISCHER, E.: Ber. d. dtsch. chem. Ges. Bd. 22, S. 87. 1887.
[4]) EMBDEN, G. u. W. GRIESBACH: Hoppe-Seylers Zeitschr. f. physiol. Chem. Bd. 91, S. 251. 1914.

dl-Sorbose entsteht nach E. Schmitz[1]) durch alkalische Kondensation von *dl*-Glycerinaldehyd neben *dl*-Fructose (α-Acrose).

Heptosen.

Eine Ketoheptose, $CH_2(OH) \cdot CH(OH)_4 \cdot COCH_2(OH)$, die man wegen ihrer stereochemischen Beziehungen zur *d*-Mannose als *d-Mannose-Ketoheptose* bezeichnet, ist neben Perseit (s. weiter oben) in den Früchten von Persea gratissima aufgefunden worden[2]). Schmpt. $182° \cdot [\alpha]_D = +29{,}4°$.

Eine andere Ketoheptose findet sich in der Crassulacee Sedum spectabile und heißt darum *Sedoheptose*[3]).

Zweifelhaft ist ein Fall des Vorkommens einer Aldoheptose (Glucoheptose) im menschlichen Harn[4]).

Bei keiner Aldo- oder Ketoheptose ist bisher Vergärung durch Hefe beobachtet worden.

II. Zuckerähnliche Disaccharide und Polysaccharide.

Als *Disaccharide* bezeichnet man solche zusammengesetzte Zucker, die aus zwei Molekülen einfacher Zuckerarten unter Abspaltung von einem Molekül Wasser entstehen. Wie die gewöhnlichen Glucoside der Monosaccharide aus einem Zucker und einem hydroxylhaltigen Stoff (od. dgl.) unter Wasserabspaltung entstehen, so tritt bei der Bildung der gewöhnlichen Disaccharide die Cycloform des *einen* Zuckers mit ihrer Lactolgruppe mit einem Hydroxyl des zweiten Zuckerrestes unter Wasseraustritt zusammen. Das Hydroxyl des zweiten Zuckers kann entweder ein gewöhnliches alkoholisches Hydroxyl sein, oder es kann das Hydroxyl der Lactolform sein. Dementsprechend sind zwei prinzipiell verschiedene Typen von Disacchariden zu unterscheiden.

I[5]).

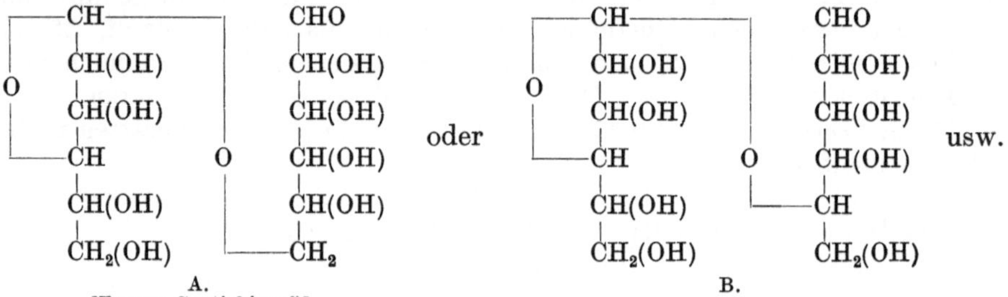

```
        ┌──CH──────┐      CHO                    ┌──CH──────┐      CHO
        │   │      │       │                     │   │      │       │
     O  │ CH(OH)   │     CH(OH)               O  │ CH(OH)   │     CH(OH)
        │   │      │       │                     │   │      │       │
        │ CH(OH)   │     CH(OH)                  │ CH(OH)   │     CH(OH)
        │   │      │       │          oder       │   │      │       │          usw.
        └──CH    O │     CH(OH)                  └──CH    O │     CH(OH)
            │      │       │                         │      │       │
          CH(OH)   │     CH(OH)                     CH(OH)  └──CH
            │      │       │                         │             │
          CH_2(OH) └──────CH_2                     CH_2(OH)      CH_2(OH)
               A.                                        B.
      [Typus: Gentiobiose 6)].
```

Hier ist die typische Zuckergruppe (Oxyaldehyd- bzw. Oxyketongruppe) des zweiten, rechts geschriebenen Zuckerrestes durch die Disaccharidbindung nicht verbraucht, kann also noch alle Umwandlungen und Reaktionen eines einfachen Zuckers erleiden. Derartige Disaccharide reduzieren z. B. Fehlingsche Lösung oder alkalische Hypojoditlösung

---

[1]) Schmitz, E.: Ber. d. dtsch. chem. Ges. Bd. 46, S. 2327. 1913.

[2]) Forge, F. B. la: Journ. of biol. chem. Bd. 28, S. 511. 1917.

[3]) Vgl. F. B. la Forge: Journ. of biol. chem. Bd. 42, S. 367. 1920.

[4]) Rosenberger, F.: Hoppe-Seylers Zeitschr. f. physiol. Chem. Bd. 49, S. 202. 1906.

[5]) Man schreibt die Formel der einzelnen Zucker, um die Übersichtlichkeit zu erleichtern, prinzipiell in allen Fällen so an, daß die Carbonyl- bzw. Lactolgruppe nach oben oder bei wagerechter Schreibweise nach rechts zu stehen kommt. Infolgedessen kommt das Kohlenstoffatom 1 auch immer nach oben bzw. nach rechts zu stehen.

[6]) Bezüglich der Unsicherheit über die Spannweite des Sauerstoffringes im nichtreduzierenden Zuckerteil aller derartigen Disaccharide vgl. Anm. 1 auf S. 117. Diese Unsicherheit gilt auch für verschiedene spezielle im folgenden gegebenen Polysaccharidformeln.

II.

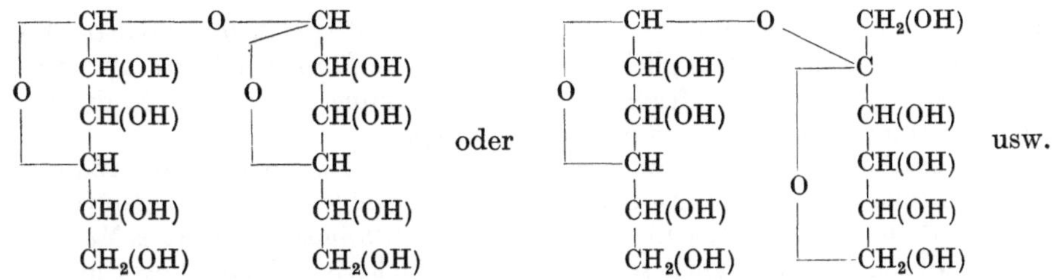

$$
\begin{array}{cc}
\text{C.} & \text{D.}
\end{array}
$$

[Typus: Trehalose[1]).]   [Typus: Rohrzucker[1]).]

Bei diesem Typus von Disacchariden nehmen beide Zucker mit ihrer lactolisierten Carbonylgruppe an der Disaccharidbindung teil. Es ist darum keine Gelegenheit mehr vorhanden, die Eigenschaften der freien Zucker (Glucosidbildung, Oxydation zu Carbonsäuren usw.) zu entfalten. Diese Disaccharide reduzieren FEHLINGsche Lösung und alkalische Hypojoditlösung nicht.

Die verschiedenen Disaccharide unterscheiden sich

1. durch die Natur der aufbauenden Zucker, die sich durch hydrolytische Spaltung und Charakterisierung der Spaltstücke ermitteln lassen.

2. Durch die Verschiedenheit der Haftstellen des *einen* Zuckers, welche durch den *anderen* Zucker in Anspruch genommen ist, z. B. ist in obiger Formel A Kohlenstoff 6, in Formel B Kohlenstoff 5 des reduzierenden Zuckerteils in Anspruch genommen. Man kann diese Haftstellen zur kurzen schriftlichen Wiedergabe der Disaccharidstruktur durch Ziffern andeuten, welche man über die Namen der beiden Teilzucker schreibt und durch einen zweiseitigen Pfeil verbindet, z. B. Glucosido-fructose für die obige Formel D.

3. Durch die Spannweite der Lactol-Sauerstoffbrücken, welche zwischen verschiedenen Kohlenstoffatomen desselben Zuckerrestes gespannt sind. Formel A und B haben je eine 1,4-Sauerstoffbrücke, Formel C zwei 1,4-Sauerstoffbrücken, Formel D eine 1,4- und eine 2,6-Sauerstoffbrücke. Man drückt die Spannweite der Sauerstoffbrücken innerhalb des Teilzuckers nomenklaturtechnisch durch die beiden Stellenziffern der beteiligten Kohlenstoffatome aus und setzt diese Ziffern voreinander durch ein Komma getrennt in gebrochenen Klammern hinter den Namen des beteiligten Zuckers, z. B. Galaktoside ⟨1,5⟩-glucose.

4. Durch den räumlichen Bau der Lactolgruppe im glucosidisch gebundenen Zucker. Genau so, wie bei den einfachen Methylglucosiden jede Struktur entweder eine α- und eine β-Form der Lactolgruppe enthalten kann, weil die Lactolgruppe ein asymmetrisches Kohlenstoffatom enthält, ist in den Disacchariden vom Typus A und B immer eine α- oder β-Form der Lactolgruppe des nichtreduzierenden Teilzuckers möglich. Bei Zuckern vom Typus C und D ist diese räumliche Variationsmöglichkeit bei den Lactolgruppen *beider* Zuckerreste gegeben.

Durch diese Mehrzahl variabler Strukturelemente wird eine außerordentlich große Anzahl von isomeren Disacchariden ermöglicht[2]). In jedem dieser Disaccharide sind durch die strukturellen und räumlichen Verschiedenheiten die Affinitätswerte der einzelnen Atomgruppen in anderer Weise abgestimmt. Die Einwirkung der Fermente auf Disaccharide wird durch die gegenseitige Lage der Sauerstoffbrücken, der Ringe, der Hydroxyle usw. entscheidend beeinflußt. Die Methoden für die Ermittelung der strukturellen und räumlichen Einzelheiten sind noch in der Entwicklung begriffen. Im wesentlichen benutzt man gegenwärtig die Methylierung der freien Hydroxyle, um hinterher das methylierte

---

[1]) Vgl. Anm. 1 auf S. 117.

[2]) Vgl. dazu M. BERGMANN: Über die Bildung der Glucoside. Naturwissenschaften Bd. 10, S. 838. 1922.

Disaccharid zu spalten und aus der Stellung der Methyle in den Spaltprodukten auf die Lage der im ursprünglichen Disaccharid verfügbaren Hydroxyle zurückzuschließen. Die sehr spezifisch eingestellte Wirkung der Fermente dient u. a. zur Ermittlung, ob α- oder β-Struktur vorliegt.

Den zeitlichen Verlauf von Spaltungsvorgängen kann man an Änderungen des Reduktions-, des Drehungs- oder Brechungsvermögens der Lösungen verfolgen.

Eine Reihe von Disacchariden, wie Maltose, Gentiobiose, Cellobiose, Mannobiose usw., ist durch Fermentsynthese aus den Spaltzuckern aufgebaut worden. Ohne Zuhilfenahme von Fermenten ist B. Helferich, K. Baeuerlein und F. Wiegand[1]) sowie A. Pictet und A. Georg die Synthese der Gentiobiose gelungen.

Maltose, Glucosido-glucose. Sie entsteht aus Stärke und aus Glykogen bei der Wirkung verschiedener Fermente und tritt infolgedessen auch frei bei Tieren und Pflanzen in beschränkter Menge auf. Z. B. ist sie im Darminhalt und in der Leber aufgefunden worden.

Maltose krystallisiert gewöhnlich mit einem Molekül Wasser in Nadeln. Sie löst sich leicht in Wasser. Das Drehungsvermögen der frischbereiteten wäßrigen Lösung dieser Maltoseform steigt bis auf $[\alpha]_D^{20} = +137°$ (für das Hydrat bestimmt). Maltose reduziert Fehlingsche Lösung.

Durch heiße verdünnte Mineralsäuren, sowie durch gewisse Enzyme (Maltasen) wird sie in 2 Moleküle d-Glucose gespalten. Die meisten gebräuchlichen Hefen vergären Maltose leicht. Eine Ausnahme bilden Saccharomyces marxianus, anomalus und exiguus.

Maltosephenylosazon $C_{24}H_{32}O_9N_4$ zersetzt sich gegen 208°, bildet hellgelbe Nadeln, die in heißem Wasser erheblich leichter löslich sind als die Phenylosazone der einfachen Hexosen.

Cellobiose, Glucosido-glucose. Sie entsteht beim chemischen und bakteriellen Abbau der Cellulose und einiger anderer komplexer Kohlenhydrate. Sie ist bisher nur als mikrokrystallines Pulver beschrieben, das sich leicht in Wasser löst. Beim Erhitzen verkohlt sie gegen 225° vollständig. $[\alpha]_D^{20} = +34,6°$ (Endwert). Das Osazon schmilzt gegen 210°.

Cellobiose wird von Hefe nicht angegriffen, dagegen scheint das Mycel von Aspergillus niger ein Spaltungsenzym zu enthalten, ferner spalten Teilenzyme des Kefir und der Takadiastase.

Ein Isomeres der Cellobiose, die *Celloisobiose*, glauben Ost und Prosiegel in geringer Menge beim chemischen Abbau von Cellulose aufgefunden zu haben.

$$1 \longleftarrow\joinrel\longrightarrow 6$$

Gentiobiose, Amygdalose, β-Glucosido-glucose. Sie ist das Disaccharid des Amygdalins und entsteht aus dem Trisaccharid Gentianose durch teilweise Hydrolyse. Man kennt eine α- und eine β-Form. Gentiobiose reduziert Fehlingsche Lösung. Sie schmeckt bitter. $[\alpha]_D^{20} = +9,8°$ (Endwert). Bierhefe vergärt nicht. Emulsin spaltet in 2 Moleküle Glucose. Ihre Synthese durch Helferich und durch Pictet ist bereits oben erwähnt.

Isomaltose ist von E. Fischer synthetisch aus Glucose durch Kondensation mit starker Salzsäure erhalten worden[2]). Verschiedentlich ist ihr Vorkommen im Tier- oder Pflanzenkörper behauptet worden, doch sind Verwechslungen mit anderen Stoffen nicht ganz ausgeschlossen. Sie reduziert Fehlingsche Lösung. Ihre Natur und ihre Individualität sind unsicher.

Trehalose. Glucosido-glucosid, im Mutterkorn, in der Trehala-Manna und

---

[1]) Helferich, B., K. Baeuerlein u. F. Wiegand: Liebigs Ann. d. Chem. Bd. 447, S. 27. 1926. — Pictet A. u. A. Georg: Cpt. rend. des séances de l'acad. des sciences Bd. 181, S. 1035. 1925.

[2]) Vgl. A. Pictet u. A. Georg: Helvetica chim. acta Bd. 9, S. 612. 1926. — Berlin, H.: Journ. of the Americ. chem. soc. Bd. 48, S. 1107. 1926.

in frischen Pilzen. Sie schmeckt süß, löst sich leicht in Wasser, reduziert FEH-
LINGsche Lösung nicht und zeigt keine Mutarotation. $[\alpha_D^{20}] = +197°$. Durch
Säurehydrolyse entstehen 2 Moleküle α-Glucose. In tierischen Organen und bei
vielen niedrigen Organismen findet sich ein Trehalose spaltendes Enzym, die
Trehalase. Von manchen Hefen wird sie vergoren.

Rohrzucker, Saccharose, Glucosido-fructosid[1]). Rohrzucker ist im Pflanzenreich außerordentlich verbreitet. In den Wurzeln der Zuckerrübe finden
sich durchschnittlich bis 20%, doch ist auch schon ein Gehalt von 27% erreicht worden. Ähnliche Mengen kommen im Stengel des Zuckerrohres vor.
Trotzdem viele tierische Organismen und der Mensch mit der Nahrung große
Mengen Rohrzucker aufnehmen, ist er in animalischen Säften oder Geweben
doch nur ganz selten wahrscheinlich infolge anormaler Zustände beobachtet
worden[2]). Wie NEUBERG gezeigt hat, bildet sich Rohrzucker aus dem Trisaccharid
Raffinose durch selektive enzymatische Hydrolyse mittels Emulsin[3]).

Rohrzucker bildet große, farblose, monokline Krystalle von stark süßem
und angenehmem Geschmack. Er löst sich leicht in Wasser, dagegen schwer in
starkem Alkohol. Er schmilzt gegen 160° und geht weiterhin in Caramel über.
Das spezifische Drehungsvermögen $[\alpha]_D^{20} = +66,5°$ ist in verhältnismäßig weiten
Grenzen von der Temperatur und besonders von der Konzentration unabhängig.
Darauf beruht die Möglichkeit, Rohrzucker in Abwesenheit anderer optisch-
aktiver Substanzen polarimetrisch zu bestimmen. Den qualitativen Nachweis
des Rohrzuckers kann man auf die Tatsache gründen, daß er FEHLINGsche Lösung
nicht reduziert, daß aber bei der Hydrolyse mit Säuren oder mit Saccharase
gleiche Teile Traubenzucker und Fruchtzucker entstehen, die FEHLINGsche
Lösung reduzieren. Wenn man die Hydrolyse unter entsprechenden Kautelen
ausführt, kann man auch aus dem Unterschied der optischen Drehung vor und
nach der Hydrolyse auf den Gehalt an Rohrzucker schließen. Am sichersten
wird es aber immer sein, den Rohrzucker in Substanz zu isolieren und ihn dann
polarimetrisch zu identifizieren. Einen Nachweis des Rohrzuckers hat man auch
auf die Tatsache zu gründen gesucht, daß die reduzierenden Zucker beim Stehen
mit Natronlauge ihr Drehungsvermögen verlieren, während Rohrzucker unverändert bleibt.

Rohrzucker verbindet sich mit anorganischen Basen zu den sog. Saccharaten.
Mit Phenylhydrazin verbindet sich Rohrzucker zwar nicht direkt, doch sind
leicht Verwechslungen mit osazongebenden Zuckern deshalb möglich, weil Rohrzucker viel leichter als andere Disaccharide hydrolisiert wird und darum bei der
Osazonprobe auch gewisse Mengen Glucosazon liefert.

Milchzucker, Lactose, Galactosido-glucose[4]). Kommt in reichlicher Menge
in der Milch der Säugetiere vor, ferner im Harn von Wöchnerinnen und säugenden Tieren. Er ist der einzige Zucker der Milch und wird scheinbar erst in
der Milchdrüse gebildet. Es ist nichts darüber bekannt, welchen Nutzen gerade
das Vorhandensein dieses Disaccharids in der Milch mit sich bringt, das ander-
wärts, z. B. im Pflanzenreich, bisher nirgends beobachtet worden ist. Man kennt

---

[1]) HAWORTH, W. N. u. W. H. LINELL: Journ. of the chem. soc. (London) Bd. 123,
S. 294 u. 301. 1923. — BERGMANN, M. u. A. MIEKELEY: Ber. d. dtsch. chem. Ges. Bd. 55,
S. 1390. 1922; Bd. 56, S. 1227. 1923. — HAWORTH u. HIRST: Journ. of the chem. soc.
(London) Bd. 129, S. 1858. 1926.

[2]) SMOLENSKI: Hoppe-Seylers Zeitschr. f. physiol. Chem. Bd. 60, S. 119. 1909. —
LÉPINE, R. u. BOULUD: Cpt. rend. des séances de l'acad. des sciences Bd. 133, S. 138.
1901; Bd. 134, S. 398. 1902.

[3]) NEUBERG: Biochem. Zeitschr. Bd. 3, S. 519. 1907.

[4]) Vgl. PRYDE, J., E. L. HIRST u. R. W. HUMPHREYS: Journ. of the chem. soc. (London)
Bd. 127, S. 348. 1925. — HAWORTH, W. N., O. A. RUELL u. S. CR. WESTGARTH: Ebenda Bd. 125,
S. 2468. 1925.

ein krystallisiertes Monohydrat und zwei krystallisierte wasserfreie Formen. $[\alpha]_D^{20} = +55,3\,°$ (Endwert, auf wasserfreien Zucker berechnet). Bei der Hydrolyse mit verdünnten Säuren entstehen gleiche Teile d-Glucose und d-Galactose. Auch verschiedene Fermente der Emulsingruppe, der Takadiastase, der Dünndarmschleimhaut junger Tiere, ferner die Kefirlactase bewirken dieselbe Spaltung. Die üblichen Hefen erzeugen keine Gärung, wohl aber die sog. Milchzuckerhefen, sowie gewisse Torulaceen. Eine große Anzahl Bakterien erzeugt aus Milchzucker Milchsäure.

Lactosephenylosazon $C_{24}H_{32}O_9N_4$ schmilzt über $203\,°$ unter Zersetzung. Man kennt auch ein Anhydrid dieses Osazons von der Formel $C_{24}H_{28}O_8N_4$, das erst bei $224\,°$ schmilzt.

Lactose reduziert Fehlingsche Lösung. Die reduzierende Gruppe sitzt im Glucoseanteil, entsprechend der in der Überschrift angedeuteten Struktur.

Melibiose, Galactosido-glucose[1]) entsteht bei partieller Hydrolyse des natürlichen Trisaccharids Raffinose neben Fructose $[\alpha]_D = +142,5\,°$. Reduziert Fehlingsche Lösung. Enthält wie Milchzucker Galactose und Glucose, und zwar Galactose in glucosidischer Form, dagegen Glucose in reduzierender Form. Melibiosephenylosazon schmilzt bei $178-179\,°$ [bzw. $190-192\,°$ auf dem Maquenneblock[2])].

Eine Reihe weiterer, gelegentlich durch Abbau von Trisacchariden oder Glucosiden aufgefundener oder synthetischer Disaccharide kann hier nicht besonders genannt werden. Erwähnt soll nur werden, daß auch Pentosen und Methylpentosen als Komponenten natürlicher Disaccharidkomplexe wiederholt beobachtet worden sind. So ist die Vicianose $C_{11}H_{20}O_{10}$, die, mit Benzaldehyd und Blausäure (bzw. Mandelsäurenitril) vereinigt, das Vicianin von Vicia angustifolia bildet, eine Arabinosidoglucose. Glucosidoxylose ist in Form von zwei Dibenzoylverbindungen in einer Leguminose aufgefunden worden[3]).

Trisaccharide.

Raffinose, Melitriose, Galactosido-glucosido-fructosid. Sie ist im Pflanzenreich überaus verbreitet. Da sie den Rohrzucker in der Rübe unter gewissen anormalen Wachstumsbedingungen begleitet, reichert sie sich häufig in den letzten Mutterlaugen der Rübenzuckerfabrikation an.

Raffinose $C_{18}H_{32}O_{16}$ krystallisiert mit 5 Molekülen H_2O in farblosen Nadeln oder Prismen, von $[\alpha]_D = +104,4\,°$ ohne Mutarotation. Sie löst sich leicht in Wasser, diese Lösung schmeckt aber kaum süß. Von verdünnten Alkalien wird sie nicht gebräunt. Sie reduziert Fehlingsche Lösung nicht. Bei der Spaltung mit Säuren entstehen, wenn sie vollständig ist, gleiche Teile d-Fructose, d-Glucose und d-Galactose. Da Raffinose zwei verschieden geartete Disaccharidbindungen enthält, so gelingt es, den Spaltungsprozeß mit Säuren stufenweise vorzunehmen und erst die empfindliche Glucose-Fructose-Bindung zu lösen. Dabei entsteht das bereits vorher besprochene Disaccharid Melibiose (Galactosidoglucose). Arbeitet man bei der Spaltung statt mit Säuren mit Enzymen, so kann man deren ausgesprochene Spezifität benützen, um nach Belieben mit Invertin nur die Bindung zwischen Glucose und Fructose, oder mit „Emulsin" nur die Bindung zwischen Glucose und Galactose zu lösen. Im letzteren Fall entstehen Galactose und Rohrzucker.

---

[1]) Haworth u. Leitch: Journ. of the chem. soc. (London) Bd. 113, S. 188. 1918. — Haworth, Hirst u. Ruell: Ebenda Bd. 123, S. 3125. 1923. — Pictet, A. u. H. Vogel: Helvetica chim. acta Bd. 9, S. 806. 1926.

[2]) Bierry, H.: Biochem. Zeitschr. Bd. 44, S. 436. 1912.

[3]) Power u. Salway: Journ. of the chem. soc. (London) Bd. 105, S. 767 u. 1062. 1914. — Tutin, F.: Ebenda Bd. 107. S. 7. 1915.

Gentianose kommt in den Wurzeln von Gentiana lutea neben Rohrzucker vor. Sie reduziert nicht. Invertase oder sehr verdünnte Schwefelsäure zerlegen in *d*-Fructose und Gentiobiose (Glucosidoglucose), starke Säuren in 1 Mol *d*-Fructose und 2 Mol *d*-Glucose.

Melezitose, in bestimmten Mannaarten und im Honigtau der Linde, reduziert nicht, gibt bei vorsichtiger Spaltung *d*-Glucose und Turanose, ein reduzierendes Disaccharid aus *d*-Glucose und *d*-Fructose[1]).

Mannino-Trisaccharid, in der Eschenmanna. Es reduziert Fehlingsche Lösung und liefert ein Phenylosazon [Schmpt. 124°][2]). Mit Säuren oder mit den „Emulsin"-fermenten entstehen daraus 2 Moleküle *d*-Galaktose und 1 Molekül *d*-Glucose.

Rhamninose reduziert ebenfalls und zerfällt bei der Spaltung in 1 Molekül Galaktose und 2 Moleküle *l*-Rhamnose, enthält also eine Methylpentose. Sie ist als Glucosid in den Früchten von Rhamnus infectoria enthalten.

Verschiedene neue *Trisaccharide* sollen nach den Beobachtungen der letzten Jahre beim *Abbau von Stärke* mit Fermenten oder starken Säuren entstehen. Von ihnen ist vorerst nur ein reduzierendes Trisaccharid einigermaßen charakterisiert, das beim *diastatischen Abbau von Stärke* unter besonderen Bedingungen entstehen soll[3]). Es soll durch ein Ferment der bitteren Mandeln in Maltose + Glucose, durch Malz- oder Hefenenzyme in Isomaltose + Glucose gespalten werden.

Auch das beim acetolytischen Abbau von Cellulose erhaltene reduzierende Trisaccharid *Procellose* bedarf noch der weiteren Untersuchung[4]).

Tetrasaccharid.

Die krystallisiert erhaltene Stachyose $C_{24}H_{42}O_{21}$ aus den Wurzelknollen von Stachys tuberifa reduziert nicht. Sie zerfällt zunächst in d-Fructose und Mannino-Trisaccharid oder bei vollständiger Hydrolyse in 1 Molekül Glucose, 1 Molekül Fructose und 2 Molekül Galaktose.

III. Zuckeranhydride.

Die Zuckeranhydride stehen in enger Beziehung zu den Glucosiden und Disacchariden. Man kann die Disaccharide als Glucoside auffassen, in welchen die Lactolgruppe *eines* Zuckers mit einem Hydroxyl eines *zweiten* Zuckers unter Wasseraustritt reagiert hat. Die Zuckeranhydride kann man sich aus den Lactolformen der Zucker so abgeleitet denken, daß das Lactolhydroxyl mit einem anderen Hydroxyl *desselben* Zuckermoleküls unter Wasserabspaltung reagiert. Infolgedessen enthalten die Zuckeranhydride 1 Molekül Wasser weniger als die zugehörigen freien Zucker. Derartige Anhydride können naturgemäß ebensogut aus Monosacchariden wie aus Di- oder Polysacchariden entstehen. Sie enthalten die charakteristische Gruppe der Zucker nicht mehr in unversehrtem Zustand. Darum ändert man bei der Benennung derartiger Zuckeranhydride in den Namen der *freien* Zucker die charakteristische Gruppenendsilbe „ose" in „osan" ab. Ein solches Zuckeranhydrid aus Glucose wird demnach statt Glucoseanhydrid abgekürzt Glucosan genannt.

Die Anhydride einfacher und zusammengesetzter Zucker finden wegen ihrer möglichen Beziehung zu den komplizierten natürlichen Polysacchariden (s. weiter unten) wachsendes Interesse. Hier können nur einige einfache als Individuen wohldefinierte Vertreter dieser Spezialgruppe Erwähnung finden.

---

[1]) Kuhn. R. u. G. E. v. Grundherr: Ber. d. dtsch. chem. Ges. Bd. 59, S. 1655. 1926. — Zemplén, G.: Ebenda Bd. 59, S. 2539. 1926.

[2]) Bierry, H.: Biochem. Zeitschr. Bd. 44, S. 457. 1912.

[3]) Ling, A. R. u. D. R. Nanji: Transact. of the chem. soc. (London) Bd. 123, S. 2666. 1923.

[4]) Bertrand, G. u. L. Benoist: Cpt. rend. des séances de l'acad. des sciences Bd. 176, S. 1583. 1923.

Laevoglucosan (β-Glucosan) hat man ein linksdrehendes, gut krystallisiertes Anhydrid der Glucose genannt, das Tanret[1]) durch alkalische Spaltung des Piceins, eines Glucosids aus den Blättern von Pinus picea, erhalten hat. Später hat Pictet[2]) gezeigt, daß man Laevoglucosan leicht durch Destillation von Stärke und Cellulose unter vermindertem Druck gewinnen kann. Karrer und Smirnoff[3]) haben Laevoglucosan synthetisch bereitet. Man gibt dem Laevoglucosan heute meist die Formel

$$\begin{array}{c}\overbrace{\qquad\qquad\qquad}^{\text{O}}\\[2pt] \text{H}\quad\text{H}\quad\text{OH}\ \text{H}\\ \text{CH}_2\text{—C—C—C—C—CH}\\ \text{OH}\ \ \ \ \ \text{H}\ \ \text{OH}\\ \underbrace{\qquad\qquad}_{\text{O}}\end{array}$$

oder ähnliche Formeln mit ⟨1,6⟩, ⟨1,5⟩-Sauerstoffbrücken.

Glucosan (α-Glucosan) entsteht neben anderen Produkten beim Erhitzen von Glucose[4]). Man arbeitet dabei zweckmäßig im Vakuum.

Die Krystallisation bereitet Schwierigkeiten. Pictet und seine Mitarbeiter nehmen für das Glucosan die folgende Formel an:

$$\begin{array}{c}\text{H}\quad\text{H}\quad\text{OH}\ \text{H}\quad\text{H}\\ \text{CH}_2\text{OH—C—C—C—C—C}\\ \text{OH}\ \ \ \ \ \text{H}\ \ \ \ \text{O}\\ \underbrace{\qquad\qquad}_{\text{O}}\end{array}$$

Durch Ringsprengung mit methylalkoholischer Chlorwasserstofflösung entsteht ausschließlich α-Methylglucosid. Ein ähnliches Zuckeranhydrid nehmen Bergmann und Schotte[5]) als Zwischenprodukt der Oxydation von Glucal an, die in Wasser ohne weiteres zu Mannose, in Methylalkohol zu Methylmannosid führt.

$$\begin{array}{c}\text{H}\quad\text{H}\quad\text{OH}\\ \text{CH}_2\text{OH—C—C—C—CH=CH}\\ \text{OH}\ \ \ \ \text{H}\\ \underbrace{\qquad\qquad}_{\text{O}}\end{array}\qquad\text{Glucal}^{6}).$$

$$\downarrow + \text{O}$$

$$\begin{array}{c}\text{H}\quad\text{H}\quad\text{OH}\quad\text{O}\\ \text{CH}_2\text{OH—C—C—C—CH—CH}\\ \text{OH}\ \ \ \ \text{H}\\ \underbrace{\qquad\qquad}_{\text{O}}\end{array}\qquad\text{Intermediäres Anhydrid}^{6}).$$

$$\downarrow + \text{HOH}$$

$$\begin{array}{c}\text{H}\quad\text{H}\quad\text{OH}\ \text{OH}\\ \text{CH}_2\text{OH—C—C—C—C—CH(OH)}\\ \text{OH}\ \ \ \ \text{H}\ \ \text{H}\\ \underbrace{\qquad\qquad}_{\text{O}}\end{array}\qquad\text{Mannose}^{6}).$$

[1]) Tanret: Bull. de la soc. chim. Ser. 3, Bd. 11, S. 949. 1894.

[2]) Pictet, A. u. J. Sarasin: Helvetica chim. acta Bd. 1, S. 87. 1918.

[3]) Karrer u. Smirnoff: Helvetica chim. acta Bd. 4, S. 817. 1921.

[4]) Gélis, M. A.: Cpt. rend. des séances de la soc. de biol. Bd. 51, S. 331. 1860. — Pictet, A. u. P. Castan: Helvetica chim. acta Bd. 3, S. 645. 1920.

[5]) Bergmann u. Schotte: Ber. d. dtsch. chem. Ges. Bd. 54, S. 440 u. 1564. 1921.

[6]) Für alle diese Formeln gilt der mehrfach geäußerte Vorbehalt in bezug auf die Spannweite der Sauerstoffbrücke. Wegen Glucal vgl. insbesondere M. Bergmann u. A. Miekeley: Ber. d. dtsch. chem. Ges. Bd. 55, S. 1402. 1922.

Daß sich die verschiedenen Zuckeranhydride in ihrer Beständigkeit und in anderen Eigenschaften weitgehend unterscheiden, liegt durchaus im Bereiche der Möglichkeit und ist sogar nach neueren Untersuchungen[1]) über die gegenseitige Beeinflussung von Sauerstoffringen und Hydroxylen bei Zuckerabkömmlingen einigermaßen selbstverständlich.

Eigenartige physikalische Eigenschaften weist ein Anhydrid $C_{12}H_{20}O_{10}$ der Cellobiose auf, das M. BERGMANN und E. KNEHE[2]) durch Abbau von natürlicher Cellulose gewinnen konnten. Es ist in freiem Zustand trotz seiner zahlreichen Hydroxyle völlig unlöslich in Wasser, gleicht also hierin noch der Cellulose. Dagegen sind ein krystallisiertes Tetracetat und ein Hexacetat dieses Cellobioseanhydrids beschrieben worden, die sich durchaus normal verhalten und in den üblichen Lösungsmitteln für acetylierte Zucker leicht aufgenommen werden.

In funktionellem Gegensatz zu den eben besprochenen Zuckeranhydriden stehen die sog. Anhydrozucker, bei welchen die typische Gruppe der Zucker, oder wenigstens die Carbonylgruppe, von der Anhydrisierung nicht betroffen werden. Ein Beispiel ist die Anhydroglucose von E. FISCHER und ZACH[3]), für welche hauptsächlich die Struktur

$$CH_2\!-\!C\!-\!C\!-\!C\!-\!C\!-\!CHO$$

in Betracht gezogen worden ist. Dementsprechend bildet die Anhydroglucose ein Glucosid, Hydrazone und Osazon, und läßt sich am Carbonylkohlenstoff zur Carbonsäure oxydieren und zum entsprechenden Alkohol reduzieren.

Aus Glucosamin entsteht mit salpetriger Säure ein Anhydrozucker, die sog. Chitose, der man die Formel

$$CH_2OH \cdot CH \cdot CHOH \cdot CHOH \cdot CH \cdot CHO$$

zuschreibt.

IV. Desoxyzucker.

Desoxyzucker nennt man eine Reihe auch in der Natur vertretener Stoffe, die sich von den echten, natürlichen Zuckern durch einen Mindergehalt von Hydroxylen auszeichnen. Streng genommen könnten also auch die Methylpentosen als 6-Desoxyhexosen bezeichnet werden. Wichtiger, und von den echten, natürlichen Zuckern charakteristischer unterschieden sind solche Desoxyzucker, welchen das Hydroxyl an jenem Kohlenstoff fehlt, das der Carbonylgruppe benachbart ist.

Die Formel einer derartigen 2-Desoxymethylpentose

$$CH_3 \cdot CH(OH) \cdot CH(OH) \cdot CH(OH) \cdot CH_2 \cdot CHO$$

hat KILIANI[4]) der von ihm aus dem Digitalin durch Spaltung gewonnenen Digitoxose zugeschrieben. Die von AD. WINDAUS und L. HERMANNS[5]) aus anderen Digitalisglucosiden gewonnene Cymarose ist scheinbar der Monomethyläther der Digitoxose oder eines verwandten Desoxyzuckers.

---

[1]) BERGMANN, M.: Liebigs Ann. d. Chem. Bd. 443, S. 223. 1925.

[2]) BERGMANN, M. u. E. KNEHE: Liebigs Ann. d. Chem. Bd. 445, S. 1. 1925.

[3]) FISCHER, E. u. ZACH: Ber. d. dtsch. chem. Ges. Bd. 45, S. 459. 1912. Vgl. auch B. HELFERICH, W. KLEIN u. W. SCHÄFER: Ebenda Bd. 59, S. 79. 1926.

[4]) KILIANI: Ber. d. dtsch. chem. Ges. Bd. 38, S. 4040. 1905 (dort Literatur).

[5]) WINDAUS, AD. u. L. HERMANNS: Ber. d. dtsch. chem. Ges. Bd. 48, S. 979. 1915; vgl. auch Bd. 58, S. 1509. 1925.

M. Bergmann hat eine Reihe von Desoxyzuckern synthetisch bereitet, insbesondere die 2-Desoxyglucose

$$\text{CH(OH)}\overset{\overset{\displaystyle H}{|}}{\underset{\underset{\displaystyle OH}{|}}{C}}\;\overset{\overset{\displaystyle H}{|}}{\underset{\underset{\displaystyle OH}{|}}{C}}\;\overset{\overset{\displaystyle OH}{|}}{\underset{\underset{\displaystyle H}{|}}{C}}\text{CH}_2 \cdot \text{CHO}$$

und gezeigt, daß es sich hier um eine besondere, von den Zuckern durch eine Reihe typischer Reaktionen unterschiedene Stoffgruppe (sog. Desosen) handelt. Die 2-Desoxyzucker geben keine Osazone, sind außerordentlich empfindlich gegen Säuren, die tiefgreifende Zersetzungen bewirken, färben Fichtenholz in Gegenwart von Chlorwasserstoffdämpfen grün und gehen mit sehr viel größerer Leichtigkeit als die natürlichen Zucker in glucosidartige Cycloacetale über, die ihrerseits wieder viel leichter als die echten Glucoside von stark verdünnten, wässerigen Säuren hydrolisiert werden.

Da sich die neuerdings beschriebenen Cycloacetale einer 2,3-Bisdesoxyglucose

$$\text{CH}_2\text{(OH)}\overset{\overset{\displaystyle H}{|}}{\underset{\underset{\displaystyle OH}{|}}{C}}\;\overset{\overset{\displaystyle H}{|}}{\underset{\underset{\displaystyle OH}{|}}{C}}\text{CH}_2\text{---CH}_2 \cdot \text{CHO}$$

ebenfalls durch extreme hydrolytische Empfindlichkeit auszeichnen, hat man[1]) auf einen stabilisierenden Einfluß der Hydroxyle am Kohlenstoff 2 und 3 des Traubenzuckers auf die Stabilität der Glucoside und Disaccharide geschlossen. Dieser Einfluß muß bei der fermentativen Spaltung dieser Verbindungen erst durch das Ferment überwunden werden.

V. Stickstoffhaltige Zucker.

In diese Gruppe gehören jene Abarten der einfachen Zucker, in welchen ein Sauerstoffatom durch die Iminogruppe ersetzt ist, und die trotzdem noch die wesentlichen Eigentümlichkeiten der Zucker aufweisen. Je nach der Natur des ersetzten Sauerstoffatoms hat man mit folgenden Typen von Amino- und Iminozuckern zu rechnen:

1. Ersatz von OH durch NH_2, z. B.

$$\text{CH}_2\text{(OH)} \cdot \text{CH(OH)} \cdot \text{CH(OH)} \cdot \text{CH(OH)} \cdot \text{CH(NH}_2) \cdot \text{CHO}$$

nebst den entsprechenden Cycloformen.

2. Ersatz von Carbonyl- oder Ringsauerstoff durch NH, z. B.

$$\text{CH}_2\text{(OH)} \cdot \text{CH(OH)} \cdot \text{CH(OH)} \cdot \text{CH(OH)} \cdot \text{CH(OH)} \cdot \text{CH} = \text{NH}$$

bzw. die zugehörigen Cycloformen, wie

$$\text{CH}_2\text{(OH)} \cdot \text{CH(OH)} \cdot \overset{\displaystyle \text{CH}}{\underset{\underline{\qquad\qquad O \qquad\qquad}}{|}} \cdot \text{CH(OH)} \cdot \text{CH(OH)} \cdot \text{CH} \cdot \text{NH}_2$$

oder wie

$$\text{CH}_2\text{(OH)} \cdot \text{CH(OH)} \cdot \overset{\displaystyle \text{CH}}{\underset{\underline{\qquad\qquad NH \qquad\qquad}}{|}} \cdot \text{CH(OH)} \cdot \text{CH(OH)} \cdot \text{CH(OH)}.$$

Solche „Aminozucker", wie sie gewöhnlich kurz, wenn auch nicht korrekt, genannt werden, kommen in einer ganzen Reihe von Naturstoffen als Bestandteile von Polysacchariden, Glucosiden oder Estern vor. Man sieht die Aminozucker auch vielfach als Zwischenglieder zwischen den Aminosäuren und den stickstoff-

---

[1]) Bergmann, M.: Liebigs Ann. d. Chem. Bd. 443, S. 223. 1925.

freien einfachen Zuckern an. Wahrscheinlich ist aber diese Übergangsstellung nur eine formale, und der physiologische Übergang von Kohlehydraten in Eiweißstoffe oder deren Bausteine bedient sich ganz anderer Zwischenprodukte.

Über das natürliche Vorkommen von Aminopentosen ist sehr wenig bekannt geworden. OFFER[1]) will in der Pferdeleber ein Dipentosamin $(C_5H_7O_3NH_2)_2 \cdot H_2O$ aufgefunden haben. Aber eine Bestätigung dieser Beobachtung steht noch aus.

Dagegen sind eine ganze Reihe Aminohexosen in ihrem natürlichen Vorkommen und ihrer biologischen Bedeutung vollständig gesichert[2]).

$$d\text{-}Glucosamin\ (Chitosamin),\quad CH_2(OH) \cdot \overset{\overset{\displaystyle H}{|}}{\underset{\underset{\displaystyle OH}{|}}{C}} \cdot \overset{\overset{\displaystyle H}{|}}{\underset{\underset{\displaystyle OH}{|}}{C}} \cdot \overset{\overset{\displaystyle OH}{|}}{\underset{\underset{\displaystyle H}{|}}{C}} \cdot \overset{\overset{\displaystyle NH_2}{|}}{\underset{\underset{\displaystyle H}{|}}{C}} \cdot CH = O .$$

Es wurde von LEDDERHOSE[3]) bei der Hydrolyse des komplexen, stickstoffhaltigen Kohlehydrates Crustaceenschalen (Chitin) mit Salzsäure entdeckt und als salzsaures Salz abgeschieden. Später haben WINTERSTEIN[4]) und GILSON[5]) bei der Hydrolyse von „Pilzcellulose", die scheinbar dem Chitin sehr nahesteht oder mit ihm identisch ist, ebenfalls Glucosamin gewonnen. FR. MÜLLER[6]) u. a. haben Glucosamin durch Hydrolyse des Mucins der Submaxillardrüsen und anderer Mucine und Proteine erhalten.

Für die strukturelle Aufklärung des Glucosamins war zunächst die Feststellung wichtig, daß mit Phenylhydrazin Glucosazon entsteht, daß also die Aminogruppen am Kohlenstoff 1 oder 2 sitzen und im übrigen der strukturelle und räumliche Bau der Glucose oder Mannose vorliegen muß. Die Oxydation des Carbonyls zum Carboxyl bei der Überführung in Glucosaminsäure zeigte, daß eine Amino-Aldohexose vorliegt. Die oben wiedergegebene räumliche Formel ist den systematischen Untersuchungen LEVENES[7]) über Hexosamine zu verdanken. E. FISCHER und LEUCHS[8]) hatten schon vor längerer Zeit die Synthese des Glucosamins, von d-Arabinose ausgehend, durchgeführt.

Das aus entkalkten Hummerschalen leicht erhältliche *Glucosamin-Chlorhydrat* krystallisiert besonders gut. Es löst sich leicht in Wasser, schmeckt süß, zeigt in wässeriger Lösung Mutarotation mit dem Endwert $[\alpha]_D = +72,5°$. Mit wasserfreiem Diäthylamin oder mit Natriummethylat erhält man das ebenfalls krystallisierte *freie Glucosamin* vom unscharfen Schmpt. 105—110°. Es reagiert alkalisch und reduziert FEHLINGsche Lösung. In wässeriger und in methylalkoholischer Lösung erfolgen verhältnismäßig verwickelte Veränderungen. Mit Phenylisocyanat erhält man ein farbloses, krystallisiertes Hydantoinderivat $C_{13}H_{16}O_5N_2$ vom Schmpt. 210°, das sich zum Nachweis des Glucosamins eignet. Auch die Verbindung mit Phenylsenföl ist für diesen Zweck vorgeschlagen worden. Mit Salpetersäure entsteht aus Glucosamin die ebenfalls zur Identifizierung verwendete Isozuckersäure. Bei der Osazonprobe liefert Glucosamin Glucosazon. d-Glucosamin wird durch Hefe nicht vergärt. Beim bakteriellen

[1]) OFFER: Beitr. z. chem. Physiol. u. Pathol. Bd. 8, S. 339. 1906.

[2]) LEVENE, P. A.: Monographie.

[3]) LEDDERHOSE: Ber. d. dtsch. chem. Ges. Bd. 9, S. 1200. 1876; Hoppe-Seylers Zeitschr. f. physiol. Chem. Bd. 4, S. 139. 1880.

[4]) WINTERSTEIN: Ber. d. dtsch. chem. Ges. Bd. 27, S. 3113. 1894; Bd. 28, S. 168. 1895.

[5]) GILSON: Ber. d. dtsch. chem. Ges. Bd. 28, S. 821. 1895.

[6]) MÜLLER, FR.: Zeitschr. f. Biol. N. F. Bd. 24. 1901; Festschr. f. C. Voit.

[7]) Vgl. insbesondere LEVENE: Biochem. Zeitschr. Bd. 124, S. 37, und die Monographie, Hexosamines and Mucoproteins, London 1925.

[8]) FISCHER, E. u. LEUCHS: Ber. d. dtsch. chem. Ges. Bd. 36, S. 24. 1903.

Abbau von Glucosamin entstehen nach E. Abderhalden und K. Fodor[1]) Milchsäure und Propionsäure. Ob dabei intermediär eine Hexose auftritt, ist nach K. Meyer[2]) nicht erwiesen.

Die Einführung von Aminosäuren in die Aminogruppe des Glucosamins haben Ch. Weizmann und A. Hopwood[3]) erreicht, wobei aber gleichzeitig eine Anhydrisierung des Glucosamins eintrat. Die genannten Forscher vermuten, daß ihre Aminoacyl-Glucosaminanhydride den natürlichen Glykoproteinen verwandt seien.

Da der Glucosaminrest im Chitin acetyliert ist, scheint das natürliche Vorkommen von esterartigen Verbindungen auch des freien Glucosamins nicht verwunderlich. Jener Stoff, der im normalen und pathologischen Harn die Dimethylamino-Benzaldehydreaktion nach P. Ehrlich[4]) gibt, soll Formylglucosamin oder Acetylpentosamin sein. N-Acetylglucosamin ist durch Hydrolyse von Chitin erhalten worden[5]).

Chondrosamin $C_6H_{13}O_5N$ entsteht bei der Hydrolyse von Chondroitinschwefelsäure und wird präparativ aus dem Knorpel der Nasenscheidewand bereitet[6]). Das Chondrosamin ist auch synthetisch bereitet worden[7]). Es steht zur Galactose in einem nahen Verhältnis und liefert bei der Osazonprobe *d*-Galactosazon.

Eine Reihe weiterer Aminozucker, auch solche mit anderer Stellung der Aminogruppe, sind synthetisch bereitet worden.

Jene schon weiter oben erwähnten Aminozucker, bei welchen der Stickstoffrest in die Carbonyl- bzw. Lactolgruppe eingreift, haben bisher biologische Bedeutung nicht erlangt. Auf ihre eingehendere Schilderung kann daher hier verzichtet werden.

VI. Aldehyd- und Ketosäuren.

Glyoxylsäure hat nicht die Formel $CHO \cdot COOH$, sondern enthält 1 Mol. Wasser mehr: $CH(OH)_2 \cdot COOH$. Sie ist in grünen Pflanzenteilen sehr verbreitet. Am bekanntesten ist ihr Vorkommen in unreifen Früchten. Von verschiedenen Forschern ist ihr Vorkommen im Harn, speziell während der ersten und letzten Zeit der Schwangerschaft, behauptet worden[8]). Glyoxylsäure löst sich leicht in Wasser und ist aus konzentrierter Lösung mit Wasserdämpfen etwas flüchtig. Glyoxylsäure gibt als Aldehyd mit Alkalibisulfiten eine Verbindung, ebenso mit Hydroxylamin ein Oxim. Charakteristisch ist das schöne gelbe Phenylhydrazon $C_6H_5NH \cdot N = CH \cdot COOH$ vom Schmpt. 137. Beim Kochen mit Kalilauge reagieren zwei Moleküle Glyoxylsäure unter Dismutation zu Oxalsäure $COOH \cdot COOH$ und Glykolsäure $CH_2OH \cdot COOH$. Physiologisches Interesse hat die Tatsache, daß Glyoxylsäure mit Ammoncarbonat bei nachfolgender Spaltung neben Kohlensäure und Ameisensäure Glykokoll liefert[9]). Vielleicht führt in der Pflanze ein Weg vom Formaldehyd zur Glykolsäure und weiter zum Glykokoll.

---

[1]) Abderhalden, E. u. K. Fodor: Hoppe-Seylers Zeitschr. f. physiol. Chem. Bd. 87, S. 214. 1913.

[2]) Meyer, K.: Biochem. Zeitschr. Bd. 58, S. 415. 1914.

[3]) Weizmann, Ch. u. A. Hopwood: Chem. Zentralbl. 1913, II, S. 1207; Proc. of the roy. soc. of London, Ser. A, Bd. 88, S. 455.

[4]) Ehrlich, P.: Med. Wochenschr. 1901, Nr. 15. — Pröscher, F.: Hoppe-Seylers Zeitschr. f. physiol. Chem. Bd. 31, S. 520. 1901.

[5]) Fränkel, S. u. A. Kelly: Monatshefte f. Chem. Bd. 23, S. 123. 1902.

[6]) Levene, P. A.: Journ. of biol. chem. Bd. 26, S. 143. 1916; Bd. 39, S. 69. 1920.

[7]) Levene, P. A.: Biochem. Zeitschr. Bd. 124, S. 60. 1921.

[8]) Literatur: Hofbauer: Hoppe-Seylers Zeitschr. f. physiol. Chem. Bd. 52, S. 428. 1907. — Eppinger, H.: Beitr. z. chem. Physiol. u. Pathol. Bd. 6, S. 492. 1905. — Schloss, E.: Ebenda Bd. 8, S. 445. 1906. — Graustöm, E.: Ebenda Bd. 11, S. 132. 1908.

[9]) Erlenmeyer jun. u. Kunlin: Ber. d. dtsch. chem. Ges. Bd. 35, S. 2438. 1902.

$$\text{\textit{d-Glucuronsäure}} \qquad COOH-\overset{\overset{\textstyle H}{|}}{\underset{\underset{\textstyle OH}{|}}{C}}-\overset{\overset{\textstyle H}{|}}{\underset{\underset{\textstyle OH}{|}}{C}}-\overset{\overset{\textstyle OH}{|}}{\underset{\underset{\textstyle H}{|}}{C}}-\overset{\overset{\textstyle H}{|}}{\underset{\underset{\textstyle OH}{|}}{C}}\cdot CHO$$

ist ein sehr wichtiges Stoffwechselprodukt, das in Form der sog. gepaarten Glucuronsäuren im Harn und im Blute auftritt. Durch hydrolytische Spaltung liefert diese freie Glucuronsäure und den Paarling (Phenole, Alkohole und dgl.). Besonders reichlich sind die Mengen der gepaarten Glucuronsäuren im Harn nach Eingabe gewisser Stoffe, die vom Organismus entweder direkt oder nach geeigneter Umwandlung an Glucuronsäure gekuppelt zur Ausscheidung kommen. Darauf beruht die gegenwärtig bequemste Darstellung. Man verabfolgt an Menschen oder an Kaninchen Menthol und spaltet die aus dem Harn leicht zu gewinnende Mentholglucuronsäure[1]). Dabei gewinnt man Glykuronsäure zunächst als sauren Sirup, der allmählich in die Krystalle des wasserärmeren Lactons $C_6H_8O_6$ übergeht. Sie schmelzen bei 175° und zeigen in wässeriger, etwa 10 proz. Lösung $[\alpha]_D = +18$ bis $19°$[2]). Glucuronsäure reduziert FEHLINGsche Lösung. Mit Hydrazinen kann sie, infolge der gleichzeitigen Gegenwart einer Aldehyd- und Carboxylgruppe auf verschiedene Weise reagieren[3]). NEUBERG empfiehlt zum Nachweis der Glucuronsäure die Verbindung mit p-Bromphenylhydrazin, sowie das Cinchoninsalz, BERGMANN und WOLFF ziehen die Umsetzung mit Phenylhydrazin und mit Benzylphenylhydrazin bei Zimmertemperatur vor.

Durch Fäulnis kann Glucuronsäure nach E. SALKOWSKI und NEUBERG[4]) in l-Xylose übergehen.

Beim Destillieren mit Salzsäure gibt Glucuronsäure wie die Pentosen Furfurol, aber daneben noch Kohlensäure. Dies kann zur Bestimmung und Unterscheidung von den Pentosen ausgenutzt werden[5]). Zum qualitativen Nachweis dient die schöne, blaue bis rotviolette Farbreaktion beim Kochen mit Naphthoresorcin und Salzsäure und nachfolgendem Ausschütteln mit Äther oder Benzol oder Chloroform[6]). Zu berücksichtigen ist dabei, daß auch die anderen Carbonylsäuren, z. B. die zuvor beschriebene Glyoxylsäure, ein verwandtes Verhalten zeigen! Andererseits kann die Gegenwart anderer Stoffe (Aceton, Formaldehyd, Zucker) die Reaktion öfters hindern. Glucuronsäurelösungen geben schließlich in Gegenwart von α-Naphthol beim Unterschichten mit Schwefelsäure eine smaragdgrüne, oder bei großer Verdünnung eine blaue Färbung. Dabei ist auf die Abwesenheit von Nitriten und Nitraten zu achten.

Unter den außerordentlich zahlreich bekannt gewordenen gepaarten Glucuronsäuren enthält die Mehrzahl alkoholische oder phenolische Paarlinge, die aller Wahrscheinlichkeit nach in die Aldehydgruppe nach Art der Glucosidbindung eingefügt sind. Sie sind fast ausnahmslos linksdrehend und reduzieren in der Mehrzahl FEHLINGsche Lösung nicht. Bei der Hydrolyse mit nicht zu

---

[1]) NEUBERG u. LACHMANN: Biochem. Zeitschr. Bd. 24, S. 418. 1910. — BANG, J.: Ebenda Bd. 32, S. 445. 1911.

[2]) Vgl. dazu SCHÜLLER: Chem. Zentralbl. 1911, II, S. 1050.

[3]) Angaben darüber bei THIERFELDER: Hoppe-Seylers Zeitschr. f. physiol. Chem. Bd. 11, S. 395. 1887. — MAYER, P.: Ebenda Bd. 29, S. 59. 1900. — NEUBERG u. NEIMANN: Ebenda Bd. 44, S. 97. 1905. — NEUBERG: Ber. d. dtsch. chem. Ges. Bd. 32, S. 2395. 1899. — BERGMANN u. WOLFF: Ebenda Bd. 56, S. 1060. 1923.

[4]) SALKOWSKI, E. u. NEUBERG: Hoppe-Seylers Zeitschr. f. physiol. Chem. Bd. 36, S. 261. 1902.

[5]) TOLLENS, B. u. LEFÈVRE: Ber. d. dtsch. chem. Ges. Bd. 40, S. 4513. 1907.

[6]) TOLLENS, B. u. F. RORIVE: Ber. d. dtsch. chem. Ges. Bd. 41, S. 1783. 1908. — NEUBERG, C. u. Mitarbeiter: Biochem. Zeitschr. Bd. 13, S. 148. 1908; Bd. 36, S. 58. 1911. — HAAR, A. W. VAN DER: Ebenda Bd. 88, S. 205. 1918. — BERGMANN, M. u. W. W. WOLFF: Ber. d. dtsch. chem. Ges. Bd. 56, S. 1060. 1923.

starken Säuren oder bestimmten, in einzelnen Fällen wirksamen Fermenten, entsteht eine rechtsdrehende Lösung, wenn der gespaltene Paarling nicht selbst stark linksdrehend ist.

In viel geringerer Zahl sind Glucuronsäureverbindungen organischer Säuren bekannt. In diesen ist der Säurepaarling offenbar durch ein Hydroxyl der Glucuronsäure verestert. Hier ist vor allem die nach Verfütterung von Benzoesäure auftretende Benzoylglucuronsäure[1] zu nennen. Noch länger bekannt ist die von M. Jaffe[2] entdeckte Dimethylamino-Benzolylglucuronsäure.

Der Nachweis gepaarter Glucuronsäure gründet sich meist auf jenen der Glucuronsäure nach vorhergehender Hydrolyse.

Galakturonsäure, Aldehydschleimsäure. Sie steht im gleichen Verhältnis zur Galaktose, wie die Glucuronsäure zur Glucose. Ihre Synthese durch E. Fischer[3] hat erheblich an Interesse gewonnen, seit F. Ehrlich[4] gezeigt hat, daß ihre rechtsdrehende Form ein Bestandteil der pflanzlichen Pectine ist. Auch sonst dürften sie in Pflanzen des öftern vorkommen. Sie bildet ein krystallisiertes Cinchoninsalz.

Verschiedene andere Carbonylsäuren der Zuckergruppe sind bisher nur synthetisch gewonnen worden[5].

Von der „Oxygluconsäure", welche G. Bertrand aus Traubenzucker mit Hilfe des Bacterium xylinum erhielt und die wahrscheinlich eine Ketogluconsäure ist, war schon im allgemeinen Teil die Rede. Die Akten über diese Säure scheinen aber noch nicht geschlossen.

VII. Glucoside und Nucleoside.

Die eigentliche Heimat der fast unübersehbaren Reihen der heute bekannten Glucoside ist das Pflanzenreich. Von dort gelangen sie mit der Nahrung oder in Form von Arzneimitteln in den tierischen Kreislauf. Ihre Chemie ist schon im allgemeinen Teil besprochen.

Eine wichtigere Rolle für die Tierwelt und die menschliche Physiologie spielen eine Reihe von Zuckerderivaten, die zwar nicht unter die eigentlichen Glucoside gehören, ihnen aber nahe verwandt sind. Es sind dies Stoffe, welche Monosaccharide, verbunden mit cyclischen, stickstoffhaltigen Verbindungen der Purin- und der Pyrimidinreihe enthalten, und die zumeist als Spaltprodukte der Nucleinsäuren erhalten worden sind. Um diese Gewinnungsmethode und zugleich die Verwandtschaft mit den echten Glucosiden anzudeuten, nennt man derartige Stoffe nach einem Vorschlag von Levene „Nucleoside".

Als Zuckerkomponente der aus Naturprodukten isolierten Nucleoisde kommt hauptsächlich die Pentose d-Ribose in Betracht, außerdem aber auch Aldohexosen, deren Natur häufig nicht genauer ermittelt ist.

Als die stickstoffhaltige Komponente von Nucleosiden hat man hauptsächlich beobachtet die Pyrimidinderivate:

$$
\begin{array}{llll}
\mathrm{HN{-}CO} & \mathrm{HN{-}CO} & \mathrm{N{=}C\cdot NH_2} & \mathrm{N(1){=}(6)CH} \\
\mathrm{OC\;\;\;CH} & \mathrm{OC\;\;\;C\cdot CH_3} & \mathrm{OC\;\;CH} & \mathrm{HC(2)\;\;\;(5)CH} \\
\mathrm{NH{-}CH} & \mathrm{HN{-}CH} & \mathrm{HN{-}CH} & \mathrm{N(3){-}(4)CH}
\end{array}
$$

Urazil	Thymin	Cytosin	Pyrimidin.
(2,6-Dioxy- pyrimidin).	(5-Methyl-2,6-dioxy- pyrimidin).	(6-Amino-2-oxy- pyrimidin).	

[1] Magnus-Levy. A.: Biochem. Zeitschr. Bd. 6, S. 502. 1907.

[2] Jaffe, M.: Hoppe-Seylers Zeitschr. f. physiol. Chem. Bd. 43, S. 374. 1904.

[3] Fischer, E.: Ber. d. dtsch. chem. Ges. Bd. 24, S. 2136. 1891. — Fischer, E. u. J. Hertz: Ebenda Bd. 25, S. 1247. 1892.

[4] Literatur vgl. F. Ehrlich u. R. v. Sommerfeld: Biochem. Zeitschr. Bd. 168, S. 263. 1926.

[5] Kiliani, H.: Ber. d. dtsch. chem. Ges. Bd. 22, S. 1385. 1889; Bd. 55, S. 2817. 1922; Bd. 56, S. 2016. 1923. — Bergmann, M.: Ebenda Bd. 54, S. 1362. 1921.

sowie die Purinderivate:

$$\begin{array}{ll}
\begin{array}{c}N\!\!=\!\!C\cdot NH_2 \\ | \quad | \\ HC \quad C\!\!-\!\!NH\!\!\diagdown \\ \| \quad | \qquad\quad CH \\ N\!\!-\!\!C\!\!-\!\!N\diagup \end{array} \quad\text{und}\quad &
\begin{array}{c}N\!\!=\!\!C\cdot OH \\ | \quad | \\ NH_2\cdot C \quad C\!\!-\!\!NH\!\!\diagdown \\ \| \quad \| \qquad\quad CH \\ N\!\!-\!\!C\!\!-\!\!N\diagup \end{array}
\end{array}$$

Adenin (6-Amino-purin).   Guanin (2-Amino-6-oxy-purin).

$$\begin{array}{ll}
\begin{array}{c}N\!\!=\!\!C\cdot OH \\ | \quad | \\ HC \quad C\!\!-\!\!N\!\!\diagdown \\ \| \quad | \qquad\quad CH \\ N\!\!-\!\!C\!\!-\!\!N\diagup \end{array} &
\begin{array}{c}(1)N\!\!=\!\!CH(6) \\ | \quad | \\ (2)CH \quad C(5)\!\!-\!\!NH(7)\!\!\diagdown \\ \| \quad \| \qquad\qquad CH(8) \\ (3)N\!\!-\!\!C(4)\!\!-\!\!N(9)\diagup \end{array}
\end{array}$$

Hypoxanthin (6-Oxy-purin).   Purin.

Die Monosaccharide der Nucleoside sind aller Wahrscheinlichkeit nach mit ihrer Lactolgruppe an ein Stickstoffatom des Pyrimidin- oder Purinderivates gebunden.

In den Nucleinsäuren ist der Zuckeranteil der Nucleoside zunächst mit Phosphorsäure zu den sog. Nucleotiden verestert. Z. B. wird die von J. LIEBIG[1]) im Fleischextrakt aufgefundene *Inosinsäure* als Hypoxanthinribosid-Phosphorsäure betrachtet. Die Guanylsäure[2]), welche J. BANG aus der Pankreasdrüse isolierte, ist eine Phosphorsäureverbindung des „Guanosin" (Guaninribosid). Das in Pflanzen aufgefundene Vernin hat sich als identisch mit Guanosin erwiesen.

P. A. LEVENE[3]) und Mitarbeiter haben nach Spaltung von Hefenucleinsäure eine Reihe von Nucleosiden isoliert:

Guanosin (Guanin-d-ribosid),
Adenosin (Adenin-d-ribosid),
Cytidin (Cytosin-d-ribosid),
Uridin (Urazil-d-ribosid).

Die aus der Thymusdrüse gewonnene Nucleinsäure hat bei der Spaltung eine Thyminhexosidphosphorsäure und ein Guaninhexosid gegeben[4]).

Die aus Weizenembryonen zu gewinnende Triticonucleinsäure gibt nach den Feststellungen von T. B. OSBORNE und J. F. HARRIS[5]) bei der Spaltung ebenfalls Nucleoside.

Weiteres über Nucleoside und über Nucleinsäuren findet sich im Teil „Eiweißkörper" dieses Handbuches, sowie in den großartig angelegten Arbeiten von LEVENE, von OSBORNE, sowie von KOSSEL, BANG, STEUDEL, FEULGEN, THANNHAUSER u. a.

VIII. Komplexe Kohlehydrate.

Die in diese Gruppe gehörenden Stoffe lösen sich teils in Wasser gar nicht und verändern sich kaum damit, teils quellen sie darin stark auf, teils werden sie davon gelöst, aber dann nur als kolloidale Aggregate. Sie schmecken nicht mehr süß. Ihre Zugehörigkeit zu den Kohlehydraten äußert sich darin, daß sie durch hydrolytische Spaltung in Monosaccharide zerlegt werden können. Sie treten nicht, wie die Zucker und zuckerähnlichen Polysaccharide in größeren Krystallen auf, die mit dem bloßen Auge zu erkennen wären. Aber für eine

[1]) LIEBIG, J.: Liebigs Ann. d. Chem. Bd. 62, S. 317. 1847.

[2]) BANG, J.: Hoppe-Seylers Zeitschr. f. physiol. Chem. Bd. 26, S. 133. 1898; Bd. 31, S. 411. 1900. Vgl. auch FEULGEN: Ebenda Bd. 106, S. 249. 1919.

[3]) LEVENE, P. A. u. W. A. JACOBS: Ber. d. dtsch. chem. Ges. Bd. 42, S. 2474 u. 2703. 1909; Bd. 43, S. 3150. 1910. — LEVENE u. F. B. LA FORGE: Ebenda Bd. 45, S. 608. 1912.

[4]) LEVENE, P. A. u. J. A. MANDEL: Ber. d. dtsch. chem. Ges. Bd. 41, S. 1905. 1908. — LEVENE u. JACOBS: Journ. of biol. chem. Bd. 12, S. 377. 1912; vgl. ferner Ber. d. dtsch. chem. Ges. Bd. 42, S. 2703. 1909; Bd. 43, S. 3150. 1910; Bd. 44, S. 1027. 1911.

[5]) OSBORNE, T. B. u. J. F. HARRIS: Hoppe-Seylers Zeitschr. f. physiol. Chem. Bd. 36, S. 85. 1902.

Anzahl ist doch mittels der modernen Röntgenverfahren einwandfrei krystallgittermäßige Anordnung ihrer kleineren Bausteine nachgewiesen.

In diese Gruppe gehören die *Stärke* und das *Glykogen*, die *Cellulose* und ihre Verwandten, sowie die *pflanzlichen Gummi-* und *Schleimarten*, schließlich im weiteren Sinne das Chitin.

Obwohl ein völliges Verstehen des fermentativen Abbaus dieser Stoffe ohne genaue Kenntnis ihrer Struktur nicht gut möglich ist, und obwohl über diese Struktur eine sehr große Anzahl von Untersuchungen vorliegt, sind doch noch keine befriedigenden Anschauungen gewonnen. Einigen Anhalt gibt die Tatsache, daß eine Anzahl der alkoholischen Hydroxyle der aufbauenden Zucker auch im hochmolekularen Kohlehydrat noch zur Esterbildung befähigt ist, daß dagegen das Reduktionsvermögen und die Verbindungsmöglichkeit mit Stickstoffbasen vollständig verschwunden ist. Es sind also scheinbar keine freien Carbonyle mehr vorhanden. Im übrigen ist die chemische Untersuchung in der Hauptsache auf das Studium der Hydrolyse angewiesen, sei es mittels Säuren, sei es mittels Mikroorganismen oder Fermenten. Führt man diese Verzuckerung vorsichtig durch, so lassen sich öfters Zwischenstufen des Abbaues fassen, z. B. bei Stärke das Disaccharid Maltose, bei Cellulose das Disaccharid Cellobiose bzw. ein Anhydrid dieses Disaccharids. Die Auswertung solcher Beobachtungen zu Rückschlüssen auf die Struktur des hochmolekularen Kohlenhydrates (es läge zunächst nahe, die Saccharidbindungen des Abbauproduktes auch im hochmolekularen Stoff vorauszusetzen) muß mit der größten Reserve geschehen, da die Aufhebung des hochmolekularen Zustandes nach den Feststellungen von Bergmann, Miekeley und Kann[1]) mit erheblichen Verschiebungen der Affinitätsverhältnisse verknüpft ist.

Den Schlüssel zum Verständnis des hochmolekularen Zustandes der natürlichen komplexen Kohlehydrate scheinen zwei in neuester Zeit aufgefundene künstliche komplexe Kohlenhydrate zu liefern. Bergmann und Knehe[2]) haben ein Zuckeranhydrid von der Zusammensetzung $(C_6H_{10}O_5)_2$ aufgefunden, das vorläufig und unter Vorbehalt[3]) den Namen Cellobioseanhydrid bekommen hat, weil es beim Acetylieren unter bestimmten Bedingungen in das Acetat der Cellobiose übergeht. Dieses Cellobioseanhydrid ist wie Cellulose in allen Lösungsmitteln unlöslich und hat auch sonst große Ähnlichkeit mit Cellulose. Es erscheint wie diese als typisch hochmolekular, weil es durch Lösungsmittel nicht in kleine molekulare Spaltstücke aufgeteilt und darum nicht gelöst werden kann. Aber trotzdem ist das Cellobioseanhydrid aus kleineren, periodisch wiederkehrenden Atomgruppen zusammengefügt, die man zur selbständigen Erscheinung bringen kann, wenn man das Cellobioseanhydrid vorsichtig acetyliert. Seine Acetylverbindungen werden nämlich durch Benzol, Eisessig oder Phenol ohne weiteres aufgelöst und dabei in Teile mit zwei Hexoseresten zerlegt. Wenn man aus den Acetylverbindungen die Acetyle wieder entfernt, so entsteht wieder das ursprüngliche, unlösliche Cellobioseanhydrid.

Ferner ist ein Hexoseanhydrid aufgefunden worden[4]), das sich in Wasser zu Aggregaten zu etwa 4 Gruppen $C_6H_{10}O_5$ auflöst, dessen Aggregationszustand aber sehr empfindlich auf Zusatz von Fremdstoffen reagiert und unter Umständen

---

[1]) Bergmann, Miekeley u. Kann: Liebigs Ann. d. Chem. Bd. 445, S. 17. 1925.

[2]) Bergmann u. Knehe: Liebigs Ann. d. Chem. Bd. 445, S. 1. 1925.

[3]) Dieser Vorbehalt ist notwendig, weil unter analogen Bedingungen Cellobiose auch aus einfachen Hexoseanhydriden entstehen kann. — M. Bergmann und E. Knehe: Liebigs Ann. d. Chem. Bd. 448, S. 76. 1926. — Vgl. auch Pringsheim, Knoll u. Kasten: Ber. d. dtsch. chem. Ges. Bd. 58, S. 2135. 1925.

[4]) Bergmann, M. u. E. Knehe: Liebigs Ann. d. Chem. Bd. 448, S. 76. 1926.

bis zu den Einzelheiten $C_6H_{10}O_5$ heruntergedrückt werden kann. Hier liegt das typische Modell einer kolloiden Kohlehydratlösung vor.

Schließlich ist in jüngster Zeit auf zwei verschiedenen Wegen nachgewiesen worden, daß das natürliche komplexe Kohlehydrat Inulin aus Di-fructose-anhydrid-Gruppen $C_{12}H_{20}O_{10}$ aufgebaut ist (vgl. u. Inulin weiter unten).

Derartige Versuche führen zu der Ansicht, daß die komplexen Kohlehydrate übermolekulare Aggregate oder sogar Krystalle sind, in welchen ziemlich einfach gebaute Gruppen aus ganz wenigen Zuckerresten dreidimensional-periodisch oder auch nur quasi-periodisch wiederkehren. Diese Aggregate oder Krystalle sollen sich von den Krystallgittern der gewöhnlichen „niedrigmolekularen" Stoffe durch die viel größere Festigkeit der Gitterkräfte unterscheiden, so daß die schwachen chemischen Kräfte der gewöhnlichen Lösungsmittel für ihre Sprengung nicht ausreichen und so daß auch eine Zerlegung in kleinere Moleküle durch Schmelzen oder Verdampfen nicht möglich ist, weil zuvor schon Zersetzung eintritt[1]).

Stärke. Die Stärke bildet sich beim Assimilationsprozeß im Chlorophyllkern der grünen Pflanzen und wandert dann in gelöster Form nach anderen Pflanzenteilen. Man findet sie besonders reichlich als Reservestoff abgelagert in Knollen, Wurzeln und Samen, aber auch in Stammorganen abgelagert in Form von doppelbrechenden Körnern oder geschichteten Gebilden. Deren Gestalt ist je nach der Pflanzenart verschieden. Sie haben nach der röntgenspektrographischen Feststellung Krystallstruktur. Der Gehalt verschiedener Getreidearten an Stärke liegt über 50% und erreicht bei Mais gegen 85%.

Stärke ist nicht einheitlich. Man unterscheidet gegenwärtig zwei Hauptbestandteile von wesentlich verschiedenen Gruppeneigenschaften, die man nach Maquenne Amylose und Amylopektin nennt. Amylose färbt sich mit Jod blau und löst sich bei der Verkleisterung der Stärke auf; das Amylopektin färbt sich mit Jod blauviolett bis rot, es verleiht dem Kleister seine eigenartige, dicke Beschaffenheit. Der Stärkekleister ist also eine Lösung von Amylose, die durch kleisterartiges Amylopektin verdickt wird. Beim längeren Stehen des Kleisters scheidet sich aber auch die Amylose wieder in Körnern ab. Das Amylopektin enthält immer etwas Phosphorsäure esterartig gebunden. Der Gehalt daran erreicht etwa 0,175% auf P_2O_5 berechnet. Nach M. SAMEC und H. HAERDTL[2]) enthalten z. B.:

Kartoffelstärke	26,5	Amylose	73,5	Amylopektin
Reisstärke	61,8	,,	38,2	,,
Maisstärke	55,3	,,	44,7	,,
Weizenstärke	40,4	,,	59,6	,,

Über die Ursache der in der Jodometrie verwendete Blaufärbung der Stärke mit Jod sind verschiedene Ansichten geäußert worden. MYLIUS[3]) zeigte schon 1887, daß freies Jod nur bei gleichzeitiger Gegenwart von Salzen der Jodwasserstoffsäure von Stärke aufgenommen wird. Er nahm darum chemische Bindung an. Eine große Zahl anderer Forscher[4]) erklären sich dagegen mit KÜSTER für eine Adsorptionsverbindung, aber gegen eine chemische Verbindung. M. BERG-

---

[1]) Zusammenfassende Darstellung: M. BERGMANN, Allgemeine Strukturchemie der komplexen Kohlehydrate und der Proteine. Vortrag auf der 89. Versammlung d. Ges. dtsch. Naturforsch. u. Ärzte, Düsseldorf 1926: Ber. d. dtsch. chem. Ges. Bd. 59, Schlußheft. 1926.

[2]) SAMEC, M. u. H. HAERDTL: Kolloidchem. Beih. Bd. 12, S. 283. 1920.

[3]) MYLIUS: Ber. d. dtsch. chem. Ges. Bd. 20, S. 688. 1887.

[4]) KÜSTER, F. W.: Liebigs Ann. d. Chem. Bd. 283, S. 360. 1894; Ber. d. dtsch. chem. Ges. Bd. 28, S. 783. 1895. Ausführliche Literatur bei H. FREUNDLICH: Capillarchemie, und P. KARRER: Polymere Kohlehydrate, und H. PRINGSHEIM: Polysaccharide.

Mann und Mitarbeiter[1]) haben in den letzten Jahren für eine ganze Anzahl von glucosidartigen Abkömmlingen einfacher Oxyketone krystallisierte Jodjodkaliumverbindungen beschrieben, die Jod und Jodmetall in ähnlichen Verhältnissen enthalten wie Stärke. Bergmann glaubt darum, daß in der Stärke Sauerstoffbrücken mit ausgesprochenen Affinitätsresten vorhanden sind, welche die Bindung von Jodjodkalium vermitteln, ganz ähnlich, wie bei den eben erwähnten cyclischen Acetalen. Demnach scheint es sich bei der Bildung von Jodstärke um chemische Bindung zu handeln, die wegen der Gitterfestigkeit der Stärkekrystalle nur an deren Oberfläche zur Betätigung kommt und darum nicht nach stöchiometrischen Verhältnissen, sondern nach den Gesetzen der Adsorption erfolgt. Auch gewisse Umwandlungsprodukte der Stärke und andere Kohlenhydrate reagieren mit Jod.

Durch Hydrolyse mit Säuren läßt sich die Stärke so gut wie quantitativ in Traubenzucker („Stärkezucker") überführen. Der diastatische Abbau führt dagegen, je nach den Bedingungen, mehr oder weniger vollständig zu einem Disaccharid, der Maltose. Als Zwischenprodukte der Verzuckerung treten die schlecht definierten „Dextrine" auf. Das technische Dextrin wird teils durch Rösten von Stärke bei 180—200°, teils bei nicht so hoher Temperatur in Gegenwart von Salz- oder Salpetersäure gewonnen.

Durch verdünnte Mineralsäuren in der Kälte, durch alkalische Lösungen von Wasserstoffsuperoxyd oder p-Toluolsulfochloraminnatrium (Chloramin T, Aktivin) oder durch Erhitzen mit Glycerin auf 190° kann Stärke löslich gemacht werden. Welche Veränderungen der Stärke dabei vor sich gehen, steht noch nicht fest.

Über den fermentativen Abbau der Stärke und der anderen nichtzuckerähnlichen Kohlenhydrate findet sich Näheres an anderer Stelle dieses Handbuches.

Inulin: Inulin und eine Reihe verwandter Begleitstoffe treten, ähnlich wie Stärke bei vielen Pflanzen, als Reservestoffe auf. Sie reichen sich ebenfalls besonders in den unterirdischen Organen an. Im Gegensatz zu Stärke, die vollkommen in Traubenzucker gespalten werden kann, liefert Inulin bei der Hydrolyse mit Säuren, die viel leichter verläuft als bei der Stärke, nur Fructose. Man gewinnt es am besten aus Dahliaknollen oder Cichorienwurzeln, die 10—12% davon enthalten. Inulin bildet ein farbloses Pulver von doppeltbrechenden, sphärisch ausgebildeten Krystallen. Es löst sich in warmem Wasser leicht, ohne zu verkleistern, und scheidet sich in der Kälte ganz allmählich wieder aus. In wässeriger Lösung zeigt es eine spezifische Drehung von etwa − 36°. Es reduziert Fehlingsche Lösung nicht. In Topinamburknollen findet sich ein Enzym, das Inulin spaltet, die sog. Inulase. Sehr viel energischer soll ein Fermentpräparat aus dem Mycel einiger Schimmelpilze wirken. Da eine Inulase im Verdauungskanal des Menschen nicht nachgewiesen ist, wurde vermutet, daß das Inulin bei der Verdauung durch die Salzsäure des Magens wenigstens teilweise gespalten wird und daß dann eine Darminvertase die Spaltung vervollständigt.

Inulin löst sich reichlich in flüssigem Ammoniak. Bei der kryoskopischen[2]) und bei der tensimetrischen[3]) Untersuchung solcher Lösungen wurden Werte erhalten, welche für eine Teilchengröße des gelösten Kohlenhydrats entsprechend

¹) Bergmann, M.: Ber. d. dtsch. chem. Ges. Bd. 57, S. 753. 1924. — Bergmann, M. u. St. Ludewig: Ebenda Bd. 57, S. 961. 1924. — Bergmann, M. u. M. Gierth: Liebigs Ann. d. Chem. Bd. 448, S. 48. 1926.
²) Schmid, L. u. B. Becker: Ber. d. dtsch. chem. Ges. Bd. 58, S. 1968. 1925.
³) Reihlen, H. u. K. Th. Nestle: Ber. d. dtsch. chem. Ges. Bd. 59, S. 1159. 1926.

$C_{12}H_{20}O_{10}$ sprachen. M. BERGMANN und E. KNEHE[1]) fanden, daß aus solchen Lösungen das Inulin unzersetzt wiedergewonnen werden kann. Sie fanden ferner, daß Acetylinulin, in Eisessig gelöst, Teilchen $C_{12}H_{14}O_{10}(COCH_3)_6$ mit nur zwei Fructoseresten liefert. Damit ist einwandfrei gezeigt, daß die kolloide Löslichkeit des Inulins keine Folge eines sehr umfangreichen „Strukturmoleküls", sondern Folge einer beständigen Aggregation von kleinen Gruppen $C_{12}H_{20}O_{10}$ ist. Inulin wird damit zur sicheren Stütze der neueren Anschauungen über den Bau der natürlichen komplexen Kohlehydrate (s. oben).

Glykogen: Es ist das Reservekohlehydrat der Tiere. Es findet sich in geringer Menge in Muskeln, in großer in allen wachstumsfähigen Geweben, in besonders reicher Menge in der Leber. Glykogenartige Stoffe finden sich aber auch bei manchen Pflanzen, vor allem Pilzen. Besonders bekannt ist ihr Vorkommen in der Hefe.

Glykogen ist in reinem Zustand ein farbloses, amorphes Pulver, das sich in Wasser kolloidal, aber ohne Kleisterbildung auflöst. Es zeigt in dieser Lösung eine spezifische Drehung von $+196°$, doch sind gelegentlich auch etwas andere Werte beobachtet worden. Mit Jodjodkalium färbt es sich violettbraun. Glykogen verträgt stundenlanges Kochen mit starker Kalilauge, ohne daß anscheinend Veränderung eintritt. Man benutzt dies zur Darstellung und Bestimmung. Von Säuren wird es fast vollständig in Traubenzucker übergeführt. Der fermentative Abbau führt zunächst zu Maltose.

SAMEC und ISAJEWIC[2]) haben Glykogen durch Elektrodialyse in zwei Fraktionen zerlegt: ein Gel (20%) und ein Sol (80%). Beide Teile enthalten Phosphorsäure, das Sol hat den hohen Gehalt von $0,721\%$ P_2O_5, das Gel enthält $0,135\%$ P_2O_5. Glykogen speichert also nicht nur Kohlehydrate, sondern auch Phosphorsäure.

Cellulose: Cellulose heißt ein Kohlehydrat von der analytischen Zusammensetzung $(C_6H_{10}O_5)_x$, das die Hauptmasse der pflanzlichen Zellmembranen ausmacht und durch seine Widerstandsfähigkeit gegen Wasser und Wärme verdünnte Säuren leicht von anderen Kohlehydraten zu unterscheiden und davon zu trennen ist. Die Membran jugendlicher Pflanzenzellen besteht fast nur aus Cellulose, später wird sie von den sog. „Inkrusten" eingeschlossen. Baumwolle ist fast reine Cellulose.

Während die Cellulose im Mikroskop nur die durch ihre biologische Entstehung bedingte organisierte Struktur erkennen läßt, erweist sie sich bei der Röntgenstrahlanalyse doch noch als krystallinisch aufgebaut. Während sie in den üblichen Lösungsmitteln, sowie in Säuren und Alkalien ganz unlöslich ist, wird sie von Kupferhydroxydammoniak (SCHWEITZERS Reagens) in erheblichem Ausmaß unter Komplexbildung gelöst. Durch Säuren wird aus dieser Lösung wieder eine celluloseähnliche, ebenfalls Röntgenstrahlinterferenzen gebende Substanz ausgefällt.

In völliger Abwesenheit von Stärke färbt sich Cellulose mit Jodjodkaliumlösung gelbbraun. Enthält das Reagens aber Zinkchlorid, so entsteht braunviolette oder ausgesprochene blaue Färbung.

Bei vollständiger Säurespaltung von Cellulose entsteht als direktes Spaltprodukt nur Traubenzucker. Bei geeigneter „Acetolyse" mit Essigsäureanhydrid in Gegenwart von Schwefelsäure entsteht das Oktacetat des Disaccharids Cellobiose. Die Cellobiose spielt vielleicht in der Chemie der Cellulose eine analoge

---

[1]) BERGMANN, M. u. E. KNEHE: Liebigs Ann. d. Chem. Bd. 449, S. 302. 1926. — Vgl. M. BERGMANN: Allgemeine Strukturchemie der komplexen Kohlehydrate und der Proteine, zitiert S. 153, Anm. 1.
[2]) SAMEC u. ISAJEWIC: Cpt. rend. des séances de l'acad. des sciences Bd. 176, S. 1419. 1923.

Rolle, wie die Maltose für die Chemie der Stärke und des Glykogens. Auch bei manchen bakteriellen Prozessen entsteht unter der Wirkung eines Cellulose genannten Fermentes oder Fermentkomplexes Cellobiose aus Cellulose.

Eine Reihe von Stoffen, die bei nicht zu übertriebener Einwirkung von Säuren, Alkalien oder Oxydationsmitteln auf Cellulose entstehen sollen und die man als Hydrocellulosen, Hydratcellulosen, Oxycellulosen, Acidcellulosen usw. zusammenfaßt, sind in ihrer Natur und Individualität recht zweifelhaft. In diese Gruppe von Einwirkungsprodukten gehört das Pergamentpapier, das durch Behandlung von ungeleimtem Papier mit kalter konzentrierter Schwefelsäure entsteht, wenn man den Prozeß rechtzeitig durch Wasserzusatz unterbricht. Pergamentpapier zeigt, im Gegensatz zu unveränderter Cellulose, schon deutliches Reduktionsvermögen.

Große technische Bedeutung haben verschiedene Ester und Äther der Cellulose: Die Salpetersäureester (sog. Nitrocellulosen; Kollodiumwolle, Schießwolle) in der Sprengtechnik und Filmindustrie; Essigsäureester in der Film- und Kunstseidenindustrie; Xanthogensäureester (Dithiokohlensäureester) ebenfalls in der Kunstseidenindustrie.

Chitin: Dieses stickstoffhaltige, komplexe Kohlehydrat bildet den widerstandsfähigen organischen Teil der Crustaceenpanzer, der Zellmembran vieler Pilze und mancher Bakterien. Bei der Hydrolyse liefert es neben Essigsäure die Aminohexose Glucosamin, von der schon weiter oben die Rede war. Über den Aufbau des Chitins, d. h. über die Verbindungsform der Glucosaminreste untereinander und über die Zahl der Glucosaminreste im Chitin-„Molekül" herrscht noch keine Klarheit, doch muß die Verknüpfung von der Art sein, daß dabei die reduzierenden Teile des Glucosamins wenigstens teilweise verbraucht sind. Denn Chitin reduziert, im Gegensatz zum Glucosamin, Fehlingsche Lösung nicht. Eine wiederholt behandelte Frage ist, ob je zwei Glucosaminreste nach Art der Disaccharide durch Lactolgruppe und Hydroxyl, vgl. z. B. Irvine[1]), vereinigt sind, oder ob die Lactolgruppe des einen Restes in die Stickstoffgruppe des zweiten Restes eingeführt ist, wie dies Offer[2]) vorgechlagen hat. Für die letztere Verbindungsform führen Karrer und Smirnoff[3]) ins Feld, daß bei der Zinkstaubdestillation des Chitin ein 2-Methyl-n-hexylpyrrol von der Formel

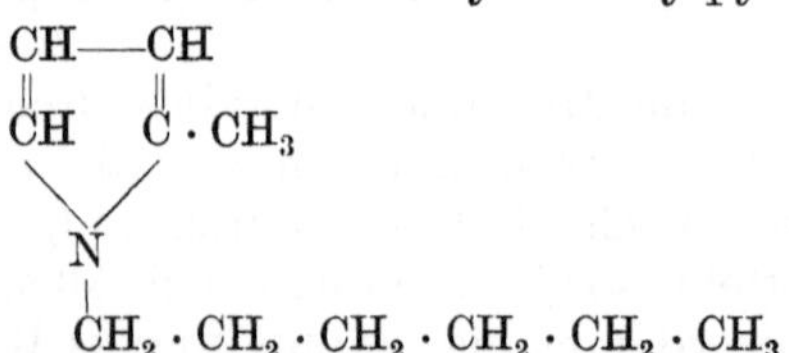

entsteht. Doch ist zu bedenken, daß dieses Pyrrol seine Entstehung einer ziemlich brutalen Reaktion verdankt.

Chitin bildet eine nach entsprechender Reinigung farblose, durchsichtige Masse, welche noch die Struktur des benutzten organisierten Ausgangsmaterials erkennen läßt. Mit Jodjodkaliumlösung färbt es sich rotbraun, oder nach weiterem Zusatz von Schwefelsäure oder von Chlorzink violettblau bis blau. Es ist in allen organischen Lösungsmitteln unlöslich, ebenso in Alkalien und verdünnten Säuren. Starke Säuren hydrolysieren in der Hitze zu Glucosamin. Beim Schmelzen mit Alkali entsteht unter Abspaltung von Acetylresten das „Chitosan" das wie Chitin Fehlingsche Lösung nicht reduziert, aber zum Unterschied von diesem in Säuren löslich ist. Von Chitosan sind krystallisierte Salze bekannt.

¹) Irvine: Journ. of the chem. soc. (London) Bd. 95, S. 564. 1909.
²) Offer: Biochem. Zeitschr. Bd. 7, S. 117. 1907.
³) Karrer u. Smirnoff: Helvetica chim. acta Bd. 5, S. 832. 1922.

Lycoperdin[1]): α- und β-Lycoperdin heißen Substanzen, die bei der Hydrolyse gewisser Pilze (z. B. Lycoperdon) gewonnen wurden und aus je 2 Molekülen Glucosamin auf 1 Molekül Ameisensäure aufgebaut sind. Wegen ihres bisherigen, nur vereinzelt im Pflanzenreich beobachteten Vorkommens kann hier auf eine genauere Beschreibung verzichtet werden.

Auf die Hyaloidine, die wegen ihrer vermuteten Beziehungen[2]) zu den Mucoiden und Mucinen und im besonderen zum Chondroitin Interesse verdienten, kann nur hingewiesen werden, weil diese Stoffe im Abschnitt „Chemie der Eiweißkörper" von R. FEULGEN eingehender bearbeitet werden.

D. Nachweis und Bestimmung der Kohlehydrate.

Die Methoden zum Nachweis und zur Bestimmung der Kohlehydrate sind zu zahlreich, als daß sie hier ausführlich geschildert oder auch nur vollständig aufgezählt werden könnten. Immerhin sollen die wichtigsten Methoden erwähnt werden.

Die allgemeinen Methoden zum qualitativen Nachweis sind Reduktions- Phenylhydrazin- und Farbenreaktionen.

Über die Phenylhydrazinmethoden ist bei der allgemeinen Chemie der Zucker das Nötige gesagt.

Die *Reduktionsverfahren* können entweder direkt oder — wenn auf abspaltbaren Zucker geprüft werden soll — nach vorhergehender Hydrolyse zur Anwendung gelangen. Das Reagens besteht in einer alkalischen Metallsalzlösung. Verbindungen des zweiwertigen Kupfers werden im alkalischen Medium zu rotem Kupferoxydul reduziert (FEHLINGsche Lösung, TROMMERsche Probe), alkalische Wismutlösungen geben einen schwarzen Niederschlag (NYLANDER-ALMENsche Lösung). Alkalische Silberlösungen geben einen grauen oder schwarzen Niederschlag oder einen Spiegel von Silber, doch ist die Probe nicht für Zucker spezifisch.

Farbenreaktionen der Zucker:

a) Probe mit α-Naphthol oder mit Thymol und Schwefelsäure nach H. MOLISCH.

b) Probe mit Naphthoresorcin und Salzsäure nach B. TOLLENS und F. RORIVE[3]). Auch brauchbar für Glucuronsäure, Galakturonsäure, Glyoxylsäure.

c) Reaktion auf Pentosen mit Orcinsalzsäure nach ALLEN und TOLLENS[4]).

d) Fluorescenzprobe mit Phosphortribromid und Natriummalonester. Besondere Reaktionen: *Nachweis von Ketohexosen* mit Thiobartitursäure nach PLAISANCE[5]).

Unterscheidung von Aldosen und Ketosen mit Bromwasser nach BERTRAND[6]).

Nachweis und Unterscheidung von Disacchariden durch enzymatische Spaltung der Osazone nach NEUBERG und SANEYOSHI[7]).

Galaktose und Galakturonsäure werden durch Überführung in die schwerlösliche Schleimsäure, Glucose und Glucuronsäure durch Oxydation zu Zuckersäure und Abscheidung als zuckersaures Kali nachgewiesen.

Nachweis von Fructosen und anderen Ketosen nach der Resorcinprobe von SELIWANOFF[8]).

Nachweis von Rohrzucker in Pflanzenteilen mit Invertin nach E. BOURQUELOT[9]).

---

[1]) KOTAKE, Y. u. Y. SERA: Hoppe-Seylers Zeitschr. f. physiol. Chem. Bd. 88, S. 58. 1913; Bd. 89, S. 482. 1914.

[2]) SCHMIEDEBERG, O.: Arch. f. exp. Pathol. u. Pharmakol. Bd. 87, S. 31. 1920.

[3]) TOLLENS, B. u. F. RORIVE: Ber. d. dtsch. chem. Ges. Bd. 41, S. 1783. 1908.

[4]) ALLEN u. TOLLENS: Liebigs Ann. d. Chem. Bd. 260, S. 305. 1890.

[5]) PLAISANCE: Journ. of biol. chem. Bd. 29, S. 207. 1917.

[6]) BERTRAND: Cpt. rend. des séances de l'acad. des sciences Bd. 149, S. 225.

[7]) NEUBERG u. SANEYOSHI: Biochem. Zeitschr. Bd. 36, S. 44. 1911.

[8]) SELIWANOFF: Ber. d. dtsch. chem. Ges. Bd. 20, S. 181. 1887.

[9]) BOURQUELOT, E.: Arch. d. Pharmazie Bd. 245, S. 164. 1907.

Biochemischer Nachweis von Glucosiden in Pflanzen mit Emulsin nach Bourquelot[1]).

Einige Reaktionen von Stärke, Cellulose usw. sind schon oben besprochen.

Quantitative Bestimmung der Zuckerarten: Die Mehrzahl der nachfolgend aufgezählten Verfahren sind Bestimmungen reduzierender Zucker. Sie können auf gebundene, nichtreduzierende Zucker angewandt werden, wenn man vorher quantitativ hydrolysiert. Ferner kann man die reduzierenden Zucker vor und nach der Hydrolyse bestimmen und dadurch reduzierende und nichtreduzierende Zucker unterscheiden.

a) Titrimetrische Verfahren mit alkalischen Kupferlösungen nach Soxhlet, Bertrand, Pavy, Bang.

b) Gravimetrische Verfahren mit alkalischen Kupferlösungen nach Allihn (modif. v. Pflüger) und nach Kjeldahl.

c) Bestimmung der Pentosane, Pentosen und der Glucuronsäuren durch Überführung in Furfurol.

d) Jodometrische Bestimmung der Aldosen nach Willstätter und Schudel.

e) Gärungsverfahren für gärfähige Zucker.

f) Polarimetrische Verfahren. Für Stärke, Glykogen und Cellulose bestehen spezielle Bestimmungsverfahren von begrenzter Genauigkeit, auf die hier nicht eingegangen werden kann.

E. Anhang: Cyclohexanole, Cyclohexite.

Im Anschluß an die Chemie der Zucker sind einige Stoffe zu erwähnen, welche mit den echten Hexosen die Sechszahl der Kohlenstoffatome teilen, und welche in ihrer elementaren Zusammensetzung $C_6H_{12}O_6$, $C_6H_{12}O_5$ usw. den Hexosen, Methylpentosen usw. gleichen, von jenen aber durch die homocyclische Anordnung der Kohlenstoffatome und durch das Fehlen der typischen Zuckerreaktionen unterschieden sind. Es sind mehrwertige Alkohole der Cyclohexanongruppe. Ihr bekanntester Vertreter, der Inosit, $C_6H_{12}O_6$

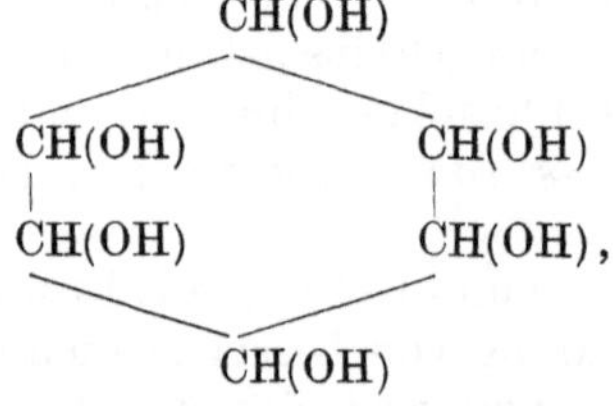

scheint sechs alkoholische Hydroxyle zu enthalten, die gleichmäßig auf die 6 Kohlenstoffatome verteilt sind. Man nennt diese Stoffe am besten Cyclohexite oder Cyclohexanonole. Häufig findet man auch den unglücklich gewählten Gruppennamen Cyclosen, welcher die vermeintliche Verwandtschaft dieser mehrwertigen Alkohole zu den echten Hexosen ausdrücken soll. Dieser Name ist um so weniger geeignet, als er für carbocyclische Verbindungen vom Typus des Cyclohexanol-on

<hr>

[1]) Bourquelot, E.: Arch. d. Pharmazie Bd. 245, S. 172. 1907.

reserviert bleiben muß, welche nach den Feststellungen von M. BERGMANN und M. GIERTH[1]) alle Eigenschaften echter Zucker aufweisen.

Inaktiver Inosit wurde schon 1850 von SCHERER[2]) im Fleischsaft entdeckt. Er scheint wahrscheinlich in allen Zellen des tierischen Organismus vorhanden, ebenso fast immer im Harn. Auch in der Pflanzenwelt ist er sehr verbreitet und kommt dort teils frei (grüne Bohnen, Nußblätter usw.), teils als Mono- und als Dimethyläther, teils aber in Form verschiedener Phosphorsäureester vor. Das sog. Phytin ist der Penta- oder Hexaphosphorsäureester des Inosits. Inosit ist von H. WIELAND und R. S. WISHART[3]) synthetisch bereitet worden.

Auch d- und l-Inosit bzw. Methyläther davon sind häufig als Naturprodukte aufgefunden worden. Ebenso kommen Isomere der Inosite und sauerstoffärmere Cyclohexite und ihre Derivate in großer Zahl in der Natur vor. Es hat darum nicht an Bemühungen gefehlt, durchsichtige physiologische Beziehungen der Cyclohexite zu den gewöhnlichen Zuckern herzustellen; dennoch ist bis heute kein Experiment beschrieben worden, das einwandfrei beweisen konnte, daß der Aufbau oder Abbau der Inosite und anderer Cyclohexite über die gewöhnlichen Zucker führt.

---

[1]) BERGMANN, M. u. M. GIERTH: Liebigs Ann. d. Chem. Bd. 448, S. 48. 1926.
[2]) SCHERER: Liebigs Ann. d. Chem. Bd. 73, S. 322. 1850.
[3]) WIELAND, H. u. R. S. WISHART: Ber. d. dtsch. chem. Ges. Bd. 47, S. 2082. 1914.

Chemie der Fette.
(Fette und Wachse, Phosphatide, Sterine und Sterinverbindungen, auch Gallensäuren.)

Von

ERNST SCHMITZ
Breslau.

Zusammenfassende Darstellungen.

BANG, IVAR: Chemie und Biochemie der Lipoide. Wiesbaden: Bergmann 1912. — LEATHES, J. B.: The fats. London: Longmans Green and Co. 1911, 1913. (Vergriffen.) — MAC LEAN u. HUGH: Lecithin and allied substances. London: Longmans Green and Co. 1917/18.

Die Neutralfette, Wachse, Phosphatide und Sterine werden in neuerer Zeit meist unter dem von OVERTON[1]) eingeführten Namen „Lipoide" zusammengefaßt. Das ist insofern berechtigt, als die meisten Glieder der Reihe weitgehende Ähnlichkeit in ihrem chemischen Aufbau zeigen, indem Fettsäuren einen quantitativ sehr bedeutsamen und die Eigenschaften in maßgebender Weise beeinflussenden Anteil ihrer Bausteine ausmachen. Es ist aber schwer, eine kurze Definition zu geben, der sich alle Glieder des Lipoidkomplexes fügen. Wir kennen keine allen Lipoiden gemeinsame, aber nur ihnen vorbehaltene Eigenschaft, die eine scharfe Abgrenzung ermöglichte.

Ursprünglich hat man mit Vorliebe die Löslichkeitseigenschaften zur Abgrenzung des Lipoidbegriffs herangezogen. So hat OVERTON unter ihm diejenigen Zellbestandteile zusammengefaßt, in denen sich fettlösliche Stoffe, wie z. B. Narkotica, lösen. IVAR BANG[2]) bevorzugt demgegenüber die umgekehrte Fassung und nennt diejenigen Stoffe Lipoide, die sich gleich dem Fett in Alkohol, Äther, Chloroform und anderen organischen Solventien lösen. Diese Fassung stellt insofern eine Erweiterung dar, als gewisse Stoffe von ausgeprägten serologischen Eigenschaften miteinbezogen werden, bei denen eine chemische Charakterisierung bis jetzt noch aussteht.

Vom chemisch-physiologischen Standpunkt aus wird man sich besser nach einer Definition umsehen, die den mannigfachen Beziehungen der verschiedenen Lipoidkörper zum Fettumsatz Rechnung trägt. Am umfassendsten ist hier die Fassung von BLOOR[3]), der unter den Lipoiden die Neutralfette und Cholesterinester und alle diejenigen ihrer Spaltstücke versteht, die in den ersten Stadien des Fettumsatzes (vor Einsetzen der Oxydationen) erscheinen und die physi-

---

[1]) OVERTON: Studien über Narkose. Jena 1901.
[2]) BANG, IVAR: a. a. O. S. 7.
[3]) BLOOR, W. R.: Journ. of physiol. chem. Bd. 25, S. 577. 1916.

kalischen Eigenschaften der Fette besitzen. Eine direkte chemische Begriffsbestimmung ist allerdings auch in dieser Definition nicht enthalten, sie erfaßt aber die wichtigste biochemische Beziehung der einzelnen Glieder des Lipoidkomplexes und schließt das Eiweiß und die anderen Körperbestandteile aus.

Allgemeine Eigenschaften der Lipoide.

Der Name Lipoide bringt die äußere Ähnlichkeit zum Ausdruck, die diese Stoffe mit den Fetten zeigen. Sie bilden fett- oder wachsähnliche Massen von zum Teil krystallinischer Struktur, die sich fettartig anfühlen. Beim Erwärmen schmelzen sie und gehen dabei teilweise in den krystallinisch-flüssigen Zustand über, wie ihn manche Ester des Cholesterins schon bei gewöhnlicher Temperatur zeigen. Beim Abkühlen werden sie meist wieder fest und in manchen Fällen besitzen auch die Erstarrungspunkte die Eigenschaften einer Konstante.

In Wasser bilden die Lipoide keine echten Lösungen, wohl aber können sie in dauerhafte Emulsionen übergeführt werden, die bei ausreichender Feinheit der Dispersion das Verhalten kolloidaler Lösungen zeigen. In organischen Lösungsmitteln sind die Lipoide löslich, jedoch bestehen charakteristische Unterschiede, die eines der wertvollsten Hilfsmittel bei der Trennung der einzelnen Fraktionen darbieten. Allerdings beeinflussen die Lipoide die lösenden Eigenschaften einer Flüssigkeit, in die sie eingegangen sind, in häufig sehr hohem Grade, so daß sie Stoffe mit in ihre Lösungen mitnehmen können, die an und für sich in dem betreffenden Lösungsmittel ganz unlöslich sind, wie Proteine, Kohlenhydrate, Phosphorsäure, Carnithin usw. In einigen Fällen liegt diesem Verhalten wohl das Vorhandensein oder die Bildung von Adsorptionsverbindungen zugrunde — die früher vielfach angenommene Bildung von chemischen Verbindungen ist wenig wahrscheinlich geworden — wie sie solche auch unter sich eingehen können.

Die Lipoide sind *primäre* Zellbestandteile, die sich in jeder Zelle finden und die für das Leben der Zelle unentbehrlich sind. Bei genauer Untersuchung des aus verschiedenen Zellarten erhaltenen Lipoidgemisches werden in der Regel die gleichen chemischen Substanzen, aber in sehr verschiedenem Mischungsverhältnis, erhalten. Wenn eine Artspezifität der Lipoide vorhanden ist, wie sie sich z. B. bei den Neutralfetten in der Verschiedenheit der physikalischen Eigenschaften und dem prozentischen Gehalt an den einzelnen Bausteinen zu erkennen gibt, so dürfte sie ihre Grundlage ebenfalls in der Art der Zusammensetzung des Gemisches aus den einzelnen an und für sich gleichen Komponenten besitzen.

Einteilung der Lipoide.

Die Lipoide bauen sich auf aus höheren primären Alkoholen, Glycerin und Cholesterin, Fettsäuren und Phosphorsäure und den Basen Aminoäthylalkohol (Colamin), Cholin und Sphingosin. Nach ihrem Aufbau aus diesen Bausteinen ordnen sich die Lipoide in folgende Gruppen ein:

1. Die Neutralfette, Triglyceride gesättigter und ungesättigter aliphatischer Säuren oder Gemische von solchen.

2. Die Phosphatide, N- und P-haltige Lipoide.

3. Die Wachse, Ester höherer Fettsäuren mit Alkoholen meist derselben Kohlenstoffzahl.

4. Die Sterine, N- und P-freie alicyclische Alkohole und ihre Ester.

Zu den Lipoiden müssen auch die Cerebroside gerechnet werden, die in ihrem Aufbau den Phosphatiden sich anschließen, aber statt der Phosphorsäure Galaktose enthalten. Sie werden in einem späteren Abschnitt (E II) abgehandelt.

1. Die Neutralfette.

Die Neutralfette sind aus dem dreisäurigen Alkohol Glycerin und den Fettsäuren, gesättigten und ein- oder mehrfach ungesättigten Carbonsäuren der aliphatischen Reihe aufgebaut, und zwar enthalten die in der Natur vorkommenden Fette so gut wie ausschließlich Derivate der Säuren mit gerader Kohlenstoffatomzahl. Beim Überhitzen mit Wasser, bei der Behandlung mit heißen Alkalien und bei der Einwirkung fettspaltender Fermente der Tier- und Pflanzenwelt werden sie in ihre Bausteine gespalten, die dann mit Hilfe sehr gut durchgearbeiteter Verfahren voneinander getrennt und charakterisiert werden können.

Das *Glycerin* ($C_3H_8O_3 = CH_2OHCHOHCH_2OH$) ist in reinem Zustande eine wasserhelle, viscöse Flüssigkeit von der Dichte 1,265 bei 15°. Unterhalb 0° erstarrt es zu großen Krystallen, die bei $+ 17°$ schmelzen. Es siedet unter gewöhnlichem Luftdruck unter geringer Zersetzung bei 290°, im Vakuum von 12 mm bei 170°. Es schmeckt rein süß, ist in Wasser und Alkohol in jedem Verhältnis löslich, in Äther praktisch nicht löslich. Es löst die Alkalien und viele Metalloxyde, mit denen es alkoholatähnliche Verbindungen bildet.

Glycerin findet sich in freiem Zustande in kleiner Menge im Blut und entsteht als Nebenprodukt bei der geistigen Gärung der Kohlenhydrate, reichlich, wenn man die Gärung in alkalischem Milieu vor sich gehen läßt, in hoher Ausbeute, wenn man als Alkali Natriumsulfit verwendet, das den gleichzeitig entstehenden Acetaldehyd festlegt.

Bei der langsamen Verbrennung und unter der Einwirkung einiger wasserabspaltender Mittel, wie Kaliumbisulfat, Borsäure und anderer, geht es in Acrolein $CH_2CH : CHO$ über, an dessen durchdringendem und die Schleimhäute heftig reizendem Geruch es erkannt werden kann.

Die *Fettsäuren* gehören zum größten Teil der Reihe der Paraffincarbonsäuren $C_nH_{2n}O_2$ an, daneben kommen die einfach ungesättigten Säuren der Ölsäurereihe und die mehrfach ungesättigten der Linol- und Linolensäurereihe vor.

Die gesättigten Säuren sind in den niederen Gliedern viscöse Flüssigkeiten von stark saurem Charakter, der beim Aufsteigen in der Reihe langsam abnimmt. Sie sind zunächst mit Wasserdämpfen flüchtig und im Vakuum, zum Teil auch unter gewöhnlichem Druck, unzersetzt destillierbar. Mit der Flüchtigkeit hängt der starke und besonders in großer Verdünnung äußerst unangenehme Geruch zusammen, der den niederen Fettsäuren anhaftet. Etwa von der Caprinsäure mit 10 C-Atomen an wird die allmähliche Wandlung der Eigenschaften unmittelbar bemerkbar. Von hier an sind die Säuren bei gewöhnlicher Temperatur fest, nicht merklich flüchtig und nur noch von schwachem Geruch. Am weitesten verbreitet sind die Säuren mit 16 und 18 C-Atomen. Die übrigen kommen zum Teil in bestimmten Fetten in großer Menge, zum Teil weitverbreitet in kleinen Mengen vor.

Die ungesättigten Säuren sind bei gewöhnlicher Temperatur flüssig. Auch hier haben die niederen Glieder einen charakteristischen Geruch, sie treten aber an Bedeutung hinter den Säuren mit 18 C-Atomen völlig in den Hintergrund.

Die nachfolgende Tabelle gibt eine Übersicht über die Formeln und die wichtigsten Eigenschaften der in den Fetten und Ölen vorwiegend vertretenen Fettsäuren.

Die Fettsäuren bilden Metallsalze, unter denen die der Alkalien und Erdalkalien, die sog. Seifen, besondere allgemeine und physiologische Bedeutung haben. Die Bleisalze der einfach ungesättigten, die Barytsalze der hochungesättigten Säuren sind in neutralen organischen Lösungsmitteln löslich, ein Verhalten, das zur Trennung von Fettsäuregemischen benutzt werden kann[1]).

---

[1]) Sperry, W. u. W. R. Bloor: Fat excretion. Journ. of biol. chem. Bd. 60, S. 261. 1924. — Bloor, W. R.: The fatty acids of blood plasma. Ebenda Bd. 56, S. 711. 1923.

Tabelle I. Die wichtigsten Fettsäuren und ihre Eigenschaften.

Name	Formel	Schmelzpunkt	Siedepunkt	Brechungsindex
Buttersäure	$C_4H_8O_2$	7,9°	162,5°	1,399/20°
Capronsäure	$C_6H_{12}O_2$	5,2°	205,7° korr.	1,41635/20°
Caprylsäure	$C_8H_{16}O_2$	15,1°	237,9°	1,3285/20°
Caprinsäure	$C_{10}H_{20}O_2$	31,35°	200° bei 100 mm	1,4285/40°
Lauribsäure	$C_{12}H_{24}O_2$	43,5°	225° „ 100 „	1,4266/60°
Myristinsäure	$C_{14}H_{28}O_2$	53,8°	250,5° „ 100 „	—
Palmitinsäure	$C_{16}H_{32}O_2$	62,6°	291,5° „ 100 „	1,4269/80°
Stearinsäure	$C_{18}H_{36}O_2$	69,32°		1,4314/79,6°
Arachinsäure	$C_{20}H_{40}O_2$	77°	328° unkorr.	
Lignocerinsäure	$C_{24}H_{48}O_2$	78—79°		

Die übrigen höheren Glieder der Reihe siehe Tab. 2.

Ungesättigte Säuren.

Name	Formel	Schmelzpunkt	Siedepunkt	Brechungsindex
Ölsäure	$C_{18}H_{34}O_2$	14°	285,5—286° bei 100 mm	1,4621/11,8°
Erucasäure	$C_{22}H_{42}O_2$	33—34°	281°—30 mm	
Linolsäure	$C_{18}H_{32}O_2$	fl.	229—230° bei 16 mm	—
Linolensäure	$C_{18}H_{30}O_2$	fl.		
Arachidonsäure	$C_{20}H_{32}O_2$	—	—	—

Sie geben die typischen Derivate der Carboxylgruppe: mit Chloriden des Phosphors Säurechloride der allgemeinen Formel RCOCl, durch Wasserabspaltung aus den Ammoniaksalzen zunächst Amide $RCONH_2$ und weiter Nitrile RCN. Mit Alkoholen bilden sie in Gegenwart von Salz- oder Schwefelsäure Ester der Formel $RCOOR_1$. Unter diesen sind die wichtigsten die des Glycerins, die durch Erhitzen der Komponenten auf hohe Temperaturen erhalten werden können. Unter diesen Umständen entstehen Verbindungen, die an allen Hydroxylen des Glycerins den gleichen Säurerest tragen. Es sind jedoch auch gemischte Glyceride in großer Zahl dargestellt worden, indem man entweder auf Distearine das Anhydrid oder auf ihre Chlorderivate das Alkalisalz einer anderen Säure einwirken ließ[1]).

Auch in Amidogruppen lassen sich die Reste der Fettsäuren durch Vermittlung ihrer Säurechloride einführen.

Die Kohlenwasserstoffreste der gesättigten Fettsäuren sind als Paraffine wenig reaktionsfähig. Es gelingt aber, durch Einwirkung von Halogenen im Sonnenlicht und in Gegenwart von rotem Phosphor auf die Säuren oder ihre Chloride ein Halogenatom in die α-Stellung einzuführen. Durch Wasserstoffsuperoxyd[2]) und Kaliumpersulfat[3]) werden die Fettsäuren an dem β-Kohlenstoffatom angegriffen und in die β-Oxysäuren übergeführt, aus denen dann weiter die entsprechenden Ketonsäuren erhalten werden können.

Bei den ungesättigten Säuren kommen durch die in der Kette enthaltenen Äthylenbindungen neue Umsetzungsmöglichkeiten hinzu. An die Doppelbindungen lassen sich Halogene addieren. In Gegenwart von feinverteilten Schwermetallen addiert sich Wasserstoff unter Bildung der entsprechenden gesättigten Säuren. Bei vorsichtiger Oxydation mit Kaliumpermanganat lagern sich an die Doppelbindung 2 Oxygruppen an, so daß aus Ölsäure eine Dioxy-

---

[1]) GRÜN: Zur Synthese der Fette. I. Symmetrische Glyceride. Ber. d. dtsch. chem. Ges. Bd. 40, S. 1781. 1907.

[2]) DAKIN: Zur Kenntnis des Abbaues der Carbonsäuren. Journ. of biol. chem. Bd. 4, S. 77. 1908.

[3]) NEUBAUER, O.: Über den Abbau der Aminosäuren. Dtsch. Arch. f. klin. Med. Bd. 95, S. 211. 1909.

stearinsäure, aus Linolsäure Tetraoxystearinsäure oder Sativinsäure, aus Linolensäure Hexaoxystearinsäure oder Linusinsäure entsteht[1]). Beim Einleiten von Ozon in die Eisessiglösung ungesättigter Säuren lagert sich 1 Mol. Ozon an die Doppelbindung an, in neutralen Lösungsmitteln kann ein weiteres Sauerstoffatom unter Bildung eines Peroxyds fixiert werden[2]). Bei der Umsetzung der Ozonderivate mit Wasser wird die Kette der Säuren an der Stelle der doppelten Bindung gesprengt und es entstehen sauerstoffhaltige Derivate der beiden Spaltstücke, so aus Ölsäure Nonylaldehyd, Pelargonsäure, Azelainsäure und ihr Halbaldehyd. Aus der Kohlenstoffzahl dieser Spaltstücke läßt sich die Stelle der Doppelbindung schließen.

Eigenschaften der Neutralfette. Die Neutralfette enthalten in der Hauptsache Triglyceride, in denen alle Hydroxylgruppen des Glycerins ein und dieselbe Fettsäure tragen. Daneben sind jedoch auch aus natürlichen, vor allem tierischen Fetten, gemischte Glyceride erhalten worden, in denen mehrere Fettsäurearten mit dem gleichen Glycerinmolekül verknüpft sind, so z. B. ein Stearodipalmitin aus Gänse- und Hammelfett.

Von dem Verhältnis, in dem die verschiedenen Glyceride in ihnen gemischt sind, ist zum großen Teil das äußere Verhalten der in der Natur vorkommenden Fette bedingt. Die gesättigten hohen Fettsäuren lassen die Fette, in denen sie überwiegen, schwer schmelzen und leicht wiedererstarren, die niederen gesättigten und die ungesättigten Säuren begünstigen das Flüssigbleiben bei gewöhnlicher Temperatur, die hochungesättigten Säuren bewirken durch ihre Neigung zur Sauerstoffaufnahme das nachträgliche Festwerden ursprünglich flüssiger Öle. So hat sich die Verwendung von Fetten bestimmter Herkunft für die einzelnen Ernährungs- und technischen Zwecke herausgebildet. Beispielsweise werden für die Ernährung feste, aber nicht zu hochschmelzende Fette und nicht zu stark ungesättigte Öle bevorzugt. Im ganzen ist die Zusammensetzung von Fetten der gleichen Herkunft innerhalb gewisser Grenzen konstant, mithin auch ihr Verhalten. Eine Reihe von Konstanten gestattet, diese Eigenschaften festzulegen und zu kontrollieren.

Die Säurezahl gibt den Gehalt eines Fettes an freier Fettsäure an. Sie ist bei frischen, unzersetzten Fetten meist niedrig. Die Verseifungszahl, die Zahl der Milligramme KOH, die zur Neutralisation der in einem Gramm eines Fettes enthaltenen Fettsäuren nötig ist, ist um so höher, je mehr niedrige Fettsäuren vorliegen. Die Reichert-Meisslsche Zahl ist ein Maß für die in einem Fett enthaltenen flüchtigen Fettsäuren. Die Jodzahl gibt an, wieviel Milligramme Jod von 1 g eines Fettes gebunden werden und zeigt dadurch die Menge der ungesättigten Fettsäuren an.

Die Neutralfette sind in reinem Zustande ungefärbt, geruch- und geschmacklos. Sie sind unlöslich in Wasser, löslich in den meisten organischen Lösungsmitteln, so in Alkohol, Äther, Chloroform, Petroläther, Schwefelkohlenstoff, Tetrachlorkohlenstoff und anderen[3]). Tristearin und Tripalmitin sowie ihre höheren Homologen krystallisieren aus kaltem Äthylalkohol leicht aus, Tristearin ist auch in kaltem Äther recht schwer löslich. Triolein löst sich leicht in Alkohol und begünstigt die Lösung der anderen Triglyceride, wie es auch in freiem Zustande größere Mengen von ihnen in Lösung halten kann. Andererseits können auch feste Fette beträchtliche Mengen Triolein enthalten.

Mit reinem Wasser lassen sich die Fette nur schwer emulgieren, leicht dagegen

[1]) Hazura: Monatshefte f. Chemie Bd. 8, S. 158. 1887; Bd. 9, S. 185. 1888.
[2]) Harries, C. u. Thieme: Liebigs Ann. d. Chem. Bd. 343, S. 357. 1905. — Türck: Ber. d. dtsch. chem. Ges. Bd. 39, S. 3737. 1906.
[3]) S. a. Bills, Fat solvents. Journ. of biol. chem. Bd. 67, S. 279. 1926.

bei Gegenwart von Alkali, Seifen, Eiweiß oder Gummi. Die emulgierende Wirkung der Alkalien beruht auf der Bildung von Seifen mit den in den Fetten meist in kleiner Menge vorhandenen freien Fettsäuren.

Die Neutralfette sind nicht unzersetzt flüchtig. Sie sieden oberhalb 300°, indem sie sich teilweise zersetzen und verbrennen mit stark rußender Flamme.

Auch das chemische Verhalten der Fette hängt zum Teil von den in ihnen enthaltenen Bausteinen ab. Kraft ihres Glyceringehaltes entwickeln sie bei der langsamen Verbrennung Acrolein. Die in ihnen vorkommenden ungesättigten Säuren geben die bei den Fettsäuren genannten Additionserscheinungen. Die katalytische Reduktion mit Wasserstoff wird technisch zur Härtung flüssiger Fette angewendet. Die Addition von Jod ist ein wichtiges analytisches Hilfsmittel (s. o. Jodzahl). Bei längerem Lagern erfolgt Autoxydation der ungesättigten Fettsäuren als Teilerscheinung des „Ranzig"werdens.

Die Fette geben ferner die Reaktionen der Ester. Sie werden durch fettspaltende Fermente, Überhitzen mit Wasser allein oder in Gegenwart von Säure sowie beim Kochen mit wässerigen oder alkoholischen Lösungen von Alkalien unter Aufnahme der Elemente des Wassers gespalten. Bei der Hydrolyse mit Alkalien entstehen neben Glycerin die Alkalisalze der Fettsäuren, die Seifen, woher der ganze Prozeß in seinen verschiedenen Formen den Namen Verseifung erhalten hat.

Nachweis und Bestimmung der Fette. Der mikroskopische Nachweis der Fette gründet sich auf ihre Fähigkeit, gewisse organische Farbstoffe, wie Sudan III, Nilblausulfat, Scharlachrot, Neutralrot und andere unter Annahme charakteristischer Färbungen zu lösen und sich mit Osmiumsäure zu schwärzen. Außerdem gibt es eine Reihe von Spezialverfahren von LORRAIN SMITH, FISCHLER, CIACCIO, mit deren Hilfe man die Neutralfette auf mikroskopischem Wege von den anderen Lipoidfraktionen unterscheiden kann. Eine ausführliche Beschreibung des Verhaltens der Fette gegenüber diesen verschiedenen Färbeverfahren hat KAWAMURA[1]) gegeben.

Dem chemischen Nachweis der Fette muß die Extraktion vorangehen. In dem Extrakt prüft man mit Hilfe der Acroleinprobe auf Glycerin. Die Fettsäuren kann man nach Verseifung rein darstellen. Will man diese zeitraubende Operation vermeiden, so kann man sie an ihrem Vermögen, die blaurote Farbe einer alkoholisch-ätherischen Alkannalösung in Rot umzuwandeln, erkennen. Fette, die Säuren der Ölsäurereihe enthalten, geben bei eintägigem Stehen mit Kupferpulver und Salpetersäure die Elaidinprobe und werden fest, während solche, die nur gesättigte Säuren oder solche der Linol- und Linolensäurereihe enthalten, flüssig bleiben. Aus linolensäurehaltigen Fetten scheidet sich beim Stehen ihrer mit Brom gesättigten Lösung in Äther-Eisessig innerhalb von 3 Stunden ein Niederschlag von gebromten Derivaten der Linolensäure ab. Einige pflanzliche Öle enthalten Stoffe, die mit Hilfe besonderer Reaktionen nachgewiesen werden können (Proben von BAUDOUIN und von SOLTSIEN auf Sesamöl, von HALPHEN auf Baumwollsamenöl) und dann deren Erkennung gestatten.

Die quantitative Bestimmung der Fette muß ebenfalls mit ihrer Isolierung beginnen. Hierbei ergibt sich die Schwierigkeit, daß wir kein Extraktionsmittel besitzen, das auswählend allein die Neutralfette aufnimmt. Diese sind in allen ihren Vorkommen im Tierkörper von freien Säuren, Seifen, Phosphatiden und Sterinen begleitet, die ihre Löslichkeitseigenschaften bis zu einem gewissen Grade teilen. Man erhält also bei der Extraktion ein Gemisch aller dieser Stoffe, aus dem man die Neutralfette herauszuarbeiten hat.

---

[1]) KAWAMURA: Die Cholesterinesterverfettung. Jena 1911.

Die freien Fettsäuren lassen sich gegen Phenolphthalein titrieren, ebenso nach vorangegangener Behandlung mit Mineralsäuren die Seifen. Der Gehalt an Phosphatiden kann aus der vorhandenen Phosphormenge, der an Sterinen direkt mit Hilfe besonderer Methoden bestimmt und abgezogen werden, so daß sich schließlich die Menge des Neutralfetts errechnen läßt. Allerdings summieren sich in diesem Wert die Fehler aller Analysemethoden. In dieser Weise wird z. B. bei der Analyse der Blutlipoide vorgegangen, wie sie Bloor, Feigl u. a.[1]) ausgestaltet haben.

Bei der Mikrobestimmung der Lipoide des Blutes nach Ivar Bang[2]) wird eine Trennung der Neutralfette und des freien Cholesterins zusammen von den übrigen Fraktionen dadurch erreicht, daß das in Papierblättchen eingesaugte, trockene Blut zunächst mit Petroläther ausgelaugt wird, der nur diese beiden Stoffe aufnimmt. Das Cholesterin wird durch Digitoninfällung entfernt und dann das allein zurückbleibende Neutralfett durch Oxydation mit Kaliumbichromat jodometrisch bestimmt.

Bei der Bearbeitung mancher Probleme, bei denen es wesentlich auf den Energiegehalt des Lipoidkomplexes ankommt, genügt die Bestimmung der gesamten, in den verschiedenen Fraktionen esterartig gebundenen Fettsäuren. Für diese haben Kumagawa und Suto[3]) ein Verfahren angegeben, das später mehrfach erweitert und verbessert worden ist. Es besteht darin, daß das zu untersuchende Material mit 20% Alkali verseift und mit absolutem Äther extrahiert wird. Die vereinigten Extrakte werden im Vakuum eingedampft und der Rückstand mit absolutem Petroläther aufgenommen.

Bei der Analyse kleiner Blutmengen ist in letzter Zeit die nephelometrische Bestimmung üblich geworden, bei der nach Verseifung zunächst das Cholesterin extrahiert und dann der Rückstand in Wasser gelöst wird. Die Fettsäuren werden dann durch Säure in Freiheit gesetzt und die dadurch erzeugte Trübung mit der einer aus einer bekannten Menge von Fettsäuren erzeugten verglichen[4]).

Zur Bestimmung der freien Fettsäuren des Blutes, die trotz ihrer geringen Konzentration einen biologisch überaus wichtigen Faktor darstellen, haben v. Szent-György und Tominaga[5]) ein sehr genaues Verfahren angegeben, das die Fettsäuren von 10 ccm Blut mit einem Fehler von 0,2 mg bestimmt. Unter den Fettsäuren des Blutes finden sich, besonders in einigen pathologischen Fällen, auch hochungesättigte. Auch für diese ist eine besondere Bestimmungsmethode ausgearbeitet worden[6]).

2. Die Wachse.

Die Oberfläche mancher Pflanzenteile, vor allem der Blätter, ist mit einer Schicht von Wachs überzogen, die einerseits Schutz gegen Austrocknung, andererseits aber auch gegen Wasser, Staub und andere atmosphärische Einwirkungen gewährt. Bei manchen Palmenarten ist die Wachsschicht so mächtig, daß sie

---

[1]) Literatur bei Feigl: Über das Vorkommen und die Verteilung von Lipoiden im Blut. Biochem. Zeitschr. Bd. 90, S. 195. 1918.

[2]) Bang, Ivar: Mikromethoden zur Blutuntersuchung. 3. Aufl. München: Bergmann 1922.

[3]) Kumagawa, M. u. R. Suto: Ein neues Verfahren zur quant. Bestimmung des Fettes. Biochem. Zeitschr. Bd. 8, S. 112. 1908. — Shimidzu, Y.: Beitrag zur Fettbestimmungsmethode. Ebenda Bd. 28, S. 237. 1910. — Lemeland: Untersuchungen über den Gehalt an Seifen im Blutserum. Cpt. rend. des séances de la soc. de biol. Bd. 84, S. 617. 1921.

[4]) Bloor, W. R.: A method for the estimation of minute amounts of fat in blood. Journ. of biol. chem. Bd. 17, S. 377. 1914.

[5]) v. Szent-György, A. u. T. Tominaga: Die quantitative Bestimmung der freien Blutfettsäuren. Biochem. Zeitschr. Bd. 146, S. 226. 1924.

[6]) v. Szent-György, A.: Der Nachweis der mehrfach ungesättigten hohen Fettsäuren im Blute. Biochem. Zeitschr. Bd. 146, S. 239. 1924.

mechanisch entfernt und dadurch sowohl der Untersuchung, wie auch der technischen Verwendung zugeführt werden kann. Auch tierische Organismen schützen ihre Oberflächen entweder wie einzelne Wassertiere ständig oder zur Zeit der Entwicklung oder in der Brutpflege mit Wachs oder ähnlichen Substanzen. Auch hier kommt es in den Waben der Bienen und Hummeln und in den Kokons gewisser Insektenlarven zu einer Anreicherung des Materials, die die Gewinnung erleichtert.

Gleich den Fetten stellen die Wachse Gemische verschiedener Substanzen dar, die untereinander eine gewisse Verwandtschaft zeigen. Wir finden hier Kohlenwasserstoffe, Alkohole, freie Säuren und Säureester. Die Bestimmung zum Schutz gegen äußere Einwirkungen zeigt sich darin, daß in allen diesen Bestandteilen die Gruppen, die eine chemische Angreifbarkeit mit sich bringen könnten, noch weiter zurückgedrängt sind als in den Fetten. Die Bausteine sind sämtlich hochmolekular, die ungesättigten Fettsäuren treten völlig in den Hintergrund. Als charakteristische Bestandteile der Wachse können die Ester hochmolekularer Fettsäuren der Paraffinreihe mit einsäurigen Alkoholen von gleicher Größe und Struktur der Kette gelten. Ihr einfachster Vertreter ist das Cetylpalmitat des Walrats, $C_{15}H_{29}COOC_{16}H_{33}$. Das Auftreten derartiger Substanzen mit recht verschiedener Molekulargröße legt die Vermutung nahe, daß ihre Komponenten durch Dismutation zweier Moleküle des zugehörigen Aldehyds entstanden sein könnten. In der Zusammensetzung der Wachse der Wassertiere aus niedrigschmelzenden oder flüssigen Bestandteilen, der Pflanzenwachse und derjenigen der Landtiere aus hochschmelzenden Körpern tritt eine Anpassung an die Temperatur der Umgebung zutage.

Die nachfolgende Tabelle, die nach Art der von v. Fürth[1]) aufgestellten angeordnet ist, gibt eine Übersicht über die wichtigsten Bausteine der Wachse und ihre Eigenschaften (nach Beilstein: Handbuch der organischen Chemie IV. Aufl., Bd. II. 1920).

Tabelle 2.
Übersicht über die wichtigsten Bausteine der Wachse und deren Eigenschaften.

Kohlenwasserstoffe	Alkohole	Säuren
$C_{27}H_{56}$, aus Bienenwachs $C_{30}H_{60}$, Melen aus Bienenwachs $C_{31}H_{64}$, „ „ [2])	$C_{24}H_{50}O$ (Bienenwachs) $C_{27}H_{56}O$ Cerylalkohol Sm. P. 79° $C_{30}H_{62}O_2$ Coccerylalkohol, Sm. P. 102° Myricylalkohol $C_{30}H_{62}O$ Sm. P. 90°, Palmitat, Myricin Sm. P. 64° Psyllaalkohol $C_{33}H_{68}O$ Sm. P. 69°	Palmitinsäure $C_{16}H_{32}O_2$ Carnaubasäure $C_{24}H_{48}O_2$ Sm. P. 110° Cerotinsäure $C_{26}H_{52}O_2$ Sm. P. 78° Melissinsäure $C_{30}H_{60}O_2$ Sm. P. 90—91° Psyllasäure $C_{33}H_{66}O_2$ Sm. P. 94—95°

Von den Bestandteilen der tierischen Wachse finden sich einige, z. B. die Cerotinsäure, in den Pflanzen präformiert. Die alte Ansicht ging denn auch dahin, daß die Wachse von den Insekten mit der Nahrung, speziell mit den Pollenkörnern aufgenommen würden. Sie ist aber im Laufe des vorigen Jahrhunderts schrittweise widerlegt worden.

---

[1]) v. Fürth: Vergleichende chemische Physiologie der niederen Tiere. S. 416. Jena 1903.

[2]) Brodie: Untersuchungen über die chemische Natur des Bienenwachses. Liebigs Ann. d. Chem. Bd. 67, S. 180. 1848; Bd. 71, S. 144. 1849. — Schwalb, Fr.: Die nichtsauren Bestandteile des Bienenwachses. Ebenda Bd. 235, S. 106. 1886.

Für die Honigbienen wies v. Berlepsch[1]) nach, daß sie Wachs erzeugen, wenn sie Honig und Pollenkörner über den eigenen Ernährungsbedarf hinaus aufgenommen haben. v. Schneider[2]) stellte unter Zusatz von Pollen zur Nahrung der Bienen einen quantitativen Vergleich des Wachsgehaltes der Pollen selber an und kam zu der Schlußfolgerung, daß der Wachsgehalt der Pollen bei weitem nicht die Produktion der Bienen deckt. Ebenso ist der Eiweißgehalt des Pollenkornes zu gering, um als Ausgangsmaterial bei der Bereitung des Bienenwachses in Frage zu kommen. Durch Erlenmeyer und v. Planta[3]) wurde der Beweis erbracht, daß die Kohlenhydrate der Nahrung, und zwar nicht nur der Traubenzucker, sondern auch Frucht- und Rohrzucker, von den Bienen zu Wachs umgebaut werden. Die Genese der Wachse im Tierkörper ist also eine ähnliche wie die der ihnen chemisch so nahe verwandten Fette.

Unter den *Pflanzen*wachsen ist das bestuntersuchte das Carnaubawachs von Copernicia Cerifera Mart. Es schmilzt bei 105° und besteht hauptsächlich aus dem Myricylester der Cerotinsäure, daneben finden sich beide Komponenten in freier Form sowie Carnaubasäure in Verbindung mit verschiedenen Alkoholen.

Auch die Palmen Ceroxyla andicola und Raphia Ruffia, die Pisangpflanze Musa cera und der Milchsaft des Wachsfeigenbaumes, Ficus ceriflua liefern Wachs.

Unter den *tierischen* Wachsen ist das wichtigste das der *Honigbienen*, das in der Wachsmembran unter der Cuticula der Bauchsegmente erzeugt wird[4]). Chemisch besteht es aus einem in Alkohol leicht löslichen Anteil, dem Cerin, das vorwiegend Cerotinsäure enthält und dem sehr schwer löslichen Myricin, das im wesentlichen Myricylpalmitat enthält. In kleinerer Menge finden sich Melissinsäure $C_{30}H_{60}O_2$ und 12—17% Kohlenwasserstoffe, unter denen solche mit 27 und 31 C-Atomen festgestellt wurden.

Das Wachs der *Hummeln* unterscheidet sich von dem der Bienen durch seinen Gehalt an einem hochmolekularen Alkohol, der aus Äthylalkohol in seideglänzenden Nadeln vom Smst. 69—69,5° krystallisiert und anscheinend mit dem Psyllaalkohol identisch ist[5]).

Derselbe Alkohol war schon vorher von Sundwik[6]) in Verbindung mit der entsprechenden Säure, der Psyllasäure $C_{33}H_{66}O_2$, im Psyllawachs der finnischen Blattlaus Psylla alni gefunden worden.

Das *chinesische* Wachs wird von den Larven der Blattlaus Coccus ceriferus abgegeben und zu einer Schutzschicht gestaltet, unter der sich ihre Entwicklung vollendet. Es besteht hauptsächlich aus dem Cerylester der Cerotinsäure $C_{25}H_5COOC_{26}H_{53}$, enthält aber auch noch andere, noch nicht näher festgestellte Verbindungen.

Das Cochenillewachs wird von den weiblichen Cochenilleläusen aus besonderen Drüsen der Haut in Form von feinen Fäden abgegeben. Auch die Kokons der männlichen Tiere bestehen zum größten Teil daraus. Aus der Silbercochenille des Handels kann es durch Extraktion mit Chloroform, Eisessig oder

---

[1]) Berlepsch, A., v.: Die Biene und ihre Zucht. S. 136. Mannheim 1873.

[2]) Schneider, W., v.: Über Pollen und Wachsbildung. Liebigs Ann. d. Chem. Bd. 162, S. 235. 1872.

[3]) Erlenmeyer, E. u. A. v. Planta-Reichenau: Chemische Studien über die Tätigkeit der Bienen. Bienenzeitung von A. v. Schmidt, Bd. 34, S. 181. 1878; Bd. 35, Nr. 1 u. 12. 1879; Bd. 36, Nr. 1. 1880; Malys Jahresber. d. Tierchemie Bd. 8, S. 294; Bd. 9, S. 265; Bd. 10, S. 366; zitiert nach v. Fürth.

[4]) Carlet, G.: Sur les organes sécreteurs et la sécretion de la cire chez l'abeille. Cpt. rend. hebdom. des séances de l'acad. des sciences Bd. 110, S. 361. 1890.

[5]) Sundwik, E.: Über das Wachs der Hummeln. Hoppe-Seylers Zeitschr. f. physiol. Chem. Bd. 26, S. 56. 1898/99; Bd. 56, S. 365. 1907.

[6]) Sundwik, E.: Über das Psyllawachs. Hoppe-Seylers Zeitschr. f. physiol. Chem. Bd. 33, S. 355. 1901; Bd. 54, S. 255. 1907/08.

Benzol gewonnen werden. Sein charakteristischer Bestandteil ist das Coccerin, der Ester einer Oxyfettsäure Coccerylsäure $C_{31}H_{62}O_3$ mit dem zweisäurigen Coccerylalkohol $C_{30}H_{62}O_2$[1]).

Zu den Wachsen muß auch der Walrat gerechnet werden, der sich in einer Höhlung am Schädel des Pottwals Physeter macrocephalus findet. Sein fester Anteil enthält Cetylpalmitat $C_{15}H_{31}COOC_{16}H_{33}$ neben dem Ester des Oktadecylalkohols, der flüssige ist wenig untersucht.

Ähnliche Sekrete finden sich beim Entenwal Hyperoedon rostratus und H. diodon (Döglingstran) und in den Bürzeldrüsen der Wasservögel.

Endlich enthält auch das Wollfett der Schafe eine Fraktion, die wachsartige Substanzen führt. Unter ihnen sind z. B. Carnaubasäure und der zugehörige Alkohol festgestellt worden[2]).

3. Die Phosphatide.

Unter Phosphatiden versteht man eine besondere Klasse der organischen Phosphorsäureverbindungen, die in ihrem äußeren Verhalten eine weitgehende Ähnlichkeit mit den Fetten zeigen. Diese beruht darauf, daß sie mit den Fetten eine Reihe von Bausteinen, nämlich Glycerin, gesättigte und ungesättigte Fettsäuren, gemeinsam haben, während Phosphorsäure und die aliphatischen Oxybasen Aminoäthylalkohol (Colamin), Cholin und Sphingosin neu hinzukommen.

Die Phosphatide finden sich in den tierischen und pflanzlichen Geweben allgemein verbreitet und werden zu den primären, integrierenden Zellbestandteilen gerechnet. Besonders reichlich finden sie sich im Gehirn, der Nervensubstanz, dem Eidotter, der Niere und Nebenniere. Ganz vermißt wurden sie in keinem darauf untersuchten tierischen Gebilde.

Die Phosphatide lösen sich leicht in Alkohol und einigen neutralen organischen Lösungsmitteln, dagegen schwer oder gar nicht in Aceton, wodurch ihre Abtrennung von den anderen Lipoidfraktionen sehr erleichtert wird. Verunreinigungen können allerdings die Löslichkeitsverhältnisse sehr ändern und bei der Aufarbeitung von Organen gehen auch in die ersten Acetonauszüge gewisse Phosphatidfraktionen hinein. Die basische Gruppe der Phosphatide macht sich durch Bildung einer Reihe von Doppelsalzen mit solchen der Schwermetalle geltend, unter denen die des Cadmiumchlorids besondere präparative, die des Platins analytische Bedeutung besitzen.

Der Gehalt an ungesättigten Fettsäuren macht die Phosphatide empfindlich gegen den Luftsauerstoff.

Eine systematische Einteilung der Phosphatide hat THUDICHUM geschaffen, wobei er das Verhältnis des Stickstoff- und Phosphorgehalts zur Grundlage der Nomenklatur und Definition nahm. Er bezeichnete solche Phosphatide, die auf 1 Atom Phosphor 1 Atom Stickstoff enthielten, als Monaminomonophosphatid, ein solches, das zwei basische Gruppen enthält, als Diaminomonophosphatid usw. Diese Einteilung ist zweckmäßig und übersichtlich. Sie birgt aber gewisse Gefahren; die Phosphatide sind nur sehr schwer in reinem Zustand zu gewinnen, besitzen hohe Molekulargewichte und deshalb nur kleine N- und P-Gehalte und geben dadurch leicht Anlaß zu Täuschungen über das Verhältnis beider Elemente. Der modernen Kritik[3]) haben von den vielen Phosphatiden, die im Laufe der

---

[1]) LIEBERMANN, C.: Über das Wachs und die Fette der Cochenille. Ber. d. dtsch. chem. Ges. Bd. 18, S. 1975. 1885; Bd. 20, S. 985. 1887.

[2]) DARMSTÄDTER, L. u. LIFSCHÜTZ: Beitrag zur Kenntnis des Wollfettes. Ber. d. dtsch. chem. Ges. Bd. 29, S. 619. 1898; Bd. 31, S. 97. 1898.

[3]) MAC LEAN: a. a. O. S. 6. — LEVENE: Structure and significance of the phosphatides. Physiol. review Bd. 1, S. 327. 1921.

Jahre auf Grund ihres P : N-Verhältnisses als chemische Individuen proklamiert worden waren, nur drei standgehalten, nämlich die Monaminomonophosphatide Lecithin und Cephalin und das Diaminomonophosphatid Sphingomyelin.

Die übrigen in der Literatur aufgeführten Phosphatide haben sich als verunreinigte Präparate eines dieser 3 Phosphatide erwiesen; so ist das von Erlandsen mit Hilfe einer sehr minutiösen Methodik aus den Lipoiden des Ochsenherzens abgetrennte Monaminodiphosphatid *Cuorin*[1]) von Levene und Komatsu[2]) als ein Gemisch von Lecithin mit seinen Zersetzungsprodukten erwiesen und das von Linnert für das spezifische Phosphatid des Gehirns gehaltene *Sahidin*[3]) von Fränkel ebenfalls als unreines Lecithin erkannt worden[4]). Das *Carnaubon* von Dunham[5]) ist nach Mac Lean (zitiert auf S. 160) ein cerebrosidhaltiges Sphingomyelin gewesen.

Bei der Darstellung von Phosphatiden muß man darauf Bedacht nehmen, ein für die Extraktion möglichst geeignetes Material zu erhalten, das die Phosphatide noch vollständig enthält, dagegen womöglich von einem Teil der anderen Extraktivstoffe befreit ist. Diesen Ansprüchen genügt am besten die Behandlung des frischen Organmaterials mit Aceton, das das Wasser, Fett und Cholesterin wegnimmt, allerdings auch von den Phosphatiden eine kleine Menge aufnimmt. Die früher viel geübte Wärmetrocknung ist unzweckmäßig, weil sie das Fortschreiten von Spaltungs- und Oxydationsvorgängen begünstigt. Ebenso empfiehlt sich die Bindung des Wassers an wasseranziehende Salze nicht, da sie das Extraktionsgut sehr vermehrt. Aus dem trockenen, feinverteilten Material kann man entweder die gesamten Phosphatide durch Alkohol ausziehen oder von vornherein durch aufeinanderfolgende Anwendung verschiedener Solventien eine gewisse Vorfraktionierung anstreben. Levene empfiehlt in seiner oben zitierten Zusammenfassung, der Reihe nach Aceton, Äther und Alkohol anzuwenden, wobei das Aceton Lecithin, Cephalin und geringe Mengen ihrer Spaltprodukte, der Äther dieselben Substanzen in etwas stärker verunreinigter Form, der Alkohol Sphingomyelin und Cerebroside löst. Eine ausführliche Darstellung der verschiedenen Extraktions- und Fraktionierungsverfahren hat S. Fränkel im Handbuch der biologischen Arbeitsmethoden[6]) gegeben. Aus den geklärten Extrakten werden die Phosphatide durch mehrfach wiederholtes Fällen mit Aceton und Wiederaufnehmen in Äther herausgearbeitet. Von Fremdstoffen, die in die angewandten Lösungsmittel hineingehen und besonders die Analysen nachteilig beeinflussen können, seien Carnithin, Hypoxanthin und organische Phosphorverbindungen genannt.

Lecithin. Bei der Darstellung von analysenreinem Lecithin wird das durch Extraktion erhaltene Phosphatidgemisch zuerst aus einer Wasseremulsion durch Aceton und Kochsalz, dann aus ätherischer Lösung ebenfalls durch Aceton solange umgefällt, bis es in Äther klar löslich ist. Beim Lösen in Alkohol kann ein Teil des Kephalins als unlöslicher Niederschlag entfernt werden, der Rest wird beseitigt, indem man die Chlorcadmiumverbindung des Gemisches herstellt

---

[1]) Erlandsen, A.: Untersuchungen über die lecithinartigen Substanzen des Myokardiums und der quergestreiften Muskeln. Hoppe-Seylers Zeitschr. f. physiol. Chem. Bd. 51, S. 71. 1907.

[2]) Levene, P. A. u. S. Komatsu: Lipoids of the heart muscle. Journ. of biol. chem. Bd. 39, S. 83. 1919.

[3]) Linnert, K.: Über das Sahidin aus Menschenhirn. Biochem. Zeitschr. Bd. 24, S. 268. 1910.

[4]) Fränkel, S. u. A. Käsz: Über ein Lecithin aus Menschenhirn. Biochem. Zeitschr. Bd. 124, S. 216. 1921.

[5]) Dunham, E. K. u. Jacobsohn, C. A.: Über Carnaubon. Hoppe-Seylers Zeitschr. f. physiol. Chem. Bd. 64, S. 303. 1910.

[6]) Fränkel: Siehe Handb. der biologischen Arbeitsmethoden Abt. I, Teil 6, S. 1.

und die Kephalinverbindung mit Äther herauswäscht. Das umkrystallisierte Lecithincadmiumchlorid wird mit methylalkoholischem Ammoniak zerlegt[1]). Zu sehr reinen, krystallisierten Lecithinpräparaten ist Escher[2]) durch sorgfältigen Ausschluß jeder Feuchtigkeit und Anwendung tiefer Temperaturen gelangt. Er erzielte millimetergroße Krystalle, die allerdings schon bei Zimmertemperatur sinterten.

Lecithin wurde zuerst von Fourcroy 1793 beobachtet, dann wieder von Vauquelin 1812 und von Couerbe 1814 in wahrscheinlich sehr unreinem Zustande erhalten, 1846 stellte es Gobley aus Eidotter dar und gab ihm nach diesem Vorkommen den Namen[3]). Er stellte auch unter den Spaltprodukten Glycerinphosphorsäure, Fettsäuren und eine stickstoffhaltige Substanz fest, welch letztere von Strecker[4]) mit Cholin identifiziert wurde.

Als kleinste Bausteine des Lecithins ergeben sich danach Glycerin, Phosphorsäure, Fettsäuren und Cholin. Von diesen ist das Glycerin von Foster[5]) in der genau 1 Mol. entsprechenden Ausbeute erhalten worden; der Phosphorsäuregehalt berechnet sich aus dem an Gesamtphosphor, zu dessen Ermittlung Mandel und Neuberg ein besonderes Verfahren angegeben haben[6]) (Veraschung unter Zusatz von Wasserstoffsuperoxyd).

Die Fettsäurefraktion hat in den Lecithinen verschiedener Herkunft eine etwas abweichende Zusammensetzung. Die gesättigten Säuren werden zwar überall durch Palmitin- und Stearinsäure repräsentiert, die ungesättigten weisen aber Unterschiede nach Menge und Art auf[7]). Zum Beispiel extrahiert Aceton aus Leber ein stärker ungesättigtes Lecithin, als durch nachträgliche Behandlung mit Äther erhalten wird. Unter den ungesättigten Fettsäuren des Leberlecithins sind Öl-, Linol- und Arachidonsäure $C_{20}H_{32}O_2$ festgestellt, während die Lecithine aus Gehirn und aus Eidotter nur Öl- und Arachidonsäure liefern. Die Abtrennung der hochungesättigten Säuren aus dem Fettsäuregemisch erfolgt unter Benutzung der Schwerlöslichkeit ihrer Barytsalze in einem Gemisch von Benzol, Alkohol und Äther, ihre Identifikation mit Hilfe der Bromadditionsprodukte Tetrabromstearinsäure und Octobromarachinsäure.

In den Lecithingemischen, wie sie ohne weitere Fraktionierung aus Organen erhalten werden, findet man immer sehr annähernd 50% der Fettsäuren ungesättigt. Neuere Fraktionierungsversuche, z. B. die zitierten von Levene, haben gezeigt, daß man daraus nicht folgern kann, daß jedes Lecithinmolekül eine gesättigte und eine ungesättigte Säure enthält, und daß überhaupt die Annahme der Äquimolekularität mit einer gewissen Unsicherheit behaftet ist[8]).

In nicht ganz reinen Lecithinpräparaten findet man nie die theoretische Menge von *Cholin*, da sie eine aminostickstoffhaltige Substanz, aller Wahrscheinlichkeit nach Kephalin, enthalten. Ganz reines Lecithin liefert keinen Stickstoff,

---

[1]) Levene u. Rolf: a. a. O. S. 330.

[2]) Escher, H.: Über die Isolierung natürlicher krystallisierter Lecithine. Helvetica chim. Bd. 8, S. 686. 1925.

[3]) Gobley: Recherches chimiques sur le jaune d'œuf. Ann. de chim. et de phys. (3), Bd. 9, S. 1, 81 u. 161; Bd. 11, S. 409; Bd. 12, S. 1. 1846/47.

[4]) Strecker, A.: Über das Lecithin. Liebigs Ann. d. Chem. Bd. 148, S. 77. 1868.

[5]) Foster, M.: Studies on a method for the quantitative estimation of certain groups in phospholipins. Journ. of biol. chem. Bd. 20, S. 403. 1915.

[6]) Mandel u. C. Neuberg: Erkennung und Bestimmung von Metalloiden in organischen Verbindungen. Biochem. Zeitschr. Bd. 71, S. 202. 1915.

[7]) Levene, P. A. u. T. Ingwaldsen: Unsaturated lipoids of the liver. Journ. of biol. chem. Bd. 43, S. 359. 1920. — Levene, P. A. u. Ida Rolf: Fatty acids of the lecithin of the egg-yolk. Ebenda Bd. 46, S. 193. 1920; Bd. 46, S. 353. 1921. — Levene, P. A. u. Simms: The liver lecithin. Ebenda Bd. 48, S. 185. 1921.

[8]) Levene, P. A.: Physiol. review Bd. 1, S. 332.

wenn es dem gasometrischen Verfahren von van Slyke unterworfen wird. Zur Bestimmung des Cholins neben Colamin in Phosphatiden haben Thierfelder und Schulze ein Verfahren ausgearbeitet, das auf der Beständigkeit des Cholin-chlorhydrats gegen Calciumhydroxyd, von dem das Colaminsalz zerlegt wird, beruht[1]). Das Verfahren hat durch Levene und Ingwaldsen einige Modifikationen erfahren (l. c.). Das Cholin wird in Gestalt seines bei 240—241° schmelzenden Pikrats isoliert. In freiem Zustand stellt es eine sirupöse Flüssigkeit dar. Beim Kochen der wässerigen Lösung wird Trimethylamin abgespalten. Es bildet gut krystallisierende Doppelsalze mit dem gleichen Schwermetallsalz wie das Lecithin.

Cholin tritt in pflanzlichen und tierischen Organismen vielfach auf und entfaltet mannigfache physiologische Wirkungen.

Die quantitative Bestimmung der Bausteine des Lecithins führt zu dem Ergebnis, daß im Lecithinmolekül auf 1 Mol. Phosphorsäure je 1 Mol. Glycerin und Cholin und 2 Mol. Fettsäure kommen.

Das Cholin ist durch seine alkoholische Hydroxylgruppe esterartig an ein Hydroxyl der Phosphorsäure gebunden[2]). Eine salzartige Bindung des basischen Hydroxyls ist wegen der großen Beständigkeit des Lecithins ausgeschlossen.

Eine zweite esterartige Bindung findet sich zwischen der Phosphorsäure und einem Hydroxyl des Glycerins. Bei vorsichtiger Spaltung des Lecithins wird Glycerinphosphorsäure $C_3H_9PO_6$ erhalten. Von einer Verbindung dieser Formel sind 2 Isomere denkbar, deren eines die Phosphorsäure an einer primären Hydroxylgruppe, deren anderes sie an dem mittleren, sekundären Hydroxyl trägt. Die Entscheidung zwischen beiden Möglichkeiten bringt die Beobachtung von Willstätter und Lüdecke[3]), daß die dem Lecithin eigene optische Aktivität in der Glycerinphosphorsäure noch erhalten ist, und daß diese mithin ein asymmetrisches Kohlenstoffatom besitzt. Dieser Forderung wird nur die Formel I mit primär gebundener Phosphorsäure gerecht.

$$
\begin{array}{ll}
\mathrm{CH_2OH} & \mathrm{CH_2OH} \\
| & | \\
\mathrm{CHOH} & \mathrm{CHOPO_3H_2} \\
| & | \\
\mathrm{CH_2OPO_3H_2} & \mathrm{CH_2OH} \\
\quad\text{I.} & \quad\text{II.}
\end{array}
$$

Die spezifische Drehung der Glycerinphosphorsäure aus Lecithin beträgt in Lösung — 0,69—0,74 °[4]).

Die Fettsäuren sind mit den beiden noch übrigen Hydroxylgruppen des Glycerins verestert.

Auf Grund dieser Erwägungen ergibt sich für das Lecithin die erstmalig von Willstätter und Lüdecke aufgestellte Formel:

$$
\begin{array}{l}
\mathrm{CH_2OCOR_1} \\
| \\
\mathrm{CHOCOR_2} \\
| \qquad\;\; \diagup\mathrm{OH} \\
\mathrm{CH_2OP}{=}\mathrm{O} \\
\qquad\quad \diagdown\mathrm{OCH_2CH_2N(CH_3)_3OH.}
\end{array}
$$

---

[1]) Thierfelder, H. u. O. Schulze: Ein neues Verfahren zur Abtrennung von Äthanolamin aus Phosphatidhydrolysaten. Hoppe-Seylers Zeitschr. f. physiol. Chem. Bd. 96, S. 296. 1915.

[2]) Strecker: Über das Lecithin. Liebigs Ann. d. Chem. Bd. 148, S. 77. 1868.

[3]) Willstätter u. Lüdecke: Zur Kenntnis des Lecithins. Ber. d. dtsch. chem. Ges. Bd. 37, S. 3753. 1904. — Lüdecke: Dissert. München 1905.

[4]) Levene, P. A. u. Ida Rolf: The glycerophosphoric acid of cephalin. Journ. of biol. chem. Bd. 40, S. 1. 1919.

Willstätter und Stoll[1]) denken wegen der Unempfindlichkeit des Lecithins gegen Kohlensäure an eine Anhydridbindung zwischen dem basischen Hydroxyl des Cholins und dem noch freien der Phosphorsäure.

Neuerdings haben Fourneau und Piettre[2]) das bei der Alkoholyse des Lecithins erhaltene Kalksalz der Glycerinphosphorsäure durch fraktionierte Krystallisation in 2 Teile zerlegt, von denen der eine optisch inaktiv war. Bailly erhielt aus der einen Fraktion bei der Oxydation Dioxyaceton, aus der anderen nicht[3]). Sowohl Fourneau und Piettre wie Bailly nehmen an, daß in dem Lecithin ein Derivat der sekundären Glycerinphosphorsäure (Formel II) enthalten sein müsse, indessen kann der Beweis für diese Annahme noch nicht als vollständig erbracht angesehen werden.

Die Molekulargewichtsbestimmungen des Lecithins haben Werte ergeben, die auf die oben wiedergegebene Formel stimmen[4]). Stellt man dieser Tatsache die Erfahrung gegenüber, daß aus den meisten Lecithinpräparaten mehr als zwei verschiedene Fettsäuren gewonnen werden, so gelangt man zu der Schluß-folgerung, daß auch die reinsten uns zugänglichen Präparate aus mehreren durch ihre Fettsäuren sich unterscheidenden Individuen bestehen müssen.

Die oben gegebene Lecithinformel ist danach als ein Schema anzusehen, in dem die Zeichen R_1 und R_2 durch die Alkyle verschiedener Fettsäuren ersetzt werden können. Es läßt sich aus diesem Grunde auch nicht eine einzige empirische Formel oder elementare Zusammensetzung für das Lecithin angeben. Die von Levene und seinen Mitarbeitern an reinstem Leber- und Eilecithin erhaltenen Analysenzahlen stimmten am besten zu der Formel $C_{44}H_{88}NPO_9$, die einem Stearin-Arachidonsäurelecithin entspricht und 65,62% C, 11,02% H, 1,74% N und 3,85% P verlangt.

Levene vertritt auf Grund seiner Studien an bromierten Lecithinen die Ansicht, daß jede der in einem Lecithinpräparat vorkommenden ungesättigten Säuren mit jeder gesättigten kombiniert gefunden wird.

Frisch hergestelltes Lecithin ist eine hellgelbe Masse von salbenartiger Konsistenz. Beim Stehen an der Luft zieht es Wasser an und erleidet eine partielle Oxydation seiner ungesättigten Fettsäuren, wobei die Farbe bräun-lich wird. Durch scharfes Trocknen im Vakuum verliert es seinen Wasser-gehalt. Es löst sich leicht in Methyl-, Äthyl- und Amylalkohol, ferner in Äther, Chloroform, Benzol, Petroläther und anderen neutralen organischen Lösungsmitteln, 'nicht dagegen in reinem Zustande in Aceton und Methyl-äther. Von gallensauren Salzen wird es, vermutlich in Form von Cholein-säuren, in Lösung gebracht[5]). In Berührung mit Wasser quillt es auf, bildet schleimige Emulsionen und geht schließlich in kolloidale Lösung über. Gleich-mäßige und einigermaßen dauerhafte Emulsionen erhält man, wenn man eine Toluollösung von Lecithin 10 Minuten lang mit Wasser schüttelt, das Toluol durch einen Wasserstoffstrom abbläßt und dann kräftig zentrifugiert[6]). Porges

---

[1]) Willstätter, R. u. Stoll: Untersuchungen über die Assimilation der Kohlensäure. S. 224. Berlin: Julius Springer 1918.

[2]) Fourneau u. M. M. Piettre: L'analyse immédiate des lipoides complexes par alcoolyse. Bull. de la soc. de chim. biol. Bd. (4) 11, S. 805. 1912.

[3]) Bailly, O.: Sur la constitution de l'acide glycérophosphorique de la lécithine. Cpt. rend. hebdom. des séances de l'acad. des sciences Bd. 160, S. 395. 1915; Bull. de la soc. de chim. biol. Bd. 152. 1919.

[4]) Levene, P. A. u. Simms: Zitiert auf S. 171.

[5]) Long, J. H. u. F. Gephart: On the behaviour of lecithin with bile salts. Journ. of the Americ. chem. soc. Bd. 30, S. 1312. 1908.

[6]) Schippers: Einfache Methode zur Herstellung von Lecithinlösungen. Biochem. Zeitschr. Bd. 40, S. 189. 1912.

und Neubauer stellten kolloidale Lösungen unter Benutzung von Äther als Lösungsmittel her[1]).

Die kolloidale Natur der wässerigen Lecithinlösungen hat schon Thudichum erkannt. Die Dispersität der Teilchen ist von Bechhold und Neuschloss untersucht worden[2]). Es zeigte sich, daß sie mit Hilfe der Ultrafiltrationsmethode nicht meßbar ist, da durch genügend hohe Drucke die Lecithinteilchen durch Poren hindurchgepreßt werden können, deren Durchmesser kleiner ist als ihr eigener. Dieses Verhalten beruht darauf, daß die Grenzflächenspannung Lecithin-Wasser ungemein niedrig, etwa $= 16$ cgs-Einheiten, ist. Lecithinsole werden durch Säuren sowie durch Salze zweiwertiger, etwas weniger leicht durch solche einwertiger Ionen ausgeflockt. Dabei haben im allgemeinen die Ionenreihen von Hofmeister Gültigkeit. Das Flockungsoptimum, das mit dem isoelektrischen Punkt zusammenfällt, wurde bei ziemlich stark saurer Reaktion gefunden. Bei verschiedenen Präparaten, unter denen ein ganz einheitliches Lecithin kaum gewesen sein dürfte, wurde es zwischen 10^{-2} und 10^{-4} gefunden. Durch Vermischen mit Eiweiß entsteht ein neuer Komplex, der viel leichter und gröber ausflockt[3]).

In Gegenwart von etwas Kochsalz flockt auch Aceton kolloidale Lecithin-lösungen aus.

Von Loewe[4]) werden auch die Lösungen des Lecithins in organischen Lösungs-mitteln als kolloidale aufgefaßt und die Lipoide geradezu als solche Substanzen definiert, die sich sowohl in Wasser wie in organischen Substanzen dispergieren lassen. Allerdings verhalten sie sich in diesen letzteren stark lyophil. Das Verhalten des Cholesterins steht in Gegensatz zu dem der anderen Lipoide, da es nur in hochkonzentrierten organischen Lösungen kolloidale Eigenschaften entwickelt.

Auch aus Lösungen in neutralen organischen Solvenzien, schwerer aus solchen in Alkohol, wird Lecithin durch Aceton niedergeschlagen, und zwar besonders leicht in Gegenwart von Neutralsalzen, wie Magnesiumchlorid.

Der osmotische Druck von kolloidalen Lecithinlösungen ist sehr gering. Thomas[5]) fand für einprozentige Lösungen verschiedener Herstellungsart Werte von 2—9 mm. Elektrolyten setzen den Druck herab, auf Zusatz von Lipoid-lösungsmitteln steigt er an. Den Viscositätskoeffizienten der gleichen Lösungen fand Thomas zu 0,013—0,015. Auch hier treten durch Salze Abnahmen, durch Lipoidsolvenzien Erhöhungen ein. Eine Erhöhung der Viscosität durch Narkotica hatten schon früher Handowsky und Wagner[6]) gefunden. Bei diesen handelt es sich meist um lipoidlösende Substanzen. Der viscositätsmindernden Eigen-schaft der Narkotica könnte eine gewisse Bedeutung für die physikalisch-chemische Interpretation der Narkose zukommen.

Beim Erwärmen auf etwa 60° wird Lecithin flüssig und zersetzt sich oberhalb 110° unter Hinterlassung einer braunen Masse. Es bildet flüssige Krystalle[7]).

---

[1]) Porges, O. u. O. Neubauer: Physikalisch-chemische Untersuchungen. Biochem. Zeitschr. Bd. 7, S. 152. 1908.

[2]) Bechhold, H. u. Neuschloss: Ultrafiltrationsstudien an Lecithinsol. Kolloid-Zeitschr. Bd. 29, S. 81. 1921.

[3]) Feinschmidt, J.: Die Säureflockung von Lecithinen und Lecithineiweißgemischen. Biochem. Zeitschr. Bd. 38, S. 244. 1912.

[4]) Loewe, S.: Zur physikalischen Chemie der Lipoide. Biochem. Zeitschr. Bd. 42, S. 190, 205 u. 207. 1912 u. S. 127 u. 231. 1922.

[5]) Thomas, A.: A study of the effect of certain electrolytes and Lipoid solvents upon the osmotic pressures and viscosities of Lecithin suspensions. Journ. of biol. chem. Bd. 23, S. 359. 1915.

[6]) Handowsky, H. u. R. Wagner: Über einige physikalisch-chemische Eigenschaften von Lecithinemulsionen. Biochem. Zeitschr. Bd. 31, S. 32. 1911.

[7]) Lehmann: Flüssige Krystalle. Verhandl. d. dtsch. physikal. Ges. Bd. 10, S. 321. 1908. Flüssige Krystalle und Biologie. Biochem. Zeitschr. Bd. 63, S. 81. 1914.

Die Myelinformen, die in Berührung mit Wasser oder besser mit verdünntem Ammoniak entstehen, sind besonders wasserreiche flüssige Krystalle, deren Achse überall radial zur Zylinderachse steht.

Die Oberflächenspannung von Wasser gegen Luft wird durch Lecithin, das auch seinerseits eine sehr niedrige Grenzflächenspannung gegen Wasser hat, stark erniedrigt[1]). Es ist gut adsorbierbar und kann unter Umständen als Schutzkolloid dienen. In seinen Adsorptionsverbindungen mit Eiweiß und mit Albumosen ist das Lecithin der lösenden Wirkung organischer Flüssigkeiten weitgehend entzogen. Die Albumosen-Lecithinkomplexe lösen sich nicht in Alkohol oder Chloroform, wohl aber in einem Gemisch beider[2]).

Lecithin ist optisch aktiv, und zwar dreht es die Ebene des polarisierten Lichtes um $(\alpha)_D = 11{,}3—11{,}4°$ nach rechts[3]). Die neuerdings dargestellten ganz reinen Lecithinpräparate sind anscheinend optisch noch nicht untersucht. Die optische Aktivität des Lecithins beruht auf der Asymmetrie des mittleren Kohlenstoffatoms im Glycerin. Sollten sich die oben wiedergegebenen Beobachtungen von FOURNEAU und PIETTRE und von BAILLY bestätigen, nach denen aus Lecithin eine inaktive Glycerinphosphorsäure bzw. als deren Oxydationsprodukt Dioxyaceton erhalten wird, so könnte die Asymmetrie nur noch auf der Verschiedenheit der substituierenden Fettsäuren beruhen. Lecithin scheint sich leicht zu racemisieren. Die Umwandlung soll schon bei der heißen Extraktion beginnen und bei 5stündigem Erhitzen der 5proz. alkoholischen Lösung vollständig werden[4]).

Lecithin bildet Verbindungen mit Säuren, Basen und Salzen. Die Verbindungen mit Citronen- und Glycerinphosphorsäure sollen eine höhere Beständigkeit besitzen. THUDICHUM erwähnt auch Verbindungen mit Kali und mit Silber, ohne sie näher zu beschreiben.

Verbindungen mit Alkalisalzen anorganischer und organischer Säuren, mit Sublimat und verschiedenen Glucosiden, sind von BING und HENRIQUEZ[5]) dargestellt worden, aber wohl nur zum Teil als chemische Verbindungen aufzufassen[6]), obgleich in ihnen die Löslichkeitseigenschaften der Ausgangskörper vollständig verdeckt waren.

Besser definiert sind die von NERKING dargestellten Verbindungen mit Chlorcalcium und Chlormagnesium[7]).

Von besonderer Bedeutung für die Analyse und Darstellung der Lecithine sind die Doppelverbindungen mit Schwermetallsalzen. In wässerig-alkoholischen Lösungen des Lecithins erzeugen fast alle Schwermetallsalze Niederschläge. Besonders gut untersucht sind die mit Chlorcadmium, Platinchlorid und mit Molybdänsalzen entstehenden. Die Verbindungen mit Quecksilber- und Platinchlorid sind löslich in Äther, schwerlöslich in Alkohol; die Cadmiumverbindung ist in beiden Lösungsmitteln schwerlöslich, kann aber nach WILLSTAETTER und

---

[1]) TRAUBE, J.: Haftdruck und Lipoidtheorie. Biochem. Zeitschr. Bd. 54, S. 305. 1913; Kolloidchem. Beih. 1913.

[2]) MICHAELIS: Zur Theorie der Schutzkolloide. Biochem. Zeitschr. Bd. 2, S. 251. 1906. — RONA, M.: Über die Löslichkeitsverhältnisse von Albumosen usw. Ebenda Bd. 4, S. 1. 1907.

[3]) ULPIANI, C.: Attivita ottica della lecithina. Gazzetta chimica Italiana 31 Bd. 2, S. 47. 1901.

[4]) MAYER, P.: Über die optischen Antipoden des natürlichen Lecithins. Biochem. Zeitschr. Bd. 1, S. 39. 1906.

[5]) BING, H. I.: Über Lecithinverbindungen. Skandinav. Arch. f. Physiol. Bd. 11, S. 166. 1901.

[6]) LÖWE: Zur physikalischen Chemie der Lipoide. Biochem. Zeitschr. Bd. 42, S. 190. 1912.

[7]) NERKING: Zur Methodik der Lecithinbestimmung. Biochem. Zeitschr. Bd. 23, S. 262. 1910.

Lüdecke aus einem Gemisch von 1 Teil Essigester, 0,4 Teilen Alkohol und 0,1 Teil Wasser umkrystallisiert werden. Alle Schwermetallfällungen sind selbst bei schonendem Vorgehen gefährlich für das Lecithin. Auch beim Umkrystallisieren solcher Verbindungen erfährt die Zusammensetzung jedesmal eine Änderung.

Lecithin ist vermöge seines Gehaltes an ungesättigten Fettsäuren in hohem Maße autoxydabel. Es geht an der Luft in dunkelbraune Massen über, wobei sich die physikalischen Eigenschaften stark verändern. Schwermetallsalze beschleunigen die Autoxydation. Die Oxydationsprodukte weisen in ihren färberischen Eigenschaften und ihrer äußeren Erscheinung einige Ähnlichkeit mit den unter dem Namen Lipofuscine beschriebenen Pigmenten auf, an deren Bildung außer den Phosphatiden noch der Blutfarbstoff beteiligt ist[1]).

Ebenfalls kraft seines Gehalts an ungesättigten Fettsäuren addiert das Lecithin Wasserstoff und Halogene. In wässerig-alkoholischer Lösung wird es durch Wasserstoff glatt zu dem gesättigten Hydrolecithin (Hydrocithin) hydriert[2]), das sich aus Aceton-Chloroform als krystallinisch-körnige Masse ausscheidet. Unter dem Mikroskop zeigt es Würfelformen, aus Alkohol kommt es in makroskopischen, derben Krystallen heraus. In allen Lösungsmitteln, außer Chloroform, ist es schwerer löslich, als Lecithin selber. Es enthält u. a. ein Distearyllecithin[3]). Die optische Aktivität beträgt $(\alpha)_D = + 5{,}6°$ bei 20°.

Bromiertes Lecithin ist zu technischen Zwecken dargestellt und neuerdings von Levene und Rolf[4]) genau untersucht worden. Der Additionsfähigkeit für Jod bedient man sich zur Feststellung des Gehalts an ungesättigten Fettsäuren. Die Jodzahl des Eilecithins fand Levene zu 30 bis 54, Rollett zu 69, Thierfelder und Stern zu 49, die des Gehirnlecithins Levene zu 59—84, die des Herzlecithins Erlandsen zu 100.

Die Aufspaltung des Lecithins in seine Bausteine bewirkt Mac Lean durch 4stündiges Erhitzen mit der 50fachen Menge 10proz. Schwefelsäure im Wasserbade[5]), Moruzzi durch ebensolche Behandlung mit methylalkoholischer Barytlösung[6]). Die Spaltung mit Säuren in alkoholischer Lösung (Alkoholyse), die zur Gewinnung der Säuren in Form ihrer Ester führt, ist zuerst von Rollett angewendet und von Fourneau und Piettre durchgebildet worden[7]). Alle Bausteine werden bei diesem Verfahren in einer Ausbeute von ca. 90% erhalten.

Versuche, das Lecithin aus seinen kleinsten Bausteinen synthetisch zu gewinnen, haben noch nicht zum vollen Erfolg geführt. Hundeshagen[8]) erhielt bei der Einwirkung von Cholincarbonat auf Distearinphosphorsäure nur eine salzartige Bindung, nicht den Cholinester der Phosphorsäure. Auch hat sich inzwischen ergeben, daß das Distearin von Berthelot, von dem er ausging, die aa-Verbindung ist, so daß im günstigen Fall nur ein Isomeres des Lecithins hätte entstehen können.

<hr>

[1]) Hueck: Pigmentstudien. Beitr. z. pathol. Anat. u. z. allg. Pathol. Bd. 54. 1912.

[2]) Paal, C. u. H. Öhme: Die Hydrogenisation des Eilecithins. Ber. d. dtsch. chem. Ges. Bd. 46, S. 1297. 1913.

[3]) Ritter, F.: Zur Kenntnis des Hydrolecithins. Ber. d. dtsch. chem. Ges. Bd. 47, S. 530. 1914.

[4]) Levene, P. A. u. J. Rolf: Bromolecithine. Journ. of biol. chem. Bd. 65, S. 549. 1925; Bd. 67, S. 659. 1926.

[5]) Mac Lean, H.: Weitere Versuche zur quantitativen Gewinnung von Cholin aus Lecithin. Hoppe-Seylers Zeitschr. f. physiol. Chem. Bd. 55, S. 360. 1908.

[6]) Moruzzi, G.: Versuche zur quantitativen Gewinnung von Cholin und Lecithin. Hoppe-Seylers Zeitschr. f. physiol. Chem. Bd. 55, S. 352. 1908.

[7]) Rollett, A.: Zur Alkoholyse des Lecithins. Hoppe-Seylers Zeitschr. f. physiol. Chem. Bd. 61, S. 210. 1909. — Fourneau, A. u. M. M. Piettre: Analyse des lipoides complexes par alcoolyse. Bull. de la soc. de chim. biol. Bd. (4) 11, S. 805. 1912.

[8]) Hundeshagen, F.: Zur Synthese des Lecithins. Journ. f. prakt. Chemie Bd. (2) 28, S. 219. 1883.

Ein gangbarer Weg ergab sich aus den Arbeiten LANGHELDS über die Anlagerung von Alkoholen an die Ester der Metaphosphorsäure[1]. Äthylphosphat lagert sich mit Glykolchlorhydrin zu Äthyl-Chloräthylphosphat zusammen, dessen Chlor sich durch Trimethylamin ersetzen läßt. Das entstehende Produkt enthält das Cholin in Esterbindung. Die Umsetzung mit Distearin hat LANGHELD nicht versucht, dagegen haben GRÜN und KADE[2] in Anlehnung an seine Versuche Distearin gleichzeitig mit Phosphorpentoxyd und Glykolchlorhydrin behandelt. Dieses reagierte zum Teil mit seiner Oxygruppe, zum Teil mit seinem Chloratom, so daß nebeneinander ein Chloräthyl- (I) und ein Oxäthylester (II) entstanden. Durch Thionylchlorid ließ sich der letztere in den gechlorten Ester und damit das ganze Reaktionsgemisch in einen einheitlichen Körper umwandeln. Bei der Umsetzung mit Trimethylamin wurde zuerst ein Salz erhalten, das sich zum Chlorid des Lecithins umlagern ließ. Dieser Körper lieferte bei der Zersetzung mit Silberoxyd ein Produkt, das zwar nicht mehr analysiert werden konnte, seinen Eigenschaften nach aber anscheinend mit Lecithin identisch war.

$$
\begin{array}{lll}
CH_2COC_{17}H_{35} & CH_2OCOC_{17}H_{35} & CH_2OCOC_{17}H_{35} \\
| & | & | \\
CHOCOC_{17}H_{35} & \rightarrow \quad CHOCOC_{17}H_{35} & CHOCOC_{17}H_{35} \\
| & \qquad\qquad OH & \qquad\qquad OH \\
CH_2OH + P_2O_5 + CH_2OHCH_2Cl & CH_2OP{<}_{OCH_2CH_2Cl} & CH_2OP{<}_{CH_2CH_2OH}. \\
& \qquad\quad \| \;\; O & \qquad\quad \| \;\; O \\
& \text{I.} & \text{II.}
\end{array}
$$

$$
CH_2OCOC_{17}H_{35}
$$
$$
|
$$
$$
CHOCOC_{17}H_{35}
$$
$$
| \qquad\qquad OH
$$
$$
CH_2OP{<}_{OCH_2CH_2N(CH_3)_3Cl}
$$
$$
\quad \| \;\; O
$$

Chlorid des Lecithins.

Vom Lysolecithin, einem Gemisch von Monostearyl- und Monopalmityllecithin aus, haben LEVENE und ROLF[3] die Synthese verschiedener Säurederivate durchgeführt, unter denen sich die Ölsäureverbindung befindet. Zu ihrer Gewinnung wurde das Lysolecithin mit Ölsäureanhydrid und Natriumacetat während 90 Minuten bei 80° zusammengeschmolzen, der Rückstand mit Äther ausgelaugt und das gelöste Lecithin als Chlorcadmiumverbindung gefällt. Durch Zersetzung der Verbindung mit Hilfe von methylalkoholischem Ammoniak wurde ein Lecithinpräparat erhalten, das ein Gemisch von Stearyl-Oleyllecithin und Palmityloleyllecithin ist und in seinen Eigenschaften zwischen dem gewöhnlichen und dem Hydrocithin steht. Es ist eine weiße, hygroskopische Substanz von der Konsistenz weichen Wachses und krystallähnlichem Habitus. Sie schmilzt zwischen 50 und 100° und zersetzt sich oberhalb 200° unter Gasentbindung. In reiner Form zeigt sie keine hämolytische Wirkung.

Kephalin. Das Kephalin ist ein Monaminomonophosphatid, das sich vom Lecithin nur durch die Natur seiner Base — es enthält Aminoäthylalkohol — unterscheidet. Auch in seinem Verhalten ist es diesem so ähnlich, daß die Darstellung von kephalinfreiem Lecithin erst in letzter Zeit, die von ganz lecithinfreiem Kephalin anscheinend überhaupt noch nicht gelungen ist. Die Isolierung

[1] LANGHELD, R.: Über Versuche zur Darstellung den Lecithinen verwandter Körper. Ber. d. dtsch. chem. Ges. Bd. 44, S. 2076. 1911.

[2] GRÜN, A. u. F. KADE: Zur Synthese des Lecithins. Ber. d. dtsch. chem. Ges. Bd. 45, S. 3358. 1912.

[3] LEVENE, P. A. u. I. ROLF: Synthetic lecithins. Journ. of biol. chem. Bd. 60, S. 859. 1924.

des Kephalins ist indessen durch seine Schwerlöslichkeit in Alkohol einigermaßen erleichtert, durch die es auch von Thudichum gefunden wurde.

Zur Darstellung von Kephalin gibt Parnas[1]) folgendes Verfahren an: Feinverteilte Gehirnmasse wird mit Aceton entwässert, schnell und schonend getrocknet und dann mehrfach mit Petroläther unter tagelangem Schütteln extrahiert. Beim Zentrifugieren fallen infolge der Abkühlung Cerebroside aus und können durch Abkühlung entfernt werden. Durch Zusatz von neuem Petroläther und Absaugen im Vakuum ohne Heizung wird ihre Abscheidung vollendet und aus dem Rückstand das Kephalin durch Zusatz von Alkohol gefällt. Die Reinigung geschieht durch mehrfaches Lösen in Äther und Ausfällen mit Alkohol.

Levene und Rolf[2]) benutzen als Extraktionsmittel für das entwässerte Gehirn Äther mit 5 proz. Wassergehalt, schlagen die Cerebroside durch Abkühlen auf 0° nieder und fällen das Filtrat fraktioniert mit Alkohol, wobei der Aminostickstoffgehalt als Wegweiser dient.

Zur weiteren Reinigung lösen Levene und Ingvaldsen[3]) das Kephalin in Eisessig, aus dem das Cholesterin auskrystallisiert und lassen das Filtrat mit 10 Teilen Alkohol versetzt bei 0° stehen, der entstandene Niederschlag wird entfernt und das Filtrat, das das Kephalin enthält, im Vakuum von Alkohol befreit. Der Rückstand wird mit Wasser emulgiert und mit Aceton das Kephalin gefällt. Noch reiner wird das Kephalin, wenn man es nochmals in Äther löst, und durch Eingießen in ein großes Volumen Alkohol fällt.

Kephalin ist in reinem Zustande eine weiße, bröckelige Masse, die sich leicht pulverisieren läßt. Es krystallisiert nicht, kommt aber aus Äther beim Abkühlen in doppelbrechenden Tröpfchen heraus. Es löst sich in feuchtem, nicht aber in absolutem Äther, in Chloroform, Benzol, Petroläther und Schwefelkohlenstoff, in Essigester erst beim Erwärmen. In Aceton und Alkohol ist es unlöslich, erlangt aber durch Behandlung mit Salzsäure eine gewisse Alkohollöslichkeit, die in Berührung mit Aceton wieder verloren geht[4]). Mit Wasser bildet es Emulsionen, die allmählich in kolloidale Lösungen übergehen. Durch kleine Säuremengen werden diese ausgeflockt.

Reines Kephalin schmilzt bei 174°.

Kephalin zieht an der Luft Wasser an und spaltet mit diesem, leichter in Berührung mit Säuren oder Alkalien, einen Teil seiner Base und seines Säuregehaltes ab. Infolgedessen wird der Kohlenstoff- und Wasserstoffgehalt immer zu niedrig gefunden. Die vollständige Hydrolyse ist indessen nicht leicht zu bewerkstelligen. Gleich dem Lecithin ist es gegen den Luftsauerstoff sehr empfindlich.

Kephalin enthält immer Asche, in der Calcium, Kalium und Spuren von Magnesium nachweisbar sind. Der Aschegehalt beeinflußt das Verhalten des Kephalins in verschiedener Richtung. Seine ätherischen Lösungen z. B. zeigen eine Fluorescenz, die beim Schütteln mit Salzsäure verschwindet, um beim Zusatz von Kalkwasser wiederzukehren, die also anscheinend durch den Kalkgehalt bedingt ist.

Die Aufspaltung des Kephalins in seine Bausteine hat Parnas durch Behandlung mit gesättigter Barytlösung bei 110° im Autoklaven eingeleitet und, da sie nicht vollständig wurde, mit 2,5 proz. Natronlauge zu Ende geführt[1]).

---

[1]) Parnas, J.: Über Kephalin. Biochem. Zeitschr. Bd. 22, S. 411. 1909.
[2]) Levene, P. A. u. I. Rolf: Unsaturated fatty acids of brain cephalins. Journ. of biol. chem. Bd. 54, S. 91. 1922.
[3]) Levene, P. A. u. V. Ingvaldsen: Unsaturated lipoids of the liver. Journ. of biol. chem. Bd. 43, S. 359. 1920.
[4]) Fränkel, S. u. Neubauer: Über Kephalin. Biochem. Zeitschr. Bd. 21, S. 320. 1909.

Auf saurem Wege hat BAUMANN[1]) das Kephalin hydrolysiert, indem er eine Lösung von 50 g Kephalin in 300 ccm Wasser mit 150 g Schwefelsäure in 650 ccm Wasser 30 Stunden im Kohlensäurestrom auf 60° erhitzte.

Die Produkte der Hydrolyse sind Phosphorsäure, Aminoäthylalkohol, Glycerin und Fettsäuren, bei milder Hydrolyse Glycerinphosphorsäure, die mit der aus Lecithin gewonnenen identisch ist[2]).

Der *Aminoäthylalkohol* (Colamin) ist zuerst von TRIER[3]) als Baustein pflanzlicher Phosphatide festgestellt und von PARNAS und seinen Schülern BAUMANN und RENALL[4]) als Base des Kephalins erkannt worden. Er ist ein farbloses, stark alkalisch reagierendes Öl, das sich mit Wasser und Alkohol in jedem Verhältnis mischt und auch in Äther einigermaßen löslich ist. Seine Aminogruppe ist durch salpetrige Säure abspaltbar und dadurch auch im Kephalin nachzuweisen (Unterschied von Lecithin). Der Aminoäthylalkohol bildet ein schwerlösliches Pikrolonat, das sich zur quantitativen Abscheidung eignet und Doppelsalze mit Gold- und Platinchlorid. Seine Salze werden zum Unterschiede von denen des Cholins durch Verreiben mit Kalk zersetzt, ein Verhalten, auf das THIERFELDER und SCHULTZE[5]) ein Verfahren zur Trennung beider Basen gründeten.

Die Fettsäurefraktion des Kephalins ist nur schwer stickstofffrei zu erhalten, da in Gegenwart von Fettsäuren Colamin reichlich in Äther geht. Es sollen sich sogar salzartige Verbindungen der Base mit den Fettsäuren bilden. Die ätherischen Lösungen nehmen Anilinfarben auf und es hat danach den Anschein, daß das eigenartig färberische Verhalten des Kephalins durch seinen Colamingehalt bedingt ist[6]).

Von gesättigten Fettsäuren ist nur die Stearinsäure mit Sicherheit festgestellt worden[7]). Daneben finden sich ungesättigte Säuren, und zwar Ölsäure und eine andere Säure, die von THUDICHUM als besondere „Kephalinsäure", von PARNAS als Linolsäure, von LEVENE und ROLF als Arachidonsäure $C_{20}H_{32}O_2$ angesprochen wird.

Die Natur der aus Kephalin erhaltenen Bausteine weist auf einen dem Lecithin ähnlichen Aufbau des Phosphatids hin, indessen sind aus Kephalin noch nicht die von der Theorie verlangten Ausbeuten an den einzelnen Bausteinen erhalten worden. LEVENE und WEST konnten jedoch aus einem Hydrolecithinpräparat eine Fraktion isolieren, die den gesamten Stickstoff in primärer Form enthielt und bei der Hydrolyse die theoretischen Ausbeuten an den Spaltstücken ergab[8]).

Dem reinen Kephalin kommt danach die Formel $C_{41}H_{80}NPO_8$ zu, die einem Molekulargewicht von 745 entspricht und 65,81% C, 11,05% H, 1,87% N und 4,15% P verlangt. Diesen Zahlen sind manche Analysen LEVENES schon recht nahegekommen.

---

[1]) BAUMANN: Über den stickstoffhaltigen Bestandteil des Kephalins. Biochem. Zeitschr. Bd. 54, S. 30. 1913.

[2]) LEVENE, P. J. u. C. WEST: Brain cephalin. Journ. of biol. chem. Bd. 35, S. 285. 1919.

[3]) TRIER, G.: Aminoäthylalkohol, ein Produkt der Hydrolyse von Lecithin aus Bohnensamen. Hoppe-Seylers Zeitschr. f. physiol. Chem. Bd. 73, S. 383. 1911.

[4]) BAUMANN: Zitiert bei M. H. RENALL: Über den stickstoffhaltigen Bestandteil des Kephalins. Biochem. Zeitschr. Bd. 55, S. 296. 1913.

[5]) THIERFELDER, H. u. O. SCHULZE: Ein neues Verfahren zur Abtrennung von Aminoäthanol aus Phosphatidhydrolysaten. Hoppe-Seylers Zeitschr. f. physiol. Chem. Bd. 96, S. 296. 1915. — LEVENE, P. J. u. T. INGVALDSEN: The estimation of aminoethanol and choline. Journ. of biol. chem. Bd. 43, S. 35. 1920.

[6]) KOGANEI, R.: On fatty acids obtained from cephalin. Biochem. journ. Bd. 2, S. 499 u. Bd. 3, S. 15. 1923.

[7]) PARNAS: Zitiert auf S. 178. — LEVENE, P. J. u. IDA ROLF: Unsaturated fatty acids of brain cephalin. Journ. of biol. chem. Bd. 51, S. 91. 1922.

[8]) LEVENE, P. A. u. C. J. WEST: Hydrolecithin and its relation to the constitution of cephalin. Journ. of biol. chem. Bd. 33, S. 111. 1918; Bd. 35, S. 285. 1918.

In Gegenwart von kolloidalem Palladium nimmt das Kephalin Wasserstoff auf und geht in eine gesättigte Verbindung über, die noch optisch aktiv ist und von ihren Entdeckern Levene und West als Distearylkephalin angesehen wurde. (Inzwischen ist die Arachidonsäure im Kephalin festgestellt worden.) Auch im Kephalin muß also die Phosphorsäure an einem primären Hydroxyl des Glycerins stehen. Da Beobachtungen über ein isomeres Kephalin noch nicht vorliegen, kann seine Struktur ohne Rücksicht auf die Stellung der Fettsäuren einstweilen durch folgende Formel wiedergegeben werden:

$$\begin{array}{l} CH_2OCOR_1 \\ | \\ CHOCOR_2 \\ | \qquad\qquad OH \\ CH_2O\!-\!P{<}{=}O \qquad\qquad \text{Kephalin.} \\ \qquad\qquad\quad OCH_2CH_2NH_2 \end{array}$$

Kephalin wird aus wässerigen Lösungen durch Bleiacetat und Ammoniak als Bleisalz gefällt. Es bildet ferner Doppelsalze mit Platin- und Cadmiumchlorid. Diese sind weniger gut charakterisiert als die entsprechenden des Lecithins und durch ihre Ätherlöslichkeit von den Lecithinverbindungen zu trennen.

In Chloroformlösung lagert das Kephalin Phenyl- und Naphthylisocyanat an und bildet mit ihnen die entsprechenden Ureidoverbindungen. Das Phenyl-ureidokephalin ist zur gesättigten Verbindung reduziert worden, die noch den amorphen Habitus des Kephalins zeigt[1]).

Kephalin begleitet das Lecithin in allen seinen natürlichen Vorkommen und findet sich deshalb in den gewöhnlichen Lecithinpräparaten in Mengen bis zu 50%. Als Bestandteil des Gehirns tritt es sogar vor dem Lecithin stark in den Vordergrund. In reinem Zustand dargestellt wurde es ferner aus Leber[2]), Nebennierenrinde[3]) und Tuberkelbacillen[4]), in denen es die Säurefestigkeit der Färbungen verursachen soll.

Sphingomyelin. Das Sphingomyelin, das einzige sicher beglaubigte Diamino-monophosphatid, wurde zuerst von Thudichum aus Gehirn isoliert[5]). Im Gegen-satz zu den bisher genannten Phosphatiden bildet es eine weiße beständige, krystallinische Masse. Trotzdem ist seine Reindarstellung, insbesondere die Trennung von den Cerebrosiden, keine einfache Aufgabe.

Sphingomyelin scheint gleich den anderen Phosphatiden ein allgemein verbreiteter Zellbaustein zu sein. Nachdem schon 1907 Stern und Thierfelder[6]) aus Eigelb, 1912 und 1913 Mac Lean[7]) aus Pferdeniere und Ochsenherz Substanzen erhalten hatten, die mit dem Sphingomyelin in Verbindung gebracht wurden, stellte 1916 Levene das Phosphatid in reinem Zustande aus Niere, Leber und Eidotter dar[8]).

Als cerebrosidhaltiges Sphingomyelin wurde von Rosenheim und Mac Lean[9]) das früher von Dunham aus Pferdeniere gewonnene angebliche Triaminomono-

---

[1]) Levene, P. A. u. C. J. West: Cephalin IV. Phenyl- and Naphthylureidocephalin. Journ. of biol. chem. Bd. 25, S. 517. 1916.

[2]) Frank: Über das Vorkommen von Kephalin in der Leber. Biochem. Zeitschr. Bd. 50, S. 273. 1913.

[3]) Wagner, R.: Über Nebennierenkephalin. Biochem. Zeitschr. Bd. 64, S. 72. 1914.

[4]) Koganei, R.: Studies on fatty substances of tubercle bacilli. Journ. of biochemistry Bd. 1, S. 353. 1922.

[5]) Thudichum, J. L. W.: On further researches on the cemical constitution of the brain. XII. Annual rep. of the local government Bond. Suppl.-Bd. 22. 1883.

[6]) Stern, M. u. H. Thierfelder: Über die Phosphatide des Eigelbs. Hoppe-Seylers Zeitschr. f. physiol. Chem. Bd. 53, S. 370. 1907.

[7]) Mac Lean, H.: The phosphatides of the kidney. Biochem. journ. Bd. 6, S. 333. 1912.

[8]) Mac Lean, H.: Die Phosphatide des Herzens. Biochem. Zeitschr. Bd. 57, S. 132. 1913.

[9]) Levene, P. A.: Sphingomyelin. Journ. of biol. chem. Bd. 24, S. 69. 1916.

phosphatid Carnaubon erwiesen, das Galaktose und Carnaubasäure enthalten sollte[1]). Auch ein von Fränkel und Offer[2]) aus Pferdepankreas erhaltenes Diaminomonophosphatid sowie das Apomyelin und Amidomyelin von Thudichum sind nach Ansicht von Mac Lean[3]) mit Cerebrosiden verunreinigtes Sphingomyelin gewesen, da sie alle bei der Hydrolyse reduzierende Substanz lieferten.

Zur Darstellung von Sphingomyelin geht man von dem weißen Niederschlag aus, der sich abscheidet, wenn man alkoholische Auszüge von Gehirnsubstanz der Abkühlung überläßt. Die Zerlegung dieses Niederschlages gelingt am besten mit Hilfe des von Rosenheim und Tebb zuerst benutzten Pyridins. Nach den eingehenden Vorschriften von Levene (l. c.) wird der Niederschlag erschöpfend mit Äther und Aceton extrahiert und dann in heißem technischem Pyridin gelöst. Der sich ausscheidende Niederschlag wird in Eisessig gelöst, aus dem sich Verunreinigungen abscheiden, während das Sphingomyelin in Lösung bleibt. Nach dem Einengen der Lösung wird es durch Aceton gefällt, in einer Mischung von 5 Teilen Petroläther und 1 Teil Alkohol gelöst und dann 98 proz. Alkohol zugesetzt, solange eine Fällung erfolgt. Nach dem Stehen bei 0° über Nacht wird filtriert und das Filtrat mit Aceton gefällt. Durch zahlreiche Krystallisationen aus Chloroformpyridin, zuerst bei gewöhnlicher Temperatur, dann bei 30°, schließlich bei 37° erreicht man, daß das Sphingomyelin so vollständig von Cerebrosiden befreit wird, daß der Galaktosenachweis mit Orcin und Kupferacetat negativ wird.

Sphingomyelin krystallisiert in dünnen Platten oder Nadeln, die sich häufig zu Rosetten zusammenschließen. In trocknem Zustand stellt es ein weißes Pulver von wachsartiger Konsistenz dar. Beim Erhitzen schmilzt es zu einer trüben Flüssigkeit, in der man die flüssig-krystallinische Phase zu sehen hat und die sich bei 182—185° klärt. Es ist optisch aktiv und dreht die Ebene des polarisierten Lichtes in 8 proz. Lösung in Chloroform-Methylalkohol 1 : 1 um $+ 7,5$ bis $+ 8,2°$ bei 25° (Levene). Ein Präparat aus Niere war etwas stärker aktiv. Die Jodzahl beträgt nach Stern und Thierfelder 34,3.

. Sphingomyelin verbindet sich mit Platin- und mit Cadmiumchlorid und kann aus seinen Lösungen auch durch Bleiacetat niedergeschlagen werden. Mit Wasser quillt es zu einer kleisterartigen Masse, aus der es durch Aceton wieder ausgefällt wird. Aus Alkohol kommt es beim Abkühlen der Lösung größtenteils krystallisiert wieder heraus, in Äther ist es fast unlöslich, leicht dagegen in heißem Chloroform, in Benzol, Petroläther und Eisessig.

Die Bausteine des Sphingomyelins sind Phosphorsäure, die Basen Cholin und Sphingosin und ein Fettsäuremolekül. Die Hydrolyse erfolgt durch 24 stündiges Erhitzen mit der 15 fachen Menge 3 proz. Schwefelsäure. Danach findet man das Cholin als Sulfat gelöst, während die Fettsäuren und das Sulfat des Sphingosins ausfallen. Die Fettsäuren werden in das Barytsalz übergeführt und aus diesem das Sphingosinsulfat mit Aceton ausgewaschen.

Das Cholin wird schon bei gelinder Hydrolyse mit Baryt abgespalten, während die anderen Bausteine unter diesen Umständen ihren Zusammenhang behalten.

Das Sphingosin $C_{17}H_{35}NO_2$ ist eine primäre Dioxybase, deren Vorkommen auf das Tierreich beschränkt zu sein scheint. Es wurde von Thudichum ent-

---

[1]) Dunham, E. K. u. C. A. Jacobsohn: Über Carnaubon. Hoppe-Seylers Zeitschr. f. physiol. Chem. Bd. 64, S. 303. 1910.

[2]) Fränkel, S. u. T. R. Offer: Über die Phosphatide des Pferdepankreas. Biochem. Zeitschr. Bd. 26, S. 53. 1910.

[3]) Mac Lean, H.: Lecithin and allied substa ces. S. 62. London 1918.

deckt; Thierfelder erkannte es als einsäurige Base[1]), Levene und Jacobs stellten die primäre Natur durch Abspaltung der Aminogruppe mittels salpetriger Säure fest[2]) und Thierfelder mit Riesser und Thomas[3]) erkannten durch Darstellung des Triacetylderivats die Hydroxylnatur der beiden Sauerstoffatome.

In Gegenwart von kolloidalem Palladium addiert das Sphingosin 2 Atome Wasserstoff und erweist sich dadurch als einfach ungesättigte Verbindung. Bei vorsichtiger Oxydation mit Chromsäure wird das Molekül an der Stelle dieser doppelten Bindung gespalten und normale Tridecylsäure $C_{13}H_{26}O_2$ gebildet[4]), während Dihydrosphingosin unter den gleichen Umständen die ebenfalls normale Pentadecylsäure liefert[5]). Auch der Rest der Kette besitzt normale Struktur, da bei durchgreifender Reduktion normales Heptadekan entsteht[6]).

Die Substituenten stehen in ununterbrochener Reihenfolge an den drei ersten Kohlenstoffatomen (Levene und West: l. c.), indessen ist ihre Reihenfolge und die Konfiguration der beiden asymmetrischen Kohlenstoffatome noch nicht geklärt.

Unter diesem Vorbehalt gibt Levene die folgende Strukturformel für das Sphingosin

$$CH_3(CH_2)_{11}CH : CHCHOHCHOHCH_2NH_2.$$

Sphingosin schmilzt bei $87-89°$. Seine Salze mit Schwefel-, Pikrin- und Pikrolonsäure sind beständig, zur Analyse eignet sich aber nur das Sulfat, da die anderen Salze zu löslich sind. In Chloroformlösung addiert das Sphingosin 2 Atome Brom, durch Wasserstoff in Gegenwart von Palladium wird es, wie oben erwähnt, reduziert. Das Dihydrosphingosin bildet Salze mit den gleichen Säuren, wie das Sphingosin, unter denen das Sulfat viel schwerer löslich in Chloroform und Alkohol ist wie das des Sphingosins. Das Pikrat schmilzt bei $81-88°$, das Pikrolonat bei $120-121°$. Bei der Einwirkung von salpetriger Säure entsteht ein dreisäuriger Alkohol vom Schmelzpunkt $54-56°$.

Die aus Sphingomyelin erhaltene Fettsäure ist nach Levene ein Gemisch von Lignocerinsäure mit einer annähernd gleichen Menge einer niedriger schmelzenden Säure, anscheinend einer Oxystearinsäure. Da in jedem Molekül nur eine Fettsäure anzunehmen ist, scheint das Sphingomyelin ein Gemisch zweier durch ihre Säure unterschiedener Verbindungen zu sein. In der Tat liefern selbst reinste Präparate des Phosphatids etwas verschiedene und mit der Theorie nicht ganz übereinstimmende Analysenzahlen.

Über die Verknüpfung der einzelnen Bausteine des Sphingomyelins wissen wir, daß die Lignocerinsäure in die Aminogruppe des Sphingosins eingreift (Levene); Die Phosphorsäure dürfte mit einer der Hydroxylgruppen des Sphingosins esterartig verknüpft sein. Die leichte Abspaltung des Cholins legt die Vermutung nahe, daß es ebenfalls esterartig an die Phosphorsäure, nicht als Äther an die andere Hydroxylgruppe des Sphingosins gebunden ist. Aus diesen

---

[1]) Thierfelder, H.: Über das Cerebron. Hoppe-Seylers Zeitschr. f. physiol. Chem. Bd. 43, S. 21. 1904; Bd. 44, S. 366. 1905. — Kitagawa u. Thierfelder: Ebenda Bd. 49, S. 286. 1906.

[2]) Levene P. A. u. W. A. Jacobs: On sphingosin. Journ. of biol. chem. Bd. 11; Proceedings of the American society of biol. chem. XXIX. Ebenda S. 547. 1911.

[3]) Thierfelder, H. u. O. Riesser: Über das Cerebron. Hoppe-Seylers Zeitschr. f. physiol. Chem. Bd. 77, S. 508. — Thomas, K. u. H. Thierfelder: Über das Cerebron. Ebenda Bd. 77, S. 511. 1912.

[4]) Lapworth: A Oxydation of sphingosine. Journ. of the chem. soc. (London) Bd. 103, S. 29. 1913.

[5]) Levene, P. A. u. C. J. West: On sphingosin. Journ. of biol. chem. Bd. 16, S. 549; Bd. 18, S. 481. 1914.

[6]) Levene, P. A.: The phosphatides. Physiol. review Bd. 1, S. 349. 1921.

Erwägungen heraus hat LEVENE für das Sphingomyelin die folgende vorläufige Formel aufgestellt:

$$O = P \underset{\textstyle \diagdown OCH_2CH_2N(CH_3)_3OH}{\overset{\textstyle \diagup OC_{17}H_{32}(OH)NHCOC_{23}H_{47}}{\longleftarrow OH}}$$

OC$_{17}$H$_{32}$(OH)NHCOC$_{23}$H$_{47}$ (Lignocerinsäure)
OH (Sphingosin)
OCH$_2$CH$_2$N(CH$_3$)$_3$OH   Sphingomyelin.
(Cholin)

Ein Sphingomyelin dieser Struktur müßte die empirische Formel $C_{46}H_{96}O_7N_2P$ das Molekulargewicht 819 und folgende prozentische Zusammensetzung besitzen: C = 67,48%, H = 11,61%, N = 3,42%, P = 3,79%. Ein Sphingomyelin, in dem die Fettsäure Oxystearinsäure wäre, verlangt C = 64,69%, H = 11,21%, N = 3,78% und P = 3,79%. Einem gleichmäßigen Gemisch beider Formen kamen die Zahlen am nächsten, die LEVENE bei der Analyse seiner reinsten Präparate von Sphingomyelin aus Gehirn erhielt. Dieser Annahme entsprach auch die Ausbeute an Fettsäuren und an Sphingosin.

4. Die Sterine.

Unter Sterinen versteht man hochmolekulare Substanzen der hydroaromatischen Reihe, die Alkoholfunktion besitzen und ursprünglich ungesättigt sind. Sie sind im Pflanzen- und Tierreich weit verbreitet (Phyto- bzw. Zoosterine). Mit den Fetten zeigen sie gewisse äußere Ähnlichkeiten, stehen aber auch in vielen Beziehungen in ausgesprochenem Gegensatz zu ihnen. Ihre Zurechnung zu den Lipoiden ist einmal durch ihre physikalischen, besonders die Löslichkeitseigenschaften, dann aber durch ihre physiologischen Beziehungen zu den anderen Gliedern dieses Komplexes gerechtfertigt, mit denen sie nach Ansicht mancher Forscher auch genetisch zusammenhangen.

a) Die Zoosterine.

Die Reihe der Zoosterine ist verhältnismäßig arm an Gliedern. Durch seine Verbreitung und physiologische Bedeutung hebt sich das Cholesterin vor allen anderen heraus. Es ist dementsprechend auch das am gründlichsten durchforschte Glied der Sterinreihe, der es den Namen gegeben hat. Neben ihm sind als einigermaßen gut charakterisiert zu nennen das Asteriasterin, Spongo- und Clionasterin.

Cholesterin. Das Cholesterin wurde 1775 von CONRADI in menschlichen Gallensteinen aufgefunden und im Anfang des 19. Jahrhunderts von CHEVREUL genauer untersucht, der ihm auch nach seinem Vorkommen in der Galle ($\chi o\lambda\acute{\eta}$) und seiner fettähnlichen Beschaffenheit den Namen gab.

Cholesterin ist ein farb- und geruchloser Körper, der sich in den verschiedensten organischen Lösungsmitteln leicht löst und beim Erkalten in schönen Krystallen wieder ausgeschieden wird. In Wasser, Alkalien und Säuren ist es nicht löslich, läßt sich jedoch in kolloidale Lösung bringen, z. B. wenn man seine Lösung in Aceton in kleinen Portionen in Wasser gießt. Von Seifenlösungen werden kleine Mengen von Cholesterin aufgenommen, mit gallensauren Salzen bildet es lösliche Choleinsäuresalze[1]), ein Verhalten, das für seine Resorption und Rückresorption aus dem Darme von größter Bedeutung ist.

Von den organischen Lösungsmitteln nehmen Äther, Chloroform, Benzol, Essigester und Schwefelkohlenstoff reichliche, Äthyl- und Methylalkohol, Aceton und Petroläther geringere Mengen von Cholesterin auf. Aus trocknen Lösungen scheiden sich feine Nadeln vom Schmelzpunkt P. 148,5° aus, aus 95 proz. Alkohol dünne, rhombische Täfelchen, die häufig dachziegelartig übereinander gelagert sind

---

[1]) GÉRARD: Solubilité de la cholestérine dans quelques éléments de la bile. Cpt. rend. des séances de la soc. de biol. Bd. 58. 1905. — WIELAND, H. u. SORGE: Zur Kenntnis der Choleinsäure. Hoppe-Seylers Zeitschr. f. physiol. Chem. Bd. 97, S. 1. 1916.

und 1 Mol. Krystallwasser enthalten. Aus Eisessig krystallisieren lange Nadeln mit 1 Mol. Essigsäure.

Unter gewöhnlichem Druck erhitzt, zeigt das Cholesterin Neigung, zu sublimieren. Bei etwa 360° siedet es unter Zersetzung. Unter vermindertem Druck soll es unzersetzt destilliert werden können.

Das spezifische Gewicht des Cholesterins beträgt 1,046, die molekulare Verbrennungswärme bei konstantem Volumen 3836,4 Cal. Cholesterin ist linksdrehend und zwar beträgt die spezifische Drehung, die von der Konzentration der verwendeten Lösungen verhältnismäßig wenig abhängig ist, $[\alpha]_D^{15} = -29,92°$ in 4,6% ätherischer Lösung.

Wasserfreies Cholesterin besitzt die Formel $C_{27}H_{46}O$, die einem Molekulargewicht von 386,35 entspricht und 83,86% C, 12,00% H verlangt. Der Sauerstoff besitzt die Funktion eines sekundären alkoholischen Hydroxyls; mit den üblichen Methoden ist eine Doppelbindung nachweisbar. Zusammen mit der Zahl der Wasserstoffatome führt diese Tatsache zu dem Schluß, daß das Cholesterinmolekül 4 Ringsysteme enthalten muß.

Als Alkohol bildet das Cholesterin Ester mit Mineral- und organischen Säuren. Seit diese zum ersten Male von Berthelot 1856 beobachtet wurden, sind die Derivate fast aller wichtigeren Säuren dargestellt worden. Viele von ihnen zeigen die Fähigkeit, flüssige Krystalle zu bilden, ein Phänomen, das hier zum ersten Male beobachtet wurde. Fettsäureester des Cholesterins finden sich im normalen Blutplasma sowie in normalen und pathologisch veränderten Geweben, in denen sie mit Hilfe ihrer Doppelbrechung nachgewiesen werden können. Aus Blutserum von Hund, Schwein, Rind oder Pferd wurden die Cholesterinester der Palmitin- und Ölsäure von Hürthle[1]) durch aufeinanderfolgende Ausschüttelung mit Alkohol und Alkoholäther erhalten.

Die wichtigsten Ester des Cholesterins sind die folgenden: Cholesterinacetat $C_{27}H_{45}OCOCH_3$, entsteht aus Cholesterin und Essigsäureanhydrid. Tafeln oder Nadeln vom Schmelzpunkt 114° aus Äther-Alkohol.

Cholesterinpalmitat, $C_{27}H_{45}OCOC_{15}H_{31}$. Kommt im Blutserum und in Geweben vor. Dargestellt wird es durch Erhitzen von Cholesterin mit 2 Mol. Palmitinsäure auf 200° während 3 Stunden. Blättchen vom Schmelzpunkt 78 bis 80°. $[\alpha]_D = -24,2°$.

Cholesterinstearat, $C_{27}H_{45}OCOC_{17}H_{35}$. Seine Isolierung aus Blutserum ist bis jetzt nicht gelungen, dagegen soll es sich in der Nebenniere finden. Es entsteht beim Erhitzen von trocknem Cholesterin mit Stearinsäure auf hohe Temperaturen. Weiße Blättchen vom Schmelzpunkt 82° aus Äther-Alkohol. Fast unlöslich in absolutem Alkohol.

Cholesterinoleat, $C_{27}H_{45}OCOC_{17}H_{33}$. Aus Cholesterin und Ölsäure bei 200°. Findet sich im Blutserum von Hund, Schwein, Hammel, Rind und Pferd[1]). Lange dünne Nadeln vom Schmelzpunkt 41—46°. Schwerlöslich in heißem Alkohol, leicht in Äther, Chloroform und heißem Aceton. $[\alpha]_D = -18,8°$ in 7,94proz. Lösung in Alkohol-Chloroform.

Cholesterinbenzoat, $C_{27}H_{45}OCOC_6H_5$. Entsteht aus Cholesterin und Benzoylchlorid in trocknem Pyridin. Aus Ätheralkohol Tafeln, die bei 146,5° zu einer trüben Flüssigkeit schmelzen, die wohl die flüssig-krystallinische Phase darstellt und bei 178° klar wird. Beim Abkühlen der Schmelze treten sehr charakteristische Farbenerscheinungen (violette Fluorescenz) auf.

Phosphorpentachlorid ersetzt die Alkoholgruppe des Cholesterins durch Chlor, und es entsteht das Cholesterylchlorid, aus dem eine Reihe von anderen

---

[1]) Hürthle, K.: Über die Fettsäurecholesterinester des Blutserums. Hoppe-Seylers Zeitschr. f. physiol. Chem. Bd. 21, S. 342. 1895/96.

Cholesterinderivaten darstellbar sind. Durch Einwirkung von Kupferoxyd bei 280—300° wird das Cholesterin zu dem entsprechenden Keton, dem Cholestenon $C_{27}H_{44}O$, oxydiert.

Die Hydrierung der Doppelbindung ist schwierig, weil diese gegen die üblichen Reduktionsmittel beständig ist. Läßt man Natrium und Amylalkohol einwirken, so wird zwar die Reduktion herbeigeführt, gleichzeitig tritt aber eine Amylgruppe in das Molekül ein (α-Cholestanol von DIELS und ABDERHALDEN und von NEUBERG). Das normale Reduktionsprodukt, das β-Cholestanol, wird beim Einleiten von Wasserstoff in die mit Platinmohr versetzte ätherische Lösung des Cholesterins erhalten. Es besitzt die Formel $C_{27}H_{48}O$ und kommt aus Alkohol in sechseckigen Blättchen heraus, die 1 Mol. Krystallwasser enthalten und bei 141,5—142° schmelzen. Das Koprosterin, ein in den Faeces vorkommendes Reduktionsprodukt des Cholesterins von der gleichen Formel, ist ein Stereoisomeres des β-Cholestanols. β-Cholestanol läßt sich zu dem zugehörigen Keton $C_{27}H_{46}O$, dem Cholestanon, oxydieren und zu dem gesättigten Kohlenwasserstoff Cholestan $C_{27}H_{48}$, reduzieren.

Leichter ist die Anlagerung von Halogenwasserstoff und von Halogen an die Doppelbindung zu erreichen. So entsteht das Hydrochlorid $C_{27}H_{47}OCl$ aus Cholesterin und Chlorwasserstoff in Alkohol-Äther-Lösung (Nadeln aus Äther-Alkohol vom Schmelzpunkt 154—155°). Das Dibromid bildet sich glatt beim Eintragen einer Lösung von Brom in Eisessig in eine ätherische Cholesterinlösung. Es kommt in 2 Modifikationen vor, von denen die eine bei 109—111°, die andere bei 123—124° schmilzt, und liefert bei der Behandlung mit Natrium und Alkohol das Cholesterin zurück. Schwerer ist es, Jod in glatter Reaktion an die Doppelbindung anzulagern, wie das zwecks Bestimmung der Jodzahl erwünscht ist. Die glattesten Resultate ergeben sich bei Verwendung von Pyridinsulfat-Dibromid als Überträger[1]).

Auch Ozon addiert sich an die Doppelbindung des Cholesterins[2]).

Von grundlegender Bedeutung für unsere Kenntnisse von der Struktur des Cholesterins ist sein und seiner näheren Derivate Verhalten gegenüber den gebräuchlichen Oxydationsverfahren geworden, das vor allem von WINDAUS und seinen Mitarbeitern in vieljähriger Arbeit studiert worden ist. Aus diesen Untersuchungen, über die WINDAUS[3]) zusammenfassend berichtet hat, haben sich Gestalt und Anordnung der charakteristischen Gruppen des Cholesterins mit Sicherheit ergeben, jedoch ist die Gestalt des Ringsystems nicht in allen Teilen soweit geklärt, daß eine definitive Strukturformel aufgestellt werden könnte. Im folgenden können nur die wesentlichsten Punkte aus diesen Untersuchungen hervorgehoben werden, im übrigen wird auf die genannte ausführliche Darstellung verwiesen.

Bei der Oxydation des Cholesterins mit Kaliumhypobromit entsteht ohne Zertrümmerung des Moleküls eine Dicarbonsäure $C_{27}H_{44}O_4$, deren eine Carboxylgruppe aus dem Hydroxyl des Cholesterins hervorgegangen sein muß. Da die Kohlenstoffzahl gegenüber dem Cholesterin nicht verringert ist, kann die Dicarbonsäure nur unter Aufspaltung eines Ringes entstanden sein. Die Hydroxylgruppe, deren sekundäre Natur sich schon aus dem Auftreten eines Ketons bei der Oxydation des Cholesterins mit Kupferoxyd ergibt, muß also an einem cyclischen Kohlenstoffatom stehen.

---

[1]) DAM, H.: Jodzahlbestimmungen an Cholesterin. Biochem. Zeitschr. Bd. 152, S. 101. 1924.

[2]) FÜRTH, O. u. FELSENREICH: Zur Kenntnis der doppelten Bindung im Cholesterinmolekül. Biochem. Zeitschr. Bd. 69, S. 416. 1915. — DOREE, J. A. u. J. GARDNER: On cholestenone. Journ. of the chem. soc. (London) Bd. 93, S. 1330. 1908.

[3]) WINDAUS, A.: Abbau- und Aufbauversuche im Gebiete der Sterine. Handb. d. biol. Arbeitsmethoden Abt. 1, Teil 6, S. 169.

Daß auch die Doppelbindung in einem Ring steht, ergibt sich aus folgenden Umformungen: Bei der Behandlung von Cholesterin mit rauchender Salpetersäure wird die Hydroxylgruppe verestert, daneben wird ein an einem ungesättigten Kohlenstoffatom stehendes Wasserstoffatom durch die Nitrogruppe ersetzt. Bei der Reduktion dieses Nitrocholesterinnitrats mit Zinkstaub und Essigsäure entsteht unter gleichzeitiger Hydrolyse des Salpetersäureesters ein Ketonalkohol, das Cholestanonol $C_{25}H_{44}(CHOH)(CO)$, in dem an die Stelle der doppelten Bindung die Gruppe —$COCH_2$— getreten ist. Die oxydative Aufspaltung dieses Körpers führt wiederum zu einer Dicarbonsäure mit unverminderter Kohlenstoffatomzahl, so daß die Gruppe —$COCH_2$— und mithin auch die Doppelbindung des Cholesterins in einem Ringe liegen müssen.

$$C_{27}H_{44}\!\!\begin{array}{l}\diagup NO_2\\ \diagdown ONO_2\end{array} \rightarrow \quad \overset{\textstyle C_{23}H_{40}}{\overline{\,\,CH_2{-}CHOH \quad CO{-}CH_2\,\,}} \quad \overset{PCl_5}{\longrightarrow} \quad \overset{\textstyle C_{23}H_{40}}{\overline{\,\,CH_2 \quad CHCl \quad CO{-}CH_2\,\,}} \rightarrow$$

Nitrocholesterinnitrat   Cholestanonol   Chlorcholestanon

$$\overset{\textstyle C_{23}H_{40}}{\overline{\,\,CH_2{-}CHCl \quad COOH \quad COOH\,\,}}$$

Dicarbonsäure $C_{27}H_{45}ClO_4$.

Wird das dem Cholesterin entsprechende Keton, das Cholestenon, in gleicher Weise mit Kaliumpermanganat aufgespalten, so entsteht nicht eine Dicarbonsäure mit gleicher Kohlenstoffatomzahl, sondern es spaltet sich 1 Mol. Kohlensäure ab, und es hinterbleibt eine Ketonmonocarbonsäure $C_{26}H_{44}O_3$, die augenscheinlich aus einer Ketodicarbonsäure $C_{27}H_{44}O_5$ hervorgegangen, in der wegen der Unbeständigkeit die Ketogruppe in β-Stellung zu einem Carboxyl anzunehmen ist. Die Doppelbindung des Cholestenons und des Cholesterins steht also in β-Stellung zu der Alkoholgruppe.

$$\overset{\textstyle C_{22}H_{39}}{\overline{\,\,\underset{\diagdown\quad\diagup}{H_2C \quad CH \quad COOH}\,\,}}$$
$$CO \quad COOH$$

(Dicarbonsäure $C_{27}H_{44}O_5$).

Die beiden Ringe, die die Hydroxylgruppe und die Doppelbindung tragen, lassen sich einzeln, der eine durch Reduktion der Doppelbindung, der andere durch Ersatz der Alkoholgruppe durch Wasserstoff, gegen den Angriff oxydierender Agenzien schützen. Die so entstehenden Produkte lassen sich zu Dicarbonsäuren aufspalten, in denen die Zahl der zwischen den Carboxylgruppen liegenden Kohlenstoffatome nach dem Verfahren von Blanc[1]) bestimmt werden konnte. Danach steht die Hydroxylgruppe in einem Sechsring, da die entsprechende Dicarbonsäure bei der Destillation ein Keton liefert. Aus der unter Ausschaltung der Hydroxylgruppe erhaltenen Dicarbonsäure bildet sich dagegen unter den gleichen Umständen ein Anhydrid, wie das bei aliphatischen Dicarbonsäuren mit 4 oder 5 Kohlenstoffatomen der Fall ist. Da die Annahme eines Vierringes mit den übrigen Ergebnissen über die Konstitution des Cholesterins unvereinbar ist, bleibt nur die Möglichkeit daß die Doppelbindung in einem Fünfring steht, daß also das Cholesterin einen hydrierten Indenring enthält. Voraussetzung für diese Schlußfolgerungen ist allerdings, daß die cyclischen Dicarbonsäuren in ihrem Verhalten bei der Reaktion von Blanc gegenüber den aliphatischen Säuren nicht maßgebend verändert sind.

---

¹) Blanc: Neues Verfahren zur Ringschließung bei substituierten Adipin- und Pimelinsäuren. Cpt. rend. hebdom. des séances de l'acad. des sciences Bd. 144, S. 1356. 1907.

Die Seitenkette des Cholesterins umfaßt vermutlich 8 C-Atome, da bei verschiedenen Oxydationsverfahren Methyl-Isohexylketon aus dem Cholesterin erhalten wird, $CH_3COCH_2CH_2CH_2CH(CH_3)_2$.

Nach den mitgeteilten Einzelheiten läßt sich die Formel des Cholesterins folgendermaßen auflösen:

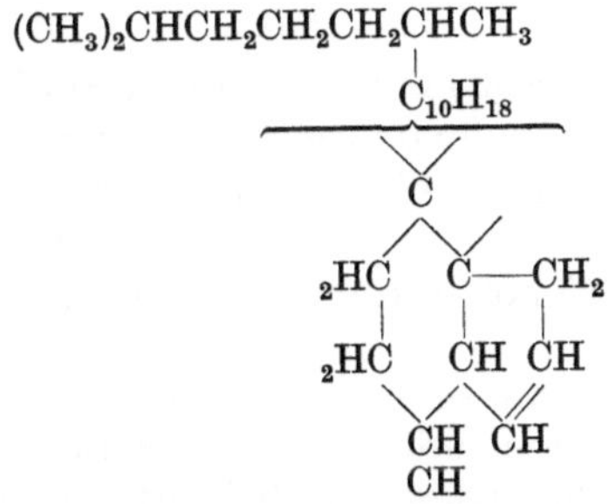

$$(CH_3)_2CHCH_2CH_2CH_2CHCH_3$$

$$C_{10}H_{18}$$

Über den Rest $C_{10}H_{18}$, der noch zwei gesättigte Ringsysteme enthalten muß, sind Einzelheiten bis jetzt nicht ermittelt. Er dürfte mehrere Kohlenstoffatome mit den bekannten Ringen gemeinsam haben. Für das Cholesterin kommen daher bis jetzt noch mehrere Konstitutionsformeln in Frage, von denen nachstehend ein Beispiel gegeben wird:

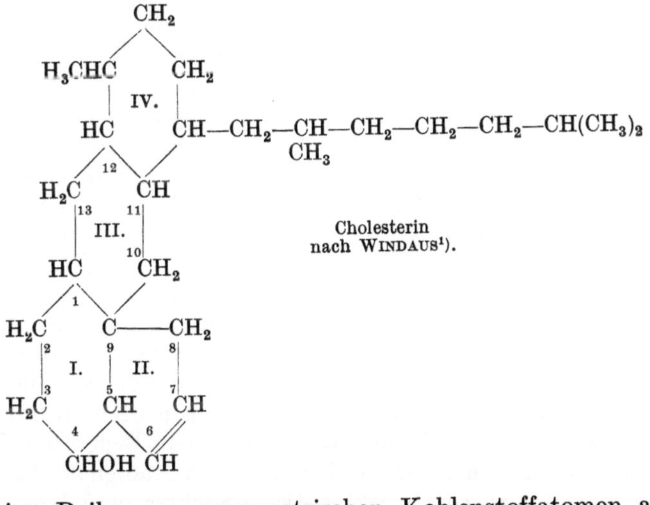

Cholesterin nach WINDAUS[1].

Diese Formel weist eine Reihe von asymmetrischen Kohlenstoffatomen auf. Diese begründen einerseits die optische Aktivität des Cholesterins, andererseits die Ausbildung von Stereoisomeren, wie sie uns beim Cholesterin und seinen Abkömmlingen verschiedentlich begegnet[2].

In geringem Umfange wird Cholesterin schon beim Liegen an feuchter Luft und am Licht oxydiert, wobei eine leichte Gelbfärbung eintritt und der Schmelzpunkt sinkt. Die Angaben verschiedener Autoren über das Verhalten des Cholesterins gegen Ozon gehen etwas auseinander. In sehr verdünnter Hexanlösung

---

[1] Anm. bei der Revision. Siehe dazu die wichtige Arbeit von WIELAND. SCHLICHTING und JACOBI „Über die Natur des vierten Ringes und der Seitenkette". Zeitschr. f. physiol. Chem. Bd. 161, S. 80 (1926), nach der Ring IV 5 Kohlenstoffatome besitzt und vielleicht eine Isopropylgruppe enthält.

[2] WINDAUS, A. u. RAHLÉN: Ein Beitrag zur Kenntnis des Sitosterins. Hoppe-Seylers Zeitschr. f. physiol. Chem. Bd. 101, S. 223. 1918.

wird glatt 1 Mol. Ozon addiert[1]), während es bei weniger vorsichtigem Arbeiten anscheinend leicht zu einer Wasserabspaltung und Bildung sauerstoffreicherer Produkte aus den so entstandenen, stärker ungesättigten Produkten kommt.

Der Nachweis des Cholesterins ist, besonders wenn es sich um größere Mengen handelt, leicht durch Reindarstellung und Überführung in charakteristische Derivate zu führen. Als solche empfiehlt Windaus[2]) das Dibromid, Gardner[3]) das Benzoylcholesterin.

Zur Darstellung des Dibromids löst man das Cholesterin in möglichst wenig Äther und fügt so lange von einer Lösung von 5 g Brom in 100 ccm Eisessig hinzu, bis die Bromfarbe bestehen bleibt. Das Dibromid beginnt sofort, sich in langen Nadeln abzuscheiden, die bei 124—125° schmelzen. Die Darstellung und das eigenartige Verhalten des Benzoylcholesterins beim Erkalten seiner Schmelze sind bereits oben erwähnt.

Kleinere Mengen von Cholesterin sind an verschiedenen schönen Farben-reaktionen zu erkennen, die durchweg mit der Einwirkung von konzentrierter Schwefelsäure auf das Sterin einhergehen. Dabei erfolgt zunächst eine De-hydratation des Sterins zu einer farblosen Substanz, anscheinend einem Kohlen-wasserstoff, der dann weiter mit einem Bestandteil des Reagens oder einem aus dem Sterin hervorgehenden Körper zu einer gefärbten Verbindung gekuppelt wird[4]). Die Gegenwart eines wasserbindenden Stoffes ist nötig. Die Reaktionen sind äußerst empfindlich gegen Wasser. Bei der Salkowskiprobe z. B. wird die Chloroformschicht beim Umgießen in ein feuchtes Reagierglas schnell entfärbt.

Läßt man konzentrierte Schwefelsäure, die mit 5% Wasser versetzt ist, lang-sam mit trocknem Cholesterin, etwa unter dem Deckglas, in Berührung kommen, so treten an den Krystallen gelbe, rote und braune Farbentöne auf. Setzt man der Schweielsäure ein wenig Jod zu, so erhält man blaue und violette Töne.

Reaktion von Salkowski. Löst man wenig Cholesterin in Chloroform und unterschichtet die Lösung mit konzentrierter Schwefelsäure, so färbt sie sich zunächst blutrot, dann kirschrot und purpurn. Nach dem Ausgießen in eine Schale wird sie blau, grün und schließlich gelb. Die Schwefelsäure erscheint dunkelrot mit grüner Fluorescenz und wird beim Verdünnen mit Eisessig rosa bis purpurfarbig, wobei die Fluorescenz erhalten bleibt.

Reaktion von Liebermann-Burchard. Zu einer Lösung von trocknem Cholesterin in Chloroform setzt man 10 Tr. Essigsäureanhydrid und dann tropfen-weise konzentrierte Schwefelsäure. Die Flüssigkeit färbt sich zuerst rot, dann blau und schließlich grün. Bei ganz geringen Cholesterinmengen tritt sofort die grüne Farbe auf. Die Probe besitzt besondere Bedeutung für die colorimetrische Bestimmung des Cholesterins. Die einzelnen Stadien der Liebermann-Burchard-schen Reaktion zeigen charakteristische Spektra, von denen das der grünen Phase ein deutliches Band im Rot zwischen den Linien B und C, bei 674, zeigt[5]).·

Reaktion von Neuberg-Rauchwerger. Mit Rhamnose oder mit einer Lösung von δ-Methylfurfurol gibt Cholesterin beim Unterschichten mit kon-zentrierter Schwefelsäure einen himbeerroten Ring, beim Durchmischen eine ebenso gefärbte Lösung. Bei der spektroskopischen Betrachtung zeigt sie einen Streifen, der vor E beginnt und mit b abschließt.

<hr>

[1]) Harries, C.: Bestandteile des Ozons. Ber. d. dtsch. chem. Ges. Bd. 45, S. 936. 1912.
[2]) Windaus, A.: Untersuchungen über Cholesterin. Arch. d. Pharmazie Bd. 246, S. 118. 1908.
[3]) Doree, Ch. u. J. A. Gardner: The origin and destiny of Cholesterol in the aminal body. Transact. of the roy. soc. of London Bd. 80, S. 228. 1908.
[4]) Whitby, G. S.: Some new reactions for the detection of sterols. Biochem. journ. Bd. 27, S. 5. 1923.
[5]) Unna, P. G. u. L. Golodetz: Die Hautfette. Biochem. Zeitschr. Bd. 20, S. 469. 1909.

Reaktion von LIFSCHÜTZ. Zu einer verdünnten Lösung von Cholesterin in 2—3 ccm Eisessig fügt man wenig Benzoylsuperoxyd und kocht 1—2 mal kurz auf. Die abgekühlte Lösung wird durch 4 Tr. konzentrierter Schwefelsäure zuerst violett, dann blau, endlich grün gefärbt.

Die bisher genannten Reaktionen sind sehr empfindlich, gestatten aber keinen sicheren Nachweis von Cholesterin neben Phytosterinen und anderen Zoosterinen. Am sichersten ist ein solcher durch Darstellung der obengenannten Derivate zu führen, jedoch haben sich auch verschiedene Forscher bemüht, Reagierglasproben zu finden, die das Cholesterin von anderen Sterinen unterscheiden.

Reaktionen von WHITBY[1]). Zu 2 ccm einer Chloroformlösung des zu prüfenden Stoffes, die nur 2 mg Sterin zu enthalten brauchen, gibt man 2 ccm Formolschwefelsäure (50 Tl. konz. Schwefelsäure und 1 Tl. käufl. Formaldehyd). Nach dem Umschütteln setzen sich 2 Schichten ab, von denen die obere kirschrot, die untere rotbraun mit grüner Fluorescenz ist. Versetzt man die obere in einem trocknen Reagierglas mit 2—3 Tl. Essigsäureanhydrid, so geht ihre Farbe in ein leuchtendes Blau über, das sich im Verlauf einer Stunde in Grün umwandelt. Phytosterin gibt die gleiche Reaktion, Harzsäuren nicht. Von Cholesterin können noch 0,01 mg erkannt werden. Noch empfindlicher ist die Probe, wenn man als Lösungsmittel Eisessig verwendet und die Formolschwefelsäure tropfenweise (im ganzen 25 Tr.) zugibt. Es entsteht eine rosafarbene, fluorescierende Lösung, deren Farbe nach 2 Minuten in Gelb überzugehen beginnt. Amyrin gibt eine kirschrote, Abietinsäure eine wenig charakteristische braune Färbung.

Reaktion von KAHLENBERG[2]). Cholesterin löst sich in Arsentrichlorid mit gelber Farbe, die beim Stehen, schneller beim Erwärmen in helles Kirschrot umschlägt. Beim Verdünnen mit Chloroform, Benzol oder Toluol verschwindet die Färbung. Phytosterin ruft keine Farbe hervor, Isocholesterin zunächst eine kobaltblaue, die über Violett in Grün übergeht. WHITBY ist der Ansicht, daß die Probe von KAHLENBERG eine sichere Unterscheidung der verschiedenen Sterine nicht gestatte.

Zum mikrochemischen Nachweis des Cholesterins bedient man sich, wenn es sich um die Untersuchung von Niederschlägen handelt, der Reaktionen mit Schwefelsäure unter Zusatz von wenig Wasser, Jod oder Formalin. Der Nachweis des Cholesterins in Geweben ist viel bearbeitet worden[3]). Freies Cholesterin zeigt in geschmolzenem oder gelöstem Zustande keine Doppelbrechung, durch Neutralrot und bei der Hämatoxylinlackfärbung nach SMITH-DIETRICH bleibt es ungefärbt, durch Nilblau wird es leicht rötlich, durch Sudan III gelbrot gefärbt. Durch Beimengung anderer Lipoidsubstanzen kann das Verhalten bei den Färbungsverfahren vielfach verändert werden.

Die Ester des Cholesterins werden daran erkannt, daß sie doppeltbrechende Öltropfen bilden. Beim Erwärmen geht die Doppelbrechung verloren. Durch Neutralrot und Hämatoxylinfärbung nach SMITH-DIETRICH werden sie ebenfalls nicht gefärbt, durch Nilblau und Sudan leicht rötlich bzw. gelbrot.

Der quantitativen Bestimmung des Cholesterins sind vor allem zwei Prinzipien zugrunde gelegt worden: seine Fähigkeit, sich mit Saponinen zu Additionsverbindungen zusammenzuschließen, von denen das Cholesterinindigitonid die

---

[1]) WHITBY: Zitiert auf S. 188.

[2]) KAHLENBERG, L.: On some new colour reactions of cholesterin. Journ. of biol. chem. Bd. 52, S. 217. 1922.

[3]) ADAMI, J. G. u. L. ASCHOFF: On the myelins and potential fluid crystals. Proc. of the roy. soc. Bd. 78, S. 359. 1906. — ASCHOFF, L.: Zur Morphologie der lipoiden Substanzen. Beitr. z. pathol. Anat. u. z. allg. Pathol. Bd. 47. 1910. — KAWAMURA, R.: Die Cholesterinesterverfettung. S. 7 u. 17. Jena 1912.

günstigsten Eigenschaften besitzt, und die colorimetrische Auswertung seiner Farbenreaktionen. Unter diesen ist die Liebermann-Burchardsche Reaktion am besten geeignet, da ihre Farbintensität der Menge des anwesenden Cholesterins am genauesten parallel geht.

Der Anwendung der Bestimmungsverfahren muß die Isolierung des Cholesterins vorangehen. Sie wird durch Extraktion des getrockneten oder des verflüssigten Untersuchungsmaterials mit Äther oder Chloroform bewerkstelligt. Der zweite Weg ist der einfachere und schnellere.

Gravimetrische Bestimmung des Cholesterins als Digitonid. Das Verfahren zur gravimetrischen Bestimmung des Cholesterins als Digitoninverbindung ist von Windaus[1]) angegeben und später vor allem von Thaysen[2]) und von Fex[3]) durchgearbeitet worden.

Zur Bestimmung des freien Cholesterins in Organen und Geweben wird die nötige Menge des zermahlenen Materials in einen Kolben eingewogen und mit ungefähr der doppelten Menge 2 proz. Natronlauge versetzt. Man läßt stehen, bis die Masse gequollen ist, und erhitzt dann den Kolben im Wasserbade, bis völlige Lösung erfolgt ist. Dabei tritt eine Hydrolyse der Cholesterinester nicht ein. Die braunrote, ziemlich klare Flüssigkeit wird in einen Scheidetrichter übergeführt, der Kolben mehrmals mit kleinen Wassermengen nachgespült und diese in den Trichter gegeben. Nunmehr fügt man 150 ccm Äther zu, mit denen man vorher ebenfalls den Kolben nachgespült hat, schüttelt in halbstündigen Zwischenräumen mehrmals um und läßt dann 12 Stunden zum Absitzen stehen. Die alkalische Flüssigkeit wird in einen zweiten Scheidetrichter abgelassen, die ätherische mehrmals mit kleinen Wassermengen gewaschen, die man dann zu der alkalischen Flüssigkeit fügt. Diese wird nochmals mit 150 ccm Äther ausgeschüttelt. Die vereinigten ätherischen Lösungen werden mit schwach alkalischem Wasser seifenfrei gewaschen, bis eine Probe beim Ansäuern keine Opalescenz mehr liefert. Danach wird der Äther mit Wasser alkalifrei gewaschen, in ein Kölbchen gegeben, abdestilliert und der Rückstand getrocknet.

Zur Überführung in das Digitonid löst man den Rückstand in der 30 fachen Menge 95 proz. Alkohol und fügt in der Wärme so viel von einer 1 proz. Lösung von Digitonin in 90 proz. Alkohol zu, daß von diesem ein Überschuß von $1-2\%$ (andere empfehlen 10%) zugegen ist. Bei Einhaltung dieser Verhältnisse macht sich die an sich kleine Löslichkeit des Digitonids in Alkohol überhaupt nicht bemerkbar. Dasselbe beginnt sofort auszufallen. Ist die Menge des Cholesterins nicht vorauszusehen, so tut man gut, im Filtrat die Vollständigkeit der Fällung durch erneuten Zusatz von 10 ccm Digitoninlösung zu kontrollieren. Nach 12—24 Stunden filtriert man das Digitonin auf einen bei 100° getrockneten und gewogenen Goochtiegel, wäscht mit 95 proz. Alkohol und mit Äther nach, trocknet bei 100° und wägt. Neutralfette, Phosphatide oder freie Fettsäuren, die bei anderer Vorbereitung des Materials in der Flüssigkeit anwesend sein können, stören die Fällung nicht. Die Ester des Cholesterins gehen in das Filtrat.

Die Verbindung besteht aus je 1 Mol. Cholesterin und Digitonin und hat das Molekulargewicht 1589. Da das Molekulargewicht des Cholesterins 386 ist, findet man dessen Menge, wenn man das Gewicht des Digitonids mit 0,2431

---

[1]) Windaus, A.: Über die quantitative Bestimmung des Cholesterins. Hoppe-Seylers Zeitschr. Bd. 65, S. 110. 1910.

[2]) Thaysen: Die Digitoninmethode zur quantitativen Bestimmung des Cholesterins. Biochem. Zeitschr. Bd. 62, S. 89. 1914.

[3]) Fex, J.: Chemische und morphologische Studien über Cholesterin. Biochem. Zeitschr. Bd. 104. S. 82. 1920.

multipliziert. Wo absolute Genauigkeit nicht erforderlich ist, kann man das Cholesterin $= ^{1}/_{4}$ des Niederschlags annehmen.

Nach Angabe von BETCHOV[1]) verbindet sich das Cholesterin, wenn es in sehr kleinen Konzentrationen vorliegt, mit Saponin nicht durch Addition im Verhältnis 1 : 1, sondern durch Adsorption, wobei es größere Mengen von Saponin bindet. Diese Erscheinung, die bei der serologischen Auswertung von Cholesteringehalten in Körperflüssigkeiten gelegentlich ins Gewicht fallen dürfte, scheint für die gravimetrische Bestimmung ohne besonderen Belang zu sein, da hier der Einfluß der Konzentration durch die vorangehnnde Extraktion eliminiert wird.

Aus dem Digitonid läßt sich das kostbare Digitonin regenerieren, wenn man die Verbindung mit Xylol auskocht. Dabei dissoziiert sie und läßt das Cholesterin allmählich in Lösung gehen.

Ein Mikroverfahren zur Bestimmung des Cholesterins als Digitonid, unter Benutzung der KUHLMANNschen Mikrowage oder mit anschließender Chromattitration nach BANG hat neuerdings A. v. SZENT-GYÖRGY[2]) angegeben.

Zur gravimetrischen Bestimmung des Estercholesterins verseift man zuerst die Ester, indem man in die alkoholische Lösung des Ätherextraktes auf je 25 ccm 1,3 g metallisches Natrium einträgt und 8 Stunden unter Rückfluß sieden läßt. Die Lösung wird noch warm in einen Schütteltrichter gebracht und mit 150 ccm Äther geschüttelt, mit dem zuvor der Kolben nachgespült wurde. Zur Entmischung setzt man 25 ccm Wasser zu und läßt zum Absitzen 12 Stunden lang stehen. Die weitere Isolierung des Cholesterins und seine Überführung in das Digitonid wird in der oben beschriebenen Weise zu Ende geführt. Aus der Menge des Estercholesterins kann man die Ester als Oleat durch Multiplikation mit dem Faktor 1,68 berechnen.

Die *colorimetrischen Verfahren* erfordern viel geringeren Materialaufwand als die gravimetrischen und eignen sich deshalb besonders für Reihenuntersuchungen an Blut oder Plasma. Ihre Ergebnisse haben von seiten der einzelnen Autoren eine etwas verschiedene Beurteilung erfahren. Soviel scheint jedoch festzustehen, daß sie für klinische und solche wissenschaftliche Zwecke, bei denen es auf Vergleiche ankommt, außerordentlich geeignet sind. Freilich fallen nach den einzelnen Verfahren die Normalwerte etwas verschieden aus, so daß man sie nicht von einer Methode zur anderen übernehmen kann.

Verfahren von AUTENRIETH und FUNK[3]). 2 ccm gut gemischtes Blut oder Serum werden unter Nachspülen der Pipette in ein Erlenmeyerkölbchen gebracht und mit 20 ccm 25 proz. Kalilauge 2 Stunden lang im siedenden Wasserbade erhitzt. Das Cholesterin wird der Flüssigkeit durch Äther oder Chloroform entzogen. Die Chloroformextraktion gestaltet sich folgendermaßen: Man gießt den Inhalt des Kölbchens ohne Nachspülen in einen kleinen Scheidetrichter, gibt 20—30 ccm Chloroform hinzu, mit denen man zunächst den Kolben ausgespült hat, und schüttelt kräftig. Nach dem Absitzen läßt man das Chloroform abfließen und wiederholt die Schüttelung noch viermal, wobei man jedesmal das Kölbchen mit auswäscht. Die Chloroformlösungen werden (nach FEIGL) mit Wasser gewaschen und mit Natriumsulfat getrocknet, wobei etwa mitgerissene Farbstoffe ausfallen. Man filtriert in ein Meßkölbchen von 100 ccm, füllt mit Chloroform auf und nimmt 5 ccm zur Colorimetrie. Zu diesen fügt man

---

[1]) BETCHOV, N.: Dosage de la cholestérine des humeurs par le procecé de la saponine. Journ. de physiol. et de pathol. gén. Bd. 21, S. 334. 1923.
[2]) SZENT-GYÖRGY, A. v.: Die gravimetrische Mikrocholesterinbestimmung. Biochem. Zeitschr. Bd. 136, S. 107 u. 112. 1923.
[3]) AUTENRIETH u. FUNK: Die Bestimmung des Gesamtcholesterins im Blut. Münch. med. Wochenschr. 1913, S. 1243.

2 ccm Essigsäureanhydrid und 0,1 ccm konzentrierte Schwefelsäure und bringt
auf 15 Minuten in ein Wasserbad von 32°, das im Dunkeln steht. Die grüne
Farbe der Liebermann-Burchardtschen Reaktion ist dann vollentwickelt.
Sie wird entweder gegen den mit einer beständigen Farblösung gefüllten
Vergleichskeil des Autenriethschen Colorimeters oder gegen eine Vergleichs-
lösung eingestellt, die in entsprechender Weise und gleichzeitig aus 25 ccm einer
Chloroformlösung von Cholesterin mit einem Gehalt von 2 mg in 25 ccm her-
gestellt ist. Bei Benutzung eines Dubosqcolorimeters geht man stets in dieser
Weise vor.

Verfahren von Bloor[1]). Man läßt 3 ccm Blut, Plasma oder Serum langsam
in 75 ccm eines Gemisches von 3 Teilen Alkohol und 1 Teil Äther tropfen und erhitzt zum Sieden. Nach dem Erkalten füllt man auf 100 ccm auf, dampft 10 ccm
des Filtrats zur Trockne und extrahiert den Rückstand dreimal je 10 Minuten
lang unter häufigem Umschütteln mit Chloroform. Die vereinigten Extrakte
werden eingeengt, nach dem Erkalten auf 5 ccm aufgefüllt und gleichzeitig
mit 5 ccm einer Vergleichslösung, die 0,5 mg Cholesterin enthalten, mit 1 ccm
Essigsäureanhydrid und 0,1 ccm konzentrierter Schwefelsäure versetzt. Man läßt
15 Minuten stehen. Bloor warnt jedoch davor, dies im Dunklen geschehen zu
lassen, da dann beim Verbringen ans Tageslicht zur Colorimetrie Farbverände-
rungen vorgehen können. Die Colorimetrie wird im Apparat von Dubosq ausgeführt.

Von Feigl sind die verschiedenen colorimetrischen Verfahren einem Vergleich unterzogen worden, die bis zu einem gewissen Grade die Unterschiede
aufklärt, die bei der Anwendung der verschiedenen Verfahren erhalten werden.
Danach enthält das Blut neben Cholesterin noch andere Stoffe, die die Lieber-
mann-Burchardtsche Reaktion geben. Sie werden nach dem Verfahren von
Bloor, dessen Resultate merklich höher ausfallen als die der anderen Verfahren,
mitbestimmt, nach dem von Autenrieth und Funk wenigstens zum Teil beseitigt. Vollständig entfernt werden sie nach Feigl bei dem folgenden von
Weston und Kent[2]) angegebenen Verfahren:

2,5 ccm Serum werden mit der Pipette in eine weite Glasflasche gebracht
und unter Schütteln mit 20 ccm 95proz. Alkohol versetzt. Man läßt 24 Stunden
bei 60° stehen, gießt die Flüssigkeit in einen langhalsigen Kolben ab und über-
schichtet den Rückstand mit Äther, der nach 24 Stunden dem abgegossenen
Alkohol zugefügt wird. Nunmehr wird noch dreimal mit kochendem Alkohol
extrahiert und dann den vereinigten Flüssigkeiten 0,25 g Natriumhydroxyd
zugesetzt. Man engt auf der Heizplatte auf 10 ccm ein, wobei die Verseifung
der Cholesterinester erfolgt. Man gibt 50 ccm ges. Calciumhydroxydlösung
hinzu und kühlt ab. Der ausfallende Niederschlag, der das Cholesterin aufnimmt,
wird abfiltriert und samt Filter viermal mit Äther extrahiert. Die vereinigten
Extrakte läßt man verdunsten.

Die Tabellen von Feigl zeigen keine großen Unterschiede zwischen den
Werten nach Autenrieth und nach Weston und Kent.

Zur Bestimmung des Cholesterins in den Faeces, deren Sterinfraktion noch
komplexer zusammengesetzt ist als die des Blutes, geben Gardner und Fox[3])
folgende Vorschrift:

____
      [1]) Bloor, R. W.: Determination of cholesterol etc. Journ. of biol. chem. Bd. 17, S. 344.
1914.; Bd. 52, S. 191. 1922.
      [2]) Weston u. Kent: Journ. of med. research. Beschrieben nach Henes: Untersuchungen
über den Cholesteringehalt des menschlichen Blutes. Dtsch. Arch. f. klin. Med. Bd. 111,
S. 122. 1913.
      [3]) Gardner, J. A. u. F. W. Fox: On the excretion of sterols in man. Proc. of the roy.
soc. of London, Ser. B. Bd. 92, S. 648. 1921.

Die getrockneten Faeces werden mit Äther extrahiert und das Extrakt auf ein bestimmtes Volumen aufgefüllt. Ein aliquoter Teil wird mit alkoholischer Kalilauge titriert, zur Trockne gedampft und gewogen. Der Rest bleibt mit einem großen Überschuß von Natriumäthylat 24 Stunden in der Kälte stehen, worauf von den ausgeschiedenen Seifen abfiltriert wird. Es wird nunmehr Äther zugefügt und zuerst mit alkalisch reagierendem, dann mit reinem Wasser gewaschen, bis alle Seifen entfernt sind. In einem Teil der Flüssigkeit wird die Gesamtmenge des Unverseifbaren durch Trocknen und Wägen bestimmt, der gewogene Rückstand in 95 proz. Alkohol gelöst und mit Digitonin in mindestens 10 proz. Überschuß versetzt. Am anderen Tage wird der Alkohol abdestilliert, der Rückstand mit Petroläther gewaschen und auf einen Goochtiegel filtriert, dessen Boden zur Verhinderung der Verstopfung mit etwas Sand bedeckt ist. Das überschüssige Digitonin wäscht man mit Alkohol aus, trocknet bei 110° und wägt.

Aus dem bei der Zersetzung des Digitonids erhaltenen Steringemisch kann man das Cholesterin, wenn irgend reichlichere Mengen davon vorhanden sind, als Dibromid ausfällen.

β-Cholestanol ($O_{27}H_{48}O$). Das β-Cholestanol ist das dem Cholesterin entsprechende Hydrierungsprodukt. Es wurde in der Natur zum ersten Male von Böhm[1]) im Inhalt einer Darmschlinge beobachtet und später von Windaus und Uibrig[2]) in der Sterinfraktion der Faeces aufgefunden. Dargestellt wird es durch Einleiten von Wasserstoff in eine Cholesterinlösung in Äther oder Eisessig bei 100° in Gegenwart von Platinschwarz oder Palladium[3]). Es krystallisiert aus verdünntem Alkohol in sechseckigen Blättchen vom Schmelzpunkt 142°.

Koprosterin. Das Koprosterin ($C_{27}H_{48}O$) ist der charakteristische Bestandteil der Sterinfraktion der Faeces, in der es neben unverändertem Cholesterin, β-Cholestanol und Phytosterin in überwiegender Menge vorkommt. Es wurde von Bondzynski und Humnicki[4]) zum ersten Male in reiner Form erhalten, nachdem es schon vorher von Marcet (Exkretin) und von Flint (Stercorin) in unreiner Form beobachtet worden war. Es wird aus getrockneten Faeces dargestellt, indem diese mit Äther extrahiert, das Extrakt verseift und die unverseifbaren Bestandteile mehrfach aus verdünntem Alkohol umkrystallisiert werden. Koprosterin macht etwa 1—1,5% von der Trockensubstanz der Faeces aus[5]). Es krystallisiert aus Alkohol in feinen Nadeln, deren Schmelzpunkt von verschiedenen Forschern etwas verschieden angegeben wird. Man wird ihn bei der Darstellung aus Faeces kaum über 99—100° treiben können, die reinsten, von Windaus durch Umlagerung von Pseudokoprosterin erhaltenen Präparate schmelzen bei 104°. Koprosterin löst sich nicht in Wasser, dagegen leicht in Alkohol und neutralen organischen Lösungsmitteln. Es dreht in 13,17 proz. Chloroformlösung $[\alpha]_D = +24°$. Koprosterin gibt die Liebermannsche Probe mit dem gleichen Farbton wie Cholesterin, aber nur dem dritten Teil der Intensität[5]).

Koprosterin bildet eine Additionsverbindung mit Digitonin. Halogene vermag es nicht anzulagern, dagegen sah Doree es mit Ozon reagieren, allerdings

[1]) Böhm: Beitrag zur Chemie des Darminhalts. Biochem. Zeitschr. Bd. 33, S. 477. 1911.

[2]) Windaus, A. u. Cl. Uibrig: Über Koprosterin. Ber. d. dtsch. chem. Ges. Bd. 48, S. 852. 1915.

[3]) Willstätter, R. u. E. Mayer: Über Dihydrocholesterin. Ber. d. dtsch. chem. Ges. Bd. 41, S. 2199. 1908.

[4]) Bondzynski, St. u. V. Humnicki: Über das Schicksal des Cholesterins im tierischen Organismus. Hoppe-Seylers Zeitschr. f. physiol. Chem. Bd. 22, S. 396. 1897. — Bondzynski, St.: Über das Cholesterin der menschlichen Faeces. Ber. d. dtsch. chem. Ges. Bd. 29, S. 476. 1896.

[5]) Myers, V. u. Wardell: Journ. of biol. chem. Bd. 36, S. 147. 1918.

unter Umständen, unter denen auch Cholesterin nicht lediglich das normale Ozonid bildet[1]). Bei der Oxydation mit Chromsäure bildet sich das Keton Koprostanon $C_{27}H_4CO$, glänzende Blättchen vom Schmelzpunkt $62-63°$ aus Alkohol.

Das Acetat des Koprosterins krystallisiert aus Alkohol in Nadeln, die bei $88-89°$ schmelzen, das Benzoat kommt aus Ätheralkohol in rechtwinkligen Tafeln vom Schmelzpunkt $122-123°$ heraus.

Koprosterin entsteht im Darm durch bakterielle Reduktion von Cholesterin[2]). Es ist jedoch nicht gelungen, diesen Prozeß in vitro nachzuahmen[3]). Es handelt sich um keinen ganz einfach verlaufenden Vorgang, da das Koprosterin sich nicht von dem dem Cholesterin zugrunde liegenden Kohlenwasserstoff Cholestan, sondern von einem Stereoisomeren desselben, dem Pseudocholestan $C_{27}H_{48}$, ableitet. Es kann in diesen durch Ersatz der Hydroxylgruppe durch Chlor und Reduktion mit Natrium und Amylalkohol übergeführt werden. Der Kohlenwasserstoff bildet lange glänzende Nadeln vom Schmelzpunkt $69-70°$. Die Verschiedenheit von Koprostanon und Cholestanon beweist, daß dieser sterische Unterschied nicht in der Lage der Alkoholgruppe begründet ist. Windaus und Uibrig haben vielmehr den Nachweis geführt, daß er mit der verschiedenen Stellung eines Wasserstoffatoms an einem asymmetrischen Kohlenstoffatom des Ringsystems beruht. Neuere Arbeiten von Windaus[4]) haben es wahrscheinlich gemacht, daß die Stellung des Wasserstoffatoms an C_5 das entscheidende Moment ist. An der Alkoholgruppe läßt sich indessen eine Stereoisomerisierung durchführen, wenn man das Koprosterin mit Natrium in Amylalkohol erhitzt. Man gelangt so zu dem sog. Pseudokoprosterin. Dieser Körper entsteht nun neben β-Cholestanol, wenig Koprosterin und ε-Cholestanol, dem Alkoholstereomeren des β-Cholestanols, wenn Cholesterin katalytisch reduziert wird[5]). Er läßt sich von den beiden Cholestanolen dadurch trennen, daß er nicht mit Digitonin reagiert, was das β-Cholestanol direkt, daß ε-Cholestanol nach dem Erhitzen mit Xylol und Natrium tut. Nach der Isolierung kann er durch Natriumäthylat in alkoholischer Lösung bei 8stündigem Erhitzen zu 20% in Koprosterin umgelagert werden, so daß damit die Synthese des Koprosterins vom Cholesterin aus vollständig wird.

Mit β-Cholestanol bildet das Koprosterin eine Doppelverbindung (Halbracemat), die mit $154-155°$ einen höheren Schmelzpunkt besitzt als jede der beiden Komponenten. Durch Digitonin wird sie gespalten, indem nur das β-Cholestanol eine Verbindung eingeht.

Isocholesterin ($C_{27}H_{46}O$). Ein Isomeres des Cholesterins, das Isocholesterin, wurde von Schulze im Wollfett aufgefunden und Isocholesterin genannt[6]). Seine Darstellung geschieht am besten durch Überführung der Sterine des Wollfetts in die Benzoylverbindungen und deren fraktionierte Krystallisation aus Benzoläther. Das Isocholesterinbenzoat wird in kleinen Nadeln vom Schmelz-

---

[1]) Doree, Ch.: Coprosterol. Journ. of the chem. soc. (London) Bd. 93, S. 1625. 1908; Bd. 95, S. 645. 1909.

[2]) Müller: Über die Reduktion des Cholesterins im menschlichen Darmkanal. Hoppe-Seylers Zeitschr. f. physiol. Chem. Bd. 29, S. 129.

[3]) Bondzynski, St. u. V. Humnicki: Zitiert auf S. 193.

[4]) Windaus, A. u. W. Hückel: Anwendung der Spannungstheorie auf das Ringsystem des Cholesterin. Nachr. v. d. Ges. d. Akad. d. Wiss., Göttingen, Mathem.-physik. Kl. S. 161.

[5]) Windaus, A.: Überführung des Cholesterins in Koprosterin. Ber. d. dtsch. chem. Ges. Bd. 49, S. 1724. 1916.

[6]) Schulze, E.: Die Zusammensetzung des Wollfettes. Ber. d. dtsch. chem. Ges. Bd. 5, S. 1075. 1871; Bd. 6, S. 251. 1872; Hoppe-Seylers Zeitschr. f. physiol. Chem. Bd. 14, S. 522. 1890.

punkt 199° und der spezifischen Drehung $[\alpha]_D^{15} = +73,33°$ in Chloroform erhalten, während das linksdrehende Cholesterinderivat schon bei 149° schmilzt. Das durch Verseifung gewonnene Isocholesterin kommt aus Acetonäther in dünnen Nadeln vom Schmelzpunkt 140—141° heraus. Durch Wasserstoff in Gegenwart von Katalysatoren wird das Isocholesterin nicht verändert. Mit Brom reagiert es zwar, indessen hat sich die Natur der entstehenden Verbindung bis jetzt nicht feststellen lassen. Das Formiat bildet Krystalle vom Schmelzpunkt 108—110° und $[\alpha]_D^{17} = +46,47°$[1]).

Bei der LIEBERMANN-BURCHARDTschen Probe zeigt das Isocholesterin eine zunächst gelbe, dann gelbrote Farbe mit lebhaft grüner Fluorescenz.

Oxycholesterin $C_{27}H_{46}O_2$ (?) künstlich.

Das Oxycholesterin wurde zuerst von LIFSCHÜTZ[2]) durch Oxydation von Cholesterin mittels Kaliumpermanganat oder besser Benzoylsuperoxyd erhalten. Anscheinend entsteht es auch in kleiner Menge bei längerem Lagern von Cholesterin am Sonnenlicht[3]). Nachdem sein Verhalten einmal erforscht war, gelang sein Nachweis auch innerhalb des tierischen Organismus, und zwar findet es sich im Gehirn und Pankreas des Ochsen, am reichlichsten im Blut, nur in sehr geringen Mengen in der Leber, der Galle und den Faeces[4]). Die Darstellung aus Cholesterin erfolgt[4]), indem dieses in 2 proz. Eisessiglösung bei 90° mit der gleichen Menge Benzoylsuperoxyd versetzt und bis zum Abklingen der Reaktion weiter erhitzt wird. Das Produkt wird mit Wasser gewaschen, dann durch Kochen mit alkoholischer Kalilauge von sauren Beimengungen befreit und durch wiederholtes Umlösen aus Methylalkohol gereinigt. Das Oxycholesterin stellt einen hellgelben, bernsteinartigen, sehr spröden, amorphen Körper dar, der beim Reiben stark elektrisch wird und sich klebrig anfühlt. Einen scharfen Schmelzpunkt besitzt es nicht, wird vielmehr bei 100° weich, zwischen 100 und 105° durchsichtig und verflüssigt sich zwischen 107 und 113°. In Wasser löst es sich nur kolloidal, in allen organischen Lösungsmitteln dagegen leicht. Es gibt die gewöhnlichen Cholesterinreaktionen, insbesondere auch die häufig in der Colorimetrie gebrauchte von LIEBERMANN-BURCHARDT. Dagegen sind ihm folgende beiden Reaktionen eigentümlich:

Reaktion von LIFSCHÜTZ[4]): Löst man wenige Körnchen des Oxycholesterins in Eisessig und trägt in die nicht erwärmte Lösung einige Tropfen konzentrierte Schwefelsäure ein, so erhält man eine intensive, rot- bis blauviolette Reaktion. Auf Zusatz einiger Tropfen einer verdünnten Lösung von Eisenchlorid in Eisessig geht diese sofort in eine prächtige Grünfärbung über, deren Spektrum einen scharfen Streifen im Rot zeigt.

Reaktion von ROSENHEIM[5]): Eine verdünnte Chloroformlösung von Oxycholesterin färbt sich mit einem Tropfen Dimethylsulfat schon bei Zimmertemperatur purpurrot, auf Zusatz von eisenchloridhaltigem Eisessig erst blaugrün, dann smaragdgrün. In diesem Stadium zeigt sie einen Absorptionsstreifen im Rot. Cholesterin färbt sich bei der gleichen Behandlung bei Zimmertemperatur nicht, in der Wärme himbeerrot. Eisenchlorid vertieft die Farbe in Purpur.

---

[1]) MORESCHI, A., Studi nel gruppo della colesterina. Atti d. reale accad. dei Lincei, rendiconti, 1. u. 2. Sem. (5) Bd. 19, II., S. 53. 1910.

[2]) LIEFSCHÜTZ, J.: Über die Oxydation des Cholesterins. Hoppe-Seylers Zeitschr. f. physiol. Chem. Bd. 50, S. 436. 1906/07.

[3]) SCHULZE, E. u. E. WINTERSTEIN: Über das Verhalten des Cholesterins gegen das Licht. Hoppe-Seylers Zeitschr. f. physiol. Chem. Bd. 43, S. 316. 1904/05; Bd. 48, S. 547. 1906.

[4]) LIFSCHÜTZ, J. u. TH. GRETHE: Zur Kenntnis des Oxycholesterins. Ber. d. dtsch. chem. Ges. Bd. 47, S. 1453. 1914.

[5]) ROSENHEIM, O.: Biochem. journ. Bd. 10, S. 176. 1916.

Mit Digitonin verbindet sich das Oxycholesterin zwar, aber nur in konzentrierter Lösung (2%) und nicht ganz vollständig. Das Digitonid krystallisiert in kleinen rhombischen Blättchen, die bei 215—218° schmelzen. Sie enthalten die Komponenten im Verhältnis 1 : 1, d. h. 25,26% Oxycholesterin.

Entsprechend der geringeren Verwandtschaft zum Digitonin schützt Oxycholesterin Erythrocyten weniger wirksam gegen Saponinhämolyse als Cholesterin[1]). Zusammen mit diesem wirkt es jedoch energischer als jedes der Sterine einzeln.

Zur Bestimmung des Oxycholesterins neben Cholesterin hat Lifschütz[2]) ein spektrometrisches Verfahren ausgearbeitet. Oxycholesterin gibt keine Carbonylreaktionen, dürfte also ein 2säuriger Alkohol sein.

Sterine der Echinodermen. Asteriasterin. In den Eiern und in der Körpersubstanz von Asterias rubens und A. Forbesi findet sich ein Sterin, das durch Extraktion des getrockneten Materials mit Äther und Alkohol, Entfernung der Hauptmenge des Lecithins durch Acetonfällung, Überführung in das Digitonid, Spaltung des Digitonids durch Essigsäureanhydrid und Verseifung des dabei entstandenen Acetats mit Kalilauge gewonnen werden kann[3]). Die Reaktion von Salkowski fällt atypisch, die von Golodetz negativ aus. Bei der Lifschützschen Probe erhält man nur eine schwach rotbraune Farbe, bei der nach Liebermann-Burchardt eine rasch vorübergehende Blaufärbung. Die Reaktion von Whitby gibt einen rotgelben Ton mit grüner Fluorescenz, B eine rotgelbe Farbe, die ebenfalls von der typischen Cholesterinreaktion verschieden ist. In Arsentrichlorid löst sich das Sterin mit rotbrauner Farbe gegen Purpurrot beim Cholesterin. Der Schmelzpunkt des Sterins liegt bei 70°, der des Acetats bei 97°, des Benzoats bei 125°.

Stellasterin[4]) findet sich in den Testikeln von Asteropecten aurantiacus. Zu seiner Gewinnung wird der ätherlösliche Anteil des Alkoholextrakts in alkoholischer Lösung verseift, der nach Entfernung des Alkohols verbleibende Rückstand in Wasser gelöst und mit Äther ausgeschüttelt. Nach dem Trocknen mit Natriumsulfat wird der Äther abdestilliert und der Rückstand in der üblichen Weise mit Digitonin behandelt. Das Digitonid wird mit Essigsäureanhydrid gekocht, worauf sich beim Erkalten die Hauptmenge des Sterinacetats krystallinisch abscheidet. Der Rest wird nach Abblasen des Anhydrids durch Krystallisation aus Alkohol rein erhalten. Das Acetat wird mit 25proz. Kalilauge verseift, das Sterin mit Äther ausgeschüttelt und durch Umlösen aus Alkohol gereinigt.

Das Sterin ist sehr leicht löslich in Äther, heißem Alkohol, Ligroin und Chloroform, weniger in Aceton, Benzol, Eisessig, in Methylalkohol in der Wärme leicht, in der Kälte schwer. Es schmilzt bei 149—150° und besitzt die Zusammensetzung $C_{27}H_{44}O$. Die Reaktion von Liebermann-Burchhardt ist ähnlich der des Cholesterins und tritt schneller und intensiver ein. Bei der Salkowskireaktion erhält man nur eine gelbrote Färbung. Bei der Behandlung mit Brom bildet sich kein schwerlösliches Dibromid, sondern es tritt nur allmählich eine grüne Färbung ein. Das Acetat schmilzt bei 176—177°, das Benzoat bei 100° zu einer trüben Flüssigkeit, die sich bei 125° plötzlich aufhellt.

[1]) Schreiber u. Lénard: Hämolysehemmende Eigenschaften des Cholesterins und Oxycholesterins. Biochem. Zeitschr. Bd. 54, S. 291. 1903.

[2]) Lifschütz, J.: Quantitative Bestimmung von Oxydationsprodukten des Cholesterins. Biochem. Zeitschr. Bd. 48, S. 373. 1913; Bd. 62, S. 219. 1914.

[3]) Dorée: Biochem. journ. Bd. 4, S. 72. 1909. — Page, I. H.: Asteria sterol, a new sterol from the starfish and the sterols of several other marine echinoderms. Journ. of biol. chem. Bd. 57, S. 471. 1923.

[4]) Kossel, A. u. Edlbacher: Beiträge zur chemischen Kenntnis der Echinodermen. Hoppe-Seylers Zeitschr. f. physiol. Chem. Bd. 94, S. 264. 1915.

Im Gewebe des Blinddarmes von Asteropecten findet sich, wahrscheinlich als Ester, das Astrol $C_{23}H_{48}O_3$, das ebenfalls, wenn auch nur schwer, mit Digitonin reagiert. Die Proben von LIEBERMANN und von SALKOWSKI fallen negativ aus, mit Essigsäureanhydrid bildet sich ein niedrigschmelzendes Acetat.

Die Sterine von Echinarachnius parma, Arbacia punctulata, Cummingia teclinoides, Choetopterus pergamentosus und Arenicola cristata sind nach PAGE mit Cholesterin identisch.

Sterine der Schwämme.

Spongosterin[1]). Das Spongosterin wurde von HENZE in dem Schwamm Suberites domuncula gefunden. Das alkoholische Extrakt der getrockneten Schwämme wird eingeengt, der hinterbleibende rotgelbe Rückstand, aus dem sich manchmal beträchtliche Sterinmengen krystallinisch abscheiden, mit Natriumäthylat verseift, der Rückstand in warmes Wasser gegossen und mit Chlorcalcium gefällt. Die ausfallenden Kalkseifen reißen das Sterin mit. Den getrockneten Seifen wird das Sterin zusammen mit Farbstoffen durch warmes Aceton entzogen und die beim Einmengen sich ausscheidenden Krystalle durch Umlösen aus Alkohol gereinigt. Täfelchen oder Blättchen mit gezahntem Rand, die noch nicht absolut rein sind. Aus Äther große rhomboedrische Krystalle. $[\alpha]_D^{25} - 19{,}59°$ in 4,2856 proz. Chloroformlösung. Schwefelsäure 1:5, die Cholesterin rot färbt, greift das Sterin nicht an. Die Reaktion von LIEBERMANN ist positiv, die von OBERMÜLLER negativ. Brom wird nicht addiert, vielmehr bildet sich bei der Einwirkung von Brom auf das Acetat ein Monobromderivat, anscheinend ein Substitutionsprodukt. Bei der Behandlung mit Zinkstaub und Eisessig gibt es sein Brom wieder ab und liefert das Sterin zurück. Schmelzpunkt des so gereinigten Präparats 124—125°. Die Analyse führt zu der Formel $C_{27}H_{48}O$.

Das Bromacetat schmilzt bei 151°, das Benzoat bildet rechteckige Täfelchen, die bei 128° schmelzen, ohne beim Abkühlen Farbenerscheinungen darzubieten.

Clionasterin[2]). Aus dem Ätherextrakt des getrockneten Schwammes Cliona celata. Beim Umkrystallisieren des in üblicher Weise bereiteten Unverseifbaren aus heißem Methylalkohol krystallisiert das Sterin in Blättchen vom Schmelzpunkt 137—138°. Wenig löslich in kaltem Methyl- und Äthylalkohol, leicht in Aceton, Petroläther und Essigester. Die Reaktionen von SALKOWSKI und von LIEBERMANN sind positiv. $[\alpha]_D^{18} = -37{,}04°$ in 1,768 proz. Chloroformlösung. Die Formel ist $C_{27}H_{46}O$, also liegt ein Isomeres des Cholesterins vor. Das Acetat krystallisiert in Blättchen vom Schmelzpunkt 134—135°, das Benzoat in langgestreckten, rechteckigen Blättchen, die bei 143—144° zu einer klaren Flüssigkeit schmelzen. Durch Addition von Brom entsteht ein Dibromid, das scharf bei 114° schmilzt.

Sterine der Insekten.

Bombicesterin. In dem Unverseifbaren des aus den Puppen des Seidenspinners Bombyx mori extrahierten Fettes findet sich neben Kohlenwasserstoffen ein Sterin der Formel $C_{26}H_{43}OH$, H_2O, vom Schmelzpunkt 148° und der spez. Drehung $[\alpha]_D^{15} = -34°$. Es bildet monokline oder trimetrische Krystalle. Mit wasserfreier Ameisensäure liefert es ein Formiat vom Schmelzpunkt 101°; das Acetat schmilzt bei 129° und besitzt die Drehung $-42°$ bei 15°; das Benzoat

---

[1]) HENZE, M.: Über Spongosterin, das Sterin von Suberites domuncula. Hoppe-Seylers Zeitschr. f. physiol. Chem. Bd. 41, S. 109. 1904; Bd. 55, S. 427. 1908.

[2]) DORÉE: Biochem. journ. Bd. 4, S. 92. 1909.

krystallisiert in dünnen monoklinen Blättchen, die bei 146° schmelzen und flüssige Krystalle bilden. $[\alpha]_D^{50} = -14{,}63°$. Mit Brom bildet sich ein kleinkrystallinisches Dibromid vom Schmelzpunkt 111°[1]).

b) Die Phytosterine.

Die ursprünglich von Hesse für ein einzelnes chemisches Individuum geprägte Bezeichnung Phytosterin hat sich zu einem Gattungsbegriff aufgelöst, seit sich herausgestellt hat, daß Sterine von gleicher oder ähnlicher Zusammensetzung, aber verschiedener sterischer Gruppierung in großer Zahl im Pflanzenreiche vorkommen. Bei einigen dieser Sterine ist nachgewiesen worden, daß sie aus zwei einander ähnlichen Sterinen bestehen. Es ist nicht unmöglich, daß noch mehr Glieder dieser Gruppe sich bei näherer Untersuchung als derartige Gemische erweisen werden. Da von vielen Phytosterinen nichts weiter bekannt ist, als einige Konstanten und Analysen, die noch dazu bei dem geringen Unterschied im Kohlenstoff- und Wasserstoffgehalt dieser Verbindungen nicht immer viel besagen, sollen im folgenden nur die wichtigsten und besterforschten Glieder dieser Gruppe berücksichtigt werden.

Sitosterin. $C_{27}H_{46}O$.

Das Sitosterin wurde zuerst von Burian, dann von Ritter[2]) in Weizenkeimlingen nachgewiesen und näher untersucht. Später führten Windaus und Hauth den Nachweis, daß es zusammen mit dem Stigmasterin die Sterinfraktion der Calabarbohnen und des Leinöls zusammensetzt[3]) und E. Beschke fand im Sterin der Mohrrüben Sitosterin[4]).

Die Darstellung des Sitosterins erfolgt durch Verseifung des zur Verfügung stehenden Pflanzenfettes mit alkoholischer Kalilauge und Ausfällen der entstandenen Fettsäuren aus wässeriger Lösung in Form ihrer Barytsalze. Diese reißen das Phytosterin vollständig mit. Sie werden gepulvert und mit Aceton extrahiert. Beim Erkalten und weiterem Einengen der Lösung wird das Phytosterin krystallinisch erhalten. Zur Abtrennung des Stigmasterins wird das Steringemisch acetyliert und bromiert, wobei das schwerlösliche Tetrabromids des Stigmasterins ausfällt. Aus dem in den Laugen zurückbleibenden Acetatbromid wird das Brom durch Zinkstaub herausgenommen, das Acetat abgeschieden und mit alkoholischer Kalilauge verseift.

Das Sitosterin bildet nach mehrfachem Umkrystallisieren aus Alkohol prächtige, ganz farblose, fett- bis perlmutterglänzende Blättchen, die länger gestreckt sind, als die des Cholesterins. Es enthält in dieser Form 1 Mol. Krystallwasser und schmilzt bei 136,5—137°. Aus Äther erhält man feine, wasserfreie Nadeln. Die spezifische Drehung beträgt in 3,795 proz. ätherischer Lösung bei 20°—26,71°. Die Farbenreaktionen sind die gleichen, wie die des Cholesterins. Mit Brom bildet es ein ziemlich leicht lösliches und schlecht krystallisierendes Additionsprodukt.

Das Acetat krystallisiert aus Alkohol in Schuppen vom Schmelzpunkt 127 bis 128°, also höher, als das des Cholesterins. Diese Erscheinung hat zur Ausbildung einer Nachweismethode von Fetten pflanzlicher in solchen tierischer

---

[1]) Menozzi, A. u. A. Moreschi: Studi nel gruppo della colesterina. Atti d. reale accad. dei Lincei, rendiconti, 1. u. 2. Sem. (5) Bd. 17, I., S. 95. 1908.

[2]) Burian, R.: Über Sitosterin. Monatsh. f. Chem. Bd. 18, S. 551. 1897. — Ritter: Über das Phytosterin. Hoppe-Seylers Zeitschr. f. physiol. Chem. Bd. 34, S. 471. 1902.

[3]) Windaus, A. u. Hauth: Notiz über Phytosterin. Ber. d. dtsch. chem. Ges. Bd. 40, S. 3682. 1907.

[4]) Beschke, E.: Zur Kenntnis der Phytosterine. Ber. d. dtsch. chem. Ges. Bd. 47, S. 1853. 1914.

Herkunft geführt[1]), bei der die Sterine als Digitonide abgeschieden und aus diesen durch Kochen mit Essigsäureanhydrid, gleich in Form der Acetate gewonnen werden. Das Palmitat bildet glänzende Nadeln und Blättchen vom Schmelzpunkt 90°, das Stearat ebensolche, die bei 89—90° zu einer trüben, bei 118—119° sich klärenden Flüssigkeit schmelzen. Das Oleat schmilzt schon bei 35,5°. Das Benzoat bildet rechtwinklige Tafeln vom Schmelzpunkt 145,5°, die beim Erstarren ähnliche Farbenerscheinungen darbieten, wie das Cholesterinbenzoat. Ein sehr charakteristisches, wenn auch anscheinend in seiner Konstitution noch nicht ganz aufgeklärtes Derivat des Sitosterins, das sehr geeignet zu seiner Charakterisierung ist, bildet sich, wenn Sitosterin mit metallischem Natrium und Amylalkohol behandelt wird. Es krystallisiert aus Aceton in derben Nadeln vom Schmelzpunkt 175° und wurde von WINDAUS und HAUTH als Dihydrositosterin angesprochen. Es ist indessen eine Additionsverbindung verschiedener Sitosterinderivate, die auch durch Digitonin schwer trennbar ist[2]).

Bei der Oxydation liefert Sitosterin ein Keton, das Sitostenon, ist also gleich dem Cholesterin ein sekundärer Alkohol. Durch die glatte Addition von 1 Mol. Brom ist das Vorliegen einer Doppelbindung erwiesen. Bei der durchgreifenden Oxydation erhält man Oxydationsprodukte, die dieselbe Formel und sehr ähnliche Eigenschaften besitzen, wie die entsprechenden Derivate des Cholesterins. Auch gegen rauchende Salpetersäure verhält sich Sitosterin genau wie Cholesterin, indem es ein Nitrositosterylnitrat liefert. Die Isomerie von Cholesterin und Sitosterin wird also durch die mannigfachsten Umformungen nicht aufgehoben. Sie beruht, wie WINDAUS und RAHLÉN nachgewiesen haben, nicht auf einer verschiedenen Stellung der Oxygruppe, auch die Lage der Doppelbindung ist nicht ihre Ursache, da bei deren Aufhebung durch katalytische Reduktion der Alkohol Sitostanol entsteht, der vom β-Cholestanol verschieden ist. (Er krystallisiert aus Alkohol in langen Parallelogrammen, die an den spitzen Ecken häufig abgeschrägt sind und schmilzt bei 137°. $[\alpha]_D^6$ in Chloroform $= 27,9°$.) Es können auch nicht beide Momente zusammen die Isomerie bedingen, da in diesem Falle die beiden gesättigten Kohlenwasserstoffe Sitostan und Cholestan identisch sein müßten. Sitostan ist aber vom Cholestan und von dem stereoisomeren Koprostan deutlich verschieden. Danach bleibt, wenn man nicht ein ganz verschiedenes Kohlenstoffgerüst im Cholesterin und Sitosterin annehmen muß, was bei der Gleichheit der Zusammensetzung und der Ähnlichkeit der Eigenschaften nicht gerade wahrscheinlich erscheint, nur die Annahme einer Stereoisomerie über[2]).

Stigmasterin. $C_{30}H_{50}O$.

Das Stigmasterin begleitet im Öl der Calabarbohnen, im Rüb- und Leinöl und im Öl aus Mohrrüben das Sitosterin, hinter dem es zwar an Menge zurücktritt, von dem es aber wegen der Schwerlöslichkeit seines Acetatbromids verhältnismäßig leicht getrennt werden kann. Aus diesem Bromid (siehe oben Darstellung des Sitosterins) wird das Stigmasterin erhalten, indem zunächst durch Kochen mit schwach verkupfertem Zinkstaub in Eisessiglösung das Brom abgespalten und dann durch alkoholisches Kali die Verseifung bewirkt wird[3]). Das Stigmasterin krystallisiert aus Alkohol mit 1 Mol. Krystallwasser in Blättchen, die bei 170° schmelzen.

---

[1]) Siehe z. B. KÜHN, BENGEN u. WEWERINKE: Über den Phytosterinnachweis in tierischen Fetten. Zeitschr. f. Untersuch. d. Nahrungs- u. Genußmittel Bd. 29, S. 321. 1915.

[2]) WINDAUS, A. u. E. RAHLÉN: Beitrag zur Kenntnis des Sitosterins. Hoppe-Seylers Zeitschr. f. physiol. Chem. Bd. 101, S. 223. 1918.

[3]) WINDAUS, A. u. A. HAUTH: Über Stigmasterin, ein neues Phytosterin. Ber. d. dtsch. chem. Ges. Bd. 39, S. 4378. 1906.

Die spezifische Drehung in 4,11% Chloroformlösung beträgt — 45,01°, Stigmasterin gibt die Farbenreaktionen der Sterine und reagiert mit Digitonin. Das Acetat krystallisiert in rechteckigen Blättchen und addiert 2 Mol. Brom; das entstehende Tetrabromid erhält man aus Chloroformalkohol in vier- und sechsseitigen Blättchen, die bei 211—212° unter Zersetzung schmelzen. Mit Phosphorpentachlorid entsteht das Chlorid, dessen Tetrabromid bei 180° schmilzt.

Bei der katalytischen Reduktion entsteht der Alkohol Stigmastanol $C_{30}H_{54}O$, der durch Chromsäure zu dem Keton Stigmastanon oxydiert wird. Auch das Stigmasterin ist deshalb ein sekundärer Alkohol, der 2 Doppelbindungen enthält. Bei der Oxydation des Stigmastanols mit Chromsäure entsteht eine Dicarbonsäure $C_{30}H_{52}O_4$, deren Verhalten darauf hinweist, daß sie durch Aufspaltung eines Sechsringes entstanden sein muß.

Es ist wahrscheinlich, daß das Ringsystem des Stigmasterins das gleiche ist, wie das des Cholesterins und Sitosterins, da der ihm entsprechende Kohlenwasserstoff Stigmastan noch 4 Ringe enthält. Die im Stigmasterin mehr vorhandenen 3 Kohlenstoffatome dürften danach in der Seitenkette sehen[1]).

Euphorbon.

Allgemeinere Bedeutung scheint unter den Sterinen höherer Pflanzen noch dem Euphorbon zuzukommen, dessen Sterinnatur Klein und Pirschle dargetan haben[2]). Sie konnten sein Vorhandensein im Milchsaft nicht nur von Euphorbiaceen, sondern auch von anderen milchsaftführenden Pflanzengruppen wahrscheinlich machen.

Zur Darstellung von Euphorbon wird der Acetonextrakt des Ausgangsmaterials mit Natronlauge verseift, das Sterin in Äther aufgenommen und aus diesem oder Petroläther mehrfach umkrystallisiert.

Euphorbon bildet glänzende Krystallnadeln, die in den meisten organischen Lösungsmitteln leicht, in kaltem oder verdünntem Alkohol schwerlöslich, in Wasser unlöslich sind. Aus Petroläther krystallisiertes Euphorbon enthält Lösungsmittel molekular gebunden und schmilzt bei 67—68°, aus Aceton oder Alkohol kommt es in Krystallen vom Schmelzpunkt 115—116° heraus. In Chloroformlösung dreht es $[\alpha]_D^{15} = +16,46°$. Die Zusammensetzung und Formulierung des Euphorbons ist noch unsicher. Es reagiert mit Digitonin, und kann mit dessen Hilfe leicht mikrochemisch nachgewiesen werden.

Ergosterin.

Von den Sterinen der Tiere und höheren Pflanzen verschieden sind die Sterine der Pilze, von denen das Ergosterin und Fungisterin in reinem Zustande isoliert sind[3]).

Es ist auch im Hefefett aufgefunden und mit großer Wahrscheinlichkeit mit dem von Ikezuchi beschriebenen „Mykosterin" identifiziert worden[4]), so daß es den Anschein hat, daß es das charakteristische Sterin der Kryptogamen darstellt. Jedenfalls kommt es bei höheren Pflanzen und bei Tieren nicht vor. Das zugänglichste Ausgangsmaterial zur Darstellung von Ergosterin ist die

---

[1]) Windaus, A. u. J. Brunken: Zur Kenntnis des Stigmasterins. Hoppe-Seylers Zeitschr. f. physiol. Chem. Bd. 140, S. 47. 1924.

[2]) Klein, G. u. K. Pirschle: Nachweis und Verbreitung der Phytosterine im Milchsaft. Biochem. Zeitschr. Bd. 143, S. 457. 1923.

[3]) Tanret, C.: Über Ergosterin und Fungisterin. Cpt. rend. hebdom. des séances de l'acad. des sciences Bd. 147, S. 75. 1908; Ann. de chim. et de phys. (8) Bd. 15, S. 313. 1908.

[4]) Mac Lean, I. S. u. E. M. Thomas: The nature of yeast fat. Biochem. journ. Bd. 14, S. 483. 1920.

Hefe, von der 1 kg etwa 1,5 g liefert[1]). Zur Darstellung wurde der eingeengte Alkoholextrakt von 10 kg Hefe mit der gleichen Menge Wasser versetzt und dann mit Äther extrahiert. Der Ätherrückstand wurde in Petroläther gelöst und schied dann beim Verweilen in einer Kältemischung einen weißen krystallinischen Niederschlag ab, der nach mehrmaligem Umkrystallisieren aus Alkohol bei 154° schmolz. Die Krystalle sind feine, silbrig, glänzende Blättchen, die vor Licht und Luft geschützt werden müssen, da sie sich sonst gelb färben. Der Essigsäureester schmilzt bei 180,5°, das Propionat bei 147,5° (TANRET). Ergosterin ist in Äther, Chloroform und Aceton viel schwerer löslich, als die anderen Sterine. Seine spez. Drehung beträgt $[\alpha]_D = -132°$ in Chloroform. Bei der katalytischen Hydrierung des Acetats in Gegenwart von kolloidalem Palladium nimmt es 6 Atome Wasserstoff auf und geht in das Acetat des gesättigten Alkohols $C_{27}H_{48}O$ über. Ergosterin enthält somit 3 Doppelbindungen. Der gesättigte Alkohol, das Ergostanol, krystallisiert in feinen Blättchen vom Schmelzpunkt 129°. Bei Ersatz der Hydroxylgruppe durch Chlor und nachfolgender Reduktion mit Natrium und Amylalkohol wird ein Kohlenwasserstoff Ergostan gebildet, der weiße Krystallblättchen vom Schmelzpunkt 72—73° bildet. Er ist nicht identisch mit den Reduktionsprodukten des Cholesterins und des Sitosterins, so daß das Ergosterin von diesen außer durch die geringere Sättigung mit Wasserstoff auch durch die sterische Anordnung der Atome verschieden sein muß. $[\alpha]_D^{20}$ in 0,284% ätherischer Lösung $= +24,5°$. Bei der Oxydation des Ergostanols mit Chromsäure entsteht das Keton Ergostanon, weiße, bei 56—57° schmelzende Nädelchen. Ergosterin verbindet sich mit Digitonin und schützt gegen die Saponinhämolyse. Leicht erkennbar ist es an seinem Verhalten bei der SALKOWSKIschen Reaktion, bei der sich Schwefelsäure tiefrot färbt, während das Chloroform farblos bleibt.

Das *Fungisterin* wurde von TANRET im Mutterkorn mit dem Ergosterin vergesellschaftet gefunden und von ihm durch seine größere Ätherlöslichkeit getrennt. Es krystallisiert mit 1 Mol. Wasser in Blättchen, die bei 144° schmelzen. $[\alpha]_D = -22,4°$. Schmelzpunkt 144°, des Acetats 156°.

5. Die Gallensäuren.

Wenn man Cholestan und Pseudocholestan, die beiden Grundkohlenwasserstoffe der Cholesterinreihe, vorsichtig mit Chromsäure in Eisessiglösung oxydiert, so spalten sie 1 Mol. Aceton ab und gehen in Monocarbonsäuren der Formel $C_{24}H_{40}O_2$ über, die noch die Stereoisomerie der Ausgangskörper zeigen, also das Wasserstoffatom am Kohlenstoff 5 in verschiedener räumlicher Anordnung besitzen. Ihre Konfiguration ist demnach die folgende:

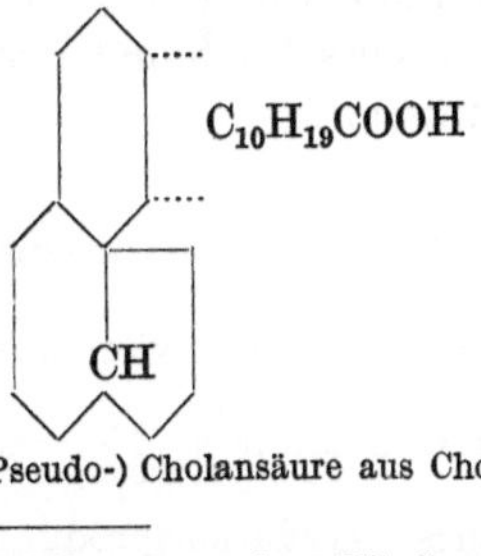

$C_{10}H_{19}COOH$

CH

(Pseudo-) Cholansäure aus Cholestan.

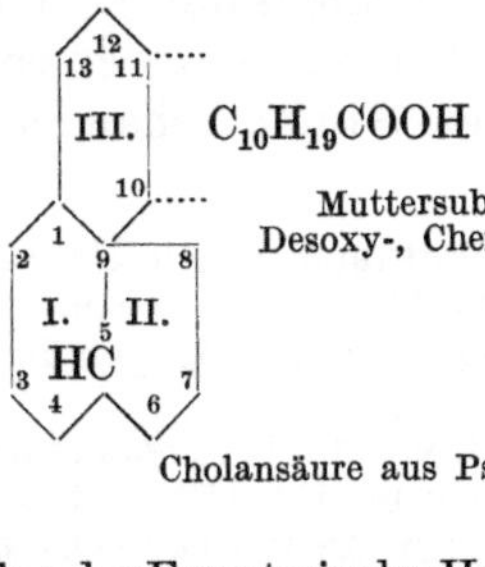

III. $C_{10}H_{19}COOH$

Muttersubstanz der Cholsäure, Desoxy-, Cheno- und Lithocholsäure.

HC

Cholansäure aus Pseudocholestan[2]).

---

[1]) WINDAUS, A. u. W. GROSSKOPF: Über das Ergosterin der Hefe. Hoppe-Seylers Zeitschr. f. physiol. Chem. Bd. 124, S. 8. 1923.

[2]) *Anmerkung bei der Korrektur.* Nach den neuesten Feststellungen von WINDAUS (Ann. d. Chem. Bd. 447, S. 233. 1926) ist C_1 der Sitz der Stereoisomerie der Cholan- und Pseudo- oder Allocholansäure.

Von diesen beiden Säuren ist das Derivat des Pseudocholestans identisch mit einer Säure, die schon vorher unter dem Namen Cholancarbonsäure als Reduktionsprodukt der Gallensäuren von Wieland und Weil beschrieben worden war. Durch diese Reaktion ist die nahe chemische Verwandtschaft der Gallensäuren mit dem Cholesterin bewiesen[1]) Damit ergibt sich die Veranlassung, diese Säuren im Anschluß an die Sterine zu behandeln.

Die Derivate der Cholansäure sind in der Galle des Menschen und der Tiere in Form gepaarter Verbindungen mit Taurin und Glycin enthalten. Diese gepaarten Verbindungen werden an anderer Stelle (siehe das Kapitel Galle) besprochen. Die Cholansäureabkömmlinge, die auch unter dem Namen Cholalsäuren zusammengefaßt werden, sind Mono-, Di- oder Trioxycholansäuren. Die meisten leiten sich von der Cholansäure aus Pseudocholestan ab.

Im einzelnen sind die folgenden Verbindungen genauer bekannt:

Lithocholsäure, Monoxycholansäure $C_{24}H_{40}O_3$;
Desoxycholsäure, Dioxycholansäure $C_{24}H_{40}O_4$;
Cheno- oder Anthropodesoxycholsäure $C_{24}H_{40}O_4$;
Hyocholsäure, 3,13-Dioxycholansäure $C_{24}H_{40}O_4$;
Cholsäure, Trioxycholansäure $C_{24}H_{40}O_5$.

Die Gallensäuren sind durch folgende gemeinsamen Reaktionen ausgezeichnet.

Bei der Destillation im gewöhnlichen oder Hochvakuum spalten die Gallensäuren Wasser ab und gehen in Cholen-, Choladien- oder Cholatriensäure über[2]). Die Wasserabspaltung erfolgt zunächst unter Anhydridbildung, im weiteren Verlauf werden alkoholische Hydroxyle unter Zustandekommen von Doppelbindungen abgespalten. Das hierbei freiwerdende Wasser löst die Anhydridbindungen wieder auf[3]). Die ungesättigten Säuren lassen sich auf katalytischem Wege hydrieren und liefern dabei die gleiche Cholansäure[2]) (mit einziger Ausnahme der Hyodesoxycholsäure).

Bei vorsichtiger Oxydation gehen die Gallensäuren in Dehydrosäuren über, indem die alkoholischen Hydroxyle zu Carbonylgruppen oxydiert werden[4]). Sämtliche Carbonylgruppen haben Ketoncharakter, so daß daraus für alle Hydroxyle der sekundäre Charakter gefolgert werden kann.

Durch Reduktion mit amalgamiertem Zink und Salzsäure nach Clemmensen lassen sich die Ketogruppen zu Methylen reduzieren, so daß ebenfalls Cholansäuren entstehen[5]). Von dieser Reaktion hat vor allem Windaus bei seinen Arbeiten über die Konstitution der Gallensäuren vielfach Gebrauch gemacht.

Die beiden Hydroxylgruppen der Desoxycholsäure nehmen dieselben Plätze ein, wie zwei von denen der Cholsäure[6]). Trotzdem nehmen die Versuche zum oxydativen Abbau der beiden Säuren in den ersten Stadien verschiedenen Verlauf, so daß sie bei den einzelnen Säuren behandelt werden müssen.

---

[1]) Windaus, A. u. K. Neukirchen: Die Umwandlung des Cholesterins in Cholansäure. Ber. d. dtsch. chem. Ges. Bd. 52, S. 1915. 1919.

[2]) Wieland, H. u. F. Weil: Untersuchungen über die Cholsäure. Hoppe-Seylers Zeitschr. f. physiol. Chem. Bd. 80, S. 287. 1912.

[3]) Wieland, H. u. E. Boersch: Untersuchungen über die Gallensäuren. IX. Hoppe-Seylers Zeitschr. f. physiol. Chem. Bd. 110, S. 143. 1920.

[4]) Hammarsten, O.: Über Dehydrocholalsäure, ein neues Oxydationsprodukt der Cholalsäure. Ber. d. dtsch. chem. Ges. Bd. 14, S. 71. 1881.

[5]) Wieland, H. u. E. Boersch: Die Reduktion der Dehydrocholsäure und Dehydrodesoxycholsäure. Anh. V. Hoppe-Seylers Zeitschr. f. physiol. Chem. Bd. 106, S. 190. 1919.

[6]) Borsche, W. u. E. Rosenkrantz: Untersuchungen über die Konstitution der Gallensäuren. I. Ber. d. dtsch. chem. Ges. Bd. 52, S. 342. II. Ebenda Bd. 52, S. 1353. 1919.

Lithocholsäure, 3-Oxycholansäure.

Die Lithocholsäure wurde von H. Fischer[1]) gelegentlich seiner Arbeiten über die Gallenfarbstoffe in Rindergallensteinen gefunden. Sie bildet einen regelmäßig, wenn auch nur in der kleinen Menge von 1—2 g in 100 kg vorkommenden Bestandteil der normalen Rindergalle[2]). Zur Darstellung aus Rindergallensteinen behandelte Fischer das mit Äther vorextrahierte Gallensteinpulver mit Salzsäure und extrahierte die nunmehr frei gemachten Säuren mit Äther. Aus den eingeengten Extrakten schied sich die Säure in harten Krystallkrusten ab. Sie löst sich in heißem Ammoniak, krystallisiert aber in freier Form wieder aus. Zum Umkrystallisieren eignet sich verdünnter Alkohol, aus dem sie in langen Prismen herauskommt. In Bicarbonat und Soda ist die Säure erst in der Hitze löslich. Von organischen Lösungsmitteln nimmt sie Alkohol leicht,

$$CH_2$$

$$H_2C \quad CH\cdots$$
$$| \qquad | \quad C_{10}H_{19}COOH$$
$$HC \quad CH\cdots$$

$$H_2C \quad C \quad CH_2$$

$$HOHC \quad HC \quad CH_2$$

$$CH_2 \quad CH_2$$

Lithocholsäure $C_{20}H_{40}O_3$.

Chloroform und Tetrachloräthan, sowie Eisessig mäßig leicht, Äther, Essigester und Ligroin schwer auf. In Wasser ist sie ebenfalls schwer löslich. Der Schmelzpunkt liegt bei 184—186°, die spezifische Drehung beträgt in 1,75% alkoholischer Lösung + 32,14%. Mit konzentrierter Schwefelsäure ergibt die Lithocholsäure starke Fluorescenz, die Pettenkofersche Probe ist positiv, die Jodreaktion von Mylius dagegen absolut negativ. Bei der Liebermann-Burchardschen Probe erhält man eine leichte grünblaue Färbung. Bei vorsichtiger Oxydation mit Chromsäure entsteht Dehydrolithocholsäure $C_{24}H_{38}O_3$, bei der Destillation im Hochvakuum Cholensäure $C_{24}H_{38}O_2$, die katalytisch zu Cholansäure reduziert werden kann. Bei der Oxydation mit Salpetersäure entsteht eine Tricarbonsäure, Lithobiliansäure $C_{24}H_{38}O_6$, die bei der Brenzreaktion eine Ketogruppe liefert. Die Oxygruppe, an deren Stelle die Öffnung des Ringes erfolgt ist, muß also nach der Blancschen Regel in einem Sechsring gestanden haben. Wahrscheinlich befindet sie sich an dem Kohlenstoffatom 3 in Ring I[3])

Desoxycholsäure, 3, 7-Dioxycholansäure. $C_{24}H_{40}O_4$.

Die Desoxycholsäure wurde in gefaulter Galle von Mylius[4]) aufgefunden und zunächst als ein durch Fäulnis entstandenes Reduktionsprodukt der Cholsäure aufgefaßt, eine Anschauung, die später durch Wieland und Sorge sowie durch Pregl als unzutreffend erwiesen wurde. Die Desoxycholsäure ist vielmehr

[1]) Fischer, H.: Zur Kenntnis der Gallenfarbstoffe. Hoppe-Seylers Zeitschr. f. physiol. Chem. Bd. 73, S. 204. 1911.

[2]) Wieland, H. u. Weyland: Untersuchungen über Gallensäuren. VIII. Über Lithocholsäure. Hoppe-Seylers Zeitschr. f. physiol. Chem. Bd. 110, S. 123. 1920.

[3]) Wieland, H. u. Weyland: Untersuchungen über die Gallensäuren. VIII. Zeitschr. f. physiol. Chem. Bd. 110, S. 123. 1920.

[4]) Mylius, F.: Zur Kenntnis der Pettenkoferschen Gallensäurereaktion. Hoppe-Seylers Zeitschr. f. physiol. Chem. Bd. 11, S. 492. 1882.

ein regelmäßiger Bestandteil der frischen Galle[1]). Sie ist auch mehrfach, zuletzt in mehreren Fällen beim Menschen von Möbner[2]) als Bestandteil von Gallenkonkrementen festgestellt worden.

Zu ihrer Darstellung werden 11 l Rindergalle mit 150 g Natriumhydroxyd in einem eisernen Topf mit Deckel 24 Stunden gekocht und dann die Flüssigkeit auf ein Viertel ihres Volumens eingeengt. Nach dem Erkalten wird in einer 10-Liter-Flasche Äther bis zur Sättigung und dann 180 ccm Eisessig in kleinen Portionen zugesetzt, wobei man übermäßige Schaumbildung durch Zusatz kleiner Äthermengen in Schranken hält. Nunmehr werden vier Fünftel der berechneten Salzsäuremenge, etwa 500 ccm einer 22 proz. Säure, portionsweise zugesetzt, wobei man wieder die Schaumbildung durch Ätherzusatz bekämpft. Nunmehr wird während 3 Stunden häufig geschüttelt, bis sich im oberen Teil der Flasche Krystalle zeigen. Durch Impfen kann man die Krystallisation sehr beschleunigen. Nach 12 Stunden ist die braune Flüssigkeit von Krystallen durchsetzt und wird nunmehr mit dem Rest der Salzsäure, 120 ccm, versehen. Nach 48 stündigem Stehen in der Kälte saugt man die Krystalle ab und rührt sie mit Alkohol zu einem flüssigen Brei an. Dabei geht die Hauptmenge der Desoxycholsäure in Lösung, während Chol- und Choleinsäure zurückbleiben. Die Flüssigkeit wird im Vakuum eingeengt und der Rückstand durch Äther von Fettsäuren befreit. Die Desoxycholsäure wird dann aus Eisessig umkrystallisiert, bis man den Schmelzpunkt 145° erhält. Aus der wässerigen Lauge der ersten Krystallisation scheidet sich ein Öl ab, das noch Desoxycholsäure enthält. Es wird mit 200 ccm Aceton versetzt und mit Äther 3—5 mal extrahiert. Der Destillationsrückstand der vereinigten ätherischen Lösungen krystallisiert über Nacht und liefert weitere Desoxycholsäuremengen[3]).

Desoxycholsäure ist nur aus alkoholischen Lösungen in freier Form zu erhalten. Mit allen anderen organischen Lösungsmitteln bildet sie außerordentlich beständige Additionsverbindungen. Weitgehend vorgereinigte Desoxycholsäure kommt aus der 2,5 fachen Menge Äthylalkohol in großen glänzenden Aggregaten des tetragonalen Systems heraus. Nach kurzem Trocknen im Vakuum besitzen diese den Schmelzpunkt 125°, zerfallen aber bei längerem Trocknen bei 110° im Hochvakuum zu kreidigen Pseudomorphosen, die bei 172° schmelzen. Eisessig, Essigester, Äther und Aceton können nur durch tagelanges Trocknen im Hochvakuum bei 130° entfernt werden[4]). Die spezifische Drehung beträgt in 2,0344% Lösung bei 20° + 57,02°. Der Äthylester kristallisiert in kugeligen Aggregaten feiner Nadeln und schmilzt bei 81°. $[\alpha]_D^{20}$ in 2,03% alkoholischer Lösung + 49,66°.

Die hervorstechendste Eigenschaft der Desoxycholsäure ist ihre Fähigkeit, mit Fettsäure und anderen Verbindungen aus allen Gebieten der organischen Chemie festgefügte Verbindungen, die sog. Choleinsäuren, zu bilden. Von den Fettsäuren geben alle von der Stearin- bis herab zur Essigsäure schön krystallisierende Verbindungen, nur die Ameisensäure nicht. Dabei wird die chemische Energie für die Bindung von den Methyl- und Methylen-, nicht von den Carboxylgruppen der Fettsäuren hergegeben. Die Zahl der Desoxycholsäuremoleküle, die ein

[1]) Wieland, H. u. H. Sorge: Die strukturellen Beziehungen zwischen Cholsäure und Desoxycholsäure. Hoppe-Seylers Zeitschr. f. physiol. Chem. Bd. 98, S. 59. 1916/17.

[2]) Mörner, C. Th.: Eine Sondergruppe von Enterolithen beim Menschen. Hoppe-Seylers Zeitschr. f. physiol. Chem. Bd. 130, S. 24. 1923; s. a. Küster, W.: Vorkommen von Desoxycholsäure in Gallensteinen. Ebenda Bd. 69, S. 464. 1910. — Salkowski, E.: Zur Kenntnis der menschlichen Gallensteine. Ebenda Bd. 98, S. 281. 1917.

[3]) Pregl, F. u. H. Buchtala: Über die Isolierung der spezifischen Gallensäuren. Hoppe-Seylers Zeitschr. f. physiol. Chem. Bd. 74, S. 198. 1911.

[4]) Vgl. dazu Mörner: Untersuchungen über die molekulare Beständigkeit der Acetocholeinsäure. Hoppe-Seylers Zeitschr. f. physiol. Chem. Bd. 138, S. 177. 1924.

Fettsäuremolekül binden, steigt mit dem Molekulargewicht der Fettsäure, aber nicht in genau arithmetischer Proportion. So enthält die Essigsäureverbindung die Komponenten im Verhältnis 1: 1, die Stearinsäurecholeinsäure im Verhältnis 1: 8. In den desoxycholsauren Salzen tritt die Bindungskraft noch stärker hervor, als in der freien Säure. In Wasser ganz unlösliche Stoffe, wie Naphthalin, Cholesterin, Campher, Xylol können durch wässerige Lösungen von desoxycholsauren Salzen in Lösung gebracht werden. Die Lösungen zeigen Neigung zur Bildung von Dissoziationsgleichgewichten. Den Fettsäureverbindungen kann die Fettsäure durch Kochen mit Xylol entzogen werden, wobei die Xylolverbindung ausfällt, während die Fettsäuren nach dem Abfiltrieren und Abtreiben des Xylols mit Wasserdampf leicht rein erhalten werden.

Die Glyko- und Tauredesoxycholsäure, die aus der Desoxycholsäure über das Hydrazid durch Überführung in das Azid mit salpetriger Säure und Umsetzung mit Glycin und Taurin erhalten werden können, zeigen die Fähigkeit zur Choleinsäurebildung nicht mehr, dagegen üben ihre Salze die gleiche lösende Wirkung aus, wie die desoxycholsauren Salze[1]).

Von Derivaten der Desoxycholsäure seien die Diformylverbindung, prachtvolle, bei 193° schmelzende Prismen, und die Monoacetylverbindung genannt, die beim Kochen der Säure mit Eisessig entsteht und aus Alkohol in Krystallen herauskommt, die zunächst unter Aufschäumen bei 95°, dann bei 161—162° scharf schmelzen[2]). Beim Erhitzen auf über 300° im Hochvakuum geht die Desoxycholsäure in Choladiencarbonsäure über, die in feinen flachen Nadeln vom Schmelzpunkt 132—133° krystallisiert. Sie ist in allen organischen Lösungsmitteln leicht löslich, zum Umkrystallisieren eignet sich Alkohol. Die LIEBERMANNsche Reaktion zeigt nacheinander rote, braune und olivgrüne Töne. Gleichzeitig tritt, wie auch beim Behandeln mit konzentrierter Schwefelsäure allein, intensive grüne Fluorescenz auf. Bei der katalytischen Hydrierung wird Cholancarbonsäure erhalten.

Desoxycholsäure wird von den üblichen Oxydationsmitteln in mannigfachster Weise angegriffen, zu einer Abspaltung von Kohlenstoffatomen oder Verbänden, von solchen kommt es jedoch nur schwierig. Immerhin hat das systematische Studium dieser Oxydationsprozesse, wie es WIELAND mit seinen Schülern in zahlreichen Arbeiten durchgeführt hat, Aufschlüsse geliefert, die auch ohne die von WINDAUS hergestellte Verbindung mit dem schon früher weitgehend geklärten Cholesterin den größten Teil des Gallensäuremoleküls zu formulieren gestatten.

Gelinde Oxydation mit Chromsäure führt die Desoxycholsäure in die Diketosäure Dehydrodesoxycholsäure über, die in unregelmäßig gestatteten, glänzenden Blättchen krystallisiert und um $[\alpha]_D^{20} = +92,09°$ dreht. Durch die Reduktion nach CLEMMENSEN wird sie in Cholancarbonsäure übergeführt.

Bei gemäßigter Oxydation mit Kaliumpermanganat oder starker Salpetersäure entstehen nebeneinander die Ketotricarbonsäuren Desoxybilian- und Isodesoxybiliansäure $C_{24}H_{36}O_7$. Bei ihrer Bildung wird das Stadium der Dehydrodesoxycholsäure passiert. In beiden Säuren ist derselbe Ring geöffnet, und zwar kommt die Isomerie dadurch zustande, daß die Oxydation beiderseits der Ketogruppe angreift. Die weiteren Untersuchungen haben zu folgenden Formeln für die beiden Säuren geführt[3]).

---

[1]) WIELAND, H.: Über die Glyko- und Taurodesoxycholsäure. Hoppe-Seylers Zeitschr. f. physiol. Chem. Bd. 106, S. 181. 1919.

[2]) WIELAND, H. u. E. BOERSCH: Untersuchungen über die Gallensäuren. IX. Hoppe-Seylers Zeitschr. f. physiol. Chem. Bd. 110, S. 143. 1920.

[3]) WIELAND, H. u. A. KULENKAMPFF: Beiträge zum Abbau der Desoxycholsäure. VI. Abh. Hoppe-Seylers Zeitschr. f. physiol. Chem. Bd. 108, S. 295. 1919/20.

$$\text{Desoxybiliansäure.} \qquad \text{Isodesoxybiliansäure.}$$

Die eine Ketogruppe der Dehydrodesoxycholsäure und die eine Hydroxylgruppe der Desoxycholsäure ist an Stelle der beiden Formeln gemeinsamen Carboxylgruppe anzunehmen (C_3).

Die Desoxybiliansäure schmilzt bei 293—295° und dreht die Ebene des polarisierten Lichtes in 1,2988% alkoholischer Lösung um $[\alpha]_D^{22} = +93,7°$. In Wasser ist die Säure so gut wie unlöslich, in Eisessig schwerlöslich.

Die Isodesoxycholsäure entsteht bei der Oxydation nur in etwa 10 Proz. Ausbeute.

Durch Salpetersäure von der Dichte 1,4 wird Desoxybiliansäure und auch Desoxycholsäure direkt zur Choloidansäure, einer Pentacarbonsäure der Formel $C_{24}H_{36}O_{10}$ oxydiert. In dieser ist auch an Stelle der zweiten Oxygruppe der Desoxycholsäure die Öffnung des Ringes erfolgt. Wieland gibt der Choloidansäure die Struktur

$$\text{Choloidansäure.}$$

Die zweite Oxygruppe ist in der Stellung 7 anzunehmen. Stände sie an 6, so müßte sich die Isodesoxybiliansäure wie eine β-Ketosäure verhalten, was nicht der Fall ist[1]). Stellung 8 kommt für die Hydroxylgruppe aus einer Reihe von Gründen nicht in Frage, die aufzuzählen hier zu weit führen würde[2]).

Choloidansäure kommt aus verdünntem Eisessig in breiten Nadeln heraus, die Krystallwasser enthalten. Nach dem Trocknen beginnt sie bei 290° zu sintern und liefert bei 306° eine gelbbraune Schmelze. $[\alpha]_D^{13}$ in 1,493% alkoholischer Lösung $= +40,19°$.

Beim Erhitzen geht die Choloidansäure in Brenzcholoidansäure über, wobei aus einem Carboxylgruppenpaar je 1 Mol. Wasser und Kohlensäure abgespalten und eine Ketogruppe gebildet wird, während das andere lediglich durch Wasserabspaltung Säureanhydrid bildet. Nach der Blancschen Regel muß also das erste Paar in einem Sechsring, das zweite in einem Fünfring liegen.

Die Anhydridbindung ist durch Behandeln mit Kalilauge leicht zu lösen und man erhält eine Ketocarbonsäure $C_{23}H_{34}O_7$, aus der bei der Oxydation mit

---

[1]) Wieland, H.: Zur Kenntnis der Choloidansäure. Abh. VIII. Hoppe-Seylers Zeitschr. f. physiol. Chem. Bd. 108, S. 306. 1920.

[2]) Wieland, H. u. F. Adickes: Der Abbau der Isodesoxybiliansäure. Hoppe-Seylers Zeitschr. f. physiol. Chem. Bd. 120, S. 232. 1922. Abh. XIII.

Kaliumpermanganat eine Ketotetracarbonsäure $C_{23}H_{34}O_9$ hervorgeht. Sie hat den Namen Prosolanellsäure erhalten.

Oxydiert man sie mit rauchender Salpetersäure weiter, so erfolgt an der Stelle der Ketogruppe wiederum eine Ringöffnung und man erhält eine Säure $C_{23}H_{34}O_{12}$, die nur noch einen Ring enthält und deshalb von WIELAND als Solanellsäure bezeichnet wird. Die Solanellsäure entsteht auch direkt bei der Oxydation der genannten Säure $C_{23}H_{34}O_7$ mit rauchender Salpetersäure.

<table>
<tr><td align="center">

CH_2
H_2C — CH⋯⋯
| | $C_{10}H_{19}COOH$
HC CH⋯⋯
OC C — CH_2COOH
| |
H_2C $CHCOOH$
Hydratsäure $C_{23}H_{34}O_7$.

</td><td align="center">

CH_2
H_2C — CH⋯⋯
| | $C_{10}H_{19}COOH$
OC CH⋯⋯
$HOOC$ C — CH_2COOH
| |
H_2C — $CHCOOH$
Prosolanellsäure.

</td><td align="center">

CH_2
$HOOC$ — CH⋯⋯
| | $C_{10}H_{19}COOH$
$HOOC$ CH⋯⋯
$HOOC$ C — CH_2COOH
| |
H_2C — $CHCOOH$
Solanellsäure.

</td></tr>
</table>

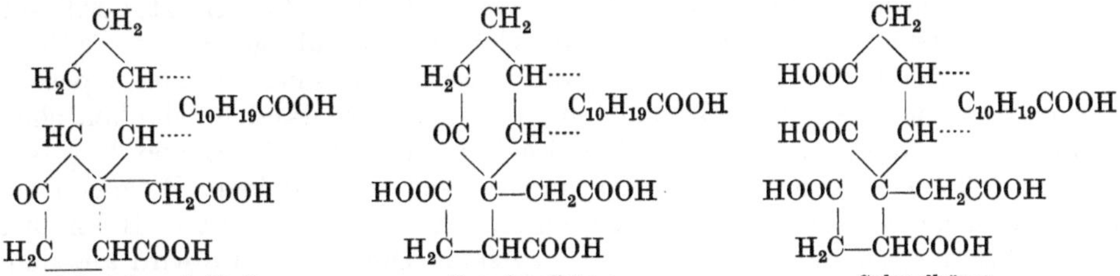

Brenzcholoidansäure $C_{23}H_{32}O_6$ schmilzt bei 222° und dreht in 1% alkoholischer Lösung um $[\alpha]_D^{13} = +55{,}8°$.

Bei der Aufspaltung mit Kali entstehen 2 Stereoisomere, von denen das Ausgangsprodukt für die weitere Oxydation, die α-Form, beim Arbeiten in der Kälte in überwiegender Menge gebildet wird. Sie dreht in 1,216% alkoholischer Lösung um 90,62° nach rechts, die isomere Verbindung um 56,3° nach links.

Die Prosolanellsäure krystallisiert in zu Kugeln geballten glänzenden Nädelchen. Sie schmilzt bei 220° und dreht in 1% alkoholischer Lösung um $[\alpha]_D^{16} = +75{,}5°$.

Solanellsäure endlich bildet Rosetten von glänzenden Nädelchen, schmilzt bei 202—203° und dreht um $[\alpha]_D^{14} = +35{,}1°$ in 1% alkoholischer Lösung.

Der weitere Abbau der Solanellsäure führt zu einer ursprünglich Norsolanellsäure genannten Hexacarbonsäure $C_{22}H_{32}O_{12}$, die sich als identisch mit der Biloidansäure (S. 211) erwies[1].

Als Additionsprodukt eines Gemisches von Palmitin- und Stearinsäure an Desoxycholsäure hat sich die von LATSCHINOFF[2] in der Galle entdeckte Choleinsäure erwiesen[3]. Sie gibt ihren Fettsäuregehalt beim Erhitzen im Hochvakuum und beim Sieden mit Eisessig ab. Bei der Aufarbeitung des bei der Spaltung von Galle erhaltenen Säuregemisches begleitet sie die Desoxycholsäure. Durch eine Eisessigbehandlung des Gemisches kann man mithin auch die in Form von Choleinsäure vorhandene Desoxycholsäure mitgewinnen.

Chenodesoxycholsäure, Anthropodesoxycholsäure, 3, 13 (?)-Dioxycholansäure.
$$C_{24}H_{40}O_4.$$

Dieses Isomere der Desoxycholsäure wurde gleichzeitig von WINDAUS, BOHNEN und SCHWARZKOPF in der Gänsegalle[4] und von WIELAND und REVEREY in der menschlichen Galle[5] aufgefunden, nachdem schon 1859 HEINTZ und

---

[1] WIELAND, H. u. O. SCHLICHTING: Ciliansäure, Ciloidansäure und Biloidansäure. Hoppe-Seylers Zeitschr. f. physiol. Chem. Bd. 123, S. 213 u. 218. 1922.

[2] LATSCHINOFF, P.: Über eine der Cholsäure analoge Säure. Ber. d. dtsch. chem. Ges. Bd. 18, S. 3039. 1885; Bd. 19, S. 1140; Bd. 20, S. 1043. 1053. 1887.

[3] WIELAND, H. u. SORGE: Zur Kenntnis der Gallensäuren. II. Hoppe-Seylers Zeitschr. f. physiol. Chem. Bd. 98, S. 1. 1916/17.

[4] WINDAUS, A., A. BOHNEN u. E. SCHWARZKOPF: Über die Chenodesoxycholsäure. Hoppe-Seylers Zeitschr. f. physiol. Chem. Bd. 140, S. 166. 1924.

[5] WIELAND, H. u. G. REVEREY: Untersuchungen über die Gallensäuren. XXI. Abh. Hoppe-Seylers Zeitschr. f. physiol. Chem. Bd. 140, S. 186. 1924.

Wislicenus das Vorkommen einer besonderen Säure in der Gänsegalle, 1886 Schotten das einer „Fellinsäure" in der menschlichen Galle behauptet hatten, allerdings in beiden Fällen anscheinend auf Grund von Untersuchungen an unzureichend gereinigtem Material. In der Gänsegalle ist die Chenodesoxycholsäure die vorherrschende Säure, während sie aus Menschengalle nur durch ein schwieriges Trennungsverfahren zu erhalten ist.

Darstellung aus Gänsegalle: 250 ccm Gänsegalle werden mit 1 l Wasser und 100 g KOH während 10 Stunden im Autoklaven auf 130—140° erhitzt, verdünnt und mit Salzsäure angesäuert, wobei die Gallensäuren als gelbbraune salbenartige Masse ausfallen. Aus der alkoholisch-wässerigen Lösung werden die petrolätherlöslichen Bestandteile ausgeschüttelt. Von dem Rückstand der alkoholischen Lösung werden 150 g in 300 ccm Alkohol gelöst mit einer Lösung von 30 g Natrium in 400 ccm Alkohol, 2 Stunden lang gekocht, worauf beim Einengen die Masse zu einem Krystallbrei des Natriumsalzes erstarrt. Die weitere Reinigung erfolgt über das schönkrystallisierende Barytsalz. Die freie Säure wird aus dem Natriumsalz beim Ansäuren mit Salzsäure in weißen, in Petroläther unlöslichen Flocken erhalten. Sie löst sich leicht in Alkohol, Aceton und Eisessig und kommt aus Essigester in Form gequollener Drusen heraus, die an der Luft schrumpfen. Schmelzpunkt 140°.

Wieland und Reverey isolieren die Säure aus dem Gemisch der nach der Verseifung menschlicher Galle erhaltenen Natriumsalze durch Ausfällen der Säuren, Extraktion mit Petroläther, Wiederauflösen in Ammoniak und fraktioniertes Ansäuern unter Äther. Die einzelnen Ätherfraktionen werden getrocknet und zum Sirup eingeengt, wobei sich die Hauptmenge der Chol- und Choleinsäure in blendend weißen Krystallen abscheidet. In den letzten Ätherauszügen ist die Anthropodesoxycholsäure soweit angereichert, daß sie über das Barytsalz isoliert werden kann. Dieses wird bei fraktioniertem Zusatz von Bariumchloridlösung zu der Lösung der Säuren in 10% Ammoniak in Form von feinen, flimmernden Krystallschuppen erhalten. Das Natriumsalz kann durch Umkrystallisieren aus Methylalkohol von den letzten Resten von Desoxycholsäure befreit werden. Die freie Säure ist ein sandiges, weißes Pulver, das keine krystallinische Struktur zeigt. Nur aus Essigester wird sie in schaufelförmigen Krystallen erhalten. $[\alpha]_D$ in 2% alkoholischer Lösung $= + 11{,}1°$.

Die Säure ist nahezu ohne Geschmack. Bei der Liebermann-Burchardschen Reaktion erhält man zuerst eine tiefrotbraune, in dünnen Schichten kirschrote Färbung, die dann in braunoliv übergeht. Die Säure bildet keine Additionsverbindungen vom Typ der Choleinsäuren, hält aber Essigester zähe fest. Die Alkalisalze besitzen dagegen das typische Lösungsvermögen für Alkaliseifen:

Bei 8 stündigem Erhitzen der Säure mit der doppelten Menge wasserfreier Ameisensäure bildet sich die charakteristische Formylverbindung, die in feinen, zu Sternen vereinigten Nadeln krystallisiert und bei 137° schmilzt, wieder fest wird und dann bei 172° endgültig schmilzt.

Bei der Destillation im Vakuum wird Choladiencarbonsäure erhalten, die vielleicht ein Gemisch von Isomeren darstellt.

Bei der Oxydation mit Chromsäure erhielten Windaus, Bohnen und Schwarzkopf eine Dehydrochenodesoxycholsäure, deren Methyl- und Äthylester gut krystallisieren. Die freie Säure $C_{24}H_{36}O_4$ schmilzt bei 153° und geht bei der Reduktion nach Clemmensen in Cholansäure über, die auch aus der Choladiensäure durch katalytische Hydratation erhalten wird.

Bei energischer Reduktion der Dehydrosäure entsteht Chenodesoxybiliansäure $C_{24}H_{36}O_7$, die bei der Reduktion nach Clemmensen in Lithobiliansäure $C_{24}H_{36}O_6$ übergeht. Damit ist für die eine, zur Aufspaltung des Ringes 1 führende

Oxygruppe der Chenodesoxycholsäure die Stellung 3 bewiesen. Die andere muß sich, da sie leicht durch Reduktionsmittel angegriffen wird, an einer anderen Stelle befinden, wie in der Desoxycholsäure. Es kommt nach einer Ansicht, die sowohl WINDAUS wie WIELAND aussprechen, für sie in erster Linie die Stellung 13 in Frage.

Hyodesoxycholsäure. $C_{24}H_{40}O_4$.

In der Schweinegalle findet sich eine eigenartige Hyoglykocholsäure, deren Natriumsalz nach HAMMARSTEN erhalten wird, wenn man die Galle mit so viel Kochsalz versetzt, daß der entstehende Niederschlag sich beim Erwärmen eben noch vollständig auflöst[1]). Bei der Spaltung zerfällt sie in Glykokoll und Hyodesoxycholsäure, die mit der Desoxycholsäure isomer, aber von ihr in ihren Eigenschaften sehr verschieden ist[2]). Zum Beispiel ist sie zur Choleinsäurebildung nicht befähigt.

Zur Darstellung wird das Hyoglykodesoxycholat in 15 proz. Kalilauge gelöst und im Autoklaven auf 135° erhitzt. Die Säure wird durch Salzsäure gefällt und mehrmals aus Essigester umgelöst, aus dem man sie in feinen Nadeln gewinnt. Aus Eisessig, Alkohol oder Benzol werden vierseitige Blättchen vom Schmelzpunkt 196° erhalten. Aceton, Essigester, Äther und Wasser lösen die Säure nur schwer. Das Kalisalz krystallisiert in feinen Nadeln. Die Säure gibt die PETTENKOFERsche Reaktion. Sie besitzt keinerlei Geschmack.

Bei vorsichtiger Oxydation mit Chromsäure wird die Dehydrosäure erhalten, die mit 1 Mol. Wasser in vierseitigen, bei 161,5—162° schmelzenden Blättchen krystallisiert. Schmelzpunkt wasserfrei 203°.

Beim Kochen mit Kalilauge tritt eine rotbraune Färbung auf. Bei der Reduktion der Dehydrosäure nach CLEMMENSEN entsteht nicht die gewöhnliche Cholansäure, sondern das durch Oxydation von Cholestan zu erhaltende Stereoisomere. Aus diesem Grunde ist die Säure von WINDAUS ursprünglich in die Pseudo- oder Allocholansäurereihe gewiesen worden. Da aber die Mehrzahl ihrer Reaktionen, z. B. der Übergang in Cholansäure bei der katalytischen Hydrierung der Hyocholadiensäure, sie mit der Cholansäure verknüpft, wird sie neuerdings von WINDAUS in deren Reihe gestellt und als 3,13-Dioxycholansäure formuliert.

$$
\begin{array}{c}
CH_2 \\
HOHC \quad CH \\
\mid \qquad \mid \\
CH \quad CH \\
H_2C \quad C \quad CH_2 \\
\mid \qquad \mid \quad \mid \\
HOHC \quad CH \quad CH_2 \\
CH_2 \quad CH_2
\end{array} \Big\} C_{10}H_{19}COOH
$$

Hyodesoxycholsäure [3]).

Cholsäure, 3, 7, 13-Trioxycholansäure. $C_{24}H_{40}O_5$.

Cholsäure steht unter den hydroaromatischen Paarlingen der Gallensäuren der Menge nach im Vordergrunde. Bei ihrer Darstellung geht man am besten

---

[1]) HAMMARSTEN, O.: Darstellung der Gallensäuren. Abderhaldens Handb. d. biol. Arbeitsmethoden Abt. I, T. 6, S. 216.

[2]) WINDAUS, A. u. A. BOHNEN: Über Hyoglykodesoxycholsäure und über Hyodesoxycholsäure. Liebigs Ann. d. Chem. Bd. 433, S. 278. 1923. — WINDAUS, A.: Über verwandtschaftliche Beziehungen zwischen Cholesterin und Gallensäuren. Zeitschr. f. angew. Chem. Bd. 36, S. 309. 1923.

[3]) WINDAUS, A.: Über die Konstitution der Hyodesoxycholsäure. Ann. d. Chem. Bd. 447, S. 233. 1926.

von Wintergalle des Rindes aus, die zweckmäßig nach Hammarsten[1]) durch Alkohol entschleimt wird. Sie wird mit 19 Teilen Wasser und 3 Teilen 30 proz. Natronlauge während 30 Stunden in einem eisernen Gefäß gekocht. Nach dem Abkühlen neutralisiert man die Hauptmenge des Alkalis, filtriert und fällt die Säuren durch überschüssige Salzsäure. Man gießt die Flüssigkeit von den Rohsäuren ab, knetet diese mit Wasser durch und löst sie dann in mindestens der 50 fachen Menge Ammoniakwasser. Beim Versetzen mit 20 proz. Bariumchloridlösung fallen die Barytsalze der Desoxychol- und Choleinsäure aus, während das der Cholsäure ins Filtrat geht. Aus diesem wird die Säure wieder ausgefällt, mit Wasser bis zur völligen Entfernung der Salzsäure durchgeknetet und dann mit der doppelten Menge Alkohol verrieben. Dabei geht sie allmählich in den krystallinischen Zustand über. Sie wird abgesaugt, mit wenig Alkohol gewaschen und solange aus Alkohol umkrystallisiert, bis der Schmelzpunkt 196—197° beträgt. Zur Entfernung der letzten Reste von Desoxycholsäure wird die Cholsäure nach Langheld[2]) in alkoholischer Lösung mit starker Natronlauge neutralisiert und die Lösung 1—2 Stunden am Rückflußkühler auf dem Wasserbade gekocht, wobei sich das cholsaure Salz abscheidet. Man filtriert heiß, wäscht mit siedendem Alkohol und macht aus dem Salz die Säure durch Salzsäure wieder frei. Sie wird gewaschen und getrocknet. Beim Übergießen mit Alkohol (2 Teile) krystallisiert sie mit Krystallalkohol.

Die Cholsäure krystallisiert aus Alkohol mit einem Mol. Krystallalkohol in Tetraedern, aus verdünntem Eisessig mit 1 aq in prismatischen Krystallen. Ihr Schmelzpunkt liegt bei 196—197°. In kaltem Wasser ist sie schwer, in heißem leichter löslich. Eisessig und Alkohol lösen sie leicht, Äther und Aceton schwerer. Die Krystalle verlieren das aufgenommene Lösungsmittel erst bei hohen Temperaturen vollständig (Alkohol 120°, Wasser 160°). Cholsäure und ihre Salze sind rechtsdrehend, $[\alpha]_D$ der wasserfreien Säure in prozent-alkoholischer Lösung $= +37,02°$[3]).

Cholsäure gibt die Reaktion von Pettenkofer mit Schwefelsäure und Rohrzuckerlösung. Sie bildet eine charakteristische Verbindung mit Jod, die am glattesten erhalten wird, wenn man zu einer alkoholischen Lösung von 2 g Cholsäure und 1 g Jod eine Lösung von 1 g Jodkali in 20 ccm Wasser zufügt und weiter verdünnt. Die Masse erstarrt bald zu einem Magma feiner, goldigglänzender Nädelchen. In der Hitze dissoziiert die Verbindung[4]).

Beim Eintragen der Säure in überschüssige Salzsäure von 25% bildet sich allmählich eine schön violettblaue Farbe aus, die Lösung zeigt ein Absorptionsband um die D-Linie herum[5]).

Die Alkalisalze der Cholsäure lösen sich leicht in Wasser, weniger leicht in Alkohol, besonders in der Hitze. Das Barytsalz ist leichtlöslich in Alkohol und heißem Wasser.

Die Cholsäure verestert sich schon beim Kochen der alkoholischen Lösungen. Der Methylester krystallisiert aus starkem Methylalkohol mit 1 Mol. des Lösungsmittels in glänzenden großen Prismen vom Schmelzpunkt 147°, der Äthylester bildet feine glänzende Nadeln, die bei 162° schmelzen[6]).

---

[1]) Hammarsten, O.: Darstellung der Gallensäuren. Abderhaldens Handb. d. biol. Arbeitsmethoden Abt. I, T. 6, S. 211. 1922.

[2]) Langheld, K.: Über die Bestandteile der Rindergalle. Ber. d. dtsch. chem. Ges. Bd. 41, S. 378. 1908.

[3]) Vahlen, E.: Die spezifische Rotation der Cholsäure. Hoppe-Seylers Zeitschr. f. physiol. Chem. Bd. 21, S. 253. 1895/96.

[4]) Mylius, F.: Über die blaue Jodstärke und die blaue Jodcholsäure. Hoppe-Seylers Zeitschr. f. physiol. Chem. Bd. 11, S. 306. 1887.

[5]) Hammarsten, O.: Zitiert auf S. 211.

[6]) Bondi, S. u. E. Müller: Synthese der Glykochol- und Taurocholsäure. Hoppe-Seylers Zeitschr. f. physiol. Chem. Bd. 47, S. 499. 1906.

Cholsäurehydrazid geht mit salpetriger Säure in das Azid über, das sich mit Glycin und Taurin zu Glyko- bzw. Taurocholsäure kuppeln läßt[1]).

Durch vorsichtige Oxydation mit Chromsäure in Eisessiglösung wird die Cholsäure in Dehydrocholsäure $C_{24}H_{34}O_5$ übergeführt, die 3 Ketogruppen an Stelle der Hydroxyle der Cholsäure enthält[2]). Sie krystallisiert aus Aceton in feinen, bei 236—237° schmelzenden Nadeln. In Wasser und kaltem Alkohol ist sie schwer löslich, beim Kochen mit Alkohol wird sie teilweise verestert. Die freie Säure schmeckt intensiv bitter. Die PETTENKOFERsche Reaktion ist negativ. Bei der Reduktion nach CLEMMENSEN in Alkohol wird zunächst nur eine Ketogruppe angegriffen, erst nach weiterem Einleiten von Salzsäure kann man die Reduktion bis zur Cholansäure treiben[3]).

Bei der Oxydation mit Kaliumpermanganat bei Zimmertemperatur geht die Cholsäure in Biliansäure $C_{24}H_{34}O_8$ über, die 2 Keto- und 3 Carboxylgruppen enthält. Sie bildet glänzende, rhombische Krystalle, die bei 274—275° schmelzen[4]). Biliansäure ist rechtsdrehend: $[\alpha]_D$ in 3,197% alkoholischer Lösung $= +48°$. Neben ihr entsteht in wesentlich geringerer Menge die isomere Isobiliansäure, flache Nadeln vom Schmelzpunkt 244—245°.

Die Reduktion der Biliansäure nach CLEMMENSEN führt zur Herausnahme einer Ketogruppe und zur Entstehung von Desoxybiliansäure. $C_{24}H_{36}O_2$[5]). Da dieses Derivat der Desoxycholsäure aus ihr durch Oxydation der einen Oxygruppe zur Ketogruppe und Aufspaltung eines Ringes anstelle der anderen hervorgeht, ist für 2 der Hydroxylgruppen der Cholsäure die Stellung am Ringsystem auf die der Substituenten der Desoxycholsäure zurückgeführt und nur die Stellung des dritten, bei der Reduktion beseitigten Hydroxyls noch zu ergründen.

Weitere Oxydation der Biliansäure mit Kaliumpermanganat führt zur Bildung von Ciliansäure $C_{24}H_{34}O_{10}$[6]), in der ein weiterer Ring aufgespalten ist, und zwar an der Stelle der dritten, der Dehydrocholsäure eigentümlichen Ketogruppe. Außerdem ist bei der Oxydation eine neue Ketogruppe entstanden. Die Ciliansäure bildet feine, zu Büscheln vereinigte Nadeln vom Schmelzpunkt 240—242°.

Durch Behandlung mit Salpetersäure von der Dichte 1,4 wird ein weiterer Ring geöffnet und es entsteht die Ciloidansäure, die nunmehr nur noch einen Ring enthält. Sie ist eine Monoketohexacarbonsäure der Formel $C_{24}H_{34}O_{13}$. Sie krystallisiert in großen glasglänzenden Prismen und schmilzt bei 248° unter Schäumen. $[\alpha]_D^{14} = +34,55°$ in 1% alkoholischer Lösung[7]).

Einen anderen Weg nimmt die Aufspaltung der Cholsäure, wenn man sie selber oder die Biliansäure bei 40—50° mit Salpetersäure, D 1,52 behandelt. Es bildet sich in diesem Falle die von LETSCHE[8]) entdeckte Biloidansäure $C_{22}H_{32}O_{12}$. Sie krystallisiert in Prismen vom Schmelzpunkt 228° und dreht in 0,925% alkoholischer Lösung die Ebene des polarisierten Lichtes um $+ 11,28°$. Ihr Methylester

<hr>

[1]) BONDI, S. u. E. MÜLLER: a. a. O.

[2]) HAMMARSTEN, O.: Über Dehydrocholalsäure, ein neues Oxydationsprodukt der Cholalsäure. Ber. d. dtsch. chem. Ges. Bd. 14, S. 71. 1881.

[3]) WIELAND, H. u. E. BÖERSCH: Die Reduktion der Dehydrocholsäure und der Dehydrodesoxycholsäure. Hoppe-Seylers Zeitschr. f. physiol. Chem. Bd. 106, S. 190. 1919.

[4]) CLEVE, P. T.: Sur les produits d'oxydation de l'acide cholique. Bull. de la soc. de chim. biol. Bd. 35, S. 379 u. 429. 1881. — LASSAR-COHN: Über die Oxydationsprodukte der Cholalsäure. Ber. d. dtsch. chem. Ges. Bd. 32, S. 683. 1889.

[5]) BORSCHE, W. u. E. ROSENKRANTZ: Über Cholansäure, Isocholansäure und Pseudocholansäure. Ber. d. dtsch. chem. Ges. Bd. 52, S. 342. 1919.

[6]) SCHENCK, M.: Zur Kenntnis der Cholsäure. Abh. III. Hoppe-Seylers Zeitschr. f. physiol. Chem. Bd. 87, S. 59. 1913.

[7]) WIELAND, H. u. O. SCHLICHTING: Zur Kenntnis der Ciloidansäure. Hoppe-Seylers Zeitschr. f. physiol. Chem. Bd. 120, S. 227. 1922.

[8]) LETSCHE, E.: Abbau der Cholsäure durch Oxydation. Hoppe-Seylers Zeitschr. f. physiol. Chem. Bd. 61, S. 215. 1909.

schmilzt bei 91—92°. Auch in ihr ist der Ring III geöffnet, dabei ist aber 1 Kohlenstoffatom in Form von Kohlensäure verloren gegangen, da sonst 7 Carboxylgruppen vorhanden sein müssen. Wahrscheinlich entsteht zunächst eine solche
Heptacarbonsäure, die 2 Carboxylgruppen in Malonsäurestellung enthält und
deshalb das eine abspaltet. Biloidansäure findet sich auch unter den Oxydationsprodukten der Cilian- und Ciloidansäure. Sie enthält gleich der Ciloidansäure
nur noch einen Ring. Für letztere ergibt sich aus dem Übergang in Biloidansäure
die Struktur einer α-Ketonsäure. Das gleiche gilt für die Ciliansäure, bei deren
Übergang in Ciloidansäure an der Ketogruppe nichts geändert wird. Als α-Keto-
säuren spalten beide Verbindungen beim Erhitzen mit konzentrierter Schwefelsäure Kohlenoxyd, Kohlensäure und Wasser ab. Dabei entsteht aus der Ciloidansäure eine Ketotetracarbonsäure $C_{22}H_{32}O_9$, deren Oxydation mit Salpetersäure
D 1,4 wiederum zu Biloidansäure führt. Nadeln aus 50% Essigsäure. Schmelzpunkt 238° (nicht ganz scharf) $[\alpha]_D^{16}$ in 1% alkoholischer Lösung $= +73,5°$. Auch
Ciliansäure gibt bei der gleichen Behandlung 1 Mol. CO ab. Ganz anders verhält
sich dagegen die Biliansäure, aus der keine Spur von Kohlenoxyd erhalten wird.
Für sie nehmen daher Wieland und Schlichting[1]) die Formel einer β-Keton-
säure an, woraus sich für die Anheftung des dritten Hydroxyls der Cholsäure die
Stellung 13 ergibt. Daraus ergeben sich für die Cholsäure und die hier genannten,
aus ihr durch Oxydation hervorgehenden Säuren die folgenden Formeln:

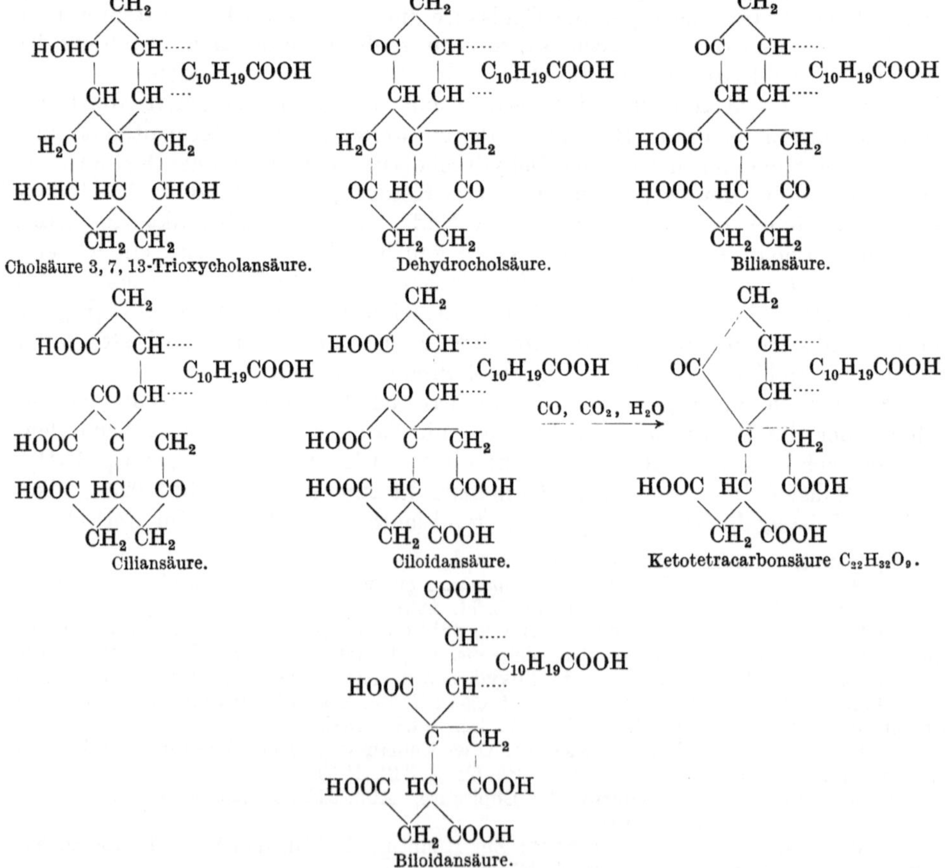

Cholsäure 3, 7, 13-Trioxycholansäure.

Dehydrocholsäure.

Biliansäure.

Ciliansäure.

Ciloidansäure.

Ketotetracarbonsäure $C_{22}H_{32}O_9$.

Biloidansäure.

---

¹) Wieland, H. u. O. Schlichting: Ciliansäure, Ciloidansäure und Biloidansäure.
Hoppe-Seylers Zeitschr. f. physiol. Chem. Bd. 123, S. 213. 1922.

α- und β-Scymnol.

In der Galle von Scymnus borealis und anderen Plagiostomen finden sich die Schwefelsäureester zweier Alkohole, die von ihrem Entdecker HAMMARSTEN[1]) als α- und β-Scymnol bezeichnet werden. Die Schwefelsäureester lassen sich aus der verdünnten Galle durch Bleiessig-Ammoniak niederschlagen. Nach der Überführung der Blei- in die Natriumsalze läßt sich das Salz des α-Scymnols aus wässeriger Lösung durch das gleiche Volumen 40% Kalilauge in weißen Nadeln niederschlagen, während das Salz der β-Scymnolschwefelsäure in Lösung bleibt. Aus den Natriumsalzen werden die freien Scymnole durch stark einstündiges Kochen mit 10% Kalilauge als ölige Massen gewonnen. Das α-Scymnol wird aus heißem Wasser in feinen Krystallnadeln erhalten, kann auch aus der alkoholischen Lösung durch Wasser ausgespritzt werden. In dieser Weise erhält man auch das β-Scymnol, das bisher noch nicht in Krystallform gewonnen wurde. Die empirische Formel des β-Scymnols ist wahrscheinlich $C_{27}H_{46}O_5$, die des Scymnols $C_{29}H_{50}O_5$. Die α-Verbindung gibt die PETTENKOFERsche und die SCHIFFsche Gallensäurereaktion und mit Essigsäureanhydrid und konzentrierter Schwefelsäure einer der LIEBERMANN-BURCHARDschen Cholesterinreaktion ähnliche Färbung. Mit 25% Salzsäure liefert α-Scymnol beim Stehen bei Zimmertemperatur eine prachtvoll indigoblaue, β-Scymnol eine grünlichbraune Färbung. Nach der Formel und den Farbreaktionen scheinen die Scymnole den Gallensäuren und Sterinen nahezustehen, jedoch sind spezielle Untersuchungen über ihren Aufbau und ihre Beziehungen zu diesen Substanzen noch nicht bekannt geworden.

---

[1]) HAMMARSTEN, O.: Über eine neue Gruppe gepaarter Gallensäuren. Hoppe-Seylers Zeitschr. f. physiol. Chem. Bd. 24, S. 322. 1808.

Chemie der Eiweißkörper.

Von

R. FEULGEN

Gießen.

Zusammenfassende Darstellungen.

OTTO KESTNER: Chemie der Eiweißkörper (Vieweg u. Sohn: Braunschweig 1925). Darin umfassender Literaturnachweis. Zusammenfassende Darstellungen über die Chemie der Eiweißkörper finden sich auch in den entsprechenden Lehr- und Handbüchern der physiologischen Chemie, vor allem in E. ABDERHALDEN: Lehrbuch der Physiologischen Chemie (Berlin: Julius Springer) und C. OPPENHEIMER: Handbuch der Biochemie des Menschen und der Tiere (Jena: Gustav Fischer). Über Nucleinstoffe einschließlich der Protamine und Histone unterrichtet R. FEULGEN: Chemie und Physiologie der Nucleinstoffe (Berlin: Borntraeger 1923). Die neuen Anschauungen von J. LOEB über die Proteine sind niedergelegt in J. LOEB: Die Eiweißkörper (Berlin: Julius Springer 1924). Zusammenfassende Darstellungen über die neuesten Ergebnisse der Eiweißchemie finden sich fortlaufend in den *Naturwissenschaften* (Berlin: Julius Springer) aus der Feder der beteiligten Forscher.

Die Methodik der Eiweißchemie ist ausführlich beschrieben in HOPPE-SEYLER-THIERFELDER: Physiologisch - chemische und Pathologisch - chemische Analyse (Berlin: Julius Springer 1924, 9. Aufl.) und E. ABDERHALDEN: Handbuch der biologischen Arbeitsmethoden (Berlin: Urban und Schwarzenberg).

A. Definition.

Mit dem Namen *Eiweißkörper* bezeichnet man eine Gruppe komplizierter stickstoffhaltiger Stoffe, die ihren Namen ursprünglich der Ähnlichkeit oder Verwandtschaft mit der Hauptsubstanz des *Eierklars* verdankte. Man erkannte aber bald, daß in diese Gruppe auch Körper hineingehören, welche mit dem eigentlichen „Eiweiß" häufig sehr wenig Ähnlichkeit haben, und so hat die Gruppenbezeichnung „Proteine" eigentlich eine größere Berechtigung; doch werden heute beide Bezeichnungen in demselben Sinne gebraucht. Der Name „Protein" (von $\pi\varrho\tilde{\omega}\tau o\varsigma$, Mulder 1844) soll auf die große biologische Bedeutung dieser Körper hinweisen.

Von den Proteinen im engeren Sinne unterschied man auch wohl die „Proteinoide" und die „Proteosen". Erstere umfassen die meist unverdaulichen als Stützsubstanzen dienenden Stoffe, wie Keratin, Elastin, Kollagen u. a. Sie sind *chemisch* als regelrechte Eiweißkörper aufzufassen. Letztere sind partielle Spaltprodukte der Proteine, die insbesondere durch proteolytische Fermente — also bei der Eiweißverdauung — aus den Proteinen entstehen. Sie sind keine Eiweißkörper mehr im heutigen Sinne des Wortes.

Die Proteine sind in ihren chemischen und physikalischen Eigenschaften so verschieden, daß diese nicht zu einer Definition herangezogen werden können. Das Protamin — eine stark alkalisch reagierende Base mit einem Stickstoffgehalt von über 30%! — das Casein der Milch — eine ausgeprägte phosphorhaltige Säure —, die Hornsubstanz — unlöslich und unverdaulich —, das Albumin — in der Hitze koagulierend — und der Leim — in der Wärme sich lösend und beim Erkalten gelatinierend — sind Beispiele für diese Gegensätze.

Alle Proteine enthalten Kohlenstoff, Wasserstoff, Sauerstoff und Stickstoff, die allermeisten auch Schwefel, manche außerdem Phosphor und Metalle. Die durchschnittliche elementare Zusammensetzung ist etwa

$$C = 50\ -55\ \%$$
$$H = \ \ 6,5-\ 7,5\%$$
$$N = 15\ -18\ \%$$
$$S = \ \ 0,3-\ 2,5\%$$

Die elementare Zusammensetzung ist also bei den meisten Eiweißkörpern eine ähnliche, besonders der Stickstoffgehalt ist — abgesehen den den immerhin seltener vorkommenden Protaminen und Histonen — einigermaßen charakteristisch, so daß man aus dem Stickstoffgehalte eines Nahrungsmittels auch einen Schluß auf seinen Eiweißgehalt ziehen kann, indem man die Prozentzahl für den Stickstoff mit 6,25 multipliziert (unter der Voraussetzung, daß der Stickstoff überwiegend als Eiweiß vorhanden ist).

Es hat sich nun gezeigt, daß *sämtliche* Eiweißkörper bei ihrer totalen Spaltung in *Aminosäuren* zerfallen, ja daß diese fast als die ausschließlichen Bausteine an gesehen werden müssen; denn außer den Aminosäuren hat man bisher als primäre Spaltstücke mit Sicherheit nur noch Hexosamine und Ammoniak aufgefunden; und auf diesem Befunde gründet sich die allgemeinste Definition der Eiweißkörper:

Eiweißkörper sind komplizierte Verbindungen, die bei der Spaltung vorwiegend in Aminosäuren zerfallen. Das Wort „komplizierte" in dieser Definition soll verhindern, daß auch Peptide mit in den Begriff Eiweißkörper einbezogen werden. Diese Fassung ist die denkbar allgemeinste, kein einziger Befund der Proteinchemie steht mit ihr in Widerspruch, und sie läßt auch Raum für die Vorstellung, die sich in letzter Zeit bei den Eiweißforschern durchzusetzen beginnt, daß die Aminosäuren mindestens zum Teil nicht *präformiert* im Proteinmolekül vorkommen, sondern eben nur Produkte des Abbaus sind.

Nun verdichteten sich die Befunde der Proteinchemie in den letzten Jahren immer mehr zu Vorstellungen, welche eine wesentliche engere Definition gestatten. Angeregt von den Vorstellungen, die wir uns von dem Bau anderer typisch „hochmolekularer" kolloidaler Naturstoffe, nämlich der Polysaccharide gemacht haben (PRINGSHEIM, KARRER, KUHN u. a.), neigen die meisten Eiweißforscher zu der Annahme, daß das angebliche „Riesenmolekül" der Proteine in Wirklichkeit aus einer großen Anzahl verhältnismäßig einfacher aber mannigfaltiger „Grundkörper" von Peptid- oder wahrscheinlicher Ringstruktur besteht, die sich ähnlich wie bei den Polysacchariden durch Assoziation zu übermolekularen Gebilden·zusammenschließen, so daß Komplexe entstehen, welche zugleich die kolloiden Eigenschaften der Proteine erklärlich machen. Unter Berücksichtigung solcher Ansichten läßt sich die Gruppe der Proteine folgendermaßen definieren:

Proteine bestehen aus kolloiden Komplexen, die durch Assoziation bestimmter relativ einfacher aber mannigfaltiger Grundkörper unter Betätigung von Nebenvalenzen, Gitterkräften oder dergleichen entstanden sind, wobei die Grundkörper entweder aus Aminosäuren bestehende Polypeptide sind oder aber Ringsysteme darstellen, die durch hydrolytischen Abbau ebenfalls Aminosäuren liefern können.

Solche Anschauungen sind bisher an einzelnen *höheren* Proteinen und an „Modellen" von Proteinen gewonnen worden. Es fragt sich, ob sie für die einfachsten Eiweißkörper, die wir kennen, nämlich die *Protamine* ebenfalls zutreffen. Wenn nicht, dann müßte entweder die Gruppe der Protamine von den Eiweißkörpern abgesondert werden, was bedenklich erscheint, oder aber die weitere Fassung der Definition vorgezogen werden.

B. Die einfachsten Bausteine der Eiweißkörper (Aminosäuren).

I. Allgemeine Eigenschaften der Aminosäuren.

Aminosäuren sind organische Verbindungen, welche neben der Carboxylgruppe noch eine Aminogruppe enthalten. Sie können der aliphatischen Reihe zugehören oder auch einen cyclischen Kern haben. Neben den eigentlichen Aminosäuren spielen noch *Säureamide* einiger Aminosäuren eine Rolle, da sie frei in Pflanzen weitverbreitet gefunden worden sind und auch wohl in Eiweißkörpern *gebunden* vorkommen können (Asparagin, Glutamin) (s. S. 225, 226).

Aminosäuren leiten sich ab von den Fettsäuren durch Austausch eines Wasserstoffatoms des Kohlenwasserstoffradikals gegen eine Aminogruppe, z. B.

$$CH_3 - C \big\langle{}^O_{OH} \qquad\qquad \overset{NH_2}{CH_2} - C\big\langle{}^O_{OH}.$$

Essigsäure.   Aminoessigsäure oder Glykokoll.

Neben dieser gewöhnlichen Schreibweise kommt noch die tautomere Betainformel in Betracht[1]) mit fünfwertigem Stickstoffatom.

$$\text{I.}\quad \begin{matrix} H_2C - C\!=\!O \\ | \quad\; | \\ H_3N - O \end{matrix} \qquad\qquad \text{II.}\quad \begin{matrix} H_2C - C\!=\!O \\ | \quad\; | \\ (CH_3)_3N - O \end{matrix}$$

Aminoessigsäure (Betainformel).   Betain.

Der Name weist auf die Analogie mit dem *Betain*[2]) (II) hin. Dies ist ein Trimethylsubstitutionsprodukt der Aminoessigsäure, bei dem die drei Methylgruppen, wie aus der Synthese aus *Trimethylamin* und Monochloressigsäure hervorgeht, alle am Stickstoff sitzen, so daß auch die Muttersubstanz dieses Trimethylsubstitutionsproduktes, nämlich die Aminoessigsäure, am Stickstoffatom *drei Wasserstoffatome* aufweisen kann. Im folgenden soll der Einfachheit halber nur die gewöhnliche Schreibweise angewandt werden, doch ist die zweite Form auch bei anderen Aminosäuren beobachtet worden.

Bei den höheren Homologen der Aminoessigsäure kommen theoretisch mehrere C-Atome für die Substitution der Aminogruppe in Betracht. *Alle biologisch vorkommenden Aminosäuren enthalten jedoch die Aminogruppe an dem der Carboxylgruppe benachbarten* (α) *Kohlenstoffatom*, z. B.

$$\overset{NH_2}{CH_3 - \underset{*}{CH} - COOH}.$$

α-Aminopropionsäure (Alanin).

Eine Ausnahme machen nur das Prolin und Oxyprolin (s. S. 232), bei denen der Stickstoff in Form einer *Imido*gruppe an der Ringbildung beteiligt ist, während bei den anderen cyclischen Aminosäuren der Stickstoff in Form des Alanins als *Seitenkette* des cyclischen Kerns vorkommt, also auch hier in Form eines α-Amidosubstitutionsproduktes der aliphatischen Seitenkette.

Vom Alanin an aufwärts enthalten die Aminosäuren ein asymmetrisches

---

[1]) Willstätter, R.: Ber. d. dtsch. chem. Ges. Bd. 35, S. 584. 1902. — Falk, K. u. K. Sugiura: Journ. of biol. chem. Bd. 34, S. 29. 1918. — Biltz, H. u. H. Paetzold: Ber. d. dtsch. chem. Ges. Bd. 55, S. 1066. 1922.

[2]) Beta = Rübe. Das Betain wurde zuerst in der Runkelrübe (Beta vulgaris) aufgefunden.

C-Atom, das oben mit * bezeichnet ist. Sie sind dann optisch aktiv und existieren an sich in Form der beiden optischen Antipoden und des nicht aktiven Gemisches der beiden Antipoden (racemische Körper). Von diesen Möglichkeiten ist stets die eine aktive Form physiologisch, während die anderen aphysiologisch sind. Wie die Aminosäuren, enthalten auch die Eiweißkörper asymmetrische C-Atome; darauf ist zurückzuführen, daß Proteine imstande sind, die Ebene des polarisierten Lichtes zu drehen.

Aminosäuren sind infolge ihrer chemischen Konstitution amphotere Körper, sie sind also befähigt, sowohl mit Basen als auch mit Säuren Salze zu bilden, z. B.

$$\underset{\text{Aminoessigsäure.}}{\overset{NH_2}{\underset{|}{CH_2}}\!-\!C\!\!\begin{array}{c}\nearrow O\\\searrow OH\end{array}} + NaOH = \underset{\text{Na-Salz der Aminoessigsäure.}}{\overset{NH_2}{\underset{|}{CH_2}}\!-\!C\!\!\begin{array}{c}\nearrow O\\\searrow ONa\end{array}} + H_2O$$

$$\underset{\text{Aminoessigsäure.}}{\overset{\displaystyle N\!\!\begin{array}{c}\nearrow H\\\searrow H\end{array}}{\underset{|}{CH_2}}\!-\!C\!\!\begin{array}{c}\nearrow O\\\searrow OH\end{array}} + HCl = \underset{\substack{\text{Chlorhydrat der}\\\text{Aminoessigsäure.}}}{\overset{\displaystyle N\!\!\begin{array}{c}\diagup H\\-H\\-H\\\searrow Cl\end{array}}{\underset{|}{CH_2}}\!-\!C\!\!\begin{array}{c}\nearrow O\\\searrow OH\end{array}}$$

So löst sich beispielsweise das in Wasser fast unlösliche Cystin einerseits auf Zusatz von Laugen, andererseits auf Zusatz von Mineralsäuren unter Bildung der leichtlöslichen Salze.

Aus dem Vorhandensein der beiden sich kompensierenden Komplexe, nämlich der Aminogruppe und der Carboxylgruppe folgt, daß Aminosäuren gewöhnlich *neutral* reagierende Körper sind, die ohne weiteres mit Laugen oder Säuren nicht titrierbar sind, und in der Tat haben nur solche Aminosäuren, bei denen eine dieser Gruppen überwiegt, einen ausgesprochenen sauren oder basischen Charakter wie die zweibasischen Aminosäuren (mit zwei Carboxylgruppen) und die Diaminosäuren (mit zwei Aminogruppen). Wird jedoch die eine oder andere wirksame Gruppe durch eine chemische Veränderung ausgeschaltet, so tritt der saure bzw. basische Charakter auch in gewöhnlichen Aminosäuren ungehemmt hervor. So kommt es, daß die *Ester* der Aminosäuren ausgeprägte Basen sind, die sich ohne weiteres mit Säuren (und nur mit solchen) zu wohlcharakterisierten krystallisierenden Salzen verbinden, z. B.

$$\underset{\text{Methylester der Aminoessigsäure.}}{\overset{NH_2}{\underset{|}{CH_2}}\!-\!C\!\!\begin{array}{c}\nearrow O\\\searrow O\!-\!CH_3.\end{array}}$$

Andererseits verhalten sich die Aminosäuren nach Anlagerung von *Formaldehyd* an die Aminogruppe wie regelrechte einbasische Säuren, so daß sie in Gegenwart von Formaldehyd mit Laugen titrierter sind [Formoltitration nach SÖRENSEN[1])].

$$\underset{\substack{\text{Alanin}}}{\overset{CH_3}{\underset{\underset{COOH}{|}}{\underset{|}{HC}}}\cdot NH_2} + \underset{\text{Formaldehyd}}{HCOH} = \underset{\substack{\text{Methylenverbindung}\\\text{des Alanins}}}{\overset{CH_3}{\underset{\underset{COOH}{|}}{\underset{|}{HC}}}\cdot N:CH_2} + \underset{\text{Wasser.}}{H_2O}$$

[1]) SÖRENSEN, S. P. L.: Biochem. Zeitschr. Bd. 7, S. 43. 1907. — JESSEN-HANSEN, H., in E. ABDERHALDEN: Handb. d. biochem. Arbeitsmeth. Bd. VI, S. 262. 1912. Urban & Schwarzenberg.

Die Formoltitration ist auch anwendbar auf *Peptide*. Da, wie wir sehen werden, in diesen hochmolekularen Körpern mehrere Aminosäuren säureamidartig — also unter Ausschaltung von Amino- und Carboxylgruppen — gekoppelt sind, so werden diese bei fortschreitender Hydrolyse frei. Man ist also imstande, das Fortschreiten der Hydrolyse mittels der Formoltitration direkt zu verfolgen, denn je tiefer der Abbau, desto mehr Amino- und Carboxylgruppen treten in die Erscheinung. Die Formoltitration gestattet zunächst die quantitative Bestimmung der Carboxylgruppen, soweit sie bei Abwesenheit von Formol infolge der Anwesenheit von Aminogruppen paralysiert sind; sie läßt aber natürlich auch einen Rückschluß auf die Anzahl der durch Formaldehyd ausschaltbaren korrespondierenden Aminogruppen zu („Formoltitrierbarer Stickstoff" oder kurz „Formolstickstoff").

Nach WILLSTÄTTER und WALDSCHMIDT-LEITZ[1]) verlieren Aminosäuren und Peptide in Alkohol ihre basischen Eigenschaften, so daß sie dann mit Laugen titriert werden können.

Aminosäuren sind imstande, unter Betätigung von Nebenvalenzen *Komplexsalze* zu bilden. Im Kupferacetat, das in Wasser in Kupfer- und Säurerestionen dissoziiert, ist das Kupfer als Ersatz zweier Wasserstoffatome der Säure normal durch Hauptvalenzen gebunden.

$$H_3C \qquad\qquad CH_3$$
$$OC—O—Cu—O—CO\,.$$

Diese Verbindung kann aber durch Nebenvalenzen im Sinne WERNERS zwei Moleküle NH_3 addieren, wobei die komplexe Anlagerungsverbindung entsteht

$$H_3C \quad NH_3 \quad H_3N \quad CH_3$$
$$OC—O—Cu—O—CO\,.$$

In der *Amino*essigsäure haben nun Säure und Ammoniak ihre Bindungseigenschaften ziemlich unverändert beibehalten, so daß bei Anwesenheit von Kupfer zweierlei Bindungsarten auftreten, einmal die Hauptbindung zwischen den Säuregruppen und Kupfer, und dann die Nebenbindungen zwischen den Aminogruppen und Kupfer [„innere" Komplexsalze nach LEY[2])]

$$H_2C \cdot NH_2 \quad H_2N \cdot CH_2$$
$$OC—O—Cu—O—CO\,.$$

In einem solchen Komplexsalze ist die Dissoziation der Metallionen unterdrückt, die Kupferionenkonzentration in wäßriger Lösung daher außerordentlich klein.

Die *freien* Aminogruppen in Peptiden und Aminosäuren lassen sich nach der allgemeinen Methode von VAN SLYKE[3]) quantitativ bestimmen. Diese Methode beruht auf der bekannten Tatsache, daß durch salpetrige Säure die Aminogruppen primärer Amine durch die Oxygruppe ersetzt werden unter Freiwerden aller Stickstoffatome. Aus der volumetrischen Bestimmung des gasförmig ent-

<hr>

[1]) WILLSTÄTTER, R. u. E. WALDSCHMIDT-LEITZ: Ber. d. dtsch. chem. Ges. Bd. 54, S. 2988. 1921.

[2]) LEY: Zeitschr. f. Elektrochemie Bd. 10, S. 954. 1904.

[3]) VAN SLYKE: Ber. d. dtsch. chem. Ges. Bd. 43, S. 3170. 1910; Journ. of biol. chem. Bd. 9, S. 185. 1911; Handb. d. biochem. Arbeitsmeth. Bd. V, S. 995 u. Bd. VI, S. 278. 1912.

weichenden Stickstoffs kann man also einen Schluß ziehen auf die Menge der vorhanden gewesenen Aminogruppen, da auf jede Aminogruppe zwei Atome (ein Molekül) Stickstoff kommen. Die Reaktion verläuft nach dem Schema:

$$H_2C \cdot NH_2 \qquad O\,N\,OH \qquad H_2C \cdot OH \qquad N_2 + H_2O\,.$$
$$\mid \qquad\qquad + \qquad\qquad = \qquad \mid \qquad +$$
$$COOH \qquad\qquad\qquad\qquad COOH$$

Bei dem *Nachweis* von Aminosäuren durch einfache, im Reagensglase anzustellende Reaktionen hat man manchmal zu unterscheiden, ob die Aminosäuren frei oder gebunden vorhanden sind. Die bekannten Farbenreaktionen der Eiweißkörper (Xanthoproteinreaktion, Reaktionen nach MILLON, HOPKINS) werden von den betreffenden Aminosäuren sowohl in freiem als auch in gebundenem Zustande geliefert. Das Tryptophan ist in *freiem* Zustande leicht kenntlich an der Rot- bis Violettfärbung mit Chlor- oder Bromwasser. *Gebundenes* Tryptophan gibt die Reaktion nicht, so daß wir durch das Auftreten dieser Reaktion das Fortschreiten der Abspaltung dieser Aminosäure verfolgen können. Ein wichtiges Reagens auf Aminosäuren ist das Ninhydrin (Triketohydrindenhydrat)

$$C_6H_4 \underset{CO}{\overset{CO}{\diagdown\diagup}} C(OH)_2\,.$$
Ninhydrin.

Alle bis jetzt bekannten α-Aminosäuren geben, wenn sie in wässeriger Lösung mit dem Reagens gekocht werden, eine prachtvolle Blaufärbung[1]). Dieselbe Reaktion geben alle Proteine und die meisten Peptide, denn sie ist eine allgemeine Reaktion, die immer dann angetroffen wird, wenn in einer Säure eine Aminogruppe in α-Stellung zur Carboxylgruppe vorhanden ist.

Da Aminosäuren häufig sehr ähnliche Eigenschaften haben und zudem in Wasser meist leicht löslich sind, so hat man besondere Methoden zu ihrer *Charakterisierung* ausgearbeitet. Zwar gibt die im folgenden Kapitel zu beschreibende Isolierung der Aminosäuren auch zugleich Anhaltspunkte für ihre Identität, jedoch sind häufig solche Reaktionen von Wert, welche eine Aminosäure auf synthetischem Wege in eine wohlcharakterisierte, d. h. schwerlösliche und schönkrystallisierende Verbindung überzuführen vermögen. Es sei hier die Verwandlung in *Uraminosäuren* und *Naphthalinsulfone* ausführlicher besprochen.

1. Kocht man eine Aminosäure in wässeriger Lösung mit Harnstoff, so tritt dieser mit der Aminogruppe der Aminosäure in Reaktion, in ähnlicher Weise wie die Aminogruppen zweier Harnstoffmoleküle bei der Bildung von Biuret, also unter Austritt von einem Molekül Ammoniak.

$$R \underset{COOH}{\overset{N\diagup H \diagdown H \quad H_2N \diagdown}{\diagup}} \quad + \quad CO \underset{NH_2}{} \quad = \quad R \underset{COOH}{\overset{NH \cdot CO \cdot NH_2}{\diagup}} \quad + \quad NH_3\,.$$

Aminosäure   +   Harnstoff   =   Uraminosäure   +   Ammoniak.

2. Schüttelt man die alkalische Lösung einer Aminosäure mit einer ätherischen Lösung von β-Naphthalinsulfochlorid, so reagiert das Cl dieses Körpers mit einem Wasserstoffatom aus der Aminogruppe der Aminosäure unter Bildung

---

[1]) ABDERHALDEN, E. u. H. SCHMIDT: Hoppe-Seylers Zeitschr. f. physiol. Chem. Bd. 72, S. 37. 1911; Bd. 85, S. 143. 1913. — ABDERHALDEN, E. u. A. LAMPE: Ebenda Bd. 85, S. 136. 1913. — HALLE, W., E. LÖWENSTEIN u. E. PRIBRAM: Biochem. Zeitschr. Bd. 55, S. 357. 1913.

von HCl (das durch das Alkali gebunden wird). Es entsteht dann das Naphthalinsulfon der Aminosäure. Die Zugehörigkeit des Naphthalinsulfochlorids und seine Reaktion mit Aminosäuren zeigt folgende Zusammenstellung

$$C_{10}H_8 \qquad HO \cdot O_2S \cdot C_{10}H_7 \qquad Cl \cdot O_2S \cdot C_{10}H_7 ,$$

Naphthalin.   Naphthalinsulfosäure.   Naphthalinsulfochlorid.

$$R{<}^{HN\underline{H} \quad \underline{Cl} \cdot O_2S \cdot C_{10}H_7}_{COOH} = R{<}^{HN \cdot O_2S \cdot C_{10}H_7}_{COOH} + HCl.$$

Aminosäure + Naphthalinsulfochlorid = Naphthalinsulfon der Aminosäure + Salzsäure.

II. Die Isolierung der Aminosäuren.

Betrachtet man die Entdeckung der Aminosäuren historisch, so findet man, daß einzelne Aminosäuren über ein Jahrhundert lang bekannt sind, während wieder andere erst in neuerer Zeit entdeckt wurden. Am längsten bekannt sind solche Aminosäuren, welche sehr schwer löslich sind, wie das Tyrosin, Leucin und Cystin. Hier ist es eben die Schwerlöslichkeit, welche die Isolierung so sehr erleichtert hat. Andere hinwiederum wurden trotz ihrer Leichtlöslichkeit doch frühzeitig gefunden, weil sie in manchen leicht zu beschaffenden Eiweißkörpern in großer Menge vorkommen. So ist auch das Glykokoll ebenfalls seit über 100 Jahren bekannt, da es im Leim in so großer Menge vorkommt, daß seine Isolierung daraus keine Schwierigkeiten macht, und dieser Herkunft verdankt das Glykokoll ja auch seinen Namen (Leimsüß).

Zwar gelingt es, die eine oder andere Aminosäure durch ein charakteristisches Reagens auszufüllen, so das Tryptophan mit Quecksilbersulfat in schwefelsaurer Lösung (Hopkins); von grundlegender Bedeutung für die *gesamte Eiweißchemie* sind aber solche Methoden geworden, mit welchen systematisch eine größere Anzahl von Aminosäuren erfaßt und getrennt werden konnten. Solche hervorragende Methoden sind die *Estermethode* von E. Fischer für die Monoaminosäuren, und die *Silberbarytmethode* von Kossel und Kutscher für die Diaminosäuren Lysin, Histidin und Arginin. Bei beiden Methoden werden die zu untersuchenden Eiweißkörper oder Peptide zunächst — meist durch Kochen mit Mineralsäuren — vollständig in die Bausteine aufgespalten und die Isolierung mit der Hydrolysenflüssigkeit vorgenommen. Neuerdings macht man *vor* der Durchführung dieser Trennungsmethoden von der Extraktion der Hydrolysenflüssigkeit mittels n-Butylalkohol nach Dakin Gebrauch, wobei die Monoaminosäuren und die Proline in den Butylalkohol hineingehen, während die Diaminosäuren und Dicarbonsäuren zurückbleiben. Diese Extraktion erleichtert die Aufteilung des komplizierten Aminosäuregemisches wesentlich.

a) Die Estermethode.

Diese Methode beruht auf dem Umstande, daß die *Ester* der meisten Monoaminosäuren (evtl. unter vermindertem Druck) *destillationsfähig* sind und bei der Destillation je nach dem ihnen zukommenden charakteristischen Siedepunkt getrennt aufgefangen werden können (fraktionierte Destillation). So wurde dieses elegante und dem Chemiker geläufige Trennungsverfahren auch für die Aminosäuren nutzbar gemacht, denn *freie* Aminosäuren sind — auch im luftverdünnten Raume — nicht unzersetzt flüchtig. Der Arbeitsgang ist folgender:

Die Lösung des mit Mineralsäuren gespaltenen Eiweißkörpers wird zunächst mit Phosphorwolframsäure gefällt. Hierdurch werden die Diaminosäuren Histidin, Arginin und Lysin gemeinsam niedergeschlagen, welche mit der unten zu besprechenden Silberbarytmethode getrennt werden können. Aus dem Filtrat wird jetzt die überschüssige Phosphorwolframsäure (und die zur Spaltung benutzte Schwefelsäure) mit Baryt entfernt, der Überschuß des letzteren aus dem Filtrate etwa mit H_2SO_4 quantitativ ausgefällt und das Filtrat im Vakuum zur Trockne gebracht. Man hat so im wesentlichen ein trocknes Gemisch von Aminosäuren. Diese Substanz wird dann mit absolutem Alkohol übergossen und Salzsäuregas eingeleitet, wobei die Aminosäuren verestern unter gleichzeitiger Bildung ihrer Chlorhydrate. Die Salzsäure wirkt hier einerseits als wasserentziehendes Mittel, andererseits als Katalysator, und endlich tritt sie mit den Estern salzartig in Verbindung.

$$R\underset{\overset{|}{C}}{\overset{NH_2}{}}\underset{O \cdot H}{\overset{O}{}} + HO \cdot CH_3 + HCl = R\underset{\overset{|}{C}}{\overset{NH_2 \cdot HCl}{}}\underset{O \cdot CH_3}{\overset{O}{}} + H_2O \, .$$

Aminosäure + Methylalkohol + Salzsäure = Aminosäuremethylesterchlorhydrat + Wasser.

War viel Glykokoll zugegen, so krystallisiert bei genügender Konzentration der Lösung das Glykokollesterchlorhydrat zum Teil aus. Zur Trennung der Hauptmengen der Aminosäuren durch fraktionierte Destillation werden die Chlorhydrate zunächst in die freien Ester übergeführt, indem erstere etwa mit wässeriger Natronlauge zerlegt und mit Äther ausgeschüttelt werden. Nach dem Verdampfen des Äthers bleibt das Estergemisch zurück, das nunmehr der fraktionierten Destillation unter vermindertem Druck unterworfen wird. Wenn es auch meist nicht gelingt, alle Ester sogleich auf diese Weise zu trennen, so erhält man doch einzelne Fraktionen, die nur aus wenigen Estern bestehen. Diese Fraktionen können dann durch fraktionierte Krystallisation ihrer Chlorhydrate oder geeigneter Verbindungen der Aminosäuren, welche nach dem Verseifen der Ester dargestellt werden, weiter zerlegt werden. Zahlreiche Umstände bewirken, daß eine solche Trennung der Aminosäuren *nicht quantitativ* sein kann, und so erhält man in der Tat auch nur Ausbeuten von etwa 50—60%. Kann man so die *absolute* Menge der erhaltenen Aminosäuren nicht ohne weiteres auswerten, so hat die Erfahrung doch gelehrt, daß man bei stets gleichmäßiger Durchführung der Operationen auch immer annähernd dieselben Werte erhält.

Es ergibt sich hier die Frage, ob in dem unvermeidlichen *Verluste*, vielleicht noch unbekannte Bausteine stecken, die bei der Hydrolyse zugrunde — oder bei der Isolierung verloren gegangen sind. Wenn man aber ein künstlich zusammengestelltes und genau bekanntes Aminosäurengemisch in der gleichen Weise behandelt, als ob es Eiweiß wäre, d. h. es mit Säuren kocht und dann der Estermethode zwecks Isolierung unterwirft, so erhält man zwar ebenfalls einen Verlust bis zu 40%, doch findet man die Aminosäuren, von denen man ausgegangen war, stets wieder. Es scheint also, daß der Verlust sich auf die einzelnen Aminosäuren verteilt. Wenngleich die Möglichkeit besteht, daß noch der eine oder andere Eiweißbaustein unbekannt ist — werden doch auch augenblicklich noch gelegentlich neue Aminosäuren gefunden —, *so kann man doch mit großer Wahrscheinlichkeit sagen, daß der bei weitem größte Teil der Bausteine der Proteine bekannt ist* [ABDERHALDEN[1])].

---

[1]) ABDERHALDEN, E.: Hoppe-Seylers Zeitschr. f. physiol. Chem. Bd. 120, S. 207. 1922. Vgl. auch E. ABDERHALDEN: Lehrb. d. physiol. Chem., 5. Aufl., I. Teil, S. 350. 1923.

b) Die Silberbarytmethode.

Die Methode dient zur Trennung der Diaminosäuren Arginin, Histidin und Lysin. Zunächst wird die Hydrolysenflüssigkeit der Eiweißkörper mit Phosphorwolframsäure gefällt, der Niederschlag mit Baryt zerlegt, vom phosphorwolframsauren Barium abfiltriert und aus dem Filtrate das Bariumhydroxyd quantitativ entfernt. Man hat so im wesentlichen eine Lösung jener Diaminosäuren. Versetzt man nun die Lösung bei *saurer* Reaktion mit Silbernitrat, so fällt nur das *Histidin* als Silberverbindung aus. Wird das Filtrat jetzt mit Baryt alkalisch gemacht, so wird das *Arginin* niedergeschlagen, und aus dem Filtrat davon endlich kann man nach dem Entfernen des Baryts mit Schwefelsäure das *Lysin* mittels Phosphorwolframsäure gewinnen. Die *quantitative Bestimmung* dieser Diaminosäuren in den einzelnen Fraktionen kann entweder durch Stickstoffbestimmung oder durch Isolierung und Wägung der einzelnen Diaminosäuren bzw. geeigneter Verbindungen geschehen. Im ersteren Falle erhält man Maximal-, im letzteren Minimalwerte. Als analytische Methode betrachtet, ist die Bestimmung der Diaminosäuren genauer als die der Monoaminosäuren, besonders bei den diaminosäurereichen Protaminen und Histonen.

c) Besondere Methoden zur Isolierung einzelner Aminosäuren.

Zur Isolierung des *Tryptophans* muß man eine Spaltung mittels Säuren vermeiden, weil dabei dieser Körper sich zersetzt. Man baut daher mittels *Fermenten* ab. Tryptophan läßt sich nach Hopkins aus wässeriger Lösung mittels Quecksilbersulfat in schwefelsaurer Lösung (Hopkins Reagens) niederschlagen.

Tyrosin und *Cystin* läßt man aus neutraler Lösung sich abscheiden und benutzt dabei die Schwerlöslichkeit dieser Körper. Doch können sie in unreinem Zustande in Lösung gehalten werden, so daß ihre quantitative Bestimmung nicht leicht ist. Tyrosin und Cystin werden getrennt, indem man das Gemisch mit verdünntem Ammoniak digeriert, wobei Tyrosin in Lösung geht, auch kann man verdünnte Salpetersäure zur Trennung benutzen (Embden).

Die *Glutaminsäure* kann man als schwerlösliches Chlorhydrat mittels Salzsäure zur Abscheidung bringen.

Näheres über die Isolierung der einzelnen Aminosäuren findet man in den entsprechenden Handbüchern, welche die Arbeitsmethoden behandeln.

III. Die einzelnen Aminosäuren.

Man teilt die Aminosäuren ein in solche mit kettenförmiger Anordnung ihrer Kohlenstoffatome (aliphatische) und solche mit cyclischem Kern (cyclische). Diese Hauptgruppen zerfallen wieder in Unterabteilungen je nach den sonst noch vorhandenen Radikalen (eine weitere Amino- oder Carboxylgruppe, Oxy- oder Thiogruppen).

a) Aliphatische Aminosäuren.

1. Monoaminosäuren.

Monoaminosäuren enthalten nur *eine* Aminogruppe.

Aminoessigsäure (Glycin, Glykokoll)

$$NH_2$$
$$|$$
$$CH_2COOH.$$

Glykokoll wurde schon im Jahre 1820 von Braconnot im Leim entdeckt. Es krystallisiert aus Wasser in großen harten Krystallen. Fp. 232—236° unter

Zersetzung. Glykokoll schmeckt wie viele andere Aminosäuren süß. Nachweis als Chlorhydrat seines Äthylesters bzw. als Naphthalinsulfon.

α-Aminopropionsäure (Alanin)

$$CH_3\overset{\overset{\displaystyle NH_2}{|}}{C}H—COOH.$$

Optisch aktiv. Physiologisch ist ausschließlich die d-Form. Alanin wurde 1875 von Schuetzenberger und Bourgeois entdeckt. Es kommt als *Seitenkette* in mehreren cyclischen Aminosäuren vor. Ob diesem Befunde eine genetische Bedeutung zukommt, ist zwar noch nicht bewiesen, aber möglich, Auch andere Aminosäuren lassen sich als Derivate des Alanins auffassen. Wichtig ist eine Beziehung zur Milchsäure und damit zu den Kohlenhydraten. Siehe hierüber die entsprechenden Kapitel dieses Handbuches. Alanin krystallisiert aus Wasser in großen rhombischen Tafeln. Fp. 297° unter Zersetzung $[\alpha]_D^{20} + 2{,}7°$ (in Wasser).

α-Aminobuttersäure

$$CH_3 \cdot CH_2 \cdot \overset{\overset{\displaystyle NH_2}{|}}{C}H—COOH.$$

Schmeckt süß und krystallisiert in perlmutterglänzenden Blättchen. Fp. 304°. $[\alpha]_D^{20} + 8{,}12°$ (in Wasser). Die α-Aminobuttersäure ist zwar früher öfter als Baustein angegeben, ihre einwandfreie Identifizierung jedoch erst neuerdings nach fermentativer Spaltung des Lupineneiweißes gelungen [Abderhalden[1])].

α-Aminoisovaleriansäure (Valin)

$$\begin{matrix} CH_3\diagdown \\ {}\diagup \\ CH_3 \end{matrix} CH \cdot \overset{\overset{\displaystyle NH_2}{|}}{C}H—COOH.$$

Wurde zuerst von E. Schulze in Keimlingen aufgefunden. Glänzende, süß und gleichzeitg etwas bitter schmeckende Blättchen. Fp. 315°. $[\alpha]_D^{20} + 6{,}42°$ (in Wasser).

α-Aminokapronsäuren. 3 verschiedene Isomeren sind bekannt, eine mit normaler, die anderen mit verzweigter Kohlenstoffkette.

1. **α-Amino-n-kapronsäure (Norleucin)**

$$CH_3 \cdot CH_2 \cdot CH_2 \cdot CH_2 \cdot \overset{\overset{\displaystyle NH_2}{|}}{C}H \cdot COOH.$$

Wurde von Abderhalden und Weil[2]) in Eiweißstoffen des Nervengewebes aufgefunden. Es krystallisiert aus Wasser in sechseckigen, zu Drüsen vereinigten, in Wasser schwer löslichen Blättchen von schwach süßem Geschmack. Fp. 285°. $[\alpha]_D^{20} + 4{,}5°$ (in Wasser).

2. **α-Aminoisobutylessigsäure (Leucin)**

$$\begin{matrix} CH_3\diagdown \\ {}\diagup \\ CH_3 \end{matrix} CH \cdot CH_2 \cdot \overset{\overset{\displaystyle NH_2}{|}}{C}H \cdot COOH.$$

Wurde schon 1815 von Prout aufgefunden. Oft in großer Menge weit verbreitet. Die biologisch vorkommende Form dreht links. Leucin krystallisiert in glänzenden Blättchen, die in Wasser sehr schwer löslich sind und einen faden, etwas bitteren Geschmack haben. Fp. 297°. $[\alpha]_D^{20} - 10{,}34°$ (in Wasser).

---

[1]) Abderhalden, E.: Lehrb. d. physiol. Chem., 5. Aufl., I. Teil, S. 319. 1923.
[2]) Abderhalden, E. u. A. Weil: Hoppe-Seylers Zeitschr. f. physiol. Chem. Bd. 81, S. 207. 1912; Bd. 84, S. 39. 1913.

3. α-Amino-β-methyl-β-äthylpropionsäure (Isoleucin)

$$\begin{matrix} CH_3 \\ \\ C_2H_5 \end{matrix}\!\!\!\!>\!\!CH \cdot \overset{\displaystyle NH_2}{\overset{|}{CH}} \cdot COOH .$$

Wurde von F. Ehrlich 1904 in der Rübenmelasse aufgefunden. Da Isoleucin zwei asymmetrische C-Atome hat, so existieren im ganzen vier stereoisomere Formen (d-Isoleucin und d'-Allo-isoleucin nebst ihren optischen Antipoden). Physiologisch kommt nur die d-Form vor. Isoleucin krystallisiert aus Wasser in feinen glänzenden Blättchen, die in Wasser ziemlich schwer löslich sind und adstringierend und schwach bitter schmecken. Fp. 280°. $[\alpha]_D^{20} + 11{,}29°$ (in Wasser).

2. Diaminosäuren.

Diaminosäuren enthalten zwei Aminogruppen und haben einen ausgesprochen basischen Charakter.

α-δ-Diaminovaleriansäure (Ornithin)

$$\overset{\displaystyle NH_2}{\overset{|}{CH_2}} \cdot CH_2 \cdot CH_2 \cdot \overset{\displaystyle NH_2}{\overset{|}{CH}} \cdot COOH .$$

Ornithin kommt zwar nicht präformiert vor, entsteht aber aus Arginin durch die Wirkung der Arginase (s. S. 225). Leicht löslich in Wasser, mit schwach bitterem Geschmack und alkalischer Reaktion. Durch Bakterien (bei der Fäulnis) kann die Carboxylgruppe des Ornithins als CO_2 abgespalten werden, wobei das *Ornithin* in *Putrescin* übergeht [A. Ellinger[1])].

$$\overset{\displaystyle NH_2}{\overset{|}{CH_2}} \cdot CH_2 \cdot CH_2 \cdot \overset{\displaystyle NH_2}{\overset{|}{CH}} \cdot \overline{\underline{COO}}H \;=\; \overset{\displaystyle NH_2}{\overset{|}{CH_2}} \cdot CH_2 \cdot CH_2 \cdot \overset{\displaystyle NH_2}{\overset{|}{CH_2}} \;+\; CO_2$$

Ornithin   =   Putrescin   +   Kohlensäure.

(Vgl. den analogen Vorgang beim Lysin.)

α-ε-Diaminokapronsäure (Lysin)

$$\overset{\displaystyle NH_2}{\overset{|}{CH_2}} \cdot CH_2 \cdot CH_2 \cdot CH_2 \cdot \overset{\displaystyle NH_2}{\overset{|}{CH}} \cdot COOH .$$

Lysin wurde von E. Schulze 1900 in Keimpflanzen von Lupinen entdeckt und kommt in Eiweißkörpern weit verbreitet vor. Freies Lysin ist bis jetzt noch nicht krystallisiert erhalten worden. Seine Lösung reagiert alkalisch, in verdünnter Salzsäure dreht es rechts, weswegen es auch d-Lysin genannt wird. Bakterien können es unter Aufspaltung der Carboxylgruppe (als CO_2) überführen in *Cadaverin* [A. Ellinger[1])].

$$\overset{\displaystyle NH_2}{\overset{|}{CH_2}} \cdot CH_2 \cdot CH_2 \cdot CH_2 \cdot \overset{\displaystyle NH_2}{\overset{|}{CH}} \cdot \overline{\underline{COO}}H \;=\; \overset{\displaystyle NH_2}{\overset{|}{CH_2}} \cdot CH_2 \cdot CH_2 \cdot CH_2 \cdot \overset{\displaystyle NH_2}{\overset{|}{CH_2}} \;+\; CO_2$$

Lysin   Cadaverin   Kohlensäure.

Putrescin und Cadaverin sind nach ihrer chemischen Konstitution starke Basen; sie können bei der Eiweißfäulnis aus Ornithin und Lysin entstehen (Fäulnisbasen).

α-Amino-δ-guanidino-n-valeriansäure (Arginin).

Diese interessante Aminosäure kann man als ein Guanidinderivat auffassen, wobei ein Wasserstoff einer Aminogruppe des Guanidins durch den Rest der

---

[1]) Ellinger, A.: Hoppe-Seylers Zeitschr. f. physiol. Chem. Bd. 29, S. 334. 1900.

α-Amino-n-valeriansäure ersetzt ist. Die Zugehörigkeit des Guanidins zeigt Formel I und II, während Formel III das Arginin darstellt.

$$\text{I.} \quad \begin{array}{c} HNH \\ | \\ C{=}O \\ | \\ NH_2 \end{array} \qquad \text{II.} \quad \begin{array}{c} HNH \\ | \\ C{=}NH \\ | \\ NH_2 \end{array} \qquad \text{III.} \quad \begin{array}{c} NH_2 \\ | \\ HN-CH_2 \cdot CH_2 \cdot CH_2 \cdot CH \cdot COOH \\ C{=}NH \\ | \\ NH_2 \end{array}$$

Harnstoff.   Guanidin (Iminoharnstoff).   Arginin (Guanidin-aminovaleriansäure).

Arginin zerfällt bei alkalischer Hydrolyse oder auch durch die *Arginase* [KOSSEL und DAKIN[1])] in Harnstoff und Ornithin.

$$\begin{array}{c} NH_2 \\ | \\ HN-CH_2 \cdot CH_2 \cdot CH_2 \cdot CH \cdot COOH \\ C{=}NH \\ | \\ NH_2 \end{array} \quad + H_2O = \quad \begin{array}{c} NH_2 \\ | \\ C{=}O \\ | \\ NH_2 \end{array} + \quad \begin{array}{c} NH_2 \\ | \\ CH_2 \cdot CH_2 \cdot CH_2 \cdot CH \cdot COOH \\ NH_2 \end{array}$$

Arginin   +   Wasser = Harnstoff   +   Ornithin.

Es besteht also die Möglichkeit, daß ein Teil des ausgeschiedenen Harnstoffs durch direkten Abbau einer Aminosäure im Eiweißstoffwechsel entsteht.

Die biologisch vorkommende Form des Arginins ist die d-Form. Es wurde von E. SCHULZE und E. STEIGER 1886 in Lupinenkeimlingen entdeckt. In Eiweißkörpern ist es sehr verbreitet; sehr reich an ihm sind die Protamine (s. diese); aber auch *frei* ist es in Wirbellosen gefunden worden (ACKERMANN[2])]. Arginin ist leicht löslich in Wasser mit alkalischer Reaktion und hat einen schwach bitteren Geschmack. Fp. 207°.

3. Zweibasische Aminosäuren.

Zweibasische Aminosäuren enthalten zwei Carboxylgruppen und haben einen ausgesprochene sauren Charakter.

Aminobernsteinsäure (Asparaginsäure)

$$\begin{array}{c} NH_2 \\ | \\ COOH \cdot CH_2 \cdot CH \cdot COOH, \end{array}$$

Wurde von PLISSON 1827 zuerst aus Asparagin dargestellt und im Jahre 1869 von RITTHAUSEN und KREUSSLER als Eiweißbaustein erkannt. Sie kommt weit verbreitet in Eiweißkörpern vor. Biologisch ist die l-Form. Asparaginsäure krystallisiert in rhombischen Blättchen oder Säulen, die sauer schmecken und sauer reagieren. Fp. 251°. $[\alpha]_D^{20} = -26{,}5°$ (in verdünnter Salzsäure).

Das *Säureamid* der Asparaginsäure ist das *Asparagin*

$$\begin{array}{c} NH_2 \\ | \\ COOH \cdot CH_2 \cdot CH \cdot C{\Large{<}}^{O}_{NH_2}, \end{array}$$

das seinen Namen deswegen trägt, weil es zuerst in Spargelsprossen gefunden worden ist (DELAVILLE 1802). Es kommt sehr verbreitet im *Pflanzenreich* in allen möglichen Pflanzenteilen vor und zwar im *freien* Zustande. Asparagin krystallisiert in großen rhombischen Krystallen. Die biologische Form ist die linksdrehende.

---

[1]) KOSSEL, A. u. H. DAKIN: Hoppe-Seylers Zeitschr. f. physiol. Chem. Bd. 41, S. 321. 1904; Bd. 42, S. 181. 1904.

[2]) ACKERMANN, D.: Zeitschr. f. Biol. Bd. 73, S. 319. 1921.

α-Aminoglutarsäure (Glutaminsäure)

$$COOH \cdot CH_2 \cdot CH_2 \cdot \overset{\displaystyle NH_2}{\underset{|}{CH}} \cdot COOH.$$

Die Glutaminsäure ist die der Glutarsäure ($COOH \cdot CH_2 \cdot CH_2 \cdot CH_2 \cdot COOH$) entsprechende α-Aminosäure; sie wurde zuerst von Ritthausen 1866 aufgefunden. Sie kommt besonders im Pflanzenreiche weit verbreitet vor und macht häufig einen großen Teil von pflanzlichen Eiweißkörpern aus. Sie krystallisiert in rhombischen Krystallen, die sauer schmecken. Fp. 225°. $[\alpha]_{20}^{D} + 24°$ (in Wasser). Beim Erhitzen über 150° geht Glutaminsäure in Pyrrolidoncarbonsäure über, die ihrerseits durch Kochen mit Säuren wieder leicht zu Glutaminsäure aufgespalten wird. Da nun die Pyrrolidoncarbonsäure sehr nahe mit der Pyrrolidincarbonsäure (Prolin) verwandt ist, da letzteres durch Reduktion aus ersterem entstanden gedacht werden kann, so ergibt sich folgender Zusammenhang:

<table>
<tr><td>Glutaminsäure.</td><td>Pyrrolidoncarbonsäure.</td><td>α-Pyrrolidincarbonsäure
(Prolin).</td></tr>
</table>

Wegen der engen Beziehungen der Pyrrolidoncarbonsäure zur Glutaminsäure ist es wohl möglich, daß die erstere präformiert in Proteinen vorkommt; ihr Nachweis aber wird sehr erschwert durch ihre leichte Aufspaltbarkeit zu Glutaminsäure.

Oxyglutaminsäure

$$COOH \cdot CH_2 \cdot \overset{\displaystyle OH}{\underset{|}{CH}} \cdot \overset{\displaystyle NH_2}{\underset{|}{CH}} \cdot COOH$$

ist von H. D. Dakin[1]) im Casein aufgefunden worden, scheint aber auch sonst verbreitet zu sein.

Das Säureamid der Glutaminsäure ist das *Glutamin*

$$COOH \cdot CH_2 \cdot CH_2 \cdot \overset{\displaystyle NH_2}{\underset{|}{CH}} \cdot C\!\!\overset{\displaystyle O}{\underset{NH_2}{\diagup\!\!\!\diagdown}}$$

das völlig analog dem Asparagin gebaut ist (s. oben). Glutamin wurde zuerst von E. Schulze und J. Barbieri (1877) in Kürbiskeimlingen entdeckt; es krystallisiert in rhombischen Tafeln.

Das Glutamin ist, wie das Asparagin, weit verbreitet in Pflanzen, und zwar in *freiem* Zustande aufgefunden worden, und es fragt sich, ob diese Amide auch als Eiweißbausteine vorkommen können. Gewisse Beobachtungen deuten in der Tat darauf hin. So bestehen zwischen dem bei der Hydrolyse der Proteine gefundenen *freien* Ammoniak und den Dicarbonsäuren (besonders der Glutaminsäure) enge Beziehungen, so daß man sich die Dicarbonsäuren zum Teil als sekundäre Produkte vorstellen kann, entstanden durch Hydrolyse der Säureamide zu den entsprechenden Dicarbonsäuren und Ammoniak (Thierfelder[2])]. Ferner ist die Möglichkeit der Ausscheidung eines Glutaminderivates im Harn festge-

---

[1]) Dakin, H. D.: Biochem. journ. Bd. 12, S. 290. 1918.
[2]) Thierfelder, H. u. E. v. Cramer: Hoppe-Seylers Zeitschr. f. physiol. Chem. Bd. 105, S. 58. 1919.

stellt. Gibt man nämlich einem Menschen Phenylessigsäure, so wird diese an Glutamin gekuppelt, als Phenylacetylglutamin (teils als solches, teils mit Harnstoff gepaart) im Harn ausgeschieden[1]).

4. Oxyaminosäuren.

α-Amino-β-oxypropionsäure (Serin)

$$HO \cdot CH_2 \cdot \overset{\overset{\displaystyle NH_2}{|}}{CH} \cdot COOH.$$

Serin kann auch als Oxyalanin oder als Aminomilchsäure bezeichnet werden. Es wurde von CRAMER 1907 im Seidenleim entdeckt und von EMBDEN und TACHAU im Schweiße aufgefunden. Die biologische Form dreht links. In Wasser ist der Körper ziemlich leicht löslich. Er schmeckt süß.

5. Schwefelhaltige Aminosäuren.

Denkt man sich im Serin den Sauerstoff der Oxygruppe durch Schwefel ersetzt, so erhält man

α-Amino-β-thiopropionsäure (Cystein)

$$HS \cdot CH_2 \cdot \overset{\overset{\displaystyle NH_2}{|}}{CH} \cdot COOH.$$

Das Cystein kann auch als Derivat des Schwefelwasserstoffs aufgefaßt werden, indem ein H-Atom des letzteren durch den Rest des Alanins ersetzt ist.

$$HSH \qquad -CH_2 \cdot \overset{\overset{\displaystyle NH_2}{|}}{CH} \cdot COOH \qquad HS \cdot CH_2 \cdot \overset{\overset{\displaystyle NH_2}{|}}{CH} \cdot COOH.$$

Schwefelwasserstoff   Rest des Alanins   Cystein.

Durch Oxydation (schon beim Einleiten von Luft in die wässerige Lösung) geht das Cystein über in das Disulfid Cystin.

$$O + \begin{matrix} H\,S \cdot CH_2 \cdot \overset{\overset{\displaystyle NH_2}{|}}{CH} \cdot COOH \\ H\,S \cdot CH_2 \cdot \overset{\overset{\displaystyle NH_2}{|}}{CH} \cdot COOH \end{matrix} = H_2O + \begin{matrix} S \cdot CH_2 \cdot \overset{\overset{\displaystyle NH_2}{|}}{CH} \cdot COOH \\ S \cdot CH_2 \cdot \overset{\overset{\displaystyle NH_2}{|}}{CH} \cdot COOH. \end{matrix}$$

Cystein   Cystin.

Aus diesem Grunde wirkt Cystein stark reduzierend und vermag z. B. Schwefel in wässeriger Suspension in Schwefelwasserstoff zu verwandeln (HEFFTER). Der Prozeß kann durch titrimetrische Bestimmung des Schwefelwasserstoffs verfolgt werden. Durch Reduktion (z. B. durch nascierenden Wasserstoff) zerfällt ein Molekül Cystin wieder in zwei Moleküle Cystein.

Cystein gibt eine Rotfärbung mit Nitroprussidnatrium und Alkalilauge oder Ammoniak, welche Reaktion zum Nachweis des Cysteins in Proteinen, Geweben usw. benutzt wird (Cysteinreaktion). Über Täuschungen bei Beurteilung dieser Reaktion siehe bei MOERNER[2]).

Das Cystin ist als die *beständige* Verbindung anzusehen, in welche das Cystein überzugehen sucht, und so ist es möglich, daß auch das Cystein präformiert vorkommen kann, obgleich bei der Spaltung von Eiweißkörpern — auch unter

---

[1]) THIERFELDER, H. u. C. P. SHERVIN: Ber. d. dtsch. chem. Ges. Bd. 47, S. 2630. 1914. — SHERVIN, C. P. u. W. WOLF: Journ. of biol. chem. Bd. 37, S. 113. 1919.
[2]) MOERNER: Hoppe-Seylers Zeitschr. f. physiol. Chem. Bd. 34, S. 287. 1901.

Luftabschluß (MOERNER) — nur das Cystin präparativ gefunden worden ist [EMBDEN[1]), MOERNER[2])]. So gibt das *β-Krystallin* der Linse des Auges die Cysteinreaktion [MOERNER[3]), JESS[4])].

Nun ist es F. G. HOPKINS[5]) gelungen, aus Hefe und verschiedenen Geweben eine Substanz darzustellen, die frei vorkommt, die Cysteinreaktion gibt und eine Verbindung von Glutaminsäure und Cystein ist (Glutathion). Dieser Körper ist wie ein normales Dipeptid gebaut und hat die Struktur

$$\text{HS} \cdot \text{CH}_2 \cdot \overset{\underset{|}{\text{NH}_2}}{\text{CH}} \cdot \text{C} \overset{\nearrow \text{O}}{\diagdown} \text{NH} \cdot \underset{\underset{\text{COOH}}{|}}{\text{CH}} \cdot \text{CH}_2 \cdot \text{CH}_2 \cdot \text{COOH}.$$

Das Glutathion geht leicht durch Oxydation in seine Oxydationsstufe über, wirkt daher ähnlich wie Cystein reduzierend und vermag ebenfalls Schwefel in Schwefelwasserstoff zu verwandeln. Die oxydierte Modifikation kann durch Gewebe wieder zu dem die Cysteinreaktion gebenden Glutathion reduziert werden. Dieser Stoff spielt daher wahrscheinlich die Rolle eines Sauerstoffüberträgers bei der Gewebeatmung.

Ähnliche Verhältnisse wurden auch im Gewebe der Linse des Auges gefunden [GOLDSCHMIDT[6])]; doch kann im Linseneiweiß Cystein auch in nicht extrahierbarer Form, also offenbar als *Baustein*, nachgewiesen werden. So kommt es, daß glutathionhaltiges Linsengewebe einerseits die Cysteinreaktion gibt und andererseits imstande ist, wässerige Methylenblaulösung zur Leukobase zu reduzieren. Linseneiweiß jedoch, aus dem das Glutathion extrahiert worden ist, gibt zwar noch eine Reaktion mit Nitroprussidnatrium, vermag aber Methylenblau nicht zu entfärben.

Wichtig sind ferner die Beziehungen des Cystins bzw. Cysteins zum *Taurin*, da das letztere aus dem ersteren hervorgehen kann, indem die Thiogruppe des Cysteins zur Sulfogruppe oxydiert und die Carboxylgruppe als CO_2 abgespalten wird.

$$\text{HS} \cdot \text{CH}_2 \cdot \overset{\underset{|}{\text{NH}_2}}{\text{CH}} \cdot \text{COOH} + O_3 = \text{HO}_3\text{S} \cdot \text{CH}_2 \cdot \overset{\underset{|}{\text{NH}_2}}{\text{CH}} \cdot \text{COOH}$$

Zysteïn   Zysteïnsäure

$$\text{HO}_3\text{S} \cdot \text{CH}_2 \cdot \overset{\underset{|}{\text{NH}_2}}{\text{CH}} \cdot \text{COO} \cdot \text{H} = \text{HO}_3\text{S} \cdot \text{CH}_2 \cdot \overset{\underset{|}{\text{NH}_2}}{\text{CH}}_2 + CO_2.$$

Cysteïnsäure = Taurin + Kohlensäure.

Das Cystin ist schon von WOLLASTON (1810) als Bestandteil von Blasensteinen (Cystinurie!) aufgefunden und später auch als Eiweißbaustein erkannt worden (E. KÜLZ u. a.). Es krystallisiert in hexagonalen Tafeln, die in Wasser sehr schwer löslich sind. Kocht man eine Lösung von Cystin in verdünnter Natronlauge unter Zusatz von etwas Bleiacetat, so wird ein Teil des Schwefels als Schwefelwasserstoff abgespalten, der zuerst mit dem Alkali Na_2S bildet und dann mit dem Blei schwarzes Bleisulfid PbS liefert (Schwefelbleiprobe). Ei-

[1]) EMBDEN, G.: Hoppe-Seylers Zeitschr. f. physiol. Chem. Bd. 32, S. 94. 1901.

[2]) MOERNER, Zitiert auf S. 227.

[3]) MOERNER, Zitiert auf S. 227.

[4]) JESS, A.: Zeitschr. f. Biol. Bd. 61. 1913; Arch. f. Augenheilk. Bd. 71. 1912; Hoppe-Seylers Zeitschr. f. physiol. Chem. Bd. 110, S. 266. 1920.

[5]) HOPKINS, F. G.: Biochem. journ. Bd. 15, S. 286. 1921; Journ. of biol. chem. Bd. 54, S. 527. 1922.

[6]) GOLDSCHMIDT: v. Graefes Arch. f. Ophth. Bd. 113, S. 160. 1924.

weißkörper geben dieselbe Reaktion, sofern ihr Schwefelgehalt auf Cystin zurückzuführen ist (bleischwärzender Schwefel). Auch die Entwicklung von Schwefelwasserstoff bei der Eiweißfäulnis beruht auf Anwesenheit von Cystin (Schwefelwasserstoffderivat!). $[\alpha]_D^{20} - 2{,}25°$ (in verdünnter Salzsäure).

b) Cyclische Aminosäuren.

1. Cyclische Aminosäuren mit Alanin als Seitenkette.

Bei diesen Aminosäuren kommt als Seitenkette der Alaninrest vor, und auf ihm beruht der Aminosäurecharakter des Körpers. Ihnen gegenüber steht die Gruppe des Prolins, bei der der Stickstoff in Gestalt einer *Imino*gruppe an der Ringbildung beteiligt ist.

α) Benzolderivate.

Benzolderivate geben beim Erhitzen mit Salpetersäure gelbgefärbte Nitroderivate, worauf die *Xanthoproteinreaktion* der Eiweißkörper beruht, z. B. $C_6H_6 + HO \cdot NO_2 = C_6H_5 \cdot NO_2 + H_2O$. Diese Nitrierung wird durch den Eintritt von OH-Gruppen an den Benzolkern sehr erleichtert (so bei der Carbolsäure), so daß das *Tyrosin* die Xanthoproteinreaktion leichter gibt als das Phenylalanin und ersteres für die Xanthoproteinreaktion der Eiweißkörper von allen in Betracht kommt[1].

Phenylalanin (α-Amino-β-phenylpropionsäure)

Diese Aminosäure wurde von E. Schultze und J. Barbieri entdeckt und kommt weit verbreitet vor. Sie krystallisiert in glänzenden, schwerlöslichen Blättchen und dreht links. Fp. 283° unter Zersetzung. Durch Abspaltung von CO_2 geht Phenylalanin über in Phenyläthylamin.

$$C_6H_5 \cdot CH_2 \cdot \overset{NH_2}{CH} \cdot COOH = C_6H_5 \cdot CH_2 \cdot \overset{NH_2}{CH_2} + CO_2.$$

Phenylalanin. Phenyläthylamin.

Beim Erhitzen von Phenylalanin mit Kaliumbichromat und Schwefelsäure tritt der charakteristische rosenartige Geruch des Phenylacetaldehyds auf

$$\left(C_6H_5 \cdot CH_2 \cdot C\!\!<^O_H\right).$$

Para-oxyphenylalanin (Tyrosin) (α-Amino-β-para-oxyphenylpropionsäure)

Tyrosin wurde von Liebig 1846 durch die Kalischmelze aus Käse (τυρός) erhalten, ist aber eine der verbreitetsten Aminosäuren. Wegen seiner Schwer-

---

[1] Moerner: Hoppe-Seylers Zeitschr. f. physiol. Chem. Bd. 107, S. 203. 1919.

löslichkeit scheidet es sich leicht aus Lösungen (evtl. nach Neutralisieren) ab. Als Benzolderivat gibt es die Xanthoproteinreaktion. Als Phenol liefert es eine Rotfärbung mit Millons Reagenz (in der Kälte nach längerer Zeit, in der Wärme sehr schnell). Beim Nachweise ist aber zu beachten, daß auch andere Phenole diese Reaktion geben. Tyrosin wird durch die Wirkung von Tyrosinasen in braunschwarze Pigmente verwandelt; so gibt eine Lösung von Tyrosin mit einem Auszuge aus dem Pilze Russula delica eine rote Färbung, und nach einiger Zeit scheidet sich ein schwarzes Pigment aus. Tyrosin krystallisiert in Büscheln feiner prismatischer Nadeln. Fp. 314—318° unter Zersetzung. $[\alpha]_D^{20} - 13{,}2°$ (in 4proz. Salzsäure). Die spezifische Drehung ist sehr abhängig von der Konzentration der zur Lösung benutzten Säure.

3,5-Dijodtyrosin

$$
\begin{array}{c}
\text{OH} \\
|\\
\text{C}\\
\diagup\diagdown\\
\text{JC}\quad\text{CJ}\\
|\qquad\|\\
\text{HC}\quad\text{CH}\qquad\text{NH}_2\\
\diagdown\diagup\qquad\quad|\\
\text{C}\cdot\text{CH}_2\cdot\text{CH}\cdot\text{COOH}.
\end{array}
$$

Dieses jodhaltige Tyrosinderivat kommt in einzelnen Proteinen vor. Es wurde von Drechsel 1896 unter den Spaltprodukten des Skeletts der Koralle Gorgonia Kavolini aufgefunden und von ihm danach *Jodgorgosäure* genannt. Es ist auch aus dem *Spongin* des Badeschwamms isoliert worden und kommt vor allem auch in spezifischen Proteinen der *Schilddrüse* vor (s. bei Abelin und Abderhalden[1])].

3,4-Dioxy-phenylalanin

$$
\begin{array}{c}
\text{OH} \\
|\\
\text{C}\\
\diagup\diagdown\\
\text{HC}\quad\text{C}\cdot\text{OH}\\
|\qquad\quad|\\
\text{HC}\quad\text{CH}\qquad\text{NH}_2\\
\diagdown\diagup\qquad\quad|\\
\text{C}\cdot\text{CH}_2\cdot\text{CH}\cdot\text{COOH}.
\end{array}
$$

wurde von Guggenheim[2]) in den Fruchtschalen von Vicia faba aufgefunden. Ob diese Aminosäuren im Eiweiß präformiert vorkommt, ist noch ungewiß. Derbe Prismen oder feine Nädelchen. Fp. 280° $[\alpha]_D^{20} - 14{,}28$.

β) Heterocyclische Aminosäuren.

A. Indolderivate.

Tryptophan (α-Amino-β-indol-propionsäure). Die Zugehörigkeit des Indols und Tryptophans zeigt folgende Zusammenstellung:

$$
\text{Pyrrol.}\qquad\qquad\text{Indol.}\qquad\qquad\text{Tryptophan.}
$$

---

[1]) Abelin, J.: Biochem. Zeitschr. Bd. 102, S. 58. 1919; Bd. 116, S. 138. 1921. — Abderhalden, E. u. Olga Schiffmann: Pflügers Arch. f. d. ges. Physiol. Bd. 195, S. 167. 1922.

[2]) Guggenheim: Hoppe-Seylers Zeitschr. f. physiol. Chem. Bd. 88, S. 276. 1913.

Schon im Jahre 1826 war es Tiedemann und Gmelin aufgefallen, daß bei der Spaltung von Eiweiß mittels Trypsin eine Farbenreaktion mit Chlor- oder Bromwasser auftritt, die vorher nicht vorhanden war. Diese Reaktion beruht auf dem Freiwerden von *Tryptophan*, das überhaupt nur durch fermentative Spaltung des Eiweißes freigemacht werden kann, da es bei der Hydrolyse durch Säuren oder Laugen stets zersetzt wird. Erst 75 Jahre später gelang es F. G. Hopkins und S. W. Cole[1]), Tryptophan aus der Verdauungsflüssigkeit in reinem Zustande zu isolieren (Fällung mit Quecksilbersulfat, s. S. 222). Synthetisch wurde es durch Ellinger und Flammand dargestellt. Versetzt man eine tryptophanhaltige Lösung mit Glyoxylsäure und unterschichtet mit konzentrierter Schwefelsäure, so entsteht an der Berührungszone ein violetter Ring (Reaktion von Hopkins-Cole). Die im Prinzip gleiche Reaktion war schon Adamkiewicz bekannt, der aber zu ihrer Anstellung statt Glyoxylsäure Eisessig benutzte. Hopkins und Cole zeigten, daß nicht der Eisessig, sondern die häufig darin als Verunreinigung vorkommende Glyoxylsäure für die Reaktion verantwortlich zu machen ist. Diese Reaktion wird auch von gebundenem Tryptophan (Eiweiß) geliefert. Auch mit p-Dimethylaminobenzaldehyd und konzentrierter Schwefelsäure gibt Tryptophan eine Farbenreaktion (Neubauer und Rohde). Mit Millons Reagens liefert es eine braunrote Farbe (Abderhalden und Kempe). Tryptophan gibt ferner die Xenthoproteinreaktion. Es krystallisiert in sechsseitigen rhombischen Blättchen, die schwach bitter schmecken und in Wasser schwer löslich sind. Linksdrehend.

Oxytryptophan wurde von Abderhalden und Kempe 1907 aufgefunden. Ihm kommt wahrscheinlich folgende Konstitution zu:

$$
\begin{array}{c}
\text{OH} \\
| \\
\text{C} \\
\diagup\diagdown \\
\text{HC} \quad \text{C} - \text{C} - \text{CH}_2 \cdot \overset{\text{NH}_2}{\text{CH}} \cdot \text{COOH} \\
| \quad\; \| \quad\; \| \\
\text{HC} \quad \text{C} \quad \text{CH} \\
\diagdown\diagup\diagdown\diagup \\
\text{CH} \quad \text{NH}
\end{array}
$$

Nadeln. Fp. 293°. Linksdrehend. Gibt mit Bromwasser *keine* Färbung.

B. *Imidazolderivate.*

Histidin (α-Amino-β-imidazol-propionsäure).

Denkt man sich im Pyrrol (I) eine CH-Gruppe durch Stickstoff ersetzt, so entstehen die sog. *Azole*, von denen das *Imidazol* (II)

$$
\text{I.}\;
\begin{array}{c}
\text{NH} \\
\diagup\;\diagdown \\
\text{HC}\quad\text{CH} \\
\|\quad\;\| \\
\text{HC}-\text{CH}
\end{array}
\qquad
\text{II.}\;
\begin{array}{c}
\text{NH} \\
\diagup\;\diagdown \\
\text{HC}\quad\text{CH} \\
\|\quad\;\| \\
\text{HC}-\text{N}
\end{array}
\qquad
\text{III.}\;
\begin{array}{c}
\text{HC}-\text{NH} \\
\|\qquad\diagdown \\
\qquad\quad\text{CH} \\
\diagup \\
\text{HC}-\text{N}
\end{array}
$$

Pyrrol.   Imidazol.   Imidazol.

die Stammsubstanz des Histidins ist. Man schreibt den Ring meist in einer anderen geometrischen Form (III). Das Histidin (IV) ist als ein Alaninsubstitutionsprodukt des Imidazols (III) aufzufassen, analog den anderen, bisher besprochenen cyclischen Aminosäuren.

$$
\text{IV.}\;
\begin{array}{c}
\qquad\qquad\;\text{HC}-\text{NH} \\
\text{NH}_2 \qquad\quad \|\qquad\diagdown \\
| \qquad\qquad\qquad\qquad \text{CH} \\
\text{HOOC}\cdot\text{CH}\cdot\text{CH}_2-\text{C}-\text{N}
\end{array}
\qquad
\text{V.}\;
\begin{array}{c}
\qquad\qquad\;\text{HC}-\text{NH} \\
\text{NH}_2 \qquad\quad \|\qquad\diagdown \\
| \qquad\qquad\qquad\qquad \text{CH} \\
\text{CH}_2\cdot\text{CH}_2-\text{C}-\text{C}
\end{array}
$$

Histidin.   Histamin.

---

[1]) Hopkins, F. G. u. S. W. Cole: Journ. of physiol. Bd. 27, S. 418. 1901; Bd. 29, S. 451. 1903.

Durch Abspaltung der Carboxylgruppe als CO_2 entsteht aus Histidin das Histamin (V); analoge Vorgänge wurden oben bei zahlreichen Aminosäuren besprochen.

Histidin wurde von Kossel 1896 unter den Spaltprodukten eines Protamins aufgefunden, kommt aber weitverbreitet vor. Es krystallisiert in langen schmalen Tafeln, schmeckt süß und löst sich in Wasser mit alkalischer Reaktion. Fp. 287—288°. Histidin entfärbt Bromwasser. Erhitzt man die mit einem Überschuß von Bromwasser versetzte Lösung, so entfärbt sie sich zunächst, wird dann aber weinrot (F. Knoop). Histidin gibt in sodaalkalischer Lösung eine empfindliche Reaktion (Rotfärbung) mit *Diazobenzolsulfosäure* (Diazoreaktion von Pauly). Diese Reaktion ist ziemlich charakteristisch für viele Imidazolderivate. Von den Bausteinen der reinen Eiweißkörper gibt nur Tyrosin eine ähnliche Reaktion. Nach Entfernung des Tyrosins oder nach Wegschaffung der phenolischen Oxygruppe (durch Benzoylierung) kann die Reaktion mit Diazobenzolsulfosäure sogar zu einer quantitativen Bestimmung des Histidins benutzt werden[1]).

2. Cyclische Iminosäure, deren Stickstoff im Kern sitzt.

Diese von allen bisher besprochenen Aminosäuren hinsichtlich ihrer chemischen Konstitution ganz verschiedenen Körper sind Derivate des Pyrrolidins (II), das seinerseits auf das Pyrrol (I) (durch Anlagerung von Wasserstoff) zurückgeführt werden kann.

$$
\begin{array}{llll}
\text{I.}\ \begin{matrix} HC—CH \\ \| \quad\quad \| \\ HC \quad CH \\ \diagdown\ \diagup \\ NH \end{matrix} &
\text{II.}\ \begin{matrix} H_2C—CH_2 \\ | \quad\quad | \\ H_2C \quad CH_2 \\ \diagdown\ \diagup \\ NH \end{matrix} &
\text{III.}\ \begin{matrix} H_2C—CH_2 \\ | \quad\quad | \\ H_2C \quad CH\cdot COOH \\ \diagdown\ \diagup \\ NH \end{matrix} &
\text{IV.}\ \begin{matrix} HO\cdot HC—CH_2 \\ | \quad\quad | \\ H_2C \quad CH\cdot COOH \\ \diagdown\ \diagup \\ NH \end{matrix} \\
\quad\text{Pyrrol.} & \quad\text{Pyrrolidin.} & \quad\text{Prolin.} & \quad\text{Oxyprolin.}
\end{array}
$$

Prolin (α-Pyrrolidincarbonsäure, Formel III), wurde von E. Fischer im Jahre 1901 im Casein entdeckt, kommt aber weitverbreitet in Proteinen vor. Es ist, im Gegensatz zu den übrigen Aminosäuren, in absolutem Alkohol löslich, was zu seiner Darstellung ausgenutzt werden kann. Prolin schmeckt süß und krystallisiert in flachen Nadeln. Fp. 206—209° unter Zersetzung. $[\alpha]_D^{20} - 77{,}40°$.

Oxyprolin (γ-Oxy-α-pyrrolidincarbonsäure, Formel IV), wurde von E. Fischer im Jahre 1902 unter den Bausteinen der Gelatine aufgefunden. Farblose, rhombische Tafeln, die süß schmecken und in Wasset leicht löslich sind. Fp. ca. 270° unter Zersetzung. $[\alpha]_D^{20} - 81{,}04°$. Schwer löslich in Alkohol.

Die α-Amino-δ-oyxvaleriansäure geht leicht in Prolin über, und

$$
\begin{matrix} H_2C———CH_2 \\ | \quad\quad\quad | \\ H_2C\ OH \quad CH\cdot COOH \\ \diagdown\ \diagup \\ H\ NH \end{matrix}
\quad = \quad
\begin{matrix} H_2C—CH_2 \\ | \quad\quad | \\ H_2C \quad CH\cdot COOH \\ \diagdown\ \diagup \\ NH \end{matrix}
\quad + \quad H_2O
$$

α-Amino-δ-oxyvaleriansäure.   Prolin.

es ist diskutiert worden, ob Prolin nicht überhaupt ein sekundäres Produkt der Hydrolyse sei. Das Vorkommen von Prolin als primärer Baustein steht aber jetzt außer Zweifel.

---

[1]) Lautenschläger: Hoppe-Seylers Zeitschr. f. physiol. Chem. Bd. 102, S. 226. 1918.

IV. Anhang.

Spaltprodukte der Eiweißkörper, die keine Aminosäuren sind.

In manchen Proteinen kommen neben den Aminosäuren noch Hexosamine vor, so wurde von Fr. Müller im Jahre 1901 das *Glucosamin* als Baustein der Mucine aufgefunden. Hexosamine sind seitdem vor allem in Mucinen, Mucoiden, ferner im Eier- und Serumeiweiß nachgewiesen worden (s. S. 280). „Aminozucker" sind Aminosubstitutionsprodukte von Hexosen und stehen gleichsam in der Mitte zwischen Aminosäuren und Kohlenhydraten:

$$
\begin{array}{cc}
\mathrm{C}\!\!\diagup\!\!\diagdown\!\!\begin{smallmatrix}\mathrm{O}\\\mathrm{H}\end{smallmatrix} & \mathrm{C}\!\!\diagup\!\!\diagdown\!\!\begin{smallmatrix}\mathrm{O}\\\mathrm{H}\end{smallmatrix} \\
\mathrm{HCOH} & \mathrm{HC\cdot NH_2} \\
\mathrm{HOCH} & \mathrm{HOCH} \\
\mathrm{HCOH} & \mathrm{HCOH} \\
\mathrm{HCOH} & \mathrm{HCOH} \\
\mathrm{H_2COH} & \mathrm{H_2COH} \\
\text{d-Glucose.} & \text{Glucosamin.}
\end{array}
$$

Das bei der Hydrolyse von Eiweißkörpern stets gefundene Ammoniak (s. S. 215), stammt vielleicht zum größten Teil aus zersetzten Säureamiden (Asparagin, Glutamin s. S. 226).

Endlich bilden sich bei der Hydrolyse von Eiweißkörpern mit Säuren stets braunschwarz gefärbte amorphe Massen, sog. Huminsubstanzen. Über diese Körper wissen wir noch nicht viel; es sind hochmolekulare Stoffe, die erst sekundär durch die Säurewirkung entstehen. Ein Teil dieser gefärbten Stoffe wird von den Kohlenhydraten geliefert, aber auch das *Tryptophan* zersetzt sich leicht unter Entstehung hochmolekularer gefärbter Produkte (Melanoidine[1])].

C. Die Eigenschaften der Proteine.

I. Die Proteine als Kolloide und Ampholyte.

Graham teilte im Jahre 1861 die Stoffe ein in solche, die im gelösten Zustande durch tierische und pflanzliche Membranen hindurchdiffundieren, und solche, welche hierzu nicht befähigt sind (Krystalloide, Kolloide). Schon die Bezeichnung „Kolloid" und der Umstand, daß Leim zu den Proteinen gehört, zeigen, daß Eiweißkörper gemeinhin auch Kolloide sind.

Die treibende Kraft für die Diffusion ist der osmotische Druck, und dieser hinwiederum ist abhängig von der *Anzahl* der bei der Lösung entstehenden Substanzteilchen in der Volumeinheit, wobei es an sich gleichgültig ist, ob die Teilchen, in die der Stoff bei der Lösung zerfällt, Moleküle, Ionen oder Molekülaggregate sind. Je größer die *Anzahl* der Teilchen in der Volumeinheit, desto größer der osmotische Druck und desto größer die Neigung zur Diffussion. Nun besitzen die Kolloide in ihrer Lösung aber einen sehr geringen osmotischen Druck, und deswegen haben sie auch geringe Neigung zur Diffussion selbst dann, wenn die trennende Membran verhältnismäßig große Poren hat und z. B. nur eine poröse Tonzelle ist. Abgesehen von diesem physikalischen Grunde können Kolloide häufig auch deswegen nicht durch manche Membranen diffundieren, weil

---

[1]) Siehe bei O. Fürth u. Fr. Lieben: Biochem. Zeitschr. Bd. 116, S. 224. 1921.

deren Poren kleiner sein können als die Komplexe des Kolloids, was besonders bei Suspensoiden vorkommen kann.

Da nun Proteinlösungen einen sehr viel geringeren osmotischen Druck aufweisen als Krystalloidlösungen *gleicher Konzentration*, so folgt daraus, daß in Proteinlösungen die Teilchen sehr viel *größer* sein müssen als die bei der Lösung von Krystalloiden entstehenden, und man kann diese Teilchengröße ja auch durch Ermittlung des osmotischen Druckes bzw. der damit parallelgehenden Gefrierpunktserniedrigung oder Siedepunktserhöhung bestimmen. So wird denn die *Teilchengröße* zu einem wesentlichen Merkmal des kolloiden Zustandes, und darin liegt zugleich, daß es keinen absoluten Unterschied zwischen Kolloiden und Krystalloiden geben kann, und in der Tat verhalten sich auch die Lösungen der einzelnen Eiweißkörper verschieden, je nach der Natur des Proteins und der Art der semipermeablen Membran (Pergamentpapier, tierische Membranen wie Peritoneum, Kollodiumhäutchen); immer aber ist die Diffusionsgeschwindigkeit klein gegenüber den Krystalloiden. Wenn man unter Kolloiden solche Stoffe versteht, deren Teilchengröße im gelösten Zustande mehr als 1 $\mu\mu$ beträgt, so ist diese Grenze willkürlich gewählt.

Die Methoden, welche die Teilchengröße zu bestimmen gestatten, sagen uns nichts aus über die *Natur* der Teilchen. Man ist geneigt, die Proteine weiter zu unterscheiden in molekulardisperse und solche Eiweißkörper, deren Teile auch in Lösung anscheinend noch aus Komplexen zahlreicher Moleküle bestehen. So sollen das Hämoglobin und die Albumine molekulardispers sein, also an sich echte Lösungen vorstellen und nur deshalb in den Bereich der Kolloide hineinfallen, weil ihre Moleküle so groß sind. Mit diesen Vorstellungen suchen aber unsere modernen Eiweißchemiker zu brechen, und diese zwingen uns, den Begriff „Molekülgröße" mit größerer Vorsicht anzuwenden. Die Molekülgröße der Proteine ist nämlich anscheinend keine dem Protein unter allen Umständen zukommende Konstante, sondern eine Funktion des Milieus, in dem sich das Protein befindet. Gelatine, Gliadin und Seidenfibroin beispielsweise, denen man doch typische „kolloidale" Eigenschaften zubilligen muß, verlieren ihren hochkolloiden Charakter, wenn man sie in Phenol gelöst untersucht, und zwar ohne daß ein hydrolytischer Abbau stattgefunden hätte, und zeigen in diesem Lösungsmittel, nach der BECKMANNschen Methode gemessen, das auffallend kleine Molekulargewicht von etwa 200 bis 400 (TROENSEGAARD, HERZOG). Phenol ist ein sog. „dissoziierendes" Lösungsmittel, d. h. es wirkt auf Gebilde, die durch Assoziation von Grundkörpern entstanden sind, dissoziierend ein, indem es selbst mit den Grundkörqern in Beziehung tritt. Bringt man das Protein aus der Phenollösung in Wasser, so erhält man wieder kolloide Lösungen, weil die Grundkörper wieder zu größeren Gebilden zusammentreten. Hier liegen die Verhältnisse also ähnlich wie bei anderen komplexen Naturstoffen, nämlich den Polysacchariden und dem Kautschuk. Dazu kommt, daß manche Proteine ein ausgeprägtes Röntgenspektrogramm zeigen, was auf eine regelmäßige Wiederkehr von Atomgruppen hindeutet (HERZOG) die als Diketopiperazine oder ähnliche Ringgebilde gedeutet wurden, und ABDERHALDEN hat das Vorkommen von Diketopiperazinen sehr wahrscheinlich gemacht. Endlich ist es BERGMANN gelungen, durch leicht und freiwillig erfolgende Assoziation von diketopiperazinähnlichen Körpern hochmolekulare Stoffe synthetisch darzustellen, die kolloide Eigenschaften haben und als einfaches Modell eines Eiweißkörpers angesehen werden können. Alle diese Befunde, die später (s. S. 257) genauer besprochen werden sollen, haben eine große Anzahl unserer gegenwärtigen Eiweißforscher zu der Annahme bestimmt, daß die Proteine Assoziate von verhältnismäßig sehr einfachen Grundkörpern von der Art der Diketopiperazine (vielleicht in Verbindung mit Peptiden) darstellen, und nach dieser Auffassung sind nur die Grundkörper in freiem Zustande „molekulardispers", die Eiweißkörper selbst aber *übermolekulare* Gebilde, entstanden aus den Grundkörpern durch eine feinere Valenzbetätigung. Worin diese besteht, wissen wir noch nicht. Am weitesten geht BERGMANN, der annimmt, daß diese Kräfte dieselben sind, welche auch die Gitterstruktur der Krystalle bedingen, und in diesem Zusammenhange wird die Theorie BERGMANNs vielleicht am besten erläutert, wenn wir eine Proteinlösung mit dem Sol eines Suspensoids, — etwa einer kolloidalen Silberlösung vergleichen. Die Komplexe des Silbersols sind regelrechte feste Körper, sie haben wie größere Silberstücke krystallinisches Gefüge, d. h. die Silbermoleküle sind zu regelmäßigen Gittern angeordnet. Die einzelnen Silbermoleküle sind aber durch die Gitterkräfte miteinander verbunden und haben daher ihre Selbständigkeit eingebüßt. „Im krystallisierten Zustand sind alle Stoffe hochmolekular." Ähnlich bei den Eiweißsolen, nur daß hier an Stelle der Silbermoleküle die Grundkörper treten, die, durch ähnliche Gitterkräfte miteinander verbunden, ähnliche Gebilde ergeben wie ein Krystall. Der wesentliche Unterschied ist nur der, daß beim Silber immer dieselbe Art von Molekülen wiederkehrt, eben das Silbermolekül, während im Protein die wiederkehrenden Moleküle wegen der Vielgestaltigkeit der in den Grundkörpern vorhandenen Aminosäuren sehr verschiedenartig sind. Die Proteine verhalten sich hochmolekular gegen Wasser, aber molekulardispers gegen Phenole, und während die Krystalloide bei der Lösung in *gleichartige* Moleküle zerfallen, desaggregieren sich die Proteine in Phenol zu sehr *verschiedenartigen* Molekülen. Man muß sich der Tragweite dieser Theorie BERGMANNs bewußt sein; denn sie bedeutet — ihre Richtigkeit vorausgesetzt — das Ende des Eiweißmoleküls.

Der übermolekulare Zustand, wie er bei der Assoziation von Grundkörpern mittels Nebenvalenzen, Gitterkräften oder dergleichen entsteht, schließt an sich keineswegs die Forderung in sich, daß die Gebilde in Lösung kolloiden Charakter haben, d. h. so groß sind, daß sie durch tierische oder pflanzliche Membranen nicht diffundieren; dies liegt schon in der Relativität dessen begründet, was wir unter Diffusionsgeschwindigkeit, Porengröße der semipermeablen Membran und Teilchengröße verstehen.

Mögen strukturchemisch nun die Teilchen einer Eiweißlösung mit den Komplexen eines Suspensoids — etwa einer kolloidalen Silberlösung — eine große Ähnlichkeit aufweisen, so besteht doch ein wesentlicher Unterschied zwischen beiden hinsichtlich der Stabilität der Lösungen und der Natur der Kräfte, welche beide Arten von Teilchen in Lösung halten. Nach JAQUES LOEB werden die genuinen Proteine nach denselben Gesetzmäßigkeiten in Lösung gehalten wie die *Krystalloide*. Bei diesen treten nach LANGMUIR die Moleküle des gelösten Stoffes und die des Lösungsmittels mittels Nebenvalenzen in engere Beziehungen, welche die Stabilität der Krystalloidlösungen bedingen. Anders beim Suspensoid. Hier sind es die Kräfte der *elektrostatischen Abstoßung*, welche verhindern, daß die Suspensoide ausflocken, und diese Abstoßung beruht auf der Existenz einer elektrischen Doppelschicht an der Grenzfläche zwischen jedem Teilchen und dem Wasser. Alle Maßnahmen, welche diese Ladung der Teilchen herabsetzen oder aufheben, bewirken auch ein Ausfallen des Suspensoids, wenn nicht das Suspensoid durch ein „Schutzkolloid" stabilisiert war, in welchem Falle das Schutzkolloid die Komplexe des Suspensoids umhüllt und sie so vor dem Ausflocken schützt [J. LOEB[1])].

Fällend wirken z. B. ein Zusatz eines Suspensoids entgegengesetzter Ladung oder geringe Mengen von Salzen, welche tatsächlich, wie Messungen

---

[1]) LOEB, J.: Journ. of General Physiol. Bd. 4, S. 463; Bd. 5, S. 621. 1922.

ergeben haben, die Potentialdifferenz zwischen den Suspensoidteilchen und dem Lösungsmittel vermindern können. Da hierdurch die elektrostatischen Abstoßungskräfte verschwinden oder sich vermindern, so können kleine Teilchen sich zu größeren zusammenballen, und der Einfluß der Gravitation auf die Senkungsgeschwindigkeit macht sich bemerkbar. Das Suspensoid „flockt aus". Hardy zeigte, daß ganz allgemein Flockung der suspendierten Teilchen durch dasjenige Ion des Salzes bedingt wird, dessen Ladung der der suspendierten Teilchen entgegengesetzt ist. Die Konzentration des für die Fällung solcher Suspensionen notwendigen Salzes braucht immer nur eine verhältnismäßig sehr geringe zu sein. Ganz anders verhalten sich Proteinlösungen. Da ihre Stabilität nicht auf einer elektrischen Abstoßung infolge der Ladung beruht, sondern vielmehr dieselbe Ursache hat wie bei Krystalloiden (s. oben), sind sie auch nicht empfindlich gegen geringe Mengen von Salzen. Nun sind zwar zumeist Proteine als Ampholyte mehr oder weniger elektrolytisch dissoziiert, d. h. als Ion vorhanden und demnach elektrisch geladen. Aber diese Ladung hat bei den Proteinen nicht die Bedeutung wie bei den Suspensoiden. Beseitigt man die Ladung z. B. einer Albuminlösung dadurch, daß man sie auf den isoelektrischen Punkt (s. S. 237) bringt, so bleibt das Albumin gelöst. Die Tatsache, daß viele Proteine im isoelektrischen Punkt — also im ungeladenen Zustande — ausfallen (Casein, Mucin, Globulin u. a.), hat mit ihren kolloiden Eigenschaften gar nichts zu tun und beruht lediglich auf dem Umstande, daß diese Proteine in „freiem", d. h. nicht salzartig gebundenem Zustande an sich unlösliche Körper sind, wie es zahlreiche derartige Stoffe gibt, z. B. manche Aminosäuren. Sie können dann aber wieder durch Salzbildung, also durch Säure- oder Alkalizusatz in Lösung gebracht werden.

Besondere Verhältnisse liegen bei der *Denaturierung* der Albumine vor. Albumine sind, wie oben erwähnt, auch im isoelektrischen Punkte in Wasser löslich. Wird aber eine Albuminlösung erhitzt, so erfolgt eine Umänderung dergestalt, daß das Albumin dann im isoelektrischen Punkte unlöslich *wird*. Da der isoelektrische Punkt der Albumine auf der sauren Seite liegt, so erklärt sich die alte empirisch gefundene Tatsache, daß man bei der Kochprobe schwach ansäuern muß. In diesem an sich unlöslichen Zustande kann das denaturierte Albumin sich wie ein Suspensoid verhalten, d. h. durch elektrische Potentialdifferenz seiner Teilchen gegenüber dem Lösungsmittel in Suspension bleiben, und durch Salze kann die Ladung und damit das Schicksal der Teilchen beeinflußt werden.

Aber der Denaturierungsvorgang als solcher hat sicherlich nichts mit dem *kolloiden Zustande* zu tun, vielmehr halten die jetzigen Eiweißchemiker diesen Vorgang für eine regelrechte chemische Veränderung (Bergmann), und vor allem die Beobachtung von Willstätter[1]), daß manche proteolytische Fermente sich gegen genuines und denaturiertes Eiweiß verschieden verhalten, spricht dafür.

Größere Salzmengen vermögen Proteinlösungen häufig niederzuschlagen. Aber auch dies hat nichts mit dem kolloiden Zustande zu tun, ist nicht einmal ein Reservat für Proteine, denn es gibt viele Stoffe, die sich aus ihren Lösungen aussalzen lassen, z. B. die wasserlöslichen Fettsäuren von der Propionsäure aufwärts und manche Aminosäuren (Leucin und Phenylalanin). Das Aussalzen ist auch keine eigentliche Fällung, sondern eine Verteilungsänderung, und daher reversibel (Spiro, Chick und Martin, Sörensen). Es sondert sich hierbei eine proteinreiche und salzarme feste Phase von einer proteinarmen, aber salzreichen

---

[1]) Willstätter, R., W. Grassmann u. O. Ambros: Hoppe-Seylers Zeitschr. f. physiolog. Chem. Bd. 151, S. 289. 1926.

flüssigen ab. Die Leichtigkeit der Aussalzung der verschiedenen Proteine ist
je nach dem vorliegenden Protein verschieden, indem einzelne schon bei niederer
Salzkonzentration, andere bei höherer abgeschieden werden. Hierauf beruhen
die wichtigen Darstellungs- und Trennungsmethoden der Albumine und Globuline (HOFMEISTER).

Ein großer Teil der Eigenschaften der Proteine, die man früher dem „kolloiden" Zustande der Proteine zugeschrieben und die man meist mit einer „Adsorption" zu erklären versucht hat (FREUNDLICH), lassen sich nunmehr zwanglos
auf die Tatsache zurückführen, daß die Proteine *Ampholyte* sind, deren Reaktionen mit Säuren, Basen und Salzen genau denselben stöchiometrischen Gesetzmäßigkeiten unterworfen sind wie die Krystalloide. Es ist ein großes Verdienst
von JAQUES LOEB, eine Reihe von früher nur mit erzwungenen Hypothesen
erklärbaren Reaktionen einer einheitlichen Betrachtungsweise zugänglich gemacht zu haben.

Wegen des amphoteren Charakters der Proteine, der, wie früher ausgeführt,
auf den amphoteren Charakter der Aminosäuren zurückzuführen ist, sind sie
befähigt, sowohl mit Säuren als auch mit Basen Salze zu bilden. Indessen sind
die basischen Gruppen wegen der Anwesenheit der sauren und die sauren wegen
der Gegenwart der basischen Gruppen „schwach", d. h. ihre Dissoziationskon-
stante ist sehr klein, und deswegen neigen die Salze zum hydrolytischen Zerfall,
wenn nicht Säure oder Base im *Überschuß* vorhanden, die Proteinlösung also
nicht ausgesprochen *sauer* oder *alkalisch* ist. Dazwischen gibt es offenbar einen
neutralen Punkt, bei dem das Protein überhaupt kein Salz zu bilden vermag.
Hier ist das Protein in vollkommen „freiem" Zustande und weist wegen der
Schwäche der sauren und basischen Gruppen ein Minimum von Ionen auf, während der Eiweißkörper im Salzzustande weitgehend — fast vollkommen — in
Ionen elektrolytisch dissoziiert ist, weil ja im Gegensatz zu den schwachen Basen
und Säuren deren *Salze* weitgehend dissoziiert sind. Man nennt diesen Punkt den
isoelektrischen Punkt. Er fällt bei den meisten Proteinen nicht mit dem Neutral-
punkte des Wassers zusammen, sondern liegt auf der sauren Seite. Folgende
Zusammenstellung[1]) zeigt die isoelektrischen Punkte verschiedener Proteine.

	p_H
Serumalbumin	4,8
Hämoglobin	6,8
Gliadin	9,23
Serumglobulin	5,44
Gelatine	4,7
Edestin	6,89
Casein	4,75
Denaturiertes Serumalbumin	5,09
Eieralbumin	4,8

Auf der alkalischen Seite (vom isoelektrischen Punkt aus gesehen) ist das Protein Anion und wandert zur Anode, auf der sauren Seite ist es Kation und wandert zur Kathode. Im isoelektrischen Punkte selbst zeigt das Protein keine Wanderungs-
richtung. Versetzt man ein in verdünnter Säure gelöstes Protein allmählich
mit Alkali, so kehrt im Felde einer elektrolytischen Zelle die Wanderungs-
richtung plötzlich um, wenn der isoelektrische Punkt erreicht ist, und daran
kann man ihn leicht und sehr scharf erkennen. Der isoelektrische Punkt ist
für das Verständnis zahlreicher Eigenschaften der Proteine von größter Bedeutung geworden, auf die weiter unten eingegangen werden wird. Aufgefunden
wurde er zuerst von HARDY im Jahre 1900 an denaturiertem Eiereiweiß, genauer
definiert von LOEB im Jahre 1904. L. MICHAELIS hat ihn mit den inzwischen

---

[1]) Entnommen aus O. KESTNER: Chemie der Eiweißkörper, S. 138. Braunschweig:
Vieweg & Sohn 1925.

aufgekommenen Methoden zur exakten Bestimmung der Wasserstoffionenkonzentration im Jahre 1910 bei zahlreichen Proteinen bestimmt, und seinen Arbeiten vor allem ist die Bedeutung, die der isoelektrische Punkt jetzt hat, zuzuschreiben.

Oben war ausgeführt, daß die Proteinsalze sehr zur hydrolytischen Dissoziation neigen, und diesem Umstande ist es auch zuzuschreiben, daß es verhältnismäßig lange gedauert hat, bis erkannt wurde, daß die Proteine in ihrem Verhalten zu Basen und Säuren durchaus den Gesetzen der *Stöchiometrie* gehorchen, und immer wieder trat die Meinung hervor, die *Adsorption* spiele hier eine Hauptrolle, die man dann natürlich mit dem „Kolloidcharakter" der Proteine in Verbindung brachte.

Zwar wurden beispielsweise Säureverbindungen von Proteinen schon von vielen älteren Forschern, so als erstem von Sjöqvist (1894), als *Salze* erkannt; eine exakte Untersuchung dieser Verhältnisse war aber erst möglich, als man gelernt hatte die *Wasserstoffionenkonzentration* zu berücksichtigen, da diese wegen der hydrolytischen Dissoziation der Proteine von ausschlaggebender Bedeutung ist (Michaelis, Sörensen, Jaques Loeb). Reagiert NH_3 mit HCl, so entsteht NH_4Cl, das in positive NH_4-Ionen und negative Cl-Ionen elektrolytisch dissoziiert ist. Dementsprechend war anzunehmen, daß Gelatine mit HCl Gelatinechlorid bilden würde, das folgendermaßen dissoziieren muß:

$$\text{Gelatine} \cdot NH_3Cl \rightleftarrows \overset{+}{\text{Gelatine}} \cdot NH_3 + \overline{Cl}.$$

Danach muß in einer wässerigen Lösung von HCl die Konzentration der Chlorionen *unverändert* bleiben, wenn man isoelektrische (s. S. 239) Gelatine in geringer Menge zufügt, wobei allerdings vorausgesetzt wird, daß die elektrolytische Dissoziation des entstehenden Gelatinechlorids vollständig ist. Gleichzeitig mußte die Wasserstoffionenkonzentration gegenüber der nicht mit Gelatine versetzten Salzsäure entsprechend *abnehmen*. Der Versuch bestätigte dies, und der Unterschied gegenüber dem Ammoniumchlorid besteht nur darin, daß das Gelatinechlorid beträchtlich hydrolytisch gespalten ist, während dies beim Ammoniumchlorid nur in geringem Maße der Fall ist (Jaques Loeb).

Wenn man Säure zu ursprünglich isoelektrischem krystallisierten Eiereiweiß zufügt, so treten bei derselben Wasserstoffionenkonzentration der Lösung gleiche Mengen Wasserstoffionen mit dem Eiweiß in Verbindung, gleichviel ob man eine starke oder schwache Säure zusetzt[1]).

Solche Versuche zeigten, daß hierbei die Ionen sich mit den Proteinen nach *stöchiometrischen Regeln*, d. h. mittels der primären Valenzen, die aus der Chemie her bekannt sind und nicht nach den empirischen Adsorptionsregeln verbinden.

Auf den leichten hydrolytischen Zerfall der Protein-Säureverbindungen ist es auch zurückzuführen, daß man eine Fällung von Eiweiß mit einem „Alkaloidreagenz" immer bei stark saurer Reaktion vornehmen muß. Alkaloidreagentien (Phosphorwolframsäure, Phosphormolybdänsäure, Gerbsäure, Pikrinsäure, Trichloressigsäure u. a.) sind Säuren, die sich mit dem Protein zu unlöslichen Salzen verbinden können. War die Reaktion nicht genügend sauer, so ist der Niederschlag nicht vollständig; bringt man den Niederschlag nach der Fällung in eine größere Menge Wasser, so löst er sich ganz oder zum Teil wieder auf.

Der isoelektrische Punkt ist zugleich ein Wendepunkt für eine Reihe von Eigenschaften der Proteine (s. u.). Er ist vor allem das *Fällungsoptimum* für alle Proteine, die in „freiem", d. h. nicht salzartig gebundenem Zustande an sich unlöslich sind, oder doch durch gewisse Eingriffe (Denaturieren) unlöslich ge-

---

[1]) Nach J. Loeb: Die Eiweißkörper. Berlin: Julius Springer 1924.

macht werden können. In der Milch liegt das Casein als Caseinat vor. Versetzt
man Milch mit einer unzureichenden Menge Essigsäure, so wird nicht alles Casein
freigemacht: die Fällung ist unvollständig. Trifft man den isoelektrischen Punkt,
so ist alles Casein frei und bildet, da es an sich unlöslich ist, einen Niederschlag;
setzt man aber zu viel Essigsäure zu, so bildet sich lösliches essigsaures Casein
und die Fällung ist wieder inkomplett oder bleibt gar ganz aus. Diese Fällbarkeit vieler Proteine im isoelektrischen Punkt hat also gar nichts mit ihrem Charakter als Kolloide zu tun; jedes Krystalloid mit ähnlichen chemischen Eigenschaften
verhält sich ebenso (z. B. in freiem Zustande unlösliche Aminosäuren wie Tyrosin,
Cystin, Leucin u. a.). Die Unmöglichkeit, im isoelektrischen Punkte Salze bilden
zu können wird benutzt, um Proteine „aschefrei" darzustellen (JAQUES LOEB).
Dies hat früher große Schwierigkeiten bereitet, da es trotz langer Dialyse
nicht gelingen wollte, die Proteine aschefrei, d. h. frei von Elektrolyten zu
erhalten. So nahm man denn an, daß Proteine „als Kolloide" imstande seien,
Salze zu adsorbieren, oder sah in den Aschesubstanzen sogar integrierende Bestandteile des Eiweißmoleküls. Heute wissen wir, daß der Aschegehalt der
Proteine mit ihren amphoteren Eigenschaften zusammenhängt und daß die
Bindung anorganischer An- und Kationen ebenfalls *stöchiometrischen* Gesetzen
gehorcht und nichts mit dem Kolloidzustande der Proteine zu tun hat. Heute
ist es also leicht aschefreie Proteine darzustellen: Man braucht sie bloß auf den
isoelektrischen Punkt zu bringen und dann zu dialysieren, oder bei im isoelektrischen Punkte unlöslichen Proteinen diese einfach gründlich auszuwaschen.
Ein so behandeltes Protein nennt man „isoelektrisches" Protein.

Von den chemischen Eigenschaften haben wir bisher keine einzige gefunden,
die auf den kolloidalen Zustand der Proteine zurückzuführen ist, es waren Eigenschaften die einzeln oder alle auch einem Krystalloid hätten zukommen können.
Sie ließen sich aus den Gesetzmäßigkeiten der Stöchiometrie erklären.

Da das Kennzeichen der Proteine als *Kolloide* in dem durch die Teilchengröße
bedingten Verhalten zu semipermeablen Membranen liegt, so macht sich das
Protein nach J. LOEB als Kolloid überhaupt erst bemerkbar, wenn es mit einer
semipermeablen Membran in Beziehung tritt. Dies hinwiederum trifft zu, wenn es
entweder *gelöst* eine *semipermeable Zelle* erfüllt, oder aber, wenn es sich im *Gel-
zustande* befindet, in welchem Falle es gleichsam selbst die semipermeable Membran ist; denn ein Proteingel ist für Krystalloide durchlässig, für die das Gel
bildende Proteinteilchen natürlich nicht. Liegt isoelektrisches Protein vor, so
sind die Dinge am einfachsten, und Besonderheiten machen sich nicht bemerkbar.
Das Protein löst sich entweder auf, oder es quillt bloß. Diese einfache primäre
Quellung faßt JAQUES LOEB als eine Lösung von Wasser in Protein auf. Der
osmotische Druck von isoelektrischem Protein zeigt keine Besonderheiten und
ist im übrigen sehr klein. Setzt man dem isoelektrischen Protein Salze zu der
Art, daß der isoelektrische Punkt gewahrt bleibt, so diffundieren die Salze durch
die Membran hindurch, bis ihre molare Konzentration innen und außen die
gleiche geworden ist. Sie haben dann keinen Einfluß mehr auf den osmotischen
Druck. Das gleiche gilt natürlich für nichtelektrolytische Krystalloide, wie
Rohrzucker.

Anders wird die Sache, wenn jetzt die *Wasserstoffionenkonzentration* sich
verschiebt, das Protein also ganz oder zum Teil als *Ion* vorkommt. Löst man
beispielsweise isoelektrische Gelatine in verdünnter Salzsäure, bringt die Lösung
in Kollodiumsäckchen und hängt diese in Wasser, so können durch die Membran
nur H und Cl Ionen diffundieren, nicht aber Gelatineionen, und in allen solchen
Fällen, in denen eins von mehreren Ionen am Diffundieren verhindert ist, stellt
sich ein Gleichgewicht ein, dergestalt, daß die diffusibeln Ionen auf beiden Seiten

ungleich verteilt sind, und zwar ist die gesamte molare Konzentration der diffusiblen Ionen auf der Seite der Eiweißlösung *größer* als in der nichteiweißhaltigen Außenflüssigkeit. Die relative Konzentration der freien Salzsäure innen und außen nach eingestelltem Gleichgewicht ist durch die Gleichung bestimmt

$$x^2 = y(y + z),$$

wobei x die Konzentration der H·- und der Cl′-Ionen in der Außenflüssigkeit, y die Konzentrationen der H·- und Cl′-Ionen der freien Salzsäure innen, und z die Konzentration der Chlorionen bedeutet, welche den Gelatinekationen entsprechen. Mit anderen Worten: Die Verteilung der H·- und Cl′-Ionen auf beiden Seiten der Membran ist derart, daß das Produkt aus den Konzentrationen der beiden entgegengesetzt geladenen Ionen in beiden Flüssigkeiten gleich ist.

Dieses Gleichgewicht ist das Donnansche[1]) Membrangleichgewicht; es hat zur Folge, daß wegen der Anhäufung diffusibler Ionen im Innern der Zelle der osmotische Druck *ansteigt* und nunmehr eine Summe von zwei Teildrucken ist, deren einer auf die Gelatine, deren anderer aber auf krystalloide Ionen infolge des Donnangleichgewichtes zurückzuführen ist. Errechnet man den letzteren und zieht ihn vom beobachteten Gesamtdruck ab, so bleibt der wahre Druck der Gelatine über. So erklärt sich nach Loeb die lange bekannte, aber bisher unzureichend gedeutete Tatsache, daß Säuren den osmotischen Druck von Proteinlösungen erhöhen. Das Neue an der Auffassung ist, daß nicht die *Gelatine* (etwa infolge Änderung ihres „Dispersitätsgrades") diese Änderung des osmotischen Druckes bedingt, sondern die infolge des *Donnan*gleichgewichtes im Innern der Zelle sich anhäufenden diffusiblen Ionen. Wichtig ist vor allem die sich hieraus ergebende Tatsache, daß Messungen des osmotischen Druckes von Proteinen ohne Berücksichtigung der Wasserstoffionenkonzentration wertlos sind.

Setzt man zu einer in einem Kollodiumsäckchen befindlichen Lösung von salzsaurer Gelatine ein Neutralsalz, und läßt wieder Gleichgewicht eintreten, so vermindert sich der Konzentrationsüberschuß der diffusiblen Ionen im Innern der Zelle, wie sich rechnerisch aus dem Donnangleichgewicht herleiten läßt, und der osmotische Druck sinkt wieder. Diese *depressorische* Eigenschaft von Neutralsalzen auf den osmotischen Druck ist lediglich von der Valenz und nicht etwa von der Natur der Salze abhängig. Sie war lange bekannt; man führte sie aber auf eine Verkleinerung des osmotischen Druckes der *Gelatine* (Änderung des Dispersitätsgrades) zurück und nahm zudem eine Wirkung an, die von der chemischen Natur der Salze (Hofmeistersche Reihe s. u.) abhängig sein sollte. Die depressorische Wirkung der Neutralsalze leitet sich also aus dem *Donnangleichgewicht* her, und da dieses nur das Gleichgewicht von *Ionen* regelt, so haben theoretisch eben nur *Elektrolyte* einen depressorischen Einfluß auf den osmotischen Druck ionisierten Proteins, was durch die Erfahrung bestätigt wird; denn Rohrzucker z. B. ist wirkungslos. Aus demselben Grunde sind Neutralsalze im *isoelektrischen* Punkte des Proteins wirkungslos, weil zum Wesen des Donnangleichgewichtes gehört, daß ein nichtdiffusibles *Ion* vorhanden sein muß.

In ganz ähnlicher Weise erklären sich die komplizierten Erscheinungen, die bei der *Quellung* von Proteingelen beobachtet werden. Es war lange Zeit bekannt, daß *Säuren* die Quellung der Gelatine vermehren, daß aber Neutralsalze auf so gequollene Gelatine entquellend wirken. Hofmeister hatte die entquellende Wirkung von Neutralsalzen auf gequollene Gelatine untersucht und sie zu einer „lyotropen Reihe" zusammengestellt. Die Hofmeisterschen Reihen bestehen jedoch nach Jaques Loeb zu unrecht, weil sie keine Rücksicht auf die Wasserstoffionenkonzentration nehmen.

---

[1]) Donnan, F. G.: Zeitschr. f. Elektrochem. Bd. 17, S. 572. 1911.

LOEB macht sich die Theorie der Quellung von PROCTER und WILSON[1]) zu eigen, die im Jahre 1916 die Säurequellung der Gelatine auf das DONNANsche Membrangleichgewicht zurückgeführt haben. Danach muß man bei der Quellung zwei verschiedene Momente unterscheiden:

1. Die Quellung der isoelektrischen Gelatine. Sie erfolgt einfach dadurch, daß sich Wasser in der Gelatine löst.

2. Die *zusätzliche* Quellung, die Proteingele zeigen, wenn die Wasserstoffionenkonzentration aus dem isoelektrischen Punkt herauswandert. Hier gelten nach den genannten Forschern genau dieselben Beziehungen, wie sie oben bei den Änderungen des osmotischen Druckes mitgeteilt worden sind. Das Gel bildet eine natürliche semipermeable Membran, die für krystalloide Ionen durchlässig, für die Proteinionen selbst aber undurchlässig ist. Infolgedessen kommt es bei Ionisation des Proteins, also z. B. wenn isoelektrische gequollene Gelatine in verdünnte Salzsäure gelegt wird, genau so zur Ausbildung eines Donnangleichgewichtes, als ob die die Gelatine in einer semipermeablen Membran (s. o.) sich befände. Es findet also eine Anhäufung krystalloider Ionen im Innern des Gels statt, und infolgedessen *steigt der osmotische Druck* in dem Gel, was wiederum zur Folge hat, *daß die Quellung zunimmt.* Zusatz von Neutralsalzen vermindert, wie die DONNANsche Regel es erfordert, diese Anhäufung krystalloider Ionen, der osmotische Druck sinkt wieder. Auch hier ist nur die Valenz des Neutralsalzes das Wesentliche, nicht aber dessen Natur, je höher die Valenz, desto stärker die entquellende Wirkung.

Endlich führt JAQUES LOEB auch die Änderungen der *Viskosität* von Proteinlösungen durch Säuren und Neutralsalze auf das Donnangleichgewicht zurück. Man muß danach zweierlei Arten von Viskosität bei Proteinlösungen unterscheiden; die eine ist für Proteine als Kolloide unspezifisch, sie beruht auf der krystalloiden Lösungsart der Kolloide. Es ist dies dieselbe Viskosität, die auch den Krystalloiden eigentümlich ist. Die andere Art jedoch ist bei den einzelnen Proteinen verschieden ausgeprägt, am meisten bei der Gelatine. Sie beruht darauf, daß Proteinteilchen zu Aggregaten zusammentreten (Micellen), die dann gleichsam submikroskopische Gelfetzen darstellen, die ihrerseits ein Donnangleichgewicht aufweisen können. Diese Micellen werden also auf Säurezusatz nach den Gesetzmäßigkeiten des Donnangleichgewichtes quellen und so die Viskosität der Gelatinelösung erhöhen können, während Neutralsalze das Umgekehrte bewirken.

So führt denn JAQUES LOEB die typisch *kolloiden* Eigenschaften der Proteine, nämlich die komplizierten Verhältnisse des *osmotischen Druckes*, der *Quellung* und der *Viskosität* sämtlich auf das DONNANsche Membrangleichgewicht zurück. Änderungen des kolloiden Zustandes durch Änderung der Disperität und der Hydratation (PAULY) lehnt er als unbewiesene Hypothesen ab. In der einheitlichen Betrachtungsweise liegt zweifellos eine große Schönheit.

Zwar weisen Proteine noch eine Reihe von anderen Eigenschaften auf, die man gemeinhin in er „Kolloidchemie" behandelt, wie Löslichkeit, Kohäsion, Adhäsion und Oberflächenspannung, Eigenschaften, die nicht in einer direkten Beziehung zum Donnangleichgewicht stehen; aber diese mit der Molekularstruktur zusammenhängenden Erscheinungen sind nach J. LOEB nicht spezifisch kolloidal, sondern gehören in das Gebiet der Atomphysik. Sie werden nicht nur durch die Valenz, sondern auch durch die Natur der Ionen beeinflußt und unterscheiden sich dadurch von den rein kolloidalen, durch das Donnangleichgewicht bedingten Erscheinungen.

---

[1]) PROCTER, H. R. u. J. A. WILSON: Journ. of the Americ. chem. soc. Bd. 109, S. 307. 1916.

Schwierig ist nach wie vor zu erklären, warum Globuline, die bekanntlich im isoelektrischen Punkt unlöslich sind, sich in Salzlösungen — auch im isoelektrischen Punkte — lösen. J. Loeb[1]) erklärt auch dies aus dem Donnanschen Membrangleichgewicht. O. Kestner[2]) macht darauf aufmerksam, daß nach Pfeiffer sich auch Aminosäuren mit Neutralsalzen verbinden, und daß hierdurch schwerlösliche Aminosäuren leichtlöslich werden können; er gibt der letzteren Erklärung den Vorzug.

II. Sonstige Eigenschaften der Eiweißkörper.

Der Chemiker pflegt beim Arbeiten mit einer Substanz sich zuerst Rechenschaft darüber abzulegen, ob der Stoff, den er in Händen hat, ein *einheitlicher* Körper ist, d. h. ob er nur aus gleichartigen Molekülen besteht oder ein Gemisch mehrerer Individuen darstellt. Aber diese Frage ist in der Proteinchemie äußerst schwer zu beantworten, und damit wird von vornherein eine große Unsicherheit hineingetragen; denn ihre eindeutige Beantwortung ist Voraussetzung für die *Reindarstellung* eines Eiweißkörpers. Die für die Isolierung eines Eiweißkörpers benutzten Eigenschaften sind meist nicht nur für diesen Eiweißkörper allein charakteristisch, kommen vielmehr einer Reihe von Proteinen ebenfalls zu. Hat man eine Gewähr dafür, daß die mit den üblichen Methoden (z. B. fraktioniertes Aussalzen) amorph niedergeschlagenen hochkolloiden Eiweißkörper chemisch reine Stoffe sind, wo wir doch wissen, wie schwer es häufig ist, selbst sehr gut krystallisierende niedermolekulare Körper wirklich rein darzustellen, wo wir manchmal gezwungen sind, den komplizierten Umweg über *Derivate* einzuschlagen, die erst synthetisch dargestellt werden müssen, und aus denen dann der Körper wieder regeneriert werden muß?

Zwar ist es gelungen, eine Reihe von Eiweißkörpern in eine *krystallinische* Form zu bringen. Aber selbst dies gibt uns keine Gewähr, daß die krystallisierten Proteine wirklich einheitliche Körper sind, wie zahlreiche Beispiele aus der organischen Chemie lehren; zudem können Eiweißkrystalle andere kolloide Stoffe enthalten, ohne daß ihre Form eine Änderung erführe. So kann Eieralbumin, auch wenn es mucinartige (an Glucosamin reiche) Stoffe enthält, doch krystallisieren, und nach Zusatz von Goldsol zu einer krystallisierbaren Eiweißlösung geht kolloides Gold in die Eiweißkrystalle mit hinein (Fr. N. Schulz und R. Zsigmondi). Zwar läßt sich mucinhaltiges Albumin durch Umkrystallisieren reinigen, so daß die Krystalle ärmer an Glucosamin werden (etwas Glucosamin scheint Eieralbumin selbst zu enthalten), aber was gibt uns in Anbetracht der Vielgestaltigkeit der Proteine die Gewißheit, daß nicht noch andere, dem Albumin vielleicht ähnliche Eiweißkörper zugegen sind, deren Anwesenheit sich nicht durch eine auffallende Eigentümlichkeit wie den hohen Glucosamingehalt der Glykoproteide verrät?

Neuerdings versucht man, dem Problem der Einheitlichkeit der Eiweißkrystalle mit den modernen physikalisch-chemischen Methoden beizukommen [Sörensen[3])]. Es ist aber stets zu beachten, daß die Unterscheidung zwischen konstanten Gemischen und einheitlichen chemischen Körpern sehr schwer und mit unseren augenblicklichen Methoden nicht immer möglich ist.

---

1) Loeb, J.: Journ. of gener. physiol. Bd. 3, S. 557. 1921; Bd. 5, S. 109. 1922.

2) Kestner, O.: Chemie der Eiweißkörper. 4. Aufl., S. 150. Braunschweig: Vieweg & Sohn 1925.

3) Sörensen, S. P. u. M. Höyrup: Hoppe-Seylers Zeitschr. f. physiol. Chem. Bd. 103, S. 15. 1918; Bd. 103, S. 267. 1918. — Sörensen, S. P.: Ebenda Bd. 103, S. 211. 1918; Bd. 106, S. 1. 1919.

So kommt es, daß manche Eiweißforscher den Namen „Protein" vorläufig als einen biologischen Sammelbegriff für hochmolekulare, kolloide, aus Aminosäuren zusammengesetzte Verbindungen benutzen und hervorheben, „daß die bisherigen Methoden wohl gestatten, unter Innehaltung der empirisch gefundenen Bedingungen immer wieder die gleiche Gruppe von Eiweißstoffen zu isolieren, daß hingegen zurzeit für keinen Vertreter der Proteine der *Beweis* geführt ist, daß er chemisch einheitlich ist. Es ist *möglich*, daß einheitliche Proteine isoliert sind; es muß aber auch mit der Möglichkeit gerechnet werden, daß jedes einzelne der bisher isolierten Proteine aus einer großen Anzahl nahe verwandter Proteine besteht" [nach ABDERHALDEN[1])].

Auf S. 234 war auseinandergesetzt, daß Proteine ähnlich wie die Polysaccharide jetzt als Assoziate einfacher Grundkörper aufgefaßt werden, und daß einzelne Forscher zu der Überzeugung gelangt sind, daß man den Proteinen kein konstantes Molekulargewicht im Sinne der klassischen Chemie als integrierende Strukturkonstante zubilligen kann. Nun hat man aber auf Grund älterer Untersuchungen und Anschauungen ziemlich konkrete Vorstellungen über die Größe der Moleküle wenigstens einiger Proteine, so vor allem des Hämoglobins und man wird abwarten müssen, wie die neuen Anschauungen sich hiermit in Einklang bringen lassen. Zur Zeit ist eine Auseinandersetzung noch nicht erfolgt, und deshalb können hier nur die bisher geltenden Meinungen wiedergegeben werden.

Zur Bestimmung des Molekulargewichtes hat man sich chemisch-analytischer und physikalischer Methoden bedient. Es ist jedoch stets zu berücksichtigen, daß man mit chemisch-analytischen Methoden niemals Molekulargewichte, sondern nur *Äquivalent*gewichte erhält. Die erhaltenen Werte sind also nur Mindestzahlen.

Eine besonders große Rolle spielt die Auswertung des Prozentgehaltes an präformiert vorhandenen charakteristischen, aber in geringer Zahl (am besten in der Einzahl) vorkommenden Atomen, wobei vor allem der *Schwefelgehalt* der Eiweißkörper, der *Eisengehalt* des Hämoglobins und der *Phosphor*gehalt des Caseins in Frage kam. Da wir aber auch hier in den meisten Fällen nicht wissen, wie viel Atome im Protein vorhanden sind, so liefert uns diese Betrachtung ebenfalls nur Minimalzahlen. Folgende Zusammenstellung[2]) gibt eine Übersicht über den Schwefelgehalt einiger Eiweißkörper und die darauf beruhende Berechnung ihrer Molekulargewichte.

	Schwefel in %	Molekulargewicht (unter der Annahme, daß auf jedes Molekül Eiweiß nur ein Atom Schwefel entfällt)
Oxyhämoglobin (Pferd)	0,43	7440
Edestin (krystallisiert)	0,87	3780
Eieralbumin (krystallisiert)	1,3	2460
Globulin	1,38	2320
Serumalbumin (krystallisiert, Pferd) .	1,89	1800

Berücksichtigt man aber, daß im Eiweißmolekül mehrere S-Atome vorkommen, so erhält man entsprechend höhere Zahlen, nach FR. N. SCHULZ z. B. für das Serumalbumin 5100, für Eieralbumin 4900, für Oxyhämoglobin 14 800, für Edestin 7300. Man vergleiche diese Werte für die für Eieralbumin von SÖRENSEN (s. u.) angegebene Zahl von 34 000.

---

[1]) ABDERHALDEN, E.: Lehrb. d. physiol. Chemie. 5. Aufl., S. 388. Berlin: Urban & Schwarzenberg 1923.
[2]) SCHULZ, FR. N.: Die Größe des Eiweißmoleküls. Jena: G. Fischer 1903.

Von allen Proteinen hat das *Hämoglobin* am meisten zur Bestimmung des Molekulargewichtes eingeladen, denn hier ist eine wirksame gegenseitige Kontrolle möglich durch die chemische Analyse (Jaquet), insbesondere durch Bestimmung des Eisen- und Schwefelgehaltes, das Sauerstoffbindungsvermögens (Hüfner) und des osmotischen Druckes. Alle diese Methoden haben zu dem übereinstimmenden Ergebnis von 16000 bis 17000 geführt. In der angegebenen Zahl von 16669 haben die letzten Stellen natürlich keinen absoluten Wert, ebensowenig die von Jaquet angegebene Bruttoformel $C_{758}H_{1203}N_{195}O_{28}FeS_3$. Aus dem übereinstimmenden Resultat der chemischen Analyse und des osmotischen Druckes hat man auch geschlossen, daß das Hämoglobin „molekulardispers" sei. Über den neuen Inhalt dieses Begriffes wurde oben geprochen.

Von den *physikalischen* Methoden zur Bestimmung des Molekulargewichtes der Proteine kommt vor allem die Ermittlung der Gefrierpunktserniedrigung und des osmotischen Druckes in Frage, da die Beobachtung der Siedepunktserhöhung sich bei den meisten Eiweißkörpern wegen ihrer Hitzeempfindlichkeit verbietet. Die Gefrierpunktserniedrigung gibt bei der Größe der Moleküle nur sehr niedrige Werte und beträgt z. B. bei einer 14proz. Lösung von Hühnereiweiß nur $0,02°$. Bedenkt man, wie schwer es ist, Eiweißkörper wirklich rein darzustellen, und daß selbst geringe Verunreinigungen besonders durch Elektrolyte diese niedrigen Thermometerwerte wesentlich fälschen können, so wird auch hier die ungeheure Schwierigkeit bei der Auswertung der Resultate offenbar.

Die mit solchen Methoden gefundenen Zahlen zeigen aber, daß die oben mitgeteilten, aus dem Schwefelgehalt errechneten Werte zu niedrig sind. So fand man schon früher beim Eieralbumin mindestens ein Molekulargewicht von 6400, Sörensen und seine Mitarbeiter[1]) neuerdings durch Messung des osmotischen Druckes nach der Kompensationsmethode für sorgfältig gereinigtes Eieralbumin sogar 34000 für die Partikeln, bei Anwesenheit von ca. 380 N-Atomen!

Da bei den physikalischen Methoden die *Anzahl* der in der Volumeinheit der Lösung vorhandenen Teilchen den osmotischen Druck, die Gefrierpunktserniedrigung und die Siedepunktserhöhung bedingt, so kann man bei gegebener Konzentration exakt nur dann einen Schluß auf die *Größe* der Teilchen ziehen, wenn diese bei allen Partikeln eine gleiche ist. Solange es sich dabei um chemisch wohl charakterisierte *Moleküle* im strengen modernen Sinne handelt, und diese im isoelektrischen Punkt (s. S. 237) in ein Minimum von Ionen dissoziiert sind, trifft dies auch zu, vorausgesetzt, daß ein einheitlicher Körper vorliegt. Sind aber eine Anzahl von Molekeln zu Gebilden höherer Ordnung aggregiert, so braucht dies nicht mehr zuzutreffen. Insbesondere setzt unsere neue Auffassung der Proteine als Assoziate das Postulat der Gleichheit der Teilchen nicht voraus, so daß man sich im gegenwärtigen Augenblicke bei der Erörterung dieser Frage eines höchst unsicheren Gefühles nicht erwehren kann, das hoffentlich bald einer einheitlichen Betrachtungsweise weichen wird.

Mehrfach war erwähnt, daß zahlreiche Proteine in *krystallisiertem* Zustande[2]) erhalten werden können. Manche Eiweißkörper krystallisieren überraschend leicht, so das *Edestin* (ein pflanzliches Globulin). Erwärmt man z. B. entfetteten Hanfsamen mit einer 10proz. Kochsalzlösung und filtriert, so scheidet sich beim Erkalten das Edestin in hübschen mikroskopischen Oktaedern aus. Auch die leichte Krystallisierbarkeit mancher Hämoglobinarten ist bekannt. Macht man

---

[1]) Sörensen, S. P., S. A. Christiansen, M. Höyrup, S. Goldscgmidt u. S. Palitzsch: Cpt. rend. du lab. de Carlsberg Bd. 12, S. 262. 1917.

[2]) Literatur s. bei Schulz, Fr. N.: Die Krystallisation von Eiweißstoffen und ihre Bedeutung für die Eiweißchemie. Jena: G. Fischer 1901. — Osborne, Th. B. u. Fr. N. Schulz, in E. Abderhalden: Handb. d. biochem. Arbeitsmethoden. Urban & Schwarzenberg 1910.

auf einem Objektträger einen Tropfen Rattenblut mit etwas destilliertem Wasser lackfarben und läßt ein wenig eindunsten, so scheiden sich die prächtigen Krystalle des Ratten-Oxyhämoglobins ab. Ja, Eiweißkrystalle findet man zuweilen sogar in der Natur vorgebildet. So sind bereits seit 1850 (TH. HARTIG) im Klebermehl Krystalle bekannt, die „Aleuronkrystalle" genannt werden. Auch in zahlreichen Samen (Kürbissamen, Hanfsamen, Ricinussamen, Paranüssen) sind Eiweißkrystalle beobachtet worden; desgleichen auch, wenn auch nicht in so zahlreichen Fällen, in Organen des Tierreiches.

Eine klassische Methode, um *Albumine* zu krystallisieren, ist die von FRANZ HOFMEISTER (1889) beschriebene. Durch Halbsättigung einer Eiereiweißlösung mit Ammonsulfat entfernt man zunächst die mit den Albuminen ja meist vergesellschaftet vorkommenden Globuline und läßt das Filtrat freiwillig eindunsten. Hat die Konzentration der Lösung die untere Füllungsgrenze für das Ovalbumin erreicht, so fällt dieses in Krystallform aus. Zur Entfernung von anhaftendem Ammonsulfat kann man die Albuminkrystalle durch Denaturierung mit Alkohol in eine unlösliche Form überführen und dann mit Wasser auswaschen. In ausführlichen Untersuchungen haben neuerdings SÖRENSEN und seine Mitarbeiter[1]) dargetan, daß in krystallisierten, mit Hilfe von Ammonsulfat gewonnenem Eieralbumin auf je zwei Eiweißpartikel drei Moleküle Schwefelsäure kommen.

Eiweißkörper drehen die Ebene des polarisierten Lichtes nach links; die Werte für die spezifischen Drehungen verschiedener Proteine gehen aus folgender Zusammenstellung[2]) hervor.

Protein	$[\alpha]^D$	Protein	$[\alpha]^D$
Ovalbumin kryst.	− 30,7°	Edestin	− 41,3°
Serumalbumin kryst.	− 61,0°	Globulin aus Flachssamen . . .	− 43,5°
Fibrinogen	− 52,5°	Legumin aus Pferdebohnen . .	− 44,1°
Serumglobulin	− 47,8°	Zeïn aus Mais	− 28,0°
α-Krystallin der Linse	− 46,9°	Gliadin	− 92,3°
β-Krystallin der Linse	− 43,3°		

Alle Proteine geben die *Biuretprobe*, die auch schon von höher molekularen Peptiden geliefert wird, doch sei erwähnt, daß neben dem eigentlichen Biuret z. B. auch Histidin, Cholin, Piperidin u. a. eine Biuretreaktion geben. Die Bedingungen für das Zustandekommen der Biuretreaktion sind noch nicht übersehbar. Die Farbenreaktionen, die, wie mehrfach erwähnt, charakteristisch für die einzelnen Bausteine sind, fallen je nach dem Vorkommen der betreffenden Bausteine stark, schwach oder negativ aus. Die MOLISCHsche Probe, die man erhält, wenn man eine Eiweißlösung mit einer alkoholischen Lösung von α-Naphtol versetzt und mit konzentrierter Schwefelsäure unterschichtet, deutet auf Kohlenhydratgruppen hin. Eiweißkörper, welche keine Kohlehydratgruppen enthalten (z. B. Casein), geben auch keine MOLISCHsche Probe. Da diese Kohlehydratreaktionen eine sehr empfindliche ist, können alle kohlehydrathaltigen Beimengungen zu Täuschungen Veranlassung geben.

Über die *Fällungsreaktionen* ist schon früher (s. S. 236 ff.) gesprochen worden. Die meisten Proteine sind in *Alkohol* unlöslich und aus wässeriger Lösung hiermit (meist unter allmählicher Denaturierung) ausfällbar, doch gibt es auch alkohollösliche Eiweißkörper (Prolamine), besonders im Pflanzenreiche.

---

[1]) SÖRENSEN, S. P. L.: Hoppe-Seylers Zeitschr. f. physiol. Chem. Bd. 103, S. 104. 1918. — SÖRENSEN, S. P. L. u. MARGARETE HÖYRUP: Ebenda Bd. 103, S. 211. 1918; Bd. 103, S. 267. 1918. — SÖRENSEN, S. P. L.: Ebenda Bd. 106, S. 1. 1919. Daselbst auch ältere Literatur.

[2]) Zitiert auf S. 272, Fußnote 1.

D. Die Konstitution der Proteine.

I. Die totale Hydrolyse der Eiweißkörper.

Die totale Hydrolyse der Eiweißkörper führt zu jenen Bausteinen, über die in früheren Kapiteln ausführlich die Rede gewesen ist. Von größter Wichtigkeit wäre es, die *prozentigen Anteile* der einzelnen Aminosäuren in den verschiedenen Eiweißkörpern festzustellen, eine Aufgabe, die zu ihrer Auswertung einerseits einheitliche Individuen als Ausgangsmaterial voraussetzt, andererseits überhaupt nur annähernd gelöst werden kann, weil eine Bestimmung der Aminosäuren im Sinne einer quantitativen Analyse nicht möglich ist (s. S. 221), vielmehr mit einem Verluste von 30—40% gerechnet werden muß. Günstiger liegen die Verhältnisse bei den *Protaminen,* die zum größten Teil aus den genauer bestimmbaren Diaminsäuren Lysin, Arginin und Histidin bestehen. So kommt es, daß die Chemie der Protamine hinsichtlich ihrer Arbeitsweise fast eine Sonderstellung einnimmt, und dieser soll hier Rechnung getragen werden, indem wir die Konstitution der Protamine unter diesen Eiweißkörpern selbst (s. S. 275) besprechen.

Folgende Tabelle nach der neuesten Zusammenstellung von Abderhalden[1]), der Werte von E. Fischer, Abderhalden und Osborne zugrunde liegen, zeigt die Zusammensetzung einiger Proteine; sie zeigt auch, daß im allgemeinen die Werte nicht so voneinander abweichen, daß aus ihnen etwas Grundsätzliches für die Konstitution der Proteine entnommen werden könnte, doch ist auffallend, daß in den *Albuminen* das Glykokoll stets fehlt. Über die Möglichkeit einer Einteilung der Eiweißkörper nach ihrem Gehalt an Aminosäuren s. S. 268.

Aminosäuren	Eiweißstoffe des tierischen Organismus					
	Eieralbumin	Serum-globulin	Titrin	Caseinogen	Globin aus Oxyhämo-globin des Pferdes	Weiße Substanz des Zentralnervensystems
Glykokoll	0	3,5	3,0	0	0	0
Alanin	3,0	2,2	3,6	0,9	4,2	1,2
Serin	—	—	0,8	0,23	0,6	0,2
Cystin	0,3	1,2	1,0	0,06	0,3	—
Valin	1,0	2,0	1,0	1,0	—	2,5
Norleucin	—	—	—	—	—	1,1
Leucinfraktion[2]) . .	7,0	15,0	15,0	10,5	29,0	4,0
Isoleucin	—	—	—	—	—	2,5
Phenylalanin . . .	4,5	3,8	2,5	3,2	4,2	0,15
Tyrosin	1,0	2,5	3,5	4,5	1,0	1,0
Histidin	—	—	vorhanden	2,6	11,0	1,4
Lysin	2,0	—	4,0	5,8	4,3	4,5
Arginin	2,0	—	3,0	4,8	5,4	8,0
Asparaginsäure . .	1,5	2,5	2,0	1,2	4,4	0,15
Glutaminsäure . .	9,0	8,5	10,4	11,0	1,7	2,0
Prolin	2,5	2,8	3,6	3,1	2,3	0,3
Oxyprolin	—	—	—	0,25	1,0	
Tryptophan	vorhanden	vorhanden	vorhanden	1,5	vorhanden	vorhanden
Ammoniak	—	—	—	—	—	—

---

[1]) Abderhalden, E.: Lehrb. d. physiol. Chemie. 5. Aufl., S. 403.

[2]) „Leucinfraktion" bedeutet, daß die Trennung in die Leucinisomeren nicht durchgeführt wurde; — bedeutet, daß die betreffende Aminosäure nicht bestimmt worden ist.

Aminosäuren	Eiweißstoffe des Pflanzenorganismus				
	Legumin aus Erbse	Edestin aus Hanfsamen	Leukosin aus Weizensamen	Gliadin aus Weizenmehl	Glutein aus Weizenmehl
Glykokoll	0,4	3,8	0,9	0	0,9
Alanin	2,0	3,6	4,5	2,5	4,6
Serin	0,5	0,3	—	0,1	0,7
Cystin	—	0,25	—	0,45	0,02
Valin	—	vorhanden	0,2	0,3	0,25
Norleucin	—	—	—	—	—
Leucinfraktion . . .	8,0	21,0	11,5	6,0	6,0
Isoleucin	—	—	—	—	—
Phenylalanin . . .	3,75	2,5	3,8	2,6	2,0
Tyrosin	1,5	2,1	3,3	2,4	4,25
Histidin	1,7	2,2	2,8	1,7	1,8
Lysin	5,0	1,65	2,75	0	1,9
Arginin	11,7	14,0	6,0	3,4	4,7
Asparaginsäure . .	5,3	4,5	3,4	1,2	0,9
Glutaminsäure . .	17,0	14,0	6,7	37,0	23,5
Prolin	3,2	1,7	3,2	2,4	4,2
Oxyprolin	—	2,0	—	—	—
Tryptophan	vorhanden	vorhanden	vorhanden	ca. 1,0	vorhanden
Ammoniak	2,0	2,3	1,4	5,1	4,0

II. Über die älteren Abbauversuche der Eiweißkörper durch Verdauung.
(Albumosen und Peptone.)

Bei der Erforschung der meisten hochmolekularen biochemischen Stoffe
geht die historische Entwicklung dahin, daß zuerst durch einen *totalen Abbau*
die niederen Bausteine festgestellt und erst später durch eine *partielle Hydrolyse*
höhermolekulare Spaltprodukte erfaßt werden, deren Konstitution dann für die
Aufklärung des Gesamtmoleküls ausgenutzt wird. Wenn wir bei den Eiweißkörpern eine umgekehrte Reihenfolge beobachten, wenn wir sehen, daß man sich
schon vor langen Jahren bemüht hat, durch die *Verdauung* von Proteinen, die
chemisch weiter nichts ist als ein partieller Abbau, hochmolekulare Bruchstücke
(Albumosen, Peptone), zu erhalten, während die Bausteine noch gar nicht genügend bekannt waren, so kommt das daher, daß erst verhältnismäßig spät,
nämlich seit dem Auffinden der Estermethode durch E. FISCHER diese Bausteine
systematisch untersucht werden konnten. Dazu kommt, daß Verdauungsversuche an Eiweiß nicht nur für die Konstitution der Proteine von Bedeutung
waren, sondern auch wegen des physiologischen Vorgangs als solchen das Interesse der Physiologen erweckten. Vor allem war es KUEHNE in den achtziger
Jahren des vorigen Jahrhunderts, dessen Methoden zur Untersuchung der bei
der Verdauung entstehenden partiellen Spaltprodukte mehrere Jahrzehnte hindurch die Chemie der Eiweißkörper beherrschten.

Verdaut man Eiweiß mit Pepsinsalzsäure, so erhält man in der Verdauungsflüssigkeit Spaltstücke, die sich beim Sättigen mit Ammonsulfat anscheinend
ganz verschieden verhalten; die einen werden nämlich ausgesalzen, geben auch
eine Fällung mit Ferrozyanwasserstoffsäure und Salpetersäure — man nannte
sie *Albumosen* —, die anderen geben diese Fällungsreaktionen nicht und wurden
Peptone genannt. Die letzteren lieferten zwar noch die Biuretreaktion (waren
„biuret“), gaben sich also schon dadurch als nahe Abkömmlinge der Proteine
zu erkennen (Aminosäuren geben keine Biuretreaktion, sie sind „abiuret“ mit

Ausnahme des Histidins), aber aus diesem Verhalten schien hervorzugehen, daß die Albumosen *höher*molekulare, den Eiweißkörpern näherstehende Produkte waren, während die Peptone *niedere* Abbaustufen darstellten, eine Anschauung, die auch in der Bezeichnung „Albumosen" niedergelegt ist.

Auch durch die Wirkung von Säuren auf Eiweiß, also auch ohne Fermente, konnte man Körper vom Charakter der Peptone darstellen (Säurepeptone, Pick und Spiro 1900).

Viel Mühe und Material wurde aufgewandt, um das Wesen der Albumosen und Peptone tiefer zu ergründen, und als man bald erkannte, daß diese Stoffe keine einheitlichen Körper waren, suchte man sie durch weitgehende Differenzierung der an sich willlkürlichen Füllungsmethoden immer weiter zu fraktionieren. Eine große Anzahl von neuen Namen entstand, und doch mußte das Bemühen jener Forscher im Grunde vergeblich sein, denn wir wissen heute, daß Albumosen und Peptone unentwirrbare Gemische von zahlreichen — vielleicht tausenden — Eiweißbruchstücken sind, und daß selbst die allerletzte Fraktion jener Forscher noch ein unentwirrbares Knäuel von solchen Bruchstücken darstellt, Körpern, die sich so wenig unterscheiden, daß ihre Trennung mit den uns augenblicklich zur Verfügung stehenden Mitteln aussichtslos erscheint.

Dennoch haben jene Forschungen einen wertvollen positiven Erfolg gehabt. Es zeigte sich nämlich, daß man Fraktionen herstellen kann, die frei von Tyrosin oder Cystin sind (Peptone), während andere Fraktionen diese Aminosäuren enthalten. Die Vorstellung aber, daß die „Albumosen" den Eiweißkörpern näher stünden als die „Peptone", mußte fallen gelassen werden in dem Augenblick, als E. Fischer und E. Abderhalden[1]) zeigen konnten, daß bei synthetisch aus einzelnen Aminosäuren aufgebauten Verbindungen (Peptiden) die Aussalzbarkeit mit Neutralsalzen keine Funktion der Molekulargröße ist, sondern wesentlich bedingt wird durch die *Art* der am Aufbau beteiligten Aminosäuren, denn hochmolekulare Produkte brauchen mit Ammonsulfat gar nicht aussalzbar zu sein, während die Gegenwart von Tyrosin oder Cystin genügt, um solche Komplexe aussalzbar zu machen, welche nur 3—4 Aminosäuren enthalten. Es gibt Peptone, die ein größeres Molekulargewicht haben können als gewisse Albumosen, und damit entbehrt eigentlich die Bezeichnung „Albumosen" für eine besondere Gruppe der Berechtigung, und es wäre besser, diesen Namen ganz fallen zu lassen und von „aussalzbaren" und „nicht aussalzbaren" Peptonen zu sprechen.

Auch die Bezeichnung „biurete" und „abiurete" Abbauprodukte wird besser fallen gelassen; das Nichtvorhandensein der Biuretprobe in Eiweißabbauprodukten schließt nicht aus, daß dennoch Aminosäureverbindungen (Peptide) vorhanden sind, da zahlreiche Peptide bekannt sind, welche keine Biuretreaktion geben. Somit entbehrt die obige Bezeichnung einer chemisch begründeten Unterlage, zumal die Bedingungen für das Zustandekommen der Biuretreaktion noch gar nicht mit genügender Sicherheit übersehen werden können.

III. Über die Bindungen der Aminosäuren und die Synthese von Peptiden.

Die Erkenntnis, daß die Eiweißkörper aus Aminosäuren aufgebaut sind, läßt die Frage nach der Art ihrer Verknüpfung auftauchen. Schon durch eine Überlegung kann man zu gewissen Schlüssen kommen. Erfolgte die Bindung im

---

[1]) Fischer, Emil u. E. Abderhalden: Ber. d. dtsch. chem. Ges. Bd. 40, S. 3544. 1907.

wesentlichen *ohne* Beteiligung der Carboxylgruppen, so müßten bei der Kumulation dieser Säuregruppen die Eiweißkörper sehr starke Säuren sein; wären die Aminosäuren aber einseitig säureanhydridartig miteinander verknüpft, so würde ein stark basischer Charakter der Proteine die Folge sein. Die meisten Proteine haben aber keine ausgesprochene Reaktion, und zudem ist nur ein kleiner Teil der in den Aminosäuren vorhandenen Aminogruppen mit salpetriger Säure nachweisbar. Es lag also nahe, daß in den Eiweißkörpern die Bindung der Aminosäuren unter gleichzeitiger und gegenseitiger Ausschaltung von Carboxyl- und Aminogruppen erfolgte. Eine solche Bindung ist die säureamidartige:

$$
\begin{array}{ccccc}
\mathrm{HN\!\cdot\!H} & & \mathrm{HO\!\cdot\!OC} & \mathrm{HN\!\!-\!\!\!-\!\!OC} & \\
| & & | & |\quad\ | & \\
\mathrm{R\cdot CH} & + & \mathrm{HC\cdot R} = & \mathrm{R\cdot CH} \quad \mathrm{HC\cdot R} & +\ \mathrm{H_2O} \\
| & & | & |\qquad | & \\
\mathrm{COOH} & & \mathrm{NH_2} & \mathrm{COOH}\ \ \mathrm{NH_2} &
\end{array}
$$

Solche säureamidartige Bindungen kommen im Organismus ja häufiger vor, und es sei hier nur an die Möglichkeit des Organismus erinnert, zugeführte Benzoesäure als *Hippursäure*, d. h. säureamidartig an Glykokoll gebunden, auszuscheiden. Als erster hat F. Hofmeister im Jahre 1902 die Wahrscheinlichkeit einer säureamidartigen Bindung ausgesprochen, doch um dieselbe Zeit hatte bereits Emil Fischer einen ganz neuen Weg beschritten, der für die Entwicklung der Eiweißchemie von der größten Bedeutung werden sollte. Emil Fischer stellte säureamidartige Verbindungen von Aminosäuren dar und nannte sie „Peptide", in Anlehnung an die alte Bezeichnung Pepton, das sich im wesentlichen als ein Gemisch von solchen Peptiden herausstellte und andererseits unter Berücksichtigung der in der Kohlenhydratchemie üblichen Bezeichnung „Saccharid", und ähnlich wie man Di-, Tri- und Polysaccharide kennt, schuf Emil Fischer synthetische Di, Tri- und Polypeptide.

Diese Art und Weise der experimentellen Forschung war ungewöhnlich, denn die Synthese folgt sonst meist, *nachdem* die Konstitution weitgehend aufgeklärt ist. Hier aber war über die Konstitution der Proteine bisher experimentell so gut wie nichts bekannt, und die Versuche, aus den Peptonen wohlcharakterisierte einheitliche Spaltstücke zu gewinnen, erfolglos geblieben. Aber eben deswegen beschritt Emil Fischer diesen neuen Weg der Synthese. Er wollte zunächst durch Koppelung von Aminosäuren Komplexe synthetisieren, wie sie vermutlich auch in Peptonen vorkamen, und es war vielleicht möglich, durch das Studium der Eigenschaften solcher künstlichen Peptide Mittel und Wege zu finden, um auch aus Peptonen solche Körper zu isolieren und durch Vergleich mit synthetisch dargestellten zu identifizieren (Versuche an „Modellen").

Dieser Weg bedeutete aber auch viel Mühe und Arbeit, die auf den ersten Blick der Kenntnis der Eiweißkörper nicht zugute kommen konnte, denn zahlreich mußten bei der zunächst wahllosen Synthese solche synthetisierten Produkte sein, die in der Natur nicht vorkommen, also aphysiologisch sind. Hier führten E. Fischer und E. Abderhalden gleichsam ein biologisches Reagens ein, um synthetische Peptide als aphysiologisch zu erkennen. Wir wissen, daß *Fermente*, deren sich der Organismus ja auch beim Abbau der Eiweißkörper bedient, in feinster Weise auf die Struktur eines zu spaltenden Stoffes eingestellt sind, indem kleine chemische oder sogar nur stereochemische Unterschiede zweier Produkte einen großen absoluten Unterschied in der Wirkung der Fermente bedingen können. So wurde von den künstlich dargestellten Peptiden zwar ein großer Teil durch *Trypsin* in die Aminosäuren gespalten, aber nicht alle.

Verbindungen *unnatürlicher* Aminosäuren wurden nicht gespalten und von racemischen Gemischen nur die *physiologisch* vorkommende Komponente angegriffen. Dieses Verhalten Fermenten gegenüber wurde also benutzt, um zu entscheiden, ob der eingeschlagene Weg zu physiologisch möglichen Produkten führte oder nicht.

Allgemein führen zur Synthese von Peptiden folgende Wege zum Ziel:

a) Die Synthese über die *Anhydride* von Aminosäure (Diketopiperazine).

b) Die Kupplung einer neuen Aminosäure mit Hilfe der *Aminogruppe* der alten.

c) Die Kupplung einer neuen Aminosäure mit Hilfe der *Carboxylgruppe* der alten.

a) Synthese von Peptiden über die Anhydride von Aminosäuren.

Diese Methode ist die älteste. Schematisch entsteht ein Anhydrid aus zwei Molekülen einer Aminosäure unter Wasseraustritt und gleichzeitiger zweifacher Säureamidbindung nach der Formel:

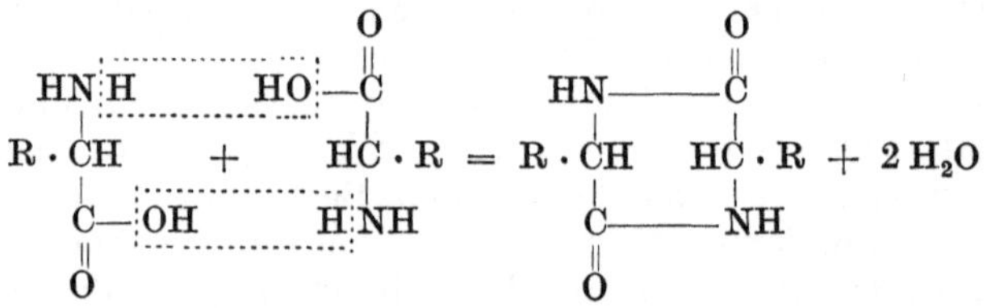

$$\text{Aminosäure} + \text{Aminosäure} = \text{Anhydrid der Aminosäure} + 2\,H_2O$$

Schon im Jahre 1849 beobachtete BOPP das von ihm Leucinimid genannte Anhydrid des Leucins, das durch Erhitzen dieser Aminosäure im Kohlensäure- oder Salzsäurestrom entsteht. Die Anhydride anderer Aminosäuren lassen sich aus den Estern unter Abspaltung von Alkohol darstellen.

Solche Anhydride sind ringförmige (heterocyclische) Körper und als Diketoderivate des Piperazins aufzufassen, sie werden daher auch *Diketopiperazine* genannt.

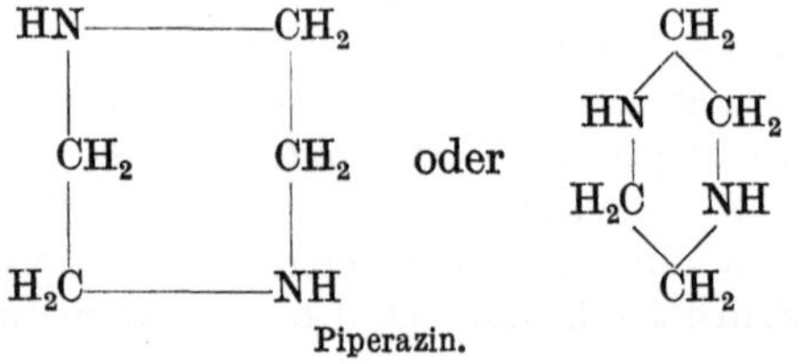

$$\text{Piperazin.}$$

Wird ein solches Anhydrid vorsichtig mit Laugen oder Säuren behandelt, so läßt sich erreichen, daß nur *eine* Bindung zwischen einer CO- und NH-Gruppe aufgespalten wird unter Entstehung des *Dipeptids*, während bei energischer Hydrolyse dieses weiter in die beiden Aminosäuren zerfällt.

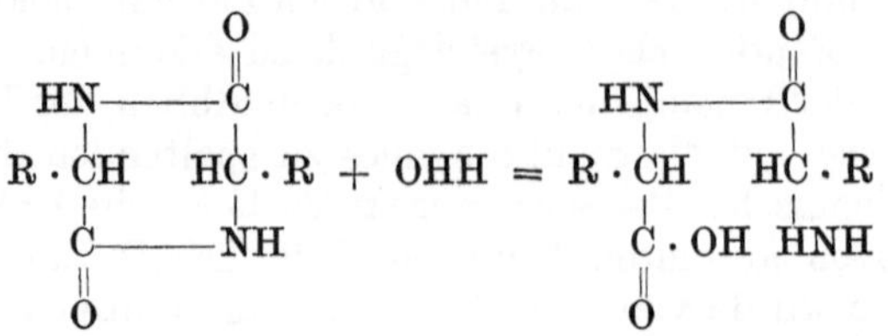

$$\text{Anhydrid der Aminosäure.} \qquad \text{Dipeptid der Aminosäure.}$$

In diesem besprochenen Falle besteht das Anhydrid aus zwei *gleichen* Amino-
säureresten. Infolgedessen ist die Formel symmetrisch, was man erkennt, wenn
man sich eine Linie diagonal von einer NH- zur anderen NH-Gruppe hindurch-
gezogen denkt. Deswegen ist es auch gleichgültig, ob wir uns die obere oder
untere Säureamidbindung durch die partielle Hydrolyse gelöst denken. In beiden
Fällen kommt man zu demselben Dipeptid. Dies trifft aber nicht mehr zu, wenn,
was ebenfalls möglich ist, das Anhydrid aus zwei *verschiedenen* Aminosäuren
zusammengesetzt ist, denn dann ist die Formel für das Anhydrid nicht mehr
symmetrisch, und man erhält bei der partiellen Hydrolyse ein Gemisch von zwei
Isomeren, wenn bei dem einen Molekül die obere und bei dem anderen die untere
Bindung gelöst wird. Im folgenden soll die Verschiedenartigkeit der Aminosäuren
durch die Radikale R und R_1 angedeutet werden.

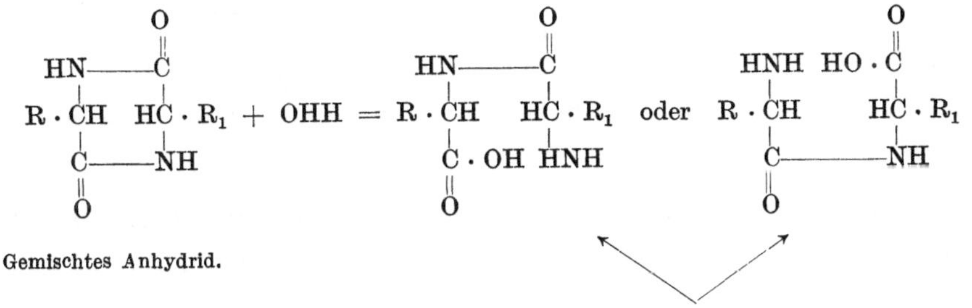

$$
\begin{array}{l}
\qquad\quad \overset{\displaystyle O}{\overset{\|}{}} \qquad\qquad\qquad \overset{\displaystyle O}{\overset{\|}{}} \qquad\qquad\qquad \overset{\displaystyle O}{\overset{\|}{}} \\
HN\!\!-\!\!-\!\!-C \qquad\quad HN\!\!-\!\!-\!\!-C \qquad\qquad HNH\;\;HO\cdot C \\
R\cdot CH \quad HC\cdot R_1 + OHH = R\cdot CH \quad HC\cdot R_1 \quad oder \quad R\cdot CH \qquad HC\cdot R_1 \\
C\!\!-\!\!-\!\!-NH \qquad\quad C\cdot OH\;\;HNH \qquad\qquad\quad C\!\!-\!\!-\!\!-NH \\
\overset{\|}{O} \qquad\qquad\qquad\quad \overset{\|}{O} \qquad\qquad\qquad\qquad \overset{\|}{O}
\end{array}
$$

Gemischtes Anhydrid.

Zwei isomere Dipeptide.

Diese Überlegungen spielen eine große Rolle bei der Beurteilung natürlicher,
nach partieller Hydrolyse von Proteinen gewonnener Dipeptide. Diese können
nämlich, wie wir sehen werden, in ihrer Anhydridform isoliert und nachher
durch eine partielle Hydrolyse aus ihren Anhydriden regeneriert werden. Besteht
das Dipeptid aus zwei *verschiedenen* Aminosäuren, so gibt uns wegen der Möglichkeit der beiden Isomeren ein aus dem Anhydrid wieder dargestelltes Dipeptid *keinen* Aufschluß über das wirklich im Eiweiß ursprünglich vorhandene
Dipeptid.

Aus demselben Grunde ist diese Art der *Synthese* von Dipeptiden leicht
unübersichtlich, zudem lassen sich mit ihr nur *Di*peptide darstellen. Dagegen
sind die folgenden Arten der Synthesen die allgemeineren und ergiebigeren.

b) Synthese von Peptiden durch Kuppelung einer neuen Aminosäure mit Hilfe der Aminogruppe der alten oder eines vorliegenden Peptids.

Im folgenden soll R den Rest einer Aminosäure und R_1 den Rest einer neu-
hinzukommenden Aminosäure bedeuten. Bei dieser Synthese geht man bei der
hinzutretenden Aminosäure nicht von dem *präformierten* Körper aus, sondern
synthetisiert sich die hinzutretende Aminosäure gleichsam erst *nach der Koppelung* durch Amidieren der entsprechenden Halogenfettsäure nach der für Aminosäuren allgemeingültigen Methode

$$
\overset{\displaystyle Cl}{R\cdot CH}\cdot COOH + NH_3 = \overset{\displaystyle NH_2}{R\cdot CH}\cdot COOH + HCl.
$$

Die Halogenfettsäuren werden in Form ihrer sehr reaktionsfähigen *Säurechloride* auf die vorliegende Aminosäure oder das vorliegende Peptid einwirken
gelassen, wobei das Säurechlorid an der Aminogruppe des Körpers angreift.

Demnach vollzieht sich die Synthese in folgenden Phasen

$$\begin{matrix}
 & & O & & & & O \\
 & & \| & & & & \| \\
HN\,H & Cl\!-\!C & & HN\!-\! & & \cdots & C \\
R\cdot CH & + & HC\cdot R_1 & = & R\cdot CH & & HC\cdot R_1 \\
C\!\!\nearrow^{O}_{\searrow OH} & & Cl & & C\!\!\nearrow^{O}_{\searrow OH} & & Cl
\end{matrix}$$

Aminosäure.   Halogenfett-
säurechlorid.

$$\begin{matrix}
 & O & & & & O \\
 & | & & & & \| \\
HN\!-\!\!-\!\!-\!C & & HN & & \cdots & C \\
R\cdot CH & HC\cdot R_1 & & = R\cdot CH & & HC\cdot R_1 \\
C\!\!\nearrow^{O}_{\searrow OH} & Cl \; + \; H\,NH_2 & & C\!\!\nearrow^{O}_{\searrow OH} & & NH_2
\end{matrix}$$

Dipeptid.

Diese Synthese ist auch anwendbar auf vorliegende Peptide, so daß nach dieser Methode auch Polypeptide darstellbar sind.

c) Synthese von Peptiden durch Kuppelung einer neuen Aminosäure mit Hilfe der Carboxylgruppe der alten oder eines vorliegenden Peptids.

Diese Methode ist gleichsam die Umkehrung der vorigen. Hier wird die Aminosäure oder das vorliegende Peptid zunächst in das Säurechlorid umgewandelt, welches dann auf die Aminogruppe der neu hinzutretenden Aminosäure oder sogar eines neu hinzutretenden Peptids einwirkt nach dem Schema

$$\begin{matrix}
NH_2 & & COOH & & NH_2 & COOH \\
| & & | & & | & | \\
R\cdot CH & + & HC\cdot R_1 & = & R\cdot CH & HC\cdot R_1 + HCl \\
C\!-\!Cl & & H\,NH & & C\!\!-\!\!-\!\!-\!NH \\
\| & & & & \| \\
O & & & & O
\end{matrix}$$

Aminosäurechlorid. Aminosäure.   Dipeptid.

Mit den beschriebenen Methoden sind inzwischen von E. Fischer und E. Abderhalden weit über 100 Polypeptide dargestellt worden. Sie im einzelnen hier anzuführen, würde den Rahmen dieses Handbuches überschreiten, es sei hier nur erwähnt, daß der komplizierteste dieser Körper 19 Aminosäuren enthält und von Abderhalden und Fodor[1]) synthetisiert worden ist. Es ist dies das l-Leucyl-triglycyl-l-leucyl-triglycyl-l-leucyl-triglycyl-l-leuzyl-pentaglycyl-glycin. Die Konstitution dieses hochmolekularen Körpers ist

$$\begin{matrix}
CH_3\;CH_3 & & & \\
\diagdown\!\diagup & & & \\
CH & & CH_3\;CH_3 & \\
| & & \diagdown\!\diagup & \\
CH_2 & & CH & \\
| & & | & \\
CH\cdot NH_2 & & CH_2 & \\
| & & | & \\
CO\!-\!(NH\cdot CH_2\cdot CO)_3\!-\![NH\cdot CH\cdot CO\!-\!(NH\cdot CH_2\cdot CO)_3]_2
\end{matrix}$$

$$NH\cdot CH\cdot CO\!-\!(NH\cdot CH_2\cdot CO)_5\!-\!NH\cdot CH_2\cdot COOH$$

$$\begin{matrix}
| \\
CH_2 \\
| \\
CH \\
\diagup\;\diagdown \\
CH_3 \quad CH_3
\end{matrix}$$

---

[1]) Abderhalden, E. u. A. Fodor: Ber. d. dtsch. chem. Ges. Bd. 49, S. 561. 1916.

Solche Polypeptide ähneln in ihrem Verhalten den *Peptonen*. Wir finden die Biuretreaktion, jene für Eiweiß verhältnismäßig so charakteristische Probe, schon bei manchen Tripeptiden. Im übrigen geben sie natürlich die Farbenreaktionen ihrer Bausteine, d. h. tryosinhaltige geben eine Reaktion mit Millons Reagens und die Xanthoproteinreaktion, während die Anwesenheit von Tryptophan sich durch die Reaktion von Hopkins und die Anwesenheit von Cystin durch die Schwefelbleiprobe kundtut. Die Reaktion mit Brom- oder Chlorwasser fällt auch bei Anwesenheit von Tryptophan negativ aus, wird aber positiv, wenn durch Verdauung mit Trypsin diese Aminosäure in Freiheit gesetzt wird. Alle Polypeptide geben mit Ninhydrin eine Blaufärbung. Einige Peptide lassen sich leicht mit Ammonsulfat aussalzen, vor allem, wenn sie Tyrosin oder Cystin als Bausteine einhalten (s. S. 248). Endlich liefern hochmolekulare Polypeptide *schäumende* Lösungen. Während die niederen Peptide krystallisieren, sind die hochmolekularen amorphe, in trockenem Zustande pulverige Körper. Durch Eiweißfällungsmittel, wie Phosphorwolframsäure, Ferrocyanwasserstoffsäure usw., werden sie ausgefällt. Mit einem Wort gesagt, die Peptide verhalten sich ebenso wie die Peptone bzw. deren Bausteine, so daß man zu der Vermutung berechtigt ist, daß die Peptone im wesentlichen unübersehbare Gemische von Polypeptidketten sind, eine Annahme, die sich durch die Isolierung von *natürlichen* Peptiden aus peptonartiger Gemischen denn auch bestätigt hat. Daß aber die Peptone nicht eigentlich entwirrt werden können, hat seinen Grund darin, daß die Eigenschaften der Peptide, besonders der höhermolekularen, wenig voneinander abweichen, und die Mißerfolge der älteren Forscher brauchen uns nicht wunderzunehmen, sind doch sogar die meisten Aminosäuren in ihren Eigenschaften so wenig voneinander verschieden, daß erst die Estermethode eine Möglichkeit zu ihrer systematischen Erfassung geschaffen hat.

IV. Über neuere Versuche der partiellen Hydrolyse von Proteinen.
(Isolierung von natürlichen Peptiden.)

In einer ganzen Reihe von Fällen ist es gelungen, aus bestimmten, als Peptone zu bezeichnenden Produkten der partiellen Hydrolyse Stoffe abzutrennen, die sich als einheitliche Peptide erwiesen haben. *Erst durch diese Feststellung war einwandfrei bewiesen worden, daß in Peptonen Peptide vorkommen, die aus säureamidartig gebundenen Aminosäuren zusammengesetzt sind.* Vielleicht bestehen die Peptone *ausschließlich* aus solchen Polypeptiden; es ist aber auch möglich, daß noch andere Bindungsarten als die säureamidartige vorkommen, obgleich solche bis jetzt noch nicht eindeutig nachgewiesen sind. Erinnert man sich, daß nicht alle Aminosäuren einfache α-Monoaminosäuren sind, daß vielmehr auch Oxygruppen, weitere Amino- oder Carboxylgruppen vorkommen, so ist sehr wohl möglich, daß diese eine Abwechslung in die eintönige Bindungsart der Aminosäuren hineinbringen können (Esterbindung, Säureanhydridbindung).

Die Isolierung und Identifizierung von natürlichen Peptiden verdanken wir E. Fischer und E. Abderhalden. Solche natürlichen Peptide sind meist Dipeptide, und als erster Vertreter wurde aus Seidenfibroin, das mit 70proz. Schwefelsäure 3 Tage bei Zimmertemperatur hydrolysiert worden war, ein aus Glykokoll und Alanin bestehendes Dipeptid dargestellt (E. Fischer und E. Abderhalden 1906). Die Isolierung von Dipeptiden geschah anfänglich nach einer Methode, in derem Wesen es lag, zweideutige Resultate zu liefern. Es wurde nämlich das aus Peptiden und freien Aminosäuren bestehende Hydrolysengemisch verestert, und aus dem Estergemisch schied sich das Anhydrid (Diketo-piperazin s. S. 250), bestehend aus Glykokoll und Alanin, aus. Die Entstehung dieses Anhydrids kann nun einmal auf ein präformiertes Dipeptid, dann aber auch nur auf Aminosäuren zurückgeführt werden, da ihre Ester ja ebenfalls zur Entstehung von Anhydriden neigen (s. S. 250). Die Möglichkeit der Bildung des Anhydrids aus den beiden Aminosäuren wurde nun dadurch ausgeschaltet, daß nach der Veresterung die Aminosäureester mit Äther entfernt wurden, so daß das zur Abscheidung gelangende Anhydrid nunmehr lediglich auf das Konto des präformierten Peptids zu setzen ist. Die Bildung des Diketopiperazins aus dem Peptidester vollzieht sich nach der Formel

$$
\begin{array}{ccc}
& O & O \\
& \parallel & \parallel \\
HN\text{———————}C & HN\text{——}C & \\
| & | & | & | \\
R \cdot CH & HC \cdot R_1 = R \cdot CH \quad HC \cdot R_1 + CH_3OH \\
| & | & | & | \\
C-[O \cdot CH_3 \quad H]NH & C\text{———}NH & \\
\parallel & \parallel & \\
O & O &
\end{array}
$$

Peptidester.   Diketopiperazin.   Methylalkohol.

Aber auch das erfaßte Anhydrid ist zweideutig, da es aus zwei *verschiedenen* (s. S. 251) Aminosäuren besteht und ebenso gut aus Glyzyl-d-alanin[1]) als auch aus d-Alanyl-glycin hätte entstanden sein können, da beide Dipeptide zur Bildung eines und desselben Anhydrids befähigt sind, und umgekehrt aus dem Anhydrid durch partielle Hydrolyse wieder die beiden isomeren Dipeptide hervorgehen können. Diese Zweideutigkeit haftet allen im Anhydridzustande isolierten Di-peptiden an. Es ist aber gelungen, solche Peptide auch *direkt* aus der Hydro-lysenflüssigkeit zu isolieren, so daß auch eindeutige Resultate vorliegen. Zur Isolierung von Peptiden direkt aus den Abbaugemischen benutzt man Fällungs-mittel und vor allem die Extraktion mit verschiedenartigen organischen Lösungs-mitteln.

Eine ganze Reihe von Anhydriden wurde von E. Fischer und E. Abder-halden dargestellt, so aus Seide das Glycyl-l-tyrosinanhydrid; aus Elastin Glycyl-l-leucinanhydrid, Glycyl-d-alaninanhydrid und Glycyl-d-valinanhydrid; aus Gelatine Glycyl-l-prolinanhydrid; und aus Casein das Isoleucyl-valinanhydrid. Von natürlichen, *direkt gewonnenen* Peptiden seien erwähnt aus dem Darminhalt das Glycyl-l-phenylalanin; aus Elastin das d-Alanyl-l-leucin, l-leucyl-d-alanin, l-leucyl-glycin und Glycyl-l-leucin. Seidenfibroin lieferte d-Alanyl-glycin, Glycyl-l-tyrosin und Glycyl-d-Alanin. Aus Gliadin wurden l-Leucyl-d-glutaminsäure und l-Prolyl-l-phenylalanin isoliert.

Derartige Dipeptide zerfallen natürlich bei der Hydrolyse in ihre Amino-säuren. Aber dieser Befund gibt, was auch aus dem oben Gesagten hervorgeht, noch keinen Aufschluß über die Art ihrer Verkettung; denn sowohl das Glycyl-alanin als auch das Alanyl-glycin geben dieselben beiden Spaltstücke. Hier kommt ein direkter Vergleich der Konstanten des *natürlichen* Peptids mit denen

---

[1]) Zur Nomenklatur solcher Verbindungen sei erwähnt, daß man in Analogie mit der Gepflogenheit bei der Benennung von Carbonsäureverbindungen diejenige Aminosäure, welche mittels der Carboxylgruppe unter Austritt der OH-Gruppe gekoppelt ist, in der Endung „yl" auslauten läßt, während die Aminosäure mit intakter Carboxylgruppe mit dem gewöhnlichen Namen bekannt wird, z. B.:

$$
\underbrace{NH_2 \cdot CH_2 \cdot \overset{\displaystyle O}{\overset{\parallel}{C}}}_{\text{Glyzyl}} - \underbrace{NH \cdot CH(CH_3) \cdot COOH}_{\text{Alanin.}} \qquad \underbrace{NH_2 \cdot CH(CH_3) \cdot \overset{\displaystyle O}{\overset{\parallel}{C}}}_{\text{Alanyl}} - \underbrace{NH \cdot CH_2 \cdot COOH}_{\text{Glyzin.}}
$$

des *synthetischen* in Frage, deren Konstitution infolge der Synthese bekannt ist. Wir haben aber noch eine andere elegante Methode, um die Art der Verknüpfung zu ermitteln. Schon auf S. 220 war erwähnt, daß Aminogruppen von Aminosäuren leicht mit *Naphthalinsulfochlorid* reagieren unter Kupplung des Naphthalinsulfosäurerestes an die Aminogruppe unter Bildung der entsprechenden Sulfone. Dasselbe gilt auch für die Peptide. Ein solches Peptid hat (wenn es aus Monoaminosäuren besteht) nur *eine* Aminogruppe frei. Kuppelt man diese mit Naphthalinsulfosäure, so ist diese Aminogruppe und damit die ganze zugehörige Aminosäure gleichsam gekennzeichnet. Durch eine vorsichtige Hydrolyse läßt sich nun erreichen, daß zwar die Peptidbindung aufgespalten wird, daß aber der Naphthalinsulfosäurerest an seiner Aminosäure verbleibt. So zerfällt das Peptid in eine gewöhnliche Aminosäure und in eine solche, deren Aminogruppe mit dem Naphthalinsulfosäurerest behaftet ist, und diese letztere Aminosäure mußte mithin im Peptid eine *freie* Aminogruppe gehabt haben, also mit der Carboxylgruppe gekoppelt gewesen sein (E. Fischer und Bergell 1902).

Es ist E. Fischer und E. Abderhalden auch geglückt, natürliche *Poly*peptide darzustellen, z. B. aus Seide ein Tetrapeptid, bestehend aus zwei Molekülen Glycin und je einem Molekül Tyrosin und Alanin. Bei solchen Polypeptiden können die Schwierigkeiten ihrer Identifizierung ungeheuer anwachsen. Hier kommt man nämlich in eine Größenordnung hinein, wo ein Vergleich mit synthetisch dargestellten Produkten kaum noch in Frage kommt, weil die Möglichkeiten für die Synthesen bei Vorliegen von mehreren Aminosäuren so überaus groß sind. Unter der Annahme, daß vier *verschiedene* Aminosäuren am Aufbau eines Tetrapeptids beteiligt sind, ergeben sich infolge verschiedener Reihenfolge der Kettenglieder schon 24 mögliche isomere Verbindungen, und wie viele von diesen müßten u. U. dargestellt werden, bis man zufällig dasjenige trifft, welches mit dem natürlichen zu identifizierenden Peptid identisch ist! Bei Anwesenheit von 5 verschiedenen Aminosäuren wachsen die Möglichkeiten auf 120 und bei 8 auf über 4000 an; 20 Aminosäuren ergeben eine 19stellige Zahl!

Bei dem oben erwähnten Tetrapeptid, welche drei verschiedene Aminosäuren enthält, würden sich für die Synthese zwecks Vergleich 12 verschiedene Möglichkeiten ergeben haben, und diese 12 Isomeren müßten alle dargestellt werden, schon um zu ermitteln, ob nicht einige darunter vorkommen, die so ähnliche Eigenschaften haben, daß ein Vergleich nicht mehr zur Identifizierung herangezogen werden kann. Zutreffendenfalls wäre die ganze Arbeit umsonst gewesen.

Es gelang nun, dieses Tetrapeptid in zwei Dipeptide zu spalten, die aber anfänglich als Anhydride isoliert wurden und also nach dem oben Gesagten zweideutige Resultate lieferten. Immerhin bedeutete dies einen Fortschritt. Trotz diesen Schwierigkeiten ist es Abderhalden gelungen, das Tetrapeptid mit großer Wahrscheinlichkeit als Glycyl-d-Alanyl-glycyl-l-tyrosin zu erkennen. Abderhalten und Fodor (1921) konnten nämlich aus Seide ein *Tripeptid* darstellen und als d-Alanyl-glycyl-l-tyrosin charakterisieren. Ferner glückte es, daß zu untersuchende Tetrapeptid unter Abspaltung von Glykokoll in ein Tripeptid überzuführen, *das sich mit dem erwähnten als identisch erwies*, und endlich konnte Abderhalden neuerdings[1]) das Tetrapeptid in zwei Dipeptide spalten, die als solche (also unter Umgehung der Anhydridform) isoliert und als d-Alanylglycin und Glycyl-l-tyrocin erkannt wurden.

Berücksichtigt man, daß die Aufklärung des besprochenen Tetrapeptids durch die geschickte Ausnützung günstiger Umstände ganz wesentlich erleichtert worden ist, so erkennt man die ungeheuren Schwierigkeiten, die sich der experi-

---

[1]) Abderhalden, E.: Lehrbuch der physiologischen Chemie. 5. Aufl. S. 370. 1922.

mentellen Erforschung derartiger hochmolekularer Peptide und damit der Eiweißkörper überhaupt entgegenstellen, und so kommt es, daß zwar eine Anzahl von weiteren Stoffen isoliert worden ist, die sicherlich Polypeptide darstellen, daß aber häufig ihre Konstitution noch nicht mit der wünschenswerten Sicherheit aufgeklärt werden konnte[1]).

Bisher haben wir uns mit Abbauprodukten beschäftigt, deren Aminosäuren in *kettenförmiger* Anordnung aneinander gereiht sind. Beim stufenweisen Abbau von Proteinen sind aber auch *Diketopiperacine* und solche *Anhydride*, die aus mehr als zwei Aminosäuren zusammengesetzt sind, dargestellt worden, und endlich auch Kombinationen von Peptiden mit Diketopiperacinen. Hierbei ist stets die Frage zu beantworten, ob jede Möglichkeit einer *sekundären* Bildung ausgeschlossen ist. Zwar haben auch Befunde, die wesentlich durch sekundäre Veränderung bedingt sind, eine große Bedeutung, wenn man nur den Mechanismus der Veränderung genau übersehen kann; die Möglichkeit des Vorkommens von solchen Anhydriden würde aber ein neues Moment in die Eiweißchemie hineinbringen, weil dann mit dem Vorkommen von komplizierten *Ringsystemen* gerechnet werden muß (s. darüber im nächsten Kapitel).

Wie aus dem oben Mitgeteilten hervorgeht, sind bereits eine große Anzahl niederer und höherer Peptide, sowohl natürlicher als auch künstliche, dargestellt worden, und es wurde ebenfalls gezeigt, daß viele von ihnen die Eigenschaften der *Peptone* aufweisen. Es ergibt sich jetzt die Frage, ob derartige hochmolekulare Polypeptide vielleicht schon als ein verkleinertes „Modell“ eines Eiweißkörpers gelten können. Diese Frage ist zu verneinen, weil alle bis jetzt hergestellten Polypeptide wohl mit *Trysin*, nicht aber mit *Pepsinsalzsäure* gespalten werden können, und damit haben wir eine Eigentümlichkeit, in der sich die eigentlichen Proteine von den bisher synthetisch erreichbaren Produkten unterscheiden.

In einer etwas anderen Weise hat Siegfried[2]) versucht, hochmolekulare Spaltprodukte nach stufenweisem Abbau aus den Proteinen zu isolieren. Er spaltete Eiweiß durch längere Digestion mit verdünnter Salzsäure im Brutschrank und erhielt durch Fällung mit Phosphorwolframsäure Produkte, die als Sulfate isoliert und *Kyrine* genannt wurden. Sie enthielten nur einige wenige Aminosäuren und bestanden hauptsächlich aus Lysin, Arginin, Histidin und Glutaninsäure. Obgleich hier zweifellos Körper einfacherer Zusammensetzung vorliegen, so ist doch noch nicht endgültig bewiesen, ob es wirklich einheitliche Verbindungen sind. Über ihre Struktur ist noch nichts Näheres bekannt. Siegfried hält es für wahrscheinlich, daß hier gleichsam die härteren „Kerne“ der Proteinmoleküle vorliegen, von denen die weicheren und vorwiegend aus Monoaminosäuren bestehenden Polypeptidketten bei der Hydrolyse abgeschält worden sind, eine Vorstellung, die zu der Bezeichnung Veranlassung gegeben hat.

Neuerdings haben P. Brigl und E. Klenk[3]) Proteine durch Erhitzen in geschmolzenem Phthalsäureanhydrid gespalten. Vorversuche mit Peptiden hatten gezeigt, daß die Peptidbindung sich diesem Eingriff gegenüber verhältnismäßig resistent verhält, was überraschte, da Proteine dabei leicht in hochmolekulare Bruchstücke zerfallen. Die genannten Autoren nehmen daher als wahrscheinlich an, daß neben der Peptidbindung noch andere Bindungen vorkommen, von denen vor allem die Esterbindung bei Oxyaminosäuren in Frage kommt.

---

[1]) Siehe zahlreiche Arbeiten von E. Abderhalden und seiner Schüler in den letzten Jahrgängen der Zeitschrift für physiologische Chemie.

[2]) Siegfried, M.: Hoppe-Seylers Zeitschr. f. physiol. Chem. Bd. 43, S. 44. 1904; Bd. 48, S. 54. 1906; Bd. 50, S. 163. 1906; Bd. 58, S. 214. 1908; Bd. 97, S. 333. 1916.

[3]) Brigl, P. u. E. Kleuk: Hoppe-Seylers Zeitschr. f. physiol. Chem. Bd. 131, S. 66. 1923.

Dieses neue Verfahren der Spaltung erscheint deswegen wertvoll, weil hierbei ein Zerfall in Polypeptide eintritt, welche sofort in *Phthalylverbindungen* verwandelt werden. Hier ist die Möglichkeit, die entstandenen Produkte zu trennen und chemische Individuen herauszuschälen, gegenüber anderen Methoden deswegen günstiger, weil die Körper infolge der Einführung der Phthalsäuregruppe in ihrer Löslichkeit vollkommen verändert werden, denn sie sind unlöslich in Wasser, aber löslich in organischen Lösungsmitteln, und zwar in ganz verschiedenem Maße.

V. Die Proteine als Assoziate von Grundkörpern.

Versucht man sich ein Bild von dem Eiweißmolekül nach dem bisher mitgeteilten zu machen, so müßte dieses etwa folgendermaßen aussehen: Ein außerordentlich großes, aber in seiner Größe genau definiertes Molekül, bestehend aus sehr langen unter Umständen verzweigten Peptidketten; etwas Abwechslung können hin und wieder andere Bindungsarten, so vor allem die Esterbindung bringen, und die Eintönigkeit der langen Peptidketten könnte durch eingebaute Ringsysteme von der Art der Diketopiperazine unterbrochen werden. Vielleicht sind die Polypeptide nur die „groben" Bausteine, aus denen dann das Proteinmolekül durch besondere Bindungen, die vor allem vom Pepsin gelöst werden können, zusammengesetzt ist. Das wesentliche Merkmal einer solchen Anschauung liegt darin, daß alle vorkommenden Bindungen durch die Betätigung von *Hauptvalenzen* der klassischen Chemie erklärt werden.

Die Eiweißchemie schien wegen der führer besprochenen schier unüberwindlichen Schwierigkeiten auf einem toten Punkte angekommen zu sein. Da kamen ihr die Erfahrungen zu Hilfe, die man inzwischen bei der Erforschung einer anderen Gruppe komplexer Naturstoffe, nämlich der *Polysaccharide*, gesammelt hatte.

Hier hatte zuerst H. Pringsheim[1]) im Jahre 1912 bei den durch bakteriellen Abbau der Stärke gewonnenen „Polyamylosen" (krystallisierten Dextrinen) festgestellt, daß diese noch ziemlich hochmolekularen Stoffe einfach dadurch, daß man deren Hydroxylgruppen mit Essigsäure veresterte, ohne Bildung reduzierender Zucker und *ohne Hydrolyse* in einfachere Gebilde zerfallen, denen gegenüber die Ausgangskörper sich als höhere Polymere erwiesen. Es war also eine *Depolymerisation* erfolgt, und zum ersten Male in der organischen Chemie der Beweis für die Betätigung von Affinitätskräften erbracht, die im Sinne der reinen Strukturchemie nicht definierbar waren, also nicht als „Hauptvalenzen" im Sinne Werners bezeichnet werden konnten, und deshalb im Anschluß an die bei komplexen Salzen (s. S. 218) gebrauchte Bezeichnungsweise „Nebenvalenzen" genannt wurden. Die Affinitätskräfte waren in den depolymerisierten Amylosen noch wirksam; denn manche gingen beim bloßen Anfeuchten mit Wasser ohne sonstige äußere Einwirkungen wieder in höhere Polymerisationsprodukte über. Im Jahre 1920 fand dann R. O. Herzog[2]), daß Stärke (und Cellulose) ein Röntgenspektrogramm liefert, was auf die regelmäßige Wiederkehr von Komplexen hindeutet.

Am sinnfälligsten erklären vielleicht neue Versuche von Pringsheim[3]) die veränderte Sachlage: Erhitzt man das *Lichenin*, das Hauptpolysaccharid des isländischen Mooses, mit Glycerin, so zerfällt es direkt in ein einfach gebautes Glucoseanhydrid, welches, in Wasser anfänglich echt löslich, in einigen Tagen

---

[1]) Pringsheim, H. u. Langhans: Ber. d. dtsch. chem. Ges. Bd. 45, S. 2533. 1912. — Pringsheim, H. u. Eissler: Ebenda Bd. 46, S. 2959. 1913.
[2]) Herzog, R. O. u. Jancke: Ber. d. dtsch. chem. Ges. Bd. 53, S. 2162. 1920.
[3]) Pringsheim, H., Knoll u. Kasten: Ber. d. dtsch. chem. Ges. Bd. 58, S. 2135. 1925.

wieder die für Lichenin charakteristische Gelbildung zeigte, und in diesem „reassoziierten" Zustande röntgenspektroskopisch sich mit Lichenin identisch erwies. Hier ist es vielleicht gelungen, zu dem „Elementarkörper" des Lichenins selbst zu kommen, was deswegen bedeutsam ist, weil im allgemeinen die durch depolymerisierende Eingriffe entstehenden Grundkörper sehr instabil sind und sich leicht zu sekundären Umwandlungsprodukten umbilden. Auf Grund der Versuche von Pringsheim, Herzog und Karrer kamen die Kohlenhydratchemiker zu dem Schlusse, daß Polysaccharide Assoziate einfacher Grundkörper sind.

Die im Jahre 1920 veröffentlichte Stärketheorie von Karrer[1]) nimmt an, daß die Kräfte, welche die Grundkörper zusammenhalten, von derselben Art sind wie die *Gitterkräfte*, welche für die regelmäßige Anordnung der Atome in festen krystallisierten Körpern verantwortlich sind; mit anderen Worten, die Stärkepartikelchen verhalten sich wie ein fester krystallisierter Stoff, der an sich in Wasser unlöslich ist, also etwa wie ein Metall, und können wie ein Metall höchstens durch feinste Suspension zu einer *kolloiden* Lösung gezwungen werden. Was die Atome deren regelmäßige Anordnung die Gitterstruktur bedingen, beim Metall sind, das stellen bei der Stärke die Elementarkörper dar, die, durch ebensolche Gitterkräfte regelmäßig angeordnet, die von Herzog nachgewiesene submikroskopische krystalline Struktur verursachen.

Nach dieser Theorie kann man von einem Molekulargewicht bei der Stärke nicht mehr sprechen, ebensowenig wie ein Metallstück ein Molekulargewicht hat. Ähnliche Anschauungen wurden von Hess[2]) entwickelt.

Bevor die Übertragung solcher Vorstellungen auf die Proteinchemie besprochen wird, sollen einige Bemerkungen über „Assoziation" und „Polymerisation" gemacht werden (nach Bergmann s. unten).

Erscheinungen von der Art der Assoziation waren dem Chemiker seit langem geläufig, wenn auch nur als unangenehme Begleiterscheinungen. Häufig zeigten organische Körper bei der Molekulargewichtsbestimmung nach den Beckmannschen Methoden ein zu großes Molekulargewicht in einigen Lösungsmitteln. Untersuchte man dann aber denselben Körper beispielsweise in Alkohol, so lieferte die Molekulargewichtsbestimmung richtige Werte. Im allgemeinen wirken hydroxylhaltige Lösungsmittel „dissoziierend", d. h. sie können durch Nebenvalenzen assoziierte Moleküle wieder spalten, indem ihre Moleküle selbst mit denen des gelösten Stoffes in Beziehung treten. Analytisch betrachtet ist das Assoziat, wenn es aus mehreren *gleichartigen* Grundkörpern entstanden ist, ein Polymeres von diesen. Indessen versteht man unter Polymerie häufig etwas Verschiedenartiges. Polymer im allgemeinsten Sinne sind Körper, die bei gleicher prozentischer Zusammensetzung ein verschiedenes Molekulargewicht und verschiedene Eigenschaften zeigen. In der Formel des höheren Körpers scheinen die Zahlen aller Atome des niederen Körpers mit demselben Faktor multipliziert zu sein. Von dieser allgemeinen Definition werden auch solche Körper umfaßt, die gar nichts miteinander zu tun haben, und bei denen zufällig die prozentische Zusammensetzung die gleiche ist, wie bei der Essigsäure $C_2H_4O_2$ und dem Traubenzucker $C_6H_{12}O_6$. Man muß diesen Begriff einengen und nur solche Körper als polymer bezeichnen, die erstens die gleiche prozentische Zusammensetzung aufweisen und zweitens in einer *genetischen Beziehung* zueinander stehen. Aber auch diese Einschränkung ist noch nicht genügend, denn es fallen unter diesen Begriff sowohl Stoffe, von denen der eine durch eine tiefgehende *Strukturänderung* des anderen entstanden ist, als auch solche Körper, die ohne tiefergehende Strukturänderung durch eine lockere und reversible „Assoziation" der „Grundkörper" durch Nebenvalenzen oder Restaffinitäten entstanden zu denken sind. Man unterscheidet daher zweckmäßig die Polymerisation im engeren Sinne von der *Assoziation*.

Eine Polymerisation im engeren Sinne ist beispielsweise die Kondensation von Formaldehydmolekülen zu einer Hexose

$$6\,CH_2O = C_6H_{12}O_6\,.$$

Hier haben die Ausgangskörper bei ihrer Vereinigung wesentliche Merkmale ihrer chemischen Konstitution aufgegeben und es ist ein neuer Stoff entstanden, der nicht mehr in die Aus-

---

[1]) Karrer, P.: Helvetica chim. acta Bd. 3, S. 620. 1920. — Karrer, P. u. Naegeli: Ebenda Bd. 4, S. 185. 1921.

[2]) Hess, K.: Zeitschr. f. Elektrochem. Bd. 26, S. 232. 1920.

gangskörper gespalten werden kann. Dagegen versteht man unter Assoziation eine lockere reversible Bindung aus „Grundkörpern", bei welcher diese ihre strukturelle Eigenart beibehalten haben, da sie nicht durch Betätigung von Hauptvalenzen, sondern von Nebenvalenzen oder Restaffinitäten entstanden sind. M. BERGMANN[1]) hat diese Erscheinungen am Acetoin untersucht, das leicht in sein Dimeres übergehen kann.

$$CH_3 \cdot CO \cdot CHOH \cdot CH_3 \; \rightleftarrows \; CH_3 \cdot \overset{\overset{\textstyle OH}{|}}{\underset{\diagdown O \diagup}{C}} \cdot CH \cdot CH_3$$

Acetoin   Acetoin
(acyclische Form).   (hypothetische cyclische Form).

$$\left(CH_3 \cdot \overset{\overset{\textstyle OH}{|}}{\underset{\diagdown O \diagup}{C}} \cdot CH \cdot CH_3 \right)_2$$

Das Acetoin ist ein Ketonalkohol des Butans, das dann durch Assoziation in sein Dimeres übergehen kann, wenn es sich in seine Cycloform umgewandelt hat; die Ursache ist in dem enggespannten Dreiring zu suchen, und die assoziierenden Kräfte gehen wahrscheinlich vom Sauerstoff aus. Es handelt sich um eine Neigung gewisser Moleküle, sich durch Affinitätsreste einzelner Atome oder Atomgruppen in reversibler Form und ohne Verschiebung der Atome der Teilmoleküle untereinander zu größeren Verbänden zu vereinigen. Wesentlich für das Stattfinden einer Assoziation ist das Vorhandensein von Grundkörpern mit *assoziationsfähigen Nebenvalenzen*. Häufig treten diese erst, wie das Beispiel vom Acetoin zeigt, durch eine intramolekulare Umlagerung in die Erscheinung, so daß die Grundkörper als solche nicht assoziationsbegierig zu sein brauchen. So kommt es, daß der *gesamte* Vorgang, also der Übergang des acyclischen Acetoins in sein Dimeres wie eine Polymerisation im engeren Sinne aussieht, da ja zum Begriff der Polymerisation im engeren Sinne eine Änderung der chemischen Struktur gehört; in Wirklichkeit aber muß man sich den Vorgang zerlegt denken in eine chemische Umlagerung zu einer tautomeren Form und in eine reine Assoziation.

Wenn man daran denkt, daß eine Assoziation häufig bei Molekulargewichtsbestimmungen als störende Erscheinung beobachtet wird, so kann man leicht zu der falschen Vorstellung kommen, daß der Grundkörper das „normale" Molekulargewicht habe. Im Gegenteil: Der assoziierte Zustand ist für manche Stoffe unter gewissen Versuchsbedingungen der normale Zustand; denn wenn eine Molekülart infolge ihrer Struktur assoziationsfähige Nebenvalenzen aufweist, so werden sich dieselben unter geeigneten physikalischen Bedingungen automatisch betätigen (aus demselben Grunde ist die Zweizahl der Komponenten keineswegs Bedingung für den Assoziationsbegriff). Wird das Acetoin in der Hydroxylgruppe methyliert, so ist die Neigung zur Bildung von Doppelmolekülen so stark ausgebildet, daß bisher selbst in hydroxylhaltigen Lösungsmitteln eine Sprengung der Doppelmoleküle, eine Dissoziation, nicht zu beobachten war. Erst durch Überhitzung im Gaszustand läßt sich die Dissoziation erzwingen, aber sie ist reversibel. [Nach BERGMANN[2]).]

Der Gedanke, daß in Proteinen Verbindungen vorliegen, die unter Betätigung von Nebenvalenzen oder Restaffinitäten zustandegekommen sind, ist wohl zuerst 1920 von HERZOG[3]), HESS[4]) und STIASNY[5]) geäußert worden. Die ersten *experimentellen* Befunde, welche den Anstoß zur Aufgabe der alten Anschauungen gaben, stammen von HERZOG[6]) und TROENSEGAARD[7]). HERZOG fand, daß das

---

[1]) BERGMANN, M. u. A. MICKELEY: Ber. d. dtsch. chem. Ges. Bd. 54, S. 2150. 1921. — BERGMANN, M. u. ST. LUDWIG: Liebigs Ann. d. Chem. Bd. 436, S. 173. 1924.

[2]) Zum Teil wörtlich zitiert nach M. BERGMANN: Naturwissenschaften 1924, S. 1160. Daselbst eine ausgezeichnete Darstellung der Polymerisations- und Assoziationstheorie.

[3]) HERZOG, H. u. JANKE: Ber. d. dtsch. chem. Ges. Bd. 53, S. 2162. 1920.

[4]) HESS, K.: Zeitschr. f. Elektrochem. Bd. 26, S. 232. 1920.

[5]) STIASNY, E.: Collegium 1920, S. 255.

[6]) HERZOG, H. u. Mitarbeiter: Hoppe-Seylers Zeitschr. f. physiol. Chem. Bd. 134, S. 296. 1923; Bd. 141, S. 158. 1924. — HERZOG, H.: Naturwissenschaften Bd. 11, S. 172. 1923.

[7]) TROENSEGAARD, N. FR. u. SCHMIDT: Hoppe-Seylers Zeitschr. f. physiol. Chem. Bd. 133, S. 116. 1924.

Seidenfibroin ein Röntgenspektrogramm gibt, wie man es zu erhalten pflegt, wenn eine Gitterregelmäßigkeit vorliegt, und er sah als Ursache die regelmäßige Wiederkehr von Grundkörpern eines Polymerisats an.

Troensegaard machte die Beobachtung, daß mehrere Proteine, in gewissen organischen Lösungsmitteln gelöst, ein auffallend niedriges Molekulargewicht von 200—400 zeigten, was durch Herzog bestätigt wurde. Troensegaard hatte Gliadin und Gelatine bei 60° in Phenol gelöst, und die Teilchengröße nach der Gefrierpunktsmethode bestimmt. Nach allem, was wir über die Chemie der Proteine wissen, war das ein Eingriff, der unmöglich zu einem hydrolytischen Abbau geführt haben konnte, zudem vermochte Troensegaard durch Ausfällen aus dem Phenol einen Körper zurückzugewinnen, der sich scheinbar nur durch seine Löslichkeit von dem Ausgangskörper unterschied. Nach unseren heutigen Kenntnissen muß man den Versuch von Toensegaard so deuten, daß bei der Behandlung mit Phenol als dissoziierendem Lösungsmittel, das Protein zu einfachen Komplexen desaggregiert worden war, die sich vielleicht außerhalb des Phenols wieder zu höheren Gebilden vereinigt hatten. Da wir bei den Polysacchariden gesehen haben, und bei der Besprechung der Bergmannschen Modellversuche noch sehen werden, daß Grundkörper sehr instabil sind und je nach dem depolymerisierendem Eingriff verschieden gebaut sein können, so ist es nicht wahrscheinlich, daß das, was Troensegaard aus dem Phenol zurückgewann, identisch mit dem Ausgangsmaterial war.

Mit derartigen Befunden trafen sich langjährige Versuche von Abderhalden[1]), der inzwischen das Vorkommen von Diketopiperazinen oder diketopiperazinartigen Ringgebilden in Proteinen sehr wahrscheinlich gemacht hatte, und ebenso wie Herzog in den Grundkörpern diketopiperazinähnliche Komplexe sah. Die außerordentliche Leichtigkeit, mit der Diketopiperazine jedoch aus Aminosäuren und Peptiden entstehen, machte eine große Zurückhaltung bei der Auswertung der Befunde erforderlich.

An einem großen Material wurden *Polypeptide* und *Diketopiperazine* hinsichtlich ihres Verhaltens zu reduzierenden Agenzien verglichen (Abderhalden und Stix, Klarmann, Schwab). Es zeigte sich ein prinzipieller Unterschied bei der Reduktion der beiden genannten Verbindungen: Aus den Diketopiperazinen erhält man nämlich die entsprechenden *Piperazine*, während die Polypeptide weitgehend gespalten werden und mehrere Bruchstücke liefern. Unter genau denselben Reduktionsbedingungen nun entstanden aus den Proteinen *Piperazine*, wodurch die Anwesenheit von Diketopiperazinen erhärtet wurde. Aus der Konstitution des Piperazins läßt sich ein Schluß ziehen auf die Natur des Diketopiperazins, welches dabei als Muttersubstanz gedient hat, z. B. mußte das gewonnene Methylpiperazin aus Alanyl-glycinanhydrid entstanden sein:

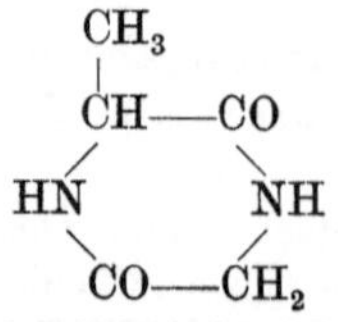

$$
\begin{array}{ccccc}
\text{CH}_3 & & & & \text{CH}_3 \\
| & & & & | \\
\text{CH}\!-\!\text{CO} & & & & \text{CH}\!-\!\text{CH}_2 \\
\diagup \quad \diagdown & & & & \diagup \quad \diagdown \\
\text{HN} \qquad \text{NH} & & & & \text{HN} \qquad \text{NH} \\
\diagdown \quad \diagup & & & & \diagdown \quad \diagup \\
\text{CO}\!-\!\text{CH}_2 & & & & \text{CO}\!-\!\text{CH}_2 \\
\text{Alanyl-glycinanhydrid.} & & & & \text{Methylpiperazin.}
\end{array}
$$

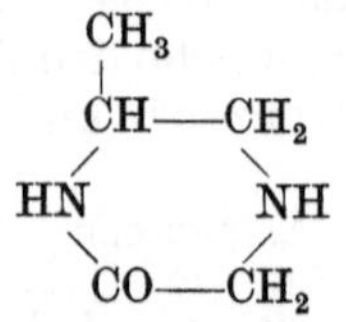

Auch durch *Farbenreaktionen* suchte Abderhalden die Anwesenheit von Diketopiperazinen sicherzustellen. Pikrinsäure gibt z. B. bei alkalischer Reaktion mit sämtlichen untersuchten Diketopiperazinen eine für Carbonylgruppen

---

[1]) Abderhalden u. Mitarbeiter: Zahlreiche Arbeiten in Hoppe-Seylers Zeitschr. f. physiol. Chem. — Abderhalden: Naturwissenschaften 1924, S. 716.

charakteristische Reaktion, aber mit keiner Aminosäure und keinem Polypeptid. (ABDERHALDEN und KOMM). Nun gaben sämtliche untersuchten Proteine und hochmolekularen Peptone eine ganz ausgesprochene Reaktion, und unter Berücksichtigung der bei solchen Farbreaktionen gebotenen Zurückhaltung kommt ABDERHALDEN zu dem Schluß, daß an einem Vorkommen von Diketopiperazinen nicht zu zweifeln sei. Er läßt indessen die Möglichkeit offen, daß noch tautomere Formen des 2,5-Diketopiperazins in Frage kommen können, z. B.

$$
\begin{array}{cccc}
\begin{array}{c}
\text{CO}\!-\!\!-\!\text{CH}_2 \\
\diagup \qquad \diagdown \\
\text{HN} \qquad\quad \text{NH} \\
\diagdown \qquad \diagup \\
\text{CH}_2\!-\!\!-\!\text{CO}
\end{array}
&
\begin{array}{c}
\text{OH} \\
\overset{\displaystyle|}{\text{C}}\!-\!\!-\!\text{CH}_2 \\
\diagup\diagup \qquad \diagdown \\
\text{N} \qquad\quad \text{NH} \\
\diagdown \qquad \diagup \\
\text{CH}_2\!-\!\!-\!\text{CO}
\end{array}
&
\begin{array}{c}
\text{OH} \\
\overset{\displaystyle|}{\text{C}}\!\cdots\!\text{CH}_2 \\
\diagup\diagup \qquad \diagdown \\
\text{N} \qquad\quad \text{N} \\
\diagdown \qquad \diagup\diagup \\
\text{CH}_2\!-\!\text{C} \\
\overset{\displaystyle|}{\text{OH}}
\end{array}
&
\begin{array}{c}
\text{OH} \quad\ \text{H} \\
\overset{\displaystyle|}{\text{C}}\!=\!\!=\!\overset{\displaystyle|}{\text{C}} \\
\diagup\diagup \qquad \diagdown \\
\text{HN} \qquad\quad \text{NH} \\
\diagdown \qquad \diagup \\
\text{C}\!=\!\!=\!\text{C} \\
\underset{\displaystyle|}{\text{H}} \quad \underset{\displaystyle|}{\text{OH}}
\end{array}
\end{array}
$$

2,5-Diketopiperazin.   Pyrazin.

Auch von anderer Seite [GOLDSCHMIDT und STEIGERWALD[1])] sind Diketopiperazine aus Eiweißkörpern erhalten worden, und die Anschauung von ABDERHALDEN und HERZOG, daß in Proteinen die Diketopiperazine als Grundkörper zu Assoziaten vereinigt seien, schien eine Stütze zu erhalten durch die neuen Befunde von SHIBATA[2]), dem es gelungen ist, eine Anzahl von Proteine durch „Glycerinabbau" (s. S. 257) in lauter krystallisierte Diketopiperazine aufzulösen.

Indessen sind die Ansichten über die wahre Natur der Grundkörper z. Zt. noch sehr geteilt (s. z. B. bei KARRER[3])], und vor allem haben die Diketopiperazine selbst kaum Neigung zur Assoziation.

Hier scheinen die neuen Untersuchungen von M. BERGMANN[4]) eine empfindliche Lücke auszufüllen. Dieser ging von diketopiperazinähnlichen Körpern aus, die sich chemisch nur unbedeutend von den normalen Diketopiperazinen unterschieden. Aber diese geringe Änderung genügte, um die Stoffe nunmehr im hohen Grade assoziationsbegierig zu machen, und es gelang ihm so, einfache Aminosäurederivate in einen hochmolekularen Zustand überzuführen, in dem die synthetischen Produkte große Ähnlichkeit mit natürlichen Proteinen hatten, mit anderen Worten, ein „Eiweißmodell" zu bauen.

Die Versuche umfaßten zwei Reihen, von denen die eine vom Glycylserin, die andere vom Alanylserin ausgingen. Im folgenden sind nur die Versuche mit dem Alanylserin besprochen.

Durch Wasserabspaltung wurde dieses Dipeptid (I) in eine krystallisierende neutrale Verbindung von der Formel $C_6H_8O_2N_2$ (II) übergeführt. Diese Verbindung stellt kein normales Diketopiperazin dar, sondern es sind *zwei* Moleküle Wasser ausgetreten unter Bildung eines *ungesättigten* Körpers mit einer Methylengruppe. Durch Vergleich mit dem normalen Diketopiperazin des Alanins (VII) wird dies offenbar. Die Verbindung unterscheidet sich von diesem also bloß durch das Fehlen von zwei H Atomen. Dieser Unterschied genügt, um den Körper assoziationsbegierig zu machen. Durch einfaches Auflösen in Alkali (über die Dinatriumverbindung III) und Wiederausfällen mit Säuren ging er ohne Veränderung seiner Zusammensetzung in einen hochmolekularen Stoff

[1]) GOLDSCHMIDT u. STEIGERWALD: Ber. d. dtsch. chem. Ges. Bd. 58, S. 1346. 1925.
[2]) SHIBATA, K.: Acta phytoch. Bd. 2, S. 39. 1925.
[3]) KARRER, P. u. Mitarbeiter: Helvetica acta chim. Bd. 6, S. 1108. 1923; Bd. 7, S. 763. 1924.
[4]) BERGMANN, M. A., MICKELEY u. E. KANN: Liebigs Ann. d. Chem. Bd. 445, S. 17. 1925. — BERGMANN, M.: Naturwissenschaften 1925, S. 1045.

$(C_6H_8O_2N_2)_x$ über, der große Ähnlichkeit mit natürlichen Proteinen hatte. Er löste sich kaum mehr molekulardispers in

$$(I) \quad NH_2 \cdot CH \cdot CO \cdot NH \cdot CH \cdot CH_2OH$$
$$\underset{CH_3}{\big|} \qquad \underset{COOH}{\big|}$$
$$\text{Alanylserin.}$$

$$(II) \quad CO—NH—C = CH_2$$
$$CH_3 \cdot CH—NH—CO$$
$$\text{Methylenmethyldiketopiperazin.}$$
$$C_6H_8O_2N_2$$
$$\text{Dinatriumverbindung}$$

$$(VII) \quad CO—NH—CH \cdot CH_3$$
$$CH_3 \cdot CH—NH—CO$$
$$\text{Dimethyldiketopiperazin}$$
$$\text{oder Alaninanhydrid.}$$
$$C_6H_{10}O_2N_2$$
$$(III)$$

$$(IV)$$

$$(VI) \quad \text{Diacetat} \quad C_6H_6O_2N_2Ac_2$$
$$(C_6H_8O_2N_2)_x$$
$$\text{Hochmolekulares Isodiketopiperazin.}$$

$$(V) \quad \text{Tetrapeptid.}$$

Wasser, Alkohol und ähnlichen Lösungsmitteln. Im Gegensatz zu den einfachen Diketopiperazinen band er Gerbstoffe. Wurde er aber in *Phenol* gelöst, so ergab die Siedepunktsbestimmung ein verhältnismäßig kleines Molekulargewicht von etwa 280, also einen ähnlichen Wert, wie ihn natürliche Proteine auch liefern. Dieser, aus *ringförmigen Komplexen* zusammengesetzte Stoff ergab bei der Hydrolyse mit Säuren — Polypeptide! Der hochmolekulare Zustand dieses Produktes ist aber von anderer Art wie der der umfangreichen Polypeptide aus 18 oder 19 Aminosäuren; denn, wie erwähnt, genügt Auflösen in Phenol, um es in Komplexe vom Molekulargewicht von etwa 280 zu zerlegen, genau wie dies bei der Gelatine und dem Gliadin oben angegeben war, und bringt man den Stoff aus dem Phenol wieder in Wasser, so verhält er sich wieder hochmolekular. Der hochmolekulare Körper Bergmanns ist also im Gegensatz zu Polypeptiden ein *Assoziat*. Oben bei den Kohlenhydraten war erwähnt, daß Veresterung der Hydroxylgruppen mit Essigsäure (Acetylierung) imstande ist, eine Depolymerisation herbeizuführen. Genau so verhält sich dieses „Eiweißmodell". Beim Acetylieren zerfällt es in molekulardisperse Moleküle von der Zusammensetzung $C_6H_6O_2N_2Ac_2$ (VI), und diese Fähigkeit molekular zu dispergieren hängt mit der Anwesenheit der Acetylgruppen zusammen, und verschwindet sofort wieder, wenn man diese Gruppen mit Säuren oder Ammoniak abspaltet. Dann erhält man wieder die hochmolekulare Verbindung $(C_6H_8O_2N_2)_x$ (III) zurück. Hieraus geht hervor, daß der hochmolekulare Zustand des Bergmannschen Körpers und der Proteine keine integrierende Strukturkonstante ist, welche dem Protein unter allen Umständen eigentümlich bleibt, sondern eine Zustandform darstellt, welche von den *physikalischen und chemischen Versuchsbedingungen abhängt*.

Anscheinend geringe Eingriffe können hinreichend sein, um den molekular dispersen Zustand herbeizuführen. Hydriert man den hochmolekularen Körper durch Anlagerung von zwei H-Atomen, so zerfällt er ebenfalls molekulardispers, und zwar zu Alaninanhydrid (VII), das, wie aus der Tabelle ersichtlich, sich nur dadurch vom Ausgangskörper (II) unterscheidet, daß er zwei H-Atome mehr enthält.

Dieser auf *verschiedenen* Wegen (Acetylierung und Hydrierung) erzwungene Abbau zu Grundkörpern mit 6 C-Atomen, wie sie dem Ausgangskörper eigentümlich sind, könnte den Anschein erwecken, als ob dem hochmolekularen Stoff ein wohldefinierter „Grundkörper", eben der Körper II mit 6 C-Atomen zugrunde liege. Das ist aber nicht der Fall. Oben war erwähnt, daß bei der Dissoziation in Phenol Körper von dem Molekulargewicht 280 entstehen, aber dieses Molekulargewicht konnte nicht dem „Grundkörper" II mit 6 C-Atomen eigentümlich sein, sondern einem Stoffe mit 12 C-Atomen, und die Säurehydrolyse liefert ein Tetrapeptid, also eine stabile Kette von ebenfalls 12 C-Atomen. Also geben die üblichen Mittel der physikalischen und chemischen Struktur- und Molekulargewichtsbestimmung einmal Verbindungen mit 6, das andere mal mit 12 C-Atomen Kohlenstoff. Hieraus geht hervor, daß von eindeutig umrissenen Elementarkörpern, die bei allen Aufteilungen und allen Abbaureaktionen zuerst zutage treten müßten, nichts zu erkennen ist. Je nach den angewandten Chemikalien werden dabei recht verschiedene angebliche „Chemische Elementarkörper" herausgeholt.

Diese Erkenntnis, übertragen auf die Proteinchemie, ist von der allergrößten Bedeutung; denn sie besagt, daß es in Proteinen gar keine klar umgrenzte Grundmoleküle gibt. Ferner aber geht aus den Versuchen hervor, daß die bei den Eiweißhydrolysen auftretenden Polypeptide keineswegs, wie man früher als selbstverständlich ansah, im Eiweiß *vorgebildet* sein müssen.

Die Wichtigkeit der Befunde BERGMANNs können kaum überschätzt werden, und man wird der zu erwartenden Diskusion und der weiteren Entwicklung mit großem Interesse entgegensehen dürfen. Noch sind mancherlei Schwierigkeiten aus dem Wege zu räumen, und vor allen Dingen sind die Befunde der durch die Entwirrung der proteolytischen Fermente durch WALDSCHMIDT-LEITZ neu in Fluß gekommenen Eiweißfermentchemie mit den neuen Vorstellungen über die Konstitution der Proteine in Einklang zu bringen.

VI. Über die Konkurrenz von Carboxyl-, Hydroxyl- und Aminogruppen in Peptidmodellen.

Obgleich die Säureamidbindung seit den Arbeiten EMIL FISCHERS als das wesentlichste Moment bei der Verknüpfung der Aminosäuren betrachtet wurde, waren sich doch alle Eiweißforscher darüber einig, daß daneben noch die Möglichkeit für das Vorkommen anderer Bindungsarten bestand, von denen die *Esterbindung* zwischen den Hydroxylgruppe einer Oxyaminosäure und der Carboxylgruppe einer beliebigen anderen infolge der Untersuchungen BERGMANNs[1]) unser besonderes Interesse beansprucht.

BERGMANN ging von dem Bedürfnis nach anderen *labileren* Bindungen aus, da die Peptidbindung im Sinne EMIL FISCHERS nicht ausreiche, um alle physiologischen und chemischen Eigentümlichkeiten zu erklären. Er studierte deswegen die Erscheinungen, die bei der *Konkurrenz* einer Oxy- und einer Aminogruppe auftraten, wenn ihnen die Möglichkeit zu Kopplung mit einer Carboxylgruppe gegeben war, an Peptidmodellen, von denen die eine Aminosäure eine Oxyaminosäure war.

Das einfachste Peptid dieser Art ist das Glycylserin, entstanden auf Grund einer gewöhnlichen Säureamidbindung nach der Formel

$$\begin{array}{ccc}
CH_2 \cdot \underline{OH} & & CH_2 \cdot OH \\
| & & | \\
CH \cdot \underline{NH_2} + \underline{COOH} \cdot CH_2 \cdot NH_2 = & CH \cdot NH \cdot CO \cdot CH_2 \cdot NH_2 + H_2O \\
| & & | \\
COOH & & COOH \\
\text{Serin.} & \text{Glycin.} & \text{Glycylserin.}
\end{array}$$

---

[1]) BERGMANN: Zusammenfassende Darstellung in Naturwissenschaften 1924, S. 1155.

Da aber zunächst lediglich geprüft werden sollte, wie sich die Carboxyl-gruppe (unterstrichen) des Glycins bei der Konkurrenz der Aminogruppe (unter-strichen) mit der Oxygruppe (unterstrichen) des Serins verhalten würde, so war die Aminogruppe des Glycins zu diesem Zwecke nicht nur unnötig, sondern konnte auch die Untersuchung der Verhältnisse sehr verwickeln. Es wurde daher das Peptid vereinfacht zu einem Modell derart, daß statt des Glycins einfach *Benzoesäure* genommen wurde.

$$\begin{array}{llll}
CH_2 \cdot OH & & CH_2 \cdot OH & \\
| & & | & \\
CH \cdot NH_2 & + \; COOH \cdot C_6H_5 \; = & CH \cdot NH \cdot CO \cdot C_6H_5 & + \; H_2O \\
| & & | & \\
COOH & & COOH & \\
\text{Serin.} & \text{Benzoesäure.} & \text{Benzoylserin (Amid-peptid).} &
\end{array}$$

Dieses Benzoylserin hat also eine typische Säureamidbindung (Amid-pep-tidbindung oder N-Peptidbindung).

Andererseits war eine Kopplung mit der Hydroxylgruppe möglich (Ester-peptidbindung oder O-Peptidbindung), so daß ein Ester entstand nach der Formel

$$\begin{array}{llll}
CH_2 \cdot OH & & CH_2 \cdot O \cdot CO \cdot C_6H_5 & \\
| & & | & \\
CH \cdot NH_2 & + \; COOH \cdot C_6H_5 \; = & CH \cdot NH_2 & + \; H_2O \\
| & & | & \\
COOH & & COOH & \\
\text{Serin.} & \text{Benzoesäure.} & \text{Ester-peptid.} &
\end{array}$$

BERGMANN zeigte nun, daß der eine Körper leicht in den anderen übergehen kann, und zwar über eine Zwischenstufe, bei der die Bindung der Carboxylgruppe *sowohl* nach der Aminogruppe *als auch* nach der Hydroxylgruppe des Serins hin-spielt. Diese Zwischenstufe besitzt einen Oxazolinring (Oxazolinpeptid). Von großem Interesse ist nun, daß der Übergang vom Oxazolin-peptid zum Ester-peptid sehr leicht erfolgt. Es genügt saure Reaktion, während bei alkalischer Reaktion das entstandene Ester-peptid in das Amid-peptid übergeht nach dem Schema

$$\begin{array}{l}
CH_2 \cdot O \\
| \qquad\quad \diagdown\!\!C_6H_5 \\
CH \cdot N \diagup \\
| \\
COOH \\
\text{Oxazolin-peptid.}
\end{array}$$

Saures Medium. / Alkal. Medium.

$$\begin{array}{ll}
CH_2 \cdot OH & CH_2 \cdot O \cdot CO \cdot C_6H_5 \\
| & | \\
CH \cdot NH \cdot CO \cdot C_6H_5 & CH \cdot NH_2 \\
| & | \\
COOH & COOH \\
\text{Amid-peptid.} & \text{Ester-peptid.}
\end{array}$$

Damit sind eine Reihe von Umwandlungen proteinverwandter Stoffe be-kannt geworden, die an die *Labilität* der echten Proteine erinnern. Indessen wer-den die Verhältnisse bei Annäherung an die echten Peptide noch sehr viel ver-wickelter, insbesondere durch Umwandlungen in Isomere. Die Wichtigkeit der Untersuchungen BERGMANNs liegen in der Erkenntnis, daß derartige Peptide keine unter allen Umständen stabile Komplexe darzustellen brauchen, und daß die Möglichkeit besteht, daß je nach den äußeren Bedingungen die eine oder andere Bindung gefestigt oder gelockert wird, und daß dabei die Valenzen je nach den Reaktionsbedingungen in sehr fein abgestufter Weise auf ganz ver-schiedene Art reagieren können.

VII. Kennzeichnung von Gruppen im Eiweißmolekül durch Substitution.

Bei einer ganz anderen Arbeitsweise der Eiweißchemie wird versucht, gewisse Bausteine, *solange sie noch im Eiweißmolekül gebunden sind*, in irgendeiner Weise gleichsam zu kennzeichnen, sie nach der Hydrolyse unter den Abbauprodukten wiederzufinden oder die Menge der eingeführten Substituenten quantitativ zu bestimmen und solche Befunde zur Vertiefung unserer Kenntnisse von der Konstitution der Eiweißkörper auszunutzen. Einen Fall dieser Forschungsweise haben wir bereits in dem Naphthalinsulfoverfahren kennengelernt.

a) Die Methylierung von Aminogruppen.

Durch Methylierung nach den allgemeinen Methoden (Jodmethyl, Dimethylsulfat, Diazomethan) können Wasserstoffatome von Aminogruppen durch die Methylgruppe ersetzt werden. Spaltet man ein solches methyliertes Protein, so erhält man in denjenigen Aminosäuren an Stickstoff sitzende Methylgruppen (N-Methylgruppen), deren Aminogruppen im intakten Molekül frei waren. Abgesehen von dieser präparativen Methode ist auch ein solches Verfahren wertvoll, das mit kleinen Substanzmengen der methylierten Körper eine *quantitative* Bestimmung der N-Methylgruppen ermöglicht. Eine solche Methode beruht auf dem Prinzip von HERZIG und MEYER (1894). Hierbei wird durch Einwirkung von konzentrierter Jodwasserstoffsäure eine Zersetzung in dem Sinne erreicht, daß das gesamte N-Alkyl in Form von *Jodalkyl* abgespalten wird. Dieses wird in alkoholische Silbernitratlösung eingeleitet, woselbst es sich zu Jodsilber und Alkohol umsetzt. Das gebildete Silberjodid wird abfiltriert und gewogen, und es entspricht somit je ein Molekül AgJ einer Alkylgruppe. Dieses Verfahren ist von PREGL und LIEB[1]) zu einem mikroanalytischen ausgearbeitet und von EDLBACHER[2]) weiter vervollkommnet worden. Bei der Methylierung ist zu bedenken, daß wegen der Peptidbindungen auch zahlreiche *Iminogruppen* vorhanden sind, welche theoretisch methyliert werden könnten. Als ABDERHALDEN und KAUTSCH[3]) aber dl-Leucyl-glycin mit Dimethylsulfat methylierten, erhielten sie dl-N-Trimethyl-leucyl-glycin, worin drei Methylgruppen am Stickstoff saßen, entsprechend dem früher erwähnten Betain (s. S. 216), während die Iminogrupppen noch frei waren. KOSSEL und EDLBACHER[4]) beobachteten beim Methylieren von Glycyl-glycin mittels Dimethylsulfat ebenfalls den Eintritt von drei Methylgruppen an dasselbe Stickstoffatom, während die Iminogruppe auch hier frei war. Man darf also voraussetzen, daß auch im unversehrten *Proteinmolekül* die an der Peptidbindung beteiligten Iminogruppen durch Dimethylsulfat in der Regel nicht angegriffen werden. Auf breiterer Basis hat dann EDLBACHER[5]) verschiedene Proteine mit Dimethylsulfat methyliert, um durch Bestimmung der Anzahl der an N gebundenen Methylgruppen Rückschlüsse auf die Zahl der ursprünglich freien Aminogruppen zu ziehen. Die im Arginin (s. S. 225) vorhandene Amidingruppe wird durch die Reaktion nicht angezeigt. Die Resultate der Versuche deuten auf eine Reihe von bevorzugten N-Atomen im Proteinmolekül

---

[1]) PREGL, FRITZ: Die quantitative Mikroanalyse. Berlin: Julius Springer 1917.

[2]) EDLBACHER, S.: Hoppe-Seylers Zeitschr. f. physiol. Chem. Bd. 101, S. 278. 1918.

[3]) ABDERHALDEN, E. u. KAUTZSCH: Hoppe-Seylers Zeitschr. f. physiol. Chem. Bd. 72, S. 44. 1911.

[4]) KOSSEL, A. u. S. EDLBACHER: Hoppe-Seylers Zeitschr. f. physiol. Chem. Bd. 107, S. 45. 1919.

[5]) EDLBACHER, S.: Hoppe-Seylers Zeitschr. f. physiol. Chem. Bd. 107, S. 52. 1919; Bd. 108, S. 287. 1920; Bd. 112, S. 80. 1921; daselbst auch ältere Literatur.

hin, die sich den bisherigen Methoden entzogen haben, außerdem ergeben sich auffallende Verschiedenheiten bei Proteinen, die sonst scheinbar ganz gleichartig sind. Diese zeigen sich besonders in der Protamingruppe, wo Protamine, die nach demselben Typus gebaut sind, ganz verschiedene „N-Methylzahlen" ergeben können (manche erwiesen sich sogar als resistent gegen Dimethylsulfat), während andererseits Protamine, die nach verschiedenen Typen aufgebaut sind, sich ganz gleich verhalten können.

Ferner nimmt man einen Zusammenhang zwischen freien Aminogruppen und der Lysingruppe an[1]). Dementsprechend hat das lysinreichste Protein, nämlich das Cyprinin, die höchste N-Methylzahl, während Gliadin und Ecocin als lysinfreie Proteine weder formoltitrierbaren noch methylierbaren Stickstoff enthalten. Die übrigen lysinhaltigen Eiweißkörper stehen in der Mitte. Von diesem Parallelismus aber weichen ab die Protamine Clupein und Salmin. Diese Protamine sind zwar lysinfrei, lassen auch keine formoltitrierbare Aminogruppen erkennen, enthalten dennoch aber eine ganze Anzahl von Stickstoffatomen, die methylierbar sind. Das Umgekehrte ist der Fall beim Histon, dieses enthält zwar mit Formol titrierbaren, aber keinen methylierbaren Stickstoff. Die Methylierungsmethode zeigt also Unterschiede bei Proteinen an, die mit anderen Methoden nicht erkennbar sind.

b) Halogenierung.

[Literatur s. bei F. Blum und E. Strauss[2]) und E. Strauss und R. Grützner[3]).]

Die Behandlung von Eiweißkörpern mit Halogenen (meist wird Jod genommen) hat eine Reihe von Veränderungen in den Eigenschaften zur Folge. Zunächst wird die Millonsche Reaktion negativ. Zwei Halogenatome treten nämlich bei der Halogenierung von Proteinen in Orthostellung zur Hydroxylgruppe in das Tyrosin ein unter Bildung von Dijodtyrosin (Blum und Vaubel). Dieser Körper entspricht dem von Drechsel aus dem Ochsenskelett von Gorgonia Carolinii dargestellten Jodgorgosäure (s. S. 230). Von anderen Ringsystemen kommt das Phenylalanin bei der Substitution von Jod wohl kaum in Betracht. Dagegen bewirkt die Jodierung ein Negativwerden der Reaktion mit p-Dimethylamidobenzaldehyd und der Hopkinsschen Reaktion auf Tryptophan. Hier scheint es sich nicht um eine Jodaufnahme, sondern um eine Oxydation der für die Ehrlichsche Aldehydreaktion zugänglichen α-CH-Gruppe im Tryptophan zu handeln, wofern man nicht eine völlige Zerstörung des Tryptophans in Form einer Ringsprengung annehmen will.

Als weitere Aminosäure wird bei der Jodierung das *Cystin* verändert, da bei halogenierten Proteinen die Schwefelbleiprobe negativ ist. Wahrscheinlich wird hierbei das Cystin an der Thiogruppe oxydiert, zumal durch Einwirkung von Brom auf freies Cystin eine Oxydation zu Cysteinsäure beobachtet worden ist (E. Friedmann). Über die Rolle des Histidins, das an Stickstoffatomen Jod aufnehmen kann, s. bei Pauli[4]) und Blum und Strauss[5]).

---

[1]) Skraup: Monatsh. d. Chem. Bd. 27, S. 631 u. 653. 1906. — Kossel, A.: Hoppe-Seylers Zeitschr. f. physiol. Chem. Bd. 81, S. 274. 1912. — van Slyke u. Birchard: Journ. of biol. chem. Bd. 14, S. 539. 1914. — Felix, K.: Hoppe-Seylers Zeitschr. f. physiol. Chem. Bd. 110, S. 217. 1920.

[2]) Blum, F. u. E. Strauss: Hoppe-Seylers Zeitschr. f. physiol. Chem. Bd. 112, S. 111. 1921.

[3]) Strauss, E. u. R. Grützner: Hoppe-Seylers Zeitschr. f. physiol. Chem. Bd. 112, S. 166. 1921.

[4]) Pauli, H.: Ber. d. dtsch. chem. Ges. Bd. 43, S. 2243. 1910; Hoppe-Seylers Zeitschr. f. physiol. Chem. Bd. 76, S. 291. 1911.

[5]) Blum u. Strauss: s. Fußnote 2.

Beim Eintritt von Jod in Proteinstoffe muß man unterscheiden zwischen solchen Jodatomen, die am Kohlenstoff der cyclischen Kerne eintreten (Kernjod), und solchen Jodatomen, welche an Stickstoff gebunden sind (N-Jod). Letzteres läßt sich mit Hilfe von SO_2 leicht wieder herausnehmen, und als Hauptsubstanz zur Aufnahme des N-Jods kommt das *Histidin* in Frage. Die Menge des N-Jods steht zu der nach der SO_2-Einwirkung verbleibenden C-Jodmenge in einem stets gleichen, unwechselbaren Verhältnis. Beim Globin werden nach BLUM und STRAUSS im ganzen drei Jodatome (oder ein Vielfaches von 3) eingeführt, wovon ein Atom an N, zwei an C als „Kernjod" gebunden werden. Auch beim Eieralbumin werden ähnliche Verhältnisse gefunden, bei anderen Proteinen jedoch ist das Verhältnis ein anderes, z. B. kommt beim Serumglobulin auf 4 Kernjodatome ein N-Jodatom. Das Casein ist ein Protein *ohne* N-Jod.

Bei der Jodierung von Proteinen entwickeln sich auch große Mengen von Jodwasserstoff, zum Teil infolge der Substitution, zum Teil aber auch infolge von Oxydationsvorgängen. Auch das Verschwinden der Biuretreaktion in jodierten Proteinen ist vielleicht die Folge einer Oxydation. Endlich treten beim Halogenieren Entgiftungen toxischer Proteinsubstanzen ein, und es fallen spezifische biologische Reaktionen und anaphylaktische Wirkungen aus (FREUND, SCHITTENHELM und STRÖBEL; Literatur siehe bei BLUM und STRAUSS). Die beim Jodieren beobachtete Jodoformbildung ist wohl hauptsächlich dem Cystin zuzuschreiben.

c) Einführung von Säureresten.

K. HIRAYAMA[1]) führte in *Sturin* Benzolsulfosäure- und Naphthalinsulfosäurereste mit Hilfe ihrer Chloride ein und stellte fest, daß das Produkt jetzt keine Reaktion mit Diazobenzolsulfosäure mehr gab, welche Reaktion charakteristisch für den Imidazolring des Histidins ist. Über die Einführung von Naphthalinsulfosäure in Peptide zur Charakterisierung der freien Aminogruppe bzw. der dazugehörigen Aminosäure wurde schon auf S. 255 gesprochen. EDLBACHER und FUCHS[2]) haben auch höhere Proteine mit Naphthalinsulfochlorid gekuppelt, um die „Sulfonierungszahlen" mit den „Formolzahlen" und den „N-Methylzahlen" (s. o.) zu vergleichen. Zu den Sulfonierungszahlen gelangt man, wenn man den natürlichen Schwefelgehalt der Proteine von dem nach der Sulfonierung bestimmten Gesamtschwefel abzieht. Es ergab sich, daß die stark basischen Proteine (Protamine) eine höhere Sulfonierungszahl aufwiesen als die anderen. Die Unterschiede waren aber merkwürdig geringfügig, was um so verwunderlicher ist, wenn man berücksichtigt, wie verschiedenartige Werte beispielsweise die Methylzahlen ergaben. Während, wie oben erwähnt, der Lysingehalt für die N-Methylzahlen von Einfluß ist, scheint dies bei den Sulfonierungszahlen nicht der Fall zu sein. EDLBACHER betont mit Recht, daß derartige „Substitutionszahlen" viel exaktere individuelle Charakteristiken der einzelnen Proteine bieten als die rein äußeren Fällungs- und Lösungsverhältnisse.

BLUM und UMBACH[3]) haben Benzoylchlorid und Chlorkohlensäureester auf Proteine einwirken lassen. Die Benzoyleiweißverbindungen sind unlöslich in allen Lösungsmitteln, selbst in starken Laugen. Es sind meist wohlausgebildete Globuliten (halbkugelige Schalen oder Bruchstücke davon). Die Farbenreaktionen

---

[1]) HIRAYAMA, K.: Hoppe-Seylers Zeitschr. f. physiol. Chem. Bd. 59, S. 285. 1909.
[2]) EDLBACHER, S. u. B. FUCHS: Hoppe-Seylers Zeitschr. f. physiol. Chem. Bd. 114, S. 133. 1921.
[3]) BLUM, F. u. TH. UMBACH: Hoppe-Seylers Zeitschr. f. physiol. Chem. Bd. 88, S. 285. 1913.

der gewöhnlichen Eiweißkörper fallen bei solchen Stoffen meist alle negativ aus, wenigstens solange keine Spaltung eingetreten ist, worauf aber nach Blum und Umbach wegen der Unlöslichkeit der Präparate kein Wert zu legen ist.

d) Einführung von Nitrogruppen in Proteine.

Im Jahre 1911 ist es Kossel und Kennaway[1]) gelungen, das Clupein in eine Nitroverbindung überzuführen, die bei der Hydrolyse das bisher noch nicht bekannte *Nitroarginin* lieferte. Dasselbe Derivat erhielten sie auch durch direkte Nitrierung von Arginin. Da im Nitroarginin die Nitrogruppe in die freie Aminogruppe des Guanidinkomplexes des Arginins (s. S. 225) eingetreten ist, so muß man daraus schließen, daß auch im Clupein freie reaktionsfähige Guanidingruppen vorhanden sind.

VIII. Oxydation der Proteine.

Man hat Proteine mit den verschiedensten Oxydationsmitteln behandelt, vor allem mit Wasserstoffsuperoxyd und Kaliumpermanganat. Im ersteren Falle erhält man die sog. Oxyproteine, im letzteren die Oxyprotsulfosäuren (aus Ovalbumin). Es dürfte sich aber bei diesen Stoffen nicht um einheitliche Körper handeln. Die Oxyprotsulfosäuren geben zwar die Biuretprobe, aber weder eine Xanthoproteinreaktion noch eine Reaktion nach Millon und Adamkiewicz.

E. Die Eiweißkörper im besonderen.
Die Einteilung der Eiweißkörper.

Es besteht zur Zeit kein Einteilungsprinzip für die Eiweißkörper, welches den Anforderungen der modernen Eiweißchemie gerecht wird. Zur Zeit kommen zwei verschiedene Möglichkeiten für die Einteilung in Frage.

1. Einteilung nach dem Gehalt an Aminosäuren, insbesondere an Diaminosäuren (Kossel, Abderhalden), wobei die äußeren Eigenschaften der Eiweißkörper überhaupt nicht berücksichtigt zu werden brauchen. Danach ergeben sich vier große Gruppen. Die Proteine der *ersten Gruppe* bestehen fast nur aus Monoaminosäuren und enthalten nur sehr wenig Diaminosäuren, sie sind sehr reich an Glykokoll, weswegen sie auch Glycinamine genannt werden. Dahin gehören die Proteinoide (Albuminoide). Die Vertreter der *zweiten Gruppe* enthalten rund 10—15% Diaminosäuren (Arginin, Histidin, Lysin), während der Rest aus Monoaminosäuren besteht. Hierunter fallen die Albumine, Globuline und viele andere. Von diesen enthalten die Albumine bemerkenswerterweise *kein* Glykokoll, die Globuline sehr wenig (bis 5%). Manche von ihnen (die in Alkohol löslichen Prolamine) enthalten kein Lysin, weisen dagegen einen besonders hohen Gehalt an Glutaminsäure auf. Zur *dritten Gruppe* gehören die Histone mit einem Gehalt von ca. 30% Arginin, Lysin und Histidin, und die *vierte Gruppe* besteht aus den Protaminen, die fast nur Diaminosäuren und nur wenig Monoaminosäuren enthalten. Diese Hauptgruppen sind aber durch zahlreiche Übergänge verknüpft, so daß die Unterbringung eines Proteins auch nach dieser Methode häufig schwierig ist.

2. Bei dem heute am meisten gebräuchlichen System teilt man die Eiweißkörper zunächst in zwei große Gruppen ein, nämlich in die *Proteine* und *Proteide*.

---

[1]) Kossel, A. u. E. L. Kennaway: Hoppe-Seylers Zeitschr. f. physiol. Chem. Bd. 72, S. 486. 1911.

Unter Proteinen in diesem engeren Sinne versteht man die einfachen Eiweißkörper, während die Proteide zusammengesetzte Körper darstellen, d. h. Proteine, die mit einer nicht eiweißartigen „prosthetischen" (Kossel) Gruppe verbunden sind. Die Proteine werden wieder unterteilt teils nach ihrer Fällbarkeit,
teils nach ihrer Löslichkeit, teils nach dem auffallenden Gehalt an gewissen
Aminosäuren, während die Proteide nach ihrer prosthetischen Gruppe benannt
werden.

I. Proteine:

a) Albumine;	h) Proteinoide:
b) Globuline;	1. Keratine,
c) Phosphorproteine;	2. Elastine,
d) Prolamine;	3. Kollagen und Reticulin,
e) Protamine;	4. Skelettine,
f) Histone;	5. die Bestandteile der Seide
g) Mucine und Mucoide;	und anderer Gespinste.

II. Proteide:

a) Chromoproteide;	b) Nucleoproteide.

Schon die Unterteilung in Proteine und Proteide bereitet große Schwierigkeiten und wird von den verschiedenen Forschern tatsächlich ganz verschieden
gehandhabt. Die Schwierigkeiten liegen in der klaren Abgrenzung der Proteide.
Versteht man entsprechend den Richtlinien der Amerikanischen Physiologischen
Gesellschaft unter Proteiden nur solche Eiweißkörper, deren Komponenten
nicht salzartig gebunden sind, so setzt dies eine Kenntnis über die Art der Bindung voraus. Hierüber aber gehen die Anschauungen der Forscher weit auseinander. Sogar das Hämoglobin (Chromoproteid) ist schon als Salz des Globins
mit der Farbstoffkomponente angesprochen worden, eine Anschauung, der sich
neuerdings Steudel[1]) anschließt. Dieser erkennt überhaupt gar keine Proteide
an und hält sie alle für Salze.

Manche rechnen die Mucine und Mucoide zu den „Glykoproteiden". Aber
Kohlenhydratgruppen hat man auch in vielen Proteinen gefunden, die gar keine
Ähnlichkeit mit den Mucinen und Mucoiden haben, und es sieht so aus, als ob
die reduzierenden Bestandteile nur *Bausteine* der Proteine sein können, ähnlich
wie die Aminosäuren. Aber andererseits hat sich in neuerer Zeit gezeigt (Levene),
daß wahrscheinlich in *allen* Mucinen und Mucoiden die reduzierenden Gruppen
in Form jener wohlcharakterisierten komplizierten schwefelhaltigen Komplexe
(Mucoitinschwefelsäure, Chondroitinschwefelsäure) vorkommen, wie sie für einzelne Mucoide (Chondromucoid) schon lange bekannt sind, und die sehr an eine
„prosthetische Gruppe" erinnern, obgleich der Eiweißpaarling aus solchen Proteinen noch nicht unzersetzt abgespalten worden ist. In den letzten Jahren ist
es O. Schmiedeberg gelungen, aus allen möglichen Proteinen, welche „reduzierende Gruppen" enthalten, den für die Reduktion verantwortlich zu machen-
den Komplex als „Hyaloidin" zu isolieren, und damit ergibt sich wieder ein
gewisses Band, welches alle Proteine, die „Kohlenhydratgruppen" enthalten,
verbindet.

Auch über die Zugehörigkeit der Caseingruppe sei einiges gesagt. Als man
die Bestandteile der *Nucleinstoffe* noch nicht genauer kannte, aber wußte, daß
durch Verdauung mit Pepsinsalzsäure aus den Nucleoproteiden die „Nucleine"
hervorgingen, fiel ein ganz analoges Verhalten des Caseins auf, das bei der Verdauung mit Pepsinsalzsäure ebenfalls einen in Wasser unlöslichen, in Alkalien

---

[1]) Steudel, H. u. E. Peiser: Hoppe-Seylers Zeitschr. f. physiol. Chem. Bd. 136, S. 75.
1921. — Takahata, T.: Ebenda Bd. 136, S. 82. 1924.

aber löslichen phosphorreichen Stoff von saurem Charakter lieferte. Wegen
dieser Ähnlichkeit bezeichnete man beide Abbauprodukte mit *Nuclein*. Als aber
Kossel gezeigt hatte, daß den aus Kernsubstanzen dargestellten Nucleinen
Purinbasen eigentümlich sind, während das Caseinderivat diese Körper nicht
enthält, lernte man diese Stoffe scharf unterscheiden und nannte das Nuclein
der Kerne „echtes Nuclein", während der aus Casein dargestellte Stoff „Pseudo-
nuclein" oder „Paranuclein" genannt wurde. Dementsprechend bezeichnete man
die Muttersubstanz, nämlich das Casein, als „Paranucleoproteid". Mit dieser
äußeren Ähnlichkeit hängt auch die Bezeichnung „Nucleoalbumine" für die
Gruppe des Caseins zusammen; alle diese Bezeichnungen sind irreführend, da
diese Proteine mit den Kernsubstanzen weder chemisch noch hinsichtlich ihres
Vorkommens etwas zu tun haben. Wir wollen sie im nachstehenden zu den
„Phosphorproteinen" rechnen. Manche Forscher rechnen sie zu den Proteiden
und nennen sie Phosphorproteide. Aus den Nucleoalbuminen (Casein) läßt sich
in der Tat die Phosphorsäure leicht durch Alkali abspalten, welcher Umstand
auch von Plimmer zu einer Unterscheidung dieser Körper von den gegen Alkalien
viel resistenteren Nucleoproteiden und zur quantitativen Bestimmung benutzt
worden ist. Außerdem läßt sich nach C. Neuberg Phosphorsäure in Proteine
künstlich einführen. Die leichte Abspaltbarkeit der Phosphorsäure schließt aber
nicht aus, daß die Phosphorsäure ein integrierender Bestandteil des Protein-
moleküls als solches ist. Verfasser betrachtet die Phosphorsäure der Phosphorproteine nicht als „prosthetische Gruppe" und rechnet die Phosphorproteine
zu den Proteinen. Im übrigen kommt man mit den uns augenblicklich zur Verfügung stehenden Kenntnissen und Methoden in dieser Frage nicht weiter, zumal schon das Prinzip der Einteilung der gesamten Eiweißkörper an sich unvollkommen ist. Über die gegen die Proteidnatur der Nucleoproteide mit Recht
geltend gemachten Einwände wird unter dem Kapitel „Nucleoproteide" gesprochen werden. Um die Verwirrung nicht noch größer zu machen, soll hier
diese Gruppe noch zu den Proteiden gerechnet werden.

I. Proteine.

Im folgenden sollen einige Hauptvertreter der Eiweißkörper beschrieben
werden. Es wäre unmöglich, auf alle bis jetzt beschriebenen Eiweißkörper genauer einzugehen, denn ihre Nomenklatur ist so verwirrend und die Angaben
der einzelnen Forscher häufig so widersprechend, daß eine kurze Darstellung,
wie es der Rahmen dieses Handbuchs erfordert, gar nicht möglich wäre. Ich
verweise hier auf die ausführlichen Darstellungen der biochemischen Literatur[1]).

a) Albumine.

Albumine lösen sich in Wasser (im Gegensatz zu Globulinen) und verdünnten
Salzlösungen, werden aber durch konzentrierte Salzlösungen gefällt, und zwar
ist die zur Fällung benötigte Salzkonzentration größer als bei den Globulinen,
worauf ihre Trennung beruht. Dialysiert man z. B. Blutserum gegen destilliertes
Wasser, so fällt bei fortgesetzter Entsalzung ein Teil der Globuline (s. unter
diesen) aus, während das Albumin in Lösung bleibt. Den Rest der Globuline
kann man durch vorsichtigen Zusatz von schwachen Säuren, durch Sättigung
mit Magnesiumsulfat oder durch Halbsättigung mit Ammoniumsulfat zur Ab-

---

[1]) Als wertvolle Literaturquelle kommt vor allem in Betracht: Kestner, O.: Chemie
der Eiweißkörper. 4. Aufl. Braunschweig: Vieweg & Sohn 1925.

scheidung bringen. Bei Ganzsättigung des Filtrates mit Ammoniumsulfat erhält man dann das Serumalbumin; beim Konzentrieren durch freiwilliges Verdunstenlassen sogar in krystallisiertem Zustande (s. S. 244). Albumine enthalten kein Glykokoll und besitzen einen hohen Schwefelgehalt. Als elementare Zusammensetzung der Hauptalbumine wird angegeben:

	C	H	O	N	S
Serumalbumin kryst. . . .	52,9—53,1	6,9—7,1	22,0—22,3	15,7—15,9	1,82—1,94
Ovalbumin kryst.	52,2—52,7	7,1—7,4	22,9—23,9	15,2—15,5	1,23—1,62
Lactalbumin amorph	52,2	7,2	23,1	15,8	1,73

Albumine werden durch Hitze denaturiert. Man benennt sie nach den Substanzen, aus denen sie dargestellt worden sind. Auch im Pflanzenreich kommen Albumine vor, so das Leukosin in Gerste, Roggen und Weizen, das Ricin in Ricinusbohnen und das Legumelin in Erbsen, Linsen und Wicken.

b) Globuline.

Globuline lösen sich im Gegensatz zu den Albuminen nur in *salzhaltigem* Wasser. Verdünnt man eine nicht zu salzhaltige Globulinlösung mit Wasser, so entsteht eine Fällung, desgleichen beim Wegschaffen der Salze durch Dialyse. Globuline sind ausgesprochene Säuren und werden durch schwache Säuren gefällt, schon durch Einleiten von Kohlendioxyd. Ein Überschuß der Säuren löst den Niederschlag wieder (isoelektrischer Punkt, s. S. 237 ff.). Globuline werden leichter ausgesalzen als Albumine, worauf ihre Darstellung beruht (s. unter Albumine); sie werden auch leichter denaturiert als Albumine. Globuline finden sich häufig vergesellschaftet mit den Albuminen und gehören zu den verbreitetsten Proteinen überhaupt. Sie kommen im Tier- und Pflanzenreich vor, und zwar in eiweißhaltigen Flüssigkeiten sowohl als auch in Zellen (Zellglobuline). Je nach der Herkunft unterscheidet man Eierglobulin, Serumglobulin, Lactoglobulin, das Leukoglobulin der Linse, das Thyreoglobulin der Schilddrüse usw. Auch das Fibrinogen des Blutes und das Myosinogen der Muskelzellen werden hierher gerechnet. Pflanzliche Globuline sind die Edestine in Hanf- und Sonnenblumensamen, das Globulin der Kürbiskerne, das Amandin der Mandeln, das Juglamin der Walnuß, das Legumin der Leguminosen, das Vicilin der Leguminosen, das Phaseolin der Bohnen, das Glycinin der Sojabohne, das Konglutin der Lupinen und viele andere. Auch der BENCE-JONESsche Eiweißkörper wird zu den Globulinen gerechnet. Man findet ihn im Harn bei manchen Knochenerkrankungen. Dieser Eiweißkörper zeichnet sich dadurch aus, daß er beim Erhitzen zuerst koaguliert, dann bei stärkerem Erhitzen aber wieder in Lösung geht und beim Abkühlen wieder ausfällt. Dieses Verhalten ist aber vom Salzgehalt des Lösungsmittels abhängig. Auch Globuline sind krystallisiert erhalten worden, vornehmlich die aus Pflanzen (z. B. Edestin).

Von den Globulinen gerinnen einige unter der Wirkung von Fermenten, so das Fibrinogen des Blutes und der Lymphe und das Myosinogen der Muskelzellen (s. hierüber die entsprechenden Kapitel dieses Handbuches). Das *Thyreoglobulin* ist durch seinen Gehalt an Jod ausgezeichnet, es kommt nur in der Thyreoidea vor und findet sich in kolloid entarteten Strumen. Aus dem Thyreoglobulin läßt sich durch Säurehydrolyse das *Jodothyrin* darstellen, das einen hohen Jodgehalt (bis zu 14,3%) aufweist, aber keine konstante Zusammensetzung hat. Es ist sehr thyrosinreich.

Für einige Globuline wird folgende elementare Zusammensetzung angegeben[1]:

Tierische Globuline.

	C	H	O	N	S
Serumglobulin	52,7	7,0	23,3	15,8	1,10
Thyreoglobulin	52,2—52,8	6,7—7,0	22,0—22,6	15,9—16,7	1,8—2,0
Fibrinogen	52,9	6,9	22.3	16,7	1,25
Myosinogen	52,7	6,9	22,2	16,2	1,03
Myosin	52,8	7,1	22,2	16,8	1,26
α-Krystallin	52,85	6,94	23,0	16,7	0,56

Pflanzliche Globuline.

	C	H	O	N	S
Edestin (Hanf, Ricinus, Kürbis Flachs, Baumwolle, Weizen, Roggen, Gerste, Mais, Cocosnuß)	51,65	6,89	21,86	18,75	0,85
Amandin (Mandel, Pfirsich) .	51,30	6,90	22,04	19,32	0,44
Corylin (Walnuß, Haselnuß) .	50,72	6,86	22,42	19,17	0.83
Avenalin (Hafer)	52,18	7,05	22,34	17,90	0,53
Konglutin (Lupine)	51,00	6,90	21,71	17,90	0,40

Koagulationstemperaturen einiger Globuline in 10%iger Na-Cl-Lösung.

Protein	Temperatur	Protein	Temperatur
Fibrinogen	52—56°	Edestin	88—95°
Serumglobulin	75°	Amandin	75—80°
Myosinogen	47—50°	Corylin	80—99°
Myogen	56—65°	Avenalin	—

Konglutin spärliche Gerinnung bei 99°, beim Abkühlen Gallerte.

c) Die Phosphorproteine.

Zu den Phosphorproteinen rechnet man die *Caseine*, die *Vitelline* und die *Ichthuline*. Die hierhergehörigen Körper sind in Wasser unlösliche *Säuren*, die sich in verdünnten Laugen lösen und durch Säuren wieder gefällt werden. Die neutralen Lösungen koagulieren nicht beim Erhitzen. Ihren ausgeprägten Säurecharakter verdanken diese Proteine ihrem hohen Gehalt an Phosphor, der in Form einer *Phosphorsäure* in einer zur Zeit noch unbekannten Bindung vorkommt. Diese Phosphorsäure ist — im Gegensatz zur Phosphorsäure der Nucleoproteide — mit verdünnten Alkalien leicht abspaltbar (schon bei 24 stündigem Stehen in 1 proz. Natronlauge bei 37°). Bei vorsichtiger partieller Hydrolyse, z. B. durch Verdauung mit Pepsinsalzsäure, läßt sich aus den Phosphorproteinen eine *phosphorreichere* Säure darstellen, die in Wasser ebenfalls schwerlöslich, in Laugen aber leichtlöslich ist und durch Säuren wieder gefällt wird. Diese Abbauprodukte werden Pseudonucleine oder Paranucleine oder Paranucleinsäuren genannt, je nach der Art des Abbaus und der Tiefe des Eingriffs. Diese Körper stellen vielleicht ein gutes Erkennungsmittel für die Gruppe der Phosphorproteine dar, sind im übrigen aber kaum einheitliche chemische Körper, so daß Näheres darüber nicht mitgeteilt zu werden braucht, zumal über ihre Konstitution bisher nichts bekannt ist.

---

[1] Literatur s. bei F. Röhmann: Biochemie, S. 660. Berlin: Julius Springer 1908.

1. Die Caseine[1].

Die Caseine sind bisher nur in der Milch der Säuger aufgefunden worden, und man bezeichnet sie nach der Tierart, aus deren Milch das Casein gewonnen worden ist. Casein aus Kuhmilch wird dargestellt, indem man abgerahmte Milch mit dem 5—10 fachen Volumen verdünnt und vorsichtig mit Essigsäure bis zur optimalen Fällung versetzt. Das abgetrennte Casein wird durch wiederholtes Lösen mit Hilfe von möglichst wenig Natronlauge und Wiederausfällen mit Essigsäure gereinigt, dann mit Alkohol entwässert und mit Alkohol und Äther Fett und Lipoide entfernt (F. HOPPE-SEYLER). Das Casein der Frauenmilch wird schwieriger gefällt. Erwärmen der verdünnten Milch auf 40° und Ansäuern durch Einleiten von CO_2 ist hier empfohlen worden (J. SCHMIDT).

Casein ist noch nicht krystallisiert erhalten worden. Es stellt ein weißes Pulver dar, das in feuchtem Zustande blaues Lakmuspapier rötet. Abgesehen von Laugen löst es sich wegen seiner ziemlich stark sauren Natur auch in Lösungen von Salzen mit schwachen Säuren (Acetaten, Carbonaten, Borax) und auch in Wasser in Gegenwart von Calciumcarbonat unter Austreibung von CO_2. Die Calciumsalzlösung des Caseins sieht milchig getrübt aus und überzieht sich beim Erhitzen mit einer Haut; die Alkalisalzlösungen jedoch sind klar und trüben sich beim Erwärmen nicht. Durch Säuren wird Kuhcasein aus den Lösungen flockig, das Frauencasein mehr gallertig gefällt. Die Fällungen sind löslich im Überschuß der Säuren (besonders HCl), wobei langsam „Acidcasein" sich bildet. Die neutrale Lösung von Casein wird durch Sättigung mit Magnesiumsulfat und durch Halbsättigung mit Ammoniumsulfat ausgesalzen. Das Casein enthält sehr viel Tyrosin, dagegen kein Glykokoll und, mit Ausnahme von Frauencasein, keine Kohlenhydratgruppen. Es zersetzt sich leicht beim Versuche, es zu reinigen, besonders wenn die Reaktion beim Lösen zu stark alkalisch wurde. Auch gegen Erhitzen auf 100° im trockenen Zustande ist es empfindlich, indem hierbei ein Teil in verdünnten Laugen unlöslich wird (Caseïd).

Als elementare Zusammensetzung[2]) verschiedener Caseine werden folgende Werte angegeben:

Casein aus	C	H	N	S	P
Kuhmilch	53,0	7,0	15,7	0,8	0,85
Eselinnenmilch	54,9	7,15	15,76	1,1	0,51
Frauenmilch	52,24	7,32	14,97	1,12	0,68

Über die Veränderung des Caseins durch Fermente s. unter „Verdauung".

2. Die Vitelline.

Nach F. HOPPE-SEYLER stellt man „Vitellin" aus dem Eigelb dar, indem man das Eigelb zunächst mit Äther von den darin löslichen Bestandteilen befreit, den Rückstand in Kochsalzlösung löst und entweder durch starkes Verdünnen oder durch Dialyse fällt. Ein derartiges Produkt enthält aber einen großen Teil des Phosphors als *Lecithin*, das dem Vitellin durch Alkohol unter Denaturierung des Proteins entzogen werden kann. Die Frage, ob derartige „Lecithalbumine" als besondere Klasse aufzufassen sind, ist noch ungeklärt. Derartige Körper verhalten sich äußerlich wie Globuline, d. h. sie sind in ver-

---

[1]) Die englischen Forscher bezeichnen das Casein mit „Caseinogen" und brauchen den Namen „Casein" für das bei der Labgerinnung entstehende Produkt. Auch in Deutschland wird gelegentlich von dieser Nomenklatur Gebrauch gemacht.

[2]) Vgl. SAMUELI in C. OPPENHEIMER: Handb. d. Biochem. Bd. I, S. 298. Jena: Gustav Fischer 1909.

dünnten Salzlösungen löslich und werden durch starkes Verdünnen oder durch Dialyse wieder gefällt (vgl. die Darstellung). Sie sind sehr veränderlich. Entzieht man diesen Stoffen das Lecithin durch Alkohol (Osborne und Campbell), so bleibt eine Substanz zurück, die ebenfalls noch phosphorhaltig ist, ihren Phosphorgehalt aber nun nicht mehr Phosphatiden verdankt. Derartige phosphatidfreie Präparate bezeichnet man heute als „Vitellin". Durch Pepsinsalzsäure entstehen, ähnlich wie aus dem Casein, sog. Paranucleine oder durch Spaltung mit Ammoniak Paranucleinsäuren (Levene und Alsberg), Stoffe, die einen hohen Phosphorgehalt (bis 10%) aufweisen. Die Möglichkeit der Darstellung derartiger Substanzen rechtfertigt die Gruppierung der Vitelline im System der Eiweißkörper. Natürlich sind derartige Spaltprodukte ebensowenig als einheitliche Körper anzusehen wie die analogen Derivate des Caseins.

Das Vitellin aus Hühnerei nach Osborne und Campbell hat folgende elementare Zusammensetzung:

$$C = 51,24; \quad H = 7,16; \quad N = 16,38; \quad S = 1,03; \quad P = 0,94; \quad Fe +.$$

Auch aus anderen Vogeleiern sind Vitelline dargestellt worden. Sie enthalten auch Eisen, angeblich in organischer Bindung.

3. Die Ichthuline.

Die Ichthuline sind Stoffe, die ein ganz ähnliches Verhalten und eine ähnliche Zusammensetzung aufweisen wie die Vitelline. Sie kommen in *Fischeiern* vor, und zwar im Form ihrer Lecithinverbindung, aus der sich das Ichthulin durch Erschöpfung mit Alkohol darstellen läßt. Bei der Verdauung mit Pepsinsalzsäure liefern Ichthuline ebenfalls phosphorreiche Säuren vom Charakter der Paranucleine bzw. Paranucleinsäuren. Ichthuline sind aus dem Rogen zahlreicher Fische (Barsch, Lachs, Kabeljau, Karpfen u. a.) dargestellt worden. Für das Ichthulin aus Kabeljaueiern gibt Levene folgende Zusammensetzung an:

$$C = 22,44; \quad H = 7,45; \quad N = 15,96 \quad P = 0,65; \quad S = 0,92; \quad Fe +.$$

d) Die Prolamine.

Als Prolamine bezeichnet man nach dem Vorschlage von Th. B. Osborne eine Gruppe *alkohollöslicher* Proteine. Diese Alkohollöslichkeit ist etwas, was die Prolamine vor den meisten anderen Proteinen auszeichnet, und deshalb gehören sie zu den am besten definierten Gruppen der Eiweißkörper, zumal sie auch durch das Fehlen von Lysin charakterisiert sind. Eine Reihe von Proteinen der Pflanzenwelt gehören zu den Prolaminen, so das *Gliadin*, das im Weizenmehl vorkommt und in 70—80 proz. Alkohol löslich ist. In der Gerste findet sich das *Hordenin* und im Mais das *Zein*. Auch aus Roggen- und Hafermehl sind Prolamine isoliert worden.

Neuerdings ist von Osborne und Wakeman[1]) auch das Vorkommen von alkohollöslichen Proteinen in der *Kuhmilch* angegeben worden. Beim Waschen großer Mengen von Casein mit Alkohol erhielten sie ein Protein, das den Prolaminen zwar infolge seiner Alkohollöslichkeit gleicht, sich aber durch seinen Phosphorgehalt davon unterscheidet. Die elementare Zusammensetzung war:

$$C = 54,91; \quad H = 7,17; \quad N = 15,71; \quad S = 0,95; \quad P = 0,08.$$

Aus anaphylaktischen Versuchen geht hervor, daß es zum Casein keine genetischen Beziehungen hat. Eine genauere Charakterisierung dieses Proteins wird seine Stellung im System aufklären.

---

[1]) Osborne, Th. B. u. A. J. Wakeman: Journ. of biol. chem. Bd. 33, S. 7. 1918; Bd. 33, S. 243. 1918.

Die Prolamine verbinden sich mit Säuren und Basen zu Salzen. Das alkohollösliche Protein aus der Kuhmilch hat sauren Charakter, es löst sich reichlich in Alkohol von 50—70%, ist unlöslich in absolutem Alkohol und wenig löslich in salzhaltigem Wasser. Die Lösung trübt sich bei schwach saurer Reaktion bei 45—80° milchig, scheidet aber beim Kochen keinen flockigen Niederschlag ab. Die Substanz gibt starke Tryptophan-, MILLONsche und Biuretreaktion.

e) Die Protamine.
[Literatur s. bei R. FEULGEN[1]).]

Bei den Protaminen können wir deswegen länger verweilen, weil bei ihnen von der *Konstitution* in mancher Hinsicht mehr bekannt ist als bei den anderen Eiweißkörpern, sind doch die Protamine die einfachsten Eiweißkörper, die wir kennen, in denen nur wenige Aminosäuren und vor allem Diaminosäuren vorkommen. Diese letzteren sind aber analytisch genauer zu bestimmen als die Monoaminosäuren, und so hat die *quantitative Spaltung* bei diesen Proteinen eine größere Rolle in der Erforschung gespielt als bei den typischen Eiweißkörpern.

1. Allgemeines über Protamine und ihre Konstitution.

Als „*Protamin*" wurde von MIESCHER in den siebziger Jahren des vorigen Jahrhunderts eine sehr stickstoffreiche, alkalisch reagierende Substanz beschrieben, die er durch Extraktion von Lachsspermatozoenköpfen mit verdünnter Salzsäure und Fällung mit Alkohol als Hydrochlorid erhalten hatte. BALKE fand 1892 bei diesem Körper die Biuretreaktion auf, aber erst ein Vierteljahrhundert nach seiner Entdeckung wurde das Protamin durch die Forschungen von KOSSEL und seinen Schülern weitgehend aufgeklärt. KOSSEL erkannte, daß die genannten Stoffe sehr einfache Eiweißkörper sind, die sich von den gewöhnlichen Proteinen durch das überwiegende Vorkommen der Diaminosäuren Arginin, Lysin und Histidin unterscheiden. Da von diesen das Lysin zwei, das Histidin drei und das Arginin sogar vier Stickstoffatome enthält und die Protamine ganz besonders reich an Arginin sind (s. unten), so erklärt sich daraus ihr sehr hoher Stickstoffgehalt, der sogar über 30% betragen kann. Es zeigte sich nun ferner, daß protaminähnliche Körper *verschiedener* Zusammensetzung in den Spermienköpfen zahlreicher Fische vorkommen, und so ist der Name „Protamin" eine Gruppenbezeichnung geworden, während die einzelnen Repräsentanten der Gruppe mit einem Namen belegt werden, der aus der lateinischen Bezeichnung des Fisches durch Anhängung der Endsilbe *in* entstanden ist. So existiert das *Combrin* der Makrele, das *Salmin* des Laches, das *Clupein* des Herings, das *Sturin* des Störs, das *Acipenserin* des Störs, das *Cyclopterin* des Seehasen, das *Silurin* des Wels, das α- und β-*Cyprinin* des Karpfens und noch viele andere.

Von Bedeutung für die Beurteilung der Protamine und Histone ist aber nicht nur der absolute Gehalt dieser Körper an Diaminosäuren, sondern mehr noch die Zahl, welche angibt, wieviel Prozent der Diaminosäurestickstoff vom Gesamtstickstoff ausmacht. Die Ergebnisse solcher Untersuchungen sind auf der Tabelle S. 276 zusammengestellt.

Aus dieser Zusammenstellung geht folgendes hervor:

1. Der hohe Gehalt an Basenstickstoff läßt die Protamine einer besonderen Gruppe zugehörig erscheinen; sehr viel geringer ist er schon bei den Histonen. (Es sei hier an die Einteilung der Eiweißkörper nach ihrem Gehalt an Diaminosäuren erinnert, s. S. 268.)

---

[1]) FEULGEN R.: Chemie und Physiologie der Nucleinstoffe. Bd. V aus A. KANITZ: Die Biochemie in Einzeldarstellungen. Berlin: Gebr. Bornträger 1923.

Tierart	Name des Protamins oder Histons	N-Gehalt der freien Base	Wenn N = 100 gesetzt wird, so entfallen auf												
			Arginin	Lysin	Histidin	Gesamt-Basen-N	Gesamt-Monoamino-säuren-N	Alanin	Serin	Valin	Leuzin	Prolin	Tyrosin	Tryptophan	Ammoniak
Makrele (Scomber scombrus)	Scombrin	27,1	88,9	—	—	88,9		6,8	—	—	—	3,8	—	—	—
Rheinlachs (Salmo salar)	Salmin	31,7	88,9	—	—	88,9		—	3,2	1,6	—	4,3	—	—	—
Hering (Clupea harengus)	Clupein		89,0	—	—	89,0		+	+	+	—	+	—	—	—
Salvelinus Namaycush)	Salvelin		88,9		—	88,9	7,1								—
Hecht (Esox lucius)	Esocin		86,3	—	—	86,3	11,3								—
Coregonus albus	Coregonin		87,3	—	—	87,3	9,4								
Oncorhynchus Tschawitscha	Identisch mit Salmin														
Xiphias gladius	Xiphiin		81,5	—	—	81,5	14,0						+		—
Thunfisch (Thynnus thynnus)	Thynnin		79,5		—	79,5	11,0			?		+	+		—
Seehase (Cyclopterus lumpus)	Cyclopterin		67,6	—	—	67,6							2,2	+	
Perca flavescens	Percin		78,1	—	5,6	83,7	9,8			?		+	—	—	
Slizostedion vitreum	Identisch mit Percin		76,3	—	6,7	83,0	10,7								—
Stör (Acipenser sturio)	Sturin	27,6	67,4	7,5	10,1	85,0		+	—	—	+	—	—	—	
Crenilabrus pavo	Crenilabrin		43,3	11,0	—	53,3	25,1						+		—
Karpfen (Cyprinus carpio { α-Cyprinin		8,6	30,3	—	38,9				+			+	—	
Karpfen (Cyprinus carpio { β-Cyprinin		28,0	3,3	—	31,3				+			1,5		
Kabeljau (Gadus morrhua)	Gadus-Histon	18,6	28,8	8,5	3,3	40,6							+		1,7
Quappe (Lota vulgaris)	Lota-Histon	16,5	23,4	3,7	4,1	31,2							+	+	3,3
Centrophorus granulosus	Centrophorus-Histon		25,4	7,1	4,5	37,0							+		1,7

2. Es finden sich in manchen Fischspermien auch Körper, die wegen ihres Gehaltes an Basenstickstoff als *Histone* anzusprechen sind; mithin sind Protamine nicht etwa für die Spermatozoen unbedingt charakteristisch, ja nicht einmal für die der Fische, und auch das Vorkommen von Histon ist es nicht, denn man kennt Spermatozoen (Frosch, Hahn, Stier, Eber), die weder Protamine noch Histone enthalten.

3. Es gibt *mehrere verschiedene* Protamine, welche durch die Art und Menge der Aminosäuren voneinander verschieden sind. Indessen läßt die große Mannigfaltigkeit in der Protamingruppe auch hier die Möglichkeit zu, daß manche Proamine nicht einheitlich sind, sondern ein Gemisch mehrerer Protamine darstellen (Kossel).

Aus der Tabelle geht aber ferner hervor, daß es eine große Anzahl von Proteinen gibt, die als einzige Diaminosäure *Arginin* enthalten und frei von Lysin und Histidin sind. Diese Körper werden nach Kossel zur „Salmingruppe" zusammengestellt. Die Zusammengehörigkeit dieser Körper ergibt sich aus dem *quantitativen Verhältnis* zwischen ihren Bausteinen, welches aus der folgenden Tabelle ersichtlich ist.

Molekularverhältnis des Argenins zu den gesamten Bausteinen der Protamine.

Herkunft der Protamine	Arginin	Gesamtzahl der Bausteine
Salmo salar	2	2,89
Oncorhynchus Tschawitscha	2	2,8
Coregonus albus	2	2,86
Clupea harengus	2	3,05
Scomber scombrus	2	2,46
Thynnus thynnus	2	3,1
Esox lucius	2	3,05
Salvelinus Namaycush	2	2,04
Xiphias gladius	2	3,4

Argininstickstoff in Prozenten des Gesamtstickstoffs.

Salmin 87,8; 89,2
Clupein 88,0; 89,1; 88,7; 87,9
Scombrin 88,9; 88,95

Somit ist $^8/_9$ des gesamten Stickstoffs in Form von *Arginin* nachweisbar, der Rest wurde als Alanin, Serin, Valin oder Prolin gefunden. Durch partielle Hydrolyse der Protamine erhält man die den Peptonen entsprechenden *Protone*, und es ergab sich, daß auch in diesen $^8/_9$ des Stickstoffs in Form von Arginin vorkommt. Für den Monoaminosäurestickstoff bleibt also $^1/_9$, d. h. Arginin-N und Monoaminosäuren-N stehen in einem Verhältnis von $^8/_9$ zu $^1/_9 = 8 : 1$. Da das Arginin vier Atome N enthält, eine Monoaminosäure aber nur eins, so folgt daraus, daß im Protonmolekül sowohl als auch in jenen Protaminen auf je *zwei* Argininmoleküle *ein* Molekül einer Monoaminosäure enthalten ist, wie die vorstehende Tabelle zeigt. Nach Kossel haben wir im Protamin Diarginid- oder Polyarginidgruppen anzunehmen. Nun sind beispielsweise im Clupein bisher folgende *Mono*aminosäuren gefunden worden: Alanin, Serin, Prolin und Valin, und Kossel nimmt an, daß im Clupein Komplexe vorkommen, die aus je einer Monoaminosäure und zwei Molekülen Arginin entstehen, also: Diarginylalanin, Diarginylserin, Diarginylprolin und Diarginylvalin. Nach Kossel sind die erwähnten Protone Gemische von Komplexen der genannten Art. Auch bei anderen Protaminen, welche nicht der Salmingruppe angehören und welche außer dem Arginin noch andere Diaminosäuren enthalten, ist ein analoges Verhältnis gefunden worden: auch im Percin und Sturin ist auf je zwei Diaminosäuren eine Monoaminosäure enthalten.

Nun sind die Protamine durch ihre stark alkalische Reaktion ausgezeichnet, und es war anzunehmen, daß freie Aminogruppen vorhanden sein müßten. Nach van Slyke wirkt salpetrige Säure auf Proteinderivate derart ein, daß die in Peptidbindungen vorhandenen Aminogruppen und ebenso die Aminogruppe des Guanidinkomplexes nicht angegriffen wird, daß hingegen die Aminogruppen von Aminosäuren unter Stickstoffentwicklung quantitativ zersetzt werden (s. S. 218). Kossel und Cameron haben gefunden, daß Salmin und Clupein mit salpetriger Säure keinen Stickstoff entwickeln. Wäre in ihnen eine nicht zum Guanidinkomplexe des Arginins gehörende NH_2-Gruppe frei vorhanden, so hätte sich eine Stickstoffentwicklung einstellen müssen. Da nun wegen des stark basischen Charakters der Protamine in ihnen freie Aminogruppen anzunehmen sind, so können diese nur auf das Vorhandensein von *freien Guanidingruppen* im Argininmolekül zurückgeführt werden.

Dieselben Forscher, die bei dem *lysinfreien* Salmin und Clupein keine Einwirkung der salpetrigen Säure fanden, stellten bei den *lysinhaltigen* Protaminen eine solche fest, und zwar war die entwickelte N-Menge proportional dem Lysingehalte. Mithin ist in diesen Protaminen eine Aminogruppe des Lysins frei.

Daß eine freie Aminogruppe des Guanidinkomplexes im Clupein vorhanden ist, geht auch daraus hervor, daß es, wie schon früher erwähnt (s. S. 268), Kossel und Kennaway gelungen ist, in das Clupein eine Nitrogruppe einzuführen, die, wie das bei der Hydrolyse erhaltene Nitroarginin zeigt, an Stelle eines Aminowasserstoffatoms im Guanidinkomplexe eingetreten ist. Salmin verhält sich ebenso.

Das Vorhandensein von Peptiden im Monoaminosäureanteil der hydrolytischen Spaltungsprodukte des Salmins hat M. Nelson-Gerhardt[1]) durch Formoltitration und Molekulargewichtsbestimmung wahrscheinlich gemacht. Analoge Versuche mit hydrolysiertem Clupein hat R. E. Gross[2]) ausgeführt, der unter den Spaltungsprodukten außer Monoaminosäurepeptiden auch peptidartig verbundene Argininmoleküle, wahrscheinlich Argininanhydrid, feststellte.

2. Die Eigenschaften der Protamine.

Protamine reagieren in wässeriger Lösung stark alkalisch und werden beim Kochen nicht ausgeflockt, sie geben die Biuretreaktion auch ohne Alkalizusatz. Ammoniak fällt die Protamine nicht (Gegensatz zu Histon). Alkaloidreagenzien fällen die Protamine. Ebenso schlagen Neutralsalze (Kochsalz, Ammonsulfat) die Protamine und ihre Salze aus ihren Lösungen nieder, desgleichen Schwermetallsalze, wie Quecksilbernitrat, Sublimat, Goldchlorid und Platinchlorid (nicht Kupfersulfat). Beim Zusammenbringen von nucleinsaurem Natrium und Protaminsalzen entstehen Niederschläge von nucleinsaurem Protamin.

f) Die Histone.
[Literatur s. bei R. Feulgen[3]).]

Ein Histon wurde zuerst von Kossel im Jahre 1884 in den Kernen von Vogelerythrocyten entdeckt und seitdem auch in manchen anderen Kernen

---

[1]) Nelson-Gerhardt, Mathilde: Hoppe-Seylers Zeitschr. f. physiol. Chem. Bd. 105, S. 265. 1919.
[2]) Gross, R. E.: Hoppe-Seylers Zeitschr. f. physiol. Chem. Bd. 120, S. 167. 1922.
[3]) Siehe Fußnote auf S. 275.

(s. unter Nucleoproteiden) sowie in verschiedenen reifen und unreifen Fischspermien gefunden worden.

Die Histone haben hinsichtlich ihrer Zusammensetzung Ähnlichkeit mit den Protaminen, insofern als auch bei ihnen der Gehalt an Diaminosäuren auffallend groß ist, wenn auch bei weitem nicht in dem Maße wie bei den Protaminen. Es gibt auch Übergänge zwischen den Protaminen und Histonen, und es ist beobachtet worden, daß Histone bei der Reifung von Fischspermien in Protamine übergehen. So ist es denn zu verstehen, daß man manchmal im Zweifel sein kann, in welche von den beiden Gruppen ein Protein einzureihen ist.

Die Histone sind wesentlich kompliziertere Körper als die Proteine, sie stellen gleichsam einen Übergang von den typischen Eiweißkörpern zu den Protaminen dar, und damit hängt auch zusammen, daß wir — abgesehen von den Bausteinen, aus denen sie bestehen — über ihre Konstitution nichts Wesentliches wissen, während, wie aus dem vorigen Kapitel zu ersehen, die Erforschung der Protamine bemerkenswerte Fortschritte gemacht hat.

Die Tabelle auf S. 276 zeigt den relativ hohen Gehalt an Diaminosäurestickstoff der Histone.

Die Untersuchung der peptischen Spaltungsprodukte des Histons aus der Thymusdrüse durch K. Felix[1]) hat zu fünf Fraktionen geführt, die alle *verschiedene* Zusammensetzung hatten. Im Gegensatz zu den aus gleichartigen größeren Bruchstücken bestehenden Abbauprodukten der Protamine (Protone s. S. 277) wären demnach die Histone aus *verschiedenartigen* größeren Bruchstücken zusammengesetzt und würden also auch in dieser Beziehung zwischen den Protaminen und den komplizierteren Eiweißstoffen stehen.

Histone kommen in Verbindung mit Nucleinsäuren vor (s. unter Nucleoproteiden); das Globin des Hämoglobins, das von Fr. N. Schulz[2]) als Histon angesprochen wurde, gehört nach Kossel und Pringle[3]) nicht in diese Gruppe.

Allgemein werden Histone *dargestellt*, indem man die Nucleoproteide bzw. die Kerne mit verdünnter Salzsäure extrahiert und die Lösung mit Ammoniak fällt; auch kann sie mit Kochsalz ausgesalzen werden.

Das Gadus-, Lota- und Centrophorushiston, die in der Tabelle (S. 276) zu finden sind, gehören zu den Bestandteilen der reifen Spermatozoen. Von den Histonen unreifer Spermatozoen sind das Scombron der Makrele und das Salmohiston des Lachses, von Miescher „Kernalbuminose" genannt, isoliert. Auch aus den Spermatozoen verschiedener Seeigelarten sind Histone dargestellt worden.

Die Histone und ihre Salze sind in Wasser löslich, das Histon wird aber durch Ammoniak gefällt (im Gegensatz zu Protamin), ganz besonders in Gegenwart von Salzen; denn sowohl freies Histon als auch dessen wasserlösliche Salze werden durch Ammoniumsulfat, Magnesiumsulfat, Natriumchlorid und Natriumcarbonat, sowie durch Alkohol (ohne Denaturierung) gefällt; auch konzentrierte Salpetersäure schlägt die Histone nieder. Neutrale Histon- und Histonsalzlösungen erzeugen in salzarmer Lösung mit Eiweiß (Ovalbumin, Serumalbumin, Serumglobulin, Blutserum) einen Niederschlag (Protamine ebenfalls). Die Alkaloidreagenzien fällen aus salzfreier Lösung schon bei neutraler oder alkalischer Reaktion. Der Niederschlag ist in Alkalien unlöslich (im Gegensatz zu anderen Proteinen). Salzfreie Histonlösungen koagulieren in der Hitze nicht. Beim Kochen in salzreicher Lösung entstehen unvollständige Fällungen, die in

---

[1]) Felix, K.: Hoppe-Seylers Zeitschr. f. physiol. Chem. Bd. 120, S. 94. 1922; Bd. 119, S. 66. 1922.

[2]) Schulz, Fr. N.: Hoppe-Seylers Zeitschr. f. physiol. Chem. Bd. 24, S. 473. 1898.

[3]) Kossel, A. u. H. Pringle: Hoppe-Seylers Zeitschr. f. physiol. Chem. Bd. 49, S. 301. 1906.

Säuren wieder löslich sind. Die Histone können mit Säuren Salze bilden. Die Salze der Mineralsäuren sind wasserlöslich; die mancher organischer Säuren (wie Nucleinsäuren) häufig unlöslich. Die Histone geben die Farbenreaktionen der Eiweißkörper, doch ist die Millonsche Reaktion meist schwach und der Schwefel meist nur in Spuren abspaltbar.

g) Die Mucine und Mucoide.

Auch in dieser Proteingruppe herrscht eine große Unsicherheit über die Zugehörigkeit einzelner Körper. Früher rechnete man diese Proteine allgemein zu den „Glykoproteiden", weil in ihnen reichlich Kohlenhydratgruppen vorkommen (s. S. 269). Einige Forscher[1]) benutzen die Bezeichnung „Mucoid" als einen allgemeinen Gruppennamen und teilen die Mucoide ein in:

    a) Mucine;
        α) echte Mucine, durch Säuren fällbar;
        β) Paramucine, durch Säuren nicht fällbar.
    b) Phosphormucoide.
    c) Chondromucoide.

Die meisten Autoren jedoch brauchen den Namen „Mucoid" nur für solche hierher gehörigen Stoffe, welche durch Säuren nicht fällbar sind, im Gegensatz zu den Mucinen, die durch Säuren gefällt werden, eine Einteilung, der wir auch hier folgen werden. Als gemeinsames Merkmal dieser ganzen Gruppe konstatiert man einen verhältnismäßig geringen Stickstoffgehalt und vor allem die Eigentümlichkeit, beim Kochen mit Säuren reduzierende Substanzen zu geben, unter denen in vielen Fällen das *Glucosamin* (Fr. Müller 1901) festgestellt werden konnte. Indessen würde diese Eigentümlichkeit allein nicht genügen, die Mucine und Mucoide in eine besondere Klasse einzuordnen, da auch andere Proteine, z. B. Ovalbumin, Hexosamine enthalten. Äußerlich sind Mucoide und Mucine dadurch ausgezeichnet, daß sie in wässeriger Lösung eine schleimige Konsistenz aufweisen, von welcher Eigentümlichkeit sich ihr Name herleitet. Sie sind in wässeriger Lösung durch Kochen nicht koagulierbar und unterscheiden sich dadurch scharf z. B. vom Ovalbumin. Dennoch haben diese beiden Körper gewisse Ähnlichkeiten insofern, als nach neuen Untersuchungen von Schmiedeberg (s. u.) sich sowohl aus dem Ovalbumin als auch aus Mucin und Mucoiden ein komplizierter Kohlenhydratkomplex, das sog. *Hyaloidin* herausschälen läßt. Immerhin ist die Tatsache der Nichtkoagulierbarkeit der Mucine und Mucoide etwas sehr markantes, und dieser Umstand wird auch zur Trennung vom Eieralbumin und dem im Eierklar ebenfalls vorkommenden Ovomucoid benutzt: Wird die verdünnte Eierklarlösung bei schwach saurer Reaktion gekocht, so flocken das Globulin und Albumin aus und im Filtrat findet sich dann das Ovomucoid (C. Th. Mörner).

Besser definieren ließen sich gewisse Proteine des Knorpels, die ebenfalls den Glykoproteiden angehörten; denn schon im Jahre 1889 wurde von C. Th. Mörner im Knorpel eine eigenartige Substanz angefunden, die *Chondroitinschwefelsäure* genannt wurde und sich durch die Anwesenheit organisch gebundener *Schwefelsäure* auszeichnet. Sie findet sich im Knorpel teils frei, teils als *Chondromucoid* vor, und so kam es, daß man die „Chondromucoide" als eine besondere Klasse der Glykoproteide betrachtete. Die Chondroitinschwefelsäure wurde vor allem von O. Schmiedeberg in älteren Arbeiten und neuerdings von P. A. Levene (s. u.) genauer untersucht. Levene[2]) war es schon im Jahre 1900 aufgefallen,

---

[1]) So F. Röhmann: Biochemie, S. 702. Berlin: Julius Springer 1908.
[2]) Levene, P. A.: Hoppe-Seylers Zeitschr. f. physiol. Chem. Bd. 31, S. 395. 1900.

daß auch bei der Spaltung von *Mucinen* ein Teil des Schwefels als *Schwefelsäure* frei werden kann, und neuerdings[1]) ist es ihm geglückt, aus einer Reihe von Mucinen und Mucoiden Komplexe zu isolieren, die ganz analog der Chondroitinschwefelsäure gebaut sind und *Mucoitinschwefelsäure* genannt wurden. Sollten derartige Gruppen sich als charakteristische Bestandteile *aller* Mucine und Mucoide erweisen, so würde damit die Charakterisierung aller hierher gehörigen Proteine einen großen Fortschritt gemacht haben.

Die Mucoitinschwefelsäure unterscheidet sich nach Levene von der Chondroitinschwefelsäure dadurch, daß in der ersteren eine am Stickstoff acetylierte Glykosamingruppe, in der letzteren aber eine (mit der ersteren isomere) acetylierte Lyxohexosamingruppe vorkommt. Das Hexosamin ist mit einem Molekül Schwefelsäure verestert. Außerdem ist noch eine Glucuronsäuregruppe vorhanden, und endlich sind je zwei derartige Komplexe ätherartig verbunden. Danach besteht die Chondroitin- bzw. Mucoitinschwefelsäure gleichsam aus zwei gleichartigen ätherartig verbundenen Komplexen, von denen jeder erstens ein Molekül Glucuronsäure, zweitens ein Molekül eines acetylierten Hexosamins, und zwar entweder Glykosamin oder Lyxohexosamin, und drittens ein Molekül Schwefelsäure enthält, entsprechend dem noch nicht in allen Teilen bewiesenen Schema:

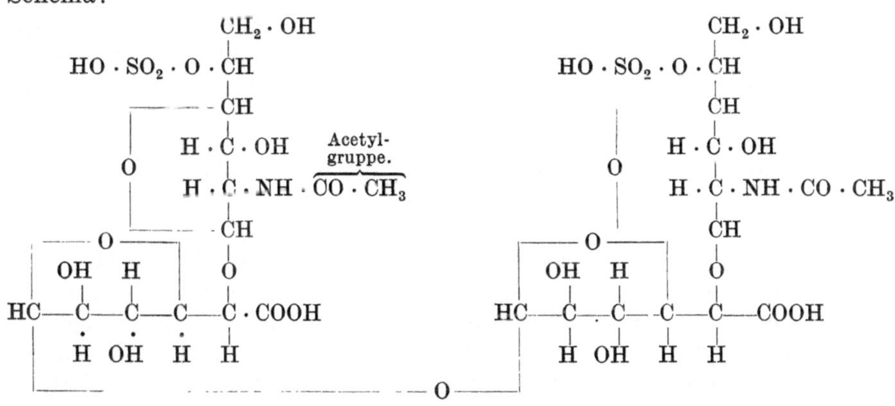

Mucoitinschwefelsäure.

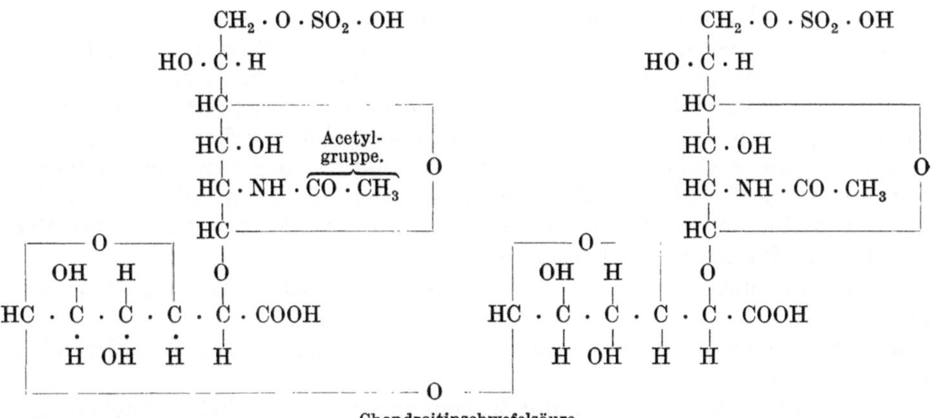

Chondroitinschwefelsäure.

---

[1]) Levene, P. A. u. J. López-Suárez: Journ. of biol. chem. Bd. 36, S. 105. 1919. — Levene, P. A.: Hexosamines, their Derivates and Mucines and Mucoids. Monographs of the Rockefeller Inst. for Med. Res., New York 1922.

Aus derartigen Komplexen kann man die Schwefelsäure durch milde saure Hydrolyse leicht abspalten, und so wurde schon von Schmiedeberg vor vielen Jahren aus der *Chondroitinschwefelsäure* durch Entfernung der Schwefelsäure das *Chondroitin* dargestellt. Analog erhielt Levene aus der Mucoitinschwefelsäure das schwefelfreie *Mucoitin*. Diese Körper enthalten noch *keine freien* Aminogruppen. Durch eine stärkere Hydrolyse werden auch die Acetylgruppen abgespalten, so daß die Aminogruppen frei werden, und es resultiert unter gleichzeitigem hydrolytischen Zerfall der Moleküle in die beiden Hälften aus dem Chondroitin das sog. *Chondrosin* und aus dem Mucoitin nach Levene das *Mucosin*. Diese Körper sind demnach Disaccharide aus *Glucuronsäure* und dem entsprechenden *Hexosamin*. Das Chondrosin wurde von Levene[1]) synthetisch dargestellt.

In einer ganz anderen Weise hat in seinen letzten Arbeiten O. Schmiedeberg[2]) das Problem der Bindung der Aminozucker zu lösen versucht. Diese Arbeiten sind deswegen so wertvoll, weil hier nicht nur die Gruppe der Mucine und Mucoide berücksichtigt wurde, sondern auch solche Proteine mit umfaßt werden konnten, welche weder zu den Mucinen noch zu den Mucoiden gehören, aber durch ihren Gehalt an Kohlenhydratgruppen ausgezeichnet sind wie das Ovalbumin u. a., und es ist ein großes Verdienst Schmiedebergs, diese so heterogenen Proteine von einem einheitlichen Gesichtspunkt betrachtet zu haben. Schmiedeberg stellte nämlich aus allen möglichen kohlenhydrathaltigen Proteinen Stoffe dar, die er als „Hyaloidin“ bezeichnet und welche er als die „biuretfreie“ Muttersubstanzen der in den *verschiedensten* Eiweißkörpern (Eieralbumin, Ovomucoid, Fibrin, Ovarialmucoid und Mucine) vorkommende reduzierende Bestandteile ansieht. In unreinem, d. h. die Biuretprobe gebenden, also noch mit Eiweißabkömmlingen verunreinigtem Zustande, waren ähnliche Stoffe schon von verschiedenen Forschern als „tierisches Gummi“ oder. „tierisches Dextrin“ beschrieben worden. Schmiedeberg behandelte z. B. Eieralbumin mit Natronlauge und erhielt mit seinem, auch für die Darstellung von Nucleinsäuren angewandten „Kupfer-Kaliverfahren“ das Hyaloidin als Kupferverbindung.

Nach Schmiedeberg sind an dem Aufbau des Hyaloidins zwei Moleküle Glucosamin, zwei Moleküle einer nicht vergärbaren, aber nicht näher definierten Hexose und ein Molekül Essigsäure beteiligt. Die Glucosamingruppen sind ätherartig gebunden. Bei der partiellen Hydrolyse zerfallen die Hyaloidine in *Paramucosin* und *Albamin*. Bei letzterem sind die beiden Glucosamingruppen noch verbunden, aber die beiden Hexosegruppen und die Essigsäure abgetrennt. Das aus Fibrin dargestellte Hyaloidin ist von dem genannten Komplexe verschieden; in ihm kommt *Fructose* vor, anscheinend neben den zwei unbekannten Hexosegruppen, so daß im ganzen drei Hexosemoleküle vorhanden sind.

Der errechnete Gehalt an Hyaloidin schwankt bei den verschiedenen Proteinen von etwa 17—96%. Auf Grund dieser, sich allgemein auf die verschiedensten Proteine erstreckenden Anschauung unterscheidet Schmiedeberg vier Klassen von „Hyaloidineiweißverbindungen“:

1. Proteine mit unbekanntem Hyaloidingehalt (Albumine, Globuline, Fibrin).

2. Mucine und Mucoide, welche hyaloidinreich sind und bleischwärzenden Schwefel enthalten.

3. Mucoidine, die aus den unter 2. genannten durch Alkali entstehen; sie enthalten keinen bleischwärzenden Schwefel und geben keine Millonsche Reaktion.

---

1) Levene, P. A.: Journ. of biol. chem. Bd. 31, S. 609. 1917.
2) Schmiedeberg, O.: Arch. f. exp. Pathol. u. Pharmakol. Bd. 87, S. 1, 31, 47. 1920.

4. Protomucoidine; sie sind schwefelfrei und enthalten eine stickstoffreiche Eiweißkomponente.

Die Bildung der Chondroitinschwefelsäure führt SCHMIEDEBERG auf einen sekundären Prozeß zurück, wobei durch Oxydation von Hexosegruppen *Glucuronsäure* (die nach SCHMIEDEBERG im Hyaloidin nicht vorgebildet ist) entsteht und schwefelsäureesterartig eintritt.

Die *Mucine* zeichnen sich durch die fadenziehende Beschaffenheit ihrer natürlichen oder mit etwas Alkali hergestellten Lösungen aus. Sie sind fällbar mit Essigsäure und unlöslich in einem Überschuß von Essigsäure. Mucine sind dargestellt worden aus den Sekreten der Mundspeicheldrüsen, aus Sputum, Sehnen, dem Schleim der Luftwege, der Galle, dem Nabelstrang, der Synovialflüssigkeit, der Cornea und aus manchen Ascitesflüssigkeiten, welche schon durch ihre fadenziehende Beschaffenheit die Anwesenheit von Mucin verraten können. Auch die Mucine der Schnecken und der Hüllen von Fisch- und Froscheiern sind untersucht worden (O. HAMMARSTEN). Die elementare Zusammensetzung der verschiedenen Mucine schwankt ziemlich. HAMMARSTEN fand im Mucin der Submaxillarisdrüse

$$C = 48,84; \quad H = 6,80; \quad N = 12,32; \quad S = 0,84.$$

Mucoide sind erhalten worden vor allem aus Ovarialcysten (sog. Pseudomucin). Man erhält es nach HAMMARSTEN durch Fällen des fadenziehenden Cysteninhaltes mit Alkohol als faseriges, sich um den Glasstab windendes Gerinnsel. Ein klassisches Mucoid ist ferner das Ovomucoid aus dem Eierklar des Hühnereies. Seine Darstellung und Trennung von dem Albumin und Globulin wurde schon auf S. 280 besprochen; sie beruht auf der Nichtkoagulierbarkeit seiner Lösung beim Kochen. Auch aus Knorpeln (Chondromucoid), Sehnen, entkalkten Knochen usw. sind ähnliche Körper dargestellt worden. Das Chondromucoid unterscheidet sich von anderen Mucoiden wesentlich durch seine Fällbarkeit mit Mineralsäuren. Es ist in Wasser unlöslich, aber löslich in verdünnten Laugen und liefert bei alkalischer Zersetzung Chondroitinschwefelsäure (s. oben), welche Eigentümlichkeit dem Chondromucoid früher eine Sonderstellung eingeräumt hat. Es sei hier aber noch einmal daran erinnert, daß neuerdings aus zahlreichen Mucinen und Mucoiden Körper von ganz ähnlicher Konstitution dargestellt worden sind.

Das Ovomucoid enthält nach verschiedenen Autoren ziemlich übereinstimmend:

$$C = 48,85; \quad H = 6,92; \quad N = 12,46; \quad S = 2,22.$$

Bei der elementaren Zusammensetzung der Mucine und Mucoide fällt gegenüber anderen Proteinen ihr verhältnismäßig niedriger Stickstoff- und Kohlenstoffgehalt auf, der auf das Vorkommen von sauerstoffreichen Hexosaminen zurückzuführen ist.

Als *Phosphormucoide* werden mucoidartige Substanzen bezeichnet, die phosphorhaltig sind. So wurde von O. HAMMARSTEN aus der Eiweißdrüse der Schnecken durch Wasser eine mucinähnliche Substanz extrahiert, die aus dem Wasserextrakt mit Essigsäure fällbar war und folgende Zusammensetzung hatte:

$$C = 47,0; \quad H = 6,8; \quad N = 6,1: \quad S = 0,62; \quad P = 0,47: \quad \text{Asche} = 0,998.$$

Da bei der Oxydation dieser Phosphormucoide *Schleimsäure* gefunden wurde, so enthalten sie wahrscheinlich u. a. Galaktose. Ähnliche Körper sind auch aus der Eiweißdrüse der Frösche sowie aus dem von ihr gebildeten Schleim des Froschlaiches erhalten worden.

h) Die Proteinoide (Albuminoide).

Die Proteinoide findet man in solchen histologischen Geweben, welche vorwiegend *mechanische* Funktionen zu erfüllen haben. Zum Teil verleihen sie den Körpern oder bestimmten Geweben der verschiedensten Individuen Halt, weswegen sie auch „Gerüsteiweiße" genannt worden sind, oder sie liefern Bindesubstanzen für Haut nebst anhängenden Gebilden, Knochen, Gefäßwänden usw.

Die Proteinoide werden auch wohl Albuminoide oder Albumoide genannt, und aus dieser Bezeichnung geht hervor, daß man sie früher mehr als „eiweißähnliche" Körper angesehen hat. Nach ihrem Aufbau aus Aminosäuren gehören sie rein chemisch zu den regelrechten Proteinen wie andere Eiweißkörper auch. Sie unterscheiden sich von den gewöhnlichen Proteinen — entsprechend den mechanischen Funktionen, die sie zu erfüllen haben — durch ihre Unlöslichkeit in Wasser und ihre derbe Beschaffenheit, ja manche von ihnen kommen, im Gegensatz zu anderen Eiweißkörpern, in sehr wasserarmem und festem Zustande vor (Keratin). Sie sind häufig unverdaulich.

Wegen ihrer Unlöslichkeit können sie ohne Zersetzung nicht etwa „extrahiert" werden. Sie müssen vielmehr dargestellt werden, indem man versucht, alles andere zu entfernen, meist dadurch, daß man die Substanz mit den verschiedensten Lösungsmitteln und auch mit verdauenden Lösungen behandelt (Extraktionsmethode). Eine solche Darstellungsweise ist chemisch natürlich im hohen Grade unbefriedigend, doch ist eine andere z. Z. nicht möglich. Ob die Protenoide einheitliche Körper sind, ist zweifelhaft.

Die Protenoide werden nach ihrem Vorkommen benannt, man unterscheidet daher:

1. Keratine (Haut, Horn, Haar, Federn, Schildpatt);
2. Elastine (elastische Fasern);
3. Kollagen (leimgebende Substanz der Bindegewebe, Reticulin der Lymphdrüsen);
4. Skelettine (in Schwämmen, Korallen usw.);
5. die Bestandteile der Seide und anderer Gespinste.

Die Protenoide zeichnen sich durch ihren geringen Gehalt an Diaminosäuren und reichliches Vorhandensein von Monoaminosäuren aus. Von diesen kommt das *Glycin* besonders reichlich vor, weswegen man die ganze Gruppe auch wohl *Glycinamine* genannt hat.

1. Die Keratine.

Die Keratine sind unlöslich in Wasser, verdünnten Säuren und Alkalien und gegen Verdauungsfermente sehr resistent. Sie enthalten sehr viel Cystin, so daß man Haare zur präparativen Darstellung des Cystins benutzt. Man gewinnt die Keratine, indem man die Gewebe durch peptische und tryptische Verdauung von anderen Proteinen befreit und die ungelöst bleibende Masse hinterher noch mit verdünnten Alkalien, Säuren, Wasser, Alkohol und Äther extrahiert. Keratin kommt reichlich vor in der Oberhaut, vor allem in den Anhangsgebilden der Haut, wie Haaren, Wolle, Federn, Nägeln, Hufen, Hörnern, Geweihen, den Barten des Walfisches, dem Panzer der Schildkröten (Schildpatt) usw. Auch die Eihäute von Eiern enthalten keratinähnliche Proteine. Die Membrana testacea der Hühnereier stellt ein erstarrtes Drüsensekret der Eileiter des Huhnes dar und enthält das sog. *Ovokeratin*, das sich allerdings von den anderen Keratinen durch das Fehlen von Cystin und die geringere Widerstandsfähigkeit gegen Pepsinsalzsäure unterscheidet. In der Scheide der markhaltigen

Nerven kommt das *Neurokeratin* vor und in der hornartigen Substanz, welche den Vogelmagen auskleidet, das *Koilin*.

Als elementare Zusammensetzung verschiedener Keratine wurde gefunden:

	C	H	N	S	O
Haare	50,65	6,36	17,14	5,00	20,85
Nägel	51,00	6,94	17,51	2,80	21,85
Horn	50,89	6,94	—	3,30	—
Schildpatt	54,89	6,56	16,77	2,22	19,56
Schalenhaut des Hühnereies .	49,78	6,94	16,43	4,25	22,00
Hülle des Eies von Bombyx mori	47,27	6,71	16,93	3,67	24,72
Neurokeratin	56,1—58,4	7,3—8,0	14,5—14,3	1,6—2,24	—

2. Die Elastine.

Die Elastine bilden die Grundsubstanz der elastischen Gewebe. Elastin erhält man z. B. aus dem Lig. nuchae großer Schlachttiere oder der Wand der großen Arterien als Rückstand nach Extraktion mit Kalkwasser, verdünnter Essigsäure, Salzsäure, Natronlauge, Wasser, Alkohol und Äther. Elastin ist unlöslich in Wasser und wird durch Trypsin und Pepsin langsam verdaut. Elementare Zusammensetzung:

	C	H	N	S
Lig. nuchae	54,32	6,99	16,75	0,27
Aorta	53,94	7,03	16,67	0,38

3. Die Kollagene und Reticuline.

Das Kollagen ist die „leimgebende Substanz", d. h. es wird beim Kochen mit Wasser zu *Leim*, der in reinem Zustande die *Gelatine* darstellt. Kollagen bildet die Hauptgrundsubstanz der Bindegewebsfibrillen und findet sich in Sehnen, Fascien, Bändern, Knorpeln, Knochen, in der Cornea, in Fischschuppen u. a. Zur Darstellung behandelt man Sehnen mit Kalkwasser, verdünnten Laugen und löst andere Proteine durch Trypsinverdauung heraus. Kollagen ist unlöslich in Wasser und Salzlösungen, verdünnten Säuren und Laugen, löst sich aber beim anhaltenden Kochen mit Wasser zu Leim, der beim Abkühlen zu einer Gallerte erstarrt. Die Fibrillen des Bindegewebes sind in *Trypsin* unlöslich. Nach Erwärmen mit verdünnter Salzsäure auf 70° aber werden sie auch in Trypsin löslich. Hierdurch unterscheiden sich die Bindegewebsfibrillen von den elastischen Fasern, welch letztere ohne weiteres, wenn auch langsam, von Trypsin verdaut werden.

Der Leim (Glutin) wird technisch aus bindegewebshaltigem Material dargestellt, wie Haut, Sehnen, Knochen usw. Fischleim wird aus Fischabfällen gewonnen, die Hausenblase aus der inneren Haut der Schwimmblase von Hausen und Stör. Leim quillt in Wasser auf, schmilzt beim Erwärmen und erstarrt wieder beim Abkühlen. Der Schmelzpunkt liegt bei etwa 26—29°, der Erstarrungspunkt bei etwa 18—25°. Länges Kochen setzt die Gelatinierfähigkeit herab.

Die elementare Zusammensetzung von Kollagen und Leim ist etwa die folgende:

	C	H	N	S
Kollagen	50,72	6,47	17,86	—
Käufliche Gelatine, aschefrei . .	51,45	7,08	18,18	0,43
Glutin aus Sehnen	50,90	6,80	18,3	0,4—0,5

Kollagen und Leim enthalten wenig Cystin, kein Tyrosin und kein Trypto phan.

Verwandt mit dem Kollagen ist das sog. *Reticulin* (Siegfried). Es bildet die Grundsubstanz des retikulären Gewebes der Lymphdrüsen und kommt auch in der Darmserosa, in Leber, Milz und anderen adenoiden Drüsen vor. Es wird nach der Extraktionsmethode gewonnen und stellt als Rückstand eine strähnige Masse dar, die beim Kochen in *Leim* übergeht.

Die elementare Zusammensetzung ist:

$$C = 52{,}88; \quad H = 6{,}97; \quad N = 15{,}63; \quad S = 1{,}88; \quad P = 0{,}34: \quad \text{Asche } 2{,}27.$$

Überraschend ist der Phosphorgehalt. Ob das Reticulin ein einheitlicher Körper ist, erscheint zweifelhaft. Das Reticulin enthält kein Tyrosin.

4. Die Skelettine.

Die Skelettine (Krukenberg) bilden die Grundsubstanz verschiedener Avertebraten.

Das **Spongin** ist die Gerüstsubstanz der Schwämme und wird mit der Extraktionsmethode aus Badeschwämmen als Rückstand gewonnen. Die elementare Zusammensetzung ist etwa:

$$C = 48{,}51; \quad H = 6{,}3; \quad N = 14{,}79; \quad S = 0{,}73; \quad J = 1{,}5.$$

Spongin zeichnet sich also durch seinen Jodgehalt aus, der auf das Vorkommen von Dijodtyrosin (s. S. 230) zurückzuführen ist.

Die **Corneine** gehören zu den Substanzen, welche die Achsenskelette von Korallen bilden. So ist aus Gorgonia Cavolini das *Gorgonin* dargestellt worden. Es ist wie das Spongin durch seinen Jodgehalt ausgezeichnet, der hier sogar auffallend groß ist und gleichfalls auf das Vorhandensein von Dijodtyrosin zurückzuführen ist. Auch kommt Chlor, in anderen Corneinen auch Brom organisch gebunden vor.

Die elementare Zusammensetzung des Gorgonins lautet:

$$C = 49{,}4; \quad H = 6{,}8; \quad N = 17{,}2; \quad J = 7{,}8; \quad Cl = 2{,}2.$$

Die **Conchioline** bilden die organische Grundsubstanz der Muschelschalen. Man stellt sie dar, indem man die Muscheln mit verdünnter Salzsäure entkalkt und die zurückgebliebene Substanz mit Pepsin, Trypsin und verschiedenen Lösungsmitteln behandelt. Die elementare Zusammensetzung des Conchiolins ist:

Conchiolin	C	H	N	S
Aus Schale von Pinna nobilis .	52,87	6,54	16,6	0,85
Aus Schale von Mytilus edulis .	52,3	7,6	16,4	0,65

5. Die Bestandteile der Seide.

In weitestem Sinne gehören hierher die Gespinste zahlreicher Avertebraten, vor allem aber die der Seidenraupen (Bombyx mori). Aus den Spinndrüsen sondert sich ein eiweißreiches Sekret ab, das nach dem Austritt zum Seidenfaden erstarrt. Der Seidenfaden des Kokons enthält zwei verschiedene Substanzen. Kocht man den Kokon mit Wasser, so wird eine leimartige Substanz (Seidenleim oder Sericin) extrahiert, während das Seidenfibroin zurückbleibt. Elementare Zusammensetzung:

	C	H	N	O
Seidenleim	44,32	6,18	18,30	—
Seidenfibroin	48,3—49,9	6,4—6,9	17,6—19,2	24,1—26,7

Das Seidenfibroin enthält vorwiegend niedere aliphatische Aminosäuren und viel Tyrosin.

Der Byssus, der sich in Form von glänzenden Fäden im Fußdrüsensekret mancher Muscheln findet, hat große Ähnlichkeit mit der Seide (ABDERHALDEN).

II. Die Proteide.

a) Die Chromoproteide.

Diese werden an anderen Stellen in diesem Handbuche abgehandelt.

b) Die Nucleoproteide.

[Literatur s. bei R. FEULGEN[1]).]

1. Allgemeines über Nucleoproteide.

Extrahiert man eine kernhaltige Substanz vorsichtig mit Wasser oder Salzlösung und säuert das Filtrat mit Essigsäure an, so erhält man in vielen Fällen einen weißen, flockigen Niederschlag, der eine Verbindung von Nucleinsäure und Eiweiß ist. Ein solcher Stoff pflegt in verdünnten Laugen und Salzlösungen löslich zu sein und scheidet sich beim Ansäuern mit Essigsäure wieder ab. Der Körper ist ein *Nucleoproteid*. Das Nucleoproteid verliert durch Behandlung mit Pepsinsalzsäure *einen Teil* seines Eiweißes, das abgebaut wird und in Lösung geht, während das eiweißärmere, aber phosphorreichere *Nuclein* ungelöst zurückbleibt. Dieses Verhalten hat zu dem bekannten Schema geführt:

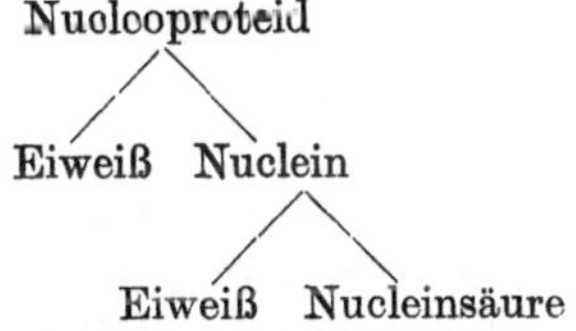

Über die Eiweißkomponente ist häufig nicht viel bekannt, in einzelnen Fällen jedoch ist sie ein *Protamin* oder *Histon*, über welche Körper früher gesprochen worden ist. Nucleoproteide und Nucleine sind aus den verschiedensten Organen der verschiedensten Tiere und Pflanzen dargestellt worden; genauer untersucht sind aber nur verhältnismäßig wenige, nämlich die Nucleinstoffe aus Fischspermien, aus Hefe, aus Kernen kernhaltiger Erythrocyten, aus Lymphocyten bzw. lymphatischen Organen, insbesondere aus der Thymusdrüse des Kalbes und aus der Pankreasdrüse von Rindern.

Die Angabe der verschiedensten Autoren über ein und dieselbe Eiweißverbindung weichen häufig außergewöhnlich stark voneinander ab, und eine annähernde Übereinstimmung ist nur unter genauester Innehaltung der von dem betreffenden Autor angegebenen Darstellung zu erzielen, ein Umstand, der wiederholt berechtigte Zweifel hat auftauchen lassen, ob Nucleoproteide oder Nucleine überhaupt Individuen im Sinne einheitlicher chemischer Körper sind. Ganz besonders muß die Darstellungsweise für viele Nucleoproteide auffallen, bei der das zerkleinerte Organ viele Stunden, oft mehrere Tage lang mit Wasser „extrahiert" werden muß und man sich des Eindrucks nicht erwehren kann, daß hier fermentative Veränderungen Platz gegriffen haben (SCHITTENHELM und BRAHM, STEUDEL, FEULGEN). In der Tat ist bekannt, daß in den verschiedensten

---

[1]) FEULGEN, R.: Chemie und Physiologie der Nucleinstoffe. Bd. V aus A. KANITZ: Die Biochemie in Einzeldarstellungen. Berlin: Gebr. Borntraeger 1923.

Organen Nucleasen vorkommen, welche das Nucleinsäuremolekül unter Bildung undefinierbarer Zersetzungsprodukte aufspaltet. Nach Ansicht des Verfassers ist die Extraktion vieler Autoren gar kein physikalisches Auslaugen, sondern ein fermentativer Prozeß unter Bildung löslicher Abbauprodukte. Nach seiner Anschauung ist auch die Extraktion eines „Nucleohistons" aus der Thymusdrüse wahrscheinlich nicht möglich, weil die Nucleinsäure in der Thymusdrüse, an Eiweiß gebunden, zwar in quellungsfähigem, aber nicht in wasserlöslichem Zustande vorkommt. Dies steht im Einklang mit der Tatsache, daß die Kerne kernhaltiger Erythrocyten, die aus einer Verbindung von Nucleinsäure mit Histon par excellence bestehen, in Wasser zwar quellbar, aber nicht löslich sind. Offenbar kommen in den kernhaltigen roten Blutkörperchen die erwähnten abbauenden Fermente nicht oder nur in geringer Menge vor.

Nun ist ganz allgemein und abgesehen von den erwähnten Zersetzungsmöglichkeiten von verschiedenen Forschern eingewendet worden, daß Nucleoproteide gar nicht als Körper sui generis existierten, daß sie vielmehr Kunstprodukte der Darstellungsmethoden seien. In der Erkenntnis nämlich, daß Lösungen von nucleinsaurem Natrium, besonders bei *saurer* Reaktion, mit Eiweiß Fällungen von unlöslichem nucleinsauren Eiweiß geben, kann man sich vorstellen, daß man bei der Extraktion etwa nucleinsaures Natrium *neben* Eiweiß extrahiert und daß beim Ansäuern mit Essigsäure (das übliche Verfahren zur Ausflockung von Nucleoproteiden) ein Niederschlag von künstlichem nucleinsauren Eiweiß entstehen müßte. Indessen zeigen besonders die proteidähnlichen Körper aus der Thymusdrüse ein Verhalten, das eine *organische* Bindung vermuten lassen könnte, insofern, als aus dem Nucleohiston nur *ein Teil* des Eiweißes mit verdünnter Salzsäure leicht extrahierbar ist, so daß man dabei zu einem Körper gelangt, der zwar weniger Eiweiß enthält (Nuclein), dafür dieses aber in festerer Bindung, und derartige Erwägungen hatten auch zu dem auf S. 287 dargestellten Schema geführt. Nun hat aber Steudel[1]) durch doppelte Umsetzung von thymonucleinsaurem Natrium und Histonsulfat eine Verbindung erhalten, die nach ihrer Darstellung ganz zweifellos ein *Salz* war, die aber jenes Verhalten zu verdünnter Salzsäure ebenso zeigte wie das aus der Thymusdrüse isolierte Histon. Aus diesem Versuche geht hervor, daß die anscheinend festere Bindung eines Teiles des Eiweißes gar nicht gegen die Annahme einer einfachen Salzstruktur spricht.

Mit diesen und ähnlichen Versuchen ist aber natürlich noch nicht die Frage gelöst, in welcher Bindung denn eigentlich Eiweiß- und Nucleinsäurekomponenten im *Zellkern* vorkommen. Dieses Problem ist zur Zeit noch ganz unaufgeklärt, es wäre aber durchaus denkbar, daß genuin eine *organische* Bindung der Nucleinsäure an Eiweiß oder einem anderen Körper vorhanden ist, die bei den Darstellungsmethoden gesprengt wird.

Steht man auf dem Standpunkt, daß die durch Fällung aus Extrakten darstellbaren Eiweißverbindungen von Nucleinsäuren nichts weiter sind als künstliche Salze, so muß man auch annehmen, daß ihre Zusammensetzung von vielen äußeren Faktoren bei der Darstellung, besonders von der Wasserstoffionenkonzentration, abhängt, und daraus folgt, daß sie keine Individuen im chemischen Sinne sind. Man müßte also eigentlich die ganze Gruppe der Nucleine und Nucleoproteide fallen lassen. Aus praktischen Gründen wird dies wohl kaum zu empfehlen sein. Die Nucleoproteide und Nucleine sind nämlich häufig sehr markante Körper und stellen außerdem oft wertvolle Ausgangsstoffe zur Dar-

---

[1]) Steudel, H.: Hoppe-Seylers Zeitschr. f. physiol. Chem. Bd. 90, S. 292. 1914. — Steudel, H. u. E. Peiser: Ebenda Bd. 122, S. 298. 1922.

stellung der Nucleinsäuren oder des Eiweißpaarlings (Histon) dar. Allerdings wäre es dann häufig zweckmäßig, diejenige Fällungsmethode zu wählen, welche für die zu isolierende Komponente die günstigste Ausbeute liefert (unter Umständen Alkoholfällung), während bisher von den Forschern meist solche Fällungsmethoden bevorzugt wurden, welche das Nucleoproteid möglichst „rein" liefern, ein nach Ansicht des Verfassers vergebliches Bemühen.

Zahlreich sind die Nucleoproteide, die nur sehr mangelhaft charakterisiert sind. Manche Autoren begnügen sich damit, daß sie in der Hydrolysenflüssigkeit Phosphorsäure nachweisen und nach dem Übersättigen mit Ammoniak mittels ammoniakalischer Silberlösung einen Niederschlag erzielen können, den sie auf Purinbasen deuten. Mit Sicherheit kann man als Nucleoproteid oder Nuclein einen Körper aber nur dann ansprechen, wenn man als eine Komponente eine *Nucleinsäure* nachgewisen hat. Neuerdings hat STEUDEL[1]) gezeigt, daß man aus Trockenhefe die Nucleinsäure auch ohne Eiweiß extrahieren kann und daß damit in der Hefezelle die Nucleinsäure *frei* vorkommt und nicht an Eiweiß gebunden. Damit fallen wohl Nucleoproteide, deren Nucleinsäurekomponente *pentosehaltig* ist, überhaupt weg, und es bleiben lediglich solche Proteide bestehen, deren Nucleinsäure zum Typus der *Thymonucleinsäure* gehört.

Wir sind nun imstande, derartige Körper auf Grund einer für die Thymonucleinsäurekomponente charakteristischen Reaktion mikrochemisch und vor allem mikroskopisch-chemisch nachzuweisen. Dieses Verfahren beruht auf der Beobachtung, daß, wenn durch milde saure Hydrolyse aus der Thymonucleinsäure die Purinkörper abgespalten werden, die freigewordenen reduzierenden Gruppen die Eigentümlichkeit haben, sich mit der an sich farblosen bzw. schwach gelb gefärbten fuchsinschwefligen Säure zu einem violetten Farbstoff zu verbinden (Aldehydreaktion FEULGEN). „Zucker" geben diese Reaktionen nicht, da sie bei saurer Reaktion in ihrer tautomeren Zykloform reagieren. Pentosehaltige Nucleinsäuren (Hefenucleinsäure, Guanylsäure, Inosinsäure) geben diese „Nuclealreaktion" nicht, da ihr Kohlenhydrat ein „Zucker" (d-Ribose) ist. Die Nuclealreaktion gestattet also eine Erkennung der Thymonucleinsäure und ihre Unterscheidung von ihren pentosehaltigen Verwandten. Allgemein werden Nucleinsäuren, welche die Nuclealreaktion geben, Nuclealkörper genannt. Präparativ bekannt ist bisher nur die zu dieser Gruppe gehörende *Thymonuclein-säure*.

Taucht man ein thymonucleinsäurehaltiges mikroskopisches Präparat in die fuchsinschweflige Säure, so ist keine Veranlassung für die Entstehung eines Farbstoffs gegeben, das Präparat bleibt also farblos. Wird das Präparat zuvor aber einer milden sauren Hydrolyse unterworfen (durch 4 Minuten langes Eintauchen in n-Salzsäure bei 60°), so werden aus der Thymonucleinsäure die Purinkörper abgespalten, was sehr viel leichter erfolgt als die Auflösung der Kerne als morphologische Gebilde. Die reaktionsfähigen Aldehydgruppen werden hierdurch frei, befinden sich aber noch mit dem Nucleinsäurerest im Kern als gequollene, aber unlösliche Masse. Taucht man das so vorbehandelte Präparat nunmehr in die fuchsinschweflige Säure, so verbindet sich das wirksame Prinzip dieses Reagenzes mit den Aldehydgruppen zu einem intensiven Farbstoff, und es entsteht eine prächtige, elektive *Kernfärbung* [Nuclealfärbung[2])], während

---

[1]) STEUDEL, H. u. T. TAKAHATA: Hoppe-Seylers Zeitschr. f. physiol. Chem. Bd. 133, S. 165. 1924.

[2]) FEULGEN, R. u. H. ROSSENBECK: Hoppe-Seylers Zeitschr. f. physiol. Chem. Bd. 135, S. 203. 1924. — FEULGEN, R. u. K. VOIT: Ebenda Bd. 135, S. 249. 1924; Bd. 136, S. 57. 1924. — FEULGEN-BRAUNS, F.: Pflügers Arch. f. d. ges. Physiol. Bd. 203, S. 415. 1924. Die Methodik ist ausführlich dargestellt in E. ABDERHALDEN, Handb. d. biolog. Arbeitsmethoden (Berlin, Urban u. Schwarzenberg).

nach Behandlung des partiell hydrolysierten mikroskopischen Präparates mit Phenylhydrazin die fuchsinschweflige Säure ohne Einfluß bleibt. Taucht man ein partiell hydrolysiertes mikroskopisches Präparat in Silberlösung, so macht sich auch die Reduktionskraft des Nucleinsäurerestes geltend, indem sich im Kerne braunes kolloides Silber niederschlägt. Worauf die Nuclealfärbung beruht, ist z. Z. noch nicht sicher bekannt, da wir über die „Kohlenhydratgruppen" der Thymonucleinsäure noch zu wenig wissen; doch kann mit Sicherheit gesagt werden, daß sie nicht auf eine Bildung von Furfurol[1]) oder Oxymethylfurfurol[2]) zurückzuführen ist. Sie gestattet in einfachster Weise eine „vergleichende Biochemie" der Zellkerne. Es hat sich dabei gezeigt, daß eine Einteilung in pflanzliche und tierische Nucleinsäuren unrichtig ist, da auch pflanzliche Kerne nucleal gefunden wurden, ja sogar in Bakterien sind Nuclealkörper nachgewiesen worden (K. Voit[3]).

Allgemein stellen Nucleoproteide weiße amorphe Stoffe dar, die sauer reagieren, in organischen Lösungsmitteln ganz unlöslich sind, die sich häufig in Wasser, leichter in Salzlösungen, noch leichter in Lösungen von Natriumacetat und am leichtesten in verdünnten Laugen lösen und durch Essigsäure wieder gefällt werden. Durch Hitze werden sie meist denaturiert. Calciumchlorid fällt in bestimmter Konzentration, im Überschuß sind die Niederschläge häufig wieder löslich. Die meisten Nucleoproteide drehen die Ebene des polarisierten Lichtes nach rechts. Die Drehung ist bei den einzelnen Nucleoproteiden verschieden. Da aber die spezifischen Drehungen von sämtlichen Verbindungen und Derivaten der Nucleinsäuren außerordentlich abhängig sind von der Wasserstoffionenkonzentration, so ist mit den von den Autoren angegebenen Werten meist nicht viel anzufangen.

Die Nucleine sind ebenfalls amorphe pulverige, farblose Substanzen, die in Wasser, verdünnten Säuren und organischen Lösungsmitteln unlöslich, in verdünnten Alkalilaugen dagegen leicht löslich sind. Sie enthalten viel mehr Phosphor (5% und mehr) als die Nucleoproteide. Nucleine können durch Verdauung der Nucleoproteide mit Pepsinsalzsäure oder auch durch einfache Behandlung mit Salzsäure gewonnen werden. Auch beim Extrahieren von kernhaltigen Substanzen mit verdünnten *Laugen* und Ansäuern des Auszuges erhält man Nucleine. Nucleine sind in allen Fällen Kunstprodukte.

2. Eiweißverbindungen von Nucleinsäuren aus Lymphocyten bzw. lymphatischen Organen (Thymusdrüse).

Durch Kolieren einer wässerigen Suspension von zerhackter Thymusdrüsensubstanz erhält man reichlich Lymphocyten, und durch Fällen mit Essigsäure aus dem wässerigen kalten Extrakt dieser Lymphocyten gewinnt man das Nucleohiston (Lilienfeld). Die Angaben der verschiedensten Autoren über diesen Körper weichen sehr voneinander ab. Das Nucleohiston hat etwa folgende Zusammensetzung:

$$C = 48,8: \quad H = 7,03; \quad N = 18,37; \quad S = 0,51; \quad P = 3,7.$$

Extrahiert man Nucleohiston mit 0,8 proz. Salzsäure, so geht das *Histon* (s. dieses) in Lösung, während ein Nuclein zurückbleibt.

---

[1]) Feulgen, R. u. K. Voit: Hoppe-Seylers Zeitschr. f. physiol. Chem. Bd. 137, S. 272. 1921.

[2]) Feulgen, R. u. K. Imhäuser: ebenda Bd. 148, S. 1. 1925.

[3]) Voit, K.: Zeitschr. f. d. ges. exp. Med. Bd. 47, S. 183. 1925.

3. Eiweißverbindungen von Nucleinsäuren aus Pankreas nach O. HAMMARSTEN.

O. HAMMARSTEN unterscheidet zwei derartige Körper, die er mit α- und β-Nucleoproteid bezeichnet. Den ersteren erhält man durch Extraktion zerkleinerter Pankreasdrüsensubstanz vom Rinde mit physiologischer Kochsalzlösung bei gewöhnlicher Temperatur und Fällen mittels Essigsäure. Er ist sehr eiweißreich und P-arm. Zusammensetzung des α-Proteids:

$$C = 51,35; \quad H = 6,81; \quad N = 17,82; \quad P = 1,67; \quad S = 1,29; \quad Fe = 0,13.$$

Beim Kochen verliert eine Lösung von α-Proteid einen Teil des Eiweißes durch Koagulation, und die Lösung enthält das viel eiweißärmere β-Proteid, das durch Fällen mit Essigsäure oder Alkohol gewonnen werden kann. Denselben Körper erhält man direkt aus den Pankreasdrüsen durch Auskochen mit Wasser und Fällen mit Essigsäure oder Alkohol.

Die besprochenen Pankreasproteide enthalten als Nucleinsäurekomponente die Guanylnucleinsäure (FEULGEN), welch letztere bei alkalischer Hydrolyse in die pentosehaltige Guanylsäure und eine Nucleinsäure vom Typus der Thymonucleinsäure (Nuclealkörper) zerfällt.

4. Eiweißverbindungen von Nucleinsäuren aus anderen Organen.

Aus zahlreichen Organen, wie Gehirn, Nebennieren, Leber, Schilddrüse, Lymphdrüsen, Knochenmark, Milz, weißen Blutkörperchen, Sarkomen, Muskeln, Milchdrüse usw., sind Nucleoproteide dargestellt worden.

In einem gewissen Gegensatze zu den besprochenen Proteiden, die durch physiologische NaCl-Lösung oder Wasser (mit der Gefahr einer fermentativen Veränderung!) aus den kernhaltigen Organen extrahiert werden können, steht eine Gruppe von anderen Eiweißverbindungen, die in Wasser und verdünnten Salzlösungen unlöslich sind. Es sind dies die Eiweißverbindungen von Nucleinsäuren in den Kernen kernhaltiger roter Blutkörperchen und in Spermatozoenköpfen. Der Gegensatz ist ein rein äußerlicher (präparativer) und vielleicht nur ein scheinbarer, wenn man der Bemerkung auf S. 287 gedenkt, daß die aus *Organen* mit Wasser extrahierten Körper wahrscheinlich durch Fermente sekundär verändert worden sind und daß die wirklich genuinen Stoffe in Wasser zwar quellbar, vielleicht aber nicht löslich sind.

5. Eiweißverbindungen von Nucleinsäuren aus Vogelbluterythrocyten.

Wegen der Unlöslichkeit des Proteids der Vogelblutkörperchen stellt man dieses nicht durch Extrahieren mit Lösungsmitteln dar, sondern gewinnt es dadurch, daß man die Kerne als *solche* isoliert. Dies geschieht nach der Methode von F. HOPPE-SEYLER durch Suspendieren eines abzentrifugierten und mit physiologischer Kochsalzlösung ausgewaschenen Blutkörperchenbreies in Wasser, wobei die Blutkörperchen aus osmotischen Gründen der Hämolyse anheimfallen und der rote Blutfarbstoff in das Wasser übergeht. Durch Zentrifugieren, am besten nach Schrumpfung der Kerne durch Zusatz von Kochsalz nach der Methode von PLENGE und ACKERMANN, und wiederholtes Auswaschen kann man die Kerne und die Stromata völlig von dem Blutfarbstoff befreien. Die Kernsubstanz enthält etwa 17,2% N und 3,39% P.

Bei der Extraktion der Kernsubstanz mit verdünnter Salzsäure geht in diese das Histon über (KOSSEL), das mit Ammoniak gefällt werden kann (s. unter Histone).

6. Eiweißverbindungen von Nucleinsäuren aus Spermatozoenköpfen.

Ein ähnliches Verhalten gegenüber Wasser wie die Kerne kernhaltiger Erythrocyten zeigen die Köpfe der Spermatozoen. Insbesondere kommen zur präparativen Darstellung die Fischspermien in Frage, da diese leicht in größeren Mengen zu gewinnen sind. Nach Miescher besteht die aus geschlechtsreifen männlichen Fischen nach den Regeln der Fischereizucht durch einfaches Abstreifen gewonnene Samenflüssigkeit (Fischmilch) im wesentlichen aus Spermatozoen, die in einer wässerigen Salzlösung suspendiert sind. Keine akzessorischen Drüsen mengen ihre Produkte dem Sekret der Testikel bei. Suspendiert man die abzentrifugierten Spermatozoen in Wasser, so werden die cytoplasmatischen Anteile aufgelöst, während die den Zellkernen entsprechenden Spermatozoenköpfe anscheinend unversehrt bleiben. Statt eigentlicher Fischmilch kann man auch in Wasser suspendierte und zerteilte Hodensubstanz von geschlechtsreifen Fischen (z. B. Heringen) benutzen. Durch öfteres Auswaschen mit Wasser unter Zentrifugieren befreit man die Köpfe vollständig von wasserlöslichen Stoffen.

Die Spermatozoenköpfe stellen nach Miescher im wesentlichen nucleinsaures Protamin dar. Durch Extraktion mit verdünnter Salzsäure erhält man aus ihnen die Protamine.

Mechanik der Nahrungsaufnahme und Nahrungsbeförderung.

Kaubewegungen und Bissenbildung.

Von

H. BLUNTSCHLI und R. WINKLER

Frankfurt a. M.

Mit 22 Abbildungen.

Zusammenfassende Darstellungen.

ANGLE, EDW. H.: Die Okklusionsanomalien der Zähne. Autor. Übersetzung. Berlin: Herm. Meusser 1913. — BONWILL, WILLIAM G. A.: The geometrical and mechanical laws of the articulation of the human teeth. The american System of Dentistry 1887. — BONWILL, W. G. A.: The scientific articulation of the human teeth as founded on geometrical, mathematical and mechanical laws. Items of Interest. 1899. — BRAUS, HERMANN: Anatomie des Menschen. Bd. I u. II. Berlin: Julius Springer 1921 u. 1924. — FICK, RUDOLF: Handb. d. Anat. u. Mechan. d. Gelenke. 2. Teil. Allgemeine Gelenk- und Muskelmechanik. Jena: Fischer 1910, und 3. Teil. Spezielle Gelenk- und Muskelmechanik. Jena: Fischer 1911. — FRANKE, GUSTAV: Über Wachstum und Verbildung des Kiefers und der Nasenscheidewand usw. Leipzig: Kabitzsch 1921. — GYSI, ALFRED: Beitrag zum Artikulationsproblem. Berlin: August Hirschwald 1908. — MARTIN, RUDOLF: Lehrb. d. Anthropologie. Jena: Fischer 1914. — MÜLLER, MAX: Grundlagen und Aufbau des Artikulationsproblems. Leipzig: Klinkhardt 1925. — STRASSER, H.: Lehrb. d. Muskel- u. Gelenkmechanik. Bd. II: Spezieller Teil. Berlin: Julius Springer 1913. — TURNER, CHARLES R.: The human dental mechanism; its structure, functions and relations. American Textbook of prosth. Dentistry. 3. Aufl. Philadelphia: Lea 1907. — WALLACE, I. SIM.: The Physiology of mastication and kindred Studies. London: Churchill 1903. — WETZEL, GEORG: Lehrb. d. Anat. f. Zahnärzte u. Studierende d. Zahnheilkunde. Jena: Fischer 1914.

1. Die Werkzeuge.

a) Allgemeines.

Nach dem Eingeweiderohr, das den ganzen Körper durchzieht, führt in früher Embryonalzeit zunächst nur ein Eingang, die Mundbucht. Fortsatzbildungen des Weichkopfes umranden sie und geben später die Begrenzungen der Mundspalte und der Nasenlöcher ab. Die Mundbucht selbst bildet nach dem Durchbruch der Rachenhaut mit dem obersten Abschnitt des Eingeweiderohres die sog. Kopfdarmhöhle. Diese zerlegt sich in der Folge mit dem Auftreten des Gaumens in drei Bestandteile. Die beiden vorderen liegen etagenartig übereinander (Mund- und Nasenhöhle), die hintere ist der ungeteilte Rest der Kopfdarmhöhle, jetzt Schlundkopfhöhle genannt.

Überall kleidet eine kontinuierliche *Schleimhautlage* diese Räume aus, wogegen die äußeren Wandungen viel stärker verschiedenartig sich verhalten. In der Nasenhöhle fügt sich die Schleimhaut unmittelbar der knöchernen und knorpligen Außenwand an. Ganz anders im Bereich der *Mundhöhle*. Hier ist die direkte Auflagerung der Schleimhaut auf Skeletteile nur an den Alveolarrändern der Kiefer (im Zahnfleisch) und in den vorderen zwei Dritteln des Mundhöhlendaches am harten Gaumen gegeben. Im übrigen bilden muskuläre Einrichtungen die Schleimhautunterlage. So am weichen Gaumen, am Mundhöhlenboden in dem großen Muskelstock der Zunge, so auch nach außen von den Kieferrändern in den Lippen und Wangen, welche die Vorhöhle umschließen.

Bildungen der Schleimhaut des Mundes sind einerseits die Speicheldrüsen, andererseits die Zähne. Auch nach der letzteren Durchbruch aus den Kiefern läuft zwischen ihnen in schmalen Zahnfleischbrücken die Schleimhaut der Haupthöhle in jene des Vestibulum durch. Ebenso besteht hinter den Zahnreihen ein ausgedehnter Zusammenhang. Hier schlägt sich die Vestibulumauskleidung in die frontal gestellte Hinterwand des Cavum oris über, welche mit dem weichen Gaumen wie ein Vorhang die Rachenenge über dem Zungengrund umgibt. Seitlich liegt in diesem Apparat jederseits ein bei geöffnetem Mund hinter den unteren Weisheitszähnen leicht durchfühlbarer Strang, die Raphe pterygomandibularis, welche sich vom Hacken des Flügelfortsatzes am Keilbein zum Hinterende der Buccinatorkante am Unterkiefer herüberspannt. Sie ist wichtig als Angriffspunkt einerseits für Teile des Wangenmuskels als auch für eine Partie des oberen Schlundconstrictors. Erst nach innen von den beiden Raphae liegt der weiche Gaumen mit seinen Seitenfalten.

Sowohl die Nasen- als die Mundhöhle öffnen sich von vorn her in den *Pharynx*, dessen Schleimhautumkleidung durch einen kräftigen zweischichtigen Muskelmantel gebildet wird. Nur im obersten Teil, im Anschluß an die Schädelbasis fehlt streckenweise ein solcher. Ohne im einzelnen auf die feinere Anordnung der Pharynxmuskulatur einzugehen, können wir die Innenlage derselben als Hebersystem, die Außenschicht als Verengerergruppe bezeichnen. Skelettbeziehungen kommen für beide vor. Die Heber greifen teils am Proc. styloides, teils am Tubenknorpel und mittelbar am Hinterrand des harten Gaumens an. Die Verengerer bekommen, in Portionen gegliedert, nach vorn Verbindung mit ganz verschiedenartigen, teils beweglichen, teils unbeweglichen Vorsprüngen, Spangen und Platten der Schädelbasis, des Unterkiefers, Zungenbeines und der beiden größten Kehlkopfknorpel. Aus diesen Verhältnissen entspringen wichtige funktionelle Beziehungen zwischen dem Muskelapparat des Schlundkopfes und einem Teil der Muskeln der Kauwerkzeuge.

All die bisher erwähnten muskulären Einrichtungen stellen eine typische *Eingeweidemuskulatur* vor. Die Muskeln der Vestibulumwand haben durch ihre Beziehungen zum Integument außerdem auch mimische Bedeutung. Ihre Anordnung ist recht verwickelt. Durch die im Gebiet der Mundwinkel durchflochtenen Längsmuskelzüge in der Ober- und Unterlippe kann die Mundspalte völlig geschlossen werden. Andere, mehr radienartig zu ihr angeordnete Muskeln besorgen ihre Öffnung und Verschiebung. Der in die Wange eingebettete Buccinator vermag die Wange an die seitlichen Teile der Zahnreihen anzupressen, wie die Leistung der Lippenmuskeln Entsprechendes für die Lippen an dem vorderen Zahnbogenabschnitt hervorbringt. Eigentliche Wangenöffner fehlen. Doch lassen sich die Wangen bei geschlossener Mundspalte aufblasen.

Alle Wandstrecken der Nasenhöhle, die Decke des Pharynx und das vordere Mundhöhlendach gehören zu dem in sich festen und unbeweglichen Oberschädel. Für den Mundhöhlenboden, den vorderen unteren Schlundkopfteil sowie den Kehlkopf kommen dagegen *bewegliche Skelettgebilde* als Stützen in Betracht, welche, mehr oder minder spangenartig gestaltet, sich aus den Visceralbögen des Kiemenskelettes niederer Formen herleiten lassen. Die bei weitem wichtigste und stärkste dieser Spangen ist der *Unterkiefer*. Sein zahntragender Abschnitt umspannt bogenartig die Haupthöhle des Mundes, aber nach hinten setzt er sich weiter fort und geht dann, nach der Schädelbasis aufsteigend, jederseits in den Unterkieferast über. Durch dessen Gelenkfortsatz wird im Kiefergelenk der bewegliche Anschluß an den Gehirnschädel erreicht. Da der Schlundkopf der Mundhöhle gegenüber nur etwa die halbe Breite besitzt, der weit geschenkelte Unterkieferbogen nach hinten aber viel weiter greift als die Mundhöhle, entsteht zwischen den Unterkieferästen und dem Pharynx jederseits ein umfängliches Raumsystem, das nach hinten bis zum Proc. mastoideus und Proc. styloides sich ausdehnt. Als Parapharyngealraum (auch Stylomandibularraum STRASSER) birgt es mancherlei Gebilde: die inneren Kaumuskeln, Teile der Parotis, zahlreiche Gefäße und Nerven sowie den für gewisse Leistungen der Kieferwerkzeuge nicht unwichtigen Wangenfettpfropf (Paquetum RIOLANI, BICHATscher Fettkörper). Er schiebt nach oben Teile um den Vorderrand des Temporalis bis in die Schläfengrube vor und dehnt sich auch mundwärts nach außen vom Buccinator um den Vorderrand des Masseter ins Wangengebiet aus.

Viel kleiner und enger geschenkelt als die Unterkieferspange ist das *Zungenbein*. Es wird nur durch Muskeln und Bänder getragen, bleibt namentlich nach oben und unten verschieblich und auch zu Neigungsänderungen befähigt. In der Ruhelage liegt das Hyoid nahezu in derselben Ebene wie der untere Mandibelrand, indessen seine großen Hörner in der seitlichen Wand des Schlundkopfes bis nahe an die Wirbelsäule reichen.

Weiter abwärts am Halse folgt die hochgebaute Plattenspange des Schildknorpels und unter ihm der Ringknorpel, beides wichtige Komponenten des Kehlkopfgerüstes, beide mit der Larynxpfeife von vorn in den unteren Schlundkopfabschnitt eingelassen.

Ein besonderer, von der obenerwähnten Schleimhautmuskulatur zu trennender Muskelapparat mit reicher Gliederung im einzelnen und zum Teil mächtiger Entfaltung dient der Bewegung dieser Spangengebilde. Fast alle seine Glieder haben Bedeutung für die Unterkieferbewegung. Die anatomische Gliederung unterscheidet dabei drei Abteilungen: die eigentlichen Kaumuskeln sowie die oberen und unteren Zungenbeinmuskeln. Eine stärker auf physiologische Gesichtspunkte abstellende Betrachtungsweise spricht von oberen und unteren Kaumuskeln (letztere durch beide Gruppen der Hyoidmuskeln vorgestellt). Es erscheint uns rätlich, bei der erstgenannten Einteilungsweise zu bleiben.

Die eigentlichen *Kaumuskeln* sind jederseits in Vierzahl vorhanden. Dabei werden Temporalis und Masseter als äußere, dem Pterygoideus externus und internus als den inneren gegenübergestellt. Die Gruppe umfaßt vor allem die kraftvollen Kieferschließer und besorgt die mahlenden Unterkieferbewegungen. Im äußeren Flügelmuskel ist auch ein sehr wichtiger Kieferöffner gegeben.

Von den *oberen Hyoidmuskeln* (Digastricus, Stylo-, Mylo- und Geniohyoideus) bildet der Mylohyoideus den Tragapparat der Zunge, das wichtige Diaphragma oris. Es ist zwischen das Zungenbein und die Lineae mylohyoideae am Unterkiefer bis vorn zur Medianen eingelassen und bei geschlossenem Kiefer in der vorderen Strecke platt gespannt, im hinteren Abschnitt jedoch kielartig gestaltet. Eine Verstärkung erfährt diese bewegliche Tragvorrichtung durch die Unterlagerung der vorderen Digastricusbäuche. Auch die longitudinal über dem Mylohyoideus verlaufenden Mm. genio-hyoidei können ähnlich aufgefaßt werden, dienen aber außerdem als Vorverschieber des Zungenbeines. Ist dagegen das Zungenbein festgestellt, so wirken sie, ebenso wie die anderen Muskeln dieser Gruppe als Kieferöffner. Als solche Feststeller des Hyoids gegen Verschiebung nach oben kommen die *unteren Zungenbeinmuskeln* (Sterno-, Omo-, Thyreohyoideus sowie Sternothyreoideus) in Betracht, obgleich ihnen noch andere Wirkungen, die uns hier nicht beschäftigen, eigen sind.

b) Die Kiefer.

Während bezüglich der Formverhältnisse im einzelnen auf die anatomischen Darstellungen verwiesen werden muß, sind hier gewisse funktionell bedeutsame Einrichtungen und Besonderheiten in das rechte Licht zu rücken.

Ober- und Unterkiefer sind konstruktiv Skelettbildungen von recht verschiedener Eigenart. Gleichwohl werden sie nur im Hinblick auf ihr Zusammenwirken verstanden werden können. Dabei ändern sich ihre Verhältnisse in verschiedenen Altersperioden beträchtlich, so daß die Beurteilung, welche als die nächstliegende erscheint und von der Tatsache des Zahntragens ausgeht, nicht die einzige sein kann. Wir fassen zunächst den Zustand auf der Höhe der Kautätigkeit, also bei vollständigem Gebiß, ins Auge, betonen aber ausdrücklich, daß Funktionen den Kiefern schon vor dem Durchbruch der ersten Zähne und ebenso auch nach dem Verlust aller zufallen. Erst der Besatz mit Zähnen macht sie zu den so wichtigen Kauwerkzeugen, indessen sie ohne Zähne im Grunde nur Klemmvorrichtungen abgeben.

Dabei ist in beiden Fällen der Unterkiefer das bewegliche Element, der im Gesichtsskelett durch Hängelage mittelbar am Gehirnschädel unbeweglich verankerte Oberkiefer die passiv beanspruchte Komponente. Die großen konstruktiven Differenzen beider Kiefer gehen hauptsächlich auf zwei Tatsachen zurück. Am Unterkiefer haben viel mehr und viel kräftigere Muskeln Angriffspunkte als am Oberkiefer. Diese Feststellung bleibt auch dann bestehen, wenn der unter naheliegender Rückwirkung der Oberkieferbeanspruchung stehende übrige Teil des Gesichtsskelettes mit in Betracht gezogen wird. Temporalis und Pterygoideus externus haben überhaupt fast nur Beziehungen zum Gehirn- und nicht zum Gesichtsschädel. Auch der innere Flügelmuskel hat seine Anheftung schon sehr nahe an die Basis der Hirnkapsel herangerückt. Zweitens aber kommt in Betracht, daß der Unterkiefer seine ganze konstruktive Festigkeit in sich selbst tragen muß. Er wird bei der Kautätigkeit an wechselnden Stellen belastet und auf sehr erhebliche Druck- und Zugkräfte in Anspruch genommen, und die einzige feste Stütze, die ihm in Anlagerung an andere Gebilde in den Kiefergelenken gegeben ist, ist selber ein verschiebliches Lager. Daher muß die Unterkieferkonstruktion eine verhältnismäßig massive werden. Ganz anders für den Oberkiefer, der wohl dieselbe Belastung erfahren wird, wie sie sich beim Kauen am Unterkiefer auswirkt, der aber als Teil einer umfangreichen und außerordentlich komplizierten Gesamtkonstruktion (Gesichtsskelett) nicht nur durch das Kaugeschäft, sondern auch durch die Ansprüche anderer wichtiger Organe beeinflußt, viel ergiebigere Möglichkeiten der Druck- und Spannungsübermittlung an andere Skelettabschnitte — in letzter Linie immer auf die zur Druckaufnahme besonders geeignete mehr oder minder kugelartige Gehirnkapsel — besitzt. Wenn auf den ersten Blick der Oberkiefer im Vergleich zum unteren grazil anmutet, ein Eindruck, der durch die Pneumatisation der Oberkieferkörper verstärkt wird, so darf das nicht darüber hinwegtäuschen, daß keineswegs nur dünne Knochenplatten, sondern auch als Strebepfeiler wirksame Leisten und Kanten im Knochenbau vorhanden sind, und daß dabei eine außerordentlich große Strebe- und Zertrümmerungsfestigkeit erreicht wird, die nach Wetzel und Schröder[1]) (1925) einen Sicherheitsgrad gegenüber den beanspruchenden Kräften abgibt, der bei Annahme von 70—80 kg mittlerem Kaudruck das 80—90fache der Beanspruchung ausmacht.

Auf die Analyse der funktionellen Struktur des Knochens in beiden Kiefern ist viel mühsame Forschungsarbeit verwandt worden. Durch die Ergebnisse

---

[1]) Wetzel u. Schröder: Der Sicherheitsgrad im Bau des Gesichtsskelettes. Roux' Arch. f. Entwicklungsmech. d. Organismen Bd. 105, S. 120. 1925.

der Röntgendurchleuchtung glaubte man anfänglich vor allem den Spongiosabälkchen große Bedeutung zuweisen zu müssen [WALKHOFF[1]) u. a.]. Später
zeigte BARTH[2]), daß trajektorielle Linien auch dort noch gefunden werden, wo
alle Bälkchen ausgeräumt wurden, eine Feststellung, die entgegen den Angaben
von BRAUNSCHWEIGER[3]) auch heute noch zu Recht besteht. So ist WINKLER[4])
geneigt, diese Schattenlinien der Röntgenbilder mit ihren sehr charakteristischen
Verlaufsrichtungen zum Teil auf die Anordnungsweise der HAVERSschen Lamellen-
systeme zu beziehen, die selber wieder auf die Verlaufrichtung der Blutgefäße
in dem kompakten Knochen, dem ja beim Unterkiefer zweifellos die Haupt-
beanspruchung zufallen muß, zurückgehen. In neuester Zeit hat BENNINGHOFF[5])
durch Ahleneinstiche in den Knochen völlig entkalkter Schädel die an den verschiedenen Stellen vorhandenen hauptsächliche Spannungsrichtung im Knochen
demonstriert und ganz Ähnliches gefunden, wie es die trajektoriellen Forschungen
lehrten. So ist ein Zweifel darüber, daß die Struktur der Knochensubstanz der
Kiefer in allerengster Beziehung zur Kieferbeanspruchung steht, nicht mehr
erlaubt. Ein schwacher Punkt der bisherigen Untersuchungen bleibt aber, daß
nur in seltenen Fällen der Versuch gewagt wurde, die funktionelle Struktur beider
Kiefer völlig unter den Gedanken ihres einheitlichen Zusammenwirkens zu stellen.
Wir werden versuchen, im folgenden dieser wichtigen Frage größere Aufmerksamkeit zu schenken, denn wie es eine Selbstverständlichkeit ist, daß die Stellung der
Zähne in beiden Kiefern und die Krümmung der Zahnbögen oben und unten voneinander abhängen und durcheinander bedingt sind, ebenso selbstverständlich
hängen diese Verhältnisse wieder von den Beziehungen der zahntragenden Kiefer
zueinander ab.

Wenn wir zuerst den *Oberkiefer* in Betracht ziehen, stellen wir fest, daß er
(im Vergleich zum Unterkiefer) mit viel größerer Materialersparnis als verdeckte
Gitterkonstruktion gebaut ist. Dünne, mit den Pfeilern in Zusammenhang
stehende Knochenplatten geben Versteifungsvorrichtungen ab und werden
namentlich die Biegungs- und Torsionsfestigkeit der Pfeiler erhöhen müssen.
Nicht ohne Berechtigung, wenn auch mit einer gewissen Einseitigkeit hat
W. RICHTER[6]) das ganze Gesichtsskelett als Gebißturm aufgefaßt und mit einem
abwärts gerichteten, in die Hirnschädelbasis eingepflanzten, etagenartig ge-
gliederten Aussichtsturm aus Holzwerk verglichen. Die unterste, druck-
empfangende Etage, die Gebißplatte RICHTERS, nimmt den Kaudruck auf und
leitet ihn durch das Pfeilersystem auf die Fundamente weiter.

Ein Wichtiges ist dabei nicht genügend beachtet, nämlich das Verhalten
der druckaufnehmenden Kieferpartie zu den Zähnen. Es ist in jedem Fall,
wenn auch nicht immer in demselben Grade, nachzuweisen, daß bei normalem
Gebiß die Achsen der Oberkieferzähne, wenn auch nicht gleichmäßig, sich etwas
nach außen richten, ihre Wurzeln sich also nach innen, annähernd konzentrisch
einander zuneigen, ferner, daß die Kauebene der oberen Zahnreihe nach hinten
ansteigt (konvexe Okklusionskurve). Der Druck, welcher über die Oberkieferzähne dem Oberkiefer übermittelt wird, muß also im Oberkiefer selbst eine

---

[1]) WALKHOFF: Unterk. der Anthropomorphen und der Menschen. SELENKA: Menschenaffen. Lief. 4. Wiesbaden 1902.

[2]) BARTH: Funktionelle Struktur des Oberkieferapparates. Anat. Hefte Bd. 56. 1918.

[3]) BRAUNSCHWEIGER: Bedeutung der Spongiosa des Unterkiefers für das Röntgenbild.
Dtsch. Zahnheilk. 1922, H. 56. 1926.

[4]) WINKLER: Funktioneller Bau des Unterkiefers. Zeitschr. f. Stomatol. Bd. 19. 1921.

[5]) BENNINGHOFF: Verhandl. d. anat. Ges., Wien. 34. Erg.-Bd. z. Anat. Anz. 1925.
S. 189 u. ff.

[6]) RICHTER: Der Obergesichtsschädel des Menschen. Dtsch. Monatsschr. f. Zahnheilk.
Bd. 38, S. 49—68. 1920.

gewisse Ansammlung erfahren und der ihn aufnehmende Oberkieferteil im Bogen enger gespannt sein als der Zahnbogen. Wir führen für ihn die Bezeichnung *Basalbogen* des Oberkiefers ein.

Tatsächlich weist der Oberkiefer annähernd in der Gegend der Wurzelspitzen regelmäßig eine Einschnürung und hier den geringsten Umfang auf. Strenggenommen besteht dabei der Basalbogen aus zwei Halbbögen, aber funktionell darf er unbedenklich als Einheit aufgefaßt werden, indem die Verbindungsnaht größte Festigkeit hat. Im Basalbogen entspringen nun die Pfeiler, welche, in verschiedenen Richtungen verlaufend, durch die Zwischenschaltung der Nasenhöhle mit Nebenräumen, der Augenhöhlenorgane und der Schläfenweichteile in das Gesichtsskelett, als Umgehungskonstruktionen (Wetzel) erst auf Umwegen die Fundamente am Gehirnschädel erreichen.

Die Konstruktion des Basalbogens, den wir für sehr wichtig halten, ist keineswegs einfach. In ihn sind die Wurzeln der Zähne eingelassen, aber er entspricht nur zum kleinsten Teil dem Alveolarfortsatz der Anatomie. Wohl sind die Wurzelspitzen in ihn eingesenkt, aber der Hauptteil der Alveolarkammern ist ein sekundärer Aufbau, der mit dem Wurzelwachstum der Zähne erst nach und nach zustande kam und mit dem Verlust der Zähne wieder schwindet. Nach neueren Forschungen (Weski, Weidenreich) ist die erste Anlage der Alveorlarkörbe überhaupt nicht eine Bildung der Kiefer, sondern der Zahnsäckchen, und daher ist der Proc. alveolaris als eine zusammengesetzte Bildung zu bewerten, die sich erst mit der Einordnung der Zähne in die Zahnreihen unter funktionellen Einflüssen vereinheitlicht. Er ist die Haltevorrichtung für die

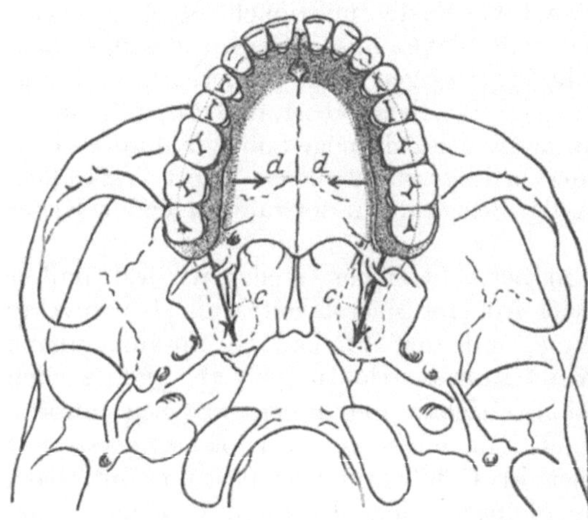

Abb. 67.   Basalbogen des Oberkiefers (punktiert) von unten.

Zähne, aber in seinen peripheren Strecken nicht der eigentliche Druckaufnahmeapparat der Kiefer. Dieser liegt vielmehr im Basalbogen vor. Für den Oberkiefer entspricht er im wesentlichen dem Bodenteil der Kieferkörper und liegt in der Höhe der Gaumeneinpflanzung. Seine Ausdehnung zeigt Abb. 67. Die Ränder des Basalbogens setzen sich in die Außen- und Innenwand des aufgebauten Alveolarfortsatzes fort, wobei dessen faciale Wand der Lage des Basalbogens entsprechend sehr erheblich schwächer als die palatinale gebaut ist. Auch die Alveolarsepten sitzen natürlich dem Basalbogen auf und verstärken die Verbindung[1]).

Da der Oberkiefer als organische Einheit aufgefaßt werden muß, ist für das *Pfeilersystem* das ganze Gesichtsskelett und nicht nur das einer Seite in Betracht zu ziehen. Vom Gebiet der Schneide- und Eckzahneinpflanzung in den Basalbogen streben die beiden Eckzahnpfeiler um den vorderen Teil der

---

[1]) Vgl. auch H. Bluntschli: Die menschlichen Kieferwerkzeuge in verschiedenen Alterszuständen. Verhandlg. d. anatom. Gesellsch. 35. Vers. 1926. Ergänzungsheft zum anatom. Anz. Bd. 61 und von demselben Autor: Rückwirkungen des Kieferapparates auf den Gesamtschädel. Zeitschr. f. zahnärztl. Orthopädie 18. 1926.

Nasenhöhle empor und bilden mit dem Gratgerüst des Nasenrückens bis in die Knochenstirne ausstrahlend (Abb. 68), den *Stirnnasenpfeiler*. Teilweise stehen auch noch die Prämolaren, namentlich die vorderen, in seinem Bereich. Doch erfolgt die Druckfortleitung aus dem Gebiet der Seitenzähne in viel beträchtlicherem Grade zu den mächtigen *Jochbeinpfeilern (b)*. Im Jochbeinkörper geschieht dann eine Schenkelung, so daß die Spannungen einerseits nach oben durch den seitlichen Orbitalrand wieder nach der Knochenstirne, andererseits über den Jochbogen nach der Schädelbasis Fortleitung erfahren. Ein dritter schwächerer Schenkel biegt in den unteren Augenhöhlenrand ein und setzt sich in den oberen Teil des Stirnnasenpfeilers fort. Jochbein und Jochbogen stehen allerdings auch unter den Zugspannungen der Masseteranheftung. In deren Bereich hochkantig gebaut, erfährt der Jochbogen nach hinten eine Kantendrehung, so daß er verbreitert den Hirnschädel erreicht. Dabei biegt sein Unterrand fast rechtwinklig medianwärts in das starke Tuberculum articulare ein, indessen sein Oberrand, die seitliche Begrenzung der Gelenkgrube bildend, als Kante über der Gehörgangsöffnung verstreicht, teilweise auch in den Processus retroglenoidalis hinter der Unterkiefergrube am Schädel einbiegt.

Eine dritte Pfeilereinrichtung liegt versteckter, ist aber ebenfalls paarig ausgebildet. Im *Flügelgaumenbeinpfeiler (c)* bildet sie als hintere Verlängerung des Basalbogens ein gebogenes Stützsystem, das jederseits außen von den Choanen vorbeiziehend den besonders starken mittleren Teil der Schädelbasis erreicht. Die Fundamente für diese Pfeiler und manche der schwächeren Versteifungsplatten liegen ausschließlich am Gehirnschädel oder in unmittelbarster Nähe von Teilen desselben. Die wichtigsten sind gegeben in der Stirnplatte, Nasenwurzel und Crista galli, dann

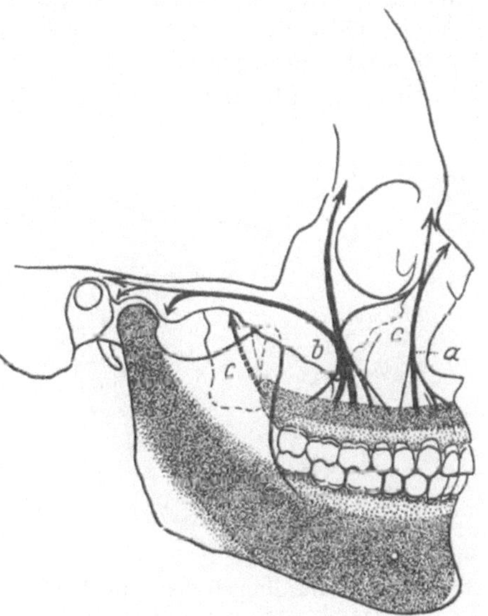

Abb. 68. Die Grundkonstruktionen beider Kiefer (Basalbögen, punktiert) von der Seite.

am Keilbeinkörper, vorwiegend in dessen Seitenwandungen, in den Stirnecken und im Bereich der Kiefergelenke.

Zu diesen Einrichtungen tritt als eine plattenartige, mehr oder minder gewölbte Querversteifung endlich noch der *knöcherne Gaumen* hinzu. Seine Einpflanzung in den Basalbogen geschieht an dessen Innenkurve in der Höhe von seiner stärksten Partie. Als senkrechte Versteifungen schwächerer Ausprägung sitzen ihm die Nasenscheidewand und die seitlichen Stützwände der Nasenhöhle auf, letztere eben dort, wo er mit dem Basalbogen zusammenstößt.

Die Vorstellung eines tragenden Grundbogens ist auch für den *Unterkiefer* anzuwenden, doch liegen hier die Verhältnisse ganz anders. Bei weitem der größte Teil der ganzen Mandibel gehört zu dieser umfänglicheren Basalkonstruktion (Abb. 68). Nur jene Abschnitte, welche als durch Zug am Unterkiefer angreifender Muskeln entstanden zu denken sind, sind gewissermaßen Anbauten, die hinzukamen. Wie die Mandibel selbst, ist der Basalbogen ein annähernd parabolisch gestalteter Knochenbogen mit Kulmination in der Kinngegend und gespreizten

Schenkeln, welche in den vorwiegend nach innen ausladenden Gelenkköpfchen verbreitert enden. Seine Konstruktion ist in den einzelnen Strecken von verschiedener Art und recht verschiedener Höhe und Breite. Das Schwergewicht liegt im zahntragenden Gebiet und dieses deutet wieder darauf hin, daß die Richtung der durch den Unterkiefer vermittelten Druckwirkungen hierbei eine ausschlaggebende Rolle spielt. Im Gebiet der Kieferkörper, also entsprechend den Seitenzähnen, ist der Basalbogen im Querschnitt fast rechtwinklig hochgebaut und im Inneren mit Mark ausgefüllt. Die dickwandige Knochenmasse bildet also hier im wesentlichen eine hochgedehnte Röhre, in deren Oberwand die Zahnwurzeln eingelassen sind. Spongiosabälkchen, welche den Markraum durchsetzen, treten vereinzelt hinzu. In viel höherem Grad spielt das Spongiosasystem in der Kinngegend mit, wo die Knochenröhren der beiden Seiten ineinander ein- und umbiegen und auch sonst Verwicklungen entstehen, die hier nicht zu behandeln sind. Anders verhalten sich die hinteren Abschnitte des Basalbogens, die aufwärts gekrümmt durch die Unterkieferäste, und hier beim Erwachsenen äußerlich wenig deutlich abgrenzbar emporsteigen. Dabei ändert

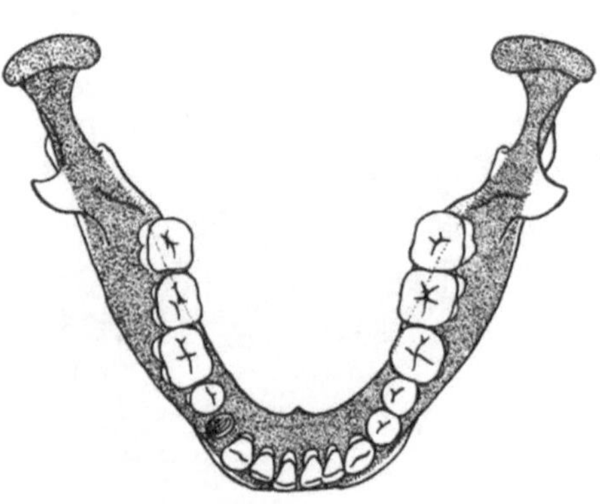

Abb. 69. Der Basalbogen des Unterkiefers (punktiert) von oben.

sich auch das Gefüge. Statt der Röhrenkonstruktion vorwiegend aus Compacta kommt unter Schwund der weiten Markhöhle eine konsistente Plattenknochenkonstruktion aus dichtstehenden Haversschen Systemen vor, welche von den Kieferhälsen an mehr und mehr zu Spongiosa wird und als solche die Köpfchen ausfüllt.

Auch hier ist die Lagebeziehung des Basalbogens zu den Zähnen von größter Bedeutung (Abb. 69). Im großen ganzen ist das Verhalten umgekehrt wie am Oberkiefer, der Basalbogen, mit Ausnahme des Frontzahnbereiches, weitergespannt als der untere Zahnbogen. Freilich gilt dies nicht für alle Strecken gleichmäßig und bestehen auch hier graduelle Differenzen in den Einzelfällen. Wäre es überall der Fall, dann müßten die Achsen aller dem Unterkiefer eingepflanzten Zähne durchweg nach oben zu medialwärts konvergent verlaufen; für die ziemlich steilstehenden Frontzähne ist dies nicht der Fall, es gilt aber für die Seitenzähne und zwar am meisten für die hintersten. Diese Neigung, welche sich auch in der Kauflächenstellung der einzelnen Zähne äußert und für die Wurzeln eine Divergenz nach außen bedeutet, ist von jeher mit der Zahnstellung im Oberkiefer in Beziehung gebracht worden. Sie kann nur unter dem Gedankengang, daß die Druckübermittlung vom Unterkieferbasalbogen über die unteren Zähne auf die oberen und durch sie in den oberen Basalbogen geschehen wird, ihre Aufhellung erfahren. Und damit kommen wir auf die so wichtige relative Lage der beiden Basalbögen zueinander zu sprechen, welche am besten durch Einzeichnung beider in eine Unteransicht der vorderen Schädelpartie verständlich gemacht wird (Abb. 70).

Die beiden Basalkonstruktionen des oberen und des unteren Kiefers überdecken sich keineswegs gleichmäßig, sie haben verschiedene Krümmung und ganz verschiedene Länge. Betrachten wir nur die zahntragenden Strecken, dann erweist sich noch deutlicher, als es für die Zahnbögen gilt, das verschiedene, aber innerlich durch einander bedingte Verhalten. Man vergleiche nur die Bilder 67 und 69 unter sich und mit 70 und ziehe auch die Seitenansicht (Abb. 68) zu Rate. Es wird hier der Schlüssel gefunden für die Achsenstellung der oberen, wie der unteren Zähne im Frontbereich und im seitlichen Gebiet, ebenso aber auch für die Krümmung der oberen und unteren Okklusionskurve.

Indem die Basalbögen vor dem Auftreten funktionsfähiger Zähne bestehen und zu dieser Zeit schon die Kiefer durch intrauterine Muskelkontraktionen aufeinander wirken, bestimmen die relativen Lagebeziehungen der ersteren also während des ganzen Lebens die Druckfortleitung und Druckverteilung auf das Gesichtsskelett. Kommen die Zähne zum Durchbruch und zur Zwischenschaltung zwischen die Kieferränder, dann ändern sich wohl im einzelnen die Verhältnisse, aber die Basalkonstruktionen werden nur den veränderten Ansprüchen entsprechend umgebaut und immer die ihnen eingefügten Zähne in Beziehung zu den beiden Druckaufnahmeeinrichtungen stehen müssen. Wir vertreten also die Auffassung, daß das relative Formen-, Längen- und Lageverhalten der Basalbögen den in erster Linie bestimmenden Faktor für die Stellungsweise der Zähne bei geschlossenen Zahnbögen abgibt und daß diese Verhältnisse aus den auf die Kiefer einwirkenden Muskelkräften sich ändern müssen, wenn entweder Zähne in Verlust kommen, ehe ein baldiger Ersatz in Aktion treten kann, oder wenn aus irgendwelchen Ursachen Veränderungen an den Kiefern auch die tragenden Grundkonstruktionen irgendwie beeinflussen[1]). In je jüngerem Alter solches eintritt und je länger das abnorme Verhalten sich auswirken kann, um so deutlicher müssen die Folgen in Erscheinung kommen. Aber sicher sind auch schon in der Anlage diese Grundkonstruktionen der beiden Kiefer nicht

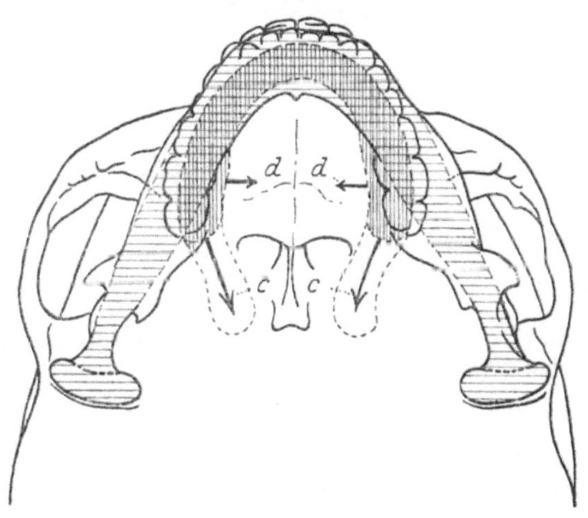

Abb. 70. Die relative Lage beider Kieferbasalbögen zueinander, von unten gesehen.

in jedem Fall völlig genau gleich gekrümmt und nicht genau gleich an Stärke und gegenseitiger Orientierung. Darin ist eine Fülle von Individualbefunden des späteren Kieferverhaltens in nuce versteckt, denn in jedem Einzelfall sucht der Organismus in der Ausbildung den der Anlage gemäßen Ausgleich mit dem zur Verfügung stehenden Baumaterial, unter der reizschaffenden Wirkung der von Anfang an einsetzenden, wenn auch zunächst noch geringere Funktionen erfüllenden Muskelkräfte herzustellen. Daß die Gaumenform bei Feten und Neugeborenen (und im Gaumenrand liegen hier ja noch die Anlagen der Oberkieferzähne eingeschlossen) großem Formenwechsel unterliegt, haben LANDSBERGER[2]), FRANKE[3]) und KATZ[4]) gezeigt. Für die Krümmung des Unterkiefers,

---

[1]) Schon H. VIRCHOW (Zahnbogen und Alveolarbogen. Zeitschr. f. Ethnol. Jg. 48, S. 277. 1916) hat auf das verschiedene Verhalten der Alveolarbögen bei Individuen gleicher Rasse hingewiesen.

[2]) LANDSBERGER in verschiedenen Arbeiten, so Arch. f. Anat. u. Entwicklungsgesch. 1911, S. 433; 1912, S. 249; 1914, S. 1 u. 1917, S. 150.

[3]) FRANKE: Wachstum und Verbildungen des Kiefers usw. Leipzig 1921.

[4]) KATZ: Über die Gaumenform beim Neugeborenen. Med.-dent. Dissert. Frankfurt 1923.

seine Schenkellänge usw. gilt Ähnliches. Darin liegen also gestaltbeeinflussende Vorbedingungen, die innerhalb gewisser Breite Schwankungen in der Ausgestaltung herbeiführen werden. Unter gewöhnlichen Verhältnissen kommt dabei immer noch etwas Brauchbares und Geordnetes heraus, aber keine zwei Menschen haben genau dieselben Zahnbogenkurven, Zahnachsenneigung, Krümmung der Okklusionskurve, gleiche Gaumenbreite und Gaumenhöhe, gleiche Gesichtshöhe und Gesichtsbreite, gleiche Grundform des Gehirnschädels usw. Jeder aber, dessen Entwicklung der Kiefer und Zähne sich unter einigermaßen normalen Verhältnissen abspielte, erreicht einen gebrauchsfähigen Zustand von geringerer oder größerer Vollkommenheit in der Ausnutzung der erzeugten Druckkräfte. Noch mancherlei andere Faktoren wirken sich während dieser korrelativen Entwicklung aus, aber die grundlegende Bedeutung kommt dabei auf alle Fälle den Kiefergrundkonstruktionen zu, welche wir, abweichend von der Nomenklatur der beschreibenden Anatomie, hier nach den hauptsächlichsten, physiologisch wirksamen Beziehungen zu geben versuchten.

Für den Zustand des Neugeborenen, der seine Kiefer als Klemme beim Saugen gebraucht, ist noch ein anderes in Betracht zu ziehen. Bekanntlich haben die Säuglinge meist eine auffallend zurückliegende Kinngegend. Ihr unterer

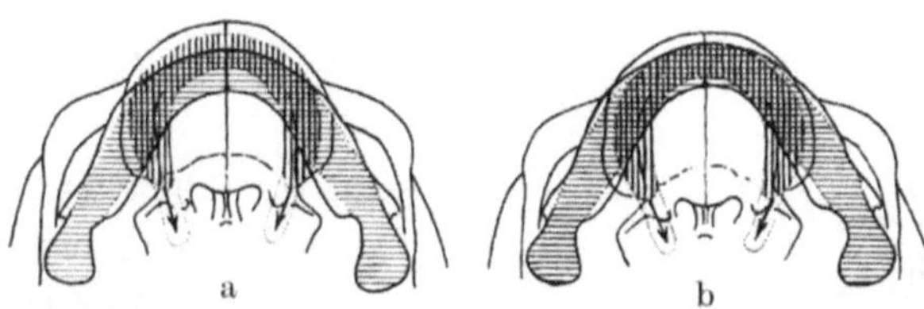

Basalbogen kann nur durch Vorschieben im Kiefergelenk, das ja noch kein Tuberculum articulare aufweist, im Frontbereich direkt unter den oberen Basalbogen gebracht werden (Abb. 71 b). In diesem Zustand ist vorn in der Mitte eine ergiebigere Klemmwirkung möglich als bei der Ruhehaltung des

Abb. 71. Die relative Lage beider Kieferbasalbögen beim Neugeborenen. a bei Ruhestellung des Unterkiefers, b bei vorgeschobenem Unterkiefer.

Unterkiefers (a), wo der obere Basalbogen weiter vorspringt als der untere, und eine bessere Klemmwirkung mehr seitlich, etwa in der Gegend, wo später die Eckzähne oder ersten Milchmolaren auftreten werden, sich hervorbringen läßt. Die hinteren Basalbogenstrecken schneiden sich beim Säugling noch ungünstiger als beim Erwachsenen, und hier entwickeln sich, druckgeschützt, die noch sehr jugendlichen weichen Keime der erst viel später in Funktion tretenden typisch molariformen Zähne. Vermutlich hängt mit der starken Divergenz der kurzen Unterkieferschenkel beim Neugeborenen auch das frühzeitige Schwinden der knorpligen Symphyse zusammen, welche nun als verbindende Knochenbrücke eine Schenkelspreizung hemmt, welche sonst wohl sicher bei der Kieferbenutzung sich einstellen müßte.

Wenn beim Greis die Zähne alle ausgefallen sind, bleibt im Grunde hauptsächlich das von den Kiefern zurück, was der Basalkonstruktion zugehört, aber freilich, noch sind am Unterkiefer auch die Muskelanbauten in reduziertem Zustand vorhanden, und es ist auch sonst unverkennbar, daß ein Zustand größerer Leistungsfähigkeit durchlaufen worden ist, demgegenüber die Kieferklemme des zahnlos Gewordenen nur noch einen kümmerlichen Rest ursprünglich reicherer Entfaltung vorstellt.

c) Das Kiefergelenk.

Die beiden Kiefergelenke bilden kinematisch ein einheitliches Gelenksystem, für welches isolierte Bewegungen — nur auf der einen Seite — völlig ausgeschlossen sind. Doch ist es bei der relativen Weite der beiden Gelenkkapseln und bei der eigenartigen Kombination von Verschiebungs- und Drehungsvorgängen keineswegs notwendig, daß die Bewegungsart und ihr Exkursionsgrad jeweils in den beiden Abteilungen des Systems völlig gleichartig zu sein braucht. Über kein menschliches Gelenk ist soviel geforscht worden wie über das Kiefergelenk. Ausführliche anatomische Beschreibungen liegen namentlich von H. MEYER[1]), FICK[2]), WALLISCH[3]) u. a. vor. Versucht die ältere Auffassung dabei die Kinematik des Unterkiefers allein auf die anatomisch gegebenen Besonderheiten und das Verhalten der gelenkigen Teile sowie des eingeschalteten Meniscus zurückzuführen, so haben neuere Auffassungen, welche vom Verhalten beim Lebenden ausgehen, gezeigt, daß es nicht zulässig ist, vom Verhalten der Teile an der Leiche und den dort gegebenen Bewegungsmöglichkeiten aus in jeder Beziehung auch die Leistungen im Leben ausschließlich ableiten zu wollen.

Die Vielseitigkeit der Bewegungsarten im Kiefergelenk ist längst bekannt. Eine vollkommene Zwangläufigkeit für sie besteht nicht, wie schon aus der verhältnismäßig schwachen Entfaltung der Bänder hervorgeht. Aber es besteht ein Arbeiten in gewohnheitsmäßigen Bahnen, das sehr weitgehend abhängig ist von der Kaumuskulatur und der im einzelnen etwas wechselnden Konfiguration der Gelenkflächen, dem Verhalten der Zwischenscheibe und auch der zweiten Führung, welche dem Unterkiefer in den Zahnreihen zukommt.

Jedes Kiefergelenk besteht selbst wieder aus zwei Stockwerken und hat zwei spaltartige Gelenkräume. Die innen ringsum innig an die Gelenkkapsel befestigte, nach vorn etwas geneigt stehende Faserplatte der *Zwischenscheibe* (Diskus) trennt die übereinanderliegenden Höhlen, deren Ausdehnung und Form sich ganz nach der Begrenzungsfläche am Schädel bzw. Kieferköpfchen richtet. Da die Kapselanheftung am Cranium ein recht umfängliches Gebiet, die untere Kapselinsertion am Kieferhals dagegen einen sehr viel geringeren Bezirk umgreift, ist die im ganzen ziemlich schlaffgespannte Kapsel annähernd von Gestalt eines Kegelmantels. Sie erlaubt beträchtliche Verschiebungen des Unterkiefers zugleich mit dem Diskus im oberen Gelenk und, da sie eigentlich nur in ihrer hinteren Partie kräftigeren Bau aufweist und vorne wie innen sogar recht schwach wird, auch eine ergiebige Rollung und gewisse Drehung des Kieferköpfchens im unteren Gelenk. Am Schädel sind in das Gelenk einbezogen: 1. vorn der quergestellte Wulst des Gelenkhöckers (Tuberculum), welcher bis zum vorderen abgeflachten Rand einen knorpelähnlichen Überzug hat; 2. dahinter die umfängliche Unterkiefergrube (Fossa mandibularis, vielfach, leicht mißverständlich, Gelenkgrube genannt), welche nur im Grenzgebiet gegen das Tuberculum einen Faserknorpelüberzug aufweist, im übrigen aber von Synovialhaut bedeckt ist. Im unteren Stockwerk grenzt nicht nur die bloß vorn und oben überknorpelte Rollenfläche des vorwärts abgebogenen Kieferköpfchens, sondern auch seine hintere abgeschrägte, knorpellose Fläche an den Gelenkspalt. Die beiden Unterkiefergruben am Schädel und die beiden Unterkieferköpfchen weisen, obgleich die ersteren viel umfänglicher sind, nach Gesamtform, Krümmungsgrad und Achsenlage ihrer größten Ausdehnung unverkennbare Beziehungen zueinander auf. Gleichwohl sind die Gruben nicht die Pfannen der Köpfchen, was schon FERREIN[4]) (1744) erkannte. Die eigentlichen Köpfchenpfannen liegen vielmehr im vorderen Teil der Disken, und diese sind wieder mit ihren oberen Flächen

---

[1]) MEYER, H.: Das Kiefergelenk. Arch. f. Anat. u. Physiol. 1865.
[2]) FICK, R.: Handb. d. Anat. u. Mechan. d. Gelenke Bd. I, S. 46—56. 1904.
[3]) WALLISCH: Das Kiefergelenk. Österr.-ungar. Vierteljahrsschr. f. Zahnheilk. Bd. 19, S. 164. 1903 u. Bd. 25, S. 900. 1909; ferner Arch. f. Anat. (u. Physiol.) 1906, S. 303; ebenda 1913, S. 179 u. Zeitschr. f. Anat. u. Entwicklungsgesch. Bd. 64, S. 533. 1922.
[4]) FERREIN: Sur les mouvements de la machoire inférieure. Hist. de l'acad. roy. des sciences Paris 1744, S. 427.

die verschieblichen Pfannen für die Tubercula. Das ist lange in seiner Bedeutung
verkannt worden, und erst Fick und nach ihm namentlich Wallisch haben daraus
die richtigen Folgerungen gezogen.

Bei in Okklusion geschlossenen Kiefern (Ruhebiß) lehnt sich die Vorderfläche der Köpfchenrolle jederseits (unter Zwischenschaltung des Diskus) an
den oberen Teil der Rückfläche des Tuberculum an, wobei das Köpfchen in
Distanz vom Grund der Grube und nach vorn von dessen Mitte lagert. Die
Grube selbst wird dabei von dem hinteren und oft besonders dicken Abschnitt
der Zwischenscheibe ausgefüllt. Wallisch vergleicht diese Lagerung der beiden
konvexen Gelenkköpfe zueinander mit zwei schiefen Ebenen, die sich sehr leicht
einander gegenüber verschieben lassen. Diese Gleitung spielt tatsächlich bei
den hauptsächlichsten Unterkieferbewegungen (Kieferöffnung und Kieferschluß)
eine bedeutende Rolle und erlaubt die vorhandenen Kräfte voll für die Kautätigkeit auszunutzen. In der Ruhelage ist das Kieferköpfchen gewissermaßen
sprungbereit für das Kaugeschäft und zu den mannigfaltigen übrigen Ver-
wertungen der Unterkieferverschiebungen.

Große individuelle Unterschiede bestehen in der Höhenentfaltung und der
Krümmung des *Tuberculum,* die nicht selten sogar auf den beiden Seiten verschieden sind, sowie in der Rollenstellung und Rollenkrümmung der Kieferköpfchen. Immer sind dabei gewisse Relationen zwischen den beiden Erscheinungen vorhanden, wenn sie auch nicht in allen Fällen gleiche Grade der Abweichung vom gewöhnlichen Verhalten besitzen. Meist schneiden sich die größten
Achsen der Gruben und der Köpfchen am Vorderrand des großen Hinterhaupts-
loches und bilden einen nach vorn offenen Winkel von 150 bis 165° miteinander
(Fick). Nur selten liegen diese Achsen nahezu in einer Flucht. Meist ist auch
an den *Kieferköpfchen,* die sowohl von vorn nach hinten, wie namentlich von
lateral nach medial etwas unregelmäßig konvexe Krümmung haben, je eine leichte
Kantenknickung nachweisbar, deren Kulmination seltener in der Mitte, häufiger
etwas nach außen davonliegt, so daß zwei ungleich lange und verschieden geneigte,
nach den beiden Seiten zu abfallende Strecken der Gelenke der Condylusflächen
entstehen, welche Lord[1]) als Ausdruck einer in den Einzelfällen etwas wechselnden
Seitenschrägheit in der Verlaufsrichtung der Masseter- und Pterygoideus-internus-
Wirkung auf dem Unterkiefer betrachtet.

Beim Neugeborenen ist noch kein Tuberculum vorhanden, die Unterkiefergrube ganz seicht und verhältnismäßig dickwandig. Hier liegt tatsächlich das
Gelenkköpfchen in der Ruhelage noch weiter hinten als später. Die geradlinige
Vorverschiebung des Unterkiefers findet noch ohne jede Hemmung statt, ja es
besteht oft eine leichte, sagittal gerichtete Führungsrinne, in welcher der Discus
mit seiner nach medial und lateral etwas konvexen oberen Fläche gleitet. Im
frühen Kindesalter beginnt mit dem Auftreten der Zähne die Hervorbildung
der Gelenkhöcker, womit eine gekrümmte „Gelenkbahn" (Gleitfläche für die
Zwischenscheibe) entsteht, deren spezielleres Verhalten individuelle Unterschiede zeigt, so daß nur von bestimmten Typen, nicht aber von einem Normalzustand gesprochen werden kann. Doch bestehen sicher zwischen dem Verhalten
dieser Gelenkbahn und der Art der Unterkieferbewegung im Einzelfall Zusammenhänge. Vielfach wird angegeben, daß beim Zahnlosen das Tuberculum
wieder atrophiere, andere Autoren bestreiten das. Offenbar kommt es auf die
Länge der Zeit an, in der der zahnlose Zustand schon besteht, und auf die Art
und Stärke der Kieferbenutzung. Daß die Gelenkbahnkrümmung sich während

---

[1]) Lord: On the temporo-mandibular Articulation. Anat. record Bd. 9, S. 106. 1915;
Bd. 7, S. 355. 1913.

des Lebens mit Veränderungen im Zustand des Gebisses ändert, ist sehr wahrscheinlich.

Die *Bandapparate*, welche teils in unmittelbaren Zusammenhängen mit der Kiefergelenkkapsel stehen, teils (die meisten inneren Kieferbänder) in gewisser Entfernung von ihr liegen, spielen wohl keine allzu bedeutende Rolle. Gegen übermäßige Kieferöffnung können die inneren, auch die Raphe pterygomandibularis, wohl eine Schranke gebieten, beim Zurückgleiten des Köpfchens gegen die Grube, das äußere Seitenband (Lig. temporo-mandibulare) als Bremse wirken. Für die letzte Exkursionsbehinderung in dieser Richtung kommt wohl auch der sog. Proc. retroglenoidalis mit in Betracht, der verstärkte Hinterrand der Unterkiefergrube, in welchen ein Schenkel des hinteren Jochbogenansatzes ausläuft, der sich an die Pars tympanica des Schläfenbeines anlehnt und den äußeren Gehörgang schützt. Eine Drehstütze, um welche sich der Unterkiefer wie um eine Walze öffne, was H. MEYER annahm, ist er sicher nicht.

d) Die Zähne und ihr Verhalten in Okklusion und Artikulation.

Die alte, im einzelnen sicher unrichtige Vorstellung von einer Einkeilung der Zähne in den Kiefern birgt insofern einen richtigen Grundgedanken, als sie eine mit der Belastung sich steigernde funktionelle Einheit von Zähnen und tragender Konstruktion fordert. Nur wird dieses auf einem anderen Wege erreicht. Bei jedem Zahn ist das Wurzeldentin dichter und fester als sein Kronenzahnbein [GEBHARDT[1])]. Immer ist er in seiner Alveole durch eine komplizierte Aufhängeeinrichtung fixiert, deren Widerstandsfestigkeit mit der Beanspruchung des Zahnes sich erhöht. Das hängt mit dem Aufbau der *Wurzelhaut* (Periodontium, Alveolodentalmembran) zusammen, die aus zahllosen Bündeln kollagener Fibrillen besteht, die in der Hauptsache radiär, teilweise auch mehr oder minder tangential zur Wurzel verlaufen und jeweils sowohl im Knochen der Alveolarkammern als auch in der Zementschicht der Wurzel verankert sind. Diese Bündel laufen keineswegs alle horizontal, die meisten sogar schräg und kreuzen sich vielfach, während durch die dabei entstehenden Lücken die Gefäße und Nerven der Wurzelhaut treten. Am Zahnhals, wo das sog. Ringband sich findet, stehen zahlreiche Züge auch mit der derben Bindegewebsunterlage des Zahnfleisches in Zusammenhang. An der völlig druckentlasteten Wurzelspitze [PIETTE[2])] hört die Fädenstruktur ganz auf und findet sich ein weicheres, saftreiches Material, das durch den Wurzelkanal sich in die Zahnpulpa fortsetzt. Das Schwergewicht der Zahnbefestigung liegt also zwischen Hals und Wurzelende. Hier haben die meisten Faserbündel einen schräg absteigenden Verlauf, heften sich also an der Wurzel tiefer an als am Alveloarkorb. Sie werden auf Zug beansprucht werden müssen, wenn sich ein Druck von oben auf die Krone auswirkt. Es bestehen aber auch Bündel mit umgekehrter Schrägheit, sie würden ihre Zugfestigkeit auswirken können bei Anwesenheit von Kräften, welche den Zahn aus seiner Alveole hervorzudrängen bestrebt wären. Man kann mit guten Gründen annehmen, daß solche Kräfte bei der Kautätigkeit tatsächlich durch Spannungen im Knochen und durch Pressung des Gewebssaftes in dem Periodontium entstehen. Demnach läßt sich also die Befestigung der Zähne als Aufhängung in Gleichgewichtslage, bei Vorhandensein ein- und austreibender Kraftwirkungen während des Kaugeschäfts, mit Erhöhung ihrer Spannung kennzeichnen.

---

[1]) GEBHARDT, G.: Vergleichende Untersuchungen über die Zahl der Dentinkanälchen im bleibenden menschlichen Gebiß. Zahnärztl. Dissert. Frankfurt 1922.
[2]) PIETTE, EUGEN: Zahnstruktur als Kraftfeld. Anat. Anz. Bd. 56, S. 202. 1923.

Ergiebige Nutzwirkung kommt den Zähnen erst aus dem Zusammenspiel der Zahnpaare und ihrer Einreihung in die Zahnbögen zu. Wir haben oben schon betont, daß wir als Schlüssel für die Einzelform der Zahnbögen, die Gestalt der tragenden Kieferbogenkonstruktionen und ihre relative Lage zueinander sowie die Richtung der Zahneinpflanzung in diese ansehen. Daß dabei die Formgestalt des oberen *Zahnbogens* stärker wechselt, so daß er bald als ellipsoid, meist als paraboloid, bisweilen als U-förmig und manchmal auch eckig gefunden wird, wogegen der untere Zahnbogen fast immer mehr oder minder ausgesprochen parabolisch ist, allerdings auch hier mit Schwankungen und nicht selten auch mit Ausprägung einer leichten Eckigkeit, weist wieder auf die Tatsache hin, daß die Kraftfortleitung vom Unter- nach dem Oberkiefer statthat und in diesem der Kaudruck eine komplizierte Fortleitung und Verteilung erfährt, die nicht nur vom Verhalten der Kauwerkzeuge abhängt. Bei keiner Rasse sind einförmige Befunde über die Formgestalt der Zahnbögen zu machen, bei allen kommen individuelle Schwankungen vor (Martin). Der Normalzustand ist also, wie Max Müller mit Recht betont, für jedes Individuum ein etwas anderer, jedesmal aber ein auf ererbter Grundform funktionell gewordener.

Bei gewöhnlicher, ungezwungener Haltung des Unterkiefers (Ruheschwebe) bleibt zwischen den unteren und oberen Zähnen ein nach Millimetern zu bemessender Zwischenraum. Doch gibt es auch eine Kieferschlußhaltung, die ohne nennenswerte Kraftwirkung zustande kommt und wobei die beiden Zahnreihen mit zahlreichen Höckerflächen in Berührung stehen. Dieser Zustand wird Okklusionsstellung oder Normalstellung des Unterkiefers genannt. In ihm haben die Zähne *Okklusion*. Das gegenseitige Verhalten der Zähne beider Kiefer im Kieferschluß während statthabender Unterkieferbewegungen, welches beim Kauakt eine wichtige Rolle spielt, nennt man *Artikulation,* weil damit immer Bewegungsvorgänge in den Kiefergelenken einhergehen. In Normalstellung sind die vorhandenen Zähne, auch wenn sie noch so unregelmäßig stehen, so gut wie immer in Okklusion. Solche verbürgt aber keineswegs auch eine in jeder Hinsicht vollwertige Artikulation. Die Leistungsminderung des Gebisses wird sich immer einstellen, wenn keine gute Artikulation vorliegt, und die Hauptaufgabe der regulierenden Zahnheilkunde (Orthodontie) besteht im Herbeiführen einer möglichst ergiebige Leistungen hervorbringenden Artikulation.

Bezüglich der als normal zu bezeichnenden Artikulations- und Okklusionszustände gibt es, was den Schneidezahnbereich anbetrifft, zwei *Bißarten,* die voneinander abweichen. Bei einem Teil der Menschen greifen in Okklusion die Schneiden der oberen Incisiven etwas über jene der unteren vor. Es besteht *Scherenbiß* (Vorbiß, Psalidodontie), und die Abschliffflächen sind etwas abgeschrägt. Bei den anderen stoßen die Schneidekanten aufeinander, die Abschliffe erfolgen horizontal (*Zangen-* oder *Aufbiß*, Labidodontie). In der Verbreitung beider Bißarten gibt es deutliche Rassenunterschiede, doch kommen bei fast allen Völkern beide Typen vor. Zangenbiß ist nach Martin[1]) die Regel bei Australiern und sehr häufig bei den meisten übrigen dunkelfarbigen Rassen, wogegen bei den weißen und gelben Völkern der Scherenbiß überwiegt (bei Deutschen in ca. 80% der Fälle). Wenn man alle Bißweisen, bei denen überhaupt noch eine gegenseitige Wirkung der unteren und oberen Schneidezähne möglich ist, als physiologische bezeichnen will, dann kann man weitere Unterarten des Bisses, je nach der größeren Steile oder Schrägheit der zahntragenden Kieferpartien als *orthognathe, mesognathe* und *prognathe* bezeichnen. Springen die unteren Incisiven weiter vor als die oberen, dann spricht man von *Progenie,*

---

[1]) Martin: Zitiert auf S. 295 (S. 887).

und wo eigentlich nur die Zahnkronen stark vorragen, die Wurzelachsen aber nicht ebenso stark geneigt sind, von *Prodentie.*

Kommt dem Okklusionsverhalten im Schneidezahnbereich, wie wir noch erfahren werden, Bedeutung hauptsächlich für den Ablauf der Vorschiebebewegung des Unterkiefers zu, so hat die Okklusionsweise der Seitenzähne namentlich auf die Mahlbewegung größten Einfluß. Zwei Erscheinungen vor allem sind es, welche eine harmonische Okklusion kennzeichnen. Erstens besteht ein leichtes Überragen der Wangenflächen an den Oberkieferzähnen über diejenigen an den unteren bzw. ein stärkeres Vorspringen der Zungenflächen an diesen gegenüber den Gaumenflächen der oberen Zähne. Dieses Verhalten führt dazu, daß sich in Okklusion die Spitzenteile der Innenhöcker oberer Zähne in die bogenförmig longitudinal verlaufende Kaufurche des unteren Zahnbogens einfügen, während umgekehrt die Außenhöcker der unteren Zähne in die Kaufurche des oberen Zahnbogens eingreifen. Dadurch kommen von den nach außen und nach innen abfallenden Flächen der in zwei Reihen nebeneinanderstehenden Zahnhöckern oberer und unterer Zähne jeweils nur drei zu gegenseitiger Berührung, nämlich die zwei gaumen- und die innere wangenwärts gerichteten oben mit den zwei buccal- und der äußeren palatinalwärts gerichteten unten (Abb. 72). Da, wie wir schon erfahren haben, die Unterkieferzähne einwärts, die Oberkieferzähne auswärts geneigt in den Kiefern stehen, wird jetzt die Druckübermittlung vom Unterkieferbasalbogen auf jenen des Oberkiefers so erfolgen, daß sie zwar im ganzen von unten außen nach oben innen zu statthot, daß sie aber im Gebiet der Zahnkronen völlig vertikal erfolgt, somit eine doppelte Brechung der Druckfortleitung besteht (Abb. 72).

Zweitens stehen in Okklusion die oberen Zähne nicht völlig gleichmäßig über den unteren, vielmehr etwas serial verschoben zu ihnen, da sonst ja ein Ineinandergreifen der oberen und unteren Zahnhöcker ausgeschlossen wäre. Schon der breitkantige

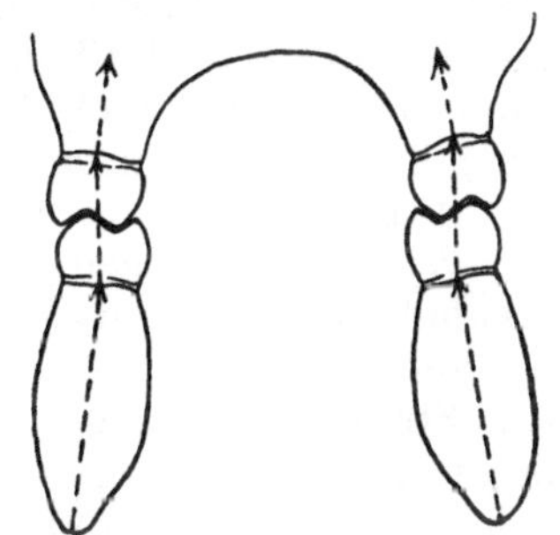

Abb. 72. Okklusionsverhalten im Molarenbereich (Frontalschnitt).

obere Mittelschneidezahn hat Kontakt mit beiden unteren Incisiven. Distalwärts ist überall diese Verlagerung der Oberkieferzähne den unteren gegenüber um eine halbe Zahnhöckerbreite nach hinten festzustellen. So kommt jeder einzelne Zahn — allerdings mit Ausnahme der mittleren unteren Schneidezähne und der hintersten oberen Molaren — zur Berührung mit zwei Gegenzähnen im anderen Kiefer (Abb. 84). Und gleichzeitig erfolgt ein ausgedehntes Ineinandergreifen abgeschrägter Zahnhöckerflächen nun auch in der sagittalen Richtung wie vorhin in der frontalen. Unter diesem Einfluß der in verschiedener Richtung schrägen Flächenberührung zwingen sich in Okklusion die Zähne gegenseitig in die richtige Stellung und stützen und halten sich in ihr. Der Aufhängeapparat der Wurzeln paßt sich diesen Bedingungen an, und es bleibt der Zustand so lange erhalten, als nicht aus Zahnverlust oder Zahn- bzw. Kieferschädigung das Gleichgewicht gestört wird.

Es ist klar, daß diese normale Okklusion je nach der geringeren oder größeren Höhenentfaltung der Zahnhöcker ein schwächeres oder stärkeres Über- und Ineinandergreifen der beiden Zahnreihen ineinander bedeutet und daß bei großen Höckern die gesamte Mastikationsfläche sowohl an Umfang wie an Rauhigkeit zunehmen, bei flachen Höckern sich umgekehrt mindern muß. Bezüglich der reinen Quetschdruckwirkung wird dies keinen Unterschied ausmachen, wohl aber bezüglich der Ausnutzung beim mahlenden Kauen, wofür sich eine rauhere

Fläche erheblich besser eignet und wobei scharfe Höcker leichter die Speisen festzuhalten und zu zermalmen vermögen.

Für diese Art des Kauens entscheidet der Abschnitt der Zahnbögen, wo zwei Zahnhöckerreihen bestehen. Das ist erst hinter dem Eckzahn der Fall. Die Fixation der Okklusion und Artikulation ist für die Seitenzähne mit ihrem präziseren Ineinandergreifen viel stärker als im Frontabschnitt der Zahnbögen. Es ist richtig, daß dabei das Schwergewicht auf den Molaren liegt. Den ersten Mahlzahn hat ANGLE sogar als den „Schlüssel der Okklusion" bezeichnet. Entwicklungsgeschichtlich gedacht ist dies nur teilweise richtig. Solange nur Vorderzähne bestehen, ist der Okklusionszustand wenig eindeutig bestimmt und leicht veränderbar, er wird bestimmter mit dem Erscheinen der ersten und namentlich der zweiten Milchmolaren, später bildet der erste Dauermahlzahn eine noch schärfere Bindung, bis schließlich alle Seitenzähne zusammen bestimmend wirken, wobei immer gleichzeitig auch die Artikulation, also die Beanspruchung bei bewegtem Unterkiefer ihre wichtigen Beeinflussungen geltend macht. Frisch durchgebrochene Zähne haben noch nicht das Maximum an Kontakt mit den Gegenstützen, dieses wird erst durch gegenseitiges Zuschleifen erreicht. Mit Recht hat SHAW[1]) betont, daß für das Gebiet der Seitenzähne eine ausschließliche Bestimmung des Artikulationsverhaltens durch die Molaren nicht bestehen kann, sondern daß auch den Prämolaren hierbei Bedeutung zukommt. Er sieht diese Beziehungen in einer etwas anderen Orientierung ihrer Innenhöcker zu den Außenhöckern als bei den Molaren.

Wie die Zahnbögen gekrümmt sind, so erfolgt die Okklusion der Zahnreihen ebenfalls in einer Kurve (*Okklusions-* oder *Kaukurve*), die von einer nach der anderen Seite, aber auch von hinten oben nach vorn unten etwas geschweift ist. Streng genommen müßte man zwei Okklusionskurven auseinanderhalten, je gegeben in der Lage der longitudinalen Kaufurche im oberen bzw. unteren Zahnbogen (M. MÜLLER). Beide verlaufen nahezu parallel, erstere lagert um ein geringes höher und ist etwas weitergespannt. Für die Praxis begnügt man sich gewöhnlich mit der Niveaukurve, welche durch das Übergreifen der Außenhöcker oberer Seitenzähne bei zurückgezogener Wange festgestellt werden kann und nennt dann auch diese Okklusionskurve. Als *Speesche Kurve* spielt sie in der Literatur eine große Rolle (Abb. 73 *SK*). Graf v. SPEE[2]) hat sie als die Schubkurve des Unterkiefers beim Vor- und Rückbiß aufgefaßt und gibt an, daß bei wohlgeformtem menschlichen Gebiß diese Kurve in Seitenansicht das Segment eines Kreisbogens sei, der beim Erwachsenen 6,5 bis 7 cm Radius habe und dessen Achse in der horizontalen Halbierungsebene der Augenhöhlen, etwas nach hinten von der hinteren Tränenbeinkante durchschneide. RICHTER[3]) nennt diese Achse die Pupillarachse und legt sie bei gerader Blickrichtung durch die Augenpupillen. Verlängert man die SPEEsche Kurve nach hinten, so tangiert sie, wie schon SPEE selber erkannte, jederseits den am meisten vorspringenden Kontaktpunkt des in Anlehnung an das Tuberculum befindlichen Kieferköpfchens. In der Kurve liegen typischerweise die Außenhöckerspitzen der Seitenzähne des Oberkiefers, dagegen schneidet ihre Verlängerung in den Frontzahnabschnitt die Kronen dieser Zähne ungefähr in der Höhe, in welcher die Schneiden der unteren Incisiven bei Okklusion liegen. Es besteht aber keineswegs immer das von SPEE angegebene Verhalten. Die Krümmung ist bald flacher, bald stärker.

---

[1]) SHAW: Die Prämolaren. Dent. record 1912 u. Zeitschr. f. zahnärztl. Orthop. 1912.
[2]) SPEE, Graf F. v.: Die Verschiebungsbahn des Unterkiefers am Schädel. Arch. f. Anat. u. Physiol. 1890, S. 285.
[3]) RICHTER: Der bilateral-symmetrische Kaumechanismus des Menschen. Dtsch. Monatsschr. f. Zahnheilk. Bd. 38, S. 337. 1920.

Frank[1]) fand Radien von 5,8 bis 21,2 cm. Nach M. Müller beträgt der Radius zumeist 8,5 cm, in anderen Fällen aber auch bis 6,5. Die einseitige Betonung, daß die Speesche Kurve vor allem Ausdruck der Schubbewegung des Unterkiefers nach vorn und hinten sei, hat der Erkenntnis ihrer wahren Bedeutung lange geschadet. Sie hängt wohl noch mehr mit den Seitenbißbewegungen zusammen.

Da es für praktische Bedürfnisse wichtig ist, sich über die relative Lage der gekrümmten Mastikationsfläche zum Gesichtsskelett Klarheit zu verschaffen, Lagebeziehungen, die im einzelnen recht verschieden sein können, arbeitet man vielfach auch mit einer Konstruktionsebene, die als *Okklusionsebene* (Abb. 73 *OE*) bezeichnet wird. Sie wird vorn über den Berührungspunkt der Schneiden beider unterer Mittelschneidezähne, hinten über die zweiten Unterkiefermolaren gelegt. In vielen Fällen läuft sie parallel zu der Camperschen Ebene (*CE*), welche am Lebenden leicht bestimmt werden kann und durch den tiefsten Punkt der Apertura piriformis nasi sowie die äußeren Gehörgangsöffnungen gelegt wird. Oft aber schnei-

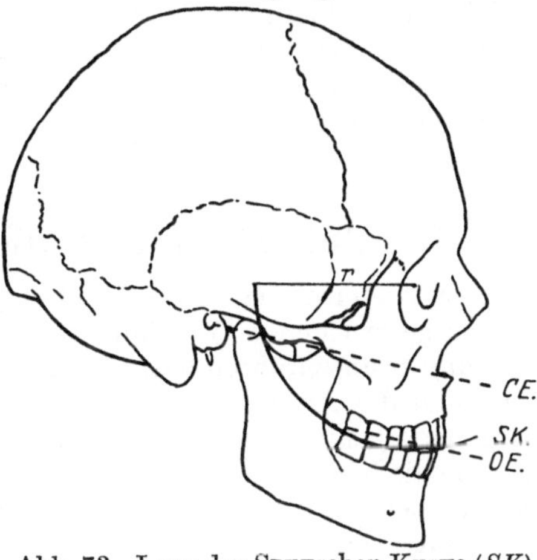

Abb. 73. Lage der Speeschen Kurve (*SK*), ihr Radius *r*, Lage der Okklusions- (*OE*) und der Camperschen Ebene (*CE*).

den sich beide Ebenen in geringerer oder größerer Entfernung vor dem Mund.

An dieser Stelle muß schließlich noch einer anderen für die praktische Zahnheilkunde wichtigen Relation gedacht werden, die auch für die Kieferkinematik Bedeutung hat. Bonwill gab schon vor längerer Zeit an, daß die Verbindungslinie der beiden Mittelpunkte an den Kieferköpfchen und deren Abstand vom Berührungspunkt der Schneiden der unteren Mittelincisiven (vorderer Dreieckspunkt) normalerweise ein gleichseitiges Dreieck (Abb. 74) bilden und daß durchschnittlich die Seitenlänge 10 cm betrage.

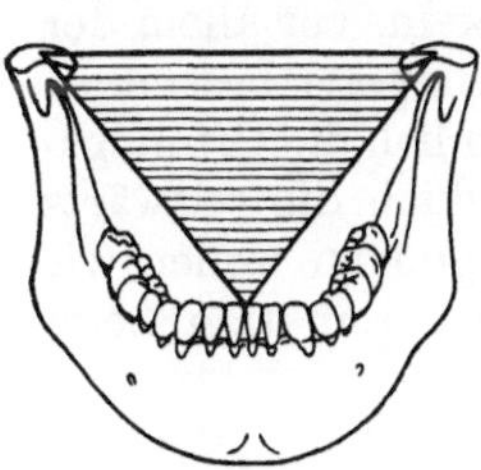

Abb. 74. Konstruktion des Bonwillschen Unterkieferdreiecks.

Dieses *Bonwill-Dreieck* gilt als Ausdruck einer normalen Unterkieferproportionierung. Wenn darin auch ein gewisser Schematismus enthalten ist, so hat sich doch das Arbeiten mit dem Bonwill-Dreieck im ganzen bewährt, obgleich gesagt werden muß, daß die nicht seltenen leichten Kieferasymmetrien darin keine Berücksichtigung finden und daß

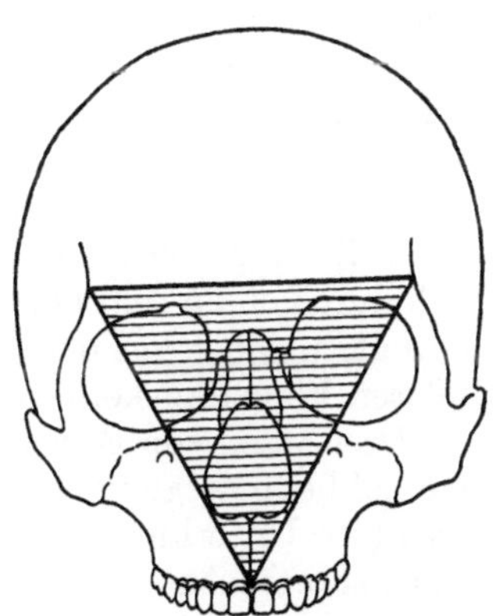

Abb. 75. Das Richtersche Gesichtsdreieck, welches gleiche Seitenlänge mit dem Bonwillschen Dreieck haben soll.

die Gleichseitigkeit des Dreiecks offenbar nur für die höheren Rassen einigermaßen als Regel gelten darf. Richter[2]) behauptete, daß man die Schenkellänge des Bonwill-Dreiecks am Lebenden leicht gewinne, wenn man die kleinste Stirnbreite messe, denn auch am Gesichtsschädel bestehe ein solches gleich-

---

[1]) Frank, vgl. Max Müller: Artikulationsproblem 1925, S. 55.
[2]) Richter: Zitiert auf S. 310.

seitiges Dreieck in der Verbindung der Frontotemporalpunkte unter sich und mit dem Prosthionpunkt der Anthropologen (Abb. 75). Auch das mag in vielen Fällen wenigstens annähernd stimmen, ist aber so wenig immer ein genauer Anhaltspunkt wie die Richtersche Angabe, daß der Abstand der Kronenfortsatzspitzen am Unterkiefer stets völlig mit der Distanz der Mittelpunkte der Kieferköpfchen übereinstimme. Proportionale Relationen in den Massen des Gesichtsschädels und des Unterkiefers sollen keineswegs bestritten werden, da ja beide Teile unter dem Einfluß derselben Kraftwirkungen sich entwickelt haben und verharren, aber ganz so einfach, wie man es gerne sähe, liegen diese Beziehungen doch nicht.

2. Die Unterkieferkinematik und die bewegenden Kräfte.

Der Kiefermechanismus steht beim kautüchtigen Erwachsenen in einer ganz ausgesprochenen Beziehung zur Art der Nahrung, deren mechanische Verarbeitung er auszuführen hat. Das Kaugeschäft bestimmt den Ausbau der Werkzeuge und die Art des Bewegungsablaufes. Aber diese Kieferbewegungen sind ontogenetisch nicht die primären Verrichtungen. Die Funktionen, welche beim Säugling die Kieferklemme zu einem wichtigen Faktor des Sauggeschäftes machen, und daneben bei der Atmung, Lautgebung und dem Mienenspiel dienen, bleiben auch später bewahrt, treten aber mit dem Erscheinen von Zähnen und mit dem Ersatz ihrer ersten Serie, durch eine zu intensiveren Leistungen noch mehr befähigte zweite, dem Einfluß des Kaugeschäftes gegenüber stark zurück. Im Greisenalter, nach dem Zahnverlust, können sie aber wieder die vorwiegenden Funktionen des Kiefermechanismus ausmachen.

Dementsprechend ist in früherer Jugend und im hohen Alter der Kiefermechanismus erheblich freier und weniger in bestimmte Geleise gedrängt. Aber auch während der Höhe der Gebißentfaltung bleibt er nach den morphologischen Vorbedingungen mit einem beträchtlichen Grad mehrfacher Freiheit versehen und recht vielseitig verwertbar, wie vor allem eine Untersuchung der Bewegungsmöglichkeiten am Präparat beweist. Die relative Beschränkung, welche dagegen im Leben tatsächlich besteht, ist nur teilweise auf die Konfiguration der gelenkenden Teile und die Artikulationsweise der Zähne zu beziehen, sie ist vielmehr auch durch einen rein nervös vermittelten Zwangslauf des Unterkiefers [Braus[1])] bedingt, welcher aus dem Tonus und der Aktion der Kaumuskeln, vor allem der äußeren Flügelmuskeln, resultiert und die gewöhnliche Bewegungsart bestimmt.

Drei Arten von Bewegungsmöglichkeiten sind gegeben, nämlich die Öffnungs- und Schließbewegung, das Vor- und Zurückschieben und endlich die seitwärts gerichtete Unterkieferbewegung. Von diesen drei Einzelbewegungen wollen wir zunächst sprechen und die Darstellung ihrer eigenartigen Kombination beim Kauen einem späteren Abschnitt zuweisen.

a) Öffnungs- und Schließbewegung.

Nach dem Tode sinkt gewöhnlich der Unterkiefer in Öffnungsstellung zurück. Die hierbei auftretende Bewegung, welche sich an Präparaten jederzeit nachahmen läßt, ist gänzlich verschieden von der Öffnungsbewegung, die beim Lebenden statthat. Sie vollzieht sich nämlich, während die Kieferköpfchen in die Gelenkgruben gerutscht sind, um eine quere und ruhende Kondylenachse. Sie ist also eine reine Scharnierbewegung. Nach dieser Art öffnen und schließen die Raubtiere auch im Leben ihre Kiefer. Beim Menschen jedoch vollziehen

---

[1]) Braus: Anatomie des Menschen. Bd. I, S. 764. 1921.

sich diese Bewegungen anders. In der Ruhelage liegen ja die Köpfchen nicht im Grunde der Unterkiefergruben (vgl. S. 306), daher muß auch der Ablauf der Bewegung ein anderer werden. Bei jeder Kieferöffnung werden die von hinten her an die Gelenkhöcker angelehnten Kondylen gleichzeitig nach vorn und unten verlagert. Es findet eine Schlittenbewegung in den oberen und gleichzeitig eine Drehung der Köpfchen in den unteren Stockwerken beider Gelenke statt. Das Gelenksystem fungiert als transportables Gelenk und die Drehachse durch die Kondylen wandert während des Bewegungsablaufes. Der maximale Bewegungsumfang schwankt individuell erheblich. BRAUS gibt als Grenzwerte für den Abstand oberer und unterer Incisivenschneiden 3,2 bis 6,2 cm an und hält 4,4 cm für den Mittelwert.

Als *bewegende Kräfte* für die *Kieferöffnung* kommen in Betracht: die Mm. pterygoidei externi, die Mundbodenmuskulatur im Zusammenspiel mit den Zungenbeinfeststellern, sowie bei aufrechter Kopfhaltung die eigene Schwere des Unterkiefers und der ihm angeschlossenen Weichteile. Die Mundbodenmuskulatur kann die geschilderte Bewegung allein unmöglich herbeiführen, sie würde die Kondylen nach hinten und gegen die Pfannen drücken müssen. Die Schwere allein würde eine Translationsbewegung des Unterkiefers hervorrufen, zwar durch das Vorhandensein der Seitenbänder zugleich auch nach vorn verschieben, aber viel stärker nach unten ziehen. Selbst beide Kraftwirkungen zusammen können allein das nachgewiesene Resultat nicht veranlassen. So fällt wohl den äußeren Flügelmuskeln die weitaus wichtigste und namentlich beim Öffnen gegen Widerstände die völlig entscheidende Rolle zu und zwar vor allem der oberen Portion eines jeden dieser Muskeln [CHISSIN[1]]. Sie ist eine recht kräftige, annähernd horizontal gelagerte Muskelplatte, welche vorn breit am Planum infratemporale des Keilbeins entspringt und hinten nur wenig verschmälert in den ganzen Vorderrand des nach vorn unten geneigten Diskus einstrahlt. Ja dieser selbst läßt sich als Sehnenplatte des Muskelbauches auffassen, welche durch Vermittlung der Gelenkkapselrückwand hinten am Kieferköpfchenhals inseriert. Genaueres Zusehen ergibt dann, wie diese eigenartige Konstruktion einerseits um den Gelenkhöcker nach unten konvex, andererseits um das Kieferköpfchen noch oben konvex gewickelt erscheint, so daß bei der Aktion des Fleischteils der Diskus immer mit dem Gelenkhöcker in Kontakt nach vorn verschoben, gleichzeitig aber auch das Gelenkköpfchen hinten herabtreten und in öffnende Drehung kommen muß. Neuerdings spricht FABIAN[2]) vor allem dem trichterähnlichen hinteren Teil des Mylohyoideus wichtigen Anteil bei der Öffnungsbewegung zu, die er fast als Subluxationsbewegung bezeichnen möchte.

Für die *Schließbewegung* kommt eine aktive Diskusverschiebung durch Muskelzug nicht in Frage, dieselben Kräfte, welche die schließende Drehung der Condyli herbeiführen, müssen auch die Rückverlagerung der Disci mitbewirken. Die Kondylen werden sich jetzt nach hinten und oben verschieben, aber, sofern annähernd vollständige Zahnreihen bestehen, nur bis zu der oben behandelten Ruhestellung und nur bei zahnlosen Kiefern mit der Möglichkeit einer Verlagerung bis in die Tiefe der Unterkiefergruben am Schädel. Eine Reihe besonders wirksamer Muskeln steht für den Schließvorgang zur Verfügung. Beim unbelasteten Kieferschluß fällt dabei die Leistung wohl ganz vorwiegend den Schläfenmuskeln zu, welche allein in annähernden Sagittalebenen liegen, und hierfür am besten geeignet sind. Man nimmt auch an, daß der Tonus der

---

[1]) CHISSIN: Über die Öffnungsbewegung des Unterkiefers. Arch. f. Anat. (u. Physiol.) 1906.
[2]) FABIAN, H.: Studien zur Kaufunktion. Dtsch. Zahnheilk. 1925, H. 65.

äußeren Flügelmuskeln dabei als eine Art Bremsvorrichtung wirke und das Überschreiten der Ruhelagestellung verhindere. Beim festen Zubeißen und beim mahlenden Kauen tritt zur Temporalisaktion die kräftige Wirkung der jederseitigen Masseter-pterygoideus-internus-Schlinge hinzu und preßt die Gelenkköpfchen gegen die Tubercula an. Daß der Mechanismus von Kieferöffnung und Kieferschließung so außerordentlich leicht spielt, wie dies beim Sprechen sehr deutlich hervortritt, ist neben der großen Glätte und guten Schmierung der gelenkenden Teile vor allem darauf zurückzuführen, daß in den Kondylen eine Querwalzenkonstruktion gegeben ist, die gegen eine schiefe Ebene (Gelenkhöcker) sich anlehnt und wobei der im Gelenk erzeugte Druck fast ausschließlich in Bewegung umgesetzt werden kann.

Daß die Öffnungsbewegung des Unterkiefers beim Lebenden um eine gedachte und dabei wandernde Drehachse durch beide Kieferköpfchen erfolgt, ist mit den sich daraus für die Unterkieferverschiebung ergebenden wichtigen Folgen erst von Chissin, einem Schüler Strassers, klar betont worden. Seitdem haben vor allem Bennett[1]) und Gysi[2]), die beide gleiche Erkenntnisse selbständig gewonnen haben, Chissins Erfahrungen weiter ausgebaut. Auch Breuers[3]) Röntgenaufnahmen, allerdings an der Leiche, haben zur Anerkennung der neuen Anschauung beigetragen. Es ist wichtig, sich das Entscheidende völlig klar zu machen. Läge eine ruhende Drehachse vor, dann müßte bei der Öffnung jeder Unterkieferpunkt und also auch jeder Unterkieferzahnhöcker einen Kreisbogen beschreiben und alle Bögen wären konzentrisch. Daß dem keineswegs so ist, zeigt Abb. 76 nach Chissin. Der vordere Dreieckspunkt (Z), das Kinn (K) und der Kieferwinkel (W) legen bei fortschreitender Öffnung gänzlich verschiedenartige Kurven zurück, für die es kein einheit-

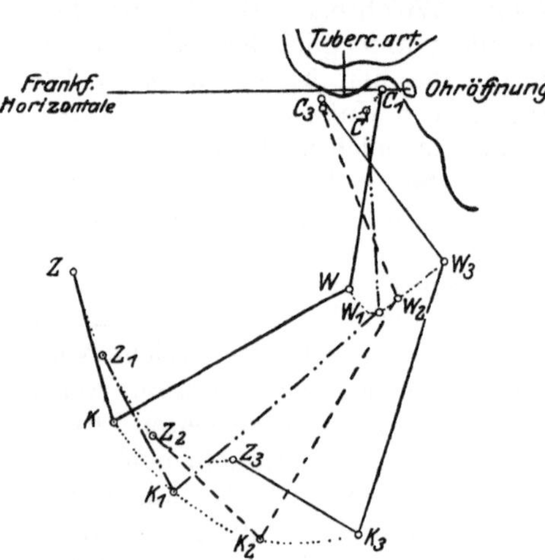

Abb. 76. Verschiebungsbahn des vorderen Dreieckspunktes (Z), Kinnes (K), Kieferwinkels (W) und des Condylus (C) bei der Öffnungsbewegung. (Umzeichnung nach Chissin.)

liches, während aller Bewegungsphasen vorhandenes Rotationszentrum geben kann. Die wichtigste Kurve ist aber die sog. *Achsenbahnkurve*, d. h. die gekrümmte Verschiebungsbahn des in ungleichem Tempo bei der Öffnung sich verlagernden und gleichzeitig drehenden Köpfchens. Sie ist keineswegs immer genau gleich. Namentlich bei defekten Gebissen bestehen auch nicht selten Assymmetrien beider Seiten. Im ganzen läßt sich sagen, daß die Kurve leicht S-förmig geschweift verläuft, und daß im allerersten Beginn der Öffnung die Achse nur langsam wandert, dann ihr Tempo beschleunigt und ziemlich stark nach unten, sowie etwas nach vorn, dann unter Beibehaltung der raschen Wanderung sich stärker vorwärts verschiebt und gegen Ende der Bewegung,

[1]) Bennett: Proc. of the roy. soc. of med. Bd. 1, Nr. 7. 1908; deutsch: Zeitschr. f. zahnärztl. Orthop. 1913.

[2]) Gysi: Beitrag zum Artikulationsproblem. Berlin 1908 u. Neuere Gesichtspunkte im Artikulationsproblem. Schweiz. Vierteljahrsschr. f. Zahnheilk. 1912.

[3]) Breuer: Röntgenbild des Kiefergelenkes. Österr.-ungar. Vierteljahrsschr. f. Zahnheilk. Bd. 36. 1910.

also bei maximaler Öffnung, wieder langsam fortschreitend, sich horizontal oder unter Umständen sogar ein wenig aufsteigend verlagert. Kein Zweifel, daß die Konfiguration der Tubercula, die Dicke der Disci und wohl auch die Rollenform und Stellung der Gelenkköpfchen den Verlauf der Kurve im Einzelfall beeinflussen werden.

b) Die Vor- und Rückschiebebewegung.

Bei leicht geöffnetem Unterkiefer, so daß die Zähne eben außer Artikulation kamen, ist ein Vorschieben desselben um im ganzen $^1/_2$ bis $1^1/_2$ cm leicht möglich. Während dieser extremen Bewegung, deren Umfang offenbar durch den Tonus der Schläfenmuskeln begrenzt wird, nur mimische Bedeutung zufällt, sind leichtere Grade des Vorschiebens wichtig für die Kautätigkeit. Erstens für das Abbeißen. Dabei werden die Schneiden der oberen und unteren Incisiven untereinander gebracht und nachdem der Bissen zwischen ihnen eingeklemmt wurde, streichen im Rückbiß die unteren Schneiden an den Palatinalflächen der oberen Frontzähne unter Druck vorbei, wodurch das Zerschneiden der Nahrungsteile zustande kommt[1]). Zweitens kommt der Vor- und Rückbißbewegung auch im Seitenzahnbereich beim mahlenden Kauen (sagittale Mahlbewegung) bedeutsame Wirkung zu, so daß wir hier nur diejenige Vor- und Rückschiebungsbewegung in Betracht ziehen wollen, welche sich in Artikulation der Zahnreihen abspielt oder wenigstens abspielen kann.

Bei ihr hat der Unterkiefer immer eine doppelte Führung. Einerseits bestimmen im Gelenksystem die Gelenkhöcker durch ihre Stellung und Krümmung die Gleitbahn der Disci, welche zusammen mit den Gelenkköpfchen durch die Horizontalkomponenten der äußeren Flügelmuskeln ihnen entlang nach vorn verschoben werden, andererseits greifen bei Scherenbiß die oberen Schneidezähne über die unteren und damit müssen die Palatinalflächen der oberen Frontzähne die Gleitbahn für die Unterkieferschneiden werden. Aber auch das Ineinandergreifen der Höcker an den Seitenzähnen wird bestimmend mitwirken können. Es hängt also der Ablauf der Vorschiebebewegung in Artikulation der Zähne und ebenso auch die Gegenbewegung von verschiedenen Einzelfaktoren ab, wozu noch die Lage der Okklusionsebene im Gesamtschädel und die Krümmung der Okklusionskurve zu zählen sind.

Es gibt Fälle, wo ein so vollkommener Grad von Harmonie aller dieser Beziehungen besteht, daß sich die Vor- und Rückschiebebewegung, wie zuerst WALLISCH[2]), zu Unrecht mit Verallgemeinerung annahm, als typische Parallelverschiebung des Unterkiefers unter Erhaltung voller Artikulationsfähigkeit für alle Zähne abzuspielen vermag. Diese Verlegung geschieht im ganzen schräg nach vorn und unten, für die Kondylen in gleichem Grade wie für die unteren Schneidezähne, aber nie in gerader, sondern in einer Kurvenbahn hauptsächlich bestimmt durch den Krümmungsgrad der Gelenkhöcker. Besonders bei Kindern mit Milchgebiß findet man solche Befunde noch ziemlich häufig. Aber nach dem Zahnwechsel haben nur noch verhältnismäßig sehr wenig Menschen einen mechanisch höchstwertigen Kieferapparat und gerade der Ablauf ihrer Vorbißbewegung wird zur Probe für die größere oder geringere Vollkommenheit der konstruktiven Ausführung. Sobald nämlich die vordere und hintere Unterkieferführung nicht in ganz genau gleichartigen Relationen stehen, kann der Vorbiß in Artikulation

---

[1]) VICTOR FRANK (Die sagittalen Kieferbewegungen. Inaug.-Dissert. Hamburg 1922) stellt den Vorgang des Abbeißens etwas anders dar, nimmt als Ausgangslage eine maximale Vorschiebung an und kommt zur Vorstellung, daß nur in der Anfangsphase ein Abbeißen, gegen Ende vielmehr ein Abreißen hervorgebracht werde.

[2]) WALLISCH: Zitiert auf S. 305.

der Zähne sich nicht mehr als einfache Schlittenbewegung abspielen, dann tritt zu der Unterkiefervorschiebung ein wechselnder Grad von Rotation im unteren Gelenkstockwerk hinzu und dann wird auch die Artikulation oftmals nicht mehr für alle Zähne gleichzeitig bewahrt bleiben.

Zur Klärung dieser schwierigen Verhältnisse sind in Abb. 77 in schematischer Weise zwölf Einzelzustände wiedergegeben. Bei den sechs oberen ist das Tuberculum flach, bei den sechs unteren stark gekrümmt angenommen.

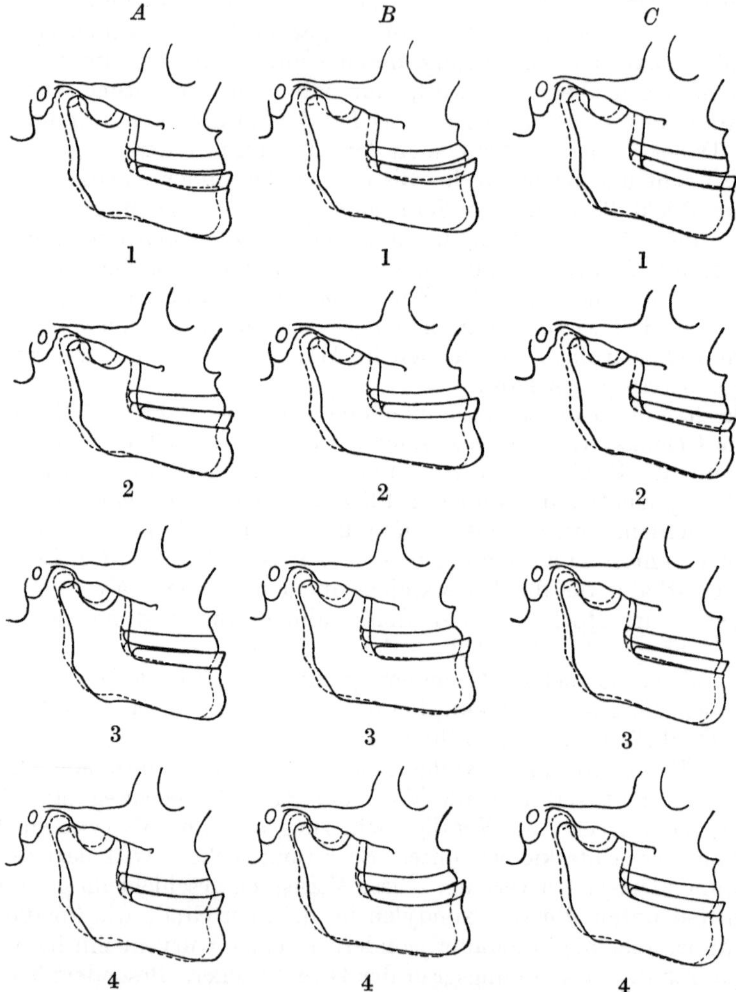

Abb. 77. Schematische Darstellung der Vorbißbewegung unter verschiedenen Bedingungen (vgl. Text).

In den drei senkrechten Reihen (A, B, C) liegt die Okklusionsebene verschieden, aber in allen vier untereinanderstehenden Befunden jeweils gleich. Endlich ist für die erste und vierte Querreihe eine stärkere, für die zweite und dritte eine sehr flache Krümmung der Okkusionskurve angenommen. In allen Fällen ist gestrichelt die Okklusionslage des Unterkiefers, und voll ausgezeichnet die Vorschiebelage bei einer möglichst weitgehenden Artikulation im Zahnbereich wiedergegeben. Dabei ist auf die Einzeichnung der Zahnhöcker verzichtet, um möglichst einfache Bilder zu erhalten. Es zeigt sich, daß nur in einem einzigen der theoretisch angenommenen Fälle eine ganz vollständige Artikulation durch einfache Parallelverschiebung des Unterkiefers erreicht wurde (B 2). Andere Fälle (A 2 und 4, C 4) kommen dem vorigen Zustand nahe. Im übrigen aber ist die Artikulation im Vorbiß nur noch eine ausgesprochen streckenhafte und bald besteht am vorderen, bald am hinteren Ende der Zahnreihen, oder sogar an beiden Enden, ein deutliches Klaffen derselben. Dabei ist diese, nur noch partielle Artikulation der Zähne in den Einzelfällen auf verschiedene Weise erreicht worden. Vergleicht man nämlich jeweils die gestrichelte und die voll gezeichnete Unterkieferkontur, dann ist leicht erkennbar, daß nicht nur Parallelverschiebung, sondern auch Rotation um die quere Kondylenachse vorkam und zwar in C 1 eine ganz leichte Öffnungs-, in A 3 und 4, B 3 und 4, sowie in C 2 bis 4 eine leichte Schließungsrotation.

Der Rückbiß, welcher, wenn unter Druck erfolgend, mechanisch nutzbar wird, muß also ebenfalls in Kombinationsbewegung statthaben. Zusammenfassend und nur das wichtigste betonend, läßt sich also sagen, daß die Vor- und Rückbißbewegung nur dann sich einigermaßen als reine Gleitbewegung abspielen wird, wenn einem flachen Tuberculum eine entsprechend flache bzw. einem stark gekrümmten Tuberculum eine entsprechend konvexe Okklusionskurve entspricht. Indem aber die Tuberculumbildung und die Verlängerung der Okklusionskurve nach hinten erst im Kindesalter ganz allmählich erfolgen und mit den Wachstumsprozessen am Schädel zusammenhängen, welche nicht ausschließlich nur unter dem Einfluß der Kiefermechanik stehen, ist daran zu denken, daß vielleicht ein Moment, das wir bisher nicht erwähnten, für diese Unterschiede zwischen dem in der Jugend vollkommeneren und dem später meist weniger harmonischen Zustand verantwortlich gemacht werden kann. Wir erinnern daran, daß sich die Lage der Jochbogenpfeiler zu den oberen Seitenzähnen im Lauf des Kindesalters erheblich ändert. Seine Einpflanzung in den oberen Basalbogen erfolgt nämlich zuerst über dem ersten Milchmolaren, später liegt sie über dem zweiten, bei Beginn des Zahnwechsels schon über dem ersten Dauermolaren und später bisweilen noch etwas weiter nach hinten. Mit anderen Worten heißt das, daß die Hauptdruckfortleitung über die Zähne in dem Oberkiefer im seitlichen Kiefergebiet zu verschiedenem Alter graduell in verschiedenen Bahnen statthat und da auch der Grad dieser Verschiebung der oberen Seitenzähne gegenüber den Jochbogenpfeilern individuell verschieden weit geht, dürften eben daraus für Tuberculumbildung und Okklusionskurvenausgestaltung eine Fülle von Besonderheiten hervorgehen, die hier nicht weiter verfolgt werden können.

Was die vordere Unterkieferführung betrifft, so wird dieselbe in der großen Mehrzahl der Fälle durch die palatinalen Flächen der oberen Frontzähne übernommen. Der Winkel, welchen diese mit der Kauebene bilden, wird als Schneidezahnführungswinkel bezeichnet. Er kann bis zu 70° betragen, GYSI nimmt ihn im Mittel mit 60° an, in vielen Fällen ist er kleiner und bei Zangenbiß sinkt er auf 0°. Bei diesem fällt also die vordere Unterkieferführung ausschließlich den Seitenzahnhöckern mit den nach mesial geneigten Flächen für die Unterkiefer-, und den nach distal geneigten Flächen für die Oberkieferzähne zu, während denselben Zähnen bei Scherenbiß nur in mechanisch besonders günstig gelagerten Fällen neben der Frontzahnführung Mitbestimmung zukommt. Das Schwergewicht liegt dann auf den Molaren.

Bei reiner Unterkieferparallelverschiebung wird dieses Gleiten an den gegenüberstehenden Höckerflächen in Parallelen zur Schneidezahnführungsebene erfolgen müssen (Abb. 78), nicht aber, wenn gleichzeitig eine Kieferrotation mitspielt (c). Es ist namentlich ELTNER[1]) gewesen, der dem Studium der Ver-

---

[1]) ELTNER, E.: Mechanik des Unterkiefers. Dtsch. Zahnheilk. 1911, H. 20.

kehrslinien der Zahnhöcker in der Öffnungs- und Vorbißbewegung besondere Aufmerksamkeit geschenkt hat, um daraus Schlüsse für die Mechanik der Kaufläche zu ziehen. Es kann hier nur das wichtigste in Kürze eingeschaltet werden.

Bestände reiner Scharnierbiß, dann würden bei der Kieferöffnung alle Zahnhöckerspitzen der unteren Seitenzähne Kreisbögen um die ruhende Kondylenachse zurücklegen (Abb. 78a). Aber diese Kreisbögen, in deren Verlaufsrichtung sich beim Kieferschluß auch die Kraftwirkung der einzelnen Zähne geltend machen muß, treffen auch nicht unter denselben Winkeln auf die Kauebene. Sie stoßen im vorderen Abschnitt steiler, im hinteren schräger auf sie, und zwar wird der Gegensatz um so ausgeprägter sein, je höher der aufsteigende Kieferast ausgebildet ist, je tiefer also die Kauebene unter den Kondylen lagert. Die Stellungs- und Einpflanzungsweise der Unterkieferzähne im Kiefer muß mit diesen Beziehungen Zusammenhang haben. Und da eben die Lage der Kauebene und die Höhe und Steilheit der Kieferäste wechselt, resultieren daraus individuell etwas variierende, zum guten Teil mechanisch bedingte Stellungsverschiedenheiten der hinteren und vorderen Zähne. Da außerdem die Kaufläche des Unterkiefergebisses nicht horizontal, sondern konkav gewölbt verläuft und auch die Öffnungsbewegung keine reine Scharnierbewegung ist, werden die Beziehungen noch verwickelter, worauf hier aber nicht eingegangen werden kann. Immerhin wird klar, daß — was auch tatsächlich zutrifft — eine in den Einzelabschnitten der Zahnreihen verschiedene Beeinflussung der Zahnhöckerflächen, die beim reinen Schlußbiß aneinander gleiten, hervorgehen wird, und es ist von vornherein zu erwarten, daß nach hinten die Zahnhöcker weniger steil gebaut sein werden als weiter vorn, um diesen mechanischen Bedingungen zu entsprechen. Da aber auch die Vorbiß-Rückbißbewegung ihren Einfluß jetzt nur auf andere dieser Höckerteilflächen, und zwar verschieden geltend macht, je nachdem, ob der Vorbiß in Gleitung oder in Gleitrotation erfolgt, so wird auch der Höckerabschliff nicht an allen Zähnen in gleicher Neigung statthaben können. Vom Einfluß der Unterkieferseitenverschiebung ist dabei noch abgesehen. Im ganzen ist also der Eindruck zu gewinnen, daß die nach vorn geneigten Flächen an den Zahnhöckern der unteren und die nach hinten gerichteten an jenen der oberen Seitenzähne in besonders engen Beziehungen zur Vor-Rückbiß-, die nach hinten

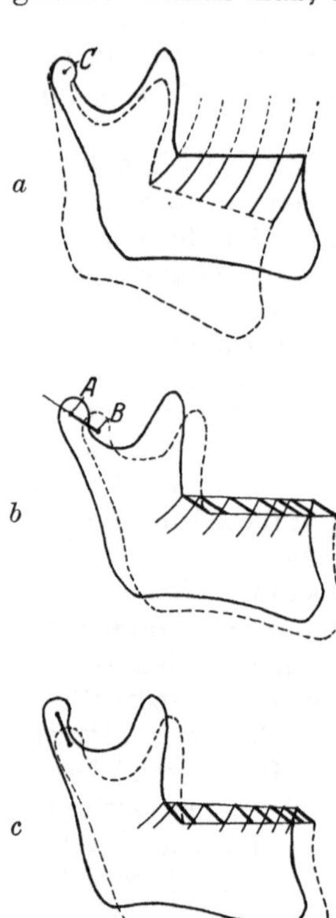

Abb. 78. Verkehrslinien *a* beim Scharnierbiß, *b* beim Vorbiß bei Annahme, daß die Condylusachse sich parallel zum Schneidezahnführungswinkel vorschiebe; *c* beim Vorbiß in Parallel- und Rotationsbewegung. (Nach Eltner 1911.)

geneigten der unteren und die nach vorn geneigten der oberen Seitenzähne zur Öffnungs-Schließbewegung des Unterkiefers stehen müssen. Die mechanische Auswirkung kommt durch Gleiten an den Gegenflächen bei jeder der beiden Bewegungsarten zur Geltung.

Die eigentlichen *Vorzieher* des Unterkiefers sind die äußeren Flügelmuskeln im Zusammenspiel ihrer beiden Köpfe. Geschieht der Vorbiß unter stärkerer Druckanwendung, dann kommen immer auch die Masseter-pterygoideus-internus-Schlingen in Aktion. Selbst die vordersten Teile der Schläfenmuskeln haben eine leichte Propulsionswirkung, es ist aber kaum anzunehmen, daß sie eine besonders nennenswerte Rolle spielen. Die *Rückschiebung* erfolgt durch die Temporales, und zwar durch ihre hinteren Drittel. Hat gleichzeitig Druck auf die Zähne statt, dann treten offenbar umfänglichere Temporalesabschnitte in Kontraktion und ermöglichen eine erhebliche scherende Wirkung der Seitenzähne. Als Rückzieher werden öfters auch die Digastrici bei festgestelltem Zungenbein genannt, Strasser konnte sich davon nicht überzeugen. Auch ob Genio- und Mylohyoideus für gewöhnlich mitspielen, ist fraglich.

c) Die Seitwärtsbewegung.

Der Seitwärtsbewegung des Unterkiefers, die keineswegs eine Lateralverschiebung desselben ausmacht, kommt beim mahlenden Kauen außerordentliche Bedeutung zu. Ihre anschauliche Darstellung bietet ganz erhebliche Schwierigkeiten, weil Verlagerungen in den drei Richtungen des Raumes berücksichtigt werden müssen. Schon FERREIN (1744) hatte erkannt, daß bei der Seitwärtsbewegung die vorher horizontale Kaufläche des Unterkiefers seitenschräg und etwas nach vorn geneigt wird, also der ganze Unterkiefer in eine Schräglage gelangt und die beiden Gelenkköpfchen dann nicht gleich hoch stehen. Im ganzen läßt sich sagen, daß bei der Seitwärtsbewegung jeweils der Condylus jener Seite, nach welcher der Unterkiefer bewegt wird, eine *größere* Ortsveränderung *nicht* erfährt (man nennt ihn, leider leicht mißverständlich, daher den „ruhenden" Condylus), und sich im großen ganzen um sein eigenes Zentrum dreht, indessen das Köpfchen der Gegenseite einen beträchtlichen Weg zurücklegt („wandernder" Condylus). Es wird mit seinem Diskus dem Gelenkhöcker entlang durch Gleitung im Bogen abwärts und nach vorn geführt und steht somit am Ende der Seitwärtsbewegung unter seinem Gelenkhöcker. Will man die Bahn beschreiben, welche das wandernde Köpfchen dabei zurücklegt, dann läßt sie sich annähernd als Ausschnitt einer weitgewickelten Spirale schildern, deren Achse fast senkrecht durch das Zentrum des ruhenden Condylus geht. Freilich

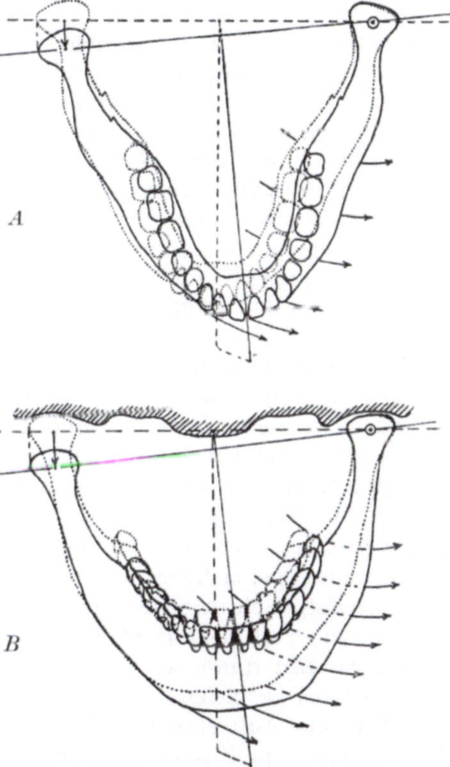

Abb. 79. Schematische Darstellung der Seitwärtsdrehung des Unterkiefers bei Annahme eines ruhenden Drehzentrums im linken Gelenkköpfchen. In *A* Horizontal-, in *B* Frontalprojektion. (In Anlehnung an FICK 1911.)

ist diese Darstellung nur cum grano salis richtig und stimmt im einzelnen nicht völlig mit den tatsächlichen Verhältnissen überein. Aber es ist doch ratsam, zunächst von dieser präliminaren Vorstellung auszugehen und sich die Folgen klarzumachen, welche aus dieser Bewegungsart entspringen müßten. Abb. 79 sucht das bezüglich der Unterkieferverlagerung, einerseits durch Projektion auf die Horizontalebene (*A*), andererseits auf eine hinter den Gelenken liegende Frontalebene (*B*) festzuhalten. Dabei ist die Unterkieferdrehung nach links angenommen, könnte aber genau so gut auch nach rechts gezeichnet werden, indem ja die Seitwärtsbewegung abwechselnd in beiden Richtungen vorkommt. Hier also ist das linke Köpfchen das ruhende, während das rechte sich in *A* nach vorn, und wie *B* zeigt, auch nach unten verlagert hat.

In beiden Projektionen beschreiben alle Unterkieferzähne und alle Punkte am Unterkiefer Kreisbögen um das Zentrum im linken Köpfchen und die Frontzähne verschieben sich etwas nach vorn, aber stärker nach links und unten, indessen für die Seitenzähne auf der Seite des ruhenden Condylus mehr ein Seitwärts-, auf jener des wandernden mehr ein Vorwärts- und Abwärtsverlagern statthat. Will man durchaus von Drehachsen sprechen, statt von einem Drehzentrum, was hier näher läge, dann müßte man für die Exkursion in der Horizontalebene eine Vertikalachse, für jene in der Frontalebene eine Sagittalachse durch das Zentrum des ruhenden Köpfchens annehmen. Die Kondylenquerachse ginge beidemal natürlich durch das Drehzentrum, würde aber jeweils am Ende der Bewegung eine schräge Lage haben.

Bestünde kein Tiefertreten des wandernden Condylus, wie es durch das Vorhandensein des Tuberculums bedingt ist, dann vermöchte sich die Seitwärtsbewegung als einfaches Kreiseln um eine senkrechte Vertikalachse durch den ruhenden Condylus abzuspielen, dann wäre Abb. 79 *A* vollkommen richtig, während sie tatsächlich durch Nichtberücksichtigung der perspektivischen Verkürzung, die bei der Schrägstellung des Unterkiefers zustande kommen muß, eine Fehlerquelle birgt. Es wäre denkbar, daß vor dem Auftreten der Tubercula sich die Seitwärtsbewegung in dieser Weise abspielen könnte. Jedoch ist selbst beim Säugling, der schon zu ergiebiger Seitwärtsbewegung befähigt ist, der Ablauf in der Regel deutlich anders. Die große Freiheit seines Gelenkmechanismus erlaubt nicht nur das starke Vorschieben des wandernden, sondern auch eine allerdings geringere Verschiebung des sog. ruhenden Köpfchens. Es kann nach außen und unter Umständen auch nach vorn oder innen gleiten. Die Bewegung erfolgt also durch beiderseitige und nur auf beiden Seiten ungleich ergiebige und oft ungleich gerichtete Gleitung. Wollte man hier nach einer senkrechten Drehachse suchen, dann müßte sie zwischen beiden Kondylen, in der Regel näher am weniger sich verschiebenden Köpfchen, gefunden werden, aber sie würde im Einzelfall auch nicht immer an der gleichen Stelle liegen, wohl auch während der einzelnen Bewegungsphasen wandern, denn diese Seitwärtsbewegung des Säuglings wird durch keinerlei ausgeprägte Führung eingeengt und kann sich sehr variabel abspielen.

Mit dem Auftreten von Zähnen leitet sich langsam auch die Tuberculumbildung ein. Im Zusammenhang damit fängt die große Freiheit in den Seitwärtsbewegungen des Unterkiefers an, sich zu mindern. Das variable Flächengleiten nach den Seiten wird zusehends zu einer dreidimensionalen Bewegung und diese fährt sich in bestimmtere Geleise ein. Es ist festzuhalten, daß dieser Umgestaltungsprozeß sich in einer langen Zeitspanne ganz allmählich vollzieht. Entscheidend ist offenbar die Ausbildung besonderer Führungen des Unterkiefers, nämlich einer vorderen, welche sich aus dem gegenseitigen Eingreifen der beiden Zahnreihen ineinander ergibt und die Seitwärtsbewegung in Artikulation der Zähne beschränken muß, sowie einer hinteren durch die Ausbildung der Gelenkhöcker. Deren Entstehung haben wir uns in engster Beziehung zur Entwicklung der vorderen Kieferführung und der Kaudruckfortleitung im Oberschädel vorzustellen, immer aber auch daran zu denken, daß gleichzeitig und ständig auch der Bewegungsmodus in den Gelenken mitgespielt hat und somit auch seine Wandlungen wechselnde Ansprüche gestellt haben.

So wird in der Entwicklung im Kindesalter auf die anfänglich größere Freiheit der Seitwärtsbewegungen teilweiser Verzicht geleistet und damit schränkt sich namentlich der Umfang der Gleitung des verhältnismäßig ruhenden Condylus ein, aber ein wirklich ruhender, sich nur um sein eigenes Zentrum drehender, wird er wohl nie. Damit ist unsere obige Annahme als Schematisierung gekennzeichnet, die nur die gröberen Verhältnisse im Auge hatte und also einer Richtigstellung bedarf, wodurch natürlich auch der Verlagerungsvorgang im Zahnbereich sich etwas abändern wird. Sehr lange hat man nach einem Normalverhalten in der Ortsveränderung des „ruhenden" Köpfchens und dementsprechend nach einer normalen Drehachse der Seitwärtsbewegung gesucht. Die ganz verschiedenen Resultate, zu denen die zahlreichen Forscher kamen, kennzeichnen den Irrweg aus falscher Fragestellung. M. MÜLLER bringt in seinem Buch über das Artikulationsproblem eine recht eindringlich wirkende Zusammenstellung. Danach bleibt der ruhende Condylus an Ort und Stelle und rotiert nur um seine Achse (in der Anschauung von BONWILL, TURNER, AMOEDO), er verschiebt sich nur nach außen (nach FICK), nach außen und abwärts (nach BENNETT, GYSI), nach außen und aufwärts (nach WALKER, ANDRESEN), nach außen und rückwärts unter gleichzeitiger Rotation (nach MEYER, HENKE, WALKER, ULRICH, WARNEKROS, GYSI, BREUER), nach vorwärts (nach GYSI, ANDRESEN). Da es sich hier um Angaben zuverlässiger Beobachter handelt, von denen jeder das Hervorstehende seiner Erkenntnis auszudrücken sucht, manche auch ihre Ansichten mit der Zeit gewechselt haben, und es ganz ausgeschlossen ist, daß etwa alle diese Exkursionen gleichzeitig oder nacheinander bei einem und demselben Individuum ständig vorkommen könnten, liegt die Folgerung auf der Hand, daß die Seitwärtsbewegung genau so, wie sie für den wandernden Condylus sich je nach der Stellung und Krümmung der Tubercula verschieden abspielen muß, auch für den ruhenden Condylus nicht bei allen Individuen völlig gleichartig abläuft. In den meisten Fällen ist zu Beginn der Seitwärtsexkursion eine kleine Verschiebung des ruhenden Gelenkköpfchens nach lateral festzustellen (BENNETTsche Seitenexkursion), also eine Rotationsbewegung mit Transversalverschiebung. Aber auch dieses ist nicht immer der Fall. Im übrigen aber kommen meist geringe Verlagerungen nach hinten oder vorn, auf- oder abwärts hinzu und immer geht eine Kreiselung damit einher. Vor Verallgemeinerungen in der Schilderung aber hat man sich zu hüten.

Wie gewohnheitsmäßige Übung die Handschrift und Gangart der Einzelnen bestimmt, so auch bezüglich der Kieferbewegungen (M. MÜLLER). Nur wird es hier leichter, zu zeigen, daß es nicht nur nervös bedingte, sondern zum Teil auch ganz deutlich morphologisch begründete Beziehungen sind, welche mitspielen. Wir glauben, daß die Tuberculumbildung eine Art Engramm, hervorgehend aus den hervorstechenden Kieferbewegungen, für einen jeden Einzelfall vorstellt, und selber wiederum mit dem Artikulationsverhalten der Zahnreihen genetische Beziehung hat. Es wird immer GYSIS Verdienst bleiben, am nachdrücklichsten auf den individuellen Bewegungstypus hingewiesen zu haben, dessen Erkenntnis insbesondere für prothetische und orthodontische Maßnahmen wichtig ist. Aber er selbst hat sich auch erst langsam von der Fiktion typischer Drehachsen lösen können. Wohl am radikalsten hat sich FEHR[1]) geäußert, welcher das Bestehen eines Rotationszentrums für die Seitenbewegung überhaupt bestreitet und von einer nach allen Seiten des Raumes freien Verschiebungsmöglichkeit der Köpfchen und also auch der Kondylenquerachse spricht. Darin ist

---

[1]) FEHR, C. U.: Das Artikulationsproblem und ein neuer Artikulator. Dtsch. zahnärztl. Wochenschr. 1921, Nr. 32.

ein richtiger Grundgedanke enthalten, aber auch die Gefahr eines Mißverstandenwerdens aus übertriebener Verallgemeinerung. Wir brauchen nach unseren Ausführungen kaum näher auf die Drehachsenfrage einzugehen, ist es doch klar geworden, daß es feststehende und konstante Drehachsen für die Seitenexkursion in der Regel nicht geben kann. So bleibt auch bei der Seitwärtsbewegung nur die Möglichkeit von Momentanachsen zu sprechen, welche während des Ablaufs des Bewegungsvorganges ihre Lage und Richtung ändern. Für das praktische Bedürfnis des Baues von Artikulatoren, Instrumente, welche am Modell die jedem Individuum zukommende Bewegungsart mit größtmöglicher Treue nachzuahmen gestatten sollen, hat das Achsenproblem größere Bedeutung. Aber die Forderungen, für alle Fälle den individuellen Bewegungstypus zu gewährleisten, ist außerordentlich schwer zu verwirklichen, was allein schon aus der sehr großen Zahl von verschiedenen Artikulatorkonstruktionen hervorgeht, die erfunden worden sind. Keiner von allen entspricht restlos allen Bedarffällen, der erfahrene Praktiker aber kann mit vielen von ihnen weise arbeiten.

Haben wir bisher vorwiegend den Ablauf der Seitwärtsbewegung im Gelenksystem ins Auge gefaßt, so ist es durchaus notwendig, die damit in Zusammenhang stehende Ortsveränderung der Unterkieferzähne gegenüber den Zähnen des Oberkiefers während der Exkursion noch genauer zu beachten. Nur soweit sind ja Seitwärtsbewegungen in Artikulation der Zähne möglich, als nicht die ineinander eingreifenden Zahnhöcker es ausschließen. Es wird also die Höckerstellung, aber auch die Höckerform und -höhe einen bestimmenden Einfluß auf den Bewegungsablauf haben müssen.

In vielen Fällen kauen wir abwechselnd auf der linken und der rechten Seite, in anderen, namentlich am Anfang der Bissenverarbeitung auch beidseitig zu gleicher Zeit. Gegen Ende der Bissenzermalmung wird die Leistung immer typisch einer Kieferseite zugewiesen. Es ist jene des sog. ruhenden Köpfchens, die daher *Arbeitsseite* genannt wird, während die andere (Seite des wandernden Condylus) *Balanceseite* heißt. Durch den Wechsel zwischen Arbeits- und Balanceseite muß also das Höckerverhalten der Seitenzähne derartig sein, daß sowohl die Seitwärtsbewegung nach links, als auch jene nach rechts keine Behinderung, sondern nutzbare Auswirkung durch Höckergleiten erfährt. Die unteren Zahnhöcker müssen so stehen, daß sie zwischen den oberen sich in Kurven verschieben können, welche zunächst als Kreisbögen um das Zentrum im linken bzw. rechten Kieferköpfchen gedacht werden dürfen (Abb. 80). Diese Annahme einer Bewegung in ausgeprägten Kreiskurven um die Köpfchenzentren wird aber nur dann richtig sein können, wenn sich die Seitwärtsbewegung wirklich um ein ruhendes Condyluszentrum abspielt. Sobald jedoch der „ruhende" Condylus bei der Seitwärtsbewegung sich zugleich auch verschiebt, muß der Kurventypus ein anderer werden, denn die Endlage entspricht ja sowohl der Kreiselung als auch der zugleich erfolgten Ortsverschiebung des Drehzentrums. In Abb. 81 ist der Versuch gemacht, die Folgen für die Bewegungsbahn des Unterkiefers

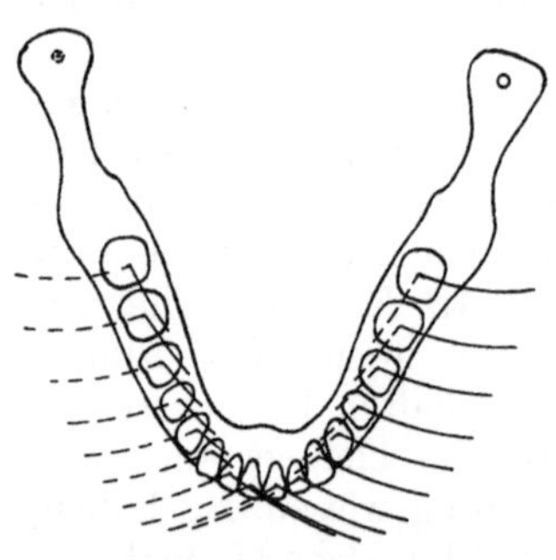

Abb. 80. Verkehrsbahnen für die Unterkieferzähne bei der Seitwärtsbewegung. (Nach Fick.)

und seiner Zähne in horizontaler Projektion graphisch zum Ausdruck zu bringen. Gezeichnet sind nur die Bonwillschen Dreiecke (*a, b, c*) und zwar gestrichelt in der Ausgangslage. *a* und *b* sind die beiden Gelenkköpfchen, *a* der wandernde, *b* der sog. ruhende Condylus. In allen drei Fällen ist außerdem die Verlagerung des Dreiecks (jetzt a', b', c') bei einfacher Kreiselung um b mit zarter Kontur, sowie auch die Verschiebung eines Punktes (*) an jedem Seitenschenkel, der ungefähr dem ersten Mahlzahn entsprechen wird, als dünne Kurve gezeichnet, die auf der Arbeitsseite absichtlich nach *′ verlängert worden ist. Endlich ist mit fetten Linien die Lage der Dreiecke (jetzt a' bzw. a'', b', c'') gezeichnet, wenn gleichzeitig auch eine Ortsverlagerung des Condylus nach hinten (A), außen (B) bzw. vorn (C) stattgefunden hat. Der Weg, welchen in diesen Fällen der erste Molar beschreibt (fette Kurve), ist für die drei Annahmen ein gänzlich verschiedener. Bei der BENETTschen Lateralverschiebung (B) ist er jenem der einfachen Kreiselung um das ruhende Köpfchen noch am ähnlichsten, stärker weicht er ab bei gleichzeitiger Rückschiebung des Drehzentrums (A), ganz anders wird er auf beiden Kauseiten namentlich bei Vorschiebung werden müssen, die selbst-

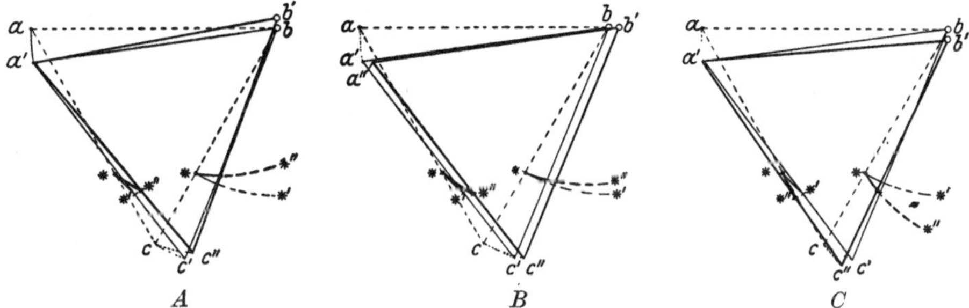

Abb. 81. Lageverschiebung des BONWILLschen Dreieckes (a, b, c) bei Kreiselung um den Condylus b (a', b, c') und bei gleichzeitiger Verschiebung des Condylus b nach hinten (A), außen (B) oder vorn (C). Das Dreieck dieser 3. Stellung fett gezeichnet. Die Verkehrsbahn des 1. Molaren (*) nach *′ und *″ ist für beide Kieferreihen angegeben, für die linke aber verlängert, um das Kurvenverhalten deutlicher zu machen.

verständlich nur dann möglich sein könnte, wenn gleichzeitig auch ein Tiefertreten des Köpfchens erfolgt wäre.

Hierdurch werden wir dazu veranlaßt, auch die Verschiebungen des sog. ruhenden Köpfchens in frontaler Richtung ins Auge zu fassen und in ihren Folgen für die Bewegungsbahn unterer Seitenzähne zu betrachten (Abb. 82). Hierbei muß die Schrägstellung der Kaufläche nach den Seiten verschiedene Neigung bekommen, je nachdem, ob das Köpfchen neben der Drehung um sich selbst in loco bleibt (A), nach außen wandert (B), sich nach oben (C) oder unten (D) verschiebt. Die entstehende Veränderung in der Gegenstellung oberer und unterer Zahnhöcker, vor allem auf der Arbeitsseite des Kiefers, geht aus der Abbildung sehr klar hervor.

Nun bringe man sich zum Bewußtsein, daß die Zähne schon vor ihrem in Aktiontreten, in der Konfiguration ihrer Kauflächen, vollständig ausgebildet sind, beim Durchbruch noch kurze Wurzeln und verhältnismäßig nachgiebige Befestigung haben und sich daher einigermaßen durch Verschiebung und evtl. Drehung den Bedingungen, welche der Bewegungsmechanismus der Kiefer setzt, einzuordnen vermögen. Auf dieser Einstellung, wozu später durch Höckerabschliff noch gewisse Korrekturen an den Kauflächen treten können, beruht jener durchaus notwendige feinere Ausgleich zwischen dem anfänglich sehr freien Mechanismus der Unterkiefergelenkung und jenen typischen Bewegungsweisen, mit denen der Unterkiefer die ihm zugewiesene Aufgabe der Nahrungsverarbeitung ausführt. Da gerade die Seitwärtsbewegung beim Mahlen mit starker Kraftwirkung und wechselnden Kraftrichtungen arbeitet, wird ein gutes Einspielen ihrer Geleise besonders wichtig. Es wird aber gar nicht immer in völlig gleich-

artiger Weise zustande kommen können, weil ja die Zahnanlagen nicht immer
genau gleichgeformte Produkte und die Einordnung in den Kiefern nicht immer
genau gleiche Verhältnisse schaffen kann und so kommt neben der feineren Korrektur durch Abschliff, ja noch wichtiger und noch früher einsetzend eine Korrektur durch Modulation des Bewegungsablaufes unter Bewahrung geringerer
oder stärkerer, im Einzelfallverschieden gerichteter Verschiebung des Drehzentrums im „ruhenden" Kieferköpfchen hinzu. Jetzt erst haben wir die volle
Bedeutung jener auf den ersten Blick so leicht gering geachteten Variationen
im Verhalten des verhältnismäßig stillstehenden Condylus bei der Seitwärtsbewegung des Unterkiefers erkannt.

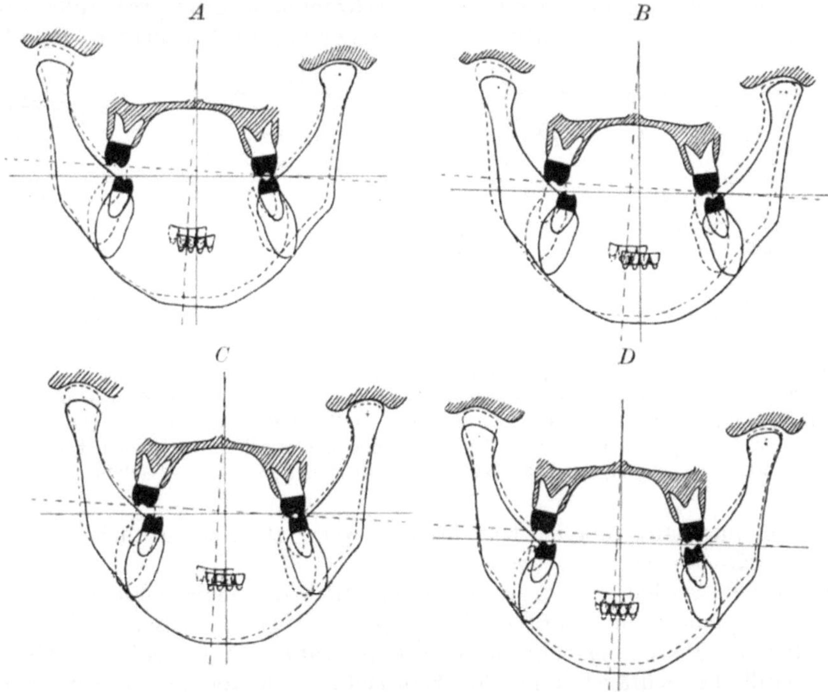

Abb. 82. Relative Stellung oberer und unterer Molaren, bei *A* einfache Kreiselung um das
linke Condyluszentrum, in *B* bei Kreiselung mit Seitwärtsverlagerung, in *C* Kreiselung mit
Aufwärts-, in *D* Kreiselung mit Abwärtsverlagerung des Drehzentrums.

Um nutzbare Arbeitsleistung hervorbringen zu können, müssen die unteren
Zähne auf die oberen einwirken. Soweit die Seitwärtsbewegung dabei in Betracht
steht, wird diese sowohl mit Quetschung der eingeschalteten Nahrung, als namentlich auch mit Zerreißung und Zermalmung durch Höckergleiten arbeiten. Seit
Hesse[1] ist bekannt, daß sich bei der Seitwärtsbewegung (auch im Leerlauf)
ein leichtes Klaffen der Seitenzahnreihen auf der Balanceseite einstellt (Abb. 83).
Betrachtet man es genauer, dann ist es ungleichmäßig, für die vorderen Seitenzähne stärker als für die hinteren (Abb. 84). Denkt man sich die Seitwärtsexkursion von geringerem Grad, dann muß für die hintersten Mahlzähne auch
auf der Balanceseite noch eine Gleitführung bestehen bleiben. Auf der Arbeitsseite wird zwar ein nennenswertes Klaffen nicht zustande kommen können,
sofern nicht eine Kieferöffnung zu der Seitenbewegung hinzugetreten ist, aber

---

[1] Hesse, Fr.: Zur Mechanik der Kaubewegungen des menschlichen Kiefers. Dtsch.
Monatsschr. f. Zahnheilk. 1897.

auch da wird die Führung hauptsächlich einer Gleitung der beiden hintersten Molaren aneinander zufallen. M. Müller sagt geradezu: an den letzten Molaren könne sich der Unterkiefer wie auf einer Kugeloberfläche nach den Seiten zu bewegen und beweist dieses durch die entsprechende Lage der Abschliffflächen an diesen Zähnen, die, nach medial geneigt, ganz anders liegen wie an den vorderen Seitenzähnen, wo sie für die Unterkieferzähne nach vorn zu immer stärker windschief nach lateral und vorn unten werden.

Der Umfang einer maximalen Seitenexkursion beträgt im Mahlzahnabschnitt noch nicht eine Backzahnbreite, ist aber für die Frontzähne größer, so daß die unteren Eckzähne oft bis zur Mittellinie des Oberkiefergebisses geführt werden können. Für das gewöhnliche Kauen kommt nur ein erheblich geringerer Umfang in Betracht. Die meisten Menschen kauen ohne äußerlich auffällige Seitenexkursion, sehr kautüchtige Individuen bringen bisweilen durch stärkere Seitenausschläge mehr Schwung in ihre Mastikation. Die biologische Bedeutung der Seitwärtsbewegung liegt vor allem darin, daß sie die Ausgangslage für die unter Druck erfolgende Rückexkursion in den Schlußbiß abgibt. Es wird auf die Größe der Bissen und die Beschaffenheit der Nahrung ankommen, ob eine Ausgangslage mit geringerem oder größerem Ausschlag

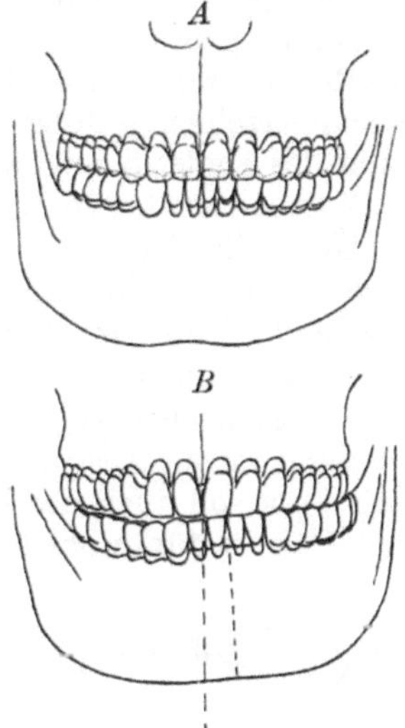

Abb. 83. Gebiß von vorn in Normalbißstellung (*A*) und in linksseitiger Mahlstellung (*B*). (Nach Strasser.)

im Einzelfall günstigere Verhältnisse schafft. Wer zähen Speck kauen will, wird etwas anders kauen, als wer Brot zu verarbeiten hat.

Die in Abb. 85 dargestellte Unterkieferstellung, bei welcher ein Gegenüberstehen der Höckerspitzen an den oberen und unteren Zähnen Höcker-Höckerstellung besteht und durch Rückführung in den Schlußbiß (vgl. Pfeile) wieder die Höcker-Furchenstellung der Ruhelage zustande kommt, läßt erkennen, daß dabei ein ausgiebiges schräggerichtetes Höckergleiten in transversellen Ebenen sich einstellen muß. Man betrachte auch Abb. 84 und entnehme daraus, daß die Rückführung aus dem Seitbiß ebenso ein Höckergleiten, diesmal in sagittaler Richtung, namentlich auf der Balanceseite, hervorrufen wird. Ja die Ortsverlagerung der Zahnhöcker ist hier weit größer als in der transversalen Richtung. Aber nur bei beiderseitigem Kauen kann diese von Richter[1]) so stark betonte rückwärtige Mahlbewegung voll ausgenutzt werden und es ist eine Übertreibung, deshalb den Menschen im Gegensatz zu den einseitigen, mehr querkauenden Affen als einen Rückwärts-Aufwärtskauer zu bezeichnen.

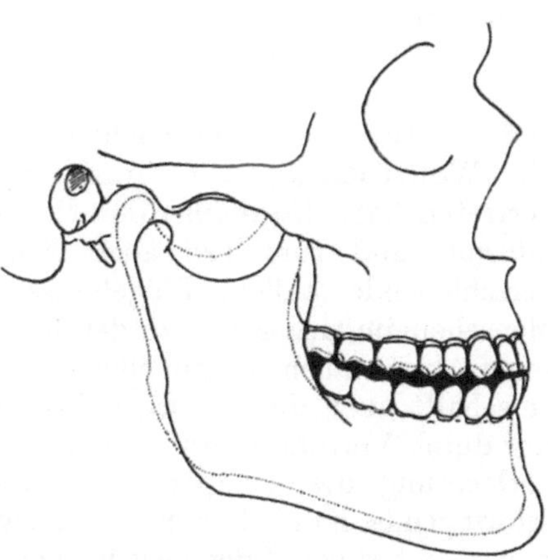

Abb. 84. Klaffen der Zahnreihen auf der rechten (Balance-) Seite bei Seitwärtsbewegung nach links.

---

[1]) Richter, W.: Beziehungen zwischen Kaumechanismus und Kopfhaltung. Dtsch. Monatsschr. f. Zahnheilk. Bd. 39, S. 6. 1921.

Zwischen den schrägen, aneinander vorbeigleitenden Höckerflächen kommt die scherende und zerreißende Wirkung auf die Bissenbestandteile um so mehr zur Geltung, je ausgeprägter eine gleichzeitige Druckanwendung das Abgleiten der Nahrungsbestandteile zu verhindern vermag. Indem sich beim Mahlen Ausschwung und Rückschwung in rascher Folge und vielfacher Wiederholung aneinanderreihen, erfolgt Zerreibung und Zermalmung und wird je nach dem Grade des zugleich angewandten Druckes schnelleren oder langsameren Erfolg der Mastikation hervorbringen.

Über die Kräfte, welche die Seitwärtsbewegung herbeiführen, herrscht übereinstimmend die Ansicht, daß der Ausschwung jeweils durch den äußeren Flügelmuskel auf der Balanceseite zustande komme. Das Schwergewicht fällt dabei wohl seinem sehr kräftigen unteren Kopf zu, welcher das Kieferköpfchen gleichzeitig nach vorn und abwärts führt. Die Rückführung aus der Seitwärtsbewegung in die Ausgangslage geschieht durch den Temporalis derselben Seite. Nach Fick soll auch der hintere Digastricusbauch mitspielen können. Dagegen halten wir es für unwahrscheinlich, daß bei dem Ausschwung auch der innere Flügelmuskel beteiligt sei, wie Fick als Möglichkeit andeutet. Im Leerlauf wenigstens dürfte es nicht der Fall sein. Aber sicher kommt beim Rückschwung unter Kraft dem Schlingenpaar Masseter-Pterygoideus internus gewichtige Bedeutung zu. Riegner[1]) meint auch, daß bei der rückläufigen Bewegung der innere Flügelmuskel mithelfe, den Unterkiefer in die Mittellage zurückzubringen. Bei raschem Wechsel zwischen den Kauseiten kann diesen Lateralausschlägen der Flügelmuskeln ein beträchtlicher Schwung zukommen. Die Ortsveränderungen des relativ ruhenden Condylus denken wir uns als zwangsläufig je nach der Konfiguration der Gelenkflächen und der Kieferführung im Zahnbereich entstehend.

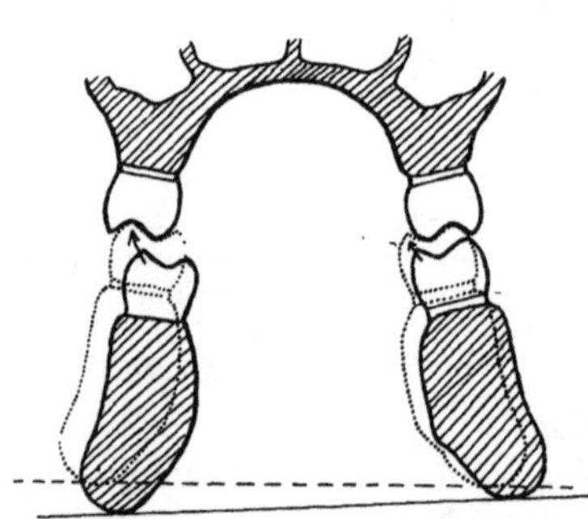

Abb. 85. Schema der Schrägstellung des Unterkiefers bei Seitbiß nach links (fette Linie) und Gerade stellung desselben im Schlußbiß (punktierte Linie). (Umzeichnung nach Strasser.)

Fassen wir noch in Kürze zusammen, was uns dieser Abschnitt über die den Unterkiefer bewegenden Kräfte lehrte, dann kommen wir Anschauungen sehr nahe, die Worthmann[2]) auf Grund vergleichend anatomischer Untersuchungen vertreten hat. Gegenüber den Muskeln der Kieferzange (Masseter, Pterygoideus internus und zum Teil auch Temporalis) nimmt der den Unterkiefer nur verschiebende äußere Flügelmuskel eine Sonderstellung ein. Er ist beim Menschen im Gegensatz zu den meisten Tieren der Öffner der Kieferzange, wie seine Aktion auch die abbeißende Tätigkeit der Schneidezähne möglich macht, er schafft auch die günstigen Vorbedingungen für ein mahlendes Kauen nicht nur durch Vorführen des wandernden Köpfchens, sondern auch durch Vorwärtsverlagerung des Temporalisansatzes am Unterkiefer, wodurch dessen rückschwingende Kraft besser zur Auswirkung kommen kann. Merkwürdigerweise nimmt in bezug auf den geweblichen Aufbau gerade der Masseter eine eigenartige Sonderstellung ein. Er ist in bezug auf die Zusammensetzung aus verschieden starken Muskelfasern und Fasergruppen der differenzierteste aller menschlichen

[1]) Riegner: Die Physiologie und Pathologie der Kieferbewegungen. Arch. f. Anat. (u. Physiol.) 1904 u. 1906.
[2]) Worthmann: Zur Mechanik des Kiefergelenkes. Anat. Anz. Bd. 55, S. 305. 1922.

Muskeln [SCHIEFFERDECKER[1])], auch sein Wachstum steigt von der Geburt auf eine viel gewaltigere Vermehrung des gesamten Faserquerschnittes an, als wie es für die anderen Kaumuskeln gilt, und er verhält sich auch in bezug auf Armut an elastischen Fasern in seinem Bindegewebe ganz anders als sein Zusammenspieler beim Zubeißen der Pterygoideus internus. Die physiologische Bedeutung dieser Abweichung von tierischen Befunden ist noch nicht klar erkannt. SCHIEFFERDECKER vermutet sie in der Vielseitigkeit der Abstufungen der Kieferbewegungen, wie sie aus der Mannigfaltigkeit verschiedenster Nahrung und aus dem Erwerb der Sprache hervorgingen. Doch steht fest, daß bei angeborenem Masseterdefekt typische Unterkieferbewegungen noch möglich sind [KAHLENBORN[2])].

Wir werden in einem später folgenden Abschnitt noch kurz auf die Wirkung einzelner Kaumuskeln in bezug auf die Druckübermittlung nach dem Gesichtsskelett (Masseter, Pterygoideus internus) und dem Gehirnschädel (Temporalis) zu sprechen kommen müssen.

3. Die Kautätigkeit und die Bissenbildung.

Von den mannigfaltigen Nahrungs- und Genußmitteln, die der Mund aufnimmt, werden nur die flüssigen ohne weiteres geschluckt. Schon für die weichbreiige Kost, welche eine mechanische Bearbeitung durch die Zähne in der Regel nicht nötig hat, kommt zum Zwecke der Einspeichelung eine beschränkte Mastikation in Betracht. Alle festeren Nährstoffe, auch breiige Nahrung mit körnigen Partikeln, werden erst richtig gekaut, dabei intensiv mit Speichel vermengt, und dann als plastische Endbissen (Bolus) geschluckt. Die Aufgabe dieser Tätigkeit, an welcher sich neben den Zähnen stets auch die drüsigen und muskulären Weichorgane der Mundhöhle beteiligen, ist die aufgenommene Nahrung in einen Zustand überzuführen, welcher für die zwar schon in der Mundhöhle beginnende, der Hauptsache nach aber erst im Magen und namentlich im Darm sich steigernde chemische Auflösung in resorbierbare Baustoffe, günstige Angriffsmöglichkeiten schafft. Vom Grade der Durchkauung hängt in vieler Beziehung die Ausnutzungsfähigkeit der zugeführten Nahrung ab. Ganz besonders gilt dieses von der vegetabilen Kost, deren Zellulosemembranen vielfach erst durch das Kaugeschäft gesprengt und deren eingeschlossene Nährstoffe oft trotz vorheriger Zubereitung durch Schälung, Quellung und Kochen solcher Speisen erst nach gründlichem Kauen der chemischen Verdauung völlig zugänglich werden. Neben dem verschiedenen Kaubedarf für verschiedene Nahrung spielt bezüglich der Intensität des Durchkauens die individuelle Angewöhnung eine recht große Rolle.

a) Die Nahrungsaufnahme und das Abbeißen.

Während für sehr viele höheren Tiere die Lippen nicht nur für den Mundverschluß dienen, sondern auch wichtige Greifwerkzeuge vorstellen und dementsprechend an ihrer Oberfläche oft mit widerstandsfähigen Hornbildungen versehen sind, haben sie beim Menschen diese Bedeutung nur noch in geringem Grade. Die Nahrungszufuhr fällt den Händen zu. Das Lippenspiel dient hauptsächlich dem Mundverschluß, der Mimik und Lautgebung. Bei der Aufnahme von Flüssigkeiten mag der leicht vorgeschobenen Unterlippe noch die Rolle

---

[1]) SCHIEFFERDECKER, P.: Untersuchung einer Anzahl Kaumuskeln des Menschen. Pflügers Arch. f. d. ges. Physiol. Bd. 173. 1919.
[2]) KAHLENBORN, J.: Dissert. Bonn 1913.

eines Einlauftrichters und in anderen Fällen beiden Lippen die Aufgabe von Schiebern zukommen, welche von Gabel oder Löffel die Speisen in den Mund ziehen.

Die Nahrungsaufnahme in den Mund beginnt stets mit einer Kieferöffnung. Ihr Umfang richtet sich nach der Größe des aufzunehmenden Bissens, ihr spezieller Bewegungstypus, d. h. ob in geringerem oder höherem Grad mit Unterkiefervorschiebung verknüpft, nach der Art der Nahrung. Soll abgebissen werden, dann geht die gleichzeitige Vorverschiebung oft weiter als bis zum Untereinandertreten der oberen und unteren Zahnschneiden. Ist die Nahrung durch die Hand oder durch die Gabel zwischen die vorderen Teile der Zahnreihen gebracht, dann stellt sich alsbald eine Unterkieferschließbewegung mit Rückgleiten des Unterkiefers ein. Dabei fassen die Incisivenschneiden gleich Zangenarmen die Nahrung, pressen sie zusammen, schneiden sich wie Stechmesser in sie ein, und stemmen und brechen (aus der rückwärtsgerichteten Unterkiefergleitung) den Rohbissen ab, der nun auf das feinfühlige Tastorgan der Zungenspitze zu liegen kommt. Der größte Widerstand beim Abbeißen herrscht kurz vor oder im Moment der Bissenabtrennung. Bei Prothesenträgern bringt er leicht ein Loskippen der Tragplatten mit sich [Rumpel[1])]. Während der sofort sich anschließenden nächsten Öffnungsbewegung schiebt der vordere Zungenteil den Bissen seitwärts unter die Hackmaschine der Eckzähne und Prämolaren. Bei größeren Bissen werden durch Hackbewegungen bald Teile abgesprengt und können durch die Tätigkeit der Zunge auch nach der anderen Kieferseite Verlagerung finden, so daß dann der Hackmechanismus beidseitig spielen kann. Die durchschnittliche Größe des für den normalen Kauakt passenden Bissen gibt Gaudenz[2]) mit einem Volum von 5 ccm an. Sein Gewicht ist vom spez. Gewicht der betreffenden Nahrung abhängig.

Schon bei diesen ersten, das Kaugeschäft einleitenden Vorgängen, ist eine gewisse Modulationsmöglichkeit für den Ablauf gegeben, welche mit der Beschaffenheit der Nahrung zusammenhängt. Leicht schneidbare Kost wird im mittleren Kieferabschnitt abgebissen, für härtere Gegenstände wird oft eine mehr seitlich liegende Stelle gewählt, um dabei die kräftigen Kegelschneiden der Caninen ausnutzen zu können. Je weniger schneidbar eine abzubeißende Nahrung ist, um so komplizierter spielt sich der Vorgang ab. Man sucht dabei möglichst auch schon Seitenzähne zur Mithilfe zu verwenden und unter Umständen werden auch seitliche Kopfbewegungen gegen den Zug der die Nahrung außen haltenden Hand ein ruckweises Abreißen des Robbissens herbeizuführen suchen. Bei Raubtieren ist dieses Mitarbeiten ganzer Körperteile bei der „reißenden" Nahrungsaufnahme sehr ausgeprägt. Etwas ähnliches, wenn auch in sehr viel geringerem Grade, vollziehen auch wir, sofern es etwa gilt, ein belegtes Brot mit zähem Speck in Stücke zu zerlegen.

b) Der Hackbiß und das mahlende Kauen.

Das eigentliche Kauen wird durch sich rasch folgende rhythmische Unterkieferbewegungen beherrscht, welche abwechselnd aus einer leichten Kieferöffnung und kraftvollem Kieferschluß bestehen. Liegt nur dieses vor, dann entsteht eine hackende Einwirkung auf die Bissen (*Hack-* oder *Okklusionsbiß*). Meist aber sind diese Bewegungen auch mit seitlichen, vor- und rückwärtsgerichteten Unterkieferverschiebungen kombiniert, wodurch dann mehr oder minder ausgeprägte *Mahlbewegungen* resultieren. Die Abgrenzung zwischen Hack- und

---

[1]) Rumpel, C.: Das Artikulationsproblem. Dtsch. Monatsschr. f. Zahnheilk. Bd. 31. 1913.

[2]) Vgl. Zitat auf S. 331, Anm. 1.

Mahlbiß ist also keineswegs scharf, und wieder besteht eine Beziehung zu dem wechselnden Kaustoff bezüglich der Aneinanderreihung, Dauer und Intensität von beiden. In manchen Fällen dauert die Hackbißphase nur ganz kurz und setzt sehr bald das mahlende Kauen ein, in anderen, namentlich bei verhältnismäßig weicher Nahrung, geschieht die Aufarbeitung hauptsächlich durch Hackbiß. In dritten, namentlich bei trockener Kost, wird öfters zwischen Mahlbewegungen wieder eine Hackbißphase eingeschaltet. Kurzum, es gibt keine Regeln von allgemeiner Gültigkeit. Unbewußt stellt sich die bestgeeignete Kauart ein.

Immer wird nach dem Abbeißen die Mundspalte geschlossen gehalten. Das hat zur Folge, daß bei jeder Kieferöffnung im Kauen sich eine leichte Saugwirkung auf die Lippen und Wangen geltend macht und dadurch Bissenteile, die während der Hack- und Mahlbewegungen nach außen in die Mundvorhöhle abrutschten oder sich lösten, wieder nach innen, zwischen die Zahnreihen gebracht werden. Von innen her wirkt die Zunge in entsprechender Weise. War die Größe des Rohbissens nur gering, dann ist das Kauen desselben meist einseitig, war er groß, dann gelangen bald auf beiden Seiten Teile in die Hackmaschine und werden da bearbeitet. Als solche wirken hauptsächlich die Eckzähne und Prämolaren, welche durch ihre Kronengestalt und die steilere Verkehrsbahn hierzu besonders geeignet sind, aber auch die vorderen Molaren treten oft schon in Aktion. Gearbeitet wird dabei hauptsächlich mit Quetschdruck, eine verhältnismäßig große Muskelkraft wird aufgewandt, alle Schließmuskeln können zusammenwirken und gleichzeitig wird in besonders hohem Grad der Speichelfluß angeregt. Die Veränderung, die der Rohbissen in dieser Phase des Kauens erfährt, ist nach seiner Konsistenz sehr verschieden. Auf zähes Fleisch ist die Wirkung nicht anders als beim Fleischklopfen in der Küche mit dem Hackhammer. Das heißt, eine Bissenzerlegung in Stücke kann hierdurch allein in der Regel nicht zustande kommen. In solchen Fällen setzen denn auch die horizontalen (transversalen und sagittalen) Unterkieferverschiebungen schon frühzeitig ein und sind, solange der Bissen noch eine ziemliche Dicke aufweist, vielfach recht unregelmäßig. Leichter spaltbare Gegenstände aber werden durch das Hackkauen wirklich in Teile zerlegt und nur die Speichelbeimengung, welche zugleich ein Aufquellen herbeiführt, bringt die getrennten Stücke zum Zusammenkleben. Doch kann in vielen Fällen in dieser Phase nicht mehr von einem einheitlichen Bissen gesprochen werden. Im ausgespuckten Mundinhalt finden sich größere und kleinere, in jeder Hinsicht noch sehr heterogene Nahrungsteile im schleimigen und oft auch schaumigen Speichel. Ein solcher Zustand ist von der völligen Aufarbeitung aber noch weit entfernt. Sie erfolgt erst durch das sehr viel wichtigere *Mahlkauen.*

Ihm fällt namentlich für die mittelharte und faserige Nahrung die wichtigste Aufgabe zu. Eine schematische Betrachtungsweise mag dabei ein Vor-Rückbißkauen von einem Seitbißkauen unterscheiden. In Wahrheit spielen beide zusammen und dadurch unterscheidet sich das menschliche Mahlen ganz erheblich von dem ausschließlichen Seitwärtsmahlen der Wiederkäuer, das oft mit sehr charakteristischem und für die einzelnen Tierarten verschiedenem Takt nach einer eigentlichen Kaumelodie sich abspielt [Lubosch[1])]. Es besteht kein Zweifel, daß jeder Versuch, die Mahlbewegungen des Menschen für alle Fälle einheitlich darstellen zu wollen, etwas gezwungenes an sich haben muß, und es kann jeder an sich selbst beobachten, daß sie, solange der Bissen noch dick ist, viel weniger gleichmäßig ablaufen als gegen Ende des Kauens, wo die Führung durch die

---

[1]) Lubosch, W.: Universelle und spezialisierte Kaubewegungen bei Säugetieren. Biol. Zentralbl. Bd. 27. 1907.

Zahnhöcker sich wesentlich prägnanter geltend macht. Auch die Art der Nahrung variiert den Bewegungstypus innerhalb gewisser Grenzen.

Gleichwohl ist es durchaus ratsam, sich zunächst einmal den Ablauf eines einzelnen mahlenden Kauaktes im Grundsätzlichen klarzumachen und sich denselben in einzelne Phasen zerlegt zu denken. Wir folgen dabei der Auffassung Gysis, welcher vier Phasen unterscheidet (Abb. 86 A und 87). In der ersten (I) erfolgt bei geschlossenen Lippen die leichte Kieferöffnung, wobei die Wangen etwas nach innen gesaugt und die Speisen zwischen die Zahnreihen geschoben werden. Bei größeren Bissen kann ein aktiver Wangendruck hinzukommen. Im Fortschreiten geht die Öffnungsbewegung deutlich in eine Seitwärtsexkursion (II) nach jener Seite über, welche Arbeitsseite werden soll. Die Kauebene wird also seitenschräg und auf der Arbeitsseite stehen sich jetzt die unteren und oberen Mahlzähne in Höcker-Höckerstellung, allerdings noch mit Abstand voneinander, gegenüber. Der Umfang dieser Seitwärtsbewegung kann im Einzelfall etwas verschieden sein. Jetzt setzt in der dritten Phase (III) die Schließbewegung ein, welche, ohne daß der Unterkiefer seine Schräghaltung zunächst aufgibt, auf der Arbeitsseite die unteren Mahlzahnhöcker in Richtung auf die oberen

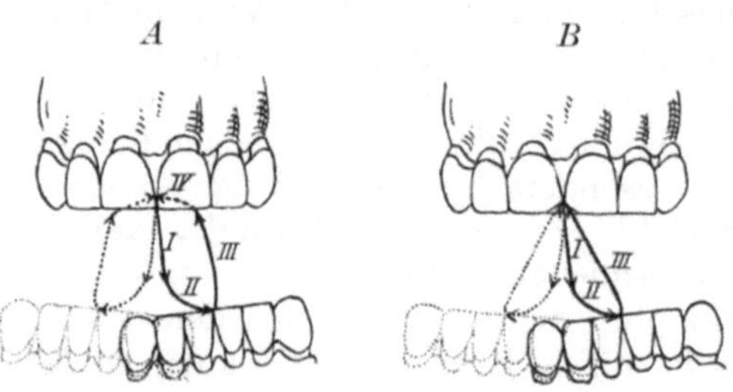

Abb. 86. Schema der Einzelphasen einer Mahlbewegung A nach Gysi, B nach Zsigmondy. (Umzeichnung aus Gysi 1914.)

führt, damit den Bissen einklemmt und die Höckerspitzen in ihn vortreibt. Ist auch auf der Balanceseite Nahrung zwischen den Zahnreihen, so wird dort etwas entsprechendes, nur mit weit geringerer Quetschwirkung zustande kommen müssen, indem sich ja die unteren Buccalhöcker den oberen Palatinalhöckern nur nähern können. Dagegen werden sie noch nicht aufeinanderstoßen, wie auf der Arbeitsseite, wo sie wenigstens, da und dort, den Bissen zu durchstoßen vermögen. Jedenfalls macht sich hier ein beträchtlicher Quetschdruck geltend und Rumpel spricht direkt von einem Ausstanzen rhombenförmiger Stücke aus dem Bissen. M. Müller hält dies nur dort für richtig, wo derselbe aus nicht faserigem Material bestehe. Im unmittelbaren Anschluß an diese dritte Phase setzt die vierte ein. In ihr (IV) gleiten die Zähne mit großer Kraft in die normale Okklusionsstellung (Höcker-Furchenstellung) zurück, während der schräg liegende Unterkiefer durch eine rückläufige Seitenexkursion in seine Ruhelage mit beiderseits gleich hochlagernden Zahnreihen zurückkehrt. Über die große Scherwirkung, die dabei zwischen den Gleitflächen oberer und unterer Zahnhöcker zustande kommen muß und gerade für die Zerschneidung faseriger Substanzen größte Bedeutung hat, haben wir uns schon an anderer Stelle geäußert. Nach Gysis Anschauung ist also Quetsch-, Mahl- und Schneidewirkung in einem Kauakt enthalten.

Doch ist die heute wohl am meisten anerkannte Auffassung Gysis nicht ganz unbestritten. Nach Zsigmondy gibt es nur drei Phasen im einzelnen Kauakt, wobei die dritte (Schlußbißbewegung, den zusammengezogenen Phasen 3 und 4 von Gysi entsprechend) den Unterkiefer auf dem kürzesten Wege, also von vornherein mit einer rückläufigen Seitwärtsbewegung kombiniert in die Ruhelage zurückführt. So erhält Zsigmondy für die Bewegung des vorderen Dreieckspunktes am Unterkiefer während eines Kauaktes eine ungefähr dreieckige Kieferbahn (Abb. 86 B), indessen Gysi eine mehr rautenförmige oder ovale schildert (Abb. 86 A). Nach Zsigmondy ist die Wirkung auf den Bissen mehr eine malmende als eine mahlende. Für hartes, krümliges Material mag das zutreffen, faseriges aber würde dadurch nicht genügend zerlegt werden. Bei GYSIS Auffassung aber ergibt sich eine starke Reibwirkung und M. MÜLLER hat völlig recht, wenn er aus den Abnutzungsspuren an den Mahlzähnen den Schluß zieht, daß einfache Malmwirkung allein hier zur Erklärung nicht ausreichen würde.

Auch STRASSER hält die Rückführung der auswärts-abwärts geführten Zahnreihe zur mittleren Schlußstellung für einen einzigen kraftvollen Akt, welcher den wirksamsten Teil der Mahlbewegung ausmache, er anerkennt aber GYSIS Deutung wenigstens für die sog. Arbeitsseite als zutreffend an.

Nach M. MÜLLER schaltet sich zwischen eine Reihe von Kauakten, wodurch der Bissen ge. nügend zerkleinert werde, eine neue Kieferöffnung mit Vorschiebung ein, wobei der Unterkiefer den Speisebrei gegen die schiefen Ebenen der Mesialflächen an den Backzähnen presse. Das führe zu weitergehender Zerkleinerung der Teile und trage auch bei zur Ausschaltung nicht kaubarer Teile, die bei abermaligem Vorschieben des Unterkiefers dann an der Rückwand der oberen Frontzähne fühlbar würden. Er schreibt der Sensibilität der Zunge die hauptsächliche Kontrolle über den Feinheitsgrad der Zerkleinerung zu. GAUDENZ[1]) u. a. weisen mit gutem Grunde darauf hin, daß auch Sensationen von seiten des Gaumens, der Wangenschleimhaut und der Zähne hierbei mitwirken, und besonders das Gaumensegel gilt als reflektorischer Hemmungsmechanismus, welcher nicht genügend verarbeitete Bissen zurückweist.

Bekanntlich erfolgt während des mahlenden Kauens öfters ein Wechsel der Arbeitsseite. Bei ganz tadellosem Gebiß wird kein härterer Bissen nur auf einer Kieferseite verarbeitet. Bei Gebißdefekten gewöhnt man sich allerdings leicht ein mehr einseitiges Kauen an. STRASSER sieht den Vorteil des wechselseitigen Kauens vor allem darin, daß, da auf der Balanceseite sich, wie oben dargelegt, ein Klaffen der Zahnreihen einstellt, hier ein Eindringen von beschränkten Mengen und Größen von Speiseteilen aus dem

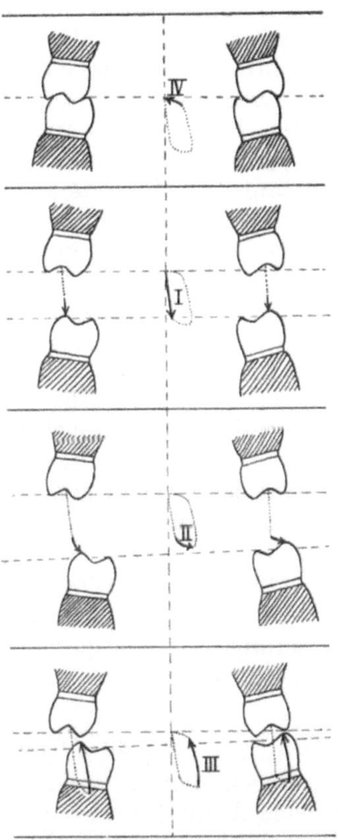

Abb. 87. Zerlegung eines Mahlaktes in vier Einzelphasen. Gedachter Frontalschnitt. (Umzeichnung nach GYSI 1914.)

zentralen Mundraum und der Wangenhöhle möglich wird, während die andere Seite noch als Arbeitsseite tätig ist. Für die gesamte Mahlaktion stelle also das wechselnde Klaffen der Kauflächen, das selber wieder mit der Seitwärtsbewegung des Unterkiefers zusammenhängt, eine nützliche Einrichtung vor und erspare das Einschalten einer besonderen Periode, in der beiderseits die Kauflächen durch eine Kieferöffnung sich entfernen, um neuen Kaustoff zwischen sich eindringen zu lassen.

---

[1]) GAUDENZ: Über die Zerkleinerung und Lösung von Nahrungsmitteln beim Kauakt. Arch. f. Hyg. Bd. 39, S. 230—251. 1902.

Was die Bissenzerlegung während des mahlenden Kauens anbetrifft, so ist hierüber wenig bekannt, was größtenteils daher rühren mag, daß je nach der Art der Speise die Verhältnisse verschieden liegen müssen. Für weiches Brot und andere nicht besonders harte und zähe Stoffe kann man schematisierend sagen, daß sich beim Durchkauen eine vielfach wiederholte jeweilige Dreiteilung des Bissens einstellt. In der Mitte erfolgt Ausstanzung, während nach außen und innen Bissenteile fortgedrückt werden. Für zähes Material bleiben aber anfangs stets noch Kontinuitätszusammenhänge, die erst ganz allmählich gelöst werden können und wobei viel mehr Reibungs- als Quetschwirkung nötig ist. Die Unterscheidung von Rohbissen und Endbissen ist notwendig. Ersterer ist wirklich eine substantielle Einheit, letzterer eine durch Einschleimung schlüpfrig gemachte breiige Masse von bedeutender Plastizität, die denn auch, sobald sie in die Speiseröhre gleitet, meist die Gestalt einer länglichen Spindel mit verjüngten Enden annimmt und als solche dem Magen zugeleitet wird.

Die Mahlbewegungen vor allem sind es, welche in entscheidendem Grad die Kauleistung bestimmen, hierüber vergleiche Abschnitt 4. Die Zahl der aufeinanderfolgenden Kauakte steht in einer engen Beziehung zur geringeren oder größeren Zerkleinerungsfähigkeit der jeweiligen Nahrung. Durch gleichzeitige Aufnahme von Flüssigkeiten oder weiche Speisen läßt sich die Zahl der Mastikationsakte senken. Solche Angewöhnungen haben hastige Esser und Schlinger. Die mechanische Zerkleinerung der Nahrung durch die Kauwerkzeuge kann bei ihnen völlig ungenügend werden, was sich leicht aus ihren Exkrementen beweisen läßt (Schlingerkot). Nach von Oefele[1]) ist jeder moderne Kulturmensch ein „angehender Schlinger". Das mag insofern richtig sein, als der Gebißzustand des modernen Menschen oft sehr viel zu wünschen übrigläßt. Er wird daher leicht zum Mußschlinger. Ist aber der den Schluckmechanismus reflektorisch auslösende nervöse Apparat der Mundhöhlenschleimhaut in richtiger Funktion, sind auch die Kauwerkzeuge tüchtig, dann wendet jedes einzelne Individuum für die Verarbeitung gleicher Nahrung gewohnheitsmäßig eine gleichbleibende Zahl von Kauakten an, welche einen ausreichenden Grad von Verkleinerung und eine günstige Einspeichelung herbeiführen, worauf das Bolusschlucken ganz automatisch statthat [Fermi[2])].

c) Zirkumduktorische Kaubewegungen.

Neben den geschilderten Hack- und Mahlbißbewegungen unterscheiden einzelne Autoren noch einen besonderen Zirkumduktionstypus der Unterkieferbewegungen. Einzelne [Villain[3]), Eltner[4]), M. Müller] legen großen Wert darauf, andere sprechen überhaupt nicht davon oder bestreiten sein Vorkommen unbedingt [Robin[5])]. Offenbar wird dabei unter zirkumduktorischer Kautätigkeit ganz Verschiedenes verstanden. Eine reine Zirkumduktionsbewegung des Unterkiefers würde dann vorliegen, wenn jeder Punkt seiner Kaufläche eine Verkehrsbahn in der Kauebene selbst beschriebe, die, zusammengesetzt aus aufeinanderfolgender vorwärts-seitwärts-rückwärts und rückläufig seitwärts gerichteter Bewegung, im ganzen eine rechteckige, rautenförmige, ovale oder runde Figur vorstellte. Der geöffnete Unterkiefer kann tatsächlich leicht flächen-

---

[1]) v. Oefele: Koprologie. Jena: Fischer; außerdem eine große Zahl von Aufsätzen in der Zahnärztl. Wochenschr. 1902—1906.

[2]) Fermi, Cl.: Über das Kauen der Speisen. Arch. f. Physiol. (u. Anat.) 1901, Suppl.-Bd. S. 98—108.

[3]) Villain, G.: Mécanisme de la mastication humaine. Rev. belge de stomatologie 1921.

[4]) Eltner: l. c. 1911.

[5]) Robin, P.: Cpt. rend. hebdom. des séances de l'acad. des sciences 1914, S. 1920.

haft im Raum herumgeführt werden, nicht aber derselbe in Okklusion. Während des Kaugeschäftes sind zirkumduktorische Unterkieferexkursionen (annähernd in einer Ebene) wohl nur in jener Phase möglich, wo ein größerer Bissen eben durch Abbiß eingeführt worden ist und nun die Hackphase eingesetzt hat. Aber auch da werden die Verschiebungen selten jene Regelmäßigkeit haben, daß die Aufstellung eines besonderen Bewegungstypus sich rechtfertigen ließe. Je mehr aber die Bissenverarbeitung fortschreitet, um so weniger sind Zirkumduktionen in einer Ebene denkbar, und solche Verschiebungen in ständig wechselnden Ebenen sind im Mahlen immer enthalten, weil weder reines Seiten- noch reines Rückwärts-Aufwärtsmahlen, vielmehr stets eine Kombination von beidem vorkommt.

4. Die Kauleistung.

Vom Grad der Durchkauung hängt die Fähigkeit ab, die aufgenommene Nahrung mehr oder minder ausnutzen zu können. Dieser Grad wechselt bei den einzelnen Individuen nach der Gewöhnung, oft sogar bei gleichem Gebißzustand und gleicher Ernährungsart. „Vollständig" kann die Kauleistung — strenggenommen — nur dort genannt werden, wo die mechanische Aufarbeitung die bestmöglichen Vorbedingungen für die chemische Verdauung erfüllt. Solches mag vereinzelt vorkommen, in der Regel dürfte der Grad der Durchkauung geringer sein, die Kauleistung als genügend oder erträglich ihre richtige Bezeichnung finden.

Neben jenem wissenschaftlich schwer faßbaren Faktor Gewöhnung hängt die Kauleistung hauptsächlich von drei genauer studierbaren Momenten ah, nämlich erstens von der Größe der jeweils hervorgebrachten Druckwirkungen, zweitens von der jeweils aufgewandten Kauzeit, d. h. der Anzahl einzelner gleichartiger Kaubewegungen, welche in geschlossener Folge zur Erfüllung einer bestimmten Aufgabe erzeugt werden, und drittens von der jeweiligen Beschaffenheit der Kauwerkzeuge, insbesondere auch der Zähne.

a) Der absolute Kaudruck.

Die Analogie mit den gewaltigen Kraftleistungen der Kauwerkzeuge bei reißenden Tieren, das Vorkommen von Gebiß- und Zahnathleten mit erstaunlicher Kraftentfaltung haben von jeher die Vorstellung genährt, daß die Kautätigkeit mit sehr hohen Druckkräften arbeiten müsse. In der älteren Literatur finden sich Angaben von vielen hunderten Kilogramm Kaudruck. Eine gewisse Bestätigung schien sich aus den Berechnungen des absoluten Kaudruckes, der theoretisch aus den physiologischen Muskelquerschnitten aller beim Zubeißen beteiligten Schließmuskeln ermittelbaren Druckgröße zu ergeben. R. FICK (1911) hat so den absoluten Kaudruck auf 400 kg bestimmt. Er stützt sich auf die Zahlen E. WEBERS, der den physiologischen Querschnitt des Temporalis mit 8, des Masseter mit 7,5, des Pterygoideus internus mit 4 cm² maß, so daß die Schließmuskeln beider Seiten zusammen etwa 40 cm² aufweisen. Mit der JOHNSONschen Muskelkrafteinheit von 10 kg pro cm² multipliziert ergibt sich der obengenannte Wert.

Die neueren Autoren sind sozusagen alle der Meinung, daß das Kauen für gewöhnlich mit einer wesentlich geringeren Druckerzeugung vor sich gehe. Sie machen auf das Nachdrücklichste darauf aufmerksam, daß zwischen dem absoluten und dem geübten Kaudruck ein ganz großer Unterschied bestehen muß, da ein recht beträchtlicher Teil jener theoretisch errechenbaren Druckkräfte sich nicht in nutzbare Kauarbeit umsetzen läßt. Sie betonen ferner, daß es nicht zulässig sei, die Gesamtheit aller Schließmuskelkräfte für senkrechte Druckwirkung einzusetzen, da ja bei der schrägen Verlaufsrichtung der Muskelkräfte ein Teil derselben horizontalen Komponenten zugehöre, welche sich unter anderem in Horizontalverschiebungen des Unterkiefers, die beim mahlenden Kauen eine große Rolle spielen, auswirken werden. So kommen Wetzel und Schröder unter Annahme der gleichen Berechnungsart wie Fick, aber unter Abzug sämtlicher Horizontalkomponenten zur Annahme eines absoluten Kaudruckes (Quetschdruck) von 232 kg.

Aber auch die Berechnungsart von Fick hat Kritik gefunden. Insbesondere ist die Allgemeingültigkeit einer Muskelkrafteinheit von 10 kg keineswegs sichergestellt. Knorz und Henke schätzen sie nur etwa halb so groß ein, und Tholuck[1]) glaubt in einer beachtenswerten Darstellung der Kaudruckfrage, sie (speziell für die Kiefermuskeln) nur mit 2 bis 2,5 kg pro cm^2 annehmen zu sollen und berechnet daher den abs. Kaudruck nur auf 80 bis 100, in Ausnahmefällen auch 120 kg. Ob diese Anschauung mit mehr Recht besteht als die Ficksche bzw. Wetzel-Schrödersche, wird sich erst noch zu erweisen haben. Besondere Untersuchungen über die Muskelkrafteinheit der verschiedenen Kiefermuskeln liegen bisher nicht vor. Wertvoll sind die Tholuckschen Ausführungen vor allem dadurch, als er scharf zwischen Quetschdruck mit senkrechter Wirkung auf die Kauflächen und Mahldruck mit horizontalen Kraftrichtungen unterscheidet und zeigen kann, daß gewisse Kauleistungen durch Quetschdruck allein nur mit sehr großen Druckmengen erreichbar wären, indessen bei der Anwendung von Mahldruck dieselben Leistungen durch wesentlich geringere Druckkräfte erzielbar sind.

Tholuck gehört auch zu jenen, welche es für wünschbar halten, die Größe des Kaudruckes auf die druckaufnehmende Kaufläche zu beziehen und in Atmosphären auszudrücken. Das ist allerdings ein erstrebenswertes Ziel, aber leicht zu erfüllen ist die Aufgabe nicht. Wenn genannter Autor für ein lückenloses Gebiß mit 5 cm^2 tragender Fläche (wovon reichlich $^4/_5$ auf die Seitenzähne fallen) bei einem schwächlichen Individuum mit 50 kg abs. Kaudruck 11,2 Atmosphären errechnet und bei einem ausnehmend kautüchtigen und muskelstarken Mann mit 120 kg abs. Kaudruck 26,2 Atmosphären annimmt, so sind das auch nur vorläufige Größen und selbstverständlich ergäben sich bei 232 oder 400 kg abs. Kaudruck weit größere Atmosphärenzahlen.

Bei Versuchen, am Lebenden einen möglichst hohen Kaudruck hervorzubringen, stellt sich bald ein Augenblick ein, wo die Sensibilität der Wurzelhäute und des Zahnfleisches reflektorisch eine weitere Drucksteigerung ausschließt. Alle direkten Kaudruckmessungen ergeben daher nach Riechelmann[2]) nichts anderes als den Grad der Toleranz des Periodontiums und der Kieferschleimhaut. Fest steht, daß nach Betäubung der Kiefernerven an den gleichen Kaustellen ein größerer Druck hervorgebracht werden kann als im unbetäubten Zustand, und in ersteren Fällen ist die Druckwirkung vereinzelt bis zur Schädigung von Zahnhöckern gegangen.

Den Verhältnissen des theoretischen oder abs. Kaudruckes dürften sich im Leben am meisten jene Zustände annähern, wo, wie in der pathologischen Kieferklemme (und Trismus) oder auch im epileptischen Anfall mit hoher Druckerzeugung, zugleich eine sehr weitgehende Druckverteilung auf die ganze oder wenigstens auf sehr erhebliche Teile der Gesamtkaufläche statthat. Ein solches Verhalten besteht aber bei der typischen Kautätigkeit sozusagen nie. Immer erfolgen dann Druckkonzentrationen an der jeweils gewählten Kaustelle,

---

[1]) Tholuck, H.: Der Kaudruck. Dtsch. Zahnheilk. H. 59, S. 24—44. 1923. S. dort auch viele Literaturverweise zu diesem Abschnitt.

[2]) Riechelmann, Otto: Beitrag zur systematischen Prothetik. Berlin 1920.

wo der Bissen zwischen oberen und unteren Zähnen lagert. Seitdem BLACK[1]) die Druckfestigkeit gesunder Molaren experimentell nur auf 43 bis 77 kg bestimmen konnte (Zahlenangaben, die vielleicht einer Nachprüfung bedürfen), ist von vornherein ausgeschlossen, daß typischerweise viel größere Druckwirkungen beim Kauen den einzelnen Zahn treffen werden, sonst würde ja sehr schnell die traumatische Schädigung die Zahnreihen in ihrer Leistungsfähigkeit außerordentlich herabsetzen.

Die bisweilen erstaunlichen Künste der Gebißathleten [z. B. nach BLACK für die Zahnathletin Leona Dara 500 kg Kaumuskeldruck, für den „Eisenkönig" Breithaupt nach HAUPTMEIER[2]) 720 kg Muskelkraft] beruhen auf einer zweckmäßigen und weitgehenden Druckverteilung und einer besonderen Kopfhaltung, welche jeweils auch den Nacken- und Rumpfmuskeln starke Leistungen zumutet.

b) Der im Leben geübte Quetschdruck.

Für das eigentliche Kaugeschäft kommt nur der *relative* oder *klinische* (auch experimentelle) Kaudruck in Frage, dessen senkrechte Komponente den *relativen Quetschdruck* ausmacht. Nur von diesem sei zunächst die Rede. In vollkommener Form kann er nur entstehen, wenn absoluter Klappbiß vorliegt. Solchen gibt es aber beim Menschen nicht, es kommt auch bei Klappbiß immer eine leicht rückläufige Vorbißbewegung hinzu. Der Quetschdruck wird sich also selbst in diesem Fall, wenn auch nur in geringem Grade, mit Mahldruck kombinieren. Immerhin entsteht beim Abbeißen, bei der Verarbeitung weicher und mittelharter Nahrung, dann beim Aufbeißen auf besonders harte größere Gegenstände ganz vorwiegender Quetschdruck.

Am meisten ist derselbe bezüglich seiner oberen Grenzschwelle untersucht worden. Aber es wäre falsch, sich vorzustellen, daß beim Kauen gewöhnlicher Kost mit demselben Quetschdruck gearbeitet würde. Je nach der Nahrung wird er erheblich kleiner sein und unter Umständen ganz geringe Grade ausmachen. Auch bestehen große individuelle Unterschiede, wobei die Empfindlichkeit des Einzelnen, Rasse, Alter, Geschlecht, konstitutioneller Habitus, allgemeine Körperkräfte, Gewöhnung an eine bestimmte reguläre Kost, von bald geringerer, bald größerer Härte, mitspielen. Im allgemeinen haben kulturferne Naturvölker mit oft größeren und stärkeren Zähnen, männliche, gegenüber weiblichen Individuen, kraftvolle Gestalten, starke Esser usw. die Fähigkeit, einen höheren Quetschdruck hervorzubringen. Nach WITTHAUS[3]) soll er ungefähr bis zum 40. Lebensjahr steigen, dann aber wieder fallen.

Neben dem Gebißzustand, den wir hier vorläufig als vollständig voraussetzen, spielt die Kaustelle eine besonders wichtige Rolle. Im allgemeinen wird angenommen, daß sich im Schneidezahnbereich nur die Hälfte des Quetschdruckes hervorbringen lasse, als zwischen den hintersten Seitenzähnen. Jedermann wählt zum Aufbeißen hartschaliger Früchte den Mahlzahnbereich, aber nicht alle schieben die Nuß genau an dieselbe Stelle. „Jeder einzelne wählt sich offenbar jene Stelle, wo er den größten Druck erzeugen kann" (THOLUCK). Sorgfältige anatomische Beobachtung macht das Wählen verschiedener Einzelstellen verständlich, denn in der relativen Größe der einzelnen Mahlzähne zueinander bestehen bei den Individuen deutliche Unterschiede. Im allgemeinen wird anzunehmen sein, daß die größten Kauflächen auch den größten Druck aushalten werden. Bald aber ist im Oberkiefer der erste, bald der zweite Molar der größte Zahn, und im Unterkiefer bestehen in Zusammenhang damit ähnliche

---

[1]) BLACK: Investigation of the physical characters of the human teeth. Dental cosmos 1895, H. 6.

[2]) Zitiert nach RIECHELMANN.   [3]) Zitiert nach THOLUCK: l. c. 1923.

Differenzen. Tholuck erwähnt, daß von 10 Europäern 7 die Nuß zwischen M_2 oben und $M_{2\,u.\,3}$ unten schoben, 3 aber zwischen M_1 oben und $M_{1\,u.\,2}$ unten. Bei niederen Rassen würden sich noch andere Feststellungen machen lassen. Für unsere Gegenden geben die genannten Angaben die Stellen an, wo der größte Quetschdruck ertragen werden kann.

Aus den zahlreich vorliegenden Messungen über den größten ertragbaren Quetschdruck bringen wir eine kurze Zusammenstellung von Maßen, die uns besonders wertvoll erscheinen. Sie sind mit ganz verschiedenen Methoden gewonnen.

Messungen über den Quetschdruck.

Autor	Maximum kg	Minimum kg	Durchschnitt bzw. Angabe der jeweiligen Kaustelle
Black (1895)	122,5	13,5	
Black (1914)	126	11	77,7 kg
Rosenthal (1895)	50	40	an Schneidezähnen
Arnone (1906)	100	3	25—30 kg
Eckermann (1911), bei Frauen . . .	30	20	an Schneidezähnen
	60	40	an Weisheitszähnen
bei Männern . . .	40	25	an Schneidezähnen
	80	50	an Weisheitszähnen
Etling (1921)	62	5	
Schwander (nach Riechelmann) . .	100	15	

Zur Feststellung des Kaudruckes (Quetschdruck) am Lebenden sind recht verschiedenartige Wege beschritten worden. Mehr oder minder überwunden dürften jene Methoden sein, welche die untere Zahnreihe durch ein derselben entsprechend U-förmig gebogenes Eisen belasten und durch Gewichtszufügung die Schließmuskelkräfte zu überwinden streben. Eine ganze Reihe von *Gnathodynamometern*[1]) ist konstruiert worden. Eckermann mißt dabei die Kraft, welche zum Lösen der hart zusammengebissenen Kiefer notwendig ist. Dennis, Black und Schwander messen umgekehrt die Zubeißkraft, ersterer wendet dabei ein einfaches Federmanometer an, letzterer arbeitet mit einem durch Öl gefüllten Zylinder, wobei die Aufbißplatten den Druck auf den Ölstempel übertragen, welcher dann am Öldruckmanometer abzulesen ist.

Einen ganz anderen Weg hat Riechelmann beschritten. Für ihn geben Mirabellen-, Haselnuß- und Kirschkerne Testobjekte ab, außerdem etwa noch ganz harte Schokolade. Außerhalb des Mundes bestimmt er mit einem Hebelapparat, dessen Angriffsflächen die Zahnform, und der auch die Zahnstellung zum Gelenk nachahmt, die Druckfestigkeit. Praktische Versuche, im Munde dieselbe Kernsorte aufbeißen zu lassen, vermitteln Anhaltspunkte über die Größe des angewandten Druckes. Mirabellenkerne mit 90—106 kg Druckfestigkeit werden nur in ganz seltenen Fällen noch aufgeknackt, Haselnüsse (60—74 kg Druckfestigkeit) noch von vielen Individuen, selbst Kirschkerne (47—60 kg Druckfestigkeit) keineswegs immer. Die erheblichen Fehlerquellen dieser Methode, welche nicht mit ein für allemal genau gleich harten Testobjekten arbeitet, liegen auf der Hand. So haben denn, an sie sich anlehnend, Köhler und Etling[2]) eine exaktere Methode ausgedacht, welche letzterer praktisch erprobte. Die Brinellsche Kugeldruckprobe, welche in der Industrie zur Härtebestimmung von Materialien vielfach angewandt wird, ist hier für einen Spezialzweck umgearbeitet. Es wird erstens auf die unteren Zähne der zu erprobenden Kau-

---

[1]) Eine Zusammenstellung der verschiedenen Arten bringt Max Müller, Artikulationsproblem, 1925.

[2]) Köhler u. Etling: Über den Kaudruck. Zeitschr. f. Stomatol. Bd. 20. 1922.

stelle ein kleines Plättchen aus gewalztem Reichszinn, dann darüber, unter den zu erprobenden Oberkieferzahn (bzw. -zähne) eine Stahlkugel von 5,7 mm gelegt und nun durch Zubeißen ein Eindruck der Kugel in das Zinnplättchen hervorgerufen. Die Größe des Eindruckkreises gestattet bei der bekannten Härte von Kugel und Plättchen die Ermittlung des angewandten Quetschdruckes. Bezüglich der dabei notwendigen Kautelen ist die Originalarbeit heranzuziehen. Die Ergebnisse dieser modernsten Methode haben im Mahlzahnbereich bisher nicht über 72 kg, meist aber erheblich weniger feststellen lassen, der Druck im Schneidezahngebiet liegt bisweilen noch unter 20 kg.

So dürfte die THOLUCKsche Anschauung, die sich auf eine kritische Beurteilung der bisherigen Messungsresultate stützt und den relativen Quetschdruck eines kautüchtigen Mannes mit 70 kg und bei gleichmäßiger Verteilung auf das ganze Gebiß mit 15,5 Atm. Druck annimmt, wohl einigermaßen das Richtige treffen. Aber selbstverständlich liegen viele Fälle unter dieser Schwelle, während einzelne wohl auch darüber hinausragen.

Der in der Regel angewandte Quetschdruck beim täglichen Kauen wird noch erheblich niedriger eingeschätzt. Zur noch eben genügenden Aufbereitung gewöhnlicher gemischter Kost gelten etwa 20 kg als ausreichend (HENTZE), andere Autoren nehmen 30 kg als Mindestzahl zur Erreichung dieses Zweckes an. Es ist aber längst festgestellt, daß mit solcher Druckgröße eine ganze Reihe von gewöhnlichen Nahrungsmitteln nicht zerquetscht werden können (BLACK). Gerade deshalb griff man früher häufig zur Annahme eines Vorkommens höherer Quetschdruckgrößen. Erst wenn auch der Mahldruck in Betracht gezogen sein wird, kommen wir über die hier klaffenden Widersprüche hinweg.

Seit langer Zeit sind für zahnlose alte Leute Mastikatoren im Gebrauch, welche als Quetschzangen gestaltet sind. Verbindet man ein solches Instrument mit einem Dynamometer (*Phagodynamometer*), dann läßt sich unschwer für die einzelnen Speisen die Größe des zu ihrer vollständigen Aufarbeitung notwendigen Quetschdruckes bestimmen. So fand BLACK einen reinen Quetschdruckbedarf von 9—15 kg für gebratenes Schweine-, von 13—18 für gebratenes Kalb-, von 13—15 für gebratenes Rindfleisch, von 18—36, wenn solches gekocht war, von 20—54 für Zuckerwerk und von über 109 kg für zusammengeballte harte Brotrinde.

c) Der Mahldruck und die Kauzeit.

Ein sehr erheblicher Teil der Kauleistungen wird nicht durch Klappbiß und ausschließlichen oder ganz vorwiegenden Quetschdruck hervorgebracht, sondern durch die mahlenden Unterkieferbewegungen im sog. Rundbiß mit Mahldruck erzeugt. Hierbei kommen nur die Seitenzähne in Betracht, und die Molaren stehen im Vordergrund. Namentlich die faserige, zähe und krümelige Nahrung mit härteren Partikeln kauen wir durch Mahlen.

Immer wirken beim Mahldruck zwei Kraftfaktoren zusammen, nämlich senkrechte Druckkraft und in der Horizontalebene wirksame Zugkraft. Die Bestandteile der zwischen den Höckern oberer und unterer Zähne eingeklemmten Bissen werden durch die unter Druck statthabende Unterkieferverschiebung, welche die Höcker-Höckerstellung in Höcker-Rinnenstellung überführt, zerrissen und in mehrfacher Folge der Mahlbewegungen allmählich zermalmt. Die schneidende Reibung, welche dabei zwischen den Höckerflächen und der zwischengeschalteten Nahrung entstehen muß, wird durch die Zugkraft überwunden und durch die Anwesenheit der Druckkraft in nützliche Leistung umgesetzt. Dabei wird die Relation zwischen der angewandten Druck- und Zugkraft je nach der Härte, Zähigkeit und Schlüpfrigkeit der Speisen und der Beschaffenheit der Kauflächen im Einzelfall erheblich differieren. Bald wird die Zugkomponente einen größeren, bald einen kleineren Bruchteil der Druckkomponente ausmachen. Die Einstellung dieser für verschiedene Kost und Vorbedingungen wechselvollen Relation findet automatisch und für den Kauenden unbewußt statt. Rauhere Zähne mit starker Höckerausprägung haben einen geringeren Mahldruck nötig als abgeschliffene. Je größer die Druckkomponente bei gleicher Härte der Speisen ist, um so weniger einzelne Mahlbewegungen werden zur schluckfertigen Verarbeitung notwendig sein. Je schneller die Kaufolge, um so geringere Exkursionen sind im Einzelfall erforderlich. Auch hier machen Übung und Gewöhnung der Einzelnen ihren Einfluß geltend. Die Einen werden mit höherer Druckkraft und evtl. größeren Exkursionen in kürzerer Zeit dasselbe Ziel erreichen, welches Andere bei Aufwendung geringeren Druckes durch eine größere Zahl weniger umfangreicher Mahlbewegungen erlangen. Beide werden außerdem für verschiedene Nahrungsstoffe ihren Mahltypus etwas variieren. Damit fallen alle, so oft aufgestellten Forderungen, daß jeder einzelne Bissen einer ganz bestimmten regelmäßigen Zahl von Kaubewegungen zu unterwerfen sei, in das Gebiet eines den natürlichen Verhältnissen unzulässigen Zwang antuenden fruchtlosen Schematismus.

Es bleibt Tholucks großes Verdienst, eine experimentelle Prüfung der Mahldruckwirkung eröffnet zu haben, nachdem Head (1906) nicht über unzureichende Versuche hinauskam. Er konstruierte zu diesem Zweck einen besonderen Mahldruckmesser. Das Verfahren ist etwa folgendes. Von dem zu prüfenden Gebiß werden Gipsnegative des Unter- und Oberkiefers angefertigt. Von diesen werden Zinkgußpositive hergestellt und in gehörige Artikulation gebracht. In zwangsläufiger Führung wird darauf durch einen Motor Rundbiß erzeugt. Im Mund, oder künstlich den natürlichen Verhältnissen möglichst entsprechend geformte Bissen werden in die Kaumaschine gebracht und so lange dem Mahldruck unterworfen, bis dieselbe Durchkauung wie im Munde erreicht ist. Da an der Maschine sowohl die Geschwindigkeit regulierbar als auch die Belastung veränderlich ist, können die Verhältnisse des mahlenden Mundkauens weitgehend nachgeahmt werden und die verschiedensten Speisearten auf den notwendigen Mahldruck geprüft werden.

So sind nach Tholuck für ein abschließendes Ersatzkauen bei wechselnder Belastung folgende Zahlen von einzelnen Rundbissen notwendig:

	Belastung				
	1 kg	2 kg	3 kg	6 kg	10 kg
	Rundbisse				
Weiches Brot	30	9	4	1	1
Brotrinde	—	180	80	32	19
Zwieback	—	60	35	18	6
Apfel	100	16	5	1	1
Gekochtes Rindfleisch	—	200	120	56	38
Schinkenwurst	—	—	180	100	60

Die große Verschiedenheit, welche das Durchkauen verschiedener Speisen verlangt, geht aus dieser Tabelle klar hervor.

Auch die nachfolgende Zusammenstellung, welche die Kauzeit in Sekunden bemißt, und wobei für jede Sekunde ein Mahl-(Rund-)biß angenommen ist, ist Tholucks Angaben entnommen:

Kauzeit in Sekunden	Nach Fermi	Nach Gaudenz	Nach Schütz	Nach Tholuck	Mittelwert
für Brot	23	—	45	20	30
für Äpfel	—	14—30	15—25	20	20
für gekochtes Rindfleisch	40	—	60	60	50
für Schinkenwurst	50	—	—	80	65

Bei Einsetzung dieser letztgenannten Mittelwerte bedürfen die genannten Speisen im Durchschnitt:

	An Druckkraft	An Zugkraft	An Mahldruck
Weiches Brot	1 kg	ca. 1 kg	annähernd 2 kg
Brotrinde	6 ,,	,, 2 ,,	,, 8 ,,
Zwieback	3 ,,	,, 1 ,,	,, 4 ,,
Äpfel	2 ,,	,, 1 ,,	,, 3 ,,
Gekochtes Rindfleisch	6 ,,	,, 1 ,,	,, 7 ,,
Schinkenwurst	10 ,,	,, 2 ,,	,, 12 ,,

wobei im Munde zufolge der Einspeichelung der Nahrung der notwendige Mahldruck wohl noch kleiner angenommen werden darf, und zwar nach Tholuck im Mittel mit etwa 7 kg, oder auf ein lückenloses Gebiß verteilt mit etwa 1,4 Atm. Druck. In diesen verhältnismäßig sehr niederen Druckwerten spiegelt sich die stark energiesparende Bedeutung der mahlenden Kauleistung.

d) Die Kauleistung bei defektem und künstlichem Gebiß.

Die alte Erfahrung, daß beim Fehlen mehrerer Zähne die Kauleistung erheblich sinkt, wird für die zahnärztliche Kunst zur Veranlassung, auf den verschiedensten Wegen den Verlust zu beheben und möglichste Annäherung an die normale Kauleistung zu erreichen. Diese therapeutischen Maßnahmen haben hier außer Betracht zu bleiben, wohl aber interessiert uns die Frage nach dem Kauwert des defekten Gebisses und dem Grad künstlicher Restitutionsfähigkeit.

Auch hier sind ganz verschiedene Wege der Feststellung beschritten worden. Ausgehend von der Überlegung, daß beim natürlichen Kauen jedem Zahnpaar ein gewisses Maß von Teilleistung zufällt, hat man jedem Zahn, dessen Gegenzahn vorhanden ist, einen bestimmten Kauwert zugemessen und ihn in Kaueinheiten [Hentze[1])] oder Artikulationseinheiten [Römer[2])] auszudrücken sich bemüht. Besonders militärzahnärztliche Fragestellungen haben hier anregend gewirkt. Wir können nicht auf die verschiedenen Berechnungsmethoden eingehen und wollen nur betonen, daß diese Kaueinheit immer relativ gefaßt werden muß, und daß sie stets einen bestimmten Teil der durch die noch vorhandenen Zahnpaare geleisteten Kaufähigkeit ausmachen wird.

Der Kauwert eines Falles (wir folgen hier Tholuck), wo nur die 4 Prämolaren und die 4 vorderen Molaren auf einer Kopfseite noch vorhanden wären, würde nach der Auffassung von Rohrer noch $^1/_2$, nach jener von Hentze und von Römer noch $^{17}/_{40}$, nach Feiler noch $^3/_8$ des vollen Kauwertes haben. Zur vollen ordnungsmäßigen Zerkleinerung der Nahrung halten mindestens für erforderlich Römer 40, Feiler 43,75, Rohrer 50, Hentze 60% des vollständigen Kauwertes eines gesunden Gebisses.

Vor kurzem ist nun Christiansen[3)] mit einer Prüfungsmethode hervorgetreten, die vielleicht berufen ist, in Zukunft besser als bisher das Leistungsvermögen des Gebisses im gesunden, defekten und künstlich korrigierten Zustand auszudrücken. Er verzichtet auf Druckmessungen und untersucht vielmehr den Grad der Verarbeitung, welche ein durchgekauter Bissen aufweist. Die Feinheit der Bissenpartikel wird dabei mit vier verschiedenen Sieben gemessen, welche das erste 2, das zweite 1, das dritte $^1/_2$ und das vierte $^1/_3$ mm Maschenweite haben. Bestimmte, stets gleich große und gleich schwere Zylinderchen aus

---

[1)] Hentze: Jahrb. d. hamburg. Staatskrankenanstalten 1917, Beiheft.
[2)] Römer: Strasburger med. Zeit. 1917.
[3)] Christiansen, E. G.: Einige Untersuchungen über das Kauvermögen des natürlichen und künstlichen Gebisses. Vierteljahrsschr. f. Zahnheilk. Jg. 39. 1923.

Cocosnußkern werden von den Prüflingen je in Dreizahl während 50 Rundbißgängen gekaut und dann ausgespien. Ebenso wird sofort der Mund nachgespült.
Dieses Kauprodukt wird dann unter Wasserspülung der Reihe nach durch die
vier kleinen Siebe getrieben, wobei die Partikel der entsprechenden Größe zurückbleiben. Im Trockenofen gehärtet, werden die Rückstände vorsichtig für jedes
Sieb einzeln gewogen. Es kann danach leicht der Prozentgehalt der einzelnen
Rückstände im Verhältnis zum Gesamtgewicht der getrockneten Bissenmasse
zahlenmäßig zum Ausdruck kommen. Wir haben in Abb. 88 unter Nr. 1—4
die Ergebnisse für 4 Individuen mit ganz gesundem und vollständigem Gebiß,
unter Nr. 5—8 für vier weitere mit natürlichem, aber mehr oder minder defektem
Gebiß zusammengestellt. Unter 9 und 10 sind Fälle veranschaulicht, wo nur
ein Zahn im ganzen Gebiß, das eine Mal der linke obere zweite Molar, das andere

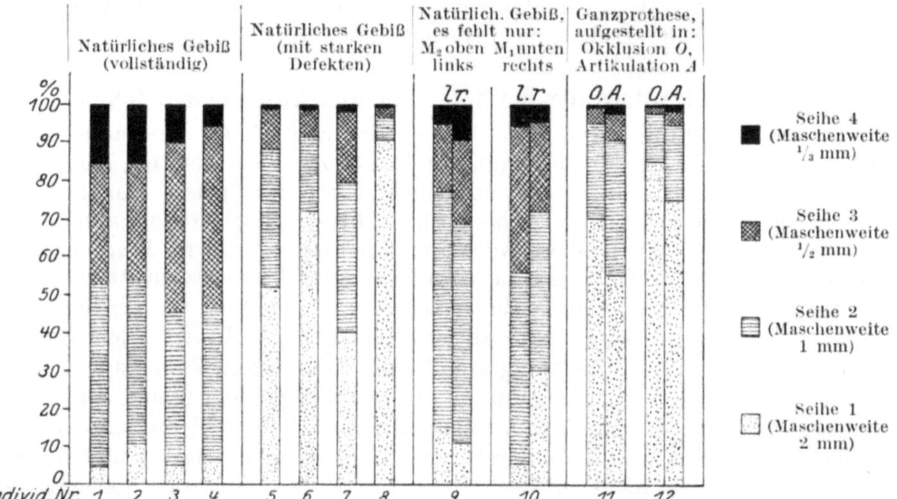

Abb. 88. Prozentuale Zusammensetzung der durch verschiedene Individuen im Munde
gekauten Kauprodukte von je 3 kleinen Cocosnußzylindern gleicher Größe und gleichen
Gewichts nach 50 maligem Kauen. Das Kauprodukt wurde der Reihe nach durch 4 Seiher
mit verschieden enger Maschenweite gespült, dann getrocknet und gewogen. Die Gewichtsmengen, die sich dabei ergeben, sind in Prozenten des Gesamtkauproduktes graphisch
eingetragen. (Zusammenstellung aus verschiedenen Figuren von Christiansen, 1923.)

Mal der rechte untere erste Mahlzahn fehlten. Für diese beiden Spezialfälle ist
auch das Kauen auf der linken und rechten Seite selbständig versinnbildlicht.
Die Unterschiede gegenüber dem ziemlich gleichartigen Verhalten der vier Normalfälle sind einleuchtend. Immer sinkt mit zunehmender Defektheit vor allem die
Fähigkeit zur feineren Verarbeitung der Nahrung, während die Rückstände aus
den gröberen Seihen höhere Prozentzahlen ausmachen.

In der Literatur findet man die Angabe sehr weit verbreitet, daß Prothesenträger infolge der Intoleranz der Schleimhaut kaum noch ¹/₃—¹/₄ des normalen
Kaudruckes erreichen können, und daß die künstlichen Zähne in vielen Fällen
einen normalen Kaudruck gar nicht aushalten würden. Darin ist Wahres und
Falsches eigentümlich gemischt. Prothesenträger haben in der Tat meist einen
stark herabgesetzten Quetschdruck, aber die Aufgabe der zahnärztlichen Prothetik ist es trotzdem, die Kauleistung möglichst auf die gleiche Höhe zu bringen,
wie sie im natürlichen vollbezahnten Gebiß besteht. Das kann erreicht werden,
wenn man den künstlichen Zähnen mehr eine ziehend als eine quetschende Wir-

kung auf die Speisen zuweist und dafür sorgt, daß wenigstens in der letzten und stärksten Phase des Schlußbisses die ganze Prothese möglichst gleichmäßig belastet wird. Bis zum Jahre 1885 (und leider auch heute noch in vielen Fällen) stellte man die künstlichen Gebisse in Okklusionsstellung, d. h. so auf, daß beim Zubiß alle Höcker in die gegenüberliegenden Zahnfurchen einbeißen. Die Folge war, daß mit solchen Ersatzstücken nur der Quetschdruck ausgenutzt werden konnte. So erklärt es sich auch, daß CHRISTIANSEN (vgl. Abb. 88 Nr. 11 u. 12) bei in Okklusion aufgestellten künstlichen Gebissen eine sehr schlechte Kauleistung feststellen mußte, obgleich alle fehlenden Zähne bei den Vollprothesenträgern durch künstliche ersetzt waren. Die neuere Zeit bemüht sich dagegen, artikulierende Ersatzstücke herzustellen, d. h. solche, mit denen Rundbiß möglich ist und wo während aller Phasen desselben der Kontakt der Zahnreihen erhalten bleibt. Man sah, daß bei okkludierenden Ersatzstücken immer einzelne Zahnhöcker den Rundbiß verhinderten, und man half sich dann durch Abschleifen von diesen, um überhaupt einen Rundbiß zu ermöglichen. Damit hatte man aber keineswegs artikulierende Ersatzstücke hergestellt, denn der Kontakt der Zahnreihen in allen Phasen des Rundbisses war dann eben nicht mehr vorhanden. Erst seit dem tieferen Erfassen der Kinematik des Unterkiefers ist man nun so weit, daß für jeden Fall voll artikulierende Ersatzstücke hergestellt werden können. Hinzu kommt, daß, nachdem GYSI[1]) seine Anatoformzähne mit starker Riffelung der Kauflächen und Abflußrinnen für den Speisebrei eingeführt hat, der zahnärztlichen Kunst die Fähigkeit gegeben ist, den verminderten Quetschdruck durch erhöhten Zugdruck zu ersetzen.

Funktionell ganz besonders hochwertig können festsitzende Brücken gebaut werden. Bei ihnen wird im allgemeinen der Kaudruck nicht von künstlichen Zähnen, sondern vom Gold aufgenommen und er wird nicht auf die Schleimhaut, sondern auf die als Pfeiler dienenden Nachbarzähne übertragen. Wenn auch hier zufolge der Sensibilität des Periodontiums der Pfeilerzähne der erträgliche Quetschdruck oft etwas herabgemindert ist, so ist er jedoch größer wie bei Prothesenträgern mit herausnehmbaren Stücken. Es lassen sich festsitzende Brücken aber nur da anbringen, wo gesunde Wurzeln vorhanden und diese so gelagert sind, daß sie den Druck, der auf der ganzen Brücke liegt, aufzunehmen vermögen.

5. Die Belastung des Kieferapparates.

Die Kautätigkeit verlangt hohe Grade an Widerstandsvermögen von seiten der Zähne und Kiefer. Auch das Kiefergelenk und sein Bandapparat erfahren bei der Beanspruchung wechselnde Belastung. Die Festigkeit der Teile und des Ganzen wird dabei an den Einzelstellen und während wechselnder Phasen des Kaugeschäftes verschieden sein und je nachdem Beanspruchung auf Druck, Zug, Schub, Torsion usw. bedeuten. Verschiedene Beanspruchungsarten werden sich kombinieren und scheiden. Bei so komplizierten Verhältnissen findet die exakte Forschung große Schwierigkeiten. Doch ist gerade in letzter Zeit manches Wertvolle geleistet worden. In steigendem Grade hat man sich der statischen Analyse der Kauwerkzeuge zugewandt und nach den Zusammenhängen zwischen Stellung und Leistungsfähigkeit der Zähne und Formverhalten der Kiefer einerseits, sowie Muskelkräften, Kau- und Gelenkdruck andererseits gefragt. Auf die dabei gewonnenen, vielfach keineswegs abschließenden Erkenntnisse gründet sich die wissenschaftliche Orthodontie und Prothetik der Gegenwart.

---

[1]) GYSI, A.: Prothesen mit Anatoformzähnen. Schweiz. Vierteljahrsschr. f. Zahnheilk. Bd. 25. 1915.

Der statische Gesichtspunkt wurde für die Beurteilung der Zahnstellung zuerst von Godon[1]) herangezogen. Er analysierte die Gleichgewichtslage der okkludierenden Einzelzähne und versinnbildlichte sie in einem Kräfteparallelogramm. Ihm ist die Stellung des Zahnes Ausdruck eines Kräfteausgleiches, nämlich zwischen all den Kraftwirkungen, unter denen der Zahn als Glied einer Kette in seinem Kiefer steht und jenen, die ihn von seiten seiner Antagonisten treffen. Wird dieser Gleichgewichtszustand gestört, etwa durch Extraktion eines Zahnes, dann muß sich die Stellung der Nachbar- und Gegenzähne mehr oder minder ändern. Sie werden die Stellung gewinnen, welche dem neu sich einstellenden Gleichgewichtszustand entspricht. Diese Grundvorstellung ist heute unbestritten. Sie hat volle Berechtigung auch für die Beurteilung der Wachstumsveränderungen und für die Kieferverbildung. Es haben namentlich Wiessner[2]), Zielinski[3]) und Köhler[4]) die statischen Verhältnisse der einzelnen Zahntypen und ihrer Orientierung in den Kiefern unter regulären und modifizierten Verhältnissen studiert und damit das Stellungsproblem gefördert.

Damit ergab sich ohne weiteres die Notwendigkeit, jenen Spannungen in den Kiefern selbst nachzugehen, welche so großen Einfluß auf die Zahnstellung haben. Zwei Wege standen offen. Der eine forderte, die statische Betrachtungsweise nun auch auf die Kiefer anzuwenden. Er drängte mit Notwendigkeit dazu, sich mit den wirksamen Muskelkräften genauestens zu beschäftigen, sie nach Größe, Angriffspunkt und Richtung eingehender zu studieren, in Teilkomponenten zu zerlegen und in ihrer komplexen Wirkungsmöglichkeit zu erfassen. Die Methode der graphisch-mathematischen Statik war auch hier gegeben. Heute kann, wenigstens für den menschlichen Unterkiefer, die innere Beanspruchung durch das Kaugeschäft als in den Hauptsachen geklärt gelten. Winkler[5]) hat hierzu am meisten beigetragen. Nicht ganz so weit sind wir mit dem statischen Verständnis des Oberkiefers. Die weit größere Anzahl schwer mathematisch faßbarer Teilmomente, welche hier berücksichtigt werden sollten, vielfach aber noch nicht berücksichtigt werden können, läßt noch manche Frage offen. So werden für die Beurteilung des Oberkiefers die Ergebnisse des zweiten Betrachtungsweges besonders wichtig. Er geht von den Kieferverbildungen aus, nimmt also das Naturexperiment als Untersuchungsbasis und folgert nun rückschließend aus das wirksame Kräftespiel im regulären Verhalten.

Mechanisch betrachtet, ist der Unterkiefer eine Hebelvorrichtung. Jede Hälfte wirkt als einarmiger Hebel. Für die statische Betrachtung ist es zweckmäßiger, sie als Träger auf zwei Stützen aufzufassen [Winkler[6])] und an die Druckwirkungen zu denken, welche an Kaustelle und im Gelenk entstehen und hier Widerstände hervorrufen. Ganz vereinzelt steht die Auffassung Richters[7]), der den Unterkiefer in jeder Hälfte als Einrichtung ansieht, die während des Kauens bald als einarmiger, bald als zweiarmiger Hebel Benutzung finde. Er stellt sich das so vor, daß zwar beim Abbeißen und ebenso im Nachdruck (Schluß-

[1]) Godon, Ch.: Application du parallélogramme et du polygone des forces. Schweiz. Vierteljahrsschr. f. Zahnheilk. 1907.

[2]) Wiessner, V.: Einwirkung mechanischer Energie auf die Zähne. Österr.-ung. Vierteljahrsschr. f. Zahnheilk. Bd. 24. 1908.

[3]) Zielinski: Abweichungen der Frontzähne in der Sagittalen usw. Zahnärztl. Orthop. u. Prothese Jg. 7. 1913.

[4]) Köhler, L.: Versuche, die Gesetze der Statik und Mechanik in die Betrachtung des menschlichen Gebisses einzuführen. Dtsch. Monatsschr. f. Zahnheilk. 1921.

[5]) Winkler, R.: Der funktionelle Bau des menschlichen Kieferapparates. Dtsch. Zahnheilk. Heft 55. 1922.

[6]) Winkler, R.: Beiträge zur Kaumechanik. Dtsch. Monatsschr. f. Zahnheilk. 1922.

[7]) Richter, W.: Ist der Unterkiefer ein einarmiger oder zweiarmiger Hebel? Dtsch. Monatsschr. f. Zahnheilk. 1921.

phase der Kautätigkeit) an der einarmigen Hebelnatur kein Zweifel bestehe, daß aber beim mahlenden Kauen dem Unterkiefer zufolge seiner Gleitfähigkeit eine Drehung erteilt werde, die um einen Punkt zwischen Kaustelle und Gelenk erfolge. Er spricht daher von einem Gleithebel und mißt den Verhältnissen energiesparende Bedeutung für das Molarenkauen zu. Wir halten die Anschauung für abwegig. Aber eine Spur von Richtigem ist doch enthalten. Die Hebelvorrichtung spielt wirklich nicht ganz zwangsläufig, unter einem gewissen Gesichtswinkel kann der Unterkiefer als an seinen Muskeln und Bändern frei aufgehängt gedacht werden. Das hat in krasser Ausdrucksweise vor allem WEIGELE[1]) betont, der denn auch dem Unterkiefer im Sinn der theoretischen Mechanik 6 Grade der Freiheit zuspricht, ihn sich in den 3 Hauptebenen des Raumes verschiebbar und um (in diesen gelagerte) ebensoviel Konstruktionsachsen drehbar vorstellt. Für die praktische Seite kommt von diesen Möglichkeiten allerdings viel weniger in Betracht. Aber es ist richtig, daß bei der Beurteilung der Hebelwirkungen nicht nur an die verhältnismäßige Zwangsläufigkeit der Unterkieferbewegung, sondern immer auch an die geringe, aber bestehende Freiheit zu passiver Verlagerung gedacht werden sollte, weil sich daraus die Ergebnisse ändern können. Das ist für heute erst teilweise möglich, und alle Berechnungen der Belastungsverhältnisse gehen von der Voraussetzung eines ruhenden Systemes aus.

Wie verteilt sich nun die Kraftwirkung auf die beiden Widerlager, gegen welche der Unterkiefer im Zubiß drängt? WEIGELE[1]) und auch KÖHLER nehmen an, daß beim Kauen ein eigentlicher Gelenkdruck überhaupt nicht zustande komme, daß der Wirkungsgrad aus der Leistung der Kaumuskeln voll und ganz der Kaustelle zufalle. Das wäre in der Tat eine Art Idealzustand. Aber es ist von vornherein höchst unwahrscheinlich, daß die Verhältnisse so liegen. Die Kaustellen sind wechselnde, und die tatsächliche Verschiebbarkeit des Unterkiefers und damit der Angriffspunkte für die beim Zubeißen beteiligten Muskeln ist viel geringer als sie sein müßte, um immer die Resultante der Muskelkräfte durch die Kaustelle fallen lassen zu können. Richtig ist nur, daß, je weiter die Kaustelle nach hinten rückt, um so mehr Belastung auf sie fällt, und daß gleichzeitig der Gelenkdruck abnimmt. Nach WINKLERS Berechnungen — direkte Aufnahmen über die Druckverhältnisse im Kiefergelenk liegen nicht vor — kommt es beim gleichzeitig beiderseitigen Kauen nie zu einer völligen Druckentlastung im Gelenk, und beim Kauen auf den Schneidezähnen ist der Gelenkdruck sogar doppelt so groß als an der Kaustelle. Das hängt mit der Lage der Muskelresultanten und ihrem Abstand von den Belastungsstellen zusammen. Beim Kauen auf den hintersten Mahlzähnen ist der Gelenkdruck nur etwa ein Drittel des gleichzeitigen Kaudruckes.

Die bisherigen Auseinandersetzungen beziehen sich auf die Belastungsverteilung bei gleichmäßiger Inanspruchnahme der beiderseitigen Kaumuskeln, also beim Beidseitenkauen. Beim Kauen auf nur einer Seite müssen die Verhältnisse andere sein, denn jetzt ist der Unterkiefer als Ganzes ein Träger auf drei Stützen. Sie liegen in den beiden Gelenken und der einen Kaustelle. Die Muskelaktion hat jetzt auf den Kiefer eine gewisse Kippwirkung. GYSI hat längst die Beobachtung gemacht, daß sich beim ausgeprägt einseitigen Kauen auf der Kauseite der Gelenkkopf von der Pfanne abhebe. Die Berechnungen WINKLERS bestätigen, daß beim einseitigen Kauen auf der Kauseite der Gelenkdruck die O-Schwelle erreicht oder noch etwas unter sie sinkt. Auf der entgegengesetzten Seite aber bleibt er positiv, und zwar ist seine Größe ziemlich unabhängig von der Lage der Kaustelle auf der gegenüberstehenden Kauseite. Wird nur

---

[1]) WEIGELE, B.: Versuch, am Bau des Unterkiefers die Gesetze der Mechanik und Statik aufzufinden. Korrespondenzbl. f. Zahnärzte Bd. 47. 1921.

einseitig gekaut, dann ist naturgemäß der hier erzeugbare Kaudruck größer als bei beidseitigem Kauen für dieselbe Stelle auf jeder der beiden Kauseiten. Er ist aber nicht gleich der Summe beider Druckwirkungen beim Zweiseitenkauen, sondern kleiner, weil für jede der beiden Kaustellen die jenseitige Muskelgruppe nicht so vorteilhaft ausgenutzt werden kann wie die diesseitige beim Einseitenkauen. Das Verhältnis zwischen dem Kaudruck auf den Schneidezähnen und jenem auf den Molaren ist nach Winkler beim beidseitigen Kauen 1 : 2, beim einseitigen Kauen nur 1 : 1,4.

Die aktiven Kräfte, welche auf die Kiefer wirken, suchen diese in ihrer Form auch zu verändern. Sie bringen innere Spannungen hervor, und die Festigkeit der Konstruktion ist nur so groß, als diese der äußeren Belastung Widerpart zu halten vermögen. Wie bei Kalkarmut im Knochen aus der Beanspruchung der Teile sich die Gesamtverhältnisse ändern, hat Schröder[1]) neuerdings durch eine entwicklungsmechanische Erklärung der rachitischen Kiefer gezeigt. Es ist eine mustergültige Darstellung. Sie bestätigt durchaus die Anschauungen, welche aus der statischen Analyse der Kiefer gewonnen wurden. Für andere pathologische Kieferzustände wären entsprechende sorgfältige Kausalanalysen höchst erwünscht.

Die wichtigsten Tatsachen über die innere Beanspruchung der Kiefer sind folgende: Im *Unterkiefer* wird beim Kauen die Beanspruchung auf Biegung im Vordergrund stehen, hierbei werden, je nachdem ob einseitig oder zweiseitig gekaut wird, bald in den oberen, bald in den unteren Teilen des Basalbogens Zug- bzw. Druckspannungen entstehen, die in Randstrecken am größten sind und nach der Mittelzone des Basalbogens abnehmen. In der Gegend des Canalis mandibularis werden sie annähernd = 0 sein. Dagegen müssen in dieser Mittelzone Schubspannungen auftreten. Bei der Länge des Trägers müssen die Zug- und Druckspannungen beim Schneidezahnkauen größer sein als beim Molarenkauen. Die Schubspannungen aber werden mit dem Auflagerdruck steigen, also beim Kauen auf den Mahlzähnen am größten werden. Zu diesen in der vertikalen Mittelebene des Kiefers auftretenden Spannungen kommen andere hinzu, die mehr seitlich, nach innen und außen von ihr liegen. Sie sind zum Teil durch Torsionsbeanspruchung bedingt und erzeugen in den Haversschen Systemen der seitlichen Unterkieferwandungen Verhältnisse, die etwa mit dem Zusammendrehen einer Schnur aus einzelnen Fäden zu vergleichen sind. Da bei Torsionsbeanspruchung die peripheren Teile immer stärker beansprucht werden als die zentralen, fällt das Schwergewicht auf die besonders feste Kieferaußenwand. Allerdings ist deren Ausbau keineswegs nur aus dem Torsionsmoment hervorgegangen, die torquierenden Kräfte sind nicht allzu groß, die von ihnen ausgehenden Funktionsreize also wohl auch nicht allzu stark. Dafür kommen, namentlich aus der Seitwärtsbewegung des Unterkiefers, auch in den seitlichen Begrenzflächen Druck- und Zugspannungen hinzu und komplizieren die Verhältnisse weiter in einer Weise, die hier nicht verfolgt werden soll. Die bekannten anatomischen und histologischen Tatsachen über das Knochengefüge und seine Verschiedenheit an bestimmten Strecken des Unterkiefers lassen sich restlos mit diesen statisch erschlossenen Spannungsverhältnissen in einleuchtende Beziehung bringen.

In ähnlicher Weise, wie für den Unterkiefer, läßt sich auch der Oberkiefer zunächst als Träger auffassen. Man lege nur einmal das Schwergewicht auf seinen Basalbogen und dessen hintere Verbindung mit der Schädelbasis. Dann wird auch er zum Träger mit drei Stützen, wovon zwei in den Gelenken liegen

---

[1]) Schröder, B.: Die entwicklungsmechanische Erklärung der rachitischen Kiefer. Dtsch. Monatsschr. f. Zahnheilk. 1923.

und die dritte sich an der Kaustelle findet. Bei beidseitigem Kauen wäre es ein Doppelträger, jeder auf zwei Stützen. Im Gegensatz zum Unterkiefer gibt der Träger selbst nur zum allerkleinsten Teil Angriffspunkte für die Kaumuskeln ab. Die hier allein in Betracht stehenden Anheftungen der Masseteren und inneren Flügelmuskeln liegen so, daß die Beanspruchung des auf seinen Stützen liegenden Trägers bei der Belastung auf eine Durchbiegung des Basalbogens nach unten tendiert. So werden im Basalbogen nahe den Zahnhälsen Zug-, höher oben, dort, wo der Basalbogen ganz besonders kräftig ist, Druckspannungen entstehen. Die konvexe Okklusionskurve des Oberkiefers erweist sich als zweckmäßig und fördert die Druckkonzentration nach besonders druckkräftiger Stelle. Die im Alveolarteil festgestellten Längstrajektorien sind Ausdruck der geschilderten Inanspruchnahme des Knochens. Selbstverständlich komplizieren sich aus der Einpflanzung des Basalbogens in das Gesichtsgerüst die Dinge ganz außerordentlich. Die konstruktiven Hauptpunkte dieser Verhältnisse haben wir schon früher geschildert. Sie haben bedeutsame Rückwirkung, namentlich in bezug auf die Belastung des Gaumens. Man kann denselben zunächst als Querversteifung ansehen, aber wahrscheinlich birgt diese Auffassung nicht alles. Es ist vielmehr anzunehmen, daß er oft mehr im Sinne einer Querspanne, also auf Querzug, beansprucht wird, und zwar deshalb, weil die Oberkieferzähne die unteren mit ihren buccalen Höckern überragen, somit an ihren Okklusionsflächen die Druckwirkung sich mehr nach außen als nach innen zu geltend machen wird, woraus für das Gaumengewölbe Zugspannungen hervorgehen können. Es ist denkbar, daß hier für die Einzelfälle aus der Konkurrenz von Querdruck und Querzug sich verschiedene Zustände herausbilden können. Die starke buccal-palatinale Divergenz der Molarenwurzeln weist auf recht komplexe Verhältnisse hin. Einerseits geht die Hauptdruckfortleitung, wie Abb. 72 zeigt, nach oben und innen. Sie hat eine leichte komprimierende Komponente, andererseits muß eine Druckablenkung nach außen durch das Übergreifen der oberen Zähne statthaben, die um so stärker ins Gewicht fallen wird, je senkrechter im Einzelfall die hinteren Oberkieferzähne stehen. Kein Teil des Gesichtsskelettes weist so variable Verhältnisse auf wie gerade der Gaumen, und man vermutet längst dabei Rückwirkungen aus der Kautätigkeit. Völlig geklärt sind diese Verhältnisse noch nicht, es sind erst wichtige Anhaltspunkte gewonnen, die einer eingehenden Verfolgung wert sind.

Werfen wir zum Schluß noch einen Rückblick auf den ganzen Kieferapparat, um die wichtigsten Aufgaben der Zahnheilkunde für die Tauglichmachung defekter Gebisse und verbilderter Kiefer zu kennzeichnen. Die Leistung eines Kauapparates muß dann höchstwertig sein, wenn er erlaubt, die drei Arten der Kaubewegung, nämlich Auf- und Zubiß, Vor- und Rückschieben und die Seitwärtsbewegung alle voll beim Kauen auszunutzen. Mit anderen Worten gesagt, wenn beim Zubeißen sich alle Zähne berühren, oder besser ausgedrückt, ineinandergreifen wie die Räder eines Uhrwerkes und wenn dieser Kontakt beim Vor-, Rück- und Seitwärtsschieben stets erhalten bleibt. Unter solchen Verhältnissen wirken sich an so viel Einzelstellen quetschende und ziehende Teilkräfte aus, daß es mit verhältnismäßig geringem Kraftaufwand möglich ist, eine ganz starke Verkleinerungsarbeit zu vollbringen. Jede der genannten Bewegungsarten stellt an die Form und Stellung der Zähne ihre bestimmten Anforderungen. Der Zubiß verlangt, daß immer ein Höcker in eine Fissur der Gegenzahnreihe eingreift, daß die Höcker und Fissuren so geformt sind, daß die Speisen wie von Keilen durchstoßen werden können, und daß Riffelungen um die Höcker und Fissuren liegen, damit sich zur Stoßwirkung die Reibwirkung geselle. Würde der Mensch seinen Unterkiefer nur auf- und abwärts bewegen, wie die Carnivoren, dann müßten bloß die Höcker der einen Zahnreihe in die der anderen passen, dadurch aber, daß der Mensch seinen Unterkiefer auch vor-, rück- und seitwärts verschiebt, werden ganz bestimmte und schwer erfüllbare Relationen zwischen den einzelnen Zähnen und den beiden Zahnreihen sowie zwischen dem Gelenk notwendig, wenn nicht manche Zähne bei der einen oder anderen Art der Schiebebewegung leer laufen und die anderen entsprechend stärker belastet werden sollen. Ein vollbezahnter Kauapparat, bei dem diese Bedingungen erfüllt sind, wird mit einem wesentlich geringeren Kaudruck auskommen als wie ein Mensch, der nur ein oder zwei der wirksamen Kaumöglichkeiten ganz oder teilweise ausnutzen kann.

Tatsächlich erreicht die Natur diesen Idealzustand nur selten. Meist klaffen die Backenzähne weit auseinander, wenn die Incisiven Schneide auf Schneide stehen. Der beim Rückbiß an sich schon notwendigerweise gesteigerte Kaudruck wird nicht von der ganzen Zahnreihe, sondern nur von einem Teil derselben aufgenommen. An diesen Stellen entsteht Überbelastung. In der Jugend werden solche den Knochen zur Umbildung anregen und daraus Anomalien hervorgehen, im Alter und bei geschwächter Konstitution erkrankt das Zahnbett überbelasteter Zähne.

Es wird daher die Aufgabe so lauten, daß der sich entwickelnde Kieferapparat — besonders während des Zahnwechsels — zu überwachen ist, und daß unter Umständen die Zähne durch die Tätigkeit des Kieferorthopäden in die Richtung dirigiert werden, welche das Herausbilden eines möglichst hochwertigen Kieferapparates erlaubt. Aufgabe des zahnärztlichen Prothetikers wird es sein, verlorengegangene Zähne durch funktionell möglichst günstigen Ersatz einzuführen, ehe sich an dem Kiefer Folgen des Zahnverlustes eingestellt haben, die nicht mehr, oder nur teilweise reparabel sind. Bei partiellem Ersatz ist das gestellte Ziel meist verhältnismäßig leicht erreichbar, weil durch die noch vorhandenen Zähne die Bewegungsbahnen des Kiefers in der Regel eindeutig festgelegt sind. Anders wird es sein, wenn diese Zähne nicht mehr imstande sind, dem Zahnarzt als Führung zu dienen, oder wenn sehr viel oder alle Zähne verlorengegangen sind. Dann muß er Apparate benutzen, welche ihm die Kieferbewegungen seines Patienten möglichst genau wiedergeben sollen, damit er den künstlichen Zähnen jene Form und Stellung geben kann, die erlaubt, daß in allen Phasen der Kaubewegungen der Kontakt aller Zähne erhalten bleibt.

Im natürlichen Gebiß wird der Unterkiefer einerseits durch das Gelenk, andererseits durch die Zähne geführt. Beim zahnlosen Kiefer fällt die Führung durch die Zähne fort, und es bleibt nur jene durch das Gelenk übrig. Sie muß durch einen Apparat, einen *Artikulator*, wiedergegeben werden. Dieser muß Gelenke haben, die in ihrer Formgestalt und ihrem Abstand voneinander sich gleich wie bei dem Patienten verhalten und muß außerdem die Basis des Ersatzstückes, auf welche die Zähne aufgesetzt werden sollen, die Alveolarfortsätze, in diejenige Lage zum Gelenk bringen, welche dem Kieferbau des Patienten entspricht.

Während man früher, in Verkennung der wahren Aufgabe zahnärztlicher Prothetik, Okkludoren verwandte, d. h. Apparate, die, um ein beliebiges Scharniergelenk, Öffnen und Schließen des Apparates, und damit der entstehenden Prothese, aber natürlich nicht in den physiologisch richtigen Bewegungsbahnen gestatteten, hat man seit 1865 versucht, wirkliche Artikulatoren zu konstruieren. In diesem Jahr fertigte Bonwill einen Apparat an, der in den Gelenken die drei Bewegungsarten gestattet. Die Gelenkbahn selbst war horizontal gelagert, beide Gelenke 10 cm voneinander entfernt, für die Lagerung der Alveolarwälle zum

Gelenk gab BONWILL an, daß die Berührungsfläche der mittleren Schneidezähne von den beiden Gelenken je 10 cm betragen solle. Wenn wir von der ungenügenden Orientierungsmöglichkeit der Alveolarwälle zu den Gelenken absehen, ist dieser Apparat brauchbar für Individuen, die kein Tuberculum, also eine horizontale Gelenkbahnführung haben und bei denen die beiden Gelenke 10 cm voneinander entfernt liegen. Aber auch bei diesen ahmt er die Bewegung des sog. ruhenden Kondylus und damit die exakte Seitwärtsbewegung des Unterkiefers nicht nach. Da aber die meisten erwachsenen Menschen ein Tuberculum haben und damit eine nach vorn und unten gerichtete Gelenkbahn aufweisen, konstruierte man danach Artikulatoren mit schräg gelagerter und verstellbarer Gelenkbahnführung. Weil jedoch zur individuellen Bestimmung der Gelenkbahn sehr komplizierte Untersuchungen notwendig sind, hat man vielerseits diesen Weg wieder verlassen und hat, besonders nach den wichtigen Untersuchungen von GYSI über den Einfluß kleiner Abweichungen des Artikulators von den natürlichen Bewegungsbahnen des Individuums, Apparate mit Durchschnittswerten konstruiert. Auch dieser Weg ist von anderen (FEHR, EICHENTOPF) wieder aufgegeben worden, indem sie das Gelenk und seine Bahnen ganz unberücksichtigt ließen, vielmehr die Bewegungen des Unterkiefers zum Oberkiefer registrierten und die so gewonnenen Bewegungsbahnen zu den Führungsbahnen ihres Artikulators machten. So genial auch diese Idee war, diese Bewegungsbahnen ließen doch so viele Nebenbewegungen zu und die Einzelbewegungen waren so schwer exakt wiederzugeben, daß einer von uns (WINKLER) alle Artikulatoren verwarf und den Patienten zu seinem eigenen Artikulator machte. In der Zwischenzeit ist es SCHRÖDER und RUMPEL gelungen, einen Apparat herauszubringen, der die individuellen Bewegungsbahnen des Unterkiefers wiedergibt und keine Nebenbewegungen zuläßt. Sie registrieren die Bewegungsbahn des Unterkiefers zum Oberkiefer wie EICHENTOPF und FEHR, legen sie durch Verschraubungen in beliebig angebrachten, den natürlichen Gelenken ähnlichen Gelenken fest und schaffen außerdem eine vordere Führung, indem sie den von GYSI eingeführten Führungsstift übernahmen.

Mit der Einführung dieses Apparates scheint uns technisch das Artikulatorenproblem gelöst. Der zahnärztliche Prothetiker, der seine Kunst versteht, ist damit in der Lage, eine funktionell ganz hochwertige Prothese zu schaffen.

Schlucken.

Von

JOSEF PALUGYAY

Wien.

Zusammenfassende Darstellungen.

LUCIANI, C.: Physiologie des Menschen. Jena: Gustav Fischer 1906. — NAGEL, W.: Handbuch der Physiologie. Braunschweig: Vieweg & Sohn 1907. — MAGNUS, R.: Die Bewegungen des Verdauungskanals. Ergebn. d. Physiol. Bd. 7, S. 28. 1908. — KRONECKER, H.: Die Schluckbewegung. Dtsch. med. Wochenschr. 1884, Nr. 16—24. — MIKULICZ, J. v.: Beiträge zur Physiologie der Speiseröhre und der Kardia. Mitt. a. d. Grenzgeb. d. Med. u. Chir. Bd. 12, S. 569. 1903. — SCHREIBER, J.: Über den Schluckmechanismus. Berlin: August Hirschwald 1904. — PALUGYAY, J.: Röntgenstudien über den ösophagealen Schluckakt. Pflügers Arch. f. d. ges. Physiol. Bd. 200, S. 620. 1923.

Der in der Mundhöhle gebildete Bissen wird mittels des *Schluckaktes* durch den Schlund, die Speiseröhre und die Kardia in den Magen befördert. Der Schluckakt besteht aus einer Reihe von komplizierten Bewegungen der Muskulatur des Pharynx, des Oesophagus und der Kardia.

Die Theorien über den Mechanismus des Schluckens gehen weit auseinander.

MAGENDIE, dessen Theorie teils auf anatomischen Erwägungen, teils auf physiologischen Beobachtungen fußt und von den älteren Forschern allgemein anerkannt wurde, unterscheidet beim Schlucken drei Akte, den ersten, willkürlichen, währenddessen der Bissen vom Mund zum Isthmus faucium gelangt, den zweiten, unwillkürlichen, von reflektorischer Natur, der sehr rasch, fast konvulsiv erfolgt und durch welchen der Bissen den Schlund passiert und an das obere Ende der Speiseröhre gelangt, und den dritten, gleichfalls dem Einfluß der Schwerkraft entzogenen und sehr langsam verlaufenden, der den Bissen bis zum Magen leitet. Im Wesen besteht der Mechanismus in einer *peristaltischen Bewegung*, durch die der Bissen allmählich weitergerollt und vorwärtsgetrieben wird, im ersten Zeitabschnitt durch den Druck der Zunge gegen den Gaumen infolge der Kontraktion der *Musculi longitudinales linguae* und der *Mm. mylohyoidei*; im zweiten Zeitabschnitt durch die Kontraktion der *Constrictores pharyngis*, welche den Bissen umfassen, umschließen und vorwärtstreiben, während der *Kehlkopf* mit dem *Zungenbein* in die Höhe geht und das Gleiten des Bissens über die *Glottisöffnung* beschleunigt; im dritten Zeitabschnitt durch die fortschreitende Kontraktion der *Ringmuskulatur der Speiseröhre*, welche durch den Druck, mit dem der Bissen durch die Zusammenziehung des Schlundes vorwärtsgetrieben wird, eine Dehnung erfahren hat.

Gegenüber der Theorie MAGENDIES, der das Schlucken im wesentlichen als eine peristaltische Bewegung auffaßt, erklären KRONECKER[1], MELTZER und

---

[1] KRONECKER u. MELTZER: Arch. f. (Anat. u.) Physiol. 1883, Suppl.-Bd. S. 328.

FALK auf Grund von experimentellen Versuchen (mittels Schlundsonde, Gummi-
bläschen und Registrierung deren Bewegungen auf der rotierenden Trommel), daß
der Schluckakt ein Spritzvorgang sei.

Auf Grund ausgedehnter Versuche gelangt KRONECKER zu dem Ergebnis,
daß die Schluckbewegung in einem Akt erfolgt, indem der Schluck (flüssige oder
breiige Massen) beliebig lange in der Mundhöhle an der Zungenwurzel gehalten
werden kann und nach Auslösung der Schluckbewegung mit großer Geschwindigkeit unter relativ hohem Drucke in den Magen geschleudert wird.

Als wichtigste Schluckmuskeln bezeichnet KRONECKER die *Mylohyoidei*
(Genio- und Styloglossi sowie Transversus linguae kommen nicht in Betracht),
wichtig ist weiterhin der *M. longitudinalis linguae*. Der Schluckmechanismus
beginnt, wenn durch Reizung der Rachenwand die *Schluckmuskulatur* reflektorisch
innerviert worden ist. Von da ab ist der Ablauf nicht mehr willkürlich, oft erfolgt
das reflektorische Schlucken wider unseren Willen und in einem Moment, in
welchem wir es am wenigsten erwarten würden (Schlaf, Ohnmacht). Der einfache
reflektorische Schluckakt enthält eine einfache kurze Haupthandlung und eine
Reihe von Vor-, Neben- und Nachspielen. Die Kontraktion der *Mm. mylohyoidei*
drängt die Zunge nach oben und hinten; zu gleicher Zeit ziehen die *Mm. hyoglossi*
die Zungenwurzel, welche in der Ruhelage nach hinten oben gerichtet ist, nach
hinten unten, hierdurch wird der untere Schlundraum rasch verkleinert, die
Schluckmasse wie durch einen Spritzstempel unter hohen Druck gestellt und
nach der Seite des geringsten Widerstandes, d. h. in der Norm nach dem Oesophagus zu verdrängt. So werden flüssige und weiche Speisen durch die ganze
Schluckbahn bis zur Kardia herabgespritzt, bevor Kontraktionen der Pharynx-
und Oesophagusmuskeln sich geltend machen können. Damit aber das Spritzen
den Effekt in der gewünschten Richtung ausübe, müssen die Wandungen der
Spritze dicht schließen. Es müssen also alle Nebenöffnungen versperrt sein.

Deren existieren auf dem Schluckwege wesentlich drei: die nach der Mundöffnung,
die nach der Nasenhöhle und die nach dem Kehlkopf zu. Zuvörderst muß die Zunge die
Mundöffnung sperren. Nach ZAUFAL[1]) tritt beim Schlingakte die Plica salpingopharyngea
an die hintere Rachenwand und schreitet zu gleicher Zeit gegen die Medianlinie vor: durch
Kontraktion des M. thyreo-pharyngeo-palatinus und des salpingo-pharyngeus, durch die
gleichzeitige Hebung des Kehl- und Schlundkopfes und das Zurückdrängen der medialen
Tubenplatte durch den Levator veli. Die Plicae salpingo-pharyngeae bilden so an der
hinteren Rachenwand einen spitzen Bogen, dessen Öffnung durch den Wulst des kontrahierten
Azygos geschlossen wird. Da nun auch das Gaumensegel gehoben und die hintere Rachenwand dem Azygoswulst entgegengedrängt wird, so wird durch diesen Mechanismus ein vollständiger Abschluß des Nasenrachenraumes vom hinteren Rachenraume hergestellt. Der
dritte Weg, welcher die Schluckbahn kreuzt, ist der Zugang zur Luftröhre. Man kann
4 Arten von Schutzvorrichtungen gegen den Eintritt von Nahrungsmitteln in die Luftwege
unterscheiden:

1. Das Aufwärts- und Vorwärtssteigen des Kehlkopfes, kombiniert mit der Rückwärts-
bewegung der Zunge, deren Wurzel sich zum Teil auf den oberen Kehlkopfeingang legt.

2. Der Kehldeckel, welcher zwischen der Zungenwurzel und dem Kehlkopf gelegen ist,
folgt der Bewegung, welche dieser ihm mitteilt, und wird so auf die obere Öffnung des Kehlkopfes angedrückt.

3. Die Stimmritze wird geschlossen. Dies ist zufolge MAGENDIE die Hauptursache,
weshalb die Nahrungsmittel nicht in die Luftröhre fallen.

4. Durch die außerordentliche Empfindlichkeit der Schleimhaut, welche den Raum
neben den Stimmbändern auskleidet, wird bewirkt, daß jeder nicht gasförmige Körper,
welcher durch fehlerhaftes Schlucken oder unzeitgemäßes Atmen zum Kehlkopf, „in die
falsche Kehle", gelangt, krampfhaftes Husten veranlaßt, welches den Fremdkörper durch
brüske Luftströme in die Schluckbahn befördert.

STUART und CORNICH[2]), welche 1891 Gelegenheit hatten, Beobachtungen an einem
Manne, welcher infolge einer Operation eine größere Öffnung nach außen hatte, den Schluck-

---

[1]) ZAUFAL, Arch. f. Ohrenheilk. Bd. 15, S. 96.
[2]) STUART u. CORNICH: Journ. of anat. a. physiol. Bd. 26, S. 231—238.

akt direkt zu beobachten, bestreiten, daß der Kehlkopfverschluß durch den Kehldeckel bewirkt wird, indem sich derselbe nach hinten umbiegt; sie schließen sich auf Grund ihrer Beobachtungen der Ansicht einiger älterer Autoren an, daß die Gießbeckenknorpel den Verschluß bewirken, indem sie sich stark vorbiegen und aneinanderlegen, so daß sie mit der Epiglottis eine T-förmige Fuge bilden, der Querast der Fuge wird von der Epiglottis und den Plicae aryepiglotticae gebildet.

Dieser Annahme gegenüber kam Réthi[1]) auf Grund von Tierversuchen zu dem Ergebnisse, daß sich der Kehldeckel beim Schlucken über den Kehlkopfeingang legt, und zwar wird er von der Zungenwurzel niedergedrückt; seine eigenen Muskeln sind zum Herabziehen ungenügend. Weiterhin fand er, daß beim Schlucken eine Kontraktion der Cricothyreoidei und der Cricoarythenoidei laterales (Schluß der Stimmritze) eintritt, ferner eine Ausbuchtung der hinteren Rachenwand in der Höhe zwischen Zungenbein und Basis der Arythenoidknorpel.

Auch Kauthak und Anderson[2]) sind zu demselben Ergebnisse wie Réthi gelangt.

Nachdem der *Schlingmechanismus* den Bissen in die Speiseröhre geschleudert hat, tritt nach der Theorie Kroneckers eine Kontraktion der Oesophagusmuskulatur ein, nicht nur wenn Bissen sowie mittlere und größere Wasserschlucke genommen werden, sondern sogar auch beim Leerschlucken, wo also nur eine kleine Menge Speichel, vielleicht mit Luft gemengt, kardialwärts geschleudert wird. Die Reihe von Mechanismen, welche sich auf dem Speisewege zum Magen finden, sind nur zur Reserve angebracht. Diese Annahme wird gestützt durch drei Momente; zuvörderst ist die Muskulatur des Oesophagus von verschwindender Stärke gegenüber den höher gelegenen Schluckmuskelgruppen. Sodann weist der Umstand, daß die lange Speiseröhre keinerlei Verdauungsdrüsen enthält, schon darauf hin, daß mit keinem längeren Aufenthalt der Speisen in derselben gerechnet wird. Endlich erscheint es sehr wünschenswert, daß die dem Speisewege benachbarten Luftwege möglichst kurze Zeit in ihrer Wegsamkeit beschränkt werden und für den Fall, daß die Massen Widerstand finden, Reservekräfte prompt zu Hilfe kommen, die nicht erst eines neuen Antriebes bedürfen.

Nach Kronecker sind im Schluckrohr bis zur Kardia fünf Muskelzüge zu unterscheiden: Die Muskulatur des ersten Aktes (wesentlich der Mylohyoideus), die der Constrictoren und die der drei Abschnitte des Oesophagus; vor diesen drei Abschnitten des Oesophagus beginnt der ganze oberste, etwa 6 cm lange Teil seine Kontraktion fast vollständig gleichzeitig, etwa 1,2 Sekunden nach dem Schluckanfang. Hierauf verfließen 1,8 Sekunden, bevor der nächste Abschnitt in einer Länge von beiläufig 10 cm wiederum fast gleichzeitig sich zusammenzuziehen beginnt. Darauf hält eine längere Pause von ca. 3 Sekunden den Fortschritt der Bewegung auf, worauf endlich der letzte Abschnitt in Zusammenziehung gerät. Die Pause zwischen der Bewegung des ersten und zweiten *Schluckabschnittes* (Mylohyoideus und Constrictoren) beträgt etwa 0,3 Sekunden. Die Dauer der Pause zwischen der Bewegung der Constrictoren und derjenigen des ersten Oesophagusabschnittes beträgt etwa 0,9 Sekunden. Jeder der fünf ringförmigen Abschnitte, in welche die Schluckbahn zerfällt, kontrahiert sich ziemlich auf einmal und hat auch in allen seinen Teilen eine ziemlich gleiche Kontraktionsdauer. Die verschiedenen Abschnitte jedoch kontrahieren sich nacheinander, nach Pausen, die um so länger werden, je länger die Zusammenziehung der einzelnen Ringe dauert. Je langsamer ein Abschnitt sich kontrahiert, desto geringere Beschleunigung erteilt er den, durch seine Kontraktion abwärtsgetriebenen, Massen. Weiter ist zu bemerken, daß die Kontraktion eines jeden Abschnittes die darauffolgende Pause überdauert. Dadurch nun, daß die Kontraktion des

---

[1]) Réthi: Sitzungsber. d. Akad. d. Wiss., Wien, Mathem.-naturw. Kl. III C 1891, S. 361 bis 404.

[2]) Kauthak u. Anderson: Journ. of physiol. Bd. 14, S. 154—162. 1893.

einen Abschnittes beginnt, bevor diejenige des vorhergehenden abgelaufen ist, wird das Zurücktreten der Speisen gehindert.

Als sechster Abschnitt in der Schluckbahn ist die Kardia anzusehen, die weniger zur Beförderung der Ingesta aus dem Oesophagus in den Magen dient, als vielmehr um die Rückkehr des Mageninhaltes in die Speiseröhre zu verhüten. Die Kontraktion der Kardia blieb nach Zeit und Umfang unverändert, auch wenn der Oesophagus abgebunden oder durchtrennt war. Aus den Erfahrungen, welche die Auskultation der Schluckgeräusche beim Menschen bot, folgert KRONECKER, daß die Kardia beim Menschen unter normalen Verhältnissen geschlossen ist. Und es bedarf der kräftigen Kontraktion des dritten Oesophagusabschnittes, damit die Schluckmasse durch die Kardia durchgepreßt werde.

Betreffs des Mechanismus beim fortgesetzten Schlucken ergaben weitere experimentelle Untersuchungen KRONECKERS und seiner Schüler folgendes: Wenn man einen zweiten Schluck macht, während die auf den ersten Schluck erfolgende Kontraktion in dem beobachteten Oesophagusabschnitt bereits begonnen hat, so wird diese Kontraktion nicht mehr aufgehoben, nur manchmal etwas verkürzt, und es beginnt die dem zweiten Schlucke entsprechende *Oesophaguskontraktion* ebenso spät, wie wenn das zweite Schlucken erst nach Beendigung der ersten Oesophaguskontraktion erfolgt wäre. Jedoch wird der zweite Schluck durch die Kontraktion des ersten Schluckes nicht festgehalten, sondern es vermag die Muskulatur, welche dem Hauptschluckakte vorsteht, die Schluckflüssigkeit auch durch die ersten beiden Oesophagusabschnitte hindurchzuspritzen, wobei vermutlich die *Mm. geniohyoidei* begünstigend mitwirken, indem sie den Oesophagus mechanisch dilatieren. Daß durch die kontrahierte Kardia nicht auch gespritzt wird, rührt wahrscheinlich daher, daß hier einerseits die mechanische Dilatation fehlt, sodann, daß die Wurfkraft im engen dritten Abschnitt des Oesophagus bereits bedeutend herabgesetzt ist, endlich weil die tonisierte Kardia größeren Widerstand leistet als ein kontrahierter Oesophagusanteil. Doch ist es bei geringer Wurfkraft auch möglich, daß die Schluckmasse den dritten Abschnitt gar nicht erreicht, sondern im zweiten stehenbleibt. In solchen Fällen treibt erst die Peristaltik dieses Abschnittes, welche 3—4 Sekunden nach dem Schlucke beginnt, das Aufgenommene weiter, unter Umständen ohne Aufenthalt, bis in den Magen.

Als Beweis, daß der Schluckakt ein Spritzvorgang sei, führt MELTZER[1]) an, daß Hunde, deren Halsspeiseröhre entmuskelt wurde, auch mit herabhängendem Munde, also ohne Speiseröhrenmuskulatur und entgegen der Schwerkraft, trinken können.

CANNON und MOSER[2]), die den Schluckakt außer am Menschen, auch an verschiedenen Tieren, mittels Röntgendurchleuchtung studiert haben, lassen die Theorie MELTZERS und seiner Mitarbeiter nur beim Menschen und Pferde gelten und auch nur für flüssige und breiartige Ingesten. Für das Schlucken von festen und halbfesten Massen schließen sie sich der alten Theorie der peristaltischen Beförderung an.

Das Ergebnis ihrer Untersuchungen war folgendes: Beim Huhn ist die Bewegung langsam und vollzieht sich infolge der Peristaltik bei Speisen jeglichen Konsistenzzustandes. Ein Einspritzen der Flüssigkeit ist augenscheinlich unmöglich, weil die, die Mundhöhle umschließenden Partien, zu hart und zu starrwandig sind. Der Schwere kommt gegenüber dem Bewegungsimpuls, den die Mundhöhle zu erteilen vermag, eine überwiegende Bedeutung zu. Jedesmal, wenn die Mundhöhle mit Flüssigkeit erfüllt ist, wird der Kopf erhoben, damit die Flüssigkeit durch ihr eigenes Gewicht in den Oesophagus gleite, in welchem sie durch Peristaltik weitergetrieben wird.

[1]) MELTZER: Zentralbl. f. Physiol. Bd. 21, S. 70—71. 1907.
[2]) CANNON u. MOSER: Americ. journ. of physiol. Bd. 1, S. 435—444. 1898.

Bei der Katze ist nach den beiden Autoren die Schluckbewegung immer peristaltisch und erfolgt etwas rascher als beim Huhn. Um in den Magen zu gelangen, braucht der Bissen 9—12 Sekunden. Die Flüssigkeiten bewegen sich im oberen Abschnitt des Oesophagus etwas rascher als die halbfesten Bissen. Im unteren oder Zwerchfellteile ist die Schnelligkeit viel geringer als im oberen Abschnitte, gleichgültig ob es sich um Flüssigkeiten oder um feste Bestandteile handelt.

Beim Hunde gelangt der Bissen in 4—5 Sekunden in den Magen. Er wird immer im oberen Abschnitte rasch und im unteren langsam weitergetrieben. Bei Flüssigkeiten kann die rasche Fortbewegung auch im unteren Abschnitte erhalten bleiben.

Beim Menschen und beim Pferde werden die Flüssigkeiten bis tief in den Oesophagus, mit einer Geschwindigkeit von mehreren Dezimetern in der Sekunde, eingespritzt, infolge des Antriebes, den sie durch die rasche Kontraktion der Mm. mylohyoidei erhalten. Die festen und halbfesten Nahrungsmittel werden im ganzen Verlaufe des Oesophagus, lediglich durch die Peristaltik, langsam vorwärtsgetrieben.

Abweichend von den erstgenannten zwei Theorien, betreffs des Schluckmechanismus, ist die von v. Mikulicz, demzufolge das hauptfördernde Agens der Flüssigkeiten durch die Speiseröhre beim Menschen die *Schwerkraft* ist. Nach v. Mikulicz geht der Schluckakt demnach folgendermaßen vor sich: Flüssigkeiten und dünnbreiige Massen werden durch die Kontraktion der Pharynxmuskulatur nur in den Anfangsteil des Oesophagus getrieben. Hier angelangt, fließen sie durch ihre eigene Schwere bis an die Kardia und öffnen dieselbe auch infolge ihrer Schwere automatisch. Sie bedürfen somit zur Passage durch den Oesophagus und die Kardia keiner Mithilfe durch die Peristaltik. In bezug auf den Mechanismus beim Schlucken von festen Bissen gelten nach v. Mikulicz uneingeschränkt die von Kronecker und Meltzer gefundenen Regeln. Feste Massen werden ausschließlich durch die Peristaltik im Oesophagus vorwärtsbewegt, soweit sie nicht, mit der gleichzeitig verschluckten Flüssigkeit, mit heruntergeschwemmt werden. Ist der Bissen größer, als es dem Durchmesser der Speiseröhre entspricht, so wird er nur langsam vorwärtsbewegt, und es bedarf mehrerer Schlucke, um ihn in den Magen zu befördern.

Zu einem noch abweichenderen Ergebnisse kommt hinsichtlich des Schluckaktes und auch hinsichtlich seiner zeitlichen Verhältnisse Schreiber[1]). Seiner Ansicht nach haben die von Kronecker und Meltzer der Zeitmessung zugrunde gelegten Spritzmarken mit der Fortbewegung der Schluckmasse durch den Oesophagus nichts zu tun. Durch Registrierung der *Kehlkopfbewegungen* ergibt sich, daß die Schluckbeförderung nicht mit der Kontraktion des Mylohyoideus und Hypoglossus zeitlich zusammenfällt, sondern erst 1—2 Sekunden später, mit Beginn der Eröffnung des Oesophagus, erfolgt. Da zu dieser Zeit die Kontraktion des Mylohyoideus im Schwinden, die der Constrictores pharyngis im Wachsen begriffen ist, scheinen es die letzteren zu sein, welche wesentlich die Schluckmasse in den Oesophagus befördern, wahrscheinlich unterstützt durch den „*Abschlußdruck*" während des Herabsteigens des Oesophagus und Kehlkopfes. Hiermit beginnt die zweite Schluckphase: Die peristaltische Beförderung durch den Schlund. Für Flüssigkeiten und Gase könne auch der intrathorakale Druck in Betracht kommen. Die Peristaltik vollzieht sich nach Schreiber nicht mit drei (Kronecker und Meltzer), sondern nur mit zwei Geschwindigkeiten, einer schnellen, im quergestreiften Halsteil, und einer langsamen, im glatten Brustteil der Speiseröhre. Auf Grund der *Schluckautmogramme*, welche, von an Seidenfäden hängenden Bissen (mit Butter bestrichene, kleine Kapseln, Wurststückchen, in Condomsäckchen frei bewegliches Wasser) auf ihrem Wege durch die Mundrachenhöhle, Speiseröhre, bis in den Magen, auf dem berußten Papier selbst niedergeschrieben werden, kommt Schreiber zu dem Schluß, daß von

---

[1]) Schreiber: Über den Schluckmechanismus. Arch. f. exp. Pathol. u. Pharmakol. Bd. 46, S. 414—447. 1901.

einem einzelnen oder hauptsächlichen Schluckmuskel nicht die Rede sein kann und prinzipielle Differenzen in der Beförderungsweise von flüssigen und festeren Massen nicht bestehen. Alle Ingesta werden nach SCHREIBERS Theorie vielmehr auf die gleiche Weise, nämlich vermittels des durch die Gesamtheit der Schluckmuskeln im luftdicht abgeschlossenen Mundrachenraume bewirkten Schluckdruckes aus dem (buccalen) *Schluckatrium* in den Pharynx, den *Schluckventrikel*, und aus diesem dann, wesentlich unter dem Druck der Constrictoren, in den Anfangsteil der Speiseröhre gepreßt. Dabei zeigt es sich, daß die Schluckmasse noch nicht während der Bewegung des Mylohyoideus, sondern erst während der des Kehlkopfes aus dem Pharynx in den Oesophagus eintreten kann und darüber vergehen 6 Sekunden. Der Übergang der Masse aus dem buccopharyngealen in den ösophagealen Teil kann erst dann erfolgen, wenn der sonst stets geschlossene Eingang des Oesophagus durch die Aufwärts- und Vorwärtsbewegung des Kehlkopfes frei wird. Gegen Ende der Kehlkopfbewegung hat inzwischen die Peristaltik eingesetzt, die den Bissen, zunächst im quergestreiften Teil, noch rasch mit einer Geschwindigkeit von 25 cm pro Sekunde, in die Pars thoracica schiebt. Etwas langsamer erfolgt von hier die Beförderung bis zur Epikardia. Diese preßt die Ingesta nun in den Magen hinein. Unter *Epikardia* versteht SCHREIBER den untersten, ca. 4—5 cm betragenden Oesophagusabschnitt, dessen funktionelle Selbständigkeit durch experimentelle Tatsachen dargetan wird, mit welchen klinische bzw. pathologisch-anatomische Beobachtungen übereinstimmen. Die Epikardia greift demnach in den Schluckmechanismus, am Ende der Schluckbahn, in ungefähr demselben Sinne ein, wie die Constrictores pharyngis im Anfang derselben. Der Versuch von MELTZER, in dem Hunde auch nach Entfernung der Muscularis vom Halsteil des Oesophagus und nach Durchtrennung der Schlundmuskulatur noch wie normale Hunde Milch trinken konnten, beweist nicht, daß jene Muskeln normalerweise keine Bedeutung für den Schluckakt besitzen, ist vielmehr durch kompensatorische Mechanismen zu erklären. Nach SCHREIBERS Ansicht ergibt sich so aus MELTZERS eigenen früheren Versuchen, daß Tiere, nach Lähmung der Mylohyoidei, nicht mehr von selbst zu schlucken vermögen, wohl aber nach künstlicher Beförderung des Bissens in den Rachen, daß also, im Gegensatz zu KRONECKER und MELTZER und im Einklang mit SCHREIBERS Theorie, der Schluckakt in einzelne Phasen zerfällt, deren einleitende in der Beförderung der Nahrung durch die Mylohyoidei aus der Mundhöhle in den hinteren Rachenraum besteht. Weiterhin konnte SCHREIBER an Patienten mit *antethorakaler Speiseröhre* feststellen, daß der *buccopharyngeale Schluckdruck* nicht ausreicht, die geschluckte Flüssigkeit in einer Tour hinabzuspritzen. Die Fortbewegung von Flüssigkeiten ist vielmehr durch die operative Anheftung des ösophagealen Halsteiles und durch das Fehlen der Muskulatur des Brustteiles erheblich verlangsamt und formal verändert.

Nach röntgenologischen Beobachtungen SCHREIBERS, über den zeitlichen Ablauf des Schluckaktes, gelangt ein Flüssigkeitsschluck aus dem Mundrachenraum in den Anfang der Speiseröhre nicht vor 0,3 Sekunden nach Schluckbeginn, erreicht das Ende des Halsteiles zwischen 0,4—1,0 Sekunden nach Beginn des Schluckaktes, das untere Ende des oberen Drittels der Pars thoracica zwischen 0,6—1,5 Sekunden und die Epikardia nach 1—2 Sekunden. Vor der Kardia verweilt die Flüssigkeit einige Zehntel oder ganze Sekunden, um dann mit der Eröffnung der Kardia in den Magen einzutreten. In den Oesophagus wird die Flüssigkeit absatzweise hineingepreßt und schreitet hier als zylindrische Säule fort, die vor der Kardia nicht zusammenfällt, auch wenn die Eröffnung derselben sekundenlang auf sich warten läßt.

Beim Trinken ist, im Gegensatz zum Einzelschluck, die Peristaltik bis zu einem gewissen Grade unbeteiligt, weil jeder Schluck die Peristaltik des vorigen Schluckes bekommt und der Oesophagus dadurch schlaff bleibt. Doch schließt sich die Epikardia auch während des Trinkens von Zeit zu Zeit, so daß ein Teil des Trunkes immer wieder vor ihr zum Stehen kommt. Weiche Bissen gelangen nach Schreibers Beobachtungen in etwa 4 Sekunden bis zur Kardia.

Im ganzen wird der zeitliche Verlauf des Schluckaktes durch Form, Größe, Temperatur, Gleitfähigkeit des Geschluckten, durch Hunger und Durst beeinflußt.

Kraus[1]) nimmt auf Grund von röntgenkinematographischen Aufnahmen des Schluckaktes eine zwischen den divergierenden Theorien Kroneckers und Schreibers vermittelnde Stellung ein, indem nach seiner Auffassung die erste, nämlich die *buccopharyngeale Schluckperiode*, nicht bloß bis zum Oesophagusmunde geht, sondern die Schluckmasse im wesentlichen doch durch den Mechanismus der Mm. mylohyoidei evtl. durch die ganze Schluckbahn hinabgeworfen wird, bevor wirkliche Kontraktionen der Pharynx- und Oesophagusmuskulatur sich geltend machen. Die Schluckmasse wird aber nicht im Pharynxraum zusammengepreßt, bis unter dem Druck der den Pharynx begrenzenden Muskeln der Oesophagusmund sich öffnet, so daß der Bissen erst jetzt in die Speiseröhre eintreten könnte. Die Erweiterung des *Oesophagusmundes* ist vielmehr nicht einfach passiv, sondern es handelt sich um das Nachlassen eines muskulären Sphinctermechanismus.

Die verschiedenen Theorien über den Mechanismus des Schluckens berücksichtigen nur den Schluckakt in aufrechter Körperstellung. Nur Falk stellt auf Grund der Versuche von Meltzer die Behauptung auf, daß der Mensch auch wider die Schwerkraft genau so schlucken kann wie in aufrechter Stellung. Schreiber[2]) konnte die Unrichtigkeit dieser Annahme dadurch beweisen, daß er Aufnahmen des Menschen in Kopfstellung machte. Bei Verabreichung von Einzelschlucken Kontrastflüssigkeit gelangte nach 20—30 Sekunden noch nichts in den Magen. Die Kontrastflüssigkeit drang nur bis in den Halsteil der Speiseröhre ein und war in den meisten Fällen in der Höhe der ersten Rippe, manchmal in der Höhe der zweiten Rippe nachweisbar. Bei Verabreichung von mehreren Schlucken Kontrastflüssigkeit rasch hintereinander, also beim Aufwärtstrinken, schob sich der Inhalt besonders bei Verabreichung von größeren Massen bis in den unteren Anteil des thorakalen Speiseröhrenabschnittes vor, wobei ein der idiopathischen Speiseröhrendilatation ähnliches Bild entstand.

Auf Grund von röntgenologischen Beobachtungen konnte ich feststellen, daß beim Schluckakt drei Phasen zu unterscheiden sind, und zwar die Beförderung der Ingesta aus dem Mund in die Speiseröhre, die Passage durch den Oesophagus und der Durchtritt der Speisen aus dem Oesophagus, durch die Kardia, in den Magen. Die erste Phase oder den buccopharyngealen Schluckakt erklärten Zwaademaker und Eykmann[3]) in ihren Details durch Registrierung mittels verschiedener Apparate und mittels Röntgenphotographien.

Sie konnten beim *buccopharyngealen Schluckakt* drei Stadien unterscheiden: Im ersten Stadium gleitet der Bissen zwischen Zunge und Pharynxwand nach unten, wobei sich die Zunge immer hinter dem Bissen stark an die Pharynxwand anpreßt. Weiter geht der Bissen zwischen der Hinterfläche der Epiglottis und der Pharynxwand nach unten; dabei steigt der Kehlkopf in die Höhe, indem sowohl das Zungenbein durch Muskelzug gehoben, als auch der Kehlkopf dem Zungenbein genähert wird. Gleichzeitig erfolgt der Larynxschluß. Im zweiten Stadium werden Zungenbein, Kehlkopf samt Kehldeckel und Luftröhre nach vorn gezogen, die Speiseröhre geöffnet; der Gipfel der Epiglottis gleitet hinter den Bissen an der hinteren Rachenwand entlang und der Bissen gelangt so in

---

[1]) Kraus: Dtsch. med. Wochenschr. 1912, S. 393.
[2]) Schreiber: Arch. f. Verdauungskrankh. Nr. 21.
[3]) Zwaademaker u. Eykmann: Nederlandsch tijdschr. v. geneesk. 1901, 2. Hälfte, 19. Sept.-Abdr.; Pflügers Arch. f. d. ges. Physiol. Bd. 99, S. 513. 1903.

den Anfangsteil des Oesophagus. Im dritten Stadium kehren Zunge, Zungenbein
und Kehlkopf in ihre Ausgangslage zurück und der Kehlkopf öffnet sich wieder.

Diese erste Phase des Schluckaktes erfolgt nach meinen Untersuchungen
unabhängig von der Körperstellung und zeigt sowohl in aufrechter Körper-
haltung, wie in Horizontallage und im Kopfstand, wie auch in den verschiedenen
zwischenliegenden Körperstellungen dasselbe Verhalten. Auch die Geschwindigkeit, mit der diese Phase abläuft, erweist sich von der Körperlage unabhängig.
Auch die Konsistenz des Bissens verursacht keine Differenzen. (Nur der *Ablauf*
dieser Phase zeigt keine Variationen, zum Unterschied von der Auslösung des
buccopharyngealen Schluckaktes, welche wohl sehr variabel ist.)

Im Gegensatz dazu steht die zweite Phase, die der Passage der Ingesta
durch die *Speiseröhre*, bei welcher ich Differenzen feststellen konnte, welche
bedingt sind 1. durch die Lage des Individuums im Raume, 2. durch die Konsistenz der Speisen (ob pastös, breiig oder flüssig) und 3. durch die Art der Aufnahme der Ingesta, je nachdem ob diese in einmaligem Schlingakt (buccopharyngealer Schluckakt) oder durch rasch hintereinanderfolgende Aufnahme von
Bissen, also durch fortgesetztes Essen oder Trinken erfolgt.

Am raschesten passiert Flüssigkeit in aufrechter Vertikalstellung die Speiseröhre, Paste in derselben Stellung am langsamsten. In Kopfstellung gelangt
Flüssigkeit durch Einzelnschluck gar nicht, beim fortgesetzten Trinken nur in
vereinzelten Fällen bis an die Kardia. Paste hingegen gelangt schon im Einzelnschluck weiter kardiawärts in der umgekehrten Speiseröhre als im Einzelnschluck
verabreichte Flüssigkeit und beim fortgesetzten Schlucken von Paste kommt
das distale Ende der *Ingestensäule* rascher und häufiger bis an die Kardia, als
dies beim fortgesetzten Trinken von Flüssigkeit in Kopfstellung der Fall ist.
Also liegen in aufrechter Vertikalstellung für Flüssigkeiten bessere Passage-
verhältnisse vor als für pastöse Ingesta. Umgekehrt in der Kopfstellung, in der
Paste eine bessere Fortbewegung zeigt als Flüssigkeit. Die Differenz in der
Geschwindigkeit des Transportes von Flüssigkeiten und pastösen Ingesta nimmt
um so mehr ab, je mehr sich der Neigungswinkel von der aufrechten Körperstellung entfernt (vergrößert). In Beckenhochlage, wenige Grade über der
Horizontalen, verschwindet die Differenz vollständig. Wenn der Neigungswinkel
in Beckenhochlage über 40—50° (unter der Horizontalen) gesteigert wird, so
zeigen pastöse Einzelnbissen bereits eine Beschleunigung in der Fortbewegung
gegenüber, in einem Schluck verabfolgten, Flüssigkeiten. Bei einem Neigungswinkel von 50—60° gelangen Einzelnschlucke Flüssigkeit bereits nicht mehr
bis an die Kardia, sondern nur bis in den mittleren Anteil des thorakalen Speiseröhrenabschnittes. Bei Paste kann der Neigungswinkel durchweg noch um
einige Grade erhöht werden, bevor der Einzelnbissen in der Speiseröhre stecken-
bleibt. Wenn nun, bei stark steilgestellter Beckenhochlage, der Einzelnschluck
nicht mehr an die Kardia, aber doch noch bis zur Mitte des thorakalen Speiseröhrenabschnittes gelangt, so kann durch leeres Nachschlucken, besonders wenn
dies rasch hintereinander einige Male vorgenommen wird, der Bissen oder Trunk
bis an die Kardia gebracht werden.

Der Ablauf der *peristaltischen Wellen* zeigt ebenfalls Variationen, je nach
der Lage des Menschen während des Schluckens und der Konsistenz der Ingesta.
In aufrechter Körperstellung ist bei Verabreichung von Paste durch Beobachtung
einer Wellenbewegung der Kontrastmasse unter dem Röntgenschirm der Ablauf
der Peristaltik nachweisbar. Bei Verabreichung von Flüssigkeiten ist die Peristaltik auch dann in dieser Stellung nicht nachweisbar, wenn beim fortgesetzten
Trinken eine geschlossene Kontrastsäule sichtbar ist. Die Peristaltik ist um so
stärker, je mehr die Stellung des Schluckenden von der Vertikalen abweicht

und sich der Horizontallage bzw. Kopfstellung nähert und ist stärker beim Schlucken von Paste als beim Schlucken von Flüssigkeit. Die Wellenbewegungen der Kontrastsilhouette, als Ausgußbild der peristaltisch bewegten Oesophaguswand, nehmen unabhängig von der Körperstellung um so mehr an Tiefe zu, je näher zur Kardia sie beobachtet werden können.

Auf Grund meiner Beobachtungen komme ich zu der Annahme, daß am ösophagealen Schluckakte vier Faktoren beteiligt sind: 1. *der buccopharyngeale Schluckmechanismus*, 2. *die Peristaltik der Speiseröhre*, 3. *der Tonus des Oesophagus* und 4. die *Schwerkraft*, wobei unter Peristaltik des Oesophagus die in mehr oder minder rascher und intensiver Weise erfolgenden Kontraktionen der Oesophagussegmente in fortlaufender, vom oralen gegen das kardiale Ende zu gerichteter Reihenfolge, verstanden werden soll. Unter Tonus der Speiseröhre hingegen ist analog den Verhältnissen beim Magen der Spannungszustand zu verstehen, indem sich die Oesophaguswandmuskulatur befindet und durch welchen die Speiseröhrenwand befähigt ist, ihren Inhalt zu umfassen.

Flüssige, breiige und halbfeste Bissen werden durch den *buccopharyngealen Schluckmechanismus* nicht nur bis zum Mund der Speiseröhre befördert, sondern in allen Lagen bis an das untere Ende des Halsteiles der Speiseröhre gebracht. Bei Flüssigkeiten wird in der aufrechten Vertikalstellung der Schluck mittels der durch den buccopharyngealen Schluckmechanismus erteilten Anfangsgeschwindigkeit und durch die Schwerkraft, ohne nachweisbarer peristaltischer Tätigkeit, bis an die Kardia befördert. Bei Ausschaltung der Schwerkraft als positiver Faktor werden Flüssigkeiten und Ingesta fester Konsistenz in jeder physiologischen Lage durch die Peristaltik an die Kardia befördert. Die normale tonische Kontraktion der Speiseröhrenwand umschließt den Bissen, wodurch es der Peristaltik ermöglicht wird, ihre Wirksamkeit zu entfalten.

Daß an dem mit großer Geschwindigkeit erfolgenden Transport der Ingesta durch den Halsteil der Speiseröhre nur der buccopharyngeale Schluckmechanismus beteiligt ist, ist aus zwei Momenten ersichtlich: 1. sind in allen Körperlagen und bei jedweder Konsistenz keine Bewegungen des Kontrastschattenrisses im Sinne von peristaltischen Wellen zu beobachten, und 2. sprechen auch die ganz geringen Geschwindigkeitsdifferenzen, mit denen der Bissen in diesem Abschnitte der Speiseröhre in den verschiedenen Lagen weitergelangt, dafür, daß die Peristaltik in diesem Abschnitt an der Weiterbeförderung noch keinen Anteil hat; sonst müßten bereits im Halsabschnitt der Speiseröhre die weiter kardiawärts wahrnehmbaren großen Differenzen in der Geschwindigkeit der Durchlaufszeiten der Kontrastmassen durch die Speiseröhre, beim Vergleich in den verschiedenen Lagen, nachweisbar sein.

An der Stelle, an der sich die, durch den buccopharyngealen Spritzvorgang erteilte, Bewegung des Bissens erschöpft hat, tritt die *Peristaltik des Oesophagus* in Aktion.

Die Tiefe der peristaltischen Wellen nimmt kardiawärts zu. Besonders anläßlich der Beobachtung der Kontrastpassage durch die Speiseröhre, in Kopfstellung, bei fortgesetztem Schlucken läßt sich dies deutlich nachweisen. Dafür spricht außerdem auch der Umstand, daß Bissen, welche nur bis in den mittleren Anteil des thorakalen Speiseröhrenabschnittes befördert werden, in Kopfstellung auch bei wiederholtem Nachschlucken nicht wesentlich weiterbefördert werden können, wohl aber, wenn die Kontrastsäule bis in den unteren Abschnitt der Speiseröhre angestiegen ist.

Die Peristaltik der Speiseröhre ist nicht ununterbrochen so lange tätig, als sich Ingesta in der Speiseröhre befinden, sondern die Beobachtungen ergeben, daß sich die Peristaltik nach einiger Zeit erschöpft. Der Bissen z. B., welcher in vertikaler Kopfstellung verschluckt wurde, zeigt eine Zeitlang eine Bewegung, diese wird aber allmählich geringer und hört endlich auf. Erst ein neuerlicher buccopharyngealer Schluckakt, einerlei ob leer oder mit Ingesta, löst eine neuerliche Peristaltik aus, welche sich nach einiger Zeit wieder erschöpft.

Nach J. C. KINDERMANN[1]) laufen die peristaltischen Wellen bis zur Thoraxapertur rasch ab, von da ab entsteht eine träge, je nach dem Füllungsgrad des Magens 4—10 Sekunden brauchende Welle. Nach SCHREIBER ist die peristaltische Fortbewegungskraft sehr gering. Mit Hilfe von, an Seidenfäden hängenden, aber mit Gewichten belasteten Bissen konnte er feststellen, daß die Fortbewegung des Bissens durch ein Gegengewicht von 1—2 g gehemmt und mit einem solchen von 5—10 g fast unmöglich gemacht werden kann.

Als dritter von den meisten Autoren wenig beobachteter Faktor des œsophagealen Schluckaktes ist der *Speiseröhrentonus* zu nennen. Dafür, daß der Spannungszustand der Speiseröhre in seinen einzelnen Abschnitten verschieden ist, spricht schon der Umstand, daß einzelne Teile des Speiserohres im leeren Zustand geschlossen sind, d. h. die Contractilität der Speiseröhrenwandung ist hier eine so große, daß sich die Muskulatur bis zur Berührung der Wandungen zusammenzieht, in anderen Teilen ist die Speiseröhre auch im leeren Zustand nicht ganz geschlossen. Nach Angaben von Anatomen ist der unter der Ringknorpelplatte gelegene ca. 5 cm lange Halsteil des Oesophagus geschlossen, während der folgende ca. 18 cm lange Brustteil wechselnde Verhältnisse darbietet. Nach den Untersuchungen von ROSENHEIM, HACKER und v. MIKULICZ[2]) steht dieser Abschnitt meist offen, während die früher allgemein angenommene und namentlich von anatomischer Seite vertretene Ansicht die war, daß die Wandungen des ganzen Oesophagus normalerweise aneinander liegen. SCHLIPPE[3]) stellte Versuche an, um auf Grund der Druckdifferenzen zur Kenntnis der Begrenzung und des Verhaltens des Oesophaguslumens zu gelangen. Er kam zu dem Ergebnis, daß der Halsteil der Speiseröhre geschlossen sei, der thorakale Abschnitt hingegen offen stehe. Diese Ergebnisse erlauben, einen Schluß auf die Differenz des Tonus in den einzelnen Speiseröhrenabschnitten zu ziehen, und zwar den, daß der Tonus des Halsteiles der Speiseröhre ein höherer sei, als der des thorakalen Oesophagusabschnittes. Zu demselben Resultate gelangte auch ich auf Grund meiner Untersuchungen. Die Peristaltik kann als beförderndes Agens nur dann wirksam sein, wenn der Spannungszustand der Oesophaguswand ausreicht, um seinen Inhalt so zu umfassen, daß der Bissen oder Schluck in der Höhe festgehalten wird, in welche er durch die Peristaltik gebracht wurde. Dies gilt natürlich nur dann, wenn die Schwerkraft als förderndes Mittel ausgeschaltet ist. Weiterhin ist zu bemerken, daß bei einer Wirkungsrichtung der Schwerkraft, welche der Bewegungsrichtung entgegengesetzt ist, also in Beckenhochlage oder in extremer Weise in Kopfstellung, Flüssigkeit nur dann in einer bestimmten Lage festgehalten werden kann, wenn sich die Speiseröhrenwand oral von der Flüssigkeit bis zur Berührung ihrer Wandungen zusammenziehen kann; hingegen wird ein halbfester, oder fester Bissen unter denselben Umständen auch schon zurückgehalten, wenn das Lumen der Speiseröhre nicht vollkommen geschlossen ist. Dieses Verhalten entspricht dem physikalischen Gesetz von der Kohärenz der Moleküle von Stoffen verschiedener Konsistenz. Dieses Gesetz besagt, daß man zur relativen Verschiebung der physikalisch kleinsten Teile der Moleküle eines Körpers gegeneinander eine um so größere Kraft braucht, je höher seine Konsistenz ist. Wenn wir nun als trennende oder verschiebende Kraft die in Kopfstellung des Individuums gegen den Speiseröhreneingang zu gerichtete Schwerkraft des Bissens einsetzen, so

---

[1]) KINDERMANN, J. C.: Onderzoek, physiol. laborat. Utrecht Bd. 4, S. 241—244. 1903.
[2]) Zitiert nach THIEDING: Zeitschr. f. klin. Chir. 1921, S. 121—237.
[3]) SCHLIPPE: Dtsch. Arch. f. klin. Med. Bd. 76, S. 451.

wird beim Schlucken eines festeren Bissens die Schwerkraft desselben durch einen geringeren Tonus paralysiert werden können als beim Schlucken wesentlich weniger festgefügter Flüssigkeit. Voraussetzung ist natürlich gleiches Gewicht des Bissens und gleiche peristaltische Kraft. Bei Berücksichtigung dieser Momente ist aus der Verschiedenheit des Verhaltens von festen und flüssigen Bissen, beim Schlucken in Kopfstellung, auf die Stärke des Tonus in den verschiedenen Speiseröhrenabschnitten zu schließen. Meine Versuche ergeben, daß der Tonus in der Speiseröhre kein gleichmäßiger, sondern im Halsteil und im subdiaphragmalen (subphrenischen) Abschnitt der Speiseröhre höher als im thorakalen Abschnitte ist, daß also der Spannungszustand von den beiden Enden gegen die Mitte zu abnimmt.

Nach SCHREIBER entspricht die Kontraktionskraft der Speiseröhre im thorakalen Abschnitt ca. 100 g, im Hals- und subphrenischen Abschnitt ca. 350 g.

Daß endlich der *Schwerkraft* bei der Beförderung der Ingesta durch die Speiseröhre eine nicht unwesentliche Rolle zukommt, konnte ich auf Grund meiner Versuche feststellen. Abgesehen von der Differenz der Beförderungsgeschwindigkeit der Ingesta im Stehen, also in der Richtung der Schwerkraft und in der die Schwerkraftkomponente ausschaltenden Horizontallage, spricht auch die Differenz der Passagegeschwindigkeit von flüssigen und pastösen Kontrastmassen in der Vertikalstellung dafür, daß der Schwerkraft ein großer Einfluß zukommt. Darauf hingegen, daß die Schwerkraft nicht als ausschließlicher Faktor in Betracht kommt, deutet, daß die Beförderung der Ingesta durch die Speiseröhre nicht nur bei Ausschaltung der Schwerkraft, also in horizontaler Lage der Speiseröhre, sondern auch gegen die Wirkungsrichtung der Schwerkraft, also in Beckenhochlage und unter Umständen in senkrechter Kopfstellung, erfolgen kann.

Die Rolle, welche der Schwerkraft als förderndes Agens zukommt, ist um so geringer, je größer die Konsistenz der Ingesta ist, da die tonische Kontraktion der Speiseröhrenwandung um den Bissen desto stärker wird, je höher dessen Konsistenz ist. Dementsprechend ist in aufrechter Körperstellung der Transport flüssiger Ingesta ein rascherer als der Transport pastöser Ingesta, woraus folgt, daß sich die Differenz der Beförderungsgeschwindigkeit um so mehr ausgleichen muß, je mehr die Schwerkraft als förderndes Agens ausgeschaltet wird. In dem Moment nun, in dem die Schwerkraft in entgegengesetzter Richtung einwirkt (Beckenhochlage), muß die Beförderung der Ingesta durch die anderen zwei wirksamen Faktoren, die Peristaltik und den Tonus, um so weniger behindert werden, je fester die Konsistenz des verschluckten Bissens ist.

Außer den genannten Faktoren, welche den Transport der Ingesta durch die Speiseröhre bewerkstelligen, und Faktoren, wie Temperatur, Schmerzhaftigkeit des Bissens usw., auf die SCHREIBER hingewiesen hat und denen eine beeinflussende Wirkung zukommt, spielt auch der *intrathorakale Druck* eine wenn auch nicht ausschlaggebende Rolle beim Schlucken. Durch eine Erhöhung des intrathorakalen Druckes wird eine fördernde Wirkung ausgelöst. So kann z. B. in steiler Beckenhochlage ein mit einmaligem Schlingen in die Speiseröhre gelangter Bissen durch Erhöhung des intrathorakalen Druckes an die Kardia gelangen, bei einem so hohen Grade von Beckenhochlagerung, bei welchem sonst der Bissen nur bis in das distale Drittel des thorakalen Speiseröhrenabschnittes gelangt.

Die dritte Phase des Schluckaktes ist der Durchtritt der Ingesta aus der Speiseröhre durch die *Kardia* in den Magen. Die Kardia hat die Aufgabe, den Übertritt von Speisen aus dem Oesophagus in den Magen zu erleichtern, die Passage in umgekehrter Richtung aber nur unter gewissen Bedingungen zu gestatten.

An der Kardia findet sich nicht nur eine physiologisch enge Stelle, sondern ein tonischer Verschluß [KRAUS[1]), SINNHUBER[2]) u. a.]. Bei leerem Magen ist die Kardia, wie v. OPENCHOWSKY[3]) an Hunden und Kaninchen feststellen konnte, locker geschlossen. Im œsophagoskopischen Bilde stellt sie sich nach GOTTSTEIN, SINNHUBER, v. MIKULICZ und BARSCH als schräg verlaufender Schlitz dar. Bei gefülltem Magen scheint sie in der Regel einen festen Verschluß zwischen Magen und Oesophagus herzustellen. Dieser tonische Verschluß muß überwunden werden. Gewöhnlich vollbringt dies die Oesophagusmuskulatur durch die von oben nach unten fortschreitenden Kontraktionen bei gleichzeitigem krampfhaften Verschluß des Einganges der Speiseröhre (Schließung des Oesophagusmundes [KILLIAN[4])]). Die eigene Schwere der Speisen spielt hier ebenfalls eine, wenn auch beim normalen Funktionieren untergeordnete, Rolle. So erscheinen die Speisen je nach dem Verhalten des Kardiaverschlusses rasch oder nach einigen Sekunden im Magen. Auch beim völlig Gesunden, ja bei ein und demselben Menschen findet sich ein verschieden langes Verweilen der Speisen vor der Kardia, so daß man eine gewisse Toleranzbreite als normal bezeichnen muß. Nach MAGENDI und J. MÜLLER[5]) werden mit zunehmender Magenfüllung die der Öffnung der Kardia zugemessenen Zeiträume immer kürzer.

Auf Grund von röntgenologischen Beobachtungen des Ingestendurchtrittes durch die Kardia in Beckenhochlage, also mit Ausschaltung der Schwerkraft, konnte ich[6]) auch feststellen, daß die Zeitdauer zwischen den einzelnen Öffnungsakten der Kardia abhängt, einerseits vom Füllungszustande des Magens, andererseits von der Beschaffenheit, Konsistenz, Temperatur des Bissens. Was die Zeitdifferenz bei den einzelnen Füllungsgraden des Magens anbelangt, so fand ich, daß bei zunehmender Füllung des Magens der Bissen längere Zeit am unteren Ende des Oesophagus verweilt, als bei leerem oder nur mäßig gefülltem Magen, und zwar nahm die Dauer der Zeiträume zwischen den einzelnen Ingestendurchtritten durch die Kardia in stärkerem Maße zu als die quantitative Zunahme der Magenfüllung. Außerdem aber wurde auch gleichzeitig das Quantum, welches auf einmal vom Oesophagus in den Magen gelangte, d. h. mit einmaliger Öffnung der Kardia, bei zunehmender Füllung des Magens geringer.

v. GUBAROFF[7]) machte an menschlichen Leichen die Beobachtung, daß flüssiger Mageninhalt aus dem bei der Sektion geöffneten Oesophagus nicht abfließt, und erklärt dies in Übereinstimmung mit BRAUNE, abgesehen von dem schwachen Verschluß durch die sphincterartige Anordnung des *Foramen oesophageum des Zwerchfells*, aus einer ventilartigen Wirkung der Kardia infolge der schiefen Einmündung des Oesophagus in den Magen. Auch SINNHUBER[8]) kommt auf Grund œsophagoskopischer Untersuchungen zu demselben Beobachtungsergebnisse, daß nebst dem Tonus des Schließmuskels der Zwerchfellmuskulatur die schiefe Einmündung beim Verschluß der Speiseröhre eine Rolle spiele.

Über den Verschluß der Kardia sind die Ansichten sehr geteilt. Während die einen [v. MIKULICZ[9]) u. a.] einen selbständigen Schließmuskel annehmen, leugneten andere [RETZIUS[10]) und CRUVEILHIER[10])] jede Existenz eines solchen. Nach FLEINER[10]) läßt sich zwar kein

---

[1]) KRAUS: Zeitschr. f. exp. Pathol. u. Therapie Bd. 10, S. 379. 1912.
[2]) SINNHUBER: Zeitschr. f. klin. Med. Bd. 50, S. 112—119. 1903.
[3]) v. OPENCHOWSKY: Dtsch. med. Wochenschr. 1889, S. 717.
[4]) KILLIAN: Münch. med. Wohenschr. 1905, Nr. 29.
[5]) MAGENDI u. J. MÜLLER, Lund: Vivisektionen der neueren Zeit. Kopenhagen 1825; Handb. d. Physiol. d. Menschen 1837—1840.
[6]) PALUGYAY: Pflügers Arch. f. d. ges. Physiol. Bd. 187, S. 233. 1921.
[7]) v. GUBAROFF: Arch. f. (Anat. u.) Physiol. 1886, S. 395.
[8]) SINNHUBER: Zeitschr. f. klin. Med. Bd. 50, S. 102—119. 1903.
[9]) v. MIKULICZ: Mitt. a. d. Grenzgeb. d. Med. u. Chir. Bd. 12, S. 569. 1903.
[10]) Zitiert nach THIEDING: Bruns' Beitr. z. klin. Chir. Bd. 121, S. 249. 1921.

isolierter und selbständiger *Sphincter cardiae* nachweisen, doch ist das Bestehen einer Verschlußvorrichtung des Magenmundes ohne Zweifel vorhanden, sie ist aber nur ein Teil eines komplizierten Muskelsystems, der das Magengewölbe gegen den Mageneingang hin absperren kann.

Auch STRICKLAND-GOODALL[1]) spricht sich auf Grund anatomischer Untersuchungen gegen die Existenz eines eigentlichen Sphincter aus. Nach ihm kann auch das Zwerchfell, da es am Hiatus oesophageus meist sehnig und nicht muskulös ist, den Verschluß nicht bewirken. Vielmehr wird dieser durch die Anordnung der in den Wänden der Kardia verteilten Muskeln bewirkt, welche zur gleichen Zeit die Formveränderungen der Kardia bewerkstelligen. Der Verschluß modifiziert sich der Füllung entsprechend und ist nicht absolut, sondern läßt in der Richtung vom Oesophagus Inhalt durch. Die Einlagerung zwischen Leber und Aorta begünstigt den Verschluß und die Formveränderungen.

Nach STRECKER[2]) und FAAIJER[3]), welche einen wahren Sphincter ebenfalls verneinen, bewirken die elliptisch und zirkulär verlaufenden Muskelfasern, welche die Fortsetzung von Magenmuskelfasern sind, den Verschluß.

In jüngster Zeit fanden RAMOND, BORRIEU und JACQUELIN[4]) durch Röntgenuntersuchungen und Untersuchungen an der Leiche, daß der Oesophagus nicht, wie bisher angenommen wurde, spitzwinklig in den Magen einmündet. Man findet nämlich, daß der Oesophagus $2^1/_2$ cm vor seiner Einmündung im rechten Winkel abbiegt und dann horizontal in den Magen einmündet. Die sog. *physiologische Kardia* befindet sich also $2^1/_2$ cm weiter oral als die anatomische. Der Bissen wird an der physiologischen Kardia aufgehalten.

Die *Druckverhältnisse im Mund* spielen nach CARLET[5]) beim Schlucken eine fördernde Rolle. Im Beginne des Schlingens, ja ehe der Bissen die Mundhöhle passiert hat, findet im Pharynx und in der Mundhöhle eine Druckverminderung statt; sie ist durch die Erhebung des Gaumensegels bedingt und wirkt auf den Bissen aspirierend. Der anfangs erreichte Druckstand bleibt bis zur Beendigung des Schlingaktes in der Mundhöhle auf konstanter Höhe. Sobald die vorderen Gaumenbögen passiert sind, bildet die Zunge hier einen hermetischen Schluß; auch ist nach CARLET die Stimmritze zum Beginne des Schlingaktes geschlossen.

Auch in der Speiseröhre tritt beim Schluckakt nach v. MIKULICZ eine Druckänderung ein. Im Ruhezustand ist der in der *Speiseröhre* herrschende *Druck* um ein geringes niedriger als der atmosphärische Druck. Beim Schlucken steigt der positive Druck im Oesophagus kaum höher wie beim forcierten Atmen und lange nicht so hoch wie beim Husten. Die gefundenen Werte schwanken zwischen 0,8—22 cm Wasserdruck. Nach SCHREIBERS[6]) Messungen wird der Schluckakt mit einer Druckverminderung im Oesophagus eingeleitet, die beim Leerschlucken —9,4, beim Vollschlucken —9,1 cm Wasser beträgt. Erst nach Eröffnung der Speiseröhre steigt in ihr der Druck auf den definitiven Wert, beim Leerschlucken von 8,4 —, beim Vollschlucken von 19,2 mm Wasser.

Der Vorgang, durch welchen der Bissen zum Schlund gelangt und den MAGENDI als den ersten Abschnitt des Schluckaktes bezeichnet, ist ein willkürlicher Vorgang, hat mit dem eigentlichen Schluckakte nichts zu tun und kann logisch mit HORNA und ARLVING als der letzte Moment des Kauaktes betrachtet werden. Somit ist der ganze Schluckakt als unwillkürlicher, wohlgeordneter Reflexvorgang zu bezeichnen. Hervorgerufen wird der *Schluckreflex* nach KAHN[7]) durch Berührung bestimmter Schleimhautstellen der Mund- und Rachenhöhle. Der Ausgangspunkt des Reflexes liegt demnach in dem Kontakte der Speisen

---

[1]) STRICKLAND-GOODALL: Journ. of physiol. Bd. 33, S. 1—2. 1905.

[2]) STRECKER: Arch. f. Anat. u. Physiol. 1905, S. 273.

[3]) FAAIJER: Kardiospasmus und sonstige Oesophaguserkrankungen. Leiden 1918.

[4]) RAMOND, BORRIEU u. JACQUELIN: Bull. et mém. de la soc. anat. de Paris Bd. 18/4, S. 204. 1921.

[5]) CARLET, G.: Cpt. rend. hebdom. des séances de l'acad. des sciences Bd. 79, S. 1013 bis 1014. 1874.

[6]) SCHREIBER: Arch. f. exp. Pathol. u. Pharmakol. Bd. 67, S. 72—88. 1911.

[7]) KAHN: Arch. f. (Anat. u.) Physiol. 1903, Suppl.-Bd., S. 386.

mit den Endigungen der in dieser Region verzweigten sensiblen Nerven. Gleichwohl gelang es WASSILIEFF[1]) beim Menschen nicht, einen Punkt an der Zunge, am Gaumen, oder an der hinteren, oder der seitlichen Pharynxwand ausfindig zu machen, dessen Reizung einen Schluckakt auslöse; man müßte danach annehmen, daß zur Erzeugung des Schluckaktes beim Menschen vorbereitende Bewegungen in der Schlundenge erforderlich seien, welche bei der experimentellen Reizung nicht hervorgerufen werden. Beim Kaninchen hingegen fand derselbe Autor, daß unfehlbar eine Schluckbewegung ausgelöst wird, sobald man den zentralen Teil der Vorderfläche des weichen Gaumens berührt. Er fand weiter, daß diese Reaktion auf der ganzen Strecke vom Beginn des harten Gaumens bis zur Hälfte der Tonsillen erfolge. Auch die leiseste Berührung dieser Region erzeugt eine vollkommene Schluckbewegung. WASSILIEFF konnte deren 50 hintereinander hervorrufen, ohne irgendwelche Ermüdung der nervösen Mechanismen des Reflexes wahrzunehmen.

R. H. KAHN[2]) studierte die empfindlichen Schleimhautstellen bei verschiedenen Tieren. Nach seinen Angaben liegt die empfindliche Schleimhautstelle nebst den zugehörigen sensiblen Nerven beim Kaninchen in den vorderen Partien des weichen Gaumens (Trigeminus II). Als Nebenstellen bezeichnet er die Dorsal- und Seitenwand des oberen Pharynx (Glossopharyngeus), die Dorsalfläche der Epiglottis und deren Basis (N. laryngeus sup.), die Schleimhaut der oberen Speiseröhre (N. recurrens). Beim Hund und der Katze sind Hauptschluckstellen: die hintere Rachenwand gegenüber der Mundhöhlenöffnung (Glossopharyngeus), Nebenschluckstellen: die dorsale Fläche des Gaumensegels (Trigeminus II und Glossopharyngeus) und Dorsum und Basis der Epiglottis (N. laryngeus sup.); beim Affen ist die Tonsillengegend (Trigeminus II) Hauptschluckstelle, Nebenschluckstellen sind Kehlkopfeingang, Rücken und Basis der Epiglottis (Laryngeus sup.) und Rachenwand (Glossopharyngeus).

Sowohl beim Kaninchen wie beim Menschen braucht man nur die sensible Region mit einer starken (10—20proz.) Cocainlösung zu anästhesieren, um den Schluckreflex für einige Zeit (etwa eine Viertelstunde) unmöglich zu machen. Dies ist der beste Beweis dafür, daß das Schlucken durchaus nicht vom Willen abhängig ist, wie es die Atembewegungen unter gewissen Umständen sind.

Die am Schluckakt beteiligten Muskeln der Mund- und Rachenhöhle werden teils von *Vagusästen*, teils vom *Glossopharyngeus* und vom *III. Ast des Trigeminus* innerviert.

Die *motorische Innervation der Speiseröhre* ist von KRONECKER, SCHREIBER, v. ESPEZEL und KAHN[3]) untersucht worden. Beim Hunde wird die obere Hälfte der Halsspeiseröhre von einem *Vaguszweig* innerviert, der oberhalb des *Ganglion nodosum* vom Vagus abzweigt und sich von obenher in die Speiseröhre einsenkt. Eine Beteiligung des *Halssympathicus* erscheint nach KAHN zweifelhaft. Die untere Hälfte des Halsoesophagus wird von demselben Vaguszweig, außerdem aber vom *Recurrens* und einem Nebenast versorgt. Zum Brustteil der Speiseröhre laufen die *Rami oesophagei* des *Vagus*, welche sich nach KREHL und STARK[4]) in der Hauptsache schon oberhalb des Lungenhilus in die Oesophaguswand einsenken, doch treten auch noch tiefer Nervenzweige in die Wand der Speiseröhre ein. Beim Affen: oberer Halsteil von oberen Vaguszweigen. Motorische Fasern des Recurrens für den gesamten Halsoesophagus, wobei sich Fasern des Sympathicus aus dem *Ganglion cervicale inferior* zu beteiligen scheinen.

KRONECKER und LUSCHER konnten durch Versuche an Hunden und Kaninchen feststellen, daß der Recurrens vier Zweige zum Cervicalteil des Oesophagus

---

[1]) WASSILIEFF: Zeitschr. f. Biol. Bd. 24, S. 29. 1887.
[2]) KAHN, R. H.: Arch. f. (Anat. u.) Physiol. 1906, S. 355.
[3]) Zitiert nach MAGNUS: Ergebn. d. Physiol. Bd. 7, S. 28. 1908.
[4]) KREHL u. STARK: Arch. f. Anat. u. Physiol. 1892, Suppl.-Bd., S. 278; Münch. med. Wochenschr. 1904, S. 1512.

entsendet, deren tiefstgelegener auch den oberen Teil des Brustoesophagus innerviert, und daß man bei Reizung des peripheren Stumpfes eines dieser Nervenfäden, auch mit schwachen Strömen, eine tetanische Kontraktion erzielt, welche sich auf jenes Oesophagussegment beschränkt, in welchem sich der betreffende Nervenfaden verzweigt.

Die sensiblen Zweige des weichen Gaumens, welche den Ausgangspunkt des Schluckreflexes beim Kaninchen darstellen, werden vom Trigeminus geliefert, da nach intrakranieller Durchschneidung dieses Nerven die Sensibilität des Gaumens für die Schluckreflexe dauernd aufgehoben ist.

BIDDER und BLUMBERG bemerkten schon 1865, daß auch die Reizung des zentralen Endes des *N. laryngeus superior* Schluckbewegungen hervorruft. Dies wurde von A. WALLER und J. L. PREVOST bei Kaninchen und Katzen bestätigt. Auch ZWAARDEMAKER[1]) ist es durch kurze tetanische Reizung des Laryngeus superior gelungen, Schluckbewegungen hervorzurufen. Der Schluck erfolgt meist nach 0,2—0,6 Sekunden. Wird die Reizung rhythmisch wiederholt, so hängt es vom Intervall ab, ob jede Reizung Schlucken bewirkt. Es zeigt sich nach jedem Reflex eine refraktäre Phase. Damit ein Erfolg des zweiten Reizes eintritt, muß dieser mindestens 3 Sekunden nach dem Beginn, oder eine Sekunde nach dem Ende des ersten stattfinden. Auch Summationserscheinungen sind angedeutet. Bei permanentem Tetanisieren erfolgt eine Reihe von Schluckakten in immer größerem Intervall; auch wenn der zweite Reiz den anderen Laryngeus trifft, zeigt sich das Refraktärstadium; dieses hat also nach ZWAARDEMAKER nicht in der zentripetalen Reflexbahn seinen Sitz. Es scheint die Unmöglichkeit, viele Male hintereinander zu schlucken (welche von Erschöpfung des Speichelvorrates hergeleitet wird), mit dem Refraktärstadium in Zusammenhang zu sein.

WALLER und PREVOST konnten feststellen, daß die Durchschneidung beider Laryngei superiores beim Kaninchen keine erhebliche Störung des Schluckens hervorruft; nach KRONECKERS Anschauung ist diese Tatsache nicht befremdlich, da die Durchschneidung der Laryngei superiores, seiner Theorie nach, den wesentlichen Mechanismus des Schluckreflexes, der auf der Bahn des Trigeminus vor sich geht, unberührt läßt.

Was den *Nervus glossopharyngeus* anbelangt, so stellten sowohl SCHIFF als auch WALLER und PREVOST fest, daß die Reizung desselben niemals die Schluckbewegung auslöst; sie schlossen daraus, daß er (wenigstens beim Kaninchen) an den reflektorischen Erscheinungen des Schluckaktes keinerlei Anteil hat. SCHIFF beobachtete auch, daß nach Durchschneidung dieses Nerven die Tiere keinerlei Störung der Schluckbewegungen zeigen. KRONECKER und MELTZER haben entdeckt, daß der Glossopharyngeus als ein Nerv betrachtet werden muß, der die Schluckbewegung auf reflektorischem Wege hemmt.

WASSILIEFF[2]) zeigt, daß, wenn man beim Kaninchen nach seitlicher Freilegung der Laryngei superiores und glossopharyngei die ersteren isoliert reizt, eine Schluckbewegung erfolgt; wenn man gleichzeitig auch die letzteren mit schwachen Induktionsströmen reizt, so erfolgen die Schluckbewegungen unregelmäßig und verzögert, wenn man sie endlich mit stärkeren Strömen reizt, so wird die Wirkung der Laryngei superiores völlig aufgehoben.

Die Laryngei inferiores und recurrentes enthalten zentripetale Fasern, welche den Schluckreflex auszulösen vermögen.

Die Auslösung des ösophagealen Schluckaktes (Peristaltik) erfolgt auf dem Wege des *Schluckzentrums.*

---

[1]) ZWAARDEMAKER: Arch. internat. de physiol. Bd. 1, S. 1—16. 1904.
[2]) WASSILIEFF: Zeitschr. f. Biol. Bd. 24, S. 29. 1887.

Mosso[1]) stellte an Hunden fest, daß beim Schlingen die Oesophagusperistaltik sich über Unterbindungs-, Durchschneidungs- und über Excisionsstellen des Oesophagus hinweg fortpflanzt, solange die von außen hinzutretenden Nerven erhalten sind. Hiermit erbrachte er den Beweis, daß die koordinierte Peristaltik von einem außerhalb des Schlundes gelegenen Zentrum herrührt. Dieses reagiert reflektorisch. Auch Kronecker und Luscher[2]) konnten diese Beobachtungen Mossos bestätigen. Kolmer[3]) und Meltzer[4]) ist es gelungen, den anscheinenden Widerspruch aufzuklären, welcher hinsichtlich der Fortpflanzung der Schluckbewegung im Oesophagus zwischen der alten, von Wild (1874) repräsentierten Theorie und von Mossos experimentellen Ergebnissen besteht. Ersterer sah die Schluckwelle an der Durchschneidungs- oder Unterbindungsstelle erlöschen, letzterer über eine solche hinweggehen. Nach Meltzer ist beides im Versuch an sich richtig, und zwar hängt der Erfolg vom Grade der Narkose ab. Bei mäßiger Narkose bestätigt sich aber, daß die Schluckwelle zentral geleitet wird, daneben können aber verschluckte Massen auch durch direkten (nicht zentralen), Reflex begleitende, Kontraktionswellen unterhalten werden.

Die Tierversuche fand Mikulicz an einem Patienten bestätigt, dem er wegen Carcinom den Oesophagus am Halse teilweise reseziert hatte. Wenn or etwas in die Halsöffnung des Oesophagus einführte, so wurde keine Bewegung des Oesophagus ausgelöst, erst wenn der Patient schluckte, begann die Peristaltik und beförderte den Bissen abwärts.

Das richtige Zusammenwirken der Speiseröhrenmuskulatur wird, wie Kronecker und Meltzer gefunden haben, dadurch erreicht, daß die Latenzzeit für das Eintreten eines Reflexes um so länger ist, je weiter magenwärts die Muskeln liegen, und zwar besteht dabei noch ein besonderer Zusammenhang zwischen Kontraktionsgeschwindigkeit und Kontraktionsintervall. Die Muskeln des Oesophagus sind im oberen Anteil quergestreift und gehen nach unten hin allmählich in glatte über. Dementsprechend wird seine Bewegung nach unten immer langsamer. Ganz im gleichen Sinne verlängert sich die Latenzzeit. Wie alle Zentren, die eine rhythmische Bewegung beherrschen, hat auch das Schluckzentrum nach Kronecker und Meltzer eine ausgesprochen refraktäre Periode.

Das *Schluckzentrum*, in dem die ganze Koordination des Schluckens präformiert ist, so daß auf einen einzigen Reiz das ganze System in der richtigen Reihenfolge in Bewegung gesetzt wird, liegt in der Medulla oblongata. Nach Meltzer[5]) hat das Schluckzentrum Beziehungen zu vielen benachbarten Zentren. Er fand, daß die Pulsfrequenz durch das Schlucken zuerst beschleunigt und dann verlangsamt wird. Die Beschleunigung beträgt 33—35%, die Verlangsamung 18—23%. Beim Neugeborenen fehlt diese Einwirkung. Ferner wird durch das Schlucken der Blutdruck herabgesetzt und das Atmungsbedürfnis vermindert. Auch die Wehen werden durch Schluckreihen gehemmt und vorhandene Erektionen beseitigt.

Die Beziehung des Schluckzentrums zum Atemzentrum konnte Steiner[6]) dadurch experimentell nachweisen, daß die spontanen Schluckbewegungen jedesmal von einer Atembewegung begleitet sind, und zwar fällt der begleitende Atemzug mit dem Moment der Schnürung der Rachenenge zusammen.

[1]) Mosso: Moleschotts Mitt. Bd. 11, 4, S. 23. 1874.
[2]) Kronecker u. Luscher: Arch. ital. de biol. Bd. 26, S. 308—310. 1896.
[3]) Kolmer: Zentralbl. f. Physiol. Bd. 17, S. 692. 1904.
[4]) Meltzer: Americ. journ. of physiol. Bd. 2, S. 266—272. 1899.
[5]) Meltzer: Dissert. Berlin 1882.
[6]) Steiner, J.: Arch. f. (Anat. u.) Physiol. 1883, S. 57—79.

Nach Kolmer[1]) hat die Sensibilität des Oesophagus keinen Anteil am Zustandekommen des wellenförmigen Ablaufes. Im Gegensatz hierzu konnte Kahn[2]) nachweisen, daß im Oesophagus durch in diesen eingeführte Bissen eine Peristaltik ausgelöst wird. Die Geschwindigkeit dieser Welle ist für feste Körper geringer als für flüssige. Beim Hund durchläuft diese Welle den Oesophagus in 6—7 Sekunden, wobei sie an den Stellen eine Verzögerung erleidet, an denen die Innervation des Oesophagus wechselt. Die Reizbarkeit der Oesophagusschleimhaut nimmt mit der Entfernung vom Pharynx zu. Je größer die Reizbarkeit ist, desto lebhaftere peristaltische Bewegungen können ausgelöst werden. So bleiben Fremdkörper, die von außen in die Speiseröhre eingebracht wurden, im oberen Teile liegen, falls keine peristaltische Welle durch den Schluckakt erzeugt wird, während sie im unteren Abschnitt durch peristaltische Bewegungen der Kardia zutreiben.

Meltzer[3]) kommt auch zum Schlusse, daß es zwei Arten gibt, nach denen eine peristaltische Bewegung im Oesophagus reflektorisch erzeugt werden kann. Der eine Reflexmechanismus wird durch einen einzigen zentripetalen Impuls ausgelöst, der sich im Schluckzentrum ausbreitet und sukzessiv motorische Impulse zur Speiseröhre hinleitet. Für sein Zustandekommen ist die Integrität der peripheren Schluckbahn unerläßlich, und er ist gegen anästhesierende Einflüsse sehr empfindlich. Der andere Reflexmechanismus besteht aus einer Kette von Einzelreflexen. Sein auslösendes Moment ist nach Meltzer die Dehnung der Speiseröhre. Der Reflex wird sukzessive durch den Oesophagus fortgeleitet, indem jede peripher erregte Stelle zentrale Impulse auslöst, die in Muskelbewegungen umgesetzt werden. Dieser Reflex ist resistent gegen Narkose.

Dementsprechend unterscheidet Meltzer[4]) eine primäre Peristaltik, die durch einen regulären Schluck und eine sekundäre, die beim direkten Einbringen von Körpern in den Oesophagus ausgelöst wird. Zerstörung der Innervation auf nur einer Seite des Oesophagus vernichtet nur die sekundäre Peristaltik.

Zu diesen beiden Arten der Peristaltik, die von Meltzer unterschieden worden sind, fügt Cannon[5]) eine dritte. Seiner Theorie nach können auch durch die glatten Muskeln peristaltische Bewegungen der Speiseröhre erzeugt werden. Diese sind nicht abhängig von der Integrität der Nn. vagi. Sie sind imstande, einen Bissen, der in den Thoraxteil des Oesophagus gebracht worden ist, weiterzubefördern.

Die Öffnung und Schließung der Kardia erfolgt reflektorisch. Kronecker und Meltzer[6]) haben konstatiert, daß sich die Kardia beim Beginn des Schluckens öffnet, so daß der hinabgeschleuderte Bissen rasch passiert. Bei rasch aufeinanderfolgendem Schlucken tritt eine Hemmung der Kardia ein, dieselbe bleibt geöffnet und kontrahiert sich erst kräftig nach dem letzten Schluck. Bei zu schwachen Reizen (also bei kleinen Schlucken) öffnet sich die Kardia nicht jedesmal, sondern erst nach jedem dritten bis vierten Schluck. Mikulicz konnte mit Hilfe des Oesophagoskops feststellen, daß in der Norm die Kardia sphincterartig geschlossen ist, solange man mit dem Tubus des Instrumentes einige Zentimeter oberhalb bleibt, bei Annäherung des Instrumentes wird der Widerstand allmählich loser. Demnach findet eine von der Schleimhaut des untersten Oesophagusanteiles reflektorisch ausgelöste Erschlaffung der Kardia statt, und zwar erfolgt

[1]) Kolmer, W.: Zentralbl. f. Physiol. Bd. 17, S. 692. 1904.
[2]) Kahn, R. H.: Arch. f. (Anat. u.) Physiol. 1906, S. 362—375.
[3]) Meltzer: Zentralbl. f. Physiol. Bd. 19, S. 993—995. 1906.
[4]) Meltzer: Zentralbl. f. Physiol. Bd. 21, S. 94. 1907.
[5]) Cannon: Americ. journ. of physiol. Bd. 19, S. 436—444. 1907.
[6]) Kronecker u. Meltzer: Monatsschr. d. Berl. Akad. 1881, S. 100—106.

das Öffnen der Kardia von der ösophagealen Seite aus; sie wird durch jede ein gewisses Maß überschreitende Drucksteigerung im Oesophagus automatisch geöffnet, gleichgültig, ob diese durch künstliche Einpumpung von Luft oder Eingießen von Flüssigkeit oder durch den Schluckakt hervorgerufen wird. Der hierbei nötige Druck ist in der Regel kleiner als der Druck einer den Brustoesophagus ausfüllenden Wassersäule. Mitunter beträgt er nur einen Bruchteil davon, unter besonderen Umständen ist er höher. Die Drucksteigerung im Oesophagus eröffnet die Kardia durch einen doppelten Vorgang. Erstens wird das an der Magenseite liegende Ventil dadurch geöffnet, daß nun der Druck im Oesophagus jenen im Magen übersteigt. Der zweite Öffnungsvorgang spielt sich im Kardiamuskel ab. Dieser erweitert sich reflektorisch infolge des Reizes, den der vermehrte Wanddruck ausübt. Nach CABALLERO[1]) ist die Kardia unter gewöhnlichen Bedingungen bei leerem Magen offen, und es erübrigt sich daher seiner Ansicht nach die Annahme eines nervösen Reizes beim Schlucken, um die Passage des Bissens bei leerem Magen zu ermöglichen.

CANNON[2]) kam auf Grund experimenteller Versuche an Katzen mit wismuthaltiger Stärkelösung zu folgendem Schluß: Der Verschluß der Kardia wird durch die Einwirkung der Säure auf die Magenschleimhaut hervorgerufen, und zwar durch einen lokalen Reflex, der sich in der Wand des Verdauungskanals abspielt. Auch bei beiderseitiger Vagotonie erwies sich der Kardiaverschluß bei saurem Mageninhalt viermal so groß als bei neutralem Inhalt.

Im Gegensatz zu dem oberen vom Vagus regierten Oesophagus steht sein unterstes Stück und die Kardia im wesentlichen unter der Herrschaft *autonomer,* zwischen der äußeren Längs- und inneren Quermuskulatur gelegener, (L. R. MÜLLER) *Zentren* (OPENCHOWSKYscher und AUERBACHscher *Plexus*). Dieselben sorgen für einen glatten, gesetzmäßigen Ablauf der Funktion, sie regulieren die Muskel- und Drüsentätigkeit.

Auch die sympathischen Fasern enden ebenfalls in diesem *intramuralen Ganglienhaufen,* es kommt also zu einer Verbindung von Fasern des *Grenzstranges* und des Vagus, zu einem Geflecht der Nerven aus dem sympathischen und parasympathischen System. Die sympathischen Fasern stammen nach LANGLEY aus dem V. bis IX. Thorakalnerv und haben im Ganglion coeliacum eine Station.

Durch die Verbindung von Vagus und Sympathicus unterliegen die Funktionen den Einflüssen des Zentralnervensystems. Nach Durchschneidung der Vagi sahen KREHL, SINNHUBER, GOTTSTEIN und STARCK zwar zunächst eine schwere Störung des Kardiamechanismus, nach wenigen Tagen aber stellte sich der Tonus wieder her und die Hunde konnten wieder normal schlucken. Auch Monate nach der Entnervung konnte STARCK keine Zeichen von herabgesetztem Tonus des Oesophagus und der Kardia feststellen. Auch bei Durchtrennung sämtlicher zur Kardia und zum Oesophagus führender Nerven des sympathischen und parasympathischen Systems zeigt sich zunächst eine Erschlaffung der Oesophaguswand und das Aufhören der Peristaltik. Nach einigen Tagen aber stellt sich die regulierende Tätigkeit wieder ein, Peristaltik und Tonus an der Kardia sind wieder vorhanden (CANNON, OPENCHOWSKY). Hieraus geht die Selbständigkeit der autonomen Zentren im Organ selbst hervor.

Die Tätigkeit des vegetativen Systems besteht darin, die Kontraktionen des unteren Oesophagus und der Kardia zu fördern und zu hemmen.

Bei Reizung des Vagus tritt meist eine Kontraktion der Oesophagusmuskulatur und des Mageneinganges ein, bei Reizung des Sympathicus meist

---

[1]) CABALLERO: Cpt. rend. des séances de la soc. de biol. Bd. 88, Nr. 12. 1923.
[2]) CANNON: Americ. journ. of physiol. Bd. 23, S. 105—114. 1909.

eine Erschlaffung. Gelegentlich wird aber nach Cohnheim[1]) durch Vagusreizung auch eine Erschlaffung erzielt.

Valentini[2]) konnte durch Vagusreizung keine Tonusveränderung an der Kardia hervorrufen, indessen durch Reizung des Sympathicus eine Erschlaffung.

Zweig[3]) fand durch Reizversuche an Kaninchen, daß die oberen aus der Medulla oblongata austretenden Vagusfasern eine Schließung der Kardia bewirken.

Openchowsky[4]) fand, daß im Vagus sowohl konstringierende wie dilatatorische Fasern verlaufen. Ihm und Kronecker gelang es, den Vagus so zu spalten, daß die Reizung des einen Teiles eine Erschlaffung, die des anderen eine Zusammenziehung der Kardia bewirkt. Auch durch elektrische Reizung konnten sie je nach Frequenz und Intensität des Induktionsstromes die Kardia sich erschlaffen oder zusammenziehen sehen. Der verschiedene Ausfall der Versuche kann daran liegen, daß im Vagus tatsächlich dilatatorische und constrictorische Fasern verlaufen oder in dem verschiedenen Verhalten der nervösen Zentren der Muskeln, der autonomen Nervenzentren.

v. Uexküll[5]) hat das Gesetz gefunden, daß bei einfachen Nervennetzen jede Erregung dem Orte des niedrigsten Tonus zuläuft. Ist der Muskel erschlafft, so hat er niedrigen Tonus, hohen dagegen, wenn er kontrahiert ist. Nach diesem Gesetze ist es denkbar, daß ein und derselbe Reiz je nach dem Zustande der Kardia die entgegengesetzten Effekte auslösen kann.

Nach Durchschneidung beider Nn. vagi, wenn also die Zentren nur noch durch die sympathischen Bahnen vom Großhirn aus beeinflußt werden können, fanden Ried[5]), Volkman[5]), Stark[5]) u. a. den Oesophagus gelähmt. Sinnhuber[5]) fand dabei einen vorübergehenden verstärkten Tonus an der Kardia. Gottstein[5]) dagegen konnte bei doppelseitiger Vagotonie weder eine Kontraktion noch eine Dilatation der Kardia nachweisen. Zu dem gleichen Befunde kommen Sauerbruch und Hacker.

Nach Thieding können diese verschiedenen Versuchsergebnisse in den verschiedenen Versuchsanordnungen liegen, in verschieden hoher Durchschneidung der Vagi oder aber auch in dem oben erwähnten Gesetz von Uexküll.

Nach Openchowsky befinden sich für die Schließung und Öffnung der Kardia höhere Zentren in den *Vierhügeln* und im *Nucleus caudatus*. Page May konnte dies nicht bestätigen.

---

[1]) Cohnheim: Die Physiologie der Verdauung und Ernährung. Wien 1908.
[2]) Valentini: Arch. ital. de biol. Bd. 55, S. 423—447. 1911.
[3]) Zweig: Pflügers Arch. f. d. ges. Physiol. Bd. 126, S. 476—482. 1909.
[4]) Openchowsky: Dtsch. med. Wochenschr. 1889, S. 717.
[5]) Zitiert nach Thieding.

Pathologie des Schluckaktes.

Von

JOSEF PALUGYAY

Wien.

Zusammenfassende Darstellungen.

KRAUS, F.: Die Erkrankungen der Speiseröhre. In Nothnagels Handb. d. spez. Pathol. u. Therapie. Bd. XVI. Wien: Hölder 1897. — LÜDKE-SCHLAYER: Lehrbuch der pathologischen Physiologie. Leipzig: A. Barth 1922. — KRAUS-BRUGSCH: Handbuch der Pathologie und Therapie innerer Krankheiten. Wien u. Berlin: Urban & Schwarzenberg 1921. — THIEDING, F.: Über Kardiospasmus, Atonie und „idiopathische" Dilatation der Speiseröhre. Beitr. z. klin. Chir. Bd. 121, S. 237. 1921. — PAL: Über Kardiospasmus. Wien. med. Wochenschrift 1922, Nr. 6—9.

Erkrankungen im Bereiche des Rachenraumes können auf die mannigfaltigste Art zu Schluckstörungen führen. An dieser Stelle kreuzen sich Nahrungs- und Luftwege. Bei der Nahrungsaufnahme muß sowohl die Trachea als auch der Nasenrachenraum gegen den Rachen abgeschlossen sein, damit der Mechanismus in normaler Weise ablaufen und die Ingesten in den Oesophagus befördert werden können. Bei unvollkommenem Verschluß der Luftwege kommt es zum „Verschlucken": Die Ingesten gelangen entweder zum Teil oder im ganzen auf einen falschen Weg, und zwar entweder durch den Nasenrachenraum in die Nase oder durch den Kehlkopf in die Trachea. Der erstere Fall kann, abgesehen von der Unannehmlichkeit für den Patienten, die Nahrungsaufnahme stark behindern, hat aber nicht im entferntesten die ernste Bedeutung wie der letztere, der vielfach schwere Lungenerkrankungen (Schluckpneumonie, Gangrän) hervorruft, die den Tod herbeiführen.

Die Insuffizienz des Verschlusses gegen den Nasenrachenraum kann durch organische Veränderungen bedingt sein, durch Defekte im weichen und harten Gaumen, durch Gaumenspalten infolge angeborener Entwicklungshemmungen, durch Defekte, welche meist infolge tertiärer Lues oder neoplastisch entstanden sind.

Selten führen organische Veränderungen im Bereiche des Rachenraumes zu Aspirationen in die Luftwege. Auch bei weitgehenden Zerstörungen des Kehldeckels durch Neoplasmen, auch bei vollständiger Amputation desselben braucht es zu keiner Schluckstörung zu kommen, weil ja der Larynxverschluß dadurch gesichert wird, daß die Stimmritze mit Hilfe der Adductoren geschlossen wird, die Taschenbänder sich einander nähern und die Aryknorpel sich fest aneinander legen und weit nach vorn senken, wodurch der Verschluß auch dann ein vollkommener ist, wenn der Kehldeckel nicht vollkommen auf den Kehlkopfeingang gepreßt werden kann, ja sogar wenn er fehlt.

Außer durch organische Veränderungen kann der mangelhafte Verschluß des Rachenraumes durch Muskellähmungen zustande kommen, am häufigsten bei Lähmung des Gaumensegels. Die Ursachen, welche dazu führen, sind selten zentraler Natur, so bei Erweichung, Abscessen, Tumoren im Gebiete der Zentren (der Medulla oblongata), bei Bulbärparalyse als Teilerscheinung bei Tabes, traumatischer oder neoplastischer Kompression der Medulla oblongata im Bereiche der obersten Halswirbel. Zu den häufigeren peripheren Ursachen der Gaumensegellähmung gehören gewisse Infektionskrankheiten: Diphtheritis, Scarlatina, Variola, Typhus. Weiterhin liegen Fälle von Gaumensegellähmungen vor bei Erkrankungen des Vagus und des Facialis.

Erb[1]) stellte die Behauptung auf, daß die Gaumensegellähmung in diesen Fällen durch die Facialislähmung bedingt sei, und zwar auf Grund der anatomischen Annahme, daß der N. petrosus superficialis major, welcher das Ganglion geniculi des N. facialis mit dem Ganglion sphenopalatinum des Trigeminus verbindet, motorische Facialisfasern enthält, die, vom letzteren Ganglion weiterziehend, als Nn. palatini descendentes den Levator palati und den Azygos uvulae innervieren. Dieser Annahme gegenüber spricht Réthi[2]) dem Facialis jeden Anteil an der motorischen Innervation des Velums ab. In Fällen, in welchen neben Facialislähmung Gaumenparalyse besteht, wäre ein Prozeß zu supponieren, der nicht nur den Facialis, sondern auch den Vagus geschädigt hat.

Die Paralyse des Gaumensegels führt zum Eindringen von Ingesten in den Nasenrachenraum. Bei Lähmung der Constrictoren gelangen die Speisen in die Trachea. Experimentelle Lähmung der Mm. stylopharyngei bei Tieren führt zu Schluckpneumonie.

Zu den Schlingstörungen, welche durch Muskellähmung bedingt sind, wäre auch die Zungenlähmung zu zählen, deren Ursache meist zentral liegt, dies bei allen bulbären Prozessen, welche eine Schädigung des Hypoglossuskernes oder der aus diesem ausstrahlenden Wurzelfasern bedingen (Bulbärparalyse, Lateralsklerose, Syringomyelie usw.). Bei der Zungenlähmung bleibt der Bissen auf dem hinteren Teile der Zunge liegen, oder er gerät wieder in die vordere Hälfte des Cavum oris zurück. Der Patient muß den Finger zu Hilfe nehmen, um den Bissen in die Speiseröhre zu bringen.

Krämpfe der am buccopharyngealen Schluckakt beteiligten Muskeln führen nicht immer zur Behinderung des Schlingens. So ist beim Glossospasmus das Verschlucken der Speisen nicht gestört; auch bei den seltenen klonischen Krämpfen der Gaumensegelmuskulatur wird der Schlingakt nicht behindert.

Die viel häufigeren tonischen Krämpfe der Schlundmuskulatur hingegen führen schon in leichteren Fällen zu einer Erschwerung des Schlingens. In schweren Fällen ist das Schlucken stark behindert. Beteiligt sich beim Schlundkrampf nur die Gaumensegelmuskulatur und die anderen Rachenmuskeln nicht, so wird meistens das Velum kräftig hinaufgezogen und an die hintere Rachenwand angedrückt; die Gaumenbogen sind durch diese Hebung gedehnt und senkrecht gespannt. In anderen Fällen nähern sich die Arcus palatini der Mittellinie. Zuweilen wird auch der Kehlkopf gehoben; die Zunge wölbt sich nach oben. Zentrale Ursachen des tonischen Krampfes der Gaumen- und Rachenmuskulatur sind Hysterie, selten Neurasthenie und Tabes. Auch bei Tetanus und Lyssa sind tonische Schlundkrämpfe zu beobachten.

Von peripheren Ursachen der Schluckstörungen sind Narben [Pacinotti und Gallini[3])] und Fremdkörper zu erwähnen.

Der Schluckakt kann weiterhin behindert sein durch Ausbleiben des Schluckreflexes. Dieses kann zustande kommen, wenn die Erregbarkeit der sensiblen Nerven oder der zentralen Partien herabgesetzt ist, so daß die normalen Reize den Reflex nicht mehr erzeugen können. Als Ursachen sind Vergiftungen mit

---

[1]) Erb: Dtsch. Arch. f. klin. Med. Bd. 4, S. 540.
[2]) Réthi: Motilitätsnerven des weichen Gaumens. Wien 1893.
[3]) Pacinotti u. Gallini: Monatsschr. f. Ohrenheilk. u. Laryngo-Rhinol., Februar 1896.

Narkoticis (Morphium, Chloroform, Chloral) zu nennen. Zu den zentralen Ursachen gehören auch das Coma diabeticum, uraemicum, Bewußtlosigkeit nach Gehirnblutungen, die letztere Ursache ist jedoch selten. Der Schlundreflex kann auch willkürlich gehemmt werden, Potatoren erlernen es, große Quantitäten von Flüssigkeit gewissermaßen direkt in den Magen zu gießen.

Auch Hypästhesien der Pharynxschleimhaut können Störungen des Schluckaktes bewirken. Den betreffenden Kranken fehlt die normale Schluckempfindung. Die Hypästhesie der Pharynxschleimhaut kommt auch schon unter sonst normalen Verhältnissen als individuelle Abweichung vor. Verständlich ist ihr Auftreten bei Kompression des Vagus und Glossopharyngeusstammes nach epileptischen Insulten. Nach Diphtherie, Rachenkatarrhen bleibt öfters eine Anästhesie zurück.

Auch die Steigerung der Reflexerregbarkeit kann zu schweren Schluckstörungen führen, indem bei der Auslösung des Reflexes durch den gesteigerten Reiz, anstatt einer koordinierten Kontraktion der Pharynxmuskeln, ein tonischer Krampf derselben erfolgt, am häufigsten bei Hysterie. Zu schweren Störungen, ja oft zu vollkommener Behinderung des Schluckens, führen die Pharynxhyperästhesien, welche die entzündlichen Lokalerkrankungen des Rachens in oft unverhältnismäßiger Intensität begleiten.

Auch Parästhesien des Pharynx können den Schluckakt stören. Dieselben haben ebenfalls wieder zentrale oder periphere Ursachen. Unter den zentralen Ursachen spielt Hysterie, ferner Neurasthenie eine Rolle. Die peripheren Ursachen sind akute und besonders chronische, entzündliche Prozesse der Schleimhaut und vorhandener Schleim, Borken, auch Neoplasmen. Die Qualität der Parästhesien ist von den verschiedenen Ursachen sehr unabhängig. Einen besonderen Typus stellt der „Globus hystericus" dar, das Gefühl des Zusammengeschnürtseins des Halses.

Der ösophageale Schluckakt kann vor allem durch mechanische Hindernisse gestört sein. Eine vorübergehende Behinderung der Ingestenpassage bewirken Fremdkörper, welche je nach Größe das Lumen des Oesophagus mehr oder weniger stark verlegen. Bei Erwachsenen kommen am häufigsten verschluckte Gebisse in Betracht, danach Knochenstücke, bei Kindern Knöpfe, Münzen. Entsprechend dem Aufbau der Speiseröhre und dem Ablauf ihrer Bewegungen sind es ihre physiologischen Engen, an welchen die Fremdkörper steckenbleiben, und unter ihnen wiederum die Hauptengen am Oesophaguseingang, hinter dem Ringknorpel, die Bronchial- und Aortenenge und die am Zwerchfellschlitz. Nach Killian[1]) werden in der normalen Speiseröhre fast alle Fremdkörper zunächst am Oesophagusmund festgehalten. Alles, was nicht weich, glatt und gleitend ist und ein gewisses Volumen überschreitet, bleibt hier stecken.

Die Behinderung des Ingestentransportes richtet sich naturgemäß nach Form und Größe des verschluckten Körpers. Feste Körper, wie Knochen und Gebisse, werden anfangs nur für kompaktere Bissen ein Hindernis abgeben, doch kann es durch Verletzung und Infektion der Oesophaguswand zur Schleimhautschwellung und Ulceration kommen, die vorerst eine vollkommene Okklusion zur Folge haben kann, später zur Narbenbildung führt, welche nun in ähnlicher Art eine Störung für den Schluckakt abgeben wie Narbenstrikturen nach Verletzung der Speiseröhre.

Außer mechanische Reize durch Fremdkörper können auch thermische und chemische Reize zu einem akuten Katarrh der Speiseröhre Veranlassung geben. Auch als Begleiterscheinung von Infektionskrankheiten, wie Masern, Scharlach,

---

[1]) Killian: Dtsch. med. Wochenschr. 1910, Nr. 23, S. 1256.

Typhus, kann derselbe auftreten. Die Störung des Schluckens wird, beim akuten Katarrh, weniger durch mechanische Behinderung des Ingestentransportes durch die Schleimhautschwellung als vielmehr durch den Schmerz bedingt, welcher beim Schlucken, jedoch auch spontan, entlang des ganzen Speiserohres auftritt. Viel weniger kommt der chronische Oesophaguskatarrh, welcher bei Rauchern und Trinkern beobachtet wird, als Schluckstörung in Betracht. Meist tritt hier die Dysphagie gegenüber den Erscheinungen von seiten des Rachens und Magens in den Hintergrund.

Verätzungen der Speiseröhre durch chemische Mittel und die seltenen circumscripten Eiterungen behindern anfänglich den Schluckakt durch die hohe Schmerzempfindlichkeit, in der Folge führen sie aber zu strikturierenden Narben, welche nun ein mechanisches Hindernis für den Durchgang der Ingesta durch den Oesophagus abgeben.

Außer den schon genannten Ursachen führen auch Carcinome des Oesophagus, selten extraösophageale Tumoren zu einer Verengerung der Speiseröhre.

Die Strikturen der Speiseröhre haben bestimmte Lieblingssitze an den physiologischen Engen, das gilt für das Carcinom und noch mehr für die Verätzung. Nach MEHNERT[1]) gibt es 13 Prädilektionspunkte, und zwar in nahezu gleichmäßigem Abstande von 2 cm voneinander, entsprechend der segmentalen Natur des Vordarmes, dessen Abkömmling der Oesophagus ist. An diesen Punkten soll der Flüssigkeitsstrom ein anatomisches Hindernis finden und der Bewegungslauf des Speiserohres physiologisch eine gewisse Verzögerung erfahren. Zwischen diesen Punkten kommen an der normalen Speiseröhre Engen viel seltener vor, bilden aber, falls sie vorhanden sind, dann auch gelegentlich den Sitz für Strikturen.

Die Folge aller Verengerungen oberhalb der verlegten Partie ist zunächst eine meist nur geringgradige und wenig ausgedehnte Hypertrophie der Muskulatur. In diesem Stadium kann das Hindernis noch überwunden werden. Doch geht die Hypertrophie meist bald in eine Insuffizienz über, welche ihrerseits eine mehr oder minder bedeutende, in der Regel nicht sehr ausgesprochene Erweiterung des Lumens der Speiseröhre zur Folge hat. Es kommt nun zur Stagnation von Speisen oberhalb der Stenose, und endlich führt die Zersetzung der stagnierenden Speisen zu einer Entzündung.

Der Grad der Schluckbeschwerden wird sich in der Regel nach der Größe der Stenose richten. Leichte Verengerungen machen sich dadurch bemerkbar, daß größere, feste Bissen nicht oder nur verzögert weitergleiten, während Flüssigkeiten oder dünner Brei noch ungehindert geschluckt werden. Während normalerweise das Hinabgleiten des Bissens durch die Speiseröhre nicht empfunden wird, bemerken die Patienten bei Behinderung der Passage ein Druckgefühl und können vielfach annähernd die Stelle von außen angeben, an der die Speisen, ihrer Meinung nach, steckenbleiben. In den schwersten Fällen gelangt auch Flüssigkeit nicht mehr in den Magen. Oder es zeigt sich ein gewisser Wechsel, dem Maße entsprechend, in welchem die gestauten, sich zersetzenden Speisen einen Reiz ausüben und zu einer Schleimhautschwellung führen. Oft verlegt irgendein derbes Stück die Lichtung völlig, und das Schlucken gelingt erst, wenn es wieder herausgewürgt wird. Es kann die Passage von kompakteren Bissen schon bei einer geringgradigen Verengerung dadurch behindert sein, daß sich die Verengerung (durch Narbe, Neoplasma) auf eine längere Partie erstreckt und durch die Starrheit der Wandung die peristaltische Kontraktion in diesen Partien behindert ist.

Auch Erweiterungen der Speiseröhre führen zu Schluckstörungen. In erster Linie sind die circumscripten Erweiterungen: die Pulsions- und Traktionsdivertikel des Oesophagus zu nennen. Die letzteren haben ihren Sitz meist im

---

[1]) MEHNERT: Arch. f. klin. Chir. Bd. 58, H. 1, S. 1. 1899.

thorakalen Abschnitt der Speiseröhre, meist an der Vorder- und Seitenwand;
am häufigsten in der Höhe der Bifurkation. Nach ROKITANSKY und ZENKER
entstehen die Traktionsdivertikel dadurch, *,,daß die Wand durch einen von außen
auf sie wirkenden Zug herausgezerrt wird"*. RIBBERT nimmt eine kongenitale
Anlage, Lücken in der Muskulatur und Bindegewebsstränge als Ursache an.
RIDDER glaubt, daß wohl an der ZENKERschen Lehre festzuhalten sei, wonach
die häufigste Ursache für die Entstehung der Traktionsdivertikel die sei, daß
Bronchial- oder Mediastinaldrüsen bei ihrer unter Schrumpfung erfolgenden
Ausheilung zu einem Herauszerren der Oesophaguswand an einer umschriebenen
Stelle führen.

Wenn auch das Traktionsdivertikel häufig symptomlos bleibt, so kann es
doch dadurch zu Schluckstörungen führen, daß sich in der Spitze desselben ein
Pulsionsdivertikel entwickelt [OEKONOMIDES[1])]. Noch in einer anderen Weise
kann das Traktiondivertikel zu Beschwerden führen, ja für seinen Träger ver-
hängnisvoll werden, nämlich dadurch, daß es durch Zersetzung der in der Spitze
des Divertikels retinierten Speisereste zu einer Entzündung und Abscedierung
und gegebenenfalls zu einer Perforation in das Mediastinum kommen kann.

Die andere Art der lokalen Oesophaguserweiterung ist das Pulsionsdivertikel
(ZENKERsches Divertikel). Diese seltene Anomalie besteht darin, daß sich,
meist im oberen Abschnitt der Speiseröhre bzw. zwischen Constrictor pharyngis
superior und Oesophaguswand, die Schleimhaut mit ihrer Submucosa durch eine
Lücke der Muskulatur nach hinten ausbuchtet. Über die Entstehungsweise des
Pulsionsdivertikels wurden verschiedene Theorien aufgestellt. ZENKER nahm
eine rein mechanische Entstehung an. Seiner Theorie nach kommt es infolge
von Traumen verschiedener Art zum Verlust der Widerstandsfähigkeit an einer
muskelschwachen Stelle der hinteren Schlundwand, auf welche nun infolge jedes
Schluckes ein Druck ausgeübt wird, der zur Ausstülpung und schließlich zur
Sackbildung führt. KÖNIG nahm Hemmungsbildungen, HEUSINGER Bildungs-
anomalien im Bereiche der Kiemenfurchen als Ursache an. Nach STARCK ist
die Entstehung des ZENKERschen Divertikels darauf zurückzuführen, daß an
einer angeborenen muskelschwachen Stelle durch ein beliebiges Trauma die
Muskulatur verletzt wird. Es genügt dann der dauernde, physiologische Grenzen
nicht notwendigerweise überschreitende Innendruck beim Schluckakt, um die
Schleimhaut hernienartig immer mehr bis zur Bildung eines Sackes vorzustülpen.

Die Schluckbeschwerden sind anfangs nur geringgradig. Allmählich erfahren
sie mit Zunahme der Ausstülpung eine Steigerung. Anfänglich bleiben nur große
und harte Bissen stecken, später aber werden auch breiige und flüssige Massen
aufgehalten bis zur völligen Undurchgängigkeit der Speiseröhre. Die Okklusion
der Speiseröhre erfolgt dadurch, daß beim Schlucken regelmäßig ein Teil der
Speisen in das Divertikel gelangt und es allmählich ausfüllt. Der gefüllte Sack
komprimiert nun die Speiseröhre von außen. Erst nach Entleerung des Sack-
inhaltes, entweder spontan oder durch Pressen, Würgen, Lagewechsel, können
wieder einige Speisen in den Magen gelangen. Der Sack entleert sich meist nur
teilweise, so daß Speisen lange Zeit in demselben liegenbleiben, durch deren konse-
kutive Zersetzung kommt es zur Entzündung der Schleimhaut.

Pulsionsdivertikel kommen aber auch an beliebigen anderen Stellen der
Speiseröhre vor. Auch die Ätiologie dieser Pulsionsdivertikel ist nicht geklärt.
Neben Stenosen werden entwicklungsgeschichtliche Verhältnisse, Nerven- und
Gefäßlücken (BROSCH), Druck des benachbarten Bronchus, Traktionsdivertikel
mit ihrer Entstehung in Verbindung gebracht.

---

[1]) OEKONOMIDES: Inaug.-Diss. Basel 1882.

Die Behinderung der Ingestenpassage bei diesen Pulsionsdivertikeln ist meist nicht so hochgradig wie beim Zenkerschen Divertikel, nachdem die Auffüllung meist nur langsam erfolgt. Wenn der Sack aufgefüllt ist, treten Brustschmerzen, Atemnot, Herzklopfen auf, bis durch Entleerung des Sackes, welches einem wirklichen Erbrechen sehr ähnelt, eine plötzliche Erleichterung eintritt.

Lähmungen der Speiseröhre bzw. einzelner Abschnitte derselben können bei Verletzungen [Schußverletzung — Reich, Hildebrand und Holbeck[1])] des Vagus, im Verein mit anderen Lähmungen (nach Diphtherie, Blei-, Alkoholintoxikationen, bei multipler Sklerose, Bulbärparalyse, schweren Hemiplegien und aus anderen Ursachen) beobachtet werden.

Durch den Ausfall der Peristaltik wird das Schlucken von Flüssigkeit am wenigsten behindert sein, dieselbe gelangt unter lautem, polterndem Geräusch in den Magen. Kleinere feste Bissen bleiben namentlich im Liegen stecken, größere passieren (in vertikaler Stellung) oft leichter. Gelingt die Entfernung festsitzender Massen durch Nachtrinken von Wasser nicht, so kommt es zur Regurgitation oder zur Aspiration in die Lunge.

Auch die Verminderung des Speiseröhrentonus führt zu Störungen des Schluckaktes. Sie tritt meist im Rahmen mehr oder weniger allgemeiner Atonie der Hohlorgane mit glatter Muskulatur auf [Holzknecht und Olbert[2])], seltener auch als isolierte Organveränderung im Anschluß an Katarrhe verschiedener Ursache (circumscripte Wegsamkeitsstörungen, Alkohol, Nicotin usw.); als Begleiterscheinung bei Ulcerationen des Magens [Palugyay[3])], bei Kardiospasmus und idiopathischer Dilatation der Speiseröhre. Die Hypotonie des Oesophagus ist dadurch charakterisiert, daß weiche Ingesta in kleinen Quantitäten schlecht befördert werden, indem die Oesophagusperistaltik sie über die Wandung des ganzen Organs entlang ausstreicht und lange liegen läßt, statt sie in kurzer, geschlossener Säule fast restlos zu befördern. Größere Quantitäten breiiger Speisen werden in gewöhnlicher Weise befördert, wobei jeder folgende Schluck den früheren, das Organ entlang ausgestrichenen vor sich her schiebt, fast wie in einem Schlauch ohne selbständige motorische Einrichtung. Schließlich bleibt die letzte Portion in langem Streifen liegen, bis sie durch Wassernachtrinken oder zahlreiche immer wieder aufgenommene Serien von Schlucken befördert wird. Im Gegensatz dazu werden flüssige Ingesta in Vertikalstellung glatt befördert. Große Bissen hoher Konsistenz passieren in allen Lagen gut, wohl weil sie, anders als die kleinen, an die Umschließungsfähigkeit des Organes geringere Anforderungen stellen.

Im Gegensatz zu Rosenheim, der die Atonie (Hypotonie) der Speiseröhre als seltenes Vorkommnis bezeichnet und die von Holzknecht und Olbert als charakteristisch bezeichneten Symptome nur als Zeichen einer trägen Oesophagusfunktion akzeptiert, konnten die letztgenannten Autoren die Hypotonie des Oesophagus häufig sehen. Auf Grund meiner Untersuchungen ist die Atonie eine viel häufigere Erscheinung, als allgemein angenommen wird, doch entgeht sie in einer großen Zahl der Fälle der Beobachtung, nachdem die subjektiven Beschwerden, oft auch bei höheren Graden von Tonusverminderung, nur geringgradige sind und meist gegenüber den anderen funktionellen Beschwerden in den Hintergrund treten.

Zu schweren Schluckstörungen führen die seltenen spastischen Kontraktionen der Oesophaguswand (Oesophagospasmus, spastische Oesophagusstriktur). Das

---

[1]) Reich, Hildebrand u. Holbeck: Veröff. a. d. Geb. d. Militär-Sanitätswesens, H. 53. Berlin: A. Hirschwald 1912.
[2]) Holzknecht u. Olbert: Zeitschr. f. klin. Med. Bd. 71, 1—2, S. 1. 1910.
[3]) Palugyay: Mitt. a. d. Grenzgeb. d. Med. u. Chir. Bd. 37, H. 1, S. 107. 1923.

sind krampfartige Annäherungen der Oesophaguswandungen in einem, gelegentlich auch bei demselben Individuum in wechselnden Abschnitten der Schluckbahn. Sie sind eine Folge meist plötzlich einsetzender und vorübergehender oder lange Zeiträume (Monate, Jahre) hindurch bestehender oder vollständig intermittierender tonischer Kontraktion der Muskulatur. (Nachdem die Kardia funktionell untrennbar zum Oesophagus gehört, so ist die spastische Stenose der Kardia auch hierher zu zählen, sie soll aber später besprochen werden.) Als ätiologisch wichtig werden die disparatesten Momente angegeben: Heredität, angeborene Anomalien, Traumen, Erkältung, heftiges Erbrechen, Typhus, Chorea, Lyssa, Tetanus, Epilepsie, entzündliche Vorgänge, Geschwülste, Fremdkörper, allgemeine Neurosen usw.

Für eine ausführliche Beteiligung des Vagus beim Zustandekommen des tonischen Krampfes spricht die Beobachtung HEYROVSKYS[1]) betreffs des häufigen Zusammentreffens mit Ulcus ventriculi. Nach HENDELSOHN[2]) sind drei Gruppen zu unterscheiden. Erstens Fälle, bei denen der Spasmus auf andere Erkrankungen zurückzuführen ist, zweitens solche, bei denen Reflexwirkung vorliegt, und schließlich solche, bei denen lediglich nervöse Veranlagung oder abnorme Erregbarkeit nachzuweisen ist.

Die Schluckstörung beim Oesophaguspasmus besteht in einem Steckenbleiben der Speisen im Speiserohr. Sie variiert von der Empfindung des erschwerten Hinuntergleitens des Bissens bis zum wirklichen Steckenbleiben der Speisemasse mit nachfolgender Regurgitation. Nicht selten macht sich diese Unbeständigkeit selbst in der Weise bemerkbar, daß bei ein und derselben Mahlzeit ein Teil der Bissen schwer, ein anderer leicht passiert und ferner darin — und das ist dann recht bezeichnend —, daß feste Speisen besser als flüssige hinuntergleiten.

Bei Hysterischen kombiniert sich der Oesophagospasmus öfters mit Schlundkrämpfen. Oft liegt jedoch bloß die Empfindung vor, als wäre der Hals geschwollen, dabei besteht dann kein effektiver Schlingkrampf. In anderen, schwereren Fällen macht sich beim Schlingakt oder spontan die Sensation geltend, daß der Hals ganz zugeschnürt sei. Dann geht das Schlucken, besonders fester Bissen, nur mühsam vor sich oder wird unmöglich.

Die allgemeine Ansicht war die, daß diese Symptome auf einer, von der Kardia nach oben, mehr oder minder rasch fortschreitenden Kontraktion der Oesophagusmuskulatur beruhten, an die sich evtl. noch ein Spasmus der Schlundmuskeln anschließe. Doch dürfte es sich nach KRAUS dabei nicht um Antiperistaltik des Oesophagus handeln, wie HAMBURGER meinte, sondern um eine absatzweise erfolgende Kontraktion der Abschnitte der Oesophagusmuskulatur.

Eine Reihe von Störungen des Schluckaktes, die auf spastische und paralytische Zustände der Speiseröhre zurückgeführt werden, sind heute noch keineswegs geklärt, so insbesondere der Kardiospasmus; diese Fragen sind um so komplizierter, nachdem es sich dabei meist nicht um selbständige Krankheiten handelt (THIEDING), sondern nur um Symptome von lokalen und Allgemeinerkrankungen oder Konstitutionsanomalien, die zu einer Dysfunktion im vegetativen Nervensystem geführt haben, zu einer Unterbrechung der normalen Reflexabläufe des Ineinandergreifens der Muskulatur der Speiseröhre und des Mageneinganges.

Eine weitere Komplikation für die Beurteilung der pathologischen Verhältnisse bildet der noch unaufgeklärte Widerspruch in den experimentellen Ergebnissen betreffs der Kardiainnervation. Im Gegensatz zu OPENCHOWSKY,

---

[1]) HEYROVSKY: Wien. klin. Wochenschr. 1912, Nr. 38.
[2]) HENDELSOHN: Inaug.-Diss. Breslau 1896.

welcher durch Reizung des Vagus eine Öffnung der Kardia auslösen konnte, fand Langley den Öffner der Kardia im Sympathicus.

Die Begriffsbestimmung des Kardiospasmus ist sehr einfach, sie lautet Krampf des Magenmundes (Pal). Nicht so einfach ist es in jedem Falle, der hier in Betracht kommt, einwandfrei festzustellen, ob es sich wirklich um einen Kardiospasmus handelt. In der Regel besteht gleichzeitig eine Speiseröhrenerweiterung. Die Frage der Beziehung der Speiseröhrenerweiterung zum Verhalten der Kardia beschäftigt fast die gesamte einschlägige Literatur. Der strittige Punkt ist, ob in jedem Falle eine kausale Beziehung dieser beiden Momente zueinander anzunehmen ist, d. h. ob eine Speiseröhrenerweiterung immer eine Folge des Kardiospasmus ist oder dieser immer infolge der Insuffizienz der Speiseröhrenwand entsteht.

v. Mikulicz stellte die Theorie auf, daß der Kardiospasmus als das primäre Leiden anzusehen sei und die Dilatation die Folge der Arbeitshypertrophie wäre. Dieser Ansicht schlossen sich eine Reihe von Autoren an (Meltzer, Glas, Strümpell, Hölder, Jaffé, Leichtenstern, Zusch, Hirsch, Simmonds u. a.). Demgegenüber sahen Rosenheim, Zenker und Ziemssen den Spasmus als sekundären Reizeffekt einer durch die primäre Ektasie entstandenen Oesophagitis an. Für die primäre Dilatation sprechen die Fälle, bei denen die Sektion eine normale oder „atrophische" und keine Kontraktion der Kardia ergab; ebenso der negative Befund an der Kardia bei Operationen (Marwelder u. a.), wobei der Krampf allerdings durch die Narkose gelöst sein kann (Geppert).

Nach der Krausschen Theorie ist ein gleichzeitiges Auftreten des Kardiospasmus und der Dilatation der Speiseröhre (infolge Atonie) durch den Ausfall der Vagusfunktion auf die autonomen Zentren erklärt.

Noch weniger als die Reihenfolge des Auftretens der Störungen ist die Ätiologie derselben geklärt. Eine Reihe von Autoren führt die Entstehung des Krankheitsbildes immer auf die frühe Kindheit zurück (Bard) und nimmt eine kongenitale Grundlage für die Ausbildung an (Baumgarten, Umber). „Eine angebliche Wandschwäche soll die Ursache der Dilatation sein." Bard nennt dieses Krankheitsbild Megaoesophagus, analog dem Megacolon.

Nach Fleiner[1]) (Zusch, May, Sievers, Mohr, Arnold, Zenker, Baumgarten, Bester, Wilbrecht u. a.) ist die Entwicklung des Krankheitsbildes aus einer angeborenen Formanomalie der Speiseröhre abzuleiten. Als solche Formanomalien kommen für einfache, tiefsitzende Speiseröhrenektasien in erster Linie der von Fr. Arnold und Luschka beschriebene Vormagen bzw. das Antrum cardiacum in Betracht, wobei unter Vormagen die supradiaphragmalen, unter Antrum cardiacum aber die infradiaphragmalen sackartigen Ausbuchtungen des Oesophagus zu verstehen sind. Eine derartige angeborene Formveränderung der Speiseröhre kann nun lange Zeit, manchmal sogar (Poensgen) zeitlebens bestehen, ohne auffallende Beschwerden hervorzurufen. Kommt es dagegen einmal infolge irgendeiner Gelegenheitsursache zu einer länger andauernden Anstauung von geschluckten oder aus dem Magen durch Erbrechen hochgekommenen Massen in dem Speiseröhrensack, so kann derselbe alsbald aus seinem Latenzstadium hervortreten und schwere Folgeerscheinungen bedingen. Zunehmende Stauung von Nahrungsbestandteilen führt zu allmählicher Dehnung und Dilatation des ursprünglich kleinen Sackes. Durch Reizung der Schleimhaut durch die angedauten Speisen kommt es zu einer chronischen Schleimhautentzündung, wodurch reflektorisch ein gesteigerter Kontraktionszustand an beiden Polen des Sackes, manchmal (oder „oft"), insbesondere bei bestehendem Vormagen, ein Spasmus der Kardia bzw. des unteren Oesophagusabschnittes entsteht.

Von mechanischen Ursachen sind eine abnorm schiefe Einmündung des Oesophagus in den Magen, Knickung unterhalb des Zwerchfells (Shaw und Woo, Breume und Gubaroff) — wodurch ein klappenartiges Ventil resultiert — und Drehung der Speiseröhre angegeben worden.

Mikulicz[2]), Leichtenstern u. a. sehen als Ursache des Krankheitsbildes eine funktionelle Kardiastenose an, wobei die Stenose, entsprechend den experimentell begründeten Anschauungen v. Openchowskys, Kroneckers und Meltzers über das Wesen des normalen

---

[1]) Fleiner: Münch. med. Wochenschr. 1900, Nr. 16/17.
[2]) Mikulicz: Verhandl. d. dtsch. Ges. f. Chir. Bd. 11, S. 37. 1882.

Kontraktionszustandes an der Kardia, entweder durch eine abnorme Steigerung des Tonus des kardialen Schließmuskels (aktiver Kardiospasmus: LEICHTENSTERN, MIKULICZ, MERMOD, RUMPEL, MAYBAUM, JAFFÉ, MERKEL, JUNG, WESTFALEN, DEMBER, GOTTSTEIN, MARTIN) oder durch eine Hemmung des reflektorischen Erschlaffungsreflexes der Kardia beim Schluckakte zustande kommen kann (EINHORN, MELTZER). Auf eine derartige Genese durch Kardiakrampf wurde insbesondere auch eine Reihe von Sektionsbefunden bezogen, bei denen an der dilatierten Speiseröhre, trotz Fehlens jeder organischen Stenose, oft enorme Hypertrophie der muskulösen Wandung nachweisbar war, wobei die Dilatation als Stauungsektasie, die Muskelhypertrophie als Arbeitshypertrophie aufgefaßt wurde.

ROSENHEIM[1]) führt die Entstehung des Krankheitsbildes auf einen irregulären Ablauf der Innervation zurück, welcher als Produkt schädigender, lokaler Einwirkungen oder allgemeiner nervöser Alteration anzusehen sind. Dabei handelt es sich zunächst nur um eine muskuläre Schlaffheit der Speiseröhrenwand, die erst in einem späteren Stadium, manchmal erst nach Jahren zur Überdehnung und Ausweitung des Oesophagus führt. Bei längerem Bestande der Erkrankung werden, nach ROSENHEIM, einzelne Fälle dadurch erschwert, daß, im weiteren Verlaufe des Leidens, sekundär entzündliche Prozesse und Spasmen den Erschlaffungszustand komplizieren können.

FR. KRAUS und RIDDER nehmen als ätiologisches Moment einen Ausfall der Vagusinnervation an. Es gelang den genannten Autoren in einem Falle, der zur Obduktion kam, starke Atrophie beider Vagi histologisch nachzuweisen. Es fehlen aber bisher Beweise für dieses Vorkommen bei weiteren Fällen. Der charakteristische starke Wechsel der Störungen spricht wohl auch dagegen; intermittierende Lähmungen sind wohl unwahrscheinlich. Nach KAUFMAN wäre die Ursache in einer autonomen Systemerkrankung zu suchen (Vagus-Oculomotorius-Chorda tympani und Pelvicus). Nach THIEDING liegt die Störung in einer Dysfunktion im vegetativen System begründet, wo entweder der Vagus in der Funktion überwiegt oder ausgeschaltet ist und der Sympathicus erhöhten Einfluß auf die autonomen Zentren gewinnt.

WILMS, welcher die Spasmen an der Kardia, am Pylorus, am Mastdarm und an der Blase gemeinsam bespricht, ist der Ansicht, daß die Spasmen Folgezustände eines „spezifischen, wohl im Nervensystem (Sympathicus) begründeten Vorganges" sind. Das Gemeinsame dieser verschiedenen Krankheitsbilder ist der Dauerkrampf der glatten Muskulatur, und zwar dort, wo sich ein physiologischer, durch Ringfasern bedingter Verschluß findet. Der Dauerkrampf führt zur Stenose und damit zur Hypertrophie (Arbeitshypertrophie) der Muskulatur des davorliegenden Organs. Die Beobachtung WILMS', daß der normale Reiz nicht mehr zur Öffnung der Kardia genügt, wohl aber ein starker, wie er beim Brechakt entsteht, läßt ihn eine Störung im Reflex annehmen. Am wahrscheinlichsten liegt nach WILMS die Störung bei der Kardia im Bereiche der Nerven und Ganglien des Sphincters selbst.

A. BÖHM[2]) versuchte der Lösung der Frage dadurch näherzukommen, daß er bei Fällen von Kardiospasmus die Wirkung gewisser pharmakologischer Mittel prüfte, deren Angriffspunkt an bestimmten Teilen des Nervensystems bekannt ist. Er fand, daß der Einfluß des N. vagus auf den Tonus der Kardiamuskulatur nicht bestimmend für das Zustandekommen des Kardiospasmus ist. Weder Vermehrung noch Verminderung des Vagustonus auf medikamentösem Wege ist imstande, den Zustand der funktionellen Kardiastenose zu beeinflussen. Medikamentöse Sympathicusreizung hat eine Öffnung des Kardiaringes zufolge, Reizung des Sympathicus auf anderem Wege hat nicht denselben Erfolg.

Eine Herabsetzung des Muskeltonus durch Medikamente, die ihren Angriffspunkt an der glatten Muskulatur selbst haben sollen, war in allen Fällen erfolglos. Aus dieser Tatsache, daß keins der Mittel, die sonst imstande sind, Spasmen der glatten Muskulatur zu beseitigen, den Kardiospasmus zu lösen vermag, zieht BÖHM den Schluß, daß die funktionelle Kardiastenose nicht auf einem echten Spasmus der Kardiamuskulatur, sondern auf einer Störung der Öffnungsreflexe der in Ruhe stets geschlossenen Kardia beruht.

Weiterhin konnte BÖHM ermitteln, daß die Öffnung der Kardia unter psychischem Einfluß steht; der Beweis für diese Annahme wurde erbracht durch Beseitigung der Stenose mit Hilfe der Wachsuggestion und Hypnose.

Nach BÖHM ist die Dilatation der Speiseröhre höchstwahrscheinlich nicht primär, sondern eine Folge der Stenose, doch scheint es nicht ausgeschlossen, daß eine Erkrankung der Oesophaguswand, und besonders eine solche von dessen nervösen Plexus, oder des OPENCHOWSKYSCHEN Ganglienhaufens die Grundlage für das Leiden bildet. Die Muskulatur des Oesophagus oberhalb der Stenose war bei seinen Fällen funktionstüchtig, was aus der Feststellung tiefer, kräftiger Peristaltik, auch bei hochgradiger Dilatation, bei unter Einfluß von Pilocarpin erfolgter weitgehender Verkürzung und Verengerung des Schlauches einwandfrei hervorgeht.

---

[1]) ROSENHEIM: Dtsch. med. Wochenschr. 1899, Nr. 45—47.
[2]) BÖHM, A.: Dtsch. Arch. f. klin. Med. Bd. 136, S. 358. 1921.

Auf Grund seiner Beobachtungen kommt Pal zu der Ansicht, daß dem Erscheinungskomplex des Kardiospasmus, wenngleich er häufig aus einer Ursache hervorgeht, nicht nur eine Erkrankung des Vagus zugrunde liegt. Obzwar in gewissen Fällen Veränderungen im Vagus, die sich anatomisch in Degeneration des Nerven kenntlich machen, den Anlaß zu Kardiospasmus und Speiseröhrenerweiterung abgeben, so möchte Pal doch vor Überwertung des Degenerationsbefundes im Vagus warnen, nachdem der Vagus ebenso beim Tiere wie beim Menschen auch im physiologischen Zustande häufig degenerierte Fasern, darunter oft embryonale Formen, aufweist. Daß der Ausfall der sympathischen oder parasympathischen Innervation den Anlaß zu Funktionsstörungen abgeben kann, ist in Erwägung zu ziehen. Das Überwiegen der Vagusbefunde in den Beobachtungen führt er darauf zurück, daß dieser Nerv einer makro- und mikroskopischen Untersuchung leicht zugänglich ist, während die des Sympathicus sehr schwierig ist und seine Veränderungen noch zu wenig erforscht sind.

Fleiner[1]) stellte die Behauptung auf, daß in Fällen von „sogenanntem" Kardiospasmus der Verschluß überhaupt nicht an der Kardia, sondern weiter unten im Magen zu suchen sei. Die Kardia stehe dabei offen; es handle sich um den Sulcus gastricus, die Magenstraße an der kleinen Kurvatur, die durch einen Krampfzustand von dem übrigen Magen abgesperrt werde. Fleiner bezeichnet diesen Vorgang als obere Magensperre, und begründet seine Auffassung damit, daß die Sonde erst wesentlich tiefer unten, als der Kardia entspricht, ein Hindernis findet, und daß man im Röntgenbild einen langen, pfriemenartigen Fortsatz des Kontrastinhaltes entlang der kleinen Kurvatur findet. Von A. Hirsch wurde die Richtigkeit dieser Auffassung und die Stichhaltigkeit der angeführten Beweise allerdings bestritten und darauf hingewiesen, daß schon vor langer Zeit und zuerst von v. Mikulicz der Kontraktionszustand an der Kardia im Oesophagoskop direkt gesehen wurde, daß ferner Strümpell bei der Sektion eines Patienten, der 10 Jahre lang an schweren Schluckstörungen gelitten hatte, die Kardia und den unterhalb des Zwerchfells gelegenen Teil der Speiseröhre auffallend eng fand.

Nach Sauerbruch und Hacker kommt auch die Kontraktion der Zwerchfellschlinge, welche die Kardia zirkulär umgibt, für die Genese der funktionellen Kardiastenose nicht in Betracht.

Die Störungen des Schluckens hängen beim Kardiospasmus von verschiedenen Momenten ab, vor allem davon, ob nebst dem Kardiospasmus auch eine Dilatation des Oesophagus besteht, weiterhin vom Grad der Dilatation und der Dauer derselben. Das Fassungsvermögen des Speiserohres kann ganz enorme Grade erreichen. Nach Messungen von Strauss und, mittels seiner Meßmethode, durch andere Autoren ist ein Inhalt von bis 2 Liter gefunden worden. Der Druck in der Speiseröhre, welcher nach v. Mikulicz beim Schluckakt unter normalen Verhältnissen etwas geringer ist als der Atmosphärendruck, steigt beim Kardiospasmus in der Regel auf das Doppelte bis Dreifache. Alle Momente, welche schon normalerweise eine Drucksteigerung bewirken, tun dies beim Kardiospasmus in erhöhtem Maße.

Die Peristaltik zeigt eine Erhöhung ihrer Tätigkeit, welche durch den Reiz der liegenbleibenden Speisen gesteigert wird. Es kann durch die letztgenannte Ursache auch zur plötzlichen Umkehrung der Ablaufsrichtung der Peristaltik (Antiperistaltik) kommen (J. Schütze). Die auf- und absteigenden Wellen treten manchmal auch alternierend auf (Kaufmann und Kienböck). Es kommt auch zur Hypertrophie der Oesophagusmuskulatur. Diese vermehrte Arbeitsleistung, durch erhöhte peristaltische Tätigkeit, kann eine Zeit hindurch einen funktionellen Ausgleich bedingen. Dadurch können die Beschwerden ganz oder doch so zurücktreten, daß den Störungen nur wenig Beachtung geschenkt wird. Dieser funktionelle Ausgleich kann auch längere Zeit anhalten; es sind Fälle beobachtet worden, die bis zu 5 Jahren in diesem Zustande verharrten. Meist ist dieses Ausgleichsstadium nur von kurzer Dauer. Geringe äußere Anlässe, physische Erregungen, Affekte, können dazu führen, daß die funktionelle Mehrheit nicht mehr ausreicht, das Hindernis zu überwinden oder, daß es zu einer Erlahmung der überanstrengten Muskulatur kommt. Es folgt Erweiterung und Erschlaffung

---

[1]) Fleiner, Münch. med. Wochenschr. 1919, Nr. 22 u. 23.

der Speiseröhre. Durch die Überdehnung des ganzen Organes sowohl in seinen
Quer- wie auch Längsschichten hat die Speiseröhre in dem engen, kurzen Mediasti-
nalraum keinen Platz mehr, sie verdrängt die umgebenden Bindegewebsschichten
und nimmt einen geschlängelten Verlauf an. Der Zustand der Schlaffheit und
Überdehnung kann aber auch schon in einem frühen Stadium eintreten. Um die
Ingesten durch den Schluckakt in den Magen zu befördern, reichen die normalen
Kräfte nun nicht mehr aus, und jene können nur durch Zuhilfenahme von verschiedenen Manövern in den Magen gebracht werden. Vorzüglich sind zu erwähnen die Erhöhung der Schwerkraftskomponente und die Steigerung des
intrathorakalen Druckes. Durch starkes Auffüllen der Speiseröhre mit Flüssigkeit
kann nun die Schwerkraft der Ingesta die Verschlußkraft der Kardia überwiegen
(MAYBAUM, REIZENSTERN u. a.). Die Erhöhung des Intrathorakaldruckes wird
meist dadurch erreicht, daß bei tiefer Inspiration ein Verschluß des oberen
Oesophagusmundes hervorgerufen wird, durch Zuhilfenahme der Halsmuskulatur,
öfters auch durch Zuhilfenahme der Hände (SIEVER, MELTZER, EINHORN u. a.).
Charakteristisch ist, daß feste Bissen öfters leichter geschluckt werden als flüssige.
Doch kann bei starker Überdehnung des Speiserohres auch eine Insuffizienz der
Kardia eintreten, so daß Flüssigkeit konstant durch sie durchsickert. Die Stagnation der Speisen im Oesophagus vor der Kardia führt mitunter zu ganz mächtigen sackartigen Erweiterungen des unteren Speiseröhrenendes. Die Speisen
bleiben nun daselbst lange liegen, und durch die Zersetzung kommt es zu Schleim-
hautkatarrh und Entzündung, und durch den ausgelösten Reiz kann es reflektorisch zu einer Steigerung des Spasmus an der Kardia kommen (v. MIKULICZ).

Die Störungen des Schluckaktes können zeitweilig auftreten oder konstant
sein. THIEDING unterscheidet 3 Stadien: 1. Dysphagia spasmodica intermittens;
plötzlich und zeitweilig auftretendes Nichtschluckenkönnen, sehr wechselnd.
An der Kardia besteht Spasmus, oft mit Einbeziehung des unteren Anteiles der
Speiseröhre und des oberen Magenanteiles. Der kinetische Anteil der Speiseröhrenmuskulatur ist dabei erhöht. 2. Dysphagia hypertonica permanens; sie
kann entweder aus dem ersten Stadium entstehen, oder selbständig entstehen.
Das Schlucken ist wesentlich gestört. Dauerkontraktionen der Kardia. Vermehrung der tonischen Muskeltätigkeit. Erweiterung der Speiseröhre. 3. Dysphagia atonica; bildet den Endzustand des ersten und zweiten Stadiums, doch
kann sie auch primär entstehen. Speisen gelangen nur langsam in den Magen,
da die untere Speiseröhre sackartig erweitert ist und tiefer liegt als die Kardia,
die dabei offen sein kann. Keine peristaltische Tätigkeit der Muskulatur. Bei
primärem Auftreten fehlt die Muskelhypertrophie.

Durch die Dysphagie werden Schmerzen ausgelöst. STIERLIN nimmt an, daß ein gewisser Parallelismus zwischen Spasmus und Schmerz besteht. Nach PAYNE[1]) werden bei
Einwirkung von Druck nur während der Zusammenziehung der Speiseröhre Schmerzen
empfunden, bei Dehnung nur während der Erschlaffung des Organs.

Die Schluckstörungen und die dadurch ausgelösten Beschwerden stehen nicht immer
im Mittelpunkte des Bildes (WILK), besonders wenn der Kardiospasmus und die Speiseröhrendilatation mit Erkrankungen anderer Organe gemeinsam oder als deren Folge auftreten. — Eine häufige Kombination des Kardiospasmus mit Ulcus ventriculi konnte
HEYROVSKY feststellen. Als gemeinsame Ursache sieht er eine Erkrankung des Vagus an.
Dabei ist das Ulcus ventriculi nicht an den kardialen Magenteil gebunden (MANELL). Eine
weitere, nicht seltene Kombination des Kardiospasmus ist die mit Asthma bronchiale nervosum
(v. BERGMANN, SZÖLLERY, LINDWALL). Die gemeinsame Ursache wird in einer erhöhten
Vagusfunktion gesehen. Ein Zusammentreffen des Kardiospasmus mit Bradykardie wurde
von HEYROVSKY, KAUFMANN, KIENBÖCK, SCHÜTZE u. a. beobachtet. Nicht selten ist auch
ein Kardiospasmus bei Carcinom der Speiseröhre zu beobachten. Auch bei Carcinom der
Kardia (PALUGYAY) oder des Magens (SCHLESINGER) kann ein Spasmus das erste Symptom

---

[1]) PAYNE: Journ. of physiol. Bd. 56, 6. 1922.

bilden. Außer der genannten Kombination findet man in der Literatur Erkrankungen anderer Organe neben Kardiospasmus angeführt. Inwieweit dabei eine gemeinsame Ursache anzunehmen oder der Spasmus der Kardia als sekundäre Folge anzusehen ist, ließ sich in den meisten Fällen nicht klären.

Organische Stenosen an der Kardia, bedingt durch Ulcusnarben oder durch Neoplasmen, führen ebenfalls zu Störungen des Schluckens; der Grad der Störung richtet sich naturgemäß nach der Größe der Stenose. Dementsprechend werden entweder nur kleine Bissen oder nur Flüssigkeit durch die Kardia gebracht. In extremen Fällen kann es zur völligen Obliteration kommen. Wenn die Stenose noch so weit durchgängig ist, daß Flüssigkeit passiert, so kann der Fall eintreten, daß die Flüssigkeit die Kardia in konstantem Fluß passiert, und zwar erfolgt dies dann, wenn durch die Starrheit der Wandung eine Insuffizienz des Verschlusses auftritt. Zu einer stärkeren Dilatation des Oesophagus kommt es bei organischer Stenose der Kardia in der Regel nicht.

Das Wiederkauen.

Von

A. Scheunert

Leipzig.

Mit 7 Abbildungen.

Zusammenfassende Darstellungen.

Biedermann, W.: Handb. der vergl. Physiol. Herausgeg. von Winterstein Bd. II. 1911.
— Colin, G.: Traité de Physiol. comp. des animaux. 3. Aufl., Bd. I. 1886. — Ellenberger:
Handb. der vergl. Physiol. der Haussäugetiere Bd. I. 1884. — Haubner, G. C.: Über die
Magenverdauung der Wiederkäuer. Wien: Adam 1837.

A. Einleitung.

Die Funktionen der Wiederkäuermägen und insbesondere der Wiederkauakt
selbst hat seit dem Altertum das Interesse der Forscher erregt und deshalb eine
häufige Schilderung und Bearbeitung erfahren (Aristoteles, Galen, Faber,
Perrault, Peyer, Duverney, Haller, Buffon u. a. m.). Es ist nicht die
Aufgabe dieses Werkes, historisch die Entwicklung eines Gebietes darzulegen,
doch scheint es von allgemeinerem Interesse, hier wenigstens die Zusammenfassung der älteren Anschauungen wiederzugeben, wie sie am klarsten auf Grund
zahlreicher Literaturzitate von A. v. Haller[1]) gegeben worden ist. Es heißt dort:

„. . . Indessen findet doch das wirkliche Wiederkäuen eigentlich beim Hornvieh statt,
welches vier Mägen bekommen hat. Bei diesen öfnet sich der Schlund in den ersten Magen
die Speise fällt in diesen ersten und andern Magen und der lezzte ist gleichsam ein Anhängsel
des erstern.

Doch es zeigt sich von diesem zweeten Magen ein sehr enger Weg in den dritten, welcher
von einer Erhabenheit des zweiten Magens gesperrt wird. Und daher nimmt der flüßige
Theil, aus eben diesen Ursachen, zwar seinen Weg fort. Da aber dasjenige, was trokken ist,
den Durchgang schwer findet, so wird die Speise von der starken Kraft des ersten Magens
der sehr merklich muskulöse ist und von den gleich großen Kräften des zweeten durch den
Schlund heraufgetrieben, sie kömmt in den Mund zurükke, und dieses ist gleichsam ein natürliches Erbrechen. Das Thier käut sie im Munde zum zweiten male durch, sie wird noch einmal
herabgeschlukkt, sie kömmt von neuem in den ersten und zweeten Magen zurükke, und wird
in beiden macerirt. Sie steigt noch einmal aufwärts und wird ebenfalls zum dritten, und
vierten male herabgeschlukkt: sie wird in einer Menge von Flüßigkeit und so lange macerirt,
bis sie durchgängig weich und zu einem Brei geworden, den eine Menge Magensaft durch
einander gearbeitet, und bis dieser Brei durch die enge Strasse in den dritten Magen übergehen kann hierinnen wird er zum Theil seines Saftes, oder durch Einsaugung der Gefäße
wieder beraubt, und dieses geschicht auch zum Theil vermöge seines Ueberganges in den
vierten Magen, wo man diesen Brei nunmehr saftlos findet. Wenigstens ist hier der Brei
schon dikker, und beinahe wie ein Teig oder Salbe anzusehen. In diesem dritten Magen aber
zerreiben die Blätter, die ihre besondre Bewegung haben, die Speise ferner klein, und überliefern sie dem vierten Magen, welcher weit und dem Menschenmagen ähnlich ist, und auch
inwendig seine vorragende Platten hat. In diesem vierten Magen vermischt sich der Brei

---

[1]) Haller, A. v.: Anfangsgründe der Physiologie. Bd. VI, S. 425, 1756.

weil er sich darinnen wegen des engen Pförtners aufhält mit dem Drüsensafte er gähret vollkommner er wird weich wie ein Brei, und weicher als im ersten, ist aber dennoch grün. Von hier geht er durch den engen Pförtner erst alsdann weiter, wann er vollkommen verdaut ist: denn es helfen die Schliesmuskeln in diesen Thieren die Speise zu verdauen, welche überall um die Magenmündungen, wie Ringe herumgehen, und beim Reize die Mündungen verengern. Indessen hat die Natur eine artige Anlage für das Getränke gemacht: es ist nämlich eine Furche da welche vom Schlunde in den dritten Magen führt, welche, wenn sie offen ist, das Wasser in den ersten und zweeten Magen lassen kann oder wenn sie sich schliest und verengert, in den dritten leitet. Damit also die im dritten Magen trokkne Speise zu dem Ablaufe in den vierten nicht ungeschikkt werden möge, so läuft das Getränke so oft der erste und zweete Magen voll ist, durch diese Rinne, die nunmehr vollständig da ist, in den dritten Magen ab. Auch Milch und was flüßig ist, läuft auf diesem kürzern Wege zum vierten Magen. Daher findet man an den Lämmern, welche noch gesäugt werden, die ersten Mägen fast leer, und den vierten Magen ganz voll: denn es eilt die Milch dahin. . . .“

Es ist bemerkenswert, daß die hier dargelegten Anschauungen bis in die neueste Zeit wenig Förderung erfahren haben, obwohl mit der Entwicklung der experimentellen Physiologie von der Mitte des vorigen Jahrhunderts an zahlreiche namhafte Forscher sich mit dem Problem beschäftigt haben. Unter diesen sind Flourens und Colin zu nennen, an die sich später Chauverau und Toussaint[1]) anschlossen. Von deutschen Autoren waren es vor allem Haubner, später Harms[2]) und Luchsinger[3]), die die Funktionen der Wiederkäuermägen ausführlich studierten, und weiter hat Ellenberger die zur Erkenntnis der physiologischen Funktionen unerläßlichen anatomischen und histologischen Grundlagen in eingehendster Weise erforscht und physiologische Erklärungen gegeben. Aber alle diese Untersuchungen konnten zu einer vollkommenen Klärung der physiologischen Vorgänge beim Wiederkauakt nicht führen, ebensowenig wie eine Anzahl neuerer Arbeiten, von denen hier die von Foà[4]) und Aggazzotti[5]) erwähnt seien. In neuerer Zeit ist die Bearbeitung des Problems von drei Seiten mit verschiedener Methodik wieder aufgenommen worden. J. Wester[6]), Utrecht, arbeitete vorzugsweise mit der Fistelmethodik an Rindern und Ziegen, indem er, wie es schon Colin tat, große Pansenfisteln anlegte und die Bewegungen nach Einführen der Hand durch das Tastvermögen verfolgte, sowie durch Ballonmethoden registrierte. Er konnte, wie es auch Colin getan hatte, die Bewegungsvorgänge durch Einführen eines elektrischen Beleuchtungsapparates direkt sichtbar machen. Wester hat eine abgerundete Theorie sowohl über die Bewegungsvorgänge als auch über den Wiederkauakt selbst, den Ruktus und den Nahrungstransport gegeben. Zeitlich an zweiter Stelle stehen die Untersuchungen von Czepa und Stigler[7]), die sich der Röntgenmethode bedienten. Sie arbeiteten an Ziegen und haben bisher ihre Ergebnisse über die Bewegungen der Mägen veröffentlicht und weitere Untersuchungen über das Wiederkauen in Aussicht gestellt. Endlich haben Mangold und Klein[8]) eine unabhängige Ergänzung der beiden vorgenannten Bearbeitungen geliefert, indem sie die Innervationsverhältnisse studieren. Sie verfolgten den Verlauf des Vagus und beobachteten

---

[1]) Toussaint: Arch. de phys. norm. et path. 1875, S. 141.
[2]) Harms: Dtsch. Zeitschr. f. Tiermed. Bd. 3, S. 28. 1876.
[3]) Luchsinger: Pflügers Arch. f. d. ges. Physiol. Bd. 34, S. 295. 1884.
[4]) Foà: Pflügers Arch. f. d. ges. Physiol. Bd. 133, S. 171. 1910.
[5]) Aggazzotti: Pflügers Arch. f. d. ges. Physiol. Bd. 133, S. 201. 1910.
[6]) Wester, J.: Bijdrage tot de vergl. Physiol. van het Digesticapp. Utrecht 1923. — Wester, J.: Die Physiologie und Pathologie der Vormägen beim Rinde. Berlin: Schoetz 1926.
[7]) Czepa u. Stigler: Pflügers Arch. f. d. ges. Physiol. Bd. 212, S. 300. 1926.
[8]) Mangold, E.: Bewegungen und Nerven des Wiederkäuermagens. Vortrag. XII. Intern. Physiol.-Kongr., Stockholm den 5. August 1926. Herr Mangold hatte die große Freundlichkeit, mir eine kurze Zusammenstellung der beobachteten Ergebnisse zu übermitteln, die den diesbezüglichen Darstellungen zugrunde liegt, und für die ich herzlich danke. Die Arbeit von Mangold und Klein erscheint demnächst in Buchform.

an laparotomierten Schafen und Ziegenlämmern einerseits die Spontanbewegungen, andererseits die Erfolge von Reizungen des Vagus und seiner Verzweigungen, sowie die Folgen von Resektionen.

Dank dieser drei Bearbeitungen sind die Kenntnisse über die sehr verwickelten Vorgänge wesentlich gefördert worden, doch sind dabei zugleich alte und neue Schwierigkeiten und Widersprüche herausgehoben worden, zu deren Klärung die noch im Gange befindlichen Arbeiten der genannten Autoren beitragen werden. Eine abschließende Darstellung ist deshalb auch gegenwärtig ebensowenig möglich, wie es früher der Fall war. Dazu kommt, daß die Arbeiten von CZEPA und STIGLER sowie MANGOLD und KLEIN erst nach der Drucklegung dieses Artikels bekannt geworden sind, so daß ihre Ergebnisse nur kurz in der Fahnenkorrektur nachgetragen werden konnten.

B. Bau des Wiederkäuermagens.

Über vergleichend Anatomisches vgl. bei BIEDERMANN.

Der Magen der *Hauswiederkäuer* (Abb. 89) ist, wobei wir uns auf ELLENBERGER-BAUM[1]) stützen, vierteilig und gliedert sich in drei mit stark verhornter und besonderen Bildungen versehener cutaner Schleimhaut[2]) ausgestattete Vormägen: 1. *Pansen*, 2. *Haube* (*Netzmagen*), 3. *Psalter* (*Buchmagen*) und 4. den mit Drüsen führender Schleimhaut aus-

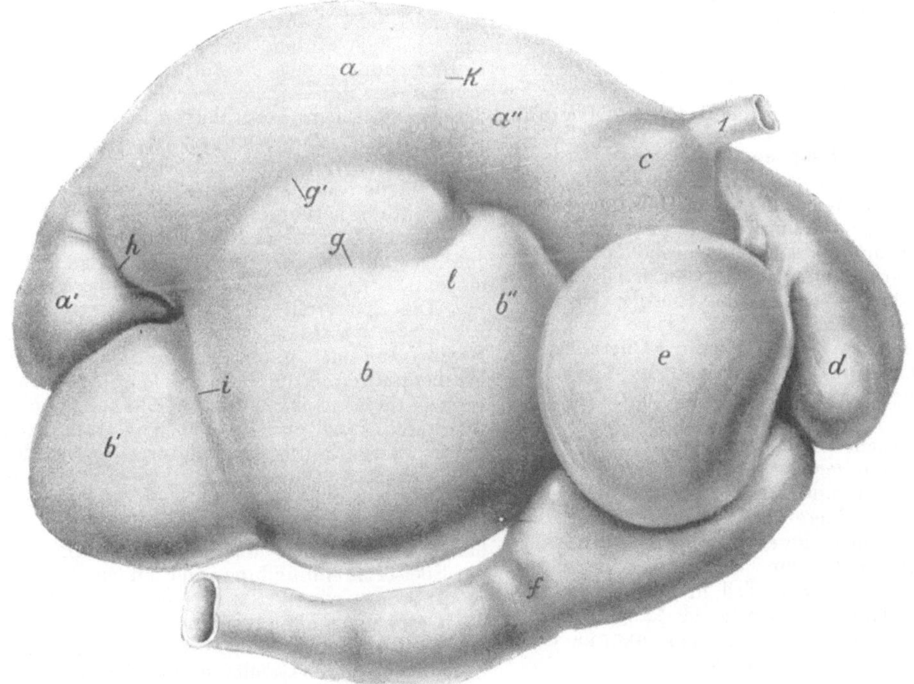

Abb. 89. Magen des Rindes, von der rechten Fläche gesehen *a* dorsaler Pansensack; *a'* dorsaler Endblindsack; *a''* dorsaler Anfangsblindsack; *b* ventraler Pansensack; *b'* ventraler Endblindsack; *b''* ventraler Anfangsblindsack; *c* gemeinsamer Magenvorhof; *d* Haube; *e* Psalter; *f* Labmagen; *g, g'* rechte Längsfurche; *h* dorsale und *i* ventrale rechte caudale Kranzfurche; *k* dorsale und *l* ventrale rechte kraniale Kranzfurche; *1* Ende der Speiseröhre. (Nach ELLENBERGER und BAUM.)

[1]) ELLENBERGER u. BAUM: Anatomie der Haustiere. 16. Aufl. Berlin 1926.
[2]) ELLENBERGER: Handb. d. vergl. mikr. Anat. d. Haustiere. Bd. 3. Berlin 1911.

gekleideten vierten Magen, den *Labmagen*. Die drei Vormägen werden zum Teil als Ausstülpungen des Oesophagus, zum Teil als bezügl. Bau und Schleimhautauskleidung umgewandelte Teile der ursprünglichen Magenanlage angesehen. Obwohl diese Frage noch nicht ganz entschieden ist, scheint doch viel für die Richtigkeit der letzten Auffassung zu sprechen [vgl. bei Erik Müller[1])]. Übrigens ist diese Frage hier von sekundärer Bedeutung.

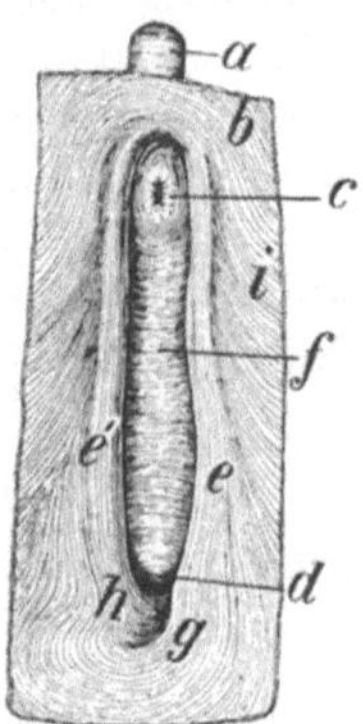

Abb. 90. Speiseröhre des Rindes, von der Höhle der Haube aus gesehen. Die Speiserinne an der rechten Haubenvorhofswand ist in ganzer Ausdehnung sichtbar; sie zeigt nicht die spiralige Drehung, weil nach Abziehen der Schleimhaut die Rinne etwas in die Länge gestreckt worden ist. Die Schleimhaut der Rinne und der Haube ist abgezogen worden, damit die innere Muskelschicht der Wand sichtbar wird. *a* Oesophagus; *b* innere Muskelschicht der Wand des Magenvorhofes; *c* Oesophagusöffnung; *d* Haubenpsalteröffnung; *e* Längsmuskelstrang der starken Lippe; *e'* schwache Lippe der Speiserinne; *e* und *e'* bilden durch einseitiges Umgreifen der Kardia eine der Kardiamuskelschleife anderer Tiere zu vergleichende Muskelschleife; *f* Quermuskelschicht des Speiserinnenbodens; *g* Ende der Muskulatur der starken Lippe, die sich hier umbiegt und das Ende der schwachen Lippe überbrückt; *h* Ende der schwachen Lippe, das sich ebenfalls umbiegt und unter die andere Lippe tritt; *i* innere Muskelschicht der Haube, von innen gesehen; ihre Fasern sind spitzwinklig zur Speiserinne gerichtet und treten zum Teil in die Lippen ein, um dann in diesen in der Längsrichtung zu verlaufen. (Nach Ellenberger und Baum.)

Die Speiseröhre der Wiederkäuer ist ein im Verhältnis zu anderen Pflanzenfressern ziemlich weites Rohr. Ihre Muskulatur besteht ausschließlich aus *quergestreifter* Muskulatur, die sich in geringfügigen, wenig zahlreichen Fasern auf die der Einmündung der Speiseröhre benachbarten Magenwandungen und auch den Speiserinnenboden fortsetzt (Massig). Wester weist darauf hin, daß diese geringen Fasern für *funktionelle Zwecke keine Bedeutung* haben können. Dies geht auch daraus hervor, daß individuelle Unterschiede hierin bestehen und bei Ziegen keine solche Ausstrahlung der quergestreiften Speiseröhrenmuskulatur vorkommt.

Die Speiseröhre mündet in die rechte dorsale Ecke des sog. gemeinsamen Magenvorhofes, der eine kuppelartige Vorwölbung des zweiten und ersten Magens darstellt, die nur undeutlich gegen diese beiden abgesetzt ist. Diesem Vorhof, an dessen Bestehen beim getöteten Tier man nicht zweifeln kann, ist auch eine wichtige physiologische Bedeutung beim Wiederkauen zugeschrieben worden, was aber nach Westers Untersuchungen *nicht der Fall* sein soll. Zweifellos ist dieser Haubenpansenvorhof ein Magenteil, der sich gesondert kontrahieren kann, wie die Feststellungen von Mangold zeigen, der gesonderte dorthin ziehende Ästchen des rechten Bauchvagus nachwies, durch deren Reizung Kontraktion hervorgerufen wurde.

Nach Westers Untersuchungen am lebenden Tier mündet die Speiseröhre in den Netzmagen.

Die Speiseröhre findet ihre Fortsetzung in der sog. *Speiserinne*, die an der Wand des Netzmagens nach unten zieht und in die enge Haubenpsalteröffnung einmündet (Abb. 90). Der Boden dieser von muskulösen Lippen eingefaßten Rinne enthält neben glatter auch etwas quergestreifte Muskulatur, die aus der Oesophaguswand stammt. Die Lippen der Rinne bestehen aus glatter Muskulatur, die mit der *glatten Muskulatur der Vormagenwand* zusammenhängt. Die Lippen umziehen schleifenförmig die Speiseröhrenmündung und bilden bei der Kontraktion, wie Wester bemerkt, rund um die Oesophagusmündung eine schleifenförmige Kappe, die diese Öffnung aber keineswegs völlig abschließt; sie funktionieren also nicht etwa als *Sphincter*. Die Anatomen beschreiben den Verlauf der Rinne an der Haubenpsalterwand spiralig [Abb. 91 (*a—d*)] derart, daß die im Anfang rechts von der Speiseröhrenmündung gelegene rechte Lippe am Ende links von der Haubenpsalteröffnung liegt. Nach Westers Beobachtung am lebenden Tier läuft die Rinne bei leerem Magen senkrecht, bei gefülltem Magen etwas schräg rechts nach unten. Einen spiraligen Verlauf sah er beim lebenden Tiere nicht. Die spaltförmige Öffnung der Rinne ist nach hinten gerichtet. Die Schleimhaut der Haube ist durch netzartig angeordnete Schleimhautleisten ausgezeichnet.

---

[1]) Müller, E.: Zeitschr. f. d. ges. Anat., Abt. 3: Ergebn. d. Anat. u. Entwicklungsgesch. Bd. 23, S. 310. 1921.

Die Haube kommuniziert durch eine weite Öffnung [Abb. 3(f)], die durch eine halbmondförmige Falte gebildet wird, mit dem ersten Magen, dem *Pansen*. Dieser ist bei weitem der größte der Vormägen und faßt bei erwachsenen Rindern je nach deren Größe 100—200 l Inhalt. Er stellt einen großen, seitlich abgeplatteten Sack dar, der vorn und oben befestigt, hinten und in der Mitte aber lose in der Bauchhöhle liegt. In der Mitte dieses großen Magens zieht sich, wie man bei inwendiger Betrachtung sehen kann, eine große, sichelförmige Falte hin, die als Pila cranialis, der kraniale Hauptpfeiler des Pansens, von den Anatomen bezeichnet wird. WESTER bemerkt hierzu, daß ihre Funktion nicht im Tragen oder Stützen der Magenwand, sondern im *Bewegen des Inhaltes* bestehe, und deshalb der Name Pfeiler wenig geeignet ist. Sie verläuft in einem Winkel von 43° von rechts vorn nach links hinten und strahlt beckenwärts in je einen niedrigen Längspfeiler aus. Die Falte reicht beim Rinde ca. 7 cm in den Pansen hinein und stellt einen muskulösen Wulst dar. Bei der Kontraktion richtet sich nach WESTER diese Falte auf und bildet eine senkrechte, harte Scheidewand zwischen nunmehr zwei Säcken, die man ihrer Lage wegen besser als einen vorderen und hinteren, als einen linken und rechten Sack, wie es gebräuchlich ist, bezeichnen sollte. Caudal endet der Pansen blind in zwei durch je eine ringförmige muskulöse Falte abgetrennte Säcke, die man als den dorsalen und ventralen Pansenendsack bezeichnet. Nach WESTERS Beschreibung verbinden sich die kreisförmigen Falten in der Mitte miteinander und formen eine schief verlaufende, sehr kräftige x-förmige muskulöse Falte mit einer oberen und einer unteren Lippe, die ihrerseits nach vorn mit den Ausläufern der großen Querfalte in Verbindung stehen.

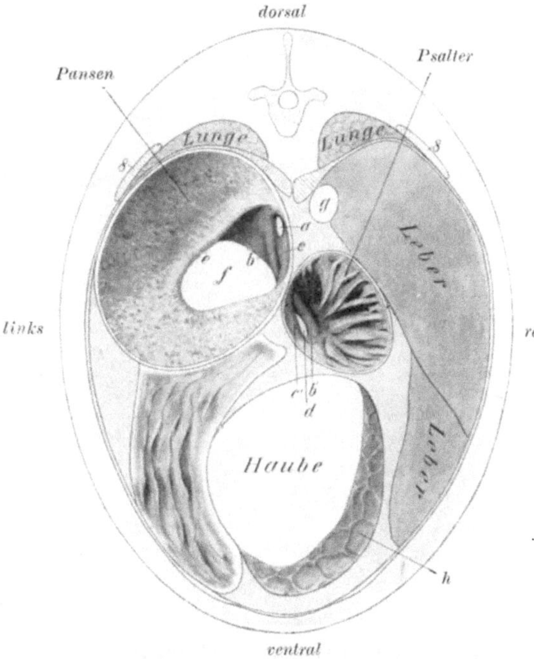

Der *dritte Magen* schließt sich, verbunden durch die *Haubenpsalteröffnung*, an die Haubenwand an, die von den Schlundrinnenlippen umzogen wird. Wenn man, worauf wiederum WESTER aufmerksam macht, beim lebenden Tier einen Finger in diese Öffnung hineinsteckt, so beobachtet man deutlich die Wirkung eines Sphincters. Dieser Sphincter ist aber nicht etwa identisch mit den Schleimhautlippen, sondern ist in den Psalterhals zu verlegen.

Der *Psalter* (Abb. 92) ist dadurch charakterisiert, daß sich von seinem Dach und seinen Seitenwänden zahlreiche längsgerichtete und verschieden hohe Schleimhautfalten erstrecken, die das Lumen fast vollständig ausfüllen. Frei von diesen Psalterblättern ist nur der ventrale Teil des Psalters, die sog. Psalterbrücke. Diese führt die von 2 Leisten

Abb. 91. Querschnitt durch den Rumpf eines Schafes in Höhe der 8. Rippe (Gefrierpräparat); Ansicht von der caudalen Seite. *a* Speiseröhre; *b* Anfangsteil der linken und *b′* Endteil der linken (jetzt rechten) Schlundrinnenlippe; *c* Anfangsteil der rechten und *c′* Endteil der rechten (jetzt linken) Schlundrinnenlippe; *d* Haubenpsalteröffnung; *e* Haubenpansenpfeiler; *f* Pansenhaubenöffnung; *g* V. cava caudalis; *h* Cellulae reticuli. *8, 8* achte Rippe. (Nach ELLENBERGER und BAUM).

eingefaßte, von der Haubenpsalteröffnung zur Psalterlabmagenöffnung führende Psalterrinne (Abb. 92), die ihrerseits als eine Fortsetzung der Speiserinne und des Oesophagus angesehen werden kann. WESTER macht darauf aufmerksam, daß der Psalterhals mit einem scharfen Winkel in den eigentlichen Buchmagen übergeht. Hier sind die Psalterblätter noch nicht so stark entwickelt, und es wird auf diese Weise ein kleiner sackförmiger Raum gebildet, den er als *Vestibulum des Buchmagens* bezeichnet. Dieser Buchmagenvorhof ist bisher noch nicht beschrieben worden. Seine Annahme ist aber nach WESTER zum mindesten physiologisch berechtigt, da seine Kontraktion den Inhalt zwischen die Blätter drückt. Zwischen den Psalterblättern und dem Psalterrinnenboden bleibt ein rinnenförmiger Durchgang, durch den man mit dem Finger in den proximalen Labmagenteil vordringen kann. Gegen den Labmagen ist zwar die Psalterwand zu einem

starken, quer verlaufenden Muskelwulst verdickt, der aber kein echter Sphincter ist, so
daß ein Abschluß des Buchmagens nach dem Labmagen hin nicht besteht.

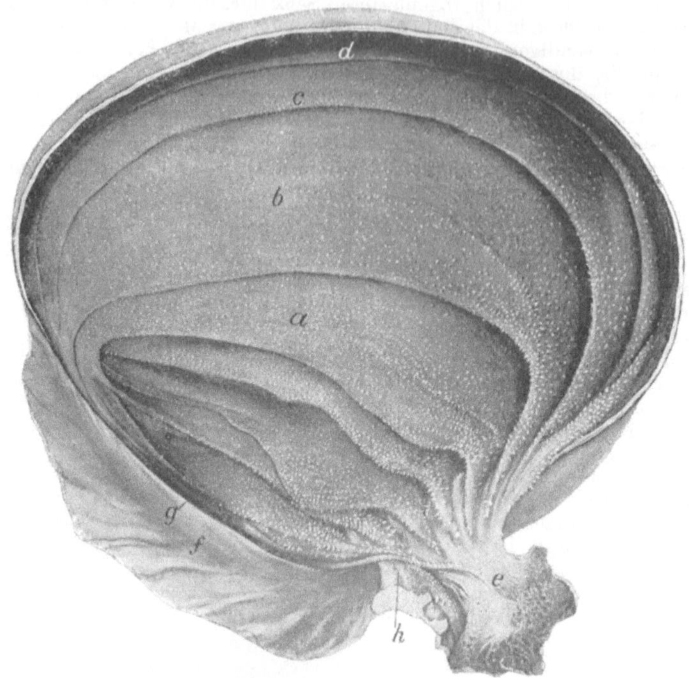

Abb. 92. Psalter des Rindes, geöffnet, so daß man Psalterblätter von der Seite sieht. *a* großes,
b mittleres, *c* kleines, *d* kleinstes Psalterblatt; *e* Hauben-Psalteröffnung; *f* Anfang des Labmagens; *g* Schleimkantfalte an der Psalterlabmagenöffnung; *h* Psalterboden. (Nach
Ellenberger und Baum.)

C. Mechanismus der Wiederkäuermägen bei Aufnahme fester Nahrung.

Der eigentliche Wiederkauakt setzt einige Zeit nach der Nahrungsaufnahme
ein. Bei dieser wird die Nahrung nur oberflächlich gekaut und in großen Bissen
abgeschluckt.

Die scheinbar einfache Frage, wohin hierbei die Bissen gelangen, ist verschieden beantwortet worden. Die eigenartige Anordnung der Speiseröhre läßt
es möglich erscheinen, daß diese Bissen in die beiden ersten Mägen oder einen
derselben gelangen. Gegen eine Versuchsanstellung, die derart vorgeht, daß eine
wiedererkennbare Nahrung gereicht wird, nach dem Abschlucken Tötung und
dann sofort eine Betrachtung des Inhalts der Mägen erfolgt, ist der Einwand
zu erheben, daß ein Übergang von Inhalt aus einem der beiden ersten Vormägen
in den anderen sehr leicht erfolgen kann, und daß postmortale Verschiebungen
beim Niederstürzen des Tieres und der Exenteration der Mägen erfolgen können.
Hierauf macht schon Colin aufmerksam. Entscheidend werden also vor allem
Beobachtungen am lebenden Tiere sein. Colin, der zu diesem Zwecke große
Pansenfisteln bei Rindern anlegte und mit dem Arm einging, gibt an, daß die
Bissen fester Nahrung, gleichgültig welcher Art, teils in den Pansen, teils in die
Haube gelangten. Dies würde mit der früher von Haubner geäußerten und an
Schafen mit postmortaler Beobachtung gewonnenen Ansicht und den neuen

Befunden von CENSI MANCIA[1]) übereinstimmen. Ganz entschieden spricht sich HARMS dahin aus, daß nur der Pansen es sei, in den die Bissen gelangten. STEIN-HAUF[2]) fand in meinem Institut sofort nach dem Abschlucken von Hafer und anschließender postmortaler Betrachtung diesen nur im Pansen wieder. WESTER hat an der Magenfistelkuh bei der Aufnahme von Gras und Heu die ca. 80 g schweren Bissen über den Netzmagen hinweggehend nur in den Pansen eintreten sehen. Es muß demnach ganz wesentlich auch von der Konsistenz der Bissen abhängig sein, ob auch ein Teil in den Netzmagen gelangt. Daß dies richtig ist, zeigte das Verhalten der dünnbreiigen Wiederkaubissen und von Flüssigkeiten (s. S. 392), die nach WESTER in die Haube gelangen. Es bleibt noch dahingestellt, ob sich in dieser Richtung die einzelnen Wiederkäuer ganz gleichmäßig verhalten. WESTER betont bezüglich der festen Nahrung weiter, daß auch bei jungen Tieren, bei denen bezüglich des Flüssigkeitstransports Besonderheiten (s. S. 394) bestehen, die feste Nahrung sich wie bei erwachsenen Tieren verhält und in die beiden ersten Mägen gelangt. CZEPA und STIGLER sahen mit der Röntgenmethode bei Ziegen die Bissen in der Nähe der Kardia liegenbleiben und von dort in die Haube oder den Pansen gleiten, in den sie auch direkt nach dem Verschlucken kommen können. Nach ihnen kann es aber, zumindest bei jungen Tieren, auch vorkommen, daß feste wohlgeformte Bissen aus dem Oesophagus durch die Schlundrinne in Psalter und Labmagen hineinschießen.

a) Die Bewegungen der Vormägen.

Daß die Vormägen sich während des Lebens rhythmisch kontrahieren, ist eine bekannte Tatsache und wird insbesondere bezüglich des Pansens klinisch viel verwertet. Diese Bewegungen bewirken, wie lange bekannt ist, die Durchmischung des Inhaltes und sollten auch nach der bisher gültigen Anschauung bei der Rejektion der Wiederkaubissen entscheidend mitwirken (COLIN).

Die Bewegungen des Pansens können durch Auflegen der Hand auf die Bauchwand palpiert und sogar mit den Augen gesehen werden. Die durch die Bewegungen des Inhalts verursachten Geräusche (*Pansengeräusche*) kann man mit dem auf die Bauchwand aufgelegten Ohr deutlich wahrnehmen. Sie werden zum Teil auch durch die bei den Gärungsvorgängen im Pansen aufsteigenden Gasblasen hervorgerufen.

Durch elektrische Reizung irgendeiner Stelle der Magenwand oder Magenschleimhaut wird eine Kontraktion der Magenwand hervorgerufen [COLIN, ELLENBERGER, MARSCHALL[3]), AGGAZZOTTI], ohne daß aber irgendwie koordinierte Bewegungen zustande kommen. Es zeigt sich also hier genau dasselbe Verhalten wie bei den Mägen anderer Tiere. Reizungen der Schleimhaut in der Nähe der Kardia rufen Schluß der Kardia und der Schlundrinnenlippen hervor (AGGAZZOTTI). Direkte Reizung der Haube bewirkte nach MANGOLD lokale oder anscheinend reflektorisch ausgebreitete Totalkontraktion.

Die Bewegungsformen der Vormägen sind hiernach nicht zu erkennen und auch Beobachtungen am intakten Tiere über Frequenz, Verlauf und Beeinflussung durch Medikamente u. a. [WOLF, BENKENDORFFER, POEHLMANN, WERNER, BOLZ, BÖHME[4])] können darüber keine Klarheit geben.

Die Bewegungen der Haube sind auf Grund der älteren Literatur als energische, ruckartige Kontraktionen beschrieben worden, bei denen ein wellenförmiges Fortschreiten nicht wahrzunehmen ist[5]). Diese Anschauung erfährt durch die röntgenoskopischen Beobachtungen von CZEPA und STIGLER an

---

[1]) MANCIA, CENSI: Riv. di biol. Bd. 3, S. 58. 1921; zitiert nach Ber. d. ges. Physiol. Bd. 7, S. 300. 1921.
[2]) STEINHAUF: Inaug.-Dissert. Tierärztl. Hochsch. Berlin 1922.
[3]) MARSCHALL: Dresdner Inaug.-Dissert. Bern 1910.
[4]) Alle Arbeiten Veterinärmed. Diss. Gießen 1910/1912.
[5]) Vgl. z. B. ELLENBERGER u. SCHEUNERT: Vergl. Physiol. der Haussäugetiere, 1. Aufl. Berlin 1910.

Ziegen eine wesentliche Sicherung. Nach ihnen erfolgt die Kontraktion in *zwei* Abschnitten. Die Haube zieht sich dabei zuerst auf die Größe einer Mandarine zusammen, verharrt in diesem Zustande einen Augenblick und kontrahiert sich dann mit einem zweiten Ruck fast vollständig. Peristaltik war nicht zu sehen. Dem stimmt auch Mangold zu, der im übrigen den Vorgang direkt beobachten konnte. Er ist danach meist zweizeitig. Zuerst erfolgt 1. eine Kontraktion auf ca. $^1/_3$ der Größe mit starker Furchung der Oberfläche. Dann erfolgt 2. eine Erschlaffung bis auf $^2/_3$ der Anfangsgröße und schließlich 3. erneute Kontraktion bis auf $^1/_6$—$^1/_8$ der ursprünglichen Größe. Manchmal erfolgt die Kontraktion auch einzeitig bis zur ersten Kontraktionsgröße.

Wester faßt auf Grund von Tastuntersuchung und graphischer Registrierung den Vorgang anders auf. Er erblickt in jeder Kontraktionsphase eine Folge von zwei Kontraktionswellen, deren erste als peristaltisch, deren zweite als antiperistaltisch gedeutet wird. Bei diesem Kontraktionsablauf über die Haubenwand sollen sich die *Lippen der Schlundrinne stets zuerst* kontrahieren, sie schließen sich dabei gegeneinander und formen eine Kappe über die Speiseröhrenmündung. Dieser Ablauf je einer peristaltischen und antiperistaltischen Welle soll rhythmisch beim Rinde aller 40—60 Sekunden erfolgen. Während der Wiederkauperioden soll hierzu noch eine *dritte* Kontraktionswelle treten, die *vor* dem Aufsteigen jedes Wiederkaubissens abläuft und unmittelbar vor die erste der beiden gewöhnlichen Kontraktionswellen fällt. Sie ist, wie vorausgeschickt sei, beim Ablauf des Wiederkauens nicht unentbehrlich (vgl. S. 391). Man wird zugeben müssen, daß die Westersche Deutung am wenigsten gesichert erscheint und die den alten Anschauungen sich nähernden Schilderungen von Czepa und Stigler und vor allem die von Mangold und Klein den Vorzug verdienen.

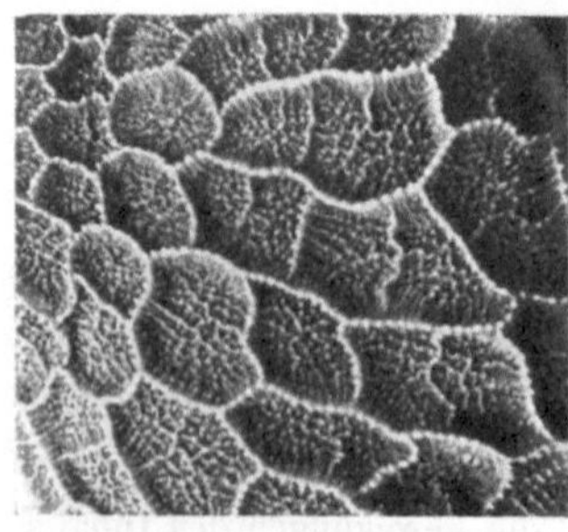

Abb. 93. Ein Stück Schleimhaut aus der Haube des Schafes. (Ellenberger und Baum.)

Die eigenartige Leistenarchitektur der Haubenschleimhaut, die zum Namen Netzmagen geführt hat (Abb. 93), hat wahrscheinlich eine Bedeutung bei der Trennung des Festen vom Flüssigen bei den Kontraktionen. Die Seitenwände der sog. Haubenzellen sind ebenso wie der Boden contractil (Ellenberger), so daß sie bei der Kontraktion zu engeren und höheren Zellen werden.

Die Bewegungen des Pansens sind nach den älteren Untersuchungen im wesentlichen wellenförmiger Art, die, über den Pansen wegstreichend, den Inhalt durchmischen. Da der Pansen (vgl. Abb. 94 und 95) eine gemeinsame Muskulatur besitzt, ist eine sich über den ganzen Pansen erstreckende Peristaltik und auch Gesamtkontraktion möglich. Da weiter die einzelnen Pansensäcke Sondermuskulatur besitzen, müssen sie sich auch für sich kontrahieren können. Diese älteren Beobachtungen finden durch die Befunde von Czepa und Stigler vor dem Röntgenschirm eine wesentliche Klärung. Sie beobachteten: 1. Wurmförmige Wellen, die über die Ränder des Pansenbildes besonders auf der ventralen Seite ablaufen, 2. Zusammenziehung der Pansensäcke, wobei sich die beiden Pansensäcke abwechselnd kontrahieren. Eine gleichzeitige Kontraktion beider Pansensäcke konnte nicht festgestellt werden. Mit den früheren Beobachtern übereinstimmend, zählten sie in der Minute ungefähr 2 Pansenkontraktionen. Zu einer ganz anderen Deutung der Vorgänge kommt Wester. Er sieht auch in den Pansenbewegungen Peristaltik und Antiperistaltik. Danach sollen die Pansenbewegungen mit den Netzmagenbewegungen ursächlich zusammenhängen.

Während die zweite Netzmagenkontraktion noch fortdauert, beginnt in caudaler Richtung eine peristaltische Welle über die Pansenwand und seine inneren Falten zu verlaufen. Der Verlauf dieser Welle ist von WESTER genau beobachtet und beschrieben worden. Er führt zunächst zu einer Teilung des Pansens in einen vorderen und hinteren Teil durch Ausspannung der großen inneren Querfalte (Pila cranialis der Anatomen), dann zu einer Verengerung des dorsalen, bei gleichzeitiger Erschlaffung des ventralen Sackes.

Dann geht die Welle auf diesen über und führt zu seiner Verengerung unter Erschlaffung des dorsalen Sackes. Hierauf kehrt die Welle als Antiperistaltik zurück, wobei sie den umgekehrten Weg nimmt. Zum Anfangspunkt zurückgekehrt, folgen zwei neue nach einer Pause von einigen Sekunden.

Es ist bemerkenswert, daß sich dieser Bewegungsablauf *ununterbrochen während des ganzen Lebens* des Tieres (mit Ausnahme der ersten Wochen, wo es nur Milch trinkt) ganz regelmäßig aller 40—60 Sekunden wiederholen soll.

Die Bewegungen des Psalters sind früher (ELLENBERGER) als sehr träge, langsam und wenig merklich beschrieben worden, wobei er sich in seiner Totalität oder in Wellenform kontrahiert. CZEPA und STIGLER konnten am Röntgenbild keine Psalterbewegungen erkennen, sahen aber bei postmortaler Betrachtung oberflächlich peristaltische Wellen ablaufen. Nach WESTER handelt es sich bei den Psalterbewegungen ebenfalls wieder um von der Speiserinnenmuskulatur aus- und auf die Psaltermuskulatur übergehende Peristaltik.

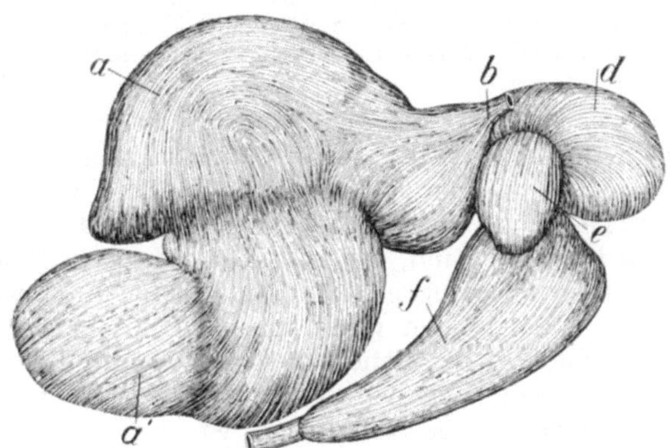

Abb. 94. Verlauf der Muskelfasern des äußeren Blattes der oberflächlichen (Längsfaser-) Schicht am Wiederkäuermagen (rechte Seite). *a* dorsaler und *a′* ventraler Pansensack; *b* Kardia; *d* Haube; *e* Psalter; *f* Labmagen. (Nach ELLENBERGER und BAUM.)

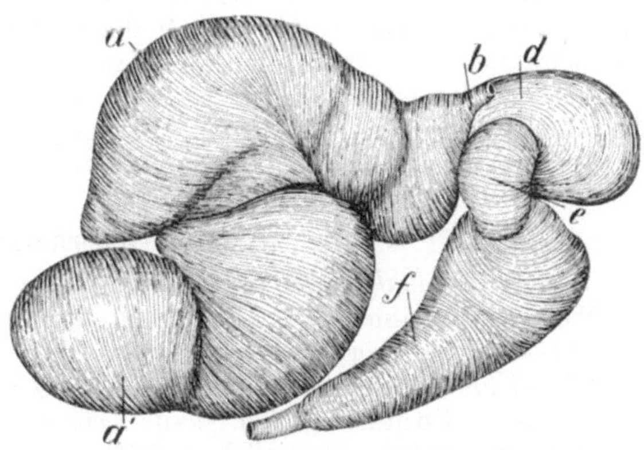

Abb. 95. Verlauf der Muskelfasern der tiefen (Kreisfaser-) Schicht am Wiederkäuermagen (rechte Seite). *a* dorsaler und *a′* ventraler Pansensack; *b* Kardia; *d* Haube; *e* Psalter; *f* Labmagen. (Nach ELLENBERGER und BAUM.)

Durch Registrierung stellte er fest, daß sich der Psalterhals, dann das Vestibulum und schließlich der Körper mit der Psalterbrücke kontrahieren. Auch hier glaubte er eine zurücklaufende Welle feststellen zu können.

Wenn die antiperistaltische Welle des Pansens zurückkommt, schließt sich eine nochmalige, und zwar weniger kräftige, aber anhaltendere Kontraktion des Psalters an, nach der die Psalterbrücke kräftig gegen den Inhalt gedrückt ist. Nach Ablauf der Kontraktion soll der Psalter plötzlich erschlaffen.

Wester erblickt in den rhythmischen Bewegungen der drei Vormägen einen *einheitlichen Bewegungsvorgang, der von der Speiserinne ausgeht und in Peristaltik und Antiperistaltik besteht.* Der Verlauf dieses Vorganges stimmt zwar mit der Anordnung der Muskulatur der Wiederkäuermägen überein, steht aber *nicht in Einklang mit den älteren Anschauungen* und den Beobachtungen von Czepa und Stigler sowie Mangold und Klein, die keinen dauernden zeitlichen Zusammenhang zwischen- Hauben und Pansenbewegungen fanden.

Die *Bewegungen des Labmagens* entsprechen denen des Magens von Hund und Mensch. Czepa und Stigler sahen im Röntgenbild eine deutliche Magenblase und energische Antrumperistaltik. Das Vorhandensein einer *Antralfurche* sahen Marschall sowie Mangold und Klein.

Die physiologische Bedeutung dieser Bewegungen wird sich aus den folgenden Abschnitten ergeben. Jetzt sei nur darauf hingewiesen, daß Netzmagen- und Pansenbewegungen ein Hin- und Herfluten von Inhalt, insbesondere Flüssigkeit, zwischen beiden Mägen bewirken. Wester betont, daß der Inhalt der Haube beim lebenden Rind, wie man sich bei einem Pansenfisteltier durch Einführung der Hand überzeugen kann, stets *sehr dünnflüssig* sei. Dieser wird nach oben gehoben und in den vordersten Teil des Pansens gedrückt. Die peristaltische Welle, die über den Pansen verläuft, drückt die im oralen Pansenteil befindlichen Futtermassen nach den caudalen Säcken. Daß hierbei der Füllungsgrad des Pansens eine große Rolle spielt, ist klar. Die Pansenbewegungen bringen dann eine rasche und vorzügliche Durchmischung zustande, so daß z. B. schon wenige Minuten nach der Aufnahme von Hafer dieser in einzelnen Körnern fast im ganzen Panseninhalt zu finden ist, wie wir bei den Versuchen von Steinhauf sahen. Über die Art der Anfüllung des Pansens und die Bewegungen der Futtermassen (eine Schichtung wie in den einhöhligen Mägen findet nicht statt) in ihm hatten schon frühere Autoren, z. B. Haubner und Colin, Angaben gemacht. Irgendwelche Gesetzmäßigkeiten bestehen in dieser Richtung aber nicht (Ellenberger und Scheunert, Wester). Es hängt, wie Czepa und Stigler zeigen konnten, lediglich von der jeweiligen Bewegungsphase der Vormägen ab, welchen weiteren Weg die in den Magen gelangten Bissen nehmen. Der wesentliche Erfolg der Pansenbewegungen ist also die *Durchmischung* und neben ihr die Entleerung.

b) Der Wiederkauakt.

Der *Wiederkauakt* selbst tritt in verschiedenen langen Zwischenräumen nach der Nahrungsaufnahme ein. Ellenberger gibt für das Schaf 20—45, für das Rind 30—70 Minuten als Durchschnitt an. Diese Zeiten sind aber durchaus nicht feststehend und hängen von der *Beschaffenheit* und *Menge* des Panseninhalts ab (vgl. S. 393). Ebenso variabel ist die Dauer der dann folgenden Wiederkauperioden, die unter gewöhnlichen Fütterungsverhältnissen bei Rindern und Schafen ca. 40—50 Minuten währt. Dann folgt wieder eine verschieden lange Ruhepause, worauf wieder eine Wiederkauperiode folgt usf. Nach Ellenberger werden bei Heu- und Strohfütterung 6—8 solche Wiederkauperioden beobachtet, die 6—7 Stunden des Tages in Anspruch nehmen. Die Tiere befinden sich während des Aktes selbst in einem Zustand behaglicher Ruhe und kauen mit maschineller Regelmäßigkeit die Wiederkaubissen in sehr sorgfältiger Weise (ohne Mitwirkung der Submaxillarsekretion) mit 35—50 (Rind), 50—60 (Schaf) Kieferschlägen durch und schlucken sie wieder ab.

Der eigentliche Wiederkauakt zerfällt also in das Aufsteigen der Wiederkaubissen, das Kauen und das Abschlucken.

Das Aufsteigen des Bissens ist der dunkelste Vorgang hierbei und in der verschiedensten Weise erklärt worden.

Charakteristisch sind die hierbei zu beobachtenden *äußeren Erscheinungen*: Zunächst beobachtet man eine tiefe Inspiration, der ein kurzes Anhalten des Atems bei festgestelltem Zwerchfell und geschlossener Glottis folgt. Hierauf erfolgt eine Kontraktion der Bauchmuskeln und leichte Flankenbewegung mit folgender Exspiration, wobei ein dumpfer Ton hörbar ist. Man beobachtet, daß das Tier Kopf und Hals streckt und nunmehr mit großer Geschwindigkeit ein Bissen aufwärts steigt, wie eine Wellenbewegung an der Drosselrinne deutlich kennzeichnet. Die Kaubewegungen setzen sofort ein, gleichzeitig sieht man an der Drosselrinne eine oder zwei kleine Wellenbewegungen zurücklaufen. Diese werden nach allgemeiner Ansicht durch zuviel nach oben gebrachte Flüssigkeit bewirkt.

Über die *inneren Vorgänge* bei Bildung und Aufsteigen des Wiederkaubissens sind verschiedene Theorien aufgestellt worden, die zum großen Teil widerlegt oder angezweifelt worden sind. HAUBNER und COLIN haben die alten Theorien u. a. ausführlich kritisiert und nachgeprüft und nicht bestätigen können. COLIN hat nun auf Grund von Versuchen eine Theorie aufgestellt, die, wenn auch in manchen Punkten nicht überzeugend, doch bis in die Gegenwart häufig als gültig angesehen worden ist. Nach COLIN wird der Wiederkauakt durch eine rhythmische Tätigkeit des Magens verursacht, und zwar von dessen oralem Teil, der dem *Haubenpansenvorhof* entspricht (er spricht von zwei Teilen, dem Infundibulum oesophagienne und dem Vestibule mérycique). Diese sollen nach einem Versuch, der allerdings nach operativer Lösung der Verbindung mit dem Zwerchfell und der Milz angestellt worden ist, sich rhythmisch kontrahieren, Inhalt ansaugen und entweder in den Pansen zurück oder in den Oesophagus entleeren. Diese Tätigkeit geht aber nicht mit erheblichen Druckveränderungen im Innern des Magens einher, da ein Manometer dort keine nennenswerte Veränderung anzeigt. Unterstützend wirken nach COLIN das Zwerchfell und die Bauchpresse. Die Ausschaltung des Zwerchfells (Durchschneidung der Nn. phrenici) verhinderte das Wiederkauen nicht, wie schon FLOURENS zeigte und COLIN erneut bewies. Die Bedeutung der Bauchmuskulatur konnte er aus methodischen Gründen nicht erhärten. Die große Bedeutung des Pansens geht auch nach COLIN daraus hervor, daß Lähmung desselben das Wiederkauen unmöglich macht.

In ganz anderer Richtung bewegt sich eine von CHAUVEAU aufgestellte und von TOUSSAINT[1]) durch Versuche belegte Theorie. Diese nimmt an, daß das Aufsteigen der Wiederkaubissen kein Hinaufschleudern, sondern ein *Ansaugen* sei, hervorgerufen durch den *negativen Druck im Thorax*, der auf den Oesophagus wirkt.

In neuerer Zeit haben sich FOÀ und AGGAZZOTTI (zitiert auf S. 380) experimentell an Schafen mit der letzteren Theorie beschäftigt, dabei aber auch einige allgemein wichtige Punkte erörtert. FOÀ kritisiert die TOUSSAINTschen Kurven und erzielte Wiederkauen auch bei geöffnetem Thorax; weiter führt er gegen die Aspirationstheorie auch das schon von COLIN angeführte Argument ins Treffen, daß Wiederkauen trotz Tracheotomie stattfindet. Er gibt als Ursache der Rejektion insbesondere Zwerchfellkontraktion, Bauchpresse und Magenkontraktion an. Die nach der Aufnahme der Bissen in den Oesophagus erfolgende Aufwärtsbewegung wird meist als Antiperistaltik erklärt. FOÀ konnte aber eine solche *nicht* feststellen. Bedenklich muß aber bei den Untersuchungen dieser Autoren die recht komplizierte Versuchsanordnung, bei der die Tiere auf dem Rücken lagen, stimmen. Was hierdurch infolge von Verlagerungen der komplizierten gefüllten dünnwandigen Magensäcke veranlaßt werden kann, ist nicht vorauszusehen.

Endlich sei noch auf die alte Angabe von HAUBNER hingewiesen, nach der der *Haube* eine wichtige Rolle durch Anpressen des Inhaltes gegen die Kardia zugewiesen wird. Diese Ansicht ist schon früher von anderen Autoren geäußert worden, und man wird zugeben müssen, daß sie durchaus verständlich erscheint.

---

[1]) TOUSSAINT: Arch. de phys. norm. et path. 1875, S. 141.

Alles in allem geben die bisher geschilderten Theorien keineswegs befriedigende Lösungen. Hieraus erklärt es sich, daß in den gebräuchlichen Lehrbüchern und Darstellungen über das Wiederkauen Unsicherheit und keine Einheitlichkeit herrscht.

Eine neue Beleuchtung der Sachlage ist nun wiederum durch Wester erfolgt, der erstmalig seit Colin wieder auch an großen Wiederkäuern und mit der großen Pansenfistel arbeitete, die sowohl ein Betrachten von innen als auch manuelle Untersuchung und Anwendung von Registrierapparaten erlaubt. Die Tiere standen dabei aufrecht und verhielten sich wie normale Tiere.

Wester stellte zunächst durch sorgfältige Untersuchung der Druckschwankungen im Thorax, dem Oesophagus, in der Bauchhöhle und im Magen fest, daß keinesfalls die inspiratorische Erniedrigung des intrathorakalen Drucks das Aufsteigen der Wiederkaubissen verursachen kann, obwohl hierdurch auch der Druck im Oesophagus erniedrigt wird. Die Druckdifferenz zwischen Oesophagus und Pansen beträgt günstigstenfalls $\pm$ 30 mm Hg. Hierdurch kann das Aufnehmen oder Rückwärtstreiben eines Bissens von ca. 100 ccm nicht bewirkt werden. Bezüglich der Muskelwirkung des Pansens konnte er direkt durch die große Pansenfistel beobachten, daß, wenn er durch mechanische Reizung der Speiserinne Wiederkauen hervorrief, sowohl der dorsale Teil der Haube und der sog. Magenvorhof als auch der Pansen sich durchaus passiv verhielten. Der tiefer gelegene Teil der Haube kontrahierte sich allerdings durch solchen mechanischen Reiz und preßte den Inhalt nach oben. Durch diese Kontraktion, die der zweiten gewöhnlichen regelmäßigen Kontraktion (vgl. S. 386) vorausgeht, wird Schluß der Schlundrinnenlippen und Bildung einer Kappe über der Oesophagusmündung bewirkt, so daß also Wiederkaubissen nicht eintreten können. Die Netzmagenkontraktion verschließt also die Speiseröhre. Der Wiederkaubissen steigt erst nach Ablauf dieser Kontraktion, wie W. stets bei jedem Wiederkaubissen beobachtete, nach oben. Die Nichtbeteiligung von Hauben- und Pansenkontraktion wird auch durch die schon klinisch feststellbare Tatsache erhärtet, daß palpable Pansenkontraktionen erst nach Aufsteigen des Bissens auftreten, ferner dadurch, daß man durch Atropinsulfat bei einem wiederkauenden Rind die Vormagenbewegungen für einige Minuten stillegen kann, ohne daß das Wiederkauen sistiert. Die Ansichten von Colin und Haubner können also nicht zutreffen.

Der Vormageninhalt kann danach nicht in die Speiseröhre hinaufgepreßt werden, er wird vielmehr *angesogen*, aber nicht durch den negativen Druck vom Thorax aus, wie Chauveau und Toussaint meinten, sondern, wie Wester findet, durch eine *Kontraktion der Längsmuskulatur der Speiseröhre*, die dabei verkürzt wird. Der Vorgang kann durch die Magenfistel sichtbar gemacht werden, ebenso sind die Speiseröhrenkontraktionen mit dem Finger fühlbar und auch registrierbar. Gleichzeitig mit dem Vorziehen der Speiseröhre öffnet sich ihr unterster Teil infolge eines weiteren wichtigen Vorganges. Dieser Teil des Oesophagus wird von einer Schleife der Zwerchfellmuskulatur umschlossen. Wenn sich nun vor dem Aufziehen des Wiederkaubissens das Zwerchfell im Inspirationszustand feststellt, erschlafft diese Muskelschleife und gibt dem gleichzeitig erfolgenden Zuge des kontrahierenden Oesophagus nach. Dadurch bildet sich ein *trichterförmiger Zugang* zum Oesophagus. Hierdurch wird ein *kleiner luftleerer Raum* geschaffen, in den nunmehr der flüssige Inhalt eingesogen wird. Bei einer gewissen Füllung schließt sich die Kardia. Der Wiederkaubissen ist geformt und wird nun durch die Antiperistaltik in den Mund transportiert. Das überschüssige Wasser wird sogleich beim Durchgang durch den Pharynx wieder abgeschluckt, der feste Rest wird wiedergekaut, dann abgeschluckt, und das Spiel beginnt von neuem.

Danach ist die *Formung des Bissens in die Speiseröhrenmündung* zu verlegen, wie schon die COLINschen Ausführungen andeuteten. Als falsch und endgültig widerlegt kann auch die Ansicht von FLOURENS und HAUBNER angesehen werden, nach der die Schlundrinnenlippen bei der Formung der Wiederkaubissen entscheidend mitwirken sollen. Schon COLIN und HARMS zeigten, daß nach Vernähen der Lippen Wiederkauen dennoch möglich war.

Das *Aufsteigen des Wiederkaubissens* erscheint somit als ein koordinierter Ablauf zahlreicher Bewegungen, der als Reflex aufzufassen ist. Es laufen dabei ab: Kontraktion der Haube, Kontraktion des Zwerchfells, Schluß der Glottis, Öffnung des Oesophagus, Kontraktion der Längsmuskulatur des Oesophagus, Erschlaffen des die Oesophagusmündung umschließenden Muskelwulstes des Zwerchfells. *Zweifellos bietet die* WESTERsche *Theorie noch mancherlei Schwierigkeiten dar.* Zu den einzelnen Punkten ist nach WESTER noch folgendes zu bemerken:

Die dem Aufsteigen der Bissen vorausgehende *Netzmagenkontraktion* ist zwar nicht unentbehrlich, muß aber als Hilfsmittel zum Heranschaffen von Inhalt in die Nähe der Oesophagusmündung angesehen werden.

Die *Zwerchfellkontraktion* ist nicht unentbehrlich (FLOURENS, COLIN, WESTER). Nach Phrenicusdurchschneidung beginnt das Aufsteigen des Bissens immer mehr dem *Erbrechen ähnlich* zu werden, was sich durch die verstärkte Mitwirkung der Bauchmuskulatur bemerkbar macht. Durch sie werden die Mägen und damit deren Inhalt dem der Kontraktion des Oesophagus nachfolgenden Zwerchfell nachgedrückt, so daß bei der Oesophagusöffnung Inhalt zum Eintreten in der Nähe ist. Dementsprechend liegt die Bedeutung der Zwerchfellkontraktion nicht etwa in der Erzeugung von Unterdruck im Thorax, sondern im Festhalten der Oesophagusmündung gegenüber dem Zug bei der Längskontraktion des Oesophagus. Es geht somit auch das Feststellen des Zwerchfells dieser Kontraktion zeitlich vorauf, wie WESTER graphisch zeigte.

Mit der Zwerchfellkontraktion erfolgt reflektorisch der *Glottisschluß*, dessen Bedeutung im Verhindern des Entleerens von Nahrungsteilen in die Trachea zu erblicken ist.

Die *Bauchpresse* ist entgegen der früheren Ansicht ebenfalls nicht beim Wiederkauen unentbehrlich. Der Druck in der Bauchhöhle zeigt im Momente des Aufsteigens des Wiederkaubissens keine Erhöhung. Nur bei gelähmtem Zwerchfell tritt die Bauchpresse mithelfend ein.

Kauen und Abschlingen. *Das Kauen des aufgestiegenen Bissens* erfolgt in sehr sorgfältiger Weise. Bei der gleichzeitig erfolgenden erneuten Einspeichelung wirken die Submaxillardrüsen *nicht* mit. Im Anschluß hieran erfolgt das Abschlingen. Es wirft sich nun die viel diskutierte Streitfrage auf, wohin diese abgeschluckten Wiederkaubissen gelangen. Die älteren Ansichten hierüber sind von COLIN und ELLENBERGER kurz zusammengefaßt worden. Im Grunde genommen handelt es sich dabei immer nur um die Frage, ob die abgeschluckten Bissen wieder in *die beiden ersten Vormägen* zurückgelangen, oder *ob sie ganz oder teilweise unter Benutzung der Schlundrinne* ihren Weg nach der Haubenpsalteröffnung nehmen und direkt in den dritten Magen gelangen. Diese Ansicht hat zuerst FLOURENS mit einigen Versuchen an Fisteltieren zu beweisen versucht, aber schon HAUBNER hat diese sehr scharf kritisiert und ihre Beweiskraft abgelehnt. COLIN hat sie nachgeprüft und *niemals* beim Magenfisteltier eine derartige Benutzung der Schlundrinne feststellen können. Er gibt an, daß sie in den Netzmagen oder in den Pansen gelangen. HARMS, der die Schlundrinne zuheftete, hat sich für den Pansen ausgesprochen, und auch bei eigenen Versuchen mit STEINHAUF konnte an zahlreichen Tieren mit der Methode der postmortalen Betrachtung dargelegt werden, daß die abgeschluckten Wiederkaubissen nicht in den Psalter gelangen [1]).

Es spricht also alles für die Richtigkeit der alten, schon von A. v. HALLER vertretenen Ansicht. Da nun aber die Schlundrinne wenigstens für den direkten Flüssigkeitstransport von verschiedenen Autoren verantwortlich gemacht worden

---

[1]) SCHEUNERT: Berl. klin. Wochenschr. 1921, S. 1510. — STEINHAUF: Zitiert auf S. 385.

ist, ist auch ihre Mitwirkung beim Abschlucken des Wiederkaubissens, von dem man eine dünnbreiige Beschaffenheit annehmen kann, vielfach für möglich gehalten worden, wenigstens derart, daß man annahm, daß feste Anteile in die beiden ersten Vormägen fallen, flüssige gut durchgekaute Teile aber zum Psalter geleitet werden (Ellenberger, Foà). Diese Ansicht ist deshalb z. B. auch in den früheren Auflagen unseres Lehrbuches (Ellenberger u. Scheunert) angeführt. Die Frage ist nunmehr durch Wester an seinen Pansenfisteltieren erneut geprüft worden. Auch er sah *keinen Transport durch die Schlundrinne*, sondern gibt an, daß die Bissen den üblichen Weg nehmen und in die Haube gelangen. Nach ihren röntgenoskopischen Untersuchungen nehmen Czepa und Stigler an, daß bei *jungen* Tieren, bei denen besondere Verhältnisse bezüglich der Schlundrinnenfunktion bestehen (vgl. S. 394), verschluckte Bariumkapseln direkt in Psalter und Labmagen gelangen können.

Gegen die Schlundrinnenhypothese sprechen auch vergleichend-anatomische Befunde. Beim Lama z. B. hat die Schlundrinne nur eine vollentwickelte Lippe, so daß die Formung eines Rohres durch sie nicht möglich ist (vgl. Colin und Diskussion bei Biedermann).

c) Übertritt des Inhalts der beiden ersten Vormägen in den dritten Magen.

Damit verbleibt für den Transport des Inhalts von Pansen und Haube nach dem dritten Magen nur der direkte Weg durch die Haubenpsalteröffnung ohne Vermittlung der Speiserinne. Es liegt auf der Hand, daß dieser Weg von allen Autoren ins Auge gefaßt worden ist, die die Schlundrinnentheorie ablehnten, und es ist lange bekannt und eine weitverbreitete Erfahrung, daß feinzerkleinerte Nahrung (Mehl usw.), ohne wiedergekaut zu werden, diesen Weg nehmen kann. Welche Muskelwirkungen aber den Übertritt bewirken und regeln, ist bisher Hypothese gewesen, die stets aber davon ausging, daß ein *Hineinpressen* durch Haubenkontraktionen oder Pansenkontraktionen stattfinden solle.

Eine experimentelle Bearbeitung hat wiederum Wester gegeben.

Wester geht von der Beobachtung an der Pansenfistelkuh aus, daß die Haube stets mit dünnflüssigem Inhalt gefüllt ist, dessen Niveau so hoch steht, daß die Haubenpsalteröffnung stets unter ihm liegt. Es müßte also der flüssige Haubeninhalt stets abfließen, zumal, wie Wester sich durch manuelle Untersuchung überzeugte, besonders bei alten Tieren mit großen, schlaffen Mägen, der Buchmagenhals häufig offen steht. Es muß also die Haubenpsalteröffnung auf andere Weise verschlossen sein. Dieser Verschluß erfolgt nach Wester dadurch, daß der Psalter sich meist in einem mehr oder minder starken Kontraktionszustand befindet, in dessen Auswirkung die *Psalterbrücke gegen den Inhalt des Magens* gedrückt ist, so daß dadurch der Durchgang durch den Psalter versperrt ist. Erst im Augenblick der plötzlichen Erschlaffung (S. 387, die übrigens Mangold und Klein nicht sahen) strömt die Flüssigkeit ein. Dieses Offenstehen währt bis zum Eintritt der nächsten Psalterkontraktion. Doch ist auch in dieser Zeitspanne der Zugang nicht immer gangbar, denn er wird gelegentlich der inzwischen ablaufenden regulären Netzmagenkontraktionen dadurch unterbrochen, daß sich die Lippen der Schlundrinne und der Psalterhals kontrahieren und die Haubenpsalteröffnung verschließen. Nach Wester geht dieser Übertritt vor allem im großen Maßstabe während des Wiederkauens vor sich, denn dann öffnen und schließen sich die Schlundrinnenlippen und der Psalterhals dreimal in der Minute gegenüber zweimal. Beim Wiederkauen wird auch gelegentlich der ersten Netzmagenkontraktion die Längsmuskulatur am Boden der Schlundrinne kontrahiert und der erschlaffte Buchmagenvorhof und der Sphincter nach oben gezogen. Es handelt sich also um einen recht komplizierten Vorgang, bei dem aber, im Gegensatz zu den älteren Ansichten, *keine*

Druckwirkung auf den Inhalt der Haube ausgeübt wird. Vielmehr erblickt WESTER hierin eher eine *Saugwirkung* des Psalters durch seine plötzliche Erschlaffung. Hiergegen wenden CZEPA und STIGLER mit Recht ein, daß die weichen Wände des erschlaffenden Psalters überhaupt keine Saugwirkung auszuüben vermögen. Der von WESTER geschilderte Zusammenhang zwischen Entleerungsmechanismus der Haube und Wiederkauakt steht nicht im Einklang mit unseren Beobachtungen (STEINHAUF). Es kann eine ganze Wiederkauperiode vergehen, ohne daß ein deutlicher Übertritt von Inhalt in den Labmagen erfolgt (vgl. unten). Bei einem Schafe STEINHAUFs mit Labmagenfistel, aus der die Psalterlabmagenentleerungen in unregelmäßigen Schüben heraustraten, unterblieb während des Wiederkauens dieser Ausfluß, so daß wir entgegen WESTER die Ansicht gewannen, daß gerade während dieses Aktes ein Übertritt aus den proximalen in die distalen Mägen ausgeschlossen sei. Diese Punkte bedürfen also noch der Aufklärung.

Die Weiterbewegung des Inhalts durch den Psalter ist zuerst eingehend von ELLENBERGER[1]) diskutiert worden. WESTER bestätigt, daß der flüssige Anteil direkt durch die Psalterrinne in den Labmagen fließt, der gleichzeitig eingetretene und feinzerkleinerte aber von den Buchmagenblättern aufgefangen wird. Es wird dann dieser feste Inhalt durch Kontraktion des Psaltervorhofs mit großer Kraft zwischen die Blätter gedrückt. Peristaltische Bewegung der Psalterwand treibt ihn labmagenwärts. Hierbei verhalten sich die Psalterblätter aber *passiv*, greift man sie nämlich mit den Fingern an, so fühlt man nicht die mindeste Muskelbewegung. Eine Zerreibung des Inhalts durch sie soll also, entgegen der älteren Ansicht (vgl. ELLENBERGER), nicht stattfinden. Ihre Muskulatur hat offenbar nur den Zweck, sie zu spannen und zu steifen. Im übrigen scheinen die Verhältnisse beim Flüssigkeitsdurchtritt durch den Psalter doch noch anders zu liegen. CZEPA und STIGLER sahen im Röntgenbild auch die Psalternischen gefüllt werden, so daß also nicht allein die Rinne als Weg bevorzugt wird. Diese Autoren sahen auch Flüssigkeit im Psalter verweilen, so daß also auch ein Verschluß des Psalters gegen den Labmagen bestehen muß.

Auf Grund der Untersuchungen von STEINHAUF und mir[2]) an Schafen sind für die Entleerung des Inhalts der beiden ersten Vormägen aber auch *noch andere Bedingungen als die motorische Funktion der Magenabschnitte* maßgebend. Der Inhalt muß auch die richtige Beschaffenheit haben, denn es ist ganz auffallend, daß im Psalter stets nur ganz fein zerkleinerter Inhalt zu treffen, also ein Übertritt irgendwie noch unzerkleinerter Nahrungsbestandteile ausgeschlossen ist. Der Haube muß also auch noch die Funktion eines Trennungsapparates von Zerkleinertem und Grobem zukommen; denn es finden sich im Haubeninhalt auch gröbere Futtermassen, ja er ist bezüglich seines Zerkleinerungsgrades meist nicht von dem des Pansens zu unterscheiden. Nach den Untersuchungen von STEINHAUF sind die *Menge*, der *Wassergehalt* und der *Zerkleinerungsgrad* des Inhalts des Pansens für die Übertrittsmöglichkeit maßgebend. Ist der Inhalt zu trocken, an Menge zu gering oder zu grob, so findet kein Eintritt in den Pansen statt, auch dann nicht, wenn schon ausgiebiges Wiederkauen stattgefunden hat. Andererseits kann reichlicher Übergang auch ganz ohne Wiederkauen stattfinden.

D. Flüssigkeitstransport.

Für den Flüssigkeitstransport ist schon von den alten Autoren die Schlundrinne in Anspruch genommen worden. FLOURENS führte an Fisteltieren Versuche

---

·[1]) ELLENBERGER: Arch. f. wiss. u. prakt. Tierheilk. Bd. 7, S. 16. 1880.
[2]) STEINHAUF: Zitiert auf S. 385. — SCHLEUNERT: Zitiert auf S. 391.

aus, die diese Ansicht stützten. Colin spricht sich derart aus, daß der größte Teil der aufgenommenen Flüssigkeit in den Pansen und die Haube gelange, aber aus letzterer sogleich etwas in den Psalter und den Labmagen weiterfließe. Längs der Schlundrinne sah er nur eine sehr geringe Menge in diese beiden letzten Mägen gelangen. Viele Versuche hat man angestellt, den Flüssigkeitsweg durch gefärbtes Wasser zu ermitteln; man gelangte dabei zu ganz verschiedenen Ergebnissen, bald war die Flüssigkeit nur in den beiden vordersten, bald in allen vier Mägen (z. B. Haubner). Völtz[1] fand mit ähnlicher Methodik bei drei Versuchen, daß 99% der Flüssigkeit in Pansen und Haube, höchstens 1% in den Labmagen gelangen. Meist hat man sich mit der Erklärung geholfen, daß kleine Schlucke längs der Schlundrinne verlaufen, große in Pansen und Haube gelangen.

Wester sah bei den Magenfistelkühen das Wasser *unabhängig von der Schluckgröße* ebenso wie den Speichel in *den Netzmagen gelangen*. Das entspricht dem, was schon Colin beobachtete, der dann aber weiter sah, daß nach Füllung der Haube sowie auch bei den Kontraktionen derselben die Flüssigkeit über die Scheidewand zwischen Pansen und Haube hinweg in den Pansen gelangt und sich dort mit dem Inhalt vermischt. Dieser Vorgang ist von großer physiologischer Bedeutung.

Westers Untersuchungen geben eine Aufklärung für die Unstimmigkeit in den älteren Ergebnissen. Es besteht nämlich ein *Unterschied* zwischen *jungen* und *alten* Tieren. Bei *Saugkälbern*, bei denen die Vormägen noch nicht ausgebildet sind, *formt sich auf Grund eines Reflexes die Schlundrinne tatsächlich zu einem Rohr*, welches die beim Schlucken stoßweise ankommende Milch direkt nach dem Labmagen führt. Mit fortschreitendem Wachstum entwickeln sich die Vormägen schnell, während die Schlundrinne zurückbleibt und sich bald nicht mehr schließen kann. Dann tritt auch immer mehr von der aufgenommenen Milch in die Vormägen ein. Beim erwachsenen Tiere atrophieren die Lippen der Schlundrinne, und der erwähnte Reflex verschwindet immer mehr. Selbst nach maximaler Kontraktion durch Pilocarpin vermag bei ihnen die Schlundrinne Flüssigkeit nicht mehr zu leiten, alles fällt in die Haube. Wohl aber bestehen individuelle Unterschiede bezüglich der Dauer der Übergangsperiode, bis der Reflex ganz erloschen ist; vielleicht bleibt er auch teilweise bei älteren Tieren erhalten. Hierdurch würden sich nach Wester die Unstimmigkeiten zwischen den Autoren erklären. Die Befunde von Czepa und Stigler stimmen hiermit überein. Bei ihnen tranken die alten Tiere in die beiden ersten Vormägen, manchmal gelangte auch Flüssigkeit in den Psalter. Somit erscheint die Frage des Flüssigkeitstransports geklärt.

Es muß aber darauf hingewiesen werden, daß der dauernd durch die Sekretion der Parotiden und ventralen Backendrüsen in erheblichen Mengen gelieferte *Speichel*, der für die Neutralisation der Gärungssäuren und für die Verdünnung und Volumvermehrung des Panseninhalts von größter Wichtigkeit ist (vgl. S. 397), nach dem Pansen gebracht werden muß. Im übrigen ist nach unserer Ansicht der Weitertransport getrunkener Flüssigkeit *ebenfalls vom Füllungsgrad* und *Flüssigkeitsgehalt des Pansens abhängig*. Ist dieser ziemlich leer und trocken, so wird die getrunkene, aus dem Netzmagen herübergedrückte Flüssigkeit in ihm zurückgehalten, und der Weitertransport kann gar nicht oder nur unbedeutend erfolgen; ist der Pansen wohl gefüllt mit Inhalt richtiger Konsistenz, so findet rascher Abtransport der Flüssigkeit statt.

---

[1] Völtz: Zeitschr. f. Spiritusindustrie 1914.

E. Der Ructus.

Ein zum Leben der Wiederkäuer notwendiger Akt ist die Entleerung der sich bei den Pansengärungen ansammelnden Gase mit Hilfe des Ructus. Über die Tätigkeit der Vormägen bei diesem Vorgang ist bisher so gut wie nichts bekannt gewesen. WESTER hat die Frage eingehend studiert und dabei zunächst die allen früheren Untersuchungen entgangene, zum Teil [WILD[1])] bestrittene Tatsache festgestellt, daß der Ructus ganz regelmäßig erfolgt und mit der rhythmischen Tätigkeit der Vormägen zusammenhängt. WESTER stellte durch direkte Beobachtung am Pansenfisteltier fest, daß, wenn bei der über den Pansen verlaufenden peristaltischen Welle (S. 387) die große Querplatte maximal kontrahiert und der vorderste Teil der Magenwand dadurch gespannt ist, die Schlundrinne sich öffnet und auch der Oesophagus Neigung zur Öffnung zeigt. In der Regel kommt aber hierbei keine wirkliche Öffnung zustande, diese erfolgt aber stets, wenn die *antiperistaltische* Welle die Kontraktion des gleichen Magenteiles bewirkt. Dann öffnet sich die Schlundrinne und auch der Oesophagus. Dieser schließt sich darauf sofort, und man beobachtet dann meist ein Geräusch, verbunden mit Entleeren von Gasen. Er macht darauf aufmerksam, daß dieser Vorgang sich ganz regelmäßig entsprechend dem Rhythmus der Magenkontraktion wiederholt, wobei natürlich die Deutlichkeit des Ructus von der Gasmenge im Pansen abhängig ist. Hierdurch erklärte sich, daß er manchmal nicht wahrgenommen wird und von früheren Beobachtern deshalb Unregelmäßigkeit des Ructus gefolgert worden ist. Die *Bauchpresse* hat hierbei auch keine aktive Rolle zu spielen. WESTER glaubt, daß die zu beobachtende Bauchmuskelkontraktion mehr die Aufgabe hat, die durch den Ructus bewirkte Volumverminderung zu kompensieren.

F. Innervation.

Über die Innervation der Wiederkäuermägen war bisher wenig bekannt [HARTUNG[2]), ELLENBERGER[3]), MARSCHALL]. Durch Reizversuche kam ELLENBERGER zu dem Schluß, daß der Nervus vagus der motorische Nerv ist und der Nervus sympathicus als Hemmungsnerv funktioniert. Außerdem besitzen die Mägen Automatie. Reizung des Nervus vagus ergibt Kontraktion der Mägen, die aber erst bei starken Strömen deutlich wird, wie WESTER betont. AGGAZZOTTI fand beim Schaf bei Reizung des peripheren Vagusstumpfes Schluß der Kardia.

Grundlegende Untersuchungen haben in neuester Zeit MANGOLD und KLEIN ausgeführt. Der anatomische Verlauf des Vagus ist danach individuell recht verschieden, aber stets so, daß der rechte ventrale und der linke dorsale abdominale Vagusstamm sowohl aus dem rechten wie aus dem linken Halsvagus Fasern erhalten. Es besteht also stets eine partielle Kreuzung, so daß bei Durchschneidung des rechten oder linken Halsvagus keine irgendwie typischen Störungen auftreten. Atrophien von Magenteilen, wie sie früher gelegentlich beschrieben worden sind, treten auch nach Monaten nicht auf.

Reizung des Halsvagus rechts oder links führt zu Kontraktionen von Haube, Pansen und Labmagen, wobei rechtsseitige Reizung stärkere Wirkungen bedingt.

Reizung des *linken* Bauchvagusstammes unterhalb des Zwerchfells bedingt Kontraktionen von Pansen, Haubenpansenvorhof und teilweiser Haubenkontraktion. Reizung des *rechten* entsprechenden Stammes ruft *keine* Pansenkontraktionen, aber Kontraktion der Haube des Haubenpansenvorhofs und des Labmagens hervor. Die gleichen Autoren haben dann die einzelnen Äste des rechten Vagus verfolgt. Vom rechten Bauchvagus ziehen einzelne Äste zur Haube, einer zur Haube und Haubenpansenvorhof gemeinsam und ein Ast zu letzterem allein. Ein Hauptast zieht über den Psalter zum Labmagen und einzelne Äste zum Labmagen. Durch Reizungen werden Kontraktionen der einzelnen Teile ausgelöst.

Sehr interessante Befunde ergaben *Durchschneidungsversuche*. Die intraabdominale Durchschneidung des linken dorsalen Vagusstammes, der fast ausschließlich den Pansen versorgt, führt zu keiner erheblichen Störung. Die Tiere bleiben beliebig lange am Leben, kauen wieder, nur der Pansen ist etwas atonisch. Die Durchschneidung des rechten ventralen Bauchstammes führt dagegen durch Atonie des Labmagens und Pylorusstenose unbedingt spätestens nach 40 Tagen durch Inanition bei enormer Labmagendilatation und leerem Darm zum Tode. Die Pansenbewegungen, von denen Peri- und Antiperistaltik deutlich durch die Bauchwand sichtbar sind, sind gesteigert. Das Wiederkauen kann unvollkommen zurückkehren, sein Ausfall ist aber nicht für den letalen Ausgang verantwortlich zu machen, da dieser auch beim Sauglamm eintritt. Partielle einseitige oder beiderseitige Durchschneidungen haben je nach ihrem Umfang entsprechende Folgen. Entscheidend für den Ausgang ist das Auftreten von Stenosen (des Pylorus oder der Haubenpsalteröffnung), die auf Überwiegen einer constrictorischen Sphincterinnervation durch Sympathicusfasern zurückgeführt werden

---

[1]) WILD: Dissert. Gießen 1913.
[2]) HARTUNG: Dissert. Gießen 1858.
[3]) ELLENBERGER: Arch. f. wiss. u. prakt. Tierheilk. Bd. 8, S. 166. 1882 u. Bd. 9, S. 128. 1883.

dürften. Weiter zeigen die Versuche, daß der linke Bauchvagusstamm in keiner Weise den Ausfall von Ästen des rechten vikariierend ausgleichen kann.

Alle Autoren sind sich darüber einig, daß es durch Vagusreizung *nicht* gelingt, das Wiederkauen hervorzurufen (vgl. auch Foà). In diesem Zusammenhange ist bemerkenswert, daß Wester nach Lähmung des Parasympathicus durch Atropin nach einigen Minuten Stillstehen der Vormägen beobachtete. Der Oesophagus hingegen blieb intakt. Er kontrahierte sich, wenn das Tier wiederkaute, schneller und unregelmäßiger als normal. Danach scheint der Vagus auf das Wiederkauen einen hemmenden und regelnden Einfluß auszuüben. Durch Pilocarpin trat eine tetanische Kontraktion der Vormägen auf.

Über die nervösen Bahnen und Zentren, die von den beim Wiederkauakt beteiligten Reflexen in Anspruch genommen werden, ist nichts bekannt. Es gelingt durch *mechanische Reizung* der Netzmagenschleimhaut, der Schlundrinne und des Psalterhalses, verstärkte Magenkontraktionen und auch Wiederkauen hervorzurufen (Wester). Anderseits gelingt es, durch *Druck auf die Psalterbrücke*, die Vormagenbewegung zu hemmen und zum Stillstand zu bringen. Wester gibt an, daß man durch Melken oder Streichen am Euter das Wiederkauen gelegentlich hervorrufen kann. Das gleiche gelang Luxinger bei Ziegen durch Druck auf den Pansen oder Ausdehnung desselben durch Wasser, Foà bei Schafen durch Bespritzen der Pansenschleimhaut mit einen Strahl kalten Wassers.

Foà fand, daß die Querdurchtrennung des Oesophagus nicht die auf das Wiederaufsteigen des Wiederkaubissens folgenden Kau- und Schluckbewegungen hindert. Das gleiche wird man von dem schon obenerwähnten Schluß der Glottis annehmen dürfen.

Von Wichtigkeit ist die Frage des *Einflusses des Willens*. Es ist bekannt, daß ein wiederkauendes Tier ohne weiteres das Wiederkauen willkürlich unterdrücken kann. Dies tritt z. B. beim Erschrecken ein. Hat sich das Tier beruhigt, so setzt das Wiederkauen wieder von neuem ein. Foà gibt an, daß die Reihe der reflektorischen Akte, aus denen das Wiederkauen besteht, wenn sie einmal angefangen haben, der Willkür entzogen sind, daß sie aber nicht beginnen können, solange die cerebrale Hemmung besteht.

Das Einsetzen des Wiederkauens dürfte nach allgemeiner Ansicht *unwillkürlich* erfolgen. Doch hält es Wester für möglich, daß die erste Wiederkaubewegung psychisch hervorgerufen werden kann. Er beobachtete nämlich, daß, wenn man bei einer Magenfistelkuh mit der Hand das Eindringen von Inhalt bei der Wiederkaukontraktion in die Speiseröhre hemmt, das Tier dann sofort nochmals, ja sogar zweimal Inhalt aufzuziehen versucht. Dies muß dann *willkürlich* sein. Die erste Wiederkaubewegung wird stets zum Beginn einer Kontraktionsperiode bewirkt. Ihr geht stets ein Abschlucken von Speichel voraus.

Alles spricht dafür, daß der das Wiederkauen hervorrufende Reiz *mechanischer Art* und in der Beschaffenheit des Inhalts zu erblicken ist. Es läßt sich nämlich, wie Steinhauf zeigte, durch die Art des aufgenommenen Futters der Eintritt des Wiederkauens beeinflussen. Nach einer Mahlzeit rauhen Heus tritt dasselbe bei Schafen nach wenigen Minuten ein, während nach einer Breimahlzeit Stunden vergehen können, ehe die erste Wiederkauperiode einsetzt. Auch Barboni[1]) hat ähnliche Ergebnisse gehabt. Es gelingt auch, wenn man über eine mehrstündige Beobachtungsdauer hinweg das regelmäßige Eintreten der Wiederkauperioden zeitlich ermittelt hat und somit weiß, wann die nächste Periode erfolgen muß, deren Eintritt durch Verfütterung dünnflüssiger Suppen und breiartiger Nahrung zu verhindern, durch Fütterung von Heu aber früher hervorzurufen.

G. Bedeutung des Wiederkauens.

Der *eigentliche Wiederkauakt ist lebenswichtig*. Verhindert man ein Tier auf die Dauer am Wiederkauen, so geht es zugrunde. Seine *Bedeutung* liegt zunächst in der *Zerkleinerung* und erneuten Einspeichelung der Nahrung, wodurch

---

[1]) Barboni, C.: Ann. di fac. di med. e chir. (Perugia) Bd. 27, Ser. 5, S. 133. 1922; zitiert nach Ber. d. ges. Physiol. Bd. 26, S. 269. 1924.

die an sich grobe, schlecht schlingbare, schwer verdauliche Nahrung zum Eintritt und für die Verarbeitung in den dritten und in den vierten Magen vorbereitet wird. *Ohne das Wiederkauen kann somit ein ordnungsgemäßer Übertritt der Nahrung nicht erfolgen.* Andererseits aber ist das Wiederkauen allein auch nicht entscheidend hierfür. Daneben ist nach eigenen Beobachtungen unbedingt notwendig, die *Dauersekretion der Parotiden und ventralen Backendrüsen der Wiederkäuer,* die ständig dem Vormagen große Mengen von Speichel zuführt, die den Inhalt verdünnen und vermehren, also die abtransportierte Flüssigkeit ersetzen und weiter auch (der Parotidenspeichel ist nach unseren Untersuchungen eine fast reine Natriumbicarbonat-Lösung) den Vormageninhalt neutralisieren [ZUNTZ und MARKOFF[1]); vgl. S. 394]. Verhindert man den Zutritt der Dauersekretion zu den Vormägen durch Querdurchschneidung des Oesophagus, oder leitet man nur durch beiderseitige Parotisfisteln den Parotidenspeichel ab, so verarmt der Panseninhalt an Wasser, trocknet ein, wird fest, und das Tier geht zugrunde, auch dann, wenn dem Tiere genügend Trinkwasser zur Verfügung steht (COLIN). *Der Aufenthalt in den Vormägen mit den eingeschobenen Wiederkauperioden und der erwähnten Dauersekretion ist also als eine fortgesetzte Mundverdauung aufzufassen.*

---

[1]) MARKOFF: Biochem. Zeitschr. Bd. 57, S. 1. 1913.

Die Magenbewegungen.

Von

PHILIPP **K**LEE

München.

Mit 13 Abbildungen.

Zusammenfassende Darstellungen.

1. v. B</sub>ERGMANN u. K<sub>ATSCH: Die Erkrankungen des Magens, in Handb. d. inn. Med. (Mohr-Staehelin) III. Bd. 1. Teil. 1926. — 2. C<sub>ANNON: The mechanical factors of digestion. London: Arnold 1911. — 3. C<sub>OHNHEIM, O.: Physiologie der Verdauung und Aufsaugung. Nagels Handb. d. Physiol. Bd. II, 1. 1906. — 4. D<sub>IETLEN: Ergebnisse des medizinischen Röntgenverfahrens für die Physiologie, 2. Teil. Ergebn. d. Physiol. Bd. 13. 1913. — 5. G<sub>ROEDEL: Die Magenbewegungen. Hamburg: Graefe & Sillem 1912. — 6. K<sub>REHL: Pathologische Physiologie. Leipzig: Vogel 1923. — 7. M<sub>AGNUS, R.: Die Bewegungen des Verdauungsrohres. Tigerstedts Handb. d. physiol. Methodik 1907. — 8. M<sub>AGNUS: Die Bewegungen des Verdauungskanals. Ergebn. d. Physiol. Bd. 7. 1908. — 9. M<sub>ÜLLER, L. R.: Die Lebensnerven. Berlin: Julius Springer 1924. — 10. S<sub>TARLING: Überblick über den gegenwärtigen Stand der Kenntnisse über die Bewegungen und die Innervation des Verdauungskanals. Ergebn. d. Physiol. Bd. 2, S. 446. 1902.

Röntgenologische Literatur: A<sub>SSMANN: Klinische Röntgendiagnostik. Leipzig: Vogel 1924. — v. B<sub>ERGMANN: Röntgenuntersuchung des Magens, in Kraus-Brugsch Bd. V. Berlin: Urban & Schwarzenberg 1921. — F<sub>ORSELL: Über die Beziehungen der Röntgenbilder des Magens zu seinem anatomischen Bau. Hamburg: Gräfe & Sillem 1913. — G<sub>ROEDEL: Lehrbuch und Atlas der Röntgendiagnostik. München: Lehmann 1924. — H<sub>OLZKNECHT u. J<sub>ONAS: Die Röntgenuntersuchung des Magens und ihre diagnostischen Ergebnisse. Ergebn. d. inn. Med. u. Kinderheilk. Bd. 4, S. 455. 1909. — R<sub>IEDER-R<sub>OSENTHAL: Lehrbuch der Röntgenkunde Bd. I. — K<sub>AESTLE: Die Röntgenuntersuchung des Magens. Leipzig: Barth 1913 u. 1922. — S<sub>CHLESINGER, E.: Die Röntgendiagnostik der Magendarmkrankheiten. Berlin-Wien: Urban & Schwarzenberg 1922. — S<sub>TIERLIN: Klinische Röntgendiagnostik des Verdauungskanals. Wiesbaden: J. F. Bergmann 1916.

In diesem Abschnitt sollen alle Verrichtungen der Magenmuskulatur besprochen werden, die der Aufnahme, mechanischen Durchmischung und der Entleerung der Nahrung dienen. Hierher gehören außer den grobsichtbaren Kontraktionen auch die Schwankungen der Spannung des Magenmuskels, somit die Änderungen der Magenform, und die Vorgänge, die sich in der Schleimhautmuskulatur abspielen.

Ältere physiologische Darstellungen der Magenmotorik stützten sich im wesentlichen auf *Tierversuche.* Durch die Forschungen der Röntgenuntersucher wurde es möglich, den *menschlichen* Magen zum Ausgangspunkt der Besprechung zu wählen.

I. Die Aufnahme der Nahrung in den Magen.

1. Die Füllung des menschlichen Magens.

Der leere menschliche Magen stellt einen eng kontrahierten Muskelschlauch dar, dessen Innenwände dicht aneinanderliegen. Im Röntgenbilde sichtbar ist nur der kardianahe Teil, der beim stehenden und sitzenden Menschen eine mehr oder weniger große Gasfüllung zeigt, die aus verschluckter Luft besteht. Sie wird von den Röntgenologen als *Magengasblase* bezeichnet. Offenbar ist der Druck, den die Magenmuskulatur hier ausübt, nicht derartig, daß er die Luft reflektorisch durch die Kardia nach außen treiben kann.

Die Füllung des Magens beschrieben 1909 HOLZKNECHT und JONAS[1]) folgendermaßen: Läßt man den Patienten während der Durchleuchtung Wismutaufschwemmung trinken oder die RIEDERsche Wismutspeise essen, so treten die Ingesta zunächst an der medialen Seite der Gasblase in den Magen ein, sammeln sich dann unterhalb der Gasblase in Form eines Trichters im oberen Teile der Pars media, um schließlich langsam nach unten zu fließen, den nachkommenden Speisen den Weg eröffnend. Sie sammeln sich sodann am tiefsten Punkt des Magens, dem caudalen Pol, in Form eines Halbmondes an. Das Niveau dieses Halbmondes wird immer höher, schließlich wird die kleine Kurvatur erreicht, worauf sich der hakenförmige Magen in Form einer U-förmig gekrümmten Röhre in zwei Schenkeln füllt, einem linksgelegenen, der Pars media entsprechend, und einem rechtsgelegenen, der Pars pylorica. Wird die Füllung weiter fortgesetzt, so tritt der caudale Pol nicht wesentlich tiefer, die Dehnung des Magens erfolgt nicht mehr nach der Länge, sondern nur nach der Breite. Ein Unterschied im Füllungsvorgang bei verschiedener Konsistenz der Speisen [BRÄUNING[2])] besteht dabei nicht (Abb. 96).

Im wesentlichen deckt sich diese Darstellung mit unserer heutigen Auffassung. GROEDEL[3]), DIETLEN[4]), KAESTLE[5]), STIERLIN[6]), ASSMANN[7]) äußern sich in ähnlicher Weise.

Der geschilderte Füllungsvorgang zeigt, daß der Magenmuskel den eindringenden ersten Speisemengen einen Widerstand entgegensetzt, der allmählich überwunden wird. Dieser Widerstand ist bei verschiedenen Menschen verschieden groß. Die Überwindung des Muskelwiderstandes erfolgt durch den Mageninhalt (s. unten). Der abdominale Druck, der der Füllung des Magens entgegenwirkt, wird durch einen über den Splanchnicus laufenden Reflex, der die Bauchmuskulatur zur Erschlaffung bringt, herabgesetzt [KELLING[8]), O. BRUNS[9])]. Die Schwerkraft der Speisen scheint bei dem Entfaltungsvorgang mitzuwirken. Es ist möglich, daß schon durch das Schlucken die Spannung des Magenmuskels herabgesetzt wird [CANNONS Beobachtungen an Katzen[10])].

---

[1]) HOLZKNECHT u. JONAS: Ergebn. d. inn. Med. u. Kinderheilk. Bd. 4. 1909.

[2]) BRÄUNING: Münch. med. Wochenschr. 1910, Nr. 14.

[3]) GROEDEL, F. M.: Magenbewegungen. Hamburg: Lucas Gräfe & Sillem 1912, sowie Röntgendiagnostik. München: Lehmann 1924.

[4]) DIETLEN: Asher-Spiro, Ergebn. d. Physiol. Bd. 13. 1913.

[5]) KAESTLE: Röntgenuntersuchung des Magens, in RIEDER-ROSENTHAL: Röntgenkunde. Leipzig: Barth 1913.

[6]) STIERLIN: Klinische Röntgendiagnostik. Wiesbaden: J. F. Bergmann 1916.

[7]) ASSMANN: Röntgendiagnostik. Leipzig: Vogel 1924.

[8]) KELLING: Volkmanns klin. Vortr., Inn. Med. Nr. 144. 1895; Zeitschr. f. Biol. Bd. 44, S. 160. 1903.

[9]) BRUNS, O.: Reflektorische Bauchmuskelerschlaffung usw. Münch. med. Wochenschr. 1920, Nr. 23, S. 654.

[10]) CANNON: The mechanical factors of digestion. London: E. Arnold 1911.

Beim Menschen ist es aber schwer zu beweisen. Denkbar ist auch, daß die sog. Appetitreflexe den Magen motorisch empfangsbereit machen, ebenso wie sie die Sekretion anregen.

Die Frage der *Druckregelung* im Magen hat seit DUCCESCHI[1]), MORITZ[2]), SICK[3]), KELLING[4]) oft zu Untersuchungen angeregt. KELLING stellte am Hunde fest, daß der Magendruck nach Ablauf einer bestimmten Zeit von dem Grade der Magenfüllung unabhängig wurde. Er fand beim Hund bei 240 und bei 460 ccm Inhalt einen Druck von 7,6 bzw. 7,0 cm Wasser, also kaum einen Unterschied. SICK und TEDESCO[3]) arbeiteten an isolierten, in Ringer überlebenden Katzenmägen. Sie fanden, daß der Druck im Fundusteil des Magens nach Aufblähung eines Ballons im Verlauf von Sekunden bis Minuten zur ursprünglichen Höhe absank. Sie lehnen ab, daß es sich hierbei um eine Äußerung der Nachdehnung handle. In tiefer Narkose (KELLING) und bei Erstickung des überlebenden Magens durch Aufhören der Sauerstoffzufuhr (SICK) trat dieser schnelle Druckausgleich nicht ein. GRÜTZNER und A. MÜLLER[5]) erklärten die Fähigkeit des Magens, sein Volumen ohne Änderung des Innendrucks zu verschieben, mit einer Umlagerung der Muskelfasern.

In neuerer Zeit hat O. BRUNS[6]) die Frage wieder aufgenommen und Erweiterungsversuche am menschlichen Magen gemacht. Er registrierte den Druck manometrisch mittels eines Ureterenkatheters, an dessen einem Ende eine Condomblase montiert war. Die Manometerausschläge wurden auf dem Kymographion kurvenmäßig verzeichnet. Wurde mit einem zweiten Katheter Luft in den Magen geblasen, so folgte einem anfänglichen Druckanstieg rasch ein Druckabfall, lange bevor das ganze Luftquantum in den Magen eingeflossen war. Die letzten Luftmengen flossen also bereits bei langsam fallenden Druck in den Magen. Die Feststellung ist bemerkenswert und schließt sich gut an die Röntgenbeobachtungen an. Die Höhe des anfänglichen Druckanstiegs hing von der Schnelligkeit ab, mit der die Magenfüllung erfolgte. Bei langsamem Essen ging die Erweiterung des Magens ohne nennenswerte Steigerung des Innendruckes vor sich. Es zeigte sich ferner, daß der Druck im Magen nicht ganz zur Ausgangshöhe zurückkehrte, sondern auf einer bestimmten Höhe blieb, daß also die Muskulatur eine gleichmäßige Umspannung des Inhalts ausführte. In Tierversuchen wies weiterhin

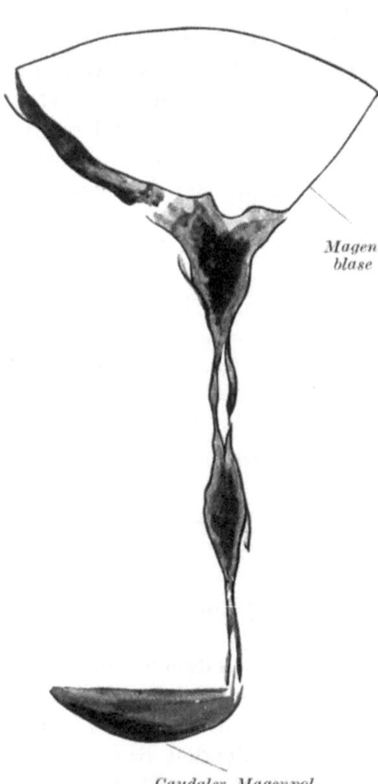

Abb. 96. Beginn der Magenfüllung. (Nach LÜDIN.)

[1]) DUCCESCHI: Arch. per le scienze med. Bd. 21, S. 121. 1897 (zit. nach MAGNUS).
[2]) MORITZ: Zeitschr. f. Biol. Bd. 32, S. 313. 1895.
[3]) SICK u. TEDESCO: Dtsch. Arch. f. klin. Med. Bd. 92. 1908.
[4]) KELLING: Zitiert auf S. 399.
[5]) MÜLLER, A.: Pflügers Arch. f. d. ges. Physiol. Bd. 116, S. 252. 1906.
[6]) BRUNS, O.: Dtsch. Arch. f. klin. Med. Bd. 131, S. 70. 1919.

O. Bruns[1]) nach, daß auch die Bauchmuskulatur bei der Magenfüllung reflektorisch erschlafft, so daß eine Erhöhung des intraperitonealen Druckes nicht zustande kommt. Dieser Entspannungsreflex der Bauchmuskulatur ließ sich nach Einblasen von Luft in die freie Bauchhöhle nicht hervorrufen. Der Reflex wird durch Resektion der Vagi nicht beeinflußt, bleibt aber aus nach Resektion der Nn. splanchnici.

Alle diese Beobachtungen weisen darauf hin, daß bereits bei der Füllung des Magens komplizierte Reflexvorgänge in Tätigkeit treten, soweit es sich nicht um Erscheinungen der Dehnbarkeit bzw. der Elastizität handelt.

2. Der gefüllte Magen.

Hat der normale Magen einen bestimmten Füllungsgrad erreicht, so tritt die endgültige Form des Magenschattens hervor. Die beiden Schenkel des gebogenen Magens zeigen im Röntgenbild des *stehenden* Menschen einen annähernd gleichmäßig breiten Schatten, der in dem bedeutend stärker belasteten, kürzeren distalen Schenkel oft etwas schmaler erscheint als in dem höheren proximalen Teil. Dieses Schattenbild des Magens kann nur dadurch zustandekommen, daß der Magenmuskel seinen Inhalt mit einer gleichmäßigen Spannung umfaßt. Nimmt die Füllung zu, paßt sich die Magenmuskulatur der neuen Inhaltsmenge an, ohne daß der Magenschatten eine andere Form gewinnt. Stiller[2]) hat die Eigenschaft des Magens, seinen Inhalt mit bestimmtem Druck zu umspannen, als *peristolische Funktion* bezeichnet. Die Bezeichnung ist heute noch in der Klinik üblich. Durch diese Peristole wird die Berührung der Speisen mit der Magenschleimhaut bis hoch hinauf zur Kardia gewährleistet. Eine wichtige Rolle spielt sie bei der Entleerung des Magens. Groedel[3]) hat sich eingehend mit der peristolischen Funktion des Magens beschäftigt.

Die Einstellung auf den Füllungsgrad findet sich auch bei anderen glattmuskeligen Hohlorganen, und es erhebt sich die Frage, in welchen Beziehungen die Peristole des Magens zu den Muskelfunktionen steht, die wir als *Muskeltonus* bezeichnen. Auf die grundlegenden Untersuchungen über den Tonus der glatten Muskulatur von Bethe, Noyons und v. Uexküll u. a. kann hier nicht eingegangen werden. Es sei auf die Darstellung Riessers in diesem Handbuch[4]) verwiesen. Bekanntlich ist der glatte Muskel niederer Tiere nicht nur der Verkürzung und der Verlängerung fähig, sondern auch der Sperrung, d. h. er besitzt die Eigenschaft, bei jeder Länge einem Widerstand ohne Ermüdung und ohne meßbaren Energieverbrauch das Gleichgewicht zu halten. Die Änderung der Sperrung, die genaue Anpassung an die Größe des Widerstandes, ist bei den glatten Muskeln höherer Tiere als Reflexfunktion aufzufassen, die an die Funktionsfähigkeit nervöser Organe gebunden ist (Riesser). Es liegt nahe, die hier gewonnenen Anschauungen auf den Magenmuskel zu beziehen. Und es besteht kein zwingender Grund, in der peristolischen Funktion des Klinikers etwas anderes zu sehen als eine Äußerung dieser für den glatten Muskel allgemein gültigen Regeln. Weder die Feststellung, daß der vago- und splanchnicotomierte Magen noch peristolische Funktion zeigt, noch die Beobachtung, daß der kranke ektatische oder der atonische geschädigte Magen noch fähig ist, seinen Inhalt zu entleeren, wie Groedel anführt, widersprechen dieser Anschauung, es sei denn, daß man unter Muskeltonus klinisch und physiologisch verschiedene Dinge

---

[1]) Bruns, O.: Zitiert auf S. 399.

[2]) Stiller: Berl. Klin. Wochenschr. 1899 Nr. 36, S. 787.

[3]) Groedel: Zitiert auf S. 399 und Verhandl. d. dtsch. Röntgenges. Bd. 16. 1925.

[4]) Riesser: Der Muskeltonus, in Handb. d. norm. u. pathol. Physiol. Bd. VIII, 1. Hälfte,

S. 192.

versteht. O. KESTNER[1]) hat neuerdings versucht, auf Grund der Tonusgesetze sämtliche motorische Magenfunktionen zu erklären (s. unten).

Der Eintritt der Speisen erfolgt bei der Magenfüllung zuerst an dem obersten Teil der kleinen Kurvatur. Darin sind fast alle Untersucher einig. Der weitere Weg, vor allem der Weg, den flüssige Speisen nehmen, ist oft und mit widersprechenden Ergebnissen untersucht worden. GROEDEL[2]) vertritt noch heute den Standpunkt, daß der Eintritt der Speisen über die WALDEYERsche *Magenstraße* erfolge, daß auf gefüllten Magen genommene Flüssigkeit auf dieser Straße zum caudalen Pol fließe, und daß feste Speisen sich auf ihr in den Mageninhalt einschieben. Unter Magenstraße verstand WALDEYER[3]) jene Rinne, die durch mehrere längsgerichtete Schleimhautfalten an der kleinen Kurvatur gebildet

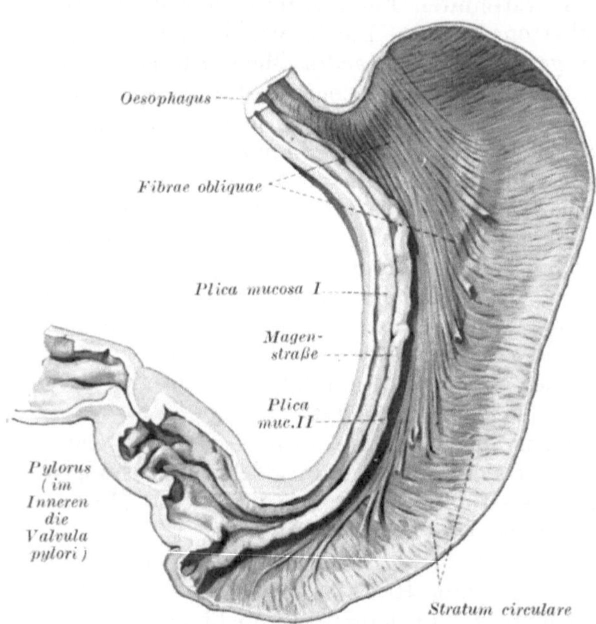

Abb. 97. Stark kontrahierter Magen, die Schleimhaut wurde im größten Teil des Körpers und im Fundus entfernt, Muskulatur von innen her freigelegt. Die frei herausragenden Enden der Fibrae obliquae dringen in die hier weggenommene Submucosa ein. (Nach ELZE.)

wird. Die Bedeutung dieser Magenstraße ist viel erörtert worden, sie wird aber wahrscheinlich überschätzt. Nach ELZE[4]) scheint der volle, gedehnte Magen die als Magenstraße bezeichneten Schleimhautfalten nicht zu zeigen[5]). Am kontrahierten Leichenmagen sind sie dagegen gut zu sehen, wie die Bilder von ASCHOFF[6]) und von ELZE[4]) beweisen (Abb. 97). K. H. BAUER[7]) betrachtet die Magenstraße vom phylogenetischen Gesichtspunkt aus als identisch mit der Schlundrinne der Wiederkäuer und erklärt ihre Disposition zu Geschwüren, die ASCHOFF als mechanisch durch die Beanspruchung bedingt ansieht, mit dieser Entwicklungsgeschichte (s. dagegen BRAUS). KATSCH und v. FRIEDRICH[8]) kommen auf Grund von Versuchen mit festen und flüssigen Kontraststoffen zu dem Ergebnis, daß mit Ausnahme des obersten Teiles des Magens dicht unter der Kardia die kleine Kurvatur weder regelmäßiges Ausgangslumen bei der Magenfüllung, noch bevorzugter Transportweg im vollen Magen dar-

[1]) KESTNER, O.: Der biologische Bauplan des Magens. Pflügers Arch. f. d. ges. Physiol. Bd. 205, S. 34. 1924.

[2]) GROEDEL: Röntgenkongreß 1925.

[3]) WALDEYER: Sitzungsber. d. preuß. Akad. d. Wiss. Bd. 29. 1908.

[4]) ELZE: Sitzungsber. d. Heidelberg. Akad. d. Wiss. Mathem.-naturw. Kl. 1919.

[5]) Vgl. auch BRAUS: Anatomie des Menschen Bd. II, S. 226. 1924.

[6]) ASCHOFF: Engpaß des Magens. Jena: Fischer 1918; s. auch Dreiteilung des Magens. Pflügers Arch. f. d. ges. Physiol. Bd. 201, S. 67. 1923.

[7]) BAUER, K. H.: Mitt. a. d. Grenzgeb. d. Med. u. Chir. Bd. 32, S. 217. 1920.

[8]) KATSCH u. v. FRIEDRICH: Mitt. a. d. Grenzgeb. d. Med. u. Chir. Bd. 34, S. 343. 1921 u. Fortschr. a. d. Geb. d. Röntgenstr. Bd. 30, S. 287.

stelle. Auch nach Lehmanns[1]) Versuchen nehmen weder flüssige noch feste Speisen den Weg durch die sog. Magenstraße.

Die Frage, in welcher Weise aufeinanderfolgende Speisemengen sich im Magen verteilen, hat schon vor der Röntgenzeit in eingehenden Tierversuchen Bearbeitung gefunden. Die Untersuchungen von Ellenberger[2]), Grützner[3]), Scheunert[4]) bei den verschiedensten Tiergattungen kamen zu dem übereinstimmenden Ergebnis, daß keine Durchmischung, sondern eine *Schichtung der Speisen* erfolge. Das geht besonders aus den Untersuchungen an Durchschnitten hartgefrorener Tiermägen hervor, nachdem die Tiere kurz vor der Tötung verschieden gefärbtes Futter gefressen hatten. Die Verhältnisse sind für den chemischen Verdauungsvorgang von großer Wichtigkeit. Neuerdings haben Abderhalden und Wertheimer[5]) an Meerschweinchen gefunden, daß die Schichtung durch Bewegung des Tieres mehr oder weniger aufgehoben wird. Beim nichtbewegten Tier war die Kohlenhydratverdauung besser als beim bewegten.

Die Tierversuche haben durch die Beobachtungen des menschlichen Magens mittels Durchleuchtung teilweise Bestätigung erfahren. Kaufmann und Kienböck[6]), Groedel[7]), Dietlen[8]) fanden, daß die verschiedenen Speiseportionen sich schalen- oder trichterförmig übereinander schichten, und zwar, wie besonders aus den schematischen Bildern von Groedel hervorgeht, in der Weise, daß die älteren Mengen von nachfolgenden nach der großen Kurvatur hin abgedrängt werden (Abb. 98). Doch spielt wahrscheinlich die Konsistenz der Speisen bei der Lagerung eine große Rolle. Katsch und v. Friedrich[9]) fanden auf eine steife Bariumbreimahlzeit nachgetrunkenes Wasser teilweise vor

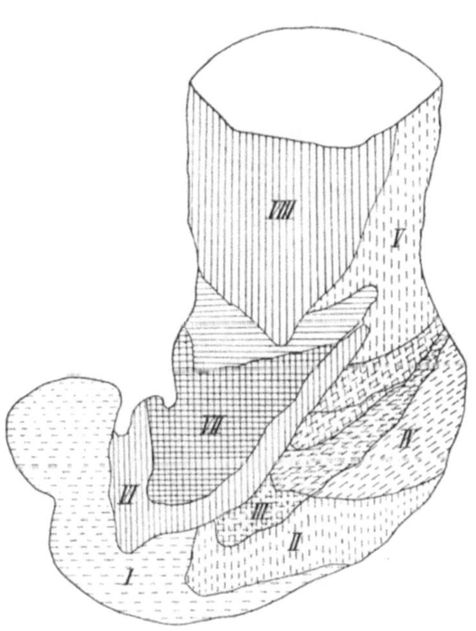

Abb. 98. Halbschematische Darstellung der Schichtung nacheinander genommener Speisemengen. (Nach Groedel).

dem Pylorus, teilweise über dem Brei, so daß jedenfalls ein Teil des Wassers seinen Weg neben Brei und Magenwand gefunden hat.

Im übrigen findet im Magen auch eine Sedimentierung statt, wie die sog. Sekretschicht bei Supersekretion des Magens im Röntgenbilde zeigt, und wie es auch den älteren Ärzten schon bekannt war.

---

[1]) Lehmann: Arch. f. klin. Chirurgie Bd. 127, S. 357. 1923.
[2]) Ellenberger: Pflügers Arch. f. d. ges. Physiol. Bd. 114, S. 93. 1906.
[3]) Grützner: Pflügers Arch. f. d. ges. Physiol. Bd. 106, S. 463. 1905.
[4]) Scheunert: Pflügers Arch. f. d. ges. Physiol. Bd. 114, S. 64. 1906. (Dort ältere Literatur.)
[5]) Abderhalden u. Wertheimer: Pflügers Arch. f. d. ges. Physiol. Bd. 194, S. 168. 1922.
[6]) Kaufmann u. Kienböck: Med. Klinik 1911, Nr. 30.
[7]) Groedel: Zitiert auf S. 399.
[8]) Dietlen: Zitiert auf S. 399.
[9]) Katsch u. v. Friedrich: Zitiert auf S. 402.

3. Magenschatten, Magenform und Magentonus.

Die Form des Schattens, den der mit 3—500 ccm Kontrastbrei gefüllte und belastete menschliche Magen bei der Röntgendurchleuchtung wirft, wird meistens kurz als *Magenform* bezeichnet, obwohl der Röntgenschatten nur bedingte Schlüsse auf die wahre Form des Magens zuläßt. Die verschiedene Entfernung der Magenteile von der Strahlenquelle [ASSMANN[1])] bedingt allerdings nur geringe Verzerrungen. Viel wichtiger sind die Drehungen des Magens, die falsche Formen vortäuschen können. Dafür sprechen z. B. die Untersuchungen F. W. MÜLLERS[2]) an den Leichenmägen Hingerichteter.

Die Schattenform des gefüllten Magens ist nichts Konstantes, sie hängt von einer Reihe heute wohlbekannter Faktoren ab, und es ist wahrscheinlich, daß der Streit um die Schattenform des Magens, der sich an die ersten Untersuchungen RIEDERS[3]), HOLZKNECHTS und GROEDELS anschloß, schnell zum Abschluß gekommen wäre, wenn man diese Zusammenhänge hätte übersehen können.

Die Leichenform des Anatomen gehört nicht hierher, solange sie nicht wirkliche Bewegungsvorgänge, die sich kurz vor dem Tode abspielen, fixiert[4]). Wichtiger für den Physiologen und den Kliniker ist die wechselnde Form des *bewegten* Magens, das gespannte oder erschlaffte, unruhige oder verzerrte Minenspiel des Magens, das an die wechselnden Ausdrucksbewegungen des Gesichts erinnert und dem geübten Diagnostiker nicht selten Anhaltspunkte für die nervöse Konstitution des Untersuchten bietet. Wohl bedingen die feste Fixation des Magens an der Kardia und die mehr oder weniger bewegliche an dem Pylorus (s. unten), der Thoraxbau und die Raumverhältnisse in der Bauchhöhle eine bestimmte Grundgestalt des Magens, die individuell, auch bei den Geschlechtern, verschieden ist, aber die *Arbeitsform*[5]) des Magens ist abhängig von anderen Faktoren, in erster Linie von dem Spannungszustand der Magenmuskulatur, den wir als *Magentonus* bezeichnen. Dieser Magentonus wird maßgebend bestimmt von dem Dehnungsreiz des Mageninhalts, also der Last der Füllung, und von seiner intramuralen und extramuralen Innervation. Die Belastung wechselt mit der Menge und Schwere des Inhalts und mit der Körperstellung, die nervöse Regulation mit den mannigfachen Gleichgewichtsstörungen im vegetativen System (einschließlich Hormone und Inkrete). Die Länge des Magenmuskels und seine mehr oder weniger ausgesprochene Durchbiegung an der kleinen Kurvatur tritt demgegenüber an Bedeutung zurück, solange sie nur eine Äußerung des Körperbaues oder der topographischen Verhältnisse in der Bauchhöhle ist.

Betrachtet man die ganze Frage unter diesen Gesichtspunkten, so gewinnt die Schattenform des Magens bei der Durchleuchtung eine ähnliche funktionelle Bedeutung wie die Herzsilhouette oder die kurvenmäßige Pulsform.

Verwirrung entsteht dann, wenn man Magenform und Magentonus ohne weiteres identifiziert, wie es häufig geschehen ist. Die Änderung der Magenform kann einen Maßstab für den Magentonus bilden, sie muß es aber nicht. Andererseits kann der Magentonus sich ändern, ohne daß es in der Form zum Ausdruck kommt. Ein absolutes *Maß für den Magentonus* besitzen wir nicht. Gewisse Anhaltspunkte gewährt, wie oben erwähnt, die Beobachtung der Magenentfaltung bei der Kon-

---

[1]) ASSMANN: Zitiert auf S. 399.
[2]) MÜLLER, F. W.: Klin. Wochenschr. 1923, Nr. 24, S. 1107.
[3]) RIEDER: Münch. med. Wochenschr. 1904, Nr. 35; 1906, Nr. 3.
[4]) Siehe dazu die neueren anatomischen Schilderungen von BRAUS: Anatomie des Menschen. Berlin: Julius Springer 1924; ELZE: Zitiert auf S. 402; ASCHOFF: Zitiert auf S. 402.
[5]) TANDLER: Wien. med. Wochenschr. Jg. 72, S. 333. 1922.

trastmahlzeit, andere die Erweiterungskurve von O. Bruns[1]), die in ähnlicher Weise auch von Gasbarini[2]) gewonnen wurde, aber beide Methoden haben große Fehlerquellen. Vor allem ist der *Muskelwiderstand* in den *verschiedenen Abschnitten* des Magens, besonders aber in dem kardianahen und dem pylorusnahen Teil nicht gleich, was schon Sick[3]) veranlaßte, die Druckregulierung im Magen dem Fundusteil zuzuschreiben. Doch besteht kein Grund, die Funktion der Einstellung des Tonus dem pyloralen Abschnitt des Magens abzusprechen. Man wird nur annehmen müssen, daß der Pylorusabschnitt einer stärkeren Belastung das Gleichgewicht zu halten vermag als der proximale Abschnitt. Der Tiermagen und der Magen des aufrechtgehenden Menschen ist in dieser Hinsicht schwer zu vergleichen. Die neuerdings von O. Kestner vertretene, wohl hauptsächlich auf Beobachtungen am Tiermagen basierende Anschauung, daß der Fundusteil des Magens der Tonusregulator des Magens sei, der durch den Reiz der Dehnung und durch Telereceptoren bestimmt, den Druck auf den Pylorusteil und damit die Peristaltik regele, befriedigt für den menschlichen Magen nicht. Am angelhakenförmigen Magen des aufrechtstehenden Menschen ist der gleichmäßige Druck der Magenmuskulatur, der dafür sorgt, daß der Mageninhalt in den höheren proximalen Schenkel aufsteigt, von der exakten Einstellung des Tonus *sämtlicher* Magenabschnitte, vor allem aber von der des am stärksten belasteten Pylorusteils abhängig. Also gerade umgekehrt. Ferner kann bei Gastroptose der dem Fundusabschnitt der Tiere entsprechende längsgedehnte Magenabschnitt fast leer sein, trotzdem ist der Pylorusabschnitt fähig, ohne erkennbare Druckregulierung vom Fundusteil aus den zur Entleerung nötigen Tonus und auch Peristaltik aufzubringen.

Nach den Beobachtungen am gesunden und kranken Menschen, denen kein Tierversuch grundsätzlich widerspricht, darf man annehmen, daß, ebenso wie kein Unterschied besteht zwischen Peristole und Tonus, auch kein prinzipieller Unterschied in den einzelnen Magenabschnitten hinsichtlich ihrer sog. Tonusfunktion gemacht werden kann. Die quantitativen Verschiedenheiten in der Widerstandskraft der verschiedenen Magenteile gegenüber gleicher Belastung, die sich z. B. beim normalen Menschenmagen zeigen, wenn man die Körperlage verändert, beruhen, wie später noch erörtert wird, auf ihrer verschieden starken Innervation und ihrer verschiedenen Muskelarchitektur.

Forsell[4]) hat den Versuch gemacht, die Bewegungen des Magens und seine Arbeitsform aus der Anordnung seiner Längs-, Ring- und Schrägmuskelschichten zu erklären. Durch einen derartigen Vergleich wird das Verständnis für manche Kontraktionsvorgänge sehr erleichtert. Forsell hat ferner auf Grund seiner anatomischen Studien anstatt der alten Einteilung des Magens in Fundus- und Pylorusteil eine neue Nomenklatur geschaffen, die sich mit einigen Änderungen durch Erik Müller und Aschoff allgemein durchsetzt. Man unterscheidet danach den Fornix, das Corpus, den Sinus (oder besser Vestibulum pylori) und den Canalis pyloricus. Die Abgrenzung geht aus der Abb. 100 hervor. [Über die verschieden geformten Mägen in der Wirbeltierreihe s. E. Müller[5]); vgl. zu dieser Frage auch Elze[6]).]

Historisch betrachtet entstanden die Erörterungen über die *Form* des arbeitenden Magens erst nach Sichtbarmachung des menschlichen Magens durch Rieders[7]) Röntgenmahlzeit. Die vorangehenden, grundlegenden Röntgenuntersuchungen Cannons[8]) am Tiermagen berühren diese Frage kaum. Rieder

[1]) Bruns, O.: Zitiert auf S. 400.
[2]) Gasbarini: Studi clinici sul tono muscolare. Arch. di patol. e clin. med. Bd. 1, S. 105. 1922 (zit. nach Ronas Berichten).
[3]) Sick: Zitiert auf S. 400.   [4]) Forsell: Zitiert auf S. 410.
[5]) Müller, E.: Lehrb. d. vergl. Anat. d. Wirbeltiere (schwedisch). Stockholm 1916.
[6]) Elze: Zitiert auf S. 402.   [7]) Rieder: Zitiert auf S. 404.
[8]) Cannon: Americ. journ. of physiol. Bd. 1, S. 359. 1898.

nahm bekanntlich die durchgebogene Form des Magens, die er mit einem Angelhaken verglich, als Normalform des gefüllten Magens an (GROEDEL: Syphonform). Solange man die Form beim stehenden oder sitzenden Menschen im Auge hat, wird das heute allgemein anerkannt. HOLZKNECHT[1]) hat ursprünglich eine andere Ansicht vertreten und den Angelhakenmagen bereits als eine durch Längsdehnung und Senkung zwischen seinen beiden Aufhängestellen entstandene, nicht mehr völlig normale Form betrachtet. Als solche sah er vielmehr eine mehr diagonalgestellte Form an, die er als Rinderhornform bezeichnet hat. Man weiß heute, daß diese Form viel seltener ist und gewisse Abhängigkeit von den Raumverhältnissen in der Bauchhöhle zeigt (Abb. 101 a—c). Ähnliche Formen finden sich beim Säuglings- und Kleinkindermagen.

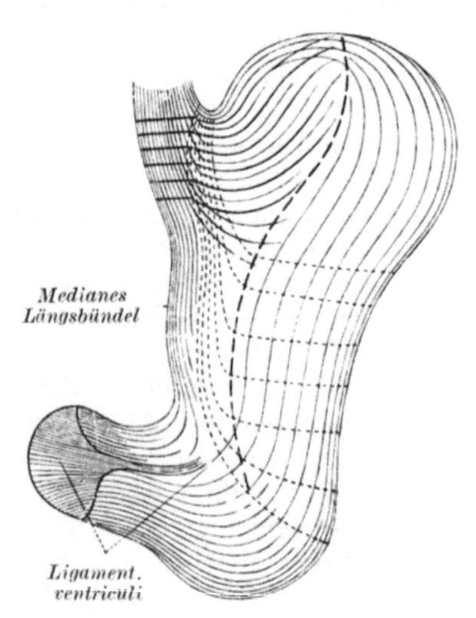

<table>
<tr><td>Abb. 99. Schema der Längsmuskulatur des menschlichen Magens.
(Nach FORSELL.)</td><td>Abb. 100. Schema der Quer- und Schrägmuskulatur des menschlichen Magens.
(Nach FORSELL.)</td></tr>
</table>

GROEDEL[2]) hat schon 1909 Füllungsbilder des menschlichen Magens mit der peristolischen Funktion STILLERS, also mit dem Tonus der Muskulatur in Beziehung gebracht. E. SCHLESINGER[3]) ging weiter, indem er von vielen ätiologischen Momenten als wesentlich für die Gestaltung des Magens den Tonus der Magenwand, d. h. seine elastische und muskuläre Kraft betrachtet und den anderen Faktoren nur eine unterstützende sekundäre, mittelbare Bedeutung zuerkennt. Auf das Wesen dieses Tonus geht er nicht ein. Endlich hat KLEE[4]) in experimentellen Untersuchungen an Katzen bewiesen, daß die Magenform maßgebend von der nervösen Steuerung beeinflußt wird, und hat damit Magen-

---

[1]) HOLZKNECHT: Zitiert auf S. 399 (dort Literatur über die älteren Arbeiten aus HOLZKNECHTS Laboratorium).
[2]) GROEDEL: Münch. med. Wochenschr. 1909, Nr. 11.
[3]) SCHLESINGER, E.: Berlin. klin. Wochenschr. 1910, Nr. 7.
[4]) KLEE: Magenform. Münch. med. Wochenschr. 1914, Nr. 19 u. D. Arch. f. klin. Med. Bd. 129, S. 275. 1919.

form und Magentonus in einen neuen Zusammenhang gebracht. An der für Reflexversuche besonders geeigneten enthirnten Katze konnte gezeigt werden, daß ganz verschiedene Formenbilder des Magens entstehen, wenn man die

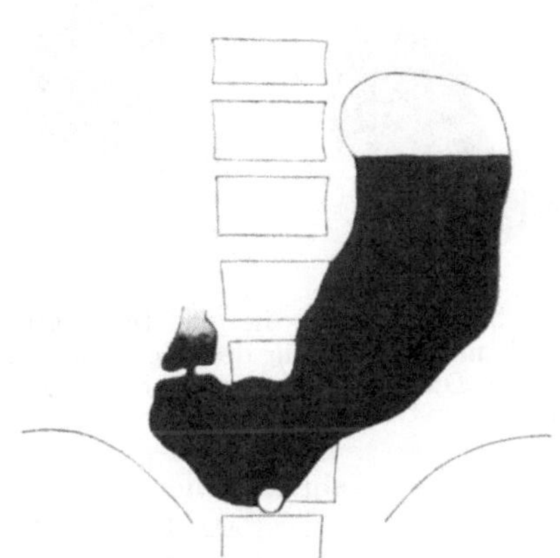

Abb. 101 a. Angelhakenform (Männermagen.)

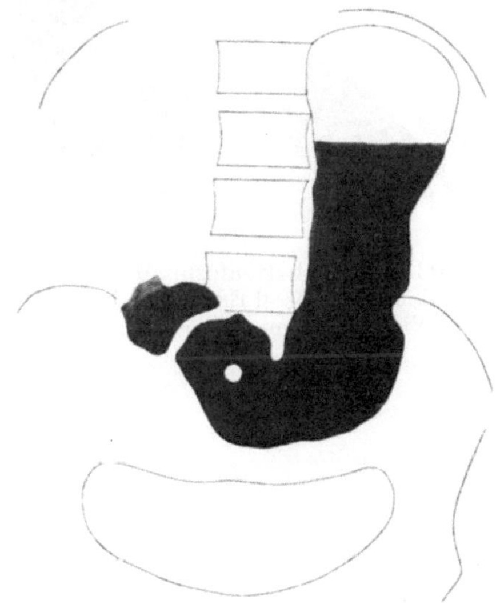

Abb. 101 b. Angelhakenform (Frauenmagen).

Vagi ausschaltete oder die Splanchnici oder beide antagonistische Nervengruppen zugleich (Abb. 102 a—d).

Am Menschen erfuhr die Abhängigkeit der Magenform vom Nervensystem in der Folgezeit stärkere Beachtung. Für die meisten der beschriebenen Fälle läßt sich annehmen, daß den Veränderungen der Magenform wirklich Veränderungen des Magentonus zugrunde lagen, obwohl das nicht immer klar ist. Die verschiedene Spannung der Bauchdeckenmuskulatur kann leicht eine Änderung des Magentonus vortäuschen. Sicher ist, daß bei gastrischen Krisen der Tabiker meist die Magenform sich ändert, in manchen Fällen wird der Magen schlaff und weit [SCHMIEDEN, EHRMANN und EHRENREICH[1])], in anderen zieht sich der gesamte distale Abschnitt spastisch zusammen [STIERLIN[2])]. Bei plötzlich einsetzender

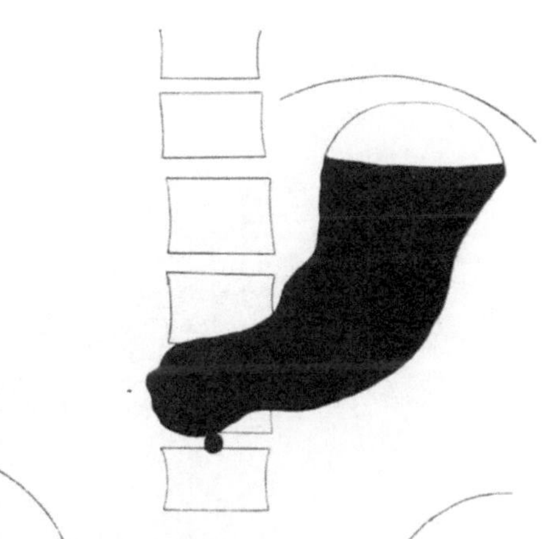

Abb. 101 c. Stierhornform (Männermagen).

Abb. 101a—c. (Nach LÜDIN.)

Hirnanämie mit Ohnmachtsgefühl kann ein normal geformter und gespannter Magen plötzlich weit und schlaff werden. Diese Beobachtung LÜDINS[3]) kann

---

[1]) SCHMIEDEN, EHRMANN u. EHRENREICH: Mitt. a. d. Grenzgeb. d. Med. u. Chir. Bd. 27, S. 479. 1914.

[2]) STIERLING: Klinische Röntgendiagnostik des Verdauungskanals. Wiesbaden: J. F. Bergmann 1916.

[3]) LÜDIN: Röntgendiagnostik des Magendarmkanals. Mohr - Stähelin Bd. III. 1918 und Fortschr. a. d. Geb. d. Röntg. Bd. 23, S. 504.

ich bestätigen. Assmann[1]) beschreibt hochgradige Veränderungen der Magenform und des Magentonus bei Hysterie, primärer Tetanie, Tabeskrisen und

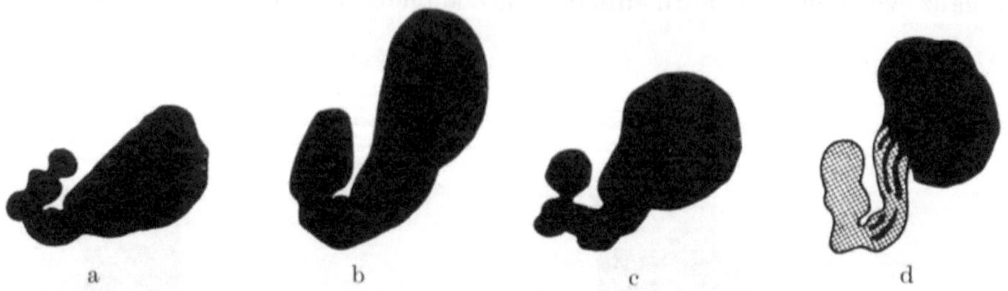

Abb. 102a—d. Schattenform des Katzenmagens bei Eingriffen in die Innervation. a Normale Katze; b—d Enthirnte Katze, und zwar b nach Abkühlung des Vagus am Hals, c nach Wiedererwärmung des Vagus am Hals, d nach Durchschneidung der Splanchnici. (Nach Klee.)

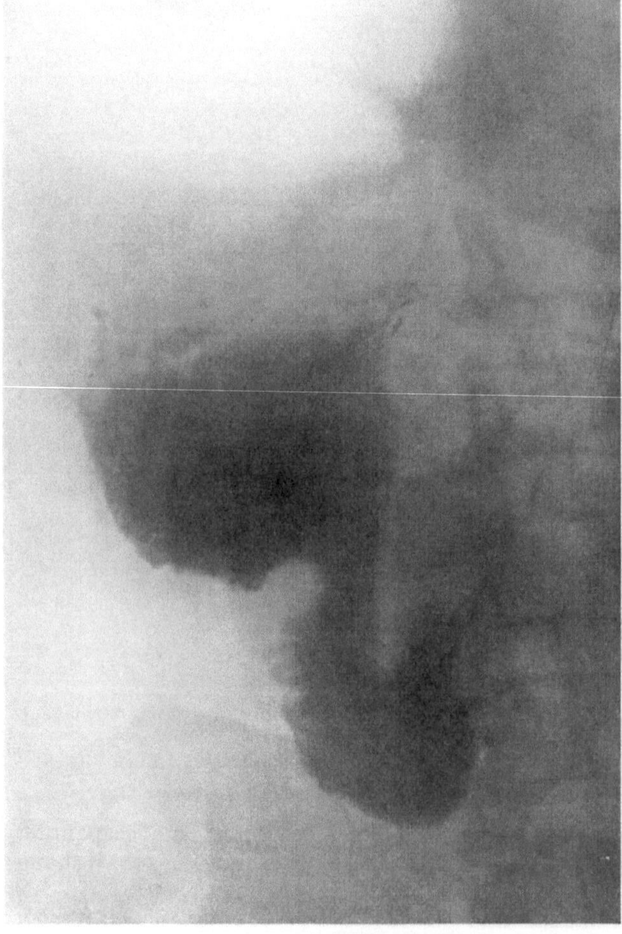

Abb. 103. Magenform während einer tabischen Krise (nach einer Aufnahme von Assmann).

sehr auffallend bei einer sog. Palschen Gefäßkrise, die vielleicht durch Splanchnicusverletzung infolge Bauchschusses verursacht war.

Heyer[2]) sah bei deprimierten Frauen einen vorher schlaffen, tiefstehenden Magen unter hypnotischem Einfluß eine gespanntere Form gewinnen. Auf reflektorischen Einflüssen beruhen die Änderungen der Magenform beim Gallenkolikanfall und anderen abdominellen Erkrankungen [E. Schlesinger[3]), Holzknecht und Luger[4]), K. Westphal[5]) u. a.]. Falta

---

[1]) Assmann: Zitiert auf S. 399, und besonders: Über Magenneurosen im Röntgenbilde Acta radiol. Bd. 6, S. 86.

[2]) Heyer: Klin. Wochenschr. 1923, Nr. 50.

[3]) Schlesinger, E.: Münch. med. Wochenschr. 1912, Nr. 26.

[4]) Holzknecht und Luger: Mitt. a. d. Grenzgeb. d. Med. u. Chir. Bd. 26. 1913.

[5]) Westphal, K.: Zeitschr. f. klin. Med. Bd. 96. 1922.

und KAHN[1]) sowie MELCHIOR[2]) sahen ebenfalls eindrucksvolle Magenformver-
änderungen bei der Tetanie.

Wie sehr die Magenform durch innersekretorische oder hormonale Einwirkungen beeinflußt werden kann, geht daraus hervor, daß Adrenalin den
Magen gänzlich zur Erschlaffung bringt, während Acetylcholin einen Spasmus
des präpylorischen Teiles erzeugen kann. Gastrospasmen wurden auch bei chronischen Nicotinabusus und bei akuten Morphinvergiftung gesehen [WALDVOGEL[3]),
HOLZKNECHT[4]), v. d. VELDEN[5])]. MAGNUS[6]) beobachtete den Spasmus des Mittel-
teils des Magens an der Katze regelmäßig nach Morphininjektion.

In Rückenlage tritt mitunter eine Magenform hervor, die am Ende des
Magencorpus eine taillenförmige Verengung erkennen läßt und an den Isthmus
ASCHOFFS[7]) erinnert[8]) (vgl. Abb. 105). Es ist noch nicht klar, was dieser Er-
scheinung zugrunde liegt. Wahrscheinlich handelt es sich um eine primäre
Steigerung des Muskeltonus, die zum Spasmus führt, weil im Liegen eine ge-
nügende Belastung und Dehnung dieses Abschnittes fehlt. Oder es kommt zum
Spasmus durch den Druck hintengelegener Organe (Pankreas, Wirbelsäule).

Die spastische Einziehung an der großen Kurvatur, die man bei einem Ulcus
an der kleinen Kurvatur hier und da beobachtet, beruht wohl auf umschrie
bener Reizung eines Ringmuskelsegmentes. Sie kann die Ursache der als Sand-
uhrmagen bekannten Schattenform sein.

Aus allen experimentellen und klinischen Beobachtungen geht die Bedeutung der Innervation für die Magenform und für den Magentonus hervor.

II. Die Bewegungsvorgänge am gefüllten Magen.

Der Wandel unserer Anschauungen über die Bewegungsvorgänge am ge-
füllten Magen beruht auf dem Wechsel der *Methodik.* Die alten Versuche am
überlebenden, in der feuchten Kammer gehaltenen Magen [HOFMEISTER und
SCHÜTZ[9])], die Beobachtung und Registrierung der Bewegungs- und Druck-
verhältnisse mit Hilfe eines eingeführten Ballons am Hund und am Menschen
[MORITZ[10]), KELLING[11])], die älteren Untersuchungen mit Hilfe der Gastroskopie
[KELLING[12])], die Versuche am Magen- oder Duodenalfistelhund [PAWLOWSCHE
Schule, BOLDIREFF[13]), TAPPEINER[14]), HIRSCH[15]), v. MERING[16]), MORITZ[10]), O. COHN-
HEIM[17]), BEST[18]), TOBLER[19]) u. a.] haben unsere Kenntnis von der Motilität des

---

1) FALTA u. KAHN: Zeitschr. f. klin. Med. Bd. 74, S. 108. 1912.
2) MELCHIOR: Mitt. a. d. Grenzgeb. d. Med. u. Chir. Bd. 34, S. 400. 1922.
3) WALDVOGEL: Über Gastrospasmus. Münch. med. Wochenschr. 1911. Nr. 69.
4) HOLZKNECHT u. LUGER sowie HOLZKNECHT u. OLBERT: Verh. d. Kongr. f. inn.
Med. 1911.
5) v. d. VELDEN: Verh. d. Kongr. f. inn. Med. 1910.
6) MAGNUS: Pflügers Arch. Bd. 115, S. 316. 1906 und Münch. med. Wochenschr.
1907, Nr. 29.
7) ASCHOFF: Engpaß des Magens. Jena: Fischer 1918.
8) WESTPHAL, K.: Mitt. a. d. Grenzgeb. d. Med. u. Chir. Bd. 32, S. 659. 1920.
9) HOFMEISTER u. SCHÜTZ: Arch. f. exp. Pathol. u. Pharmakol. Bd. 20, S. 1. 1885.
10) MORITZ: Zitiert auf S. 400.   11) KELLING: Zitiert auf S. 399.
12) KELLING: Arch. f. klin. Chir. Bd. 62, S. 1. 1900.
13) BOLDIREFF: Zentralbl. f. Physiol. Bd. 18, S. 457. 1904.
14) TAPPEINER: Zeitschr. f. Biol. Bd. 16, S. 497. 1880.
15) HIRSCH: Zentralbl. f. inn. Med. Bd. 22, S. 33. 1901.
16) v. MERING: Kongr. f. inn. Med. 1893, S. 471.
17) COHNHEIM, O.: Zusammenfassung in Nagels Handb. d. Physiol. Bd. II, 1, S. 560. 1906;
ferner neu zusammenfassend Pflügers Arch. f. d. ges. Physiol. Bd. 205, S. 34. 1924.
18) BEST u. O. COHNHEIM: Hoppe-Seylers Zeitschr. f. physiol. Chem. Bd. 69, S. 125.
1910; Bd. 69, S. 113. 1910; Bd. 69, S. 114. 1910.
19) TOBLER: Hoppe-Seylers Zeitschr. f. physiol. Chem. Bd. 45, S. 185. 1905.

Magens zwar sehr gefördert, aber sie haben auch zu einigen vorgefaßten Meinungen geführt, die in der Folge trotz Besserung der Methodik durch Einführung der Röntgenstrahlen zu Verwirrung Anlaß gaben. Die alten Untersuchungen arbeiteten entweder unter unphysiologischen Bedingungen, so daß pathologische Bewegungserscheinungen für normale gehalten werden konnten, oder sie gestatteten nur die Registrierung von Einzelvorgängen, so daß ein Überblick über das Ineinandergreifen der Bewegungen des gesamten Magens nicht möglich war. Daher kam es, daß die alte Anschauung von einer vollkommenen motorischen Zweiteilung des Magens in den Hauptmagen (Fundus) und in den motorisch aktiven, das Antrum pylori, auch in die Zeit der Röntgenuntersuchungen mit übernommen wurde. Auch heute finden sich in physiologischen und anatomischen Darstellungen noch Anklänge an diese Anschauung, während sich die klinischen Beobachter, soweit sie nicht den Ausdruck Antrum in anderem Sinne gebrauchen, in der Mehrzahl von der Vorstellung einer motorischen Zweiteilung des Magens *im alten Sinne* frei gemacht haben. Daß gewisse Unterschiede in der motorischen Reaktionsweise des proximalen und distalen Magenabschnittes bestehen, wird dabei nicht bestritten. Bei bestimmten nervösen Störungen kommen diese Verschiedenheiten zum Ausdruck.

Die Meinung von der physiologischen Trennung des Magens in zwei funktionell sich abschließende Hälften schien gestützt durch die Feststellung eines *Sphincter antri pylorici*. Dieser Sphincter spielt in den meisten älteren Darstellungen der Magenbewegung eine große Rolle, obwohl vielfach betont wird, daß bei Hund, Katze und Mensch ein Schließmuskel im anatomischen Sinne nicht zu finden sei. Auf diesen funktionellen Abschluß des proximalen Teiles des Magens vom distalen Teil wurden irrtümlich die starken Druckdifferenzen in beiden Magenabschnitten zurückgeführt, ja aus diesen Differenzen wurde geradezu gefolgert, daß ein Abschluß da sein müsse. Prüft man aber die tatsächlichen Beobachtungen dieser Zeit, so ergibt sich, daß ein wirklicher Abschluß an der Grenze der damals als Pylorusteil und Fundusteil bezeichneten Magenabschnitte unter physiologischen Verhältnissen kaum gesehen wurde. Leider wurde der ursprünglich als Transversalband (BEAUMONT) oder als ortskonstante Ringmuskelbildung oder stehende Kontraktion angesehene Sphincter antri später in die Nomenklatur der laufenden, nicht örtlich konstanten peristaltischen Wellen übernommen. Die Schwierigkeiten, die daraus entstanden sind, haben umfangreiche Erörterungen hervorgerufen und manche Autoren [z. B. FORSELL[1])] dazu geführt, den Ausdruck Antrum oder Sphincter antri als überflüssig und irreführend zu vermeiden. Vom physiologischen Standpunkt aus ist diese Ablehnung zu begrüßen, da man den Ausdruck Sphincter für die funktionell und innervatorisch völlig anders reagierenden Schließmuskeln am Pylorus und an der Kardia vorbehalten sollte. Wenn in neueren anatomischen Ausführungen der Sphincter antri als besonderer Ringmuskel wieder verteidigt wird [STIEVE[2])], so ist es doch sehr zweifelhaft, ob damit dasselbe gemeint ist, was manche Röntgenologen unter Sphincter antri verstehen.

1. Die peristaltischen Bewegungen.

Die ersten Grundlagen unserer heutigen Kenntnisse von der peristaltischen Magenbewegung wurden durch die Tierröntgenuntersuchungen von CANNON[3])

---

[1]) FORSELL: Münch. med. Wochenschr. 1912, Nr. 29 u. Fortschr. a. d. Geb. d. Röntgenstrahlen, Erg.-Bd. 13. Hamburg: Gräfe & Sillem 1913.

[2]) STIEVE: Anat. Anz. Bd. 51, S. 513. 1919.

[3]) CANNON: The mechanical factors of digestion. London: Arnold 1911. (Dort Angabe der älteren Arbeiten CANNONS seit 1898.)

und von Roux und Balthazard[1]) gelegt. Ihnen schlossen sich F. Lommel[2]) und O. Kraus[3]) an. Es folgten dann nach Einführung von Rieders Wismutmahlzeit beim Menschen die Durchleuchtungsbefunde von Kaufmann und Holzknecht[4]), Groedel[5]), Dietlen[6]), Faulhaber[7]), Jonas[8]), Schwarz[9]) u. a. Endgültige Klarheit über die Form der Bewegungen — nicht über die Deutung — brachten die Serienuntersuchungen von Kaestle, Rieder und Rosenthal[10]) und die von F. M. Groedel[11]).

Cannon hatte gezeigt, daß nach Füllung des Magens bei der Katze regelmäßige Einschnürungen auftreten, die in bestimmten Abständen, 2—4 an der Zahl, nach dem Pylorus hinlaufen. Er hat sie als peristaltische Wellen gedeutet. In systematischen Untersuchungen hat er die Form und die Bedingungen dieser Bewegungsvorgänge, ihre Abhängigkeit von der Nahrung und vom Nervensystem studiert. Die peristaltischen Wellen sind kurze Zeit nach der Fütterung zu sehen und laufen an der Katze bis zum Schluß der Magenentleerung mit großer Regelmäßigkeit zum Pylorus. Eine Zweiteilung des Magens durch Bildung eines Sphincter antri findet unter normalen Verhältnissen nicht statt. Der Pylorus öffnet sich nicht bei jeder Welle. Die Ergebnisse Cannons sind von Magnus[12]) und von Klee[13]) bestätigt.

Während die ersten Durchleuchtungsbefunde am Menschen (Kaufmann und Holzknecht) noch von einem rhythmisch sich kontrahierenden Sphincter antri berichten, kamen Kaestle, Rieder und Rosental mit ihren bioröntgenographischen Aufnahmen (12 Aufnahmen in 22 Sekunden bei einem 20 jährigen gesunden Mädchen) zu ähnlichen Resultaten wie Cannon. Sie zeigten, daß es eine völlige Trennung des Magens in zwei Teile und ein Antrum im alten Sinne nicht gibt, ebensowenig wie einen Sphincter antri. Sie sahen in den Bewegungsvorgängen, die sie beobachteten, nichts anderes als peristaltische Wellen, die allerdings in der Pylorusgegend eine besondere Tiefe und Ausbildung aufwiesen. Auf ihren Bildern sieht man, wie sich flachere Wellen an der großen Kurvatur bilden, deren eine mit einer tieferen an der kleinen Kurvatur im Magenwinkel korrespondiert. Diese Welle bewegt sich langsam nach dem Pylorus hin, wo sie sich vertieft, während sich proximal von ihr eine neue Welle bildet. Durch die tiefe erste Welle wird eine gewisse Menge des Mageninhaltes teilweise, aber nicht völlig, abgeschnürt. Ihr Inhalt entleert sich zum Teil durch den sich eröffnenden Pylorus, ein anderer Teil strömt zurück (Abb. 104). Die Abbildungen geben den Vorgang im einzelnen wieder. Kaestle, Rieder und Rosenthal wiesen darauf hin, daß unwesentliche Abweichungen von diesem Verlauf vorkommen, daß die Wellentäler an Tiefe und Breite, besonders nahe dem Pylorus,

---

[1]) Roux u. Balthazard: Cpt. rend. hebdom. des séances de l'acad. des sciences 1897, S. 567, 704, 785.

[2]) Lommel: Münch. med. Wochenschr. 1903, Nr. 38.

[3]) Kraus: Ges. f. inn. Med., Wien, April 1903 u. Fortschr. a. d. Geb. d. Röntgenstr. Bd. 6, S. 252.

[4]) Kaufmann u. Holzknecht: Mitt. a. d. Laborat. f. rad. Diagn. 1906.

[5]) Groedel: Münch. med. Wochenschr. 1907, Nr. 22 u. Die Magenbewegungen. Hamburg: Gräfe & Sillem 1912. (Hier Zusammenfassung.)

[6]) Dietlen: Ergebn. d. Physiol. 1913. (Zusammenfassung.)

[7]) Faulhaber: Röntgenuntersuchung des Magens. Arch. f. physiol. Med. u. med. Technik Bd. 3 u. 4.

[8]) Jonas, S. Holzknecht u. Jonas: Ergebn. d. inn. Med. u. Kinderheilk. Bd. 4. 1909.

[9]) Schwarz: Fortschr. a. d. Geb. d. Röntgenstr. Bd. 17, S. 128.

[10]) Kaestle, Rieder u. Rosenthal: Münch. med. Wochenschr. 1909, Nr. 6 u. Zeitschr. f. Röntgenkunde Bd. 12. 1910.

[11]) Groedel, F. M.: Die Magenbewegungen. Zitiert auf S. 399.

[12]) Magnus: Pflügers Arch. f. d. ges. Physiol. Bd. 122, S. 210. 1908.

[13]) Klee: Pflügers Arch. f. d. ges. Physiol. Bd. 145, S. 557. 1912.

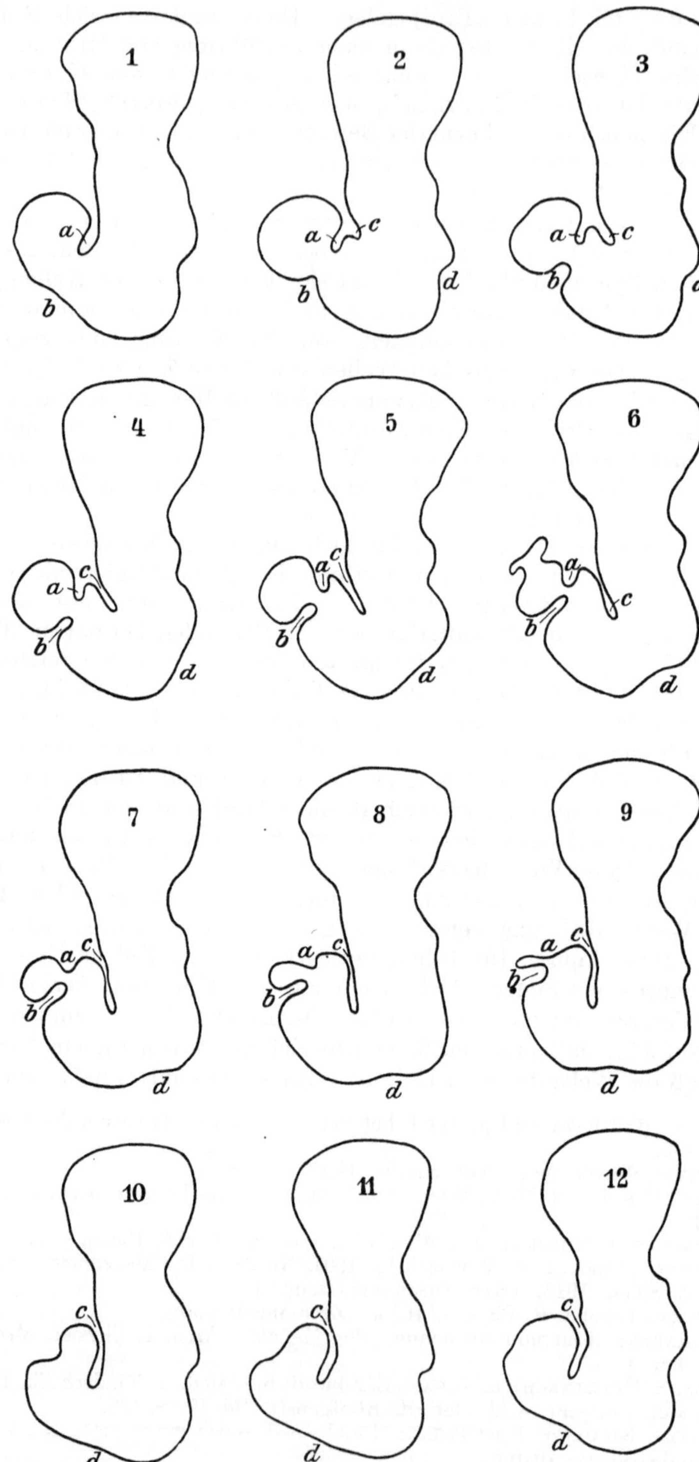

Abb. 104. Magenperistaltik. (12 Aufnahmen in 22 Sekunden bei einem 20jährigen gesunden Mädchen nach KAESTLE, RIEDER und ROSENTHAL.) Die Buchstaben a—b und c—d bezeichnen zwei peristaltische Einschnürungen.

wechseln. Der ganze Ablauf der Bewegung läßt sich gut mit der Annahme einer fortlaufenden Peristaltik vereinigen.

Nach GROEDEL[1]), der den Begriff des Sphincter antri (allerdings nicht im Sinne der alten Untersucher) beibehält, beginnt die Peristaltik mit der Ausbildung einer Ringfurche an ziemlich konstanter Stelle, nämlich rechts neben der Umbiegestelle der kleinen Kurvatur. Die Ringfurche wandert ein wenig pyloruswärts, sich langsam vertiefend, evtl. zu einer vollkommenen, etwa 1 cm breiten Trennung zwischen Antrum und Magencorpus führend. Alsdann bleibt die Welle stehen und es verkleinert sich nun der abgeschnürte — antrale Magenteil — konzentrisch und preßt seinen Inhalt teils durch den Pylorus, teils rückwärts durch den Sphincter antri. Diese *Auspreßbewegung* des Antrum pylori läuft in etwa 20 Sekunden ab. War sie vollkommen, so ist zum Schluß das Antrum vollkommen leer. Man findet dann eine mehrere Zentimeter große, von Kontrastschatten völlig entblößte Strecke zwischen Magenschatten und Pylorus. Nicht immer führt die Antrumbewegung zu einer Entleerung des antralen Magenabschnittes. Es kann die in der Sphinctergegend sich bildende Welle auch über den Sphincter hinaus zum Pylorus wandern, sie wirkt dann wie eine den Boden tief durchschneidende Pflugschar. GROEDEL bezeichnet diesen Vorgang als *Mischbewegung* des Antrum. Kurze Zeit, nachdem die erste Segmentwelle in der Gegend des Sphincter antri aufgetreten ist, vermutlich in dem Moment, wo der Sphincter erreicht ist, bildet sich meist kardiawärts eine neue, in den Magenschatten einschneidende Welle. Die Distanz Pylorus bis Sphincter antri ist ungefähr gleich der Sphincter antri bis neue Welle. Und wieder kurze Zeit danach entsteht weiter oben eine dritte Welle wieder annähernd im gleichen Abstand usw. Alle diese Wellen wandern dann auf den Pylorus hin, sich mehr und mehr vertiefend. GROEDEL bezeichnet diese Erscheinung als *große rhythmische Peristaltik.* Die Zahl der gleichzeitig über den Magen hinlaufenden Wellen ist verschieden, meist 2—3, machmal 4—5. Bei einem bestimmten Minimum von Füllung ist die große Magenperistaltik überhaupt nicht mehr zu sehen.

Vergleicht man die von KAESTLE, RIEDER und ROSENTHAL sowie die von GROEDEL gegebene Schilderung, besonders auch ihre Bilder, so stimmen im wesentlichen die beobachteten *Tatsachen* gut überein. Die Verschiedenheiten bestehen in der Auffassung. Während KAESTLE, RIEDER und ROSENTHAL alle Bewegungsvorgänge auf die peristaltische Funktion beziehen, hält GROEDEL an einem Sphincter antri fest und faßt mit seiner Dreiteilung in Auspreßbewegungen, Mischbewegungen und rhythmische Peristaltik die Dinge sehr kompliziert auf. Sucht man bei der Erklärung der Magenbewegungen nach einheitlichen, durch physiologische Analysen begründeten Gesetzen, so wird man sich der Deutung von KAESTLE und RIEDER anschließen müssen. Dann ist es auch nicht schwer, die Brücke vom Tierversuch zur Beobachtung beim Menschen zu schlagen. Auch bei der Katze kann man ähnliche Vorgänge in der Nähe des Pylorus sehen wie beim Menschen. Auch hier kann die Peristaltik oberflächlich, tiefgreifend oder abschnürend sein. Sie kann sich in mächtigen Wellen auf den ganzen Magen erstrecken, wenn man z. B. den Vagus reizt, aber es sind immer nur graduell verschiedene Äußerungen ein und derselben peristaltischen Funktion. Welcher Grad von Peristaltik entsteht, ist im Tierversuch abhängig von der Dehnung des Magens und von der Innervation.

Die Eigenart der letzten Auspressungsbewegungen beim Menschen hängt vermutlich, und dafür sprechen Beobachtungen an der Katze, mit dem Wider-

---

1) Letzte Darstellung auf dem Röntgenkongreß 1925 (Bad Nauheim).

stand des Pylorus zusammen. Neuerdings kommen die Meinungsverschiedenheiten über die Form der Peristaltik in einer Arbeit von M'CREA, M'SWINEY, MORISON und STIPFORD[1]) wieder zum Ausdruck, wenn sie einen Einphasentyp, der der Peristaltik des Katzenmagens von CANNON entspricht, und einen Zweiphasentyp, der beim Menschen vorherrscht, unterscheiden.

Ziemlich übereinstimmend lauten die Angaben der Röntgenbeobachter der menschlichen Peristaltik über das zeitliche Intervall zwischen den einzelnen peristaltischen Wellen. Man muß allerdings, wie ASSMANN[2]) besonders betont, zwischen der Frequenz und der Dauer des Gesamtablaufs einer Welle, d. h. dem Rhythmus und der Zeit, die sie braucht, um nach ihrem ersten Sichtbarwerden bis zum Pylorus oder dem letzten Schnürring zu gelangen, unterscheiden. Nimmt man nur den Abstand zweier aufeinanderfolgender Wellen, so gibt DIETLEN[3]) durchschnittlich 18—21 Sekunden an, KAESTLE[4]) 22 Sekunden, KAUFMANN und KIENBÖCK[5]) 20 Sekunden, A. FRAENKEL[6]) 20 Sekunden. Bestimmt man dagegen den Gesamtablauf, so richtet sich die Zeit nach der Zahl der sichtbaren Wellen. Bei sehr lebhafter Peristaltik, z. B. beim Ulcus duodeni oder bei der Pylorusstenose, fand ASSMANN dementsprechend ein Vielfaches von 20, also 40—80 Sekunden Ablaufzeit.

Umstrittener ist schon die Abhängigkeit des peristaltischen Rhythmus von den chemischen Verhältnissen des Mageninnern. Während KAUFMANN und KIENBÖCK, auch GROEDEL keine Zusammenhänge fanden, sahen DIETLEN und SCHICKER bei Subacidität eine Frequenz von 12—20, bei Superacidität hingegen von 20—30 Sekunden. Von sicherem Einfluß scheint die Nahrung zu sein. v. TABORA und DIETLEN[7]) machten die wichtige Feststellung, daß Fett im Magen die Peristaltik abschwächt und verlangsamt, ja sogar stundenlang fast aufheben kann. Das entspricht den Beobachtungen CANNONS an der Katze, nach denen bei reiner Kohlenhydratkost die Wellen am schnellsten, bei Fettkost am langsamsten ablaufen.

Während die peristaltischen Wellenringe am normalen Magen konzentrisch um eine Kernachse laufen, finden sich bei Erkrankungen der Magenwand exzentrische Verschiebungen, z. B. beim Ulcus [BAUERMEISTER[8])]. Bei carcinomatöser Infiltration eines Teils der Magenwand, z. B. an der kleinen Kurvatur, fällt die Wellenbildung an dieser Seite aus, während sie an der andern Kurvatur oft mit großer Deutlichkeit sichtbar wird. Auch kann bei einem Ulcus an der kleinen Kurvatur an der Ulcusstelle die peristaltische Wellenbildung wegfallen, um sich hinter der erkrankten Stelle wieder fortzusetzen. Diese Verhältnisse werden besonders deutlich, wenn man eine Reihe von Magenaufnahmen übereinanderpaust [ARTHUR FRAENKEL[6]), Ulcusriegel]. Daraus geht hervor, daß die Peristaltik durch umschriebene Wanderkrankung wohl unterbrochen, aber an ihrem rhythmischen Ablauf nicht verhindert wird. Anders verhält es sich offenbar, wenn der Magen quer durchtrennt ist. Zwar haben KIRCHNER und MANGOLD[9]) am Hunde nach querer Durchtrennung und Wiedervernähung mit

---

[1]) M'CREA, M'SWINEY, MORISON u. STIPFORD: Quart. journ. of exp. physiol. Bd. 14, S. 379. 1294.

[2]) ASSMANN: Röntgendiagnostik. Leipzig: Vogel 1924.

[3]) DIETLEN: Zitiert auf S. 399. Vgl. auch SCHICKER: Dtsch. Arch. f. klin. Med. Bd. 104. 1911.

[4]) KAESTLE: Zitiert auf S. 399.

[5]) KAUFMANN u. KIENBÖCK: Münch. med. Wochenschr. 1911, Nr. 29, S. 1237.

[6]) FRAENKEL, A.: Arch. f. Verdauungskrankh., Kuttner-Festband 37, S. 408. 1926.

[7]) v. TABORA u. DIETLEN: Verhandl. d. dtsch. Kongr. f. inn. Med. Bd. 28. 1911.

[8]) BAUERMEISTER: Fortschr. a. d. Geb. d. Röntgenstr. Bd. 33, S. 393. 1925.

[9]) KIRCHNER u. MANGOLD: Mitt. a. d. Grenzgeb. d. Med. u. Chir. Bd. 23, S. 446. 1911.

Hilfe eines eingeführten Ballons kräftige Antrumkontraktionen nachweisen können, doch geht daraus die Kontinuität der peristaltischen Wellen natürlich nicht hervor. CANNON sah beim Katzenmagen Fortschreiten der peristaltischen Welle trotz ringförmiger Schnitte durch die ganze Muskulatur des Magens (unter Schonung der Schleimhaut).

Nach Erfahrungen am menschlichen, querresezierten Magen muß man annehmen, daß die kardiawärts gelegenen Wellen an der Resektionslinie Halt machen. (Über die Verhältnisse am operativ veränderten Magen s. GOETZE in diesem Handbuch.) Das hindert aber nicht, daß unterhalb der Resektionsstelle der Magen für sich wieder peristaltikfähig wird, wenn ein genügendes Stück des pylorischen Abschnittes erhalten ist.

Daß auch während der Verdauung der Magen Perioden völliger Ruhe zeigen kann, in denen die Peristaltik nicht sichtbar ist, wird öfters angegeben (z. B. DIETLEN, GROEDEL). Man könnte hier nach den Beobachtungen am Katzenmagen an reflektorische oder psychische Hemmungen denken. Anders zu deuten ist wohl die vorübergehende Ruhe, die Perioden sog. Stenosen- oder Widerstandsperistaltik ablöst. Sie wird als Ermüdungs- oder Erschlaffungserscheinung erklärt [JONAS[1]), SICK[2]) u. a.]. GROEDEL findet, daß dieses Erlahmen der Peristaltik bei Stauungsdilatation infolge organischer Pylorusstenose ausgesprochener ist als bei dem Pylorusspasmus, bei dem die Widerstandsperistaltik fast nie dauernd zu sehen ist.

Bei nervösen oder hysterischen Menschen, bei Ulcus des Magens oder des Duodenums oder anderen reflektorischen Einwirkungen kann die Peristaltik tiefer einschnüren, und es können die Wellen weiter in den Kardiateil hinaufgreifen. Am Magen des liegenden Menschen, besonders bei Beckenhochlagerung, können die peristaltischen Wellen im kardialen Teil des Magens deutlicher werden [DIETLEN, PALUGYAY[3])]. Es ist möglich, daß es sich hier um eine Wirkung der stärkeren Dehnung handelt.

Rückwärtslaufen der peristaltischen Wellen, also echte *Antiperistaltik*, kommt anscheinend unter normalen Verhältnissen nicht vor. Wenigstens ist die Mehrzahl der Autoren dieser Meinung. Auch bei der normalen Katze wurde sie nicht beobachtet. Dagegen tritt Antiperistaltik auf, wenn die Peristaltik auf einen nicht überwindbaren Widerstand stößt. Das ist vor allem bei der Pylorusstenose der Fall, worauf JONAS[4]) zuerst aufmerksam machte. Auch bei der Duodenalstenose finden sich antiperistaltische Wellen [O. STRAUSS[5])]. CANNON[6]) sah einmal an der Katze nach Apomorphin Antiperistaltik. In neueren Untersuchungen von KLEE und LAUX[7]) wird das Vorkommen antiperistaltischer Wellen beim Brechakt bestätigt. Wenn man früher häufiger Antiperistaltik zu sehen glaubte, so hing das wohl mit einer Verwechslung von antiperistaltischer Welle und retrograder Inhaltsverschiebung durch spastische Kontraktionen zusammen.

2. Die Peristaltik als Reflex.

Die Peristaltikgesetze sind am Magen weniger als am Darm studiert worden. Wir dürfen aber annehmen, daß ein grundsätzlicher Unterschied zwischen den

---

[1]) JONAS: Wien. klin. Wochenschr. 1910, Nr. 31; 1909, Nr. 44.
[2]) SICK: Med. Klinik 1912, Nr. 17, S. 682.
[3]) PALUGYAY: Pflügers Arch. f. d. ges. Physiol. Bd. 187, S. 233. 1921.
[4]) JONAS: Dtsch. med. Wochenschr. 1906. (Antiperistaltik.)
[5]) STRAUSS, O.: Dtsch. med. Wochenschr. 1920, Nr. 12, S. 321.
[6]) CANNON: Americ. journ. of physiol. Bd. 1, S. 359. 1898, sowie zitiert auf S. 399.
[7]) KLEE u. LAUX: Dtsch. Arch. f. klin. Med. Bd. 149, S. 189. 1925.

einzelnen Teilen des Verdauungsschlauches nicht besteht. Die ersten grundlegenden Experimente wurden nach Lüderitz[1]) von Bayliss und Starling[2]) am Hundedarm im Kochsalzbad gemacht. Bayliss und Starling wiesen mit Enterographen nach, daß die Peristaltik des Darms ein Reflex ist, der durch den Auerbachschen Plexus vermittelt wird. „Excitation of any point of the gut excite contraction above, inhibition below. This is the law of the intestine". Die Peristaltik läuft nur abwärts. Als Reiz diente die Dehnung durch einen Bolus.

Weitere Fortschritte kamen durch die systematischen Untersuchungen von Magnus[3]) am überlebenden Darm. Durch Trennung der Muskelschichten des Darms konnte er nachweisen, daß die Eigenbewegungen des Dünndarms an den Auerbach-Plexus gebunden sind, während die Reizbarkeit auch ohne Nervenplexus erhalten bleibt. Diese Ergebnisse wurden von Sick und Tedesco[4]) am überlebenden Magen der Katze bestätigt. Es gelang ihnen in Anlehnung an die Methode von Magnus *zentrenfreie* Längsmuskelpräparate zu erhalten, die bei erhaltener Reaktion auf Dehnung keine Spur von rhythmischen Eigenbewegungen aufwiesen. Am gesamten isolierten Magen in Ringer konnten sie regelmäßige rhythmische Kontraktionen in allen Teilen des Magens kurvenmäßig aufzeichnen. Die Kontraktionen verstärkten sich bei Zunahme der Füllung des Magens.

P. Trendelenburg[5]) hat die Dehnungsperistaltik des isolierten Meerschweinchendünndarms und ihre Gesetze eingehend untersucht. Er konnte nachweisen, daß der durch Zunahme der Füllung gleichmäßig gedehnte Darm zunächst mit Tonusänderungen reagiert, und zwar nimmt der Längsmuskeltonus so zu, daß sich der Darm auf $^2/_3$ der Anfangslänge verkürzen kann. Ferner kommt es durch die Dehnung zu einer Zunahme des Tonus in dem stomachalwärts gelegenen Teil der Ringmuskulatur. Nimmt nun der dehnende Innendruck weiter zu, so entstehen bei einem bestimmten kritischen Punkt peristaltische Wellen. Diese beginnen stets an dem stomachalwärts gelegenen Ende des gleichmäßig gedehnten Darmstückes, und zwar deshalb, weil hier der Ringmuskeltonus am größten ist. Denn der kritische Punkt, bei dem die peristaltischen Wellen beginnen, ist in erster Linie abhängig von dem Tonus der Ringmuskeln. Er ist ferner abhängig von der Geschwindigkeit der Dehnung. Je rascher die Dehnung und je größer der tonische Muskelwiderstand, um so eher tritt Peristaltik auf. Was die Entstehung der peristaltischen Konzentration anbelangt, so schließt sich Trendelenburg den früher genannten Autoren an und hält sie für rein neurogen. Dagegen glaubt er in Übereinstimmung mit Cannon, der ringförmige Schnitte durch die Magenmuskulatur bis auf die Schleimhaut machte und trotzdem regelrechte peristaltische Wellen sah, auf Grund seiner Darmversuche, daß die Fortleitung der Peristaltik durch rein mechanische Druckwirkung zustande kommt (Dehnung des benachbarten Muskelbandes). Schon Magnus hat betont, daß zur Bewegungsleitung der Auerbach-Plexus nicht notwendig sei. Allerdings nahm er an, daß die Erregungsleitung durch das in der Muscularis eingebettete Nervennetz erfolge.

[1]) Lüderitz: Virchows Arch. f. pathol. Anat. u. Physiol. Bd. 118, S. 19. 1889 u. Bd. 122, S. 1. 1890.

[2]) Bayliss u. Starling: Journ. of physiol. Bd. 24, S. 99. 1899 u. Bd. 26, S. 125 1900.

[3]) Magnus: Pflügers Arch. f. d. ges. Physiol. Bd. 102, S. 123, 349. 1904; Bd. 103, S. 515, 525. 1904; Bd. 111, S. 152. 1906.

[4]) Sick u. Tedesco: Zitiert auf S. 400.

[5]) Trendelenburg, P.: Arch. f. exp. Pathol. u. Pharmakol. Bd. 81, S. 55. 1917.

3. Die Schleimhautfältelung.

An der großen Kurvatur, seltener an anderen Partien der Magenkontur, sieht man im Durchleuchtungsbild oft kleine, wenige Millimeter tiefe Einziehungen, die schon früh von der großen Peristaltik des Magens unterschieden wurden. Ursprünglich war ihre Natur nicht recht klar. Man dachte an pulsatorische Erschütterungen der Magenwand[1]). GROEDEL[2]), der die kleinen Einziehungen des Magenschattens als arrhythmische, oberflächliche Wellen bezeichnete, brachte sie mit den chemischen Verdauungsprozessen in Verbindung. Heute ist wohl allgemein anerkannt, daß es sich bei diesen kleinen Schattenaussparungen um *Faltenbildung der Schleimhaut* handelt.

Der mit eigener Muskulatur versehenen Schleimhaut wurden früher keine Spontanbewegungen zugeschrieben[3]). Nur EXNER[4]) zeigte, daß die Schleimhautmuskulatur als lokale Schutzvorrichtung in Tätigkeit treten kann, wenn die Schleimhaut mit spitzen Gegenständen in Berührung kommt. Diese Reaktion wurde als ein Reflex des MEISSNERschen Plexus angesehen. In neuerer Zeit haben sich hauptsächlich K. SICK[5]) und FORSELL[6]) mit diesen Schleimhautfältelungen beschäftigt. Nach FORSELL handelt es sich bei diesen kleinen Wellenbildungen, die man auch kinematographisch registrieren kann, um aktive Bewegungen der Schleimhautmuskulatur, durch die eine breitere Einwirkung der Verdauungssäfte zustande kommt (Digestionskammern). SICK hat die Wellenbildungen bei Durchleuchtungen mit dem Auge beobachtet und kommt zu dem Schluß, daß die kleinen Schleimhautwellen auch bei der Entleerung der Speisen beteiligt sind. Besonders tritt diese Funktion zu Gesicht, wenn man den fast entleerten Magen beobachtet.

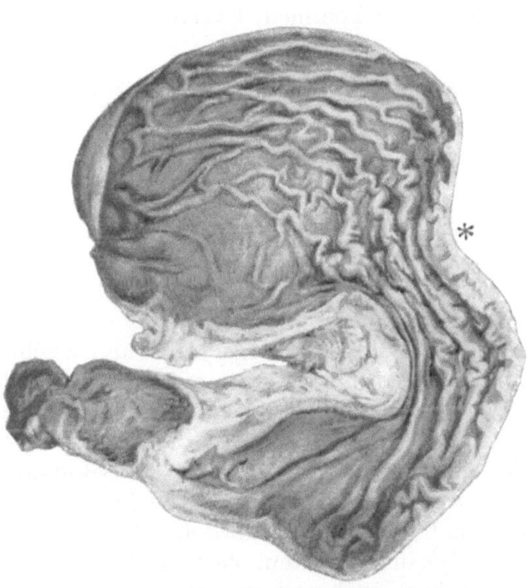

Abb. 105. Durchschnitt durch den Magen. Sehr deutliche Isthmusbildung (*) mit typischer Faltenanordnung. (Nach ASCHOFF.)

Man sieht dann, wie sich an dem pylorischen Rande des Inhaltsrestes einzelne Flecken des Inhaltes ablösen und, ohne daß sich Einschnürungen der großen Peristaltik zeigen, dem Magenausgang zuwandern. SICK vergleicht diesen Vorgang mit den Schaufelbewegungen eines Baggers. Die Unterscheidung der kleinen Wellen von der großen Peristaltik ist meist

[1]) DIETLEN: Zitiert auf S. 399.

[2]) GROEDEL, F. M.: Zitiert auf S. 399.

[3]) MAGNUS: Bewegungen des Verdauungskanals. Asher-Spiro Bd. VII, S. 27. 1908.

[4]) EXNER: Pflügers Arch. f. d. ges. Physiol. Bd. 89, S. 253. 1902.

[5]) SICK, K.: Klin. Wochenschr. 1923, Nr. 7.

[6]) FORSELL: Skandinav. Arch. f. Physiol. Bd. 46, S. 311. 1925 u. Americ. journ. of roentgenol. a. radium Bd. 10, S. 87. 1923. Vgl. auch THORALL: Skandinav. Arch. f. Physiol. Bd. 46, S. 338. 1925.

nicht schwierig. Nach SICK kennzeichnet eine Neigung des Wellenscheitels nach dem Magenausgang zu ihre Bewegungsrichtung. Da es neuerdings gelingt, mit Aufschwemmungen von kleinen Mengen Barium das Schleimhautrelief besser als früher bei der Röntgenaufnahme darzustellen[1]), so wird die Funktion und Bedeutung dieser Schleimhautbewegungen wohl bald noch klarer werden. Bei Katzen sah ich oft, daß nach starker elektrischer Vagusreizung die große Kurvatur gezackt erschien. Bei der Sektion zeigte sich dann ein außerordentlich ausgeprägtes Schleimhautrelief. Wenn man die Faltenbildungen des kontrahierten Leichenmagens sieht, wie sie ASCHOFF[2]) seinen Ausführungen über den Isthmus des Magens beigibt, so muß man sich wundern, daß die Erscheinung der kleinen Wellenbildung erst so spät die richtige Deutung erfahren hat (Abb. 105). Ob auch die kleinen Schleimhautfältelungen an der großen Kurvatur des Magen*corpus* die Neigung zu wellenförmigem Fortschreiten haben, scheint noch zweifelhaft zu sein. Vielleicht handelt es sich hier nur um wechselnde Kammerbildungen im Sinne FORSELLS. Daß beim Kinde feinschlägige Wellenbildungen vorkommen, haben ALWENS und HUSLER[3]) beschrieben.

III. Die Bewegungen des leeren (nüchternen) Magens.

BOLDIREFF[4]) wies zuerst nach, daß bei hungernden Hunden in Abständen von $1^1/_2 - 2^1/_2$ Stunden eine vorübergehende Verdauungstätigkeit auftritt, die von motorischen Vorgängen am Magen und Absonderung von Verdauungssäften begleitet ist. Diese Tätigkeit dauert 20—30 Minuten, während deren 10—20 rhythmische Magenkontraktionen auftreten.

Die Leertätigkeit des Magens ist später von CANNON und WASHBURNE[5]) beim Menschen untersucht worden. Sie führten einen Gummiballon in den proximalen Teil des Magens ein und zeichneten in 20 Minuten 11—13 Hungerkontraktionen auf. Eingehend beschäftigten sich dann CARLSON[6]), ROGERS und HARDT[7]) sowie BULATAO und CARLSON[8]) mit den Hungerkontraktionen. Aus ihren Untersuchungen geht hervor, daß außer regelmäßigen Kontraktionen, die mit ihrem Intervall von 20 Sekunden der Peristaltik entsprechen, noch andere Kontraktionen zu beobachten sind, die einen viel langsameren Rhythmus haben. Die Hungerkontraktionen wurden durch Insulindosen, die zu Hypoglykämie führten, gesteigert, durch intravenöse Traubenzuckerinfusionen aufgehoben, während der vom Blut aus nicht verwertbare Milchzucker unwirksam war. Die Traubenzuckerinfusion, die die Hungerkontraktionen beseitigte, war ebenfalls wirkungslos, wenn der Versuchshund pankreasdiabetisch gemacht war.

In neuester Zeit haben sich WEITZ und VOLLERS[9]) mit den Bewegungen des nüchternen menschlichen Magens beschäftigt. Sie führten zwei Gummiballone in den Magen ein, von denen der eine mit Wasser, der andere mit Luft gefüllt war, und zeichneten die Bewegungen am Kymographion auf. Sie

---

[1]) BERG,'H. H.: Schleimhautrelief im Magen bei verschiedenen Erkrankungen. Verhandl. d. Ges. f. inn. Med. 1926, S. 384.
[2]) ASCHOFF: Engpaß des Magens. Zitiert auf S. 402.
[3]) ALWENS u. HUSLER: Fortschr. a. d. Geb. d. Röntgenstr. Bd. 19, H. 3. 1912.
[4]) BOLDIREFF: Zentralbl. f. Physiol. Bd. 18, S. 489. 1904.
[5]) CANNON u. WASHBURNE: Americ. journ. of physiol. Bd. 29, S. 441. 1912.
[6]) CARLSON: Americ. journ. of physiol. Bd. 31, S. 151. 1912.
[7]) ROGERS u. HARDT: Americ. journ. of physiol. Bd. 38, S. 277. 1915.
[8]) BULATAO u. CARLSON: Americ. journ. of physiol. Bd. 69, S. 107. 1924.
[9]) WEITZ u. VOLLERS: Zeitschr. f. d. ges. exp. Med. Bd. 47, S. 42. 1925; Zeitschr. f. klin. Med. Bd. 102, S. 141. 1925. (Ältere Literatur über Tonusschwankungen.)

erhielten auf diese Weise im sonst leeren Magen zwei verschiedene Bewegungsformen. Zunächst außerordentlich regelmäßige Schwankungen, die den peristaltischen Wellen entsprachen. Sie können schon unterhalb der Kardia beginnen und in ihrer Frequenz individuell verschieden sein, durchschnittlich
24—40 in 10 Minuten. Das würde nach den früher angegebenen Zahlen der
Frequenz der auch röntgenologisch beobachteten peristaltischen Wellen entsprechen. Daneben sahen sie aber langsamere Schwankungen, die sich deutlich
von den peristaltischen Wellen unterschieden. Sie bezeichnen sie als *Tonusschwankungen*. Diese Tonusschwankungen erschienen entweder sehr langsam,
in 1 Stunde, mit allmählichem Tonusanstieg und nachfolgendem jähen Abstieg,
mitunter auch von der Dauer von 5—20 Minuten mit langsamem Tonusanstieg und -abfall oder aber in der Form kurzer Erhebungen von der Dauer
von $^1/_2$—2 Minuten, die den langsamen Erhebungen aufgesetzt waren. Diese

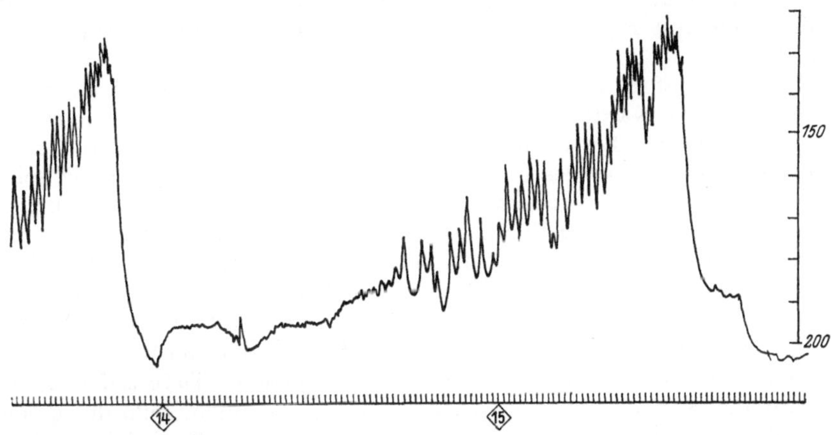

Abb. 106. Langsame Tonusschwankungen des nüchternen menschlichen Magens. Zeit-
schreibung in Minuten! Die Zahlen 14 und 15 bedeuten *Stunden* nach der letzten
Nahrungsaufnahme. (Nach WEITZ-VOLLERS.)

kurzen Erhebungen bezeichnen die Autoren als *Minutenschwankungen* und
fanden sie ebenfalls als Veränderungen des Tonus auf (Abb. 106).

Die Untersuchungen sind sehr bemerkenswert, weil sie Bewegungsvorgänge
am Magen wiedergeben, die sich im Laufe größerer Zeitabstände entwickeln
(bis zu 16 Stunden Beobachtungsdauer, auch im Schlaf!) und deshalb kaum
mit dem Auge, natürlich auch nicht mit dem Röntgenverfahren registrierbar
sind. Daß es sich auch bei den Minutenschwankungen nicht um Peristaltik
handelte, zeigten WEITZ und VOLLERS dadurch, daß sie die Schwankungen in
verschiedenen Magenteilen gleichzeitig aufnahmen und dabei vollkommen *syn-
chrone* Kurven erhielten. Die Minutenschwankungen konnten sie mittels Pelotte
auch durch die äußeren Bauchdecken aufnehmen, wobei sie denselben Rhythmus
verzeichneten. Es zeigte sich ferner, und das ist ebenfalls charakteristisch, daß
die Peristaltik zunahm bei ansteigender Minutenschwankung und daß die
Minutenschwankungen sich stärker ausprägten bei ansteigender langsamer
Tonusschwankung. Auf Grund ihrer Versuche kommen WEITZ und VOLLERS
zu der Anschauung, daß auch die sog. Hungerkontraktionen der amerikanischen
Autoren nichts anderes sind als Tonusschwankungen, wie schon BOLDIREFF
angenommen hatte, allerdings ohne den tonischen Charakter zu beweisen.

Kürzlich hat WEITZ[1]) das Vorkommen ähnlicher langsamer tonischer Schwankungen wie am Magen auch an anderen Organen mit glatter Muskulatur demonstriert.

IV. Der Pylorus.

Alle Versuche, die Funktion, die Reflexe und die Innervation der Magensphincteren zu analysieren, ohne gleichzeitig zu beachten, was oberhalb und unterhalb von Kardia und Pylorus vor sich geht, sind nur mit Vorsicht zu bewerten. Das gilt z. B. für alle Methoden, die Reflexe des Pylorus aus der Entleerungsgeschwindigkeit des Magens zu beurteilen. Nicht einwandfrei sind auch Versuche, die mit Einbindung eines Gummiballons in den Sphincter arbeiten. Durch die Dehnung des Pylorus kann nach den bekannten Gesetzen v. UEXKÜLLs die Reaktionsbereitschaft des Sphinctermuskels verändert werden. Auch ist es fraglich, ob bei Einlegung einer Duodenalsonde, wie es neuerdings zur Aufklärung von Pylorusreflexen geschehen ist, die Sphinctertätigkeit ungestört bleibt.

O. KESTNER hat in Anlehnung an die Untersuchungen von v. UEXKÜLL u. a. an niederen Tieren Kardia und Pylorus mit reinen Tonusmuskeln verglichen, die keine verschiedene Länge, nur verschiedene Spannung haben. In der Ruhe sind die Sphincteren zwar geschlossen, aber sie sind so schlaff, daß sie keinerlei Widerstand besitzen. Infolgedessen kann der Inhalt leicht vorwärts und rückwärts fluten. Erst wenn die Sphincteren ein innervierender Reiz trifft, werden sie gespannt. Dann kann es sogar geschehen, daß die Sphincteren stundenlang den Magen von der Speiseröhre oder dem Duodenum getrennt halten, ohne zu ermüden. Sie verhalten sich dann ähnlich wie die Sphincteren an Blase und Mastdarm. KESTNER weist allerdings darauf hin, daß dieser Vergleich der Magensphincteren mit den reinen Tonusmuskeln niederer Tiere auf eine andere Eigenschaft der Sphincteren nicht zutrifft. Da sie nämlich Teile der gesamten Magenmuskulatur sind, nehmen sie an den peristaltischen Funktionen teil, d. h. sie erschlaffen entsprechend der BAYLISS-STARLINGschen Regel beim Herannahen der peristaltischen Welle. Man kann in der Tat mit Hilfe dieser theoretischen Vorstellungen viele experimentelle Beobachtungen an Kardia und Pylorus erklären.

Die Bewegungen der Kardia beim Schlucken werden an anderer Stelle besprochen. Soweit die Öffnung der Kardia beim Brechakt und bei den rückläufigen Magenentleerungen in Frage kommt, verweise ich auf dieses Kapitel.

Wir besitzen noch keine sicheren Beweise, wie sich der Pylorus bei völlig *leerem, ruhendem Magen* verhält. Vermutlich liegen seine Wände aneinander, so daß von einem Offenstehen des Pylorus nicht gesprochen werden kann, aber der Tonus scheint äußerst gering zu sein. Daraus erklärt es sich wohl, daß die ersten flüssigen Portionen nach der Entfaltung sehr schnell den Magen verlassen können [HOLZKNECHT und JONAS[2])]. Nur scheinbar steht damit im Widerspruch, daß der herausgenommene, isolierte und in Ringer überlebende Magen der Katze einen äußerst festgeschlossenen Pylorus zeigt, der auch mit hohem Druck nicht überwindbar ist, eine Beobachtung SICKs[3]), die ich oft bestätigen konnte. Hier liegt wohl ein Pylorusschluß vor, der durch den starken Reiz bei der Herausnahme des Magens hervorgerufen und analog den Beobachtungen an Tonusmuskeln niederer Tiere fixiert wurde. Dazu stimmt auch,

---

[1]) WEITZ: Verhandl. d. dtsch. Ges. f. inn. Med. 1926, S. 371.
[2]) HOLZKNECHT u. JONAS: Zitiert auf S. 399.
[3]) SICK u. TEDESCO: Zitiert auf S. 400.

daß dieser feste und dauernde Pylorusschluß an dem Magen der überlebenden Katze zu vermeiden ist, wenn man einige Zeit vor der Herausnahme sämtliche, dem Magen zulaufenden postganglionären Nervenfasern durchschneidet und zur Degeneration bringt[1]).

Reizlose Flüssigkeiten können sehr schnell den Pylorus passieren. Das ist schon lange bekannt. Isotonische Salzlösungen und körperwarme Flüssigkeiten treten schneller hindurch als hypertonische oder kalte und heiße[2]). Trifft dagegen ein Reiz den Pylorus, dann ändert sich der Tonus. Dieser Reiz kann durch die verschiedensten Bedingungen gegeben sein. Diese Bedingungen sind in zahlreichen Versuchen studiert und haben die Grundlagen für die sog. *Pylorusreflexe* geliefert.

In den älteren Darstellungen der Tätigkeit des Pylorus wird die Regelung seiner Öffnung und Schließung im wesentlichen auf chemische und mechanische Reize von seiten des Duodenums zurückgeführt. In neueren Arbeiten wird die Bedeutung dieses regulierenden Duodenaleinflusses stark eingeschränkt oder völlig bestritten. Während O. KESTNER[3]) (1924) auf Grund seiner Erfahrungen am Fistelhund und KLEE[4]) (1919) nach Studien am Katzenmagen zu dem Ergebnis kommen, daß die rhythmische und periodische Zu- und Abnahme des Sphinctertonus des Pylorus sowohl von der peristaltischen Welle des Magens als auch von besonderen duodenalen und anderen Hemmungreflexen abhängig ist, weisen andere Autoren die Regulation des Pylorus allein der Magenperistaltik zu.

WHEELON und THOMAS[5]) stellten bei Hunden mit Einführung von Ballonen in den Magen fest, daß der Öffnungsrhythmus des Pylorus mit dem Rhythmus der Bewegungen des präpylorischen Abschnittes (3—5 mal pro Minute) übereinstimme. Sie betonen, daß der ganze pylorische Abschnitt des Magens, einschließlich des Sphincters, als eine funktionelle Einheit aufzufassen sei, und verwerfen die Lehre von einem besonderen Reflex, der die Tätigkeit des Pylorus regele. McCLURE, REYNOLDE und SCHWARTZ[6]) kamen auf Grund von Röntgenbeobachtungen am Menschen zu dem Ergebnis, daß sich der Pylorus nur unter dem Einfluß mehr oder weniger tiefer pylorischer Wellen auf etwa 10 Sekunden öffne, und lehnen die Salzsäurekontrolle des Pylorus ab. BÁRSONY und HORTOBÁGYI[7]) öffneten bei Hunden die Bauchhöhle und registrierten, ähnlich wie WHEELON und THOMAS, mittels Ballon und Marey-Trommel. Mit dünner Kanüle ins Duodenum eingeführte Salzsäure in einer Menge bis zu 5 ccm in Konzentration bis zu 0,5% bewirkten keine Änderung der Peristaltik, des Pylorusspiels und des Magentonus. 5—10 ccm von 0,4—0,5% erzeugten schwache, von 10 ccm an aber ausgesprochene „muskuläre Magendepression". Sie führen die Muskeldepression auf die unangenehmen Empfindungen der Tiere zurück, die sie auf stärkere Säurereize haben, da die Muskeldepression bei narkotisierten Tieren ausblieb und bei wachen auch durch Berührung der Wunde mit Säure hervorgerufen wurde.

---

[1]) COHNHEIM, O. u. PLETNEW: Hoppe-Seylers Zeitschr. f. physiol. Chem. Bd. 69, S. 102. 1910.

[2]) OTTO: Arch. f. exp. Pathol. u. Pharmakol. Bd. 52, S. 370. 1905. Weitere Literatur bei O. COHNHEIM: Nagels Handb. d. Physiol.; vgl. auch J. MÜLLER: Zeitschr. f. diät. u. phys. Therap. Bd. 8, H. 11. 1905.

[3]) KESTNER, O.: Zitiert auf S. 402.

[4]) KLEE: Pylorusinsuffizienz usw. Dtsch. Arch. f. klin. Med. Bd. 129, S. 275. 1919.

[5]) WHEELON u. THOMAS: Americ. journ. of physiol. Bd. 54, S. 460. 1921; Bd. 59, 1922; Journ. of laborat. a. clin. med. Bd. 6, S. 124. 1920; Bd. 7. 1922.

[6]) McCLURE, REYNOLDS u. SCHWARTZ: Arch. of internat. med. Bd. 26, S. 410. 1920.

[7]) BÁRSONY u. HORTOBÁGYI: Wien. klin. Wochenschr. Jg. 37, S. 828. 1924.

Bársony und Egan[1]) setzten die Versuche mittels Gastroduodenalsonde und Röntgendurchleuchtung am Menschen fort und fanden nach Einspritzung von 3—7 ccm einer 0,2proz. Salzsäurelösung ins Duodenum weder im subjektiven Befinden der Versuchsperson noch in Tonus, Peristaltik, Pylorusspiel und Entleerung des Magens irgendeine sichtbare Änderung. Bei 10—12—15 ccm 0,35proz. HCl sahen sie Nachlassen des Tonus, Aufhören der Peristaltik und der Entleerung, also muskuläre Depression. Niemals änderte sich die Entleerung, wenn nicht am Magen eine muskuläre Depression eintrat. Die Autoren ziehen aus ihren Versuchen den weitgehenden Schluß, daß es einen duodenalen Pylorusreflex nicht gebe.

Die Ansichten haben sich demnach recht verschoben, und man wird sich an alle beobachteten Tatsachen halten müssen.

Daß die Öffnung und Schließung des Pylorus maßgebend von der Peristaltik beeinflußt wird, darf heute als anerkannt gelten und bedarf keiner weiteren Auseinandersetzung. Es fragt sich bloß, ist die Peristaltik wirklich nur der einzige Reflex, der den Pylorus beherrscht?

Dagegen sprach schon die Beobachtung Cannons an der Katze, die ich bestätigen kann, daß der Pylorus sich nicht vor jeder Welle öffnet, eine Tatsache, die auch beim Menschen hinreichend festgestellt ist. Bei Katze und Mensch kann man lebhafte Peristaltik sehen ohne Öffnung des Pylorus. Reizt man an der Katze den peripherischen Vagus, so kann man eine Zeitlang kräftige Entleerungen in das Duodenum hervorrufen, bis sich plötzlich der Pylorus schließt und trotz Weiterdauer der Peristaltik nichts mehr passieren läßt. Man sieht dann, wie die Wellen zum Pylorus hinlaufen und vor ihm erschlaffen [Klee[2])]. Es gibt demnach einen Pylorusschluß ohne Depression der übrigen muskulären Vorgänge am Magen [s. auch Stahnke[3])].

Auch die Behauptung Cannons, daß sich der Pylorus vor der Berührung mit festen Brocken schließt, wird bis jetzt nicht bestritten, ist allerdings kaum nachgeprüft. Beim Hunde gehen kleinere und weiche Stücke anstandslos hindurch [Kestner[4])]. Nicht mehr anzuerkennen ist die Vorstellung Cannons, daß es die Säure ist, die den Pylorus vom Magen aus *öffnet*.

Schwierigkeiten bereiten die *Duodenalreflexe*, d. h. die Reflexe, die vom Duodenum aus Einflüsse auf den Pylorus ausüben. Die Existenz solcher Reflexe hat seit den Untersuchungen von Hirsch, v. Mering, Moritz, Pawlow, O. Cohnheim, Tobler[5]) als sicher gegolten und ist, wie erwähnt, erst in neuester Zeit in Zweifel gezogen worden. Nachgewiesen ist, und diese Tatsache ist nicht widerlegt, daß man durch Anbringung bestimmter Reize im Duodenum die Entleerung des Magens durch den Pylorus hemmen kann. Tobler blies einen Gummiballon im Duodenum auf und sah, wie die Entleerung des Magens sistierte. Sicher ist auch, daß man durch Einbringung von Säure in das Duodenum beim Fistelhund die entleerenden Magengüsse auf einige Zeit aufheben kann. Ferner wurde bereits von v. Mering und Moritz festgestellt, daß die Füllung des Duodenums von Einfluß auf das Tempo der Magenentleerung war. (Einbringung von Milch in den abführenden Schenkel bei Duodenalfistelhunden.) Nach Pawlows Versuchen verursacht auch Fett im Duodenum eine Verzögerung der Entleerung.

<hr>

[1]) Bársony u. Egan: Münch. med. Wochenschr. Jg. 72, S. 1242. 1925.
[2]) Klee: Zitiert auf S. 411.
[3]) Stahnke: Experimentelle Untersuchungen zur Frage der neurogenen Entstehung des Ulcus ventriculi. Habilitationsschr. Berlin: Julius Springer 1924.
[4]) Kestner: Zitiert auf S. 402.
[5]) Sämtlich zitiert auf S. 409.

Alle diese Befunde sind von Nachuntersuchern bestätigt. Aber manches ist doch nicht klar. Zunächst ist es fraglich, ob die genannten Reize auch quantitativ als physiologische angesehen werden können. Reize, die stark auf sensible Nerven einwirken, können, wie ich mich oft an dekapitierten und decerebrierten Katzen überzeugen konnte, sofort die Magenentleerung aufheben, z. B. Reizung des Nerv. splanchnicus, Pressen der Hoden, Eröffnung der Bauchhöhle, Reizung eines sensiblen peripherischen Nerven usw. Hier liegen Reflexe vor, die auf dem Wege des Splanchnicus verlaufen. CANNON und MURPHY[1]) sahen Pyloruskrampf nach Zerrung der Därme bei Operationen. Der Reiz muß sich also in den Experimenten in physiologischen Grenzen halten, was natürlich oft schwer zu bestimmen ist. Eine Beobachtung TOBLERS und O. COHNHEIMS kann ich auf Grund eigener Versuche bestätigen, nämlich, daß sich bei Duodenalfistelhunden der Magen bedeutend langsamer entleert, wenn man die einzelnen Mengen Mageninhalt, die aus der Fistel herausfließen, mittels Bürette und dünnem Schlauch wieder in den abführenden Schenkel des Duodenums einführt. Wenn man das vorsichtig macht, kann wohl ein pathologischer Reiz nicht angenommen werden. Auch braucht der Säuregrad, der die Magenentleerung hemmt, nicht die physiologische Norm zu übersteigen. Das ergibt sich daraus, daß der beim Fistelhund entleerte saure Mageninhalt bereits in Mengen von 10 ccm die Magenentleerung zu bremsen vermag. Nach SCHELLWORTH[2]) vermögen $1/_{320}$ n-Salzsäure, $1/_{120}$ n-Milchsäure, $1/_{640}$ n-Essigsäure den Reflex auszulösen. Es scheint, daß der Schwellenwert der Rezeptionsorgane des Darms mit dem Schwellenwert der menschlichen Geschmacksorgane für dieselben Säuren übereinstimmt. Wie O. COHNHEIM und seine Mitarbeiter[3]) feststellten, kann der Reflex durch Einführung von kleinen Mengen von Novocain in den Darm gelähmt werden. Nach denselben Autoren[4]) sieht man auch an anderen Darmabschnitten, daß sich auf Berührung mit Säure oberhalb der berührten Stelle ein Kontraktionsring bildet, der den Darm fest abschließt. Danach wäre der Säurereflex nicht spezifisch für den Pylorus[5]).

Aus alledem geht hervor, daß durch Säure im Duodenum die Magenentleerung gehemmt werden kann, daß wahrscheinlich dabei eine Kontraktion des Sphincters auftritt und daß dieser Reflex schon bei Säuremengen vorkommt, die noch in physiologischen Grenzen liegen. Wenn BÁRSONY und seine Mitarbeiter am Menschen mit der Gastroduodenalsonde die Hemmung der Magenentleerung erst bei höheren Konzentrationen fanden, die sie nicht mehr als physiologisch ansehen, so müßte noch festgestellt werden, ob die Sonde an sich nicht als abnormer Reiz den normalen Reflexablauf beeinflußt hat. Ballonversuche sind aus den oben angedeuteten Gründen nicht beweisend.

In der Pathologie hat man allerdings dem duodenalen Säurereflex eine übertriebene Bedeutung zugemessen.

Eine weitere Frage ist, ob der Säurereflex des Darms isoliert Pylorusschluß hervorruft oder ob das Primäre die Herabsetzung der Peristaltik bzw. des Tonus ist, die erst sekundär die peristaltisch-reflektorische Öffnung des Pylorus hemmt. Es ist möglich, daß bei starkem Säurereiz, wie BÁRSONY und EGAN[6]) beobachteten,

---

[1]) CANNON u. MURPHY: Ann. of surg., April 1906 (zit. nach MAGNUS: Asher-Spiro 1908).

[2]) SCHELLWORTH: Zeitschr. f. Biol. Bd. 76, S. 119. 1922.

[3]) BEST, F. u. O. COHNHEIM: Hoppe-Seylers Zeitschr. f. physiol. Chem. Bd. 69, S. 114. 1910.

[4]) BEST, F. u. O. COHNHEIM: Hoppe-Seylers Zeitschr. f. physiol. Chem. Bd. 69, S. 113. 1910.

[5]) Vgl. O. KESTNER: Der biologische Bauplan des Magens. Pflügers Arch. f. d. ges. Physiol. Bd. 205, S. 37. 1924.

[6]) BÁRSONY u. EGAN: Zitiert auf S. 422.

die allgemeine Muskeldepression im Vordergrund steht. Auch Kirschner und Mangold[1]) sahen auf Säurereiz ebenso wie nach Öl im Duodenum Abschwächung der Antrumkontraktionen. Bei schwachem Reiz bestehen auch andere Möglichkeiten. Reizt man bei einer decerebrierten Katze den Splanchnicus mit schwachen Strömen, so sistiert zuerst die Magenentleerung. Es passiert nichts mehr den Pylorus, obwohl noch peristaltische Wellen zum Pylorus hinlaufen. Erst später erfolgt die Hemmung der Peristaltik. Es scheint demnach der Pylorus zuerst und empfindlicher zu reagieren als die Peristaltik. Bei kräftigem Splanchnicusreiz reagieren allerdings Magen und Pylorus insofern gleichsinnig als der Magenkörper erschlafft und die Sphincteren sich schließen, also beide Faktoren gleichzeitig die Hemmung der Magenentleerung bedingen.

Nach O. Kestner wird der Säurereflex nicht auf extragastrischen Bahnen fortgeleitet, sondern intramural auf dem Wege der autonomen Plexus. Einwandfrei entschieden ist diese Frage aber noch nicht, wenn auch Versuche von Cannon[2]) mit Ausschaltung der extragastrischen Nervenbahnen und von Aldehoff und v. Mering[3]) mit Exstirpation des Ganglion coeliacum dafür zu sprechen scheinen.

Sehr viel zweifelhafter als der Säurereflex des Darmes ist der sog. Fettreflex, wenigstens soweit unter Fettreflex ein Pylorusschluß durch Fett gemeint ist. Pawlow stellte nur eine Verlangsamung der Magenentleerung auf Fett fest. In seiner bekannten Monographie über die Arbeit der Verdauungsdrüsen betont er, daß nach Einbringung von Öl in den Magen und den Darm eine mit Galle und Pankreassaft emulgierte Flüssigkeit aus dem Magen fließt. Klee und Klüpfel[4]) führten bei einem Hund, der eine Magen- und eine Duodenalfistel trug, 25 ccm Öl in das Duodenum ein und sahen $^3/_4$ Stunden lang gallige, ölige Emulsion und reine Galle aus der Magenkanüle fließen. Ließen sie dann eosingefärbte 0,2proz. Salzsäure in das Duodenum, so lief nicht ein Tropfen der gefärbten Flüssigkeit aus dem Magen heraus. Die Meinung, daß sich der Pylorus auf Fett schließt, wird auch dadurch widerlegt, daß v. Tabora und Dietlen[5]) nach Einführung von Öl in den Magen den Sphincter pylori im Röntgenbild dauernd offen sahen. Ferner ist bereits von Boldireff[6]) der Übergang von Galle und Pankreassaft in den Magen nach Ölfütterung beschrieben. Es ist nach allen diesen Versuchen sicher, daß *neutrales* Öl *keinen* Pylorusschluß hervorruft. O. Kestner[7]) hat die Ansicht geäußert, daß der Fettreflex erst nach der Spaltung des Fettes auftrete[8]). Er wäre demnach ein Fettsäurereflex. Dann müßte der Reflex eine sehr lange Latenz haben. Wahrscheinlich ist, daß der sog. Fettreflex wenigstens im Anfang nichts anderes ist als eine Herabsetzung des Magentonus und der Peristaltik bei *schlaffem* Pylorus.

V. Die Innervation der Magenbewegungen.

Der Magen steht ebenso wie der untere Oesophagus und der Darm unter der Einwirkung eigener, in seiner Wand gelegener nervöser Geflechte und Ganglienzellen, die ihn auf bestimmte Reize hin zu rhythmischen Spontanbewegungen befähigen. Diese nervösen Elemente besitzen eine weitgehende Unabhängigkeit vom zentralen Nervensystem. Außerdem wird der Magen be-

---

[1]) Kirschner u. Mangold: Zitiert auf S. 414.　　　[2]) Cannon: Zitiert auf S. 399.

[3]) Aldehoff u. v. Mering: Verhandl. d. Kongr. f. inn. Med. 1899, S. 335.

[4]) Klee u. Klüpfel: Mitt. a. d. Grenzgeb. d. Med. u. Chir. Bd. 27, S. 785. 1914.

[5]) v. Tabora u. Dietlen: Zitiert auf S. 414.

[6]) Boldireff: Zentralbl. f. Physiol. Bd. 18, S. 457. 1904.

[7]) Kestner, O.: Zitiert auf S. 423.

[8]) Vgl. dazu Tönnis u. Never: Pflügers Arch. f. d. ges. Physiol. Bd. 207, S. 24. 1925.

einflußt durch Impulse, die ihm auf den parasympathischen und sympathischen Bahnen des Vagus und Splanchnicus zugeleitet werden. Die Bedingungen, unter denen das gesamte nervöse System Einfluß auf die Magenbewegungen gewinnt, sind außerordentlich häufig untersucht und nachgeprüft worden. Ein klares Bild über den heutigen Stand unserer Kenntnisse von diesen innervatorischen Vorgängen wird man nur gewinnen können, wenn man aufs sorgfältigste die angewandte Versuchsmethodik beachtet. Sehr viele Widersprüche in der Literatur lassen sich dann aufklären. Betrachtet man die Angaben über die Innervationsverhältnisse des Magens von diesem Standpunkt aus, so gestalten sie sich zwar nicht einfach, aber doch weniger unübersehbar, als man vielfach annimmt. Auf die Wiedergabe mancher Arbeiten, die nur alte Fehler, aber keine neuen Gesichtspunkte oder neue Tatsachen lieferten, darf verzichtet werden.

Die wesentlichsten Fortschritte, die in den letzten 20 Jahren auf dem Gebiet der Mageninnervation erzielt wurden, beruhen auf anatomisch-histologischen Arbeiten, Versuchen am überlebenden Organ, dem Röntgenverfahren, der Anwendung parasympathico- und sympathicomimetischer Gifte und auf Arbeiten an den für Reflexversuche besonders geeigneten enthirnten und Rückenmarkstieren.

In systematischen Untersuchungen haben L. R. MÜLLER[1]) und seine Mitarbeiter, besonders W. BRANDT[2]), die anatomischen und histologischen Fragen der Mageninnervation bearbeitet. Die Darstellung der nervösen Elemente in der Magenwand scheint sehr schwierig zu sein. Bei Tieren lassen sich die Verhältnisse leichter klären als beim Menschen. L. R. MÜLLER und BRANDT fanden an den Knotenpunkten der intramuskulären Plexus massenhaft Ganglienzellen. Unter den Ganglienzellen unterscheiden sich kleinere submuköse Zellen, mittelgroße Zellen in der Muskulatur des Gesamtmagens und schließlich kräftige pyramidenförmige Zellen in der Muskulatur des Canalis pyloricus und des Sphincter pylori, wo überhaupt die Zellen am zahlreichsten sind (Abb. 107 u. 108). Über den Verlauf der extragastrischen Nervenbahnen finden sich bei L. R. MÜLLER und bei BRANDT nähere Angaben. Aus ihnen soll hervorgehoben werden, daß die Hauptfasermasse des linken Vagus zum Magen zieht, während der rechte Vagus einen starken Ast zu dem sympathischen Ganglion semilunare dextr. abgibt (außerdem zur Leber). Einen starken Sonderast des linken Vagus erhält der präpylorische Kanal. Letzteres stellt auch STAHNKE[3]) am Hundemagen fest. Vagus- und Sympathicusfasern verflechten sich vielfach und ziehen dann gemeinsam zum Magen. Doch kann man auch völlig isolierte sympathische Äste feststellen. Ein rein sympathischer Nerv ist z. B. der Ramus cardiacus, der vom linken Semilunarganglion nach der Kardia hinzieht. Die Kardia ist reichlich mit den Ausläufern beider Vagi umschlungen[4]).

Aus den histologisch-embryologischen Untersuchungen von ERIK MÜLLER[5]) geht hervor, daß hinsichtlich der nervösen Geflechte in der Darmwand große Unterschiede zwischen niederen und höheren Tieren bestehen. Es finden sich z. B. nach E. MÜLLER im Darmnervensystem niederer Tiere nur diffuse Nervennetze aus Vagus- und Sympathicusursprüngen, während sich beim höheren Wirbeltier auch freie Neurosen nachweisen lassen. Danach darf man wohl Rückschlüsse vom Kaltblütermagen auf den Säugetiermagen nur mit Vorsicht ziehen.

Nähere Angaben über die Topographie der extragastrischen Nervenbahnen zu Durchschneidungsversuchen finden sich bei MAGNUS[6]). Will man die Nerven zur Degeneration bringen, muß man sie postganglionär durchschneiden, was oft nur unvollständig gelingt, da manche Fasern ihre Ganglien äußerst peripher haben. Die Vagi lassen sich leicht am Hals,

---

[1]) MÜLLER, L. R.: Die Lebensnerven. Berlin: Julius Springer 1924.

[2]) BRANDT, W.: Die Innervation des Magens. Zeitschr. f. angew. Anat. u. Konstitutionslehre Bd. 5, S. 302. 1920.

[3]) STAHNKE: Zitiert auf S. 422 u. Arch. f. klin. Chir. Bd. 132, S. 1. 1924.

[4]) Vgl. auch PERMAN: Arkiv f. zool. Bd. 10, Nr. 11. Stockholm 1916, u. PASCHKIS u. ORATOR: Wien. klin. Wochenschr. Jg. 36, H. 2, S. 26; Zeitschr. f. Anat. u. Entwicklungsgesch. Bd. 67, S. 515. 1923.

[5]) MÜLLER, E.: Über die Entstehung des Sympathicus und Vagus bei Selachiern. Arch. f. mikroskop. Anat. Bd. 94, S. 208. 1920.

[6]) MAGNUS: Bewegungen des Verdauungsrohres. Tigerstedts Handb. d. physiol. Methodik Bd. II, S. 493. 1908.

schwerer im Brust- und Bauchteil durchschneiden, hier aber kaum noch mit Sicherheit isoliert reizen. Die Splanchnici reizt und durchschneidet man am besten retroperitoneal, indem man hinten unterhalb des Zwerchfells eingeht.

1. Der isolierte Magen.

Nimmt man den Hunde- oder Katzenmagen aus dem Körper und beobachtet ihn in einer feuchten Kammer [HOFMEISTER und SCHÜTZ[1])] oder in Ringerlösung [SICK und TEDESCO[2])], so führt er ebenso wie der Darm rhythmische Bewegungen aus. Dehnt man den Magen durch Füllung, läßt sich der

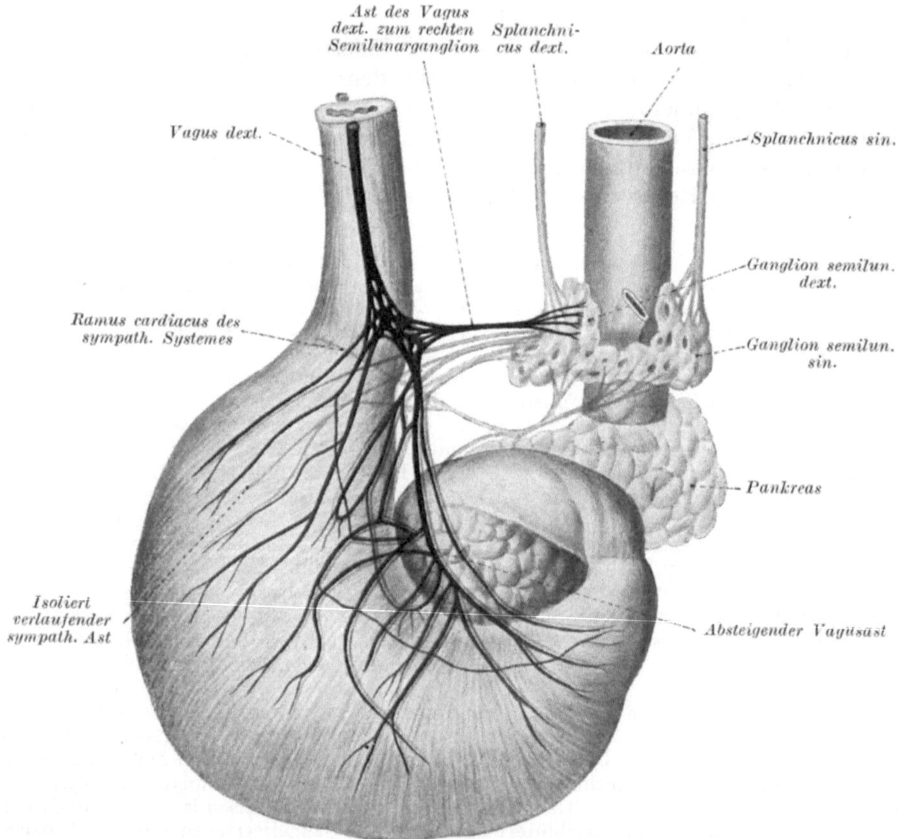

Abb. 107. Innervationsverhältnisse der Hinterfläche des Magens. (Magen von links nach rechts gedreht, Vagusäste schwarz, sympathische Äste grau.) (Aus L. R. MÜLLER, Lebensnerven.)

Ablauf der peristaltischen Welle verfolgen. Die Sphincteren sind dabei fest geschlossen, obwohl die Peristaltik über sie hinwegläuft (s. unten). Schneidet man aber sämtliche zum Magen verlaufenden Äste des Vagus und Splanchnicus 8 Tage vor der Herausnahme des Magens per laparotomiam durch, so öffnet und schließt sich der Pylorus rhythmisch mit der Peristaltik [O. COHNHEIM und PLETNEW[3])]. Daraus geht hervor, daß der Pylorussphincter durch Reizung

[1]) HOFMEISTER u. SCHÜTZ: Arch. f. exp. Pathol. u. Pharmakol. Bd. 20, S. 1. 1885.
[2]) SICK u. TEDESCO: Zitiert auf S. 400.
[3]) COHNHEIM, O. u. PLETNEW: Zitiert auf S. 421.

der intakten extragastrischen Nerven bei der Herausnahme in einen verstärkten Tonus versetzt wird.

Entsprechend den Untersuchungen von MAGNUS[1]) am Darm sahen SICK und TEDESCO am plexushaltigen Ringmuskelstreifen automatische Bewegungen, die den plexusfreien Muskelstreifen fehlten. Dagegen erwies sich der plexusfreie Streifen noch reizbar, denn er kontrahierte sich auf den mechanischen Reiz der Dehnung. TEZNER und TUROLD[2]) untersuchten Muskelringe vom menschlichen, frisch resezierten Magen und fanden rhythmische Bewegungen, die besonders

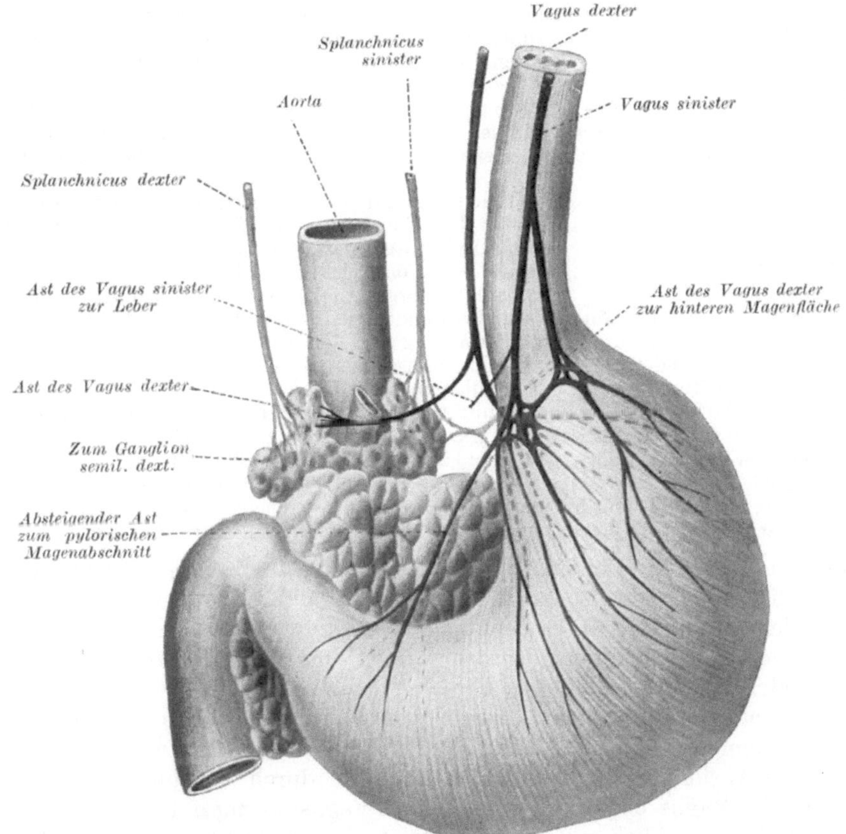

Abb. 108. Innervationsverhältnisse auf der Vorderfläche des Magens. (Vagus schwarz, Sympathicus grau, die punktierten Linien: Äste des hinteren Vagus.) (Aus L. R. MÜLLER, Lebensnerven.)

regelmäßig in der Gegend des Pylorus waren. Auch bei kleinen Säugern, wie der Ratte, sind spontane Kontraktionen des herausgenommenen Magens nachweisbar und zeigen deutlich Abhängigkeit vom Füllungszustand[3]).

Eingehender als am Warmblütermagen sind die Bewegungsvorgänge am isolierten Froschmagen untersucht worden. Auch hier wurden entweder der gesamte

---

[1]) MAGNUS: Zitiert auf S. 416.
[2]) TEZNER u. TUROLD: Zeitschr. f. d. ges. exp. Med. Bd. 12, S. 275. 1921.
[3]) HECHT, P.: Dtsch. Arch. f. klin. Med. Bd. 136, S. 296. 1921.

Magen, ein Muskelring oder ein beliebiges Stück des Magenmuskels geprüft. Die Spontanbewegungen des Magens wurden festgestellt, und die alte Frage, ob sie myogen (Grützner) oder neurogen (P. Schultz) seien, wurde vielfach erörtert. Angaben über die ältere Literatur, die bis auf Goltz (1872) zurückgeht und die Arbeiten von P. Schultz, Grützner, Barbera, Winkler, Kautzsch, Hopf, Morishima und Fujitani, Stübel, R. Müller, Dixon, Fruböse berücksichtigt, finden sich bei Hecht[1]). In neuerer Zeit haben sich Mangold und Hecht[2]), Poos[3]), Gellhorn und Budde[4]) mit dem isolierten Froschmagen beschäftigt.

Hecht fand die spontanen, automatischen Bewegungen an sämtlichen Abschnitten des Froschmagens, aber doch deutliche Unterschiede zwischen der kardialen und der pyloralen Hälfte des Magens. Diese Verschiedenheiten zeigten sich besonders, wenn man die Schleimhaut abzog. In dem kardialen Teil waren die automatischen Bewegungen und die Erregbarkeit auf faradische Reizung lebhafter, wenn die Schleimhaut (mit Submucosa) erhalten war. Daher vermuten Mangold und Hecht, daß der submuköse Plexus (Meissner) hier Vermittler der automatischen Bewegungen sei. Dagegen fand Hecht im Pylorusteil eher eine hemmende Wirkung des Schleimhautanteils und schreibt die Automatie hier dem muskulären Auerbachplexus zu.

Auch Gellhorn und Budde fanden wesentliche Unterschiede im Verhalten des Fundus- und Pylorusteils des isolierten Froschmagens. Sie finden die Erregbarkeitsschwelle im Fundusteil niedriger als im Pylorusteil. Dagegen ist die Erregungsleitung in der Richtung Kardia-Pylorus ungehemmter, so daß elektrische Reize, die von der Kardia aus zu einer Kontraktion des Pylorusteils führen, umgekehrt vom Pylorusteil aus dem Kardiateil ruhig lassen. Die Muskulatur des Fundusteils ist dehnbarer als die des Pylorusteils. Die Automatie wird durch starke Belastung am Fundusteil geschwächt, während sie am Pylorusteil unverändert bleibt. Die Ergebnisse von Budde und Gellhorn hinsichtlich der Erregungsleitung stimmen nicht überein mit früheren Versuchen von Poos. Poos fand am ganzen Magen die Erregungsleitung vom Pylorus zur Kardia kürzer als umgekehrt und entsprechend auch die fortgeleitete Kardiakontraktion größer als am Pylorusteil, ein Widerspruch, der vorläufig noch nicht geklärt ist[5]). Im übrigen stellt auch er fest, daß jedes an beliebiger Stelle des Magens excidierte Muskelstück spontaner, rhythmischer Bewegungen fähig ist. Eine koordinierte Tätigkeit des Froschmagens ist aber nur bei gänzlichem Unversehrtsein des Magens möglich und vom Füllungszustand abhängig.

Hier seien auch die Versuche erwähnt, die *Aktionsströme des Magens* aufzunehmen. Die elektromotorischen Erscheinungen am Magen wurden schon 1912, bald nachdem die ersten Untersuchungen über die elektrischen Erscheinungen an glatten Muskeln bekannt geworden waren, von Stübel[6]) untersucht. Am isolierten oder in situ befindlichen Froschmagen, sowie am Muskelmagen von Vögeln (Taube, Henne, Ente) konnte Stübel mit Hilfe des Thomsonschen Spiegelgalvanometers und des kleinen Edelmannschen Saitengalvanometers rhythmische Aktionstromwellen nachweisen, die durch Reizung oder Durchschneidung des Vagus beeinflußt wurden. Bei Vagusreizung nahm die Größe der Erregungswellen erheblich zu. Auch Tschermak[7]) konnte vom isolierten Froschmagenring ein „Elektrogastrogramm" aufnehmen, dessen Kurvenerhebung der des gleichzeitig aufgenommenen Mechanogramms vorausging. Später haben Alvarez und Mahoney[8]) an isolierten und freigelegten Mägen von Hund, Katze und Kaninchen Elektrogastrogramme aufgezeichnet. Sie fanden 3 bis

---

[1]) Hecht, P.: Pflügers Arch. f. d. ges. Physiol. Bd. 182, S. 178. 1920.

[2]) Mangold: Dtsch. med. Wochenschr. 1920, Nr. 16.

[3]) Poos: Pflügers Arch. f. d. ges. Physiol. Bd. 201, S. 83. 1923.

[4]) Gellhorn u. Budde: Pflügers Arch. f. d. ges. Physiol. Bd. 200, S. 604. 1923. — Budde u. Gellhorn: Ebenda Bd. 203, S. 170. 1924.

[5]) Siehe unter „Brechakt", S. 449.

[6]) Stübel: Pflügers Arch. Bd. 143, S. 381. 1912.

[7]) Tschermak: Elektrogastrogramm. Pflügers Arch. Bd. 175, S. 165. 1919.

[8]) Alvarez and Mahoney: American journ. of physiol. Bd. 58, S. 476. 1922 und Bd. 64, S. 371. 1923.

4 Negativitätswellen pro Min., die pyloruswärts verliefen. Daneben zeigte die Kardiagegend noch 6—20 kleinere Schwankungen pro Min. Das Duodenum kam gewöhnlich erst in Erregung, wenn die Welle vom Magen her den Pylorus erreicht hatte, doch scheint in der Pyloruslinie eine Art Blockierung der Erregung einzutreten. KATSCH und KAUFMANN[1]) registrierten die Aktionströme mit dem klinischen Elektrokardiographen und zeichneten am freigelegten Hundemagen etwa alle 20 Sek., aber nicht ganz regelmäßig, träge große Stromschwankungen auf. Dagegen war die Aufnahme von Elektrogastrogrammen beim Menschen schwierig und anscheinend durch hemmende Impulse beeinträchtigt.

Daß der Magen ähnlich dem Herzen über Muskelgewebe verfügt, das speziell der Reizbildung oder Reizleitung dient, ist zwar nicht unmöglich (KEITH, ALVAREZ), aber noch nicht bewiesen.

Vergleicht man die Beobachtungen am isolierten überlebenden Magen mit den Untersuchungen am überlebenden Darm, so ergibt sich in wesentlichen Punkten Übereinstimmung. Die rhythmischen Bewegungen sind gebunden an die intramuralen nervösen Plexus. Vor allem kommt der myenterische Auerbachplexus in Betracht. Als Reiz dient die Dehnung. Die Funktion des submukösen Plexus und der verschiedenen freien Ganglienzellen ist noch nicht geklärt.

2. Der Einfluß des extragastrischen Vagus und Sympathicus.

Die Einflüsse der extragastrischen Nervenbahnen lassen sich in der Weise feststellen, daß man beide Nervengruppen oder eine derselben ausschaltet oder die Nerven reizt. Auch kann man den Erregungszustand des Vagus und Sympathicus durch Eingriffe in das Zentralnervensystem steigern. „Benutzt man das Durchschneidungsverfahren, so muß man denjenigen Nerven, dessen Wirkung man studieren will, intakt lassen und seinen Antagonisten ausschalten. Die Änderung der Magentätigkeit, die man dann beobachtet, vergleicht man nicht mit der eines gesunden, doppelt innervierten Magens, sondern mit einem Magen, bei dem beide Nervengruppen ausgeschaltet sind" [MAGNUS[2])].

Wählt man das Verfahren der Nervenreizung, so sind ebenfalls manche Fehlerquellen möglich. Vagus und Sympathicus sind nach heutiger Anschauung wohl nur als Leitungsbahnen zu betrachten. Das Wesen der an der Zelle des Erfolgsorgans eintretenden Hemmung und Erregung ist noch nicht klar. Jedenfalls scheint für den Effekt der Reizwirkung der Zustand des Erfolgsorgans von Wichtigkeit zu sein. Schon 1906 wies O. COHNHEIM[3]) darauf hin, daß möglicherweise entsprechend den UEXKÜLLschen Regeln eine von außen kommende Erregung je nach dem Tätigkeitszustande des Magens sowohl Vermehrung wie Verminderung der Bewegungen bewirken kann. Besonders ist dies bei den Sphincteren des Magens zu beachten. Es ist vermutlich auch nicht gleichgültig für die Wirkung einer Nervenreizung, ob man den Magenkörper dehnt und die Sphincteren in Ruhe läßt oder ob man die Sphincteren dehnt und den Magen leer läßt. Wahrscheinlich sind manche Widersprüche in der Literatur auf die sog. Ballonmethode zurückzuführen. Liegt ein Ballon im Sphincter pylori, so wird zunächst der Pylorus in einen unphysiologischen Spannungszustand versetzt. Erfolgt ein Nervenreiz und der Ballon wird komprimiert, so ist schwer zu sagen, ob der Nerveneinfluß direkt auf den Sphincter pylori einwirkt oder ob der Reiz an dem oberhalb gelegenen Pylorusabschnitt angreift, der dann seinerseits den Pylorus beeinflußt. Deshalb sind alle Untersuchungs-

---

[1]) KATSCH: Handb. d. inn. Med. (Mohr-Stähelin) II. Aufl. S. 329. 1926.

[2]) MAGNUS: Experimentelle Grundlagen für die nervösen Magenstörungen. Verhandl. d. dtsch. Ges. f. inn. Med. 1924.

[3]) COHNHEIM, O.: Nagels Handb. d. Physiol. d. Menschen Bd. II, 1. 1906.

ergebnisse, die mit Einführung eines Ballons in den Pylorus gewonnen sind, nicht beweiskräftig. Das gilt auch für die Resultate, die WHEELON und THOMAS[1]) erzielten, wenigstens soweit sie den Pylorus betreffen. Sie sahen nach Vagusreiz hemmende und erregende Wirkung auf den Sphincter und bekamen auf Splanchnicusreiz wechselnde Ergebnisse. Für die Feststellung der Nervenwirkung auf die Sphincteren kommt nur ein Verfahren in Betracht, daß die Beobachtung der Sphincteren gestattet, ohne die Sphincteren selbst zu tangieren. Ferner ist wichtig, daß man nicht vor der Nervenreizung pathologische Hemmungen setzt. Öffnet man z. B. die Bauchhöhle, so treten Hemmungen auf, die den Effekt einer Vagusreizung völlig verdecken können. JAKOBJ[2]), der 1892 bei Katzen und Kaninchen den Vagus bei eröffneter Bauchhöhle reizte, sah deshalb einen erregenden Einfluß des Vagus erst dann, wenn er vorher die hemmenden Splanchnici durchschnitten hatte. Auch bei anderen Untersuchungen lagen wohl hemmende Reflexe vor, z. B. bei den negativen Ergebnissen von BORCHERS[3]).

Die Reizung des nicht durchschnittenen Vagus ist nicht gleichzusetzen mit der Reizung des peripherischen Vagusstumpfes. Bei Reizung des intakten Vagus kommt es gleichzeitig zur Erregung der zentripetalen *und* zentrifugalen Fasern, dadurch können andere Wirkungen erzielt werden. KLEE[4]) bekam an der Katze bei Reizung des peripheren Vagusstumpfes darmwärts gerichtete Magenentleerung, bei Reizung des intakten Vagus aber Erbrechen, ebenso STAHNKE[5]) bei Hund und Mensch. Wichtig ist die Intensität und Frequenz des zur Reizung benutzten elektrischen Stroms. Schon v. OPENCHOWSKIS[6]) und LANGLEYS[7]) Versuche an der Kardia wiesen darauf hin. VEACH[8]) hat es neuerdings bestätigt. Werden bei der Reizung sehr starke Ströme verwendet, so ist mit der Bildung von störenden Stromschleifen zu rechnen. Auch die Narkose kann die Bewegungen des Magens stören und Reflexe hemmen. Benutzt man zwecks Ausschaltung der Narkose das SHERRINGTONsche Verfahren der Decapitation oder Decerebration, so muß man die Änderungen übersehen, die allein durch diesen Eingriff gesetzt werden. Bei der Decapitation wird der Kopf mitsamt der Medulla oblongata entfernt, das Vaguszentrum ist ausgeschaltet. Der Magen steht nur unter Einfluß der im Rückenmark liegenden, hemmenden sympathischen Zentren. Ganz anders als bei dieser Rückenmarkskatze liegen die Dinge bei der Decerebration. Hier geht der Schnitt durch die Gegend der vorderen Vierhügel. Die Zentren der vegetativen Nerven sind erhalten, beide Nervenbahnen stehen unter erhöhtem Tonus, wobei der Vagustonus überwiegt [KLEE[9])]. Schließlich ist zu beachten, daß auf Reizung eines der vegetativen Nerven nicht ein isolierter Magenteil allein reagiert, sondern der ganze Magen mit seinen anschließenden Abschnitten. So treibt z. B. Vagusreizung den Inhalt des gefüllten Oesophagus mit peristaltischen Wellen durch die sich öffnende Kardia in den Magen. Dieser wird durch denselben Vagusreiz in erhöhten Tonus versetzt, die Peri-

---

[1]) THOMAS u. WHEELON: The nervous control of the pyloric sphincter. Journ. of laborat. a. clin. med. Bd. 7, S. 375. 1922.

[2]) JAKOBJ: Arch. f. exp. Pathol. u. Pharmakol. Bd. 29, S. 171. 1892. (Dort ältere Literatur über Vaguswirkung.)

[3]) BORCHERS: Dtsch. Zeitschr. f. Chir. Bd. 162, S. 19. 1921.

[4]) KLEE: Zitiert auf S. 411.

[5]) STAHNKE: Zitiert auf S. 425 u. Würzburger Abhandl. a. d. Gesamtgebiet d. Med., N. F. Bd. 2, H. 7.

[6]) v. OPENCHOWSKI: Arch. f. Physiol. 1883, S. 455.

[7]) LANGLEY: Journ. of physiol. Bd. 23, S. 407. 1898.

[8]) VEACH: Americ. journ. of physiol. Bd. 71, S. 229. 1925.

[9]) KLEE: Münch. med. Wochenschr. 1914, Nr. 19, S. 1044.

staltik wird angeregt, die peristaltischen Wellen öffnen rhythmisch den Pylorus usw. Aus allen diesen Gründen ist das Röntgenverfahren für die Beurteilung des Reizerfolgs, soweit die Gesamtheit der Magenbewegungen und die Magenentleerung in Betracht kommt, die einwandfreieste Methode.

3. Der Magen nach Ausschaltung des Vagus und Sympathicus.

Läßt man den Magen in situ und schaltet die an ihn herantretenden Nervenbahnen aus, so sind noch nicht dieselben Bedingungen gegeben wie beim isolierten Magen. Der Magen steht noch unter der Einwirkung von Substanzen, die ihm auf dem Blutwege zugeführt werden. Inkretorische und humorale Einflüsse können ihn beeinflussen. Für die sympathischen Bahnen ist von Bedeutung, ob man nur die Splanchnici durchschneidet oder auch das Ganglion coeliacum exstirpiert oder alle splanchnischen Äste postganglionär durchtrennt.

Durchschneidet man die Vagi und die Splanchnici, so sind die Ausfallserscheinungen, die man am Magen feststellen kann, nach CANNON[1]) nicht bedeutend. Die Peristaltik und die rhythmische Funktion des Pylorus sind erhalten. KLEE[2]) fand bei Vago- und Splanchnicotomie an der decapitierten Katze die Peristaltik anfänglich lebhafter, als sie durchschnittlich beim normalen lebenden Tier gesehen wurde. Der Grund ist wohl in dem Wegfall der Hemmungen zu sehen, die beim normalen Tier infolge des Aufbindens einzutreten pflegen. Aber es fanden sich doch wesentliche Unterschiede in der *Entleerung* des Magens. Die Entleerung des Magens war im akuten Versuch im ganzen träger als beim normalen und, was noch bemerkenswerter ist, der Magen entleerte sich nicht völlig, es blieb ein deutlicher Speiserest im Fundusteil des Magens zurück. Auch bei anderen Versuchsanordnung schien der Tonus nach Ausschaltung der beiden Nervengruppen geringer. Beim lebenden Tier scheint sich diese Motilitätsstörung an der Katze bald auszugleichen (CANNON). Versuche mit starker Belastung des Magens nach solchen kombinierten äußeren Nervendurchschneidungen sind anscheinend nicht gemacht worden, wären aber sehr wichtig, um die volle Leistungsfähigkeit des Magens zu beurteilen. BICKEL[3]) und seine Mitarbeiter, besonders WATANABE[4]), kommen neuerdings mit Hilfe des Röntgenverfahrens und der Duodenalfistel in Versuchen an Hunden zu dem Ergebnis, daß nach kombinierter Vago-Splanchnicotomie der Tonus des Magens sinkt und die Peristaltik herabgesetzt wird. Nach ihren Beobachtungen findet eine Kompensation der Störung nur in sehr geringem Umfang statt. Noch deutlicher waren die Störungen, wenn man Vagotomie und Exstirpation des Gangl. coeliacum kombinierte. Die Versuche sprechen dafür, daß auch im Dauerversuch der vago- und sympathicotomierte Magen sich nicht wie der normale verhält, sondern an Tonus und peristaltischem Vermögen verliert.

4. Der Magen unter überwiegendem Vaguseinfluß.

Überwiegen des Vagus kann man auf verschiedene Weise erreichen. Zunächst kann man *die sympathischen Bahnen ausschalten.* Sieht man von den Eingriffen am Rückenmark ab, wie sie bereits von CLAUDE BERNARD (1858), GOLTZ (1874) und EWALD (1896) gemacht wurden[5]), so sind es vor allem die

---

1) CANNON: Zitiert auf S. 399.
2) KLEE: Zitiert auf S. 411.
3) BICKEL: Klin. Wochenschr. 1925, Nr. 5, S. 200. (Dort Literatur.) Vgl. auch die zusammenfassende Darstellung in ASHER-SPIRO: Ergebn. d. Physiol. Bd. 24, S. 228. 1925.
4) WATANABE: Virchows Arch. f. pathol. Anat. u. Physiol. Bd. 251, S. 494. 1924.
5) Literatur bei MAGNUS: Zitiert auf S. 398 (Tigerstedts Handb. d. physiol. Methodik).

Splanchnici superiores, die durchtrennt wurden. Nach CANNON[1]) ändert an der
Katze die doppelseitige Splanchnicotomie die Magendarmbewegungen nicht.
Nach KOENNECKE und MEYER[2]), die Dauerversuche an Hunden mit dem
Röntgenverfahren machten, nachdem sie die Splanchnici transperitoneal durch-
schnitten hatten, wobei sie alle seitlich zum Gangl. coeliacum laufenden Äste
erfaßten, ist nach Überstehen der unmittelbaren Operationsfolgen die Peristaltik
tiefer und die Austreibung des Magens rascher und ergiebiger. Im Ganzen ver-
merken sie als Dauerergebnis der Splanchicotomie bei 4 Hunden einen erhöhten
Magentonus und eine Beschleunigung der Magen-Dünndarmtätigkeit. Auch
BICKEL und WATANABE[3]) finden bei Hunden nach doppelseitiger intrathorakaler
Sympathico-Splanchnicotomie zunächst Tonus und Peristaltik lebhaft gesteigert,
bei gleichzeitig geöffnetem Pylorus (!). Dann tritt eine gewisse Kompensation
ein, die besonders die Tonusstörung betrifft. Später kann sich sogar der Tonus
vermindern, was BICKEL mit einer Überkompensation durch das selbständige
Hemmungsfunktionen übernehmende Gangl. coel. erklärt.

Schon aus diesen Untersuchungen geht hervor, daß das Überwiegen des
Vagus zu einer Förderung der muskulären Vorgänge am Magen führt.

Die Wirkung wird noch gesteigert, wenn man das *Ganglion coeliacum
exstirpiert*. Die Unterschiede, die sich nach Durchschneidung der präganglionären und der postganglionären Fasern des Plexus coeliacus ergaben, ließen
schon die älteren Untersucher vermuten, daß dem Ganglion eine selbständige
Funktion innewohne. Wenn POPIELSKI[4]) ein Stück des Splanchnicus resezierte
oder den Grenzstrang in größerer Ausdehnung entfernte, ergaben sich beim
Hunde keinerlei Verdauungsstörungen, wenn er aber den Plexus coeliacus beseitigte, so stellten sich längerdauernde Durchfälle blutiger oder übelriechender
Art ein. Auch ALDEHOFF und v. MERING[5]) machten ähnliche Beobachtungen.
Bei der normalen Katze scheinen die Störungen der Verdauung nach Durchschneidung der postganglionären Sympathicusfasern geringer zu sein und sich
schneller wieder auszugleichen [MAGNUS[6])]. KOENNECKE und MEYER[2]) durchleuchteten 2 Hunde nach der Exstirpation des Ganglions. 3 und 5 Wochen
nach der Operation sahen sie Hyperperistaltik des Magens und Hypermotilität
des Darms, so daß die Speisen in beschleunigtem Tempo Magen und Darm
durcheilten. Die Allgemeinstörungen waren nach der Operation sehr groß,
beide Hunde magerten bei erhaltener Freßgier stark ab, und ein Hund ging ein,
während sich bei dem anderen Hunde sehr langsam ein Ausgleich einstellte.
BICKEL und WATANABE beobachteten ebenfalls nach isolierter Exstirpation des
Ganglions Hypertonie und Peristaltiksteigerung, die sich in der Folgezeit allmählich ausglichen. Sie glauben, daß bei diesem Ausgleich die sympathischen
Hemmungsfasern, die im peripherischen Vagus verlaufen, beteiligt sind.

Die beschleunigende Wirkung der Splanchnicotomie und der Exstirpation
des Ganglion coeliacum wird noch stärker, wenn man den *zentralen Vagustonus
künstlich erhöht*. Man kann dies dadurch erreichen, daß man eine Katze de-
cerebriert, d. h. das Mittelhirn in der Gegend der vorderen Vierhügel durchtrennt. KLEE[7]) sah bei diesem Vorgehen an der röntgendurchleuchteten Katze
Steigerung des Tonus der Muskulatur, die 11mal bei 15 Tieren bis zur tonischen

---

[1]) CANNON: Zitiert auf S. 399.
[2]) KOENNECKE u. MEYER: Mitt. a. d. Grenzgeb. d. Med. u. Chir. Bd. 35, S. 297. 1922.
[3]) BICKEL u. WATANABE: Zitiert auf S. 431.
[4]) POPIELSKI: Arch. f. (Anat. u.) Physiol. 1903, S. 338.
[5]) ALDEHOFF u. v. MERING: Verhandl. d. Kongr. f. inn. Med. 1899, S. 335.
[6]) MAGNUS: Pflügers Arch. f. d. ges. Physiol. Bd. 130, S. 253. 1909.
[7]) KLEE: Dtsch. Arch. f. klin. Med. Bd. 129, S. 275. 1919.

Contractur des ganzen präpylorischen Abschnittes führte (Gastrospasmus). Die Peristaltik war in dem spastischen Abschnitt entsprechend der Contractur aufgehoben. Der Tonus des Sphincter pylori war herabgesetzt (Pylorusinsuffizienz). Watanabe[1]) sah in neueren Versuchen tonische Contracturen mit Stillstand der Peristaltik und anscheinend *offenem* Pylorus nach intravenöser Acetylcholininjektion, also auch bei starkem parasympathischen Reiz.

Eingehende Untersuchungen von Mangold[2]) am Muskelmagen der körnerfressenden Vögel über die Vaguswirkung kommen ebenfalls zu dem Ergebnis, daß die Reizung des peripheren Vagus meist erregt, während Reizung des unverletzten Vagus meist hemmt.

Aus allen diesen Ausschaltungsversuchen läßt sich schließen, daß der Vagus den Tonus des Magens erhöht, die Peristaltik steigert (ausgenommen bei tonischer Contractur) und den Tonus des Sphincter pylori herabsetzt.

Die zweite Möglichkeit, den Einfluß des Vagus darzustellen, ist die der *elektrischen oder mechanischen Reizung.* Jakobj[3]) reizte den Vagus bei Kaninchen und Katzen, die 3—6 Tage gehungert hatten, im Kochsalzbad und erhielt starke Bewegungen des Magenfundus, wenn er vorher die Splanchnici durchschnitten hatte. Die bessere Wirkung der Vagusreizung nach Durchtrennung der hemmenden sympathischen Fasern betonen auch Bayliss und Starling[4]). Page May[5]) fand 10—15 Sekunden Hemmung, dann verstärkte Kontraktionen zugleich mit einem Anwachsen des Tonus. v. Openchowski[6]) sah nach Vagusreizung Schluß des Pylorus. Auch Kaufmann[7]) sah bei Hunden Kontraktionen auftreten. Alle diese älteren Versuche weisen schon auf die erregende Wirkung des Vagus auf den Magen hin. Klee[8]) benutzte die Sherringtonsche Rückenmarkskatze, beobachtete mit dem Röntgenverfahren und sah nach Reizung der peripherischen Vagusstümpfe am Hals folgendes: Nach kurzer Hemmung, die aber nicht konstant ist, wird bei schwachen Strömen die Peristaltik vertieft und beschleunigt. Bei mittlerer Stromstärke treten sehr heftige peristaltische Einschnürungen auf, die sich auf den ganzen Magen erstrecken und ihn in mehrere Abschnitte zu teilen vermögen. Alle Einschnürungen laufen peristaltisch dem Pylorus zu. Die vertieften peristaltischen Wellen treiben den Inhalt in sehr großen Schüben in den Dünndarm. Der Pylorus öffnet sich beim Herannahen einer Welle und schließt sich nach Entleerung. Sind jedoch mehrere starke Entleerungen in das Duodenum erfolgt, so schließt er sich kürzere oder längere Zeit und läßt trotz Weiterdauer der Vagusreizung und der Peristaltik nichts mehr passieren. Die Kardia bleibt fest geschlossen, vorausgesetzt, daß der Oesophagus leer ist. Ein Zurücktreten des Mageninhalts in den Oesophagus findet sich bei Reizung des peripherischen Vagus nicht. Nach Aufhören der Reizung kann wieder eine vorausgehende Hemmung eintreten. Die Versuche berücksichtigen alle bekannten Fehlerquellen. Stahnke[9]) hat neuerdings den Vagus bei Hunden und Menschen mittels besonderer konstruierter Elektroden am unteren Oesophagus gereizt. Auch er findet bei Röntgenbeobachtung, daß schwache und mittlere Reize Peristaltik und Austreibung fördern. Die Wirkung trat entsprechend den Beobachtungen anderer Untersucher nach einer gewissen

---

[1]) Watanabe: Zitiert auf S. 431.
[2]) Mangold: Pflügers Arch. f. d. ges. Physiol. Bd. 111, S. 163. 1906.
[3]) Jakobj: Zitiert auf S. 430 (ältere Literatur).
[4]) Bayliss u. Starling: Journ. of physiol. Bd. 24, S. 99. 1899; Bd. 26, S. 126. 1901.
[5]) Page May: Journ. of physiol. Bd. 31, S. 260. 1902.
[6]) Openchowski: Zentralbl. f. Physiol. Bd. 3, S. 1. 1889. Vgl. auch Starling: Ergebn. d. Physiol. Bd. 1, S. 446. 1902.
[7]) Kaufmann: Wien. med. Wochenschr. 1905, Nr. 32.
[8]) Klee: Pflügers Arch. f. d. ges. Physiol. Bd. 145, S. 557. 1912.
[9]) Stahnke: Zitiert auf S. 430 u. 425.

Latenzzeit ein. Nicht jede Welle treibt aus. Starke Reize treiben ebenfalls die Peristaltik an, hier bleibt aber der Pylorus geschlossen. Die Annahme Stahnkes, daß dieser Schluß durch unmittelbare Einwirkung des Vagus auf den Pylorus bedingt sei, kann richtig sein, wird aber durch den Versuch nicht bewiesen. Denn bei starken Strömen am unteren Oesophagusende können sympathische Nerven durch Stromschleifen mitgetroffen werden, auch kann dieser Pylorusschluß schon die Einleitung des Erbrechens sein, das bei weiterer Steigerung des Stroms auch eintrat. Damit würden die anderen Beobachtungen Stahnkes übereinstimmen, daß nämlich nach Herabsetzung des Sympathicuseinflusses durch Ergotamin bei stärkerem Vagusreiz Pylorusinsuffizienz, d. h. kontinuierliches Überfließen von Röntgenbrei in das Duodenum erfolgte. Ist der Vagus nicht durchschnitten, muß man mit Reflexen durch die afferente Vagusleitung rechnen.

Wird der *intakte* Vagus am Halse einer decerebrierten Katze faradisch gereizt, dann tritt nach kurzer Hemmung reflektorisches Erbrechen auf.

Der intakte Vagus wurde mechanisch gereizt von Daniélopolu, Simici und Dimitru[1]), indem sie den Vagus am Hals 2—3 Minuten lang komprimierten und die Reaktion des Magens mit Gummiballon und Mareykapsel aufschrieben. Doch können ihre Resultate nicht eindeutig sein, da man nicht beurteilen kann, wieweit zentrifugale und wieweit zentripetale Fasern gereizt sind. Während der Dauer der Kompression trat gleichzeitig mit Bradykardie und Vertiefung der Atmung Hemmung des Magens ein, nach Beendigung der Reizung Hypermotilität. Die Angabe von Lebon und Aubourg[2]), die nach elektrischer Reizung des Vagus am Hals beim Menschen beschleunigte Magenentleerung feststellten, wurde von Weil[3]) nachgeprüft und nicht bestätigt.

Erwähnt sei an dieser Stelle, daß Brinkmann[4]) und van Dam und v. d. Velde den bekannten Loewyschen Versuch der humoralen Übertragung des Nervenreizes auch am Magen machten und Vagus- und Sympathicusreizstoffe vom Froschherzen durch die Arteria gastrica auf den Froschmagen überführten. Ähnliche Fernwirkungen konnten sie auch am Warmblüter erzielen.

Aus den Versuchen mit Vagusreizung scheint hervorzugehen, daß der Vagus unter bestimmten Bedingungen den Magen nicht nur erregen, sondern auch hemmen kann. Man darf dabei die anatomischen Verhältnisse nicht vergessen, die uns, abgesehen von der mannigfachen Verflechtung, zeigen, daß vom Ganglion stellatum aus abwärtsziehende sympathische Fasern sich mit dem Brustvagus verbinden, und daß vom Vagus aus ein starker Ast zum Ganglion coeliacum hinzieht. In dieser Hinsicht sind die Reizversuche weniger beweisend als die Ausschaltungen des Antagonisten!

5. Der Magen unter überwiegendem Sympathicuseinfluß.

Die Einwirkung des Sympathicus zeigt sich, wenn man die *Vagi durchschneidet.* Dieses Experiment ist außerordentlich häufig gemacht worden. Sehr wichtig ist, wo man den Vagus durchtrennt. Wird er am Hals durchschnitten [Krehl[5]), Stark[6]), Pawlow[7])], wird die Schlucktätigkeit des Oesophagus und

[1]) Daniélopolu, Simici u. Dimitru: Arch. internat. de physiol. Bd. 23, S. 205. 1924.
[2]) Lebon u. Aubourg: Arch. de l'électr. méd. Bd. 19, S. 313. 1911.
[3]) Weil: Dtsch. Arch. f. klin. Med. Bd. 109, S. 456. 1913.
[4]) Brinkmann u. van Dam: Pflügers Arch. f. d. ges. Physiol. Bd. 196, S. 66. 1923. — Brinkmann u. v. d. Velde: Ebenda Bd. 209, S. 383. 1925. — Vgl. auch Hamburger: Klin. Wochenschr. 1923, Nr. 26, S. 1297.
[5]) Krehl: Arch. f. (Anat. u.) Physiol. 1892, Suppl. S. 278.
[6]) Stark: Münch. med. Wochenschr. 1904, S. 1512.
[7]) Pawlow: Die Arbeit der Verdauungsdrüsen. Wiesbaden: J. F. Bergmann 1898.

die Innervation der Kardia gestört. Die Tiere gehen leicht an Lähmung des Oesophagus, Schluckpneumonie usw. zugrunde. ALDEHOFF und v. MERING[1]) durchschnitten die Vagi subdiaphragmal mit Durchtrennung und Wiedervernähung der Speiseröhre. Beim Fistelhund sahen sie nach einer Fleisch-Speck-Milch-Mahlzeit nach Ablauf von 20 Stunden keinen Speiserest mehr. Auch konnten sie bei Hunden, die mehrere Monate die Vagotomie überstanden hatten, keine Magenerweiterung nachweisen. CANNON[2]) fand bei Katzen nach der oberen Vagotomie röntgenologisch eine deutliche Schädigung der Magenperistaltik und eine Verzögerung des Speisetransportes durch Magen und Dünndarm. KLEE[3]) stellte bei Decapitation, die einer Ausschaltung des Vagus gleichkommt, verzögerten Beginn der Peristaltik, seltene und unregelmäßige Pylorusöffnungen und Erschwerung der Magenentleerung fest. Ein Rest blieb im Fundusteil des Magens zurück. KOENNECKE und MEYER[4]) führten bei 4 Hunden die subdiaphragmatische doppelseitige Vagotomie aus und durchleuchteten die Tiere. Der Eingriff bewirkte eine dauernde Störung am Magen. Der Tonus war herabgesetzt. Die Peristaltik war verzögert und träge. Eine Verzögerung der Entleerung und Austreibung brauchte damit nicht verbunden zu sein. Sie kontrollierten bis zu 10 Monaten nach der Operation und länger. Kurz nach dem Eingriff sind die Störungen wohl erheblicher. Weitere Versuche, die frühere Beobachtungen bestätigten, machten MODRAKOWSKI und SABAT[5]) sowie NIEDEN[6]). Auch BICKEL[7]) und RUBACHOW stellten nach doppelseitiger intrathorakaler Vagotomie oberhalb des Zwerchfells eine Herabsetzung des Tonus und der Peristaltik fest, die in der Folgezeit ein wenig kompensiert wurde.

Alle Ergebnisse stimmen darin überein, daß die einseitige Erhaltung der äußeren sympathischen Innervation des Magens, infolge Vagotomie, im Dauerversuch die muskulären Vorgänge am Magen herabsetzt, ohne sie aufzuheben. Dieser Zustand ist unmittelbar nach dem Eingriff am ausgeprägtesten.

Noch eindrucksvoller läßt sich die hemmende Wirkung der sympathischen Zentren und Nerven demonstrieren, wenn man bei der Katze das Mittelhirn durchschneidet. Hierbei arbeitet der Magen im Röntgenbild mit gutem Tonus und lebhafter Peristaltik. *Kühlt man* jetzt *die Vagi* am Hals durch Kühlröhrchen ab, so hört die Peristaltik plötzlich auf und der Magen wird schlaff und völlig bewegungslos. Stellt man die Reizung durch Erwärmung der Vagi wieder her, so fängt der Magen wieder an zu arbeiten[3]).

Endlich läßt sich die Wirkung des Splanchnicus dadurch demonstrieren, daß man die *Splanchnici reizt.* Die älteste Literatur[8]) bringt darüber noch widersprechende Berichte, z. B. CONTEJEAN[9]), MORAT[10]), PAGE MAY[11]). Seit ELLIOT[12]) (1905) stimmen die Ergebnisse ziemlich überein. ELLIOT fand nach Splanchnicusreizung Erschlaffung des Magens und Hemmung der Bewegungen. Wichtig ist, daß er sowohl bei der elektrischen Reizung der Nerven wie bei

---

[1]) ALDEHOFF u. v. MERING: 17. Kongr. f. inn. Med. 1899, S. 337.
[2]) CANNON: Zitiert auf S. 399.
[3]) KLEE: Zitiert auf S. 411.
[4]) KOENNECKE u. MEYER: Zitiert auf S. 432.
[5]) MODRAKOWSKI u. SABAT: Verhandl. d. dtsch. Röntgenges. Bd. 9. 1913.
[6]) NIEDEN: Verhandl. d. dtsch. Ges. f. Chir. 1921.
[7]) BICKEL: Zitiert auf S. 431.
[8]) Ältere Zusammenstellung bei STARLING: Ergebn. d. Physiol. Bd. 2, S. 446. 1902.
[9]) CONTEJEAN: Arch. de physiol., Ser. 5, S. 640. 1892.
[10]) MORAT: Arch. de physiol., Ser. 5, S. 142. 1893.
[11]) PAGE MAY: Journ. of physiol. Bd. 31, S. 260. 1904.
[12]) ELLIOT: Journ. of physiol. Bd. 32, S. 401. 1905,

Adrenalin Schluß des Pylorus notiert, in Übereinstimmung mit späteren Beobachtungen von KLEE[1]) und WATANABE[2]). KLEE sah bei retroperitonealer

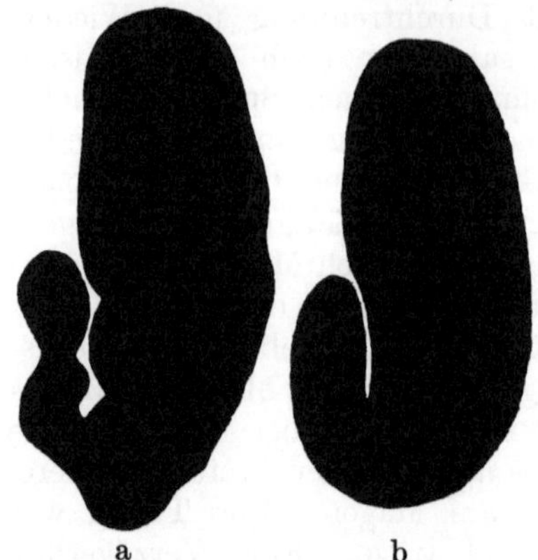

a   b
Abb. 109. Röntgenphotogramme eines Katzenmagens. a) Vor Reizung des Splanchnicus (lebhafte Peristaltik), b) Nach 20 Sekunden farad. Splanchnicusreizung (totale Hemmung).

faradischer Reizung des Splanchnicus nach Latenzzeit von wenigen Sekunden ohne vorherige Erregung sofort Sistieren der Magenentleerung bei geschlossenem Pylorus, Aufhebung der Peristaltik und Erschlaffung des gesamten Magens. Exstirpation der Nebennieren änderte daran nichts. (Abb. 109.)

Auch reflektorisch kann man die Hemmungswirkung der Splanchnici nachweisen. WERTHEIMER[3]) zeigte 1892 an curarisierten Hunden zuerst, daß die Reizung des zentralen Stumpfes des Ischiadicus reflektorische Hemmung der Magenbewegung und Tonusabnahme hervorruft. KLEE zeigte, daß diese reflektorische Hemmung ausbleibt, wenn man die Splanchnici durchschnitten hat, also ähnlich wie BAYLISS und STARLING[4]) und HOTZ[5]) für den Dünndarm feststellten.

6. Die Sphincteren des Magens.

Die nervösen Einwirkungen der extragastrischen Nerven auf die Sphincteren erfordern kaum eine besondere Besprechung. Die wesentlichen Tatsachen wurden bereits erwähnt. Die extragastrischen Nerven wirken danach auf den Magen als Ganzes ein. Die Wirkungen auf die Sphincteren können von der allgemeinen Magenwirkung nicht getrennt werden. Was man früher vielfach als unmittelbare Wirkung besonderer öffnender und schließender Vagus- und Sympathicusfasern ansah, sind wohl zum Teil Äußerungen lokaler, d. h. in der Magendarmwand sich abspielender Reflexe, z. B. der Peristaltik.

Durch Vaguserregung wird, wie aus den oben angeführten experimentellen Tatsachen hervorgeht, die Füllung und Entleerung des Magens erleichtert (Zunahme des Magentonus, Förderung der Peristaltik, Abnahme des Sphinctertonus), durch Splanchnicuserregung wird sie erschwert (Abnahme des Magentonus, Hemmung der Peristaltik, Zunahme des Sphinctertonus). Die Sphincteren passen sich demnach durch Vermehrung oder Verminderung des Tonus sehr zweckmäßig diesen Vorgängen an.

Darüber hinaus scheinen kompliziertere Verhältnisse vorzuliegen, wenn auf dem Wege des Zentralnervensystems besonders gebahnte Reflexe, wie der Brechreflex, ausgelöst werden (s. unten).

Im allgemeinen kann man aus allen Versuchen schließen, daß die Reizung der *sympathischen* (splanchnischen) Nerven immer mit einer Zunahme, niemals mit einer Abnahme des Tonus des Pylorussphincters verbunden ist. Dem widerspricht nicht, daß man auch vom Vagus aus diesen Tonus erhöhen kann, nämlich dann, wenn man auf dem Vaguswege direkt eine Hemmung des Magens hervorruft oder indirekt den Brechreflex auslöst.

---

[1]) KLEE: Splanchnicusreizung. Pflügers Arch. f. d. ges. Physiol. Bd. 154, S. 552. 1913.
[2]) WATANABE: Virchows Arch. f. pathol. Anat. u. Physiol. Bd. 251, S. 494. 1924.
[3]) WERTHEIMER: Arch. de physiol., Ser. 4, S. 379. 1892.
[4]) BAYLISS u. STARLING: Journ. of physiol. Bd. 24, S. 99. 1899; Bd. 31, S. 260. 1902.
[5]) HOTZ: Mitt. a. d. Grenzgeb. d. Med. u. Chir. Bd. 20, S. 256. 1909.

VI. Die Arbeit des Magenmuskels als Ganzes und ihre Störungen.

Die Kräfte, die den Mageninhalt bewegen, beruhen in der Hauptsache auf muskulären Vorgängen, doch wirkt, besonders beim stehenden oder sitzenden Menschen, die Schwerkraft erheblich mit. In horizontaler Lage scheint fast die ganze Arbeit dem Magenmuskel zuzufallen. Um so auffälliger ist es, daß stärkere Unterschiede in der Zeit, die der Magen braucht, um seinen Inhalt zu entleeren, im Stehen und im Liegen nicht bestehen.

Für die Beurteilung der Arbeit des Magenmuskels gibt es keinen einwandfreien Maßstab. Die Geschwindigkeit der Entleerung ist ungleichförmig und von Faktoren abhängig, die in keiner direkten Beziehung zur Muskeltätigkeit stehen. Gewöhnlich dient die Länge der *Zeit*, die zwischen der vollendeten Füllung des Magens und seiner völligen *Entleerung* verstreicht, als *Maß der muskulären Magenleistung*. Bei gleicher und dem Individuum angepaßter Belastung ergaben sich für die klinische Bewertung brauchbare Zahlen. Änderungen der Menge, der Konsistenz und der chemischen Beschaffenheit der Nahrung können aber zu erheblichen Schwankungen führen. Hierüber existieren ausführliche Untersuchungen, aus denen z. B. hervorgeht, daß bei Tieren und bei Menschen die Fette am längsten im Magen verweilen, während ihn die Kohlenhydrate am schnellsten verlassen[1]). Von großer Bedeutung ist ferner die Geschwindigkeit der Magenfüllung und die nervöse oder, besser gesagt, vegetative Bereitschaft des Magens. Die Erfahrung bei Schnellessern, Hungrigen oder Appetitlosen beweist das zur Genüge. Die klinische Beobachtung deckt sich hierin völlig mit dem Ergebnis des Tierexperiments[2]).

Die motorische Leistung des Magens wird, physiologisch betrachtet, durch das *Zusammenspiel von Magentonus, Peristaltik und Sphincterreflexen* bestimmt. Zwischen diesen Funktionen bestehen die engsten reflektorischen Beziehungen.

Der Magentonus ist, wie die Versuche am überlebenden Organ zeigen, abhängig von der Dehnung (Belastung) des Magenmuskels und von seiner Innervation. Die Peristaltik ist abhängig von dem Grade des Magentonus, demnach ebenfalls von der Dehnung und der Innervation. Die Peristaltik ist aber auch abhängig von der *Geschwindigkeit* der Dehnung des Magens, denn bei schneller Dehnung tritt der kritische Punkt, an dem die Peristaltik erscheint, früher auf als bei langsamer[3]). Die tonische Einstellung des Pylorussphincters endlich richtet sich nach der Peristaltik und nach innervatorischen Impulsen verschiedenster Herkunft. Damit ist die Vielfältigkeit der Faktoren, die die Magenleistung beherrschen, gekennzeichnet.

Im allgemeinen gilt die Regel, daß innervatorische Impulse, die den Magentonus erhöhen, auch die Peristaltik steigern und die Öffnung der Sphincteren fördern, und umgekehrt. Doch ist das nicht immer der Fall. So kann beim präpylorischen Gastrospasmus (z. B. durch Vagusreiz) trotz des gesteigerten Magentonus die Peristaltik fast aufgehoben sein. Es läßt sich beweisen, daß diese scheinbare Ausnahme darauf beruht, daß die Belastung und damit die Dehnung dieses Magenabschnittes gegenüber der starken tonussteigernden Innervation zu gering ist. So sieht man auch beim Menschen mit kräftiger parasympathischer Innervation und gutem Magentonus nicht selten im Stehen eine normale Form des distalen Magenabschnittes, während im Liegen, wo die Hauptbelastung

---

[1]) CANNON: Zitiert auf S. 399. — Vgl. auch F. BEST: Hoppe-Seylers Zeitschr. f. physiol. Chem. Bd. 69. 1910. — WULACH: Münch. med. Wochenschr. 1911, Nr. 74. — DEMUTH: Dtsch. Arch. f. klin. Med. Bd. 137, S. 292. 1921.

[2]) Vgl. z. B. HAUDEK u. STIGLER: Pflügers Arch. f. d. ges. Physiol. Bd. 133, S. 145. 1910, sowie TAKAHASHI: Pflügers Arch. f. d. ges. Physiol. Bd. 159. S. 389. 1914, dort Literatur.

[3]) Vgl. TRENDELENBURG: Zitiert auf S. 416.

mehr dem proximalen Abschnitt zufällt, der distale sich spastisch kontrahiert. Möglicherweise hängt auch die umstrittene Isthmusbildung mit diesen Verhältnissen zusammen.

Die Entleerungszeit des Magens wird bestimmt durch das Verhältnis des Tonus des Gesamtmagenmuskels zum Tonus des Sphincter pylori. Die austreibende Kraft der Peristaltik tritt demgegenüber an Bedeutung zurück. Die peristaltische Welle schließt höchstens in ihrem letzten Abschnitt, und hier nicht immer, das Lumen völlig ab, so daß ein erheblicher Teil des Mageninhaltes durch das Lumen wieder zurückströmt. Sie dient also im wesentlichen der Durchmischung des Mageninhaltes. Aus der Stärke der Peristaltik kann demnach auch kein Schluß auf die Entleerungszeit gezogen werden. Von Wichtigkeit ist dagegen die peristaltische Welle für den Öffnungsreflex des Pylorus. Umgekehrt hat vielleicht auch der mehr oder weniger hohe Tonus des Pylorussphincters Einfluß auf die Tiefe der letzten peristaltischen Einschnürung, wie überhaupt eine reflektorische Beziehung zwischen Tiefe der Peristaltik und Widerstand zu bestehen scheint.

Unter krankhaften Bedingungen kann allerdings die Peristaltik eine größere Bedeutung für die Austreibung gewinnen. Im Tierexperiment kann man z. B. durch faradische Reizung des peripherischen Vagus eine eigenartige Riesenperistaltik erzeugen, die den gesamten Magen in mehrere voneinander vollkommen abgeschlossene Abschnitte zu teilen vermag. Eine solche peristaltische Abschnürung kann ein Viertel des Mageninhaltes mit einer Welle durch den weit eröffneten Pylorus in das Duodenum treiben[1]. Mit der gewöhnlichen kleinsegmentären Peristaltik des distalen Magenabschnittes haben diese mächtigen Einschnürungen das peristaltische Weiterwandern und die Öffnung des Pylorus vor jeder Welle gemeinsam.

Auch bei der tiefgreifenden, mit Hypertrophie der Muskulatur verknüpften Peristaltik des menschlichen Magens infolge von Hindernissen am Pylorus kann die austreibende Wirkung der Peristaltik stärker hervortreten. Wahrscheinlich ist es nicht nur die stärkere Füllung und Dehnung, die diese Stenosen- oder Widerstandsperistaltik hervorruft, sondern es wirkt auch hier ein reflektorischer Innervationsvorgang mit. Eigenartig sind die Erschlaffungs- und Ermüdungsperioden dieser Peristaltik, wie man sie besonders im Stadium teilweiser Dekompensation beobachtet. Man könnte hier an die beschriebenen[2] langsamen, physiologischen Tonusschwankungen denken, die überhaupt in dem Auf und Ab der Peristaltik, auch beim Normalen, ihren periodischen Einfluß auszuüben scheinen.

Obwohl die Entleerungszeit des Magens weitgehend vom Magentonus abhängig ist, kann man aus ihren Schwankungen keinen Rückschluß auf den Grad des Magentonus ziehen. Richtiger führt hier, abgesehen von speziellen Methoden, wie der Erweiterungskurve (s. o.)[3], die Beobachtung des Füllungsvorganges und des Füllungsbildes in der Durchleuchtung. Aus dem Widerstand, den der Magenmuskel der eintretenden Kontrastmahlzeit entgegensetzt, werden Normotonie, Hypertonie und Hypotonie[4] geschlossen. Je hypotonischer der Magen ist, um so mehr gleicht sein Füllungsbild etwa dem eines flüssigkeitsgefüllten elastischen, sehr dünnwandigen Gummischlauches. Doch ist bei der Beurteilung des Magentonus neben der Belastung und der Innervation auch die Stützung des Magens durch die Bauchorgane und die Bauchwand zu beachten.

---

[1]) Klee: Pflügers Arch. f. d. ges. Physiol. Bd. 145, S. 557. 1912.
[2]) Weitz u. Vollers: Zitiert auf S. 418.
[3]) Bruns, O.: Zitiert auf S. 400.
[4]) Vgl. E. Schlesinger: Zitiert auf S. 406.

So kann bei gleicher vegetativer Innervation eine mittlere Belastung des Magens schon übermäßig sein, weil die Bauchdeckenstützung ungenügend ist, während dieselbe Belastung unter sonst gleichen Verhältnissen bei kräftiger Bauchdeckenspannung ohne erkennbare Formveränderung des Magens ertragen wird. Wahrscheinlich kann hier die vegetative Innervation des Magens kompensierend einwirken, so daß auch bei mangelhafter Bauchwandunterstützung der Magentonus aufrechterhalten wird. Versagt aber auch diese Innervation, so wird das klinische Bild der hypotonischen Ptose herauskommen. (Die Gastroptose, die nur eine Anpassung an die Körperbauverhältnisse darstellt [Langmagen], bleibt in diesem Zusammenhang unberücksichtigt.)

Mäßige Grade von Tonusverlust werden in der Klinik oft schon als Atonie bezeichnet. Es würde die Verständigung erleichtern, wenn auf diese physiologisch nicht begründete und gut durch das Wort Hypotonie ersetzbare Benennung verzichtet würde. Der hypotonische Magen ist der Peristaltik und der Magenentleerung noch fähig, während der atonische Magen (im physiologischen Sinne) weder Peristaltik noch Entleerung zeigt.

Einen wirklich atonischen Magen kann man im Tierexperiment durch Reizung des Splanchnicus erzeugen. Beim Menschen wird er beobachtet bei Ohnmachten, in tiefer Narkose, mitunter bei tabischen Krisen und vor allem bei dem Krankheitsbild der akuten Magendilatation.

Für alle diese Fälle wird man Innervationsstörungen annehmen dürfen. Doch ist wohl die Pathogenese der ileusartig verlaufenden akuten Magendilatation allein mit der Hypothese einer Sympathicusreizung und Vaguslähmung nicht erschöpft. Das in der Literatur oft und ausführlich behandelte Krankheitsbild ist nach seiner Ätiologie und seinen Symptomen doch recht verschiedenartig[1]). Wenn es sich wirklich um eine primäre innervatorische Störung handelt, wofür allerdings außer dem Experiment[2]) auch viele klinische Beobachtungen sprechen, so scheint doch sekundär die Retention und Zersetzung der Ingesta mit Gasbildung, reichliche Sekretion und mechanische Verhältnisse, Lageveränderungen und Abknickung, mitzuwirken.

Die Ursachen innervatorischer Tonusstörungen können sehr verschieden sein. Der wechselnde Tonus der Neurastheniker, die Spasmen der Hysterischen, die Hypotonien der Depressiven beweisen die Einflüsse der Psyche. Seelische Umstimmung kann oft die Störung beseitigen. Mensch und Tier zeigen in gleicher Weise die Reaktion auf Affekte, bald als Spasmen, bald als Hypo- oder Atonie. Vielfältige Reflexe, vom spinalen oder visceralen Nervensystem ausgehend, verändern den Tonus. Hormonale und inkretorische Einflüsse greifen ein. Die Erschlaffung des hypertonischen Magens durch kleine Mengen intravenös eingeführten Calciums beweist die Wirksamkeit der Elektrolyte.

Zwischen schweren und kaum nachweisbaren Störungen des Tonus bestehen alle Übergänge, und wahrscheinlich werden manche Tonusveränderungen erst manifest, wenn eine verhältnismäßig zu starke Belastung oder ein Nachlassen der Bauchdeckenstützung hinzutritt.

Daß der *Tonus des Pylorussphincters* und der Tonus des übrigen Magenmuskels aufeinander abgestimmt sind, beweist die gleichmäßige Magenentleerung im Stehen und im Liegen. Was an Einzeltatsachen über die Pylorusreflexe bekannt ist, wurde bereits besprochen. Wahrscheinlich sind noch manche Regulationen, die die Pylorusweite betreffen, unbekannt. Möglicherweise treten bei Ausfall bekannter Regulationen andere dafür ein. Es wäre deshalb voreilig,

---

[1]) Vgl. z. B. die Darstellung von Boas: Diagnostik und Therapie der Magenkrankheiten. 8. u. 9. Aufl. Leipzig: Thieme 1925. Dort ausführliche Literatur.
[2]) W. Koennecke: Bruns' Beitr. z. klin. Chir. Bd. 127, S. 698.

wenn man z. B. auf Grund der Tatsache, daß der achylische Magen des perniziös Anämischen normale Entleerungszeiten aufweisen kann, die Existenz des Säurehemmungsreflexes ablehnen würde.

Ist der Pylorus in ein starr infiltriertes Rohr verwandelt, wie bei manchen Fällen von Carcinom, so kann sich, genügende Öffnung vorausgesetzt, der Mageninhalt in kontinuierlichem Strom in das Duodenum ergießen. Diese absolute Pylorusinsuffizienz kann auch im Experiment hervorgerufen werden, wenn man an der decerebrierten Katze das Ganglion coeliacum exstirpiert[1]). Dabei kann sich der Magen in 30 Minuten statt in 3—4 Stunden entleeren. Weniger hohe Grade von Pylorusinsuffizienz sind beim Menschen nicht selten und oft nur mit innervatorischen Störungen erklärbar. Entsprechend den Beobachtungen beim Tierexperiment findet man auch beim Menschen die Insuffizienz des Pylorus oft verbunden mit Hypertonie oder Gastrospasmus (z. B. bei Nicotinabusus).

Recht kompliziert ist die Frage des Pylorospasmus. Mehr oder weniger lange Schließungen des Pylorus, wie sie auf Grund der normalen Pylorusreflexe auftreten können, wird man noch nicht als Pylorospasmus ansprechen können. Andererseits geht unter der Bezeichnung Pylorospasmus nicht nur der echte Pförtnerkrampf, sondern auch der Spasmus des Canalis pyloricus. Beide Abschnitte reagieren nicht gleich. Einen Sphincterkrampf kann man durch Adrenalin hervorrufen, einen präpylorischen Spasmus durch Acetylcholin. Daß sich aber beide Formen von Spasmus verbinden können, sieht man beim experimentell vom Vagus aus ausgelösten Brechakt. Auch die Begleiterscheinungen von seiten des übrigen Magens können sehr verschieden sein. Die Peristaltik kann weiterlaufen, sie kann völlig gehemmt sein, oder es kann eine rückläufige Brechbewegung einsetzen. Alle diese verschiedenen Erscheinungsformen lassen sich im Tierexperiment durch verschiedenartige Eingriffe in das Nervensystem hervorrufen. Und man darf dementsprechend annehmen, daß auch beim Menschen der Pylorusspasmus keine einheitliche Genese hat und daß die Verhältnisse hier ähnlich liegen wie beim Kardiospasmus. Somit ist es auch nicht richtig, wenn aus der therapeutischen Beeinflussung des Pylorospasmus beim Menschen, z. B. durch Atropin, Rückschlüsse auf die Innervation des Pylorussphincters gezogen werden.

---

[1]) Klee: Pylorusinsuffizienz. Dtsch. Arch. f. klin. Med. Bd. 129, S. 275. 1919.

Der Brechakt.

Von

Philipp Klee

München.

1. Erbrechen und Nausea.

Das Erbrechen ist eine Schutz- und Abwehrvorrichtung des Organismus, die nicht allen Säugetieren zur Verfügung steht. So können die meisten pflanzenfressenden Tiere nicht erbrechen. Mellinger[1]) gibt eine ausführliche Zusammenstellung, aus der hervorgeht, daß Fische, Reptilien, Amphibien und Vögel erbrechen können, von den Säugetieren nur Paarzeher, Insektenfresser (Igel) und die Raubtiere. Die Nagetiere erbrechen nicht. Auch ist der Mechanismus des Erbrechens nicht bei allen brechenden Tieren gleich. Bei höheren Tieren steht im Gegensatz zu niederen die Mitwirkung der quergestreiften Körpermuskulatur mehr im Vordergrund[2]). Der Frosch erbricht z. B. auch dann, wenn man das Zentralnervensystem zerstört, die Bauchhöhle eröffnet und den Magen freilegt. Der Magen führt dabei antiperistaltische Bewegungen aus (Mellinger). Bei höheren Tieren ist das Zentralnervensystem zum Erbrechen notwendig.

Die einfache Regurgitation der Speisen, d. h. das rückläufige Hochsteigen von Mageninhalt in die Speiseröhre oder in den Mund wird dem Brechakt nicht zugerechnet, obwohl einige einfache Mechanismen bei beiden gleich sind, z. B. die reflektorische Öffnung der Kardia. Die Kardia öffnet sich, wenn im Innern des Magens ein Druck von 25 cm Wasser erreicht wird. Dieser Reflex ist in Narkose aufgehoben [Kelling[3])]. Auf einem rein kardialen Reflex beruht das Aufstoßen von Luft, wenn die Magengasblase eine bestimmte Größe erreicht hat. Druck der Bauchdecken wirkt mitauslösend. Rhythmische Öffnungen der Kardia kann man auch am isolierten Katzenmagen sehen, wenn der Innendruck durch Füllung und Dehnung auf eine bestimmte Höhe gesteigert wird.

Die Rumination gehört nicht zum Erbrechen, sie wird in einem besonderen Abschnitt besprochen.

Das Erbrechen ist beim Menschen meist — nicht immer — mit einem subjektiven Gefühl der Übelkeit verbunden, dem sich eine Reihe von objektiven Symptomen, Blässe, Schweißausbruch, Muskelschwäche, Änderungen in Puls und Atmung, Steigerung der Sekretionen im Mund und in den Luftwegen hinzugesellt. Man faßt diese Vorgänge unter dem Namen *Nausea* zusammen [Magnus[4])]. Von

---

[1]) Mellinger: Beiträge zur Kenntnis des Erbrechens. Pflügers Arch. f. d. ges. Physiol. Bd. 24, S. 232. 1881.

[2]) Magendie: Mémoire sur le vornissement. Paris 1813. (Zit. nach Magnus[4]).)

[3]) Kelling: Volkmanns klin. Vortr. f. inn. Med. Nr. 144.

[4]) Magnus: Apomorphin usw. Handb. d. exp. Pharm. Bd. II, 1, S. 430. Berlin: Julius Springer 1920.

anderen wird Nausea mit dem Prodromalstadium des Erbrechens gleichgesetzt [MILLER[1]), anemetisches Stadium].

Ausführlich haben sich HATCHER und WEISS[2]) mit der Nausea beschäftigt. Da Nausea noch dort beobachtet wird, wo das Zentrum für die Auslösung des Erbrechens zerstört ist, glauben sie, daß die Nausea eine primitive Form des Giftschutzes ist. Während der Nausea wird der Pylorus geschlossen und der Übergang ungeeigneter oder giftiger Stoffe in das Duodenum verhindert, so daß es nur zu allmählicher Resorption in kleinen Mengen kommt. Tiere, bei denen Nausea zum Giftschutz ausreicht, sollen nach HATCHER und WEISS das Brechvermögen verloren haben. Die nichtbrechenden Ratten, Meerschweinchen, Kaninchen sollen gegen vegetabilische Gifte resistenter sein als Katze, Hund und Mensch, die erbrechen können. Experimentell fanden HATCHER und WEISS, daß Katzen, die 1 mg/kg 1promill. Strychninsulfat per os erhalten hatten, weniger toxische Nebenwirkungen zeigten, wenn durch intravenös gegebene Digitalistinktur Nausea (ohne Erbrechen) erzeugt war. Aber ähnliche Versuche an Ratten waren nicht so eindeutig. THUMAS[3]) glaubte, daß die Unfähigkeit einzelner Tiere, zu erbrechen, mit einer rudimentären Ausbildung oder Fehlen des Brechzentrums zusammenhänge.

Die ganze Frage ist für die Pathologie von großem Interesse. Es liegt nahe, bei der Entstehung von Übelkeit, Ekel usw. auch an die bedingten Reflexe von PAWLOW zu denken.

2. Das Brechzentrum.

Der gesamte Komplex der Brecherscheinungen steht unter der Herrschaft eines gemeinsamen Zentrums in der Medulla oblongata. Die Annahme VON OPENCHOWSKIS[4]) von der Existenz eines weiteren Brechzentrums in den Vierhügeln muß als widerlegt betrachtet werden. Durch Zerstörungen in der Vierhügelgegend wird das Erbrechen auf Apomorphin gehemmt, aber nicht verhindert. An der decerebrierten Katze, bei der die vordere Vierhügelgegend durchschnitten ist, kann man leicht durch Reizung des intakten Vagus am Hals den Brechakt auslösen[5]). Auch mit Apomorphin gelingt es, aber man muß zu größeren Dosen greifen und das Apomorphin intravenös geben (0,004—0,02 g/kg in 2proz. Lösung intravenös) [KLEE und LAUX[6])].

THUMAS[3]) war der erste, der das Brechzentrum scharf in der *Medulla oblongata* lokalisierte. Als Zentralapparat für den Brechreflex gibt er eine Stelle an, die etwa 5 mm lang und 2 mm breit ist und die nach vorn und hinten vom Calamus scriptorius und in den tieferen Schichten der Medulla oblongata gelegen ist. Diese lange unbestrittene Feststellung von THUMAS ist neuerdings von HATCHER und WEISS[7]) in Zweifel gezogen worden. Diese Autoren bestätigen zunächst, daß Vierhügelzerstörung das Erbrechen nicht aufhebt. Mit Lobelinum sulfuricum, das bei Katzen intramuskulär gegeben ein sicheres Brechmittel ist, erbrachen sämtliche 4 Katzen trotz Vierhügelzerstörung. Nach Kleinhirnzerstörung erbrachen

[1]) MILLER, F. R.: Studien über den Brechreflex. Pflügers Arch. f. d. ges. Physiol. Bd. 143, S. 1. 1911.

[2]) HATCHER u. WEISS: Studies of vomiting. Journ. of pharmacol. a. exp. therapeut. Bd. 22, S. 139. 1924.

[3]) THUMAS: Brechzentrum. Virchows Arch. f. pathol. Anat. u. Physiol. Bd. 123, S. 44. 1891.

[4]) v. OPENCHOWSKI: Zentralbl. f. Physiol. Bd. 3, S. 1. 1889 u. Arch. f. (Anat. u.) Physiol. 1889, S. 549.

[5]) KLEE: Brechreflex. Dtsch. Arch. f. klin. Med. Bd. 128, S. 204. 1919.

[6]) KLEE u. LAUX: Brechmittelwirkung. Dtsch. Arch. f. klin. Med. Bd. 149, S. 189. 1925.

[7]) HATCHER u. WEISS: Studies of vomiting. Journ. of pharmacol. a. exp. therapeut. Bd. 22, S. 139. 1924; ferner Arch. internat. de méd. Bd. 29, S. 690. 1922.

von 6 Katzen 4 (Lobelin und Sublimat). Nach Zerstörung der THUMASschen Zone, deren genaue Lokalisation nicht leicht ist, konnte durch Sublimat, Brechweinstein, Tct. Digitalis, Strophantin und Pilocarpin noch Erbrechen hervorgerufen werden. HATCHER und WEISS erklären die negativen Apomorphinresultate von THUMAS mit der durch die Operation gesetzten Hemmung. Als wesentlich für die zentrale Verknüpfung des Brechreflexes sehen sie die *sensorischen Vaguskerne* an, da es ihnen bei deren beiderseitiger Zerstörung nicht mehr gelang, den Brechakt auszulösen. Sie betrachten deshalb diese Kerne als die Stelle, von der aus alle hemmenden und fördernden Funktionen in Tätigkeit gesetzt werden, die den Brechkomplex bilden. Es sind dieselben Kerne, die auch die afferenten Impulse von Schlund, Kehlkopf, Trachea, Herz, Magen und Darm aufnehmen.

Bei dem engen Raum der Medulla oblongata, auf den sich die Reflexzentren des Erbrechens, Schluckens, Saugens, Hustens, Niesens, und die automatischen Zentren für die Atmung und den Kreislauf zusammendrängen, sind solche lokalisatorischen Fragen sicher schwer zu lösen.

3. Die Brecherscheinungen im allgemeinen.

Wird durch irgendeinen Reiz der Brechakt ausgelöst, so läuft er mit allen seinen Erscheinungen in koordinierter Reihenfolge ab, falls die peripherischen Organe und ihre Innervation intakt sind. Wird durch einen Eingriff die peripherische Funktion an einer oder mehreren Stellen gestört, z. B. durch Phrenicotomie oder Rückenmarksdurchschneidung, so werden beim höheren Tier die betreffenden Organerscheinungen ausfallen, die übrigen aber in wenig veränderter Weise ablaufen. MAGENDIE[1]) hat den Magen exstirpiert und dafür eine Schweinsblase eingenäht. EGGLESTON und HATCHER[2]) haben den gesamten Magendarmtraktus herausgenommen und den Pharynx und den Oesophagus mit Cocain anästhesiert, KLEE[3]) den Phrenicus oder das Halsmark durchschnitten, trotzdem ließ sich der Brechreflex auslösen.

Schon im Prodromalstadium wird die Haut durch Vasokonstriktion blaß. Sie bedeckt sich mit Schweiß. Der Puls wird schneller. Die Atmung ist während der Nausea flach und beschleunigt. Dann folgen einige tiefe und regelmäßige Atemzüge, die mit tiefer Inspiration enden. Mit ruckartiger Exspiration bei geschlossener Glottis wird dann der Höhepunkt des Erbrechens erreicht [GUINARD[4]), O. HESSE[5])]. Die Bauchmuskulatur kontrahiert sich rhythmisch, und mit entsprechenden Bewegungen der Halsmuskulatur wird der Mageninhalt durch die eröffnete Kardia in den Oesophagus und nach außen befördert. Der Vorgang ist von Sekretion der Speicheldrüsen, der Trachea und der Bronchien sowie der Tränendrüsen begleitet. Nach dem Erbrechen folgt nach Beobachtungen von F. R. MILLER[6]) an der Katze gewöhnlich ein längerer oder kürzerer Atemstillstand, danach sind die ersten Atembewegungen langsam und gehen allmählich in solche von normaler Amplitude und Frequenz über. Die geschilderten Symptome sind experimentell in Einzelheiten von HARNACK[7]) (Puls), GUINARD[4]) (Puls, Atmung, Blutdruck), F. R. MILLER[6]), HESSE[5]) (Atmung), untersucht worden. LEVY-DORN und MÜHLFELDER[8]) sahen beim Menschen, daß das Zwerchfell zu Beginn des

[1]) MAGENDIE: Zitiert auf S. 441.

[2]) EGGLETON u. HATCHER: Journ. of pharmacol. a. exp. therapeut. Bd. 3, S. 551. 1912.

[3]) KLEE: Zitiert auf S. 442.

[4]) GUINARD: Thèse méd. de Lyon 1898, Nr. 107 (zit. nach MAGNUS: S. 441).

[5]) HESSE, O.: Brechakt. Pflügers Arch. f. d. ges. Physiol. Bd. 152, S. 1. 1913.

[6]) MILLER: Zitiert auf S. 442.

[7]) HARNACK: Apomorphin. Arch. f. exp. Pathol. u. Pharmakol. Bd. 2, S. 254. 1874.

[8]) LEVY-DORN u. MÜHLFELDER: Berlin. klin. Wochenschr. 1910, Nr. 9, S. 388.

Brechaktes in inspiratorische Stellung rückte, beim Erbrechen aber ruckweise in exspiratorische Stellung gedrängt wurde. Eine weniger aktive Wirkung des Zwerchfelles beobachteten CZYLHARZ und SELKA[1]) beim Menschen. Die Annahme BECHTEREWS[2]), daß die inspiratorische Stellung des Zwerchfelles die Vorbedingung für die Kardiaöffnung sei, wurde von KLEE[3]) widerlegt. Die Kardia konnte sich schon 10—15 Sekunden vor der Inspiration öffnen. Die Öffnung war durch Phrenicotomie nicht zu beeinflussen. Doch scheint beim Erbrechen die tiefe Inspiration vor der austreibenden Exspiration sicher zu sein. Da der Druck in der Speiseröhre bei tiefer Inspiration negativ wird [v. MICULICZ[4]) berechnete ihn bei forcierter Inspiration auf — 24 cm Wasser], so wird bei offener Kardia der Mageninhalt in diesem Stadium in den Oesophagus hineingesogen. Dazu kommt, daß bei inspiratorisch gestelltem Zwerchfell der Druck der Bauchpresse wirksamer ist. Die Herausbeförderung des Speiseröhreninhaltes erfolgt dann mit der ruckartigen Exspiration bei geschlossener Glottis. Hierdurch wird der Druck auf den Oesophagus erhöht. HESSE[5]) verzeichnet in seinen Versuchen die Füllung des Oesophagus und das Ausbrechen nach außen als zwei verschiedene Stadien des Brechaktes.

4. Die Auslösung des Brechaktes.

Der Reiz zur Auslösung des Brechaktes kann unmittelbar am Zentrum angreifen (z. B. auf dem Blutweg) oder diesem durch afferente Nervenbahnen zugeleitet werden. In der Pathologie läßt sich oft schwer entscheiden, welche der beiden Möglichkeiten gegeben ist. Erbrechen tritt bei den verschiedenartigsten gastrointestinalen und überhaupt visceralen Erkrankungen auf. Meist handelt es sich dabei um reflektorische Einwirkungen, aber nicht immer. Wir sehen das Erbrechen durch unmittelbare Einwirkung auf das Zentralnervensystem bei Hirndruck, Hirnanämie und anderen cerebralen Zirkulationsstörungen, bei Migräne, Vestibularaffektionen, gastrischen Krisen, exogenen und endogenen Vergiftungen, Infektionskrankheiten, Psychoneurosen usw. Stärke, Dauer und Begleiterscheinungen des Erbrechens können bei diesen Vorgängen recht verschieden sein. Besonders wechselt das subjektive Gefühl der Nausea. Das Erbrechen kann erschwert und quälend sein, oder mühelos und gebahnt wie bei Hysterie. Es ist möglich, daß bei diesen Verschiedenheiten die toxischen Einwirkungen und psychische Reaktionen ausschlaggebend sind.

Zur experimentellen Analyse des Brechaktes hat man sich meist der brechenerregenden Substanzen oder der elektrischen Reizung des zentralen Vagus bedient.

Die Brechmittel oder Brechgifte wirken zum Teil unmittelbar auf das Brechzentrum, zum Teil von peripherischen Angriffspunkten, Magen, Darm, Herz auf reflektorischem Wege. Unter den zentral wirkenden Mitteln ist das bekannteste und von den älteren Autoren zur Erforschung des Brechaktes meist benutzte Mittel das Apomorphinum hydrochloricum. Mensch, Hund, Katze brechen nach Apomorphin, doch sind die nötigen Dosen recht verschieden. In neuester Zeit prüften HATCHER und WEISS[6]) 27 Substanzen nach und erkennen nur dem Apomorphin, Aconitin, Morphin, Heroin, Picrotoxin und Natr. salicyl. eine unmittelbare (zentrale) Wirkung auf das Brechzentrum zu (Versuche mit Aufpinselung der Substanz auf das Brechzentrum). Sie nehmen an, daß das Apomorphin dadurch

[1]) CZYLHARZ u. SELKA: Wien. klin. Wochenschr. 1913, Nr. 21, S. 842.
[2]) BECHTEREW: Funktionen der Nervenzentren. S. 259ff. Jena: Fischer 1908.
[3]) KLEE: Zitiert auf S. 442.
[4]) v. MICULICZ: Mitt. a. d. Grenzgeb. d. Med. u. Chir. Bd. 12, S. 569. 1903.
[5]) HESSE: Zitiert auf S. 443.
[6]) HATCHER u. WEISS: Zitiert auf S. 442.

wirkt, daß es die Erregbarkeit des Zentrums für normale afferente Impulse, die auf dem Wege vegetativer Nerven von verschiedenen Organen zugeleitet werden, steigert. Dieselbe Wirkungsweise vermuten sie auch bei den anderen zentral angreifenden Mitteln, vielleicht auch bei Krankheitstoxinen. Wenn das richtig ist, wäre allerdings jedes Erbrechen im Grunde reflektorisch ausgelöst und nur von der Erregbarkeit des Brechzentrums und der Stärke oder Spezifität des peripherisch angreifenden Reizes abhängig. Es läßt sich nicht bestreiten, daß diese Auffassung manches für sich hat.

Zu den reflektorisch wirkenden Brechmitteln gehören bekanntlich Kupfersulfat, Zinksulfat, Ipecacuanha (Emetin und Cephaelin) Tartarus stibiatus, nach HATCHER und WEISS auch Sublimat, Lobelin, Digitalis, Strophantin u. a. Durch Atropin kann die Brechwirkung von Pilocarpin und Nicotin gehemmt werden, dagegen nicht die des Apomorphins, Aconitins, der Digitaliskörper und großer Dosen von Morphin [EGGLESTON[1])].

Eine große Rolle bei der Auslösung des Erbrechens spielt die Summation unterschwelliger Reize [F. R. MILLER[2])]. Ist der Reflex erst eingeleitet, so läuft er in typischer Weise ab, auch wenn der Reiz frühzeitig unterbrochen wird.

5. Die Bahnen des Brechreflexes.

Die *efferenten* Bahnen des Brechreflexes sind die peripherischen Nerven des cerebrospinalen oder vegetativen Systems, die die beteiligten Organe versorgen, z. B. Phrenicus für Zwerchfell, Spinalnerven für Bauchmuskulatur, vegetative Nerven für den Magen und den Darm. Durchschneidung dieser Bahnen schaltet die betroffenen Funktionen aus. Bei Durchschneidung des Vagus und Sympathicus werden die Verhältnisse dadurch kompliziert, daß mit den efferenten Bahnen für Magen und Darm auch die afferenten Leitungen für die Auslösung des Reflexes getroffen werden. Brechenerregende Substanzen, die reflektorisch vom Magen aus angreifen, wie Kupfersulfat, werden nur dann Brechbewegungen hervorrufen können, wenn mindestens eine der beiden Bahnen — Vagus oder Sympathicus — erhalten ist und die afferente Leitung übernimmt.

Es ist deshalb wichtig, bei allen Angaben über die Beziehungen der vegetativen Nerven zum Brechakt zu betonen, ob man den Brechreflex im Allgemeinen oder den Magenbrechakt im Besonderen meint. In der neueren Literatur finden sich in dieser Hinsicht Verwirrungen.

Was die *afferenten* Bahnen für den Brechreflex anbetrifft, so können diese auf den verschiedensten Wegen zum Zentrum gelangen. Bekannt ist die afferente Leitung im Vagus. F. R. MILLER[2]) löste den Brechreflex durch faradische Reizung der zentralen Enden des Magenvagus aus, KLEE[3]) durch elektrische Reizung des intakten Vagus am Hals. Dagegen gelang es nicht, vom Splanchnicus aus faradisch den Reflex auszulösen. Damit ist aber noch nicht gesagt, daß dem Splanchnicus afferente Bahnen für den Brechreflex fehlen. Allerdings wird in der älteren Literatur dem Splanchnicus die Fähigkeit zur afferenten Leitung des Brechreflexes abgesprochen [v. OPENCHOWSKI[4]), MILLER[2])]. Dem widersprechen aber neuere Beobachtungen von HATCHER und WEISS[5]) sowie von KLEE und LAUX[6]).

---

[1]) EGGLESTON: Journ. of pharmacol. a. exp. therapeut. Bd. 9, S. 11. 1916 (zit. nach HATCHER u. WEISS).

[2]) MILLER: Zitiert auf S. 442.

[3]) KLEE: Zitiert auf S. 442.

[4]) v. OPENCHOWSKI: Zitiert auf S. 442.

[5]) HATCHER u. WEISS: Zitiert auf S. 442.

[6]) KLEE u. LAUX: Zitiert auf S. 442.

HATCHER und WEISS[1]) stellten fest, daß nach einer großen peroralen Dosis Sublimat trotz Vagotomie (in Höhe des 6. Cervicalwirbels) Erbrechen auftrat. Sechs nüchterne Katzen erbrachen nach 5 mg/kg 1 promill. Sublimat nach Intervall von 23 Minuten. Die Versuche sind aber nicht beweisend für die afferente splanchnische Leitung, da nach Resorption des Sublimats auch eine Wirkung von anderen Organen aus möglich ist. An anderer Stelle geben nämlich HATCHER und WEISS[1]) an, daß von drei nüchternen Katzen auf intravenöse Zufuhr von 4 mg/kg Sublimat in physiologischer Kochsalzlösung zwei erbrachen. Die Autoren nehmen hier als Angriffspunkt das Herz an. Beweisender ist vielleicht die Angabe, daß vier vagotomierte Katzen, die 0,05 g/kg Kupfersulfat gelöst in 20 Teilen H_2O erhalten hatten, sämtlich innerhalb der nächsten 30—74 Minuten erbrachen. Der Pylorus blieb dabei während der ganzen Periode geschlossen, da sich die blaue Flüssigkeit nur im Magen fand.

Auch aus Versuchen von KLEE und LAUX[2]) geht hervor, daß der Vagus für das Kupfersulfaterbrechen nicht unbedingt notwendig ist. Er scheint nur der bevorzugte afferente Weg zu sein. Gaben sie bei einer (decerebr.) Katze 0,1 g/kg $CuSO_4$ in 10 proz. Lösung und kühlten gleichzeitig den Vagus ab, so blieb das Erbrechen aus, erwärmten sie aber den Vagus, dann trat Erbrechen auf. Das Kupfersulfaterbrechen wurde also durch Ausschaltung der Vagusleitung gehemmt. Vergrößerten sie die Kupfersulfatdosis auf das Sechsfache, so konnten sie trotz beiderseitiger Vagusdurchschneidung Erbrechen hervorrufen. Auch durch Splanchnicotomie wird das Kupfersulfaterbrechen (bei kleinen Dosen) gehemmt.

Es liegen somit zwei Möglichkeiten vor. Entweder ist der Vagus in den vorliegenden Versuchen die bevorzugte afferente Leitung und der Splanchnicus tritt nur bei ihrer Verlegung und sehr starkem Reiz als Ersatz ein, oder die Substanz erregt beide afferenten Nervenbahnen gleichzeitig und der wirksame Reiz muß gesteigert werden, wenn eine Leitungskomponente ausfällt.

Schon v. OPENCHOWSKI[3]) hat angenommen, daß für verschiedene Brechmittel verschiedene Bahnen in Betracht kommen. HATCHER und WEISS haben auch für andere reflektorisch wirkende Gifte die afferenten Bahnen zu bestimmen versucht. Strophantin soll vom Herzen aus wirken, und zwar auf dem Sympathicusweg, Digitalis hingegen auf dem Vagusweg (?). Die Autoren geben zu, daß ihre Experimente noch nicht genügen, um das mit Sicherheit zu sagen. Auch die intravenöse Sublimatwirkung geht vom Herzen aus. Überhaupt soll das Herz ein wichtiger Ausgangspunkt für den Brechreflex nicht nur bei Vergiftungen, sondern auch bei Krankheiten sein. Brechweinstein wirkt vom Magen aus über den Vagus, vom Duodenum aus über den Sympathicus. Diese letzte Angabe ist schwer verständlich.

Am Magen scheint die mit Vagusästen reichlich versehene Kardiagegend für die Auslösung des Brechreflexes besonders empfänglich zu sein [VALENTI[4])]. Vom entzündeten Peritoneum aus kann man auch nach Vagotomie Erbrechen hervorrufen [BRAUN und SEIDEL[5])]. Vom Darm aus gelingt es leicht durch Kupfersulfat [v. OPENCHOWSKI[3])] oder Aufblähen mittels Gummiballon beim Fistelhund den Brechakt auszulösen.

---

[1]) HATCHER u. WEISS: Zitiert auf S. 442.
[2]) KLEE u. LAUX: Zitiert auf S. 442.
[3]) v. OPENCHOWSKI: Zitiert auf S. 442.
[4]) VALENTI: Arch. d. farmacol. sperim. e scienze aff. Bd. 9, VI. 1910. (Zit. nach MAGNUS: S. 441.)
[5]) BRAUN u. SEIDEL: Mitt. a. d. Grenzgeb. d. Med. u. Chir. Bd. 17, H. 5. 1907.

6. Die Magenbewegungen beim Brechakt.

Die aktive Beteiligung des Magens beim Brechakt war schon den älteren Physiologen bekannt. Tantini[1]), Schiff[2]) wiesen nach, daß die Entleerung des Magens von dem Verhalten der Kardia abhängig ist. Mellinger[3]) beobachtete die Bewegungen des Magens beim Hunde nach Eröffnung der Bauchhöhle. v. Openchowski[4]) stellte den Schluß des Pylorus, die Kontraktion des Pylorusabschnittes und die Anhäufung des Mageninhaltes im Fundusteil fest.

Aber erst durch die Röntgenuntersuchungen sind die Einzelheiten dieser Magenrevolution geklärt worden. Cannon[5]) ging hier voran. Seine Beobachtungen an der mit Apomorphin zum Erbrechen veranlaßten Katze decken sich in den wesentlichen Punkten mit der Beschreibung Openchowskis[4]). Er findet zunächst Erschlaffung des oberen Magenabschnittes, dann unregelmäßige pyloruswärts gerichtete Kontraktionen, die mit einer tiefen Einschnürung an der Grenze des Pylorusteils endigen. Der Inhalt des erschlafften Fundusteils wird infolge Kontraktion der Bauchpresse durch die eröffnete Kardia in die Speiseröhre entleert.

Genaueres erfahren wir durch die Röntgenserienaufnahmen am Hunde von Hesse[6]), der auch das Verhalten des Oesophagus mit untersuchte. Im Anfang der Nausea sistieren die peristaltischen Wellen. Der Pylorusteil kontrahiert sich. Der Fundusteil erschlafft. In ihm sammelt sich sämtlicher Mageninhalt. Im Beginn der bereits geschilderten tiefen regelmäßigen Atemzüge oder während ihres Verlaufs öffnet sich die Kardia, und es wird durch eine Kontraktion von Bauchpresse und Zwerchfell der Speisebrei in den Oesophagus getrieben. Die aus dem Fundus in die Speiseröhre geworfene Nahrung füllt in manchen Fällen den Oesophagus bis zum Hals, in anderen nur ein Drittel seiner Höhe. Die Kardia kann während der ganzen Brechperiode offen stehen. Durch eine plötzliche Exspiration bei geschlossener Glottis wird die Nahrung in den Mund und nach außen getrieben. Der gefüllte Oesophagus ist schlaff. Antiperistaltik der Speiseröhre hat Hesse nicht beobachtet. Nach dem Erbrechen geht der Rest der Nahrung peristaltisch aus der Speiseröhre in den Magen zurück. Der Brechakt wurde mit Apomorphin ausgelöst. Während Cannon[5]) einmal Antiperistaltik an der Katze notierte, fehlte sie beim Hunde.

Klee[7]) hat bei der decerebrierten Katze den Brechakt durch faradische Reizung des intakten Vagus am Hals ausgelöst und die Beobachtungen später mit Laux[8]) durch Apomorphin und Kupfersulfatversuche ergänzt. Aus diesen Versuchen geht hervor, daß der Magenbrechakt nicht immer mit den gleichen Einzelheiten verläuft, sondern daß Variationen vorkommen, die anscheinend von der Art und Stärke des Reizes und der Geschwindigkeit, mit der sich der ganze Vorgang abspielt, abhängig sind. So erklären sich wohl Differenzen in den bisherigen Befunden. Bei faradischer Reizung läuft der Magenbrechakt folgendermaßen ab: Sofort nach dem Einsetzen des wirksamen Reizes hört das Übertreten von Wismutbrei in den Darm auf. Der Pylorus schließt sich (1. Stadium: Pylorusschluß). Sodann werden die peristaltischen Wellen oberflächlich und verschwinden ganz. Der Magen erschlafft und erscheint regungslos (2. Stadium: Totale

---

[1]) Tantini: Zitiert nach J. Mayer in Hermanns Handb. d. Physiol.
[2]) Schiff: Zitiert nach J. Mayer in Hermanns Handb. d. Physiol.
[3]) Mellinger: Zitiert auf S. 441.
[4]) v. Openchowski: Zitiert auf S. 442.
[5]) Cannon: Americ. journ. of physiol. Bd. 1, S. 359. 1898.
[6]) Hesse: Zitiert auf S. 443.
[7]) Klee: Zitiert auf S. 442.
[8]) Laux: Dissert. München 1926.

Hemmung). Nun folgt entweder eine tiefe zirkuläre Einschnürung des Magens in seiner Mitte, die sich dann wieder löst und in eine totale spastische Kontraktion des gesamten Pylorusteiles und der Pars media übergeht, oder aber es erfolgt sofort nach der Erschlaffung des Magens eine starke spastische Kontraktion des Pylorusteils. Durch die Kontraktion wird der Wismutbrei in den Fundusteil des Magens gepreßt (3. Stadium: Kontraktion des Pylorusteils; Fundusfüllung). Jetzt öffnet sich die Kardia weit, und unter fast gleichzeitig eintretenden Kontraktionen der Bauchmuskulatur und des Zwerchfells erfolgt die stoßweise rhythmische Entleerung des Magens in den erschlafften, weiten und bewegungslosen Oesophagus (4. Stadium: Öffnung der Kardia, Entleerung in den Oesophagus). Nach Aussetzen des Reizes wird der nicht ausgebrochene Speiseröhreninhalt durch peristaltische Wellen in den Magen befördert. Zeitweilig öffnete sich die Kardia beim Brechakt, noch *bevor* der Druck der Bauchpresse einsetzte. Dann konnte man beobachten, daß der Fundusinhalt unter anscheinend hohem Druck in den Oesophagus schoß. Die Angabe CANNONS und HESSES über die völlige Erschlaffung des Fundusteils wurde schon hierdurch zweifelhaft. Diese Frage wurde weiter geklärt bei Verwendung von Apomorphin und Kupfersulfat.

Das Apomorphinerbrechen verlief bei decerebrierten Katzen mitunter so langsam, daß man die einzelnen Brecherscheinungen genau verfolgen konnte. Dabei zeigte sich nach der allgemeinen Magenhemmung plötzlich in der Mitte des Fundusteiles eine tiefe Einschnürung, die sich rasch kardiawärts bewegte. Der zwischen Kardia und Einschnürungsring liegende Mageninhalt wurde durch die sich öffnende Kardia in den erweiterten und bewegungslosen Oesophagus geschoben. Hier lag also ein echter antiperistaltischer Reflex vor. Eine Hemmung des Fundus wurde auch hier vermißt.

Bedeutend schneller und stürmischer lief das Kupfersulfaterbrechen ab. Nach der Hemmung, die immer gleich ist, kontrahierte sich erst der Pylorusteil und sodann der Fundusteil in toto. Die Kardia öffnete sich, und der in den hochstehenden Zwerchfellwinkel weit hinaufgezogene Fundusteil entleerte mit großer Kraft in breitem Strahl einen Teil seines Inhaltes in den dilatatierten Oesophagus. Verlief das Kupfersulfaterbrechen noch stürmischer, so erweiterte sich der untere Teil der Speiseröhre beim ersten Brechstoß sackartig. In diesen sackartigen Teil der Speiseröhre entleerte der Magen seinen Inhalt mit solcher Intensität, daß der Magenschatten überhaupt nicht mehr zu sehen war. Man gewann den Eindruck, daß hier eine aktive Längsmuskelkontraktion die Kardia dilatierte.

Man sieht aus diesen Versuchen, daß der Ablauf der Magenrevolution beim Brechakt der Katze ziemlich verschieden sein kann.

Weniger ins einzelne gehend sind die Beobachtungen beim Menschen. LEVY-DORN und MÜHLFELDER[1]) geben in einer kurzen Mitteilung an, daß sich beim Erbrechen der Magen kräftig um seinen Inhalt zusammenzieht. CZYLHARZ und SELKA[2]) berichten, daß sich der Antrumteil des Magens kontrahiert. Auch GROEDELS Serienaufnahmen sprechen für eine krampfhafte Kontraktion der Pars pylorica während des Erbrechens.

7. Die Innervation der Magenbewegungen beim Brechakt.

In welcher Weise die koordinierten Bewegungen, die zur rückläufigen Entleerung des Magens in die Speiseröhre führen, innerviert werden, ist noch nicht völlig geklärt. Nach allem, was bis jetzt beobachtet wurde, müssen wir annehmen, daß beim Säugetier eine nervöse Verbindung des Magens mit dem Brechzentrum

---

[1]) LEVY-DORN u. MÜHLFELDER: Zitiert auf S. 443.
[2]) CZYLHARZ u. SELKA: Zitiert auf S. 444.

nötig ist. Jedenfalls sind am *isolierten* Säugetiermagen typische Brechbewegungen noch nicht beobachtet worden. Die alten Versuche von SCHÜTZ[1]) beweisen in dieser Hinsicht nichts. SCHÜTZ injizierte dem lebenden Tier Apomorphin, nahm dann erst den Magen heraus und sah antiperistaltische Bewegungen. Da der Angriffspunkt des Apomorphins sicher zentral ist, kann es sich hier nicht um eine peripherische Wirkung des Apomorphins gehandelt haben. Wahrscheinlich waren die Brechbewegungen bereits zentral eingeleitet, als der Magen herausgenommen wurde. Bei eigenen Versuchen am isolierten Magen sah ich nie Antiperistaltik. Dagegen kann man eine andere Erscheinung hervorrufen, die jedoch mit dem Erbrechen nichts zu tun hat. Füllt man in den isolierten Katzenmagen eine größere Flüssigkeitsmenge, z. B. 100 ccm, so entstehen plötzlich rhythmische intermittierende Öffnungen der vorher geschlossenen Kardia, und die Magenwand zieht sich zusammen, so daß der Inhalt in die Speiseröhre zurückgetrieben wird, bis ein gewisser Ausgleich erreicht ist. Der Pylorus bleibt nach wie vor dabei geschlossen.

Beim Froschmagen scheint allerdings eine rein peripherisch vermittelte Brechbewegung des Magens möglich zu sein. Wenn MELLINGER[2]) einem Frosch, dessen Zentralnervensystem er zerstört hatte, 0,05 g Brechweinstein in den Magen einführte, sah er antiperistaltische Einschnürungen vom Pylorus zu der Kardia laufen, die den Inhalt rückläufig entleerten. GRUZOWSKI[3]) hat das unter THUMAS[3]) bestätigt. Diese Beobachtung ist nicht uninteressant im Hinblick auf die obenerwähnten Untersuchungen über die Erregungsleitung im Froschmagen (S. 428). Die Frösche sollen übrigens nur zu bestimmten Jahreszeiten brechen können.

Der erste, der die Frage der *efferenten* Bahnen für den Magenbrechakt bearbeitet hat, war v. OPENCHOWSKI[4]). Bei zentral wirkenden Brechmitteln blieben nach seinen Versuchen die charakteristischen Brechbewegungen aus nach Zerstörung der Vierhügel, nach Durchschneidung des Rückenmarks bis zum 5. Wirbel bzw. der Vorderstränge, Durchschneidung der Grenzstränge in Höhe der 6. und 7. Rippe und nach vollständiger Durchtrennung der Splanchnici. Nach Vagotomie wurde das Erbrechen erschwert, aber nicht verhindert. Die Ergebnisse von OPENCHOWSKI sind nur zum Teil bestätigt worden.

Auch BRAUN und SEIDEL[5]) sahen trotz Vagotomie bei Hunden nach Apomorphin Erbrechen. Sie stellten fest, daß die Durchschneidung der Splanchnici den Magenbrechakt nur hemmt, aber nicht aufhebt (bei Apomorphin und Tartarus stibiatus). Dagegen waren Apomorphin und Brechweinstein bei hoher Rückenmarksdurchschneidung völlig wirkungslos. VALENTI[6]) glaubte aus Versuchen an Hunden schließen zu können, daß die zentrifugale Bahn für den Brechakt hauptsächlich durch die Vagi gehe.

KLEE[7]) versuchte die Lösung der Frage mit faradischer Reizung des intakten Vagus am Hals. Bei mittleren Reizen, die den Puls etwa auf die Hälfte verlangsamten, trat Pylorusschluß, rückläufige Inhaltsverschiebung und Kardiaöffnung mit typischen Brechbewegungen ein. Waren aber die Splanchnici durchschnitten, so vermochte derselbe Reiz keine Brechbewegungen am Magen hervorzurufen. Dafür wurde der Mageninhalt durch vertiefte Peristaltik bei geschlossener Kardia und rhythmisch sich öffnendem Pylorus in das Duodenum getrieben. Gleichzeitig machte die Bauchpresse die gewöhnlichen Brechbewegungen. Daraus läßt sich schließen, daß die Splanchnicusbahn für den Ablauf der normalen Magenbrech-

---

[1]) SCHÜTZ: Arch. f. exp. Pathol. u. Pharmakol. Bd. 21, S. 341. 1886.
[2]) MELLINGER: Zitiert auf S. 441.
[3]) THUMAS: Zitiert auf S. 442.
[4]) v. OPENCHOWSKI: Arch. f. (Anat. u.) Physiol. 1889, S. 549.
[5]) BRAUN u. SEIDEL: Mitt. a. d. Grenzgeb. d. Med. u. Chir. Bd. 17, S. 533. 1907.
[6]) VALENTI: Arch. f. exp. Pathol. u. Pharmakol. Bd. 63. 1910.
[7]) KLEE: Dtsch. Arch. f. klin. Med. Bd. 128, S. 204. 1919.

bewegung wichtig ist. Vermutlich ist sie wesentlich für den Pylorusschluß. Später wurden die Versuche erweitert, und es fand sich, daß auch nach Splanchnicotomie noch Pylorusschluß, Brechbewegungen und Kardiaöffnung am Magen erzielt werden konnte, wenn man den faradischen Strom für die Vagusreizung so stark nahm, daß Herzstillstand eintrat. Allerdings waren die Magenbrechbewegungen dabei unvollständig ausgebildet [Laux und Klee[1])].

Die obenerwähnten Versuche von Hatcher und Weiss[2]) beziehen sich auf die *afferenten* Bahnen. Auch wurden die Magenbewegungen im besonderen nicht beobachtet. Immerhin erlauben die Versuche einige Schlüsse auf die efferenten Bahnen für den Magen. Auch Hatcher und Weiss fanden, daß durch Vagotomie das Apomorphin-, Kupfersulfat- und Sublimaterbrechen nicht aufgehoben ist. Sie stellten ferner fest, daß auch nach Durchschneidung des Rückenmarks in Höhe des 5. bis 6. Thorakalwirbels bei Hunden auf Apomorphin (intramuskulär) und bei Katzen auf Sublimat (intravenös) Erbrechen erfolgte. Auf Brechmittel verschiedenster Angriffspunkte kann sich demnach trotz Vagotomie und trotz Rückenmarksdurchschneidung der Magen durch Brechen entleeren. Diese Versuche finden teilweise Bestätigung in Untersuchungen von Klee und Laux[1]). Sie verfolgten die Magenbewegung bei Brechmitteln mit dem Röntgenverfahren und stellten bei Katzen fest, daß der Magenbrechakt sowohl durch Vagotomie wie durch Splanchnicotomie sehr erschwert wurde, daß aber doch bei sehr großen Dosen Apomorphin Erbrechen erfolgte, falls nur eine der beiden Nervenbahnen erhalten war. Große Mengen Kupfersulfat führten auch bei vagotomierten Tieren noch zum Erbrechen.

Aus all diesen verschiedenen Versuchen geht hervor, daß die koordinierte Magenbrechbewegung eintreten kann, wenn nur eine Bahn, Vagus oder Sympathicus, zum Brechzentrum intakt ist. Vermutlich werden aber bei intakten Tieren beide Nervenbahnen zur zentrifugalen Leitung benutzt, wobei der Splanchnicus für den bereits im Prodromalstadium eintretenden Pylorusschluß wichtig ist. Wird eine Bahn unterbrochen, so wird der Magenbrechakt sehr erschwert, ist aber unter bestimmten Bedingungen und bei starken Reizen noch möglich. Wieweit die rückläufige Bewegung des Magens beim Brechakt durch intramurale Reflexe, wieweit durch hemmende und fördernde Wirkung der extragastrischen Nerven zustande kommt, bleibt noch unentschieden.

In diesem Zusammenhange ist auch die Innervation der Kardia viel erörtert worden. Beim Schlucken wird die Kardia durch eine lokalen — peristaltischen — Reflex geöffnet. Füllt man die Speiseröhre mit Röntgenbrei und reizt den Vagus am Hals, wird der Brei durch peristaltische Wellen durch die sich öffnende Kardia in den Magen befördert. Schneidet man den Vagus am Hals durch, so tritt vorübergehend Kardiakrampf ein. Dagegen ruft Vagotomie oberhalb des Zwerchfells keine Steigerung des Kardiatonus hervor [Gottstein[3]), Stark[4]), Sinnhuber[5]), Sauerbruch und Haecker[6])]. Openchowski[7]) nahm besondere kardiaöffnende Bahnen an, die er bei ihrem Eintritt in die Kardiamuskulatur auch anatomisch isolierte. Er hielt sie für sympathische Fasern, die aus dem Plexus aorticus und dem Grenzstrang stammen. Diese Angabe ist anatomisch bisher nicht bestätigt. Daß vom Ganglion stellatum abwärtsziehende sympa-

---

[1]) Klee u. Laux: Dtsch. Arch. f. klin. Med. Bd. 149, S. 189. 1925.

[2]) Hatcher u. Weiss: Zitiert auf S. 442.

[3]) Gottstein: Die gleichzeitige doppelseitige Vagotomia supradiaphragmatica. Habilitationsschr. Breslau 1902.

[4]) Stark: Münch. med. Wochenschr. 1904, Nr. 34.

[5]) Sinnhuber: Zeitschr. f. klin. Med. Bd. 50, S. 102. 1903.

[6]) Sauerbruch u. Haecker: Dtsch. med. Wochenschr. 1906, Nr. 31.

[7]) v. Openchowski: Zitiert auf S. 442.

thische Fasern sich mit dem Vagus verbinden, ist bekannt [s. a. GREVING[1])].
Sowohl LANGLEY[2]) wie OPENCHOWSKI konnten mit bestimmter Reizstärke,
bestimmtem Reizintervall oder nach Atropin vom Vagus aus den Kardiatonus
vermindern.

Aus allem kann man schließen, daß der Vagus einer Steigerung des Kardiatonus entgegenwirkt. Dem entsprechen neuere Beobachtungen von KLEE
und LAUX, die an der Katze nach Adrenalin Kontraktion der Kardia und Erschlaffung von Speiseröhre und Magen feststellten.

Wahrscheinlich spielen bei der Eröffnung der Kardia im Erbrechen intramurale Reflexe eine große Rolle. Doch wird die Herabsetzung des Kardiatonus
offenbar durch den unversehrten Vagus erleichtert.

---

[1]) GREVING: Zeitschr. f. angew. Anat. u. Konstitutionslehre Bd. 5, S. 327. 1920.
[2]) LANGLEY: On inhibitory fibres in the vagus etc. Journ. of physiol. Bd. 23, S. 407.
1898.

Bewegungen des Darmes.

Von

PAUL TRENDELENBURG

Freiburg i. Br.

Mit 3 Abbildungen.

Zusammenfassende Darstellungen.

STARLING, E. H.: Überblick über den gegenwärtigen Stand der Kenntnisse über die Bewegungen und die Innervation des Verdauungskanals. Ergebn. d. Physiol. Bd. 1, II, S. 446. 1902. — MAGNUS, R.: Die Bewegungen des Verdauungskanales. Ergebn. d. Physiol. Bd. 7, S. 27. 1908. — BICKEL, A.: Der nervöse Mechanismus der Sekretion der Magendarmdrüsen und der Muskelbewegung am Magendarmkanal. Ergebn. d. Physiol. Bd. 24, S. 228. 1925.

Unsere Kenntnisse über die Physiologie und Pharmakologie der Bewegungen des Verdauungskanales weisen noch weite Lücken auf. Hieran dürfte besonders der Umstand schuld sein, daß die Methoden der Untersuchung der Magendarmbewegungen größere Schwierigkeiten zu überwinden hatten und trotz mancher Fortschritte, die während der letzten Jahrzehnte gemacht worden sind, noch nicht auf die Höhe der Methoden, mit denen das Verhalten des Kreislaufes, des Nervensystems oder der quergestreiften Muskeln untersucht werden, gebracht werden konnten. Weiter wirkte auf den Fortschritt der Erkenntnisse hemmend, daß die Einzelergebnisse der Forschungen häufig einander widersprachen. So ließ sich über den Einfluß der Nervenreizungen auf die Bewegungen des Verdauungskanales erst sehr viel später als bei den meisten anderen Organen ein sicheres Urteil gewinnen, und die Pharmakologie der Magendarmbewegungen ist auch heute noch voll von z. T. ungeklärten Widersprüchen. Es wird sich im Laufe dieser Darstellung zeigen lassen, daß der Mangel an Übereinstimmung zum Teil durch die verhältnismäßig stark ausgeprägte Artspezifität der Darmphysiologie und -pharmakologie zustande kommt. Wie die Bewegungsformen bei den einzelnen Säugetierarten recht verschieden ist, so wechselt auch das Verhalten gegen chemische Reize.

Als wichtigste Etappen in der *Entwicklung der Methoden* seien kurz folgende Untersuchungen erwähnt. In der ältesten und primitivsten Untersuchungsform: Eröffnung der Bauchhöhle und Betrachtung der freigelegten Organe brachte der vivisektorische Versuch nur wenig befriedigende Ergebnisse, da die Magendarmbewegungen durch sensible Reize und durch Abkühlung viel stärker als etwa die Herz- oder Skelettmuskelbewegungen gestört werden. So bedeutete es einen wesentlichen Fortschritt, als SANDERS EZN und VAN BRAAM HOUCK-GEEST Anfang der 70er Jahre die Eröffnung der Bauchhöhle im körperwarmen Kochsalzbad vornahmen und so die Organe gegen Austrocknung und Abkühlung schützten. Mit Ersatz der Kochsalzlösung durch Ringerlösung oder Tyrodelösung findet diese Methode in verschiedenen Modifikationen auch jetzt noch vielfach Anwendung und gibt besonders nach Ausschaltung des Zentralnervensystems gute Ergebnisse.

Für die Feststellung der zeitlichen Verhältnisse beim Nahrungstransport durch den Verdauungskanal ist die Methode der Untersuchung mit Röntgenstrahlen, die bei Tierversuchen zuerst von CANNON 1898 in ausgedehntem Umfang herangezogen wurde, von großer Bedeutung geworden. Sie hat eine seltener benutzte ältere Methode verdrängt, bei der ein geblähter Gummiballon in den Magen eingeführt wurde, dessen Fortschreiten an einem mit dem Ballon verbundenen Bandmaß verfolgt werden konnte.

Eine gute Beobachtung der einzelnen Abschnitte des Verdauungskanales gestattet das Verfahren von KATSCH und BORCHERS (1913), die in die Bauchwand ein durchsichtiges Celluloidfenster zur aseptischen Einheilung brachten.

Die objektive Darstellung der Bewegungen der verschiedenen Abschnitte des Verdauungskanales wurde besonders von BAYLISS und STARLING (1899) gefördert, die in den Darm des Tieres von einem Bauchschnitt aus eine dehnbare Gummiblase einführten und deren Inhaltsschwankungen aufzeichneten. Neuerdings benutzte GANTER dies Verfahren, um das Verhalten des menschlichen Dünndarmes zu untersuchen; er läßt eine am Ende eines dünnen Gummischlauches befestigte Gummiblase verschlucken und registriert die Inhaltsschwankungen derselben.

Eine besondere Bereicherung unserer Kenntnisse brachte schließlich die Methode der Untersuchung an ausgeschnittenen Darmstücken, die MAGNUS, angeregt durch Beobachtungen COHNHEIMS, am überlebend gehaltenen Katzendarm 1904 einführte, nachdem vorher schon einige derartige Versuche am überlebenden Darm und Magen im Laboratorium LUDWIGS und HOFMEISTERS durchgeführt worden waren.

I. Normale Bewegungen der Darmmuskeln im Körper.

Sehr geringe Beachtung fanden bisher die Bewegungen, welche die *Muskeln der Darmzotten* ausführen, und welche möglicherweise von Bedeutung für die Resorption der gelösten Bestandteile des Darminhaltes sind. Wenn man bei einem Fleischfresser — nur bei diesen sind echte Zotten vorhanden, während bei den Nagern längere Schleimhautleisten die gleiche Funktion haben dürften — den Dünndarm eröffnet und mit einem Mikroskop die Oberfläche der Schleimhaut betrachtet, so sieht man, daß die dicht gedrängt stehenden Zotten meist nicht in völliger Ruhe verharren, sondern von Zeit zu Zeit führt die eine oder andere derselben eine sehr rasch verlaufende Zusammenziehung aus, die die Länge der Zotte wohl auf ein Drittel der Ruhelänge vermindert und der innerhalb etwa einer Sekunde eine rasche Wiederausdehnung folgt[1]. Diese scheinbar regellosen rhythmischen Zottenkontraktionen können durch lokale Reize — Aufbringen von Galle, von Pepton- oder Sodalösungen usw. — angeregt werden. Da die glatten Muskelfasern der Darmzotten parallel zur Achse liegen und das zentrale Chylusgefäß umgeben, scheint ihre Kontraktion geeignet, die Lymphbahnen und Venen der Zotten rhythmisch zu entleeren und das Diffusionsgefälle zwischen

---

[1] HAMBLETON, B. F.: Americ. journ. of physiol. Bd. 34, S. 446. 4914.

dem Darminhalt und den die resorbierbaren Substanzen aufnehmenden Körperflüssigkeiten zu begünstigen [s. hierzu Graf Spee[1])].

Beobachtet man die *normale Tätigkeit des Dünndarmes*[2]) der Säugetiere
durch ein eingeheiltes Celluloidbauchfenster oder im Ringerbad, so fällt auf,
daß sowohl die Ring- wie besonders die Längsmuskeln dauernde Bewegungen
ausführen, sofern nicht sensible Reize abnorme Zustände schaffen. Besonders
deutlich sieht man beim Kaninchen an jedem Abschnitte des Dünndarmes
rhythmische Zusammenziehungen und Wiederausdehnungen in der Längs- und
Querrichtung. Diese Bewegungen, denen Ludwig den treffenden Namen Pendelbewegungen gab, treiben den Darminhalt nicht in bestimmter Richtung auf
eine weitere Strecke fort, sondern sie wirken mischend und knetend. Bei manchen
Tierarten sind die Pendelbewegungen unter bestimmten Bedingungen sehr kräftig.
So können sie sich bei der Katze zu den sog. rhythmischen Segmentationen
steigern (Cannon). Im Röntgenbilde erkennt man, wie der den Dünndarm gleichmäßig füllende Inhalt durch örtliche Zusammenziehungen der Ringmuskeln
zu gleich großen Kugeln abgetrennt wird. Die Kugeln werden nach wenigen
Sekunden durch die Zusammenziehung bisher erschlaffter Ringmuskelanteile
halbiert und wieder einige Sekunden später bilden sich aus je 2 Hälften der
ursprünglichen Kugeln neue Kugeln, so daß sich eine innige Durchknetung
ohne Fortbeförderung ergibt. Bei anderen Tierarten sind dagegen die Pendelbewegungen, deren Frequenz für jede Tierart eine nahezu konstante ist und mit
der Größe der Tierart zunimmt, nur wenig ausgeprägt, wie z. B. beim Meerschweinchen. Viele Einflüsse, über die weiter unten berichtet wird, können das Pendeln
unterdrücken, so daß dann der Dünndarm in völliger Ruhe verharrt.

Bei den meisten Säugetierarten sind diesen Pendelbewegungen trägere Kontraktionen der Ringmuskeln oder auch Längsmuskeln übergeordnet, die meist
Tonusschwankungen bezeichnet werden. Während beim Kaninchen in der Regel
die Fußpunkte und Spitzen der Pendelbewegungen durch eine Gerade verbunden
werden können und die träge Kontraktionsform fehlt, sind bei der Katze und
dem Hunde die regelmäßigen, kurzwelligen Pendelbewegungen meist unregelmäßigen, langgezogenen Tonusschwankungen aufgesetzt, deren Bedeutung und
Entstehung noch nicht klar ist. Nicht selten treten sie viel deutlicher in Erscheinung als die Pendelbewegungen.

Als dritte Bewegungsform kann am gefüllten Dünndarm die eigentliche für
den Dünndarm typische Bewegung, die *peristaltische Welle* einsetzen. Am leeren
Darmrohr fehlen echte peristaltische Wellen. Sie beginnen nach der Füllung
mit einer Zusammenziehung der Ringmuskeln oberhalb der gedehnten Stelle,
gleichzeitig erschlaffen die Ringmuskeln unterhalb derselben und alsbald beginnt
der Kontraktionsring mit erheblicher Geschwindigkeit afterwärts fortzuwandern,
den Dünndarm völlig entleerend und den Inhalt in den Dickdarm vorschiebend.
Der Sphincter ileocolicus bildet dabei kein Hindernis.

Manche Untersucher trennen von den peristaltischen Wellen die Roll-
bewegung und den peristaltischen Sturz (peristaltic rush) ab. Aber wahrscheinlich
handelt es sich bei diesen Bewegungsformen nur um besonders lebhaft ablaufende peristaltische Wellen, und daß sie eine gesonderte Bewegungsform darstellen, ist nicht bewiesen.

---

[1]) Spee, Graf F.: Arch. f. Anat. u. Entwicklungsgesch. 1885, S. 159.

[2]) Bayliss, W. M. und E. H. Starling: Journ. of physiol. Bd. 24, S. 99. 1899; Bd. 26,
S. 125. 1900/01. — Cannon, W. B.: Americ. journ. of physiol. Bd. 6, S. 251. 1902; Bd. 30,
S. 115. 1912. — Meltzer, S. J.: Americ. journ. of physiol. Bd. 17, S. 143. 1906/07. —
Katsch, G. und E. Borchers: Zeitschr. f. exp. Pathol. u. Therap. Bd. 12, S. 237. 1913.
— Alvarez, W. C. und S. I. Mahoney: Americ. journ. of physiol. Bd. 69, S. 211. 1924
und andere.

Bei Tierarten, die einen gut ausgebildeten *Blindsack*[1]) besitzen, so bei Kaninchen und Meerschweinchen, wird der aus dem Ileum herausgetriebene Inhalt zum großen Teile zunächst vom Coecum aufgenommen. Die neu zugeführte Nahrung wird bei Ratten hierbei in den alten Blindsackinhalt hineingepreßt, während beim Meerschweinchen die neue Nahrung sich mit der alten gleichmäßig mischt.

Die Pendelbewegungen des Blindsackes haben einen langsameren Rhythmus als die des Dünndarmes, sie sind meist wenig ausgeprägt. Daneben kommen rhythmische Ein- und Ausstülpungen der Haustren vor, die wohl wie die Pendelbewegungen mischende Wirkung haben. Von Zeit zu Zeit laufen, oft für die Dauer von vielen Stunden, peristaltische Kontraktionen über den ganzen Blindsack hin und her. Die Welle kehrt bei ihrer Ankunft am Sphincter coeco-colicus um und läuft bis zum Blindsackende zurück. Niemals sind diese peristaltischen Wellen so vollkommen, daß der Blindsackinhalt völlig entleert würde. Vielmehr zeigt dieser bei Hunger und nach Fütterung fast die gleiche Füllung. Der Inhalt wird nur entsprechend den neu eingepreßten Mengen entleert. Hauptsächlich wird hierbei altes Futter, daneben aber auch etwas neues Futter in den Dickdarm abgegeben.

Der Austritt des Dünndarminhaltes durch die Bauhinsche Klappe geht in Schüben vor sich; die Schübe werden bei stärkerer Dickdarmfüllung reflektorisch gehemmt[2]).

Entsprechend den erheblichen Unterschieden im anatomischen Aufbau des *Dickdarmes*[3]) ist auch die Bewegungsform seiner Muskulatur bei den verschiedenen Säugetierarten nicht ganz einheitlich. Es lassen sich besonders zwei funktionell zu trennende Abschnitte unterscheiden. Die Bewegungen des proximalen Dickdarmteiles begünstigen die Eindickung des Inhaltes, während der distale Abschnitt den eingedickten Kot aufstapelt und von Zeit zu Zeit nach dem Mastdarm fortleitet.

An beiden Dickdarmabschnitten sind langsame *Pendelbewegungen* zu sehen. Daneben zeigt der Dickdarm der Pflanzenfresser häufig das eigenartige Bild des *Haustrenfließens*. Im Gegensatz zum ungegliederten Dickdarm der Fleischfresser besitzt der Herbivorendickdarm Tänien, zwischen denen sich durch Einschnürungen der Ringmuskeln Ausbuchtungen, die Haustren, bilden. Es sind dies keine präformierten Gebilde. Häufig sieht man vielmehr, wie sich ihre Kuppen einbuchten und wie sich benachbart neue Ausstülpungen an der Stelle der alten Einziehungen bilden. Dieser Prozeß kann nach beiden Seiten fortlaufen, so daß die Kuppen fortzufließen scheinen. Meist aber treten die Aus- und Einstülpungen ganz regellos über den Dickdarm verteilt auf.

Sowohl beim Pflanzenfresser wie beim Fleischfresser sind die echten *peristaltischen Wellen* des Dickdarmes schwer von den oft starken *Tonusschwankungen* zu unterscheiden. Bei beiden Tierarten laufen die Kontraktionswellen nicht nur abwärts, sondern auch aufwärts gegen das Coecum und Ileum zu.

---

[1]) ELLIOT, T. R. und E. BARCLAY-SMITH: Journ. of physiol. Bd. 31, S. 272. 1904. — BASLER, A.: Pflügers Arch. f. d. ges. Physiol. Bd. 128, S. 251. 1909. — KATSCH und BORCHERS: a. a. O. und andere.

[2]) TÖNNIES, W.: Pflügers Arch. f. d. ges. Physiol. Bd. 204, S. 477. 1924.

[3]) JACOBJ, C.: Arch. f. exp. Pathol. u. Pharmakol. Bd. 27, S. 119. 1890. — ELLIOT und BARCLEY-SMITH: a. a. O. — CANNON, W. B.: Americ. journ. of physiol. Bd. 6, S. 251. 1902; Bd. 29, S. 238. 1911/12. — BOEHM, G.: Arch. f. exp. Pathol. u. Pharmakol. Bd. 72, S. 1. 1913. — KATSCH und BORCHERS: a. a. O. — KLEE, PH.: Pflügers Arch. f. d. ges. Physiol. Bd. 145, S. 557. 1912. — GANTER, G. und K. STATTMÜLLER: Zeitschr. f. d. ges. exp. Med. Bd. 42, S. 143. 1924. — LENZ, E.: Arch. internat. de pharmaco-dyn. et de thérapie Bd. 28, S. 75. 1923.

Beim Fleischfresser pflegen die am Endsphincter des Ileum anlangenden peristaltischen Wellen noch ein Stück weit über das proximale Kolon fortzulaufen. Am Ende der in dieses vorgeschobenen Kotmassen bildet sich dann ein stehender Kontraktionsring aus, der das weitere Vordringen verhindert und ein Zentrum bildet, von dem aus leichte antiperistaltische Wellen gegen das Ileum hin ausgesandt werden (Jacobj, Cannon). Diese *antiperistaltischen Wellen* verlaufen so flach über den Dickdarm hin, daß sie den Inhalt nicht stärker verschieben. Niemals pressen sie unter normalen Verhältnissen den Inhalt des Dickdarmes durch die Klappe in den Dünndarm zurück. Ihre Frequenz beträgt bei der Katze 5—6 in der Minute. Der oben erwähnte Kontraktionsring bleibt geschlossen, bis der Inhalt des proximalen Kolons stark eingedickt ist, dann öffnet er sich periodisch und läßt kleine Schübe von Kotbrei durchtreten.

Beim Pflanzenfresser liegen die Dinge ähnlich. Am Kaninchendickdarm[1]) ist zwischen Colon transversum und descendens ein spindelförmiger Muskelsphincter nachweisbar, der die ankommenden peristaltischen Wellen auffängt und von dem aus dann jeweils rückläufige Wellen entsandt werden.

Der untere Teil des proximalen Dickdarmabschnittes ist nicht mehr zu antiperistaltischer Tätigkeit befähigt. In ihm werden durch tonische Einschnürungen der Ringmuskeln die Kotballen oder Kotpillen abgeschnürt und durch langsames Fortschreiten der Kontraktionsringe in den *distalen Dickdarmabschnitt* vorgeschoben. Bei der Katze vereinen sich die Kotballen hier zu einer Kotsäule, beim Pflanzenfresser wandern die einzelnen Pillen hintereinander durch den sehr langen distalen Dickdarmabschnitt.

Der distale Dickdarmabschnitt beteiligt sich beim Fleischfresser intensiv bei den hier nicht näher zu schildernden Defäkationsbewegungen.

Bei der Röntgendurchleuchtung nach Einnahme einer Kontrastmahlzeit sieht man am Dickdarm des Menschen neben lebhaften Pendelbewegungen und Haustreneinstülpungen sehr seltene, rasch verlaufende peristaltische Bewegungen, die den Inhalt auf weite Strecken analwärts fortbefördern [große Kolonbewegungen von Holzknecht[2])]. Am proximalen Abschnitt kommen echte antiperistaltische Bewegungen vor[3]). Während der großen Kolonbewegungen stehen die Haustrenbewegungen still.

II. Verhalten der Darmbewegungen bei Reizung der autonomen Nerven.

Wie bei manchen anderen autonom innervierten Organen ist auch am Darmkanal der Einfluß der beiden autonomen Teilsysteme auf die Bewegungsvorgänge im allgemeinen ein antagonistischer: wo die Reizung der sympathischen Fasern hemmend wirkt, erregt meistens die Reizung der parasympathischen Fasern und umgekehrt. Der Antagonismus ist aber nicht gesetzmäßig. So fehlt dem Sphincter ileocoecalis scheinbar die parasympathische Innervierung, und manche Teile des Darmkanales erhalten aus *einem* Teilsystem der autonomen Innervation sowohl hemmende wie fördernde Fasern.

Die zum Darm ziehenden *sympathischen Fasern* verlassen das Rückenmark durch die vorderen Wurzeln des Brust- und Lendenmarkes. Das oberste Segment, das zum Dünndarm Fasern abgibt, ist das 6. bis 8. Brustsegment und als unterstes Segment, das mit dem Dickdarm sympathische Verbindung hat, wird das 5. Lendensegment genannt. Nach dem Durchtritt durch den Grenzstrang sammeln

---

[1]) Auer, I.: Journ. of pharmacol. a. exp. therap. Bd. 25, S. 140. 1925.
[2]) Holzknecht, G.: Münch. med. Wochenschr. Jg. 56, S. 2401. 1909.
[3]) Literatur bei E. Stieblin: Ergebn. d. inn. Med. u. Kinderheilk. Bd. 10, S. 383. 1913.

sich die oberen sympathischen Fasern in den Splanchnicusnerven, die in den Plexus mesentericus superior und inferior einmünden. Daß die sympathischen Darmfasern in diesem Plexus durch Ganglienstationen unterbrochen sind, wurde durch den Nicotinversuch von Bunch bewiesen. Die aus dem oberen Plexus auslaufenden postganglionären Fasern gehen größtenteils zum Dünndarm, zum Teil aber auch zum Blindsack und zum proximalen Dickdarmabschnitt. Hauptsächlich bezieht jedoch der Dickdarm seine sympathische Innervation aus dem Plexus mesenterius inferior, zum Teil durch die diesem entspringenden Nervi hypogastrici.

Nachdem ursprünglich angenommen worden war, daß die zum *Dünndarm* gehenden Splanchnicusfasern auf die Dünndarmbewegungen fördernd einwirken könnten, beschrieben 1857 Ludwig und Pflüger den völligen Stillstand der Dünndarmbewegungen als Folge einer elektrischen Reizung der Splanchnicusnerven. Den wiederholt geäußerten Einwand, diese Hemmung sei nur die mittelbare Folge der durch die Splanchnicusreizung herbeigeführten Gefäßverengerung,

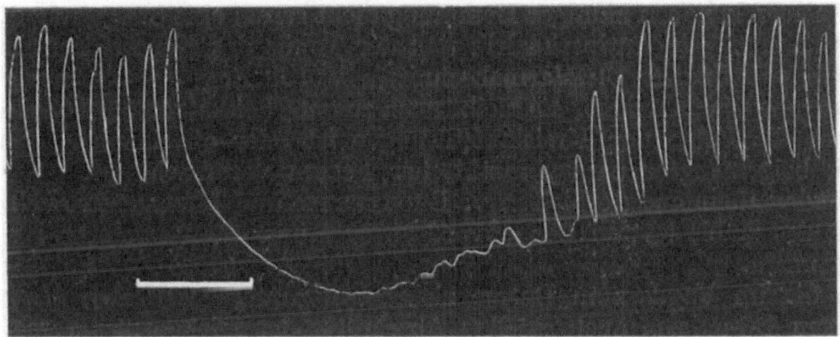

Abb. 110. Einfluß der elektrischen Reizung der beiden Splanchnicusnerven auf die Bewegungen des Dünndarmes des Hundes (Gummiblase in einer Schlinge).
(Nach Bayliss und Starling.)

widerlegten u. a. endgültig Bayliss und Starling: die Hemmung, die eine Latenz von wenigen Sekunden hat, kann auch noch bei stillstehendem Kreislauf erhalten werden. Die Hemmung äußert sich in einer Unterdrückung der Pendelbewegungen und der peristaltischen Wellen sowie in einer erheblichen Senkung des Tonus der Ring- und der Längsmuskeln (Abb. 110).

Am Dünndarm scheint die Reizung der sympathischen Nerven[1]) stets eine reine Hemmung auszulösen. Ältere Angaben, daß gelegentlich statt des Stillstandes eine Erregung der Dünndarmbewegungen vorkomme, sind von den meisten Nachuntersuchern — so von Bayliss und Starling, Bunch, Klee — abgelehnt worden. Weiter ist auch die Ansicht, daß das motorische Verhalten der Ringmuskeln bei der Splanchnicusreizung ein dem Verhalten der Längsmuskeln entgegengesetztes sei (Ehrmann u. a.) als unrichtig erwiesen: beide Muskellagen reagieren gleichsinnig mit einer Hemmung.

Ebenso wie die elektrische Reizung der Splanchnicusnerven tritt auch nach der Reizung des 6. bis 13. Brustnerven und des 1. Lendennerven die typische Sympathicushemmung auf. Außerhalb der Splanchnicusnerven scheinen nur unbedeutende sympathische Verbindungen zum Dünndarm zu gehen.

---

[1]) Braam Houckgeest, van: Pflügers Arch. f. d. ges. Physiol. Bd. 6, S. 266. 1872; Bd. 8, S. 163. 1874. — Bayliss und Starling: a. a. O. — Bunch, J. L.: Journ. of physiol. Bd. 22, S. 357. 1897/98. — Klee, Ph.: Pflügers Arch. f. d. ges. Physiol. Bd. 154, S. 552. 1913, und andere.

Der Ringmuskel des untersten Dünndarmabschnittes, den man aus funktionellen Gründen als *Sphincter ileocoecalis*[1]) zusammenfaßt, verhält sich bei Sympathicusreizung umgekehrt wie der sonstige Dünndarmringmuskel: bei elektrischer Reizung der aus dem untersten Brustsegment und den beiden obersten Lendensegmenten das Rückenmark verlassenden Fasern zieht sich ausnahmslos ein 10 mm breiter Ileumabschnitt, der dem Dickdarm unmittelbar benachbart ist, zusammen, während die höheren Ileumabschnitte, wie erwähnt, glatt gehemmt werden (Elliott).

Auf den *Dickdarm*[2]) hat die Reizung der Splanchnici oder Hypogastrici bestenfalls eine sehr viel schwächere Wirkung als auf den Dünndarm. Sie ist am oberen Dickdarmabschnitt deutlicher wie an den tieferen Teilen. Bei der Mehrzahl der Versuche bestand der Einfluß in einer Hemmung der Pendelbewegungen, der Tonusschwankungen und der peristaltischen wie der antiperistaltischen Wellen des proximalen Dickdarmabschnittes sowie in einer Erschlaffung des Blindsackes. Am distalen Abschnitt wird der Einfluß unsicher; meist ist die Reizung ganz wirkungslos. Nach Boehm löst der Splanchnicusreiz neben häufiger Hemmung nicht selten eine Steigerung des Dickdarmtonus aus. Die Antiperistaltik und der Tonus des Kontraktionsringes am Ende des proximalen Dickdarmabschnittes wurde dagegen nie erregt, meist vielmehr schwach gehemmt. Es bleibt noch zu entscheiden, ob die Tonuserregung nicht nur die Folge von Kreislaufstörungen ist oder ob sie nicht durch eine Reizung beigemengter parasympathischer Fasern verursacht ist.

Dickdarmhemmung erhielten v. Bechterew und Mislawski auch bei der Reizung des 2. bis letzten Lendenvorderwurzel und der 3 obersten Kreuzbeinvorderwurzeln.

Ob die im Vagus zum Darme ziehenden *parasympathischen Nervenfasern* außer dem Dünndarm auch größere Abschnitte des Dickdarmes versorgen, ist noch nicht sicher entschieden. Aus Reizungsversuchen ergibt sich, daß wohl höchstens der proximale Dickdarmabschnitt Vagusfasern bezieht. Der untere Dickdarmabschnitt erhält dagegen sicher aus dem 1. bis 4. Kreuzbeinsegment parasympathische Fasern, deren Ursprung je nach der Tierart ein etwas verschiedener ist. Sie verlaufen durch den Nervus pelvicus (erigens).

Nach der elektrischen Reizung der beiden *Vagi*[3]) wird fast ausnahmslos eine mit einigen Sekunden Latenz einsetzende Förderung der *Dünndarmbewegungen* beobachtet. Aber nicht immer ist die Reizung wirksam. Besonders beim Hunde und der Katze ist der Reizerfolg unsicher. Für die Unsicherheit des Reizerfolges ist wohl zum Teil der ungewöhnlich hohe Splanchnicustonus, den die im Versuche schwer vermeidbaren sensiblen Erregungen reflektorisch auslösen, verantwortlich zu machen. Hierfür spricht, daß die Vagusreize dann verhältnismäßig viel sicherer fördernd wirken, wenn zuvor die Splanchnici durchtrennt wurden oder das Rückenmark zerstört wurde. Aber einige Untersucher, wie Bechterew und Mislawski sowie Bayliss und Starling geben an, daß die Vagusreizung auch Hemmung des Dünndarms bewirken kann. Beim Hunde tritt nach einer Latenzzeit von 1—2 Sekunden oft eine 10—30 Sekunden dauernde Hemmung der Dünndarmbewegungen auf, ihr folgt dann bei fortdauernder Reizung der Nerven die Erregung. Das Wesen dieser Hemmung

---

[1]) Elliot, T. R.: Journ. of physiol. Bd. 31, S. 157. 1904.

[2]) Bechterew, W. und N. Mislawski: Arch. f. (Anat. u.) Physiol. 1889, Suppl. S. 243. — Bayliss und Starling: a. a. O. — Elliot und Barclay-Smith: a. a. O. — Boehm: a. a. O. — Klee: a. a. O.

[3]) Bechterew und Mislawski, van Braam Houckgeest, Bunch, Meltzer, Jacobj, Boehm, Klee, Elliot und Barclay-Smith: a. a. O., und andere.

ist noch ungeklärt. Es handelt sich nicht um eine reflektorische Erregung sympathischer Fasern, denn die Splanchnicotomie verhindert jene Hemmung nicht. Vielleicht sind Kreislaufeinflüsse im Spiele.

Auf den *Sphincter ileocoecalis* übt nach ELLIOTT und KLEE die Reizung der parasympathischen Nerven, sowohl der Vagi wie der Pelvici, keine sichere Wirkung aus. Vielleicht hat der Vagusreiz eine unbedeutende Vermehrung des Sphinctertonus zur Folge.

Wie schon oben erwähnt wurde, bedarf die Frage, wie weit sich der Einfluß einer Vagusreizung auf die verschiedenen Abschnitte des *Dickdarmes* erstreckt, noch weiterer Bearbeitung. Während BAYLISS und STARLING sowie KLEE an Hunden, Kaninchen und Katzen jeden Einfluß vermißten, fanden BECHTEREW und MISLAWSKI oft eine auf den proximalen Dickdarmabschnitt und den Blindsack beschränkte Erregung zu rhythmischer Tätigkeit. Auch in neueren Versuchen BOEHMS löste der Vagusreiz bei der Katze häufig Wirkungen am proximalen Dickdarmabschnitt aus. Hierbei handelt es sich sicher nicht nur um fortgeleitete Erregungen des Dünndarmes. Neben einer Steigerung des Dickdarmtonus traten peristaltische Wellen oder antiperistaltische Bewegungen in Erscheinung oder vorhandene Wellen wurden verstärkt, und am Ende des proximalen Kolons kam es zur Ausbildung von Kontraktionsringen. Niemals wirkten Vagusreize hemmend, und nie hatten diese Einfluß auf die Bewegungen des distalen Dickdarmteiles. Beim Kaninchen folgen nach BOEHM einer Vagusreizung ausnahmslos Erregungen. Die Blindsackbewegungen

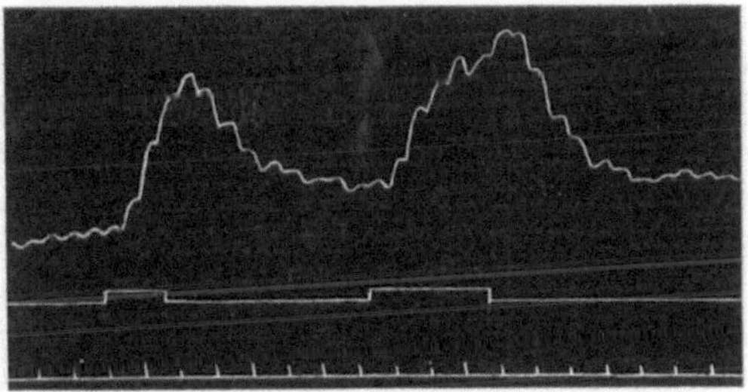

Abb. 111. Einfluß der elektrischen Reizung des rechten Nervus pelvicus auf die Bewegungen des Dickdarmes des Hundes (Gummiblase in einer Darmschlinge). (Nach BAYLISS und STARLING.)

werden ausgelöst oder verstärkt, die Bewegungen der Haustren im proximalen Dickdarm werden vermehrt, die peristaltischen und antiperistaltischen Wellen sowie Kontraktionsringe (Kotabtrennungsbewegungen) treten daselbst auf. Hierbei wird der Dickdarmanfang gesteckt.

Die Reizung der *Pelvici*[1]) (Abb. 111) löst nach ELLIOT und BARCLAY-SMITH u. a. am Ende des Darmkanales Bewegungen aus, so daß man die Pelvici als Defäkationsnerven bezeichnet hat. Aber nach BOEHM erstreckt sich ihr Einfluß bis kurz unterhalb des Ileumendes; auch der proximale Teil des Dickdarms der Katze zeigt nach einer Pelvicusreizung eine mächtige Kontraktion. Erst später setzt die hier nicht näher zu schildernde Defäkationsmitbewegung des distalen Dickdarmabschnittes ein. Die Antiperistaltik konnte durch die Pelvicusreizung nicht beeinflußt werden, ebenso blieben die Blindsackbewegungen unverändert.

III. Beziehungen des Zentralnervensystems zur Darmtätigkeit.

Die Unterbrechung der das Zentralnervensystem mit dem Dünndarm und dem Dickdarm verbindenden autonomen Nerven, also die Ausschaltung der Splanchnici und der Hypogastrici, der Vagi und der Pelvici ist für die gröberen Darmbewegungen belanglos. FRIEDENTHAL durchschnitt z. B. bei einem Hunde

---

[1]) BAYLISS und STARLING, ELLIOT und BARCLAY-SMITH, ELLIOT, BOEHM: a. a. O.

beide Vagi und Splanchnici und zerstörte das Rückenmark vom 5. Brustwirbel abwärts; die Verdauung dieses Tieres zeigte keine stärkeren Störungen. Schon früher hatten Goltz und Ewald darauf hingewiesen, daß sie in ihren bekannten Versuchen an Hunden mit verkürztem Rückenmark, bei denen allerdings der Einfluß des Vagus auf den Darm nicht ausgeschaltet worden war und nur der Dickdarm und Mastdarm nervös isoliert war, einige Zeit nach der Operation normale Kotentleerungen sahen.

Weisen schon diese Beobachtungen darauf hin, daß die gröbere Regulation der Darmbewegungen von den Elementen der Darmwandung besorgt wird, so konnte bei Durchleuchtungen der Tiere mit Röntgenstrahlen sowie bei Versuchen am freigelegten Darm und schließlich durch die später zu schildernden Arbeiten am ausgeschnittenen Darm mit Sicherheit nachgewiesen werden, daß alle genannten Formen der Darmbewegungen, die Pendelbewegungen und rhythmischen Segmentationen, die Tonusschwankungen und Kontraktionsringe, die peristaltischen und antiperistaltischen Wellen nach der Loslösung von den autonomen Zentren erhalten bleiben.

An der feineren Regulation der Darmbewegungen scheinen dagegen die Zentren der autonomen Darmnerven nicht unbeteiligt zu sein[1]). Ein getreues Bild über die Wirksamkeit tonischer Einflüsse, die aus diesen Zentren zur Peripherie gelangen, ließ sich erst nach der Einführung der Röntgendurchleuchtungsmethode gewinnen. Cannon führte bei Katzen die doppelseitige Splanchnicus- und Vagusdurchtrennung aus und verfütterte einige Zeit nach der Operation eine Mahlzeit von Kartoffelbrei oder Fleisch, der das Kontrastmittel zugesetzt worden war. Ein sehr deutlicher Unterschied in der Nahrungsbeförderung gegenüber den bei normalen Tieren festgestellten Zeiten ergab sich bei der Eiweißnahrung. Die Beförderung durch den Dünndarm war nach der Splanchnicusdurchtrennung stark beschleunigt, nach der Vagusdurchtrennung dagegen verlangsamt. Der Tonus der Vaguszentren scheint den der sympathischen Zentren zu übertreffen, denn bei der vereinten Durchtrennung beider autonomer Teilsysteme erwies sich die Fortbeförderung der Nahrung als mäßig verlangsamt. Viel geringer war der Einfluß der Entnervungen auf die Beförderungszeiten der Kohlenhydratnahrung, vielleicht weil das größere Nahrungsvolumen an sich den Transport begünstigte.

Gleiche Versuche, bei denen auch der Dickdarm seiner autonomen Innervation beraubt wurde, scheinen nicht vorzuliegen. Nach Vogt u. a. ist die Beschaffenheit des Kotes nach der Splanchnicusdurchschneidung bei Kaninchen oder Katzen nicht wesentlich verändert, es findet sich höchstens eine geringe Konsistenzverminderung. Hiernach scheint der Splanchnicus nur einen geringen hemmenden tonischen Einfluß auf den Dickdarm auszuüben. So sah man auch beim Hunde vor dem Röntgenschirm nach der Splanchnicusdurchtrennung die Dickdarmbewegungen weniger stark gefördert als die Dünndarmbewegungen.

Da der Sphincter ileocoecalis im Gegensatz zum Dünndarm und Dickdarm vom Splanchnicus fördernd innerviert wird, erhebt sich die Frage, ob der Spannungszustand des Sphincters durch den Fortfall der im Splanchnicus zugeleiteten zentralen Einflüsse zu merklichem Absinken gebracht wird. Beim normalen Tier bildet der Sphincter zusammen mit der Bauhinschen Klappe ein Ventil, durch das niemals erheblichere Mengen von Dickdarminhalt in den Dünndarm zurückgedrängt werden; im Röntgenbild macht auch bei kräftiger Antiperistaltik der Schatten an der Klappe immer halt. Kleinere Partikel scheinen dagegen

---

[1]) Vogt, H.: Arch. f. (Anat. u.) Physiol. 1898, S. 399. — Cannon, W. B.: Americ. journ. of physiol. Bd. 17, S. 429. 1906/07. — Koennecke, W.: Zeitschr. f. d. ges. exp. Med. Bd. 28, S. 384. 1922. — Klee: a. a. O.

das Ventil passieren zu können: wenigstens sahen GRÜTZNER[1] u. a. nach ihm, daß bei verschiedenen Warmblütern und auch beim Menschen in den Mastdarm eingeführte Teilchen, wie Lycopodiumsamen, die Klappe passieren und in die oberen Abschnitte der Verdauungswege übertreten können. Ob der normale *relative* Verschluß des Ileum-Kolon-Ventiles von zentralen tonischen Einflüssen abhängig ist, läßt sich noch nicht sicher beantworten. Nach der Durchtrennung der Splanchnicusnerven beobachtete ELLIOTT[2] ein fortschreitendes Sinken der Sphincterspannung. Anderseits gibt LYMAN[3] an, daß der Sphincter nach der Rückenmarkszerstörung nicht insuffizient werde.

Über die Bedeutung der die autonomen Nervenfasern unterbrechenden *Ganglienzellen* für die Darmbewegungen liegen nur wenige Beobachtungen vor. Die parasympathischen Ganglienzellen liegen in der Darmwand selbst. LANGLEY[4] vermutet, daß die präganglionären Fasern nicht überall unmittelbar zu den die postganglionären Fasern aussendenden Ganglienzellen ziehen, sondern daß sie zunächst an zwischengeschobenen Mutterzellen enden, die die Verbindung zu den zahlreicheren Ganglienzellen abgeben, so daß am Darm ein parasympathisches System aus 3 Neuronen besteht. Da die anatomische Ausschaltung dieses Ganglienapparates unmöglich ist, liegt seine Bedeutung noch im dunkeln.

Dagegen ist wiederholt der Versuch gemacht worden, die sympathischen Darmganglienzellen zu entfernen. Nach der sehr schwierigen und unsicheren Operation der Entfernung der sympathischen Bauchplexus, bei der übrigens auch ein Ast des Vagus geopfert werden muß, hat man meistens[5] in den ersten Tagen nach der Operation stark verflüssigte und oft blutige Entleerungen beobachtet. Im Röntgenbild erwies sich die Beförderung durch den Dünndarm als außerordentlich beschleunigt, während die Dickdarmförderungszeiten nur unbedeutend verändert waren. Bei der Sektion fand sich eine hochgradige Hyperämie des Darmes: der Plexus coeliacus enthält eben selbständig wirksame Vasomotorenzentren, deren Fortfall eine gewaltige Überfüllung der Darmgefäße bewirkt. Es scheint wahrscheinlich, daß die der Entfernung folgenden blutigen Durchfälle nur die sekundäre Folge dieser Störungen in der Blutversorgung des Darmes sind, zumal die Entleerungen längere Zeit nach der Operation wohl infolge Wiederherstellung des Vasomotorentonus wieder eine ganz normale Beschaffenheit annehmen können.

Die Kenntnisse über die *Lage der Zentren der autonomen Darmnerven* sind noch recht lückenhaft. Die Zentren sind in erster Linie im verlängerten Mark und Rückenmark zu suchen, denn KLEE[6] fand bei Katzen, denen nach der von SHERRINGTON angegebenen Methode das Großhirn und das Mittelhirn ausgeschaltet worden war, den zentralen Tonus der Vagusnerven und der Splanchnicusnerven auf den Magen-Darm-Kanal erhalten. Zumindest an gewissen Abschnitten desselben war er nach jener Operation sogar erhöht. Die sympathischen Hemmungszentren des Rückenmarks scheinen bis unter die Ursprungsstelle der Splanchnici zu reichen. PAL[7] gibt an, daß die elektrische Reizung des Rückenmarkes unterhalb des Splanchnicusursprunges auf den Darm hemmend

---

[1]) GRÜTZNER, P.: Pflügers Arch. f. d. ges. Physiol. Bd. 71, S. 492. 1898.

[2]) ELLIOTT, T. R.: Journ. of physiol. Bd. 31, S. 157. 1904.

[3]) LYMAN, H.: Americ. journ. of physiol. Bd. 32, S. 61. 1913.

[4]) LANGLEY, J. N.: Journ. of physiol. Bd. 56, S. XXXIX. 1922; siehe auch K. DRESEL: Zeitschr. f. d. ges. exp. Med. Bd. 37, S. 373. 1923.

[5]) POPIELSKI, L.: Arch. f. (Anat. u.) Physiol. 1903, S. 338. — BUERGER, L. und J. W. CHURCHMAN: Mitt. a. d. Grenzgeb. d. Med. u. Chirurg. Bd. 16, S. 507. 1906. — KOENNECKE, W.: Zeitschr. f. d. ges. exp. Med. Bd. 28, S. 384. 1922.

[6]) KLEE, PH.: Arch. f. klin. Med. Bd. 133, S. 265. 1920.

[7]) PAL, J.: Arch. f. Verdauungskrankh. Bd. 5, S. 303. 1899.

wirke. Beim Stich in den Boden des 4. Ventrikels, der bekanntlich die sympathische Innervation der Nebennieren und der Blutgefäße erregt, beobachteten Trendelenburg und Fleischhauer[1]) beim Kaninchen keine sympathicusartige Hemmung der Darmbewegungen, meist vielmehr eine Erregung, deren Natur aber unbekannt ist.

Ebenso sind wir über die *Beeinflußbarkeit der autonomen Darmzentren von den höheren Gehirnteilen* aus recht mangelhaft unterrichtet. Wenn von den bekannten Erfahrungen des täglichen Lebens über die Beziehungen psychischer Vorgänge zu den Darmbewegungen und von gelegentlichen experimentellen Beobachtungen über den Einfluß von Großhirnreizungen auf dieselben absehen, so bleiben nur wenige Tatsachen zu erwähnen. Bechterew und Mislawski[2]) fanden bei elektrischer Reizung der Sigmoidalwindung und ihrer Umgebung sowie gelegentlich bei Reizung der Hinterhauptsgegend Änderungen der Magen-Darm-Bewegungen, während die Reizung der übrigen Hirnrindenteile ohne Einfluß blieb. Bald traten Kontraktionen und Erschlaffungen des Dünndarmes auf, bald auch des Dickdarmes, nicht selten verhielten sich die beiden Darmabschnitte einander entgegengesetzt. Auch v. Pfungen[3]) konnte von den gleichen Hirnrindenstellen aus bei erwachsenen Hunden die Darmbewegungen beeinflussen; vorwiegend wurden sie angeregt, seltener gehemmt. Meist stieg gleichzeitig mit der Erregung der Dünn- und Dickdarmbewegungen auch der Tonus des Sphincter ileocoecalis. Nach Pal und Berggrün[4]) dürften dem Darm von den vor dem Thalamus gelegenen Hirnteilen Hemmungen zufließen. Denn nach einer Durchtrennung hinter dem Sehhügel erscheint der Darm wie von Hemmungen befreit. Vielleicht handelte es sich aber in diesen Versuchen um eine Reizung des in der Sehhügelgegend gelegenen Zentrums. v. Bechterew[5]) beobachtete häufig im Augenblick der Durchschneidung oder Zerstörung am hinteren Sehhügelabschnitt Kotabgang. Zusammen mit Mislawski fand er bei zahlreichen Reizversuchen an verschiedenen Teilen zentraler Hirnpartien nur die Reizungen am Sehhügel auf den Darm wirksam. Vom äußeren Sehhügelabschnitt aus wurden die Dünndarmbewegungen stark gehemmt, vom mittleren Abschnitt aus ließen sich dagegen gelegentlich Dünndarmerregungen auslösen, während gleichzeitig der Dickdarm auch bei eintretender Dünndarmhemmung erregt wurde. Nur selten wurde der Dickdarm gehemmt. Die Erregungen erreichten den Dünndarm hauptsächlich durch die Vagusnerven. Die Hemmungen blieben nach Vagusdurchtrennung meist bestehen, sie fehlten aber nach der Rückenmarkszerstörung. Die Dickdarmerregungen ließen sich durch Vagusdurchschneidung nicht aufheben, auch sie fehlten nach der Rückenmarkszerstörung.

Die aus Beobachtungen am gesunden und kranken Menschen schon lange bekannte *psychische Beeinflußbarkeit der Darmbewegungen* ist bisher experimentell nur wenig bearbeitet worden. Durch das eingeheilte Celluloidbauchfenster konnte Katsch[6]) sich davon überzeugen, daß Unlustgefühle, wie sie Anblasen mit Zigarrenrauch, laute Geräusche auslösen, bei Kaninchen zu einer kurzen Hemmung der Dünndarm- und Dickdarmbewegungen führen, während die mit dem Vorzeigen der Nahrung verknüpften Lustgefühle oft den zuvor trägen und ruhigen Darm zu lebhaftem Pendeln seiner Dünndarm- und Dickdarmmuskeln anregen.

[1]) Trendelenburg, P. und K. Fleischhauer: Zeitschr. f. d. ges. exp. Med. Bd. 1, S. 369. 1913.
[2]) Bechterew, W. und N. Mislawski: Arch. f. (Anat. u.) Physiol. 1889, Suppl. S. 234.
[3]) Pfungen, R. v.: Pflügers Arch. f. d. ges. Physiol. Bd. 114, S. 386. 1906.
[4]) Pal und Berggrün: Wien. med. Jahrb. 1888, S. 435.
[5]) v. Bechterew: Virchows Arch. f. pathol. Anat. u. Physiol. Bd. 110, S. 102. 1887.
— Bechterew, W. und N. Mislawski: Arch. f. (Anat. u.) Physiol. 1889, Suppl. S. 243.
[6]) Katsch, G.: Zeitschr. f. exp. Pathol. u. Therap. Bd. 12, S. 290. 1913.

IV. Reflektorische Beeinflussung der Darmtätigkeit.

Auf Reizungen der *sensiblen Rumpfnerven* antwortet der Dünndarm außerordentlich leicht mit Hemmung seiner Bewegungen: die Pendelbewegungen hören auf, die peristaltischen Wellen werden unterdrückt, der Tonus sinkt ab. Dieser Reflex hat sein Zentrum im Kopfmark. Er fehlt nach der Durchtrennung im oberen Brustmark [v. LEHMANN[1])]. Wie die faradische Reizung sensibler Rumpfnerven wirkt auch der Berührungsreiz am Rumpfe oder die chemische Reizung der Schleimhaut der Atmungswege mit einer Latenzzeit von wenigen Sekunden hemmend auf die Dünndarmbewegungen ein. Wirksam ist weiterhin die Reizung der *sensiblen Splanchnicusfasern:* schon ein leichter Berührungsreiz an der Darmserosa genügt, um den Darm vorübergehend still zu stellen. Das Zentrum dieses Reflexes liegt im Rückenmark; die Reizung des zentralen Stumpfes eines durchtrennten Splanchnicusastes oder des Hypogastricus hemmt den Dünndarm nicht mehr nach der Durchtrennung des Rückenmarkes in der Höhe des 1. Lendenwirbels, während die Durchschneidung in der Höhe des 3. Brustwirbels ohne Einfluß ist (v. LEHMANN). Die zentrifugale Bahn des Reflexbogens verläuft durch die Splanchnicusnerven [BAYLISS und STARLING, v. LEHMANN, HOTZ[2])]; der seiner sympathischen Innervation beraubte Darm wird durch die genannten Reize nicht mehr gehemmt, während die Vagotomie den Reflex nicht beeinflußt.

Der *Dickdarm* verhält sich bei sensiblen Reizen insofern anders wie der Dünndarm, als er sich 4—20 Sekunden nach der faradischen Reizung sensibler Rumpfnerven zur Defäkationsstellung zu kontrahieren pflegt. Dagegen führt die Erregung sensibler Bauchsympathicusfasern nur selten zur Erregung, meist zur Hemmung des Dickdarmes. Das Zentrum dieses Hemmungsreflexes liegt im Lendenmark (v. LEHMANN).

Schließlich läßt sich auch durch eine Reizung der zentripetal leitenden *parasympathischen Fasern* die Darmbewegung beeinflussen. Die elektrische Reizung des zentralen Vagusendes hemmt den Dünndarm über die Splanchnicus nerven. Am Dickdarm wird durch den gleichen Reiz eine durch die Nervi erigentes fließende Erregung ausgelöst. Die Reizung der sensiblen Erigensfasern bewirkt schließlich am Dünndarm meistens eine schwache Hemmung, ausnahmsweise eine leichte Erregung, während zum Dickdarm durch die Erigentes rückläufig Erregungen — seltener auch Hemmungen — geleitet werden (v. LEHMANN).

Die starke reflektorische Beeinflußbarkeit der Darmbewegungen macht sich im Tierversuch oft dadurch störend bemerkbar, daß der Ablauf der Darmbewegungen durch die für die Beobachtung notwendigen Eingriffe, z. B. durch die Fesselung vor der Röntgendurchleuchtung, durch den Schmerzreiz bei der Baucheröffnung, verändert wird. So verhält sich häufig bei der Röntgenbeobachtung der Magen und Dünndarm der Katzen abnorm ruhig. Von vielen Untersuchern wird angegeben, daß die Magen-Darm-Bewegungen der Tiere viel gleichmäßiger ablaufen, wenn das Zentralnervensystem ausgeschaltet wurde.

Während der Entleerung der Harnblase, bei der Dehnung der Harnröhre und des Mastdarmes sowie bei der Defäkation sind die Dünndarmbewegungen gehemmt[3]).

In älteren Darstellungen der Darmphysiologie wird gelegentlich die Ansicht geäußert, daß *an der Darmschleimhaut ausgelöste Reflexe* für die Darmbewegungen von großer Bedeutung seien. Auch klinische Beobachtungen scheinen diese An-

---

[1]) LEHMANN, A. v.: Pflügers Arch. f. d. ges. Physiol. Bd. 149, S. 413. 1913.
[2]) HOTZ, G.: Mitt. a. d. Grenzgeb. d. Med. u. Chirurg. Bd. 20. 1909.
[3]) KING, C. E.: Americ. journ. of physiol. Bd. 70, S. 183. 1924.

sicht zu stützen. Aber während an den motorischen Funktionen des Magens derartige Reflexe tatsächlich wichtigen Anteil haben, konnten auffallenderweise für die Abhängigkeit der Darmtätigkeit von Schleimhautreflexen bisher nur wenige Belege beigebracht werden. Daß die niederen Formen der Darmbewegungen, die Pendelbewegungen, auch nach der Entfernung der Schleimhaut und der mit ihm verbundenen Meißnerschen Plexus ungestört weitergehen, wurde von Magnus u. a. nachgewiesen. Weiter unten wird gezeigt werden, daß auch die peristaltische Welle nicht in sensiblen Elementen der Darmschleimhaut ausgelöst wird. Der Einfluß der in der Darmschleimhaut nachgewiesenen sensiblen Splanchnicusfasern auf die Darmbewegungen scheint von recht untergeordneter Bedeutung zu sein. Doch sind weitere Versuche zu dieser Frage erwünscht. Die meisten Untersucher[1] fanden mechanische, thermische und chemische Reize, die auf die Darmschleimhaut einwirkten, unwirksam.

Der einwandfreie Nachweis der reflektorischen Beeinflußbarkeit der Darmbewegungen von der Schleimhaut aus gelang zuerst Best und Cohnheim[2]. Sie beobachteten, daß der Dünndarm des Hundes ruhig gestellt wurde, sobald in eine abwärts liegende Schlinge stark verdünnte Salzsäure oder Öl eingeführt wurde; diese Hemmung unterblieb, wenn die Darmschleimhaut zuvor mit Novocain anästhesiert worden war. Roith[3] sah weiter an einem aus dem Zusammenhang ausgeschalteten Dickdarmstück nach dem Einfüllen eines reizenden Klysmas in den Mastdarm peristaltische und antiperistaltische Bewegungen, die zweifellos reflektorisch ausgelöst wurden. Neuerdings deckte Plant[4] den einzigen bisher bekanntgewordenen Fall einer reflektorisch von der Schleimhaut aus in Gang gesetzten Dünndarmerregung auf. Ätherische Öle, die in eine Schlinge gegeben wurden, erregten den Dünndarm der Versuchstiere nicht mehr, wenn die Schleimhaut vorher mit Cocain behandelt worden war.

Daß die *Muskeln der Darmschleimhaut* selbst sehr leicht durch Berührung der Schleimhaut mit spitzen Gegenständen zur Kontraktion gebracht werden, wiesen Brücke und Exner nach; mit einer Latenzzeit von 10—15 Sekunden zieht sich am Orte der Berührung die Schleimhautmuskulatur zusammen, die Darmzotten verkürzen sich hierbei. Die Zweckmäßigkeit dieses Vorganges für die Vermeidung von Verletzungen der Schleimhaut durch spitze Gegenstände, die sich im Darminhalt befinden, liegt auf der Hand. Diese Reaktion dürfte mit dafür verantwortlich sein, daß in den Darm gebrachte Nadeln nach einiger Zeit zum größten Teil mit der Spitze magenwärts gerichtet im Darmrohr liegen (Exner). Unbekannt ist, ob hierbei ein Reflex im Spiele ist.

V. Bewegungen an dem vom Zentralnervensystem abgetrennten Darm.

1. Pendelbewegungen.

Nach der Ausschaltung der durch die Splanchnicusnerven zugeleiteten Hemmungen sind am lebenden Tiere und unter geeigneten Versuchsbedingungen auch am ausgeschnittenen Organ dauernde rhythmische Zusammenziehungen und Wiederausdehnungen der Ring- und Längsmuskeln des gesamten Darmrohres

---

[1] So J. Pohl: Arch. f. exp. Pathol. u. Pharmakol. Bd. 34, S. 87. 1894. — Hotz, G.: a. a. O. — Siehe dagegen auch J. Marimon: Dissert. Berlin 1907.

[2] Best, Fr. und O. Cohnheim: Hoppe-Seylers Zeitschr. f. physiol. Chem. Bd. 69, S. 113. 1910.

[3] Roith, O.: Mitt. a. d. Grenzgeb. d. Med. u. Chirurg. Bd. 25, S. 203. 1913.

[4] Plant, O. H.: Journ. of pharmacol. a. exp. therap. Bd. 16, S. 311. 1920.

zu sehen. Die Frequenz dieser *Pendelbewegungen*[1]) hängt ab von der Tierart, dem Abschnitt des Darmrohres und von der Temperatur. Beim Kaninchen, dessen Dünndarmpendeln besonders lebhaft ist, pendelt der dicht hinter dem Pylorus gelegene Abschnitt mit der Frequenz von etwa 21 Wellen in der Minute. Bei der Katze sind die Pendelbewegungen des Dünndarmes weniger lebhaft, und sie wiederholen sich nur 10—12 mal in der Minute, während bei den kleinen Nagern die nicht sehr ausgiebigen rhythmischen Bewegungen innerhalb je $1—1^1/_2$ Sekunden ablaufen. Die Frequenz der Dünndarmpendelbewegungen sinkt vom Pylorus bis zum Sphincter ileocoecalis ab, ebenso sind am Rectum-ende des Dickdarmes die Bewegungen träger als am proximalen Abschnitt. Diese Frequenzunterschiede bleiben bei der Herausnahme aus dem Körper er-halten [ALVAREZ[2])]. Durch mechanische Reize werden die Pendelbewegungen unter Abfallen des Tonus für kurze Zeit gehemmt[3]).

Die untere Temperaturgrenze, bei der die Pendelbewegungen noch vorhanden sind, liegt bei etwa 15°, sie erlöschen oberhalb 47—49°. Kälte vermindert, Wärme vermehrt die Frequenz [LAQUEUR[4])]. Dagegen ist der Rhythmus der Pendelbewegungen von dem Innendruck des Darmes ebenso unabhängig wie vom Erregungszustand des autonomen Nervensystems, während die Stärke der Ringmuskelpendelbewegungen mit der Erhöhung des Innendruckes zunimmt (INOUE u. a.). Die autonomen Nerven fördern oder hemmen die Vollkommenheit der rhythmischen Kontraktionen, nicht aber deren Frequenz.

Nach den genauen Feststellungen von BAYLISS und STARLING ist die mehrfach aufgestellte Behauptung, daß die Ring- und Längsmuskeln eines Darmstückes alternierend pendelten, unrichtig. Beide Muskellagen machen ihre Bewegungen fast synchron und gleichsinnig. Doch ist die Kuppelung der beiden Muskel-lagen keine völlig starre[5]). MAGNUS sah bei der Erstickung am Ringmuskel eine Zusammenziehung bei gleichzeitiger Erschlaffung des Längsmuskels. Und daß beim Ablauf der peristaltischen Welle die Bewegungen der Ring- und der Längsmuskeln dissoziieren können, wird weiter unten zu zeigen sein.

Die automatischen Pendelbewegungen werden nicht reflektorisch von der Schleimhaut aus unterhalten. MAGNUS entfernte am ausgeschnittenen Darmstück die Schleimhaut samt dem Meißnerschen Plexus, die Pendelbewegungen blieben hiernach erhalten.

Ob die Pendelbewegungen myogener oder neurogener Natur sind, läßt sich zur Zeit noch nicht sicher entscheiden. MAGNUS hat sich entschieden für einen neurogenen Ursprung ausgesprochen. Es gelang ihm, ganglienzellenfreie Ring-muskelstreifen dadurch herzustellen, daß er den Längsmuskel samt dem daran hängenden Auerbachschen Plexus mit einer Nadel abpräparierte. Diese nerven-zellenfreien Längsmuskelstreifen zeigten nun in seinen Versuchen niemals auto-matische Pendelbewegungen, während der mit dem Auerbachschen Plexus in Verbindung bleibende Längsmuskelstreifen weiter rhythmisch tätig blieb. Hieraus wurde geschlossen, daß der Auerbachsche Plexus die rhythmischen Erregungen entsendet. Aber MAGNUS konnte in einer späteren Arbeit zeigen, daß auch der

---

[1]) Siehe besonders B. M. BAYLISS und E. H. STARLING: Journ. of physiol. Bd. 24, S. 99. 1899. — MAGNUS, R.: Pflügers Arch. f. d. ges. Physiol. Bd. 102, S. 123. 349. 1904; Bd. 103, S. 515. 1904; Bd. 108, S. 1. 1905. — INOUE, H.: Act. schol. med. univ. Kioto Bd. 5, S. 175, 339. 1922. — SCHNELLER, F.: Pflügers Arch. f. d. ges. Physiol. Bd. 209, S. 177. 1925.

[2]) ALVAREZ, W. C.: Americ. journ. of physiol. Bd. 35, S. 177. 1914; Bd. 37, S. 267. 1915; Bd. 46, S. 186. 1918.

[3]) HOSKINS, R. G. und E. S. HUNTER: Americ. journ. of physiol. Bd. 69, S. 265. 1924.

[4]) LAQUEUR, E.: Zeitschr. f. biol. Techn. u. Method. Bd. 3, S. 283. 1914.

[5]) Siehe hierzu H. INOUE: a. a. O.

plexusfreie Ringmuskelstreifen unter dem erregenden Einfluß von Physostigmin zu rhythmischer Tätigkeit gebracht werden kann, und nach neueren Untersuchungen englischer und amerikanischer Autoren[1]) können auch ohne chemische Reizmittel an plexusfreien Ringmuskelstreifen rhythmische Pendelbewegungen einsetzen.

Für einen myogenen Ursprung der Pendelbewegungen spricht weiter die Tatsache, daß die Pendelbewegungen durch nervenlähmende Gifte verhältnismäßig wenig beeinflußt werden. So fand z. B. Hammelt[2]), daß Cocain in der Konzentration 1 : 4000 die Pendelbewegungen nicht aufhob, und Kuntz und Thomas[3]) stellten fest, daß hohe Nicotinkonzentrationen den Dünndarm zwar gegen verschiedene Gifte und gegen die Reizung der postganglionären sympathischen Fasern unempfindlich machten, die Pendelbewegungen aber nicht unterdrückten. Andererseits lassen sich Beobachtungen von Yanase[4]) am embryonalen Darm zur Stütze der Theorie einer neurogenen Entstehung heranziehen. Denn beim Embryo sind die ersten Darmbewegungen nicht gleichzeitig mit der Ausbildung der Ringmuskeln, sondern erst etwas später, wenn sich die Längsmuskeln und der Auerbachsche Plexus ausgebildet haben, zu sehen.

Daß die Erregungsleitung bei der Pendelbewegung rein muskulär erfolgt und vom Auerbachschen Plexus unabhängig ist, konnte Magnus durch sinnreiche Versuche am ausgeschnittenen Darm sicherstellen. Bei teilweiser Fortnahme der einzelnen Gewebsschichten erlosch die Fortleitung nicht, wenn der Auerbachsche Plexus vom Ringmuskel abgetrennt wurde.

2. Verhalten der Darmmuskeln bei elektrischen und chemischen Reizen.

Die Art der Reaktion des Dünndarmmuskels bei einer elektrischen Reizung ist nach Magnus[5]) abhängig von der Anwesenheit des Auerbachschen Plexus. Während nämlich zentrenfreie Ringmuskelstreifen im Verlauf der Zusammenziehung und Wiederausdehnung keine refraktäre Phase zeigen und durch frequente Einzelreize zu tetanischer Kontraktion erregt werden, bewirken die gleichen Reize am zentrenhaltigen Präparat, auch wenn sie dauernd einwirken, stets nur rhythmische Kontraktionen; dabei findet sich eine lang anhaltende refraktäre Phase, so daß das Präparat während der Kontraktion und im Beginn der Erschlaffung unerregbar ist. Sonach beruht das Phänomen der refraktären Phase auf der Anwesenheit des Auerbachschen Plexus.

Die wichtigsten Bewegungserscheinungen, die auftreten, wenn man durch zwei auf die Serosa des Darmes gelegte Elektroden elektrische Ströme sendet, sind folgende[6]). Der faradische Strom bewirkt nach einigen Sekunden am Dünndarm eine örtliche Zusammenziehung meist zunächst der Längsmuskeln, so daß das Darmstück sich verkürzt. Bald danach folgt eine starke Zusammenziehung

---

[1]) Gunn, J. A. und S. W. F. Underhill: Quart. journ. of exp. Physiol. Bd. 8, S. 275. 1914. — Alvarez, W. C. und L. J. Mahoney: Americ. journ. of physiol. Bd. 59, S. 421. 1922. — Gasser, H. S.: Journ. of pharmacol. a. exp. therapeut. Bd. 27, S. 295. 1926.

[2]) Hammelt: Americ. journ. of physiol. Bd. 55, S. 414. 1921.

[3]) Kuntz, A. und J. Earl Thomas: Americ. journ. of physiol. Bd. 63, S. 399. 1923.

[4]) Yanase, J.: Pflügers Arch. f. d. ges. Physiol. Bd. 117, S. 345. 1907.

[5]) Magnus, R.: Pflügers Arch. f. d. ges. Physiol. Bd. 103, S. 525. 1904; Bd. 111, S. 152. 1906. — Siehe dagegen P. Schultz: Arch. f. (Anat. u.) Physiol. 1905, Suppl. S. 23; und J. Marimon: Dissert. Berlin 1907.

[6]) Siehe Lüderitz, C.: Virchows Arch. f. pathol. Anat. u. Physiol. Bd. 119, S. 168. 1890; Pflügers Arch. f. d. ges. Physiol. Bd. 48, S. 1. 1891. — Schillbach, E.: Virchows Arch. f. pathol. Anat. u. Physiol. Bd. 109, S. 278. 1891. — Raiser, Th.: Dissert. Gießen 1895. — Kinoshita, T.: Pflügers Arch. f. d. ges. Physiol. Bd. 143, S. 128. 1911. — Buchbinder, H.: Dtsch. Zeitschr. f. Chirurg. Bd. 55, S. 458. 1900. — Katsch, G. und E. Borchers: Zeitschr. f. exp. Pathol. u. Therap. Bd. 12, S. 237. 1913.

der Ringmuskeln. Dieser Kontraktionsring dehnt sich einige Zentimeter weit nach beiden Richtungen aus, nach oben weiter als nach unten. Der Dickdarm erweist sich als schwerer erregbar. Auch der konstante Strom erzeugt sowohl bei der Schließung wie bei der Öffnung Erregungserscheinungen; das Pflügersche Zuckungsgesetz ist nicht gültig. Der elektrische Strom löst nie eine echte peristaltische Welle aus.

Bei geschlossener Bauchhöhle hat das Durchleiten von elektrischen Strömen durch den Körper keine sichere Wirkung auf den Darm (Beobachtungen am Bauchfenster von Katsch und Borchers).

Durch mechanische Reize, wie Kneifen, wird die Muskulatur beider Darmmuskelschichten erregt. Die Kontraktion wandert ein Stück weit aufwärts, gleichzeitig wird die unterhalb der gereizten Stelle liegende Muskulatur gehemmt (Bayliss und Starling).

3. Die peristaltische Welle und der Muskeltonus.

Wie die Pendelbewegungen, so ist auch die peristaltische Tätigkeit des Darmes noch nach der Herausnahme aus dem Körper, also nach der Abtrennung vom Zentralnervensystem, erhalten. Will man die Gesetze, die die peristaltische Welle beherrschen, an dem im Tiere liegenden Darme untersuchen, so empfiehlt es sich, durch Vagotomie und Rückenmarkszerstörung störende zentrale Einflüsse auszuschalten.

Der leere Darm zeigt nie echte peristaltische Tätigkeit. Sie wird erst durch die Füllung ausgelöst, sei es, daß man in das Darmrohr feste Gegenstände einführt, sei es, daß man ihn durch Zufuhr von Flüssigkeit füllt. Besonders klar treten die das Zustandekommen der peristaltischen Tätigkeit beherrschenden Gesetzmäßigkeiten hervor, wenn man die Füllung des Darmrohres am ausgeschnittenen Meerschweinchendünndarm vornimmt [Trendelenburg[1])]. Ein am oberen, d. h. magenwärts gelegenen Ende blind geschlossenes Dünndarmstück wird durch Einfließenlassen von körperwarmer isotonischer Salzlösung unter linear ansteigendem Druck mit wechselnder Geschwindigkeit gedehnt. Wegen der leichten Dehnbarkeit seiner Wandung eignet sich der Dünndarm des Meerschweinchens für derartige Versuche besonders gut.

Als erste Reaktion auf die beginnende Füllung (s. Abb. im Kap. „Pharmakologie der Darmbewegungen") beobachtet man eine allmählich zunehmende Verkürzung der Längsmuskeln, während die Pendelbewegungen der Ringmuskeln unverändert weitergehen oder etwas stärker werden. Dieses Kürzerwerden des Darmrohres ist nicht die passive Folge der Weitung des Lumens. Durch bestimmte Gifte wird z. B. die Dehnbarkeit vermehrt, dabei aber die Längsmuskelreaktion vollkommen aufgehoben. Die physiologische Bedeutung dieser einleitenden Längsmuskelreaktion dürfte wohl darin zu suchen sein, daß durch sie über die dehnende Masse (falls sie lokal begrenzt ist) mehr Ringmuskeleinheiten, also mehr Kraft, zusammengezogen wird.

In dieser die Peristaltik vorbereitenden Phase beobachtet man weiter, daß das Darmrohr bei der Füllung nicht eine rein zylindrische, sondern leicht konische Gestalt annimmt. An dem ursprünglich magenwärts gerichteten Ende ist der Durchmesser erheblich kleiner als an dem afterwärts gerichteten Ende. Hierfür sind nicht anatomische Unterschiede in der Ringmuskellänge maßgebend, sondern es handelt sich um einen physiologischen Vorgang. Durch die Dehnung wird die oberhalb der gedehnten Stelle liegende Ringmuskelpartie tonisch erregt, der

---

[1]) Trendelenburg, P.: Arch. f. exp. Pathol. u. Pharmakol. Bd. 81, S. 55. 1917. — Schneller, E.: Pflügers Arch. f. d. gse. Physiol. Bd. 209, S. 177. 1925.

Tonus fließt an das obere Ende eines gedehnten Darmstückes, dort die Dehnbarkeit vermindernd. Dieser Reflex wurde zuerst von Lüderitz[1]) beobachtet: oberhalb der Dünndarmstelle, die durch einen Ballon oder chemisch gereizt wurde, ziehen sich die Ringmuskeln zusammen. Neben dem „Zustand von Erregung und vermehrter Kontraktion" oberhalb einer gedehnten Stelle fanden weiterhin Bayliss und Starling unterhalb derselben „Hemmung und Erschlaffung".

Dieser Dehnungsreflex von Bayliss und Starling, der für den Kaninchendünndarm wie das Katzenkolon gültig ist, der aber nur unsicher auszulösen ist[2]), hat seinen Bogen innerhalb der Darmwandung, er bleibt nach der Herausnahme aus dem Körper erhalten. Er erklärt das Wandern einer lokal begrenzt dehnenden Masse, etwa eines Kotballens in die abwärts gelegenen Darmabschnitte. Dagegen ist er nicht imstande, die ein Darmstück gleichmäßig dehnende Masse, etwa ein zunehmendes Exsudat, fortzutreiben: hierzu bedarf es des Einsetzens einer echten peristaltischen Welle.

Bei der allmählich zunehmenden Füllung eines ausgeschnittenen Dünndarmstückes vom Meerschweinchen setzt die peristaltische Tätigkeit nach den beschriebenen Tonusänderungen mit einem Schlage ein. Es treten lebhafte, zwangsläufig geordnete Bewegungen sowohl der Ringmuskeln wie der Längsmuskeln auf, durch deren rhythmisch wiederkehrendes Spiel der Inhalt vom oberen Darmende zum unteren Ende getrieben wird. Diese Wellen laufen viel langsamer als die Pendelbewegungen ab. Die Frequenz hängt von der Länge des Darmstückes ab, denn erst nach völligem Ablaufen der Welle über das Darmstück löst sich am oberen Ende eine neue Welle los. Die Höhe des Innendruckes ist hingegen von geringem Einfluß auf die Frequenz[3]).

Die den peristaltischen Reflex auslösende Ursache ist nicht die absolute Höhe des Innendruckes, wie es bei anderen Hohlorganen zum Teil behauptet wurde. Vielmehr hängt das Einsetzen der ersten Welle bei zunehmender Füllung mit der dadurch bewirkten Dehnung der Ringmuskeln zusammen. Die gesetzmäßigen Beziehungen zwischen Peristaltik und Ringmuskeldehnung ergeben sich bei einer näheren Analyse der Ringmuskeldehnbarkeit. Die Ringmuskeln zeigen einmal das Phänomen der Nachdehnung; wenn man den Anstieg des Füllungsdruckes (vor Auftreten der ersten peristaltischen Welle natürlich) unterbricht und den Füllungsdruck auf gleicher Höhe fortwirken läßt, so steigt das Füllungsvolumen des Darmes noch weiter an. Hieraus folgt, daß für die vom Darm aufgenommene Flüssigkeitsmenge die Geschwindigkeit, mit der der Druckanstieg erfolgt, bestimmend sein muß. Tatsächlich nimmt ein Darmstück bei raschem Anstieg auf einen bestimmten Füllungsdruck viel weniger Flüssigkeit auf als bei langsamem Anstieg auf den gleichen Druck. Beim Herabsetzen des Druckes, unter dem die Flüssigkeit im Darme steht, zeigt sich weiter das Phänomen der elastischen Unvollkommenheit: der Ringmuskel erreicht die der betreffenden Drucksenkung entsprechende neue, geringere Länge erst lange Zeit nach der Druckentlastung.

Wenn man nun bei der geschilderten Versuchsanordnung die Geschwindigkeit des Druckanstieges variiert, so erkennt man, daß die peristaltische Welle um so später, d. h. bei einem um so größeren Füllungsvolumen einsetzt, je langsamer der Druck erhöht wurde. Bei extrem langsam sich vollziehender

---

[1]) Lüderitz, C.: Virchows Arch. f. pathol. Anat. u. Physiol. Bd. 118, S. 19. 1889; Bd. 122, S. 1. 1890.

[2]) Alvarez, W. C.: Americ. journ. of physiol. Bd. 69, S. 229. 1924.

[3]) Trendelenburg: a. a. O. — Crane, J. W. und V. E. Henderson: Americ. journ. of physiol. Bd. 70, S. 22. 1924.

Druckerhöhung kann das Dünndarmstück prall gefüllt werden, ohne daß eine Peristaltik einsetzt, während bei raschem Druckanstieg die erste Welle schon bei geringer Füllung einsetzt.

Es löst also nicht das Überschreiten einer bestimmten Länge des Ringmuskels die Peristaltik aus, sondern diese erscheint um so früher, je unvollkommener der Widerstand, den der Ringmuskel einem Dehnungszuwachs entgegensetzt, überwunden wird. Die Stärke dieses Widerstandes stellt keine Konstante dar. Da die Elastizität des Darmes, wie oben erwähnt, eine unvollkommene ist, ist der Widerstand, den der Muskel einer Dehnung entgegensetzt, eine Zeitlang vermindert, wenn kurz zuvor eine Dehnung schon ausgeführt worden war. In diesem Zustand füllt sich der Darm bei erneuter Füllung abnorm leicht, und dadurch wird die Peristaltik erst bei einer abnorm hohen Darmfüllung ausgelöst. Nach längerer Zeit der Ruhe gewinnt aber der Ringmuskel seine ursprüngliche Dehnbarkeit wieder, und nun sieht man auch die erste peristaltische Welle bei dem alten Füllungszustand einsetzen.

Weiterhin steht der Widerstand, den der Ringmuskel seiner Ausdehnung entgegensetzt, unter dem Einfluß des Nervensystems. Bei einer Erhöhung des Muskeltonus durch Reizung der parasympathischen Fasern wird der Widerstand gewaltig erhöht, nun beginnt das peristaltische Spiel schon bei sehr geringer Füllung. Umgekehrt ist das Verhalten nach der Ausschaltung der parasympathischen Innervation durch Atropin oder bei einer Reizung der tonuslösenden sympathischen Fasern, die im Extrem dazu führt, daß der Darm sehr leicht dehnbar ist, aber nicht mehr zu einer peristaltischen Tätigkeit gebracht werden kann.

Diese Beziehungen zwischen dem Darmmuskeltonus und der Auslösung der peristaltischen Tätigkeit sind für das Verständnis einiger Erscheinungen von Bedeutung. Sie erklären nämlich einmal die Tatsache, daß bei gleichmäßiger Füllung eines ausgeschnittenen Dünndarmstückes die peristaltische Welle am magenwärts gelegenen Ende des Stückes zu beginnen pflegt und afterwärts weiterläuft. Es wurde oben erwähnt, daß an einem gedehnten Dünndarmstück eine Vermehrung des Ringmuskeltonus am oberen Ende zu sehen ist. Dieses Ende wird also empfindlicher für das Auftreten der peristaltischen Welle werden, so daß hier zuerst die peristaltische Bewegung einsetzt. Durch die oben einsetzende Ringmuskelkontraktion wird der abwärts benachbarte Darmabschnitt vermehrt gedehnt, so daß nun auch hier der peristaltische Schwellenwert überschritten wird. Die Welle wird afterwärts fortschreiten.

Ein weiterer Umstand begünstigt den Beginn einer peristaltischen Welle am duodenalen Ende des Dünndarmes. Die obersten Dünndarmabschnitte besitzen nämlich einen höheren endogenen Tonus als die untersten.[1]

Der durch geeigneten Überdruck zur peristaltischen Tätigkeit gebrachte Dünndarm verharrt nicht dauernd in dieser Tätigkeit, sondern nach kürzerer oder längerer Zeit werden die Wellen schwächer und hören dann ganz auf, da der dauernde Überdruck den Tonus fortgedehnt hat (Abb. 112). Wie aber BAUR[2] nachwies, kehrt trotz fortbestehendem Überdruck nach einiger Zeit die Peristaltik wieder, und der Darm zeigt viele Stunden hindurch Perioden von peristaltischer Arbeit, unterbrochen durch Ruhepausen, deren Länge mit der Höhe des Überdruckes zunimmt. Diese Periodizität der Tätigkeit beruht in periodisch wiederkehrenden Steigerungen des Ringmuskeltonus. Derartige Tonusschwankungen beobachtet man auch am ausgeschnittenen Kaninchendünndarm: dabei ist die Änderung

---

[1]) Siehe auch CRANE und HENDERSON: a. a. O.
[2]) BAUR, M.: Arch. f. exp. Pathol. u. Pharmakol. Bd. 100, S. 95. 1923. — HENDERSON, V. E.: Americ. journ. of physiol. Bd. 60, S. 380. 1923.

des Tonus an den Längsmuskeln der Änderung, die der Ringmuskeltonus zeigt, entgegengesetzt (Inoue).

Die geschilderten Peristaltikgesetze sind in dieser reinen Form nur am Meerschweinchendünndarm zu beobachten. Die Beobachtung am ausgeschnittenen Dünndarm anderer Tierarten gibt weniger leicht zu deutende Bilder, hauptsächlich wohl, weil z. B. bei Fleischfressern die spontanen Tonusschwankungen viel stärker ausgeprägt sind. Ganter[1]) fand bei der Untersuchung der Peristaltik des menschlichen Dünndarmes mit der oben kurz erwähnten Methode, daß auch hier die peristaltischen Wellen bei der Überschreitung einer gewissen Dehnung der Ringmuskeln einsetzt. Da die Geschwindigkeit des Druckanstieges hierbei ohne Einfluß ist, scheint der Tonus des menschlichen Dünndarmes weniger leicht fortdehnbar zu sein wie der mancher Tierdünndarmmuskeln. Die Frequenz der peristaltischen Wellen betrug 10—12 in der Minute.

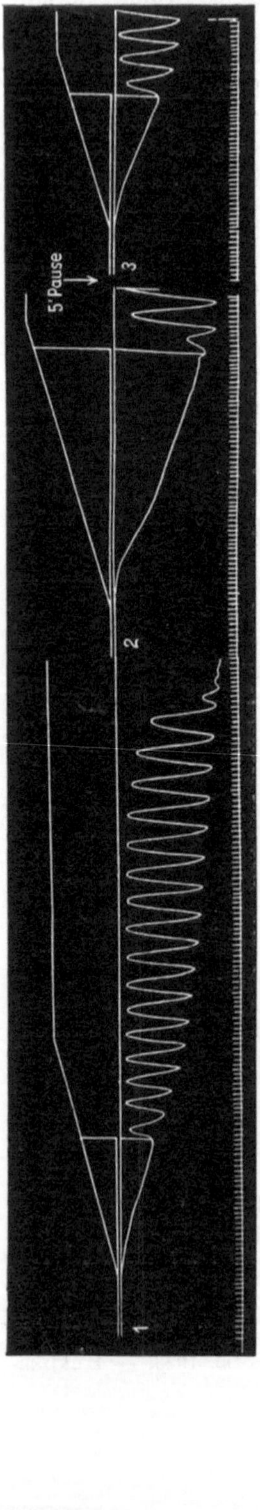

Endogene Tonusschwankungen sind sicher für die peristaltische Tätigkeit des Dickdarmes von ausschlaggebender Bedeutung. Daß am Katzendickdarm die Antiperistaltik gewöhnlich von dem zwischen dem proximalen und dem distalen Abschnitt gelegenen Abschnürungsringe ausgeht, gab Jacobj[2]) an; Cannon[3]) zeigte weiter, daß derartige antiperistaltische Wellen am Dickdarm willkürlich ausgelöst werden können dadurch, daß an einer Stelle durch einen chemischen Reiz (Bariumsalz) ein tonischer Ring erzeugt wird. Von diesem Ring aus nehmen die Wellen ihren Ursprung. Doch ist noch unbekannt, welcher Mechanismus die Dickdarmwellen das eine Mal rückläufig, das andere Mal rechtläufig laufen läßt. Man wird mit der Annahme kaum fehlgehen, daß auch hierbei Tonusschwankungen der Ringmuskulatur bestimmend sind.

Mehrere Arbeiten suchten die Frage zu entscheiden, ob die peristaltischen Wellen des Dünndarmes ausnahmslos vom Magen

Abb. 112. Ermüdung der Peristaltik des ausgeschnittenen Meerschweinchendünndarmes bei wiederholter Dehnung. *1* Im Beginn des Versuches. Die erste peristaltische Welle tritt beim Überdruck (obere Kurve) von 14 mm auf. *2* 45 Sekunden nach der ersten Füllung tritt bei erneuter Dehnung die erste Welle erst bei einem Überdruck von 27 mm auf. Die Dehnbarkeit des Darmes ist viel größer als bei *1*. *3* Nach einer Pause von 5 Minuten ist die Dehnbarkeit des Darmes und seine Erregbarkeit zu peristaltischer Tätigkeit wieder die ursprüngliche.

[1]) Ganter, G.: Pflügers Arch. f. d. ges. Physiol. Bd. 201, S. 101. 1923.

[2]) Jacobj, C.: Arch. f. exp. Pathol. u. Pharmakol. Bd. 27, S. 119. 1890.

[3]) Cannon, W. B.: Americ. journ. of physiol. Bd. 29, S. 238. 1911/12.

zum After gerichtet verlaufen, oder ob antiperistaltische Wellen vorkommen. Die Frage ist dahin entschieden, daß auch am ausgeschnittenen Dünndarm nach längerer Tätigkeit Gruppen von antiperistaltischen Wellen vorkommen können (BAUR), daß aber am frischen Präparat die Richtung stets von oben nach unten geht (TRENDELENBURG). Im Körper dürfte der oberste Abschnitt des Dünndarmes ebenfalls unter bestimmten Bedingungen antiperistaltische Bewegungen ausführen können, ohne diese ist der Rücktritt von Duodenalinhalt mit Galle und Pankreassaft in den Magen hinein kaum zu erklären. Nicht ganz eindeutig sind die Versuche ausgefallen, in denen man längere Stücke aus dem Darm ablöste und nach einer Drehung um 180° wieder zur Einheilung brachte. Während ein Teil der Untersucher schloß, daß das umgedrehte Stück nach einiger Zeit den Inhalt in der Richtung der Bewegungen des übrigen Darmes fortbefördere, sprachen die Ergebnisse anderer eindeutig dafür, daß eine Umkehr der peristaltischen Richtung am gedrehten Darmstück nicht vorkommt. Aber zu Störungen der Inhaltsfortbeförderung scheint es auch nach der Umdrehung langer Dünn- und Dickdarmabschnitte nur dann zu kommen, wenn der Inhalt relativ konsistent ist, während dünner Inhalt das gedrehte Stück glatt durchläuft[1]).

---

[1]) Siehe ENDERLEN und HESS: Dtsch. Zeitschr. f. Chir. Bd. 59, S. 240. 1901. — SABBATANI, L. und G. FASOLA: Arch. ital. de biol. Bd. 34, S. 186. 1900. — PRUTZ, W. und A. ELLINGER: Arch. f. klin. Chir. Bd. 67, H. 4. 1902; Bd. 72, S. 415. 1904. — GRÜTZNER, P.: Pflügers Arch. f. d. ges. Physiol. Bd. 71, S. 492. 1898. — STIERLIN, E.: Ergebn. d. inn. Med. u. Kinderheilk. Bd. 10, S. 407. 1913.

Die Defäkation.

Von

KARL WESTPHAL

Frankfurt a. M.

Mit 3 Abbildungen.

Zusammenfassende Darstellungen.

COHNHEIM, O.: Die Kotentleerung. In Physiologie der Verdauung. In Nagels Handb. d. Physiol. d. Menschen Bd. II, 2. 1907. — MAYER, S.: Defäkation, im Handb. d. Physiol. von HERMANN Bd. V. Leipzig 1883.

Die Kotentleerung ist gebunden an ein kompliziertes Zusammenspiel von glatter Muskulatur des gesamten Kolon und des Rectums, der beiden Sphincteren und der quergestreiften Muskulatur des Beckenbodens und der Bauchpresse. Eine genaue Bewertung der einzelnen Bewegungsvorgänge erscheint dabei nicht immer gut möglich. Ihre Bedeutung ist dabei von Tier zu Tier auch wechselnd, je nach der Art der Funktion des Dickdarms und der so entstandenen Form des Kotes.

I. Die Beteiligung des Darmes an den Defäkationsvorgängen

konnte vor allem durch die Benutzung der Röntgenuntersuchung näher aufgeklärt werden, denn die einleitenden Bewegungen des Aktes spielen sich oft weit oben im Dickdarm ab. Weitgehende Verschiedenheiten sind bei den einzelnen Tierarten vorhanden. Beim Kaninchen transportiert das viel engere, anatomisch deutlich sich absetzende Colon distale, nachdem die Ingesta aus dem großen, weiten, von tiefen antiperistaltischen Wellen bewegten Coecum hinausgeschoben worden sind, durch eine plötzlich einsetzende, abwärts gerichtete Peristaltik, die nun deutlich abgesetzten, allmählich durch Wasserresorption etwas kleiner und härter werdenden Skybala nach den Beobachtungen von LANGLEY und MAGNUS[1]) in gleichmäßiger Peristaltik abwärts. Zu einer starken Kotansammlung im Rectum scheint es dabei nicht zu kommen. Auch bei beschleunigter und verstärkter Defäkation (Psyche, Pilocarpin) setzt das Kanin im allgemeinen nur einzelne kugelförmige Skybala ab, deren Wassergehalt allerdings erhöht sein kann. Bei Fleischfressern ist dagegen die funktionelle Verschiedenheit der beiden Dickdarmabschnitte eine geringere wie beim Pflanzenfresser, und bei der Katze konnte daher CANNON[2]) mittels röntgenologischer Untersuchung nach Zufuhr wismuthaltiger Nahrung bei der Defäkation einen andersartigen, große Teile des Kolons erfassenden Bewegungsvorgang beobachten: im distalen

---

[1]) MAGNUS, R.: Zentralbl. f. Physiol. Bd. 19, S. 317. 1905.
[2]) CANNON: Americ. journ. of physiol. Bd. 6, S. 251. 1902.

Teil des Kolons hatte sich eine Kotsäule angesammelt, plötzlich verschiebt sich das ganze bei den Fleischfressern bekanntlich mit einem langen Mesenterium ausgestattete Kolon distalwärts, dann tritt an einer Stelle eine kräftige Kontraktion der Ringmuskeln ein, wodurch die Kotsäule in zwei Teile zerlegt wird. Gleichzeitig verkürzt sich das distale Stück des Kolons von der Einschnürungsstelle ab bedeutend, so daß der darin befindliche Kot nach unten befördert und gleich entleert wird. Neuere Untersuchungen von Lenz[1]) mittels einer kombinierten Bauchfensterröntgenmethode sehen bei der Katze ebenfalls eine schubweise rasche Förderung des Dickdarminhalts durch die selten periodisch auftretende zylinderoide Peristaltik in Gestalt einer großen Kolonbewegung. Der ganze Vorgang zerfällt nach ihm in vier Phasen: eine fortschreitende, zylinderoide Hypertonie mit Ringmuskeltonussteigerung, die eigentliche zylinderoide Defäkationsperistaltik oft mit einer starken tonischen Längsmuskelkontraktion des Descendens verbunden, dann dem Einsetzen der Bauchpresse und einer postdefäkatorischen Hypertonie des unteren Dickdarms. Bei dem der Katze nach anatomischem Bau des Darmes und der Form der Faeces in seiner Dickdarmfunktion sehr nahestehenden Hunde konnten v. Frankl-Hochwart und Fröhlich[2]) feststellen, daß eine peristaltische Kontraktion des unteren Dickdarms meist eine Erschlaffung der Sphincteren hervorruft. Eine enge Verknüpfung der beiden Vorgänge ist demnach vorhanden.

An *Menschen* liegen röntgenologische Untersuchungen vor von Schwarz[3]), die im wesentlichen übereinstimmen mit ähnlichen, allerdings nicht ganz physiologischen, durch Bariumeinlauf des Dickdarms gewonnenen Beobachtungen von v. Bergmann und Lenz[4]). Schwarz regte bei seinen Beobachtungen 24 Stunden nach der Einnahme einer Kontrastmahlzeit und dann eingetretener Auffüllung des Colon ascendens und transversum mittels eines $^1/_2$ Liter großen Einlaufs den Defäkationsakt an. Er sah dann als erstes zunächst eine „Wiegebewegung", bei der unter Undeutlichwerden der haustralen Segmentation und der kleinen peristaltischen Bewegungen etwa in einer Ausdehnung von 10 cm eine Kontraktion im Colon transversum stattfand und eine Verschiebung des Inhaltes zum Colon descendens, nach einer Pause von etwa 6 Sekunden trat eine Umkehr des Transportes ein, wieder bis ins Colon transversum, zweimal kann sich dieses Spiel wiederholen, eine gründliche Durchmischung von Einlauf und Darminhalt findet so statt. An ihrem reinen Bariumeinlauf sahen v. Bergmann und Lenz auch zuerst ähnliche ausgedehnte Inhaltsverschiebungen mit ausgesprochenem retrograden Transport. Ob bei diesen Rückwärtsbewegungen wirklich eine echte Antiperistaltik eine Rolle spielt, lassen sie unentschieden. Sie können sich solche starken bis in das Colon ascendens stattfindenden retrograden Verschiebungen auch entstanden denken als passiven Vorgang durch Erschlaffung vorher stark kontrahierter Darmschlingen. Die Pausen zwischen den einzelnen Bewegungen sind bei ihren Beobachtungen größer, bis zu 1 Minute andauernd. Gleichzeitig mit dieser Wiegebewegung oder ihr direkt folgend tritt sehr oft ein Höhertreten des Colon transversum ein und ein Krümmungsausgleich einzelner Dickdarmabschnitte, Vorgänge, die von den Beobachtern auf eine Kontraktion der Längstänier zurückgeführt werden. Dann setzt der eigentliche Defäkationsakt ein; mittels einer intensiven, rasch abwärts wandernden Kontraktion der gesamten Ringmuskulatur, die meist im Colon transversum beginnend, das Darmlumen bis auf Bleistiftdicke verengt, wird der Darminhalt in

[1]) Lenz: Schweizer med. Wochenschr. Jahrg. 53, S. 887. 1923.
[2]) v. Frankl-Hochwart u. Fröhlich: Wien. klin. Rundsch. 1901, Nr. 41.
[3]) Schwarz: Münch. med. Wochenschr. 1911, S. 1489, 1624, 2060.
[4]) v. Bergmann u. Lenz: Dtsch. med. Wochenschr. 1911, Nr. 31, S. 1425.

den sich zuerst erweiternden distalen Darmteil hinabgetrieben. Allmählich greift die Kontraktion der Darmwand im Colon descendens und sigmoideum auf den Kotballen selbst über, formt ihn so zu einer länglichen, schmalen, schließlich fast nur fingerdicken Säule; während des jetzt intensiv werdenden Stuhldranggefühls läßt sich die Auffüllung der Ampullen und das Tiefertreten ampullärer Schattenmassen direkt beobachten. Hört die Wismutentleerung auf, ehe sie ganz vollständig war, so sieht man noch das eng kontrahierte Sigma unmittelbar neben dem erweiterten Anfangsteil des Rectum.

Die *großen* vor und während der Defäkation eintretenden *Dickdarmbewegungen* sind oft subjektiv als „Bauchgrimmen" wahrnehmbar, sie kommen auch außerhalb des Entleerungsaktes vor, allerdings selten, Holzknecht[1]) beobachtete als erster wenige Male eine solche gewaltige motorische Aktion des Dickdarms, wo plötzlich in halber Ausdehnung des Colon transversum die haustrale Segmentation verschwand und der gesamte Inhalt distalwärts rutschte. Zu der Frage, ob wirklich tonische Kontraktion größerer Dickdarmabschnitte oder schnell hinabeilende Ringkontraktion die Ursache der großen, beim Defäkationsakt eine wichtige Rolle spielenden Kolonbewegungen abgeben, liegen aus jüngster Zeit Untersuchungen von Lurje[2]) vor, die durchgeführt wurden an decerebrierten

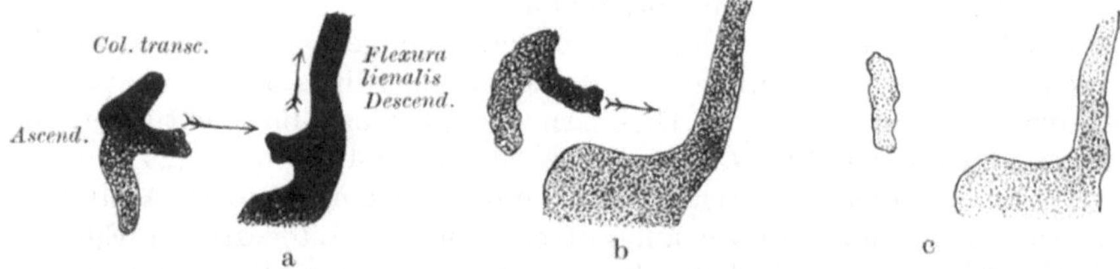

Abb. 113. Bewegungsvorgänge im Transversum während der Defäkation. a Rasche Konstriktionswelle während der Defäkation. b Rückt langsam vor während der Defäkation. c Nach ausgiebiger wiederholter Defäkation. (Nach v. Blogmann und Lenz.)

und vagotomierten Katzen mittels direkter Beobachtung des eröffneten Abdomens im warmen Wasserbade. Er sah dort im distalen und vor allem auch im proximalen Teil des Dickdarms oft spontan tonische Kontraktionen auftreten in einer Länge von 0,5—6 cm und darüber, manchmal von solcher Intensität, daß der bis auf die Dicke einer Schnur kontrahierte Darm schneeweiß wurde durch Herauspressen des Blutes, sie dauerten bis zu 20 Minuten, selten länger.

Die größeren Bewegungen im distalen Kolon, besonders im Colon sigmoideum, treten *beim Menschen* anscheinend nur dann ein, wenn ein stärkerer Füllungszustand erreicht ist; daß sie nicht andauernd erfolgen, dafür spricht die klinische Beobachtung, daß auch nach völliger Zerstörung der Sphincteren keine dauernde, sondern eine schubweise Entleerung· stattfindet. Der Kot sammelt sich unter normalen Verhältnissen im Colon sigmoideum und nicht in der Ampulle an. Am unteren Ende des Sigma scheinen stärker ausgebildete zirkuläre Fasern der Muscularis durch eine Art tonischer Dauerkontraktion ein weiteres Hinabgleiten zu verhindern. Tierexperimente über diesen sog. Sphincter ani tertius existieren nicht, und auch für den Menschen ist Budge[3]) z. B. nicht geneigt, seine verschlußerhaltende Kraft hoch zu werten, da nach Ansicht von Sappey,

---

[1]) Holzknecht: Münch. med. Wochenschr. 1909, Nr. 42.
[2]) Lurje: Pflügers Arch. f. d. ges. Physiol. Bd. 208, S. 255. 1925.
[3]) Budge: Berlin. klin. Wochenschr. 1875, Nr. 27; Pflügers Arch. f. d. ges. Physiol. Bd. 6, S. 306. 1872.

RICHET, HYRTL, HENLE, LAIMER dieser Muskelwulst kein konstantes Vorkommnis bildet. Bei 200 Menschen findet STRAUSS[1]) nur in 10% größere Kotballen in der Ampulle, und diese 10% waren pathologische Fälle mit Obstipation. Beim Normalen pflegt der Aufenthalt der Fäkalmassen im Rectum nur ein kurzdauernder zu sein, da bei ihrem Eintreten in den Enddarmabschnitt reflektorisch Stuhlgang erzeugt wird. Gegen die mit dem Eintreten der Kotsäule oder von Darmgasen verbundenen Spannungsunterschiede in der Rectalwand besteht eine fein abgestufte Empfindung. Schon geringe Druckunterschiede werden im Enddarm wahrgenommen. ZIMMERMANN[2]) konnte bei manometrischer Prüfung feststellen, daß schon bei einem Druck von 20 mm Hg jedesmal lebhafter Stuhldrang und starkes Druckgefühl sich einstellte. Druckdifferenzen von 2—3 mm Hg wurden deutlich wahrgenommen. Also nur die Druckdifferenz durch den Eintritt der Kotmassen in den Mastdarm erzeugt die Empfindung des Stuhldranges. Wird dieser nicht Folge geleistet, so kann das Gefühl desselben wieder für längere Zeit verschwinden, erst wenn nach einiger Zeit weitere Kotmassen in das Rectum übertreten, wird von neuem der Stuhldrang ausgelöst. Dieses normale Empfindungsvermögen des Rectums ist von ganz besonderer Bedeutung für eine geregelte Stuhlentleerung. Dauernde bewußte oder unbewußte Unterdrückung des von dort ausgelösten Stuhldranges kann zu schwerer sog. proktogener Obstipation führen. Ist die Sensibilität dieses Darmabschnittes völlig zerstört, z. B. bei Wirbelsäulenfrakturen, so kann es trotz erschlafften Sphincters zur schwersten Stuhlverhaltung kommen, da sich der Stuhl nur ganz gelegentlich einmal entleert, wenn das Rectum übervoll ist [ROST[3])].

II. Die Bedeutung der quergestreiften Muskulatur und der Sphincteren für die Defäkation.

Wie weit befördert die Tätigkeit der Bauchpresse den Defäkationsakt? Beim Kaninchen sehen wir in Rückenlage unter dem KATSCH-BORCHERSchen Celluloidbauchfenster an Stelle der Bauchdeckenmuskulatur die Kotentleerung weiter vonstatten gehen in anscheinend normaler Weise, oft wird auch bei Versuchen am weit eröffneten Bauch das gleiche gesehen. Hier sorgt die regelmäßig ablaufende Peristaltik des unteren Dickdarms im wesentlichen für einen glatten Abtransport. Beim Fleischfresser und dem Menschen mit den großen Kolonbewegungen im Einleitungsstadium der Defäkation scheint zu deren Unterstützung und vielleicht auch zu ihrer erneuten reflektischen Auslösung durch stärkere Auffüllung der Ampulle der erhöhte intraabdominelle Druck durch Zwerchfellstillstand in tiefer Inspirationsstellung und durch die Kontraktion der Bauchdeckenmuskulatur im allgemeinen notwendig. Die weitere Ausstoßung der Faeces geht dann ganz ohne willkürliche Beeinflussung vor sich, die Afterschließer erschlaffen, und der in die Ampulle gedrängte Kot wird durch die peristaltische Kontraktion der Rectalmuskulatur oft wohl auch gleichzeitig des Sigma aus dem Körper entfernt, doch bleibt oft während der ganzen Entleerung zur schnelleren Erledigung des Aktes die Bauchpresse angespannt. Die Weichteile des Beckens werden bei starkem Pressen konisch abwärts gedrängt, wobei dann mitunter die durch gleichzeitig eintretende venöse Stauung blutreicher erscheinende Schleimhaut des Afters hervortritt.

Durch den *Levator ani* wird nun durch willkürliche Innervation der Weichteilboden des Beckens in die Höhe gehoben und so der After, zum Schluß der

<hr>

[1]) STRAUSS: Therap. Monatsh. 1906, S. 373.
[2]) ZIMMERMANN: Mitt. a. d. Grenzgeb. d. Med. u. Chir. Bd. 20, H. 3.
[3]) ROST: Pathologische Physiologie des Chirurgen, S. 236. Leipzig 1921.

Defäkation emporgleitend, über die heraustretende Kotsäule hinaufgestreift. Diese Tätigkeit des Levator ani bedeutet zugleich eine Sicherung gegen eine zu starke Ausweitung der Weichteile am Beckenboden, besonders der Fascia pelvis. Daneben findet Budge[1]), daß die direkte Reizung des Musculus levator ani einen durch das Rectum fließenden Wasserstrahl unterbricht. Er schreibt ihm daher, ähnlich wie Treitz[2]), auf Grund anatomischer Betrachtungen auch eine den Mastdarm konstrigierende Wirkung zu. In gleicher Weise betont neuerdings A. W. Fischer[3]) diese sphincterartige Funktion des Muskels. Die von der

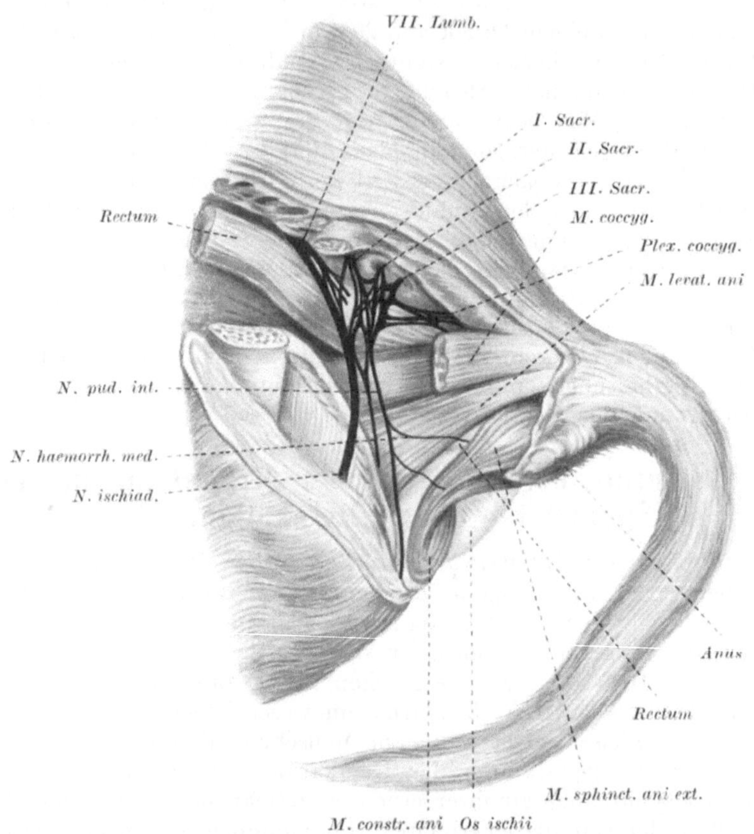

Abb. 114. Darstellung der Muskulatur des Beckenbodens und des Plexus ischiadicus. Nervenversorgung des Sphincter externus. Das Fettgewebe der Fossa ischiorectalis entfernt, das Darmbein mit dem Meißel so weit abgetragen, bis der ganze Plexus ischiadicus frei sichtbar war. (Nach v. Frankl-Hochwart und Alfred Fröhlich.)

Rückfläche des Schambeins kommenden Fasern inserieren nach seinen Untersuchungen in der Hauptmasse in der hinteren Raphe recti ganz vereinzelt an der seitlichen Rectalwand und am Steißbein. Die Kontraktion des Muskels, hervorgerufen durch elektrische Reizung, zieht das Rectum nach vorn, drückt es gegen das Widerlager der Prostata und verengert es so. Diese Funktion des Muskels als eines Compressor recti am ruhenden Mastdarm läßt sich ja sehr wohl mit der eines Levator ani an dem im Defäkationsakt nach unten gedrängten Rectum

[1]) Budge: Berlin. klin. Wochenschr. 1875, Nr. 27.
[2]) Treitz: Vierteljahrsschr. f. med. Heilkunde d. med. Fakultät Prag, Jahrg. 10, Bd. 1. 1883.
[3]) Fischer, A. W.: Arch. f. klin. Chir. Bd. 123, S. 105. 1923.

vereinigen. Unter den Hilfskräften des Defäkationsaktes können unter Umständen auch die anderen quergestreiften Muskeln des Beckenbodens (Musculus transversus peronei profundus, bulbocavernosus, ischiocavernosus) und evtl. auch die Glutaei zur Verwendung gelangen.

Der eigentliche Schluß des Rectums ist bedingt durch die zwei *Sphincteren*, den *Sphincter ani internus*, der aus glatten Muskelfasern besteht, und durch den aus quergestreiften Fasern aufgebauten *Sphincter ani externus*. Beide Muskeln befinden sich, wie alle derartigen Muskeln, in einer tonischen Dauerkontraktion, von der aus sowohl eine Verstärkung derselben wie eine Erschlaffung eintreten kann. Dem äußeren Schließmuskel ist etwa $1/3$ bis $1/2$ der Verschlußkraft nach den Durchspülungsversuchen von v. FRANKL-HOCHWART und FRÖHLICH[1] zugewiesen. Abtragung dieses Muskels setzt nach ihnen den Widerstand des Rectalendes gegenüber einer belastenden Flüssigkeitssäule herab, ohne sie aufzuheben. Die auffällige Tatsache, daß ein quergestreifter Muskel wie der Sphincter ani externus zu einer permanenten, vom Willen teilweise unabhängigen Kontraktion gezwungen ist, verknüpft sich mit seiner eigenartigen Innervation.

III. Die nervöse Steuerung der Defäkation.

Die Innervation der beiden Ringmuskeln ist vielfach untersucht. Das erste der nervösen Zentren, von denen ihr Tonus abhängig ist, liegt als Ganglienhaufen in der Substanz der Muskeln selbst, denn der Tonus dieser Sphincteren stellt sich, wie GOLTZ und FREUSBERG[2], GOLTZ und EWALD[3], v. FRANKL-HOCHWART und FRÖHLICH[4] und L. R. MÜLLER[5] gezeigt haben, nach Entfernung des Rückenmarks und auch der sympathischen Ganglien wieder her, und die zuerst nach einer derartigen Verletzung bestehende Inkontinenz verschwindet wieder. Weniger auffallend ist diese Tatsache beim Sphincter internus, der sich darin verhält wie die übrige glatte Muskulatur im gesamten Magendarmtrakt, desto mehr bei der gestreiften Muskulatur des Sphincter ani externus. Dieser Schließmuskel verhält sich in vieler Beziehung wie ein glatter Muskel. Er degeneriert nicht nach der Durchschneidung der innervierenden Nervenfasern des Nervus erigens und nach Lostrennung vom Rückenmark. Er gibt nach Rückenmarkexstirpation keine Entartungsreaktion (GOLTZ und EWALD) und weist bei der mikroskopischen Untersuchung keine entarteten Fasern auf zu einer Zeit, wo an der andern quergestreiften Skelettmuskulatur alle Zeichen von Entartung da sind. ARLOING und CHANTRE[6] fanden nach Durchschneidung der den Sphincter versorgenden Sakralnerven nach 11 Monaten noch annähernd normale histologische Details und bezüglich seiner Zuckungsformel manche Eigenschaften, die ihn den glatten Muskeln nähern. Aus seiner Immunität gegen Curare (v. FRANKL-HOCHWART und FRÖHLICH) und aus der Totalkontraktion des gesamten Muskels auf einen elektrischen oder mechanischen Reiz ergibt sich ebenfalls, daß er nervöse Zentren in sich trägt. In der Wand des Rectums und des anschließenden Colon sigmoideum steuern neben den Ganglienzellen in den Sphincteren auch der AUERBACHsche Plexus myentericus und der MEISSNERsche submuköse Plexus die spontane Tätigkeit des Enddarmes [L. R. MÜLLER[7]].

[1] v. FRANKL-HOCHWART u. FRÖHLICH: Pflügers Arch. f. d. ges. Physiol. Bd. 81, S. 420. 1900.

[2] GOLTZ u. FREUSBERG: Pflügers Arch. f. d. ges. Physiol. Bd. 8, S. 460. 1874.

[3] GOLTZ u. EWALD: Pflügers Arch. f. d. ges. Physiol. Bd. 63, S. 362. 1896.

[4] v. FRANKL-HOCHWART u. FRÖHLICH: Pflügers Arch. f. d. ges. Physiol. Bd. 81, S. 420. 1900.

[5] MÜLLER, L. R.: Zeitschr. f. Nervenheilk. Bd. 21, S. 86. 1902.

[6] ARLOING u. CHANTRE: Rev. neurol. Bd. 7, Nr. 1; Cpt. rend. de l'acad. d. sciences, Paris, Bd. 127, Nr. 18, S. 651; Nr. 19, S. 100.

[7] MÜLLER, L. R.: Die Lebensnerven. Berlin 1924.

In der Norm werden diese lokalen, in der Darmwand selbst gelegenen *Zentren von übergeordneten in den sympathischen Ganglien*, besonders dem Ganglion mesentericum inferius, im Rückenmark und Conus terminalis und diese wieder von solchen im Großhirn beeinflußt. Die Verbindung mit dem Rückenmark geschieht, wie es zuerst LANGLEY und ANDERSON[1]) an Katzen und Kaninchen, v. FRANKL-HOCHWART und FRÖHLICH[2]) später am Hunde zeigen konnten, durch *zwei Bahnen*. Die erste entspringt *aus dem ersten bis fünften Lumbalnerven*, mittels Fasern, die als *sympathisches System im engeren Sinne* durch das Ganglion mesentericum inferius und den Nervus hypogastricus verlaufen. Diese obere

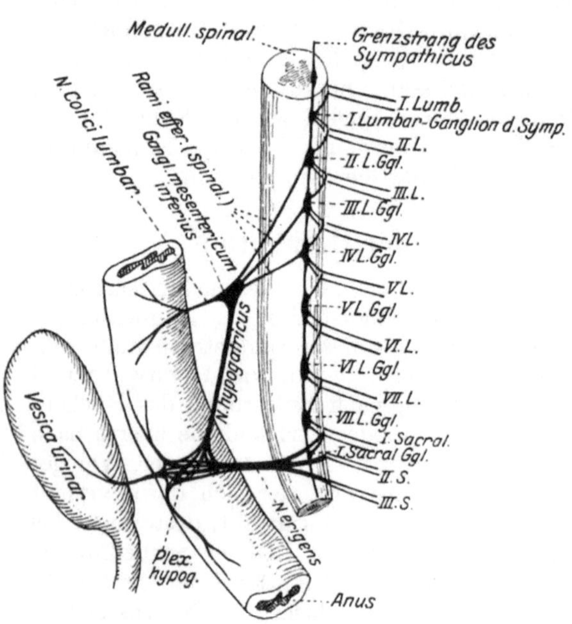

Abb. 115. Schema der Innervation des Rectums. (Nach v. FRANKL-HOCHWART u. FRÖHLICH.)

lumbale Nervengruppe steht vermittels der Rami communicantes albi mit dem Grenzstamm des Sympathicus in Verbindung und von den Grenzstrangganglien aus durch die Rami efferentes mit dem Ganglion mesentericum inferius. Die *zweite Bahn führt der paarige Nervus erigens*, von LANGLEY besser als *Nervus pelvicus* bezeichnet, in Fasern aus dem ersten, zweiten und dritten Sakralnerven, am stärksten aus dem zweiten, zum Rectum und Anus. Die Nervi erigentes senken sich zu beiden Seiten des Rectums und der Blase in den Plexus hypogastricus ein, in den von oben her beim Hunde ca. 5 cm oberhalb der Analöffnung die Nervi hypogastrici vom Ganglion mesentericum inferius herkommend einstrahlen. Alle diese Nerven bilden zusammen ein dichtes, beim Hunde fast 1 cm im Querdurchmesser betragendes Geflecht. In diesem Geflecht konnten v. FRANKL-HOCHWART und FRÖHLICH schon makroskopisch kleinere und größere, offenbar gangliöse Knoten erkennen, von denen sie den größten dem von LANGLEY und ADERSON bei der Katze gefundenen Ganglion pelvicum in Parallele stellen. Von den Ganglien des Plexus hypogastricus strahlen reichliche Verbindungszüge aus in den Endteil des Darmes, zur Blase, Urethra usw. Durch Degenerationsversuche fanden LANGLEY und ANDERSEN, daß die Nervi pelvici bei der Katze ca. $^1/_3$ ihres Fasergehaltes als zentripetale Fasern enthalten, außerdem konnten sie feststellen, daß die Sakralnerven zum Nervus hypogastricus derselben Seite 2 oder 3 Fasern senden können.

Der Musculus sphincter ani externus wird besonders versorgt durch den als *nicht autonomer Nerv* aus dem Hauptstamm des Nervus pudendus internus am Enddarm sich abspaltenden *Nervus haemorrhoidalis medius*, dessen Reizung schon bei schwachem Strom momentan einen sehr energischen tetanischen Verschluß des Anus mit kugelförmigem Hervorspringen des Muskels hervorruft

[1]) LANGLEY u. ANDERSON: Journ. of physiol. Bd. 16, 17, 18, 19, 20.
[2]) v. FRANKL-HOCHWART u. FRÖHLICH: Pflügers Arch. f. d. ges. Physiol. Bd. 81, S. 420. 1900.

(v. Frankl-Hochwart und Fröhlich). Nach Durchschneidung der Nervi pudendi beim Hunde klafft der Anus im Anfang weit auf, später nur noch wenig. Es bleibt noch die willkürliche Kotentleerung durch Einleitung mit der Bauchpresse bestehen, der Absatz des Kotes ist aber sehr erschwert, dies dürfte nicht nur durch Wegfall des abschließenden Analringes — motorischer Teil des Nervus pudendus, sondern auch durch den Wegfall von Reflexen — sensibler Teil des Nerven — bedingt sein. Der sensible wie der motorische Teil des Analreflexes geht nach Deunig[1]) über den Nervus pudendus, denn der nach Durchschneidung der Nervi hypogastrici und pelvici auftretende krankhafte Stuhldrang wird vermittels dieses Nerven empfunden.

Die Untersuchungen über den Reizeffekt der den Sphincter ani internus, aber auch zum Teil den externus und den benachbarten Enddarm steuernden Nervi erigentes s. pelvici und der Nervi hypogastrici ergeben keine sehr klaren und bei verschiedenen Tieren nicht ganz übereinstimmende Resultate. Die untere sakrale Nervengruppe zeigt bei Reizung in den Versuchen von Langley und Anderson an der Katze meist Konstriktion, viel seltener Dilatation, am Kaninchen ist diese Wirkung eine nicht sichere, meist fanden sie am Sphincter ani internus Dilatation, dagegen wurde am Sphincter externus in Übereinstimmung mit Sherington von den Sakralnerven aus eine lebhafte zusammenziehende Wirkung festgestellt, außerdem fand sich am gesamten Enddarm Kontraktion und Peristaltik sowohl der Längs- wie der Ringmuskulatur und Rötung der Mastdarmschleimhaut in Parallele zur Vaguswirkung an dem oberen Abschnitt des Magendarmtraktus. Am Hunde sahen v. Frankl-Hochwart und Fröhlich an den Nervi erigentes die stark konstringierende Wirkung wie bei der Katze. Wie bedeutend die konstringierende Kraft dieser Bahn ist, geht daraus hervor, daß dilatierende Wirkungen hier nur zu erzielen waren vom Hypogastricus oder als reflektorische Reizung vom Rückenmark aus, wenn die Erigensfasern sorgfältig wegpräpariert worden waren.

Die *periphere Reizung der Hypogastrici* ergab an der Katze (Langley und Anderson) Konstriktion des Sphincter internus und Blässe der Schleimhaut. Der Tonus dieses Schließmuskels wurde jedoch deutlich verringert nach Durchschneidung der Lendennerven und noch mehr durch Exstirpation des Ganglion mesentericum inferius. Am Kaninchen konnten diese Autoren mitunter eine bedeutende Erweiterung des Sphincter internus erhalten mit Übergreifen derselben auf den darüber befindlichen Teil des Rectums. Am Hund blieb einfache periphere Reizung der Hypogastrici ganz ohne Effekt (v. Frankl-Hochwart und Fröhlich), erst nach Resektion der Nervi erigentes trat starke Dilatation auf, und zwar 9 mal unter 12 Versuchen. Dilatation oder Nachlassen im Tonus scheint demnach im allgemeinen der überwiegende Effekt der peripheren Hypogastricusreizung zu sein, Kontraktion der der peripheren Pelvicusreizung.

Reizung des durchschnittenen zentripetal leitenden Hypogastricus ergibt Kontraktion [Courtade und Guyon[2]), v. Frankl-Hochwart und Fröhlich] nach Durchschneidung der Erigentes Dilatation. Zentripetale Reizung der Nervi erigentis ergab Kontraktion (v. Frankl-Hochwart und Fröhlich). Die zentripetal leitenden Fasern können demnach auf dem Wege der spinalen Zentren den Sphincter kontrahieren und dilatieren.

Wieweit ist für diese Wirkungen auch der zwischengeschaltete Ganglienapparat als Zentrum ausreichend? Langley und Anderson fanden an der Katze bei Reizung des zentralen Hypogastricusstumpfes bei isoliertem Ganglion mesentericum inferius Kontraktion des Sphincter ani internus und Blässe der

---

[1]) Deunig: Zeitschr. f. Biol. Bd. 80, S. 239. 1924.
[2]) Courtade u. Guyon: Cpt. rend. des séances de la soc. de biol. S. 792. 1897.

Schleimhaut. Zentrale Reizung der lumbalen Enddarmnerven bei intaktem Hypogastricus ergab gleiche Reflexwirkungen. v. Frankl-Hochwart und Fröhlich konnten auch nach Zerstörung des Rückenmarks durch zentripetale Reizung des Hypogastricus Konstriktion erzeugen und durch Reizung des Nervus erigens Dilatation. Den im Ganglion mesenteriale inferius und einigen anderen kleineren, besonders im Plexus hypogastricus gelegenen Zellstationen müssen wir demnach eine gewisse Selbständigkeit der Steuerung zuschreiben, aber daneben auch den in der Darmwand selbst gelegenen Ganglien und Plexus. Denn auch nach Zerquetschung des Ganglion mesentericum inferius sahen v. Frankl-Hochwart und Fröhlich eine deutliche Wiederherstellung des Sphinctertonus durch Muscarin. Auch aus der Unwirksamkeit der Nicotinvergiftung auf den Sphincterentonus beim Tier mit entferntem Rückenmark schließen Goltz und Ewald, daß die eingeschalteten sympathischen Ganglien nicht entscheidend für den Tonus der Sphincteren sind. Die interessanten Beobachtungen von Lewandowsky und Schulz[1]) sowie die von Deunig[2]) gehören wohl ebenfalls hierher. Diese Autoren fanden, daß nach doppelseitiger Durchschneidung der Nervi hypogastrici und pelvici wohl Lähmung der Sphincteren, aber gleichzeitig hochgradige Tenesmen auftraten, manchmal erst am zweiten oder dritten Tag, aber öfter wochenlang anhaltend. Die Tiere verharrten dauernd in Hockstellung mit angespannter Bauchpresse, namentlich Bewegung oder der Versuch zu urinieren lösten den Drang auf. Meist wurden dann nur kleinere Mengen Kotes oder Schleim entleert. Nach Durchschneidung der Nervi pudendi konnte dieser Stuhldrang aufgehoben werden. Die Annahme Deunigs, ein Katarrh der Rectumschleimhaut sei Ursache dieser Tenesmen, läßt meines Erachtens die Möglichkeit hochgradiger unkoordinierter Kontraktionen der Rectalmuskulatur nach dieser Denervierung unbeachtet. Nach Durchschneidung aller Nerven (Pelvici, Hypogastrici, Pudendi) ist ebenfalls noch Peristaltik und Weiterbeförderung des Kotes im Rectum vorhanden. Der Versuch einer willkürlichen Kotentleerung war meist erfolglos, weil dann das Gefühl für den Füllungszustand (Nervus pudendus!) und damit für die Notwendigkeit des Versuches nicht da ist.

Im *Rückenmark* ist neben den von Langley gefundenen Beziehungen zum 2. und 3. Lumbalsegment in den Sakral- und Coccygealsegmenten die Regulierung des Defäkationsaktes lokalisiert [Marshall Hall[3]), Gianuzzi[4]), Budge[5]), Goltz und Ewald[6]), L. R. Müller[7])]. Budge lokalisiert dieses Zentrum beim Kaninchen in der Höhe des 4. Lendenwirbels, Masius[8]) beim Hund in der Höhe des 5. Lendenwirbels, Goltz und Ewald sowie L. R. Müller sehen nach totaler Exstirpation des Lenden- und Kreuzmarks zuerst ein weites Klaffen des Afters, so daß die rote Rectalschleimhaut zutage tritt. Erst nach einiger Zeit schließt sich die Analöffnung wieder, und zwar durch die Kontraktion des Sphincter ani internus, der jetzt, unabhängig von dem gelähmten äußeren quergestreiften Muskel sich zusammenzieht. Später findet man jedoch bei einem Tier, welches diese Operation lange überlebt hat, den After gut verschlossen, und sein quergestreifter Muskelring ist noch zu einer Zeit elektrisch erregbar, in welcher die

---

[1]) Lewandowsky u. Schulz: Zentralbl. f. Physiol. Bd. 17, S. 433. 1903.

[2]) Deunig: Zeitschr. f. Biol. Bd. 80, S. 239. 1924.

[3]) Marshall Hall: Abhandlung über das Nervensystem, übersetzt von Kürschner. Marburg 1840.

[4]) Gianuzzi: Cpt. rend. hebdom. des séances de l'acad. des sciences Bd. 56, S. 1102. 1863.

[5]) Budge: Virchows Arch. f. pathol. Anat. u. Physiol. Bd. 5, S. 115. 1858.

[6]) Ewald: Pflügers Arch. f. d. ges. Physiol. Bd. 63, S. 362. 1896.

[7]) Müller, L. R.: Zeitschr. f. Nervenheilk. Bd. 21, S. 86. 1902.

[8]) Masius: Journ. d. l'anat. et de la physiol. Bd. 6. 1869.

Skelettmuskeln vollständig entartet sind. Wie Merzbacher[1]) gefunden hat, wirkt eine Durchschneidung der hinteren Wurzeln des Sakralmarks wie die Entfernung des Rückenmarks, der entsprechende zentripetale Teil des Reflexbogens ist sodann gestört, von der gereizten Schleimhaut des Darmes werden die Defäkationsbewegungen nicht ausgelöst, und der Sphincterentonus, der demnach auch zum Teil reflektorisch bedingt ist, verschwindet zunächst nach dem Eingriff. Ähnliches zeigte die in Übereinstimmung mit Langley und Anderson, v. Frankl-Hochwart und Fröhlich gefundene reflektorische Kontraktion vom Ischiadicus aus, die augenblicklich sistiert, wenn man die Erigentes reseziert. Nach einfacher Durchschneidung des Rückenmarks in den oberen Partien zwischen Brust- und Lendenteil findet L. R. Müller keine Lähmung des Afterverschlusses, doch anfänglich Obstipation und stärkere Füllung der Ampulle, Goltz und Freusberg[2]) sahen die Wiederherstellung des Sphincterentonus nach Durchschneidung im Dorsalmark schneller eintreten wie bei tiefer Rückenmarksschädigung.

Über die *cerebrale Innervation* der Sphincteren und des Enddarmes liegen eine Reihe von Untersuchungen vor, am Hunde von Bechterew und Meyer[3]), Bechterew und Mislawski[4]), Ducceschi[5]) und Merzbacher, die, einigermaßen in der Lokalisation übereinstimmend, in der Hirnrinde etwas über dem Sulcus cruciatus auf der Sigmoidalwindung Kontraktion des Sphincter ani auslösen konnten, nach Exstirpation dieses Rindenteils traten rhythmische Kontraktionen des Schließmuskels auf.. Von Frankl-Hochwart und Fröhlich[6]) fanden ebenfalls etwas nach hinten vom Sulcus cruciatus, etwa 1 cm unterhalb der Mantelkante, eine individuell etwas schwankende Stelle, von der aus sie sowohl Kontraktion wie Erschlaffung erzielen konnten. Beim anthropoiden Affen liegt diese Stelle nach Sherrington[7]) ganz oben im Gebiet der oberen Zentralwindung, in nächster Nachbarschaft der Beinzentren. Bei niederen Affen nach Sherrington an der medialen Seite des Lobus paracentralis.

Den Einfluß der Seehügel auf die Darmbewegung studierten Masius[8]), Ott[9]) und G. W. Wood-Field. Sie fanden im wesentlichen hemmende Zentra für die Darmtätigkeit und die Schließer des Mastdarms und der Harnblase. Bechterew und Mislawsky erzielten bei Seehügelreizung starke Kontraktionen des Dickdarms, die zur Kotentleerung führten. Ott findet dagegen auch, daß die Thalami optici wenigstens zum Teil die Zentren des Hemmungsapparates für das Centrum ano-spinale enthalten. Nach Anlegung eines Schnittes, gerade zwischen den Corpora quadrigemina und Thalami optici, fand er, daß die rhythmischen Afterbewegungen ebenso wie nach der Durchschneidung des Rückenmarks auftraten. Über den Verlauf dieser den Rhythmus hemmenden Fasern kann er angeben, daß die Durchschneidung der Crura cerebri ungefähr in ihrer Mitte ebenso wie die der Seitenstränge die rhythmische Bewegung ebenfalls hervorruft, in der Medulla oblongata ziehen diese Fasern hauptsächlich in den Columnae intermediae im Pons Varoli, und zwar in seiner vorderen Hälfte.

Wird die *Leitung* an irgendeiner Stelle zwischen Gehirn, Rückenmark und Anus oder in dem entsprechenden zentripetalen Teil des Reflexbogens vom Anus

---

[1]) Merzbacher: Pflügers Arch. f. d. ges. Physiol. Bd. 92, S. 585. 1902.
[2]) Goltz u. Freusberg: Pflügers Arch. f. d. ges. Physiol. Bd. 8, S. 460. 1874.
[3]) Bechterew u. Meyer: Neurol. Zentralbl. Bd. 12, S. 3. 1893.
[4]) Bechterew u. Mislawski: Ref. im Zentralbl. f. Nervenheilk. Bd. 12, S. 433.
[5]) Ducceschi: Riv. di pathol. nerv. et ment. Bd. 3, S. 241. 1898.
[6]) v. Frankl-Hochwart u. Fröhlich: Jahrb. d. Psychiatrie u. Neurol. 1902.
[7]) Monakow, C. V.: Ergebn. d. Physiol. Bd. 1, Biophysik, S. 616.
[8]) Masius: Journ. de l'anat. et de la physiol. Bd. 6, S. 1. 1869.
[9]) Ott: Journ. of physiol. Bd. 2, S. 42. 1879/80; Bd. 3, S. 163. 1880/82.

bis zum Rückenmark *unterbrochen*, das gilt auch für die pathologischen Verhältnisse beim Menschen nach Verletzung und Erkrankung des Rückenmarks, so
erfolgt die Kotentleerung ohne willensmäßige Beeinflussung unter gleichzeitigem
Verlust der Sensibilität des Vorganges. Flüssiger Kot läuft dann einfach durch
den klaffenden After hinaus, fester Kot, der sich, wie bereits oben erwähnt
wurde, nun in der Ampulle sammelt, oft unter gleichzeitigem Eintritt von Obstipation, wird, nur geschoben durch die im Kolon nachdrängenden Massen, von
Zeit zu Zeit entleert, ohne daß die Menschen es empfinden und ohne daß die
Hunde ihre Hockstellung einnehmen. GOLTZ und FREUSBERG sahen dabei
an den Sphincteren, daß diese trotz der starken Herabsetzung ihres Tonus auf
mechanischen oder Kältereiz mit einer Reihe von rhythmischen Zusammenziehungen antworteten. Nach einiger Zeit nimmt dann aber die früher geschilderte Selbständigkeit der abgetrennten Zentren in der Darmwand und den Ganglien
außerhalb derselben zu, es stellt sich eine der Norm ähnliche Kotentleerung
wieder her, die auch in ziemlich regelmäßigen Zeitabständen erfolgen kann.
Die Sphincteren werden wieder schlußfähig, wenn auch mit etwas herabgesetztem
Tonus. Der ganze Entleerungsakt bei solchen Tieren stellt demnach nichts
anderes dar als eine peristaltische Bewegung des unteren Dickdarms, bedingt
durch Reizung seiner lokalen Nervenapparate [TEN CATE[1])]. Verloren bleibt
nur die Fähigkeit, den Kot nach Eintritt in das Rectum zurückzuhalten und die
Kenntnis der Entleerung.

Merkwürdig ist das Verhältnis der Stuhlentleerung zur Urinabgabe. Beim
Menschen ist der Defäkationsakt meist unmöglich ohne gleichzeitigen Ablassen
des Urins, und zwar erfolgt gewöhnlich vor und nach der Kotausstoßung Urin-
entleerung. Scheinbar kann der Defäkationsreflex nicht bei voller Blase ausgelöst werden. Nach L. R. MÜLLER besteht bei verletztem Rückenmark und
bei Conusläsionen diese Doppelsteuerung nicht, sie beruht demnach auf nervöser Kuppelung der Zentren. Beim Tier ist diese Verknüpfung der beiden
Funktionen nicht so ausgesprochen.

Heftige *psychische Eindrücke*, Angst, Erregung und Schmerz können bisweilen
zur Ausstoßung der Exkremente führen. In dem Abschnitt „Pathologie der
Darmbewegungen" wird auf die große Bedeutung des psychischen Faktors
für die Störungen der Kotabsetzung näher eingegangen. Nicht bloß im Nervensystem selbst ablaufende Vorgänge sind da als Vermittler anzusehen, zum Teil
wohl auch *innersekretorische Steuerung*. Denn Pituitrin regt z. B. neben der
Darmperistaltik auch den Defäkationsakt an [KLOTZ u. a.[2])]. Im Thyreoidin
sehen wir in der Klinik ebenfalls, besonders bei manchen Formen der Obstipation,
einen Beschleuniger des Stuhlgangs, und schließlich führt auch Cholin, als Hormon
der Darmbewegung [LE HEUX[3])], zur beschleunigten Defäkation [ISAAC-KRIEGER
und NOAH[4])]. Däß wir den Defäkationsakt überhaupt nicht zu isoliert, los-
gelöst von den anderen Bewegungen des Magendarmtraktus betrachten dürfen,
zeigt jede Diarrhöe und unter normalen Verhältnissen eine hübsche Einzel-
beobachtung von REED[5]) über die reflektorische Auslösung der Defäkation
durch den Freßakt an jungen Zaunkönigen, bei denen jedesmal nach Aufnahme
eines Bissens die Kotentleerung unter entsprechender Haltung des Körpers,
Anus über den Nestrand hinaus, beobachtet werden konnte.

---

[1]) TEN CATE: Arch. néerl. de physiol. de l'homme et des anim. Bd. 6, S. 528. 1922.
[2]) KLOTZ: Münch. med. Wochenschr. 1911, Nr. 21.
[3]) LE HEUX: Pflügers Arch. f. d. ges. Physiol. Bd. 190, S. 301. 1921.
[4]) ISAAC-KRIEGER u. NOAH: Zeitschr. f. d. ges. exp. Med. Bd. 42, S. 661. 1924.
[5]) REED: Proc. of the roy. soc. of med. Bd. 22, S. 295. 1925.

Die Pathologie der Bewegungsvorgänge des Darmes (einschließlich der Obstipation und der Defäkationsstörungen) und der extrahepatischen Gallenwege.

Von

KARL WESTPHAL

Frankfurt a. M.

Mit 11 Abbildungen.

Zusammenfassende Darstellungen.

BOAS: Diagnostik und Therapie der Darmkrankheiten. Berlin 1898. — EWALD: Klinik der Verdauungskrankheiten. Bd. III. Berlin 1902. — NOTHNAGEL: Die Erkrankungen des Darmes und Peritoneums. Spez. Pathol. u. Therap. Bd. XVII, 2. Aufl. 1903. — SCHMIDT: Klinik der Darmkrankheiten. Wiesbaden 1913. — SCHMIDT-v. NOORDEN: Klinik der Darmkrankheiten. München u. Wiesbaden 1921. — STRASBURGER: Die einzelnen Erkrankungen des Darmes, im Handb. d. inn. Med. von v. BERGMANN u. STAEHELIN, Bd. III, 2. Teil. Berlin 1926. — Die Erkrankungen des Darmes in KRAUS-BRUGSCH: Handb. d. spez. Pathol. u. Therap. Bd. VI, 1. Hälfte, 2. Teil. Bearbeitet durch SCHMIDT u. LORISCH, FLEINER, STRAUSS, SCHMIEDEN u. SCHEELE, SINGER.

Pathologische Physiologie des Darmes bei KREHL: Pathologische Physiologie. 11. Aufl. Leipzig 1921. — STRASBURGER: Abschnitt „Verdauung" im Lehrb. d. pathol. Physiol. von LÜDGE u. SCHLAYER. Leipzig 1922. — ROST: Pathologische Physiologie des Chirurgen. Leipzig 1921.

Röntgendarstellungen: STIERLIN: Klinische Röntgendiagnostik des Verdauungskanals. Wiesbaden 1916. — FAULHABER: Röntgendiagnostik der Darmkrankheiten. 2. Aufl. Halle 1919. — RIEDER-ROSENTHAL: Lehrb. d. Röntgenkunde, Bd. II. Leipzig 1925.

Pathologie der Bewegungsvorgänge der Gallenwege: WESTPHAL: Muskelfunktion, Nervensystem und Pathologie der Gallenwege. Zeitschr. f. klin. Med. Bd. 96, H. 1/3. 1923. — LÜTGENS: Aufbau und Funktion der extrahepatischen Gallenwege. Leipzig 1926.

Die Aufgabe des Darmes ist bekanntlich nicht nur eine der Motilität, des Transportes der Ingesta. Auch im pathologischen Geschehen wird daher nicht immer eine klare Scheidung der Störungen der Darmbewegung von denen der Sekretion und Resorption möglich sein, bei manchem krankhaften Zustande sehen wir ein ausgesprochenes Nebeneinander der Störung mehrerer Funktionen, und die Entscheidung, wo liegt das Wesentliche, das Primäre, wird auch hier, wie so oft, nicht ganz einfach, bisweilen unmöglich sein. Auch bei Einblendung des Gesichtsfeldes auf das rein motorische Geschehen sehen wir hier wie meist in der Natur nicht das Einfache, leicht in einem Schema zu Erfassende, sondern im bunten Wechsel oft recht Kompliziertes, Vielfältiges, zum Teil sogar Gegen-

sätzliches nebeneinander. Es soll daher bei dieser Darstellung im allgemeinen
versucht werden, in doppelter Hinsicht, zuerst ausgehend von den krankhaften
Phänomenen in der motorischen Tätigkeit des Darmes, die pathologische Funktion zu schildern und dann vom Standpunkt verschiedener abnormer Beeinflussung und Steuerung diesen krankhaften Zuständen noch einmal näherzu-
treten.

Hochgradige Beschleunigung, hochgradige Verlangsamung und schließlich
völlige Hemmung des Transportes der Ingesta sind die wesentlichen äußeren
Erscheinungen des Krankhaften in der motorischen Funktion des Darmes, die
zu starken Verschiebungen der Passagezeiten gegenüber dem Normalen führen.

I. Die Steigerung der Darmbewegung.

Starke Beschleunigung der Passage durch gesteigerte Motilität im Dünn-
und Dickdarm geht meist einher mit dünnflüssigen oder weichbreiigen Entleerungen des Stuhlganges. Zu *Durchfällen* kommt es jedoch dabei nur, wenn
die Verweildauer im proximalen Teil des Dickdarmes zu kurz war, um den
Darminhalt genügend zu entwässern und einzudicken, wenn die Darmwände
als solche große Mengen Flüssigkeit absondern, und seltener, wenn die Auf-
saugungsfähigkeit des Dickdarmes, besonders seine Wasserresorption, durch ausgedehnte Schädigung oder Zerstörung seiner Schleimhaut gestört ist. Die Verbindung von Hypermotilität des Darmes und Durchfall ist demnach keine
zwangsläufige, wenn bei vermehrter Dünndarmperistaltik die Beschleunigung
des Durchtritts auf den Dünndarm beschränkt bleibt, so entsteht z. B. kein
Durchfall, und wenn umgekehrt bei den sog. Pseudodiarrhöen des Rectum-
carcinoms infolge einer gesteigerten Sekretion der gereizten Schleimhaut oberhalb dieser Stenose mehrere kleine diarrhoische Entleerungen am Tage vorkommen, so ist die Beteiligung der Darmmuskulatur an diesem Vorgang eine
nur geringe. Die Konsistenz der Stühle ist um so dünner, je weiter aufwärts
gelegene Teile ihren Inhalt uneingedickt hinausbefördern; werden nur die untersten
Partien des Dickdarmes häufiger entleert, wie es manchmal infolge eines Reiz-
zustandes bei leichter Proktitis oder infolge abnormer nervöser oder psychischer
Beeinflussung der Defäkation geschehen kann, so ist die Konsistenz des Kotes
nicht weicher als normal, ja sie kann bei gleichzeitig bestehender Obstipation
in den oberen Partien des Dickdarmes sogar besonders eingedickt „schafkot-
artig" sein.

Eine *Steigerung der Dünndarmperistaltik allein* kommt vor. Die Einzelheiten solcher Vorgänge am Menschen sind allerdings bei der schweren Zugäng-
lichkeit des Dünndarmes für die Röntgenuntersuchung, besonders in seinen ausgedehnten mittleren Gebieten, weniger geklärt wie am Dickdarm. *Bei beschleunigter Entleerung des Magens* ist Hyperperistaltik des Dünndarms ein häufiges
Ereignis. Wenn dann bei Anacidität der Magensekretion, beim Carcinoma
ventriculi mit Insuffizienz des Pylorus oder bei gut funktionierender Gastro-
jejunostomie infolge Ausschaltung der normalen Pylorusfunktion zum Teil
wegen Wegfalls des MEHRINGschen Salzsäurereflexes eine überstürzte Füllung
des Dünndarmes mit beschleunigtem Transport stattfindet, so läßt sich, besonders
im Jejunum, eine stärkere Füllung der Schlingen röntgenologisch beobachten.
Es tritt dann das gewöhnliche Bild der Pendelbewegungen des Dünndarmes, die
durch ihre ausgiebigen Misch-, Knet-, Auswalz- und Preßbewegungen für gute
Ausnutzung und feine Verteilung der Nahrung sorgen, etwas zurück, die stetig
aus dem Magen entleerten Kontrastmassen werden nicht so innig mit dem Dünn-
darmsaft durchmischt und erscheinen daher nicht so unregelmäßig verteilt wie

in der Norm [RIEDER[1])]. Seit KUSSMAULS[2]) Beschreibung kennen wir am Dünndarm das Bild der *nervösen peristaltischen Unruhe*, „Tormina intestinorum nervosa", bei dem es sich im wesentlichen um abnorm gesteigerte Bewegungen, besonders wohl des Pendelns, handelt, die unter gleichzeitigem Auftreten von kollernden, gurrenden und quiekenden Geräuschen (Borborygmen), oft mit deutlichem, lästigem, selten schmerzhaftem Bewegungsgefühl verbunden, besonders bei Neuropathen, ausgelöst bisher durch psychische Affekte, auftreten. Durchfall ist meist nicht damit verbunden, nur bei gleichzeitiger Beteiligung entsprechender Dickdarmmotilität. Gute Röntgenbeobachtungen dieser Bewegungsphänomene liegen bisher nicht vor, doch sind mitunter bei dünnen Bauchdecken die gesteigerten Bewegungen sichtbar und fühlbar. Einen guten Vergleich mit solcher abnormer Steigerung der Dünndarmtätigkeit bei Nervösen gestatten wohl die Beobachtungen von KATSCH[3]) am Bauchfenster-Kaninchen unter Pilocarpin- oder Physostigminreizung: er sieht dann eine Steigerung sämtlicher Bewegungsformen, die Pendelbewegungen werden vertieft und beschleunigt, aber zum Teil treten sie zurück vor den in großen Schüben einsetzenden Fortbewegungen des flüssigen Dünndarminhaltes, jedoch infolge krankhafter Zunahme der Ringkontraktionen und des Tonus des Dünndarmes werden Pendelbewegungen und schnelle Peristaltik teilweise erdrosselt, und als Effekt dieser dem pathologischen Geschehen bei Neuropathen ähnlichen Beeinflussung der Motilität durch Vagusreizmittel ergibt sich nicht nur Steigerung, sondern auch Unzweckmäßigkeit, Kräftevergeudung und Störung der Koordination.

Bei der reflektorisch im Kolikanfall der Gallenwege ausgelösten Hyperperistaltik des Dünndarmes sah WESTPHAL[4]) manchmal Ähnliches, röntgenologisch auch auffallende Vermehrung der großen Rollbewegungen VAN BRAAM-HOUCKGESTS, die in schnellem peristaltischen Schub über weite Dünndarmstrecken hinweggingen, auch hier fehlte meist Diarrhöe, eher bestand Neigung zu Obstipation.

Oft ist jedoch, nämlich *bei vielen Durchfallerkrankungen, die Steigerung der Dünndarmmotilität mit einem beschleunigten Transport durch den Dickdarm verbunden.* Aus zum Teil verständlichen Gründen liegen leider exakte Röntgenbeobachtungen über die Form der Darmbewegung bei solchen Zuständen wenig vor. Die gesteigerte Motilität des Dickdarmes allein ist hier wohl noch häufiger ausschlaggebend. Es sei daher zum Vergleich auf die Beobachtung mit Abführmitteln hingewiesen. Ricinusöl z. B., das den Dünn- und Dickdarm angreift, bewirkt ähnlich wie in den MAGNUSschen Katzenversuchen am Menschen nach MEYER-BETZ und GEBHARDT[5]) sowie RIEDER besonders im Ileum ungeregelte Form und Füllung des Darmes, unregelmäßig ausgewalzte Partien des Darminhaltes weisen auf eine erhöhte Pendelbewegung hin, ebenso vermehrte rhythmische Segmentation sowie rasche peristaltische Inhaltsverschiebungen. Die Eindickung des rasch, schon nach ein paar Stunden, völlig in Coecum ascendens und Transversum entleerten Kotes fehlt, die Peristaltik ist vermehrt, es überwiegen die großen Kolonbewegungen. Unter Kalomel können sich die Dünndarmbewegungen zu ausgesprochenen Rollbewegungen steigern. Anders imponiert jedoch bei der bekannten Wirkung der Mittelsalze, Bitter- und Glauber-

---

[1]) RIEDER: Röntgenuntersuchungen des Dünndarms. In RIEDER-ROSENTHAL: Röntgenkunde, S. 253. Leipzig 1925.

[2]) KUSSMAUL: Die peristaltische Unruhe des Magens. Volkmanns Samml. klin. Vortr. Nr. 181. 1880.

[3]) KATSCH: Zeitschr. f. exp. Pathol. u. Therap. Bd. 12, S. 33. 1912.

[4]) WESTPHAL: Zeitschr. f. klin. Med. Bd. 96, S. 22. 1923.

[5]) MEYER-BETZ-GEBHARDT: Münch. med. Wochenschr. 1912, S. 1703 u. 1861.

salz, im Dünndarm als Wesentliches die stärkere Flüssigkeitsausscheidung. Als ausschlaggebend für die Bewegungen, die zu gehäufter Stuhlentleerung führen, werden wir daher in Anlehnung an diese Beobachtungen im Dünndarm verstärkte Pendelbewegungen und stärkere Entwicklung der großen peristaltischen Schübe, im Dickdarm eine Vermehrung der normalerweise nur wenige Male am Tage [Holzknecht[1])] auftretenden „großen Kolonbewegungen" ansehen müssen, diese großen Inhaltsverschiebungen des Dickdarmes, die in der Einleitung des Defäkationsaktes [Schwarz[2]), Bergmann und Lenz[3]), Lenz[4])] eine so entscheidende Rolle spielen.

Die normalerweise die Peristaltik des Darmes in Gang bringenden Reize, vom Darminhalt ausgehend in mechanischer, chemischer und hormonaler Form, die in ihrem Erfolg beeinflußt sind von seiner nervösen und innersekretorischen Steuerung und durch den Zustand der Muskulatur der Schleimhaut und der intramuralen Nervenplexus der Darmwand selbst, sind naturgemäß auch im krankhaften Geschehen für die Steigerung und Herabsetzung der Darmtätigkeit ausschlaggebend. Nothnagel teilte z. B. dementsprechend die *Reize, die zur Diarrhöe führen*, ein erstens in solche von der Darmwand, zweitens vom Darminhalt, drittens vom Nervensystem, viertens vom Blut.

Meist werden die gleichen Ursachen, die zur Verstärkung der Peristaltik im Darm führen, auch die Abscheidung der Flüssigkeit seitens der Darmwand erhöhen und umgekehrt. Wie unter diesen und jenen Umständen die verstärkte Peristaltik ausgelöst wird, ist bei den einzelnen Krankheitszuständen höchst verschieden. In kurzer Übersicht stellen sich diese etwa folgendermaßen dar:

1. Reize vom Darminhalt aus, die zur Peristaltiksteigerung führen.

Als *mechanischer Reiz ex ingestis* gibt oft einen Übergang von der Norm zum Krankhaften ab die Vermehrung der Kotmassen durch Einfuhr großer Mengen schwerverdaulichen Materials, praktisch am wichtigsten in Gestalt großer Mengen von Pflanzenfasern und Zellwandsubstanz (große Obstmengen, Gemüse, Salate). Dieser vermehrte mechanische Reiz beschleunigt die Peristaltik, er führt so zu geringerer Wasserentziehung aus dem Kote und bei Überempfindlichen evtl. zu Diarrhöen. Außerdem gibt der Reichtum dieser Kost besonders an schlecht aufgeschlossener Cellulose und anderen Rohfasergebilden in den von ihr umschlossenen, schlecht vom Darm resorbierbaren Nährstoffen Brutstätten ab für nicht der normalen Darmflora angehörigen Bakterien, die dann außerdem noch chemisch die Darmwand reizende Produkte abgeben können (Schmidt, v. Noorden). Auch die bei der Achylie des Magens vorhandenen „*gastrogenen Diarrhöen*" [R. Schütz[5]), A. Schmidt u. a.] müssen hier angeführt werden. Bei diesem Gesamtkomplex pathologischer Einwirkung auf die Darmwand infolge des Wegfalls der normalen Magensekretion und der beschleunigten Entleerung des Magens wegen des fehlenden Pylorus-Salzsäurereflexes steht im Vordergrund der Fortfall der chemischen Zerkleinerung im Magen, der sich auf Fleisch, besonders sein Bindegewebe, Gebackenes, Gemüse und Obst erstreckt. Grobe, nicht chymifizierte Brocken gelangen dann in größeren Mengen in den Dünndarm, in gleicher Weise bei den Sturzentleerungen nach Magenresektionen und nach Gastroenterostomien. Sekundäre Fäulnisvorgänge, besonders der nicht

---

[1]) Holzknecht: Münch. med. Wochenschr. 1909, Nr. 42.
[2]) Schwarz: Münch. med. Wochenschr. 1911, S. 1489, 1624, 2060.
[3]) Bergmann u. Lenz: Dtsch. med. Wochenschr. 1911, S. 1425.
[4]) Lenz: Schweiz. med. Wochenschr. 1923, S. 887.
[5]) Schütz, R.: Volkmanns Samml. klin. Vortr. Nr. 318. 1901 u. Arch. f. Verdauungskrankh. Bd. 7, S. 43. 1901.

genügend ausgenutzten Muskelfasern und des Bindegewebes, mit Überhandnehmen von Fäulniserregern und der Wegfall der bakterienabtötenden und ihre Entwicklung hemmenden Magensalzsäurewirkung im oberen Dünndarm kommen hinzu. Daß trotzdem nur ein geringer Prozentsatz der Achyliker, etwa 15—30%, Durchfälle aufweist, zeigt, wie entscheidend das individuelle Moment der Empfindsamkeit der Darmwand gegenüber solcher abnormer Belastung ist. Die bei Pankreassekretionsstörungen auftretenden Diarrhöen zeigen eine ähnliche Belastung des Darmes durch unverdaute Muskelfasern und unverdautes Fett.

Chemische Reize: Nach vermehrter Aufnahme von Milchzucker, Fruchtzucker, Fruchtsäure, größerer Mengen von organischen Säuren überhaupt tritt eine Steigerung der Peristaltik evtl. bis zum Pathologischen ein. Kaffee (Coffein) wirkt manchmal ähnlich. Auch sei auf das Kapitel der Abführmittel verwiesen. Pathologische Reize, herrührend von besonderer Beschaffenheit der Ingesta und ihrer Zersetzungsprodukte und von abnormen bakteriellen Abbauprodukten, können anscheinend von jeder beliebigen Stelle des Darmes aus als Peristaltikerreger dienen, wobei Entzündung der Schleimhaut und verstärkte Absonderung derselben oft fördernd hinzutreten. Hierher gehören auch die unter dem Begriff der *Gärung und Fäulnis* etwas schematisch zusammengefaßten, durch die Tätigkeit der Darmbakterien hervorgerufenen Zersetzungsvorgänge, die normalerweise in schwachem Grade nebeneinander im Dünndarm als Gärung, im Dickdarm überwiegend als Fäulnis vorkommen, unter den pathologischen Verhältnissen verstärkt und isoliert auftreten können. Die Gärung beruht in der Zerlegung der Kohlenhydrate im menschlichen Darm, besonders der Stärke. Es werden dabei reichlich niedere Fettsäuren gebildet (Butter- und Essigsäuren, Valeriansäure, Ameisensäure) und an Gasen überwiegend Kohlensäure. Der Darminhalt erscheint bei dem in seinen Grundursachen noch nicht endgültig geklärten Krankheitsbild der *intestinalen Gärungsdyspepsie* (A. Schmidt und Strasburger) hell gefärbt, locker, schaumig, von Gasblasen durchsetzt, er riecht sauer und färbt Lackmuspapier rot. Er enthält mikroskopisch reichlich Stärkereste und eine abnorme Bakterienflora, besonders Klostridien. v. Noorden hält eine Steigerung der Dünndarmperistaltik, vermöge deren ungenügend verdautes Material in den Gärkessel des Dickdarmes gelangt, für die Ursache, Strasburger sieht dagegen die isolierte Störung der Kohlenhydratverdauung als charakteristisch an und hält eine ungenügende Diastasewirkung in den oberen Teilen des Dünn- und Dickdarmes, bedingt durch einen Funktionsausfall der Drüsen des oberen Dünndarmes oder des Pankreas, für das Wesentliche.

Bei der selten auftretenden *Jejunaldiarrhöe* Nothnagels hat die Ausnutzung sämtlicher Nahrungskomponenten gelitten, reichlich Stärke und Muskelreste erscheinen in dem dickflüssigen, gelatinösen, durch den Bilirubingehalt leuchtend ockergelben Stuhlgang. Nothnagel glaubt an zu starke Gärungsvorgänge im obersten Dünndarm als Ursache, die starke Säuerung führt zur Steigerung der Peristaltik bis hinunter ins Rectum.

Die bei der Zerlegung der Eiweißkörper auftretende *Fäulnis* mit der Entstehung von Indol, Phenol, Skatol, Kresol, aromatischen Säuren, Aminen (Ptoaminen) und von Gasen, besonders Kohlensäure, Methan, Wasserstoff, Methylkaptan, Ammoniak, Schwefelwasserstoff, führt zum Auftreten alkalisch reagierender, dunkelgefärbter, meist flüssiger, faulig stinkender Stühle. Neben den gastrogenen Diarrhöen mit dem Auftreten unverdauter Fleischmengen im Dünndarm geben eine Ursache solcher Fäulniserscheinungen besonders ab die bei Entzündung der Darmschleimhaut dem Inhalt beigemengten größeren Mengen eiweißhaltigen Exsudates und Blutes.

Auch außerhalb des Körpers durch Gärung und Fäulnis verdorbene Nahrung kann ähnlich wirken. Meist ist dies veranlaßt durch harmlose Bakterien, bisweilen aber gefährlich durch den Gehalt sehr giftiger Produkte von Krankheitserregern, am häufigsten der Paratyphus-B-Bacillen.

Von *physikalischen Einwirkungen auf die Peristaltik* ist bekannt die thermische der Kälte, die vielleicht reflektorisch vom Magen aus (Fruchteis, kalte Getränke) die Darmperistaltik anregen und zu Durchfällen führen kann. Eine direkte Abkühlung des Darmes von außen am Bauchfenster-Kaninchen führt allerdings ebenso wie die Eisblase am Menschen zur Tonuserhöhung des Darmes, Ruhigstellung und Anämisierung [Katsch und Borchers[1])].

2. Erkrankungen der Darmwand, die zur Peristaltiksteigerung führen.

Von der Darmwand aus führen zu Diarrhöen erstens wohl am häufigsten *die verstärkte Absonderung der Schleimhaut.* Die häufigste Ursache der Durchfallerkrankungen, die bakterielle, äußert sich überwiegend in dieser Form. Meist ist dann wohl der ganze Darm an der Flüssigkeitssekretion mitbeteiligt, als Sekretionsreiz dienen neben ungeeigneter, manchmal auch an und für sich gut verdaulicher, aber ungewohnter Nahrung und neben verdorbenen Nahrungsmitteln die Endo- und Exotoxine der Krankheitserreger, der Cholera und Cholera nostras (Reiswasserstühle), der Ruhrgruppe, nicht so sehr der Typhusgruppe. Einfach vermehrte Sekretion von wässerigem Schleim und Entzündungsprodukte, wie eiweißhaltiges Exsudat, Leukocyten und abgestoßene Epithelien, mischen sich dabei oft miteinander, es bildet sich so der Übergang zur eigentlichen Schleimhautentzündung. Der Kot verläßt das Colon ascendens in wasserreichem Zustand — eine Hemmung der normalen Resorption der Mucosa geht mit gesteigerter Exsudation oft Hand in Hand —, und auf die wässerige Beschaffenheit des Inhaltes reagiert der evtl. in den oberen Partien in seiner Motilität nicht sehr gesteigerte Darm mit Verstärkung derselben wohl im wesentlichen in der Form vermehrter großer Kolonbewegungen wie bei den Einlaufstudien von Bergmann und Lenz sowie Schwarz.

Oft ist der Dickdarm allein die Quelle verstärkter Absonderung, wie überhaupt isolierte Erkrankungen desselben überwiegen. Eine auf den Dünndarm beschränkte Vermehrung der Flüssigkeitsabsonderung könnte den Übertritt in den Dickdarm beschleunigen, fehlt dort der gleiche Vorgang, so wird es von der Stärke des hier ausgeübten Reizes abhängen, ob es zu Durchfall kommt oder nicht. Sehr oft wird es der Fall sein, da ihm mangelhaft vorverdaute und eingedickte Ingesta zugeführt werden. Auch wird oft durch die gleiche Erkrankung neben der Steigerung der Sekretion die motorische Reizbarkeit des Darmes selbst erhöht. Das ist vor allem der Fall, wenn der Dickdarm ausgedehnt mitergriffen ist, auch am Magen zeigt sich bei solchen akuten Infektionskrankheiten dann häufig der gleiche Effekt in Gestalt von Erbrechen.

Zweitens die ausgeprägten *anatomischen Erkrankungen des Darmes* selbst. Neben den akuten und chronischen Katarrhen der Schleimhaut kommen vor allem schwere, tiefergreifende Prozesse der Darmwand in Betracht, die meist mit Geschwürsbildung einhergehen, wie Ruhr, Tuberkulose und Amyloid der Darmwand. Wie an jeder entzündeten Schleimhaut rufen dann unter normalen Verhältnissen unterschwellige Reize schon eine gesteigerte Reaktion der nervösen Apparate der Darmwand in Motilität und Sekretion hervor. Solche erhöhte Reflexerregbarkeit kann auch, z. B. bei der Ruhr, noch nach Abklingen der großen anatomischen Prozesse jahrelang bestehen bleiben, die geringste stärkere

---

[1]) Katsch u. Borchers: Zeitschr. f. ges. exp. Med. Bd. 12, S. 17. 1912.

Belastung des Darmes mit mechanisch gröberem Inhalt (Salate, rohes Obst) führt dann evtl. zu stärkster mit hochgradigen Schmerzen verbundener Steigerung der Peristaltik. Manchmal fehlt bei Geschwürsbildung diese Übererregbarkeit, z. B. sogar bei ausgedehnter Darmtuberkulose und bei in Abheilung begriffenen Geschwüren des Typhus und der Ruhr. Entscheidend ist auch oft der Sitz. Im Mastdarm befindliche umschriebene Erkrankungen bewirken oft, wahrscheinlich auf dem Reflexwege über den die Defäkation auslösenden sensiblen Nervus pudendus, häufige Entleerungen, die bei manchen, besonders auch Ruhrkranken, zu sehr schmerzhaften Tenesmen der Muskelwand des Sigma und Rectum führen können. Neben der einfachen Hypermotilität bei den chronischen Kolitiden, besonders der Ruhr, seltener der Tuberkulose, sehen wir von STIERLIN zuerst beschriebene starke Tonusschwankungen, meist lokal beschränkt, besonders auf das Colon descendens, die als Hypertonien zu einer Verengerung des Lumens im ganzen mit Verstreichen der Haustrenzeichnung führen oder in anderen Fällen zu stark ausgeprägter, übertriebener Haustration. Diarrhöen können dabei fehlen, manchmal besteht dabei sogar Obstipation. Veränderte Reizbarkeit des AUERBACHschen und MEISS-

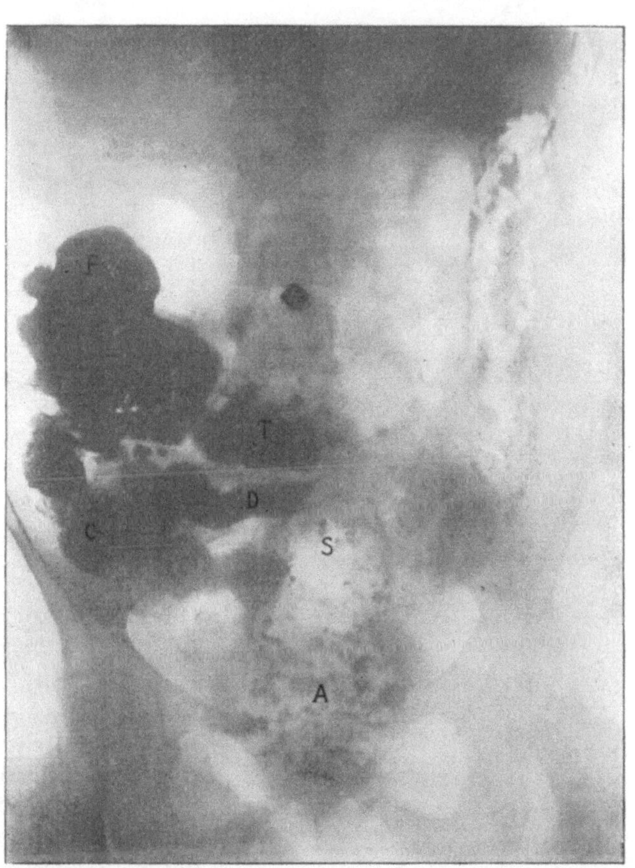

Abb. 116. Colitis ulcerosa des distalen Kolonabschnittes von der Mitte des Colon transversum ab. Bismut-Mahlzeit und Bariumeinlauf. C = Coecum, F = Flex. hepat., T = Transversum, S = Sigma, A = Ampulla recti, D = Dünndarm. — Operiert. (Nach STIERLIN.)

NERSchen Plexus wird vor allem bei diesen sekundär bei lokalen Erkrankungen des Darmes eintretenden Motilitätsstörungen ausschlaggebend sein. Noch stärker sehen wir dieses Moment im Pathologischen wirksam bei dem primären Hervortreten solcher nervösen Einflüsse.

3. Nervöse Einflüsse, die zur Hypermotilität des Darmes führen.

Die über sympathische und parasympathische Bahnen mit Einschluß der in den untersten Abschnitten des Dickdarmes über den Nervus pelvicus an diesen herantretenden vagotropen Reize können, besonders unter erhöhter Einwirkung der parasympathischen, sowohl hochgradig gesteigerte motorische Erscheinungen wie auch sekretorische verschiedenster Art für sich allein oder in verschiedenartiger Verbindung entstehen lassen. Warum dabei einmal das eine, einmal das andere Moment überwiegt, entzieht sich unserer Kenntnis. Konstitutionell oder

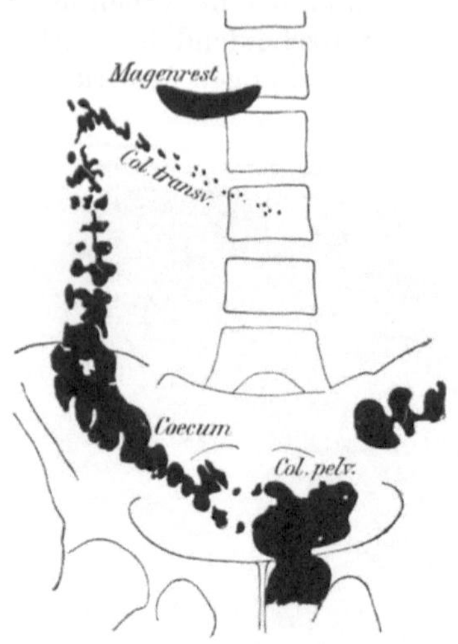

Abb. 117. Nervöse Diarrhöen mit Dickdarmspasmen nach Stierlin. Erste Aufnahme nach 6 Stunden.

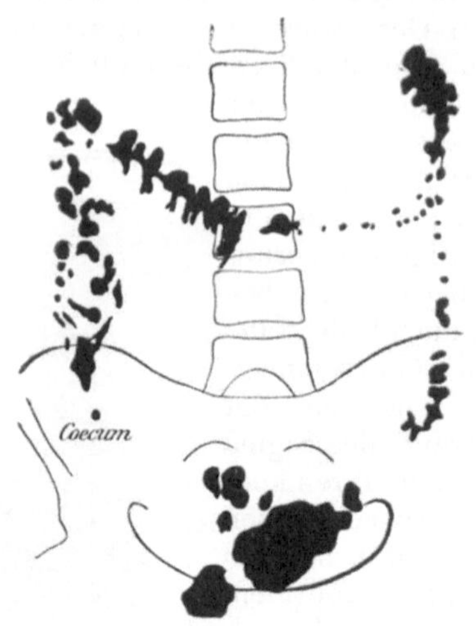

Abb. 118. Aufnahme nach 24 Stunden.

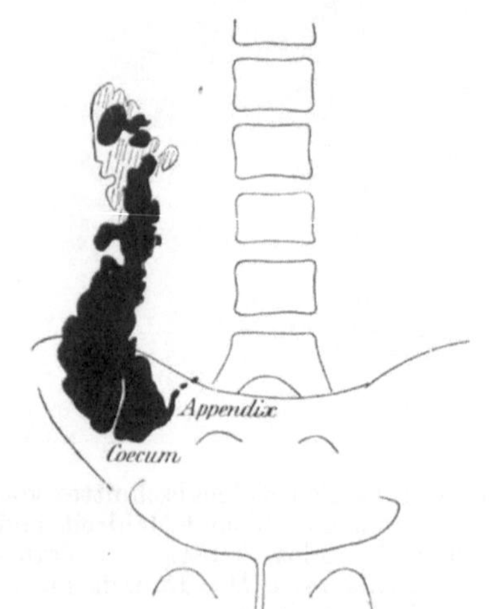

Abb. 119. Derselbe Fall unter Atropinwirkung nach 8 Stunden.

infolge Überarbeitung oder starker psychischer Erregung nervös oder überempfindlich gewordene Menschen reagieren auf stärkere Belastung ihres Darmes eher mit Diarrhöen, Spasmen und Schmerzen wie andere. Stärker tritt die Rolle des vegetativen Nervensystems noch hervor bei den zuerst von Trousseau beschriebenen nervösen Diarrhöen, die als selbständiges Leiden nicht häufig sind, aber von intensiver Stärke und Hartnäckigkeit sein können. Schon beim Gesunden tritt durch psychische Erregungen, wie Angst, Aufregungen, bekanntlich starke Beschleunigung der Peristaltik auf. Gesteigert sehen wir den gleichen Vorgang als eigentümlich launisches, wechselndes Leiden, oft abhängig von Stimmungen und körperlichem Gesamtzustand des Trägers. Seltener ist es zu schwerem Krankheitsgrade verschlimmert im Bilde mancher Hysterie, dann häufig durch eine geeignete Psychotherapie mit oder ohne scharfe Herausarbeitung ursächlicher Komplexe gut beeinflußbar. Tritt eine solche psychische Labilität zur organischen Erkrankung, wie Ruhrresten, hinzu, so können sich die pathologischen Erscheinungen besonders hartnäckig entwickeln. An dem Zustandekommen nervöser Diarrhöen ist meist nicht nur die Hypermotilität beteiligt, sondern auch die plötzlich einsetzende Vermehrung der Sekretion. Ury[1]) spricht daher treffend bei solchen

---

1) Ury: Arch. f. Verdauungskrankh. Bd. 14, S. 506. 1908.

Flüssigkeitsabsonderungen von einem „Schwitzen in den Darm". Als bisweilen reine Sekretionsneurose ohne ausgesprochene Beteiligung der Motilität kennen wir die *Colica mucosa* oder Myxoneurosis intestinalis membranacea [EWALD[1]) u. a.], bei der meist bei Frauen große Mengen glasigen, weichen oder derb membranartigen Schleimes plötzlich unter Schmerzanfällen entleert werden; sehr häufig ist diese Sekretionsstörung von ausgesprochenen spastischen Momenten begleitet, wie Obstipation, bleistiftförmigen oder bandförmigen Stühlen.

In einem Teil der Krankheitszustände nervös bedingter Hypermotilität des Darmes spielen die von anderen erkrankten Organen ausgehenden Reflexe vielleicht nur im vegetativen Nervensystem verlaufend als viscero-viscerale Reflexe (MACKENZI, v. BERGMANN) eine wichtige Rolle, sie können ausgehen von einer erkrankten Gallenblase, einem Nierenstein, besonders bei Schmerzattacken dieser Organe, von erkrankten weiblichen Adnexen usf. Bei chronischer Appendicitis wird man auch an einen direkten Reiz auf die in der Darmwand selbst gelegenen Plexus denken. Häufiger wird auch bei solchen Reflexbeziehungen die meist vorhandene allgemeine Labilität des Nervensystems einschließlich des vegetativen ausschlaggebend sein, von einer eigentlichen Vagotonie im Sinne von EPPINGER und HESS [2]) kann man bei genauerer Beobachtung solcher Kranker jedoch nicht sprechen.

Pflanzt sich bei solchen Labilen eine starke psychische, langanhaltend wirksame Erregung auf, so kann diese als eingeklemmter Affekt im Sinne FREUDS von intensivster Wirksamkeit werden. Vielfach handelt es sich dabei auch um sog. bedingte Reflexe im Sinne PAWLOWS, wo einmal eine unter bestimmtem Einfluß eingetretene Bahnung von Diarrhöen stets wieder im gleichen Milieu (Gesellschaft, Theater) die gleiche eigentümliche Verknüpfung von Außenreiz und gesteigerter Motilität und Sekretion des Darmes erzeugt.

Ein typisches Beispiel: Ein etwas nervöser, im Saargebiet wohnender Mann hat während des Krieges oft schon beim Erklingen der Sirenen vor den Fliegerangriffen Diarrhöen bekommen. 2 Jahre später kommt er in die Behandlung des Verfassers wegen dauernd bestehender, anfallsweise auftretender, unklarer Leibschmerzen, die manchmal mit Durchfall verbunden sind. Besonders nach schrillem Klingeln des Telephons treten die Beschwerden ein. Genaue Erhebung der Anamnese und einmaliger Hinweis auf die nervöse Art der Entstehung beseitigt für immer die bei genauer klinischer Untersuchung durch keinen organischen Befund erklärbare Krankheitserscheinung.

Durch direkten Reiz vom Nervensystem aus sind ebenfalls die Durchfälle zu erklären bei tabischen Krisen, bei manchen Formen von Bleikolik und bei Nicotinabusus.

In der nächsten Gruppe, die von NOTHNAGEL zusammengefaßt wurde als auf dem Blutweg erzeugte Diarrhöen, sind nach unserer heutigen Auffassung die durch Störungen der inneren Sekretion, die anaphylaktisch und toxisch bedingten Durchfälle anzuführen.

4. Steigerung der Darmmotilität durch innersekretorische Einflüsse.

Es ist zweifelhaft, ob bei den „nervösen Diarrhöen" unter psychischem Einfluß nicht sehr oft schon abnorme innersekretorische Steuerung miteintritt. Für den Endeffekt an der glatten Muskulatur des Darmes ist die Wirksamkeit von nervöser und hormonaler Beeinflussung ja in vielem ähnlich [BIEDL[3])]. Klar treten die Beziehungen zur inneren Sekretion bei Erkrankungen mancher endokriner Drüsen hervor. Wir wissen, daß Hypophysenextrakt und Schild-

---

[1]) EWALD: Dtsch. med. Wochenschr. 1893, Nr. 41.
[2]) EPPINGER u. HESS: Die Vagotonie. Berlin 1910.
[3]) BIEDL: Wien. med. Wochenschr. 1922, S. 885 u. 935.

drüsenextrakt Anreger der Darmtätigkeit sind [BIEDL[1])]. Diarrhöen bei BASE-
DOWscher Krankheit, dieser im wesentlichen mit einer Hyperfunktion der
Thyreoidea einhergehenden Störung mit dem Auftreten verschiedenartigster
Störungen des vegetativen Nervensystems, sind daher aus dem gleichen Effekt
gut verständlich, nicht so leicht die manchmal dabei eintretenden Fettstühle
[BITTORF[2])], vielleicht spielt da neben der häufigeren Ursache des einfach zu
schnellen Transportes in einzelnen Fällen noch eine Pankreasfunktionsstörung
[H. CURSCHMANN[3])] mit. Der starke Wassergehalt mancher Basedow-Diarrhöen
zeigt wieder die Verknüpfung von Hypersekretion mit der Hypermotilität.
Unter der Gruppe der Darmneurotiker findet man auch oft den Konstitutionstyp der leicht Basedowoiden, der vegetativ Stigmatisierten der v. BERG-
MANNschen Schule, also auch hier zeigt sich eine enge Vereinigung von dis-
hormonaler und zu labiler nervöser Steuerung ausgeprägt. Durch eine Verminderung der sympathicotropen Beeinflussung im Sinne der Hemmung der
Motilität erklären wir die bei der ADDISONschen Krankheit manchmal unter
kolikartigen Attacken auftretenden Diarrhöen.

5. Anaphylaktische Diarrhöen.

Bei anaphylaktischer Störung nach wiederholter Injektion artfremden
Serums treten am Menschen neben kollaps-, exanthem-, Asthma bronchiale-ähn-
lichem Zustand auch manchmal Durchfälle und Erbrechen auf. Als Typus der
in dieses Gebiet gehörigen Idiosynkrasien seien genannt die bei Disponierten
nach dem Genuß von Hühnereiweiß sich einstellenden ganz schweren und hochgradigen Diarrhöen, bei denen eine starke Sekretionssteigerung der Darmschleimhaut wieder mitspielt. Oft sind dies Menschen, bei denen in gleicher Weise
Heuschnupfen und Urticaria leicht auftreten. SCHITTENHELM und WEICHARDT[4])
nehmen eine gewisse Durchlässigkeit des Darmes für nichtabgebautes Hühnereiweiß bei solchen Personen an, so daß es wie parenteral injiziert dann wirksam
sein kann.

6. Toxische Steigerung der Darmmotilität.

Die im Beginn von croupöser Pneumonie beim Malariaanfall, Sepsis, bei
Grippe und Tuberkulose ohne anatomische Darmerscheinungen auftretenden
Diarrhöen sind hier zu nennen.

II. Isolierte Spasmen der Darmwand.

Neben der Hyperperistaltik des Darmes kommen allerdings selten in der
Form umschriebener tonischer Ringkontraktionen des Darmes isolierte Dauerspasmen desselben von 5—10—20 cm Länge mit einer Verengerung auf Bleistift-
und Kleinfingerdicke sowohl im Dünndarm wie im Dickdarm vor. Wir können
sie auffassen als Ausdruck überstark angreifender oder empfundener vagotroper
Reize, vielleicht durch Erregung der der Serosa angelagerten Vagusfasern. Wie
weit der AUERBACHsche Plexus und direkte Reizung der Muskulatur selbst
mit wirksam sind, bleibe dahingestellt. NOTHNAGEL erzeugte derartige Spasmen
durch Auflegen eines Kochsalzkrystalls auf die Serosa sowie durch starke

---

[1]) BIEDL, Wien. med. Wochenschr. 1922. S. 885, 935.
[2]) BITTORF: Dtsch. med. Wochenschr. 1912, Nr. 22.
[3]) CURSCHMANN, H.: Arch. f. Verdauungskrankh. Bd. 20, S. 1. 1914.
[4]) SCHITTENHELM u. WEICHARDT: Münch. med. Wochenschr. 1910, Nr. 34; 1911, Nr. 16;
Dtsch. med. Wochenschr. 1911, S. 1867.

chemische und faradische Reizung der Schleimhaut. Am Kranken kann es bis zu völligem Darmverschluß und zum Krankheitsbild des Ileus kommen [HEIDENHAIN[1]), FROMME[2]), FREMANN[3]), SINGER und HOLZKNECHT[4]), KOEN-NECKE[5]) u. a.]. Auch Invaginationen können entstehen, wenn der spastisch kontrahierte Darmteil von den normal weiten abführenden Partien verschluckt wird [NOTHNAGEL, PROPPING[6]) u. a.]. Als auslösendes Moment solcher Spasmen sind bekannt: Fremdkörper im Darm, Kotsteine, große Gallensteine, die durch den mechanischen Reiz auf die Mucosa wirken, Knäuel von Ascariden, Bandwürmer, toxische Reize wirken hier vielleicht mit, die Verletzung retroperitonealer autonomer Nervengeflechte bei Operationen, Adhäsionen, Narben von tuberkulösen und anderen Geschwüren, ausgedehnte tuberkulöse Mesenterialdrüsen.

Oft fehlt eine ausgesprochene Ätiologie außer früheren Klagen über nervöse Magendarmstörung und Zeichen von Störungen in anderen Gebieten des vegetativen Nervensystems, wie Bradykardie, Hyperhydrosis, so daß an eine solche disharmonische Steuerung als wesentliche Ursache zu denken ist. Enge Verbindung mit psychischer Labilität und ausgesprochener Hysterie sowie psychogenes Bedingtsein kommen vor. Unter den wegen häufiger Ileuserscheinungen bei Verwachsungen im Abdomen oft 8—10 mal relaparotomierten Patienten befinden sich häufig Psychopathen mit hysterischen Zügen, Atropinbehandlung und Psychotherapie bewirkt dann oft Besseres wie das Messer des Chirurgen, denn verkrampft ist oft Seele und Darm bei solchen Kranken.

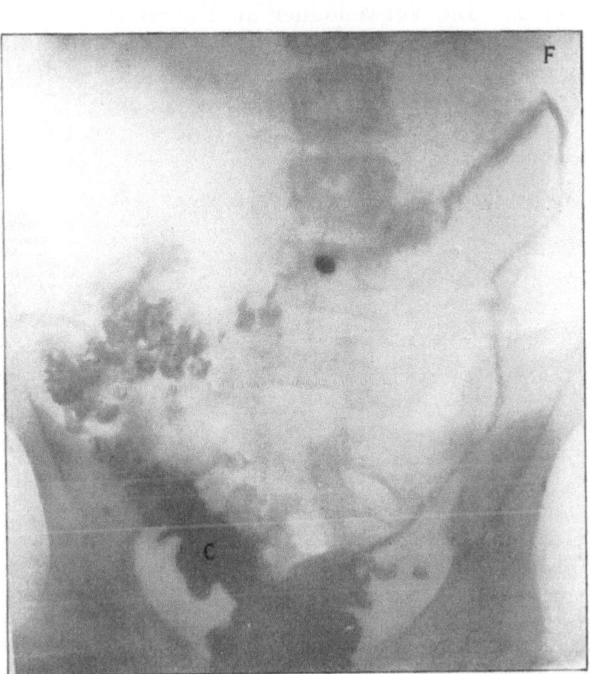

Abb. 120. Colica mucosa mit spastischer Kontraktion der linken Kolonhälfte. Aufnahme nach 24 Stunden. C = Coecum, F = Flexura lienalis. — Früher appendektomiert. (Nach STIERLIN.)

Bei Bleikoliken sind einige Male ähnliche Dauerspasmen im Dünndarm beschrieben; sehr interessant ist das wahrscheinlich mit streckenweiser Hypotonie des Darmes gleichzeitig einhergehende Bild des spastischen Verschlusses bei der akuten Hämatoporphyrie [GÜNTHER[7]), ASSMANN[8])].

---

[1]) HEIDENHAIN: Arch. f. klin. Chir. Bd. 55, S. 211. 1895.
[2]) FROMME: Dtsch. med. Wochenschr. 1914, S. 1010.
[3]) FREMANN: Ann. of surg. 1918, S. 196.
[4]) SINGER u. HOLZKNECHT: Dtsch. med. Wochenschr. 1912, S. 1084.
[5]) KOENNECKE: Münch. med. Wochenschr. 1923, S. 981.
[6]) PROPPING: Mitt. a. d. Grenzgeb. d. Med. u. Chir. Bd. 21, S. 536. 1910.
[7]) GÜNTHER: Dtsch. Arch. f. klin. Med. Bd. 135.
[8]) ASSMANN: Die Röntgendiagnostik bei inneren Erkrankungen, S. 479. Leipzig 1924.

III. Die Obstipation.

Anatomische, angeborene oder erworbene Anomalien spielen für die Entstehung der Obstipation eine gewisse Rolle. Viel bedeutsamer aber ist dafür das funktionelle, in der motorischen Tätigkeit der Darmmuskulatur liegende Moment. Jedoch ist die Klärung der Ursachen dieser sog. habituellen Obstipation keine ganz einfache, und auch die mit großem Enthusiasmus aufgenommene röntgenologische Untersuchung hat uns keine völlige Klärung gebracht in dieser Frage. Die Erscheinungsformen der Obstipation sind eben zu vielseitig und zu wechselnd, um in einem einfachen Erklärungsschema aufzugehen. Sicher und eindeutig läßt sich bei einem Teil der Verstopfungen der Ort der Stagnation feststellen. Die Verweildauer im Dünndarm pflegt dabei im allgemeinen nicht verlängert zu sein, nur bei starker Enteroptose [Schwarz[1])] mit länger andauernder Füllung des Coecums und Ascendens (Faulhaber) läßt sich manch-

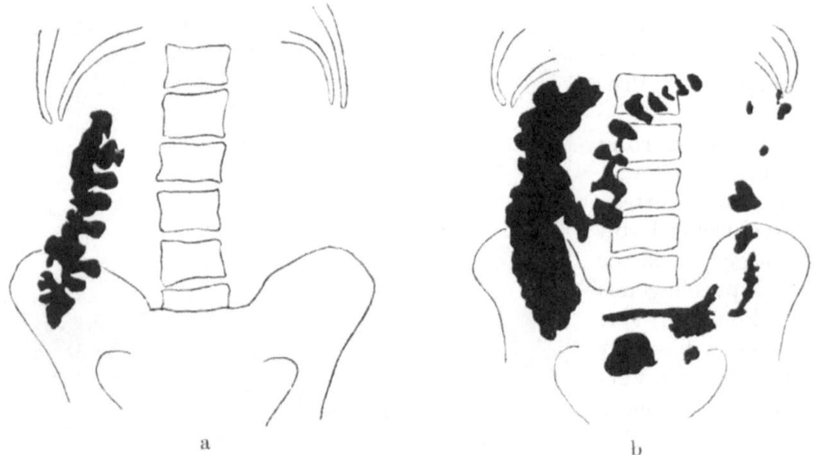

Abb. 121. Obstipation vom Aszendenztyp nach Stierlin.   a Spastisches, b schlaffes Coecum und Colon ascendens. (Nach Strasburger.)

mal eine Verzögerung der Dünndarmentleerung beobachten. Im Dickdarm gestattet die Feststellung bei der Röntgenuntersuchung, daß der Darminhalt an einzelnen umschriebenen Stellen lange liegenbleiben kann. ohne daß andere Gebiete nennenswert gefüllt sind, eine rein nach solchen *topographischen Phänomenen sich richtende Einteilung* und die Aufstellung einiger bestimmter Typen, aber doch nur für eine beschränkte Anzahl von Obstipationsfällen.

Bei der *Obstipation vom Ascendenstyp* [Stierlin[2])] findet nach normaler Füllung zu normaler Zeit bis zur Flexura hepatica und häufig auch in den Anfangsteil des Colon transversum hinein ein Stillstand des Transportes statt, mehrere Stunden bis zu Tagen andauernd. Diese proximalen Dickdarmabschnitte sind dabei weit und prall gefüllt, ihre Haustration kann sehr schwach ausgeprägt sein. Es entstehen so Bilder, die ihre größte Steigerung finden in der sog. Typhlatonie oder einem Megacoecum (Stierlin). Oft steht das Coecum dabei sehr tief und erscheint bei Seitenverlagerung beweglich als Coecum mobile.

---

[1]) Schwarz: Verhandl. d. Ges. dtsch. Naturforsch. u. Ärzte 1913, II, 2, S. 982.
[2]) Stierlin: Münch. med. Wochenschr. 1911, Nr. 36.

Entgegengesetzt zu dieser Erscheinungsform findet sich bei anderen Coecum und Ascendens eng und tief haustriert. Nur von Zeit zu Zeit lösen sich kleine Ballen von der zusammenhängenden Füllung und wandern langsam durch das Transversum und Descendens abwärts, um sich in den untersten Abschnitten wieder zu etwas größeren Ansammlungen zu vereinigen.

Als ein zweiter Typ wurde die Verstopfung mit besonders langem und isoliertem Verweilen im Transversum beschrieben: „*Transversostase*". Öfter, aber durchaus nicht immer, findet man bei dieser Form eine am Transversum besonders ausgeprägte Koloptose.

HOLZKNECHT und SINGER[1]) wiesen auf Formen hin mit langer Stockung in den distalen Darmpartien, besonders im Descendens und Sigma, meist mit auffälliger Schmalheit und Haustrierung des Schattenbildes dieses Darmteiles.

Das ausgesprochenste Bild bei dieser topographischen Betrachtung der Verstopfungsform bietet die *proktogene Obstipation* von STRAUSS[2]), als *Dyschezie* von HERTZ[3]) bezeichnet. Nach normaler Passage des oberen Dickdarmes stellt sich eine Ansammlung des Kotes in der Ampulla recti ein. Die Ampulle füllt sich langsam zu ganz auffallender Weite, der dicke Kotballen kann tagelang liegen bleiben, ohne entleert zu werden. In manchen Fällen erfolgen zwar regelmäßige Stuhlgänge, diese sind aber unvollständig, es kommt nie zu einer völligen Entleerung der beim Normalen bekanntlich meist leeren Ampulle („fragmentierte Stuhlentleerungen" von BOAS). Eine Sonderung dieser proktogenen Verstopfung gegenüber den anderen ist wichtig, denn sie stellt funktionell ein völlig anderes pathologisches Geschehen dar, nicht die Motilität des Kolons ist hier *gestört*, sondern *im wesentlichen der Defäkationsreflex*, der normalerweise, ausgehend von der Wand des Rectums über den sensiblen Nervus pudendus verlaufend, auftritt bei Eintritt der Faeces ins Rectum. Eine Abstumpfung desselben, die nur selten in abnormer Anlage begründet ist, oder durch anatomische Läsion bei tiefsitzenden orga-

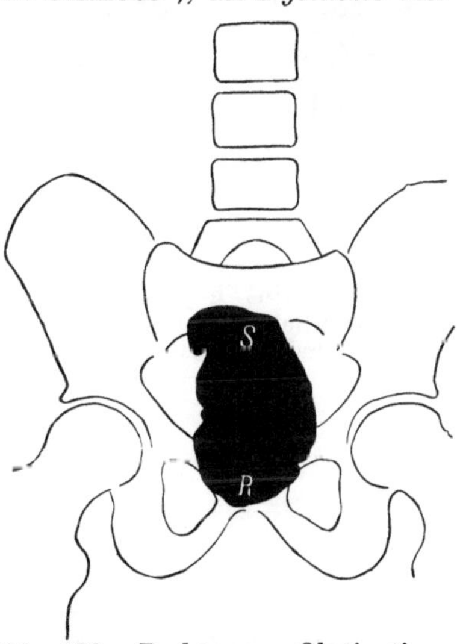

Abb. 122. Proktogene Obstipation. Aufnahme 93 Stunden nach Einnahme der Kontrastmahlzeit, der Transport im übrigen Dickdarm verlief zu normalen Zeiten. (Nach STIERLIN.)

nischen Rückenmarkserkrankungen, sondern meist durch falsche Gewöhnung und durch Mißbrauch großer, die Rectalwand überdehnender Klistiere führt so zu einer isolierten Störung der Kotabsetzung und nicht primär des eigentlichen Transportes im Dickdarm.

Bei den anderen oben aufgezählten topographisch irgendwie erfaßbaren Obstipationsformen lehnt die Beurteilung der letzten Jahre [v. BERGMANN, v. NOORDEN, STRASBURGER[4])] es ab, daraus Wesentliches für die Genese des Prozesses zu schließen. Sie treten auch nur relativ selten rein und klar ausgeprägt hervor. Was ist bei der großen Menge der über den ganzen Dickdarm verteilten Transportverlangsamungen an funktionellen Verschiedenheiten erfaß-

[1]) HOLZKNECHT u. SINGER: Münch. med. Wochenschr. 1911, Nr. 48.
[2]) STRAUSS: Therapeut. Monatsh. 1906.
[3]) HERTZ: Constipation and allied intestinal disordres. London 1909.
[4]) STRASBURGER: Verhandl. d. 5. Tagung f. Verdauungs- u. Stoffwechselkrankh., Wien 1925, S. 124.

bar? Von FLEINER[1]) stammt aus vorröntgenologischer Zeit die Einteilung in spastische und atonische Formen der Obstipation, auch im Röntgenbild bieten sich, allerdings nicht häufig, einem solchen dualistischen Schema angenäherte Bilder. Es gibt Formen, bei denen die Beförderung des Inhalts durch den Dick-darm sich verlangsamt vollzieht, der Darm im ganzen etwas verbreitert und seine Haus-trenzeichnung wenig ausgeprägt oder ganz verstrichen erscheint. Man schließt hieraus auf eine Erschlaffung der Darmwand und sieht den Vergleich dazu im Befund des Atropindarmes [v. BERGMANN und KATSCH[2])], wie er experimentell erzeugbar ist. Für solche reine „*atonische Formen*" läßt sich das Wort „atonisch" als schlecht gewählt kaum auf-rechterhalten, da von einer wahren Atonie der Darmmuskulatur nur ganz ausnahms-weise die Rede sein kann, dagegen mit mehr Berechtigung von einer „*Hypotonie*". Sie bietet den extremen Fällen Übergänge zu einem Megakolon und ist, wie es auch FAUL-HABER, SCHLESINGER[3]) und RIEDER betonen, selten.

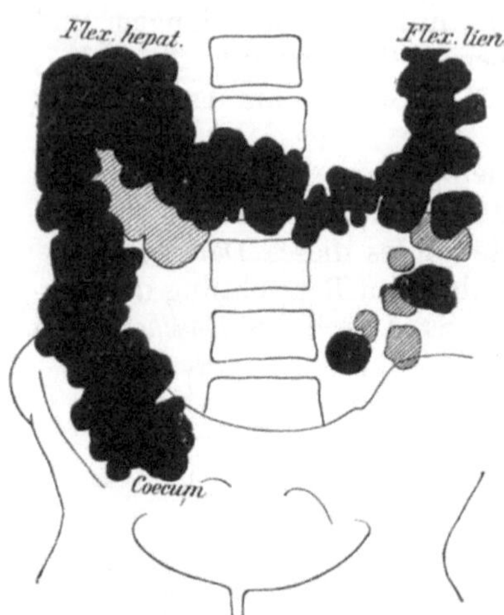

Abb. 123. Diffus hypotontische und hypokinetische Obstipation. Aufnahme nach 25 Stunden. (Nach v. NOORDEN.)

Etwas häufiger findet sich in rein ausgeprägter Form *die spastische Obstipation*, sie besteht nach FLEINER in der krampfhaften Zurückhaltung einzelner abgeteilter Kotballen durch ein Zuviel an musku-lärer Leistung der Darmwand, als klinische Merkmale zeigt sie klein-balligen Stuhl (Schafkot) durch eine stärkere Ausprägung der Haustrierung des Dickdarmes, die im wesentlichen als ein Produkt der Funktion der Ring-muskulatur anzusehen ist [KATSCH[4])].

Als Tastbefund bieten sich krampf-haft kontrahierte Kolonteile, beson-ders des Sigma sowie eng kontra-hierte Analsphincteren, und SINGER sieht bei ihr oft auch rectoskopisch Spasmen der Wand des unteren Sigma, besonders am Übergang zum Rectum. Röntgenologisch findet man meist eine normale oder sogar be-schleunigte Passage in den proxi-malen Kolonabschnitten, dann aber

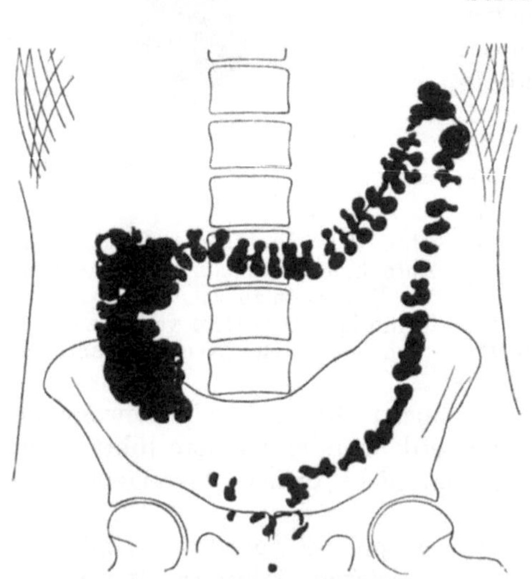

Abb. 124. Spastische Obstipation. (Nach RIEDER.)

treten, wenn die Ingesta bis zur Flexura lienalis oder auch schon bis zum unteren Sigma vorgerückt sind, stark ausgeprägte Haustrierungen auf. Diese Haustren

[1]) FLEINER: Berlin. klin. Wochenschr. 1893, Nr. 3/4.
[2]) v. BERGMANN u. KATSCH: Dtsch. med. Wochenschr. 1913, Nr. 27.
[3]) SCHLESINGER: Röntgendiagnostik der Magendarmkrankheiten. Urban & Schwarzen-berg 1922.
[4]) KATSCH: Fortschr. a. d. Geb. d. Röntgenstr. Bd. 21, S. 159.

bilden sich als tiefe, die Kotballen manchmal weit voneinander trennende Abschnürungen aus, am stärksten oft in der Gegend des Transversum bisweilen hinunterreichend bis ins Sigma und stärker sich entwickelnd zu weiten, tiefen Einkerbungen mit der Dauer der Transportstockung. Das Bild entspricht dann oft weitgehend dem experimentell erzeugten Pilocarpindarm (KATSCH, BERGMANN und KATSCH), auch in der in beweisenden Einlaufbildern von SINGER und HOLZKNECHT festgestellten Schmalheit des Schattenbandes in den unteren Abschnitten ersieht man die Ähnlichkeit mit einer verstärkten vagalen Reizung. Für die spastische Natur dieser Obstipationsform spricht auch die oft mögliche Lösung derselben durch Atropin und Papaverin.

Schon bei der klinischen Scheidung dieser beiden Formen hatte BOAS erhebliche Einwände erhoben, die lebhafte Auseinandersetzung in der Literatur (s. bei v. NOORDEN) führte zu keiner völligen Klärung. Tatsächlich finden sich auch bei der röntgenologischen Beobachtung häufig Kombination und Wechsel der Erscheinungen beider Formen. Man findet z. B. bei einer hypotonischen Form des Ascendenstyps mit schwach ausgeprägter Haustrierung im proximalen Dickdarmteil das scharfe Einsetzen der Abgrenzung am Beginn des Transversums und die Loslösung kleiner Ballen der Ingesta, die, perlschnurartig aufgereiht, dann im schmalen Descendens wie bei rein spastischen Vorgängen liegenbleiben können (SINGER und HOLZKNECHT u. a.). Auch nacheinander sehen wir im Rahmen dieser Motilitätsstörung zuerst das proximale Kolon hypermotil, den Inhalt abnorm schnell weit abwärts treibend und dann, wenn es ihn durch Retroperistaltik zurückempfangen hat, unter Nachlaß des Tonus umfassend. Die Scheidung STIERLINS in Ascendensobstipationen von hypotonischem und spastischem Typ begegnet daher zum Teil berechtigtem Zweifel (STRASBURGER), und ROST[1]) lehnt sogar primär veränderte Funktionen des Coecum und Colon ascendens ab und sieht die Stagnation dort an als bedingt durch den Widerstand, der durch die spastische Kontraktion des distalen Kolons beschaffen wird. BÖHMS[2]) Anschauung, gewonnen in Übereinstimmung mit CANNON und JAKOBI durch Beobachtung der Dickdarmperistaltik der Katze, daß an einer bestimmten Stelle im Anfangsteil des Colon transversum sich normalerweise ein Kontraktionsring bilden kann, daß von dort abwärts laufende, zur Loslösung und Weiterführung einzelner Kotballen dienende Peristaltikwellen auftreten und oralwärts antiperistaltische Bewegungen, bringt für das Verständnis hier weiter. Verstärkte Rückwärtsbewegungen könnten zeitweise sehr gut die Verbreitung und Verlängerung des Coecum-ascendens-Schattens bedingen, ohne daß eine Hypotonie angenommen werden müßte, und Störung der Koordination in beiden Gebieten mit zeitweiligem Überwiegen spastischer Momente in den abführenden ließe den Vorgang eher verstehen.

Von ähnlichen Gedankengängen ausgehend spricht SCHWARZ[3]) bei solcher unharmonischen Steigerung des normalen physiologischen Geschehens im Dickdarm von einer *Hyperdyskinese*. Bei der Frage nach der Ursache solcher abnorm gesteigerter oder herabgesetzter motorischer Funktion des Dickdarmes müssen wir noch heute NOTHNAGELS Erklärung: „Abnorme nervöse Einstellung der Kolon- und Rectumperistaltik, deren Wesen unbekannt sei", als zutreffend ansehen. v. NOORDEN hat sich besonders um exaktere Definition dieser Begriffe bemüht. Untererregung und Untererregbarkeit des neuro-muskulären Apparates, besonders des AUERBACHschen Plexus, gibt ihm die Grundlage ab für die überwiegend zur hypotonischen und hypoperistaltischen Form gehörigen Erschei-

---

[1]) ROST: Mitt. a. d. Grenzgeb. d. Med. u. Chir. Bd. 28, S. 627. 1915.
[2]) BÖHM: Dtsch. Arch. f. klin. Med. Bd. 102. S. 431. 1917.
[3]) SCHWARZ: Münch. med. Wochenschr. 1911, Nr. 28; 1912, S. 1489.

nungen der Obstipation, umgekehrt wird eine erhöhte Reizung und Reizbarkeit das Verständnis abgeben für überwiegend spastische und hyperdyskinetische Formen.

Ein vom Darminhalt ausgehendes Zuwenig oder Zuviel vor allem an mechanischer Reizung hängt eng zusammen mit dem Gehalt an Nahrungsschlacken. Wird nur leicht resorbierbare Kost genossen, wie Fleisch, Milch, Eier, feine Mehle, leichtverdauliches Fett usw., so beherbergt der Darm zuwenig an Masse in seinen untersten Abschnitten, um die Peristaltik ordnungsgemäß auszulösen. Dauernder Mangel an pflanzlichem Zellwand- und Fasermaterial, besonders an Cellulose, gibt so infolge dauernder Untererregung der Darmmotilität eine wesentliche, oft durch Zufuhr von schlackenreicher Gemüse- und Obstdiät zu beseitigende Ursache der überwiegend hypokinetischen Obstipationsformen ab (v. NOORDEN, BOAS, „alimentäre Obstipation"). Inwieweit eine zu gute Ausnutzung dem Darm das Material entzieht und damit den Peristaltikreiz nimmt, ist noch umstritten. STRASBURGER stellte dafür den Begriff der Hyperpepsie auf. A. SCHMIDT sah in einer konstitutionell bedingten, auffallend gutem Celluloselösungsvermögen mancher menschlicher Därme eine die Obstipation wesentlich bedingende Ursache. Der dagegen durch v. NOORDEN u. a. erhobene Einwand, daß die verbesserte Kotausnutzung sekundär bedingt sei durch die verlängerte Verweildauer im proximalen Kolon mit der stärkeren Nachverdauung der Ingesta durch Fermente und Bakterien und daß der menschliche Darm kein Ferment für Celluloseverdauung produziere, enthält jedoch sehr viel Berechtigung.

Bei Obstipationsformen mit stark spastischem Einschlag bewirkt umgekehrt eine ausgesprochene Schonungskost durch Beseitigung der mechanischen Reize eine Beschleunigung des Transportes der Ingesta [ROSENFELD [1]), v. BERGMANN].

Eine herabgesetzte oder erhöhte Erregbarkeit des neuro-muskulären Apparates des Darmes kann reflektorisch auf dem Nervenwege bedingt sein, bei Erkrankungen der Gallenblase, des Nierenbeckens, des Appendix, des weiblichen Sexualapparates. Solche Einflüsse können überwiegend vagotrop verlaufen mit Steigerung spastischer Vorgänge und überwiegend sympathicotrop mit Nachlassen von Tonus und Motilität an dem gesamten Magendarmtrakt. Man vergleiche die Beobachtungen besonders WESTPHALS [2]) bei Gallensteinkranken. Ob die bei Ulcus ventriculi und duodeni oft vorhandenen mehr spastischen Obstipationsformen nicht überwiegend Ausdruck sind einer gleichen vagotropen Einstellung von Magen und Darm, sei dahingestellt. Die Untersuchungen und Auffassungen von ALVAREZ [3]) lassen neben gleichsinniger Steuerung beider, des Magens und Darmes, auf humoralem und nervösem Weg oft auch an einen gleichmäßig eingestellten gesteigerten Reizablauf in der Muskulatur selbst im gesamten Magendarmtrakt denken.

Direkte Erkrankungen der Nerven als Ursache der Obstipation sind wenig bekannt. Die Obstipation der Bleikranken könnte vereinzelt mit der manchmal anatomisch nachweisbaren Vagusbleineuritis zusammenhängen. Eine eigene Beobachtung zeigte bei einem Steckschuß in der Gegend des Ganglion mesentericum superius eine hochgradige spastische, durch Atropin günstig zu beeinflussende, zeitweise mit blutigen Diarrhöen abwechselnde Verstopfung. Ähnliches beschreiben PAYR [4]) sowie KLAPP und PRIBRAM. Die Wirkung verkalkter eckiger Mesenterialdrüsen ist manchmal eine ähnliche.

---

[1]) ROSENFELD: Verhandl. d. 5. Tagung d. Ges. f. Verdauungs- u. Stoffwechselkrankh., Wien 1925, S. 591.
[2]) WESTPHAL: Zeitschr. f. klin. Med. Bd. 96, S. 22. 1923.
[3]) ALVAREZ: Americ. journ. of physiol. Bd. 58, S. 476. 1922; Bd. 59, S. 421. 1922; Bd. 64, S. 371. 1923.
[4]) PAYR: Arch. f. klin. Chir. Bd. 114, S. 44.

Vielfach müssen wir auch hier mehr an rein funktionelle Zustände denken im Sinne einer anders eingestellten vegetativ-nervösen Steuerung der glatten Muskulatur des Dickdarmes. Über die Art des Zustandekommens eines solchen bei den einen überwiegend vagotrop, bei anderen überwiegend sympathicotrop eingestellten Steuerungseffektes wissen wir vorläufig zuwenig. Der Gedanke an das normalerweise wirksame Zusammenspiel vom vegetativen Nervensystem, hormonaler endokriner Einwirkung und ionaler Beeinflussung der glatten Muskulatur läßt hier neben Änderungen im Tonussubstrat der Muskelfasern selbst und der auf verschiedenen Wegen (Nerven und endokrin) herantretenden psychischen Beeinflussung eine große Zahl vorläufig meist nicht exakt faßbarer Einzelmöglichkeiten auftauchen, die wahrscheinlich oft wieder miteinander verknüpft und bedingt sind. Ein Teil der jugendlichen Obstipierten vom Typ der Hyperdyskinesen gehört oft zum Konstitutionstyp der vegetativ Stigmatisierten. Und wenn auch eine allgemeine Vagotonie im Sinne von EPPINGER und HESS hier meist fehlt, so scheint doch eine lokale Organeinstellung mit dem Bilde überwiegend vagal beeinflußter Steuerung oft vorhanden zu sein am Magen und Darm. Eine solche einmal vorhandene abnorme neuromuskuläre Einstellung eines Organs wie des Darmes pflegt, wenn sie einmal vorhanden ist, sich dann besonders bei abnormer psychischer oder allgemeiner somatischer Belastung, wie lange Bettruhe, Reisen, immer wieder bemerkbar zu machen. „Es schlägt sich alles auf den Darm." Besondere Organdetermination zu pathologischem Geschehen kann sodann mit zum Auftreten hochgradiger Obstipation führen.

Psychische Beeinflussungen sind oft klarer erfaßbar. Am Bauchfenster-Kaninchen [KATSCH[1])] rufen Schreck und Aufregung, überhaupt Unlustaffekte ganz allgemein, einen momentanen Stillstand der Peristaltik mit Abblassung hervor, gleich einer Adrenalinwirkung, Lustaffekte fördern die Peristaltik. HEYER[2]) konnte in der Hypnose an geeigneten Patienten bei der Suggestion einer appetitlos eingenommenen Mahlzeit Ptose und Hypoperistaltik des Magens sowie ganz verlangsamten Transport der Ingesta im Darme beobachten. 72 Stunden post coenam waren Querkolon, Descendens und Ampulle noch gefüllt, nach einer Mahlzeit mit suggeriertem Appetit sah er beim gleichen Menschen einen nur wenig ptotischen Magen mit guter Peristaltik, zeitlich fast normale Darmpassage, mit Füllung von Sigma und Colon descendens nach 48 Stunden und Leerheit des Darmes nach 72 Stunden. So wird eine unter stark depressiver Affektlage eintretende Obstipation als Erfolg eines Tonusnachlasses im Seelischen und Somatischen — auch der Darm- und Magenmuskulatur — verständlicher bei manchem psychisch und physisch sehr labilen Menschen. Gedankenverbindungen zum sexuellen Geschehen drängen sich einem manchmal auf beim Vorkommen überwiegend spastischer Form der Obstipation bei Frauen, deren erotische Spannungen in der Ehe durch Impotenz des Mannes keine volle Befriedigung finden, täglich gemachte Einläufe und das Auftreten explosionsartiger Entleerung großer Schleimmassen der Colica mucosa mit orgasmusähnlichen Empfindungen können solche Bilder vervollständigen.

Ob die Verstopfung aus übertriebener Prüderei in Pensionaten (FLEINER, HEYER) auch solche Beziehungen aufweist, bleibe dahingestellt. Hier kommt das zweite, wohl sicher wichtigere psychogene Element der Obstipation in Betracht, der Einfluß der Erziehung und des Kulturmilieus mit ihrer großen Summe bedingter Reflexe auf die Tätigkeit des Darmes für Kot- und Gasabsetzung.

---

[1]) KATSCH: Zeitschr. f. exp. Pathol. u. Therap. Bd. 12, S. 70. 1912.
[2]) HEYER: in SCHWARZ: Psychogenese und Psychotherapie körperlicher Symptome, S. 228. 1925.

v. BERGMANN[1]) hat jüngst auf diese schon manchmal betonte wichtige Entstehungsmöglichkeit der Obstipation als Domestikationserscheinung hingewiesen. Die bewußte Unterdrückung des bei Eintritt der Ingesta in die Ampulle ausgelösten Defäkationsreizes führt immer wieder bei allen Menschen zu einer Bremsung, ja Unterdrückung im normalen Ablauf der Darmmotilität und seiner Steuerung, der Enderfolg kann sein, wenn eine Kompensation mangelhaft ist, eine dauernde Disharmonisierung der gesamten motorischen Funktion des Dickdarmes, die sich nicht bloß in einer proktogenen Obstipation zu äußern braucht, sondern auch in Transportstörungen in den oberen Partien. Bei den reinen Dyschezien läßt sich im Einzelfall oft eine typische psychogene Entstehung nachweisen, Angstunterdrückung der Defäkation oder ähnliches. Eine geschickte Erziehung durch den Arzt lehrt oft, auf die normalen Defäkationsreize wieder zu achten, auch durch neue bedingte Reflexe kann der Darm wieder richtig dressiert werden, und so kann diese Obstipationsform oft wieder schwinden.

Ex juvantibus kann man auch auf dem Gebiete *gestörter hormonaler Steuerung* Schlüsse ziehen. Im Schilddrüsenextrakt sehen wir bisweilen ein sehr gutes Hilfsmittel [STRAUSS, DEUSCH[2]), PAYR u. a.] bei überwiegend hypokinetischen Obstipationsformen besonders des späteren Alters, solche thyreogene Obstipationen stellen das Gegenstück dar zu den Basedow-Diarrhöen. Neben der Schilddrüse kennen wir Hypophysenextrakte [KLOTZ[3]) u. a.] als Anreger der Darmperistaltik, über das Vorkommen von Verstopfungen bei Hypophysenerkrankungen liegen jedoch keine größeren Beobachtungen vor. Über pathologische Einwirkungen durch ein Zuviel oder Zuwenig von Cholin im Organismus dieser physiologischen Anreger der Darmperistaltik nach den Untersuchungen der MAGNUSschen Schule [LE HEUX[4])] ist ebenfalls noch nichts bekannt. Auf Störungen in der endokrinen Steuerung ist wohl auch zurückzuführen die im Beginn der Schwangerschaft so oft eintretende Obstipation, die eintritt oft zusammen mit der Hyperemesis gravidarum, lange bevor ein mechanischer Druck des wachsenden Uterus ausschlaggebend sein kann. Auch die in der Pubertätszeit bei Frauen sich oft entwickelnde Neigung zur Verstopfung ist auf die innersekretorische Umstellung des gesamten Organismus in dieser Zeit zurückgeführt worden [TAYSSEN[5])].

Ein typisches Beispiel toxisch bedingter Obstipation ist die beim Morphinismus und der Bleikrankheit.

Rein mechanische Ursachen treten gegenüber den funktionellen sehr in den Hintergrund an Häufigkeit. Oft geht eine Summation beider Hand in Hand. Das gilt vor allem bei den Obstipationen bei ausgedehnten Adhäsionen im Abdomen, wo die nervös psychische Komponente häufig für den Eintritt der Transportstockung entscheidender ist wie die Ausdehnung der Adhäsionen. Von dem Chirurgen PAYR[6]) wird dieses Zusammenwirken mehrerer Bedingungen gleichfalls sehr betont. Die Entstehung von Ventilverschlüssen durch Überdehnung und Abschnürung überladener Darmpartien gehört auch zu dieser Vielfältigkeit der Genese. Überwertet sind für das Obstipationsproblem die Verwachsungen und Membranen an letzter Ileumschlinge, Coecum und Ascendens (JACKSONsche Membran usw.), ebenso die bei Senkung des Coecums und Ascendens auftretende

---

[1]) v. BERGMANN: Verhandl. d. 5. Tagung d. Ges. f. Verdauungs- u. Stoffwechselkrankh.. Wien 1925, S. 180.

[2]) DEUSCH: Dtsch. Arch. f. klin. Med. Bd. 142, S. 1. 1923.

[3]) KLOTZ: Münch. med. Wochenschr. 1911, S. 221.

[4]) LE HEUX: Pflügers Arch. f. d. ges. Physiol. Bd. 179, S. 174. 1920.

[5]) TAYSSEN: Arch. des maladies de l'appar. dig. et de la nutrit. Bd. 12, S. 250. 1922.

[6]) PAYR: Arch. f. klin. Chir. Bd. 114, H. 4; Verhandl. d. 5. Tagung d. Ges. f. Verdauungs- u. Stoffwechselkrankh., Wien 1925, S. 141.

Knickung des untersten Ileumstückes gegenüber den höher aufgehängten Ileumpartien [LANES KINK[1])]. Wichtiger erscheint die von PAYR betonte Doppelflintenbildung der Flexura coli sinistra mit spornartiger Seit-zur-Seit-Verklebung derselben, als einer Ursache des Transversostase. Die schwielige Mesosigmoiditis plastica und die vielen am Fußpunkte der Sigmaschlinge möglichen Adhäsionsbildungen (Appendix, weibliches Genitale, Douglaseiterung) geben für den untersten Dickdarm oft ein entscheidendes Hindernis ab.

Die angeborene oder erworbene Vergrößerung des S. romanum, das manchmal noch weiter über den ganzen Dickdarm ausgedehnte Megasigma bei der HIRSCHSPRUNGschen Krankheit ist in diesem Darmgebiet die bei weitem am stärksten imponierende Ursache schwerer Obstipationen. Wochenlange Verstopfung, Dehnungen der Flexur des Sigma bis auf 20 cm im Durchmesser und starke Hypertrophie der muskulären Darmwand können sich dabei entwickeln. Die Ätiologie der HIRSCHSPRUNGschen Krankheit wird oft in angeborener Abnormität der Flexura sigmoidea gesehen mit übergroßer Ausbildung von Länge und Weite mit sekundären Knickungen und Klappenbildungen, in anderen Fällen scheinen primäre funktionelle Störungen im Bereich der untersten Dickdarmpartien eine Rolle zu spielen, mangelhafte Erschlaffung der Schließmuskeln, Sphincterkrampf bei Analfis-

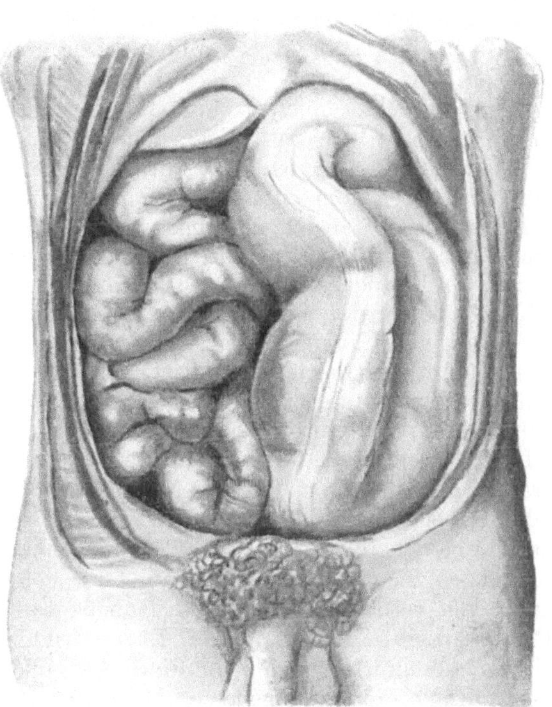

Abb. 125. Megasigma congenitum bei jungem Mann, der an Furunkelsepsis starb. Keine Störungen der Stuhlentleerung, Hirschsprungsche Krankheit. (Nach STRASBURGER.)

suren. Experimente von ISHIKAWA[2]), der nach Durchschneidung des Nervus pelvicus im Tierversuch Dilatation und Hypertrophie des Dickdarmes mit schwerer Obstipation sah, entsprechen solcher Auffassung.

IV. Darmverengerung und Darmunwegsamkeit (Ileus).

Die stärkere Ausbildung mechanischer Hindernisse der Darmtätigkeit führt zu ausgesprochenen *Stenoseerscheinungen*. Die peristaltische Tätigkeit des Darmes oberhalb derselben verstärkt sich automatisch, es kommt auf die Dauer zu einer ausgesprochenen Hypertrophie der Muskulatur, die anatomisch nach NOTH-

---

[1]) LANE: Berlin. klin. Wochenschr. 1908, Nr. 12; 1911, Nr. 17. — The operative treatment of chronic obstipation. London 1909.

[2]) ISKHIAWA: Zit. nach PAYR: Verhandl. d. 5. Tagung f. Verdauungs- u. Stoffwechselkrankh., Wien 1925.

Nagel im wesentlichen durch Verbreiterung, vielleicht auch Verlängerung der einzelnen Muskelfasern zustande kommt; im Tierexperiment ist sie am 9. Tage schon erkennbar [Herczel[1])]. Bei Dünndarmstenosen kann man über mehr als ein Drittel der Darmlänge hypertrophisch verändert finden. Bei Dickdarmstenosen hört diese Veränderung oft an der Bauhinschen Klappe auf, sie kann aber bei Undichtwerden derselben auch den Dünndarm mitergreifen. Erweiterung des Darmlumens geht mit der Verdickung der Muskelschicht Hand in Hand, später, beim Versagen der Muskulatur, tritt die Dehnung in den Vordergrund; Dehnungsgeschwüre können sich entwickeln unter dem Einfluß von Zersetzungsvorgängen im gestauten Darminhalt, Durchfall wie Verstopfung können dabei bestehen.

Unter Kolikschmerzen kommt es oft zur Entwicklung ausgesprochener „Darmsteifungen" (Nothnagel), nach außen durch die Bauchdecken fühl- und sichtbarer Kontraktionen des Darmes; es ist der Versuch desselben, das Weghindernis durch kompensatorische Mehrarbeit zu überwinden. Im wesentlichen handelt es sich dabei um hochgradige Kontraktionen von oben her durch abschließende Peristaltik gefüllter Darmschlingen. Novak[2]) sah dabei röntgenologisch am Dünndarm wie durch stürmische Peristaltik, an den obersten Jejunumschlingen beginnend, ein zusammenhängender, etwa 15 cm langer Wismutstreifen in spiraligen Windungen ganz schnell bis an den Ort der Stenose fortbewegt wurde. Am Dickdarm beobachtete Schwarz[3]), wie der prästenotische Kolonteil durch mächtige analwärts gerichtete Wellen ganz verschmälert und sein Inhalt kindskopfbreit gegen die Verengerung vorgeschoben wurde, bald aber erfolgte Erschlaffung, und die Flüssigkeit strömte wieder zurück. Die retrograden Schübe erschienen oberhalb einer Stenosestelle verstärkt. Stierlin schildert bei Darmsteifungen am Dickdarm eine Bogenstellung des Kolons mit nach oben konvex gerichteter Krümmung. P. Trendelenburgs[4]) Untersuchungen zeigten, daß bei Dehnung vor solcher Stenose die Darmmuskulatur den Tonus verliert, durch längere Ruhepause kann er wieder hergestellt werden. Eine stärkere Tonisierung der Darmmuskulatur steigt magenwärts auf, die oberen Abschnitte werden empfindlicher und zur Kontraktion geneigter, die Peristaltik beginnt infolgedessen höher oben, und ihre absteigende Welle bleibt gesichert.

Der in der Ruhe zwischen solchen Kolikanfällen oft sichtbare umschriebene *Meteorismus* ist zum Teil bedingt durch die abnorme Zersetzung der Ingesta, besonders bei lange bestehenden Verengerungen sieht man dann radiologisch außerordentlich starke Dilatationen der dicht vor der Stenose gelegenen Darmabschnitte mit horizontalem Flüssigkeitsniveau und aufliegender Gasansammlung oft bis zu Kindskopfgröße [G. Schwarz, Kretschmer[5]), Assmann[6]) u. a.]. Manchmal sind eine ganze Reihe von Darmschlingen so verändert. Bei den subakut verlaufenden Dünndarmstenosen handelt es sich meist um tuberkulöse Strikturen durch Darmgeschwüre oder peritoneale Adhäsionen oder Drüsen, im Dickdarm häufiger um Carcinome und luetische Entzündungen.

Bei dem akut einsetzenden mechanischen Ileus liegen häufiger Incarcerationen, Invaginationen, Volvulus, Abknickung oder Einschnürungen durch Adhäsionen vor. Hierbei treten die Erscheinungen der einfachen Stenose gesteigert

---

[1]) Herczel: Zeitschr. f. klin. Med. Bd. 11, S. 321. 1886.
[2]) Novak: Wien. klin. Wochenschr. 1911, Nr. 92.
[3]) Schwarz: Wien. klin. Wochenschr. 1911, Nr. 40; 1912, Nr. 16; 1913, Nr. 5.
[4]) Trendelenburg, P. v.: Arch. f. exp. Pathol. u. Pharmakol. Bd. 81, S. 55. 1917.
[5]) Kretschmer: Dtsch. med. Wochenschr. 1920, S. 69.
[6]) Assmann: Röntgendiagnostik bei inneren Erkrankungen. Leipzig 1921.

auf, die Stuhlverhaltung wird zur absoluten, Meteorismus und Leibschmerzen sind noch gesteigert, Erbrechen von Darminhalt (Miserere) tritt auf. Dieses Erbrechen beruht nicht auf Antiperistaltik, es muß zum Teil als eine durch die Wirkung der Bauchpresse bewirkte hydraulische Rückförderung, ein „Überlaufen" (HENLE) des gestauten und durch Sekretion des Darmes vermehrten Inhaltes angesehen werden, die durch die hochgradigen Kontraktionen des Darmes vor der Stenose, die Rückstoßkontraktionen NOTHNAGELS, nach oben befördert bei eintretender Brechbewegung dann nach außen erscheint. Für die Erklärung des Meteorismus kommen neben der Stauung und abnormen Zersetzung der Ingesta eine besonders beim Strangulationsileus ausgeprägte, aber auch beim Obturationsileus vorhandene Störung der Blutversorgung des Darmes in Betracht [KADER[1]), HOTZ[2]), ENDERLEN und HOTZ[3])], die die Resorption der Darmgase hemmt.

Eine primäre Lähmung der Darmmuskulatur bedingt den *paralytischen Ileus*. Er tritt am häufigsten auf bei akuter, diffuser Peritonitis, nach Pankreasapoplexien mit Bildung von kleinen subperitonealen Fettgewebsnekrosen, nach langdauernder Bauchoperation, selten bei Typhus, Ruhr und anderen Infektionskrankheiten. Giftwirkungen verschiedenster Art, bei der diffusen Peritonitis ausgehend von den reichlich vorhandenen Mikroben und wirkend besonders auf den nervösen Plexus der Darmwand, zum Teil wohl auch auf die Muskulatur selbst, werden als die wesentliche Ursache angesehen. G. A. WAGNER[4]) zeigte, daß durch Lumbalanästhesie infolge der Blok-

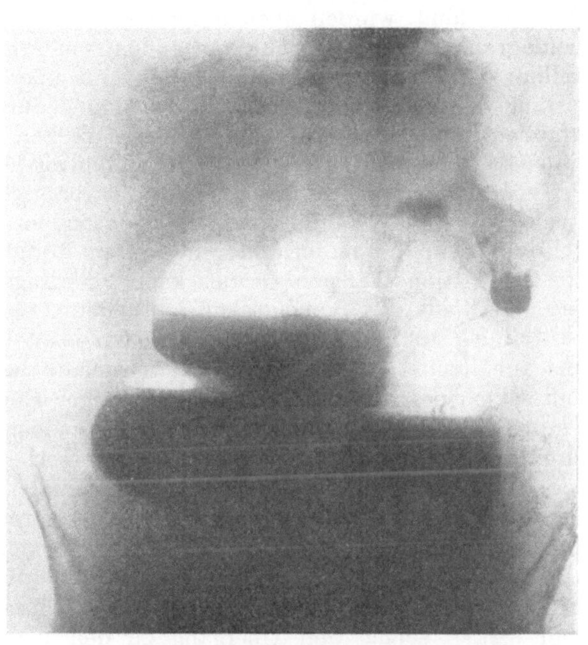

Abb. 126. Dünndarmstenose durch tuberkulöse Adhäsionen im mittleren Ileum, 3 Stunden nach Einnahme der Kontrastmahlzeit. (Nach ASSMANN.)

kierung der in den Rami communicantae verlaufenden sympathischen Fasern eine prompte Beseitigung der Darmlähmung zu erzielen ist. Durchschneidung der Splanchnicusäste beseitigt die peritonitische Bewegungsstörung ebenfalls weitgehend [ASAI[5])]. Sympathische Hemmung erscheint demnach an dem Zustandekommen der Darmparalyse beteiligt zu sein. Das spricht auch sehr für die Möglichkeit, daß Schockwirkungen mit wirksam sein können bei der Entstehung dieser Form der Darmlähmung, und ebenso scheinen die nach Apoplexien, bei Rückenmarkserkrankungen und selten bei Hysterie beschriebenen

[1]) KADER: Dtsch. Zeitschr. f. Chir. Bd. 33, S. 191.
[2]) HOTZ: Mitt. a. d. Grenzgeb. d. Med. u. Chir. Bd. 20.
[3]) ENDERLEN u. HOTZ: Mitt. a. d. Grenzgeb. d. Med. u. Chir. Bd. 23.
[4]) WAGNER, G. A.: Berlin. klin. Wochenschr. 1919, S. 1221.
[5]) ASAI: Arch. f. exp. Pathol. u. Pharmakol. Bd. 94, S. 149. 1922.

Formen derselben verständlicher. Nahrungsmittelintoxikationen können in seltenen Fällen zu einem mit Hämolyse verbundenen, auf die Wirkung der von R. Kobert[1]) genauer beschriebenen Phasine bezogenen Ileus nach Genuß roher Bohnen und Gurken führen [Brunzel[2])].

V. Der Meteorismus.

Bei Meteorismus, diesem mit Auftreibung des Abdomens, besonders bei älteren Frauen verbundenen erhöhten Gasgehalt des Darmes, kommt für die Vermehrung der Gasmenge im allgemeinen nur selten vermehrte Zufuhr von außen durch Aerophagie oder vermehrte Bildung im Darm in Betracht, sondern im wesentlichen Störung der motorischen und resorptiven Funktion des Organs. Die stärksten Grade bei mechanischen Hindernissen, wie bei Darmstenosen und Darmverschluß, wurden oben besprochen. Meist ist beim Meteorismus jedoch keine grobe Motilitätsstörung vorhanden, sondern wir müssen eine andere Einstellung des Tonus der Darmmuskulatur mit einem Nachlassen ihres Spannungszustandes, wohlbedingt als Alterserscheinung durch feine, vorläufig noch nicht erfaßbare strukturelle Veränderung der einzelnen Muskelfasern, evtl. verknüpft mit einer Herabsetzung der Resorptionsfähigkeit für Gase, als Ursache annehmen. Der von Strasburger für diesen Zustand vorgeschlagene Ausdruck einer Darmatonie will diese Spannungsabnahme besonders unterstreichen, doch sagt er wohl zuviel, da die motorische Funktion im übrigen meist nicht auffällig gestört ist; Obstipation mäßigen Grades kann allerdings gleichzeitig vorhanden sein. Bei Schlaffheit der Bauchdecken kann der Gasgehalt solcher Därme und die Auftreibung des Leibes besonders hohe Grade annehmen. Ein tage- und wochenlang anhaltender Meteorismus hystericus kann bedingt sein durch eine Dauerkontratkion des Zwerchfells bei gleichzeitiger Entspannung der Bauchmuskeln [Trousseau[3])] oder ähnlich wie beim „Tympanismus vagotonicus" [Baillint[4])] durch lokale Spasmen des Darmes mit darüberbefindlichen Gasansammlungen. Der reflektorische Meteorismus nach Netzeinklemmungen, leichten Bauchverletzungen [Heinecke[5])] und aseptischen Laparotomien [Ohlshausen[6])] oder ähnliche Erscheinungen bei Tabes und Apoplexien müssen als nervös bedingt, als Effekt zu starker sympathicotroper oder herabgesetzter vagotroper Reizung aufgefaßt werden. Starke Auftreibung des Darmes im Anschluß an Typhus und Ruhr [Sik[7])] zeigen den Übergang zu den paralytischen Ileusformen durch Bakteriengifte.

VI. Die Insuffizienz der Vavula Bauhini

ist am sichersten erkennbar durch eine Füllung des Ileums auf rückläufigem Wege durch einen Kontrasteinlauf, sie kommt auch unter ganz normalen Verhältnissen manchmal vor und ist durch Atropin momentan zu erzeugen [Katsch[8])] infolge eines dann eintretenden Tonusnachlasses des Sphincter ileocoecalis. Bei organischen Veränderungen mit geschwürigen und schrumpfenden Prozessen der Klappe selbst (Tuberkulose, Dysenterie, Carcinom), bei abnormer Rückstauung von Darminhalt infolge schwerer Obstipation (Singer und Holzknecht, Diet-

---

[1]) Kobert, R.: Beiträge zur Kenntnis der vegetabilen Hämagglutinine. Berlin 1913.
[2]) Brunzel: Dtsch. Zeitschr. f. Chir. Bd. 145, S. 1. 1918.
[3]) Trousseau: Zit. Dtsch. med. Wochenschr. 1884, S. 717.
[4]) Baillint: Berlin. klin. Wochenschr. 1917, S. 425.
[5]) Heinecke: Arch. f. klin. Chir. Bd. 83.
[6]) Ohlshausen: Zeitschr. f. Geburtsh. u. Gynäkol. Bd. 14.
[7]) Sik: Münch. med. Wochenschr. 1916, Nr. 33.
[8]) Katsch: Fortschr. a. d. Geb. d. Röntgenstr. Bd. 21, S. 159.

LEN) sowie bei mechanischen Dickdarmstenosen und bei Verziehungen durch Adhäsionen der Ileocöcalgegend ist ein häufiger Befund der Schlußunfähigkeit verständlich [ASSMANN[1])].

VII. Störungen der Defäkation.

Es ist bereits berichtet von der wichtigen proktogenen Obstipation. Ein Spasmus des Sphincter ani internus und externus ist meist verursacht durch lokale Reizzustände des Mastdarmes (Proctitis, Fissuren, Pruritus, entzündete Hämorrhoiden). Es kommt selten ohne lokale Erkrankung bei Neurasthenikern zu schmerzhaften Spasmen dieser Schließmuskeln, Beziehungen zur Sexualsphäre können dabei manchmal vorliegen [BOAS, v. NOORDEN, ELSNER[2]), FULD[3])]. Noch seltener sind rectale Krisen bei Tabes dorsalis.

Lähmungen des Sphincter ani kommen selten vor nach schweren Infektionskrankheiten wohl durch Einwirkung der Toxine auf den Muskel selbst bedingt bei Diphtherie (BOAS), Influenza (v. NOORDEN), Bacillendysenterie und Cholera. Über das Zustandekommen der Lähmungen der Sphincteren und des Defäkationsaktes durch Schädigungen des Zentralnervensystems und der nervösen Leitungen überhaupt ist nachzulesen im gleichen Handbuch unter „Defäkation".

VIII. Die Pathologie der Bewegungsvorgänge der extrahepatischen Gallenwege.

Eine direkte Beobachtung krankhafter Bewegungszustände an den Gallenwegen war bis vor kurzem überhaupt nicht möglich, seit Einführung der röntgenologischen Darstellung der Gallenblase durch intravenös und peroral gegebenes Tetrajod- oder Tetrabromphenolphthalein durch GRAHAM[4]) bieten sich wenigstens an der Gallenblase wohl gewisse, aber nicht sehr ausgedehnte Möglichkeiten einer solchen. Zur genaueren Klärung der komplizierten Verhältnisse in den Betriebsstörungen der Motilität der extrahepatischen Gallenwege bleiben wir jedoch noch auf indirekte Untersuchungen mit der Duodenalsonde am Menschen, auf die Röntgenologie des gesamten Magendarmtraktes bei Gallensteinkranken und auf zweckentsprechend angelegte Tierexperimente angewiesen, nur zum Teil aus Analogieschlüssen ein möglichst genaues Bild der Bewegungsvorgänge an den Gallenwegen zu erhalten. Diese Erkenntnisse erscheinen der heutigen Klinik wichtiger, denn die moderne Lehre der Gallensteinbildung, die im wesentlichen sich aufbaut auf den klassischen Arbeiten NAUNYNS[5]), ASCHOFFS und BACMEISTERS[6]), unterstützt durch die kolloidchemischen Untersuchungen von LICHTWITZ[7]) und SCHADE[8]) um die des Lipoidstoffwechsels durch CHAUFFARD[9]) und seine Schule enthält als wesentlichsten Faktor in der Reihe der Entstehungsbedingungen neben der Infektion, Anreicherung und erleichterten Ausfällbarkeit des Cholesterins und der Kalksalze in der Galle die Stauung. In seiner „Klinik der Cholelithiasis" vertritt NAUNYN mit aller Schärfe den Satz,

---

[1]) ASSMANN: Die Röntgendiagnostik bei inneren Erkrankungen. Leipzig 1924.
[2]) ELSNER: Münch. med. Wochenschr. 1922, S. 399 u. 1413.
[3]) FULD: Münch. med. Wochenschr. 1922, S. 1159.
[4]) GRAHAM u. COLE: Journ. of the Americ. med. assoc. Bd. 82, Nr. 8, S. 613. 1924.
[5]) NAUNYN: Klinik der Cholelithiasis. Leipzig 1892. Die Gallensteine, ihre Entstehung und ihr Bau. Jena: Fischer 1921.
[6]) ASCHOFF u. BACMEISTER: Die Cholelithiasis. Jena 1909.
[7]) LICHTWITZ: Dtsch. Arch. f. klin. Med. 1907.
[8]) SCHADE: Die physikalische Chemie in der inneren Medizin. Dresden: Steinkopf 1921.
[9]) CHAUFFARD u. GRIGAUT: Cpt. rend. des séances de la soc. de biol. Bd. 25, S. 11. 1911.

daß diese Stauung der Galle die einzig sichergestellte Ursache in der Steingenese sei, neben der als zweite ebenso wichtige die bakterielle Entzündung als Erreger des steinbildenden Katarrhs im Ausbau der alten Lehre Meckel v. Hemsbachs von ihm angesehen wird. Wenig Sicheres war über die eigentliche Entstehung dieser so wichtigen Stauung bekannt. Druck durch einengende Kleidungsstücke oder den hochgraviden Uterus ist da die meistgenannte, von außen auf die Gallenwege einwirkende Ursache. Erst die Untersuchungen der letzten Jahre, die für Entstehung dieses wichtigen Faktors der Krankheitsgenese an den extrahepatischen Gallenwegen auch das physiologische Geschehen an ihnen selbst unter normalen und abnormen Verhältnissen zu studieren versuchten, haben hier einiges Licht gebracht. Die Klinik fängt jetzt an, in der Funktion der Gallenwege selbst und in ihren Störungen ein wesentliches Moment der Krankheitserscheinungen an ihnen zu erblicken.

Die von den Leberzellen sezernierte Galle wird in den großen Gallenwegen und besonders der Gallenblase durch ein je nach den physiologischen Bedürfnissen als Reservoir oder Expulsionsapparat arbeitendes Kanalsystem geleitet, in dessen Wand die glatte Muskulatur an verschiedenen Stellen deutlich gehäuft vorhanden ist. Die wesentlichste Entdeckung an dieser: verdanken wir Oddi[1]) der im Jahre 1887 auf Grund von Macerationspräparaten und Schnitten von der Mündung des Ductus choledochus in das Duodenum durch die Papilla vateri einen ausgeprägten Sphinctermuskelapparat beschrieb.

Der Ductus hepaticus und der Ductus cysticus entbehren so gut wie ganz der Muskelfasern [Hendrikson[2]), Aschoff, Berg[3])]. Im Ductus choledochus sind sie reichlicher vorhanden. Eine stärkere und kompliziertere Entwicklung derselben besteht an der Gallenblase und an ihrem Halse, dem oberen Ductus cysticus und dem Mündungsteil des Choledochus.

Berg, der durch Präparation der menschlichen Gallenblase nach Permann ein besonders klares Bild ihres Aufbaues bekam, unterscheidet schärfer wie bisher in der Vesica fellea den Fundus (Boden), Corpus (Körper), Trichterteil (Infundibulum) und Hals (Collum). Er beschreibt ebenso wie Aschoff am Blasenkörper und Boden unter der Mucosa eine aus zahlreichen, an Größe etwas wechselnden longitudinalen und zirkulär durcheinander ziehenden, netzförmig sich kreuzenden Bündeln gebildete Muskelschicht, die in kontrahiertem Zustande etwa 0,5 mm dick sein kann. Im Trichterteil der Blase findet eine deutliche Zunahme der zirkulären Fasern statt, im Collumteil wird dies noch markanter. Im Halsteil erscheinen in der Tiefe vorwiegend diese ringförmigen, mehr außen die longitudinalen Fasern, alle sind im Ductus cysticus bereits mehr zwischen Bindegewebszügen der Fibrosa ausgestreut, aber immerhin im oberen Gebiet der Valvula Heisteri, an den von Berg sog. oberen 3 Collumklappen noch sehr reichlich entwickelt (Hendrikson). Lütkens[4]) beschreibt aus Aschoffs Institut auch in der Gallenblase die Zunahme der zirkulären Muskelbündel nach dem Cysticus zu, die ihren Höhepunkt findet in einer ausgesprochenen Anhäufung von Muskulatur am Übergang des Collum in den Cysticus. Aus dieser in der überwiegenden Mehrzahl gefundenen Beobachtung folgert er das Vorhandensein eines Collum-Cysticus-Sphincters, der das Eindickungssystem der Gallenwege gegen das Leitungssystem abschließt. Elastische Fasern sind an dieser Stelle ebenfalls besonders reichlich vorhanden. In den Heisterschen Falten finden sich (Mac Allister, Hendrikson) auch Muskelfasern, und zwar gehen die querverlaufenden Muskeln direkt in die Falten über, von den Längsmuskelbündeln laufen einige rechtwinklig in die Falten hinein. Sie dienen dadurch evtl. als Dilatatoren.

Gleichsam als Antagonist dieser Blasenmuskulatur befindet sich am Choledochusende der von Oddi zuerst beschriebene Schließmuskel. Dieser Sphincter ist durch Bindegewebe von der Darmmuskelwand getrennt und nur durch dünne Muskelfasern mit ihr zusammenhängend. Er besteht nicht nur aus Ringmuskeln, auch viele längs und schräg verlaufende, in verschiedenster Richtung durcheinander geflochtene Fasern sind in ihm, allerdings nicht so zahlreich wie Ringmuskeln, vorhanden [Oddi, Helly[5]), Hendrikson]. Aufwärts am Choledochus lassen sich 1—2 cm weit beim Menschen, vorwiegend als Längsfasern diese dicken Muskelmassen verfolgen, ihre Längsausdehnung ist eine ganz beträchtliche. Auch der Ductus pancreaticus ist ein Stück hinauf von Muskelfasern eingeschlossen, und zwar an der gemeinsamen Mündung beider Gänge so, daß beim Querschnitt in entsprechender Höhe

---

[1]) Oddi, R.: Arch. ital. di biol. Bd. 8, S. 317. 1887.

[2]) Hendrikson: Anat. Anzeig. 1900, S. 197.

[3]) Berg: Nord. med. Arkiv Bd. 50, S. 50, H. 3.

[4]) Lütkens: Aufbau und Funktion der hepatischen Gallenwege. Leipzig: Vogel 1926.

[5]) Helly: Arch. f. mikroskop. Anat. Bd. 54.

die Muskulatur in Form einer 8 beide Gänge zu umschließen scheint. An der gemeinsamen Mündung ist an der Vereinigung beider ein gemeinsamer Schließmuskel, hauptsächlich aus Ringfasern bestehend, gebildet. Dieser Ringmuskel am untersten Choledochus und in der Papilla Vateri tritt auf allen Beschreibungen und Abbildungen als etwas isolierte Bildung deutlich hervor.

Die Gallenblase mit ihrem Hals, das Gebiet des Collum-Cysticus-Sphincters, der obere Ductus cysticus und das Mündungsgebiet des Ductus Choledochus sind also die mit glatter Muskulatur stärker ausgestatteten Teile der biliären Gänge, sie sind dementsprechend wohl auch die für Bewegungsvorgänge funktionell wichtigsten Gebiete. Die Schleimhaut der Gallenwege enthält vereinzelt im Collum der Gallenblase, im Ductus cysticus, stärker im Ductus hepaticus und choledochus alveolär gebaute Drüsen. Die Nerven, welche die Gallenwege und Leber versorgen, stammen, wie auch bei den anderen visceralen Organen, aus den beiden Komponenten des visceralen Nervensystems vom Vagus und Sympathicus.

Sie vereinigen sich zum Plexus hepaticus, der in Form eines engmaschigen Netzes die Gallenausführungsgänge, Arteria hepatica und Pfortader umspinnt. In dieses Geflecht sind wiederum kleine Ganglienknötchen mit Gruppen von Ganglienzellen eingelagert. Vor allem finden sich auch solche in der eigentlichen Wand der Gallengänge (ODDI und ROSCIANO, DOGIEL, ASCHOFF). In der Gallenblase und an den Gallenwegen existiert nach jenen ein stark entwickeltes, intramurales System von Ganglienzellen und nervösem Plexus, die wahrscheinlich auch bis zu einem gewissen Grade selbständig den Regulationsmechanismus der Bewegung, Schleimsekretion und Flüssigkeitsresorption beherrschen können, im übrigen aber durchaus den Impulsen des großen vegetativen Nervensystems unterworfen sind.

Die Größe, Gestalt und Lagerung der Gallenblase in ihrem Leberbett kann besonders nach den Untersuchungen BERGS sehr wechselnd sein. Ebenso ist der Übergang vom Trichterteil in den Halsteil und Ductus cysticus, sowie der Verlauf des Ductus cysticus großen Schwankungen unterworfen, die interessante Übergangsmöglichkeiten zum Pathologischen zeigen.

Die physiologische Aufgabe der Gallenwege ist im wesentlichen eine doppelte: 1. Eindickung der anscheinend ziemlich kontinuierlich fließenden Lebergalle (täglich 500—1100 ccm, TIGERSTAEDT) zu einer stärker konzentrierten, auf das 8—10fache nach HAMMARSTEN, ROUS, PEYTON und MAC MASTER[1]) als Reserve für ihre physiologischen Aufgaben im Darm bereitliegenden. SCHOENDUBE und KALK[2]) finden bei Duodenalsondierungen mittels der Pituitrinentleerung der Gallenblase noch stärkere Eindickung auf das 18fache der Lebergalle bei Bilirubinmengenbestimmungen, bei pathologischen Stauungsgallenblasen sehen sie noch viel höhere Konzentrationen. Diese Einengung findet im wesentlichen in der Gallenblase statt, in sehr geringem Grade auch in den großen Gallenwegen. Unter pathologischen Verhältnissen — nach Entfernung der Gallenblase oder Ausfall derselben — ist die Resorption durch den Ductus choledochus und Ductus hepaticus zuweilen eine stärkere (ROST[3]), Zunahme der Bilirubinwerte auf das 3—5fache gegenüber der normalen Lebergalle lassen sich bei Cysticusverschluß durch Stein oder nach operativer Entfernung der Gallenblase auch durch Duodenalsondierung feststellen. Der normale Tonus des ODDIschen Schließmuskels ist 675 mm Wasser äquivalent, der Sekretionsdruck der Galle nach FRIEDLÄNDER und HEYDENHEIM höchstens 200 mm Wasser. Auffüllung der Gallenblase durch den engen Ductus cysticus während der Nüchternheit ist also die Folge der Stauung durch den dann stets gefundenen Verschluß des Sphincterapparates an der Choledochusmündung (BRUNO und KLODNITZKI, ROST, KLEE und KLUEPFEL[4]), JUDD und MANN).

Zweite Aufgabe der Gallenwege ist die Hinausbeförderung der konzentrierten Blasengalle und nötigenfalls auch von nichteingedickter Lebergalle auf die physiologischen, vom Dünndarm her auf dem Blut- oder Nervenwege angreifenden

---

[1]) ROUS, PEYTON u. MAC MASTER: Journ. of exp. med. Bd. 34, Nr. 21, S. 1.

[2]) SCHOENDUBE u. KALK: Med. Klin. 1925, Nr. 52.

[3]) ROST: Mitt. a. d. Grenzgeb. d. Med. u. Chir. Bd. 33, H. 4. 1921.

[4]) KLEE u. KLUEPFEL: Mitt. a. d. Grenzgeb. d. Med. u. Chir. Bd. 27. 1914.

Reize. Als solche dienen die Produkte der Eiweißverdauung, wie Peptone, nicht Eiweiß an und für sich, Fette, besonders Olivenöl und Eigelb. An Duodenalfistelhunden ließen sich durch diese Reize stets schußweise Entleerungen aus der Papilla vateri auslösen (Bruno und Klodnitzki, Rost, Klee und Kluepfel); daß gleichzeitig eine Entleerungskontraktion der Gallenblase stattfindet, sah Doyon[1]) als erster durch Registrierung eines intravesikalen Druckanstieges nach Einführung eines kleinen Ballons in die Gallenblase durch Pepton, Ellinger[2]) durch direkte Beobachtung der Gallenblasenbewegung nach intravenöser Peptoninjektion. Der Ausbau dieses Peptongallenblasenentleerungsreflexes am Menschen mittels der Duodenalsonde zu einer brauchbaren klinischen Methode für Untersuchungen der Blasen und Lebergalle durch Stepp[3]) — bald darauf zeigte Lyon, daß auch mittels 25proz. Magnesiumsulfatlösung die gleichen Entleerungen möglich waren — hat diesen Vorgang dem ärztlichen Wissen geläufiger gemacht. — Die Zweifel (Retzlaff, Krohn, Reiss und Radion u. a.), ob wirklich der Gallenblaseninhalt bei dieser Form der Duodenalsondierung zur Entleerung käme und nicht eine stärker von der Leber sezernierte Galle, wurden durch exakte, auch mit Farblösungsinjektion in die Gallenblase durchgeführte Versuche von Stepp und Duettmann[4]) beseitigt.

Als starken Entleerer der Gallenblase kennt jetzt die Klinik auch das Extrakt der Hypophyse, am wirksamsten in der Form des Pituitrins (Parke, Davis u. Co.). Diese von Kalk und Schoendube[5]) festgestellte Pituitrinkontraktion der Gallenwege fördert normalerweise nach einer Zeitspanne von 15—20 Minuten, die der ersten sympathikotropen Phase der Wirkung der Hypophysenextrakte entspricht, in der dann einsetzenden zweiten, vegotrop verlaufenden Phase, in der wir Steigerung der Bewegungsvorgänge im ganzen Magendarmtrakt zu sehen gewohnt sind, eine auffallend hochkonzentrierte Blasengalle zum Duodenum heraus. Röntgenologisch ließ sich gleichzeitig meist eine erhebliche Verkleinerung der mit Tetrajod-Phenolphthalein dargestellten Gallenblase feststellen. Fehlt eine Auffüllung der Gallenblase durch starke Herabsetzung der Lebersekretion, wie auf dem Höhepunkte der Krankheit des sog. Ikterus simplex, so fällt naturgemäß die Pituitrinentleerung der Gallenblase aus. Bloße Ansaugung durch die Peristaltik des Darmes z. B. kann die Gallenblase nicht entleeren, das zeigen Aschoffs[6]) vergebliche Versuche, durch noch so starke Ansaugung im Gallengangsystem Galle auch im dünnflüssigen Zustand aus der Gallenblase zu erhalten. Eine aktive Kontraktion der Gallenblase muß mitwirksam sein.

Als Entleerungsvorgang der Gallenwege haben wir unter normalen Verhältnissen ein koordiniertes Spiel vor uns, das sich zusammensetzt aus einer überwiegend tonischen Kontraktion der Gallenblase, die begleitet sein kann von schwach entwickelten, im Halsteil peristaltisch ablaufenden Kontraktionswellen derselben, und einer gleichzeitigen Öffnung im Sphinctergebiete Oddis.

Ausgedehnte Untersuchungen über die Beeinflussung der Bewegungsvorgänge an den Gallenwegen unter normalen und abnormen Verhältnissen wurden in Fortführung der Arbeiten der Franzosen Doyon, Courtade und Guyon[7]), der Engländer Bainbridge und Dale[8]) und des Wieners Reach[9]) vom Verfasser

[1]) Doyon: Arch. f. (Anat. u.) Physiol. Bd. 5, H. 19. 1896.
[2]) Ellinger: Hofmeisters Beitr. z. chem. Physiol. u. Pathol. Bd. 2. 1902.
[3]) Stepp: Zeitschr. f. klin. Med. Bd. 89. 1920.
[4]) Stepp u. Duettmann: Klin. Wochenschr. 1923, S. 1587.
[5]) Kalk u. Schoendube: Klin. Wochenschr. 1924, S. 47.
[6]) Aschoff: Vorträge zur Pathologie, S. 182. Jena: Fischer 1925.
[7]) Courtade u. Guyon: Cpt. rend. des séances de la soc. de biol. Paris, S. 399. 1906.
[8]) Bainbridge u. Dale: Journ. of physiol. Bd. 33, S. 133. 1905.
[9]) Reach: Zeitschr. f. exp. Pathol. u. Therapie Bd. 85, H. 3. 1919.

in einer größeren Reihe von Tierexperimenten angestellt, die sämtlich bei eröffnetem Bauch unter möglichst weitgehender Freilegung des gesamten extrahepatischen Gallenapparates durchgeführt wurden und an den Versuchstieren (Katzen, Kaninchen, Meerschweinchen) im Gegensatz zum Menschen vor allem das Mündungsgebiet des Choledochus gut übersichtlich zeigten.

Diese Partie, die nicht vom Pankreas bedeckt ist, tritt dort an dem oberen Teil des Zwölffingerdarmes als länglich ovale, etwas blasse und erhabene Partie deutlich hervor. In die Kuppe der Gallenblase wurde mittels Tabaksbeutelnaht ein einfaches dünnes Glasrohr eingepflanzt, so daß an der Höhe des Gallenanstieges Kontraktion, Erschlaffung und auch Entleerung der Gallenblase sichtbar wurden. Wurde in die Mitte des Ductus choledochus unter Schonung von Nerven und Gefäßen eine dünne Kanüle eingebunden, die in Verbindung mit einer MARIOTEschen Flasche stand, so war aus der dort kontrollierbaren, stets unter gleichem Druck abfließenden Flüssigkeitsmenge in der Minute auf die Weite und Durchlässigkeit des Sphinctergebietes zu schließen. Wurde der Vagus am Hals schwach faradisch oder pharmakologisch durch kleine Pilocarpinmengen ($^1/_2$ cg intravenös) gereizt, so sah man Kontraktionen der Gallenblase mit Entleerung und Verkleinerung derselben, bisweilen auch deutlich ablaufende peristaltikartige Kontraktionswellen, geringe Erweiterung des Choledochus, deutliche Eröffnung mit lebhaftem Peristaltikspiel wie am Antrum pylori des Magens in der vorher deutlich geschlossenen Portio duodenalis choledochi des ODDIschen Sphincters. Der Erfolg ist schnelle Expulsion der Galle. Wurde dagegen der Vagus stark faradisch gereizt oder pharmakologisch durch $1—1^1/_2$ cg Pilocarpin, so setzte eine Motilitätssteigerung an der Portio duodenalis des Choledochus ein mit

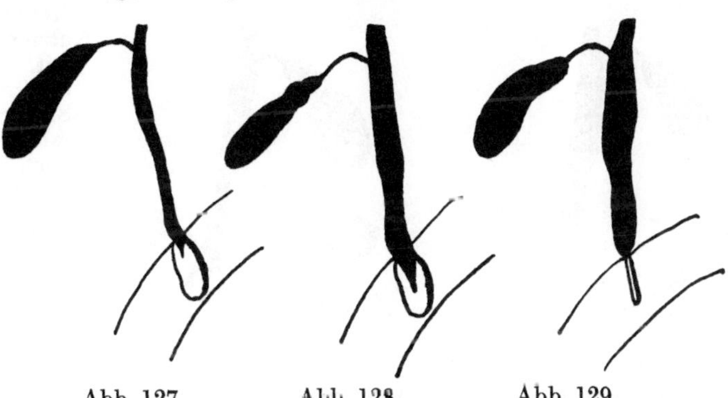

Abb. 127.   Abb. 128.   Abb. 129.

Abb. 127. Normale Gallenwege eines Kaninchens. Verkleinert auf $^2/_3$ natürl. Größe. Sehr selten geringe Kontraktion der Portio duodenalis, sichtbar alle 2—3 Minuten einmal.

Abb. 128. Leichte Vagusreizung, faradische oder mit 0,5 cg Pilocarpin: Verengerung der Gallenblase etwa auf die Hälfte mit 2 Kontraktionsringen in der Collumpartie derselben, mäßige Erweiterung des Ductus choledochus im ganzen, besonders auch der Portio duodenalis mit hier weiter durchschimmernder Gallenfüllung. Die hier nicht gezeichnete lebhafte Peristaltik an der Portio duodenalis spielt sich ab wie auf Abb. 130b u. a, aber in schnellem Wechsel mit weiter Eröffnung des Duodenalteils dazwischen.

Abb. 129. Starke Vagusreizung faradisch oder Pilocarpin 0,5+1 cg. Totaler duodenaler Portiospasmus des Choledochus mit Verengerung und Verkürzung. Starke Erweiterung des oberen und mittleren Ductus choledochus und beginnende der Gallenblase.

totalem oder partiellem Spasmus in ihrer oberen oder unteren Hälfte derselben. Dabei trat eine Abflußhemmung der Galle ein, die auch beim Durchflußexperiment deutlich feststellbar wurde, Erweiterung und Stauung im mittleren und oberen Choledochus und langsame Erweiterung der Gallenblase mit sofortigem starkem Druckanstieg in derselben gut erkennbar an dem in die Gallenblasenkuppe eingeführten Steigrohr. Vaguslähmung durch Atropin machte Erschlaffung der Gallenmuskulatur mit Tonusabnahme, prompt ablesbar im Steigrohr in der Gallenblase, und Erweiterung der oberen Partie der Portio duodenalis des ODDIschen Sphincters, aber trotzdem Abflußhemmung durch Kontraktion eines auch aus anderen Gründen anzunehmenden, mit isoliertem Spiel arbeitenden Sphincterringes im vordersten Teile der Papilla vateri.

Bei Sympathicusreizung verhält sich dieser Sphincterring in der Papilla vateri anscheinend auch wie der Pylorus des Magens [ELLIOT[1]), KLEE[2])], er verengt sich und hemmt da-

<hr>

[1]) ELLIOT: Journ. of physiol. Bd. 32, S. 40. 1903.
[2]) KLEE: Dtsch. Arch. f. klin. Med. Bd. 128, S. 204; Bd. 129, S. 275. 1919.

durch den Abfluß unter starker Erweiterung, Erschlaffung und Abblassung des ganzen Gallengangsystems einschließlich des Antrumgebietes des Choledochus, seiner Portio duodenalis. Wir haben also an der Choledochusmündung ein sehr kompliziertes Muskelspiel vor uns, eine obere, sich auf leichten Vagusreiz öffnende und dann mit deutlicher Peristaltik arbeitende, aber auf starken Vagusreiz sich schließende Partie, die dem eigentlichen Choledochus angehört, durch Atropin und Sympathicusreiz völlig erschlafft und als Antrumgebiet oder Portio duodenalis des Oddischen Sphincters bezeichnet wird und einen in der Papilla vateri vorhandenen, etwas isolierten kleineren Ringmuskel, der auf leichten Vagusreiz sich leicht öffnet, durch Atropin- oder Sympathicusreizung sich schließt. Sehr ähnlich wie am Magen, seinem Corpus, seinem Antrum-Pylorigebiet und seinem eigentlichen Pylorusring verhält sich also die nervöse Beeinflussung der Motilität der Gallenwege in dem Gebiet des Oddischen Sphincters. Die Muskulatur des gesamten Oddischen Sphincters dient daher sowohl als Retentions- wie als Expulsionsapparat der Galle im gemeinsamen Zusammenspiel mit den übrigen Gallenwegen besonders der Blase.

Bei völliger Durchschneidung der zuführenden Nerven, des Vagus und Splanchnicus, treten ohne weitere Reize keine abnormen Bewegungsvorgänge auf. Die Schlußfähigkeit des Sphincters bleibt erhalten. Die Steuerung durch die intramuralen Nervenplexus genügt also auch in diesem Organ zu einer weitgehenden Erhaltung der Funktion. Eine Reizung des peripheren Vagus ruft aber dann eine Sturzentleerung der Gallenblase hervor wegen der jetzt nach der Splanchnicusdurchschneidung mangelnden Schließungstendenz des gesamten Sphinctergebietes unter gleichzeitiger Gallenblasenkontraktion.

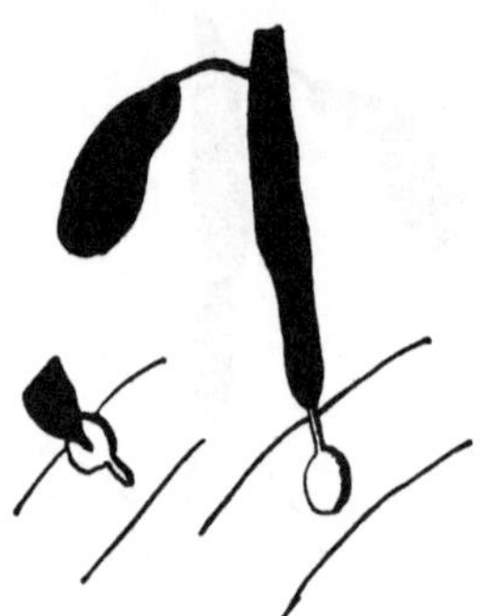 

Abb. 130b.   Abb. 130a.   Abb. 131b.   Abb. 131a.

Abb. 130a und b. a Starke Vagusreizung wie bei Abb. 129, 10 Minuten später. Partieller oberer Portiospasmus am duodenalen Choledochusteil, stärkere Erweiterung des oberen Choledochus und besonders auch der Gallenblase durch Stauung. b Partieller vorderer Portiospasmus im gleichen Stadium.

Abb. 131a und b. a Atropinwirkung an den Gallenwegen. Portio duodenalis choledochi weit, ihr gallenhaltiger Kanal breit, weit vorgeschoben, besonders bei tiefem Inspirium, Choledochus, Gallenblase weit, schlatf. b Adrenalinwirkung sehr ähnlich Abb. 131a, auch weites Portio Duodenalisgebiet, 4 Pünktchen dunkelgrüner Galle schimmern dauernd an gleicher Stelle durch die Kanalwand, das spricht gegen gleichzeitigen Abfluß.

(Aus Zeitschr. f. klin. Med. Bd. 96, Westphal.)

Die tonus- und motilitätssteigernde Wirkung parasympathischer Reizung in den Gallenwegen, die hemmende des Sympathicus konnte Watanabe[1]) durch Versuche an Hunden mit Gallenblasenfisteln und permanenten Fisteln des Ductus choledochus bestätigen, durch Prüfung des Effektes von Acethylcholin, Adrenalin und Atropin. Die gleichen Resultate hatten Winkelstein und Aschner[2]). Bei einer erneuten Untersuchung des komplizierten Muskelspiels im Gebiet des Oddischen Sphincters kam Sakuray[3]) durch Einführung einer Kanüle bis weit in die Portio duodenalis choledochi in der einen Versuchsreihe, in der anderen durch Einpflanzung in die Mitte des Choledochus in ausgedehnten Experimenten an Kaninchen ebenfalls zur Bestätigung der Anschauung des Verfassers von der entgegengesetzten nervösen Steuerung der beiden Muskelgebiete: der vordere kleine Sphincter der Papille wird durch den Sympathicus verengt und durch den Vagus gelähmt, die Portio duodenalis wird durch den Vagus erregt und durch den Sympathicus erschlafft.

Die Entleerung der Gallenwege wird hervorgerufen durch Gallenblasenkontraktion und Erweiterung mit gesteigerter peristaltischer Funktion des ganzen Sphinctergebietes durch einen Vorgang ähnlich dem leichter Vagusreizung. Die nach den Versuchen des Verfassers

---

[1]) Watanabe: Zeitschr. f. d. ges. exp. Med. Bd. 40, S. 201. 1924.

[2]) Winkelstein u. Aschner: Americ. journ. of the med. sciences Bd. 168, Nr. 6, S. 812. 1924.

[3]) Sakuray: From the proceedings of the imperial. academy Bd. 2, Nr. 4. 1926. (Japan.)

am Übergang von Gallenblase zum Cysticus für wahrscheinlich gehaltene sphincterartige Funktion der Muskulatur mit Kontraktionsneigung bei starker Vagusreizung wurde durch die anatomischen Untersuchungen LÜTKENS weitgehend sichergestellt.

Die Entleerung wird unterstützt: erstens durch einen sehr deutlichen Einfluß der Atmung auf die Gallenexpulsion. Der auf die Leber bei der Zwerchfellkontraktion ausgeübte Druck preßt bei jedem Inspirium ihre Gallengänge etwas aus, und außerdem läßt das Herabdrücken der Leber gegen die Baucheingeweide bei jedem Inspirium eine starke Druckerhöhung in der Gallenblase selbst bei weit eröffnetem Abdomen erkennen. Die von HOFBAUER[1]) bereits betonte Bedeutung einer ungehinderten kräftigen und energischen Zwerchfelltätigkeit für die Gallenexpulsion als Unterstützungsmoment derselben erscheint so deutlicher. Zweitens wird die Entleerung unterstützt durch lebhafte Darmperistaltik, eine anregende Tätigkeit derselben auf die Expulsionstätigkeit des Sphinctergebietes, bisweilen auch eine Art Ausgemolkenwerden desselben durch intensive, im Duodenum ablaufende Kontraktionen wurde gesehen. Drittens wurde durch mittelstarke Wärmewirkung eine leichte Anregung der Gallenexpulsion im Sphinctergebiet erzielt, Druckanstiege der Gallenblase ließen sich dabei nur selten konstatieren. Als unterstützender Faktor für eine ungehemmte Expulsion des Sphinctergebietes ist noch eine Windkesselwirkung des prallgefüllten mittleren und oberen Ductus choledochus und des Ductus hepaticus zu betrachten, wie sie durch Kontraktionen der Gallenblase und bei tiefer Inspiration durch den Druck des absteigenden Zwerchfelles hervorgerufen wurde.

Die *Entleerung der Gallenwege wird daher verzögert und gehemmt* erstens durch Hyperfunktion der Muskulatur der Portio duodenalis mit dauernder stark tonischer Kontraktion dieses Muskelgebietes unter Zurücktreten der Peristaltik, gesteigert bis zum totalen oder partiellen vorderen oder hinteren, mit hochgradiger Verschmälerung und Verkürzung des Sphinctergebietes — und zwar seines Antrumteiles — einhergehendem Spasmus bei starker Vagusreizung. So entsteht Rückstauung der unter Vagusreizung auch stärker von der Leber sezerniorten Galle [EIGER[2])] im oberen und mittleren Choledochus und vor allem in der Gallenblase. Die gleichzeitigen Kontraktionen der Muskulatur der Vesica fellea werden zu frustranen, ihr Innendruck steigt sehr. Es kann so die *hypertonische Stauungsgallenblase* entstehen, bei der hypertonische Abflußhemmung der Gallenwege durch Kontraktionen und Spasmen der Portio duodenalis choledochi eintritt. Auf dem Reflexwege konnte durch Schmerz oder nach Unterbindung am mittleren Choledochus eine solche Dauerkontraktion der Portio duodenalis ebenfalls erzielt werden. Ebenso bewirkten in den Ductus choledochus eingeschobene kleine Steinchen durch einen Fremdkörperreiz unter ganz leichter vagaler Reizung etwa durch $^1/_2$ cg Pilocarpin schon totale Kontraktionen des Antrumteiles, die auch durch Morphin, das ja bekanntlich am Magen [MAGNUS[3])] auch Antrumspasmen hervorruft, in ähnlicher Weise erzeugt werden konnten.

Zweitens wird die Entleerung der Gallenwege verzögert und gehemmt durch Hypofunktion der Muskulatur der Gallenwege infolge von sympathicotroper Reizung oder vagaler Lähmung (Atropin) mit Tonuslähmung der Portio duodenalis choledochi, mit Erweiterung dieses Antrumteiles des Sphincters und anscheinend dabei oft geschlossenem vorderem Sphincterring in der Papille. Die Hypo- oder *atonische Stauungsgallenblase* könnte so durch allgemein herabgesetzte Funktion der Muskulatur der Gallenwege entstehen.

Die Möglichkeit, aus so experimentell Gefundenem Schlüsse zu ziehen auf die Klinik und die Pathologie der Gallenwege, ergab sich erstens durch exakte Untersuchungen der Gallensteinkranken, besonders während des Schmerzanfalles, zweitens durch pharmakologische Prüfung der Gallenwege dieser Erkrankten, durch Reizung des vegetativen Nervensystems.—

---

[1]) HOFBAUER: Mitt. a. d. Grenzgeb. d. Med. u. Chir. Bd. 34, S. 583. 1912.
[2]) EIGER: Zeitschr. f. Biol. Bd. 66. 1916.
[3]) MAGNUS: Pflügers Arch. f. d. ges. Physiol. Bd. 115, S. 316. 1906.

Röntgenuntersuchungen am Magen und Darm während des Gallensteinanfalles [Schlesinger, Luedin[1]), Holzknecht und Luger[2]), Smidt[3]), Westphal] zeigen, daß während des Gallensteinanfalles fast immer starke Motilitätssteigerung am Magen von einfacher Magenhyperperistaltik in vielen Fällen gesteigert bis zum Antrumspasmus, bisweilen Magensperren, breite Kontraktionen in der Gegend des Isthmus ventriculi Aschoffs und in seltenen Fällen totale Antrumspasmen auftreten. Gleichzeitig ergab sich oft der Eindruck sehr gesteigerter Peristaltik am Dünndarm und sehr intensiver Haustrierung des Dickdarmschattens mit gleichzeitiger Obstipation, Bilder, die insgesamt als Ausdruck einer starken, auf den gesamten Magendarmtrakt während des Gallensteinanfalles wirksamen vagotropen Reizung aufgefaßt werden müssen. Im Gegensatz dazu fanden sich nur wenige Male Mägen mit totalem Pylorusschluß, einem Fehlen jeder Peristaltik und auch der Magensaftsekretion, das lange Stunden anhielt, um später wieder einem völlig normalen Bilde zu weichen, ein Zustand, der nur durch das Umgekehrte, starke sympathikotrope Reizung, zu erklären ist.

Diese Vorgänge, von v. Bergmann als viscero-visceraler Reflex von den Gallenwegen ausgehend bezeichnet, sind in Parallele zu setzen zu den viscerosensiblen und visceromotorischen Reflexen, die durch Head und Mackenzie uns geläufig geworden sind und sich bei Gallenblasenattaken sehr ausgesprochen im rechten Oberbauch im Gebiet des 8. und 10. Dorsalsegmentes finden. Häufiger konnte auch tiefer, etwa 2 Querfinger rechts neben dem 2. Lendenwirbel, eine 3—5-Markstück große, spontan schmerzempfindliche und auch druckempfindliche Stelle bei solchen Schmerzattaken nachgewiesen werden, die infolge vergleichender Untersuchungen dieses Schmerzpunktes mit dem Röntgenbilde auf einen Spasmus des Sphinctergebietes des Choledochus bezogen wird (Westphal). Der bekannte, in die rechte Schulter und in den Nacken ausstrahlende Reflex, der durch Sympathicusbahnen vom Ganglion coeliacum über Ganglion phrenicum und Phrenicus in das Gebiet des 3. bis 6. rechten Cervicalnerven zieht, konnte auch in abortiver Form sehr oft durch eine deutliche *Druck- und Klopfempfindlichkeit des Phrenicus* an der rechten Halsseite in schmerzfreien Stadien nachgewiesen werden, ein differentialdiagnostisch brauchbares Moment. Bei tiefer Inspiration mit seitlich linksgelegtem Halse tritt oft gleichzeitig ein Spontanschmerz auf, ein Lasègue des Phreniscus. Dem visceromotorischen Reflex, bekannt in der Bauchdeckenspannung, ist ein selten auftretender, visceromotorischer Reflex mit Stillstellung des Zwerchfelles, auch wohl verlaufend über das Ganglion phrenicum, an die Seite zu stellen. Alle, sowohl die visceroviszeralen wie die viscerosensiblen, wie die visceromotorischen Reflexe zeigen, daß während des Schmerzanfalles eine intensive Steigerung des Geschehens im vegetativen Nervensystem in der Nachbarschaft der Gallenwege eintritt.

Wir müssen daher an dem Ursprungsort dieser Reize die gleiche Steigerung nervöser Einflüsse erwarten, die sich in Analogie zu denen am Gastrointestinaltrakt meist als parasympathisch hervorgerufene Motilitätssteigerung und Muskelspasmen ohne Zwang verstehen lassen. Seltener werden sich, entsprechend den Bildern sympathischer Reizung am Magen auch an den Gallenwegen gleiche Motilitätslähmungen einstellen.

In gleicher Weise wirkt die *pharmakologische Prüfung des Witte-Peptonreflexes* klärend. Gibt man nach Eintritt des Abflusses von Blasengalle aus der Gallenblase den Patienten intravenös eine kleine Menge (0,6—0,8 cg) Pilocarpin, so tritt normalerweise eine etwas intensivere schußweiße Entleerung vor dunkler Blasengalle ein infolge stärkerer Gallenblasenkontraktion. Bei Gallenblasenkranken, Cholecystiden, Steinblasen usw. trat sehr oft im Gegensatz zu, schnelleren Entleerung zu Anfang eine längerdauernde Pause von 3—5, bis 10, ja 17 Minuten ein mit völligem Sistieren des Gallenabflusses, die dann von einer sehr starken und energischen, schußweisen Entleerung dunkler Galle gefolgt war. Dieses Sistieren wurde aufgefaßt als Erfolg einer sehr starken vagalen Reizung bei

---

[1]) Luedin: Korrespondenzbl. f. Schweiz. Ärzte 1919, Nr. 38.
[2]) Holzknecht u. Luger: Mitt. a. d. Grenzgeb. d. Med. u. Chir. Bd. 26. 1913.
[3]) Smidt: Arch. f. klin. Chir. Bd. 117, S. 3.

Patienten von besonderer Reizbarkeit im Gebiete des ODDISCHEN Sphincters, bei denen dann entsprechend dem Effekt stärkerer Vagusreizung im Tierexperiment an Stelle einer gesteigerten Peristaltiktätigkeit dieses Muskelgebietes ein Krampfverschluß desselben unter der Pilocarpingabe eintrat. Außer bei erkrankten Gallenwegen fand sich diese initiale Abflußhemmung unter Pilocarpinreizung interessanterweise auch oft, nicht immer, während der Gravidität, auch schon in den ersten Monaten derselben, wo keine mechanische Kompression der Gallenwege irgendwie durch den Uterus erzeugt sein konnte, während der Menstruation und bei einigen vegetativ stark stigmatisierten Menschen. Beim Pituitrinversuch fanden KALK und SCHOENDUBE[1]), daß bei den gleichen Zuständen oftmals als Ausdruck erhöhter vagaler Reizbarkeit die Entleerungskontraktion der Gallenblase schon nach 10 Minuten, nicht nach 20 Minuten wie beim Normalen, eintrat. Durch Atropin ließ sich bei dieser Funktionsprüfung der Gallenwege fast stets der Peptongalleentleerungsreflex völlig unterbrechen, durch Adrenalin ließ sich, vielleicht wegen der langsameren Wirkung bei intramuskulärer Gabe, kein wesentlicher Effekt erzielen. Sehr interessant war, daß in einigen Fällen durch die Pilocarpininjektion deutliche Schmerzattacken in der Gallenblasengegend ausgelöst wurden, die durch das lähmende Atropin dann prompt beseitigt werden konnten. Wir sehen also, wie auch die pharmakologische Funktionsprüfung der vegetativ nervösen Steuerung der Gallenwege am Menschen zu ähnlichen Resultaten führt wie das Tierexperiment und bei den an den Gallenwegen Erkrankten oftmals eine gesteigerte Erregbarkeit des ODDISCHEN Sphincters hervorzurufen scheint, die zu einer hypertonischen Abflußhemmung führt, während durch Atropin eine hypotonische Gallenstauung erzielt wird. In diesem Zusammenhang erscheinen auch die als auslösende Momente der Gallensteinattacken bekannten rein mechanischen Faktoren, wie Erschütterung beim Bergabgehen, Wagenfahren oder die linke Seitenlage im Schlaf verständlicher. Es bewirken solche rein mechanischen Reize wohl in gleicher Weise Kontraktionsvorgänge, ebenso psychische Einflüsse negativer Art: Ärger, Depression, entsprechend der Schmerzbeobachtung im Tierexperiment, und schließlich die Menstruation, bei der entsprechend der gesteigerten Pilocarpinempfindlichkeit wohl auch gesteigerte Motilitätsvorgänge an den Gallenwegen anzunehmen sind, die zur Auslösung von Koliken oder Entzündungsattacken führen können, so auch die bekannten Diätfehler, wie sehr fette Speisen, die durch lang dauernde Steigerung des Ölentleerungsreflexes der Gallenwege an diesen zu Dauerkontraktionen führen können. —

Neben diesen klinischen Befunden spricht eine Reihe von *pathologisch-anatomischen und in der Chirurgie festgestellten Tatsachen*, ebenfalls für die Bedeutung von Motilitätsstörungen im Betriebsmechanismus der Gallenwege für deren Pathologie. NAUNYN und LEICHENSTERN haben schon vor Jahren auf die Wichtigkeit des Schließmuskelgebietes im ODDISCHEN Sphincter bei der Abwanderung der Steine hingewiesen. KEHR allerdings verhält sich der Wichtigkeit dieses Schließmuskels gegenüber recht ablehnend. Doch ein nach Cholecystektomie öfter gefundenes Phänomen, die *Neubildung einer kleinen Gallenblase* [KEHR[2]), HABERER und CLAIRMONT[3]), STUBENRAUCH, FLOERKEN, ROST[4]) WALZEL[5])] weist auch auf diesem Gebiete, vor allem an Hand der sehr eingehenden Tierversuche ROSTS, JUDD und MANNS auf die Wichtigkeit des muskulären Verschlusses der Choledochusmündung hin. — Meist tritt nach Cholecystektomie eine Insuffizienz

[1]) KALK u. SCHOENDUBE: Med. Klin. 1925, Nr. 52.
[2]) KEHR: Chirurgie der Gallenwege. Neue dtsch. Chir. Bd. 8.
[3]) HABERER u. CLERMONT: Arch. f. Chir. Bd. 73, S. 679.
[4]) ROST: Mitt. a. d. Grenzgeb. d. Med. u. Chir. Bd. 26. 1913.
[5]) WALZEL: Arch. f. klin. Chir. Bd. 115, H. 4. 1921.

des ODDISCHEN Sphincter ein, worauf zum Teil der gute Erfolg der meisten Cholecystektomien beruht. Bleibt diese Insuffizienz aus und kommt es im Gegenteil zu einer intensiveren Dauerkontraktion der Portio duodenalis choledochi, so wird die dann eintretende starke Erweiterung des Choledochus auch oft den Gallenblasenstumpf wieder zu einem kleinen blasenähnlichen Gebilde dehnen. Viele Schmerzrezidive, die nach der Cholecystektomie wieder eintreten, sind neben großen Verwachsungen und Abknickungen, die natürlich ein stenosierendes Moment abgeben können, auf solche Dauerspasmen der Portio duodenalis zurückzuführen.

SCHMIEDENS[1 u. 2]) Verdienst ist es, als Erster den Begriff der *Stauungsgallenblase als Krankheitsbild* ausgestellt zu haben bei Leuten, die an jahrelangen durchaus gallensteinkolikähnlichen Beschwerden litten, ohne daß sich bei der Operation ein anderer Befund bot, wie eine pralle Erweiterung und Muskelhypertrophie der Gallenblase, oft mit Divertikelbildung im Trichter, Abknickung und Verwachsungen des oberen Ductus cysticus mit dem erweiterten Trichter ohne Steinbildung oder Spuren vergangener Entzündungen.

Von SCHMIEDEN und ROHDE werden diese Abknickungen im Cysticus als eigentliche Ursachen der Entstehung der Gallenstauung aufgefaßt. Solche rein mechanisch gebildeten Wegverlegungen durch topographisch-anatomische Abweichungen des Gallenblasen- und Gallengangaufbaues spielen sicher für die Entstehung der Stauung eine gewisse Rolle, aber sie treten an Bedeutung wohl zurück hinter funktionellen Störungen, und so erscheint es auch an der Hand der BERGschen Beobachtung, daß Druck auf die Kuppe einer normalen Gallenblase am Lebenden oder an der Leiche stärkere Füllung und Verschiebung des Trichters der Gallenblase nach hinten macht mit vermehrter Winkelstellung des Collums zum Trichter, sicher, daß auf diese Art Cysticusknickungen entstehen können, die sekundär sind infolge einer weiter unten entstandenen Stauung der Gallenblase. Daher scheint auch für die SCHMIE-DENsche Stauungsgallenblase sehr oft das primäre Moment in Abflußhemmung im Mündungsgebiet des Ductus choledochus zu suchen sein. Ausgedehnte Verlagerung der Gallenblase in die Leber bis zu allseitig umwachsenen Parenchym-Gallenblasen (KEHR, MORGAGNI), oder eine völlig frei bewegliche Wander- oder Pendelgallenblase [TREW, KRUKENBERG, KONJETZNI[3]), ROHDE u. a.], oder Verbreiterung des Ligamentum hepato-duodenale bis auf die Gallenblase nach oben und Colon transversum nach unten mit nachfolgender Abknickung des Ductus cysticus durch Zug des Colons transversum (KONJETZNI) sowie ein besonders freiliegender Trichterteil der Gallenblase in einem hohen und breitem Mesenterium (BERG) sind aber einwandfreie, jedoch relativ seltene, rein anatomische Ursachen für Stauungszustände der Gallenblase. Der Druck der normalen Eingeweide auf diese kann wohl kaum zu Kompression und Abflußhemmung führen [ROHDE[4])], da die Verschieblichkeit der normalen Eingeweide gegeneinander eine leicht gleitende und sehr große ist.

Das pathologisch-anatomische Bild, das zuerst von ASCHOFF aufgestellt ist von der nicht entzündlichen Stauungsgallenblase, die beim solitären Cholesterinstein gefunden wird, ist gleich dem der SCHMIEDENschen Stauungsgallenblase (ROHDE) dadurch ausgezeichnet, daß die Blase im ganzen größer ist, ihre Wand makroskopisch dicker ist, die einzelnen Muskelbündel bei mikroskopischer Untersuchung verdickt und an Zahl vermehrt erscheinen als Zeichen vermehrten Innendruckes in der Gallenblase, die LUSCHKAschen Gänge gedehnt sind, bis zur Serosa ziehen, oft breite Schläuche darstellen mit kolbig-verdickten Enden und bisweilen mit Detritus und abgeschilferten Epithelien angefüllt sind. Aufnahme lipoider Substanzen in diese Epithelien und geringe Vermehrung der Lymphocyten in der Wand sprechen für eine verstärkte Resorption dieser Gallenblasenwand infolge des erhöhten Innendruckes. Ähnliche Befunde erhebt in ausgedehnter und eingehender Weise zum Teil am klinischen, zum Teil in besserer Übersicht der ganzen Gallenwege am pathologisch-anatomischen Material der schwedische Chirurg BERG. Er stellt verschiedene Typen von Stauungsgallenblasen auf, von denen als wichtigste die eine Form (sein Typus I) entsprechend der ASCHOFFschen Stauungsgallenblase mit Hypertrophie der Muscularis verbunden ist und sehr oft eine Veränderung der Gallenblase am Hals und Trichterteil mit einer Seitenverlagerung des nach oben und vorne gebogenen Collums an eine Seitenwand des Trichters aufweist. Diese Stelle

---

[1]) SCHMIEDEN: Zentralbl. f. Chir. 1920. Nr. 41.
[2]) SCHMIEDEN u. ROHDE: Arch. f. klin. Chir. Bd. 118, S. 14. 1921.
[3]) KONJETZNI: Med. Klin. 1913, Nr. 39.
[4]) ROHDE: Anat. Anz. Bd. 54. 1921.

kann durch leichte Verwachsung bisweilen verkleben und das erweiterte Collum eine divertikelartige Bildung darstellen. Auch Berg kommt in seiner letzten Arbeit dazu, infolge der bei solchen Gallenblasen öfter gefundenen starken Erweiterung des Ductus choledochus einen Sphincterspasmus im Schließmuskelgebiet desselben als eine Ursache dieser Stauung anzunehmen.

Für die Auffassung, daß bei Cholecystitis und Cholelithiasis sehr oft Motilitätsstörungen, vor allem in Gestalt eines Spasmus im Sphincter Oddis mit sekundärer Erweiterung des Ductus choledochus mit wirksam sind, treten in jüngsten Veröffentlichungen auf Grund ausgedehnter Beobachtungen auf dem Operationstisch über funktionelle Veränderungen am Choledochusausgang [Lieck[1])] und infolge ihrer guten Erfolge mit der von Kehr und Sasse eingeführten Choledochusduodenostomie auch die Chirurgen Floereken[2]) und Zander[3]) ein.

Es wird also für eine große Reihe von pathologischen Gallenblasen eine *Dyskinese der Gallenwege* als ein wesentliches Moment des pathologischen Geschehens betrachtet. Die Muskelhypertrophie der Gallenblase erscheint dabei als Ausdruck einer erhöhten Arbeitsleistung, die infolge einer erschwerten Entleerung gegen einen durch verstärkte Muskelkontraktionen stenosierten Ausgang im Sphincter Oddis, vielleicht auch am oberen Cysticus, zustande kommen kann, infolge eines auf dem Nerven- oder Blutwegen angreifenden erhöhten muskulären Aktionsreizes nach Art des vagalen. Die Muskelaktion der Gallenblasenwand wird infolge des erhöhten Widerstandes am Sphincter Oddis trotz ihrer Intensität zu einer frustralen, so kommt es evtl. zu dauernder Neigung zur Stauung.

Den entgegengesetzten Typ bei der Entstehung der Stauung der Gallenwege stellen die von Berg als Typ II der Stauungsgallenblase beschriebenen birnförmigen vergrößerten Blasen mit gesteigerter Rundung des Blasenkörpers und vor allem einem Aufgehen des Halsteiles der Blase in diese Vergrößerung dar.

Im Gegensatz zum Typ I ist deren Wand stets weniger gespannt, weicher und dünner, die Blase tritt stärker unter dem Leberrand hervor, ein Hineindrängen in die Leber nach vorne oder hinten findet sich nicht. Die wesentlichsten Veränderungen zeigen die Klappen des Collums, besonders die erste. Sie ist nach allen Seiten vergrößert, quergestellt und an ihrer breiter gewordenen Wandanheftung ballonförmig vorgewölbt, dünn und gleichsam ausgedehnt. Sie erstreckt sich gerade in das Blasenlumen hinein, erreicht aber mit ihrer dünnen, sichelförmigen Kante bei weitem nicht die entgegengesetzte Seite. Sie ist offenbar in allen Fällen insuffizient, die Collumhöhlung ist daher in dem Blasenlumen aufgegangen, auch die zweite Klappe kann teilweise wegen ihrer Dehnung den Abfluß nicht mehr hemmen. Dieses Bild entspricht den Chauffardschen Befunden: Daß manche Steinblasen sich durch besonders dünne Wand auszeichnen, und der bekannten Erscheinung der Häufung der Gallensteine im Alter, zusammengehend mit einer Neigung zur Obstipation (Rotter, Peters).

Man wird daher bei dieser Form eine Störung der Gallenexpulsion im Sinne zu geringer Muskelkontraktionen annehmen dürfen mit zu schwacher Aktion der Gallenblase und zu schwachen Eröffnungs- und Herausbeförderungsspiels der Portio duodenalis choledochi, ähnlich dem Bild der Sympathicusreizung oder Atropinwirkung. Auch an jüngeren Menschen hatten wir hier in der Klinik mehrmals Gelegenheit, solche Stauungsgallenblasen vom atonischen Typ mit Muskelatrophie und starker Dehnung zu finden, die operiert wurden wegen häufig auftretenden, nicht auf Atropin reagierenden Schmerzen (Dehnungsschmerz Kappis) und zeitweilig vorhandenem Ikterus.

Solche Fälle zeichnen sich auch aus oft durch mangelhafte Ansprechbarkeit auf Pituitrin, ohne daß grobe anatomische Störungen als Ursache dabei vorhanden wären. Die dem ptotischen Langmagen entsprechende Form der Gallenblase, die langherabhängende schmale Art derselben [Schoendube[4]) Pribram[5])] gehört

---

[1]) Lieck: Arch. f. klin. Chir. Bd. 128, S. 118. 1924.
[2]) Floereken: Münch. med. Wochenschr. 1923, S. 498.
[3]) Zander: Münch. med. Wochenschr. 1923, S. 1173.
[4]) Schoendube: Münch. med. Wochenschr. 1926, S. 619.
[5]) Pribram, Grunenberg u. Strauss: Dtsch. med. Wochenschr. 1925, Nr. 35; Fortschritte der Röntgenstrahlen Bd. 34.

meist nicht zu den muskelschwachen, denn oft findet sich an ihr bei der Cholecystographie eine beschleunigte Entleerung (Schoendube), sie bildet beim schlan-
ken Astheniker eine seiner Konstitution entsprechende Wachstumsform, ebenso
wie die kleine, mehr runde Gallenblase beim kleinen, gedrungen gewachsenen
Menschen. —

Die hier aufgestellten zwei Typen funktionell entstandener Gallenstauung,
hervorgerufen durch eine Dyskinese der Gallenwege, werden also zurückgeführt
auf eine *hypertonische* und eine *hypotonische Muskelfunktion* derselben.

Wendet man für die Betriebsstörung den Ausdruck „Motilitätsneurose" an, so kann
dies nur geschehen im Bewußtsein seiner Vieldeutigkeit. Zu starke oder zu schwache Reiz-
barkeit der Muskulatur der Gallenwege könnten allerdings oft gebunden sein an eine nervöse
Störung im ganzen vegetativen Nervensystem oder besonders des Organs als Organneurose.
Aber die Bedingtheit solcher Störungen in Muskelfunktion und Muskeltonus durch hormonale
Wirkungen des ganzen Systems der endokrinen Drüsen, z. B. bei den basodowoiden Typen
mehr im Sinne einer zu starken Leistung, im Alter mehr dem einer zu geringen, während der
Gravidität und wohl auch sonst dadurch und daneben auch infolge veränderter Ionenwirkung
(Calciummangel, Veränderung des Lipoidstoffwechsels), das Problem, ob nicht anaphylaxie-
ähnliche Erscheinungen öfter zu einem Zuviel an Leistung in den Gallenwegen führen können,
zeigen, daß ein klarer Begriff mit dem Wort „Neurose" nicht immer verbunden sein kann.

Daher erscheint der Ausdruck einer *hypertonischen spastischen Gallenstauung*
(*Cholestase*) und einer *hypotonischen* vorläufig den Begriff geschickter zu fassen,
wenn man nicht den von Aschoff und v. Bergmann vorgeschlagenen allgemeinern
Ausdruck der Cholecystopathie anwenden will. Die Ähnlichkeit dieser Zustände
mit den bei der Obstipation gefundenen und vielleicht auch für ähnliche Zustände
an den oberen Harnwegen anzunehmen, drängt sich auf, gerade aus dem Vergleich mit der Obstipation auch die Schwierigkeit, nur aus einer solchen Zweiteilung alles pathologische Geschehen fassen zu wollen. Die nach der Gallen-
blasenexstirpation vorhandene kompensatorische Erweiterung des Gallenganges
(Rost, Mann und Judd, Berg) findet sich auch bisweilen, wie wir es selbst
bei Operationen sehen konnten, beim Hydrops der Gallenblase und bei Schrumpf-
gallenblasen. Sie kann dann begleitet sein von einer Hypertrophie mit stärkerem
Widerstand des Oddischen Sphinctergebietes, die vielleicht erst *sekundär* durch
den Ausfall der Gallenblase verursacht wäre, also nicht immer den Schluß auf
eine rein primäre Spasmenbildung zuließe. Andererseits finden sich manchmal
(eigene Beobachtungen) stark erweiterte Choledochi mit einem bei der Sondierung
gar keinen Widerstand leistenden Antrumgebiet des Sphincters, ein Zustand, der
verständlich wird etwa durch eine *sekundäre Insuffizienz* dieses Expulsionsmotors,
ähnlich einem Magen bei lang bestehender Pylorusstenose, wenn der vorderste
Sphincterring in der Papilla vateri noch suffizient schließt. Also werden sich
gemischte Fälle von hypotonischen mit spastischen Momenten finden, die am
besten durch den bloßen Aufdruck der *Dyskinese* gefaßt werden. Es wird noch
sehr ausgedehnter, exakter, anatomischer Untersuchungen, besonders am Leich-
material bedürfen mit sofortiger Härtung der Organe in situ und exakter Kontrolle der Choledochusweite, des Sphincterapparates, des Ductus cysticus und
der Gallenblasenform, um in dies sehr komplizierte Gebiet noch mehr Klarheit
zu bringen, vor allem, da die verschiedene Form fast jeder Gallenblase der schematischen Deutung Schwierigkeiten bietet.

Die Beziehung dieser, sowohl ohne Gallensteine wie ohne Entzündung bei
starken Schmerzattacken gefundenen *Motilitätsänderungen* sowie ihre *enge Verknüpfung mit der Entzündung der Gallenblase und den Gallensteinleiden* zeigen,
daß die Beziehungen dieser Motilitätsstörungen zur Pathologie der Gallenwege
sehr ausgedehnte sein müssen, sie spielen unseres Ermessens sowohl für die Genese der Krankheitsprozesse wie bei Weiterentwicklung der Entzündung und

Steinbildung eine sehr wesentliche Rolle. Daß Störungen in der feinen Regulation der Gallenwegsbewegungen des Gesetzes der „contrary innervation" von Blase und Sphincter ODDIS Ursache von Krankheiten hier abgeben könnten, ist auch eine bereits früher geäußerte Ansicht des amerikanischen Physiologen MELTZER. Für die Entstehung des nach ASCHOFF nicht entzündlich entstandenen Steinleidens, des solitären Cholesterinsteins, bietet die hypertonische Cholestase Möglichkeiten zu einer stärkeren Retention der Galle, stärkeren Eindickung der Residualgalle und dadurch wieder ausgedehnter Cholesterinanreicherung und Ausfall von Cholesterin zu in weiterer Entwicklung steinartig werdenden Bildungen.

Von BERG[1]) ist für die Entstehung dieser Steine die stärkere Sekretion und die Stauung des schleimigen Sekretes der Gallenwege sehr weitgehend betont worden. In der von BERG angenommenen Ausdehnung spielt diese Mucostase, da seine Annahme gar nicht unseren bisherigen pathologischen und klinischen Erfahrungen entspricht, wohl kaum die ihr zugesprochene Rolle, aber es scheint durchaus nicht ausgeschlossen, daß die unter stärkerem vagalen Reiz auch gesteigerte Schleimsekretion der Gallenwege evtl. für die erste Ausfällung von Cholesterin in der gestauten, cholesterinreichen Galle günstigere Bedingungen schafft durch Störungen in den Kolloidverhältnissen der Galle. Die als sehr wesentlich gerade bei der Entstehung dieser Steine von der CHAUFFARDschen Schule betonte Rolle des Cholesterinstoffwechsels ist durch den Befund v. BABARCZYS', daß die Hypercholesterinämie sich nur findet kurz im Anschluß an die Kolikattacke infolge einer dann eintretenden Lebersperre, später bei gesund gewordener Leber aber verschwindet, eine vom Verfasser auch einige Male beobachtete Tatsache, in Frage gestellt. Genaue Untersuchungen an durch Duodenalsondierung gewonnenen Blasengallen bringen hier vielleicht weiter. Ob Steigerung der Gallensekretion, Polycholie, nicht auch mal mit wirksam sein könnte für Cholesterinanhäufung in der Blasengalle, ist ein vorläufig noch ungelöstes Problem.

Am deutlichsten scheinen Beziehungen vorhanden zu sein zum Cholesterinstoffwechsel während der *Gravidität der Frau*, auf die hier noch einmal kurz eingegangen werden soll. Der sehr gesteigerte Pilocarpinreflex, besonders in den ersten Monaten der Gravidität, zeigt, daß an den Gallenwegen eine gesteigerte Neigung zu erhöhtem Schluß des ODDIschen Sphincters, und entsprechend der so häufigen Hyperemesis gravidarum und dem Ptyalismus gravidarum nehmen wir eine im wesentlichen durch die Umstellung der inneren Sekrete, vielleicht auch durch Calciumverarmung oder Hypercholesterinämie bedingte stärkere vagale Reizbarkeit an vielen Teilen des vegetativen Nervensystems und so auch in den Gallenwegen an. Eine hypertonisch-spastische Cholestase wäre also die Ursache für die Gallenstauungen in der Gravidität; nicht der Druck des schwangeren Uterus in den letzten Monaten der Gravidität, denn gerade zu dieser Zeit ist, wie wir durch die Untersuchungen von BACMEISTER und HAVERS[2]), eigene, mit HASSELMANN[3]) durchgeführte und PRIBRAMS wissen, die Cholesterinausscheidung der Leber in die Galle eine sehr gehemmte, während sie in den ersten Monaten noch einigermaßen normal verläuft und dann also Gelegenheit zu stärkerer Steigerung in der gestauten Gallenblase vorhanden wäre.

Zur *Entzündung* bestehen die gleichen Beziehungen: sowohl die Cholecystitis, wie die so häufig auf ihrem Boden entstandene Cholelithiasis, der Bilirubinkalk- und der Kombinationsstein sind meist Folge eines durch Stauung ascendierten, aus dem unteren Choledochus, der oft Colibacillen enthält, hinausgewanderten Infektes. Auch die hämatogene Infektion der Gallenwege wird durch verschlechterte Abflußbedingungen sicher leichter Gelegenheit haben zur Entfaltung ihrer Wirksamkeit an der Blase. Die Erzeugung von Cholecystitis

---

[1]) BERG: 47. Tagung d. Dtsch. Ges. f. Chir. 1923; Arch. f. klin. Chir. Bd. 126, S. 329. 1923.

[2]) BACMEISTER u. HAVER: Dtsch. med. Wochenschr. 1914, Nr. 8.

[3]) WESTPHAL: Zeitschr. f. klin. Med. Bd. 101, H. 5/6. 1925.

und Ikterus durch Lamblia intestinalis [WESTPHAL und GEORGI[1])] findet vielleicht auch nur statt durch von den Protozoen hervorgerufene spastische Gallenabflußhemmungen. Die große Bedeutung der Stauung für die Infektion ist bereits von NAUNYN in so ausgedehnter Weise betont und bewiesen worden, daß hier nur ein kurzer Hinweis genügt auf die in letzter Zeit durch HOSEMANN[2]) mitgeteilte Beobachtung, daß man nach der chirurgischen Choledochoduodenostomie wohl Füllung der Gallenwege durch Duodenalinhalt, röntgenologisch Wismut- oder Bariumaufschwemmung nachweisen kann, also massenhaftes Eindringen von bacillenhaltigem Duodenalinhalt, daß aber infolge der günstigen Abflußbedingungen aus dieser Öffnung kein Infekt der Wege entsteht. Auf die so umstrittenen und interessanten Einzelheiten der Vorgänge der Steinbildung auf nichtentzündlicher und entzündlicher Basis (NAUNYN, ASCHOFF) soll hier nicht eingegangen werden, da darüber von anderer Seite genauer berichtet wird. Aber nicht nur für die Genese, auch für die Auswirkungen und Dauer der klinischen Entwicklung des Krankheitsbildes spielt die Motilitätsstörung eine wichtige Rolle. Die klassische Chirurgie (KEHR) führt den Kolikanfall im wesentlichen immer auf ein Aufflackern der Entzündung zurück. Wir sind geneigter, das *Wesentliche des Schmerzanfalles* in einer besonderen *Steigerung der Motilitätsphänome*, Kontraktionsschmerzen zu sehen, oder in einer besonderen Lähmung, *Dilatationsschmerzen* der Gallenwege an der Hand der obengeschilderten klinischen Beobachtungen im Anfalle, denen sehr oft gerade infolge dann wieder stark bewirkter Stauung ein neuer Entzündungsschub nachfolgen kann. Dyskinese der Gallenwege, Entzündung und Steinbildung stehen in engster Wechselbeziehung zueinander, die Dyskinese ist oft, sicher häufiger, wie man bisher glaubt, das führende Moment.

Noch kurz ein Hinweis auf die Bewegungsstörung der Gallenwege und die Entstehungsmöglichkeit der Pankreatitis und der galligen Peritonitis. Ist ein atonischer Zustand der Gallenwege vorhanden, mit Schluß des vordersten Sphincterringes in der Papilla vateri, so wird ein leichteres Überfließen von Galle durch das Diverticulum vateri in den Ductus pancreaticus möglich sein und dann vice versa vom Pankreassaft in die Gallenwege und so Gelegenheit bieten zur Entstehung akuter oder chronischer Pankreatitis und der jetzt nach den Untersuchungen von BLAD[3]) als Folge von Trypsinwirkung auf die Gallenblasenwand aufgefaßten galligen Peritonitis. Daß auch an der Leber durch intensive Spasmen der Portio duodenalis Störungen in Gestalt eines leichten Okklusionsikterus oder einer leichten aufwandernden Cholangiolitis entstehen können, sei nur noch kurz betont.

Auch der allerdings seltene Ikterus durch Schreck und Ärger bei nicht Gallenwegskranken wird auf solche psychogen erzeugten Muskelverschlüsse des ODDIschen Sphincters zurückgeführt.

Zu den pathologischen Bewegungsvorgängen der Gallenwege gehört auch die jetzt mit der Cholecystographie nach GRAHAM so oft gefundene fehlende Auffüllbarkeit der Gallenblase mittels des Kontraststoffes, vor allem bei den Erkrankungen der Gallenblase, die mit Steinbildung einhergehen. Häufig findet sich daneben eine negative Pituitrinprobe. Ein Verschluß des Ductus cysticus durch Steine, der unterstützt wird durch entzündliche Schwellung der Gallengangswand, kann nicht immer die Ursache dieser Befunde abgeben, denn wir sehen zu oft als Zeichen, daß die Cysticuspassage nicht dauernd geschlossen ist,

---

[1]) WESTPHAL u. GEORGI: Münch. med. Wochenschr. 1923, Nr. 33.
[2]) HOSEMANN: Dtsch. Zeitschr. f. Chir. Bd. 192, H. 1. 1925.
[3]) BLAD: Arch. f. klin. Chir. Bd. 109, S. 101.

noch reichlichen Gehalt der Gallenblase an bilirubinhaltiger Galle beim operativen Eingriff. Der Wechsel von Verschluß und Öffnung mit stärkerer Neigung zu totaler Konstruktion um den Stein im Hals der Gallenblase durch die Muskelfasern des vom Verfasser dort bereits angenommenen, durch LÜTKENS genau anatomisch studierten Collum-Cysticus-Sphincters geben dafür die verständlichste Erklärung ab. Ist bei positiver Cholecystographie die Pituitrinprobe negativ, so kann bei Erkrankungen der Gallenwege neben einer herabgesetzten Austreibungsfähigkeit der Gallenblase, vor allem ein Ventilverschluß durch Hineinpressen des Steines in den Hals im Moment der ersten Kontraktion die Ursache abgeben. Den stärksten Effekt der Pituitrinkontraktion der Gallenblase bietet die allerdings selten stattfindende Herausbeförderung von kleinen, mittleren Gallensteinen in den Darm, meist unter starken Beschwerden für den Patienten. Wir erleben dann nach Art eines Experimentes die Erzeugung solcher stärksten Steigerung des motorischen Geschehens an den Gallenwegen wie im Kolikanfall. Daß bei einem solchen tatsächlich auch Steine ins Wandern geraten, sah bei einer Röntgenbeobachtung in hochgradiger Schmerzattacke BERG[1]). Duodenaldouchen mit Magnesiumsulfat können den Abgang der Steine durch den ODDIschen Sphincter bewirken (ALLARD).

---

[1]) BERG: Dtsch. med. Wochenschr. 1925, S. 16.

Pharmakologie der Magen- und Darmbewegung
(einschließlich Wirkungen der Hormone).

Von

PAUL TRENDELENBURG

Freiburg i. Br.

Mit 7 Abbildungen.

Zusammenfassende ältere Darstellung.

MAGNUS, B.: Pharmakologie der Magen- und Darmbewegungen. Ergebn. d. Physiol. Bd. 2, Teil II, S. 637. 1903.

I. Vorbemerkungen.

Die Analyse der Wirkung vieler Heilmittel, die die Beförderung durch den Magendarmkanal beeinflussen, ist dadurch erheblich erschwert, daß die Wirkung bei den verschiedenen Säugetierklassen keine einheitliche ist. Besonders bei manchen Alkaloiden ist die Artspezifität der Darmmuskelreaktion eine sehr ausgesprochene. Man wird also bei der Übertragung der im Tierversuch gewonnenen Ergebnisse auf die Verhältnisse beim Menschen vorsichtig sein müssen; im Gebiet der Magendarmpharmakologie ist der Analogieschluß vom Tier auf den Menschen nicht im gleichen Umfang erlaubt wie in vielen anderen Teilgebieten der Pharmakologie.

Bis vor kurzem nahm man allgemein an, daß leicht resorbierbare Darmmittel, etwa wie die Alkaloidsalze des Opiums oder der Belladonna, nach der Einnahme in den Magendarmkanal durch die Schleimhaut unmittelbar zu der Muskulatur des Darmrohres vordringen könnten und diese hemmend oder erregend beeinflussen könnten. Bei intakter Schleimhaut besteht diese Möglichkeit aber nur in sehr eingeschränktem Umfang. Sehr leicht diffundierende Gase, wie etwa Schwefelwasserstoff, scheinen zwar eine derartige Tiefenwirkung haben zu können, für Alkaloide läßt sich dagegen leicht nachweisen, daß sie nur sehr schwer durch das Epithel unmittelbar an die Muskulatur gelangen können. Denn wenn man in das Innere einer aus dem Körper entnommenen, überlebenden Darmschlinge ein darmwirkendes Alkaloid selbst in starker Lösung gibt, so tritt die Wirkung auf die Muskeln des Darmes nur sehr schwach und spät in Erscheinung[1] (s. Abb. 132). Bei der therapeutischen Anwendung der Darmmittel dürften dieselben in den meisten Fällen nicht durch direkte Diffusion, sondern durch Vermittlung des Blutstromes an die Muskulatur gelangen.

Ob bei Entzündung oder Zerfall der Schleimhaut die Darmmittel leichter vom Darminnern bis zur Muskulatur vordringen können, ist bisher nicht untersucht worden.

---

[1] MEISSNER, R.: Biochem. Zeitschr. Bd. 73, S. 236. 1916. — UHLMANN, F. und J. ABELIN: Zeitschr. f. exp. Pathol. u. Therap. Bd. 21, S. 58. 1920.

Neben den Mitteln, die die Bewegungen des Magens und Darmes durch
eine Änderung der motorischen Funktionen der glatten Muskeln beeinflussen,
findet sich eine Gruppe, bei der eine direkte Einwirkung auf die glatte Muskulatur
fehlt oder doch von untergeordneter Bedeutung ist, und bei der die Änderung
der Förderungsgeschwindigkeit hauptsächlich durch Einflüsse auf die Füllung
des Darmrohres herbeigeführt wird. Die Menge des in den tieferen Darmabschnitten befindlichen Inhaltes wird bei Unterdrückung der Sekretionen der Darmdrüsen
vermindert sein, bei einer Hemmung der Flüssigkeitsresorption oder bei einer
Anregung der Sekretion und bei einer Transsudation von Flüssigkeit aus den
Blutgefäßen der Schleimhaut vermehrt sein. Da aber, wie oben ausgeführt

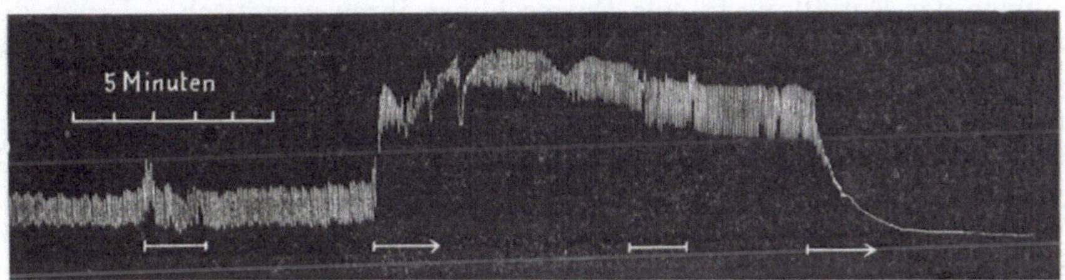

Abb. 132. Bei ⊢——⊣ wird 1 mg Pilocarpin HCl in das Darmlumen (isolierter Kaninchendünndarm) gegeben = keine erregende Wirkung. Bei ⊢——→ wird zu 100 ccm Tyrodelösung 1 mg Pilocarpin HCl gegeben = starke Erregung. Bei ⊢——⊣ 1 mg Atropinsulfat
ins Lumen = ohne Wirkung. Bei ⊢——→ 1 mg Atropinsulfat in die Tyrodelösung = Unterdrückung der Pilocarpinwirkung.

wurde, das Auftreten der peristaltischen Tätigkeit von der Geschwindigkeit,
mit der der Darm gefüllt wird, abhängig ist, wird die Beförderung im ersteren
Falle verlangsamt, im zweiten Falle beschleunigt werden.

Eine scharfe Abtrennung der beiden Gruppen von Darmmitteln ist zur Zeit
noch nicht möglich. Insbesondere läßt sich bei den zahlreichen Mitteln, die die
Darmschleimhaut zur Entzündung bringen und dadurch den Inhalt vermehren,
noch nicht entscheiden, ob die Füllungszunahme allein die Peristaltik fördert
oder ob die glatte Muskulatur durch den Entzündungsvorgang, etwa durch
Bildung von erregenden Stoffwechselprodukten, abnorm leicht erregbar wird.
Es läßt sich die Bedeutung der mechanischen Faktoren und der chemischen
Faktoren in diesen Fällen noch nicht klar überblicken.

Sicher überwiegen die mechanischen Faktoren über die chemischen bei der
Wirkung der sog. *salinischen Abführmittel.*

II. Salinische Abführmittel.

Es hat nicht an Versuchen gefehlt, auch bei diesen eine chemische Einwirkung auf die glatte Muskulatur des Darmes nachzuweisen, aber es wird unten
gezeigt werden können, daß sie nicht ausschlaggebend ist.

Der Begriff: salinische Abführmittel würde besser weiter zu fassen sein
und durch den Begriff: *durch osmotische Druckkräfte wirksame Abführmittel* zu
ersetzen sein. Denn nicht nur gewisse Salze, sondern alle gut wasserlöslichen
Substanzen sind zur Abführwirkung befähigt, sofern sie in den tieferen Darmabschnitten osmotisch wirksam sind. So reiht sich dem Glauber-, dem Bitter-
und dem Seignettesalz der sechswertige Alkohol Mannit oder der Zucker und
der Harnstoff an — alle können unter gewissen Bedingungen eine osmotische
Abführwirkung auslösen.

Jede gut wasserlösliche Substanz entfaltet nach ihrem Übertritt aus dem Magen in den Dünndarm osmotische Wirkungen. Denn die Darmwand verhält sich so, als ob sie eine semipermeable Membran zwischen der Flüssigkeit der Gewebe und des Blutes einerseits und dem Darminhalt andererseits darstellte. Zunächst kann dabei unentschieden bleiben, ob diese Eigenschaft dem gesamten Darmepithel oder dem Epithel der Darmdrüsen zukommt. Sobald eine Lösung in den Dünndarm gelangt ist, ist sie von Einfluß auf die Verteilung des innerhalb und außerhalb des Darmepithels befindlichen Wassers. Der osmotische Druck der gelösten Moleküle oder Ionen hat das Bestreben, die Unterschiede des innen und außen bestehenden osmotischen Druckes auszugleichen. Von zahlreichen Lösungen der Elektrolyte und Nichtelektrolyte wurde nachgewiesen, daß sie nach der Einfüllung in eine Darmschlinge ihren osmotischen Druck dem der Blutflüssigkeit annähern. Lösungen, die einen höheren osmotischen Druck als das Blut besitzen, ziehen Wasser aus dem Blute an, bis der osmotische Druck die physiologische Höhe erreicht hat, während aus dünnen Lösungen das Wasser dem osmotischen Druckgefälle entsprechend rasch in das Blut und in die Gewebe abgegeben wird[1]).

Wenn die meisten wasserlöslichen Substanzen trotzdem auch in großen Mengen keine osmotische Abführwirkung ausüben, so liegt dies nur an der Geschwindigkeit, mit der sie aus dem Darm in das Körperinnere aufgenommen werden. Diese rasch resorbierbaren Verbindungen sind in den tieferen Abschnitten des Darmkanales in zu geringen Mengen vorhanden, als daß sie durch osmotische Wirkungen eine abnorme Darmfüllung herbeiführen könnten.

So schränkt sich die osmotische Abführwirkung auf jene Körper ein, die aus dem Darm nur langsam aufgenommen werden. Unter den Salzen sind es bekanntlich die, welche 2- und mehrwertige Anionen oder Kationen (z. B. Mg-, SO_4-, HPO_4-, Citrat-, Tartrat-Ionen) besitzen.

Werden solche Salzlösungen in eine abgebundene Darmschlinge gebracht und nach einiger Zeit untersucht, so zeigt sich neben einer relativ unvollkommenen Resorption der mehrwertigen Ionen die osmotische Druckwirkung an der raschen Annäherung des osmotischen Druckes an den des Blutes. Einige Zahlen, die Versuchen Cobets entnommen sind, mögen dies zeigen. In eine Schlinge, des Hundedünndarmes wurden 50 ccm einer 2,68 proz. $MgSO_4$-Lösung mit Δ —0,27° eingefüllt — nach einer halben Stunde war die Lösung auf 35 ccm eingeengt, aber Δ betrug —0,60°. Eine schwach hypertonische Lösung von 50 ccm 13,8 proz. $MgSO_4$ mit Δ —1,15° wurde so stark verdünnt, daß nach einer halben Stunde 78 ccm Flüssigkeit mit Δ —0,82° vorgefunden wurden. Bei einer stark hypertonischen Lösung (50 ccm 20,70 proz. mit Δ —1,71°) wurden 55 ccm Flüssigkeit angezogen, der Gefrierpunkt betrug nach einer halben Stunde nur noch —0,94°.

Die Analyse der Flüssigkeit, die einige Zeit nach der Eingabe einer hypertonischen, schwer resorbierbaren Salzlösung in der Schlinge vorgefunden wird, ergibt weiter, daß der Ausgleich der osmotischen Druckwerte im Darminnern an den physiologischen Wert nicht nur durch Wasseranziehung zustande kommt, daß dabei vielmehr auch der Übertritt von Chloriden in den Darminhalt im Spiele ist. In den oben kurz referierten 3 Versuchen Cobets enthielt z. B. die anfangs NaCl-freie Lösung am Ende des Versuches 0,15, 0,19 resp. 0,36 g NaCl. Man hat aus dieser Tatsache geschlossen, daß die schwer resorbierbaren Mittel in hypertonischer Lösung das Wasser nicht unmittelbar aus den Blutgefäßen, sondern auf dem Umwege einer Erregung der Darmdrüsen in das Darmlumen ziehen. Tat-

---

[1]) Siehe hierzu besonders M. Hay: Journ. of anat. a. physiol. Bd. 16, S. 568. 1882. — Höber, R.: Pflügers Arch. f. d. ges. Physiol. Bd. 70, S. 624. 1898; Bd. 74, S. 247. 1899. — Cobet, R.: Pflügers Arch. f. d. ges. Physiol. Bd. 150, S. 325. 1913.

sächlich gleicht der NaCl-Gehalt in der Darmschlinge schließlich dem eines reinen Darmsaftes. Auch die fermentativen Eigenschaften der Darmflüssigkeit, die nach der Eingabe osmotischer Abführmittel gewonnen wird, sprechen für die Auslösung einer Darmsaftsekretion durch jene. Jedoch kann an dem Übertritt von Chloriden auch eine Diffusion derselben aus den Blutgefäßen in das Darminnere beteiligt sein: die vorliegenden experimentellen Angaben lassen noch keine sichere Beurteilung zu, welchem der beiden Faktoren die größere Bedeutung zukommt.

Eine Entzündung der Darmschleimhaut und ein Übertritt von Transsudat durch diese scheint dagegen bei der Wirkung selbst stark konzentrierter salinischer Abführmittel nur ausnahmsweise beteiligt zu sein. Denn wenn man selbst 50 proz. Magnesiumsulfatlösungen in eine Schlinge einfüllt, so bleibt bei praller Füllung der Schlinge die Schleimhaut derselben blaß [BRIEGER[1])]. Anders, wenn neben viel salinischem Abführmittel viel Kochsalz in die Schlinge gegeben wird; nun zeigt die Schleimhaut nach kurzer Zeit Zeichen schwerster Entzündung [WEISE[2]), KIONKA[3])]. Solche Mischungen sind deshalb von besonders starker Abführwirkung.

Von verschiedenen Autoren[4]) ist in älterer wie neuerer Zeit die Ansicht verfochten worden, daß die salinischen Abführmittel nicht nur infolge einer Vermehrung der Darmfüllung, sondern auch durch unmittelbare Erregung der Darmperistaltik wirksam seien. Besonders MACCALLUM suchte auf eine Anregung von LOEB hin zu zeigen, daß salinische Abführmittel wie die Natriumsalze der Citronensäure, Schwefelsäure, Phosphorsäure, Weinsäure, oder wie das Bittersalz nicht nur nach der Einnahme in den Magendarmkanal, sondern auch nach der Einspritzung in die Blutbahn oder in das Unterhautzellgewebe abführend wirksam seien, und zwar sollte die Erregung der Darmmuskeln durch eine Calciumentziehung aus den Darmnerven verursacht sein.

Diese Versuche sind jedoch nicht überzeugend, schon deshalb nicht, weil Kaninchen als Versuchstiere verwandt wurden, bei denen die salinischen Abführmittel nach der Einnahme in den Magen keine sichere Abführwirkung haben. Auch sind zahlreiche Versuche mit entgegengesetztem Ergebnis bekanntgegeben[5]); ECKHARDT fand z. B. kein einziges salinisches Abführmittel, das bei subcutaner oder intravenöser Anwendung bei verschiedenen Tierarten sicher abführend gewirkt hätte. Vielmehr wirken manche der Salze, wie Glaubersalz, nach der subcutanen Einspritzung verzögernd auf die Darmentleerungen.

In neuerer Zeit brachte CHIARI[6]) wiederum die Wirkung der abführenden Salze mit einer Kalkbindung in Verbindung. Er verglich den Kalkgehalt des Inhaltes von Katzendarmschlingen, in die einerseits Salze mit Ca-fällenden Anionen, andererseits der nicht kalkfällende Mannit gegeben war. Bei der ersten Gruppe war der Darminhalt wie auch die Darmwandung kalkreicher, woraus CHIARI schließt, daß der Kalk in entionisierter Form sowohl im Darminnern wie

[1]) BRIEGER, L.: Arch. f. exp. Pathol. u. Pharmakol. Bd. 8, S. 355. 1878.
[2]) WEISE, P.: Arch. internat. de pharmaco-dyn. et de thérapie Bd. 21, S. 77. 1911.
[3]) KIONKA, H.: Zeitschr. f. exp. Pathol. u. Therap. Bd. 17, S. 98. 1915.
[4]) AUBERT: Zeitschr. f. ration. Med. Bd. 2, S. 255. 1852. — LOEB, J.: Biochem. Zeitschr. Bd. 5, S. 351. 1907. — MACCALLUM, J. B.: Pflügers Arch. f. d. ges. Physiol. Bd. 104, S. 421. 1904; Americ. journ. of physiol. Bd. 10, S. 101, 259. 1904. — BANCROFT, FR. W.: Journ. of biol. chem. Bd. 3, S. 191. 1907; Pflügers Arch. f. d. ges. Physiol. Bd. 122, S. 616. 1908.
[5]) BUCHHEIM: Arch. f. physiol. Heilk. Bd. 13, S. 93. 1854. — HAY, M.: Journ. of anat. a. physiol. Bd. 16, S. 568. 1882; Bd. 17, S. 62. 1883. — LEUBUSCHER, G.: Virchows Arch. f. pathol. Anat. u. Physiol. Bd. 104, S. 434. 1886. — FRANKL, TH.: Arch. f. exp. Pathol. u. Pharmakol. Bd. 57, S. 386. 1907. — ECKHARDT, P. A.: Dissert. Gießen 1905.
[6]) CHIARI, R.: Arch. f. exp. Pathol. u. Pharmakol. Bd. 63, S. 434. 1910.

in der Darmwand gebunden worden sei. Welchen Einfluß eine Herabsetzung der Calciumionen auf die Tätigkeit des Verdauungskanales hat, wird im nächsten Absatz zu erörtern sein.

Auf die Stärke der abführenden Wirkung salinischer Abführmittel sind verschiedene Umstände von Einfluß. Die Geschwindigkeit, mit der nach der Einnahme einer hypertonischen Lösung oder trockener Substanz die Wasseranziehung in den Darm erfolgt, hängt vom Wasserreichtum der Gewebe ab. Daher kann ein Tier durch längere Wasserentziehung in einen Zustand gebracht werden, in dem die Wirkung der salinischen Abführmittel sehr stark abgeschwächt ist (Hay). Auch bei normalem Wasserreichtum wird die Ansammlung des Wassers im Darm nach der Einnahme stark konzentrierter Lösungen geraume Zeit in Anspruch nehmen, so daß die Wassermengen erst nach vielen Stunden groß genug sind, um die peristaltischen Wellen auszulösen. Die gleiche Salzmenge, in dünner Lösung gegeben, wird viel rascher wirksam sein, da die große Flüssigkeitsmenge in kurzer Zeit zum Dickdarm gelangt und hier die peristaltischen Wellen auslöst. Weiter ist die Zeit, innerhalb der ein gegebenes Salzquantum eingenommen wird, für die Stärke der Abführwirkung von Bedeutung. Die Darreichung einer Glaubersalzmenge, die auf einmal genommen, stark diarrhoisch wirkt, führt nach der Verteilung auf mehrere kleinere Einzeldosen keine Abführung herbei, weil jedes Einzelquantum nicht genügend Wasser anzieht, um den Darm so zu füllen, daß die Peristaltik ausgelöst wird. Dies hat weiter zur Folge, daß das nunmehr langsam durch den Darm fortgeleitete Salz verhältnismäßig vollkommen resorbiert wird und nicht mehr bis zum Dickdarm gelangt. So fand z. B. Buchheim[1]) beim Menschen, daß von 30 g auf einmal eingenommenen Glaubersalz in den ersten beiden Tagen nur rund 3% (der Sulfationen), von 15 g unter den gleichen Bedingungen nur 24% im Harne erschienen, während nach 20 g Glaubersalz, wenn diese Menge in mehreren kleinen Einzeldosen gegeben wurde, rund 65% innerhalb von 2 Tagen im Harne aufgefunden wurde.

Hypertonische schwer resorbierbare Lösungen entziehen, wie erwähnt, dem Körper Wasser und dicken das Blut ein. Daß die Bluteindickung beim Menschen dabei beträchtliche Grade erreichen kann, zeigte Hay. Es stieg z. B. nach 21 g Glaubersalz (in 25proz. Lösung) die Zahl der roten Blutkörperchen von etwas unter 5 Millionen innerhalb $^5/_4$ Stunden auf fast 7 Millionen. Es ist zu vermuten, daß diesem Anstieg der Erythrocytenzahlen, die auch im Tierversuch[2]) nachgewiesen wurde, ein entsprechender Anstieg des osmotischen Druckes des Blutes parallel geht; direkte Bestimmungen desselben scheinen nicht ausgeführt zu sein. Schon geringe Erhöhungen des osmotischen Druckes der ein ausgeschnittenes Darmstück umspülenden Flüssigkeit setzen den peristaltischen Schwellenwert deutlich herab. Deshalb ist anzunehmen, daß die Abführwirkung der salinischen Mittel, wenn diese in konzentrierter Lösung eingenommen wurden, durch eine Herabsetzung der peristaltischen Schwellenwerte begünstigt wird.

Stärkere Salzlösungen können sogar vom Darmlumen aus peristaltikauslösend wirken[3]). Ob es sich hierbei um eine Reflexwirkung von der an Wasser verarmenden Darmschleimhaut aus handelt, oder ob die hypertonischen Lösungen ihre wasseranziehende Wirkung bis in die beiden Lagen der glatten Muskulatur geltend machen und diese dadurch erregen, ist unentschieden. Stark hypertonische Lösungen, die in das Rectum gegeben werden, können nicht nur die Defäkation

---

[1]) Buchheim: Arch. f. physiol. Heilk. Bd. 13, S. 93. 1854.
[2]) Swiatecki, J.: Hoppe-Seylers Zeitschr. f. physiol. Chem. Bd. 15, S. 49. 1891. — Underhill, Fr. P. und L. Errico: Journ. of pharmacol. a. exp. therapie Bd. 19, S. 135. 1922.
[3]) Gayda, P.: Pflügers Arch. f. d. ges. Physiol. Bd. 151, S. 407. 1913. — Baur, M.: Arch. f. exp. Pathol. u. Pharmakol. Bd. 109, S. 22. 1925.

einleiten, sondern auch antiperistaltische Bewegungen des Dickdarmes auslösen, die den Inhalt desselben bis in den Dünndarm zurücktreiben können[1]).

III. Alkali- und Erdalkali - Kationen sowie der Anionen der Blutflüssigkeit.

Der Einfluß der Kationen und Anionen[2])auf die Darmbewegungen ist nicht annähernd so gründlich untersucht worden wie ihre Wirkungen auf die Herzbewegungen. Auch der Magendarmmuskel ist nur in solchen Salzlösungen motorisch tätig, die die Kationen des Blutes in bestimmtem Gleichgewicht enthalten. In isotonischer Kochsalzlösung stellt der ausgeschnittene Kaninchendünndarm sehr bald seine Bewegungen ein. Ein Zusatz von Ca- und K-Ionen im physiologischen Verhältnis zur Kochsalzlösung wirkt zwar sehr begünstigend, aber um ausgiebige Bewegungen zu erhalten, muß durch geeignete Puffer die Reaktion der Lösung auf die schwach alkalische Seite verschoben werden. Das für die Magendarmbewegungen optimale Verhältnis von Na : K : Ca ist nicht genau festgelegt worden.

Ein starker *Überschuß von Ca* wirkt wie eine *Vermehrung des Mg* auf den isolierten Darm hemmend. Die am Zentralnervensystem so ausgesprochene gegensätzliche Wirkung von Ca und Mg fehlt am Magendarmkanal. Auch nach der Einspritzung in den Blutstrom bewirken die Mg-Salze eine Hemmung der Darmbewegungen, daher sind an der Abführwirkung der in den Magendarmkanal eingeführten Mg-Salze die resorbierten Mg-Ionen nicht nur unbeteiligt, sie wirken vielmehr auf die Peristaltik dämpfend ein.

Die *Herabsetzung der Ca-Ionenkonzentration* durch den Zusatz von Anionen, die mit dem Calcium schwer lösliche oder schlecht dissoziierende Salze bilden (Citrat-, Phosphat-, Oxalat-Ionen usw.), verursacht zunächst eine starke Erregung der Darmbewegungen. Hält aber die Ca-Entziehung längere Zeit hindurch an, so folgt der Erregung eine irreversible Lähmung. Es scheinen jedoch Unterschiede bei den einzelnen Tierarten zu bestehen. Bei Katzen wurde nämlich die bei Kaninchen immer auftretende primäre Erregung der Darmmuskeln durch Citrat vermißt.

Eine *Steigerung der K-Ionen*[3]) bewirkt an allen Abschnitten des Darmrohres zunächst eine Erregung, starke Lösungen von K-Salzen lähmen die nervösen Apparate der Darmwand. Daher wandert die Kontraktion des Darmes, die auf Bestreichen der Serosa mit einem KCl-Krystall einsetzt, nicht so weit aufwärts wie beim gleichen Versuch mit NaCl. K-Mangel erzeugt am ausgeschnittenen Kaninchendarm eine Contractur.

Eine kräftige Förderung der Magendarmbewegungen bis zur Ausbildung von Spasmen und bis zur heftigen Abführwirkung löst die Einwirkung von

---

[1]) Siehe C. Lüderitz: Virchows Arch. f. pathol. Anat. u. Physiol. Bd. 122, S. 1. 1890. — Bayliss, W. M. und E. H. Starling: Journ. of physiol. Bd. 24, S. 99. 1899. — Heer, J. L. de: Arch. internat. de pharmaco-dyn. et de thérapie Bd. 21, S. 1. 1911, und andere.

[2]) Siehe besonders MacCallum: a. a. O. — Loeb: a. a. O. — Meltzer, S. J. und J. Auer: Americ. journ. of physiol. Bd. 14, S. 386. 1905; Bd. 15, S. 387. 1905—1906; Bd. 17, S. 312, 190, 607. 1906—1907; Bd. 20, S. 259. 1907/08. — Starkenstein, E.: Arch. f. exp. Pathol. u. Pharmakol. Bd. 77, S. 45. 1914. — Salant, W. und E. W. Schwartze: Journ. of pharmacol. a. exp. therap. Bd. 9, S. 497. 1917. — Alvarez, W. C.: ebenda Bd. 12, S. 171. 1918. — Rademaekers, A. u. T. Sollmann: Arch. internat. de pharmaco-dyn. et de térapie. Bd. 29, S. 481. 1924.

[3]) Pohl, J.: Arch. f. exp. Pathol. u. Pharmakol. Bd. 34, S. 87. 1894. — Nothnagel: Virchows Arch. f. pathol. Anat. u. Physiol. Bd. 88, S. 1. 1882. — Gross, L. und A. J. Clark: Journ. of physiol. Bd. 57, S. 457. 1923.— Jendrassik, L.: Biochem. Zeitschr. Bd. 148, S. 116. 1924. — Rosenmann, M.: Zeitschr. f. d. ges. exp. Med. Bd. 29, S. 334. 1922.

Bariumsalzen aus. Der Angriff dieser Erregung liegt außerhalb der Nervenelemente, nach Magnus ist Ba auch am plexusfreien Präparat wirksam[1]).

Die *Ammoniumsalze* lähmen den Darm[2]).

Unter den Anionen sind die *Chloride* nicht notwendig zur Erhaltung der Bewegungen der Darmmuskeln. Denn in einer mit den Salzen der Bromwasserstoffsäure angesetzten Ringerlösung zeigen die ausgeschnittenen Darmstreifen sogar eine bessere Rhythmizität als in der normalen Ringerlösung[3]).

Die *Bicarbonationen* sind nach Rona und Neukirch[4]) für die Pendeltätigkeit der ausgeschnittenen Darmstücken von großer Bedeutung; in hohen Bicarbonatkonzentrationen sind die Bewegungen viel bessere als in dünnen Lösungen. Da in bicarbonatfreien Salzlösungen, die durch geeignete Puffer auf die optimale Reaktion gebracht wurden, die Bewegungen nicht entfernt so ausgiebig sind wie in bicarbonathaltigen Lösungen, scheint eine primäre Wirkung der Bicarbonationen und nicht ein indirekter Einfluß der Reaktion vorzuliegen.

Viele *Fettsäureionen* erregen den ausgeschnittenen Kaninchendünndarm. Die Reihenfolge der Wirkungsstärke ist in absteigender Richtung geordnet nach Le Heux[5]): Essigsäure-, n-Buttersäure-, Propionsäure-, Ameisensäure-, Isovaleriansäure-, Benzoesäure-, Bernsteinsäure-Ion. Da die Ester, die Cholin mit diesen Säuren bildet, etwa in gleicher Reihenfolge erregend wirken, hält Le Heux es für wahrscheinlich, daß die Salze jener Säuren auf dem Wege einer Cholinesterbildung erregend wirken, zumal die Erregung fehlt, wenn man vor dem Salzzusatz das Cholin des Darmes durch Waschen entfernt hat.

IV. Blutgase, Reaktion, Erstickung, Blausäure.

Der Einfluß der *Erstickung* auf die Magendarmbewegungen ist abhängig davon, ob die Organe in Verbindung mit dem Zentralnervensystem stehen oder durch Entnervung oder Herausnahme derselben beraubt wurden. Bei der Erstickung eines normalen Tieres treten bekanntlich starke Erregungen der peristaltischen Tätigkeit oder Spasmen der Muskeln auf. An diesen Erscheinungen scheinen hauptsächlich zentrale Einflüsse, die den Darm durch die Vagi erreichen, beteiligt zu sein. Denn die Darmerregung, die mit Beginn der Cyanose und der allgemeinen Krämpfe einzusetzen pflegt, fehlt nach Vagotomie oder Atropin[6]); es sind diese Angaben aber nicht unwidersprochen geblieben[7]).

Wird die Erstickung durch Aortenkompression herbeigeführt, also mit einer Methode, bei der das Gehirn an der Erstickung nicht teilnimmt, so tritt fast ausnahmslos eine reine Hemmung der Darmbewegungen ein[8]) (s. Abb. 133). Sie wird auch nach der Splanchnicotomie[9]) und am ausgeschnittenen Darm beob-

---

[1]) Magnus, R.: Pflügers Arch. f. d. ges. Physiol. Bd. 108, S. 1. 1905. — Kress, K.: ebenda Bd. 109, S. 608. 1905. — MacCallum: a. a. O.

[2]) Rona, P. und P. Neukirch: Pflügers Arch. f. d. ges. Physiol. Bd. 146, S. 371. 1912.

[3]) Kruse, Th.: Journ. of pharmacol. a. exp. therapie Bd. 14, S. 149. 1919.

[4]) Rona, P. und P. Neukirch: Pflügers Arch. f. d. ges. Physiol. Bd. 148, S. 273. 1912. — Siehe auch King, C. E. und J. C. Church: Americ. journ. of physiol. Bd. 66, S. 414. 1923.

[5]) Heux, J. W. le: Pflügers Arch. f. d. ges. Physiol. Bd. 190, S. 280. 1921.

[6]) Sanders, H.: Zentralbl. f. med. Wiss. 1879, S. 479. — Braam Houckgeest, van: Pflügers Arch. f. d. ges. Physiol. Bd. 6, S. 266. 1872. — Jacobj, C.: Arch. f. exp. Pathol. u. Pharmakol. Bd. 29, S. 171. 1892.

[7]) Mayer, S. und B. Basch: Pflügers Arch. f. d. ges. Physiol. Bd. 2, S. 391. 1869. — Bokai, A.: Arch. f. exp. Pathol. u. Pharmakol. Bd. 23, S. 209. 1887. — Lurje, H.: Zeitschr. f. d. ges. exp. Med. Bd. 46, S. 425. 1925.

[8]) Siehe bei W. Frey: Zeitschr. f. d. ges. exp. Med. Bd. 31, S. 64. 1923.

[9]) Hotz, G.: Mitt. a. d. Grenzgeb. d. Med. u. Chirurg. Bd. 20. 1909.

achtet[1]). Die Unterbrechung der Sauerstoffversorgung bewirkt einen sofortigen Abfall des Tonus, dabei gehen die Pendelbewegungen zunächst noch ungestört weiter und der Darm wird unempfindlich gegen Adrenalin oder Pilocarpin.

Nach MANSFELD[2]) ist die *Kohlensäure* einer der normalen Reize für die Bewegungen des Darmes; in kohlensäurefreien Lösungen hören nach ihm die Darmbewegungen auf. Andererseits wird durch eine Vermehrung der Kohlensäure in der ein isoliertes Darmstück umspülenden Salzlösung, sofern diese die für die Darmbewegungen optimale Reaktion hat, ein spezifischer fördernder Einfluß ausgeübt, den andere Säureanionen nicht im gleichen Maße zeigen[3]). Vielleicht ist diese Förderung aber nur die Folge einer Verbesserung der Ca-Ionisation. Höhere Kohlensäurespannungen vermindern den Tonus und unterdrücken die Pendelbewegungen.

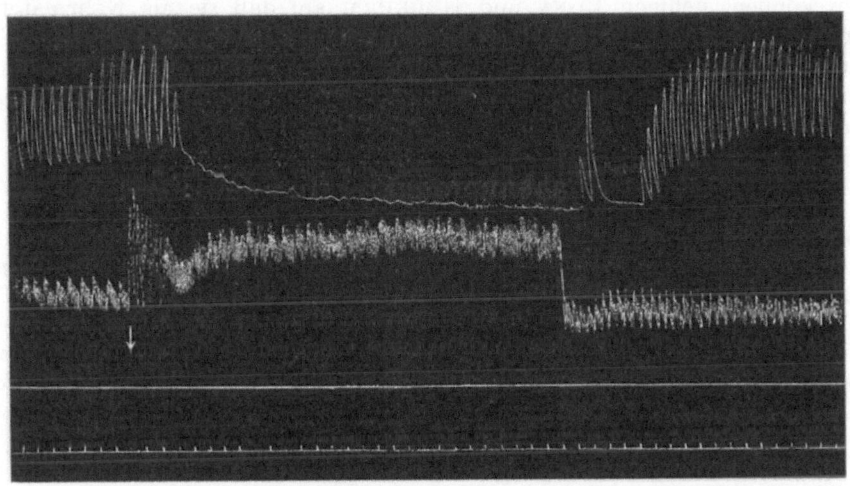

Abb. 133. Einfluß der Aortenabklemmung auf die Bewegungen des Dünndarmes des Hundes. (Gummiblase im Dünndarm.) (Nach BAYLISS und STARLING.)

Die für die Darmbewegungen optimale *Reaktion* liegt bei der normalen Reaktion des arteriellen Blutes. Eine geringe Verschiebung nach der sauren Seite bis eben über die Neutralität hinaus bringt den Tonus der ausgeschnittenen Darmstücke zur Abnahme und bei etwas weiterer Verschiebung in das saure Gebiet hinein erlöschen auch die rhythmischen Bewegungen. Hierbei wirkt die Kohlensäure schwächer lähmend wie die eine gleich starke Reaktionsverschiebung auslösende Salzsäuregabe. Rasche Verschiebung der Reaktion nach der alkalischen Seite hemmt ebenfalls nach einer anfänglichen Erregung die rhythmische Tätigkeit[4]).

Die *Blausäure*[5]) übt auf den überlebenden Darm in schwachen Konzentrationen eine erregende, in starken Konzentrationen eine lähmende Wirkung aus.

---

[1]) Siehe bei FREY: a. a. O. und L. GROSS und A. J. CLARK: Journ. of physiol. Bd. 57, S. 457. 1923.

[2]) MANSFELD, G.: Pflügers Arch. f. d. ges. Physiol. Bd. 151, S. 407. 1913.

[3]) RONA, P. und P. NEUKIRCH: Pflügers Arch. f. d. ges. Physiol. Bd. 148, S. 273. 1912. — GUGGENHEIM, M. und W. LÖFFLER: Biochem. Zeitschr. Bd. 72, S. 322. 1916. — GAYDA, T.: Pflügers Arch. f. d. ges. Physiol. Bd. 151, S. 407. 1913. — EVANS, C. L. und S. W. F. UNDERHILL: Journ. of physiol. Bd. 58, S. 1. 1923, und andere.

[4]) RONA und NEUKIRCH: a. a. O. — EVANS und UNDERHILL: a. a. O. — McPHEDRAN FRASER, L.: Americ. journ. of physiol. Bd. 72, S. 119. 1925. — ADAM, A.: Zeitschr. f. Kinderheilk. Bd. 38, S. 378. 1924.

[5]) HATZAMA, F.: Arch. f. exp. Pathol. u. Pharmakol. Bd. 105, S. 88. 1925.

V. Organische Bestandteile des Blutes.

Während frisches *Blut* beim Zusatz zu einer hirudinhaltigen Ringerlösung ein darin aufgespanntes Darmstück nicht erregt, löst der Zusatz von defibriniertem Blut oder von Serum nach kurzer Hemmung eine starke Erregung aus. Die hemmende Substanz ist adialysabel, die erregende dialysabel und hitzebeständig[1]).

Geringe Mengen *Traubenzucker*[2]) begünstigen in sehr auffallender Weise die Bewegungen eines in traubenzuckerfreier Salzlösung befindlichen Dünndarmstückes. Besonders an ermüdeten Präparaten löst der Traubenzucker eine mächtige Steigerung der Pendelbewegungen aus. Nahezu ebenso wirksam ist d-Mannose, während andere Mono- oder Di-Saccharide wenig oder gar nicht wirksam sind. Da nur die erregend wirksamen Zucker vom Darme abgebaut werden können, nehmen Rona und Neukirch an, daß sie als Nährmaterial fördernd wirken. Le Heux hält es für möglich, daß die aus dem Traubenzucker intermediär entstehende Brenztraubensäure durch Verbindung mit Cholin und Bildung des hoch wirksamen Esters die fördernde Wirkung entfaltet. *Aminosäuren* und *Harnstoff* sind von geringer Wirkung[3]).

VI. Eiweißabbauprodukte, Organauszüge.

Vielleicht stehen die Gerinnungssubstanzen des Blutes und die erregenden Substanzen, die in Gewebsauszügen nachgewiesen wurden, zu den Eiweißabbauprodukten in näherer Beziehung. Darmerregende Substanzen scheinen in allen Gewebsauszügen vorhanden sein zu können. Praktische Bedeutung gewann der von Zuelzer unter dem Namen *Hormonal* eingeführte Auszug aus der Milz. In mancher Hinsicht ähnelt dessen Wirkung der der *Peptone* und des *Histamins*[4]).

VII. Hormone.

Weiland entdeckte 1912, daß aus dem überlebenden isolierten Darm eine Substanz in die umspülende Salzlösung ausgezogen wird, die darmerregende Wirkungen hat[5]). Le Heux identifizierte diese Substanz mit *Cholin*. Auf die parasympathischen Beziehungen der erregenden Substanz hatte schon das antagonistische Verhalten des Atropins hingewiesen. Wie das Cholin, läßt sich die erregende Substanz durch Acetylierung in den ungemein viel wirksameren Acetylester überführen. 100 g Kaninchendünndarm geben in einer Stunde etwa 3—4 mg

---

[1]) Laewen, A. und R. Dittler: Zeitschr. f. d. ges. exp. Med. Bd. 3. S. 1. 1914. — Dittler, R.: Pflügers Arch. f. d. ges. Physiol. Bd. 157, S. 453. 1914; Zeitschr. f. Biol. Bd. 68, S. 223. 1918. — Weiland, W.: Pflügers Arch. f. d. ges. Physiol. Bd. 147, S. 171. 1912. — Anitschkow, S. W. und W. W. Ornatski: Zeitschr. f. d. ges. exp. Med. Bd. 44, S. 622. 1925.

[2]) Neukirch, P. und P. Rona: Pflügers Arch. f. d. ges. Physiol. Bd. 144, S. 555. 1912. — Rona, P. und P. Neukirch: ebenda Bd. 148, S. 273. 1912. — Heux, J. W. le: ebenda Bd. 190, S. 280. 1921.

[3]) Rona, P. und P. Neukirch: a. a. O. — Guggenheim, M. und W. Löffler: a. a. O.

[4]) Siehe hierzu Popielski, L.: Pflügers Arch. f. d. ges. Physiol. Bd. 121, S. 239. 1908; Bd. 128, S. 191. 1909. — Zuelzer, Dohrn und Marxer: Berlin. klin. Wochenschr. 1908, Nr. 46. — Dittler, R. und R. Mohr: Zeitschr. f. klin. Med. Bd. 75, H. 3/4; Mitt. a. d. Grenzgeb. d. Med. u. Chirurg. Bd. 25, S. 902. 1913. — Olivecrona, H.: Journ. of pharmacol. a. exp. therap. Bd. 17, S. 141. 1921. — Jvy, A. C. und D. A. Vloedmann: Journ. of physiol. Bd. 66, S. 140. 1923.

[5]) Weiland, W.: Pflügers Arch. f. d. ges. Physiol. Bd. 147, S. 171. 1912. — Heux, J. W. le: ebenda Bd. 173, S. 8. 1918. — Kühlwein, M. v.: ebenda Bd. 191, S. 99. 1921. — Arai, K.: ebenda Bd. 195, S. 390. 1922. — Frey, W.: Zeitschr. f. d. ges. exp. Med. Bd. 31, S. 64. 1923. — Zunz, E. und F. Tysebaert: Journ. of pharmacol. a. exp. therap. Bd. 8, S. 325. 1916. — Sawasaki, H.: Pflügers Arch. f. d. ges. Physiol. Bd. 210, S. 322. 1925. — Girnot, O.: ebenda Bd. 207, S. 469. 1925.

Cholin an die umgebende Salzlösung ab. Daß der Gehalt des Darmes an Cholin groß genug ist, die Erregbarkeit anzuregen, folgt aus der Tatsache, daß dem allmählichen Herausdiffundieren ein Verlust an Motilität parallel geht, und daß gleichzeitig die das Cholin aufnehmende Salzlösung darmerregend wirksam wird. Mit Recht wird deshalb das Cholin als physiologisch bedeutsame Erregungssubstanz des Darmes aufgefaßt.

Zu der wichtigen Frage, ob Störungen der Darmtätigkeit über eine Abnahme, Vermehrung oder Aktivierung des Cholins vorkommen, wurde schon oben erwähnt, daß gewisse Fettsäuren wahrscheinlich durch die Bildung hochwirksamer Cholinester erregend wirksam sind, und daß vielleicht die fördernde Wirkung des Traubenzuckers gleichen Ursprunges ist. Dagegen gelang es nicht, die Darmlähmung, die nach einer Chloroformvergiftung oder bei einer chemisch erzeugten Peritonitis eintritt, mit einer Cholinverarmung in Beziehung zu bringen. Auch während der Ruhe des Darmes hungernder Tiere finden sich im Darme normale Cholinwerte, durch Sauerstoffmangel oder Atropin wird die Cholinabgabe aus einem Darmstück nicht beeinflußt. Dagegen ist nach Morphin die Bildung des erregenden Darmhormones gehemmt. (Über die pharmakologische Darmwirkung des Cholins s. S. 533.)

ZUELZER ist der Ansicht, daß die erregende Substanz, die sich aus der Milz (*Hormonal*) ausziehen läßt, die physiologische Bedeutung eines Hormones habe. Aber da die Abgabe dieses chemisch noch unbekannten Körpers in das Blut noch nicht nachgewiesen ist, und da die Milzentfernung keinen Einfluß auf die Darmbewegungen hat, ist diese Annahme wenig begründet.

Unter den Drüsen mit innerer Sekretion ist bei der Schilddrüse, dem Hypophysenhinterlappen und der Nebenniere die hormonale Fernwirkung auf die Darmtätigkeit nicht bewiesen, aber im Bereich der Möglichkeit.

Durch *Schilddrüsen*auszüge werden die Darmbewegungen der Versuchstiere angeregt. Ob diese Förderung auf das für die Schilddrüse charakteristische Hormon zurückzuführen ist, muß bezweifelt werden, da Thyroxin diese Wirkung vermissen läßt[1]).

Die *Hypophysenhinterlappen*auszüge[2]) fördern auch im Tierversuche die Darmtätigkeit, so daß sie Kotentleerungen auslösen. Am isolierten Darm ist die Wirkung komplexer Natur. Der Dünndarm wird nur in seinen unteren Abschnitten erregt, am Dickdarm folgt einer anfänglichen Hemmung eine kräftige Zunahme des Tonus und der Bewegungen.

Bei der *Nebennieren*zerstörung wird klinisch nicht selten Diarrhöe beobachtet. Da bei der Addisonschen Krankheit in der Regel auch das Mark der Nebennieren zerstört ist, dieses aber das darmhemmende Adrenalin sezerniert, liegt die Annahme nahe, das der Fortfall des darmhemmenden Sekretes peristaltikfördernd wirkt. Das Ergebnis der Tierversuche spricht jedoch gegen die Berechtigung einer solchen Annahme. Der normale Sekretionsstrom aus dem Nebennierenmark ist zu gering, als daß er eine wirksame Dauerhemmung der Magendarmbewegungen bewirken könnte. Dagegen ist es wohl möglich, daß unter bestimmten Bedingungen der Sekretionsstrom eine solche Stärke erreicht, daß die Darmbewegungen gehemmt werden. Zu denken ist an die das Adrenalin-

---

[1]) BOENHEIM, F.: Zeitschr. f. d. ges. exp. Med. Bd. 32, S. 179. 1923. — DEUSCH, G.: Dtsch. Arch. f. klin. Med. Bd. 142, S. 1. 1923. — F. S. HAMMELT: Americ. journ. of physiol.. Bd. 56. 1921. — OVERHAMM, G.: Noch unveröffentlichte Versuche.

[2]) BAYER, G. und L. PETER: Arch. f. exp. Pathol. u. Pharmakol. Bd. 64, S. 204. 1911. — FÜHNER, H.: Biochem. Zeitschr. Bd. 76, S. 232. 1910. — ZONDEK, B.: Pflügers Arch. f. d. ges. Physiol. Bd. 180, S. 68. 1920. — DIXON, W. E.: Journ. of physiol. Bd. 57, S. 129. 1923. — KAUFMANN, M.: Arch. f. exp. Pathol. u. Pharmakol. 1926 und andere.

zentrum im verlängerten Marke erregenden Gifte und an reflektorische Erregungen desselben (Schmerz, Schreck).

Die nach dem Ausfall der *Nebenschilddrüsen* häufig eintretenden Pylorospasmen sind wohl die Folge der Verminderung des Kalkgehaltes im Blute. Der Darm ist gegen Kalkverarmung so wenig empfindlich, daß trotz des starken Absinkens des Blutcalciumgehaltes, der der Entfernung der Nebenschilddrüsen im Tierversuche folgt, keine gröberen Störungen der Nahrungsbeförderung zu sehen ist.

Über die Darmwirkung der anderen innersekretorisch tätigen Drüsen liegen nur so spärliche Angaben vor, daß sich sichere Beziehungen noch nicht ableiten lassen.

VIII. Äußere Sekrete.

Unter den äußeren Sekreten sind hier nur die von Interesse, die in den Magendarmkanal ergossen werden. Im besonderen ist die Frage zu beantworten, ob das Sekret der Magendrüsen, der Leber und der Pankreasdrüse den Ablauf der Bewegungen beeinflußt.

Daß die *Sekretion der Magendrüsen*, d. h. also die Acidität des Mageninhaltes auf den Ablauf der Magenbewegungen, im besonderen auf das Spiel des Pförtners von bedeutendem Einfluß ist, wird an anderer Stelle dieses Handbuches näher erörtert. Hier sei nur kurz erwähnt, daß der bekannte Einfluß der Salzsäure auf den Pylorus vom Dünndarm aus zustande kommt; er ist nämlich nur so lange zu erhalten, als ein Stück des Dünndarmes unterhalb des Pylorus erhalten ist[1]). Auch die Darmbewegungen werden durch die *Reaktion des Darminhaltes* reflektorisch beeinflußt. Die rhythmischen Darmbewegungen werden überall gehemmt, wenn unterhalb der beobachteten Stelle 0,25 proz. Salzsäure auf die Schleimhaut gebracht wird. Die reflektorische Natur dieser Hemmung ist dadurch erwiesen, daß die lokale Anästhesierung der Schleimhaut die Hemmung verhindert[1]). Aus diesen Beobachtungen folgt, daß der Mechanismus der Neutralisation des Mageninhaltes durch den Rückfluß von Galle und Pankreassekret auch für den Ablauf der Dünndarmbewegungen von Bedeutung ist.

Wenn man der Flüssigkeit, die ein ausgeschnittenes Darmstück umspült, *Galle* zusetzt, so werden die Bewegungen des Stückes unterdrückt[2]). Aus dieser Tatsache hat man geschlossen, daß auch unter physiologischen Bedingungen die in das Darmlumen ergossene Galle den Nahrungstransport durch den Dünndarm hemmen dürfte. Aber dieser Schluß scheint nicht berechtigt, wenn wir uns daran erinnern, daß die in das Darminnere gegebenen Mittel nur sehr schwer bis zur Darmmuskulatur vordringen können. Tatsächlich sind denn auch die Versuche, in denen die Galle in das Darmlumen eingeführt wurde, wenig überzeugend verlaufen, und es ist noch nicht sicher entschieden, daß die Galle vom Lumen aus die Darmbewegungen hemmt. Von der Mastdarmschleimhaut aus erregen dagegen die Galleklysmen auf eine noch nicht näher analysierte Weise, wohl durch sensible Reizung, den Dickdarm und Mastdarm zur Defäkationsbewegung[3]). Die Bewegungen der Darmzotten werden durch Aufbringen von etwas Galle angeregt.

---

[1]) Best, Fr. und O. Cohnheim: Hoppe-Seylers Zeitschr. f. physiol. Chem. Bd. 69, S. 113. 1910; Dtsch. med. Wochenschr. 1910, S. 2388.

[2]) Eckhard: Zentralbl. f. Physiol. Bd. 13, S. 49. 1899. — Schlüpbach, A.: Zeitschr. f. Biol. Bd. 51, S. 1. 1908. — D'Errico, G.: ebenda Bd. 54, S. 286. 1910. — Laewen, A. und R. Dittler: Zeitschr. f. d. ges. exp. Med. Bd. 3, S. 1. 1914. — Guggenheim, M. und W. Löffler: Biochem. Zeitschr. Bd. 72, S. 303. 1915. — Alvarez, W. C.: Journ. of pharmacol. a. exp. therap. Bd. 12, S. 171. 1919. — Schwarz, C.: Pflügers Arch. f. d. ges. Physiol. Bd. 202, S. 509. 1923.

[3]) Hallion, L. und H. Nepper: Cpt. rend. des séances de la soc. de biol. Bd. 63. 1907. — Singer, G. und K. Glaessner: Kongr. f. inn. Med. Bd. 28, S. 407. 1911.

Da nach BEST und COHNHEIM wie die Salzsäure so auch das Öl von der Darmschleimhaut aus reflektorisch die Tätigkeit der höheren Abschnitte des Dünndarmes hemmt, so wird Mangel an Galle bei ölhaltiger Kost den Ablauf der Darmbewegungen vermutlich indirekt beeinflussen.

IX. Mittel mit Beziehung zum autonomen System.

Der doppelten Innervation des Magendarmschlauches sowohl durch sympathische wie durch parasympathische Bahnen entsprechend haben alle zum autonomen Nervensystem in Beziehung stehenden Mittel ausgesprochene Wirkungen auf die Bewegungen des Magendarmkanales.

Bei der näheren Analyse der Wirkungen des *Adrenalins* auf den Ablauf der Magen- und Darmbewegungen der Warmblüter ergab sich, daß diese sich überall mit den Wirkungen einer Reizung der sympathischen Nervenfasern decken. Neben einer Hemmung der Hauptabschnitte beobachtet man bei der Adrenalineinwirkung wie beim Sympathicusreiz eine Erregung bestimmter Stellen des Magendarmrohres. Die Adrenalinwirkungen (OTT, BORUTTAU, LANGLEY) bleiben wie bei den anderen adrenalinempfindlichen Organen auch nach der Degeneration der sympathischen Nerven erhalten und Ergotoxin unterdrückt die fördernden, erst in stärkeren Konzentrationen auch die hemmenden Wirkungen des Adrenalins auf die Magendarmmuskeln.

Nach einer intravenösen Adrenalineinspritzung werden Tonus, Peristaltik und Pendelbewegungen des Magens, Dünndarmes und Dickdarmes gehemmt, so daß die Fortbeförderung einer Kontrastmahlzeit vor dem Röntgenschirm in allen Abschnitten langsamer verläuft[1]). Diese Hemmungen werden schon durch sehr kleine Adrenalinmengen erhalten. Bei Dauereinläufen in die Vene fand man bei Fleischfressern den Darm empfindlicher als den Blutdruck, beim Kaninchen liegt der darmhemmende Schwellenwert dagegen meist über dem blutdrucksteigernden[2]).

Erregend soll das Adrenalin auf den ausgeschnittenen Dünndarmmuskel einwirken, wenn die Konzentrationen sehr schwach sind[3]) und am Magenmuskel können auch stärkere Konzentrationen gelegentlich fördernd wirken[4]). Reine oder fast reine Erregung löst dagegen das Adrenalin an den Sphincteren[5]) sowie an der Muscularis mucosae und der Zottenmuskulatur[6]) aus.

Die Hydroxyphenylamine, die am Gefäßsystem bekanntlich zum großen Teil sympathicusartige Wirkungen haben, so daß sie Adrenalin den Gefäßtonus erhöhen, lassen am Darme meist Beziehungen zum Sympathicus vermissen und zeigen merkwürdige artspezifische Unterschiede. So wird durch *Tyramin* (Oxyphenyläthylamin) der Dünndarm des Meerschweinchens und des Kaninchens erregt, der der Fleischfresser dagegen gehemmt[7]).

---

[1]) KATSCH, G.: Fortschr. a. d. Geb. d. Röntgenstr. Bd. 21, S. 159. 1914.

[2]) HOSKINS, R. G. und C. W. Mc CLURE: Americ. journ. of physiol. Bd. 31, S. 59. 1912. — TRENDELENBURG, P. und K. FLEISCHHAUER: Zeitschr. f. d. ges. exp. Med. Bd. 1, S. 369. 1913. — DURANT, R. G.: Americ. journ. of physiol. Bd. 72, S. 314. 1925.

[3]) HOSKINS, R. G.: Americ. journ. of physiol. Bd. 29, S. 363. 1912. — TASHIRO, K.: Tohoku Journ. of exp. med. Bd. 1, S. 102. 1920.

[4]) SMITH, A.: Americ. journ. of physiol. Bd. 46, S. 232. 1918.

[5]) ELLIOTT, T. R.: Journ. of physiol. Bd. 32, S. 401. 1905. — DALE, H. H.: ebenda Bd. 34, S. 163. 1906. — KURODA, M.: Journ. of pharmacol. a. exp. therap. Bd. 9, S. 187. 1917. — KLEE, PH.: Dtsch. Arch. f. klin. Med. Bd. 133, S. 265. 1920.

[6]) GUNN, J. A. und J. W. F. UNDERHILL: Quart. journ. of exp. physiol. Bd. 8, S. 275. 1914.

[7]) KUYSER, A. und J. A. WIJSENBEEK: Pflügers Arch. f. d. ges. Physiol. Bd. 154, S. 16. 1913. — QUAGLIARELLO, G.: Zeitschr. f. Biol. Bd. 64, S. 263. 1914, und andere.

Die fördernden Wirkungen, die der Sympathicusreiz auf glatte Muskeln äußert, lassen sich bekanntlich durch *Ergotoxin* unterdrücken, so daß z. B. der Sphincter ileocoecalis nicht mehr tonisch erregt wird. Die Hauptabschnitte des Magendarmkanales werden durch Mutterkornpräparate und Ergotoxin erregt, dann gelähmt[1]). Die Erregung dürfte unabhängig von der autonomen Innervation durch unmittelbare Einwirkung auf die Muskulatur zustande kommen. *Apokodein* kann die gesamten Sympathicuswirkungen auf den Magendarmkanal aufheben[2]). Nach subcutaner Einspritzung wirkt es stark abführend und man hat hierin die Folge des Fortfalles der sympathischen Hemmungen sehen wollen. Wohl mit Unrecht, denn die anatomische Ausschaltung der sympathischen Innervation wirkt, wie oben erwähnt wurde, nicht annähernd so stark fördernd auf die Peristaltik ein.

Aus der großen Zahl der am parasympathischen Apparat des Darmes angreifenden Mittel seien hier als wichtigste Vertreter der parasympathischen Erreger Pilocarpin, Physostigmin und Cholin und von den parasympathischen lähmenden Substanzen Atropin näher betrachtet. Während bei der erst genannten Gruppe die allgemeinen Beziehungen zum Parasympathicus auch am Magendarmkanal klar hervortreten, liegen die Verhältnisse bei Atropin verwickelter und sie sind noch unvollkommen geklärt.

Aus Vergiftungsversuchen mit *Pilocarpin und Physostigmin* ist bekannt, daß durch diese Mittel der gesamte Verdauungskanal der verschiedenen Warmblüter in stärkste Erregung versetzt wird. Sehr bald nach der Einspritzung setzen Diarrhöen ein, die mit Schmerzäußerungen verbunden sind. Bei der Röntgendurchleuchtung des Menschen[3]) beobachtet man nach Pilocarpin tiefe spastische Einkerbungen zwischen den Haustren des Kolons. Die Darmtätigkeit ist unkoordiniert, teilweise ist die Fortbeförderung stark beschleunigt, an anderen Stellen bereiten Spasmen Hindernisse. Durch das Bauchfenster eines Kaninchens sieht man neben verstärktem Pendeln und starker peristaltischer Tätigkeit ebenfalls Spasmen im Dünndarm und Dickdarm[4]).

Am ausgeschnittenen Darm[5]) wird bei vorsichtigem Zusatz zunächst nur der Tonus erhöht und die Pendelbewegungen werden ausgiebiger, dabei werden die peristaltischen Wellen bei abnorm geringer Füllung ausgelöst (Abb. 134). Stärkere Konzentrationen bewirken einen krampfartigen Spasmus der Ring- und Längsmuskeln des Darmes. Ist der Darm gefüllt, so werden zwischen spastisch kontrahierten Bändern liegende Abschnitte passiv gedehnt, so daß der Darm Rosenkranzform annimmt. Auch die Sphincteren werden durch die parasympathischen Reizmittel zu vermehrten rhythmischen Schwankungen und zu tonischer Kontraktion erregt.

Der Angriff der parasympathischen Reizmittel liegt in Elementen der Darmwandung, und zwar zum Teil jenseits des Auerbachschen Plexus. Denn Magnus u. a. beobachteten die tonische Erregung auch an plexusfreien Präparaten und

---

[1]) Meltzer, S. J. und J. Auer: Americ. journ. of physiol. Bd. 20, S. 259. 1907/08. — Kauffmann, F. und W. Kalk: Zeitschr. f. d. ges. exp. Med. Bd. 36, S. 344. 1923.

[2]) Dixon, W. E.: Journ. of physiol. Bd. 30, S. 97. 1904. — Kress, K.: Pflügers Arch. f. d. ges. Physiol. Bd. 109, S. 608. 1905. — Krayer, O.: Arch. f. exp. Pathol. u. Pharmakol. Bd. 111, S. 60. 1926.

[3]) Bergmann, G. v. und G. Katsch: Dtsch. med. Wochenschr. Bd. 39, S. 1294. 1913. — Siehe auch G. Ganter und K. Stattmüller: Zeitschr. f. d. ges. exp. Med. Bd. 42, S. 143. 1924. — Ganter, G.: Arch. f. exp. Pathol. u. Pharmakol. Bd. 103, S. 84. 1924.

[4]) Katsch, G.: Zeitschr. f. exp. Pathol. u. Therap. Bd. 12, S. 253. 1913.

[5]) Magnus, R.: Pflügers Arch. f. d. ges. Physiol. Bd. 108, S. 1. 1905. — Neukirch, P.: ebenda Bd. 147, S. 153. 1912. — Trendelenburg, P.: Arch. f. exp. Pathol. u. Pharmakol. Bd. 81, S. 55. 1917. — Kuroda, M.: Journ. of pharmacol. a. exp. therap. Bd. 9, S. 187. 1916. — Baur, M.: Zeitschr. f. d. ges. exp. Med. Bd. 44, S. 540. 1925, und andere.

Physostigmin (nicht dagegen Pilocarpin) erregt diese gelegentlich zu rhythmischer Tätigkeit. Außerdem erregen schon schwache Konzentrationen den Auerbachschen Plexus.

Cholin erregt die Magendarmbewegungen etwa in gleicher Weise wie Pilocarpin und Physostigmin. Bei Katzen und Kaninchen wurde nach intravenösen Cholineinspritzungen eine Verstärkung der Magenperistaltik, der Dünndarm- und Dickdarmbewegungen sowie Darmentleerung und eine Beschleunigung des Nahrungstransportes festgestellt (Abb. 135). Cholin erwies sich auch bei der im Verlaufe einer Chloroformnarkose auftretenden Darmlähmung sowie bei der peritonitischen Magendarmlähmung der Katze als gut brauchbares peristaltikförderndes Mittel[1]). Manche Ester des Cholins, wie besonders das Acetylcholin, sind dem Cholin an Wirkungsstärke weit überlegen (s. a. S. 528).

Im Gegensatz zu den parasympathisch erregenden Mitteln ist die Darmwirkung des wichtigsten parasympathisch lähmenden Mittels, des *Atropins*, komplexer Natur; die Atropinwirkungen auf den Magendarmkanal sind nur zum Teil die Folge einer Lähmung der Parasympathicusperipherie.

Zu erwarten wäre, daß analog wie an der Iris, dem Herzen usw. durch Atropin alle parasympathischen Einflüsse in Fortfall kämen und die Hauptabschnitte des Verdauungskanales beruhigt würden. Eine solche glatte Ruhigstellung ist aber nur ausnahmsweise beobachtet worden: So wird der ausgeschnittene Meerschweinchendünndarm durch schwache Lösungen des Atropins unter Abfall des Tonus gelähmt, so daß er auf Füllung nicht mehr mit peristaltischer Tätig-

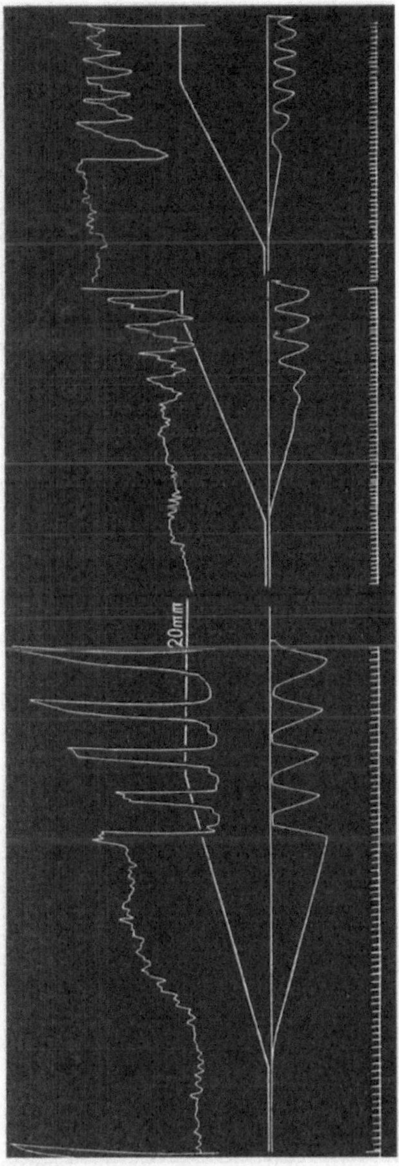

Abb. 134. Meerschweinchendünndarm. Längsmuskelschreibung, Dehnungsdruck und Darmvolumen. Links: im Beginn des Versuches; Mitte: 1/2 Minute nach Pilocarpin HCl 1:1 Million; rechts: 3 1/2 Minute nach Pilocarpin HCl 1:1 Million.

---

[1]) MAGNUS, R.: Pflügers Arch. f. d. ges. Physiol. Bd. 108, S. 1. 1905; Bd. 123, S. 95. 1908. — KRESS, K.: ebenda Bd. 109, S. 608. 1905. — UNGER, M.: ebenda Bd. 119, S. 337. 1907. — HIRZ, C.: Arch. f. exp. Pathol. u. Pharmakol. Bd. 74, S. 318. 1913. — LIDTH DE JEUDE, P. VAN: Dissert. Utrecht 1916; Pflügers Arch. f. d. ges. Physiol. Bd. 170, S. 523. 1918. — TRENDELENBURG, P.: Arch. f. exp. Pathol. u. Pharmakol. Bd. 81, S. 55. 1917. — GLANT, O. H. und G. N. MILLER: Journ. of pharmacol. a. exp. therap. Bd. 27, S. 361. 1926. — ISAAC, K. und G. NOAH: Zeitschr. f. d. ges. exp. Med. Bd. 42, S. 661. 1924, und andere.

keit antwortet. Auch am Kaninchendarm, der in situ untersucht wurde, fand man zum Teil eine reine Hemmung der Peristaltik, aber in anderen Versuchen trat eine deutliche Erregung auf. Am ausgeschnittenen Kaninchendarm wird die Peristaltik meist nicht oder nur für kurze Zeit gelähmt, meist wird sie kräftig erregt. Beim Hunde schließlich fanden Bayliss und Starling den von ihnen beschriebenen, in situ ausgelösten peristaltischen Reflex atropinfest, während Trendelenburg am ausgeschnittenen Organ die Peristaltik auf Atropin ausnahmslos schwinden sah. Nahezu ebenso verwirrend sind die Angaben über das Verhalten der Pendelbewegungen nach Atropin. Am isolierten Katzen- und Kaninchendünndarm überwiegt zweifellos die erregende Wirkung über die hemmende, die nur selten und besonders nach kleinen Gaben auftritt; die Pendelbewegungen des in situ gelassenen Dünndarmes des Kaninchens werden hingegen wieder oft rein gehemmt (Abb. 136). Die Erregung der Pendeltätigkeit wird nach Magnus am Auerbachschen Plexus ausgelöst[1]).

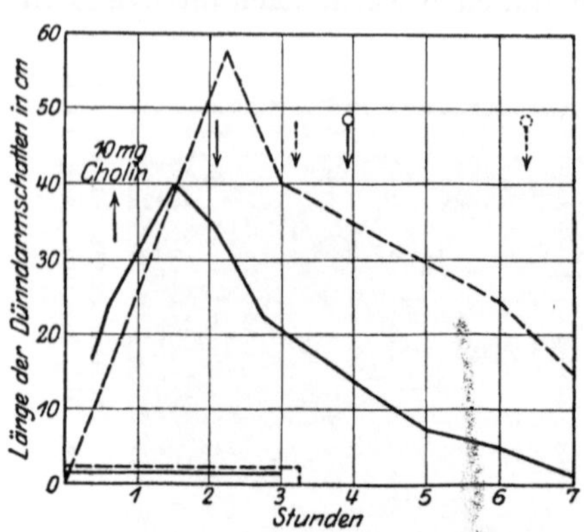

Abb. 135. Einfluß des Cholins auf die Beförderung eines Bariumsulfatbreis bei Katzen. Horizontale Linien unten = Dauer der Magenfüllung. ↓ = Füllung des proximalen Kolons. ↕ = Füllung des distalen Kolons. Durchschnittswerte bei Tieren ohne Cholin: gestrichelte Linie. Durchschnittswerte bei Tieren mit Cholin (10 mg subcutan): ausgezogene Linien. (Nach Le Heux.)

Die Wirkung der Vagusreizung wird am Darmkanal von Atropin zum Teil viel schwerer aufgehoben, als dies bei den anderen vom Vagus innervierten Organen der Fall ist, ja bei einigen Tierarten wie beim Hunde schwächt Atropin den Vagusreizeffekt nicht ab[2]).

Schwer zu deuten sind auch die Ergebnisse der Atropinversuche am Magen: im normalen Zustand wird zwar der Magen der Katze durch Atropin wie durch

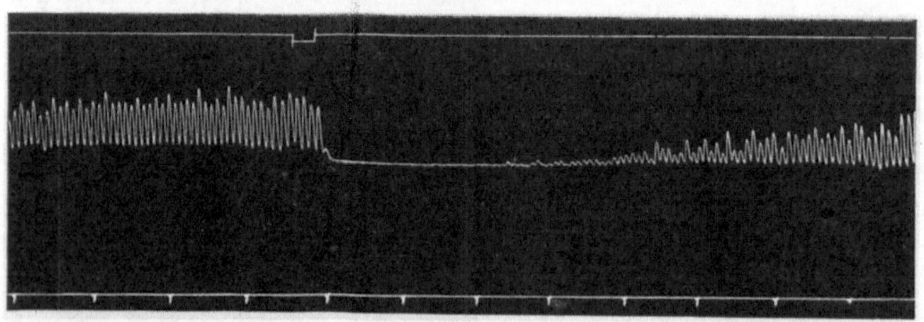

Abb. 136. Dünndarmbewegungen beim Kaninchen. ½ mg Atropinsulfat intravenös.

eine Kälteausschaltung des Vagus hemmend beeinflußt, so daß der Tonus absinkt und die Peristaltik nachläßt. Unerklärlich bleibt, warum Atropin wohl die Magenperistaltik nicht aber Spasmen der Magenmuskulatur aufhebt. Da Atropin die Peristaltik auch dann beruhigt, wenn nicht nur die Vagus-, sondern

---

[1]) Magnus, R.: A. a. O.
[2]) Bayliss und Starling: a. a. O. — Cushny, R.: Journ. of physiol. Bd. 41, S. 233. 1910.

auch die Sympathicusinnervation des Magens durchschnitten war, ist anzunehmen, daß die Atropinwirkung nicht nur durch periphere Vaguslähmung zustande kommt[1]). Obwohl also Atropin nicht bei allen Tierarten den Vagusreiz am Darme unwirksam macht, verhindert und löst es mit Sicherheit die durch parasympathische Reizmittel, wie Pilocarpin, Physostigmin, Cholin auslösbaren Spasmen[1]).

Le Heux[2]) sucht die zahlreichen Widersprüche, die sich bei der Untersuchung der Darmwirkung des Atropins ergaben, dadurch zu erklären, daß er annimmt, die Atropinhemmung trete nur dann ein, wenn Cholin im Darme enthalten ist und den Darm in einem Dauererregungszustand hält. Die hemmende Wirkung verschwindet nämlich, sobald durch längeren Aufenthalt einer ausgeschnittenen Darmschlinge der Cholingehalt herabgesetzt ist. Auch der ausgeschnittene Meerschweinchendünndarm, der im Normalzustand rein gehemmt wird, zeigt nun Erregung. Unerklärt bleibt aber, warum nach der Unterdrückung der Cholinerregung am normalen Darm nicht die am cholinfreien Darm beobachtete Erregung in Erscheinung tritt.

Der Sphincterentonus (Pylorus und Sphincter ileocoecalis) wird beim Tier durch Atropin nicht aufgehoben, der isolierte Sphincter ileocoecalis zeigt viel mehr Tonusanstieg und Zunahme der Pendelbewegungen[3]).

Beim Menschen scheint Atropin die Magenspasmen nicht mit Sicherheit lösen zu können, dagegen werden die Darmbewegungen gehemmt, der Tonus des Dünndarmes sinkt ab, die Dickdarmbewegungen werden gehemmt[4]).

Durch *Nicotin* werden die Verbindungen des Magendarmkanales mit dem Zentralnervensystem unterbrochen. Die Leitung der Splanchnicusbahnen wird in den Ganglien gelähmt, so daß die präganglionäre Bahn unerregbar wird, während die postganglionäre Bahn die Erregung weiter leiten kann (Nasse, Langley). Ebenso schwindet nach Nicotin die Erregbarkeit der Vagusbahnen, die zum Darme ziehen (Bayliss und Starling), offenbar ebenfalls infolge einer Ausschaltung der im Darme gelegenen Ganglienzellen, denn Pilocarpin ist nach Nicotin noch wirksam. Wie auch an anderen autonomen Ganglien geht der Lähmung eine Erregung voraus. Nach größeren Nicotingaben kehrt die Vaguserregbarkeit wieder[5]). Da am isolierten Dünndarm nur die parasympathischen, nicht die sympathischen Ganglien erhalten sind, ist an ihm bei vorsichtiger Nicotinvergiftung zunächst ein Anstieg des Tonus und eine Erleichterung des Zustandekommens der peristaltischen Tätigkeit zu beobachten, bei größeren Dosen oder bei längerer Einwirkungszeit folgt der Erregung eine völlige Hemmung der Peristaltik unter Tonusabfall, die durch Pilocarpin durchbrochen wird (Trendelenburg, Baur). Auch an dem in natürlicher Lage gelassenen Dünndarm des Hundes stellten Bayliss und Starling eine Aufhebung der Peristaltik fest. Daß die Peristaltik bei zunehmender Nicotinvergiftung der verschiedenen Säugetiere zunächst stark erregt wird, ist aus vielen Beobachtungen bekannt; offenbar überwiegt die primäre Erregung der Vagusganglien über die der Sympathicusganglien.

---

1) Klee, Ph.: Dtsch. Arch. f. klin. Med. Bd. 133, S. 265. 1920.
2) Heux, J. W. le: Pflügers Arch. f. d. ges. Physiol. Bd. 179, S. 177. 1920.
3) Klee, Ph.: a. a. O. — Kuroda, M.: Journ. of pharmacol. a. exp. therap. Bd. 9, S. 187. 1916.
4) Bergmann, G. v. und G. Katsch: Dtsch. med. Wochenschr. Bd. 39, S. 1294. 1913. — Tetelbaum, A. G.: Zeitschr. f. d. ges. exp. Med. Bd. 52, S. 408. 1926. — Ganter, G. und K. Stattmüller: a. a. O. — Ganter, G.: a. a. O. — Danielopolu, D. und A. Carriol: Journ. de physiol. et de pathol. gén. Bd. 21, S. 704. 1923.
5) Thomas, J. E. und A. Kuntz: Americ. journ. of physiol. Bd. 76, S. 598. 1926.

Im Gegensatz zum Dünndarm wird die Magenperistaltik sowie die Peristaltik und Antiperistaltik des Dickdarmes[1]) durch Nicotin nicht aufgehoben.

Auch die Pendelbewegungen[2]) des ausgeschnittenen Dünndarmes werden durch Nicotin nicht unterdrückt, nach einer vorübergehenden Hemmung werden sie vielmehr verstärkt. Die erregende Wirkung hat nach Magnus ihren Angriff im Auerbachschen Plexus, Atropin wirkt antagonistisch. Der Sphincter ileocoecalis[3]) verhält sich gegen Nicotin ähnlich wie der Dünndarm.

X. Opiumalkaloide.

Wohl die stärksten Unterschiede in der Reaktion des Verdauungskanales der einzelnen Tierarten stellten sich bei der Einwirkung des *Morphins* heraus.

Übereinstimmung herrscht eigentlich nur in einem Punkte, nämlich in der Beobachtung, daß viel Morphin die Entleerung des Magens stark verzögert. Nachdem Hirsch[4]) diese Tatsache zuerst am Duodenalfistelhunde erkannt hatte, konnte Magnus[5]) mit der Röntgenmethode an Katzen nachweisen, daß die Ursache der verzögerten Magenentleerung nicht in einer Lähmung der Magenbewegungen, sondern in einer spastischen Erregung des funktionellen Schließmuskels zwischen Fundus- und Pylorusteil des Magens und des Pylorusmuskels zu suchen ist. Der Pylorus bleibt oft stundenlang verschlossen. Statt in 2 bis 3 Stunden entleert sich der Magen erst in 8—24 Stunden; während normalerweise der Pylorus des Hundes sich alle 12—20 Sekunden öffnet, erscheinen nach Morphin die Schübe nur jede 2. bis 3. Minute. Infolge des langen Aufenthaltes der Nahrung im Magen wird Eiweiß nach Morphin im Magen weiter abgebaut als unter normalen Verhältnissen[6]).

Auch beim Menschen ist nach viel Morphin die Magenentleerung verzögert, oft auf das Doppelte der normalen Zeit, da sich der Pylorus nun seltener öffnet. Ein Spasmus zwischen Fundus- und Pylorusteil des Magens scheint dagegen beim Menschen zu fehlen. Die peristaltischen Bewegungen des Magens sind weder beim Menschen noch beim Tiere gelähmt. Kleine Morphinmengen fördern sogar die Magenperistaltik des Menschen, und da sie den Pylorusmuskel unbeeinflußt lassen, wirken sie beschleunigend auf die Magenentleerung ein[7]).

Keine Übereinstimmung herrscht bezüglich des Einflusses des Morphins auf die Dünndarmperistaltik[8]). Denn auf der einen Seite wurden glatte Läh-

---

[1]) Elliot, T. R. und E. Barclay-Smith: Journ. of physiol. Bd. 31, S. 272. 1904. — Cannon, W. B.: Americ. journ. of physiol. Bd. 27, S. XII. 1910/11. — Boehm, G.: Arch. f. exp. Pathol. u. Pharmakol. Bd. 72, S. 1. 1913; Bd. 76, S. 606. 1926.

[2]) Magnus, R.: Pflügers Arch. f. d. ges. Physiol. Bd. 108, S. 1. 1905. — Langley, J. N. und R. Magnus: Journ. of physiol. Bd. 33, S. 34. 1905/06. — Kuntz, A. und J. Earl Thomas: Americ. journ. of physiol. Bd. 63, S. 399. 1923; Bd. 76, S. 606. 1926.

[3]) Kuroda, M.: Journ. of pharmacol. a. exp. therap. Bd. 9, S. 187. 1916.

[4]) Hirsch, A.: Zentralbl. f. inn. Med. Bd. 33. 1901.

[5]) Magnus, R.: Pflügers Arch. f. d. ges. Physiol. Bd. 122, S. 210. 1908.

[6]) Cohnheim, O. und G. Modrakowski: Hoppe-Seylers Zeitschr. f. physiol. Chem. Bd. 71, S. 273. 1911. — Zunz, E.: Arch. néerl. de physiol. Bd. 7, S. 276. 1922.

[7]) van den Velden: Münch. med. Wochenschr. 1909, S. 1667; Kongr. f. inn. Med. Bd. 27, S. 339. 1910. — Olbert und Holzknecht: ebenda Bd. 28, S. 402. 1911. Mahlo, A.: Dtsch. Arch. f. klin. Med. Bd. 110, S. 562. 1913. — Zehbe, M.: Therapeut. Monatsh. Bd. 27, S. 406. 1913.

[8]) Siehe besonders R. Magnus: Pflügers Arch. f. d. ges. Physiol. Bd. 115, S. 316. 1906. — Gottlieb, R. und A. v. d. Eeckhout: Arch. f. exp. Pathol. u. Pharmakol. 1908, Suppl. S. 235. — Padtberg, J. H.: Pflügers Arch. f. d. ges. Physiol. Bd. 139, S. 318. 1911. — Schwenter, J.: Fortschr. a. d. Geb. d. Röntgenstr. Bd. 19, S. 1. 1912. — Takahashi, M.: Pflügers Arch. f. d. ges. Physiol. Bd. 159, S. 327. 1914. — Bayliss und Starling, Schapiro, Trendelenburg: a. a. O. — Baur, M.: Zeitschr. f. d. ges. exp. Med. Bd. 44, S. 540. 1925. — Plant, O. H. und G. Miller: Journ. of pharmacol. a. exp. therap. Bd. 27, S. 361. 1926. — Garry: Arch. f. exp. Pathol. u. Pharmakol. 1927.

mungen der Peristaltik beobachtet, so am ausgeschnittenen Meerschweinchen-
und Rattendünndarm, dessen Peristaltik noch durch sehr dünne Morphinlösungen
unterdrückt wird (Abb. 137), während die peristaltische Tätigkeit des Dünndarmes
anderer Tiere, wie besonders der Hunde und Kaninchen, durch Morphin nicht
gehemmt oder sogar erregt wird. Oder schließlich wird durch wenig Morphin
die normale Darmperistaltik nicht
gehemmt, wohl aber die durch bestimmte Eingriffe künstlich vermehrte Darmtätigkeit, wie es bei der
Katze der Fall ist.

Beim Menschen schwächt Morphin die Dünndarmperistaltik ab.
Die Beförderung des Kontrastmittels
durch den Dünndarm ist meist verlangsamt. Mit der Unterdrückung der
Dünndarmperistaltik geht eine Erhöhung der Dünndarmtonus einher.
Der Sphincter ileocoecalis scheint
tonisch kontrahiert zu werden[1].

Auch auf die Dickdarmperistaltik
und Antiperistaltik[2] wirkt Morphin
nicht einheitlich ein. Während beim
Hunde Morphin bekanntlich mit
Sicherheit eine Entleerung des Dickdarmes herbeiführt, wird beim Menschen der Defäkationsreiz gehemmt
und die Beförderung des Kotes durch
den Dickdarm noch stärker wie die
Beförderung durch den Dünndarm
verzögert. Beim Kaninchendickdarm
überwiegt wieder die erregende Wirkung des Morphins, beim Katzendickdarm dagegen in der Regel die
Hemmung.

In zahlreichen Arbeiten[3] finden
sich Angaben über den Einfluß des
Morphins auf die Pendelbewegungen
des Darmes der verschiedenen Säugetiere. Es mag hier der Hinweis genügen, daß die Pendelbewegungen
bei gewissen Tierarten abgeschwächt,
bei anderen Tierarten erregt werden,
und daß die Richtung, in der die
Pendelbewegungen eines Tieres verändert werden, sich nicht immer mit
der Richtung, in der die Peristaltik

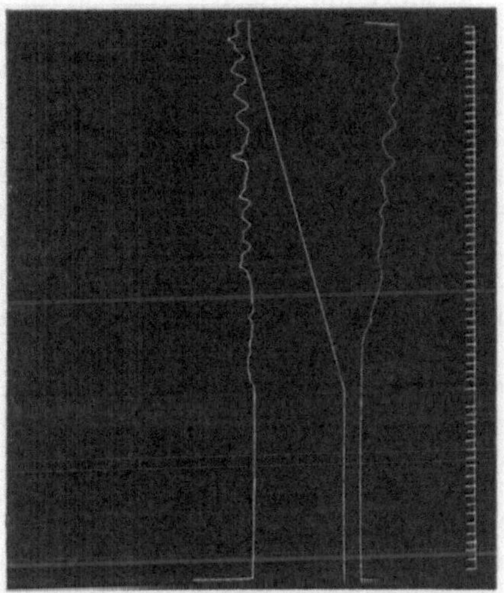
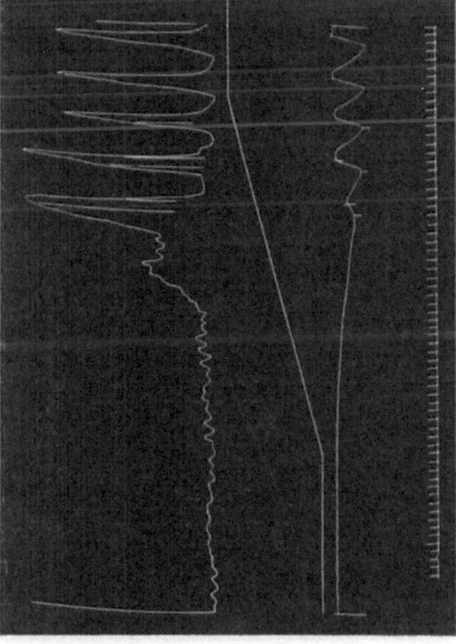

Abb. 137. Meerschweinchendünndarm. Längsmuskelschreibung, Dehnungsdruck, Volumen. Links: im Beginn des Versuches; rechts: 1 Minute nach Morphin. HCl 1:2 Millionen.

---

[1] ZEHBE: a. a. O. — SCHAPIRO, N.: Pflügers Arch. f. d. ges. Physiol. Bd. 151, S. 65.
1913. — MAHLO, A.: Dtsch. Arch. f. klin. Med. Bd. 110, S. 562. 1913. — PLANT u. MILLER:
a. a. O. — GANTER, G.: Dtsch. Arch. f. klin. Med. Bd. 144, S. 258. 1924.

[2] PAL, J.: Wien. med. Presse Bd. 41, S. 2071. 1900. — PADTBERG, J. H.: Pflügers
Arch. f. d. ges. Physiol. Bd. 139, S. 318. 1911. — GANTER: a. a. O., und andere.

[3] Siehe bei P. TRENDELENBURG: a. a. O. — MEISSNER, R.: Biochem. Zeitschr. Bd. 54,
S. 395. 1913; Bd. 73, S. 236. 1916.

beeinflußt wird, deckt. Die Erregung der Pendelbewegungen erfolgt nicht über die parasympathischen Apparate der Darmwandung.

Neben den bisher besprochenen unmittelbaren Einwirkungen auf den Magendarmkanal kann Morphin auch durch Angriff am Zentralnervensystem den Ablauf der Verdauungsbewegungen beeinflussen. Denn bei den Tierarten, deren Darmbewegungen am ausgeschnittenen Organ durch physiologisch in Betracht kommende Morphinmengen erregt werden, sieht man nach intravenöser Einspritzung nicht selten lang anhaltende Hemmung der Pendelbewegungen und der peristaltischen Wellen. Vermutlich handelt es sich hier um die schon von Nothnagel[1]) und von Pal[2]) angenommene zentrale Erregung des Splanchnicus, die sich ja nach Morphin auch an anderen Organen bemerkbar macht. Nach einigen Angaben soll der Darmvagus nach Morphin weniger leicht erregbar sein, auch hier könnte es sich um antagonistische Einflüsse vom Splanchnicuszentrum aus handeln. Die Annahme der zentralen Erregung der Darmsplanchnicusfasern ist aber nicht unbestritten geblieben[3]).

Unter den Nebenalkaloiden des Opiums[4]) wirken einige auf den Magendarmkanal der verschiedenen Tierklassen im großen und ganzen wie Morphin ein. Die chemisch bekanntlich dem Morphin nahestehenden Alkaloide *Kodein* und *Thebain* fördern bei Hund und Kaninchen die Peristaltik, beim Meerschweinchen lähmen sie diese. Beide sind jedoch an Wirksamkeit dem Morphin weit unterlegen. Unter den Benzylisochinolinderivaten der Opiumalkaloide hat *Narkotin* eine schwache lähmende Wirkung auf den Darm der Fleischfresser, über die Art der Beeinflussung des Kaninchendarmes gehen die Angaben auseinander, am Meerschweinchendarm erregt die Verbindung die Pendelbewegungen und die Peristaltik ein wenig.

Das letzte der pharmakologisch wichtigeren Opiumalkaloide, das *Papaverin*, wieder ein Benzylisochinolinderivat, wirkt bei allen Säugetierarten einheitlich, es lähmt alle Abschnitte des Magendarmkanales, auch die Sphincteren.

Aus diesen letzten Angaben folgt, daß die Trennung der Opiumalkaloide in zwei auf den Darm antagonistisch einwirkende Gruppen, die Gruppe der erregenden Phenanthrenderivate und die Gruppe der hemmenden Benzylisochinolinderivate (Pal und Popper), nicht für alle Tierklassen zu Recht besteht.

In welcher Weise wird nun die Wirkung des im Opium enthaltenen Morphins durch die Nebenalkaloide beeinflußt? Da das Morphin unter den Opiumalkaloiden nicht nur der Menge nach an der Spitze steht, sondern da es auch an Wirkungsstärke die anderen Alkaloide übertrifft, ist ein erheblicher Unterschied in der Wirkung des reinen Morphins gegenüber der Wirkung der Opiummenge, die entsprechenden Gehalt an Morphin hat, nur zu erwarten, wenn die Nebenalkaloide die Morphinwirkung potenzieren. Auf derartige Potenzierungen schlossen Magnus und seine Mitarbeiter, da die stopfende Wirkung, die Morphin bei künstlich diarrhoisch gemachten Katzen entfaltet, durch allein ganz unwirksame Kodeinmengen sehr begünstigt wurde. (Auch beim Menschen ist nach Zehbes Beobachtungen am Röntgenschirm Opium stärker wirksam als die in

---

[1]) Nothnagel, H.: Virchows Arch. f. pathol. Anat. u. Physiol. Bd. 89, S. 1. 1882.

[2]) Pal, J.: Wien. med. Presse Bd. 41, S. 2041. 1900.

[3]) Pohl, J.: Arch. f. exp. Pathol. u. Pharmakol. Bd. 34, S. 87. 1894.

[4]) Siehe bei Trendelenburg: a. a. O. — Macht, D. J.: Journ. of pharmacol. a. exp. therap. Bd. 11, S. 389. 1918. — Le Févre de Arrie, M.: Journ. de physiol. et de pathol. gén. Bd. 18, S. 420. 1917/18. — Uhlmann, F. und J. Abelin: Zeitschr. f. exp. Pathol. u. Therap. Bd. 21, S. 75. 1920. — Zunz, E.: Arch. néerl. de physiol. Bd. 7, S. 276. 1922. — Baur, M.: Zeitschr. f. d. ges. exp. Med. Bd. 44, S. 540. 1924.

ihm enthaltene Morphinmenge.) Dagegen hatte in den Versuchen TRENDELEN-
BURGS am ausgeschnittenen Dünndarm des Meerschweinchens Opium keine
stärkere Wirkung als das Morphinäquivalent, ein Kodein-, Papaverin- oder
Narkotinzusatz potenziert die Morphinwirkung nicht. Die oben gestellte Frage
scheint also bei verschiedenen Tierklassen verschieden zu beantworten zu sein[1].
Nach PAL und seinen Mitarbeitern besteht ein Unterschied in der Opium- und
der Morphinwirkung auf den Hundedarm insofern, als ersteres nur die Ringmuskeln erregt, die Längsmuskeln aber erschlafft, während Morphin beide
Muskellagen fördert.

XI. Drogen mit Oxymethylanthrachinonen.

Die durch einen Gehalt an Oxymethylanthrachinonverbindungen charakterisierten Drogen, also in erster Linie das *Rhabarberrhizom*, das *Sennesblatt*,
die *Faulbaumrinde*, die *Aloe*, sind pharmakologisch dadurch ausgezeichnet, daß
sie vornehmlich auf die Dickdarmbewegungen einwirken, die Dünndarmbewegungen dagegen unbeeinflußt lassen. Dies wurde am Tier wie am Menschen
festgestellt[2]. Die Bewegungen des ausgeschnittenen Darmes werden beim Zusatz reiner Oxymethylanthrachinone nicht erregt[3]. Wahrscheinlich erfolgt die
Dickdarmerregung auf dem Umweg einer Darmschleimhautentzündung. Die
Einführung von Drogenauszügen erzeugt eine Hyperämie der Darmschleimhaut[4], und nach klinischen Beobachtungen[5] können große Mengen von
oxymethylanthrachinonhaltigen Drogen bei Hunden und Menschen eine heftige
Entzündung des ganzen Magendarmkanales mit Austreten von Blut aus den
Darmgefäßen bewirken.

Auch nach subcutaner und intravenöser Einspritzung sind die Oxymethylanthrachinone wirksam. Sie gelangen zum großen Teil durch die Galle in den
Darm[6]. Wird dessen Schleimhaut zuvor mit lokalanästhetischen Mitteln behandelt, so bleibt die Dickdarmerregung aus[7].

XII. Drastica.

Nach der Einnahme drastisch wirkender Abführmittel, wie der *Coloquinthen-
früchte*, der *Jalapenknollen*, des *Podophyllumrhizoms* oder des *Guttiharzes*, tritt
eine Entzündung der Darmschleimhaut auf mit vermehrter Sekretion; die abgebundene Darmschlinge, in die hinein diese Mittel gegeben werden, dehnt sich
prall aus. Große Mengen lösen eine hämorrhagische Enteritis aus. Im Röntgenbild wurde bei Katze und Mensch nachgewiesen, daß die Nahrungsbeförderung
nicht nur im Dickdarm, sondern auch im Dünndarm stark beschleunigt ist, der
Ileuminhalt ist durch vermehrte Sekretion und durch Transsudation von Flüssig-

---

[1] Siehe auch T. GORDONOTT: Klin. Wochenschr. Bd. 4, Nr. 9. 1925.

[2] MAGNUS, R.: Therapeut. Monatsh. Bd. 23, H. 12. 1909. — MEYER-BETZ, F. und
T. GEBHARDT: Münch. med. Wochenschr. Jg. 59, S. 1793. 1912. — STIERLIN, M.: ebenda
1910, Nr. 27.

[3] MEISSNER, R.: Biochem. Zeitschr. Bd. 73, S. 236. 1916.

[4] LENZ, E.: Arch. internat. de pharmaco-dyn. et de thérapie. Bd. 28, S. 75. 1923;
Schweiz. med. Wochenschr. Bd. 53, Nr. 38—40. 1923.

[5] MacGUIGAN, H.: Journ. of the Americ. med. assoc. Bd. 76, S. 513. 1921.

[6] MEYER, H.: Arch. f. exp. Pathol. u. Pharmakol. Bd. 28, S. 186. 1891. — LENZ, E.:
Verhandl. d. dtsch. pharmakol. Ges. Bd. 2, S. XXV. 1922.

[7] LENZ: a. a. O.

keit ungewöhnlich groß[1]). Wenn einige der Drastica nach der Verfütterung bei Gallenfistelhunden schwächer wirksam sind als im Normalzustand[2]), so mag dies daran liegen, daß die Lösung der wirksamen Substanzen aus der Droge heraus durch die Galle befördert wird. Einige der Drastica sind auch nach subcutaner Einspritzung wirksam: vermutlich werden sie wie die Oxymethylanthrachinone durch die Galle in den Darm ausgeschieden.

Ob von den wirksamen Stoffen der Drastica genügende Mengen resorbiert werden, um die am ausgeschnittenen Darm zu beobachtende direkte Erregung der Darmmuskeln herbeizuführen, ist nicht zu entscheiden[3]).

XIII. Öle.

Crotonöl reiht sich den drastischen Mitteln der letzten Gruppe an. Die in ihm enthaltene oder aus ihm im Darme abgespaltene freie Crotonolsäure verursacht eine heftige Entzündung der Schleimhaut einer Darmschlinge. Die Wirkung erstreckt sich auf Dünn- und Dickdarm[4]).

Ricinusöl entfaltet nach Buchheim und H. H. Meyer seine erregende Wirkung ebenfalls durch Abspaltung einer Säure, der Ricinolsäure. Diese ist in freiem Zustand beim Menschen wirksam. Daß die Wirkungsstärke der freien Säure eine etwas geringere ist als die des Öles, mag an der besseren Resorbierbarkeit der Säure liegen, die ein Vordringen bis in den Dickdarm verhindert[5]). Es steht aber noch nicht fest, ob die Ricinolsäure wirklich durch lokale Einwirkung auf die Darmschleimhaut erregend wirkt; in eine abgebundene Darmschlinge eingeführt, erzeugt das Ricinusöl keinen Erguß. Aber andererseits spricht gegen die Annahme, daß die Ricinolsäure nach der Resorption peristaltikanregend wirken könne, die Beobachtung Meissners[6]) am ausgeschnittenen Kaninchendarm, dessen Bewegungen durch ricinolsaures Natrium nicht gefördert werden. Nach Baur fördern dagegen Croton- und Ricinusöl die Peristaltik des ausgeschnittenen Meerschweinchendarmes.

Bei der Röntgendurchleuchtung von Katzen, die eine ricinusölhaltige Kontrastmahlzeit erhalten hatten, ergab sich, daß neutrales Öl wie andere Fette die Magenentleerung stark verzögert, während ricinolsäurehaltiges Öl die Magenperistaltik vermehrt und die Entleerung begünstigt. Die Hauptwirkung zeigt sich am Dünndarm. Die rhythmischen Segmentationen werden ungewöhnlich lebhaft, und der Dünndarm wird viel rascher als im Vorversuch vom Speisebrei durchlaufen. Bald oder einige Zeit nach dem Eintritt des ölhaltigen Speisebreies in den Dickdarm, dessen Antiperistaltik gehemmt wird, werden Defäkationsbewegungen ausgelöst[7]).

Beim Menschen fand man mit der gleichen Methode, daß Ricinusöl die Magenperistaltik nicht vermehrt, aber den Transport durch den Dünndarm sehr beschleunigt[8]).

---

[1]) Magnus, R.: Therap. Monatsh. Bd. 32, H. 12. 1909. — Padtberg, J. H.: Pflügers Arch. f. d. ges. Physiol. Bd. 134, S. 627. 1910. — Meyer-Betz, Fr. und T. Gebhardt: Münch. med. Wochenschr. Jg. 59, S. 1871. 1912.

[2]) Stadelmann, E.: Arch. f. exp. Pathol. u. Pharmakol. Bd. 37, S. 352. 1896.

[3]) Hollander, L.: Cpt. rend. des séances de la soc. de biol. Bd, 93, S. 1171, 1175. 1925. — Baur, M.: Arch. f. exp. Pathol. u. Pharmakol. Bd. 109, S. 233. 1925.

[4]) Buchheim und Krich: Virchows Arch. f. pathol. Anat. u. Physiol. Bd. 12. — Brieger, L.: Arch. f. pathol. Anat. u. Pharmakol. Bd. 8, S. 355. 1877.

[5]) Meyer, H.: Arch. f. exp. Pathol. u. Pharmakol. Bd. 28, S. 145. 1891; Bd. 38, S. 336. 1897.

[6]) Meissner, R.: Biochem. Zeitschr. Bd. 73, S. 236. 1916.

[7]) Magnus, R.: Therapeut. Monatsh. Bd. 23, H. 12. 1909.

[8]) Meyer-Betz, Fr. und T. Gebhardt: Münch. med. Wochenschr. Bd. 59, S. 1793. 1912.

Ätherische Öle, wie das *Zimtöl*, das *Lavendelöl* oder *Pfefferminzöl*, deren carminative Wirkung bis vor kurzem unklar war, wirken nach neueren Arbeiten[1]) in schwachen Lösungen erregend, in stärkeren Lösungen hemmend auf die Darmbewegungen ein, gleich, ob die Lösungen einem ausgeschnittenen Darmstreifen zugesetzt werden oder ob sie in das Lumen einer Darmschlinge eingefüllt werden. Die Erregung von der Darmschleimhaut aus, die sich in einer Steigerung der Pendelbewegungen, in einer Vermehrung der peristaltischen Tätigkeit und in einer Erhöhung des Muskeltonus ausdrückt, ist reflektorischer Natur. Denn nach der Cocaineinwirkung auf die Schleimhaut einer Schlinge sind die in diese eingeführten ätherischen Öle wirkungslos, obwohl das Cocain die Muskulatur der Schlinge nicht lähmte.

XIV. Kalomel.

Angesichts der bekannten schweren Magendarmentzündung, die bei der Quecksilbervergiftung im Vordergrund der Erscheinungen steht, liegt die Annahme nahe, daß auch die Abführwirkung therapeutischer Kalomelgaben durch eine leichte Schleimhautentzündung verursacht wird. Aber der Darm der nach therapeutischen Kalomelgaben getöteten Katzen zeigt keine entzündlichen Erscheinungen, nur im untersten Dünndarmabschnitt und im Dickdarm ist die Schleimsekretion etwas vermehrt. Entgegen FLECKSEDER scheint es nicht zum Erguß größerer Sekretmengen zu kommen, und die Resorption von Flüssigkeit aus einer Darmschlinge, in die Kalomel gegeben wurde, wird nicht verschlechtert[2]). Bei der Katze beschleunigt Kalomel die Fortbeförderung des Inhaltes durch alle Abschnitte des Magendarmkanales [Abb. 138[3])]. Die Magenentleerung ist beschleunigt, der Dünndarm zeigt lebhaftere peristaltische Tätigkeit, und auch die Dickdarmbewegungen sind vermehrt. Diese Beobachtungen am Tier decken sich mit den Feststellungen am Menschen vor dem Röntgenschirm[4]). Atropin soll die Kalomelwirkung auf den Dünndarm hemmen können. Nach BAUR regt Kalomel, der ein ausgeschnittenes Stück vom Meerschweinchen umspülenden Lösung zugesetzt, die Darmperistaltik an.

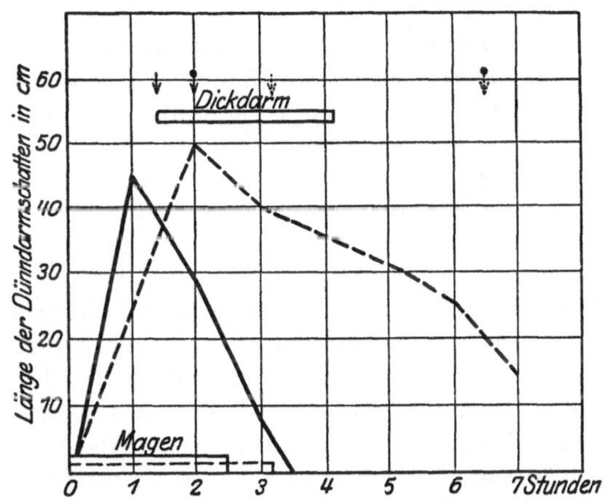

Abb. 138. Einfluß des Kalomels auf die Beförderung eines Bariumsulfatbreies bei Katzen. Horizontale Linien unten = Dauer der Magenfüllung. ↓ = Füllung des proximalen Kolns. ⦶ = Füllung des distalen Kolons. Durchschnittswerte der Dünndarmschattenlänge aus den Normalversuchen gestrichelt, aus den Kalomelversuchen (0,2 g zur Nahrung) ausgezogen. (Nach VAN DER WILLIGEN.)

[1]) MUIRHEAD, A. L. und H. F. GERALD: Journ. of pharmacol. a. exp. therap. Bd. 8, S. 253. 1916. — PLANT, O. H.: ebenda Bd. 16, S. 311. 1921. — PLANT, O. H. und G. H. MILLER: ebenda Bd. 27, S. 149. 1926.

[2]) BRIEGER, L.: a. a. O. — VAN DER WILLIGEN, A. M. M.: Pflügers Arch. f. d. ges. Physiol. Bd. 186, S. 185. 1921. — FLECKSEDER, R.: Arch. f. exp. Pathol. u. Pharmakol. Bd. 61, S. 409. 1912.

[3]) VAN DER WILLIGEN: a. a. O.

[4]) MEYER-BETZ und GEBHARDT: a. a. O.

XV. Phenolphthalein.

Das Wesen der Phenolphthaleinwirkung auf den Darm ist noch nicht ganz geklärt. Die Substanz wird außerordentlich langsam aus dem Körper entfernt. Denn nach der Resorption aus dem Darm wird die Substanz durch die Galle erneut in den Darm ausgeschüttet, und da auch der Dickdarm Phenolphthalein resorbiert, stellt sich ein lang anhaltender innerer Kreislauf her. Eine Vermehrung der Darmsekretion tritt nach Phenolphthaleindarreichung bei Katzen nicht ein, auch die Resorption von Flüssigkeit aus einer Darmschlinge ist nicht verändert.

Bei der Röntgenuntersuchung von Katzen, die so viel Phenolphthalein erhielten, daß die Stuhlmassen erweicht wurden, war die Magenentleerung nicht verändert, der Transport durch den Dünndarm nur wenig beschleunigt, das proximale Kolon wird dagegen vom Nahrungsbrei rasch durchlaufen, so daß die Eindickung vermindert ist[1]).

XVI. Schwefel.

Da der Schwefel in Wasser unlöslich ist, wurde schon vor langem vermutet, daß im Darm aus ihm sich bildende wasserlösliche Verbindungen die Anregung der Darmbewegungen bewirken. Buchheims Annahme einer Bildung von Schwefelalkali im alkalischen Darminhalte ließ sich nicht halten, denn selbst in gesättigter Sodalösung bleibt die Schwefelalkalibildung aus[2]). Frankl glaubte, daß die schweflige Säure das wirksame Agens sei, sie sollte eine leichte Entzündung der Darmschleimhaut bewirken. Aber ein einwandfreier Nachweis der Oxydation des Schwefels zu schwefliger Säure im Darme fehlt[3]). Dagegen wurde festgestellt, daß der in den Darmkanal gegebene Schwefel zum Teil zu Schwefelwasserstoff reduziert wird, letzterer findet sich nach Schwefeleinnahme im Dünn- und Dickdarm der Tiere in erheblicher Menge[4]). Die peristaltikanregende Wirkung des Schwefelwasserstoffs äußert sich am ausgeschnittenen Darme aber schon in sehr dünnen Konzentrationen[5]). Als leicht diffundierendes Gas dringt der Schwefelwasserstoff durch die Schleimhaut unmittelbar bis zur Muskulatur des Darmes vor[6]).

Bei der Röntgendurchleuchtung von Katzen sah van den Willigen[7]), daß die Schwefeldarreichung die Fortbeförderung der Nahrung durch den Dünndarm wie besonders durch den Dickdarm beschleunigt. Der proximale Kolonabschnitt wird, obwohl dessen Antiperistaltik nicht aufgehoben ist, abnorm rasch durchlaufen, so daß der Inhalt weniger eingedickt werden kann. Eine Entzündung der Darmschleimhaut, wie sie einige frühere Beobachter gesehen hatten, fehlte ebenso wie ein Einfluß auf die Darmsaftsekretion und auf die Resorption der in eine abgebundene Schlinge gebrachten Flüssigkeit.

---

[1]) Fleig, M. C.: Arch. internat. de pharmaco-dyn. et de thérapie Bd. 18, S. 327. 1908. — Abel, J. J. und L. G. Rowntree: Journ. of pharmacol. a. exp. therap. Bd. 1, S. 231. 1909. — van der Willigen, A. M. M.: Pflügers Arch. f. d. ges. Physiol. Bd. 186, S. 193. 1921.

[2]) Regensburger, M.: Zeitschr. f. Biol. Bd. 12, S. 479. 1876.

[3]) Frankl, Th.: Arch. f. exp. Pathol. u. Pharmakol. Bd. 65, S. 303. 1911. — Taegen, H.: ebenda Bd. 69, S. 263. 1912.

[4]) Heffter, A.: Arch. f. exp. Pathol. u. Pharmakol. Bd. 69, S. 175. 1904. — Regensburger, Taegen: a. a. O. — Kochmann, R.: Biochem. Zeitschr. Bd. 112, S. 255. 1920.

[5]) van Leersum, E. C.: Journ. of pharmacol. a. exp. therap. Bd. 8, S. 285. 1916.

[6]) Bokai, A.: Arch. f. exp. Pathol. u. Pharmakol. Bd. 23, S. 209. 1887. — Teschendorf, W.: ebenda Bd. 92, S. 324. 1922.

[7]) van der Willigen, A. M. M.: Pflügers Arch. f. d. ges. Physiol. Bd. 186, S. 173. 1921.

XVII. Adstringenzien[1].

Während die Verfütterung von Gerbsäurepräparaten die Magendarmbewegungen gesunder Katzen nicht hemmt, kann sie manche Formen experimentell erzeugter Diarrhöen stopfen. Wahrscheinlich handelt es sich hierbei um eine
Hemmung der Schleimhautsekretion, denn die Bewegungen einer ausgeschnittenen
Darmschlinge, in die 0,1—1 proz. Tanninlösung gefüllt wurde, blieben unbeeinflußt. Nach der Eingabe von Tannin in eine abgebundene Darmschlinge,
die durch Glaubersalz zur Sekretion angeregt wurde, fehlte die Schleimproduktion
vollkommen, aber die Menge des in die Schlinge übergetretenen Wassers und
Kochsalzes zeigte keine deutliche Änderung. Nach Art der Gerbsäureverbindungen
dürften auch die Schwermetalladstringenzien stopfend wirken.

---

[1] FREY, F.: Pflügers Arch. f. d. ges. Physiol. Bd. 123, S. 491. 1908. — HESSE, O.:
ebenda Bd. 151, S. 363. 1913.

Die sekretorische Tätigkeit des Verdauungsapparates und die Funktion der Sekrete.

Funktionelle Anatomie und Histophysiologie der Verdauungsdrüsen.

Von

FRANZ GROEBBELS

Hamburg.

Mit 48 Abbildungen.

Zusammenfassende Darstellungen.

HEIDENHAIN, RUDOLF: Physiologie der Absonderungsvorgänge, in Hermanns Handb. d. Physiol. Bd. V, 1. Leipzig 1883. — ALTMANN, RICHARD: Die Elementarorganismen. 2. Aufl. Leipzig 1893. — OPPEL, ALBERT: Lehrb. d. vergleich. mikroskop. Anatomie. 1. Bd. Der Magen. Jena 1896; 2. Bd. Schlund und Darm. Jena 1897; 3. Bd. Mundhöhle, Bauchspeicheldrüse und Leber. Jena 1900. In Schäfers Textbook, Bd. I. Edinburg u. London 1898: LANGLEY, J. N.: The Salivary Glands, S. 475ff. u. EDKINS: Mechanism of Secretion of Gastric, Pancreatic and Intestinal Juices, S. 531ff. — FISCHER, ALFRED: Fixierung, Färbung und Bau des Protoplasmas. Jena 1899. — NOLL, ALFRED: Die Sekretion der Drüsenzelle. Ergebn. d. Physiol., herausgeg. von ASHER u. SPIRO, Bd. IV. Wiesbaden 1905 und „Histophysiologie" in Jahresber. üb. d. ges. Physiol. 1924. — METZNER, RUDOLF: Die histologischen Veränderungen der Drüsen bei ihrer Tätigkeit, in Nagels Handb. d. Physiol. Bd. II. Braunschweig 1907. — HEIDENHAIN, MARTIN: Über chemische Umsetzungen zwischen Eiweißkörpern und Anilinfarben. Pflügers Arch. f. d. ges. Physiol. Bd. 90. 1902. — HEIDENHAIN, MARTIN: Plasma und Zelle. Bd. I. Jena 1907; Bd. II. Jena 1911. —·WIEDERSHEIM, ROBERT: Vergleichende Anatomie der Wirbeltiere. 7. Aufl. Jena 1909. — MACALLUM, A. B.: Die Methoden und Ergebnisse der Mikrochemie in der biologischen Forschung. Ergebn. d. Physiol., herausgeg. von ASHER u. SPIRO, Bd. VII. Wiesbaden 1908. — BIEDERMANN, W.: Die Aufnahme, Verarbeitung und Assimilation der Nahrung, in Handb. d. vergleich. Physiol., herausgeg. von WINTERSTEIN, Bd. II, 1. Hälfte. Jena 1911. — ELLENBERGER, W. [u. A. SCHEUNERT: Lehrb. d. vergleich. Physiol. d. Haussäugetiere. Berlin 1910. — ELLENBERGER, W.: Handb. d. vergleich. mikroskop. Anatomie d. Haustiere, Bd. III. Berlin 1911. — GURWITSCH, ALEXANDER: Vorlesungen über allgemeine Histologie. Jena 1913. — ARNOLD, JULIUS: Über Plasmastrukturen und ihre funktionelle Bedeutung. Jena 1914. — UNNA, P. G.: Chromolyse, Sauerstofforte und Reduktionsorte, in Handb. d. biol. Arbeitsmethoden, herausgeg. von ABDERHALDEN, Bd. V, T. 2. 1921. — MÖLLENDORFF, WILHELM VON: Vitale Färbungen an tierischen Zellen. Ergebn. d. Physiol., herausgeg. von ASHER u. SPIRO, Bd. XVIII. München u. Wiesbaden 1920. — MÖLLENDORFF, WILHELM VON: Durchtränkungs- und Niederschlagsfärbung als Haupterscheinungen bei der histologischen Färbung. Ergebn. d. Anat. u. Entwicklungsgesch., herausgeg. von KALLIUS, Bd. 25. München u. Berlin 1924. — SCHEUNERT, ARTHUR: Vergleichende Biochemie der Verdauung. Handb. d. Biochemie, herausgeg. von OPPENHEIMER. 2. Aufl. Bd. V. Jena 1924. — MEYER, A.: Morphologische und physiologische Analyse der Zelle der Pflanzen und Tiere. I. Teil. Jena 1920; II. Teil. Jena 1926.

A. Die Methoden und ihre Deutung.

Die Histophysiologie der Verdauungsdrüsen hat die Erforschung der Beziehungen zwischen Struktur und physiologischer Funktion der Verdauungsorgane zum Gegenstand. Schon die vergleichende Anatomie zeigt, daß im gröberen und feineren Bau der Verdauungsorgane physiologisch-biologische Momente mannigfach zum Ausdruck kommen.

Die Histophysiologie im engeren Sinne umgreift all die makroskopisch-mikroskopisch erfaßbaren Erscheinungen, die den Ausdruck eines Wechsels, den momentan festgehaltenen, formaloptischen Zustand eines physiologischen Vorgangs oder diesen Vorgang selber darstellen.

Sie schafft sich solche Erscheinungen im Tierexperiment, indem sie den Einfluß von Verdauungsruhe und -tätigkeit, Winterschlaf bei Winterschläfern, quantitativ und qualitativ abweichender Ernährung, Hunger, Nervenreizung und Nervendurchschneidung, Pilocarpin und Atropin, Unterbindung der Drüsenausführungsgänge auf die Struktur studiert. Manche dieser experimentell gesetzten Bedingungen, wie Pilocarpin, Nervendurchschneidung, quantitativ und qualitativ abweichende Ernährung, rufen im Gewebe Veränderungen hervor, die in das Gebiet der pathologischen Histophysiologie hinübergreifen.

Die Ergebnisse, die wir an den Verdauungsdrüsen mit diesen Methoden erhalten, sind zunächst solche der deskriptiven Histologie.

Wir haben als Ausgangspunkt formaloptische Begriffe, gegeben durch Form, Größe, Lage und Färbbarkeit bestimmter Gebilde. Fragen wir aber nach der histophysiologischen Bedeutung dieser Gebilde, so gehen wir über den Rahmen des rein deskriptiven Zustandsmäßigen hinaus, betrachten das optisch Faßbare als Ausschnitt aus einem Geschehen und gelangen dabei zu der Frage nach dem chemischen und physikalisch-chemischen Substrat, das es darstellt, und nach dem biologischen Vorgang, den es ausdrückt.

Die Erkenntnisse, die uns unsere gewöhnlichen Mikroskope vermitteln, sind beschränkt. Wir sehen im allgemeinen nur grobdisperse kolloide Systeme und Zustände, d. h. kolloide Teilchen, die größer sind als 250 $\mu\mu$, Teilchen, die kleiner sind, können bis 100 $\mu\mu$ noch als Trübungen erscheinen.

Unterschreiten sie diese Größe, so erscheinen sie uns als optisch leer, als homogen, wir können sie mit unserem Mikroskop nicht mehr weiter in getrennte Gebilde auflösen. Wir sehen dies z. B. beim homogenen Protoplasma der Verdauungsdrüsen. Die Ultramikroskopie und Dunkelfeldbeleuchtung zeigt uns hier aber, daß die Homogenität nur ein relativer Begriff ist, der sich bei anderen optischen Methoden noch weiter in Submikronen auflöst. Die Frage nach der biologischen Entstehung und Bedeutung mikroskopisch sichtbarer Gebilde wird diese Welt des Metamikroskopischen, der Submikronen und Amikronen in mannigfacher Weise bei ihren Deutungen berücksichtigen müssen.

Noch in einer anderen Richtung ist unsere auf dem Mikroskop gegründete histophysiologische Erkenntnis begrenzt.

Wir erfassen hier nur die disperse Phase, nicht das Dispersionsmittel, das Quellungswasser, den Wasserstrom, der sich nicht nur in vielerlei Weise indirekt an den uns sichtbaren Gebilden äußert, dem wir auch auf Grund der Erkenntnisse anderer Disziplinen einen wesentlichen Einfluß auf das histophysiologische Geschehen zuschreiben müssen.

Wir denken hierbei an die Elektrolyte, die Säuren, Basen und Salze, und an die Nichtelektrolyte Harnstoff und Traubenzucker.

Im Mikroskop sehen wir von diesen Substanzen nichts.

Die Histophysiologie kann sie in ihren Methoden und Deutungen nicht unberücksichtigt lassen.

Indem die Histophysiologie in dieser Weise in ihrem Wesen über das Mikroskop hinauswächst und die verschiedensten Disziplinen, Chemie, Kolloidchemie und Physiologie mit dem formaloptisch Gegebenen zu verknüpfen sucht, wächst die theoretische Diskutierbarkeit ihrer Befunde.

Gerade der Abschnitt über die Histophysiologie der Verdauungsdrüsen gibt uns hierfür typische Beispiele.

Es ist darum notwendig, ehe wir auf spezielle Fragen eingehen, die in diesem Abschnitt zur Sprache kommenden Methoden und ihre kritische Ausdeutung etwas eingehender zu behandeln.

An der Spitze der Methoden stehen naturgemäß die Untersuchungen am *lebenden* und *überlebenden Objekt*. Sie bieten den Vorteil, daß wir hier Vorgänge direkt unter dem Mikroskop beobachten können.

Eine weitere Methode, die uns für gewisse Fragen der Sekretbildung und der Resorption Aufschluß gibt, ist die Vitalfärbung.

Weitaus das meiste, was wir wissen, ist aber am toten Objekt gewonnen.

Durch Gewebsabstrich, Rasiermesserschnitt oder Gefrierschnitt gelangen wir zu bestimmten Aufschlüssen am frischen Objekt.

Wir werden solche Objekte in einer Zusatzflüssigkeit untersuchen, welche den physiologischen Verhältnissen am meisten entspricht, und verwenden dabei am besten Plasma oder Serum desselben Tieres.

Wie außerordentlich empfindlich auch solche Objekte sind, geht aus dem Einfluß physiologischer Kochsalzlösung hervor. Sie ist nicht indifferent und zieht aus der Zelle gewisse Substanzen, wie Granoplasma, heraus. VON SKRAMLIK und HÜNERMANN[1]) konnten zeigen, daß sich Ringerlösung auch an der überlebenden, künstlich durchspülten Leber als zellschädigend erweist.

Am frischen Gewebsschnitt erhalten wir weitere wichtige Aufschlüsse, wenn wir ihn mit nicht indifferenten Reagenzien behandeln, und wenn wir ihn färben.

Durch elektive Fixierung und Färbung gelangen wir schließlich zu einer technisch bedingten Sichtung der zahlreichen Gebilde in Kern, Zelleib und zwischenzelligem Gewebe.

Vom Standpunkt der Histophysiologie wären hier solche Methoden von besonderem Wert, die gleichzeitig mehrere histophysiologische Substanzen zur Darstellung bringen. Wir verfügen über solche Methoden für die Darstellung von Fett und Glykogen (GELEI), Fett und Plastosomen (ALTMANN) Andere Kombinationen wie z. B. Granoplasma und Plastosomen können wir heute noch nicht gleichzeitig in einem Schnitt festhalten.

Es liegt nicht im Rahmen dieses Handbuches, auf die einzelnen Fixierungs- und Färbungsmethoden als solche näher einzugehen. Es sei dabei auf die Handbücher der Histologie und mikroskopischen Technik verwiesen.

An histologisch umschriebenen Substanzen, die uns in den Verdauungsdrüsen begegnen, seien genannt:

Fett, Glykogen, Mucin, Mucigen, Granoplasma, Plastosomensubstanz, Kernchromatin, Nucleinsäure, Pigment, Harnstoff, Chloride und Eisen.

Wenn wir diese Reihe vom chemischen, physikalisch-chemischen und physiologischen Standpunkt betrachten, so enthält sie Begriffe sehr verschiedener Natur. Der Einheit und Begrenztheit der formal-optischen Gebilde steht eine Vielheit ihres Wesens und ihrer Bedeutung gegenüber, eine Vielheit ihrer histophysiologischen Ausdeutungsmöglichkeiten.

Diese Ausdeutung bildet die Grundlage und die Voraussetzung all dessen, was wir nicht mehr rein histologisch, sondern histophysiologisch, d. h. vom Standpunkt der Funktion aus zu erfassen suchen.

Wir müssen darum auf diese Ausdeutungsmöglichkeiten näher eingehen. Wir sehen etwas Formaloptisches und fragen uns zunächst, inwieweit es den Ausdruck eines Geschehens, einer Funktion darstellen kann. Die Gebilde, die wir sehen, können präexistent morphologisiert sein, d. h. sie sind bei allen Eingriffen der histologischen Technik sichtbar, sie bilden gleichsam die stabile formale Grundlage im Labilen der Erscheinung. Oder aber sie sind präexistent funktionell, im histologischen Bilde einem Wechsel unterworfen, im Sinne einer Zu- und Abnahme, eines Schwindens und Wiederauftretens. Für das System der Zellkolloide bezeichnen wir sie dann als Paraplasma (R. HEIDENHAIN, v. KUPFFER).

Beim Übergang von Zelleben in Zelltod, noch mehr aber durch die technischen Eingriffe der Fixierung und Färbung, treten an Cyto- und Paraplasma mannigfache Veränderungen auf, die sich in folgende Möglichkeiten zusammenfassen lassen:

Die Gebilde, die wir sehen, können so fixiert sein, wie sie in der lebenden Zelle vorhanden sind.

Oder sie können eine Änderung durch unsere technischen Eingriffe erfahren.

---

[1]) SKRAMLIK, E. v. u. TH. HÜNERMANN: Zeitschr. f. d. ges. exp. Med. Bd. 11, H. 5/6. 1920.

Eine dritte Möglichkeit ist gegeben, wenn unser Eingriff Strukturen hervorruft, für die vor dem Eingriff zwar präexistente, aber nicht formal sichtbare Grundlagen vorhanden waren.

Eine vierte Möglichkeit besteht schließlich darin, daß unsere Eingriffe Formaloptisches schaffen, das gar keine substantielle Grundlage im Gewebe hat.

Wir haben uns bei Betrachtung all dieser Möglichkeiten, die im Kapitel über die Histophysiologie der Verdauungsdrüsen immer wieder diskutiert werden müssen, drei Fragen vorzulegen:

Inwieweit ist das, was uns das Mikroskop zeigt, der Ausdruck einer chemischen Substanz, eines kolloiden Zustandes, eines physiologischen Vorgangs?

Wir wollen diese Fragen in Anlehnung an unser Thema näher betrachten.

I. Die chemische Substanz.

Das lebende, überlebende und frische ungefärbte Präparat gibt uns über die chemischen Substanzen des Gewebes keinen Aufschluß. Auch mittels Färbung können wir hier zu keinen sicheren Resultaten gelangen, es sei denn, daß wir die Reaktionen, welche bestimmte Teile des Gewebes mit Indicatorfarbstoffen eingehen, als Ausdruck einer bestimmten p_H betrachten wollen.

Wir fixieren und färben im Gewebe bestimmte Gebilde elektiv heraus. Wir erhalten dann zwei Gruppen, solche, die chemisch enger erfaßbar sind, und solche, deren chemische Charakterisierung heute erst in den Anfängen steht.

Die chemische Gruppierung gelingt uns zunächst für das Glykogen. Durch die Bestsche Carminfärbung, die Jodophilie, die Speichelreaktion, die Löslichkeit der Substanz in Wasser, wasserhaltigem Alkohol, verdünnten Säuren, schließlich durch den schnellen postmortalen Zerfall und den Zerfall bei höherer Temperatur ist dieser Körper gut charakterisiert. Die Frage, ob er rein oder gebunden im Gewebe vorkommt, ist nicht entschieden. Ehrlich[1] u. a. sprechen von einer Trägersubstanz, Fichera[2] von Proglykogen, Best[3] denkt an eine glykosidartige Bindung, Arnold spricht von einer Bindung an Plasmosomen.

Chemisch umschrieben ist auch das Neutralfett. Es reduziert Osmiumsäure, färbt sich mit Nilblausulfat rot und läßt sich durch die physikalischen Färbungen mit Sudan III und Scharlach R darstellen. Es wird durch organische Lösungsmittel, nicht durch Wasser und Alkohol (80%) aus dem Gewebe herausgelöst.

Was die Reduktion der Osmiumsäure betrifft, so hat Starke[4] gezeigt, daß nur Olein und Oleinsäure eine primäre Reduktion, d. h. Schwarzfärbung hervorrufen, Palmitin- und Stearinfette und -säuren reduzieren dagegen Osmiumsäure primär nicht, es tritt aber eine sekundäre Reduktion auf Alkohol ein. Ist der Alkohol wasserhaltig, so ist die Reduktion vollständig, es entstehen schwarze Vollkörner, ist er wasserfrei, so entstehen schwarze Ringkörner.

Die osmierte Palmitin-Stearinsubstanz ist in absolutem Alkohol unlöslich, die osmierte Olein-Ölsäuresubstanz löst sich in absolutem, nicht aber in wasserhaltigem Alkohol. Handwerk[5] konnte diese Befunde nicht bestätigen. Teichmann[6], der im Reagensglas feine Emulsionen von Olivenöl bzw. Butter mit Hühnereiweiß herstellte und die vorher zur Gerinnung gebrachte Masse mit Osmiumsäure behandelte, erhielt helle und dunkle Fetttropfen in allen Abstufungen der Osmierung, daneben Ringkörner, und glaubte, daß es sich um den Ausdruck eines ungleichmäßigen Eindringens der Osmiumsäure in die vom Eiweiß umgebenen Fetttropfen handle. Schon die Untersuchungen Pflügers[7] haben gezeigt, daß sich der Fettfarbstoff Sudan III auch in Galle, Fettseifen und Glycerin löst, eine Sudanfärbung also nicht für Neutralfette charakteristisch ist.

Untersuchungen aus neuerer Zeit, die Forschungen Aschoffs[8], Kawamuras[9] u. a. haben gelehrt, daß wir imstande sind, auf Grund physikalisch-chemischer und färberischer Eigenschaften die Neutralfette von den Lipoiden oder Phosphatiden und den Cholesterinestern zu unterscheiden.

[1] Ehrlich, P.: Zeitschr. f. klin. Med. Bd. 6, S. 33. 1883.
[2] Fichera, G.: Beitr. z. pathol. Anat. u. z. allg. Pathol. Bd. 36, S. 273. 1904.
[3] Best, F.: Beitr. z. pathol. Anat. u. z. allg. Pathol. Bd. 33, S. 585. 1903.
[4] Starke, J.: Arch. f. Anat. u. Physiol., Anat. Abt. 1891 u. Physiol. Abt. 1895.
[5] Handwerk, C.: Zeitschr. f. wiss. Mikroskop. Bd. 15, S. 177. 1898.
[6] Teichmann, M.: Inaug.-Dissert. 1891.
[7] Pflüger, E.: Pflügers Arch. f. d. ges. Physiol. Bd. 81, S. 375. 1900.
[8] Aschoff, L.: Beitr. z. pathol. Anat. u. z. allg. Pathol. Bd. 47, S. 1. 1910.
[9] Kawamura, R.: Virchows Arch. f. pathol. Anat. u. Physiol. Bd. 207, S. 469. 1912.

Es seien diese Befunde in einer Tabelle zusammengestellt:

	Sudan III und Scharlach R	Nilblausulfat	Neutralrot	Doppel-brechung
Neutralfette (Glycerinester) . . .	rot	rot	—	—
Lipoide (Phosphatide)	gelbrot	blau	+	+
Cholesterinester	gelbrot	rotviolett	—	+
Seifen und Fettsäuren	gelbrot	blau	+	—

Für die Darstellung der Seifen und Fettsäuren hat FISCHLER eine Methode angegeben. Die Darstellung der Lipoide gelingt nach den Methoden CIACCIOS, SMITHS und DIETRICHS, doch fällt nach den Beobachtungen KAWAMURAS die DIETRICHsche Methode auch für Cholesterinfettsäuregemische, Seifen und Fettsäuren positiv aus.

Was die Färbung mit Nilblausulfat betrifft, so konnte BOEMINGHAUS[1]) zeigen, daß die Rotfärbung bei Anwesenheit von Ölsäureestern, die Blaufärbung bei Anwesenheit von freier Ölsäure auftritt. Die in Gestalt von doppelbrechenden Schollen oder Krystallen im Gewebe vorhandenen Cholesterinester schmelzen bei Erwärmung auf 54—56° und bilden nach Erkalten Myelinfiguren oder Tropfen.

Als chemisch gut umschriebene Stoffe sind schließlich die Chloride, der Harnstoff und das Eisen zu nennen, die wir durch bestimmte chemische Reaktionen im Gewebe darstellen. Es sei in diesem Zusammenhang auch auf die „Nuclealfärbung" hingewiesen[2]).

Wir wenden uns zu der großen Gruppe von histologischen Gebilden, deren chemische Natur nicht feststeht. Es handelt sich hier durchweg um Eiweißkörper.

Wir haben zunächst das Mucin und Mucigen voranzustellen. Wir wissen aus der Chemie, daß es sehr verschiedene Arten von Mucinen gibt; die Histologie faßt diese Vielheit rein färberisch als Mucin und Mucigen zusammen.

HOYER[3]) und KAHLE[4]) fanden im Oberflächenepithel des Magens, daß die oberflächlichste Schicht keine Schleimfärbung annimmt, und führen diese Erscheinung auf die Wirkung der HCl des Mageninhalts zurück.

Die chemische Analyse der übrigen Eiweißkörper, die formal-optisch im Gewebe zum Ausdruck kommen, kann verschiedene Wege einschlagen.

ALFRED FISCHER hat an reinen Eiweißkörpern, Pepton, Protalbumose, Deuteroalbumose, Albumin, Globulin und Nuclein kritische Untersuchungen über das Verhalten gegen über den in der Histologie gebräuchlichen Fixierungs- und Färbungsmethoden angestellt. Seine Untersuchungen hatten das positive Ergebnis, daß sich die einzelnen Eiweiße bezüglich ihrer Lösungs- und Fällungsverhältnisse verschieden verhalten, eine Tatsache, die für die Histophysiologie von größter Bedeutung ist. FISCHER konnte auf diese Weise die Albumine, Globuline und Nucleoalbumine als Gerinnselbildner von den Peptonen, Albumosen und der Nucleinsäure als Granulabildner abgrenzen. Es entsteht aber die Frage, ob wir diese Befunde des Modellversuchs direkt auf den Gewebsschnitt übertragen dürfen. BERG[5]), der die Methode FISCHERs besonders auf die Eiweißkörper des Zellkernes anwandte, stellte als weitere Fällungsformen die Bildung von Hohlkörpern und granulierten Häuten fest und betonte, daß die Nucleine nicht durchweg Gerinnselbildner sind.

P. G. UNNA[6]) hat, von ganz anderer Einstellung ausgehend, Versuche über Lösung und Herauslösung eiweißhaltiger Gebilde am Gewebe angestellt. UNNA arbeitete bei seiner „Chromolyse" mit chemischen Reagenzien und Verdauungssäften. Die Versuche UNNAS können nicht als ein abgeschlossenes kritisch verwertbares Resultat bewertet werden; denn es wurde nicht untersucht, ob die Gebilde, welche der Chromolyse unterworfen waren, überhaupt und allein in Lösung gingen und ob ihr chemisches Substrat in der Chromolyseflüssigkeit chemisch faßbar war.

Ich habe an Lebern sorgfältig mit Kochsalzlösung lebend-tot ausgebluteter Katzen Chromolyseversuche nach UNNAS Angaben ausgeführt. Ich gewann ein gelbliches Pulver, das nach UNNA mit dem Granoplasma identisch sein mußte. Bei Färbung der in absolutem

[1]) BOEMINGHAUS, H.: Beitr. z. pathol. Anat. u. z. allg. Pathol. Bd. 67, S. 353. 1920.

[2]) FEULGEN, R. u. H. ROSENBECK: Zeitschr. f physiol. Chem. Bd. 135, S. 203. 1924. — FEULGEN, R. u. K. VOIT: ebda. Bd. 135, S. 249, Bd. 136, S. 57, Bd. 137, S. 272. 1924. — FEULGEN, R. u. K. IMHÄUSER: ebda. Bd. 148, S. 1. 1925. — FEULGEN, R. u. F. BRAUNS: Pflügers Arch. f. d. ges. Physiol. Bd. 203, S. 415. 1924. — BERG, W: Zeitschr f. mikroskop.-anat. Forsch. Bd. 7, S. 421. 1926.

[3]) HOYER, H.: Arch. f. mikroskop. Anat. Bd. 36, S. 310. 1890.

[4]) KAHLE, H.: Pflügers Arch. f. d. ges. Physiol. Bd. 152, S. 129. 1913.

[5]) BERG, W.: Arch. f. mikrsokop. Anat. Bd. 62, S. 367. 1903 u. Bd. 65, S. 298. 1904.

[6]) UNNA, P. G.: Berlin. klin. Wochenschr. 1913, Nr. 18—20.

Alkohol fixierten Masse mit Methylgrün-Pyronin ergab sich aber eine diffuse Mischfärbung, die keinerlei chemische Deutung zuließ.

Daß Aminosäuren auch im Gewebe die charakteristischen Farbenreaktionen geben
können, ist bekannt. Afanassiew[1]) erhielt die Millonsche Reaktion an der Leber, Berg[2])
am Granoplasma desselben Organs und ich am Granoplasma der Magenhauptzellen.

Berg[3]) konnte auch zeigen, daß die aus Eiweiß bestehenden Einschlüsse der Leberzellen die Ninhydrinreaktion geben.

In der Gruppe der Eiweißkörper, die wir histologisch umschreiben können, gewinnen
das Granoplasma und die Plastosomen eine besondere Bedeutung. Der chemische Aufbau
dieser Gebilde ist uns nicht bekannt.

Unna hält das Granoplasma für eine Akrodeuteroalbumose, van Herwerden[4]) auf
Grund seiner Löslichkeit in Nuclease für einen nucleinsäurehaltigen Eiweißkörper.

Was die Plastosomen betrifft, so glaubt A. Fischer, daß es sich um ein nucleinfreies
Gemisch aus Eiweiß, Pepton, Albumose und unbekannten Übergangsstufen in die spezifischen
Sekrete handelt.

Auf die Frage des Kernchromatins sei hier nicht eingegangen.

Wenn wir von all diesen Gebilden absehen, so bleibt immer noch das übrig, was wir
als Protoplasma im engeren Sinne oder Cytoplasma bezeichnen.

Für die Frage der chemischen Natur der Zelle dürfte die Feststellung Nolls[5]) und
Biedermanns[6]), daß in ihr histologisch nicht faßbare Zellipoide vorhanden sind, von besonderer Bedeutung sein.

II. Der physikalisch-chemische Zustand.

Wenn wir eine lebende Verdauungsdrüse unter dem Mikroskop betrachten, so sind
uns zunächst Systeme von Kolloiden gegeben, formal-optisch erkennbar an ihrem verschiedenen Brechungsvermögen gegenüber dem Lichtstrahl, an ihrer Form, Größe und Lage.

Wir unterscheiden das metamikroskopische Protoplasma vom mikroskopischen. Das
mikroskopische Protoplasma stellt ein System aus Mischkolloiden dar. Diese Kolloide sind
entweder Emulsoide wie die Eiweißkörper und das Glykogen oder Suspensoide wie das
Neutralfett. Für die Emulsoide können wir uns vorstellen, daß sie als Isokolloide und
Heterokolloide vorhanden sind.

Hardy[7]) hat gezeigt, daß wir in einem Gelatinehydrosol zwei kolloide Zustände unterscheiden können, eine Lösung der Gelatine im Lösungsmittel und eine Lösung des Lösungsmittels in der Gelatine, der dispersen Phase.

Solche Verhältnisse dürften auch in der Zelle mannigfach vorliegen. Wenn wir von
Zellemulsoiden sprechen, so umschreiben wir damit formal-optisch direkt die dispersen
Phasen. Das Dispersionsmittel erfassen wir auch histophysiologisch nicht aus sich selber,
nur aus der dispersen Phase heraus. Wir bilden aus der Verknüpfung dieser beiden kolloidchemischen Begriffe für die Zelle und ihre Teile den Begriff der Gallerte, des Gels, des Sols,
den histophysiologischen Zustand des Zusammenfließens von Protoplasmatropfen oder ihrer
Verflüssigung in und außerhalb der Zelle.

Wenn wir eine lebende Zelle betrachten, so befindet sich ihr Inhalt im Zustand eines
momentanen dynamischen Gleichgewichts. Wir sehen ein solches Gleichgewicht zwischen
Kern und Zelleib, zwischen den zahlreichen im Kern und Zelleib sichtbaren Gebilden, zwischen
Zellgrenze und Intercellularflüssigkeit.

Wie wir uns diese Tatsache im einzelnen zu erklären haben, wissen wir nicht, können
aber die Begriffe der Ionpeptisation, der Schutzkolloidwirkung und der Wirkung der Zell-
lipoide auf die Oberfläche der einzelnen Gebilde theoretisch heranziehen.

Wenn wir eine lebende Verdauungsdrüse betrachten oder verschiedene experimentell
gesetzte Bilder dieser Drüse bei gleicher Fixierung und Färbung, so tritt etwas weiteres
in Erscheinung. Wir beobachten dann, daß optisch faßbare Teilchen bald schwinden, bald
auftreten, daß ihre Form, Größe und Lage wechselt.

Wie sind diese Vorgänge kolloidchemisch erklärbar? Wir können sie von der dispersen
Phase und dem Dispersionsmittel aus zu erklären versuchen. An der dispersen Phase beobachten wir ganz allgemein zwei Vorgänge: den Vorgang der Koagulation, der Verdichtung

---

[1]) Afanassiew, M.: Pflügers Arch. f. d. ges. Physiol. Bd. 30, S. 385. 1883.
[2]) Berg, W.: Pflügers Arch. f. d. ges. Physiol. Bd. 194, S. 102. 1922.
[3]) Berg, W.: Pflügers Arch. f. d. ges. Physiol. Bd. 195, S. 543. 1922.
[4]) van Herwerden, M. A.: Anat. Anz. Bd. 47, S. 312. 1914; Arch. f. exp. Zellforsch.
Bd. 10, S. 431. 1913; Arch. f. mikroskop. Anat. Bd. 52, S. 301. 1919.
[5]) Noll, A.: Arch. f. (Anat. u.) Physiol. Bd. 35. 1913.
[6]) Biedermann, W.: Pflügers Arch. f. d. ges. Physiol. Bd. 202. 1924.
[7]) Hardy: Journ. of physiol. Bd. 24, S. 301. 1899.

und Aggregation mikroskopischer Gebilde oder metamikroskopischer Teilchen bis zum Eintritt in das Sichtbare. Die Entstehung der Granula in den Verdauungsdrüsen gibt uns ein Beispiel für diesen Begriff.

Der Aufladung mit Granulis in den Verdauungsdrüsen während der Ruhe entspricht vielleicht eine Sättigung und Anreicherung der Zellen mit gewissen kolloiden Substanzen. Der entgegengesetzte Vorgang ist gegeben durch die Dispersitätserhöhung und ihre Steigerung bis zur Lösung. Auch für diesen Begriff geben uns die Verdauungsdrüsen eine optisch faßbare Vorstellung. Das Reifen der Granula, ihre Löslichkeitsvorbereitung, kann unter diesen Gesichtspunkten aufgefaßt werden, ihr Austritt aus der Zelle und ihre Lösung im Lumen desgleichen.

Andere Erscheinungen, die wir beobachten, verknüpfen wir direkt mit dem Dispersionsmittel. Zunächst die Begriffe der Quellung, Entquellung und tropfigen Entmischung (*Synaeresis*). Die Bildung des Mucins aus seiner Vorstufe kann so als eine Quellung, als eine Wasseraufnahme gedeutet werden, desgleichen die Reifung der Plastosomen. RANVIER[1] stellt sich direkt vor, daß in den Schleimzellen ein Austausch zwischen Mucigen und Vakuolen mit salzhaltigem Wasser als Inhalt stattfindet und so ein neuer Körper, das Mucin, entsteht.

Unter den Begriff der Entmischung kolloider Systeme, einer Trennung von dispersen Phasen und Dispersionsmittel fällt in den Verdauungsdrüsen das Auftreten von Vakuolen, die Bildung intracellulärer Sekretstraßen bei bestimmten Funktionszuständen, vielleicht auch das Auftreten von Binnennetzen und HOLMGRENschen Kanälen.

Wenn wir in der lebenden Drüsenzelle eine Verschiebung des Kernes und der Zellinhalte beobachten, eine Änderung von Zell- und Kerngröße, Zellform und Kernform, so haben wir daran zu denken, daß es sich um den Ausdruck passiver, durch Aggregation und Lösung, Quellung und Entquellung entstandener Vorgänge handeln kann, die sich im Sinne einer Druck- und Zugwirkung auf die Inhalte gegenseitig auswirken.

Am frischen Objekt, ob wir es nun durch Gewebsabstrich, Rasiermesserschnitt oder Gefrierschnitt erhalten, treten mit dem Absterben in den Strukturen mannigfache physikalisch-chemische Veränderungen auf. Nach DOYON und POLICARD[2] verändert schon Gefrieren die Plastosomen der Leberzellen, ich konnte dasselbe für die Plastosomen der Belegzellen des Magens beobachten. Solche Veränderungen in noch viel höherem Grade schaffen wir durch die Einwirkung bestimmter Reagenzien auf den frischen Gewebsschnitt. Wir beobachten dann, daß Kern und Zellgrenzen deutlicher bzw. undeutlicher werden, Zellinhalte quellen oder entquellen, auftreten oder schwinden, die einzelnen Strukturen ihr Lichtbrechungsvermögen ändern können. All diese Vorgänge sind formal-optisch nur ein Ausdruck physikalisch-chemischer, nicht chemischer Veränderungen.

Wir wenden uns zur Fixierung. Durch die Fixierung schaffen wir aus einem labilen einen stabilen Zustand, der sich, je nach dem Fixierungsmittel verschieden, von den formal-optisch gegebenen Erscheinungen vor der Fixierung wesentlich unterscheiden kann. Kolloidchemisch handelt es sich hier um verwickelte Vorgänge: Dehydratation, Änderung der Oberflächenspannung, Entladung der Teilchen, Fällung oder Lösung durch das Fixierungsmittel. Es sei an einer Reihe von Beispielen gezeigt, daß solche Momente in Frage kommen.

Betrachten wir zunächst das Glykogen. Die Ansichten über die Frage, wie dieser Körper vital in der Zelle verteilt ist, gehen weit auseinander. BOCK und HOFFMANN[3] sprechen von einer diffusen amorphen Substanz, SCHMAUS[4] und BARFURTH[5] von verschiedengestaltigen Massen, SCHIELE[6] von sichelförmigen Körpern, während EHRLICH[7], LANGLEY[8] u. a. an sein Vorkommen in gelöstem Zustand glauben. SIEGENBECK VAN HEUKELOM[9] sprach die Ansicht aus, daß sich das Zellglykogen bei der Fixierung in der Zelle verlagert, und PETERSEN[10] erbrachte für diese Anschauung einen direkten Beweis. Er fand an Gefrierschnitten der Kaninchenleber, die er in Alkohol fixierte, das Glykogen gleichmäßig in der

---

[1]) RANVIER, L.: Le mécanisme de la sécrétion. Journ. de microgr. 1888.

[2]) DOYON, M. u. A. POLICARD: Cpt. rend. des séances de la soc. de biol. Bd. 72, S. 95. 1912.

[3]) BOCK, C. u. F. A. HOFFMANN: Virchows Arch. f. pathol. Anat. u. Physiol. Bd. 56, S. 201. 1872.

[4]) SCHMAUS, H.: Zentralbl. f. allg. Pathol. 1903.

[5]) BARFURTH, C. G.: Arch. f. mikroskop. Anat. Bd. 25, S. 269. 1885.

[6]) SCHIELE: Inaug.-Dissert. Bern 1880.

[7]) EHRLICH, P.: Zitiert auf S. 550.

[8]) LANGLEY, J. N.: Journ. of physiol. Bd. 2. 1879; Bd. 3. 1882; Bd. 10. 1889; Philosoph. Transact. Bd. 3. 1881; Internat. Monatsschr. Bd. 1. 1884. — LANGLEY, J. N. u. H. SEWALL: Journ. of physiol. Bd. 2. 1879.

[9]) SIEGENBECK VAN HEUKELOM: zit. nach SCHMAUS u. ALBRECHT: Festschr. f. Kupffer. 1899.

[10]) PETERSEN, O.: Anat. Anz. Bd. 25, S. 72. 1904.

Zellperipherie verteilt. Wurden größere Schnitte in Alkohol fixiert, so war das Glykogen in den Zellen der Peripherie nach dem Zentrum des Schnittes hin verdrängt. Der Stoff lag in dem der V. centralis zugekehrten Teil der Zelle. Injizierte er aber Alkohol in die V. hepatica einer Kaninchenleber, so war der Befund ganz anders. Im Zentrum der Schnitte war die Verteilung des Stoffes gleich, in der Peripherie lag die Substanz jetzt peripher, d. h. der V. centralis abgekehrt (Abb. 139).

Abb. 139. Schema des Lagerungsverhaltens des Glykogens in einer durch die V. hepatica injizierten Kaninchenleber. (Nach Petersen.)

Auch für die histologische Darstellung des Fettes muß der Einfluß der Fixierung herangezogen werden. Starke[1]) konnte für die Esculentenleber zeigen, daß bei Behandlung mit Osmiumsäure und nachträglicher Einwirkung von absolutem Alkohol im Präparat außen geschwärzte Ringkörner, innen geschwärzte Vollkörner entstanden. Der absolute Alkohol erzeugte nur Ringkörner, weil er im Innern der Tropfen bestimmte Substanzen herauslöste; die Entstehung der Vollkörner im Zentrum war darauf zurückzuführen, daß der Alkohol auf seinem Wege wasserhaltig geworden war und dadurch das Lösungsvermögen für das Innere der Fetttropfen nicht mehr besaß.

Wir kommen zu den Eiweißkörpern und betrachten zunächst das Granoplasma. Berg[2]) stellte an den Leberzellen fest, daß die Gebilde, welche wir als Granoplasma bezeichnen, im frischen Gewebe als Tropfen, im alkoholisch fixierten Gewebe dagegen als amorphe Schollen und Bröckel erscheinen (Abb. 140 u. 141). Ich machte an den Hauptzellen von Hund und Katze dieselbe Beobachtung. Die im frischen Präparat als tropfige Granula erscheinenden Gebilde der Substanz gehen hier auf Einwirkung bestimmter Fällungsreagenzien in eine amorphschollige, oft am Spongioplasma der Zellen niedergeschlagene Masse über und finden sich im alkoholfixierten Methylgrün-Pyroninpräparat als rotgefärbte Schollen, Bröckel und Keile wieder. Fixierung von Gefrierschnitten in

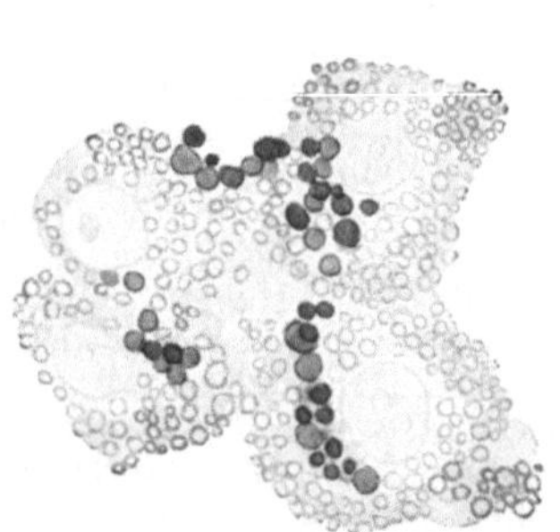

Abb. 140. Supravital gefärbte Leberparenchymzelle von gutgenährten Salamandern. Objektiv 3 mm 0,95 n. A. Kompensationsokular 6 von Zeiß. (Nach W. Berg.)

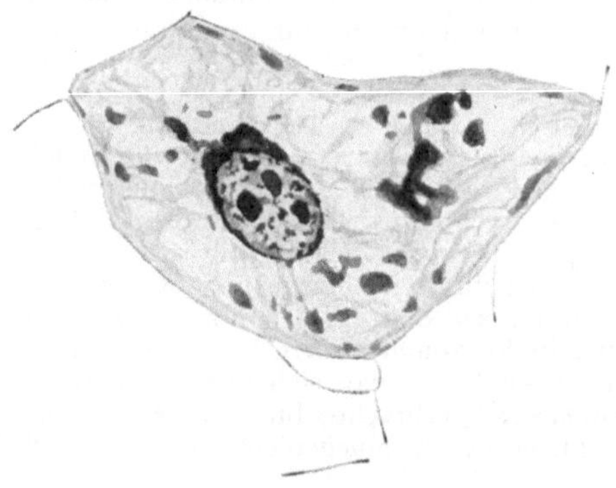

Abb. 141. Leberparenchymzelle aus einem Paraffinschnitt. Gutgenährter Salamander. Methylgrün-Pyroninfärbung. Objektiv 2 mm 1,30 n. A. Kompensationsokular 6 von Zeiß. (Nach W. Berg.)

absolutem Alkohol gibt ein anderes färberisches Bild als die Blockfixierung. Wir dürfen also auch für diese Substanz eine Verschiebung durch das Fixierungsmittel annehmen.

Ein wichtiges Kapitel in dieser Frage bilden die Plastosomen. Bang und Sjövall[3]) haben an der Froschleber nachgewiesen, daß für die Form der Plastosomen die osmotischen

[1]) Starke, J.: Zitiert auf S. 550.
[2]) Berg, W.: Pflügers Arch. f. d. ges. Physiol. Bd. 194, S. 102. 1922.
[3]) Bang, J. u. E. Sjövall: Beitr. z. pathol. Anat. u. z. allg. Pathol. Bd. 62, S. 1. 1916.

Verhältnisse im Gewebe und bei der Fixierung maßgebend sind. Bei Isotonie erhielten sie grazile fadenförmige Strukturen, bei Hypertonie infolge Wasserverlusts eckige Schollen, bei Hypotonie infolge Quellung große tropfige Gebilde (Abb. 142, 143 u. 144). Ähnliches beobachtete ANITSCHKOW[1]) an den Leberzellen des Axolotls. Er beschrieb hier Quellungserscheinungen der Plastosomen, Umwandlung dieser Gebilde zunächst in Kugeln und schließlich in Tropfen mit einer aus der Plastosomensubstanz stammenden Hülle. In der normalen Leber des Tieres waren solche Quellungsformen manchmal vorhanden.

Diese Untersuchungen sind ein gutes Beispiel dafür, wie sehr bei Beurteilung histophysiologischer Zustände und Bilder der Wassergehalt, das Quellungswasser der Kolloide, berücksichtigt werden muß. Auf die Tatsache, daß wir z. B. in der Leber je nach dem Fixierungsmittel eine mehr körnige oder maschige oder fädige Grundstruktur erhalten, haben schon zahlreiche frühere Untersucher hingewiesen. SCHMAUS und ALBRECHT[2]) haben an demselben Organ gezeigt, daß bei Fixierung die Randzone andere Bilder liefert als das Zentrum. Wir sehen am Rande vielgestaltige Tropfen als Ausdruck einer tropfigen Entmischung, im Zentrum ist die Tropfenbildung geringer, weil hier die Fixierungsflüssigkeit allmählich und nicht stürmisch in das Gewebe tritt.

Eine wichtige Rolle spielt die Beurteilung der Fixierung bei der Frage nach den Beziehungen zwischen Kern und Zelleib. Auf Grund des formal-optischen Befundes, daß sich gewisse Gebilde des Zelleibes in unmittelbarer Berührung mit der Kernoberfläche darstellen lassen, oder daß solche Gebilde in innigem Kontakt mit bestimmten fädigen Bildungen, den Basalfilamenten SOLGERS[3]), dem Ergastoplasma GARNIERS[4]) stehen, ist eine Beteiligung des Kernes an der Sekretion abgeleitet worden. Vom Standpunkt der Fixierung ist es aber nicht ausgeschlossen, daß es sich hier nur um den Ausdruck eines sekundären Niederschlags von Substanzen an Kernoberfläche und fädigen Gebilden handelt.

Wir haben bis jetzt nur von den fixierten Gebilden gesprochen, denen ein formaloptisches Substrat im frischen Gewebe entspricht. Es ist aber ebenso sicher, daß nicht alle Zellinhalte fixiert werden, und daß andererseits bei der Fixierung Gebilde in

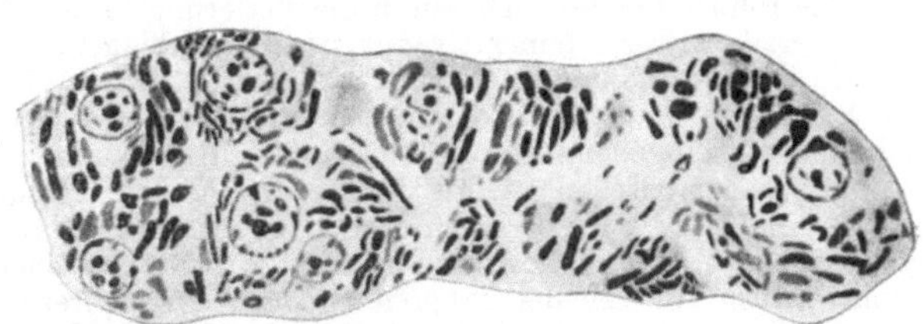

Abb. 142. Leberzellen eines Frosches, primäre Präparatbehandlung mit hypotoner Ringerlösung; Fixierung mit Formol 40% in wässeriger Lösung. Färbung mit Eisenhämatoxylin. Stark gequollene Fadenform der Chondriosomen. (Nach BANG und SJÖVALL, aus ASCHOFF: Beiträge 62.)

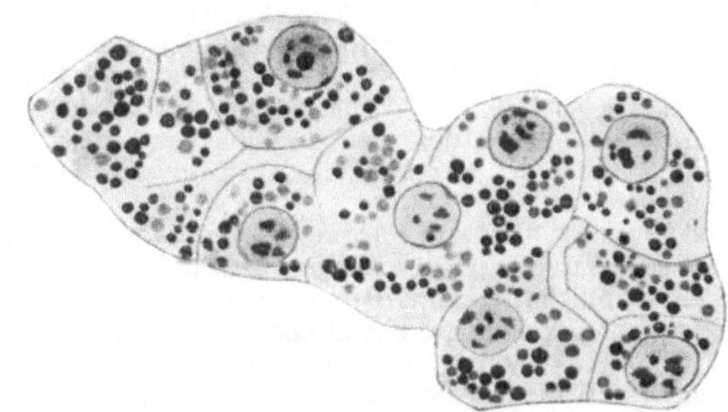

Abb. 143. Leberzellen eines Frosches. Fixierung mit Formol 10% in wässeriger Lösung. Färbung mit Eisenhämatoxylin. Vollständig tropfig umgewandelte Chondriosomen. (Nach BANG und SJÖVALL, aus ASCHOFF: Beiträge 62.)

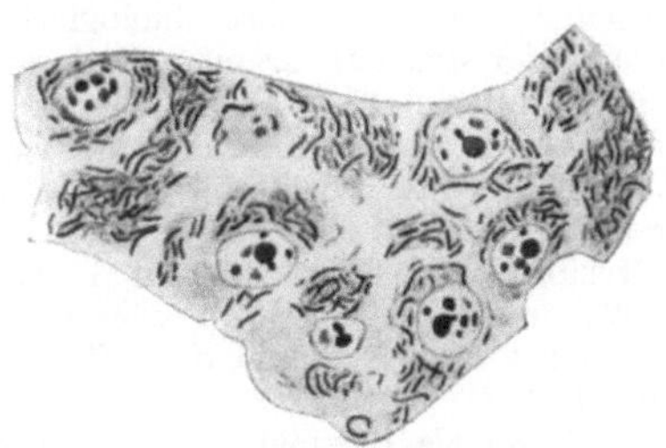

Abb. 144. Leberzellen eines Frosches. Fixierung mit Formol 10% in isotoner-relativ hypertoner Ringerlösung. Färbung mit Eisenhämatoxylin. Schlanke fadenförmige Chondriosomen. (Nach BANG und SJÖVALL, aus ASCHOFF: Beiträge 62.)

---

[1]) ANITSCHKOW, N.: Arch. f. mikroskop. Anat. Bd. 97, S. 1. 1923.

[2]) SCHMAUS, H. u. E. ALBRECHT: Festschr. f. Kupffer. 1899.

[3]) SOLGER, B.: Anat. Anz. Bd. 9, S. 415. 1894 u. Festschr. f. GEGENBAUER, Bd. 2, S. 179. 1896.

[4]) GARNIER, CH.: Bibliogr. anat. Bd. 5. 1897.

Erscheinung treten, die vor der Fixierung nicht sichtbar waren. Es lassen sich für diesen Gesichtspunkt viele Tatsachen erbringen. So glaubt Alfred Fischer, daß die Plastosomen des Fixierungsbildes erst durch die Fixierung entstehen, wir wissen ferner, daß die Altmannsche Darstellung der Plastosomen nur die nicht ganz reifen Plastosomen fixiert. R. Krause[1]) findet in der Retrolingualis des Igels durch die Fixierung in den Zellmaschen eiweißhaltiges Sekretionsmaterial in Form feiner Granula niedergeschlagen, die im frischen Präparat nicht da sind. In der Parotis derselben Tierart sind frisch keine Granula sichtbar, bei Osmiumsäure oder Salpetersäure treten sie hingegen gleichmäßig überall in Erscheinung. Held[2]) hat solche Fragen eingehend an der Parotis der Katze und der Submaxillaris des Kaninchens studiert. In der frischen Parotis der Katze findet er verschieden große Granula mit unterschiedlichem Lichtbrechungsvermögen. Bei Altmann-Fixierung werden daraus mattgranulierte Kugeln und feine körnige Punkte, die Altmannschen Granula. Bei Einwirkung von Alkohol platzt ein Teil der Tropfen und geht in mehrere kleine Fällungskörner über. Bei längerer Einwirkung tritt zunächst eine Quellung und Vergrößerung der Tropfen auf. Es bilden sich dabei Stränge und Netze, in denen die ursprünglich getrennten Granula als Anschwellungen zu erkennen sind. Läßt man den Alkohol noch länger einwirken, so tritt schließlich eine vollständige Lösung der Körner ein. In der Submaxillaris des Kaninchens ruft Alkohol eine Lösung der Tropfen hervor, Sublimat in den hellen Zellen desgleichen, während in den dunklen Zellen eine granuläre Fällung der Tropfen auftritt. In dieser Drüse beobachtet Held auch Zellen mit Ringgranula, die er als den vitalen Ausdruck verschiedener Lösungsverhältnisse im Tropfen auffaßt. Noll[3]) glaubt, daß die roten Körnchen, die er bei der Altmannschen Methode in den Schleimzellen der Hundesubmaxillaris sieht, nicht alle vital vorgebildet sind, die in den Halbmonden auftretenden Fädchen sind keine vitalen Strukturen. Ein gutes Beispiel für diese Frage geben uns auch die Belegzellen des Magens. Im frischen Präparat erscheinen sie mattgranulär, dicht mit Granulis erfüllt, bei absolutem Alkohol wird ihre Struktur homogen, bei Plastosomendarstellung erscheinen Granula, die an Zahl und Größe keineswegs dem Bilde der frischen Zelle entsprechen.

Wir wenden uns zur Färbung. Wir haben hier zunächst die Vital- und Supravitalfärbung kurz zu betrachten. Wir erhalten bei dieser Methode allgemeine Zellgranula, die nach M. Heidenhain nicht den Ausdruck einer vitalen Funktion darstellen und, wie von Möllendorff gezeigt hat, physikalich-chemisch zu erklären sind. Wir können andererseits mit bestimmten Farben, Janusgrün u. a., die vielleicht eine besondere Lipoidlöslichkeit besitzen, Plastosomen der Verdauungsdrüsen vital darstellen [Michaelis[4]), Laguesse[5]), Bensley[6])]. Färben wir das fixierte Gewebe, so können wir den technischen Prozeß mit M. Heidenhain und P. G. Unna chemisch, mit Pappenheim[7]) teils chemisch, teils physikalisch-chemisch oder mit Alfred Fischer und von Möllendorff physikalisch-chemisch auffassen. Die Anhänger der chemischen Theorie der Färbung schließen aus dem gleichen färberischen Verhalten der Gebilde auf ihre gleiche histochemische Natur und biologische Bedeutung und suchen durch Anwendung von Farbstoffgemischen die im Gewebe gegebenen formalen Inhalte chemisch-biologisch herauszudifferenzieren. Wie wenig eine solche Auffassung für sich hat, erhellt gerade aus den Plastosomen der Verdauungsdrüsen. Der Vielheit der physiologisch-chemischen Natur als Träger verschiedener Fermente bzw. Fermentvorstufen steht eine durchaus gleichartige Darstellung der Gebilde histologisch gegenüber. Wir müssen hier wiederum auf die kritischen Untersuchungen Alfred Fischers zurückgreifen. Fischer hat gezeigt, daß man bei Einfach- und Mehrfachfärbung je nach der Diffusionsgeschwindigkeit und Konzentration der angewandten Farbstoffe, der Dichte, Größe und Konzentration chemisch-gleicher Eiweißkörper verschiedene Färbungen bekommen kann. Es hängt der Effekt von mannigfachen physikalisch-chemischen Bedingungen ab.

Es sei als Beispiel einer physikalisch-chemischen Färbung zunächst die Färbung der Plastosomen nach Altmann angeführt. Fischer wandte diese Methode auf eine Albumose-Granulamischung verschiedener Körnchengröße an und fand, daß bei succedaner Färbung mit S-Fuchsin-Pikrinsäure die großen Granula rot, die kleinen pikringelb erscheinen. Wirken beide Färbungskomponenten aber simultan ein, so erscheinen umgekehrt die großen Granula gelb, die kleinen rot. Die Erklärung der Erscheinung liegt bei der simultanen

---

[1]) Krause, R.: Arch. f. mikroskop. Anat. Bd. 45, S. 93. 1895.
[2]) Held, H.: Arch. f. Anat. (u. Physiol.) 1893, S. 284.
[3]) Noll, A.: Arch. f. (Anat. u.) Physiol. Suppl. 1902, S. 166.
[4]) Michaelis, L.: Arch. f. mikroskop. Anat. Bd. 55, S. 558. 1900.
[5]) Laguesse, E.: Cpt. rend. des séances de la soc. de biol. Bd. 73, S. 150. 1912.
[6]) Bensley: Americ. journ. of anat. Bd. 12, S. 297. 1911.
[7]) Pappenheim, A.: Farbchemie. Berlin 1901.

Einwirkung der Färbungskomponenten in der größeren Diffusionskonstante der Pikrinsäure, bei der succedanen Einwirkung in der größeren Dichte der großen Granula. Wir können diese Befunde auch auf die ALTMANNsche Färbung am Gewebe übertragen. Wir sehen hier, daß die größten Plastosomen gelb gefärbt sind, die kleineren rot. Wir dürfen aber annehmen, daß die großen Gebilde, die vor der Verflüssigung stehen, mehr Quellungsflüssigkeit enthalten und darum weniger dicht sind als die kleinen. Sie geben darum bei der Differenzierung des mit S-Fuchsin überfärbten Präparates die rote Farbe schneller ab als die kleineren dichteren Gebilde, und die Pikrinsäure setzt sich an die Stelle des S-Fuchsins. Ganz ähnliche Prinzipien gelten für die Färbung mit Eisenhämatoxylin.

Ein anderes Beispiel einer physikalisch-chemischen Färbung gibt uns die Darstellung des Granoplasmas mit Methylgrün-Pyronin. Auch hier haben wir zunächst eine Überfärbung mit Pyronin und erst nachträglich eine Herausdifferenzierung in Alkohol. Die rote Farbe haftet dabei fester am Granoplasma, d. h. Eiweißfällungsprodukten bestimmter kolloider Eigenschaft. Differenzieren wir das Präparat zu kurz in Alkohol, so überdeckt das Pyronin die mit Methylgrün gefärbten Strukturen auch im Kern, differenzieren wir zu lange, so löst es sich aus dem Granoplasma allmählich heraus. Das Granoplasma zeigt uns noch eine andere Erscheinung, die ebenso physikalisch-chemisch zu deuten ist. In den Hauptzellen des Magens kann man beobachten, daß die als Granoplasma aufzufassenden tropfigen Gebilde des frischen Objektes Neutralrot annehmen, während die Fällungsform derselben Substanz im alkoholfixierten Präparat keine elektive Färbung mit Neutralrot gibt.

VON MÖLLENDORFF hat gezeigt, daß wir zwischen Durchtränkungsfärbung und Niederschlagsfärbung zu unterscheiden haben. Die sauren Farben geben nur die erstere, die basischen beide.

Die Darstellung der Plastosomen mit S-Fuchsin ist eine typische Durchtränkungsfärbung, ebenso die Färbung des Granoplasmas mit Pyronin im Methylgrün-Pyroningemisch, das als zweite Färbungsreaktion die Darstellung bestimmter Gebilde mit Methylgrün als Niederschlagsbild gibt. Wir könnten hier annehmen, daß die eine Farbe im Dispersionsmittel gelöst wird, während die andere an die disperse Phase adsorbiert ist. Ob letzterer Vorgang rein physikalisch-chemisch ist oder eine Salzbildung der basischen Farbe mit den Aminosäuren des Eiweißes darstellt, kann heute noch nicht entschieden werden.

Für die Beurteilung histophysiologischer Vorgänge in den Verdauungsdrüsen spielt die Färbung eine mannigfach herangezogene Rolle. Sie wird vor allem da als Beweis herangezogen, wo es sich um die Frage der Beteiligung des Kernes an der Sekretion handelt. Daß hier eine auf gleicher Färbbarkeit gegründete Beobachtung nicht ausreicht, histophysiologische Schlußfolgerungen zu ziehen, erhellt aus dem oben Gesagten. Dasselbe gilt für die amphitrope Reaktion bestimmter Zellen der Speicheldrüsen und für die metachromatische Färbung des Schleimes. VON MÖLLENDORFF hat gezeigt, daß die metachromatische Färbung z. B. mit Toluidinblau eine Niederschlagsfärbung darstellt, während bei Durchtränkungsfärbung hier blau gefärbte Gebilde erscheinen.

III. Der biologische Vorgang.

Wir haben die in den Verdauungsdrüsen uns zur kritischen Ausdeutung vorliegenden Bilder nach ihrer chemischen und physikalisch-chemischen Seite hin betrachtet und wenden uns nun der Frage zu, wie diese Bilder histophysiologisch verwertet werden können.

Gegeben sind uns Befunde am lebenden bzw. überlebenden Objekt und am technisch behandelten Präparat. Der Vergleich von Objekten, die wir unter verschiedenen experimentell vorher gesetzten physiologischen Einflüssen erhalten, aber unter gleichen Fixierungs- und Färbungsbedingungen betrachten, gibt uns hier histophysiologisch diskutierbare Befunde.

Wir haben in der Zelle zunächst präformierte morphologisierte Strukturen anzunehmen, primäre Strukturen, gleichsam die Umrandung der im funktionellen Wechsel befindlichen Gebilde.

Es sind uns in diesem Sinne gegeben die Kernmembran, das Kerngerüst und die Kernkörperchen, im Zelleib das Cytoplasma oder Protoplasma im engeren Sinne und die Zellgrenze.

Für eine weitere Struktur des Zelleibs, das Spongioplasma [P. G. Unna[1]), ver Eecke[2])] = Filarmasse [Klein[3]), List[4])] = retikuläre Substanz [Schiefferdecker[5])] = Zellsubstanznetz [Stöhr[6])] wissen wir das nicht.

Das Spongioplasma ist von Rawitz[7]) als ein Gerinnungsprodukt aufgefaßt worden, von anderen, wie R. Krause, wird diese Auffassung abgelehnt.

Langley[8]) spricht von einem Netzwerk und beobachtet sein Schwinden und Zusammenfließen bei bestimmten Funktionszuständen. Er unterscheidet in der Zelle noch eine besondere Substanz, das Hyaloplasma, das sich in den Maschen dieses Netzes befindet und den Mutterboden für die Granula darstellt. M. Heidenhain u. a. fassen das Netzwerk als eine optische Prägung auf, die durch paraplasmatische Einschlüsse entsteht.

Es ist möglich, daß wir diese Bildung in den verschiedenen Zellarten verschieden beurteilen müssen. Wenden wir uns zu den präformiert funktionellen Strukturen, die wir als Paraplasma dem Cytoplasma gegenüberstellen, so haben wir ihre Charakterisierung schon oben gegeben.

In die Gruppe der präformiert funktionellen Gebilde dürften auch die Basalfilamente Solgers[9]) = Ergastoplasma Garniers[10]) (Abb. 145), die intracellulären Sekretcapillaren und die Holmgrenschen Kanäle gehören. Wir finden schließlich Strukturen, für die die Frage ihrer Präexistenz nicht mit Sicherheit zu entscheiden ist. So die von vielen beschriebenen Intercellularlücken und -brücken, die von Kolossow[11]) und Garten[12]) als präexistent, von v. Ebner[13]) als Schrumpfungserscheinungen gedeutet wurden. Ferner die Kittleisten oder -linien, die man im Eisenhämatoxylinpräparat erhält. Ihre histophysiologische Bedeutung wurde namentlich von Zimmermann[14]) und Bonnet[15]) betont, von anderen, wie Kolossow[11]), abgelehnt. Braus[16]) erwähnt, daß ihre Darstellung launisch ist. Auf die große Zahl der bei Metallimprägnation erhaltenen Gebilde sei in demselben Sinne hingewiesen.

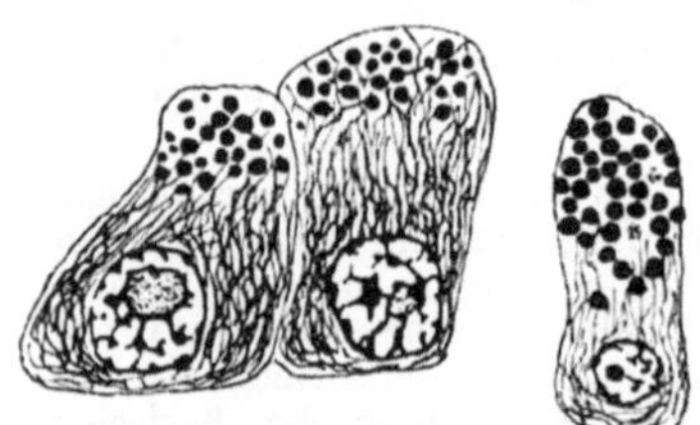

Abb. 145.   Pankreaszellen vom Frosch. Sekretkörner und fadenartiges Ergastoplasma. (Nach Mathews.)

Betrachten wir die histophysiologisch deutbaren Veränderungen, so sehen wir solche am Kern, der mitotische und amitotische Teilung zeigen kann und bei bestimmten physiologischen Zuständen seine Form, Größe und Lage ändert. Inwieweit diese Veränderungen aktiver oder passiver Art sind, läßt sich bis

---

[1]) Unna, P. G.: Zitiert auf S. 551.
[2]) ver Eecke, A.: Arch. de biol. Bd. 13, 1, S. 61. 1895.
[3]) Klein, E.: Quart. journ. of microscop. science N. F. Bd. 18. 1878; Bd. 19. 1879. — Klein, E.: Elements of histology. London 1883.
[4]) List, J. K.: Arch. f. mikroskop. Anat. Bd. 26, S. 543. 1886.
[5]) Schiefferdecker, P.: Nachr. v. d. Ges. d. Wiss., Göttingen, Nr. 2. 1884.
[6]) Stöhr, Ph.: Festschr. f. Kölliker, S. 423. Leipzig 1887; Anat. Anz. Bd. 2, S. 372. 1887; Arch. f. mikroskop. Anat. Bd. 47, S. 447. 1896; Lehrb. d. Histol. 12. Aufl. Jena 1906.
[7]) Rawitz, B.: Grundriß der Histologie. Berlin 1894.
[8]) Langley, J. N.: Zitiert auf S. 553.   [9]) Solger, B.: Zitiert auf S. 555.
[10]) Garnier, Ch.: Zitiert auf S. 555.
[11]) Kolossow, A.: Arch. f. mikroskop. Anat. Bd. 52, S. 1. 1898.
[12]) Garten, S.: Arch. f. (Anat. u.) Physiol. 1895.
[13]) Ebner, V. v.: Köllikers Handb. d. Gewebelehre d. Menschen. 6. Aufl., Bd. III, 1. Leipzig 1899.
[14]) Zimmermann, K. W.: Arch. f. mikroskop. Anat. Bd. 52, S. 552. 1898.
[15]) Bonnet, R.: 31. Bericht d. Oberhess. Ges. f. Natur- u. Heilk. 1896.
[16]) Braus, H.: Habilitationsschr. Jena 1896 u. Jenaer Denkschriften Bd. 5. 1896.

heute nicht entscheiden. Was das Kernchromatin betrifft, so dürfte nur seine Menge histophysiologische Deutungen zulassen.

Am Zelleib beobachten wir zunächst eine Änderung der Größe und Form. Am fixierten Objekt stellt dieser Wechsel einen schwer zu entwirrenden Komplex zwischen vitalem Vorgang und Effekt der Fixierung dar.

Wir haben aber in der Literatur viele Anhaltspunkte für die Auffassung, daß Form und Größe der Zelle den Ausdruck einer verschiedenen Füllung mit Zellkolloiden und Quellungswasser darstellen.

Wir sehen, daß in der Zelle bei der Sekretion die Einschlüsse sich verschieben und haben hier neben einem passiven Effekt an aktive Triebkräfte zu denken.

Diese Triebkräfte können zunächst außerhalb der Zelle liegend gedacht werden. So stellt sich UNNA[1]) vor, daß die Zelle von einem contractilen Geflecht umgeben ist, das dem Einfluß der Nerven unterliegt.

In manchen Drüsen, z. B. der Nickhautdrüse des Frosches, sehen wir um die Zelle Elemente glatter Muskelfasern, deren Kontraktion direkt zu beobachten ist. Die Tatsache aber, daß solche Elemente manchen Drüsenzellen, z. B. den einzelligen Becherzellen fehlen, spricht dafür, daß die Triebkräfte bei der Sekretion von der Zelle selber ausgehen.

STRICKER und SPINA[2]) dachten sich für die Nickhautdrüse des Frosches den Sekretionsmodus in der Weise, daß die Zelle aktiv beweglich ist, durch Streckung Flüssigkeit von der Basis her ansaugt und durch Zusammenziehung das fertige Sekret lumenwärts ausstößt.

Die Anschauung dieser Autoren ist durch R. HEIDENHAIN, BIEDERMANN[3]) und DRASCH[4]) genügend widerlegt worden.

R. HEIDENHAIN spricht von einem Wasserstrom, der in die Zelle eintritt und, in seiner Funktion an das Protoplasma gebunden, das Sekretionsmaterial zur Ausstoßung bringt.

KOLOSSOW[5]) verlegt die treibende Kraft in ein protoplasmatisches Zellgerüst, das bei seiner aktiven Kontraktion auf den paraplasmatischen Inhalt einen Druck ausübt, der sein Entweichen in bestimmter Richtung veranlaßt, bei seiner Wiederausdehnung Material für den Aufbau neuer Produkte in sich einsaugt.

Protoplasma und Kern sind nach ihm nicht aktiv am Sekretionsvorgang beteiligt. Die Volumvergrößerung des Kernes und das Hervortreten seines Gerüstwerks hat ihre Ursache im verminderten Druck des Zellinhalts bei bestimmten Funktionsstadien.

Eine besondere Bedeutung gewinnt die Granulafrage. Von der Anschauung CL. BERNARDS[6]), daß das Cytoplasma sich direkt in die Granula umbildet, sind wir abgekommen. Die Bioblastentheorie ALTMANNS und die Plasmosomentheorie J. ARNOLDS stellen nur eine besondere Modifikation dieser Auffassung dar. Andere Forscher, wie namentlich R. HEIDENHAIN, glaubten, daß bei der Granulabildung das Cytoplasma nur teilweise angegriffen wird. Die meisten Forscher hingegen lehnen eine Zerstörung des Cytoplasmas bei der Granulabildung ab. Die als Körnchen, Stäbchen oder Fädchen in der Zelle auftretenden

[1]) UNNA, P. G.: Zentralbl. f. d. med. Wiss. 1881, Nr. 14.

[2]) STRICKER S. u. A. SPINA: Sitzungsber. d. Akad. d. Wiss., Wien. Mathem.-naturw. Kl. Bd. 80, Abt. 3, S. 95. 1879.

[3]) BIEDERMANN, W.: Sitzungsber. d. Akad. d. Wiss., Wien. Mathem.-naturw. Kl. Bd. 71, S. 377. 1875; Bd. 86, S. 67. 1882; Bd. 94, S. 2. 1886 u. Zeitschr. f. allg. Physiol. Bd. 2. 1903.

[4]) DRASCH, O.: Arch. f. (Anat. u.) Physiol. 1889, S. 96.

[5]) KOLOSSOW, A.: Zitiert auf S. 558.

[6]) BERNARD, CL.: Cpt. rend. hebdom. des séances de l'acad. des sciences Bd. 34. 1852.

Gebilde sind in der Literatur sehr verschieden bezeichnet worden. Man hat auf Grund des optisch-formalen bzw. färberischen Verhaltens die kleinsten Körner als Plasmosomen, die größeren als Plastosomen oder Granula bezeichnet, die Stäbchen als Plastokonten, die Fädchen als vegetative Fäden (Altmann). Auf Grund färberischer Unterschiede, die keineswegs für eine Abgrenzung ausreichen, hat man die Mitochondrien (Chondriosomen und Chondriokonten) abgetrennt. Vom Standpunkt der Histophysiologie fallen diese Gebilde alle in dieselbe Kategorie darstellbarer Einschlüsse. Was das Wachstum der Granula betrifft, so können wir nicht entscheiden, ob es aus sich heraus oder durch Verschmelzung kleinerer Elemente erfolgt. Dasselbe gilt für die Umwandlung der Granula in Stäbchen. Für den physikalisch-chemischen Begriff der Dispersitätserhöhung und Quellung der Granula hat die Histophysiologie den Begriff der Reifung geprägt. Es decken sich beide Anschauungen, wenn wir den biologischen Vorgang zunächst physikalisch-chemisch deuten. Vom Standpunkt der Verdauungs- und Stoffwechselphysiologie können wir die in der Zelle vorhandenen Einschlüsse in Betriebsstoffe und Baustoffe trennen. Zu den Betriebsstoffen gehört das Neutralfett, das Glykogen und das Granoplasma. Zu den Baustoffen haben wir vor allem die Kategorie der Körnchen, Stäbchen und Fädchen zu rechnen.

Vom Standpunkt der Fermentlehre sind wir geneigt, in diesen Bildungen das histophysiologische Äquivalent der Fermentbereitung zu erblicken. Es kann sich aber nur um kompliziert gebaute Trägersubstanzen handeln, an die Fermente bzw. Profermente irgendwie gebunden sind.

Wir sehen hier vor allem, daß mehreren Fermenten bzw. Vorstufen histologisch nur eine Kategorie von Einschlüssen gegenübersteht.

Wir sehen ferner, daß die Einschlüsse vorhanden sein können, das Ferment aber nicht. So konnten Ellenberger und Hofmeister[1]) im Pankreas des hungernden Pferdes kein Trypsinogen nachweisen, trotzdem die Zymogenkörnchen der Drüse vorhanden waren. Für die Speicheldrüsen gilt zum Teil dasselbe [Goldschmidt[2]) und Gottschalk[3])].

B. Die Mundhöhlendrüsen.

I. Der allgemeine Bau der Mundhöhlendrüsen als Ausdruck der Funktion.

Die Drüsensekrete der Mundhöhle haben bei den Wirbeltieren zwei Aufgaben zu erfüllen, eine mechanische und eine chemische. Die phylogenetisch ältere mechanische Aufgabe ist an das Auftreten von schleimproduzierenden, mukösen Drüsen geknüpft, die als Sekret den Schmier- oder Gleitspeichel liefern. Er schützt das Innere der Mundhöhle vor Austrocknung, begünstigt das Haftenbleiben der aufgenommenen Nahrung, erhöht ihre Gleitfähigkeit beim Schluckakt und schafft eine schützende Umhüllung um solche Nahrungsmittel, welche wegen ihrer gröberen Beschaffenheit die Gebilde der Mundhöhle mechanisch reizen und verletzen könnten. Wir verstehen aus diesen funktionellen Aufgaben, daß die Speicheldrüsen den im Wasser lebenden Wirbeltieren fehlen. Die Fische besitzen nur Becherzellen, die Speicheldrüsen fehlen auch den Seeschildkröten und den Walen, sie sind klein bei den Krokodilen, bei den Robben rückgebildet und bei den Sumpf- und Schwimmvögeln weniger ausgestaltet als bei anderen

---

[1]) Ellenberger, W. u. W. Hofmeister: Arch. f. wiss. Tierheilk. Bd. 7—10. 1881—1884.
[2]) Goldschmidt, E.: Hoppe-Seylers Zeitschr. f. physiol. Chem. Bd. 10, S. 273, 299, 361. 1886.
[3]) Gottschalk, A.: Inaug.-Dissert. Zürich 1910.

Ausdehnung der Speicheldrüsen von Chelidon urbica (in Millimetern gemessen) nach MATHILDE ANTONY.

Drüse	I. 10 Tage alt	II. 3 Wochen alt	III. Junge, ausgewachsene Hausschwalbe	IV. Alte Hausschwalbe zur Zeit des Nestbaues getötet	V. Zunahme der Ausdehnungen, in % ausgedrückt, bezogen auf die 10 Tage alte Schwalbe
Gl. mandibul. externa	Gesamtlänge . . . . 7 Maximalbreite . . . 1,2 Schlauchdrüse Breite im vord. Teil 0,2 Breite im hint. Teil 0,3	Gesamtlänge . . . . 8 Maximalbreite . . . 1,6 Schlauchdrüse wie I	Gesamtlänge . . . . 9 Maximalbreite wie II Schlauchdrüse wie I	Gesamtlänge . . . . 9 Maximalbreite . . . 2,5 Schlauchdrüse Breite im vord. Teil (Durchschnitt) . . 0,25 Breite im hint. Teil 0,6	Gesamtlänge . . . 28,6 Maximalbreite . . 108,3 Schlauchdrüse Breite im vord. Teil 25 Breite im hint. Teil 100
Gl. mandibul. medialis	Gesamtlänge . . . . 6 Maximalbreite . . . 0,6 größte Einzeldrüse Breite . . . . 1 Länge 0,5	Gesamtlänge . . . . 6 Maximalbreite . . . 0,7 größte Einzeldrüse Länge . . . . . . 1,1 Breite 0,5	Gesamtlänge wie II Maximalbreite wie II größte Einzeldrüse wie II	Gesamtlänge . . . . 8,5 Maximalbreite . . . 1 größte Einzeldrüse Länge . . . . . . 1,3 Breite 0,7	Gesamtlänge . . . 41,7 Maximalbreite . . 66,7 größte Einzeldrüse Länge . . . . . . 30 Breite 40
Gl. mandibul. interna	Gesamtlänge . . . . 1,4 Maximalbreite . . . 0,3	Gesamtlänge . . . . 1,6 Maximalbreite wie I	Gesamtlänge wie II Maximalbreite wie II	Gesamtlänge . . . . 2 Maximalbreite . . . 0,7	Gesamtlänge . . . 42,9 Maximalbreite . . 133,3
Gl. linguales inferiores	Gesamtlänge . . . . 1 Maximalbreite . . . 0,2	Gesamtlänge . . 1,1—1,2 Maximalbreite 0,25—0,3	Gesamtlänge wie II Maximalbreite wie II	Gesamtlänge . . . . 1,2 Maximalbreite . . . 0,3	Gesamtlänge . . . 20 Maximalbreite . . 50
Gl. linguales superiores	Höhe des Dreiecks . 1,6 Länge der Basis 2—2,2	Höhe des Dreiecks . 2 Länge der Basis 2,6—2,8	Höhe des Dreiecks wie II Länge der Basis . . 2,8	Höhe des Dreiecks . 2,8 Länge der Basis . . 2,8	Höhe des Dreiecks 75 Länge der Basis . 40
Gl. palato-pterygoid.	Breite im vord. Teil 2,8 Breite im hint. Teil 2,4	Breite im vord. Teil 3 Breite im hint. Teil 2,8	Breite im vord. Teil 3 Breite im hint. Teil 3—3,2	Breite im vord. Teil 4	Breite im vord. Teil 42,9
Gl. angularis oris	Schlauchdrüse Länge . . . . . . 5 Maximalbreite . . . 0,2 Gesamtbreite an der Mündung 2	Schlauchdrüse Länge wie I Maximalbreite . . . 0,6	Schlauchdrüse Länge wie I Maximalbreite . 0,6—0,7	Schlauchdrüse Länge . . . . . . 6 Maximalbreite . . . 0,8 Gesamtbreite an der Mündung 4	Schlauchdrüse Länge . . . . . 20 Maximalbreite. . . 300 Gesamtbreite an der Mündung . . . 100

Vögeln. Eine Sonderrolle kommt den mukösen Drüsen einiger Vogelarten zu, welche ihr Nest aus allerhand Material verfilzen und dabei als Bindemittel ihren Speichel verwenden (Buchfink, Distelfink, Schwanz- und Beutelmeise). Speichel verwendet beim Nestbau auch der Mauersegler, in noch ausgiebigerer Weise die Haus- und Rauchschwalbe, die mit ihm Lehm und Erdteilchen, aus denen ihre Nester bestehen, zusammenkitten. In den echten Suppenschwalben haben wir sogar Vögel vor uns, welche ihr Nest ganz aus Speichel bauen. Anatomisch finden wir entsprechend beim Mauersegler und der Haus- und Rauchschwalbe zur Zeit des Nestbaues eine beträchtliche Anschwellung der Unterkieferdrüsen [Marshall[1]), Mathilde Antony[2])].

Einen engen Zusammenhang zwischen anatomischem Bau und physiologischer Funktion finden wir ferner bei einigen Tierarten, die ihre Fangzunge wie eine Leimrute benutzen und mit klebrigem Speichel überziehen, damit die aus lebenden, sich bewegenden Insekten bestehende Nahrung besser daran haftet.

Wir sehen dies bei den ameisenfressenden Spechten, dem Wendehals und Grünspecht, den ameisenfressenden Säugetieren, Ameisenigel und Ameisenbär.

Anatomisch finden wir hier eine bedeutende Ausgestaltung der Unterkieferdrüse als Anpassung an die Art der Nahrungsaufnahme.

Bei den Buntspechten, die neben Insekten Beeren fressen, und beim Schwarzspecht, der sich von Käfern und ihren Larven nährt, weist die für Spechte charakteristische Gl. picorum keine solche Größenentwicklung auf.

Eine zweite, phylogenetisch jüngere Aufgabe der Mundhöhlendrüsen besteht in der Produktion eines Speichels, dem die Verdünnung und Neutralisation der Nahrung und die Verdauung der Kohlenhydrate zukommt.

Gelangen feste Stoffe in die Mundhöhle, so werden sie gelöst und schmeckbar gemacht, allzu stark reizende werden verdünnt und ihre Reizwirkung dadurch abgeschwächt, durch den Erguß flüssigen Speichels werden schließlich auch die Gräben der Geschmacksorgane der Zunge gereinigt. Es bestehen hier Beziehungen zur Physiologie der Magenverdauung, indem vom Schmecken der Stoffe im Mundraum wichtige Reflexe auf den Magen ausgehen. Schon lange ist es bekannt, daß auf Einbringung von Säure oder Alkali der Speichel besonders große Eiweißmengen (Albuminate) enthält, welche die Säure bzw. das Alkali neutralisieren. Zu diesen Aufgaben kommt die fermentative, die Produktion des Ptyalins hinzu. All diese Aufgaben sind an die serösen Komplexe geknüpft, an die serösen Zungendrüsen, die Parotis und die serösen Anteile der gemischtzelligen Submaxillaris und Sublingualis.

Bei den Arten, welche saftige Nahrung aufnehmen, vor allem bei den Fleischfressern, sehen wir die serösen Anteile gering entwickelt.

Eine starke Entwicklung dieser Komplexe beobachten wir hingegen bei den Säugetieren, welche sich von trockener, kohlenhydratreicher Kost ernähren, vor allem bei den grasfressenden Wiederkäuern und bei den Nagern. R. Krause[3]) konnte für die Submaxillaris bzw. Retrolingualis der Säuger folgende Reihe aufstellen, in der die minimalste Entwicklung der serösen Komplexe obenan steht:

Bär, Hund, Schwein, Katze, Schaf, Gazelle, Mensch, Affe, Manguste.

Der carnivore Hund besitzt vorwiegend muköse, der omnivore Mensch vorwiegend seröse Komplexe.

Bei den Giftschlangen gewinnt die hintere Oberlippendrüse (Parotis) als Giftdrüse die Sonderfunktion der Giftbereitung; dieselbe Funktion kommt einer Unterkieferdrüse bei der giftigen Eidechse Heloderma suspectum Cope zu.

[1]) Marshall, W.: Der Bau der Vögel. Webers naturwiss. Bibl., Leipzig 1895.
[2]) Antony, Mathilde: Zool. Jahrb., Abt. f. Anat. Bd. 41, H. 4, S. 547. 1920.
[3]) Krause, R.: Arch. f. mikroskop. Anat. Bd. 49, S. 707. 1897.

Die Ausgestaltung und die Wirkungsbreite der hier besprochenen physiologischen Funktionen der Mundhöhlendrüsen ist anatomisch-histologisch durch Zahl und Verteilung der Drüsen im Mundraum und durch ihren allgemeinen Aufbau charakterisiert.

Wir können dies durch die Wirbeltierreihe hindurch verfolgen.

Die Amphibien besitzen nur muköse Drüsen, die als Zungendrüsen, Zwischenkieferdrüsen (Gl. intermaxillaris oder internasalis) und Rachendrüsen der Anuren auftreten.

Bei den Reptilien können wir bereits Zungen-, Gaumen-, Unterzungen- und Lippendrüsen unterscheiden. Hier kommt es zum ersten Male zur Bildung seröser Elemente, z. B. an der Unterzungendrüse von Lacerta und Anguis fragilis [v. SEILLER[1])].

Eine noch weitgehendere Ausgestaltung sehen wir dann bei den Vögeln, deren Speicheldrüsen nach M. ANTONY als Gl.Gl. linguales superiores und inferiores, mandibulares anteriores und posteriores, arytaenoideae, palatinae, pterygoideae und Gl. angularis oris = Parotis der älteren Autoren zu unterscheiden sind.

Bei den Säugetieren haben wir die mukösen und serösen Zungendrüsen, die Drüsen der Lippen, Backen und des Gaumens von den eigentlichen Speicheldrüsen (Parotis, Submaxillaris und Sublingualis) zu trennen.

RANVIER[2]) und ZUMSTEIN[3]) haben gezeigt, daß einigen Säugetieren eine Gl. retrolingualis zukommt. Die Drüse unterscheidet sich von der Submaxillaris dadurch, daß sie nur einen Ausführungsgang besitzt und hinter der Kreuzung des N. lingualis mit dem Ausführungsgang liegt. Sie findet sich bei Ratte, Maus, Hamster, Eichhörnchen, Meerschweinchen, Igel, Spitzmaus, Maulwurf, Frettchen, Wiesel, Hermelin, Fledermaus, Hund, Katze, Schwein, Schaf und Rind, fehlt beim Kaninchen, Hasen, Pferd und Esel.

Alle Mundhöhlendrüsen dürfen wir uns aus einfachen Einsenkungen des Epithels entstanden denken. Die Vergrößerung der sezernierenden Fläche und das Zusammendrängen auf kleinen Raum hat eine Fältelung der sekretbildenden Zellschichten notwendig gemacht, die sich im histologischen Bau mannigfach ausdrückt. Es entstanden auf diese Weise die einfachen und zusammengesetzten, d. h. verästelten schlauchförmigen (tubulösen), schlauchtraubenförmigen (alveolotubulösen) und rein traubenförmigen (alveolären) Drüsen. Durch diese Bildungen war die Schaffung eines Sekretsammelraumes gegeben, den wir noch in besonderer Weise ausgestaltet finden können. Wir sehen diese ausführenden Röhrensysteme bei der Parotis in Schaltstücke, Speichelröhren und Ausführungsgänge getrennt, bei der Submaxillaris als Schaltstücke, Sekretröhren und Ausführungsgänge, bei der Sublingualis als Sekretröhrenandeutung und Ausführungsgänge. Die Histophysiologie macht es wahrscheinlich, daß einigen dieser Bildungen besondere sekretorische Funktionen zukommen.

In den gemischten seromukösen Speicheldrüsen, Submaxillaris, Retrolingualis und Sublingualis, gewinnen die serösen Anteile, die GIANUZZIschen *Halbmonde*, ein besonderes histophysiologisches Interesse.

Die historische Betrachtung zeigt, daß die Halbmonde funktionell sehr verschieden gedeutet worden sind.

Nach der Ersatztheorie R. HEIDENHAINs stellen sie Ersatzzellen für die bei der Sekretion zugrunde gehenden Schleimzellen dar.

Nach der Zweiphasentheorie [HEBOLD[4]), STÖHR[5]), NADLER[6]), SEIDENMANN[7]), NOLL[8]) u. a.] sind die Halbmondzellen junge oder sekretleere Schleimzellen.

Nach der Zweisekrettheorie dagegen, die von den meisten Untersuchern [v. EBNER[9]), LANGLEY[10]), SOLGER[11]), R. KRAUSE[12]), E. MÜLLER[13]), ZIMMERMANN[14]),

---

[1]) SEILLER, R. v.: Arch. f. mikroskop. Anat. Bd. 88, S. 177. 1891 u. Festschrift f. Leuckart, S. 250. Leipzig 1892.

[2]) RANVIER, L.: Zitiert auf S. 553.   [3]) ZUMSTEIN, J.: Habilitationsschr. Marburg 1891.

[4]) HEBOLD, O.: Inaug.-Dissert. Bonn 1879.   [5]) STÖHR, PH.: Zitiert auf S. 558.

[6]) NADLER, J.: Arch. f. mikroskop. Anat. Bd. 50, S. 419. 1897.

[7]) SEIDENMANN, M.: Internat. Monatsschr. f. Anat. u. Physiol. Bd. 10, S. 599. 1893.

[8]) NOLL, A.: Zitiert auf S. 556.   [9]) EBNER, V. v.: Zitiert auf S. 558.

[10]) LANGLEY, J. N.: Zitiert auf S. 553.   [11]) SOLGER, B.: Zitiert auf S. 555.

[12]) KRAUSE, R.: Zitiert auf S. 562.

[13]) MÜLLER, E.: Arch. f. mikroskop. Anat. Bd. 45, S. 463. 1895; Arch. f. Anat. (u. Physiol.) 1896, S. 305; Zeitschr. f. wiss. Zool. Bd. 64, S. 624. 1898.

[14]) ZIMMERMANN, K. W.: Zitiert auf S. 558.

Kolossow[1]), Oppel, Maximow[2]) u. a.] vertreten wird, sind sie Bildungen sui generis, die keine funktionellen Übergänge zu den Schleimzellen zeigen.

Nach neueren Untersuchungen M. Heidenhains[3]) zeigen die Halbmondzellen der Submaxillaris bei Anwendung seiner verbesserten Mallory-Färbung eine amphitrope Reaktion, d. h. sie geben zugleich die charakteristische Farbenreaktion für seröses Sekretmaterial und Schleimstoffe. Die Halbmonde sollen hier aus den Acinis durch Verschleimung der Schaltstücke entstanden sein.

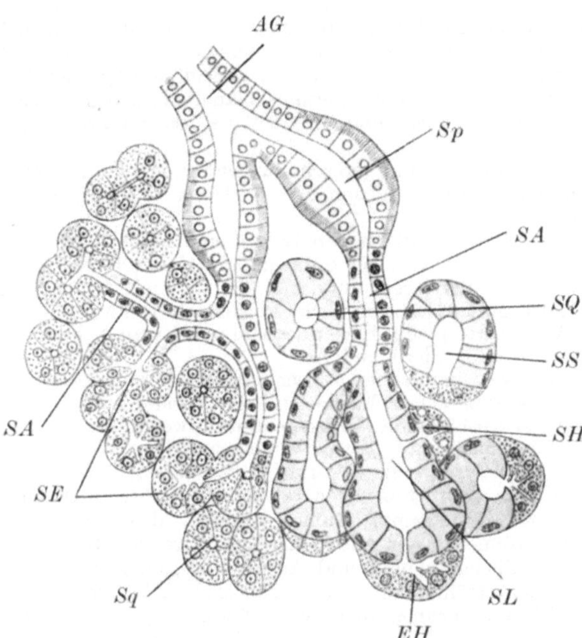

Abb. 146. Schema der Submaxillardrüse vom Menschen. Äußere Umrisse sowie gegenseitige Größenverhältnisse der Schleimschläuche und Eiweißalveolen unter teilweiser Benutzung der Rekonstruktionen von S. Maziarski. *AG* Ausführungsgang eines Endläppchens; *Sp* Speichelrohr; *SA* Schaltstück; *SL* ein Schleimschlauch der Länge nach; *SQ* quergetroffen; *EH* endständiger, echter Halbmond; *SH* seitenständiger Halbmond; *SS* Übergang eines Schleimschlauches in einen serösen Abschnitt, wodurch eine halbmondartige Bildung vorgetäuscht wird; *SE* seröse Alveolen mit Sekretröhrchen im Längsschnitt; *Sq* im Querschnitt. (Nach Schaffer: Zeitschrift für wissenschaftliche Zoologie 89.)

Metzner[4]), der die Heidenhainsche Färbemethode auf die Parotis anwandte, fand eine amphitrope Reaktion in der Parotis des Hundes, während die Parotis des Menschen sie nicht gibt.

Erhebliche Abweichungen vom typischen Bau finden wir in den **Speicheldrüsen der Insectivoren** [Kultschizky[5]), Loewenthal[6]), R. Krause[7]), Schaffer[8])]. Krause beschreibt in der Retrolingualis des Igels neben Schleimzellen granulahaltige Zellen serösen Charakters und Übergänge zwischen beiden Zellformen. In der Parotis derselben Tierart sind besondere centroacinäre Zellen vorhanden, in den Drüsentubuli der Submaxillaris neben centroacinären Zellen Tubuli serösen Charakters, deren Endstück mit mucinoiden Zellen ausgekleidet sind. In der Submaxillaris des Maulwurfs setzen sich die kurzen Schaltstücke nach Schaffer in verästelte breite Röhren fort, denen am Ende und auch seitlich breite Halbmonde aufsitzen, deren Zellen eine mit Mucicarmin stark färbbare Oberflächenzone zeigen (Abb. 146 u. 147). In der Submaxillaris der Wasserspitzmaus finden sich die gleichen Zellen.

Fragen wir, *auf welche serösen Komplexe wir uns die Bildung des Ptyalins lokalisiert denken müs⁸en*, so haben schon Goldschmidt[9]) und Gottschalk[10]) gezeigt, daß dem Parotisspeichel des Pferdes das

[1]) Kolossow, A.: Zitiert auf S. 558.
[2]) Maximow, A.: Arch. f. mikroskop. Anat. Bd. 58, S. 1. 1901.
[3]) Heidenhain. M.: Anat. Anz. Bd. 52, S. 305. 1919/20.
[4]) Metzner, R.: Pflügers Arch. f. d. ges. Physiol. Bd. 201, S. 60. 1923.
[5]) Kultschizky, N.: Zeitschr. f. wiss. Zool. Bd. 41, S. 99. 1885.
[6]) Loewenthal, N.: Anat. Anz. Bd. 9, S. 223. 1894 und Arch. f. mikroskop. Anat. Bd. 71, S. 588. 1908.
[7]) Krause, R.: Zitiert auf S. 556.
[8]) Schaffer, J.: Zeitschr. f. wiss. Zool. Bd. 89, S. 1. 1908.
[9]) Goldschmidt, E.: Zitiert auf. S. 560.   [10]) Gottschalk, A.: Zitiert auf S. 560.

Ptyalin fehlt, während nach Ellenberger und Hofmeister[1]) dem gemischten Speichel des Tieres eine kräftige diastatische Wirkung zukommt. Scheunert und Trautmann[2]) fanden in gleicher Weise im Parotisspeichel des Pferdes und auch im Parotis- und Submaxillarisspeichel des Schafes keine Diastase. Nach Steinmetzer und Schwarz[3]) ist der gemischte Mundspeichel von Mensch und Schwein diastatisch wirksam, der von Pferd, Rind und Hund diastatisch unwirksam, weil hier das Proferment fehlt, indes die Aktivatoren vorhanden sind. Astaschewsky[4]) fand den Speichel von Ratte, Mensch, Kaninchen, Katze, Hund, Schaf und Ziege in abnehmender Reihe diastatisch wirksam. Wir sehen, daß hier sehr komplizierte Verhältnisse vorliegen, die uns eine histologische Lokalisation auf die einzelnen serösen Komplexe der Mundhöhlendrüsen vorerst nicht ermöglichen. Was speziell die Halbmonde betrifft, so brachte sie Laserstein[5]) mit der Produktion krystalloider Stoffe in Beziehung, während ihnen Krause[6]) die Bildung von Albuminaten zuschreibt. Daß diese Komplexe der Parotis nicht gleichwertig sind, hat Noll[7]) betont. Nach Pischinger[8]) sind die Acini und Halbmonde in der Sublingualis, Submaxillaris und Parotis des Menschen zwar gleichgebaut, ihr Sekret aber verschieden. Die Bildung des Enzyms wird in die Endstücke verlegt.

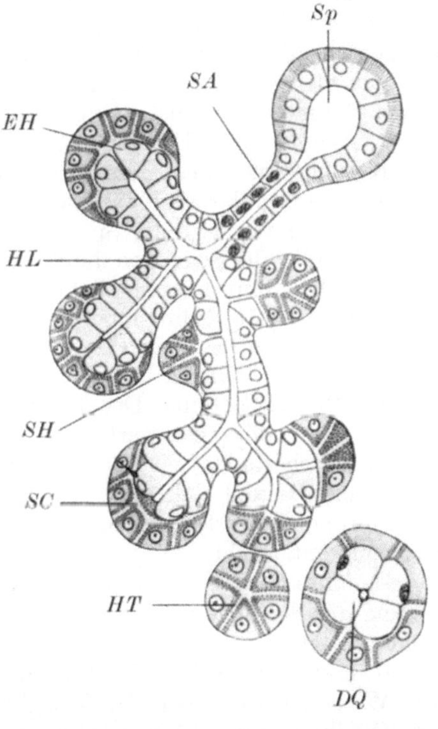

II. Histophysiologie der Mund-
höhlendrüsen.

Im normalen Zyklus der Verdauung wechseln in den Mundhöhlendrüsen Zustände der Ruhe und der Tätigkeit miteinander ab.

In der Sekretionsruhe wird das Sekretmaterial im Rahmen des Baustoffwechsels aus dem metamikroskopischen Protoplasma der Zelle durch formaloptische Stadien hindurch gebildet und die Zelle damit aufgeladen. Bei der Sekretion wird das Sekretmaterial in der Zelle zur Löslichkeit vorbereitet oder bereits intracellulär gelöst; den ersteren Sekretionsmodus beobachten wir im allgemeinen bei den serösen Zellen, den letzteren bei den Schleimzellen.

Sp SA EH HL SH SC HT DQ

Abb. 147. Schema der Submaxillaris des Maulwurfs. *HL* Heller Zellschlauch längs; *DQ* Drüsenschlauch quer; *HT* Halbmond tangential; *SC* Sekretspalten; *Sp* Speichelrohr; *SA* Schaltstück. (Nach Schaffer: Zeitschrift für wissenschaftliche Zoologie 89.)

---

[1]) Ellenberger, W. u. W. Hofmeister: Zitiert auf S. 560.
[2]) Scheunert, A. u. A. Trautmann: Pflügers Arch. f. d. ges. Physiol. Bd. 192, S. 1, 33, 70. 1921.
[3]) Steinmetzer, K. u. C. Schwarz: Fermentforschung Bd. 7, H. 4, S. 229. 1924.
[4]) Astaschewsky: Zentralbl. f. d. med. Wiss. Bd. 15. 1877.
[5]) Laserstein, S.: Pflügers Arch. f. d. ges. Physiol. Bd. 55, S. 417. 1894.
[6]) Krause, R.: Zitiert auf S. 562.
[7]) Noll, A.: Zitiert auf S. 556.
[8]) Pischinger, A.: Zeitschr. f. mikroskop.-anat. Forschung Bd. 1, S. 437. 1924.

Wir finden die Spanne der Reifung der Präprodukte bis zum fertigen Sekret in den Schleimzellen beschränkt, während sie in den serösen Zellen mehrere histophysiologisch charakterisierbare Phasen durchläuft.

An das Stadium der Sekretbereitung schließt sich das der Ausstoßung und Beförderung durch die Abführwege.

In manchen serösen Komplexen bilden sich hierbei zum Lumen gerichtete, wandlose intracelluläre Sekretkanäle, welche den histophysiologischen Ausdruck einer Trennung fertigen Sekretes von seinen Vorstufen bereits in der Zelle darstellen. In den Schleimzellen sehen wir solche Gebilde nicht, weil hier ein direkter intracellulärer Übergang der Präprodukte in das fertige Sekret besteht.

Die Stoffe, welche die Speicheldrüsen zum Aufbau des Sekretmaterials benötigen, werden durch das Blut bzw. die Lymphe zugeführt.

Die tätige Drüse ist stärker durchblutet, wir sehen dies schon an der rötlichen Farbe des Organs, sie verbraucht 3—4 mal mehr O_2 als im Ruhezustand, ihre CO_2- und Lymphproduktion ist gesteigert.

Kowalewsky[1]) hat gezeigt, daß wir in den Speicheldrüsen zwei miteinander verbundene Capillarnetze unterscheiden können.

Das eine versorgt die Speichelgänge, das andere die Alveolen.

Indem bei der Sekretion die Speichelgänge sich füllen und das sie versorgende Capillarnetz komprimieren, fließt mehr Blut durch das Gefäßnetz der Alveolen und schafft damit Bedingungen eines besseren Ersatzes für die bei der Sekretion abgegebenen Stoffe.

Daß dieser Ersatz bereits während der Sekretion stattfindet, hat schon R. Heidenhain betont. Der Ersatz geht von der Zellbasis aus und läßt sich auch histophysiologisch verfolgen.

Chemisch finden wir entsprechend nach R. Heidenhain[2]), Pawlow[3]) und Henderson[4]), daß sich zwar der Eiweißgehalt der serösen Komplexe bei der Tätigkeit vermindert, aber nicht in dem Maße, als der Eiweißmenge des gebildeten Speichels entspricht.

Ellenberger und Scheunert fanden sogar in der Submaxillaris bei Nervenreizung die N-Menge größer als bei der ruhenden und nicht gereizten Drüse der anderen Seite.

R. Heidenhain[2]) stellte für die Submaxillaris des Hundes eine Zunahme des Wassergehaltes bei der Tätigkeit fest, die auch histophysiologisch in der Quellung und Löslichkeitsvorbereitung der Präprodukte zum Ausdruck kommt.

Er führte den Nachweis, daß wir für den Sekretionsprozeß der Speicheldrüsen zwei Arten von Nervenfasern zu unterscheiden haben, sekretorische, vorwiegend in den cerebralen Speicheldrüsennerven verteilte, und trophische, die vorwiegend im Sympathicus verlaufen. Die sekretorischen Fasern regulieren die Wasserabsonderung, die trophischen Fasern die chemische Umsetzung in den Zellen, die Bildung der festen Sekretionsprodukte.

Für die Speichelröhren hat Merkel[5]) die Ansicht vertreten, daß sie konzentrierte Speichelsalze, vor allem Kalk ausscheiden.

---

[1]) Kowalewsky, N.: Arch. f. Anat. (u. Physiol.) 1885, S. 385.
[2]) Heidenhain, R.: Med. Zentralbl. Bd. 9, S. 130. 1866; Studien a. d. Physiol. Inst. zu Breslau. Leipzig 1868; Pflügers Arch. f. d. ges. Physiol. Bd. 10, S. 557. 1875; Bd. 17, S. 1. 1878; Arch. f. mikroskop. Anat. Bd. 6. 1870; Pflügers Arch. f. d. ges. Physiol., Suppl.: Bd. 43. 1888.
[3]) Pawlow, J. P.: Die Arbeit der Verdauungsdrüsen. Wiesbaden 1898; Pflügers Arch. f. d. ges. Physiol. Bd. 16, S. 123. 1877/78.
[4]) Henderson: Americ. journ. of physiol. Bd. 3, S. 19. 1899.
[5]) Merkel, F.: Die Speichelröhren. Rektoratsprogramm. Leipzig 1883.

WERTHER[1]) hat auf chemischem Wege nachgewiesen, daß dies nicht richtig sein kann. SOLGER[2]) konstatierte in den Epithelien der Ausführungsgänge Pigmentschollen und mit Pigment beladene Vakuolen. Über die histophysiologische Deutung dieses Befundes können wir uns keine Vorstellung bilden.

1. Sekretbereitung.

a) Die Schleimzellen.

Wir beginnen mit der histophysiologischen Betrachtung der Schleimzellen, die in Gestalt der Becherzellen, gleichsam als einzellige Schleimdrüsen, auftreten und in vielzelligem Verband die mukösen Drüsen und Drüsenanteile des Mundraumes bilden.

An jeder Becherzelle beobachten wir eine basale homogene Protoplasmamasse, die sich gegen den granulären Inhalt abgrenzt und den Zellkern enthält. Mit ihr in Verbindung steht die protoplasmatische Umgrenzung der Zelle, die Theca, die lumenseits offen ist und das Stoma bildet. Der Raum zwischen basalem Protoplasma und Stoma ist von einer hellen Grundmasse erfüllt, welche, wie FR. E. SCHULZE[3]) als erster an den Becherzellen des Mundrachenraumes einiger Reptilien und Amphibien und des Wirbeltierdarmes erkannte, rundliche Körner, die Schleimgranula, enthält.

Die Histophysiologie der Schleimzelle läßt sich auch am *lebenden und überlebenden Objekt* studieren.

MERK[4]) hat die Becherzellen von Forellenembryonen im Leben beobachtet. Die Becherzellen enthielten hier einen homogenen Inhalt, in dem hellere oder dunklere Flecke eine Körnelung andeuteten. Dieser Inhalt zeigte im Leben eine träge Bewegung, wobei die Flecken ihr Lichtbrechungsvermögen und ihre Form änderten.

Am Stoma war das Austreten des Zellinhalts manchmal in Gestalt größerer oder kleinerer Pfröpfe zu beobachten, deren Ablösung sich in den verschiedenen Stadien verfolgen ließ. In diesen Pfröpfen, auch wenn sie sich bereits abgelöst hatten, sah MERK Körnchen, die sich in lebhafter Bewegung befanden und schließlich dem Blick entschwanden, als seien sie geplatzt. Er betonte, daß bei den von ihm beobachteten Zellen der Sekretionsvorgang ohne die als eine Quellung deutbare Pfropfbildung am häufigsten war. Er glaubte deshalb, die Vorgänge, bei denen die Körnchen ohne Pfropfbildung direkt aus dem Zellinneren herausgeschleudert wurden, als den Ausdruck eines von der Basis nach dem Lumen gerichteten Flüssigkeitsstromes auffassen zu müssen. Die von MERK beobachteten Erscheinungen verliefen sehr rasch, der Kern zeigte dabei keine Veränderungen.

BIEDERMANN[5]) hat an den Zungendrüsen des Frosches in vivo verschiedene histophysiologische Zustände beobachtet. Oft boten die Zellen einer Drüse verschiedene Funktionsstadien dar. An den frischen Zellen ließ sich zunächst eine dunkelkörnige Innenzone und eine ganz hyaline Basalzone unterscheiden. Auch in dieser Zone waren oft Körnchen vorhanden. Die Körnchen der Innenzone waren in manchen Zellen spärlicher, in anderen blasser, wie gequollen, vakuolenartig. Bei Einwirkung von destilliertem Wasser wurden alle Körnchen durch Quellung blasser, die Quellung der bereits gequollenen blasseren

---

[1]) WERTHER, M.: Pflügers Arch. f. d. ges. Physiol. Bd. 38, S. 293. 1886.
[2]) SOLGER, B.: Zitiert auf S. 555.
[3]) SCHULZE, FR. E.: Zeitschr. f. wiss. Zool. Bd. 12, S. 218. 1863; Arch. f. mikroskop. Anat. Bd. 3, S. 191. 1867; Abh. d. Berlin. Akad. d. Wiss. 1888, S. 59 u. Biol. Zentralbl. Bd. 8, S. 580. 1888.
[4]) MERK, FR.: Sitzungsber. d. Akad. d. Wiss., Wien. Mathem.-naturw. Kl., Bd. 93, S. 3. 1886.
[5]) BIEDERMANN, W.: Zitiert auf S. 559.

Körnchen war aber stärker. Bei Reizung des N. IX trat unter aktiver Hyperämie der Drüse fädiges Sekret aus. Die Veränderungen in den Zellen traten dabei sehr langsam auf. Die dunklen Körner waren nach 4—6 Stunden maximaler Reizung fast geschwunden, die Zelle zeigte ein homogenes protoplasmatisches Aussehen mit allen Übergängen aus dem sekreterfüllten in den sekretleeren Zustand. Der Schwund der Körnchen bei der einer maximalen Tätigkeit gleichkommenden Reizung erfolgte an der basalen Seite zuerst, indem gleichzeitig die basale hyaline Zone nach der Innenseite der Zelle sich ausbreitete. Die gereizten Drüsen waren verkleinert, geschrumpft, ihre Höhe unverändert, ihre Breite verringert, ihre Form gestreckt. Oft trat infolge Retention zähen Sekretes Cystenbildung auf. Ein Wiederersatz der Körnchen war 12 Stunden nach der Reizung noch nicht zu beobachten. Was den Kern betrifft, so fand ihn Biedermann in allen Funktionszuständen unverändert. Ein Zugrundegehen von Zellen bei der Sekretion wurde nie beobachtet.

Die überlebende Nickhautdrüse des Frosches zeigte nach Biedermann ähnliche Verhältnisse. Auch hier waren in einer Drüse verschiedene funktionelle Bilder gleichzeitig vorhanden. Neben protoplasmatisch homogenen Zellen traten solche auf, die eine von stark lichtbrechenden Körnchen erfüllte Innenzone zeigten. Diese Zone ragte oft in das Drüsenlumen hinein. Bei der Sekretbildung quollen die Körnchen der Innenzone zu blassen, vakuolenartigen Gebilden auf, diese flossen zusammen und entleerten sich dann in das Drüsenlumen. Zwischen den Vakuolen waren dann von der hyalinen Basalzone ausgehende gekörnte Netzstrukturen zu sehen. Bei Reizung mit Induktionsschlägen traten diese Vakuolenbilder zahlreich auf. Bei Injektion von Pilocarpin war die Vakuolenbildung so gesteigert, daß die Zellen ein schaumiges Aussehen gewannen, die Vakuolisierung war jetzt auch an den hellen protoplasmatischen Zellen zu beobachten. Dieselben Bilder ergaben frisch untersuchte Becherzellen der Zungenschleimhaut bei Pilocarpinvergiftung.

Von besonderer Bedeutung für die physikalisch-chemische Seite der Frage ist seine Feststellung, daß sich auch durch Applikation des Giftes auf das herausgeschnittene frische Objekt dieselben Veränderungen hervorrufen ließen. Eine aktive Bewegung der Zellen beim Sekretionsvorgang war nie zu beobachten.

Drasch[1]) hat dann die Untersuchungen Biedermanns an der Nickhautdrüse des Frosches auch auf das lebende Objekt ausgedehnt. Er beobachtete, wie schon Stricker und Spina, drei Stadien der Drüse, ein Ring-, Mittel- und Pfropfstadium. Ausnahmsweise konnten die Drüsen so ausgedehnt sein, daß sie das ausführende Lumen verstopften. Was die verschiedenen Stadien und ihre Ursache betrifft, so konnte er feststellen, daß sich das Drüsenlumen spontan abwechselnd vergrößerte oder verkleinerte. Die Ursache lag in einer Ab- und Zunahme des Drüsenumfangs und in einer selbständigen Volumänderung der Drüsenzelle. In den Ring- und Mittelstadien änderten die Zellen ihre Form mit und ohne Volumzunahme, die um sie gelegene contractile Membran folgte nur passiv. Bei Verkleinerung der Drüsen dagegen kontrahierte sich diese Membran aktiv in der Richtung von einem Drüsenpol zum anderen.

Drasch schloß aus der Tatsache, daß sich Zelle und Membran unabhängig voneinander verhielten, auf eine verschiedene Innervation. Er konnte dies auch experimentell beweisen. Reizte er den N. trigeminus, so trat nur eine Kontraktion der Membran auf, das Drüsenlumen schwand hier nur, wenn sich die Membran kontrahierte. Reizte er dagegen den N. sympathicus, so änderten die Zellen für sich ihr Volumen, sie wurden kleiner und nach Aufhören der Reizung

---

¹) Drasch, O.: Zitiert auf S. 559.

wieder größer. Der Sympathicus ist hier also der Sekretionsnerv für die Zellen, der Trigeminus reguliert die Sekretion eines trennenden Stoffes, den die Membran liefert.

Wenden wir uns zu den in den Zellen formal-optisch gegebenen Funktionsstadien, so konnte DRASCH keine charakteristischen Erscheinungen in Zelleib und Kern feststellen. An demselben Frosch wechselten fortwährend, rasch oder langsam, die Zelle ganz oder teilweise betreffend, Trübung und Aufhellung. Auf Druck mit einer Nadel trat im Epithel eine helle Stelle auf, der Kern wurde sichtbarer, nach etwa 24 Stunden war diese Aufhellung geschwunden. Schwache Essigsäure rief eine vorübergehende Trübung hervor. In fixen Mittelstadien war zu beobachten, wie Körnchen und stäbchenförmige Figuren ihre Gestalt änderten, schwanden und wieder auftraten. Nie nahmen die Körner einer gekörnten Zelle ab, wenn diese in ein homogenes Stadium überging. Selten war auch eine Abnahme der Körnchen von der Zellperipherie her zu sehen. Wohl aber entstanden und schwanden Vakuolen, denen DRASCH aber keine Bedeutung für die Sekretion zuschrieb. Auf Druck mit einer stumpfen Nadel schrumpfte die Drüse zusammen, auf 10 proz. Kochsalzlösung trat sofort ein Ringstadium auf, die Sekretion sistierte, später war sie vermehrt. Pilocarpin rief ein Mittelstadium mit lebhafter Sekretion hervor, dabei traten im Zellinneren Vakuolen auf, der innere Zellrand gewann ein zerklüftetes Aussehen. Farbstoffe, auf die Drüse appliziert, färbten den Kern vorübergehend, indigschwefelsaures Natrium intravenös mit nachfolgender Pilocarpinisierung rief einen feinkörnigen Niederschlag von Farbstoff in den anfangs homogen gefärbten Kernen hervor, der Farbstoff trat später in den Zellleib über und schwand schließlich ganz. Methylenblau intravenös färbte zunächst die Drüse blaßblau. Nach Minuten traten, von der Zellperipherie ausgehend, über die ganze Zelle dunkelblaue Körnchen und Stäbchen auf, die aber nicht den Körnchen der gekörnten Zellen entsprachen. Nach 12 Stunden war alles verblaßt.

Die hier wiedergegebenen Befunde DRASCHS decken sich in vielen Punkten mit der Auffassung, die wir auf Grund physikalisch-chemischer Überlegungen von den vitalen Prozessen in der Drüsenzelle gewinnen müssen.

GARMUS[1]), der die lebende Nickhautdrüse des Frosches mit basischen Farben (Methylenblau, Neutralrot, Toluidinblau) färbte, beobachtete, daß bei Pilocarpinisierung die Färbung rascher und intensiver auftrat und hier auch im Lumen der Drüse der Farbstoff erschien. Auf Atropinisierung war hingegen die Farbstoffaufnahme geringer und verlangsamt. Diejenigen Momente also, welche eine stärkere Aufnahme von Wasser und Salzen bedingten und die Permeabilität der Zellgrenzflächen erhöhten, führten auch zu einer stärkeren Farbstoffspeicherung.

Aus zahlreichen Untersuchungen geht hervor, daß wir in den Schleimzellen verschiedene Stadien der Granulareifung unterscheiden können, die durch die Bezeichnung erste Vorstufen, Mucigen- und Mucingranula nach der Richtung der Sekretbereitung hin charakterisiert sind. Wir ziehen hier zur Differenzierung der einzelnen paraplasmatischen Einschlüsse bestimmte *Färbungen* heran, deren Effekt sicherlich nicht von der jeweiligen chemischen Struktur der zu färbenden Inhalte abhängt, vielmehr auf den verschiedenen physikalisch-chemischen Eigenschaften der Einschlüsse, ihrer Masse, Dichte und Konzentration, beruht. Wir können in diesem Rahmen wertvolle Aufschlüsse über die jeweiligen Mengen und die vorhandenen Stadien der bei der Sekretbereitung beteiligten Elemente gewinnen, bei geeigneter Fixierung auch Aufschlüsse über ihre Lage. Es ist

---

[1]) GARMUS, A.: Zeitschr. f. Biol. Bd. 58, S. 185. 1912.

aber nicht berechtigt, auf Grund solcher Färbungen weitergehende Schlußfolgerungen zu ziehen, z. B. aus bestimmten Färbeeffekten zu folgern, daß
zwischen Schleimzellen und serösen Zellen funktionelle Übergänge bestehen.
Solche vielfach beobachteten färberischen Übergänge zwischen beiden Zellarten
beruhen nur auf einem physikalisch-chemisch gleichen oder ähnlichen Verhalten
ihrer Inhalte, ohne damit eine chemische Gleichheit oder Differenz aufzudecken,
was für eine biologische Charakterisierung notwendig wäre.

Es sei das färberische Verhalten der Schleimzellengranula, auf dem sich ein
großer Teil unserer histophysiologischen Erkenntnis der Schleimzellen aufbaut,
in einer Tabelle zusammengestellt.

Färberisches Verhalten der Schleimzellengranula.

Färbung	Erste Vorstufen	Mittlere Vorstufen (Mucigengranula oder Prämucingranula)	Reife Sekretprodukte (Mucingranula)
S - Fuchsin - Pikrinsäure nach Altmann . . .	fuchsinophil rot	graugelb	weißlich hell
Eisenhämatoxylin nach M. Heidenhain . .	schwarzblau	graublau	blaßgrau bis ganz blaß
Kochsalz-Osmiumsäure-Eisenalaun - Toluidin-blau nach Metzner .	grünblau oder blaßgrün	opak blau	violettblau bis violett bzw. ganz blaß
Toluidinblau	grünblau	blau	metachromatisch rotviolett bis rot
Toluidinblau-Eosin . .	rot	blau	metachromatisch rotviolett bis rot
Mucicarmin			rot
Lichtgrün-Mucicarmin .	grün		rot
Methylgrün-S-Fuchsin-Orange nach Ehr-lich-Biondi-M. Hei-denhain-R. Krause	rot	rot	blaugrün
Modifizierte Mallory-Färbung nach M. Heidenhain . .			blau

Wenn wir von der frischen Schleimzelle zur *fixierten* überleiten, so tritt
hier die schwere oder doch nur mangelhafte Konservierbarkeit der Schleimgranula besonders in Erscheinung.

Langley hat gezeigt, daß bei Einwirkung von Salzsäure, Essigsäure und
Sublimat die Granula zunächst quellen und ihr Inhalt dann sekundär gefällt
wird. Wässerige Osmiumsäurelösung, desgleichen Kochsalzlösungen verschiedener
Konzentration und Alkalien wirken auf die Granula quellend und dann lösend.
Während diese Reagenzien also die vitale Struktur der Granula zerstören, gibt
es einige Fixierungsmethoden, die sie konservieren. Wir erreichen eine solche
Konservierung mit Osmiumsäuredämpfen und vor allem mit den von Metzner
und Schaffer angegebenen Methoden.

Durch Einwirkung unserer üblichen Fixierungsmittel auf diese sehr empfindlichen paraplasmatischen Zellinhalte bildet sich in den Zellen durch Umwandlung, Zusammenfließen und Fällung der Granula ein nicht vital präformiertes
Netzwerk.

Merk[1]) erhielt solche Strukturen an den lebenden Becherzellen von Forellenembryonen bei Essigsäure und Chromsäure durch Umwandlung der Granula und fädige Fällung des Schleiminhalts. Biedermann[2]) beobachtete dasselbe an den Zungendrüsen des Frosches. Bei Alkoholfixierung und Färbung mit Carmin bildeten sich die Granula in eine helle ungefärbte Substanz um, die sich von dem intensiv gefärbten basalen Protoplasma abhob. In der gereizten Drüse, die frisch keine Körner mehr zeigte, trat dann ein fein granuliertes färbbares Protoplasma auf, der Kern war nach der Fixierung länglich oval und mehr nach vorn gerückt. Da Biedermann solche nach Form, Größe und Lage unterscheidbare Kernveränderungen nur nach der Fixierung erhielt, so glaubte er mit Recht an einen Fixierungseffekt. Die Bilder, wie sie am frischen toten unfixierten bzw. gefärbten Objekt zum Ausdruck kommen, stimmen in der ganzen Wirbeltierreihe im wesentlichen überein.

Reichel[3]) beobachtete an den Lippendrüsen der Schlangen zwei Zellformen, eine Ruheform, die durch hohe helle Zellen charakterisiert war, und eine Tätigkeitsform, die die Zellen niedrig und dunkelgekörnt erscheinen ließ. Nach Pilocarpinisierung überwogen an den Lippendrüsen der Kreuzotter die letzteren Funktionsstadien, an der Sublingualis post. und ant. waren in gleicher Weise fast nur dunkelkörnige niedrige Zellen vorhanden, die Zellgrenzen jetzt unscharf, der Kern vergrößert, runder, nach der Mitte gerückt.

An den Zungendrüsen der Eidechse, Blindschleiche und des Scheltopusiks, die bereits Übergänge zur Drüsenbildung zeigen, sah v. Seiller[4]) Becherzellen, welche in einer homogenen Zwischensubstanz frisch und nach Fixierung mit Pikrinsäure scharf konturierte Körnchen enthielten. Aus diesen jüngsten Entwicklungsstadien gingen Zellen mit Körnchen und Fäden hervor. Bei fortgeschrittener Sekretion war der Zellinhalt homogen, nach Fixierung netzig.

Bei einer Eidechse, die im Winterschlaf getötet wurde, waren keine Becherzellen vorhanden, hingegen hohe schmale Zylinderzellen mit von der Basis abgerücktem Kern, die nicht selten in ihrem inneren Abschnitt noch die Becherform erkennen ließen. Nach Pilocarpininjektion gewannen die Zellen ein protoplasmatisches Aussehen.

Die *Schleimspeicheldrüsen der Vögel* sind von Mathilde Antony[5]) eingehend studiert worden.

Bei den körnerfressenden Finken sind zwei Arten Schleimzellen vorhanden, gewöhnliche und abweichende Formen. Die gewöhnlichen Formen zeigen im Ruhestadium eine Vorwölbung am Lumen und eine Ausbuchtung an den Seiten, der abgeplattete Kern liegt dicht an der Basis und hat in frischen Zellen eine mehr runde Form. Bei Eisenhämatoxylinfärbung sieht man ein Netzwerk aus Fäden, die aus kleinen Protoplasmaklümpchen bestehen und schwarze kleine Granula enthalten. In den Maschen des Netzes liegt das fertige Sekret, das bei Mucicarminfärbung aus größeren und kleineren roten Kugeln besteht und sich von der nach der Lumenseite konvex gebuchteten basalen Protoplasmazone abhebt. In vollständig leeren Zellen umschließt der Protoplasmamantel die Drüse bis zum Lumen und schickt zarte Protoplasmafäden nach dem Zellinneren. Der Kern erscheint in diesen Funktionszuständen abgerundet und etwas von der Peripherie abgerückt. Die Schleimgranula treten zunächst über dem Kern auf, ihr Verbrauch schreitet von der Basis nach dem Lumen vor, ihre Verflüssigung vom Lumenrand nach der Basis. Vorstufen sind im allgemeinen nicht vorhanden. Schon die allerkleinsten Schleimgranula geben die Mucinreaktion. Die abweichenden Formen, welche spärlich vorhanden sind und nie am Übergang von serösen zu Schleimzellenkomplexen angetroffen werden, zeichnen sich durch abnorm große Schleimgranula aus. Bei Thioninfärbung

---

[1]) Merk, Fr.: Zitiert auf S. 567.   [2]) Biedermann, W.: Zitiert auf S. 559.
[3]) Reichel, E.: Morphol. Jahrb. Bd. 8, S. 1. 1882.
[4]) v. Seiller, R.: Zitiert auf S. 563.   [5]) Antony, Mathilde: Zitiert auf S. 562.

erscheinen in solchen Zellen kleinste blaugrüne Granula neben größeren roten, die zwischen Dunkel- und Hellrot alle Farbtönungen zeigen. Diese großen Granula scheinen durch Zusammenfließen aus kleineren entstanden zu sein und üben auf den Zellrand einen Druck aus, der ihn lumenwärts über den Rand der Nachbarzellen vorwölbt. Die Form und Lage des Kernes ist in dieser Zellart für ihre Funktionsstadien nicht charakteristisch.

Auch in den Speicheldrüsen der Hausschwalbe sind diese beiden Zellarten vorhanden und zunächst färberisch zu unterscheiden. Die gewöhnlichen Schleimzellen nehmen hier auf Thionin einen blauvioletten Farbenton an, auf Carmin-Toluidin erscheint ihr Netzwerk blau, bei Thionin-Eosin erscheinen sie blauviolett, ihr Kern ist bei Altmannscher Färbung braun. Die abweichenden Schleimzellen zeigen auf Thionin insgesamt und in ihren Granulis einen mehr rötlichen Farbenton, bei Carmin-Toluidin ist ihr Netzwerk rotblau, bei Thionin-Eosin sind sie oxyphil rötlich gefärbt, bei Altmannscher Färbung bleibt ihr Kern ungefärbt.

Die Untersuchung von Speicheldrüsen ausgehungerter und nicht ausgehungerter Hausschwalben ergab, daß beim Hungern die Schleimzellen mit herabgesetzter Sekretionstätigkeit überwiegen und die Schleimgranula abnehmen.

Bei einer pilocarpinisierten Hausschwalbe zeigten die frischen Zellen der Gl. mandibularis externa stark lichtbrechende Granula und ein dunkles, zum Teil knotig verdicktes Netzwerk. Einige Zellen besaßen eine deutliche granulahaltige Randzone. An der fixierten Gl. mandibularis medialis fehlten mit Granulis vollgepfropfte Zellen ganz, es überwogen, wie dies schon Greschik[1]) für den Wendehals gezeigt hat, die granulaarmen oder ganz granulafreien protoplasmatischen Formen. Bei Thionin-Eosinfärbung wiesen darum die Zellen eine mehr rote Tönung auf. In der Nähe des Lumens zeigten die Zellen eine zum Teil zerrissene Struktur und enthielten weder Schleim noch Granula. Die Größe der Zellen hatte abgenommen, ihre Kerne waren breiter, kugelig, teilweise bis zur halben Zellhöhe hinaufgerückt, Kernmembran und Chromatingerüst traten deutlicher hervor. In der fixierten Gl. angularis oris desselben Tieres war der Einfluß der durch Pilocarpin gesteigerten Sekretionstätigkeit nicht so deutlich. Zerrissene Zellen fehlten, die Granula waren nicht deformiert, die Zellkerne lagen sowohl an der Basis wie am Lumen. Entsprechend des Befundes, daß hier auch bei gesteigerter Tätigkeit die Bildung der Schleimgranula nicht stockte und die Verflüssigung langsamer vor sich ging, war eine Abnahme der Zellgröße nicht festzustellen.

Besondere Verhältnisse finden wir in den Schleimzellen der Spechtdrüse. Die Gl. picorum besteht aus einem vorderen Abschnitt von roter und einem hinteren von weißer Farbe. In den zusammengesetzt tubulösen Drüsen dieser Abschnitte finden sich zwei Zellarten, die sich auf Thionin-Eosin blau bzw. rot färben. Im vorderen Abschnitt überwiegen die roten, im hinteren die blauen Zellen. Bei Färbung mit Mucicarmin erscheint der vordere Abschnitt heller, seine Zellen zeigen Vakuolen, Granula treten hier zurück. Bei Eisenhämatoxylinfärbung treten die Granula des vorderen Abschnittes mehr grau und weniger deutlich hervor, im hinteren Abschnitt sind sie mehr schwarz und scharf begrenzt. Färbt man den hinteren Abschnitt mit Lichtgrün-Mucicarmin, so treten im Netzwerk kleine grüne, d. h. oxyphile Granula in Erscheinung, nach einem gewissen Wachstum erhalten diese Primärgranula eine rotgefärbte Schleimkappe, ein Halbmondkörperchen, das die grün gefärbte Trägersubstanz umwächst, doch nie so vollständig, daß der Träger ins Innere rückt. Indem die Trägersubstanz zugrunde geht — man sieht dies am Verlust ihrer Färbbarkeit —, bleiben die roten Halbmondkörperchen übrig, die nun als Sekundärgranula die Maschen des Zellnetzes erfüllen. M. Antony machte bei diesen Strukturen auf ihre Ähnlichkeit mit den Nucleolenkörperchen aufmerksam, die Maximow[2]) für die Retrolingualis des Hundes beschrieb, betonte aber, daß in der Spechtdrüse ein genetischer Zusammenhang der Gebilde mit den Kernstrukturen nicht besteht.

---

1) Greschik, E.: Aquila Bd. 20, S. 331. 1913.
2) Maximow, A.: Zitiert auf S. 564.

Aus den zahlreichen in der Literatur niedergelegten Beobachtungen über die Histophysiologie der *Schleimspeicheldrüsen der Säugetiere* sei hier nur das Wesentliche angeführt.

CHIEVITZ[1]) untersuchte die Gl. alveolingualis eines 16 Wochen alten menschlichen Embryos und fand die Schleimzellen zumeist da, wo die Alveolen schon Hohlräume zeigten, ausgebildet. Bei einem Embryo von 22 Wochen enthielt der innere Teil der Zellen Granula, die dunklen Halbmondzellen waren bereits angedeutet. In der Gl. sublingualis eines Mäuseembryos traten die Schleimgranula ebenso zunächst am inneren Zellrand auf.

NOLL[2]), der die *Submaxillaris* neugeborener Hunde untersuchte, fand 5 Stunden nach der Geburt der Tiere im frischen Präparat nur Schleimzellen mit wenigen kleinen Granulis am inneren Zellrand. Bei einem 12 Tage alten Hunde waren die Granula größer, die Halbmonde bereits angedeutet; bei einem 5 Wochen alten Hunde hatte die Differenzierung der beiden Zellarten weitere Fortschritte gemacht.

Die Beschreibung der Schleimspeicheldrüsen beim ausgewachsenen Säuger geht am besten vom *Ruhebild* aus.

Nach LANGLEY[3]) zeigt die sekreterfüllte ruhende muköse Zelle ein Netzwerk, in dessen Zwischenräumen eine homogene hyaline Substanz liegt, die Granula von geringem Brechungsvermögen enthält. Ob das Netzwerk eine konstante Bildung darstellt, läßt er offen.

In den ruhenden Zellen der Sublingualis entsteht nach KOLOSSOW[4]) durch Auflockerung der Protoplasmamasse ein feines Schaumgerüst, das peripher in eine dünne ektoplasmatische Schicht übergeht, die sich unmittelbar in Zellbrücken fortsetzt. Am inneren Zellrand ist diese Struktur nicht vorhanden.

In den Zellen der Submaxillaris ist das Gerüst hingegen um den Kern zu einer homogenen Masse verschmolzen und von dort aus in Gestalt eines gröberen Lamellenfachwerks in den Zelleib zu verfolgen. Auch MAXIMOW[5]) sieht in den Zellen der Hundesubmaxillaris ein Netzwerk, das an der Zellbasis in eine strukturlose Protoplasmaschicht übergeht und eine hyaline Zwischensubstanz enthält. In der Zwischensubstanz liegen Körner, die im Altmann-Präparat matt graugelb erscheinen. In den Schleimzellen der Retrolingualis des Hundes ist im Altmann-Präparat ein Gerüstwerk mit Granulis in den Knotenpunkten vorhanden, das an der Peripherie in eine sich rot färbende Protoplasmaschicht übergeht und in seinen Maschen graugelbe Sekretkörner enthält. Bei Sublimatfixierung und Toluidinblau färbt sich das Gerüst mit den Körnchen in den Knotenpunkten rein blau, der Inhalt der Maschen metachromatisch rotviolett.

NOLL[6]) betrachtet das Netzwerk in den Schleimzellen der Hundesubmaxillaris als ein aus Granulis hervorgegangenes Fixierungsprodukt. Im Altmann-Präparat liegen in den Netzmaschen graugelbe, im Netzwerk selber rote Körner, welch letztere nicht alle präformiert sind. Die Retrolingualis des Hundes zeigt in ihren Zellen bei Altmannfärbung kleinere Granula und Fädchen und eine stark rotgefärbte homogene Mittelzone.

Mit verbesserten Methoden hat METZNER die Schleimspeicheldrüsen untersucht. An der Gl. retrolingualis junger Katzen sind viele Zellen im Ruhestadium ganz oder fast ganz mit Granulis angefüllt, andere enthalten diese Granula nur am oberen Ende. In dem homogenen Protoplasma, das je nach der Granulamenge mehr oder weniger hervortritt, sind kleinste protoplasmatische Körnchen und stark lichtbrechende Fetttröpfchen sichtbar. Die Zellen sind entsprechend dem Alter der Tiere von geringer Größe, die Kerne und Kernkörperchen auffallend groß. Bei Fixierung mit der Kochsalz-Osmiummethode und Färbung mit Eisenalaun-Toluidinblau enthalten die Zellen eine basale protoplasmatische Zone, von der zarte intergranuläre Protoplasmafäden ausgehen. Im Protoplasma können blaßgrüne oder grünblaue Granula liegen, zwischen diesen Fetttröpfchen. Die Schleimgranula treten in opakblauer Farbe stark hervor. In den Submaxillariszellen vom neugeborenen Kätzchen sieht man bei derselben Färbung opakblaue kleine Granula neben grünlicher Intergranulärsubstanz und homogenem grünem basalem Protoplasma. Neben diesen Zellen treten solche

---

[1]) CHIEVITZ, J. H.: Arch. f. Anat. (u. Physiol.) 1885, S. 401.
[2]) NOLL, A.: Zitiert auf S. 556. [3]) LANGLEY, J. N.: Zitiert auf S. 553.
[4]) KOLOSSOW, A.: Zitiert auf S. 558. [5]) MAXIMOW, A.: Zitiert auf S. 564.
[6]) NOLL, A.: Zitiert auf S. 556.

auf, welche neben den blauen Granulis reifere größere von violetter Farbe enthalten, die in noch größere von ganz blasser Farbe und schlechter Konservierbarkeit übergehen. Solche Zellen liegen gegen das Lumen zu, ihre Kerne sind, vielleicht durch eine Deformierung infolge der pralleren Zellfüllung, länglich, nicht mehr ovoid oder kugelig.

Im *Hungerzustand* findet Noll[1]) die Schleimgranula in den mukösen Zellen der Submaxillaris des Hundes größer als im Ruhestadium.

Nach Mislawsky und Smirnow[2]) sind nach 24 Stunden Hunger in der Submaxillaris des Hundes mit der Altmannschen Methode Schleimgranula darzustellen.

Metzner findet bei seiner Methode die mukösen Zellen der Submaxillaris des hungernden Kätzchens mit mattblauen Granulis erfüllt.

Im *physiologischen Tätigkeitszustand*, wie er durch die Nahrungsaufnahme hervorgerufen wird, treten in den Schleimzellen bestimmte Veränderungen auf.

Schon R. Heidenhain[3]) beobachtete, daß hierbei die Zelle sich verkleinert, der Kern sich abrundet und mehr nach der Zellmitte rückt, die Mucigenvorstufe in Mucin übergeht, das als fädiges Sekret austritt.

Nach Langley[4]) schwinden bei der Sekretion die Körnchen zuerst peripher, die hyaline Substanz wächst, das Netzwerk nimmt zu, die basale homogene Zellzone verbreitert sich auf Kosten der inneren gekörnten.

Nach Kolossow[5]) findet in den mukösen Zellen der Sublingualis bei der Sekretion ein passives Vorrücken der Granula in der Lymphe der Netzmaschen nach dem Lumen zu statt, das schaumige Aussehen der Zelle wird von der Zellbasis her undeutlicher und bleibt nach Entleerung des Sekretes nur am Lumenende erhalten. In den mukösen Zellen der Submaxillaris fließen bei der Sekretion und der dabei erfolgenden aktiven Sekretion des Netzwerks, infolge der besonderen Anordnung des letzteren, die Granula nicht nur lumenseits, sondern in der ganzen Zelle zusammen. Sie verharren im Inneren der Zelle, weil sie nicht nach dem Lumen gelangen können. Bei der Sekretausstoßung zeigt der Kern infolge mechanischer Verhältnisse im Zelleib eine Vergrößerung, Kerngerüst und Kernkörperchen treten deutlicher hervor.

Mit dieser Auffassung stimmt die Beobachtung Maximows[6]) überein, daß in der tätigen Submaxillaris des Hundes Unterschiede gegenüber dem Ruhestadium nicht so ausgesprochen sind und die Zellen bei der Tätigkeit nie ganz schleimfrei werden.

Im Gegensatz hierzu zeigen die mukösen Zellen der Retrolingualis des Hundes bei der Tätigkeit typische Veränderungen. Es bilden sich bei Entleerung des Sekretes zwei Zonen, durch eine bogenförmige Linie abgegrenzt, das contractile Protoplasmagerüst zieht sich zusammen, die Zelle wird kleiner, das sekretfertige Material, das im Altmann-Präparat graugelb erscheint, fließt am Innenrand der Zelle zu einem nahezu homogenen Schleimpfropf zusammen, der aus dem Lumen vorragt. Schon während der Entleerung des alten Sekretes bildet die Zelle neue Granula, die nach innen rücken und sich zwischen das alte Sekretmaterial mischen können. Diese ersten Vorstufen erscheinen im Altmann-Präparat als kugelige oder längliche rote Granula, bei Safranin-Lichtgrün sind sie oxyphilgrün, bei Toluidinblau nicht metachromatisch blau gefärbt. Mit Zunahme der Entleerung erfüllen sie schließlich den protoplasmatischen Zellinhalt der erschöpften Zelle.

Maximow beobachtet am Kern bei der Sekretion Veränderungen, die den von Kolossow beschriebenen entsprechen.

---

[1]) Noll, A.: Zitiert auf S. 556.
[2]) Mislawsky, N. A. u. A. E. Smirnow: Arch. f. (Anat. u.) Physiol., Suppl. 1893, S. 29.
[3]) Heidenhain, R.: Zitiert auf S. 566.   [4]) Langley, J. N.: Zitiert auf S. 553.
[5]) Kolossow, A.: Zitiert auf S. 558.   [6]) Maximow, A.: Zitiert auf S. 564.

Metzner untersuchte die frische Submaxillaris von Kätzchen, die kurz zuvor gefüttert waren. Die Lumina der Alveolen waren erweitert, die Zellen enthielten in wechselnder Menge und Anordnung kleinere und größere matte und kleine dunkle Körner. Bei Anwendung seiner Fixierungs- und Färbungsmethode erschien der größte Teil der Zelle homogen grünblau mit schwach grünblau gefärbten Granulis im protoplasmatischen Inhalt. Die blauen Schleimgranula waren nur mehr als eine lumenseits gelegene Randzone vorhanden, das fertige Sekret also zum größten Teil verbraucht. Im Altmann-Präparat erschienen die blauen Granula weißlich, darunter lagen zahlreiche grau gefärbte, zwischen diesen allerfeinste fuchsinophile Körnchen und ziemlich zahlreiche Fettkörnchen. Auch Vakuolen waren im frischen und fixierten Präparat vorhanden. Im fixierten Präparat der Retrolingualis eines neugeborenen Kätzchens, das vor der Tötung Nahrung aufgenommen hatte, waren die Bilder ähnlich. In der Retrolingualis eines 3 Monate alten Hundes, der vorher stark gespeichelt hatte, waren grünblaue, hellblaue, blaue und violettblaue Granula in verschiedener Menge und Anordnung vorhanden. Einige Zellen, die mit ihrem Innenteil in das Lumen vorragten, zeigten in diesem Teile blaue Schleimgranula, oft aber auch grünblaue Körner, der übrige Zellinhalt erschien homogen, mit Einstreuung spärlicher blaugrauer Körner. In Altmann-Präparaten waren in solchen Zellen die reifen hellen Schleimgranula und die graurötlichen Übergangsstadien gegen das Lumen zu spärlich, die aus fuchsinophilen Körnchen aufgebaute protoplasmatische Substanz überwog und erfüllte die Zellen zum Teil fast ganz.

Der Versuch, die hier beschriebenen Tätigkeitsbilder durch *Nervenreizung und Pilocarpinisierung* zu erzielen, ist vielfach gemacht worden.

Ranvier[1]) beobachtete in den Schleim- und Becherzellen nach längerer Nervenreizung Vakuolen, Schiefferdecker[2]) in der Submaxillaris und Retrolingualis des Hundes ein stärkeres Hervortreten des Netzwerks, Mislawsky und Smirnow[3]) ein Schwinden der Schleimgranula.

Nach Noll[4]), der die Zweiphasentheorie vertritt, nehmen in der Hundesubmaxillaris nach Nervenreizung die Schleimzellen ab. Neben Zellen, die im Altmann-Präparat ganz mit roten Granulis erfüllt sind, treten andere auf, die ein dichteres Netzgerüst, verdichtetes Basalprotoplasma und spärliche rote Granula zeigen. In der Retrolingualis des Hundes sind nach Reizung nur noch Spuren von Schleimzellen vorhanden.

Schon Seidenmann[5]) hatte beobachtet, daß nach Pilocarpin die Schleimspeichelzellen kleiner werden und ihr Inhalt ein protoplasmatisches feinkörniges Aussehen gewinnt.

E. Müller[6]) fand in der Zungenschleimdrüse der pilocarpinisierten Katze 2 Stunden nach der Injektion das Drüsenlumen erweitert und mit Sekret erfüllt, die Zellen zeigten ein homogen protoplasmatisches Aussehen und feine Fäden, die parallel der Zellängsachse verliefen, die Granula waren geschwunden, der Zellkern rund, mehr nach der Mitte gerückt. Bei maximaler Reizung traten Vakuolen auf.

Ähnlich beobachtete Maximow[7]) an der Submaxillaris des Hundes nach Pilocarpin eine Verkleinerung der mukösen Zelle und ihrer Netzmaschen, eine Verdickung der protoplasmatischen Netzbalken bei gleichzeitiger Abnahme der Größe und Zahl der Schleimgranula und Vergrößerung und Abrundung des

[1]) Ranvier, L.: Zitiert auf S. 553.
[2]) Schiefferdecker, P.: Zitiert auf S. 558.
[3]) Mislawsky, N. A. u. A. E. Smirnow: Zitiert auf S. 574.
[4]) Noll, A.: Zitiert auf S. 556.   [5]) Seidenmann, M.: Zitiert auf S. 563.
[6]) Müller, E.: Zitiert auf S. 563.   [7]) Maximow, A.: Zitiert auf S. 564.

Kernes. In der Retrolingualis des Hundes waren die Zellen teils sekretleer, die fuchsinophilen Granula des Altmann-Präparates reduziert.

In der Submaxillaris eines Kätzchens, das 24 Stunden vorher Pilocarpin bekommen hatte, dessen Drüse sich also in Erholung von gesteigerter Tätigkeit befand, sah Metzner im Toluidinblaupräparat neben grünblauen Granulis bereits wieder opakblaue, die die Zellen zur Hälfte oder mehr erfüllten. Am Altmann-Präparat waren im Protoplasma kleine fuchsinophile Granula vorhanden.

Takagi[1]), der in jüngster Zeit den Einfluß verschiedener physiologischer Momente auf das Bild der mit Mucicarmin oder nach Heidenhain gefärbten Unterkieferdrüse der Katze eingehend studierte, fand die Zellen der schleimsezernierenden Abschnitte der Endstücke in der Ruhe am größten und mit Mucinkörnern erfüllt. Sie enthielten keine Vakuolen und in den Wabenwänden nur wenig Chondriokonten, die sich zu Mitochondrien und Granula umbilden. In der Atropin- und Hungerdrüse waren die Chondriokonten am spärlichsten. Die Schleimzellen der Fütterungsdrüse glichen im wesentlichen denen der Hungerdrüse. Wurde die Drüse faradisch gereizt, so verkleinerten sich die Zellen mit der Stärke des Reizes mehr und mehr, das Lumen der Alveolen wurde entsprechend weiter. Die Schleimkörner flossen zu größeren Tropfen zusammen. Bei stärkerer Reizung traten Vakuolen auf, die ebenso wie das weite Alveolarlumen basophilen Schleim enthielten und durch Zusammenfließen die Zelle in einen einzigen mit Schleim erfüllten Hohlraum umgestalten konnten. Die Zellen der stark gereizten Drüse enthielten keine basophile Substanz mehr, hingegen in ihrem Protoplasma zahlreiche dicke und stark färbbare Chondriokonten. Bei starken Pilocarpingaben waren die Bilder ähnlich, nach 24 Stunden Erholung waren die Zellen wieder größer und enthielten Schleimkörner und zahlreiche Chondriokonten. Nach Takagi sollen in der Erholungsdrüse aus den bei Reizung zunehmenden Chondriokonten Granula entstehen, sich in Ringgranula umwandeln und dann in Schleimkörner übergehen. (Abb. 148 u. 149.)

Bei den *Insectivoren* begegnen wir besonderen Verhältnissen.

R. Krause[2]), der die Speicheldrüsen des Igels untersuchte, fand in der Retrolingualis des Tieres, einer reinen Schleimdrüse, Schleimzellen, die auch im frischen Zustand und sekretleeren Stadium ein Netzwerk enthielten. Daneben waren Zellen besonderen Charakters mit deutlichem Netzwerk und intensiv färbbaren protoplasmatischen Granulis vorhanden. Manche Zellen enthielten diese Granula nicht.

Die Granula sind die ältesten Vorstufen des Sekretes und bilden sich aus eiweißhaltigem Material, das bei der Entleerung der Zelle an der Basis eintritt und bei Fixierung in Gestalt von Körnern niedergeschlagen wird, die in der frischen Zelle nicht vorhanden sind. Sehr häufig sind diese granulären Fällungsbilder auch in den Lymphdrüsen.

Ein Igel, bei dem durch 14—21 Tage langen Aufenthalt im Eisschrank ein künstlicher Winterschlaf erzeugt wurde, zeigte fast ausschließlich schleimerfüllte Zellen, während hingegen bei Fleischfütterung, d. h. bei Sekretabgabe die Zellen besonderen Charakters in allen Übergängen vorhanden waren. Den funktionellen Übergang beider Zellarten ineinander zeigt Krause an Hand der Färbung nach Biondi.

Die Zellen besonderen Charakters stellen sekretleere eiweißhaltige Zellen mit rot gefärbtem Netz und roten Granulis dar. Aus ihnen gehen die mucigenhaltigen Zellen hervor, welche gleiche Färbungsverhältnisse, aber größere Gra-

---

[1]) Takagi, K.: Zeitschr. f. mikrosk-anat. Forschung. Abt. 2, Bd. 2, S. 254. 1925.
[2]) Krause, R.: Zitiert auf S. 556.

nula zeigen. Die mucinbildenden Zellen als weiteres Funktionsstadium enthalten keine Granula, ihr Protoplasma färbt sich zum Teil blau. Die mucinhaltigen Zellen, welche bei ihrer Entleerung wieder zu den ersten Bildern überleiten, haben ein blau gefärbtes Protoplasmanetz und nur basal um den Kern eine rot gefärbte Protoplasmazone.

Die Submaxillaris des Igels bildet Drüsentubuli, deren Zellen sich nach BIONDI rot, mit Thionin schwach blau färben. Die Endstücke dieser sich mehrfach verzweigenden Tubuli sind mit besonderen mucinoiden Zellen ausgekleidet, die sich nach BIONDI blau, mit Thionin metachromatisch rot färben. Zwischen beiden Zellarten bestehen wahrscheinlich funktionelle Übergänge, nach Pilocarpin ist der Unterschied zwischen beiden Zellarten nicht mehr deutlich erkennbar.

Sehr eigenartige Verhältnisse fand SCHAFFER[1]) in der Submaxillaris des Maulwurfs (Abb. 147). Hier schließen sich an die Schaltstücke breite verästelte Röhren, deren Zellen keinen typischen Schleimzellencharakter besitzen. Den Röhren

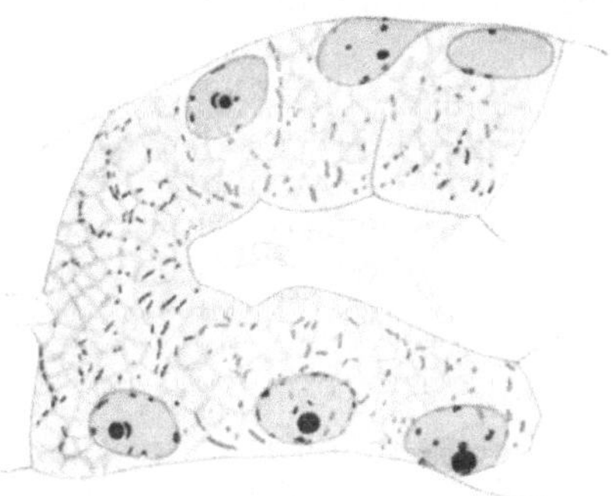

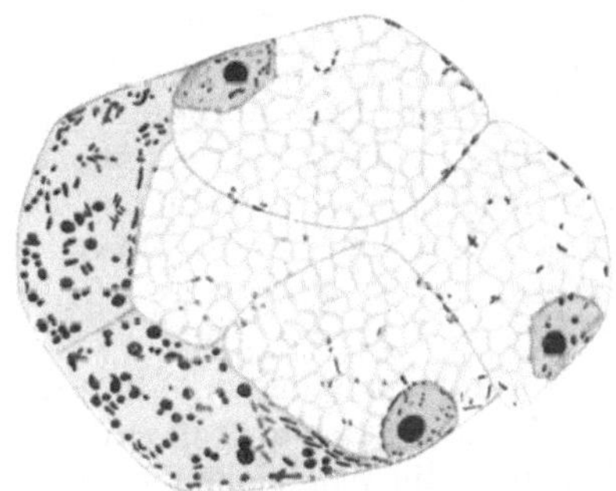

Abb. 148. Alveole aus der Unterkieferdrüse einer erwachsenen Katze, deren Chorda $^1/_2$ Stunde lang gereizt war. Rollenabstand bis 100 mm. Fixation nach KOLSTER. Eisenhämatoxylin. Zeiß Apochr. 2 mm, Komp. 12. (Nach TAKAGI: Zeitschr. f. mikroskopisch-anatomische Forschung II.)

Abb. 149. Alveole aus der Unterkieferdrüse einer 6 Monate alten Katze, die 2 Tage gehungert hatte. Fixation nach KOLSTER. Eisenhämatoxylin. Zeiß Apochr. 2 mm, Komp. 12. (Nach TAKAGI: Zeitschr. f. mikroskopisch-anatomische Forschung II.)

sitzen am Ende und auch seitlich Halbmonde auf, deren Zellen aus einer basalen protoplasmatischen und einer mit Mucicarmin stark färbbaren oberflächlichen Mantelzone bestehen. An der Drüse eines im Frühjahr gefangenen trächtigen Weibchens waren weder die hellen Drüsenschläuche noch die Halbmonde zu sehen. An ihrer Stelle fanden sich verästelte Schläuche, aus Zellen bestehend, die eine muköse Innenzone und eine oxyphile protoplasmatische Außenzone zeigten. Der Inhalt dieser eigentümlichen, von becherzellenartigen Zellen umkleideten Schläuche enthielt reichlich Kalk (Pyrrogallolreaktion). In der Submaxillaris der Spitzmaus waren schlauchförmige Gangabschnitte vorhanden, die sich aus oxyphil gekörnten Zellen zusammensetzten. An die Schläuche schlossen sich Alveolen, deren Zellen eine mit Mucicarmin rot färbbare Mantelzone zeigten.

b) Die serösen Zellen.

An den serösen Zungendrüsen, der Parotis, der rein serösen Submaxillaris des Kaninchens, den serösen Halbmonden der gemischten Speicheldrüsen beobachten wir im Prinzip dieselben histologischen Bilder der Sekretbereitung wie

---

[1]) SCHAFFER, J.: Zitiert auf S. 564.

in den Schleimzellen. Wir sehen auch hier verschiedene Stadien der Granula, die sich bei bestimmter Fixierung und Färbung unterscheiden lassen. Diese Unterscheidung beruht auf physikalisch-chemischen Eigenschaften, gegeben durch verschiedene Maße, Dichte und Konzentration formal-optischer Gebilde, aus deren Einordnung in den Vorgang einer Reifung im Sinne jüngerer und älterer Stadien wir das histophysiologische Bild der Sekretbereitung gewinnen. Auch hier haben wir also die verschiedene Färbbarkeit nicht als Ausdruck chemisch charakterisierter Zellbestandteile zu bewerten.

Am *lebenden Organ* (Parotis des Kaninchens) hat Langley[1]) beobachtet, daß die Drüsenzellen im Ruhezustand mit Granulis angefüllt sind, die bei der Tätigkeit der Drüse, hervorgerufen durch Fütterung, Sympathicusreizung oder Pilocarpin, peripher abnehmen, so daß an der Zellbasis eine helle, nicht gekörnte Zone hervortritt. Den Bildern liegt nach Langley ein Vorgang zugrunde, der die Granula durch bei der Tätigkeit wirksame aktive Zellkräfte in der Richtung des Sekretionsstromes, d. h. nach dem Lumen hintreibt.

Michaelis[2]) stellte in der Submaxillaris, Retrolingualis und Parotis des Igels, der Submaxillaris und Parotis der Ratte, des Kaninchens und Meerschweinchens sowie im vorderen Lappen der Submaxillaris der Maus und in den Schleimzellen des hinteren Lappens der Submaxillaris desselben Tieres mit Janusgrün *supravital* kleine Fädchen oder Stäbchen dar, die durch Einbiegung ihrer Enden Ringelchen bilden konnten. Diese Gebilde, denen im frischen Präparat keine sichtbare Struktur zugrunde lag, hatten zwar mit den vegetativen Fäden Altmanns gewisse Ähnlichkeit, zeigten aber bei Mäusen auf Hunger, Pilocarpin und *Eserin* keine Veränderung.

Bei Doppelfärbung mit Janusgrün-Neutralrot in physiologischer Kochsalzlösung färbten sie sich grün, die ausgebildeten Sekretgranula rot, die jüngeren Stadien und die Ringelchen bald rot, bald grün. Da zwischen den Ringelchen und jungen Sekretkörnern Übergänge bestanden, so schien die Annahme berechtigt, daß die Körnchen von den Fädchen abstammten und diese den vegetativen Fäden Altmanns entsprachen.

Laguesse[3]) konnte in der Submaxillaris ähnliche Befunde erhalten.

Betrachten wir die Verhältnisse zunächst bei den *Vögeln*, so betonte schon Ranvier[4]) das Vorkommen von zwei Zellarten in ihren Mundhöhlendrüsen, die er als Schleimdrüsenzellen und Fermentdrüsenzellen bezeichnete. Giacomini[5]) fand in den Gl. maxillares, Gl. linguales inferiores und der Gl. angularis oris vom Huhn Schleimzellen und gekörnte Zellen, Greschik[6]) sah in den Speicheldrüsen der Finken ebenfalls zwei Zelltypen.

Mathilde Antony[7]) hat die serösen Zellen in den Speicheldrüsen der Finken eingehend untersucht. Verdauungsversuche zeigen hier, daß sie mit dem Vorhandensein von Diastase in Beziehung stehen.

Die serösen Zellen haben ein trüberes Aussehen als die Schleimzellen, sind im Ruhestadium mit Granulis angefüllt, ihr Kern ist rund oder länglich und liegt meist in der Mitte der Zelle oder in der lumenseitigen Hälfte, oft am Lumenrand selber. Im Eisenhämatoxylinpräparat sieht man Zellen, die prall mit Granulis erfüllt sind, neben hellen, die weniger Granula enthalten. Diese Granula haben verschiedene Größe und können sich an jeder Stelle der Zelle vorfinden. Sie weisen alle, auch bei Lichtgrünfärbung, dieselbe starke Färbbarkeit auf, ihre Form kann rund, länglich oder eckig sein.

Bei der Sekretion fließt das Sekret am Lumenrand zusammen und die basalen Granula rücken nach der Zellmitte hin vor. Es entsteht ein Granula-

---

[1]) Langley, J. N.: Zitiert auf S. 553.   [2]) Michaelis, L.: Zitiert auf S. 556.

[3]) Laguesse, E.: Zitiert auf S. 556.   [4]) Ranvier, L.: Zitiert auf S. 553.

[5]) Giacomini, G.: Monitore zool. ital. Bd. 1, Nr. 8/10, S. 34. 1890.

[6]) Greschik, E.: Zitiert auf S. 572.   [7]) Antony, Mathilde: Zitiert auf S. 562.

becher, der vom Lumenrand aus in die Zelle hineinwächst und von einem hellen Protoplasmamantel umgeben ist. Bei der Entleerung treten, wie schon GRESCHIK beim Kirschkernbeißer beschrieb, blasenförmige Bildungen auf, die in das Lumen hineinreichen. Bei Färbung mit Lichtgrün-Mucicarmin treten Zellen auf, die sowohl rot wie grün gefärbt sind. Die grünen Granula dieser Zellen, welche den Ausdruck des serösen Sekretes darstellen sollen, liegen hier teils am Rande, teils in der Zellbasis und sind vielfach in Längsreihen angeordnet. Der grünen Zone sitzt eine rot gefärbte Schleimzone auf, die zunächst am Lumenrand als feiner roter, oft gekörnter Strich erscheint, als sich verbreitender Schleimbecher in das Zellinnere hineinwächst und in das Lumen sich vorwölbt, in das dann das Gebilde in Gestalt einer Blase ausgestoßen wird. Zuweilen nimmt der Chromatingehalt des Kernes bei diesen Vorgängen stark ab.

MATHILDE ANTONY hält diese Zellen für den Ausdruck eines Übergangs zum mukösen Zelltypus, die serösen, oxyphil lichtgrün gefärbten Granula für die Vorstufen des Mucins. Die Richtigkeit dieser Auffassung läßt sich auf Grund färberischer Unterschiede wohl kaum beurteilen, denn wir sehen auch in den reinen Schleimdrüsen die ersten sichtbaren Vorstufen des Sekrets oxyphil gefärbt, ohne dadurch eine bestimmte histochemische Charakterisierung der Gebilde festgestellt zu haben.

Die Beschreibung der Verhältnisse bei den *Säugetieren* geht am besten von der ruhenden sekreterfüllten Zelle aus.

Der frische *nicht fixierte* Schnitt aus der *Parotis* unserer Versuchssäugetiere oder des *Menschen* zeigt in einer wenig lichtbrechenden protoplasmatischen Grundmasse Granula verschiedener Größe und verschiedenen Lichtbrechungsvermögens. Eine Netzstruktur des Protoplasmas ist nicht deutlich zu erkennen. HELD[1]) hat durch bereits oben erwähnte Befunde zeigen können, daß dieses primäre Bild der Drüse, je nach dem Fixierungsmittel, mannigfach verändert wird.

Bei der üblichen *Fixierung* zur Darstellung der Sekretvorstufen nach ALTMANN und HEIDENHAIN zeigen die Zellen ein Netz- oder Wabenwerk, in dessen Maschen größere oder kleinere Granula liegen, die sich nach ALTMANN je nach ihrer Reifung rot oder graugelb, nach HEIDENHAIN schwarz oder graublau färben. Eine bestimmte Lokalisation besteht nicht, oft liegen die Körnchen in den Netzknotenpunkten. Zuweilen ist an der Zellbasis eine homogene Protoplasmaschicht zu erkennen, welche den Kern enthält.

E. MÜLLER[2]) und HELD[1]) untersuchten die *Submaxillaris* des Kaninchens. Die frische nichtfixierte Drüse zeigt drei Zellarten, die wir als Ausdruck verschiedener Funktionszustände betrachten dürfen. Neben Zellen mit stark lichtbrechenden Granulis treten solche mit mattglänzenden Körnchen auf, in anderen Zellen sind diese Körnchen von einer stärker lichtbrechenden Schale umgeben und gewinnen so die Gestalt der Ringgranula, der Halbmondkörperchen anderer Drüsenzellen. Bei Sublimatfixierung und Färbung mit Eisenhämatoxylin erscheinen die mit stark lichtbrechenden Körnchen erfüllten Zellen ganz mit schwarzen Granulis angefüllt. Diese Zellart liegt nach E. MÜLLER zumeist den Schaltstücken am nächsten. Die mattgekörnten Zellen des frischen Präparates zeigen jetzt ein Gerüstwerk, das kleinste gefärbte Granula enthält und helle Massen umschließt, die aus ungefärbten runden Granulis bestehen. Bei Formolfixierung treten neben Zellen mit Granulis solche auf, die Granula und Fädchen enthalten.

In den Zellen der *serösen Halbmonde* treten am *frischen* Präparat in gleicher Weise kleinere und größere stark lichtbrechende Körnchen auf, die, wie NOLL[3]) gegen SOLGER[4]) und E. MÜLLER[2]) geltend macht, mit den Sekretgranulis der rein serösen Drüsen nicht identisch sind.

In der Submaxillaris des Hundes findet MAXIMOW[5]) bei Altmann-Färbung in den Halbmondzellen spärliche rote und größere graugelbe Granula, mit Eisenhämatoxylin lassen sich nur ganz spärliche Granula darstellen, bei Fixierung mit Flemming-Sublimat und Färbung mit Safranin-Lichtgrün erscheinen viele kleine grüne Granula, die den Kern umgeben, und wenige größere rot bis braun gefärbte. In der Retrolingualis des Hundes sind im Altmann-Präparat die roten Granula der Halbmonde besonders an der Zellbasis an-

---

[1]) HELD, H.: Zitiert auf S. 556.   [2]) MÜLLER, E.: Zitiert auf S. 563.
[3]) NOLL, A.: Zitiert auf S. 556.   [4]) SOLGER, B.: Zitiert auf S. 555.
[5]) MAXIMOW A.: Zitiert auf S. 564.

gehäuft, zwischen ihnen liegen gelbgraue als Ausdruck der reiferen Sekretstufen. Die jüngeren Sekretstufen erscheinen bei Safranin-Lichtgrün grün, gehen aus der Substanz des Protoplasmas hervor und treten dann in Zellmaschen über, um dem Lumen näher zu rücken. Bei Färbung mit Eisenhämatoxylin-Erythrosin nehmen die jüngsten Vorstufen einen schwarzen, die reifen einen rosa Farbenton an.

Noll findet in den Halbmondzellen der gemischten Speicheldrüsen des Hundes im Altmann-Präparat neben Körnchen Fädchen, die nicht vital präformiert sind.

Die *Veränderungen*, die wir im *Hunger* beobachten, sind nicht besonders charakteristisch, zeigen aber, daß die Zellen hier ihre Präprodukte festhalten und auf dem Wege über das Protoplasma zum Teil noch ergänzen.

So sehen Mislawsky und Smirnow[1]) die Randzellen der Submaxillaris des Hundes auch im Hunger mit Granulis erfüllt; E. Müller[2]) beobachtet dasselbe für die Parotis von Kaninchen, Hund und Katze und findet hier neben den reiferen Granulis auch jüngere Stadien, die feine körnige intergranuläre Fäden bilden.

Noll[3]), der Hunde 11 und 12 Tage hungern ließ, fand die Halbmonde der Submaxillaris voluminöser. Im Altmann-Präparat färbten sich neben Körnern und Fäden auch zwischenkörnige protoplasmatische Bestandteile rot. Thionin färbte die Halbmondzellen jetzt zumeist rot, was nach Noll für einen Übergang in Schleimzellen sprechen soll.

Bei der *Tätigkeit*, hervorgerufen durch *Nahrungsaufnahme, Pilocarpin* oder *Nervenreizung*, treten typische Veränderungen auf.

Schon R. Heidenhain beobachtete in der Parotis des Kaninchens im Anschluß an die Sekretion eine Verkleinerung der Zellen und eine Zunahme der körnigen oder netzigen Substanz. Die Zellen erschienen im ganzen trüber, der Kern nicht mehr zackig, sondern rund mit scharf hervortretenden Kernkörperchen. Schmidt[4]) konnte diese Befunde bestätigen.

Altmann hat mit seiner Methode die nach Pilocarpin auftretenden Veränderungen in der Parotis der Katze genau untersucht und beschrieben. 1 Stunde nach der Injektion sind die Drüsenzellen verkleinert, die reifen graugelben Körner des Ruhestadiums geschwunden und an ihre Stelle sehr verschieden große rote Granula getreten. Die rot gefärbte Intergranulärsubstanz der ruhenden Drüse ist nicht mehr vorhanden, an ihrer Stelle findet man kleine rote Körner und Fädchen. In den nächsten beiden Stunden verkleinern sich die Zellen noch weiter, die kleinen roten Granula nehmen zunächst ab, dann zu, die Fädchen sind spärlich vorhanden. Wir haben das Bild der maximal erschöpften Drüse vor uns. Mit der Erholung der Drüse, die dann einsetzt, werden die Zellen wieder größer und es treten neben den kleinen roten Granula solche verschiedener Größe auf. Die roten Fädchen sind immer noch sichtbar. Nach 24—36 Stunden ist das Bild der ruhenden Drüse wieder vorhanden. Altmann schloß aus diesen Befunden, daß die Granula zunächst aus einer nicht weiter differenzierbaren Intergranularsubstanz hervorgehen. Aus diesen Primärgranulis sollen die Fädchen entstehen, aus diesen wieder Rundkörner, welche die Erscheinungen des Wachstums und der Reifung zeigen.

Den Beobachtungen Altmanns schließen sich die anderer Untersucher in den wesentlichen Punkten an.

In der Parotis des pilocarpinisierten Igels konstatiert Krause[5]) eine Abnahme der Granula, ein Vorrücken des Kernes nach der Zellmitte und ein Deutlicherwerden des Kernchromatingerüstes.

---

[1]) Mislawsky, N. A. u. A. E. Smirnow: Zitiert auf S. 574.
[2]) Müller, E.: Zitiert auf S. 563.   [3]) Noll, A.: Zitiert auf S. 556.
[4]) Schmidt, C.: Inaug.-Dissert. Breslau 1882.   [5]) Krause, R.: Zitiert auf S. 556.

In der tätigen Parotis von Kaninchen, Hund und Katze gehen nach E. Müller in gleicher Weise die dunklen, granulaerfüllten Zellen des Ruhestadiums in helle Zellen über, die in ihren Protoplasmamaschen ungefärbte, offenbar ganz reife Rundkörner enthalten und ein gefärbtes Netz gekörnter Fäden zeigen, wohl der Ausdruck einer Neubildung der Präprodukte schon während der Tätigkeit.

Im Altmann-Präparat der Parotis des Hundes haben Mislawsky und Smirnow[1]) bei *Nervenreizung* charakteristische Veränderungen beobachtet. Bei vermehrter Wasserzufuhr und verminderter Umsetzung der festen Substanzen, hervorgerufen durch Reizung des Auriculotemporalis bei durchschnittenem Sympathicus, waren die Rundkörner vermindert bis geschwunden, das Netzwerk deutlicher, die Maschen weiter, der Zellkern voluminöser, abgerundet, die Zellen enthielten Vakuolen.

Bei Verarmung an flüssigen Substanzen, hervorgerufen durch Sympathicusreizung bei durchschnittenem Auriculotemporalis, erschienen die Drüsenacini kleiner und trüber, die Zellen kleiner, der Kern vergrößert und abgerundet. Die Rundkörner waren jetzt zahlreich, aber von geringer Größe, das Zellnetz geschrumpft. Aus der gereizten Drüse entleerte sich kein Speichel.

Wurde der Sympathicus bei unversehrtem Auriculotemporalis gereizt, so enthielten die Zellen Granula verschiedener Größe und Vakuolen, in denen zum Teil Rundkörner lagen.

War die Wasserzufuhr bei Reizung des Auriculotemporalis und durchschnittenem Sympathicus durch Kompression der Carotis communis während der Reizung behindert, dann war das Bild der Zellen wieder ein anderes. Die Rundkörner nahmen jetzt Riesengröße an, waren an Zahl vermindert und zum größten Teil lumenwärts gerückt. Die Netzmaschen erschienen erweitert.

Bei gleichzeitiger Reizung beider Nerven, d. h. bei maximaler Arbeitsleistung der Drüse, entleerte sich ein dickflüssiges, eiweißreiches Sekret. Der maximalen Beanspruchung entsprach das histophysiologische Bild, das die Zellen vakuolisiert und oft so geschädigt zeigte, daß nur noch der Zellkern deutlich war. Ein Unterschied je nach Reizung der Chorda oder des Sympathicus fand auch Hitzker[2]) an der Submaxillaris des Hundes.

Die Submaxillaris des Kaninchens zeigt nach Held[3]) und E. Müller[4]) schon im Ruhebild Zeichen lebhafter Tätigkeit, die in dem Nebeneinander sekretvoller dunkler und sekretleerer heller Zellen zum Ausdruck kommen. Das Tätigkeitsbild unterscheidet sich vom Ruhebild nur dadurch, daß die hellen Tubuli und Zellen auf Kosten der dunklen mehr und mehr zunehmen.

Die Sekretbereitung findet hier nach E. Müller in der Weise statt, daß aus kleinen gefärbten Präprodukten des Netzwerks größere ungefärbte Körner hervorgehen, die als Sekret in Lösung gehen.

In den tätigen Halbmonden der gemischten Drüsen können wir nach Maximow[5]) und Noll[6]), zunächst wohl als Ausdruck einer Verminderung des Zellinhalts, eine Größenabnahme der Zellen beobachten. Bei nicht erschöpfender Sekretion können nach Müller und Maximow die färbbaren Körner noch zahlreich sein. Geht die Sekretion aber weiter, so nehmen die Granula ab, und es erscheint, wie dies Noll für die Submaxillaris des Hundes beschreibt, eine protoplasmatische Basalzone.

Bei stärkster Inanspruchnahme, hervorgerufen durch Pilocarpin oder Nervenreizung, tritt schließlich ein rein protoplasmatischer Zustand auf, wie er von

---

[1]) Mislawsky, N. A. u. A. E. Smirnow: Zitiert auf S. 574.
[2]) Hitzker, H.: Pflügers Arch. f. d. ges. Physiol. Bd. 159, S. 487. 1914.
[3]) Held, H.: Zitiert auf S. 556.   [4]) Müller, E.: Zitiert auf S. 563.
[5]) Maximow, A.: Zitiert auf S. 564.   [6]) Noll, A.: Zitiert auf S. 556.

Noll und E. Müller, von letzterem auch für die Zungeneiweißdrüsen, beschrieben wurde. Im Protoplasma treten dann fädige Gebilde und Körnchen in Erscheinung. Die erschöpften Halbmonde der Retrolingualis des Hundes zeigen nach Noll überwiegend Fädchen, die erschöpften Halbmonde der Submaxillaris überwiegend Körnchen.

Neben diesen Gebilden kann man bei maximaler Reizung nach Maximow und Noll noch Vakuolen, nach Maximow auch Fetttröpfchen beobachten.

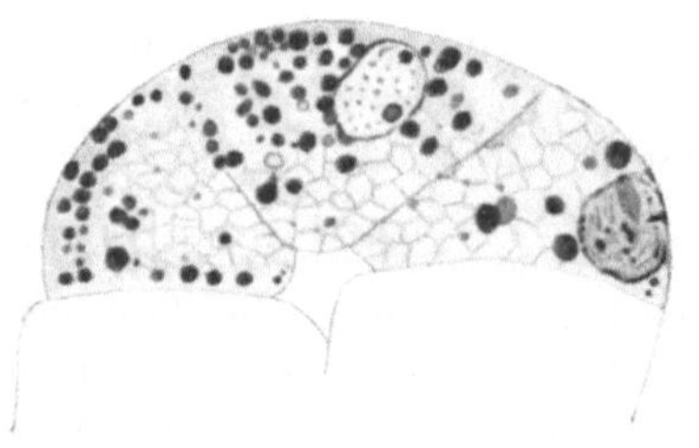

Abb. 150. Halbmondzellen aus der Unterkieferdrüse einer erwachsenen Katze, die 4 Tage gehungert hatte. Fixation nach Holster. Eisenhämatoxylin. Zeiß Apochr. 2 mm, Komp. 12. (Nach Takagi: Zeitschr. f. mikroskopisch-anatomische Forschung II.)

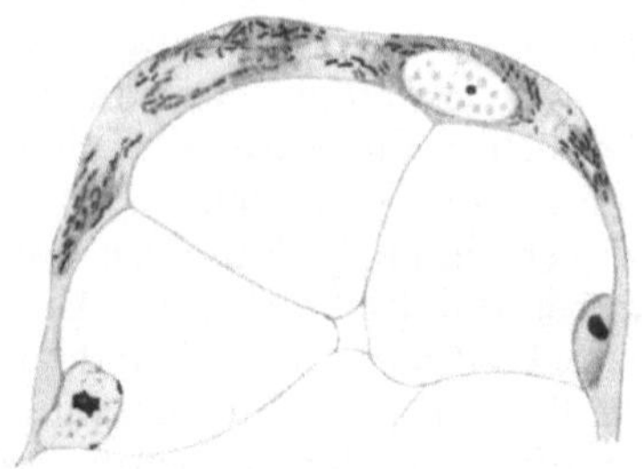

Abb. 151. Halbmondzellen aus der Unterkieferdrüse einer erwachsenen Katze. $1^1/_2$ Stunden nach reichlicher Fütterung. Fixation nach Kolster. Eisenhämatoxylin. Zeiß Apochr. 2 mm, Komp. 12. (Nach Takagi: Zeitschr. f. mikroskopisch-anatomische Forschung II.)

Takagi[1]) fand die Halbmonde der Unterkieferdrüse der Katze im Hunger und bei Atropin groß, nach Fütterung und faradischer Reizung verkleinert. Die Zahl der Sekretgranula, die viel größer sind als die der Schleimzellen und im umgekehrten Verhältnis zur Zahl der Chondriokonten steht, ist in der Hunger- und Atropindrüse am erheblichsten, nimmt auf Fütterung und schwache faradische Reizung ab, bei stärkerer Reizung hingegen wieder zu (Abb. 150 u. 151). Auf starke Pilocarpingaben finden sich im Protoplasma massenhaft große Granula und nur vereinzelt Chondriokonten. 24 Stunden später sind letztere wieder zahlreich als dicke Fäden oder perlschnurartig in Körner zerfallend nachweisbar. Die Halbmondzellen enthalten auch in der Ruhe Vakuolen. Bei starken Pilocarpingaben nehmen letztere zu und enthalten einen amphitropen Inhalt im Sinne M. Heidenhains (Abb. 152). Trotzdem ist ein Übergang von Schleimzellen in Halbmondzellen nicht anzunehmen, vielmehr mit der Möglichkeit zu rechnen, daß infolge mangelhafter Fixation der Schleimkörner die Halbmondzellen sich sekundär mit Schleim imbibieren.

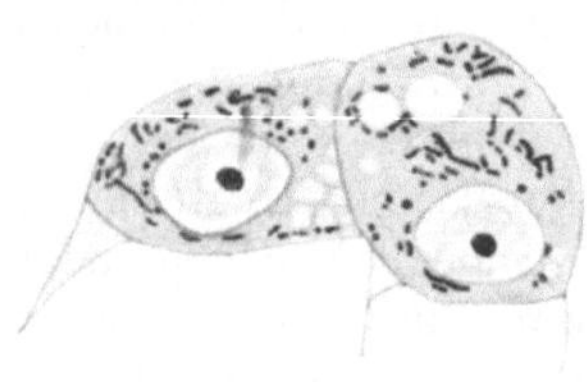

Abb. 152. Halbmondzelle einer erwachsenen Katze $2^1/_2$ Stunden nach der Injektion von 0,003 g Pilocarpin. Fixation nach Kolster. Eisenhämatoxylin, Zeiß Apochr. 2 mm, Komp. 12. (Nach Takagi: Zeitschr. f. mikroskopisch-anatomische Forschung II.)

Solger[2]) stellte in der Submaxillaris des Menschen bei Alkohol- oder Sublimatfixierung faden- oder stäbchenförmige basale Gebilde dar, die sich mit Hämatoxylin blau färbten. Er hielt sie für eine besondere Bildung der Flemmingschen Filarmasse und nannte sie *Basalfilamente*. Garnier[3]) konnte diese Strukturen in der Parotis und Submaxillaris des Menschen und vieler Wirbeltiere nachweisen und schrieb ihnen unter der Bezeichnung *Ergastoplasma* eine

---

[1]) Takagi, K.: Zitiert auf S. 576.   [2]) Solger, B.: Zitiert auf S. 555.
[3]) Garnier, Ch.: Zitiert auf S. 555.

aktive Rolle beim Sekretionsvorgang zu. Auch ZIMMERMANN[1]) fand sie in der Submaxillaris des Menschen, MAXIMOW[2]) hat sie dagegen in den Speicheldrüsen des Hundes vermißt. Da diese Bildungen an den Kern heranreichen und ihn oft umgreifen, da sie ferner mit gewissen formal-optischen Substanzen in Verbindung stehen, schrieb ihnen GARNIER eine Beteiligung bei der Sekretion des Kernes zu.

Es ist dieser Anschauung neben dem bereits im 1. Kapitel Gesagten entgegenzuhalten, daß wir nach SCHAFFER[3]) ähnliche Strukturen auch in den Schleimzellen beobachten können. Auch die Sekretion des Kernes, die sich nach GARNIER als Austritt des Kernchromatins in den Zelleib (Abb. 153), faserige Degeneration der Nucleolen, Auflösung des Kernes in Granula und Bildung von Nebenkernen äußert, läßt sich nicht eindeutig beurteilen.

KRAUSE[4]) sah in der Parotis des *Igels* ein Heraustreten des Nucleolus in den Zelleib.

MAXIMOW[2]) hat in den Halbmonden der Retrolingualis des Hundes Gebilde dargestellt, die er gleichfalls mit einer Sekretion des Kernes in Beziehung bringt und als Nucleolenkörperchen bezeichnet. Es treten hier in manchen Zellen der Kernoberfläche anliegende kleine Körperchen auf, welche die färberische Reaktion der Nucleolen geben. Diese Gebilde wachsen, sind zunächst noch durch einen Stiel mit der Kernoberfläche verbunden, der Stiel schwindet dann, und sie bleiben unter Vergrößerung in der Nähe des Kernes liegen. Es können so bei Färbung mit Safranin-Lichtgrün neben roten und braunen Körnern, welche vielleicht auch aus dem Kerne stammen, große Körper in Erscheinung treten, die

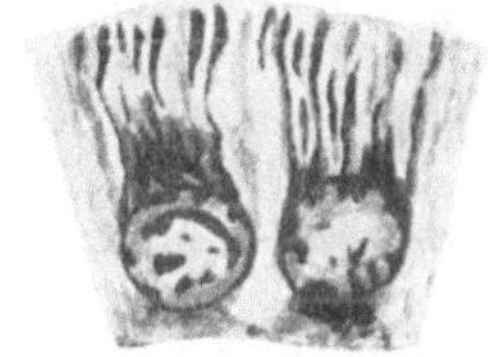

Abb. 153. Beispiel von Chromatinaustritt. Speichelröhre der Parotis. (Nach GARNIER.)

im Zentrum rot, in der Peripherie grün gefärbt sind. Aus diesen gehen dann rein grün gefärbte hervor. MAXIMOW betont, daß diese Strukturen in manchen Zellen ganz fehlen, in anderen zahlreich sind.

c) Die Ausführwege.

Auf Grund histophysiologischer Befunde dürfen wir annehmen, daß die Ausführwege der Speicheldrüsen, wenn nicht in ihrer Gesamtheit, so doch mit bestimmten Abschnitten am Sekretionsprozeß beteiligt sind.

Wie GRESCHIK[5]) am *Kirschkernbeißer* und M. ANTONY[6]) an verschiedenen *Finkenarten* feststellten, kommen hier in den Speicheldrüsen rein seröse Ausführgänge zur Beobachtung. Ihr Epithel ist an manchen Stellen zweischichtig, indem auch die das Lumen umgrenzenden Zellen mit dünnem Stiel der Membrana propria aufsitzen.

Die Ausführgänge zeigen im Eisenhämatoxylinpräparat Zeichen der Tätigkeit, die in dem Nebeneinander granulavoller dunkler und granulaarmer heller Zellen zum Ausdruck kommen. Im Lichtgrünpräparat sind alle Granula grün gefärbt, was auf ihren serösen Charakter hinweist. Neben diesem Zelltypus findet sich ein zweiter, der sich mit Lichtgrün-Mucicarmin bald rot, bald grün färbt und alle Übergänge einer Mischfärbung zeigen kann. Es soll sich um Zellen handeln, die einen Übergang vom serösen in den mukösen Typus darstellen. Beim Zeisig lassen sich auch abweichende Schleimzellen feststellen. In den Ausführgängen der Spechtdrüse findet M. ANTONY bei Lichtgrün-Mucicarminfärbung in

[1]) ZIMMERMANN, K. W.: Zitiert auf S. 558.   [2]) MAXIMOW, A.: Zitiert auf S. 564.
[3]) SCHAFFER, J.: Sitzungsber. d. Akad. d. Wiss., Wien. Mathem.-naturw. Kl., Bd. 100, 1891; Bd. 106, S. 103, Abb. 3. 1897.
[4]) KRAUSE, R.: Zitiert auf S. 556.
[5]) GRESCHIK, E.: Zitiert auf S. 572.   [6]) ANTONY, MATHILDE: Zitiert auf S. 562.

gleicher Weise neben roten und grünen Zellen solche, die eine Mischfärbung zeigen, und schließt daraus, daß sie einen Schleim bilden, der dem serösen Sekret nahesteht. Auch das abweichende Ausführepithel beim Schwan, Ente und Gans soll teilweise einen serösen Charakter besitzen.

Bei den *Säugetieren* und beim *Menschen* haben die Ausführwege gegenüber den Vögeln eine differenzierte Ausgestaltung erfahren, die in der Parotis am stärksten, in der Sublingualis am wenigsten in Erscheinung tritt.

Wir sehen hier zunächst die Endstücke an die Schaltstücke angeschlossen, deren kubisches Epithel manchmal in Gestalt der centroacinären Zellen in das Innere der Endstücke eindringt. Die Schaltstücke setzen sich in die mit hohem Zylinderepithel bekleideten Speichelröhren fort, an diese schließen sich die kleineren Ausführungsgänge, deren einreihiges Epithel in das zweireihige oder mehrschichtige der großen Ausführgänge übergeht.

Das Protoplasma der Schaltstückzellen kann manchmal Körnchen enthalten, doch liegen keine bestimmten Beobachtungen darüber vor, ob dies für eine Beteiligung am Sekretionsvorgang spricht.

Die Zellen der Ausführgänge zeigen bei einigen Säugetieren parallel gestellte gekörnte Stäbchen, die an die Strukturen der Speichelröhren erinnern. Auch können hier manchmal Becherzellen vorhanden sein.

Für die *Speichelröhren* dürfen wir mit Sicherheit eine Beteiligung an der Sekretion annehmen.

Schon Pflüger[1]) beobachtete, daß ihre Zellen sich nach Maceration mit chromsaurem Ammoniak im basalen Teil auffaserten, und schrieb ihnen, da er ihrer Oberfläche oft Sekrettröpfchen aufsitzen sah, eine Bedeutung für die Sekretion zu.

Schon im frischen Präparat sieht man in den Epithelien, bei Hund und Schwein weniger deutlich, bei Schaf, Rind und anderen Säugetieren hingegen scharf ausgeprägt, eine Streifung, welche aus basal gelegenen, in Reihen angeordneten Granulis besteht und so dem Epithel den Charakter eines Stäbchenepithels verleiht. Diese perlschnurartig aneinandergereihten Körnchen, welche auch im Altmann-Präparat sehr deutlich hervortreten, stehen nach Klein[2]) und Krause[3]) mit einem protoplasmatischen feinsten Netzwerk in Beziehung. Krause spricht von radiär zum Lumen ausgezogenen Netzmaschen, in dessen Knotenpunkten immer je ein Körnchen liegt. Auch Mislawsky und Smirnow[4]) haben ein solches Netzwerk beschrieben, doch dürfte es sich schwer beurteilen lassen, ob es sich hier um vital präformierte Strukturen handelt, da diese Befunde am fixierten Präparat gewonnen sind.

Was die funktionellen Veränderungen dieser Zellen betrifft, so gelangte Lazarus[5]) zu keinen bestimmten Resultaten. Nach den Befunden aber, welche Mislawsky und Smirnow[4]) in den Speichelröhren der tätigen Hundeparotis erhielten, kann über die sekretorische Funktion dieser Abschnitte kein Zweifel bestehen. Die Bilder, welche diese Autoren bei Altmann-Färbung von den gereizten Epithelien erhielten, waren folgende:
Auf Reizung des Auriculotemporalis wurde das Netzwerk deutlicher, der Zellkern rückte nach innen. Die Granula waren vereinzelt, jetzt auch im innersten Drittel der Zelle vorhanden, in den äußeren Abschnitten an Zahl geringer. War bei der Reizung gleichzeitig der Sympathicus durchschnitten, dann enthielt die Zelle in regelloser Anordnung kleinste Rundkörner, die auch ins Lumen übertraten, einen großen Zellkern und Vakuolen. Auf Reizung beider Nerven zugleich erschien das Netzwerk dichter, die Granula waren, namentlich im äußeren Abschnitt, größer, auch schwächer gefärbt. Bei behinderter Wasserzufuhr, hervorgerufen durch Reizung des Auriculotemporalis unter Ausschaltung des

---

1) Pflüger, E.: Strickers Handb. 1871, S. 306.
2) Klein, E.: Zitiert auf S. 558.   3) Krause, R.: Zitiert auf S. 562.
4) Mislawsky, N. A. u. A. E. Smirnow: Arch. f. (Anat. u.) Physiol. 1896, S. 93.
5) Lazarus, A.: Pflügers Arch. f. d. ges. Physiol. Bd. 42, S. 541. 1888.

Sympathicus und Kompression der Carotis während der Reizung, nahmen die Granula fast die ganze Zelle ein und waren in Längsreihen angeordnet, zwischen denen helle Stränge lagen. Reizung des Sympathicus bei durchschnittenen Auriculotemporalis rief keine Veränderungen an den Rundkörnern hervor. War der Auriculotemporalis hingegen bei der Reizung nicht durchschnitten, dann häuften sich die Granula in den äußeren Abschnitten zusammen, in der inneren Zone lagen nur wenige, das Netzwerk schien gelockert.

MISLAWSKY und SMIRNOW betonten bei ihren Befunden die Unterschiede. welche diese Bilder gegenüber denen der gereizten Parotis zeigen. Während es unter bestimmten Bedingungen gelang, Drüsenzellen ohne Granula zu erhalten, so daß nur mehr das Netzwerk sichtbar war, war ein solcher Effekt in den Stäbchenepithelien nie zu erreichen. Im Gegenteil waren hier stets Granula massenhaft vorhanden, besonders in der äußeren Zellzone. Während weiterhin bei behinderter Wasserzufuhr in den Drüsenzellen Granula von Riesengröße erschienen, waren unter diesen Bedingungen die Rundkörner der Stäbchenepithelien kleiner.

Die Autoren schlossen daraus mit Recht, daß die Beteiligung am Sekretionsvorgang für beide Zellarten verschieden sei, und glaubten, daß die Speichelröhren hauptsächlich einen wasserzuleitenden Apparat darstellen.

Auch MAXIMOW[1]) hat in den Speichelröhren der Submaxillaris des Hundes, R. KRAUSE[2]) in den Speichelröhren der Submaxillaris der Katze Veränderungen gesehen, welche für eine Sekretion sprechen. MAXIMOW fand auf Pilocarpin die Zellen kleiner, die Granula vermindert, auch in die Innenzone vorgerückt, das Netzwerk gelockert und deutlicher. In den Zellen konnten Vakuolen auftreten.

TAKAGI[3]) findet das Lumen der Speichelröhren in der Unterkieferdrüse der Katze 24 Stunden nach starken Pilocarpingaben am engsten, bei der Fütterungsdrüse weiter, am weitesten bei starker faradischer Reizung. In der Ruhedrüse sind basale Streifung und Körnerreichtum der Zellen häufiger als in der tätigen Drüse. Die basale Streifung ist durch Chondriokonten und radiäre Reihen von Körnern bedingt, die durch Zerfall der Chondriokonten entstehen. Bei Reizung schwindet die Streifung, und die Körner nehmen zu. Normalerweise werden letztere vor der Ausstoßung erst verflüssigt, nur bei künstlicher Reizung werden sie unverändert ausgestoßen. Vakuolen sind nur bei künstlicher Reizung zu beobachten. Der im Lumen bei Tätigkeit auftretende Inhalt läßt sich teils mit Mucicarmin, teils mit Eosin färben; daneben treten Körner auf, die sich mit Eisenhämatoxylin darstellen lassen und aus den Speichelrohrzellen stammen.

2. Sekretausstoßung und Sekrettransport.

Die zahlreichen Versuche, welche von LANGERHANS[4]), EWALD[5]), BOLL[6]) u. a. gemacht wurden, die Sekretwege der Speicheldrüsen und des Pankreas durch Injektion von Berlinerblau in die Drüsenausführungsgänge zu ermitteln, haben für uns heute nur mehr ein historisches Interesse.

Schon v. EBNER[7]) betonte, daß die hierbei erhaltenen und durch den Farbstoff angezeigten Wege künstlich gebahnt sein könnten, da die Injektion naturgemäß immer unter gewissem Druck ins Gewebe erfolge. Die so erhaltenen Bilder zeigten denn auch einen nicht physiologisch zu deutenden Übergang von Spaltsystemen, die teils künstlich entstanden waren, teils intercellulären Lymphräumen und Abführwegen der Drüse entsprachen.

---

[1]) MAXIMOW, A.: Zitiert auf S. 564.   [2]) KRAUSE, R.: Zitiert auf S. 562.
[3]) TAKAGI, K.: Zitiert auf S. 576.
[4]) LANGERHANS, O.: Inaug.-Dissert. Berlin 1869.
[5]) EWALD, A.: Inaug.-Dissert. Berlin 1870.
[6]) BOLL, FR.: Inaug.-Dissert. Berlin 1869.   [7]) EBNER, V. v.: Zitiert auf S. 558.

Mit besserem Erfolg wurde der Versuch gemacht, durch *Einverleibung von Farbstoff in die Blutbahn des lebenden Tieres* die Sekretwege zu ermitteln.

So spritzte Zeller[1]) Fröschen indigschwefelsaures Natron in die Blutbahn und fand dann in der Gl. intermaxillaris den Farbstoff im interstitiellen Gewebe und zwischen den Zellen, aber nicht in diesen selber wieder.

Eckhard[2]) arbeitete mit derselben Methode an Hunden und fand nach Reizung als Ort der Farbstoffausscheidung hauptsächlich die Ausführungsgänge, während die Drüsenzellen stets farblos blieben. Die Farbe ging vorübergehend auch in den Speichel über.

Auch Zerner[3]) sah den Farbstoff in die Ausführungsgänge übertreten und schloß daraus auf ihre sekretorische Funktion, die Hauptmasse der Farbe wurde aber von den Schleimzellen abgesondert. In einem Falle, wo der Sympathicus gereizt wurde, waren die Halbmonde blau gefärbt.

Eine eingehende Untersuchung mit dieser Methode verdanken wir Krause[4]). Er injizierte den Farbstoff Hunden intravenös, tötete die Tiere sofort nach der Injektion und untersuchte die Drüse nach Alkoholfixierung. Die Tiere sezernierten schon während der Injektion gefärbten Speichel. Das Bild der Drüse war folgendes: Nur die leeren Schleimzellen färbten sich, dann auch die Kerne. Unter den Halbmondzellen war die Mehrzahl ungefärbt, die Farbe aber in den intracellulären Sekretcapillaren vorhanden. Einige Zellen enthielten viele, andere wenig dicke blaue Granula. Die Stäbchenepithelzellen zeigten radiär gestellte blaue Fäden, die lumenwärts immer dichter wurden und zu blauen Massen zusammenflossen. Nie waren diese Zellen diffus blau gefärbt, der Kern blieb stets farblos. Der Farbstoff fand sich auch in den Lymphräumen um die Tubuli und die Ausführungsgänge, nicht in den Blutgefäßen und groben Speichelgängen. Wurde in der Drüse durch Nervenreizung oder Pilocarpin die Sekretion angeregt, so traten farbstoffhaltige Leukocyten auf, welche durch die Wand der groben Speichelgänge traten. Mit Einmündung der Sekretcapillaren in das Lumen des Schleimtubulus ging der granuläre Farbstoffinhalt in eine homogene blaue Masse über, die auch die Lumina der Speichelröhren erfüllte. Da oft nur die Speichelröhren den Farbstoff enthielten, schloß auch Krause auf ihre sekretorische Funktion.

Der Vorgang der *Sekretausstoßung*, insoweit ihn das fixierte Drüsenbild festhält, knüpft am besten an die Betrachtung der Gebilde, welche wir als Speichelcapillaren oder Sekretionscapillaren, mit Solger als *Sekretcapillaren* bezeichnen können.

Es liegt in der Natur dieser Bildungen, die wir, wie schon ihr Name ausdrückt, als präexistente Abführröhrchen des fertigen Sekrets auffassen dürfen, daß sie in den Schleimzellen nicht mit Sicherheit nachgewiesen sind. Haben wir doch in diesen Zellen eine Verflüssigung des Sekrets schon intracellulär, mit breitem Übertritt aus der Zelle in das Lumen, anzunehmen. Ein solcher Sekretionsmodus macht binnen- und zwischenzellige Abführwege unnötig.

Zwar erwähnt Krause[5]) binnenzellige Sekretcapillaren für die Schleimdrüsen des Igels. Es ist aber möglich, daß die Verhältnisse bei den Insectivoren, deren Speicheldrüsen einen besonderen Bau zeigen, auch für die Sekretausstoßung von der Norm abweichen.

Beim Maulwurf findet Schaffer[6]) zwischen der mit Mucicarmin stark färbbaren Mantelzone der Halbmonde zwischenzellige Kanäle, die er für temporäre Bildungen hält. Sie sind aber nicht die Wege für das schleimige Sekret, das sich hier in Form körniger Zipfel an der Berührungsstelle zwischen Halbmond und Zellschlauch in den letzteren ergießt.

---

[1]) Zeller, A.: Virchows Arch. f. pathol. Anat. u. Physiol. Bd. 73, S. 257. 1878.
[2]) Eckhard, C.: Festschr. f. Ludwig, S. 13. Leipzig 1887.
[3]) Zerner, Th.: Wiener med. Jahrb. 1886, S. 191.
[4]) Krause, R.: Arch. f. mikroskop. Anat. Bd. 59, S. 407. 1902.
[5]) Krause, R.: Zitiert auf. S. 556.
[6]) Schaffer, J.: Zitiert auf S. 564.

Mit Sicherheit lassen sich die Sekretcapillaren nur in den serösen Komplexen nach-weisen und sind als solche für die Parotis, die serösen Zungendrüsen und die Halbmonde der gemischten Speicheldrüsen beschrieben worden. Die Ähnlichkeit der hier auftretenden Bildungen mit denen, die wir namentlich im Golgi-Präparat in den Belegzellen des Magens erhalten, machen es mir auf Grund meiner Chloridmethode wahrscheinlich, daß es sich um den histophysiologischen Ausdruck einer Ausscheidung salzhaltigen Wassers handelt. Für die Halbmonde ist diese Ansicht schon von Laserstein[1]) ausgesprochen worden.

Über die Lage dieser Strukturen, die wir mit dem Imprägnationsverfahren von Golgi, aber auch nach Heidenhain und Biondi darstellen können, herrscht unter den Autoren keine einheitliche Auffassung. Zimmermann[2]) zog zur Entscheidung dieser Frage die Dar-stellung der Kittlinien mit Eisenlack heran. Da die Kittlinien nur immer da auftreten, wo zwei Zellen sich an der Oberfläche berühren, die Sekretcapillaren aber solche Linien zeigen, so sollten sie als zwischenzellige Kanäle zu betrachten sein. Es muß dieser Beweisführung entgegengehalten werden, daß die Darstellung der Kittlinien launisch sein kann und auch binnenzellige Umgrenzungen von Hohlräumen, wie dies bei anderen Methoden in Erschei-nung tritt, Farbstoffe an ihrer Oberfläche festhalten könnten.

Die Auffassung, wonach diese Gebilde *zwischenzellige*, blind endende Kanäle sind, die die Membrana propria nicht erreichen, wird auch von E. Müller[3]), Kolossow[4]) und Maximow[5]) vertreten. Die Golgi-Bilder, die Cajal[6]) und Retzius[7]) in den Speicheldrüsen erhielten, sprechen in gleichem Sinne. R. Heidenhain sprach sich gegen die Präexistenz dieser Kanäle aus, weil er nach Unterbindung der Ausführungsgänge nur das Lumen der Drüsenschläuche, nicht die zwischenzelligen Sekretwege erweitert fand. Oppel nennt die Sekretcapillaren epicellulär, Stöhr, der eine Sekretabgabe nach mehreren Richtungen für möglich hält, spricht von pericellulären Strukturen.

Die Ansicht, daß neben diesen zwischenzelligen Kanälen auch *binnenzellige* vorkommen, ist namentlich von Krause[8]), Küchenmeister[9]) und Laserstein[10]) vertreten worden. Laserstein erhielt mit der Golgi-Methode in der Parotis und den Halbmonden der Sub-maxillaris binnenzellige Kanäle, die er bis in die Nähe des Kernes verfolgen konnte.

Was die Wandung dieser Strukturen betrifft, so nehmen die meisten Untersucher an, daß sie von einer protoplasmatischen Zellschicht gebildet wird, die mit dem Protoplasma-netz in Verbindung steht. Wir können die zwischenzelligen Kanäle als präexistente Bil-dungen betrachten, die in der ektoplasmatischen Wandschicht der sie begrenzenden Zellen eine gewissermaßen stabile Grundlage haben.

Die Beobachtung Zimmermanns[11]), daß die zwischenzelligen Kanäle zwischen den sekretvollen Zellen weiter sind als zwischen den sekretleeren, spricht dafür, daß ihre Weite von der Zellfüllung und der Ausdehnung der Zelle nach der Seite nicht einfach abhängig ist. Die Weite dürfte vielmehr von der Füllung der Kanäle mit Sekret abhängen. Im Sinne einer solchen Füllung sprechen auch die Beobachtungen von Retzius[7]), der im Golgi-Präparat an diesen Gebilden knopfförmige Anhänge sah, die in die Zellsubstanz hineinragten, und die er für den Ausdruck von Vakuolen hielt.

E. Müller[12]) hat beobachtet, wie solche Zellvakuolen mit den Kanälchen in unmittelbarer Verbindung stehen und sich in die Kanälchen öffnen. Weit schwieriger erscheint die Deutung der binnenzelligen Kanäle. Die Beob-achtung lehrt hier, daß es sich um funktionell wechselnde Strukturen handelt, die keine dauernde Grundlage haben. Zwar bezeichnet sie Krause[13]) als prä-formiert in dem Sinne, daß sie immer vorhanden sind und vielleicht nur darum nicht in Erscheinung treten, weil der Zellinhalt sie zusammenpreßt, während

[1]) Laserstein, S.: Zitiert auf S. 565.   [2]) Zimmermann, K. W.: Zitiert auf S. 558.
[3]) Müller, E.: Zitiert auf S. 563.   [4]) Kolossow, A.: Zitiert auf S. 558.
[5]) Maximow, A.: Zitiert auf S. 564.
[6]) Cajal, R. y: Gaz. med. catal., Barcelona 1889; Manual de histología normal y técnica micrográfica, 2. Aufl. Madrid 1893.
[7]) Retzius, G.: Biol. Untersuch., N. F. Bd. 3, H. 9, S. 59 u. H. 10, S. 65; Bd. 4, H. 9, S. 67. 1892; Bd. 8, S. 98. 1898.
[8]) Krause, R.: Zitiert auf S. 556.
[9]) Küchenmeister, H.: Arch. f. mikroskop. Anat. Bd. 46, S. 621. 1895.
[10]) Laserstein, S.: Zitiert auf S. 565.   [11]) Zimmermann, K. W.: Zitiert auf S. 558.
[12]) Müller, E.: Zitiert auf S. 563.   [13]) Krause, R.: Zitiert auf S. 556.

sie sich mit Entleerung des Zellinhaltes bei der Sekretion öffnen. Aber der Befund, daß diese Strukturen nicht konstant sind und häufiger in der tätigen Drüse vorkommen, kann auch anders gedeutet werden, nämlich in dem Sinne, daß es sich um den formal-optischen Ausdruck eines Drainagesystems handelt, das die Zelle bildet, um den sekretfertigen Produkten Abfluß zu verschaffen.

Laserstein[1]) fand an der Parotis auf Sympathicusreizung die Kanäle nicht verändert, während sie auf Pilocarpin in den Halbmonden der Submaxillaris spärlicher und schlanker erschienen. Krause[2]) sah auf Pilocarpin in der Parotis an ihnen keine Veränderung.

Die *Ausstoßung des Sekrets* ist geknüpft an Vorgänge, die sich an der Lumenseite der Zelle abspielen und mit dem Übertritt der Produkte in das Sammellumen und ihrer Verflüssigung dortselbst enden. Wir haben diese Verhältnisse für die Schleimzellen der Säuger schon betrachtet.

Für die *Vögel* ergeben sich hier nach M. Antony[3]) interessante und abweichende Befunde. In den gewöhnlichen Schleimzellen der Finken entspricht das Bild der Sekretausstoßung im allgemeinen dem der Säuger. In den abweichenden Schleimzellen sind die Bilder recht verschieden. Entweder entweichen die reifen Granula durch die gesprengte Zellmembran und verflüssigen sich erst im Lumen, oder die Verflüssigung findet schon in der Zelle selber statt. Die häufigste Form der Entleerung ist hier aber eine Ausstoßung der ganzen Zelle, sei es, daß die Trümmer einer durch Sekretdruck geplatzten Zelle in das Lumen treten, sei es, daß die Zelle durch den Druck der Nachbarzellen aus ihrem Verband herausgeschoben wird.

In den serösen Zellen der Finken kommt es zu einer blasenförmigen Sekretion, die schon von Mislawsky[4]) beschrieben und von Greschik[5]) beim Kirschkernbeißer gesehen worden ist. Das Sekret, das ins Lumen übertritt, kann hier die Form einer Blase annehmen, die mit dünnem Stiel noch an der Zelloberfläche haftet und sich dann ablöst. An anderen Zellen sieht man, wie das Sekret gleich einer Kappe mit breiter Basis der Zelloberfläche aufsitzt und mit den gleichen Bildungen der Nachbarzellen zusammenfließt. Die Sekretmassen, die oft als große Ansammlungen im Lumen treiben, können Zellfetzen und Granula verschiedener Größe enthalten. Auch hier scheint also der Sekretionsprozeß mit einer Schädigung der Zelle einhergehen zu können, dafür spricht auch das Auftreten zahlreicher Zellkerne, die im Lumen treiben, und die Entleerung unreifer Rundkörner.

Sehr eigenartige Verhältnisse findet M. Antony bei der Amsel, dem Baumläufer, der Hausschwalbe und in der Spechtdrüse. Hier treten nämlich bei Lichtgrün-Mucicarminfärbung im Lumen neben dem rot gefärbten fädigen Mucin grün gefärbte Mucigenkugeln auf. Auch in der Spechtdrüse kann man im Lumen Kerne, Protoplasmafetzen und Zelltrümmer nachweisen.

Nach dem Gesagten weicht der Sekretionsmodus bei den Vögeln nicht unerheblich von dem bei den Säugern beobachteten ab. Auffallend ist hier vor allem der physiologische Zellzerfall, eine Erscheinung, die wir, im Gegensatz zu der Anschauung älterer Autoren, in den Speicheldrüsen der Säuger unter normalen Verhältnissen nicht finden. Zwar scheint nach Pischinger[6]) in den Speicheldrüsen des Menschen bei starker Sekretion auch eine Abstoßung von Zellen vorzukommen. Es kann hier vielleicht als Erklärung herangezogen werden, daß Verdauung und Stoffwechsel der Vögel einen außerordentlich intensiven

---

[1]) Laserstein, S.: Zitiert auf S. 565.   [2]) Krause, R.: Zitiert auf S. 562.
[3]) Antony, Mathilde: Zitiert auf S. 562.
[4]) Mislawsky, N. A.: Arch. f. mikroskop. Anat. Bd. 73, S. 681. 1909.
[5]) Greschik, E.: Zitiert auf S. 572.   [6]) Pischinger, A.: Zitiert auf S. 565.

Prozeß darstellen, der oft ohne Unterbrechungen weitergeht. Bei vielen Säugetieren hingegen sind in der Sekretion der Drüsen physiologische Ruhepausen eingeschaltet.

Wenn wir die Sekretausstoßung für die Schleimzellen einerseits, für die serösen Zellen andererseits miteinander vergleichen, so tritt als Hauptunterschied die verschiedene Zellintegrität beim Sekretionsvorgang in Erscheinung.

Bei den *Schleimzellen* wölbt sich mit Ausstoßung des fertigen Sekrets die innere Zellumrandung vor, die strukturelle Zellgrenze schwindet. Da die hier entstehenden Produkte außerordentlich empfindlich sind, so daß wir sie auch mit unseren besten Methoden nicht hinreichend konservieren können, läßt sich der Vorgang, soweit er das Zellprotoplasma betrifft, nur schwer beurteilen. Wir können nicht mit Sicherheit entscheiden, ob hier der Schleim durch Protoplasmaporen austritt oder aber die innere Protoplasmaumhüllung sprengt. Die Bildung einer protoplasmatischen Basalzone kann auf dem Zurückdrängen des Protoplasmas durch den quellenden paraplasmatischen Inhalt beruhen. Sie kann aber ebensogut ein basalwärts gerichtetes aktives Zurückziehen des Protoplasmagehäuses über das Sekret hinweg bedeuten.

Bei den *serösen Zellen* sehen wir etwas andere Verhältnisse. Die Integrität der Zellinnenzone ist hier mehr gewahrt. Abgesehen von den zwischen- und binnenzelligen Sekretcapillaren kann hier das Sekret auch am inneren Zellrand übertreten. Unter den Verhältnissen normaler Drüsentätigkeit geht es im Lumen schnell in eine Verflüssigung über und erscheint dann als homogene Masse, die bei Fixierung eine faserige oder körnige Beschaffenheit annehmen kann. Wenn wir aber durch Nervenreizung oder Pilocarpin die Drüse in eine stark gesteigerte Tätigkeit versetzen, können auch Zellgranula im Lumen erscheinen.

Mislawsky und Smirnow[1]) sahen dies in den Speichelröhren nach Reizung des Auticulotemporalis bei durchschnittenem Sympathicus. Desgleichen bei experimenteller Behinderung der Wasserzufuhr in den Lumina der Parotis, wo dann neben echten Granulis auch Kerne zerfallener Drüsenzellen auftraten. Ob das Sekret der serösen Zellen durch intakte innere Zellgrenzen nach Maßgabe der Löslichkeit durchtritt oder ob diese Zellgrenzen dabei ihren Zusammenhang verlieren, kann heute auf Grund histophysiologischer Bilder noch nicht entschieden werden. Die Fixierung dürfte für diese sehr subtilen Verhältnisse keine brauchbaren Resultate liefern. Wenn das Sekret in das Lumen ausgestoßen ist, wird es durch die Ausführsysteme nach dem Mundraum transportiert. Da diese Ausführwege eng sind, so ist eine genügende Verflüssigung, die mit einer Herabsetzung der Reibung einhergeht, eine physiologische Bedingung. Wir dürfen annehmen, daß schon der Druck der nachrückenden Sekretmassen die vorher sezernierten in den Röhren weiter schiebt. Daneben geben uns elastische Fasern und Muskelelemente, welche die Ausführwege vielfach begleiten, einen Hinweis auf aktive contractile Kräfte beim Prozeß des Sekrettransports. Die basalen Zellen des zweireihigen Epithels der groben Ausführgänge sind in diesem Sinne als contractiles Myoepithel aufgefaßt worden.

3. Veränderungen nach Durchschneidung der Nerven, Unterbindung der Ausführungsgänge und Anlegung einer Fistel.

Es ist bekannt, daß beim Hunde nach *Durchschneidung der Chorda* in der Submaxillaris eine ununterbrochene, mehrere Wochen dauernde Speichelsekretion auftritt, die mit einer Verkleinerung des Organs einhergeht. R. Heidenhain[2]),

---

[1]) Mislawsky, N. A. u. A. E. Smirnow: Zitiert auf S. 584.
[2]) Heidenhain, R.: Zitiert auf S. 566.

der solche Drüsen histologisch untersuchte, fand in ihnen die Halbmonde, die er als Ersatzzellen der Schleimzellen betrachtete, vermehrt, die Schleimzellen vermindert. Er nahm an, daß die Drüse das Aussehen mehr einer tätigen als einer ruhenden Drüse gewinnt. Langley[1]) konnte diese Ansicht nicht bestätigen, sah im Gegenteil die Submaxillaris von Hund und Katze bei der paralytischen Sekretion muköser werden als normal. Es zeigte sich dies nicht in der Größe und dem Verhältnis der beiden Komplexe zueinander, sondern in den Schleimzellen selber, in denen das Protoplasma auf Kosten des Mucigens stark vermindert war und die homogene Außenzone des Tätigkeitsbildes auch in frisch untersuchten Zellen fehlte. Auch die basale Lage des Kernes sprach in diesem Sinne. Die Halbmonde und serösen Alveolen waren kleiner und nicht vermehrt. Maximow[2]) hat diese Verhältnisse an der Submaxillaris und Retrolingualis des Hundes eingehend studiert und kam zu folgenden Resultaten. In der Submaxillaris waren die Schleimzellen verkleinert, es lagen mehr Schleimzellen in einem Gesichtsfeld. Der Kern lag ganz basal und nahm eine intensive gleichmäßige Färbung an, das Zellnetz erschien feiner, seine Maschen verkleinert, die Granula waren spärlich. Im Altmann-Präparat sah man verschwommene netzige Massen von graugelber Farbe, die sich mit Toluidinblau metachromatisch färbten. Im ganzen war hier also das Protoplasma regeneriert, aber nicht so vollkommen, wie es der Norm entspricht. Die Halbmonde waren zuerst vergrößert, später verkleinert, ihre Zellen, anfangs normal, zeigten später eine Abnahme der Granula und einen eckigen, geschrumpften, stark verdichteten Kern. Auch die Stäbchen-epithelzellen der Speichelröhren waren verkleinert, ihre Granula lagen wirr durcheinander, zum Teil in der Innenzone, und ließen um den Kern einen hellen Hof frei. Der Kern war geschrumpft und chromatinarm. Spritzte man den Tieren Pilocarpin ein, so wurden die Schleimzellen noch kleiner, in den Halbmonden erschienen Vakuolen, in beiden Zellarten Fetttröpfchen.

In der ersten Periode, der Zerfallsperiode, erhielt man in der Retrolingualis folgende Bilder. Die Schleimzellen erschienen infolge verminderter Fähigkeit der Entleerung und gleichzeitiger, wenn auch herabgesetzter Regeneration der Sekretprodukte, gebläht, groß und rund, mit ganz basal gelegenem kleinen geschrumpften Kern. Der mit Toluidinblau sich metachromatisch färbende Inhalt konnte quellen und zusammenfließen, das Netzwerk schwinden, so daß die Zelle nur mehr einen Sack mit homogenem Inhalt darstellte. In anderen Zellen trat unter Zusammenfließen von Vakuolen ein ähnliches Bild auf, noch andere zeigten eine Verflüssigung von der Peripherie her. In den Halbmonden trat zumeist eine anfangs stürmische Steigerung ihrer Tätigkeit auf, die anhielt, bis ihre Zellen erschöpft waren. Entsprechend waren die Zellen mit Granulis oft exzessiver Größe überladen, die Sekretcapillaren undeutlich. Manche Drüsenzellen lösten sich ab und verfielen der Nekrobiose. In der Sekretionsperiode, die der Zerfallsperiode folgte, waren die noch vorhandenen Schleimzellen teils in passivem Zustand, teil atrophierten sie bis zum völligen Schwund. Die Bildung von Sekretmaterial ging weiter; denn es war in Gestalt netziger oder homogener metachromatisch gefärbter Massen nachzuweisen. In den Zellen waren Vakuolen und Fetttröpfchen vorhanden. Die Zellen der Halbmonde zeigten immer noch Zeichen starker Tätigkeit und eine Überfüllung mit mannigfach geformten Granulis, die mit auf Kosten des atrophierenden Protoplasmas entstanden. Das Sekret, welches ins Lumen übertrat, erschien körnig oder homogen, oft deutlich geschichtet, und nahm bei Färbung mit Safranin-Lichtgrün oder Eisenhämatoxylin-Erythrosin gewöhnlich eine Mischtönung an. Die Ausführungs-

---

[1]) Langley, J. N.: Zitiert auf S. 553.   [2]) Maximow, A.: Zitiert auf S. 564.

gänge zeigten Zeichen einer Atrophie. Die Sekretionsperiode ging allmählich, aber nicht an allen Stellen gleichzeitig, in die atrophische Periode über, in der die Drüsen neben wenigen Resten von Schleimzellen nur mehr die atrophierten Halbmondzellen zeigten. Pilocarpin hatte in diesem Stadium keinen Einfluß mehr, da der zuführende Nervenapparat degeneriert war.

MAXIMOW hat in einem Falle auch die *Ausführungsgänge* der beiden Drüsen *unterbunden* und die histologischen Veränderungen nach 31 Tagen untersucht. In den hochgradig atrophierten Drüsenschläuchen der Submaxillaris war die Zahl der Schleimzellen stark vermindert, die noch vorhandenen waren klein, die Netzmaschen weit, teils leer, teils mit schleimigen, keine Granula enthaltenden Massen erfüllt. Mucin war färberisch nachzuweisen. Die Halbmonde erschienen vielleicht etwas größer als normal, zeigten Reste von Sekretcapillaren, Granula, Fetttröpfchen und vereinzelt Mitosen. Auch die Speichelröhren zeigten Veränderungen, die Strichelung ihrer Epithelien war geschwunden, ein Teil der Zellen grob gekörnt, Fetttröpfchen und Pigment enthaltend. In der Retrolingualis waren nur mehr seröse Zellen ohne Sekretcapillaren vorhanden, das Epithel der Speichelröhren war atrophiert und konnte Fett, Vakuolen und fuchsinophile Granula enthalten. Die hier wiedergegebenen Befunde zeigen neben anderem, daß die funktionelle Bedeutung und Vitalität der serösen und mukösen Komplexe ganz verschieden sein muß und bilden darum eine gute Stützung der Zweisekrettheorie.

In neuerer Zeit haben SCHEUNERT und TRAUTMANN[1]) an Pferden, Schafen und Ziegen die Veränderungen untersucht, die *nach Anlegung einer Fistel* in den Speicheldrüsen auftreten. Die an der Parotis des Pferdes, der Parotis und Submaxillaris von Schaf und Ziege ausgeführten Versuche zeigten zunächst, daß die Drüsen nach Anlegung einer Fistel an Gewicht verloren und keine kompensatorische Hypertrophie der entsprechenden Drüse der nichtoperierten Seite bestand. Während die rötliche Färbung der gesunden Drüsen auf eine normale Durchblutung hinwies, zeigten die Fisteldrüsen ein blasses, wohl auf schlechterer Durchblutung beruhendes Aussehen.

Trotzdem nie eine Stauung des Sekrets bestanden hatte, der Speichel vielmehr ohne Hindernis durch die Fistel abfloß, waren mikroskopisch schwere Veränderungen im Drüsengewebe nachzuweisen. In den Fistelparotiden der Pferde war besonders in der Gegend des Austritts des Ductus parotideus das Bindegewebe gewuchert und der Läppchencharakter geschwunden. Normale Endstücke fehlten, das Lumen der vorhandenen zeigte eine wechselnde Füllung. Die Kerne der Epithelzellen erschienen zum Teil pyknotisch, im Zelleib ließen sich nach ALTMANN keine Granula mehr nachweisen, die Affinität zu sauren Farben war verlorengegangen. Die mehr zentral gelegenen Herde zeigten eine nur schwache Vermehrung des Bindegewebes, der Läppchencharakter war erhalten, die Läppchen waren aber kleiner, die Drüsenzellen verändert.

Die Fistelparotis der Schafe wies nur eine Bindegewebsvermehrung auf, in der Fistelsubmaxillaris dieser Tiere war eine besondere Affinität der Halbmonde zu basischen und Schleimfarben zu bemerken. Wurde den Tieren auf einer Seite eine Parotisfistel, auf der anderen eine Submaxillarisfistel zugleich angelegt, so zeigten sich die Sekretröhren und Sekretgänge der Parotis stark erweitert, aber leer, die Epithelien der Sekretröhren verändert. In der Submaxillaris trat jetzt eine starke Bindegewebswucherung auf, der Läppchencharakter war verlorengegangen, die Schleimzellen verkleinert, die serösen Zellen zum größten Teil geschwunden. Die Endstücke hatten an Zahl abgenommen, ihr Lumen war nicht

---

[1]) SCHEUNERT, A. u. A. TRAUTMANN: Zitiert auf S. 565.

mehr rund, sondern vielgestaltig, ihr Epithel verändert. Auch die Sekretgänge zeigten Veränderungen.

Beim Hunde waren an der Parotis ähnliche Veränderungen zu erhalten.

Während beim Schaf nach Anlegung einer Speichelfistel die Parotis am schnellsten mit einer Bindegewebswucherung reagierte, trat diese Veränderung beim Pferd langsamer auf, am langsamsten beim Hunde.

C. Das Pankreas.

I. Allgemeiner Bau.

Die Betrachtung des Pankreas schließt am besten an die Speicheldrüsen an. Schon die Untersuchungen von Langerhans[1]), R. Heidenhain[2]) u. a. haben gezeigt, daß wir in diesem Organ zwei getrennte Komplexe unterscheiden können, einen außersekretorischen fermentbereitenden und die Langerhansschen Inseln. Dem Rahmen dieses Handbuchabschnittes entsprechend sei hier nur der außersekretorische Komplex betrachtet.

Die vergleichende Anatomie lehrt, daß wir uns das Organ aus mehreren, später sich vereinigenden Drüsenmassen entstanden denken müssen. Während noch bei den Fischen ein disseminiertes oder diffuses Pankreas überwiegt und eine kompakte massive Drüsenmasse selten vorkommt, bildet sich bei den Sauropsiden, im allgemeinen in der Gastroduodenalschlinge, ein bandartiger Körper, der eine Lappenbildung zeigen kann.

Die Entstehung der Drüsenmasse aus mehreren getrennten Körpern kommt noch in der Anordnung der Ausführungsgänge bis zu den Säugetieren hinauf zum Ausdruck. Bei den Fischen finden wir einen kurzen Ductus pancreaticus, der neben dem Ductus choledochus mündet und an letzterem haftet oder direkt in ihn übergeht. Bei den Urodelen sehen wir zwei Mündungsstellen, eine vordere, dicht hinter dem Pylorus, und eine hintere, die in wechselnder Beziehung zum Ductus choledochus steht und bei den fertig ausgebildeten Anuren rückgebildet ist. Diesen verschiedenen Beziehungen zum Ductus choledochus begegnen wir auch bei den Reptilien und bei den Vögeln, deren Pankreas, je nach der Vogelart verschieden, 1—3 Ausführungsgänge besitzen kann. Bei den Säugern mündet der Ductus pancreaticus entweder gemeinsam mit dem Ductus choledochus (z. B. beim Schnabeltier und bei den Walen) oder getrennt von letzterem (z. B. beim Ameisenigel, Biber und Kaninchen), oder es finden sich zwei Pankreasgänge, von denen der eine mit dem Ductus choledochus gemeinsam, der andere weiter unten sich öffnet. Beim Seehund hat Tiedemann[3]) einen besonderen Behälter für den Bauchspeichel beschrieben. Beim Menschen können wir neben dem Hauptausführungsgang, dem Ductus Wirsungianus, einen von diesem abzweigenden größeren Nebengang, den Ductus Santorini, unterscheiden, der eine besondere Mündungsstelle hat.

Was die Funktion betrifft, soweit sie grob anatomisch zum Ausdruck kommt, so sei erwähnt, daß die fleischfressenden Schildkröten ein breiteres Pankreas besitzen als die pflanzenfressenden. Das Pankreas stellt in seinem histologischen Bau bei den Säugetieren eine zusammengesetzte tubulöse Drüse dar, deren Endstücke mäßige Erweiterungen zeigen können. An die Endstücke schließen sich die Schaltstücke, die als centroacinäre Zellen in das Innere der Endstücke hineinreichen. Die Schaltstücke gehen direkt in die Ausführungsgänge über, Speichelröhren fehlen.

II. Histophysiologie des Pankreas.

1. Sekretbereitung.

Schon 1856 machte Claude Bernard[4]) an den frischen Drüsenzellen des Kaninchenpankreas die Beobachtung — es war die erste für die Drüsen überhaupt —, daß sie das Sekret in Gestalt einer granulären Vorstufe enthalten. Langerhans[1]), der das Pankreas zahlreicher Wirbeltiere untersuchte, fand dann in den Zellen zwei Zonen, eine Innenzone, die zahlreiche, stark lichtbrechende

[1]) Langerhans, O.: Inaug.-Dissert. Berlin 1869.
[2]) Heidenhain, R.: Zitiert auf S. 566.
[3]) Tiedemann, F.: Dtsch. Arch. f. d. ges. Physiol. Bd. 4, S. 403. 1818.
[4]) Bernard, Cl.: Neue Funktionen der Leber als zuckerbereitendes Organ des Menschen und der Tiere. Deutsch von Schwarzenbach. Würzburg 1853; Journ. de la physiol. 1859; Leçons sur les phénomènes de la vie etc. Bd. II. Paris 1879.

Körnchen enthielt, und eine kernhaltige Außenzone von fast homogenem, matt-
glänzendem Aussehen. Erst durch die Untersuchungen R. HEIDENHAINS[1])
wurde diesen Befunden eine histophysiologische Grundlage gegeben. Durch
seine Beobachtung, daß der Gehalt des Sekrets an Ferment mit der Entwicklung
der Körncheninnenzone zunahm, daß Hunde mit permanenter Pankreasfistel,
deren Zellen eine fast körnchenfreie Innenzone zeigten, einen fermentarmen
Saft sezernierten, war die Bedeutung der Körnchen als Träger des Proferments,
als Zymogenkörnchen, festgelegt.

Gehen wir von der Betrachtung der *ruhenden* sekreterfüllten *Drüsenzelle* aus, so hat
MICHAELIS[2]) in ihr *supravital* ähnliche Gebilde dargestellt wie in der Submaxillaris. Während
auch hier postmortal Körnchen mit allen möglichen Farbstoffen anfärbbar waren, gelang
am überlebenden Präparat auf Grund einer besonderen Affinität zu Janusgrün die Darstellung von Fädchen oder Stäbchen. MICHAELIS fand sie im Pankreas von Molch, Igel,
Kaninchen, Ratte und Meerschweinchen. Beim Frosch gelang es sogar einmal, sie nach
intravenöser Injektion des Farbstoffes darzustellen. Diese Fädchen lagen zum größten Teil
in der Außenzone, vorwiegend an den Zellrändern. Durch Umbiegen ihrer Enden konnten
sie aber die Gestalt von Ringelchen annehmen und fanden sich dann mehr im Innern der
Zelle. Da die Färbung mit Janusgrün-Neutralrot ergab, daß sich die fertigen Sekretkörner
rot, die Fädchen stets grün färbten, während die jüngeren Sekretkörnchen und die Ringelchen
bald rot, bald grün gefärbt waren, da ferner zwischen den jüngeren Körnchen und den
Ringelchen oft Übergänge bestanden, glaubte MICHAELIS entsprechend der Auffassung
ALTMANNS, daß die Sekretkörnchen auch hier aus den Fädchen hervorgehen.

Betrachten wir die *frische ungefärbte Zelle* oder ein *Präparat nach Fixierung und Färbung*,
so kann man verschiedene Strukturen unterscheiden. Zunächst die protoplasmatische Grundsubstanz, welche die Gestalt eines Netz- oder Gerüstwerks mit Maschen annehmen kann.
In den Maschen liegt eine homogene Masse, die hyaline Substanz LANGLEYS. Die Maschen
sind in der Außenzone eng, in der Innenzone weiter und umschließen hier in das Hyaloplasma eingebettete, stark lichtbrechende Körnchen, die als Innenzone $\frac{1}{8}-\frac{1}{6}$ des Längen-
durchmessers der Zelle einnehmen können. Die von diesen Körnchen freigelassene Außenzone ist nicht ganz homogen. Sie zeigt nach vielen Untersuchern eine Streifung, nach einigen
auch vereinzelte Körncheninhalte, bei der Fixierung lassen sich hier Fädchen und die SOLGER-
schen Basalfilamente darstellen.

Ältere Autoren haben die Zymogenkörnchen ganz oder teilweise für Fetttröpfchen
gehalten. Daß solche vereinzelt vorkommen, ist auch von neueren Untersuchern bestätigt
worden. Schon KÖLLIKER[3]) fand, daß die Pankreaszelle eine Substanz enthält, die durch
Essigsäure gefällt wird und im Überschuß der Säure wieder löslich ist. R. HEIDENHAIN[4])
isolierte die Zellen durch Maceration mit chromsaurem Ammoniak und sah in der Außenzone fädchenartige Gebilde auftreten, die er auch in Alkoholpräparaten vom Hund wieder-
fand. In Wasser quoll die Außenzone, die Körnchen der Innenzone blaßten ab. Noch
schneller trat dies auf Alkalizusatz ein. Verdünnte Säuren erzeugten in der Außenzone
dunkelkörnige Niederschläge, die den Unterschied zwischen beiden Zonen verwischten.
Eisessig hellte die Zellen auf und ließ den Kern deutlicher hervortreten.

Die Untersuchung des Pankreas im *Hunger* lehrt uns, ganz wie bei den
Speicheldrüsen, daß die Zellen hier ihre granulären Vorstufen des Sekrets beibehalten und vielleicht noch aus dem zuführenden Blutstrom ergänzen.

So sind die Zellen vom hungernden Katzenwels nach MACALLUM[5]) mit Körnchen gefüllt,
ihr Kern wie im Ruhestadium rund und an der Basis gelegen. Beim Olm finden wir in diesem
Zustand eine breite Körnchenzone [OPPEL[6])]. Am Höhlenmolch erhielt hingegen GALEOTTI[7])
ein ganz abweichendes Bild. Hier enthielten die Zellen des länger fastenden Tieres im allgemeinen keine Zymogenkörnchen, nur im Kern und in seiner Nähe waren solche vorhanden.

---

[1]) HEIDENHAIN, R.: Zitiert auf S. 566.
[2]) MICHAELIS, L.: Zitiert auf S. 556.
[3]) KÖLLIKER, A.: Verhandl. d. physikal.-med. Ges. zu Würzburg Bd. 7. 1857; Handb.
d. Gewebelehre d. Menschen. 6. Aufl., Bd. I. Leipzig 1889.
[4]) HEIDENHAIN, R.: Zitiert auf S. 566.
[5]) MACALLUM, A. B.: Proc. of the Canad. Inst. Toronto, N. S. Bd. 2, S. 387. 1884.
[6]) OPPEL, A.: Arch. f. mikroskop. Anat. Bd. 34, S. 511. 1889.
[7]) GALEOTTI, G.: Internat. Monatsschr. f. Anat. u. Physiol. Bd. 12, S. 440. 1895.

Bei den Säugetieren kann man nach R. Heidenhain, Harris und Gow[1]), ver Eecke[2]) u. a. im Hunger sehr deutlich eine breite Innenzone wahrnehmen. R. Heidenhain sah in den absterbenden Zellen des Hungerpankreas vom Kaninchen die Granula nach innen rücken. Wurden solche Zellen erwärmt, so rückten die Granula in Reihen nach außen, und diese Erscheinung ging bei Abkühlung wieder zurück. Lewaschew[3]) beobachtete, daß im Pankreas des hungernden Hundes der Fermentgehalt schwinden kann, ohne daß gleichzeitig die Körnchen der Innenzone schwinden. Er schloß hieraus mit Recht, daß die Körnchen nur eine Trägersubstanz des Ferments und nicht dieses selber darstellen. Morpurgo[4]) fand, daß die Pankreaszellen sich unter dem Einfluß des Hungerns verkleinern. Dieselbe Beobachtung machte Lasarew[5]) beim Meerschweinchen und betonte, daß sich hier der Zellleib früher und mehr verkleinert als der Zellkern.

Wen Chao Ma[6]) fand im Pankreas des hungernden Meerschweinchens eine reversible Umwandlung der Mitochondrien zu Kugeln und Granula. Watrin[7]) sah bei der hungernden Ratte eine Zunahme der zweikernigen Zellen. Miller[8]) beobachtete bei vitaminfrei ernährten Albinoratten in Pankreas, Magen und Darm eine Umbildung der Mitochondrien in Granula und eine Abnahme dieser Gebilde bis zum völligen Schwund.

Jarotzky[9]) ließ weiße Mäuse hungern oder fütterte sie nur mit Zucker, Talg oder Stärke, d. h. qualitativ unzureichend. Die Pankreaszellen waren bei Zuckerdiät am meisten verkleinert, um etwa 40% bei Talg- oder Stärkediät, und in der Inanition hingegen nur um etwa 20%. Ganz andere Maße zeigten die Kerne in den verschiedenen Versuchsgruppen. Sie waren bei Zuckerdiät weniger verkleinert als bei den Talg- oder Hungertieren und zeigten bei den mit Stärke gefütterten Tieren sogar eine Vergrößerung gegenüber den normal mit Hafer ernährten Kontrollen. Jarotzky schloß aus diesen Befunden, daß die Größe von Kern und Zelleib von ganz verschiedenen Bedingungen abhängen müsse.

Auch bei den niederen Wirbeltieren läßt sich eine Änderung der Zellgröße als Hungereffekt feststellen. Oppel fand die Tubuli beim hungernden Olm größer als im Fütterungszustand, das Drüsenlumen war hier nicht so deutlich. Galeotti sah beim Höhlenmolch im Hungerzustand die Zellen verkleinert.

Etwas andere Bilder zeigt das Pankreas der *winterschlafenden Tiere*.

Eberth und Müller[10]) fanden im Pankreas des Wintersalamanders die Zellen nur zum Teil körnchenhaltig, was wohl auf verschiedene Funktionszustände der einzelnen Zellen hinwies. Die Außenzone erschien hier streifig und enthielt miteinander verschmolzene Fäden und rundliche Körper. Carlier[11]) fand beim winterschlafenden Igel in gleicher Weise als Ausdruck verschiedener Funktionsstadien körnchenhaltige und körnchenfreie Zellen nebeneinander. In den Zellen, welche viele Körnchen enthielten, war der Kern chromatinreich, in den körnchenarmen Zellen hingegen chromatinarm, größer und heller.

Wenden wir uns zu den *Tätigkeitsbildern* der Drüse, so haben wir bei der Sekretion mit Bayliss und Starling zunächst einen humoralen Mechanismus anzunehmen, der darin besteht, daß die Magensäure in der Darmschleimhaut die Bildung eines Sekretins hervorruft, das ins Blut gelangt und ohne Beteiligung der Nerven das Pankreas zur Sekretion anregt. Neben diesem Wege dürfte

---

[1]) Harris, V. u. W. J. Gow: Journ. of physiol. Bd. 15, S. 349. 1894.

[2]) ver Eecke, A.: Zitiert auf S. 558.

[3]) Lewaschew, S.: Pflügers Arch. f. d. ges. Physiol. Bd. 37, S. 32. 1885.

[4]) Morpurgo, zit. nach Oppel.   [5]) Lasarew, zit. nach Oppel.

[6]) Wen Chao Ma: Anat. record Bd. 27, S. 47. 1924.

[7]) Watrin, J.: Cpt. rend. des séances de la soc. de biol. Bd. 91, S. 28. 1924.

[8]) Miller, Sh. P.: Anat. record Philadelphia Bd. 23, S. 204. 1922.

[9]) Jarotzky, A. J.: Inaug.-Dissert. Petersburg 1898 u. Virchows Arch. f. pathol. Anat. u. Physiol. Bd. 156, H. 3, S. 409. 1899.

[10]) Eberth, W. u. K. Müller: Zeitschr. f. wiss. Zool. Suppl.-Bd. 53, S. 112. 1892.

[11]) Carlier, A.: Journ. of anat. a. physiol. Bd. 27. London 1893; Bd. 30, N. S. Bd. 10. 1896.

aber der in den Nerven laufende nicht zu vernachlässigen sein. Schon R. Heidenhain nahm an, daß wir auch für das Pankreas zwei Arten von Nervenfasern
unterscheiden können, sekretorische, welche dem Wasserhaushalt der Zellen
vorstehen, und trophische, welche die Bildung fester Substanzen und ihre chemische
Umsetzung in den Zellen regulieren. Babkin, Rubaschkin und Ssawitsch[1])
haben gezeigt, daß sich die Sekretion der Drüse auf Nervenreizung und Seifenlösung durch Atropin unterdrücken läßt, während die Sekretion auf Säure hierdurch nicht beeinflußt wird. Dem meisten, was wir über das Bild des tätigen
Pankreas wissen, liegt eine Fütterung des Tieres zugrunde. Wir können hier
heute noch nicht entscheiden, inwieweit der Nervenmechanismus daran beteiligt
ist. Wenn wir die Drüse durch Pilocarpin in Tätigkeit setzen, dürfte dieser
Mechanismus allein in Frage kommen. Die Beurteilung der Tätigkeitsbilder
der Drüse wird eine verschiedene sein, je nachdem wir die Beteiligung der Kerne
an der Sekretbereitung anerkennen oder nicht. Wir haben hier ferner daran
zu denken, daß die Drüse verschiedene Fermente liefert, denen histologisch nur
eine Trägersubstanz gegenübersteht. Auch muß daran gedacht werden, wie
Morelle[2]) zeigte, daß die Zellen eines Pankreas nicht synchron arbeiten.

Kühne und Lea[3])
konnten in ihren be-
rühmten Untersuchungen
am dünnen durchsichtigen
*Pankreas des lebenden Ka-
ninchens* beobachten, wie
die sehr scharf umschrie-
benen Körnchen der Zellen
bei der Tätigkeit lumen-
wärts rückten, bei lang-
dauernder Sekretion dann
kleiner und matter wurden
und schließlich verschwan-
den. Sie sahen auch, wie
die Drüsenschläuche bei
hungernden und leidenden
Tieren eine mehr glatt-
randige, bei kräftigen und

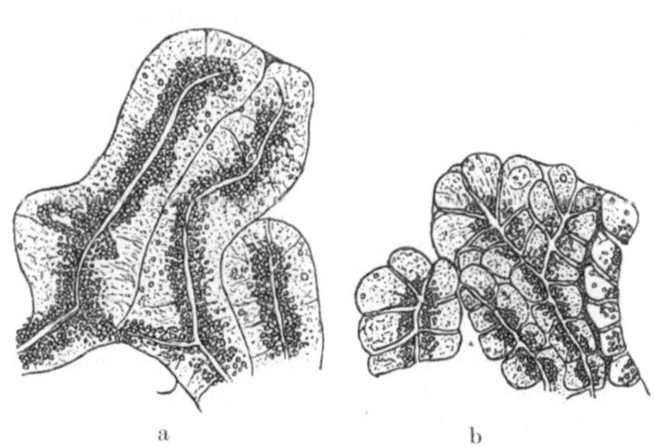

Abb. 154 a und b. Kaninchen. Pankreas, lebensfrisch.
a ruhend, b im tätigen Zustande. (Nach Kühne und Lea.)

verdauenden eine mehr gekerbte Oberfläche zeigten. Durch Injektion un-
schädlicher Flüssigkeit in den Ausführungsgang und mäßige Reizung durch
Induktionsschläge ließ sich der gekerbte Zustand der Läppchen hervorrufen,
während Störung der Blutzufuhr, Abkühlung, stärkere Induktionsschläge und
Vergiftung mit Atropin den glattrandigen Zustand erzeugten. Wurden Blutkörperchen oder gefärbte Lösungen in die Ausführungsgänge gespritzt, so gelangten sie in den tätigen Läppchen zwischen die Zellen bis unter die Membrana
propria, und man sah dann, wie die Flächen der Zellen sich hinter dem, was
durchgetreten war, wieder berührten. Während Blutkörperchen im Lumen
schnell gelöst wurden, blieben sie, wenn sie zwischen den Zellen lagen, unverändert, das Sekret konnte also nur an der Zellspitze und nicht an den Seitenflächen der Zelle sezerniert werden (Abb. 154 a u. b).

---

[1]) Babkin, B. R., W. J. Rubaschkin u. W. Ssawitsch: Arch. f. mikroskop. Anat.
Bd. 74, S. 68. 1909.
[2]) Morelle, J.: Bull. de l'acad. belgiques, Cl. des sciences, Bd. 9, S. 139. 1924.
[3]) Kühne, W. u. A. Sh. Lea: Untersuch. d. physiol. Inst. zu Heidelberg Bd. 2.
1882.

Diesen Beobachtungen am lebenden Tier schließen sich zahlreiche Befunde an, die an der *frischen* oder *fixierten Drüse* gewonnen wurden. R. Heidenhain[1]) fand nach der Fütterung im ersten Verdauungsstadium, bis zur 6.–10. Stunde sich erstreckend, eine stärkere Trübung der Innenzone, die sich bis zum völligen Schwinden verkleinerte, während die homogene Außenzone an Breite gewann. Das Wachstum der Außenzone kompensierte aber nicht den Schwund der Innenzone, die Zellen wurden kleiner. Im zweiten Verdauungsstadium, 10–20 Stunden nach der Nahrungsaufnahme, wurde die Innenzone wieder deutlich und wuchs auf Kosten der Außenzone, die Schläuche und Zellen nahmen an Volumen zu, der vorher runde Kern erschien platt und zackig.

Diesen Beobachtungen entsprechen im wesentlichen auch die der anderen Autoren.

Altmann, der das Pankreas der pilocarpinisierten Katze untersuchte, sah nach 2 bis 3 Stunden nur noch Fädchen und kleine bis kleinste Granula im Zellinhalt, die Vorstufen der Zymogenkörner, während die roten größten Granula bis auf wenige geschwunden waren. Mouret[2]) sprach davon, daß sich mit Ausstoßung der Zymogenkörnchen und ihrer Lösung zumeist erst im Lumen im Zellprotoplasma eine fädige präzymogene Substanz bildet, die sich in kleine Granula verwandelt, aus denen dann durch Reifung die Körnchen der Innenzone hervorgehen. Langley[3]), ver Eecke[4]) und Carlier[5]) stellen sich hingegen vor, daß die fertigen Körner direkt aus dem Hyaloplasma entstehen.

Auch bei den *niedrigen Wirbeltieren* sehen wir, wie die Untersuchungen von Macallum am Katzenwels und von Oppel[6]) am Olm zeigen, ein Schwinden des Körncheninhalts bei der Fütterung und eine Abnahme des Zellvolumens. Galeotti[7]) reizte das Pankreas eines gefütterten Höhlenmolchs durch einen mäßigen faradischen Strom und sah, wie dann die Zellen ihre Körnchen entleerten, von denen viele in den Ausführungsgängen sich wiederfanden. Der Zelleib zeigte hier, wohl als Ausdruck einer Entmischung der Inhalte Vakuolen, die oft noch einzelne Zymogenkörnchen enthielten. Eberth und Müller[8]) sahen beim Hecht neben körnchenhaltigen Acinis körnchenfreie. Die Zymogenkörnchen waren sehr groß und färbten sich mit Safranin. Zwischen ihnen lagen andere kleinere oder ebenso große runde Granula, die sich mit Hämatoxylin dunkel färbten und die Vorstufen der reifen Zymogenkörner darstellten.

Jarotzky[9]) hat an Mäusen Untersuchungen darüber angestellt, wie sich das histologische Bild der Pankreaszelle bei *verschiedener Nahrung* verhält. Er stellte fest, daß bei Zucker-, Stärke- und Talgdiät die Körnelung der Zellen geringer war als bei Haferfütterung oder in der Inanition, und vielleicht spricht diese Beobachtung für den vorwiegenden Eiweißcharakter der Trägersubstanzen, die als Zymogenkörner bezeichnet werden. Bei Talg-, Stärke- und Zuckerdiät waren in den Zellen auch Fetttröpfchen vorhanden. Um die Langerhansschen Inseln fanden sich hypertrophierte Lobuli, die namentlich bei Fütterung mit Talg und in der Inanition zahlreiche Körnchen enthielten.

Seitdem Nussbaum[10]) und Gaule[11]) in den Pankreaszellen eigenartige Gebilde nachgewiesen und als *Nebenkerne* bezeichnet hatten, haben sich zahlreiche Forscher mit dieser Frage beschäftigt, und es sind auf Grund der Lage, Färbbarkeit und funktionellen Veränderlichkeit dieser Strukturen wohl alle Deutungsmöglichkeiten erschöpft worden, die überhaupt in Frage kommen können.

---

[1]) Heidenhain, R.: Zitiert auf S. 566.
[2]) Mouret, J.: Cpt. rend. des séances de la soc. de biol. Bd. 46. 1894; Bd. 47. 1895.
[3]) Langley, W.: Zitiert auf S. 553.   [4]) ver Eecke, A.: Zitiert auf S. 558.
[5]) Carlier, A.: Zitiert auf S. 594.   [6]) Oppel, A.: Zitiert auf S. 593.
[7]) Galeotti, G.: Zitiert auf S. 593.
[8]) Eberth, W. u. K. Müller: Zitiert auf S. 594.
[9]) Jarotzky, A. J.: Zitiert auf S. 594.
[10]) Nussbaum, M.: Arch. f. mikroskop. Anat. Bd. 13. 1877; Bd. 15. 1878; Bd. 16. 1879; Bd. 21. 1882; Sitzungsber. d. Niederrhein. Ges. f. Natur- u. Heilk. 1881.
[11]) Gaule, J.: Arch. f. Anat. (u. Physiol.) 1880, S. 364.

Während sich diese Nebenkerne nach Nussbaum[1]), Ogata[2]), Platner[3]) u. a. am Sekretionsprozeß beteiligen, haben sie nach anderen Autoren an der Sekretion keinen Anteil. K. Müller[4]) ließ sie aus einer basalen Fädchenzone des Protoplasmas hervorgehen, v. Ebner[5]) erklärte sie für Kunstprodukte, Tschassownikow[6]) für den Ausdruck von Degenerationsprozessen, und Steinhaus[7]) sogar für parasitäre Einschlüsse. Während sie Ogata[2]) und mit ihm Nicolaides und Melissinos[8]), ver Eecke[9]) und Carlier[10]) als ausgewanderte Teile des Kernes betrachteten, Ogata und ver Eecke die Nebenkerne auch an Stelle der beim Sekretionsprozeß zugrunde gehenden Zellkerne treten ließen, hielten wiederum andere Untersucher [Platner[3]), Eberth und Müller[4]), Mouret[11]), Morelle[12])] die Annahme der Entstehung dieser Gebilde aus dem Zellkern nicht für berechtigt. Es muß hier hervorgehoben werden, daß manche Autoren Nebenkerne im Säugerpankreas vermißten oder wenigstens nur als Ausnahme beobachteten. Auch ist die Tatsache von Bedeutung, daß gerade die Autoren, welche die Emigration aus dem Zellkern verneinten, Celloidineinbettung benutzten, während die anderen Autoren mit Paraffineinbettung arbeiteten. Was die Beziehung dieser Nebenkerne zu den verschiedenen Funktionszuständen betrifft, so gab Mouret[11]) an, daß sie beim hungernden Tier selten, bei Freßtieren und nach Pilocarpin häufig auftreten.

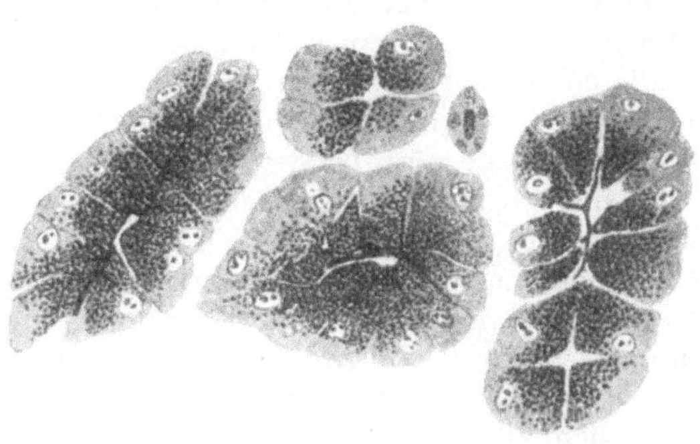

Abb. 155. Pankreas vom hungernden Hund. Zeiß Objektiv E. Ok. 3. (Nach Babkin, Rubaschkin und Ssawitsch: Arch. f. mikrosk. Anat. Bd. 74.)

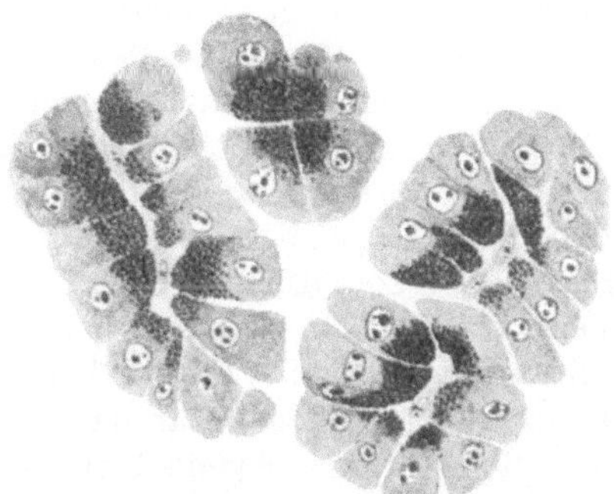
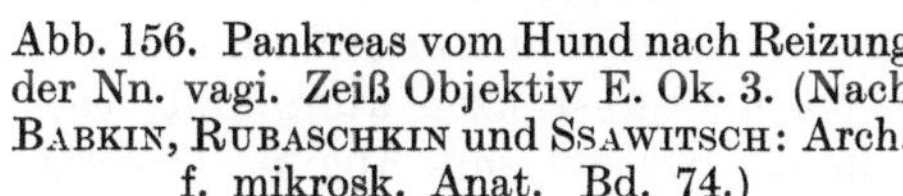

Abb. 156. Pankreas vom Hund nach Reizung der Nn. vagi. Zeiß Objektiv E. Ok. 3. (Nach Babkin, Rubaschkin und Ssawitsch: Arch. f. mikrosk. Anat. Bd. 74.)

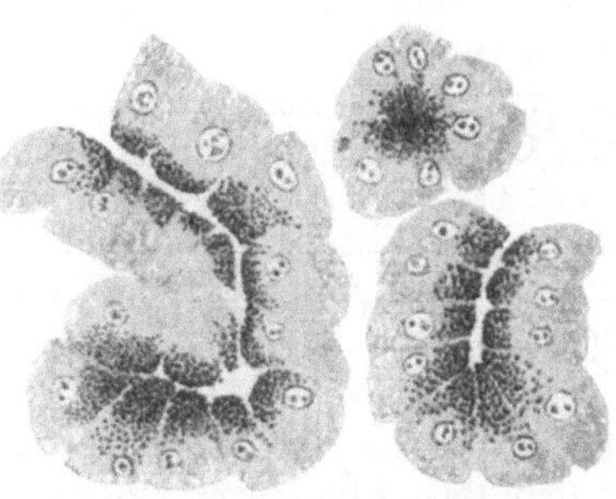

Abb. 157. Pankreas nach Seifensekretion. Zeiß Objektiv E. Ok. 3. (Nach Babkin, Rubaschkin und Ssawitsch: Arch. f. mikrosk. Anat. Bd. 74.)

Babkin, Rubaschkin und Ssawitsch[13]) haben einen wertvollen Beitrag zu der Frage geliefert, ob die beiden Sekretionsmechanismen des Pankreas auch im histologischen Bilde zum Ausdruck kommen und damit gleichzeitig das Problem der Nebenkerne in ein neues Licht gerückt (Abb. 155—157). Die Autoren untersuchten an Hunden den *Einfluß einer Infusion von HCl* und von *Seifen-*

[1]) Nussbaum, M.: Zitiert auf S. 596.
[2]) Ogata, M.: Arch. f. (Anat. u.) Physiol. 1883, S. 405.
[3]) Platner, G.: Arch. f. mikroskop. Anat. Bd. 26, S. 343. 1886.
[4]) Müller, K.: Inaug.-Dissert. Halle 1890.   [5]) v. Ebner, V.: Zitiert auf S. 558.
[6]) Tschassownikow, S.: Arch. f. mikroskop. Anat. Bd. 67, S. 758. 1906.
[7]) Steinhaus, J.: Beitr. z. pathol. Anat. u. z. allg. Pathol. Bd. 7, S. 365. 1890.
[8]) Nicolaides, R. u. C. Melissinos: Arch. f. (Anat. u.) Physiol. 1890, S. 317.
[9]) ver Eecke, A.: Zitiert auf S. 558.   [10]) Carlier, A.: Zitiert auf S. 594.
[11]) Mouret, J.: Zitiert auf S. 596.   [12]) Morelle, J.: Zitiert auf S. 595.
[13]) Babkin, B. R., W. J. Rubaschkin u. W. Ssawitsch: Zitiert auf S. 595.

lösung in den Dünndarm und den Effekt einer *Reizung des Vagus bzw. Sympathicus*. Sekretion von Säure rief die Absonderung eines flüssigen, an Ferment und Eiweiß armen Saftes hervor, die Untersuchung der Zellen zeigte hier nur eine langsame und unbedeutende Körnchenverminderung. Auf Nervenreizung hingegen oder Infusion einer Seifenlösung sezernierten die Tiere eine geringe Menge eines dicken, ferment- und eiweißreichen Saftes. Die Verarmung der Zellen an Zymogenkörnchen war hier sehr deutlich ausgeprägt, und es traten daneben Gebilde auf, welche den Nebenkernen der Autoren entsprechen. In diesem letzteren Falle waren die Körnchen entweder einer Auflösung unterworfen, oder aber sie verwandelten sich zu Körnchengruppen, die mit dem sie umgebenden Protoplasma Beziehungen eingingen. Durch Verschmelzung der Körnchen untereinander und mit dem sie umgebenden Protoplasma entstanden Tropfen, die sich färberisch anders verhielten als die übrigen bekannten Zellinhalte. Durch Zusammenfließen mehrerer solcher Tropfen bildeten sich schließlich größere, welche die Zellperipherie erreichten, die Zellwand durchrissen und ihren Inhalt in die Räume zwischen den Zellen ergossen, worauf an Stelle des Tropfens in der Zelle eine Vakuole zurückblieb. Die Entstehung solcher Gebilde im Zelleib ohne Beteiligung des Zellkerns war immer an die Sekretion eines an festen Bestandteilen, namentlich an Eiweiß reichen Sekrets geknüpft und fiel mit der ersten, die Sekretion eines solchen Saftes erzeugenden Periode der Vagusreizung zusammen.

In jüngster Zeit hat Dolley[1]) den Einfluß von *Secretininjektionen* auf das Pankreas weißer Ratten untersucht und gelangte dabei zu ganz neuen histophysiologischen Befunden. Er fand, daß eine Reizung der Pankreaszellen durch Secretin zunächst die Drüse zur Sekretion anregt, bei längerer Dauer aber hemmend und schließlich erschöpfend wirkt. Die Erschöpfung ist charakterisiert durch Chromatinschwund, Ausstoßung der Zymogenkörner und Unfähigkeit, diese neu zu bilden. Die Hälfte der Acinuszellen enthält zwei Kerne, einen mehr chromophilen propogativen und einen mehr acidophilen somatischen oder Funktionskern. Wirkt Secretin auf die ruhende Zelle ein, so fällt zunächst bei Färbung mit einem Basioxychrom eine starke Basophilie auf, die darauf beruht, daß der basophile Chromidialapparat die acidophilen Zymogengranula überdeckt. Der Chromidialapparat ist identisch mit dem Ergastoplasma Garniers und den Basalfilamenten Solgers, aber von den Mitochondrien verschieden. Er besteht aus einer Substanz, die dem Kernchromatin entspricht und in der Weise entsteht, daß der Kern aus dem Cytoplasma Substanzen aufnimmt, verarbeitet und als Chromidialapparat wieder in das Cytoplasma abgibt. Spritzt man Secretin ein, so tritt zunächst ein hyperchromatisches Stadium mit stärkster Färbbarkeit des Kernes und des Chromidialapparates ein, dem ein zweites Stadium mit Schrumpfung des Kernes und Abnahme der Hyperchromasie folgt. In Zellen mit zwei Kernen zeigt nur der eine Kern (wahrscheinlich der Funktionskern) diese Schrumpfung. Im weiteren Verlauf wird dann der Chromidialapparat bis zum völligen Schwund durch Zymogenkörner ersetzt, die schließlich nur mehr ganz spärlich in der Zelle vorhanden sind, der Kern wird ödematös, in zweikernigen Zellen kann der eine Kern im Stadium der Erschöpfung ganz schwinden, die als Zymogenschwund infolge Erschöpfung der Chromatin- und Chromidialbildung charakterisiert ist. Dolley glaubt aus seinen Untersuchungen schließen zu dürfen, daß die Zellen mit Chromidiolyse und geringer Ansammlung von Zymogengranula nicht als entleerte, sondern intensiv tätige Zellen anzusprechen sind.

---

[1]) Dolley, D. H.: Americ. journ. of anat. Bd. 35, S. 153. 1925.

2. Sekretausstoßung und Sekrettransport.

Wenden wir uns von der Frage der Sekretbereitung zur Sekretausstoßung und dem Sekrettransport, so kommen auch im Pankreas *Sekretcapillaren* zur Beobachtung. CAJAL und SALA[1]) haben sie mit der Golgi-Methode als *zwischenzellige* Kanäle dargestellt, und auch v. EBNER bezeichnet sie als intercellulär. DOGIEL[2]), LASERSTEIN[3]) und E. MÜLLER[4]) glauben hingegen, daß auch *binnenzellige* Kanäle vorhanden sind. Nach LASERSTEIN liegen sie beim Frosch nur in der Innenzone, nicht in der Außenzone. Die schon für die Speicheldrüsen ausgesprochene Ansicht, daß es sich in den binnenzelligen Kanälen um den funktionellen Ausdruck einer Sekretion von salzhaltiger Flüssigkeit handelt, findet durch die Untersuchungen von BABKIN, RUBASCHKIN und SSAWITSCH[5]) eine Bestätigung. Sie fanden in allen Zellen, bald mehr, bald weniger ausgeprägt, helle Streifen, die sie als Ausdruck einer wechselnden Sekretströmung bezeichneten. Beim Hungertier waren solche Streifen vorhanden, doch wenig ausgeprägt, bei Sekretion eines dickflüssigen, also wasserarmen Sekrets, hervorgerufen durch Nervenreizung, waren die Streifen äußerst spärlich und schwach ausgebildet, wurde hingegen durch Säure die Sekretion eines reichlich fließenden dünnflüssigen Saftes erzeugt, dann war das ganze Zellprotoplasma von solchen Sekretstraßen durchzogen.

Der Vorgang der *Sekretausstoßung* ist auch in den Pankreaszellen an die Lösung der Zymogenkörnchen geknüpft. Diese Lösung findet zum Teil wohl bereits in der Zelle statt, zum größten Teil aber wohl erst im Drüsenlumen. Einige Untersucher finden den Inhalt des Lumens homogen, andere, wie ALTMANN und ELLENBERGER-HOFMEISTER, sahen auch im Lumen Körnchen, die den Charakter der Zymogenkörnchen hatten. Daß bei stürmischer Sekretion, z. B. nach Pilocarpin oder Nervenreizung, solche noch nicht ganz gelöste Zellinhalte im Lumen erscheinen können, ist naheliegend und verständlich. BABKIN, RUBASCHKIN und SSAWITSCH finden bei der Sekretion auf Säure Körnchen in den Ausführungsgängen. Bei der Sekretion auf Nervenreizung hingegen besitzt der Inhalt der Ausführungsgänge andere Eigenschaften als die in den Zellen vorhandene Trägersubstanz. Das Sekret nimmt hier bei Färbung mit Eisenhämatoxylin keine Farbe an, ist homogen und gleicht färberisch den mit den Nebenkernen gleichzustellenden Tropfen.

O. PISCHINGER[6]) konnte in den größeren Ausführungsgängen des Pankreas eine Strichelung und Körnelung der Innenzone nachweisen, die an die Speichelröhren der Speicheldrüsen erinnert und vielleicht auf eine sekretorische Funktion dieser Abschnitte hinweist.

Untersuchungen von HORNING[7]) am Pankreas des Meerschweinchens machen es wahrscheinlich, daß neben der Ausscheidung des histophysiologischen Trypsinäquivalents in die Sekretkanälchen der Acini auch eine *innersekretorische* in die Blutgefäße bestehen kann. HORNING fand in Schnitten, die er nach HEIDENHAIN färbte, Granula in den den Acini benachbarten Blutgefäßen. Sie waren in den Blutgefäßen nur dann nachweisbar, wenn sie gleichzeitig auch in den Sekretkanälchen nachgewiesen werden konnten.

---

[1]) CAJAL, R. Y u. SALA: Terminación des los nervios y tubos glandulares del pancreas de los vertebrados. Barcelona 1891.

[2]) DOGIEL, A. S.: Arch. f. Anat. (u. Physiol.) 1893, S. 118.

[3]) LASERSTEIN, S.: Zitiert auf S. 565.

[4]) MÜLLER, E.: Zitiert auf S. 563.

[5]) BABKIN, B. R., W. J. RUBASCHKIN u. W. SSAWITSCH: Zitiert auf S. 595.

[6]) PISCHINGER, O.: Inaug.-Dissert. München 1895.

[7]) HORNING, E. S.: Austral. journ. of exp. biol. a. med. science Bd. 2, S. 135. 1925.

Was die Veränderungen des Pankreas nach *Unterbindung der Ausführungsgänge* betrifft [R. Heidenhain[1]), Pawlow[2]), Langendorff[3]), Mankowsky[4]), Tschassownikow[5]) u. a.], so fand Pawlow hier die Acini und Zellen kleiner; die Körnchen der Innenzone schwanden, die Außenzone enthielt Fetttröpfchen, viele Acini verfielen der Atrophie. In den übrigbleibenden Läppchen zeigten die Zellen eine große Außen- und kleine Innenzone, d. h. sie verhielten sich wie nach starker Sekretion. Die Untersuchungen anderer Autoren stimmen mit diesen Befunden im wesentlichen überein.

Tschassownikow, der die Verhältnisse beim Kaninchen untersuchte, beobachtete im Laufe des Anfangsstadiums (in den zwei ersten Wochen nach der Operation) in den Drüsenzellen einen immer mehr zunehmenden Schwund der Körncheninnenzone, Fetttröpfchen, Vakuolen, Nebenkernfiguren und schließlich eine Atrophie, welche mit degenerativen und regressiven Prozessen am Kern einherging. Die Ausführungsgänge dehnten sich infolge der Sekretstauung zunächst aus und zeigten im zweiten Stadium, das bis zum 40. Tage nach der Unterbindung reichte, eine Hyperplasie ihres Epithels und eine starke Wucherung des Bindegewebes. Erst im dritten Stadium, das sich anschloß, verfiel das Epithel der Ausführungsgänge einer Degeneration.

Kyrle[6]) hat an Hunden und Meerschweinchen Untersuchungen über die *Regenerationsfähigkeit* des Pankreas angestellt, indem er Teile des Pankreas in die Milz versenkte und nach eingetretener Vascularisierung in einer zweiten Operation vom Mutterboden trennte. Er konnte an dem in dieser Weise geschädigten Pankreas schon 24 Stunden nach der Operation eine Wucherung der Ausführungsgänge wahrnehmen, deren Epithelzellen sich an den Enden der Sprossen zu zymogenhaltigen Parenchymzellen umwandelten. Gleichzeitig traten in den ursprünglich erhaltenen Parenchymzellen Mitosen auf, die auf einen regeneratorischen Prozeß hinwiesen. Das implantierte Gewebe zeigte ein Zugrundegehen des sekretorischen Parenchymteiles, aber gleichzeitig eine Regeneration dieses Teiles von den stark wuchernden Epithelien der Ausführungsgänge her. Wir dürfen aus diesen Befunden schließen, daß den außersekretorischen Elementen des Pankreas bei erhaltener Blutversorgung eine starke Regenerationsfähigkeit zukommt, und ferner vielleicht, daß auch die Ausführungsgänge eine sekretorische Funktion besitzen, die sie bei der Bildung der Parenchymzellen in bestimmter Weise umgestalten.

D. Der Magen.

I. Der allgemeine Bau des Magens als Ausdruck der Funktion.

Die mehr oder weniger ausgeprägte Erweiterung des Verdauungsrohres zwischen Schlund und Einmündungsstelle des Gallenganges, der Magen, kann bei den Wirbeltieren eine *dreifache Funktion* übernehmen und in seinem Bau zum Ausdruck bringen: die *Funktion als Nahrungsbehälter*, die *mechanische Funktion der Nahrungszerkleinerung* und die *chemische Funktion der Bereitung und Absonderung des Magensaftes*.

Der Wirbeltiermagen in seiner *Eigenschaft als Nahrungsbehälter* steht in engster Beziehung zur Speiseröhre. So stellt die *Speiseröhre bei den Vögeln* ein durch Rings- und Längsmuskulatur gestütztes Rohr dar, das schon im leeren Zustand eine starke Faltenbildung der Schleimhaut zeigt und beim Passieren der Nahrung erheblich gedehnt und erweitert werden kann. Wir verstehen diese Eigenheit des Baues, wenn wir die Nahrungsaufnahme und das Nahrungsbedürfnis dieser Tiere betrachten. Infolge des *Mangels an Zähnen* und *sehr wenig entwickelter Kauvorrichtungen* sind die Vögel auf die Aufnahme einer nur wenig oder gar nicht zerkleinerten, d. h. relativ voluminösen Nahrung angewiesen. Andererseits wird ihr Nahrungsquantum in Anbetracht des sehr regen Stoffwechsels ein hohes sein müssen.

---

[1]) Heidenhain, R.: Zitiert auf S. 566.   [2]) Pawlow, J. P.: Zitiert auf S. 566.
[3]) Langendorff, O.: Arch. f. (Anat. u.) Physiol., Suppl. 1886, S. 269.
[4]) Mankowsky: Inaug.-Dissert. Kiew 1900.
[5]) Tschassownikow, S.: Zitiert auf S. 597.
[6]) Kyrle, J.: Arch. f. mikroskop. Anat. Bd. 72, S. 141. 1908.

Die Nahrung wird aber bei vielen Arten nur in durch weite Flüge unterbrochenen Perioden aufgenommen, es werden diese Flüge auch ausgeführt, um zu Nahrung zu gelangen. Es ist aus diesen Gründen verständlich, daß diese Tierklasse in der sehr dehnungsfähigen Speiseröhre einen Nahrungsbehälter besitzt, der es ermöglicht, große Nahrungsmengen in Reserve zu speichern und auf diese Weise eine ununterbrochene Verdauung zu gewährleisten. Wir sehen eine solche Ausdehnungsfähigkeit der Speiseröhre besonders bei den Arten, welche von Fischen leben, die sie unzerkleinert herunterschlucken, bei den Reihern und Scharben. Die Ausdehnungsfähigkeit der Speiseröhre kann bei manchen Arten, z. B. den Tauchern, auf einen bestimmten Abschnitt des Rohres lokalisiert sein, es kommt so zur Bildung eines *unechten Kropfes*. Es gibt aber Vögel, bei denen diese funktionelle Differenzierung noch weiter geht und in besonderen ein- oder doppelseitigen Ausbuchtungen des Rohres, dem *echten Kropf*, ihren Ausdruck findet. Wir finden diese echten Kröpfe bei den Tagraubvögeln, bei den Tauben, Hühnern und dem Marabu. Bei den Tagraubvögeln und den Tauben gewinnt der Kropf eine wichtige Bedeutung für die Nestlinge, die dieses Reservoir ständig mit Nahrung anfüllen und auf diese Weise ihren Stoffwechsel ständig in Gang halten.

　　Noch in einer anderen Richtung ist die Dehnungsfähigkeit der Speiseröhre für die Vögel von Bedeutung. Es gibt Arten, darunter Fleisch-, Fisch- und Insektenfresser, welche unverdaute Nahrungsbestandteile, Haare, Knochen, Fischschuppen und Insektenpanzer als *Gewöllballen* wieder durch die Mundhöhle ausstoßen. Durch die Dehnbarkeit der Speiseröhre wird dieser Vorgang erleichtert.

　　Bei den *Säugetieren* finden wir die Funktion des Magens als Nahrungsspeicher im allgemeinen schon in der Tatsache ausgedrückt, daß die auf voluminösere Nahrung angewiesenen *Pflanzenfresser* einen größeren Magen besitzen als die Fleischfresser. Bei manchen Arten kommt es aber zu Bildungen, welche ausschließlich oder vorwiegend dieser funktionellen Aufgabe dienen. Aus den unteren Abschnitten der Speiseröhre heraus entwickelt sich hier ein *drüsen-*

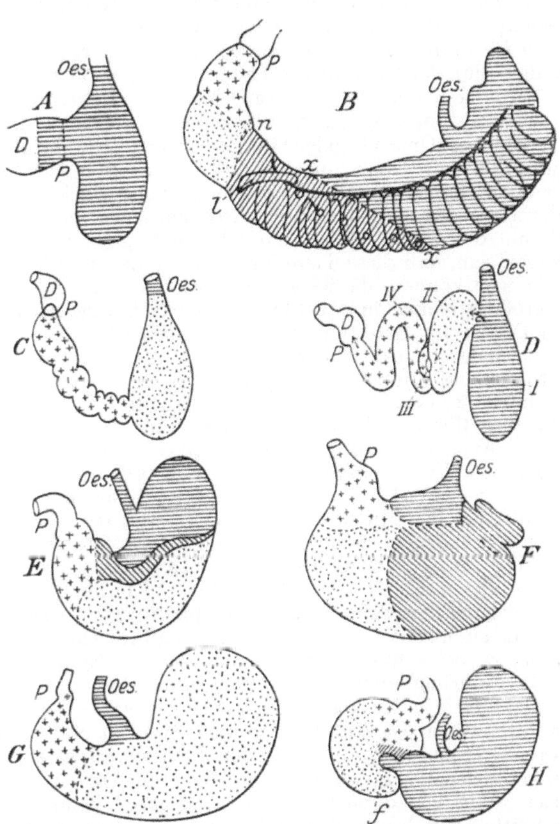

Abb. 158. Schematische Darstellung des Magens verschiedener Säugetiere mit den verschiedenen Regionen. Nach A. Oppel. *A* Ornithorhynchus anatinus, *B* Känguruh (Dorcopsis luctuosa), *C* Zahnwal (Ziphius), *D* Phocaena communis, *E* Pferd, *F* Schwein, *G* Hase, *H* Hamster (Cricetus frumentarius). Die ösophageale, durch ein geschichtetes Epithelium charakterisierte Region ist durch quere, die durch Glandulae cardiacae ausgezeichnete Partie durch schräge Linien angedeutet. Die Zone der Fundusdrüsen ist punktiert und diejenige der Pylorusdrüsen trägt kleine Kreuzchen (+ + +). *D* Duodenum, *Oe* Oesophagus, *P* Pylorus, *I—IV* (in *D*) die vier Magenkammern, *l* (in *B*) lymphoides Gewebe, *x—x* (in *B*) Grenzlinie zwischen der Regio oesophagea und Regio cardiaca, *f* (in *H*) Grenzfalte der Regio oesophagea.

loser Schlund- oder *Vormagen*, der in Kammern oder Aussackungen weiter differenziert sein kann. Auch hier kann als biologisches Moment die *mangelnde Entwicklung der Kaufunktion* in Geltung treten. Wir sehen dies z. B. bei den Walen, wenn wir den Magen der Zahnwale Ziphius und Phocaena miteinander vergleichen, oder das Vorhandensein des Vormagens bei den Zahnlosen, den Faultieren und Schuppentieren, in Betracht ziehen (Abb. 158).

Als weiteres biologisches Moment kommt die Eigenschaft des Tieres als Pflanzenfresser in Betracht. Wir finden einen Vormagen bei Nagern, Huftieren und den pflanzenfressenden Känguruhs. Bei den Nagern können wir direkt beobachten, daß die Entwicklung des Vormagens, eines Nahrungsbehälters, mit dem *Überwiegen des Bedürfnisses nach der relativ voluminöseren Pflanzennahrung* einhergeht. So ist der Vormagen unserer auf gemischte Kost eingestellten Hausmaus weit weniger entwickelt als der der ausschließlich pflanzenfressenden Wühlmaus, und beim pflanzenfressenden Hamster finden wir diesen Magenabschnitt sogar als besondere Kammer vom Verdauungsmagen abgetrennt. Bei den *blutsaugenden Fledermäusen*, Desmodus und Vampyr, stellt der Vormagen ein großes Reservoir für das Blut dar, das diesen Tieren als Nahrung dient.

Eine besondere Ausgestaltung hat dieser Magenabschnitt bei den *Wiederkäuern* erfahren. Wir finden ihn hier in drei Abschnitte getrennt, in Rumen oder Pansen, Reticulum oder Haube, Omasus oder Blättermagen. Die beiden ersten Abschnitte stellen einen Nahrungsbehälter dar, aus dem die Nahrung in den Mundraum wieder emporsteigt, um hier noch einmal der Mundverdauung und Zerkleinerung zu unterliegen. Für diese außerordentliche Ausgestaltung des Wiederkäuermagens als Nahrungsbehälter dürfte, soweit es sich um die wildlebenden Arten handelt, ganz wie bei manchen Vogelarten maßgebend gewesen sein, daß diese Tiere infolge ihrer Lebensweise nicht ständig ihr Nahrungsbedürfnis befriedigen können, da sie von Raubtieren und anderen Feinden beunruhigt und verfolgt, oft große Strecken in der Flucht ohne Nahrungsaufnahme zurücklegen müssen.

Die zweite Funktion, welche am Wirbeltiermagen zum Ausdruck kommen kann, ist die mechanische der *Fortbewegung und Zerkleinerung des Mageninhalts*. Als Organe der Fortbewegung können wir die *Flimmerzellen* betrachten, welche wir im Oesophagus der Amphibien finden. Bei den Batrachiern und Selachiern finden wir das Magenepithel im Fetalleben flimmernd, beim Amphioxus und dem Neunauge erhält sich dieser Zustand zeitlebens. Auch im Magen der Froschlarve finden wir diese Flimmerzellen, und beim ausgewachsenen Frosch sind sie von v. Regéczy[1]), Braun[2]) und Trinkler[3]) beschrieben worden. Bei manchen Wirbeltieren kommt es zu besonderen Bildungen, welche einen Ersatz der Kaufunktion der Mundhöhle und ihrer Aufgabe, die Nahrung mechanisch zu zerkleinern und aufzuschließen, darstellen. Diese Ausgestaltung kann einmal in einer besonderen Entwicklung der *Magenmuskulatur* zum Ausdruck gelangen. Wir sehen dies in dem muskelstarken *Pylorusabschnitt* des Krokodils und in noch ausgeprägterem Maße im Muskelmagen der Vögel, der dem Säugerpylorus entspricht. Hier wird die Nahrung durch eine abwechselnde Kontraktion mächtiger Zwischen- und Hauptmuskeln zerrieben. Wenn wir die verschiedenen Vogelarten betrachten, so finden wir, daß die Entwicklung der Pylorusmuskulatur mit der Art der Nahrung einhergeht, in dem Sinne, daß eine feste und harte Nahrung eine stärkere Entwicklung des Muskelmagens zur Folge hat. Wir finden darum den Muskelmagen der fleischfressenden Tagraubvögel wenig entwickelt und bei den von saftigen Früchten lebenden Organisten rückgebildet. Wir finden ihn andererseits stark entwickelt bei den Körnerfressern und bei vielen Insektenfressern, welchen mit hartem Panzer bewehrte Insekten als Nahrung dienen. Wie weit diese Differenzierung gehen kann, zeigt uns ein Vergleich dieses Magenabschnitts beim Wespenbussard und Mäusebussard. Bei ersterem ist es infolge einer Anpassung an die festere Insektennahrung zu einer stärkeren Ausgestaltung der Pylorusmuskulatur gekommen.

Roux[4]) hat an Gänsen gezeigt, daß durch Fütterung mit weicher Nahrung das Gewicht der Muskulatur des Muskelmagens auf $^{1}/_{4}-^{1}/_{6}$ des Gewichts zurückgehen kann, das mit normaler Körnernahrung gefütterte Gänse im gleichen Lebensalter zeigen.

Was die Säugetiere betrifft, so finden wir bei den Zahnarmen eine im gleichen Sinne zu deutende Ausgestaltung der Magenmuskulatur. .

Die mechanische Aufgabe des Magens kann ferner in der mehr oder weniger ausgesprochenen *Verhornung der Mageninnenfläche* zum Ausdruck kommen. So sehen wir bei der Seeschildkröte eine Verhornung des Schlundepithels, bei den Vögeln kommt es im Epithel des Muskelmagens zur Sekretion eines komplizierten Eiweißkörpers, des Koilins [Hofmann und Pregl[5])], der durch Erstarrung eine Hornschicht bildet, Reibeplatten, zwischen denen der Mageninhalt mechanisch zerkleinert wird. Wie weit auch hier die Anpassung an die Nahrung geht, erhellt wiederum aus den Untersuchungen von Roux[4]) an Gänsen. Während bei den Körnergänsen die Hornschicht von dem unterliegenden Mutterboden, dem Drüsen-

[1]) v. Regéczy, E. N.: Arch. f. mikroskop. Anat. Bd. 18. 1880.

[2]) Braun, M.: Zool. Anz. Bd. 3, S. 568. 1880.

[3]) Trinkler, N.: Arch. f. mikroskop. Anat. Bd. 24, S. 174. 1885 u. Zentralbl. f. d. med. Wiss. 1883, S. 21.

[4]) Roux, W.: Arch. f. Entwicklungsmech. Bd. 21, S. 460. 1906.

[5]) Hofmann, K. B. u. F. Pregl: Hoppe-Seylers Zeitschr. f. physiol. Chem. Bd. 52, S. 448. 1907.

epithel, meist nicht abziehbar war, gelang dies leicht bei den Fleisch-, Brei- und Nudelgänsen. Es war aber nicht nur die Qualität der Hornschicht verändert, bei den Brei- und Nudelgänsen war ihre Flächenausdehnung auch eine geringere.

Eine besondere mechanisch zu deutende Funktion beobachten wir im Pylorus vom Schlangenhalsvogel. Hier bildet sich ein Besatz von haarähnlichen Fortsätzen, der für die Nahrung als Reuse wirkt [GARROD[1])].

Auch bei den Säugetieren können wir eine Verhornung der Mageninnenfläche beobachten, die auf ein mechanisches Moment hinweist. So finden wir bei den Zahnarmen spitze Hornzähne im Pylorusteil, im Magen der Wiederkäuer verhornte Papillen im Pansen und krallenförmige Papillen in der Schlundrinne.

Es gibt eine Reihe von Wirbeltieren, welche die mechanische Aufgabe der Nahrungszerkleinerung im Magen durch *Aufnahme von Sand und Steinchen* unterstützen und verstärken. Wir sehen dies bei den Krokodilen und bei vielen Vogelarten. Bei der Krähe wurde direkt festgestellt, daß bei der festeren pflanzlichen Kost mehr Steinchen aufgenommen werden, als bei der weicheren Fleischkost. Bei Phocaena fand man große Mengen Sand im Vormagen, und im Kaumagen der Zahnarmen Sand und Steinchen.

Die dritte und wichtigste Aufgabe des Magens, welche ihm im eigentlichen sein Gepräge verleiht, ist die *chemisch-fermentative.* Daß diese an die Magendrüsen gebundene Funktion nicht unbedingt lebenswichtig ist, ersehen wir zunächst daraus, daß ein eigentlicher Drüsenmagen manchen Wirbeltieren fehlt. So fehlen die Magendrüsen manchen Fischen, dem Amphioxus, den Cyclostomen, Holocephalen, Dipnoern und gewissen Teleostiern. Sie fehlen auch den Kloakentieren. In diesen Fällen dürften die Drüsen des Darmes normalphysiologisch die Verdauungsaufgabe des Magens übernommen haben. Daß diese Aufgabe auch dann nicht unentbehrlich ist, wenn wir einen Drüsenmagen finden, geht aus Operationen an Hunden und der Magenresektion am Menschen hervor.

Bei der Betrachtung des Drüsenmagens und seiner Ausgestaltung in der Wirbeltierreihe müssen wir auf den *feineren Bau* näher eingehen. Wir können im Drüsenmagen ganz allgemein ein *Oberflächenepithel* unterscheiden, das sich aus einer besonderen Art von Schleimzellen zusammensetzt. Durch Einsenkung dieses Epithels dürfen wir uns die eigentlichen Magendrüsen entstanden denken, die mit Zellen verschiedenen Charakters ausgekleidet sind und verschiedene Form haben. Ihre Verteilung auf die gesamte Fläche der Magenschleimhaut läßt bestimmte Regionen oder Zonen entstehen, die nebeneinander liegen und ziemlich scharf voneinander getrennt sind. Wir können als solche Zonen unterscheiden:

die *Cardiazone,* die aus kurzen tubulösen Drüsen besteht, welche sich gleich am Drüsenhalse spalten und am Grunde nur wenig aufgeknäuelt sind;

die *Funduszone,* aus einfachen oder zusammengesetzten tubulösen Drüsen, an denen wir Hals, Körper und Grund unterscheiden können;

die *Intermediär-* oder *Zwischenzone,* von ELLENBERGER bei Säugetieren, von ASCHOFF[2]) beim Menschen festgestellt;

schließlich die *Pyloruszone,* die sich aus alveotubulösen, erst am Grunde sich teilenden Drüsen zusammensetzt.

Bei den Walen besteht nach TAKATA[3]) der Magen aus 3 Abschnitten, einem drüsenlosen Vormagen und zwei Drüsenmägen, von denen der erste der Fundusregion, der zweite, mehrkammerige, der Pylorusregion entspricht.

Betrachten wir den Drüsenmagen vom Standpunkt der Funktion aus, so kommt hier das *Prinzip der Vergrößerung der sezernierenden Fläche* in der Gesamtgröße des Magens nicht einfach zum Ausdruck; denn die Innenfläche des Magens ist nicht immer ganz mit sezernierendem Epithel ausgekleidet. Maß-

---

[1]) GARROD, A. H.: Proc. of the zool. soc. Bd. 3, S. 679. 1878.
[2]) ASCHOFF, L.: Pflügers Arch. f. d. ges. Physiol. Bd. 201, S. 67. 1923.
[3]) TAKATA, M.: Japan. journ. of med. sciences, Transact. II: Biochemistry, Bd. 1, S. 11. 1925.

gebend für die Ausgestaltung der sezernierenden Fläche ist hier der *Eiweißgehalt und die Verdaulichkeit der Nahrung.*

Bei den Säugetieren ist der Magen quergestellt, weil durch diese Lage hier für das Organ am besten Platz geschaffen ist. Bei den Schlangen und schlangenähnlichen Sauriern, welche riesige Mengen unzerkleinerter Nahrung verdauen müssen, stellt der Magen ein langes, schlankes Rohr dar, das in der Längsrichtung des Körpers liegt. Durch die Länge des Organs wird die Verweildauer der Nahrung größer, die Einwirkungsdauer der Verdauungsfermente verlängert und damit die Wirkung der Fermente intensiver. Ein gutes Beispiel für den Ausdruck der Funktion ist der Drüsenmagen der Vögel. Hier ist dieser Magenabschnitt bei den Arten, welche größere und schwerer verdauliche Mengen Eiweiß zu sich nehmen, im allgemeinen größer. Einen großen Drüsenmagen besitzen die Papageien und Strauße und die Arten, welche Fische, Amphibien und Reptilien ganz verschlingen, wie die Störche und Sturmvögel. Daß aber Momente eine Rolle spielen, die uns nicht bekannt sind, sehen wir beim Eisvogel. Auch dieser Vogel ist ein Fischfresser, trotzdem finden wir seinen Drüsenmagen rudimentär. Schepelmann[1]) hat durch Fütterungsversuche an Gänsen zeigen können, daß die Ausgestaltung der sezernierenden Fläche mit der Art der Ernährung in engster Beziehung steht. Er konnte bei Nudelgänsen ein stärkeres Wachstum der Drüsen beobachten, und diese Drüsenhypertrophie war bei Fleischgänsen noch auffallender. Mit der Zunahme des der Verdauung unterworfenen Eiweißquantums wurde der Magen auf eine reichlichere Pepsinbildung eingestellt.

Ein gutes Beispiel für die Anpassung der sezernierenden Fläche an die Nahrung bietet auch der Magen der Fledermäuse. So fand Fischer[2]) bei Vespertilio murinus die Magenschleimhaut im Säuglingsalter oral und caudal gleichstark entwickelt, während beim ausgewachsenen Tier infolge der Verdauung in Hängelage die Schleimhaut an der oralen Magenseite hypertrophisch wird, caudal hingegen auf dem Säuglingsstadium stehen bleibt. Der dauernde funktionelle Reiz der Nahrung erklärt hier auch die starke Entwicklung der Kardiamuskulatur.

Betrachten wir die vom Drüsenmagen gelieferten Sekretionsprodukte, so finden wir hier neben Schleim und einem komplizierten Eiweißkörper, dem Nucleoproteid, Salzsäure und Fermente. An Fermenten unterscheiden wir ein diastatisches, die Amylase, ein proteolytisches, das Pepsin, ferner das Labferment und das fettspaltende Steapsin.

Der Histophysiologie erwächst die Aufgabe, diese im Magen gebildeten *Verdauungsfermente und die Magensäure auf die verschiedenen Drüsen und ihre Zellarten näher zu lokalisieren,* eine Aufgabe, die heute noch keineswegs als gelöst betrachtet werden kann.

Beginnen wir mit den *Fischen,* so wissen wir aus zahlreichen Untersuchungen, daß ihre Magenschleimhaut ein Ferment produziert, das auch in alkalischer Lösung Eiweiß verdaut und darum von einigen als ein tryptisches angesehen wird. Bei einigen Fischen ist auch ein diastatisches Ferment nachgewiesen worden. Was die Magensäure betrifft, so scheint hier neben Salzsäure auch organische Säure vorzukommen. Histologisch gliedert sich der Fischmagen in eine Pylorus- und eine Fundusregion. Die Drüsen des Pylorus, von Edinger[3]) als Magenschleimdrüsen bezeichnet, kommen allen Selachiern, Ganoiden und einigen Teleostiern zu. Der Fundus scheint nur eine Zellart, die Labdrüsen, zu enthalten, denen wir die Bildung der Magensäure und des proteolytischen bzw. diastatischen Ferments zuschreiben können.

---

[1]) Schepelmann, E.: Arch. f. Entwicklungsmech. Bd. 21, S. 500. 1906.
[2]) Fischer, H.: Pflügers Arch. f. d. ges. Physiol. Bd. 129, S. 113. 1909.
[3]) Edinger, L.: Arch. f. mikroskop. Anat. Bd. 13, S. 651. 1877.

Für die *Amphibien* sind die Verhältnisse besonders eingehend am Frosch studiert worden. Wir haben hier auch die Oesophagusdrüsenzellen zu berücksichtigen, die, wie SWIECICKI[1]) zuerst fand, Pepsin bilden, von PARTSCH[2]) mit den Hauptzellen des Säugermagens identifiziert wurden, nach OPPEL hingegen eine besondere Zellart darstellen. Im Magen selber können wir eine Fundus- und eine Pylorusregion unterscheiden. Die Drüsen des Fundus enthalten zwei Zellarten, die Drüsengrundzellen und die Drüsenhalszellen.

Während R. HEIDENHAIN, SWIECICKI[1]), GLINSKY[3]), TRINKLER[4]) u. a. die Grundzellen mit den Belegzellen des Säugermagens identifizieren, hält OPPEL diese Schlußfolgerung für nicht berechtigt und spricht von einer undifferenzierten Zellart. LANGLEY[5]), der den Nachweis führte, daß diese Zellart neben Pepsin auch Salzsäure bildet, nennt sie oxyntic Glands = sauer machende Zellen.

Die von PARTSCH[2]) entdeckten Pyloruszellen geben der Pylorusregion ihr Gepräge. Nach LANGLEY[5]) sind diese Zellen keine Pepsinbildner, sondern reine Schleimzellen. OPPEL spricht ihnen hingegen den Schleimzellencharakter ab und hält sie für eine besondere Zellart.

Bei den *Reptilien* finden wir ähnliche Verhältnisse. KAHLE[6]), der den Magen der Landschildkröte untersuchte, stellte hier zunächst eine Übergangszone zwischen Oesophagus und Fundus fest, die Oesophaguszellen und Funduszellen nebeneinander enthält. Diese Zone geht in die Fundusregion über, deren Drüsen zwei Zellarten, helle und dunkle Zellen, zeigen. Auch hier ist die Pylorusregion durch eine besondere Zellart charakterisiert.

Im Magen vom Alligator findet STALEY[7]) Belegzellen im Fundus und vereinzelt in der Pylorus- und Kardiaregion, daneben gekörnte Zellen, die den Hauptzellen entsprechen dürften.

Bei den *Vögeln* gewinnt die Speiseröhre für die Verdauung eine besondere Bedeutung. Ihre Drüsen, die, wo vorhanden, sehr verschieden verteilt sind, enthalten nach BARTHELS[8]) bei manchen Arten, z. B. Waldschnepfe, Möven, Grünspecht, Sperling, Tagraubvögel, Randzellenkomplexe, die eine Aufgabe bei der Verdauung besitzen dürften. Eine wichtige Rolle spielt der echte Kropf. Schon SPALLANZANI[9]) war es bekannt, daß hier das Futter aufgeweicht wird. HUNTER[10]) beobachtete als erster bei Tauben beiderlei Geschlechts während der Brutzeit, daß ihr Kropf einige Tage vor dem Ausschlüpfen der Jungen eine bröcklige, milchähnliche Masse, die Kropfmilch, bildet. Es handelt sich um verfettete abgestoßene Epithelzellen, die den Jungen in den ersten Tagen als Nahrung dienen. Auch im echten Kropf der Vögel können streckenweise Drüsen vorhanden sein. Was ihre Bedeutung betrifft, so könnten sie die Träger eines diastatischen Ferments sein, das von FORSTER[11]), LANGENDORFF[12]) und FISCHER und NIEBEL[13]) nachgewiesen wurde. SHAW[14]) und TELLER und SCHWARZ[15]) konnten

---

[1]) v. SWIECICKI, H.: Pflügers Arch. f. d. ges. Physiol. Bd. 13, S. 444. 1876.

[2]) PARTSCH, K.: Arch. f. mikroskop. Anat. Bd. 14, S. 179. 1877.

[3]) GLINSKY, A.: Zentralbl. f. d. med. Wiss. Bd. 13. 1883.

[4]) TRINKLER, N.: Zitiert auf S. 602.   [5]) LANGLEY, J. N.: Zitiert auf S. 553.

[6]) KAHLE, H.: Zitiert auf S. 551.

[7]) STALEY, F. H.: Journ. of morphol. Bd. 40, S. 169. 1925.

[8]) BARTHELS, PH.: Zeitschr. f. wiss. Zool. Bd. 59, S. 655. 1895.

[9]) SPALLANZINI, L.: Expériences sur la digestion etc. Genève 1783.

[10]) HUNTER, J.: Observations on certain parts of anim. Oecon. London 1786.

[11]) FORSTER: Zeitschr. f. Tiermed. Bd. 3, S. 90. 1876.

[12]) LANGENDORFF, O.: Zitiert auf S. 600.

[13]) FISCHER, E. u. W. NIEBEL: Sitzungsber. d. preuß. Akad. d. Wiss. Bd. 5, S. 73. 1896.

[14]) SHAW: Americ. journ. of physiol. Bd. 31, S. 439. 1913.

[15]) TELLER, H. u. C. SCHWARZ: Fermentforschung Bd. 7, S. 254. 1924.

hingegen keine Amylase nachweisen. Letztere führen das Auftreten des Ferments auf die Nahrungsmitteldiastase zurück. Teichmann[1]) und Klug[2]) haben das Vorhandensein von Pepsin im Vogelkropf feststellen können, glauben aber mit Recht, daß das Ferment aus dem Magen hierher gelangt ist, dafür spricht auch die Beobachtung Teichmanns, daß sich freie Salzsäure im Kropf findet.

Southall[3]) konnte im Taubenmagen Amylase nachweisen. Es dürfte sich um übergetretenen Pankreassaft handeln, da der Muskelmagen, wie ich feststellte, *keinen Pylorusreflex besitzt* und wir in ihm bekanntlich Galle finden. Wenn wir mit Scheunert annehmen, daß normalphysiologisch der Magensaft in den Kropf aufsteigt, so verstehen wir die wichtige Rolle dieser Bildung im Verdauungsvorgang und die Beobachtung Tiedemanns[4]) über die anatomisch ausgeprägte Wechselbeziehung zwischen Kropfentwicklung und Größe des Drüsenmagens. Betrachten wir den Drüsenmagen der Vögel, so war schon älteren Untersuchern bekannt, daß seine Drüsenzellen Belegzellencharakter besitzen. Ich[5]) habe auf Grund von Beobachtungen, die weiter unten näher besprochen werden sollen, feststellen können, daß die Zellen des Vogeldrüsenmagens Doppelcharakter besitzen, in ihrem basalen Teile den Hauptzellen, in ihrem lumenseitigen den Belegzellen der Säuger entsprechen.

Dieser Doppelcharakter der Zellen stimmt mit ihrer Doppelfunktion, Bildung von Pepsin und Salzsäure, überein.

Stannius[6]) hat bei manchen Vogelarten, besonders bei Raub-, Sumpf- und Schwimmvögeln, einen besonderen Pylorusmagen beobachtet. Die Bedeutung dieses Magenabschnitts, der sich meist bei Fleischfressern findet, ist unbekannt. Vielleicht handelt es sich um ein resorptives Organ.

Wenden wir uns zu den *Säugetieren*, so ist hier eine besondere Schleimhautzone als *Kardiazone* abgegrenzt worden. Diese von Ellenberger[7]), Greenwood[8]), Brade[9]), Edelmann[10]), Haane[11]), Fröhlich[12]), Mönnig[13]), Hopffe[14]), Trautmann[15]) und Barthol[16]) beschriebene Region enthält Zellen besonderen Charakters, fehlt den fleischfressenden Walen und nach Haane auch dem Pferd. Sie ist am mächtigsten entwickelt beim Schwein und auch bei Hamster, Maus, Ratte, Insektivoren, Raubbeutlern, Affe und Mensch vorhanden. Bei den Wiederkäuern liegt sie an der Psaltermagengrenze, bei Hund und Katze ist sie sehr klein. Belegzellen können in dieser Zone vorhanden sein, doch ist die Bildung von Salzsäure nicht erwiesen. Was die Aufgabe dieser Drüsenregion betrifft, so wurde von Ellenberger[7]) und Haane[11]) auf Grund des Nachweises einer

---

[1]) Teichmann, M.: Arch. f. mikroskop. Anat. Bd. 34, S. 235. 1889.

[2]) Klug, F.: Zentralbl. f. Physiol. Bd. 5, S. 131. 1891.

[3]) Southall: Journ. of anat. Bd. 23, S. 452. 1889.

[4]) Tiedemann, F.: Anatomie und Naturgeschichte der Vögel. Heidelberg 1810.

[5]) Groebbels, F.: Münch. med. Wochenschr. 1922, Nr. 47 u. Zeitschr. f. Biol. Bd. 80, S. 1. 1924.

[6]) Stannius, F. H.: Siebolds Lehrb. d. vergleich. Anat., 2. Teil. Berlin 1846.

[7]) Ellenberger, W: Handb. d. vergleich. Histol. u. Physiol. d. Haussäugetiere. Bd. I. Berlin 1884. — Ellenberger, W. u. W. Hofmeister: Arch. f. wiss. u. prakt. Tierheilk. Bd. 2. 1885 u. Ber. üb. d. Veterinärwesen im Königreich Sachsen 1885.

[8]) Greenwood, M.: Journ. of physiol. Bd. 5, S. 195. 1885.

[9]) Brade: Ber. üb. d. Veterinärwesen im Königreich Sachsen 1883.

[10]) Edelmann, J.: Inaug.-Dissert. Rostock 1889.

[11]) Haane, Gunnar: Arch. f. Anat. u. Entwicklungsgesch. Bd. 13. 1905.

[12]) Fröhlich: Inaug.-Dissert. Leipzig 1907.

[13]) Mönnig: Inaug.-Dissert. Zürich 1909.

[14]) Hopffe: Arch. f. Anat. (u. Physiol.) 1910.

[15]) Trautmann u. Barthol: Arch. f. wiss. u. prakt. Tierheilk. Bd. 43. 1917.

[16]) Barthol: Inaug.-Dissert. Leipzig 1914.

Amylase in den Drüsenzellen angenommen, daß sie der Verstärkung der schon in der Mundhöhle einsetzenden Kohlenhydratverdauung dienen könne. Neuere Untersuchungen von ELLENBERGER und TRAUTMANN[1]) am Schwein sprechen hingegen dafür, daß das von den Drüsen dieser Region abgesonderte Sekret eine vorwiegend antiseptische Eigenschaft besitzt. Der von TRAUTMANN geführte Nachweis, daß beim Schwein das cytoblastische Gewebe in der Kardiaregion außerordentlich stark entwickelt ist (Abb. 159), legt den Gedanken einer Schutzvorrichtung gegen schädliche Nahrungsstoffe, z. B. Bakterien, bei diesem Omnivoren sehr nahe. Nach TRAUTMANN[1]) entwickelt sich die Kardiaregion bei dieser Tierart 14 Tage nach der Geburt und zeigt bis zur 8. Woche eine starke Zunahme.

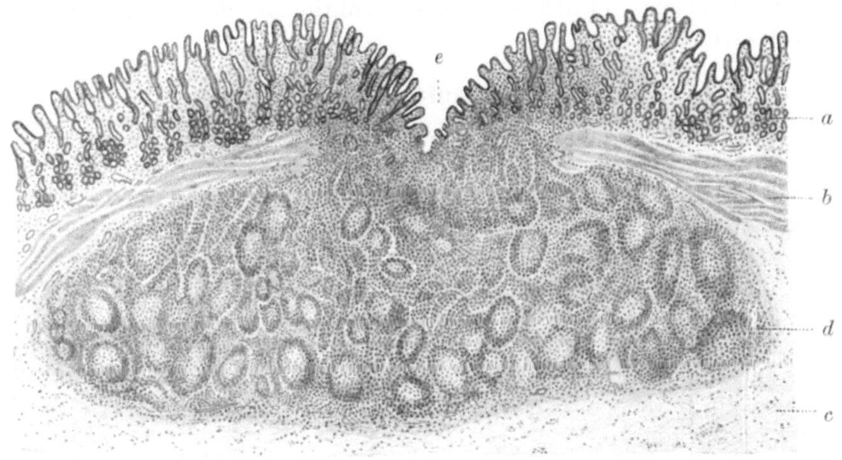

Abb. 159. Schnitt durch einen Lymphkrater aus der Kardiadrüsenzone eines erwachsenen Schweines. Leitz Objektiv 1. Ok. 3. *a* Kardiadrüsen in der Schleimhaut. *b* Muscularis mucosae. *c* Submucosa. *d* Cytoblastisches Gewebe. *e* Kraterförmige Einsenkung in der Schleimhaut. (Nach TRAUTMANN.)

Die beiden ersten drüsenlosen Abschnitte des *Wiederkäuermagens*, Pansen und Haube, sind Behälter, in denen die durch den Mundspeichel bewirkte Kohlenhydratverdauung weiter geht und die Cellulosehüllen der Nahrung durch Gärung unter dem Einfluß von Bakterien dem Angriff der Fermente aufgeschlossen werden. Auf diese amylolytische Periode der Verdauung folgt die proteolytische, indem der in die Mundhöhle emporgestiegene Nahrungsbrei bei geschlossener Schlundrinne durch den Omasus in den Labmagen gelangt und hier der Eiweißverdauung unterliegt. Auf die Kardiazone folgt die breite Funduszone, die erst bei Beschreibung der histophysiologischen Verhältnisse näher betrachtet werden soll. An diese Zone schließt sich die *Zwischen-* oder *Intermediärzone*, nach ELLENBERGER durch „Nebenzellen" charakterisiert, die nach ihm und ASCHOFF[2]) mit den Hauptzellen des Fundus nicht identisch sind. Am Magenausgang finden wir die *Pyloruszone*, deren Drüsenzellen weder Schleimzellen- noch Hauptzellencharakter besitzen und nach SCHIEFFERDECKER[3]), THANHOFER[4]), SCHENK[5]),

[1]) TRAUTMANN, A.: Pflügers Arch. f. d. ges. Physiol. Bd. 211, S. 440. 1926; Anat. Anz. Bd. 60, S. 321, 369. 1925/26.
[2]) ASCHOFF, L.: Zitiert auf S. 603.   [3]) SCHIEFFERDECKER, P.: Zitiert auf S. 558.
[4]) v. THANHOFER, L.: Pflügers Arch. f. d. ges. Physiol. Bd. 8. 1874.
[5]) SCHENK, S. L.: Grundriß der normalen Histologie. 2. Aufl. Wien u. Leipzig 1891.

Deimler[1]), Paschkis und Orator[2]), Lehner[3]) mit den Zellen der Brunner-schen Drüsen identisch sind.

Nach Trautmann[4]) bestehen aber zwischen beiden Zellarten färberische Unterschiede. In den Pylorusdrüsen ist der durch Essigsäure verursachte Nieder-schlag stärker lichtbrechend als in den Brunner-Drüsen. Auch das Verhalten der Granula in beiden Drüsenarten spricht nicht für eine Identität.

Schließlich seien noch die Nussbaumschen Zellen erwähnt, die Nussbaum[5]) bei Hund, Katze und Mensch fand, eine Zellart für sich, die sich färberisch von den Belegzellen unterscheidet. Ferner die Stöhrschen Zellen, die Stöhr[6]) beim Hunde beschrieb und Trautmann[4]) im Pylorus und Duodenum fand. Ham-burger[7]) hat beide Zellarten nebeneinander beobachtet, es handelt sich also um zwei verschiedene Formen, über deren funktionelle Bedeutung wir bis heute nichts aussagen können.

II. Histophysiologie des Magens.

Die histophysiologische Betrachtung des Magens, insonderheit der Magen-schleimhaut, hat die im Rahmen des Betriebs- und des Baustoffwechsels zu deutenden Vorgänge zu berücksichtigen und voneinander zu trennen. Die formal-optischen Erscheinungen an den Drüsenzellen, die wir unter den verschiedenen Bedingungen beobachten und bildlich miteinander vergleichen, können Vorgänge der Resorption oder der Sekretion ausdrücken.

1. Betriebsstoffe.

Daß der Magen als *resorptives Organ* in Frage kommen kann, ist bekannt. Wir wissen, daß im Magen der Säuger gelöste Salze, Pepton und Traubenzucker resorbiert werden können.

Arnold fand in Fütterungsversuchen an Fröschen, daß das Oberflächen-epithel basische Farbstoffe granulär speichert. Fuld[8]), der nach Pawlow einen großen Magen mit Magenblindsack herstellte, fand nach Einführung von Neutralrot in den großen Magen eine Ausscheidung des Farbstoffes durch den Saft des Magenblindsacks. Finkelstein[9]) konnte dasselbe bei subcutaner Farbstoffinjektion für Neutralrot, nicht aber für Eosin, Kongorot, Indigocarmin und einige andere Farbstoffe feststellen.

Eine histophysiologische Bedeutung gewinnt zunächst die Resorption des *Fettes.* Aus den Untersuchungen von Redeke[10]) und van Herwerden[11]) geht hervor, daß im Magen von Selachiern und Teleostiern eine Fettresorption statt-findet und auch histologisch nachweisbar wird. Man findet hier das Fett nicht nur im Oberflächenepithel, auch in der Submucosa und Muscularis, vor allem in den Lymphgefäßen. Das Fehlen solcher mit Fettfärbung darstellbarer In-halte beim hungernden Tier beweist, daß dieses Fett erst bei der Verdauung

---

[1]) Deimler: Inaug.-Dissert. Zürich 1904.
[2]) Paschkis, K. u. V. Orator: Zeitschr. f. d. ges. Anat., Abt. 1: Zeitschr. f. Anat. u. Entwicklungsgesch. Bd. 67, S. 494. 1923.
[3]) Lehner, J.: Wiener klin. Wochenschr. Jg. 36, S. 202. 1923.
[4]) Trautmann, A.: Inaug.-Dissert. Zürich 1908; Arch. f. mikroskop. Anat. Bd. 76, S. 288. 1910.
[5]) Nussbaum, M.: Zitiert auf S. 596.   [6]) Stöhr, Ph.: Zitiert auf S. 558.
[7]) Hamburger, K.: Arch. f. mikroskop. Anat. Bd. 34, S. 225. 1889.
[8]) Fuld: Münch. med. Wochenschr. 1908, Nr. 43 (Briefkasten).
[9]) Finkelstein, R.: Arch. f. Verdauungskrankh. Bd. 30, S. 299. 1922.
[10]) Redeke, H. C.: Anat. Anz. Bd. 17, S. 146. 1900.
[11]) van Herwerden, M. A.: Hoppe-Seylers Zeitschr. f. physiol. Chem. Bd. 56, S. 453. 1908.

aus der Nahrung aufgenommen wird. Es scheint auch, daß die Fische eine Lipase besitzen, welche das Fett bei der Resorption in seine Komponenten spaltet. Ähnliche Beobachtungen können wir am Säugermagen machen, wenn wir ganz junge Tiere in der Periode des Saugens untersuchen.

So nehmen die Oberflächenepithelien nach KÖLLIKER[1]) bei saugenden Hunden und Katzen das Milchfett auf, und OGNEFF[2]) findet, daß das Fett, wenn das Epithel zu funktionieren anfängt, in den Intercellularlücken nachweisbar wird. An dem mit Milch gefüllten Magen junger Mäuse kann man sich von dem Übertritt des Fettes in das Oberflächenepithel leicht überzeugen.

J. und S. BONDI[3]) konnten bei Fütterung von Butter und Speck im Epithel und den Drüsen nur vereinzelte Fettkörnchen nachweisen, ARNOLD fand bei Fütterung von Seife und Ölen im Epithel und den Drüsen ziemlich reichliche Fettablagerung.

Als zweiten Betriebsstoff finden wir in der Magenschleimhaut das *Glykogen.* Diese gut charakterisierte Substanz kann hier aus dem Traubenzucker des Blutes oder aber der Nahrung durch die Zellen gebildet werden. Welcher der beiden Wege im einzelnen jeweilig in Frage kommt, ist nicht entschieden.

BARFURTH[4]) konnte bei Fröschen nach dem Winterschlaf in der Magenschleimhaut kein Glykogen nachweisen (Anwendung von Jodglycerin und Jodgummi). Wurden die Tiere hingegen längere Zeit gefüttert und die Fütterung plötzlich verstärkt, so fand sich die Substanz in den Pyloruszellen, den Pepsindrüsen und im Oberflächenepithel. FICHERA[5]) findet Glykogen in den Zellen des Oberflächenepithels, hauptsächlich peri- und infranucleär. ARNOLD, der die Frage mit der BESTschen Methode eingehend untersuchte, findet die Substanz im Oberflächenepithel des Froschmagens, bald oberhalb, bald unterhalb des Kernes, in anderen Zellen in Form von Granulis auf die ganze Zelle verteilt. Auch die Halszellen und die Drüsengrundzellen können diesen Stoff enthalten, die dunklen Zellen hier häufiger als die hellen. Sie läßt sich ferner in den Zellen des Zwischengewebes und der Muscularis nachweisen. Ähnliche Bilder sieht ARNOLD bei Meerschweinchen, Katze, Hund, Maus und beim Menschen. Hier tritt das Glykogen besonders in den Belegzellen auf.

Die neuere Forschung hat uns eine weitere Substanz kennen gelehrt, das *Granoplasma* oder die Cytose, die wir wohl als einen Betriebsstoff der Körperzellen auffassen dürfen. Es handelt sich um einen chemisch nicht sicher identifizierbaren, wohl kompliziert aufgebauten Eiweißkomplex, der ubiquitär vorkommt z. B. in der Leber, in den Zellen der Tubuli contorti der Niere, in den Ganglienzellen als sog. Nissl-Substanz und auch im Magen. Hier findet er sich, wie die Untersuchungen von UNNA und WISSIG[6]) am Rattenmagen und meine Untersuchungen[7]) am Magen der Katze und des Hundes zeigen, in den Hauptzellen der Fundusregion. Auch in den Drüsenzellen des Vogelmagens läßt sich diese Substanz nachweisen und liegt hier immer in der basalen kernhaltigen Zone der Drüsenzelle. Sie scheint ferner in den Pyloruszellen des Säugermagens vorzukommen. Die Chromolyseversuche von UNNA und WISSIG am alkoholfixierten Rattenmagen und meine Untersuchungen an den Hauptzellen des Fundus von Hund und Katze haben zu folgenden Resultaten geführt. Untersuchen wir die Magenschleimhaut eines Ruhemagens von Hund und Katze im Abstrich oder Gefrierschnitt unter Anwendung von Plasma desselben Tieres, so sehen wir die Hauptzellen mit dichten, etwas ungleichen, stark lichtbrechenden Tropfen erfüllt, welche jede weitere Struktur verdecken. Lassen wir auf das Präparat verschiedene Reagenzien einwirken, so bleiben diese Tropfen, je nach

---

[1]) KÖLLIKER, A.: Zitiert auf S. 593.
[2]) OGNEFF: Biol. Zentralbl. Bd. 12, S. 689. 1892.
[3]) BONDI, J. u. S.: Zeitschr. f. exp. Pathol. u. Therap. Bd. 6. 1909.
[4]) BARFURTH, C. G.: Zitiert auf S. 553.
[5]) FICHERA, G.: Ricer. laborat. anat. Roma 1904.
[6]) UNNA, P. G. u. E. F. WISSIG: Virchows Arch. f. pathol. Anat. u. Physiol. Bd. 231, S. 519. 1921.
[7]) GROEBBELS, F.: Zitiert auf S. 606.

dem zugesetzten Reagens, verschieden, entweder erhalten oder nehmen die Gestalt einer amorphen bröckligen Substanz an.

Beiliegende *Tabelle* zeigt, daß die Lösungsmittel, welche in den Chromolyseversuchen Unnas das Granoplasma auflösen oder, besser gesagt, seine Form im alkoholfixierten Schnitt verändern, im frischen Präparat die Tropfen nicht

Tabelle 2.

		Hauptzellen	
Lösungsmittel	Belegzellen	Gefrierschnitt	Rattenmagen: Alkohol-Celloidin nach Unna
	0 = granulär + = homogen	0 = Tropfen + = amorphe Bröckel	0 = gelöst + = Erhaltenbleiben
Blutplasma	0	0	
Aq. destillata	0	0	0
HNO₃ 1%	+	+	
n-HCl	0	0	
Borsäure 1%	0	0	0
Soda ¹/₂—1%	0	+	
n-NaCl₁, n-KCl, n-CaCl₂	0	0	0
NaCl ¹/₁ gesättigt	0	+	+
Ammonsulfat ¹/₂ gesättigt . . .	0	+	+
Ammonsulfat ¹/₁ gesättigt . . .	0	+	+
Magnesiumsulfat ¹/₁ gesättigt . .	0	+	
Kupfersulfat 2%	0	0	0
Ferrocyankalium 2%	0	0	0
Kalibichromat 3,5%	0	+	
Alkohol 50%	0	+	
Alkohol 96%	0	+	+
Alkohol absol.	+	+	+

angreifen, während die Lösungsmittel, welche die Tropfen der frischen Zelle in Gestalt einer bröckligen Masse niederschlagen, im Unnaschen Versuch das Granoplasma unverändert lassen. Wir können auf Grund dieser Befunde schließen, daß es sich hier um eine Substanz handelt, welche frisch einen tropfenförmigen Hydrogelzustand besitzt, der unter Einwirkung bestimmter Reagenzien und namentlich der dehydratisierenden Alkoholfixierung in eine Fällungsform .übergeht, die einer Gerinnselbildung im Sinne A. Fischers entspricht.

Ich habe feststellen können, daß Fixierung von Gefrierschnitten in absolutem Alkohol andere Bilder hervorruft als Fixierung im Stück, ferner, daß wir bei Fixierung nach Helly das Granoplasma nicht mehr als Bröckel, Keile oder Schollen, sondern als runde Granula erhalten. Für die Identität der Tropfen der frischen, mit dem Granoplasma der in Alkohol fixierten Hauptzelle sprechen auch folgende Befunde. Im Magen des neugeborenen Hundes fehlen, wie schon Gmelin[1]) beobachtete, die Tropfen der Hauptzellen, wenn wir das Gewebe frisch untersuchen, es fehlt aber auch das Granoplasma im Alkoholpräparat. Beim erwachsenen Tier ist diese Substanz vorwiegend im Drüsengrund nachzuweisen und nimmt im Drüsenhals mehr und mehr ab. Die Tropfen des frischen Präparates verhalten sich in gleicher Weise. Lassen wir auf den frischen Schnitt des Säugerfundus Wasserblau-Eosin oder Neutralviolett extra einwirken, so erscheinen die Hauptzellen nur diffus verschwommen gefärbt, ihr tropfiger Inhalt färbt sich nicht elektiv heraus. Färben wir hingegen das alkoholfixierte Präparat nach Unna-Pappenheim, Giemsa, May-Grünwald oder mit polychromem Methylenblau, so erhalten wir das Granoplasma als pyroninophilrot bzw. blau gefärbte amorphe Substanz.

Unsere Kenntnisse dieser Substanz in den Körperzellen überhaupt ergibt bis heute, daß es sich um chromolytisch und färberisch einheitliche Gebilde handelt. Wir sind aber bei der noch sehr unklaren Grundlage der Fixierung

---

¹) Gmelin, W.: Pflügers Arch. f. d. ges. Physiol. Bd. 90, S. 591. 1902; Bd. 103, S. 618. 1904.

und Färbung nicht berechtigt, hieraus auf eine Identität in biologisch-chemischem Sinne zu schließen. Ich habe bei Hund und Katze feststellen können, daß das Granoplasma während der Verdauung abnimmt und bei Alkoholfixierung und Färbung mit Methylgrün-Pyronin in Form kleiner und kleinster im Netzwerk der Zelle niedergeschlagener Bröckel erscheint.

In der Ruhe und im Hunger dagegen enthalten die Hauptzellen des Drüsengrundes diese Substanz in Gestalt von größeren Bröckeln und Keilen, die namentlich an der Zellbasis um den Kern nachweisbar sind. Bei schwächerer Vergrößerung sieht man, entsprechend im Freßmagen, die Granoplasmazone des Drüsengrundes verschmälert und gelockert, im Ruhemagen hingegen ist sie breit, sehr deutlich und bis in den Drüsenhals verfolgbar.

Bei einem 1 Tag alten Hündchen enthielten die Hauptzellen die Substanz nicht. Bei zwei 7 Tage alten Hündchen war sie hingegen spärlich vorhanden, und ich gewann hier den Eindruck, daß sie zum Teil an der Zellperipherie extracellulär niedergeschlagen war, was vielleicht auf den Weg ihrer Entstehung hindeutet.

Bei einem Igel, den ich vor Beginn des Winterschlafes im Oktober untersuchte und dessen Magen sich im Ruhezustand befand, zeigte die Fundusschleimhaut folgendes Bild (Färbung nach UNNA-PAPPENHEIM, GIEMSA und MAY-GRÜNWALD). Die Belegzellen erschienen groß, ihr Kern war rundlich, von beträchtlicher Größe und lag in der Mitte der Zelle. Die Kerne der Hauptzellen erschienen rundlich und lagen ganz basal. Bei schwächerer Vergrößerung fiel eine unregelmäßige Verteilung der Granoplasmazone auf, die an manchen Stellen bis an das Oberflächenepithel heranreichte. Das Granoplasma erschien in Gestalt von amorphen Körnchen auf ein feines, sehr enges Netzwerk verteilt. Um die Kerne unmittelbar an der Zellbasis war die Substanz in Gestalt von gröberen Bröckeln und Keilen angehäuft. Die Menge der Substanz in den einzelnen Zellschläuchen war sehr verschieden.

Bei einem anderen Igel, der im April, kurz vor Erwachen aus dem Winterschlaf, getötet wurde, ergab die Prüfung des Schleimhautextraktes eine reichliche Menge an Proferment. Die Belegzellen waren zahlreich vorhanden, ziemlich klein, von oft unregelmäßiger, länglicher Form, ihre Kerne klein, oft länglich, die Kerne der Hauptzellen erschienen rundlich und lagen basal. Das Granoplasmabild war hier ein ganz anderes. Die Substanz lag in allen Zellen in Gestalt von kleinsten amorphen Körnchen im Netzwerk verteilt, eine basale Anhäufung fehlte. Die Menge der Substanz war im ganzen gering. Im Drüsenareal fanden sich zahlreiche Plasmazellen, die Gefäße erschienen erweitert. Bei Färbung nach GIEMSA und MAY-GRÜNWALD nahmen die Hauptzellen lumenwärts einen leicht metachromatischen violetten Farbenton an.

Wenn wir das Granoplasma als einen unspezifischen Eiweißkörper, als ein Eiweißdepot auffassen, so wäre das Fehlen der Substanz beim neugeborenen Tier und seine Bildung bzw. Speicherung von der Zellperipherie her verständlich, und die im Zwischengewebe auftretenden Plasmazellen, welche Cytose enthalten und den Drüsenschläuchen oft eng anliegend gefunden werden, vielleicht als Transporteure dieser Substanz zu deuten. Es ist möglich, daß das im Sekret nachgewiesene Nucleoproteid einiger Autoren zum Teil dem Granoplasma der Hauptzellen entspricht. Fand ich doch im Lumen der Drüsen des Vogeldrüsenmagens eine bröckelige Substanz, welche sich färberisch als Granoplasma erwies.

2. Baustoffe.

Die im Rahmen des Baustoffwechsels zu beobachtenden histophysiologischen Veränderungen der Magenschleimhaut gruppieren sich um die Frage nach der *Bildung und Absonderung des Pepsins* (bzw. der Fermente überhaupt) und der *Salzsäure*. Manche der hierüber in der Literatur niedergelegten Befunde sind einer Revision und Ergänzung bedürftig, da wir, wenn wir z. B. Granula in der frischen Magenschleimhaut beobachten oder die Änderung der Zellgröße, der einzelnen Zellarten bei verschiedenen funktionellen Zuständen studieren, uns fragen müssen, inwieweit hier die vorhandenen Betriebsstoffe mit in Frage kommen.

Dieser Gesichtspunkt gilt zunächst einmal für die Beobachtungen am *lebenden und überlebenden Objekt.* Solche Beobachtungen sind vor allem von Langley und seinen Mitarbeitern an Amphibien und Reptilien gemacht worden. Langley und Sewall[1]) haben durch die Muskelwand des Molchmagens die Fundusdrüsen bei erhaltener Blutzirkulation beobachtet und sahen hier in den Zellen Granula, die, im Hunger reichlich vorhanden, während der Verdauung abnahmen und einen Ersatz von der Basis her erfuhren. Die überlebenden Oesophagusdrüsenzellen des Grasfrosches sind nach Langley[1]) in der Ruhe mit Körnchen erfüllt, 2 Stunden nach der Fütterung mit Würmern nehmen diese Körnchen basal ab, so daß hier eine helle Zone sichtbar wird. 5 Stunden nach der Fütterung füllen sich die Zellen mit Körnchen wieder an und sind nach 2—4 Tagen neu aufgeladen. Die Zeit der Wiederaufladung der Zellen mit Körnchen wechselt aber außerordentlich und kann bei einigen Tieren nur 24 Stunden, bei anderen über 8 Tage dauern. Bei Schwammfütterung treten ganz dieselben Veränderungen auf, nur sind die histophysiologischen Vorgänge verlangsamt. Es scheint hier auf jeden Fall auch diese nicht verdauliche Nahrung die Schleimhaut zu reizen und histophysiologisch zu beeinflussen. Mit der Abnahme der Körnchen bei der Tätigkeit geht eine Verkleinerung der Zellen und eine Erweiterung des Drüsenlumens einher. Da Langley den Pepsingehalt der Drüsen entsprechend ihrem Granulagehalt fand, so glaubte er, daß die am überlebenden Objekt zu beobachtenden Granula das Pepsinogen enthalten.

In den eigentlichen Magendrüsenzellen des Frosches hat Langley etwas andere Verhältnisse beobachtet. Hier schwinden die Körnchen bei der Tätigkeit zunächst im innersten Abschnitt, die Zellen werden heller, ihr Kern wird größer und rückt nach außen. In der 5. Verdauungsstunde beginnt die Rückkehr zum normalen Ruhezustand. Beim Streifenmolch bildet sich in der Ruhe in den vorderen Fundusdrüsen eine nicht gekörnte Außenzone, in den hinteren Fundusdrüsen ist diese helle Zone weniger deutlich, die Zellen aber kleiner und das Lumen deutlicher. Bei der Verdauung tritt auch hier eine Körnchenabnahme auf, die mit einer Verkleinerung der Zellen einhergeht und in der 3. Verdauungsstunde ihr Maximum erreicht. Beim Kammolch ist dieser Körnchenschwund während der Verdauung weniger ausgeprägt. Bei der Kröte werden im Tätigkeitszustand die vorderen Funduszellen an der Basis körnchenärmer, in den hinteren Funduszellen schwinden hingegen die Körnchen mehr aus der inneren Zone, doch ist der nicht gekörnte Rand hier selten so deutlich wie beim Grasfrosch.

Entsprechende Beobachtungen liegen auch für die Reptilien vor. Partsch[2]) findet bei der Ringelnatter, daß während der ersten 24 Stunden der Verdauung die Drüsenzellen des Magens ein trübes Aussehen gewinnen und ihre Grenzen, die im Hunger deutlich sind, undeutlich werden. Langley sieht, entsprechend dem Befunde, daß der Pepsingehalt der Schleimhaut bei der Verdauung dieser Tiere von vorne nach hinten immer geringer wird, den Körnchenschwund zuerst in den hinteren Fundusdrüsen. 60 Stunden nach Verschlingen eines Frosches enthielten die Zellen des hintersten Drittels nur spärliche Körnchen, im mittleren Drittel war ihre Zahl weniger als normal, im vorderen Drittel waren die Zellen hingegen noch dicht mit Körnchen erfüllt.

Wenn wir die in der Magenschleimhaut der Wirbeltiere vorkommenden verschiedenen Zellarten auf ihre *strukturellen, physikalisch-chemischen* und *färberischen Eigenschaften* studieren, so können wir für sie charakteristische Eigenschaften feststellen, die histophysiologisch von Bedeutung sind. Strukturell interessiert uns hier neben dem Vorkommen von Granulis oder Tropfen der netzige Bau des Protoplasmas. Ein solches Netzwerk ist für die Hauptzellen und Pyloruszellen beschrieben worden und wird von Klein[3]), Pirone[4]) u. a. auch für die frische Belegzelle angenommen. Ob das Netzwerk hier in jedem Falle eine vital präformierte Struktur darstellt, läßt sich schwer entscheiden.

---

[1]) Langley, J. N. u. H. Sewall: Zitiert auf S. 553.
[2]) Partsch, K. : Zitiert auf S. 605.   [3]) Klein, E.: Zitiert auf S. 558.
[4]) Pirone, R.: Zeitschr. f. allg. Physiol. Bd. 4. 1904.

In der *frisch untersuchten Magenschleimhaut* von Hund und Katze ist eine Netz-struktur nach meinen Beobachtungen nicht vorhanden. Doch gelang es mir, eine solche Struktur zu erzeugen, wenn ich auf die Schnitte absoluten Alkohol einwirken ließ. In den Hauptzellen trat die Netzbildung bei Einwirkung der Reagenzien auf, welche die Granoplasmatropfen in Form von Bröckeln aus-fällten.

Das Gesamtaussehen der verschiedenen Zellarten ist im frischen Präparat sehr charakteristisch. In den *Hauptzellen* finden wir ein helles Protoplasma, das mehr oder weniger die oben beschriebenen, stark lichtbrechenden Tropfen enthält. Die *Belegzellen* haben hingegen ein mattglasähnliches Aussehen, das gilt sowohl für die Magendrüsenzellen des Frosches (PARTSCH und LANGLEY), wie auch für die Belegzellen aller Säugetiere. Betrachten wir diese Zellen bei stärkerer Vergrößerung, so sehen wir ihr Protoplasma mit schwach lichtbrechen-den dichten Granulis erfüllt. Wieder ein anderes Aussehen haben die *Pylorus-zellen*. Sie erscheinen im frischen Präparat ganz hell und wenig gekörnt.

Was die *Lösungsverhältnisse* betrifft, so sind die Granula der Oesophagusdrüsenzellen des Frosches nach LANGLEY in verdünnter Salzsäure ganz, in Alkohol teilweise löslich. Die Granula der Magendrüsen des Frosches lösen sich in Salzsäure von 0,4%, in schwachen Alkalien, in Galle und teilweise auch in Alkohol. Die Pyloruszellen des Frosches zeigen nach PARTSCH in organischen Säuren und verdünnten anorganischen Säuren eine Trübung, in starken anorganischen Säuren und Alkalien eine Aufhellung.

R. HEIDENHAIN hat gezeigt, daß die Belegzellen des Säugermagens durch verdünnte Salpetersäure, Schwefelsäure und Salzsäure getrübt werden. Ich kann diesen Beobachtungen die in Tabelle 2 niedergelegten Befunde hinzufügen. NOLL und SOKOLOFF[1]) geben an, daß Behandlung mit 0,4% Salzsäure die Belegzellen trübt, die Hauptzellen auflöst und bestätigen damit die Befunde R. HEIDENHAINS.

Ich habe an Gefrierschnitten von mit 4% Formalin fixierter Magenschleimhaut des Hundes und der Katze (verdünnte Formalinlösung zerstört das Pepsin nicht!) zahlreiche Chromolyseversuche ausgeführt. Bei einer Temperatur von 40° löste $n/_{10}$-Salzsäure die Hauptzellen und ihr Granoplasma teilweise, die Belegzellen waren hingegen erhalten und es ließen sich in ihnen auch die Plastosomen im Gefrierschnitt noch darstellen. Pepsin-salzsäure löste die Hauptzellen bei längerer Einwirkung vollständig, wirkte auf die Beleg-zellen und ihre Granula hingegen nicht merklich ein. Ebensowenig wurden letztere durch destilliertes Wasser, Soda 0,5%, Normalkochsalzlösung gelöst. Wir dürfen aus diesen Be-funden schließen, daß die Hauptzellen aus einer chemisch und wohl auch physikalisch-chemisch labileren Substanz bestehen als die schon strukturell viel dichter gebauten Belegzellen.

Wenden wir uns zu den *färberischen Unterschieden*, so fallen zunächst die *Belegzellen* durch ihre *Reduktionsfähigkeit* gegenüber Osmiumsäure auf.

Die Labzellen der Fische [EDINGER[2])], des Olmes [OPPEL[3])], des Frosches [EDINGER[2]), LANGLEY[4])] und des Streifenmolches (LANGLEY) werden durch Osmiumsäure gebräunt bis geschwärzt. Ganz dasselbe hat schon NUSSBAUM für die Belegzellen der Säuger beobachtet und hier betont, daß die Hauptzellen, Pyloruszellen und Kardiadrüsenzellen diese Bräunung nicht zeigen.

Ein gutes Mittel, diese Reduktionskraft zu zeigen, ist auch das Silbernitrat. Die Drüsenzellen des Vogeldrüsenmagens werden durch Silbernitratlösung gebräunt, im Magen der Säuger erscheinen die Belegzellen gebräunt, die Hauptzellen glasig hell.

UNNA hat den Versuch gemacht, mittelst Kalipermanganat die Reduktionskraft der Körperzellen zu bestimmen. Ob seine Deutung der mit Kalipermanganat stärker gebräunten Gewebssorte als Reduktionsorte richtig ist, scheint mir sehr zweifelhaft. Bei Behandlung von Magenschnitten nach seiner Methode fand ich, entgegen seiner Angabe, die Belegzellen stärker gebräunt als die Hauptzellen.

Nach STELLA-GANGI[5]) färben sich die Belegzellen mit Janusgrün und Dalia-violett vital, mit Sudan orange, mit Nilblau bläulich oder lila. Lassen wir auf die frische oder fixierte Magenschleimhaut Basi- oder Oxychrome oder Basioxy-

---

[1]) NOLL, A. u. A. SOKOLOFF: Arch. f. Anat. (u. Physiol.) 1905, S. 94.
[2]) EDINGER, L.: Zitiert auf S. 604.   [3]) OPPEL, A.: Zitiert auf S. 593.
[4]) LANGLEY, J. N.: Zitiert auf S. 553.
[5]) STELLA-GANGI, P.: Monit. zool. ital. Bd. 33, S. 1, 33. 1922.

chrome einwirken, so erhalten wir einen sehr charakteristischen Befund. Während die *Hauptzellen* und alle Kerne stets nur den *basischen* Farbstoff annehmen, färben sich die *Belegzellen* nur mit dem *sauren*. Schon bei den niedrigen Wirbeltieren können wir dieses charakteristische Verhalten Farbstoffen gegenüber beobachten. Die Labzellen des *Olmes* sind nach Oppel[1] eosinophil, und in den Magendrüsenzellen der Sumpfschildkröte lassen sich nach Motta Maja und Renaut[2] eosinophile Granula darstellen. Das spricht vielleicht für den Charakter dieser Zellen als Belegzellen, d. h. Salzsäurebildner. Noch schöner treten die Unterschiede beim Vogel hervor. Hier finden wir in jeder Drüsenzelle des Drüsenmagens eine basale Zone, welche nur den basischen Farbstoff annimmt, und eine Innenzone, welche sich nur mit sauren Farben anfärbt. Bei den Säugern sind es dann zwei getrennte Zellarten, welche diese verschiedene charakteristische Tinktion zeigen.

Was die *Zellen der Kardiadrüsen* betrifft, so ist ihre Tinktionsfähigkeit mit sauren Farben, z. B. Eosin, von mehreren Untersuchern festgestellt worden. Die *Pyloruszellen* nehmen hingegen das Eosin nicht an und gleichen hierin den Hauptzellen, färben sich hingegen mit dem sauren Hämatoxylin. Die Anhänger der chemischen Theorie der Färbung haben diese Verhältnisse im Magen so zu deuten gesucht, daß die Hauptzellen ein saures, die Belegzellen ein basisches Protoplasma enthalten. Ich habe bei Hund und Katze bestimmte Färbungen am Gefrierschnitt und fixierten Material mit Modellversuchen an vorbehandelten und in derselben Weise gefärbten Fibrinflocken verglichen. Es ergab sich, daß sich bei der Färbung des Gefrierschnittes mit dem Dioxychrom Wasserblau-Eosin und dem Dibasichrom Neutralviolett extra die mit Salzsäure vorbehandelte Fibrinflocke wie die Hauptzelle verhält, die mit Natronlauge vorbehandelte Flocke wie die Belegzelle. Bei Färbung des alkoholfixierten Präparates nach Giemsa und May-Grünwald entspricht hingegen die mit Natronlauge vorbehandelte Fibrinflocke dem färberischen Verhalten der Hauptzelle, die mit Salzsäure vorbehandelte Flocke der Tinktion der Belegzellen. Da die Säure die Flocke basisch, die Lauge die Flocke sauer auflädt, so entspräche tatsächlich der Modellversuch dem sauren Charakter der Hauptzellen bzw. dem basischen der Belegzellen im fixierten Präparat. Ich glaube aber, daß auch hier bei der Deutung physikalisch-chemische Gesichtspunkte heranzuziehen sind, möchte zwar nicht unerwähnt lassen, daß es durch Vorbehandlung des Schnittes mit Basen gelingt, das Belegzellenprotoplasma mit Basichromen anzufärben.

Unter den histophysiologischen Veränderungen der Magenschleimhaut haben wir zunächst eine Gruppe von Erscheinungen zu betrachten, an deren Entstehung Substanzen des Betriebs- und Baustoffwechsels zugleich beteiligt sein können, ohne daß eine bestimmte Entscheidung darüber auf Grund des histologischen Bildes direkt möglich ist. Diese Erscheinungen betreffen *das allgemeine Aussehen und die Größe der Drüsenzellen unter verschiedenen Funktionszuständen, ferner die Veränderungen, welche die Größe, Form, Lage und Zahl der Zellkerne betreffen.*

Für die niederen Wirbeltiere wurden diese Verhältnisse schon betrachtet. Was die *Vögel* betrifft, so sei erwähnt, daß nach meinen Beobachtungen die Drüsenzellen des Drüsenmagens nach längerem *Hungern* in ihrem Längsdurchmesser verschmälert sind. Für die *Säugetiere* verfügen wir über eine Reihe von Beobachtungen, welche den *Einfluß von Tätigkeit, Ruhe und Hungern auf die Größe der Haupt- und Belegzellen* zeigen. R. Heidenhain fand im Hungerzustand die Hauptzellen groß, die Belegzellen klein.

---

[1] Oppel, A.: Zitiert auf S. 593.   [2] Maja, Motta u. Renaut: Zitiert nach Oppel.

In der 1.—6. Verdauungsstunde erschienen die Hauptzellen groß, die Belegzellen vergrößert, in der 6.—9. Verdauungsstunde nahm die Größe der Hauptzellen mehr und mehr ab, die Belegzellen erschienen noch vergrößert. In der 15.—20. Verdauungsstunde wurden die Hauptzellen wieder größer, während die Belegzellen sich wieder verkleinerten. Das Bild des Hungerzustandes war wieder erreicht.

Nach längerem Hungern erschienen die Hauptzellen kleiner als nach kurzem.

Zu etwas anderen Ergebnissen kam STINTZING[1]). Er fand beim Hunde 4 Stunden nach der Nahrungsaufnahme die Hauptzellen groß, die Belegzellen verkleinert. 12 Stunden nach der Nahrungsaufnahme erschienen die Hauptzellen kleiner, die Belegzellen größer. Bei einem Hunde, der 11 Tage gehungert hatte, waren beide Zellarten vergrößert.

PIRONE[2]), der Schleimhautproben von Fistelhunden untersuchte, fand im Hunger das Volumen der Hauptzellen wechselnd, die Belegzellen hingegen vergrößert. Bei der Verdauung erschienen die Hauptzellen etwas vergrößert. In gleicher Weise gingen NOLL und SOKOLOFF[3]) vor. Während sie für die Belegzellen die Angaben R. HEIDENHAINS bestätigen konnten, fanden sie die Hauptzellen im ersten Verdauungsstadium nicht nur gegenüber dem Ruhebild nicht vergrößert, sondern im Gegenteil verkleinert.

Was das allgemeine Aussehen der beiden Zellarten betrifft, so tritt an den Belegzellen eine deutliche Veränderung hervor, indem sie in der Ruhe hell, bei der Tätigkeit hingegen matter, verwaschener, etwas getrübt, aber immer noch granulär erscheinen. Für die Hauptzellen läßt sich ein bestimmter Unterschied des Aussehens bei Ruhe und Tätigkeit nicht feststellen.

Von vielen Untersuchern [BIZZOZERO[4]), STINTZING[1]), HAMBURGER[5]), E. MÜLLER[6]), GMELIN[7]), PIRONE[2]), NOLL und SOKOLOFF[3]) u. a.] sind in den Belegzellen Vakuolen beobachtet worden. Nach HAMBURGER treten sie einige Stunden nach der Nahrungsaufnahme auf und nehmen bis zur 6. Verdauungsstunde zu, um dann wieder zu schwinden. Auch NOLL und SOKOLOFF erwähnen ihre Zunahme bei der Verdauung. STINTZING beobachtete sie hingegen auch bei einem Hunde, der 11 Tage gehungert hatte. Neben den hier beschriebenen funktionell bedingten Veränderungen im Zelleib beobachten wir dann noch Veränderungen, welche die *Größe, Form, Lage und Zahl* der *Zellkerne* betreffen.

In der Ruhe erscheinen die Kerne der Hauptzellen sehr länglich und liegen an der Zellperipherie, die Kerne der Belegzellen hingegen sind groß und liegen in der Zellmitte. Bei der Verdauungstätigkeit rücken die Hauptzellenkerne mehr nach der Zellmitte, die Belegzellenkerne erscheinen verkleinert. Bei einem Hunde, der 11 Tage gehungert hatte, fand STINTZING die Hauptzellenkerne mehr nach der Zellmitte gerückt, die Belegzellenkerne vergrößert. Im Gegensatz zu dessen Angaben fand ich bei einer Katze nach 7 Tagen Hungern die Hauptzellenkerne peripher gelegen, während die Belegzellenkerne, wie STINTZING angab, vergrößert erschienen.

EDINGER[8]) hat in den Labzellen des Fischmagens eine Mehrkernigkeit beobachtet, TRINKLER[9]), STINTZING[1]), PIRONE[2]) u. a. haben sie auch für die Belegzellen des Säugermagens beschrieben. STINTZING sieht diese Mehrkernigkeit bei der Tätigkeit auftreten, PIRONE beobachtete sie dagegen auch im Ruhemagen. Nach ihm können auch die Hauptzellen zuweilen zwei Kerne enthalten.

Die elektive Fixierung und Färbung der Magenschleimhaut führt uns zur speziellen Betrachtung der Rolle ihrer Zellen im Baustoffwechsel. Als Produkte

---

[1]) STINTZING, R.: Münch. med. Wochenschr. 1889, Nr. 36.
[2]) PIRONE, R.: Zitiert auf S. 612.
[3]) NOLL, A. u. A. SOKOLOFF: Zitiert auf S. 613.
[4]) BIZZOZERO, G.: Arch. f. mikroskop. Anat. Bd. 33, S. 216. 1889; Bd. 40, S. 325. 1892; Bd. 42, S. 82. 1893.
[5]) HAMBURGER, K.: Zitiert auf S. 608.
[6]) MÜLLER, E.: Zitiert auf S. 563. [7]) GMELIN, W.: Zitiert auf S. 610.
[8]) EDINGER, L.: Zitiert auf S. 604. [9]) TRINKLER, N.: Zitiert auf S. 602.

des Baustoffwechsels haben wir im Magen zunächst eine *besondere Art von Schleim* zu nennen, der von den Zellen des Oberflächenepithels gebildet und abgesondert wird.

Die *Zellen des Oberflächenepithels* setzen sich nach Ellenberger aus zwei Zonen zusammen, einer supranucleären und einer kernhaltigen Protoplasmazone. An der supranucleären Zone kann man wiederum die oberflächlich gelegene größere Sammelstelle und die kleinere Intermediärzone unterscheiden. Schon Rollett[1]) und F. E. Schulze[2]) betonten, daß diese Zellen keine Becherzellen sind, es fehlt ihnen die bauchartige Theca und ihre obere Verengerung.

Über den Entstehungsmodus des in ihnen enthaltenen Schleimes und die Art seiner Ausstoßung gehen die Anschauungen auseinander. Während R. Heidenhain, Ebstein[3]) und Stöhr[4]) sich vorstellen, daß das schleimhaltige Oberende wächst und dann berstet, so daß leere Zelltüten entstehen, glaubt Biedermann[5]), daß das Oberende, der Pfropf, ein präformiertes Gebilde der Zelle ist, das sich erhält und aus der Umwandlung des Zellprotoplasmas immer wieder von unten her in dem Maße anwächst, als der Pfropf an seiner Oberfläche durch Umwandlung in Schleim verliert. Ob das Sekretprodukt durch Poren austritt oder eine Membran sprengt, darüber läßt sich bis heute kein abschließendes Urteil gewinnen.

Was das färberische Verhalten betrifft, so erwähnt Biedermann eine starke Affinität der Pfröpfe zu Anilinblau. Bei Behandlung mit Osmiumsäure tritt eine feine Längsstreifung oder eine feine Körnelung in Erscheinung [Biedermann[5]), Hoffmann[6])]. Nach den Untersuchungen am Taubenmagen [Hoyer[7])], am Magen von Frosch, Meerschweinchen, Hund und Katze [Arnold] und am Magen der Landschildkröte nach der Metznerschen Methode [Kahle[8])] zeigen die Pfröpfe bei Anwendung von Thionin oder Toluidinblau keine Metachromasie. Am Taubenmagen bleibt die oberflächlichste Schicht der Zellen auf Thionin ungefärbt, an Sublimatpräparaten von Frosch und Säuger färbt sich das Protoplasma der Zelle hellblau, der Pfropf intensiver blau. Das Fehlen einer Metachromasie ist vielleicht, wie schon oben erwähnt wurde, auf die Einwirkung des Magensaftes zurückzuführen.

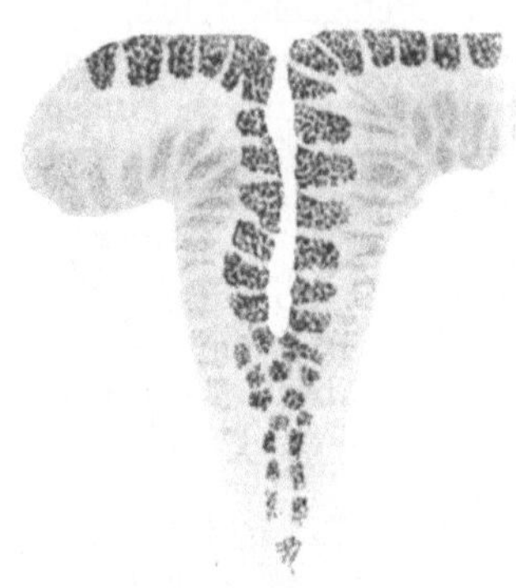

Abb. 160. Schleimgranula der Epithelzellen des Fundus der Landschildkröte 6 Stunden nach vorhergegangener Fütterung. (Nach Kahle: Pflügers Arch. f. d. ges. Physiol. Bd. 152.)

Bei Anwendung von Mucicarmin ist das Bild ein anderes. Hier färbt sich der supranucleäre Abschnitt in verschiedener Ausdehnung rot und erscheint bestäubt oder granuliert oder netzförmig mit eingelagerten Granulis. An den sog. Halszellen wird die Zellmitte durch eine helle Substanz eingenommen, die sich mit Mucicarmin rot färbt (Arnold). An Benda-Heidenhain-Präparaten erscheinen nach Arnold die Oberflächenepithelien fein bestäubt oder granuliert, bei Beizung von Sublimatpräparaten mit Eisenalaun, Nachfärbung mit Krystallviolett und Differenzierung in Nelkenöl zeigt sich der supranucleäre Abschnitt mit feinsten Granulis dicht erfüllt.

Nach den Untersuchungen von Kahle[8]) (Abb. 160) sind die Pfröpfe der Oberflächenepithelzellen bei Anwendung der Metznerschen Methode mit intensiv gefärbten Granulis erfüllt. Die Intermediärzone enthält, im Gegensatz zu

[1]) Rollett, A.: Untersuch. a. d. Inst. f. Physiol. u. Histol. in Graz Bd. 2. 1871.
[2]) Schulze, F. E.: Zitiert auf S. 567.
[3]) Ebstein, W.: Arch. f. mikroskop. Anat. Bd. 6, S. 515. 1870.
[4]) Stöhr, Ph.: Zitiert auf S. 558.   [5]) Biedermann, W.: Zitiert auf S. 559.
[6]) Hoffmann, C. K.: Bronns Klassen und Ordnungen des Tierreichs. Bd. 6, Abt. III. 1890.
[7]) Hoyer, H.: Zitiert auf S. 551.   [8]) Kahle, H.: Zitiert auf S. 551.

den Angaben Ellenbergers, kein Kanalsystem. In den Halszellen werden die Pfröpfe immer kleiner, um schließlich zu schwinden. Zum Teil sind sie ausgestoßen, es entstehen dann leere Becherformen, die Kahle für Kunstprodukte hält. 6 Stunden nach der Fütterung erscheinen die Pfröpfe verkürzt, die Intermediärzone ist auf Kosten der Pfröpfe verbreitert. 12 und 24 Stunden nach der Fütterung sind die Pfröpfe sehr lang und reichen fast bis zu den Zellkernen. Pilocarpin ruft keine Veränderung hervor. Von Kupffer[1]) und Hári[2]) haben im Oberflächenepithel des Magens echte Becherzellen beschrieben.

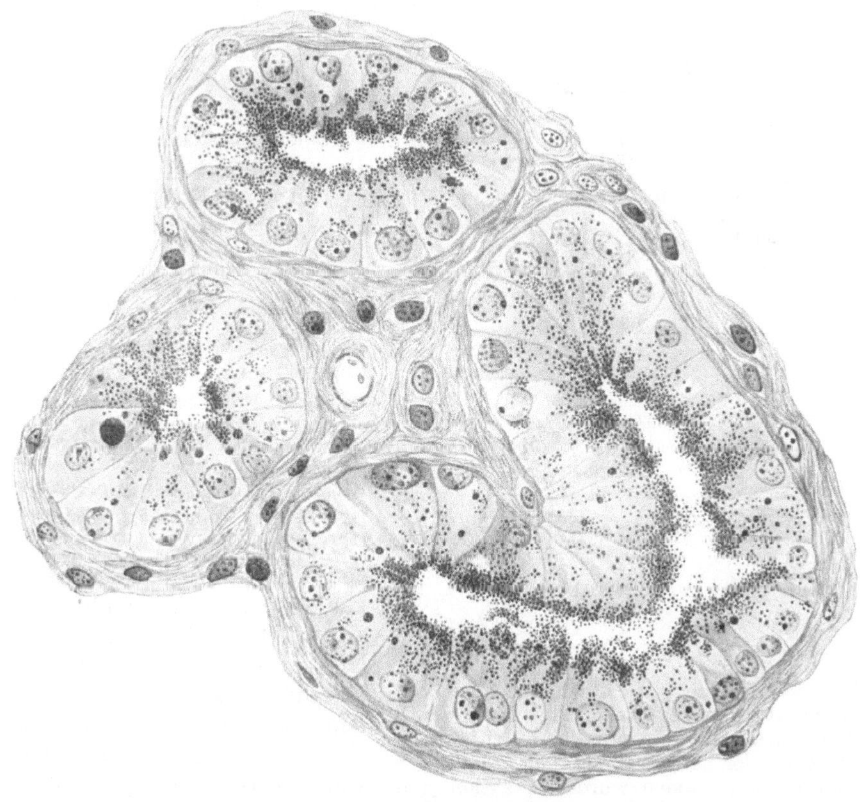

Abb. 161. Schnitt durch den Drüsenkörper von Kardiadrüsen aus den zentralen Abschnitten der Kardiadrüsenzone des Magens eines einjährigen Schweines, dem der Magen 36 Stunden nach der letzten Mahlzeit entnommen wurde. Fixation und Färbung: Plastosomenmethode nach Benda. Vergrößerung: Zeiß $^1/_{12}$ Öl-Imm., Ok. 2. (Nach A. Trautmann: Pflügers Archiv Bd. 211.)

Trautmann[3]) untersuchte die *Kardiadrüsenzellen* des Schweines unter verschiedenen physiologischen Bedingungen. Beim Hungertier waren die Drüsenzellen relativ groß und zeigten zwei Zonen, eine basale, fast granulafreie, und eine lumenseitige granulaerfüllte (Abb. 161). Die Granula waren sehr fein und fast alle von gleicher Größe. Daneben fanden sich größere kuglige Gebilde von

---

[1]) v. Kupffer, C.: Sitzungsber. d. Ges. f. Morphol. u. Physiol. in München, Juli 1889; Arch. f. mikroskop. Anat. Bd. 12, S. 352. 1876; Bd. 54, S. 254. 1899.

[2]) Hári, P.: Arch. f. mikroskop. Anat. Bd. 58, S. 685. 1901.

[3]) Trautmann, A.: Zitiert auf S. 607.

gleichem färberischen Verhalten wie die Kernkörperchen und Fettkörnchen. Das Lumen der Drüsen war deutlich. Beim Freßtier (Abb. 162) waren die Zellen kleiner, die lumenseitige Zone granulaärmer, die größeren kugeligen Gebilde weniger zahlreich. Die Zellkerne färbten sich dunkler als bei der Hungerdrüse. Nach Pilocarpin (Abb. 163) wurden die Drüsenzellen fast granulafrei und zeigten hellere Stellen, die intercellulären Sekretcapillaren erscheinen deutlicher.

Schon die historische Betrachtung lehrt, daß den *Haupt- und Belegzellen* des Säugermagens eine sehr verschiedene Rolle bei der Bildung der Sekretionsprodukte des Magens zugeschrieben wurde. Während R. Heidenhain, Langley und Oppel die *Pepsinbildung* in die Schleimzellen Köllikers — Hauptzellen R. Heidenhains — adelomorphe Zellen Rolletts verlegten, wurde von Laskowsky[1]), Friedinger[2]), Edinger[3]), Nussbaum[4]), Mosse[5]) u. a. die Bildung des Pepsins bzw. seiner Vorstufe in den Belegzellen angenommen. Man hat u. a. die Rolle der Hauptzellen damit zu begründen versucht, daß sie am Schnitt in verdünnter Salzsäure schnell einer Auflösung, d. h. Verdauung, anheimfallen, während die Belegzellen sich hierbei viel resistenter verhalten. Dieser Befund kann aber auch anders gedeutet werden, der Effekt kann auf einer anders gearteten physikalisch-chemischen Konstitution des Hauptzellenprotoplasmas beruhen, auf einem lockereren Bau, einer geringeren Dichte dieser Zellart. Für eine Beteiligung der Belegzellen bei der Pepsinbildung sprechen vor allem Untersuchungen von Trinkler[6]), welcher Belegzellen isolierte, mit

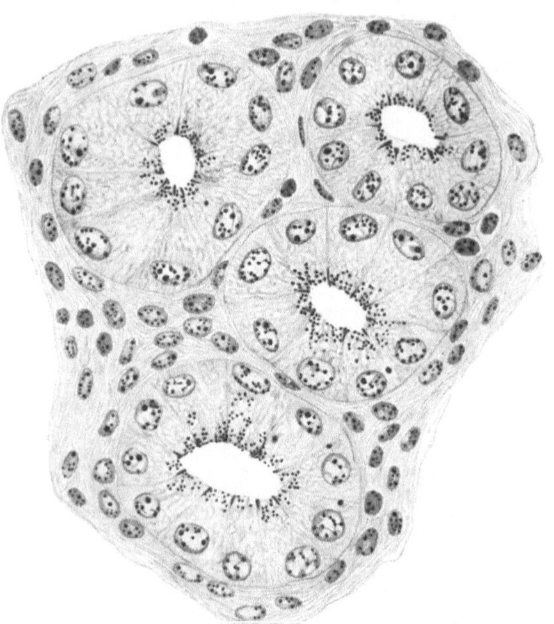

Abb. 162. Schnitt durch den Drüsenkörper von Kardiadrüsen aus den zentralen Abschnitten der Kardiadrüsenzone, des Magens eines 1 jährigen Schweines, dem der Magen 3 Stunden nach der letzten Mahlzeit entnommen wurde. Fixation und Färbung: Plastosomenmethode nach Beuda. Vergrößerung: Zeiß $^1/_{12}$ Öl-Imm., Ok. 2. (Nach Trautmann: Pflügers Arch. Bd. 211.)

verdünnter Salzsäure behandelte und mit dieser Lösung eine Verdauung von Fibrinflocken erhielt. Als ein Hauptargument dafür, daß die Hauptzellen die Pepsinbildner seien, ist immer angeführt worden, daß der Säugerpylorus Pepsin enthält, histologisch aber nur eine Zellart, welche den Fundushauptzellen ähnlich ist. Diese Ähnlichkeit ist aber einmal sicher nur eine entfernte, und der Anteil des Pylorus an der Pepsinbildung ist schon von früheren Autoren, so

[1]) Laskowsky: Sitzungsber. d. Akad. d. Wiss., Wien 1858.
[2]) Friedinger: Sitzungsber. d. Akad. d. Wiss., Wien. Mathem.-naturw. Kl. II. 1871.
[3]) Edinger, L.: Zitiert auf S. 604.
[4]) Nussbaum, M.: Zitiert auf S. 608.
[5]) Mosse, M.: Zentralbl. f. Physiol. 1903, Nr. 8, S. 217.
[6]) Trinkler, N.: Zitiert auf S. 602.

von v. Wittich[1]) und Contejean[2]), bestritten worden. Gegen eine Beteiligung sprechen auch neuere Untersuchungen von Iny und Yutaka Oyama[3]), welche operativ einen Blindsack der Pars pylorica herstellten und in ihm nur Schleim, keine Enzyme fanden. Wenn frühere Untersucher, so Klemensiewicz[4]), bei derselben Operation Pepsin gefunden haben, so ist es nicht ausgeschlossen, daß es sich hier um ein Ferment handelt, welches von Leukocyten stammt, die sich an der Operationsstelle anhäuften. Geben wir zu, daß der Säugerpylorus Pepsin

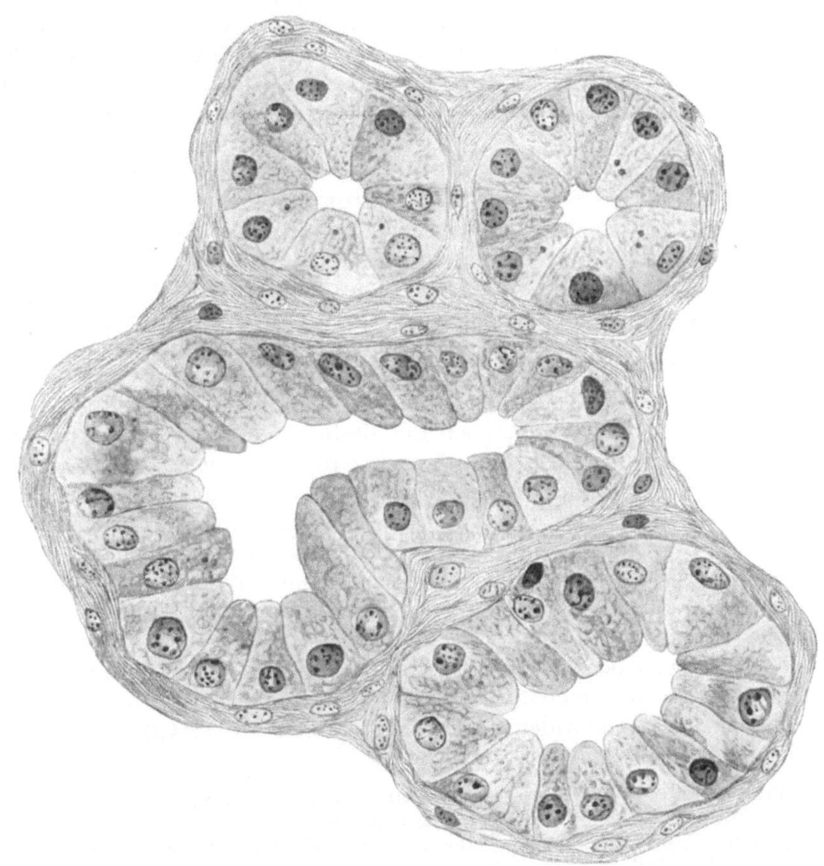

Abb. 163. Schnitt durch den Drüsenkörper von Kardiadrüsen aus den zentralen Abschnitten der Kardiadrüsenzone des Magens eines einjährigen Schweines, dem der Magen eine Stunde nach einer kräftigen Pilocarpininjektion entnommen wurde. Fixation und Färbung: Plastosomenmethode nach Benda. Vergrößerung: Zeiß $^1/_{12}$ Öl-Imm. Ok. 2. (Nach Trautmann: Pflügers Arch. Bd. 211.)

enthält, so ist mit dieser Tatsache nicht bewiesen, daß das Ferment im Pylorus gebildet wurde. Es kann sich vielmehr auch um den Ausdruck einer

<hr>

[1]) v. Wittich: Pflügers Arch. f. d. ges. Physiol. Bd. 7, S. 18. 1873; Bd. 8, S. 444. 1874.
[2]) Contejean, Ch.: Arch. de physiol. 5. IV. S. 554. 1892.
[3]) Iny u. Yutako Oyama: Americ. journ. of physiol. Bd. 57. 1921.
[4]) Klemensiewicz, R.: Sitzungsber. d. Akad. d. Wiss., Wien 1875.

Resorption handeln. In diesem Sinne haben schon v. Wittich[1]), Friedinger[2]), Herrendörfer[3]) und Bikfalvi[4]) die Befunde gedeutet.

Es soll in diesem Zusammenhang nicht unerwähnt bleiben, daß der Harn ein Ferment enthält, das von einigen als resorbiertes Pepsin angesprochen wird.

Der Muskelmagen der Vögel, der nach Retzius[5]) und Wiedersheim[6]) dem Säugerpylorus entspricht, enthält nach Paira-Mall[7]) das Ferment nicht. Für eine Resorption des Fermentes im Säugerpylorus spricht auch die Tatsache, daß bei der Verdauung das Maximum des Pepsingehaltes im Pylorus später erreicht wird als im Fundus. Man kann hier nicht an ein langsames Vorrücken der Nahrung denken, das eine erst später einsetzende sekretorische Tätigkeit des Pylorusabschnittes bewirken könnte. Denn die Entleerung des Säugermagens erfolgt in Schüben, in einem physiologischen Vorgang, der Fundus und Pylorus gleichzeitig in Tätigkeit setzt.

Die *Bildung der Salzsäure* ist von den meisten Untersuchern in die Pepsinzellen Köllikers — Belegzellen R. Heidenhains — delomorphe Zellen Rolletts verlegt worden. Es hat aber nicht an Untersuchern gefehlt, welche den Hauptzellen die Salzsäurebildung zuschrieben. So Mosse[8]) auf Grund eines nicht richtig gedeuteten färberischen Befundes, und Lopéz-Suárez[9]), der mit Silbernitrat Niederschläge hauptsächlich in den Hauptzellen erhielt, aber zugibt, daß auch die Belegzellen solche Niederschläge enthielten. Es sind zahlreiche Versuche gemacht worden, die Bildung der Salzsäure histologisch zu erfassen. Aber weder die Versuche Edingers[10]) mit Alizarinnatrium, noch die Versuche S. Fränkels[11]) mit Säurefuchsin, noch die Berlinerblaubilder Cl. Bernards[12]), Lépines[13]), Sehrwalds[14]) und Fitzgeralds[15]) gaben eindeutige Resultate. Ebensowenig kann die Schwärzung dieser Zellart mit Höllenstein [Nussbaum[16]), Miss Greenwood[17])] als Beweis angeführt werden, da sie auf einer stark reduzierenden Eigenschaft des Belegzellenprotoplasmas beruhen dürfte. Unna und Wissig[18]), welche frische und in Formalin fixierte Magenschleimhaut der Ratte mit Höllenstein behandelten, gelangten zu keinen verwertbaren Resultaten.

Was die physiologisch-chemische Seite dieser Frage betrifft, so ist eine Bildung der Säure aus Kochsalz schon von Schulz[19]), Maly[20]) und Liebermann[21]) angenommen worden und eine enge Beziehung zwischen Salzsäuresekretion und Gehalt des Körpers an Chloriden durch die Versuche Rosemanns[22]) am Hunde

---

[1]) v. Wittich: Zitiert auf S. 619.   [2]) Friedinger: Zitiert auf S. 618.
[3]) Herrendörfer: Inaug.-Dissert. Königsberg 1875.
[4]) Bikfalvi, K.: Orvostenneszet-Audományi Ertesito 1887 (ungarisch).
[5]) Retzius, A.: Müllers Arch. 1857.
[6]) Wiedersheim, R.: Arch. f. mikroskop. Anat. Bd. 8, S. 435. 1872.
[7]) Paira-Mall, L.: Pflügers Arch. f. d. ges. Physiol. Bd. 80, S. 600. 1900.
[8]) Mosse, M.: Zitiert auf S. 618.
[9]) Lopéz-Suárez, J.: Biochem. Zeitschr. Bd. 46, S. 490. 1912.
[10]) Edinger, L.: Pflügers Arch. f. d. ges. Physiol. Bd. 29, S. 247. 1882.
[11]) Fränkel, S.: Pflügers Arch. f. d. ges. Physiol. Bd. 48, S. 63. 1891.
[12]) Bernard, Cl.: Zitiert auf S. 592.
[13]) Lépine: Gaz. méd. de Paris 1873.
[14]) Sehrwald, E.: Münch. med. Wochenschr. 1889, Nr. 36, S. 177.
[15]) Fitzgerald, M.: Proc. of the roy. soc. of London, Ser. B, Bd. 83. 1910.
[16]) Nussbaum: Zitiert auf S. 608.   [17]) Greenwood, Miß: Zitiert auf S. 606.
[18]) Unna, P. G. u. E. T. Wissig: Zitiert auf S. 609.
[19]) Schulz, H.: Pflügers Arch. f. d. ges. Physiol. Bd. 27, S. 454. 1882.
[20]) Maly, R.: Hermanns Handb. Bd. V. 1883.
[21]) Liebermann, L.: Pflügers Arch. f. d. ges. Physiol. Bd. 50, S. 25. 1891.
[22]) Rosemann, R.: Pflügers Arch. f. d. ges. Physiol. Bd. 118, S. 467. 1907; Bd. 142, S. 208. 1911; Bd. 166, S. 609. 1917.

bewiesen. Die Vorstellung, daß die Belegzellen vielleicht die Eigenschaft haben, Kochsalz aus dem Blute aufzunehmen und in sich zu speichern, gewinnt auch auf Grund der Versuche BOENHEIMS[1]) am Froschmagen an Wahrscheinlichkeit. Viele Untersucher haben die Entwicklung der beiden Zellarten während der Embryonalperiode und die erste Entstehung der Sekretionsprodukte Pepsin und Salzsäure zur Lösung des Problems herangezogen.

WOLFFHÜGEL[2]) stellte fest, daß beim neugeborenen Kaninchen und Hund die Pepsinbildung erst einige Tage nach der Geburt einsetzt und erst dann die Belegzellen die Membrana propria stärker vorwölben. Nach NUSSBAUM[3]) haben embryonale Mägen ohne Pepsinbildung auch keine Belegzellen. SEWALL[4]) konstatierte hingegen an Schafembryonen, daß hier die Belegzellen zuerst differenziert werden und mit der späteren Differenzierung der Hauptzellen die Pepsinbildung einsetzt. Bei Schaf, Katze und Hund soll nach ihm kurz vor der Geburt noch kein Pepsin vorhanden sein. Beim Rinde soll nach MORIGGIA[5]) schon am Ende der Fetalperiode die Magenverdauung einsetzen, beim Menschen ist nach HUPPERT[6]) schon im 6. Embryonalmonat, nach ZWEIFEL[7]) beim Neugeborenen Pepsin vorhanden. GMELIN[8]), der den Magen neugeborener Hunde untersuchte, unterscheidet neben Belegzellen Zellen epithelialen Charakters, aus denen er parallel mit dem Auftreten der Pepsinbildung die Hauptzellen hervorgehen läßt. Ganz abgesehen davon, daß das Fehlen der Pepsinbildung beim neugeborenen Hunde keineswegs bewiesen ist, im Gegenteil das Vorhandensein des Fermentes bei der Geburt von verschiedenen Autoren nachgewiesen wurde, kann ich die histologischen Befunde GMELINS auf Grund eigener Untersuchungen nicht bestätigen. Im Magen des neugeborenen Hundes sind vielmehr bereits beide Zellarten vorhanden. Auch bei neugeborenen Katzen, die noch nicht gesaugt hatten, ließ sich in der Magenschleimhaut reichlich Pepsin nachweisen und im histologischen Bild das Vorhandensein beider Zellarten feststellen.

Ein besonderes Interesse für diese Fragen gewinnt das histologische Bild des Magens bei Winterschläfern zur Zeit des Winterschlafes. Die Angabe ROLLETTS[9]), daß der Magen der Fledermaus zur Zeit des Winterschlafes keine Belegzellen enthält, finde ich beim Igel nicht bestätigt, im Gegenteil sind hier gerade die Belegzellen reichlich vorhanden. Wenden wir uns nun zur feineren histophysiologischen Analyse der beiden Zellarten, so sind es formaloptische Gebilde dreierlei Art, welche wir in den Magendrüsenzellen für die *Frage der Sekretbereitung* heranziehen müssen, *das Granoplasma, die Granula im Sinne Altmanns und die Chloride.*

Wir haben bereits betrachtet, daß das *Granoplasma* ausschließlich in den Hauptzellen vorkommt, bzw. in den Zellarten, welche den Hauptzellen des Säugerfundus entsprechen. Es spricht vieles dafür, daß diese Substanz in dem „Nucleoproteid" enthalten ist, das SCHUMOW-SIMANOWSKY[10]), PEKELHARING[11]) und NENCKI und SIEBER[12]) aus dem Magensaft und der Magenschleimhaut gewannen. PEKELHARING und NENCKI und SIEBER glaubten, daß dieser komplizierte chemische Körper, welcher Eisen und Lecithin enthielt und bei seiner Spaltung Pentose gab, mit dem Pepsin identisch sei. Es dürfte sich hier aber

---

[1]) BOENHEIM: Biochem. Zeitschr. Bd. 90. 1918.
[2]) WOLFFHÜGEL, G.: Zeitschr. f. Biol. Bd. 12, S. 217. 1876.
[3]) NUSSBAUM, M.: Zitiert auf S. 608.
[4]) SEWALL, H.: Journ. of physiol. Bd. 1. 1879.
[5]) MORIGGIA: Jahresber. f. Tierchem. Bd. 5. 1875.
[6]) HUPPERT, zit. nach GMELIN.
[7]) ZWEIFEL: Untersuchungen über den Verdauungsapparat der Neugeborenen. Berlin 1874.
[8]) GMELIN, W.: Zitiert auf S. 610.   [9]) ROLLETT, A.: Zitiert auf S. 616.
[10]) SCHUMOW-SIMANOWSKY, E. O.: Arch. f. exp. Pathol. u. Pharmakol. Bd. 33, S. 336. 1896.
[11]) PEKELHARING, C. A.: Hoppe-Seylers Zeitschr. f. physiol. Chem. Bd. 22, S. 233. 1896 u. Bd. 38, S. 8. 1902.
[12]) NENCKI, M. u. N. SIEBER: Hoppe-Seylers Zeitschr. f. physiol. Chem. Bd. 32, S. 291. 1901.

wahrscheinlich um eine Adsorption des Fermentes an dieses Substanzgemisch handeln, und es kann auch nicht als erwiesen gelten, daß das zugleich mit dieser Substanz nachgewiesene Pepsin ursprünglich an die Substanz gebunden in den Hauptzellen lag, da bei den angewandten Methoden die ganze Magenschleimhaut, zugleich die Belegzellen als Ausgangsmaterial zugrunde lag. Es sei erwähnt, daß man nach meinen Beobachtungen auch mit verdünnter Sodalösung diese Substanz ausziehen kann, wobei sich dann gleichzeitig Pepsinogen nachweisen läßt. Es kann heute kaum einem Zweifel mehr unterliegen, daß das Granoplasma, welches im frischen Präparat in Gestalt tropfiger Gebilde erscheint, von vielen Untersuchern für den Träger des Pepsinogens angesehen wurde.

Unna und Wissig[1]) sprechen die Ansicht aus, daß diese Substanz mit dem Antipepsin in Beziehung steht, eine Anschauung, gegen die sich vieles einwenden läßt, vor allem die große Empfindlichkeit der Hauptzellen gegen Salzsäure und Pepsinsalzsäure, auch im formolfixierten Präparat.

Das Granoplasma der Hauptzellen ist durch seine elektive Affinität zu basischen Farbstoffen gut charakterisiert und gerade hierdurch von den eigentlichen Granulis der Hauptzellen unterschieden. Es ist darum auch vieles dagegen einzuwenden, wenn Aschoff[2]), die Anschauungen früherer Autoren teilend, die von Kokubo[3]) mit Kresylviolett dargestellten Gebilde der Hauptzellen als Granula bezeichnet. Metzner hat mit seiner Methode in den Hauptzellen des Kaninchens opakblaue Granula erhalten, es muß hier weiteren Untersuchungen vorbehalten bleiben, ob diese Granula mit dem Granoplasma identisch sind. Dasselbe gilt für die von Hamperl[4]) mit besonderer Methode in den Hauptzellen dargestellten Gebilde. Neben dem Granoplasma kommen nun aber in den Hauptzellen auch *echte Granula* vor, und es dürfte sich bei Betrachtung der Zellen in frischem ungefärbten Zustand wohl nicht entscheiden lassen, welche der vorhandenen Körnchengebilde den Granulis, welche den Granoplasmatropfen entsprechen. Wenden wir aber die üblichen Granulafärbungen, die Altmannsche oder Heidenhainsche Methode an, so finden wir in den Hauptzellen diese Granula, wenn auch oft in so geringer Menge, daß sie von einigen Untersuchern, z. B. Unna und Wissig, überhaupt hier übersehen worden sind. Was uns an solchen Bildern auffällt, ist die gleichzeitige Darstellung von Körnchen derselben Art in den Belegzellen, wo sie nie übersehen worden sind. Ich möchte hier einfügen, daß es mir an formolfixiertem Material gelungen ist, bei Anwendung eines besonderen Färbeverfahrens diese Granula der Haupt- und Belegzellen mit einer basischen Farbe, dem polychromen Methylenblau, darzustellen. Betrachten wir die funktionellen Veränderungen dieser Gebilde, die wir besser Plastosomen nennen, zunächst bei den niederen Wirbeltieren, so liegen darüber Untersuchungen von Kahle[5]) bei der Landschildkröte vor. Untersucht man die Fundusschleimhaut dieser Tiere, so kann man helle und dunkle Zellen unterscheiden. Bei Anwendung der Altmannschen oder Heidenhainschen Methode enthalten die dunklen Zellen Granula. Bei Tieren, die länger gehungert haben, und bei solchen, welche während des Winterschlafs oder danach vor der Nahrungsaufnahme untersucht wurden, bestanden die Zellen aus einer mit Granulis dicht erfüllten basalen Zone und einer granulafreien Innenzone, die sich nach Altmann homogen gelblich, nach Heidenhain diffus färbte. 6 Stunden nach der Fütterung waren die Granula an Zahl vermindert, mehr nach der Zellmitte gerückt, der granulafreie Innen-

---

[1]) Unna, P. G. u. E. T. Wissig: Zitiert auf S. 609.
[2]) Aschoff, L.: Zitiert auf S. 603.
[3]) Kokubo: Orth-Festschrift, Berlin 1903.
[4]) Hamperl, H.: Virchows Arch. f. pathol. Anat. u. Physiol. Bd. 259. S. 179. 1926.
[5]) Kahle, H.: Zitiert auf S. 551.

saum verschmälert. 12 Stunden nach der Fütterung waren sie mehr in Haufen gerückt und helle Kanäle zwischen ihnen sichtbar. 24 Stunden nach der Fütterung hatten sie etwas zugenommen, der homogene Innensaum war noch verschmälert. Auf Pilocarpin wurden die Zellen nie ganz granulafrei. BRAITMAIER[1]), welcher mit der HEIDENHAINschen Methode den Drüsenmagen der Taube im Hunger und bei der Tätigkeit untersuchte, fand, daß hier die Granula im Hunger parallel der Aufladung mit Fermentvorstufe sich anhäuften, während sie bei der Tätigkeit abnahmen. Können wir nun bei den Amphibien, Reptilien und Vögeln nicht entscheiden, inwieweit die erhaltenen Bilder auf die mit den Granulis verknüpften histophysiologischen Vorgänge in den Haupt- bzw. Belegzellen zu beziehen sind — dürften ja doch die Fundusdrüsenzellen hier den Charakter der beiden Zellarten des Säugerfundus in einer Zellform vereinigen —, so ist eine solche Entscheidung bei den Säugetieren besser zu treffen.

E. MÜLLER[2]) fand beim Kaninchen mit Eisenhämatoxylin-Rubinfärbung die Hauptzellen außen homogen, innen gekörnt, die Belegzellen mit blaugefärbten Körnern in verschiedener Anordnung erfüllt (Abb. 164). Während im Hunger die Hauptzellen mit großen schwarzgefärbten Granulis erfüllt sind und in der Grundsubstanz feine, mit der Längsachse des Zellkörpers parallel verlaufende Fäden enthalten, die auch von ALTMANN, ZIMMERMANN[3]) und von mir gesehen worden sind, schwinden bei der Tätigkeit die Körner in der Außenzone und machen vor ihrer Ausstoßung eine Metamorphose durch, die sich am Verlust ihrer Konservierbarkeit und Färbbarkeit erkennen läßt. NOLL und SOKOLOFF[4]) sahen beim Hunde im Altmann-Präparat fuchsinophile Granula nur im Zellnetz und Randsaum der Hauptzellen und nicht alle Zellen im gleichen Stadium der Sekretfüllung. In den Belegzellen waren die Granula ziemlich gleichmäßig verteilt, fehlten aber manchmal um den Kern herum oder an einer beliebigen Stelle der Zelle und am zugespitzten Lumenende. Bei der Tätigkeit zeigten die Hauptzellen keine bestimmten Veränderungen, in den Belegzellen waren die Granula manchmal größer, ohne daß der Zellumfang zugenommen hatte. Die Hauptzellen zeigten im Altmann-Präparat eine basale, stärker färbbare protoplasmatische Zone und eine Abnahme der Granula an Zahl und Größe. Es seien diesen Untersuchungen noch eigene an Hunde- und Katzenmägen hinzugefügt. Ich konnte hierbei feststellen, daß im Hunger die Granula der Belegzellen

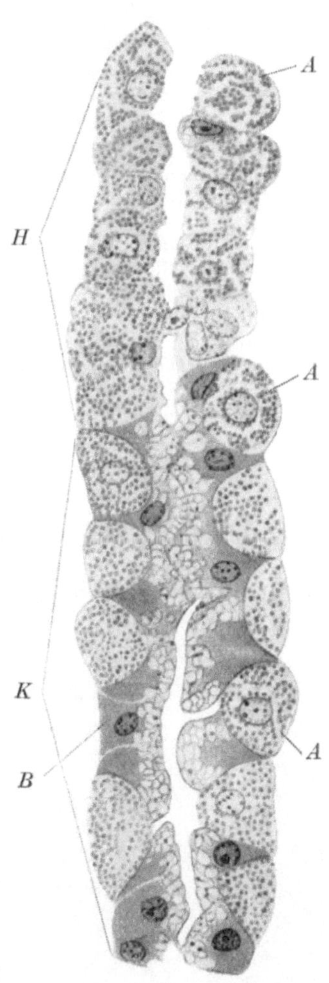

Abb. 164. Längsschnitt durch eine Fundusdrüse des Kaninchens. *H* Drüsenhals; *K* Drüsenkörper; *A* Belegzelle mit Sekretcapillaren; *B* Hauptzelle. (Nach MÜLLER.)

---

[1]) BRAITMAIER, H.: Inaug.-Dissert. Tübingen 1904.
[2]) MÜLLER, E.: Zitiert auf S. 563.
[3]) ZIMMERMANN, K. W.: Zitiert auf S. 558.
[4]) NOLL, A. u. A. SOKOLOFF: Zitiert auf S. 613.

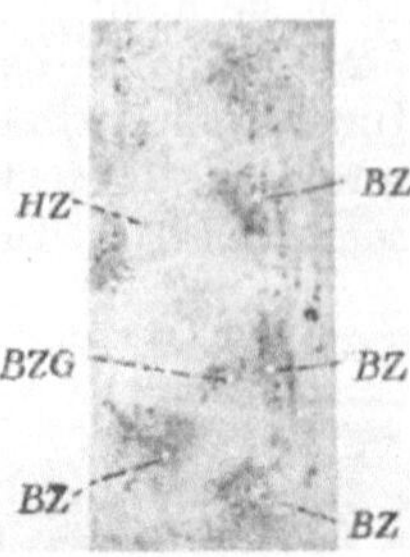

Abb. 165. Längsschnitt einer Fundusdrüse aus dem Ruhemagen einer Katze. Chloridmethode. Mikrophotogramm Zeiß, Objektiv Apochr. 4, Proj.-Ok. 4. Man sieht die mit Ag₂Cl-Körnchen erfüllten Belegzellen (*BZ*), alle Belegzellengänge zum Hauptlumen, bis auf einen (*BZG*), sowie das Hauptlumen, sind körnchenfrei, in den Hauptzellen (*HZ*) keine Körnchen. (Nach Groebbels.)

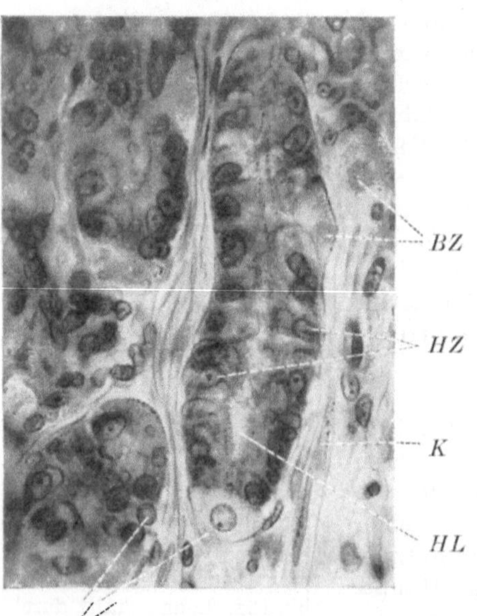

Abb. 166. Längs- und quergetroffene Fundusdrüsen aus dem Magen einer Katze, die 7 Tage hungerte. Chloridmethode, Nachfärbung mit Toluidinblau. Mikrophotogramm Zeiß, Objektiv Apochr. 4, Proj.-Ok. 4. Nur noch spärliche Ag₂Cl-Körnchen (*K*) in der Membrana propria. Belegzellen (*BZ*) körnchenfrei, einzelne Körnchen am Zellrand. In den Gängen der Belegzellen zum Hauptlumen und im Hauptlumen keine Körnchen. Hauptzellen (*HZ*) und alle Kerne mit Toluidinblau gefärbt. (Nach Groebbels.)

nicht merklich abnehmen, wie dies auch Noll und Sokoloff[1]) im Gegensatz zu E. Müller[2]), Kolossow[3]), Zimmermann[4]) und Pirone[5]) fanden. Es scheint also die Annahme berechtigt, daß die Belegzelle ihre granulären Präprodukte während der Tätigkeit ständig neu bildet. Es ist im Rahmen der Granulalehre berechtigt, die Granula der Fundusdrüsen beim Säuger mit der Bildung des Pepsins in Beziehung zu setzen, da diese Gebilde sich aber in beiden Zellarten finden, dürfte eine Entscheidung darüber, ob nur die Belegzellen oder die Hauptzellen oder aber beide Zellarten an der Pepsinbildung beteiligt sind, auf Grund der bisher eingeschlagenen Methoden kaum möglich sein.

Wenden wir uns nun zur *Bildung der Salzsäure*, so wurde oben die Ansicht ausgesprochen, daß die Salzsäurebildung aus dem Kochsalz erfolgt. Ich[6]) konnte an Hand meiner Chloridmethode an Hunde- und Katzenmägen den Beweis erbringen, daß die Belegzellen Chloride enthalten, welche den histophysiologischen Ausdruck einer Salzsäurebildung und Absonderung darstellen (Abb. 165 u. 166). Behandelt man die Fundusschleimhaut von Hund und Katze mit meiner Chloridmethode, so bräunen sich das Zwischengewebe und die Belegzellen, die Hauptzellen bleiben hingegen glasighell ungebräunt. Gleichzeitig treten bei der Methode Ag₂Cl-Körnchen auf, die streng lokalisiert sind. Man findet sie im Zwischengewebe, oft strangartig angeordnet, sieht sie vereinzelt in feinen Gängen zwischen zwei Hauptzellen, man beobachtet sie schließlich bei Tieren, die nicht länger gehungert haben, stets in den Belegzellen, aber nie in den Hauptzellen und niemals in den Kernen. Das, was uns veranlassen muß, dieses Niederschlagsbild als den Ausdruck eines physiologischen Vorgangs aufzufassen, ist

---

¹) Noll, A. u. A. Sokoloff: Zitiert auf S. 613.
²) Müller, E.: Zitiert auf S. 563.
³) Kolossow, A.: Zitiert auf S. 558.
⁴) Zimmermann, K. W.: Zitiert auf S. 558.
⁵) Pirone, R.: Zitiert auf S. 612.
⁶) Groebbels, F.: Zitiert auf S. 606.

seine typische Abhängigkeit in Lokalisation und Menge vom Funktionszustand des Magens. Im Ruhemagen finden sich die Körnchen in den Belegzellen zumeist in einer lumenseits vom Kern gelegenen Zone, die Randzone der Zelle bleibt körnchenfrei. Das Hauptlumen der Drüse und die Gänge der Belegzellen zum Hauptlumen enthalten die Körnchen nicht. Untersuchen wir hingegen einen Magen, der dem Tier in voller Verdauungstätigkeit entnommen wurde, so sind die Körnchen jetzt in den Belegzellen mehr auf das ganze Zellprotoplasma verteilt und sowohl im Hauptlumen wie in den Gängen der Belegzellen vorhanden, vielfach unter Beimischung einer gebräunten, wohl aus Eiweiß bestehenden Gerinnungsmasse. Wieder andere Bilder bieten die Mägen von 3 Katzen, welche 7—11 Tage gehungert hatten. Das Zwischengewebe ist jetzt körnchenarm, die Belegzellen sind körnchenfrei und nur am Rande der Zellen vereinzelt einige Körnchen sichtbar. Weder die Hauptlumina noch die Belegzellengänge enthalten Niederschläge.

Um den Einfluß der Durchspülung festzustellen, durchspülte ich zwei der Hungertiere, nachdem ich sie getötet und etwas Fundusschleimhaut zur Untersuchung entnommen hatte, nach Zunähen des Magens von der Aorta aus mit Kochsalzlösung. Es ergab sich dann folgendes Bild. Dichte Niederschläge im Zwischengewebe, in Gängen zwischen den Hauptzellen, dagegen nicht in den Belegzellen und ihren Gängen zum Hauptlumen. Auf Grund dieser Befunde dürfte der Schluß berechtigt sein, daß die Belegzellen vital Chloride speichern, aus denen auf unbekannte Weise die Salzsäure gebildet wird. Die von mir erhaltenen Bilder zeigen nun weiterhin eine auffallende Übereinstimmung mit denen der Golgi-

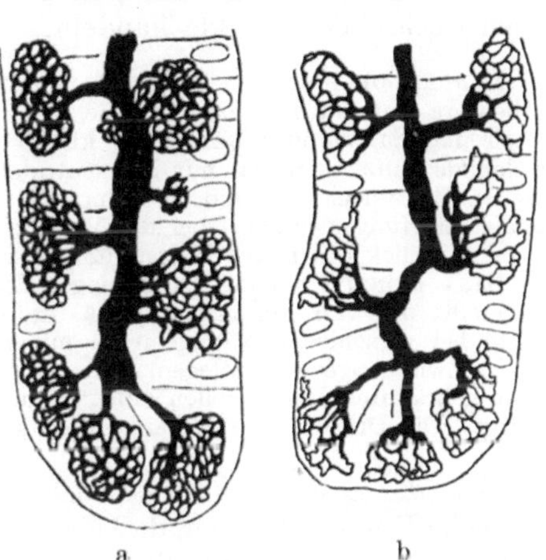

Abb. 167. Magen vom Kaninchen. a Fundusdrüse nach GOLGIS Silbermethode behandelt. Verdauungsstadium. Die Maschen sind dicker und dichter als beim Hungerstadium. b Fundusdrüse, Hungerstadium. (Nach GOLGI.)

Methode [GOLGI[1]), LANGENDORFF und LASERSTEIN[2]), KOLOSSOW[3]), ZIMMERMANN[4])] (Abb. 167). Es dürfte danach nicht zu bezweifeln sein, daß der Golgi-Reaktion Chloride irgendwie zugrunde liegen. Daß sich mit Silbernitrat gerade in den Belegzellen Chlorsilberniederschläge nachweisen lassen, hat auch LESCHKE[5]) gezeigt. Was die Frage der HCl-Bildung betrifft, so kommt ZIMMERMANN[6]) neuerdings zu der Auffassung, daß die von den Haupt- und Belegzellen gelieferten Produkte erst durch besondere Sekrete der Sammelröhrenzellen in die Säure umgewandelt werden. TWORT[7]) konnte im Magen von Säugetieren eine besondere Zellart nachweisen, die zwischen den Hauptzellen lag, LAROCHE[8]) beschrieb im Fundus des Hundes zwei Belegzellentypen. Ich habe in den Mägen von Hunden und Katzen Ähnliches gesehen. DAWSON und IVY[9]), welche an Hunden mit

---

[1]) GOLGI, C.: Arch. ital. de biol. Bd. 19, S. 5. 1883; Bd. 51. 1909.
[2]) LANGENDORFF, O. u. S. LASERSTEIN: Pflügers Arch. f. d. ges. Physiol. Bd. 55. 1894.
[3]) KOLOSSOW, A.: Zitiert auf S. 558.   [4]) ZIMMERMANN, K. W.: Zitiert auf S. 558.
[5]) LESCHKE, E.: Med. Klinik Bd. 21, S. 1145. 1925.
[6]) ZIMMERMANN, K. W.: Ergebn. d. Physiol. Bd. 24, S. 281. 1925.
[7]) TWORT, F. W.: Brit. journ. of exp. pathol. Bd. 5, S. 362. 1924.
[8]) LAROCHE: Cpt. rend. des séances de la soc. de biol. Bd. 94, S. 362. 1926.
[9]) DAWSON, A. B. u. A. C. IVY: Americ. journ. of physiol. Bd. 73, S. 304. 1925.

kleinem Magen und Pylorusmagen die Ausscheidung von Farbstoffen untersuchten, fanden an dieser Ausscheidung besonders die Belegzellen beteiligt. Dawson[1]), der Hunde mit Pawlow-Mägen bestrahlte, fand dabei einen Zerfall der Hauptzellen, während sich die Belegzellen viel widerstandsfähiger erwiesen und zum Teil ganz ungeschädigt waren. Trotzdem war in den Versuchen die HCl-Sekretion vermindert oder sogar unterdrückt.

Aus zahlreichen Untersuchungen geht hervor, daß die *Sekretausstoßung in den Belegzellen an binnenzellige Sekretwege* geknüpft ist, die von Golgi als Endnetze, von E. Müller als Capillarkörbchen, von anderen als Korbcapillaren oder *Sekretcapillaren* bezeichnet worden sind. Es dürfte sich bei diesen Bildungen, welche bei den Granulamethoden als helle, zwischen den Körnchen gelegene Straßen in Erscheinung treten, nicht um morphologisierte, sondern um funktionell wechselnde Gebilde handeln.

Langendorff und Laserstein[2]), die mit der Golgi-Methode die Mägen verschiedener Wirbeltiere untersuchten, stellten sie als intracelluläre korbähnliche Geflechte dar. Bei Frosch und Salamander waren nur knollige Seitenzweige vorhanden, im Pylorus fehlten die Gebilde ganz, es waren nur die zentralen Gänge geschwärzt. Dieselben Autoren, ebenso Golgi[3]), Zimmermann[4]) und E. Müller[5]) konnten beobachten, daß die binnenzelligen Kanäle im Hunger dünner, bei der Verdauung verdickt und verbreitert sind, ein Befund, der im Hinblick auf meine Feststellungen verständlich wird.

Rina Monti[6]) hat im Drüsenmagen der *Vögel* mit Silbernitrat *pericelluläre Saftsysteme* dargestellt, die von Schreiner[7]) als intercelluläre Niederschläge gedeutet wurden. Ich konnte bei verschiedenen Vogelarten mit meiner Chloridmethode Niederschläge erzielen, die, im Zwischengewebe gelegen, sich zuweilen in Gestalt von Körnchenreihen fußförmig an die gebräunten Drüsenzellen anlegten, und halte die Anschauung Rina Montis für berechtigt. Die Drüsenzellen selber zeigten solche Niederschläge nie.

Was die *Drüsen im Muskelmagen der Vögel* betrifft, so wissen wir durch zahlreiche Untersuchungen, daß sie einen komplizierten Eiweißkörper absondern, welcher durch Erstarrung die sog. Hornschicht bildet. Die mikroskopische Betrachtung zeigt uns hier zunächst säulchen- oder fadenartige Gebilde, welche das Produkt der Sekretion der Drüsenzellen darstellen und in einer homogenen Masse, dem Sekretionsprodukt des Oberflächenepithels, liegen. Auf Zusatz von Kalilaugen werden diese Sekretfäden deutlicher. Je nach der Tierart in ihrer Anordnung verschieden, bilden sie bald direkt senkrecht in die Höhe steigende, bald unregelmäßig gewundene, bald ganz unregelmäßig angeordnete Fäden [Curschmann[8])]. Auch Doppelfäden kommen vor, die in der Weise entstehen, daß die Sekretfäden einer doppeltgegabelten Drüse aus jeder Gabel treten und zusammenkleben. Wiedersheim[9]) beschreibt die Verhältnisse in der Weise, daß von den granulierten Drüsenzellen lumenwärts erstarrende Sekretströme ausgehen und eine Sekretschale bilden, in der die Zelle ruht, während die Zelle nach der Propriaseite einen Hackenfortsatz zeigt, der eine Cuticularbildung darstellt. Auch intercelluläre Sekretmassen sind vorhanden und als intercelluläre Sekretwege von Bauer[10]) mit Osmiumsäure und der Heidenhainschen Methode dargestellt worden.

---

[1]) Dawson, A. B.: Americ. journ. of roentgenol. a. radium therapy Bd. 13, S. 320. 1925.
[2]) Langendorff, O. u. S. Laserstein: Zitiert auf S. 625.
[3]) Golgi, C.: Zitiert auf S. 625.
[4]) Zimmermann, K. W.: Zitiert auf S. 558.
[5]) Müller, E.: Zitiert auf S. 563.
[6]) Monti, Rina: Estratto del bolletino scientifico 1898, Nr. 2 u. 3.
[7]) Schreiner, K. E.: Zeitschr. f. wiss. Zool. Bd. 68, S. 481. 1900.
[8]) Curschmann, H.: Zeitschr. f. wiss. Zool. Bd. 16, S. 224. 1866.
[9]) Wiedersheim, R.: Arch. f. mikr. Anat. Bd. 8, S. 435. 1872.
[10]) Bauer, M.: Arch. f. mikroskop. Anat. Bd. 57, S. 653. 1901.

Die Drüsenzellen selber färben sich nach Pilliet[1]) mit Pikrocarmin dunkelrot, mit Hämatoxylin dunkelblau, mit Eosin-Methylgrün grün. Während es nach Bauer nicht gelingt, mit der Altmannschen Methode in den Zellen Granula zu erhalten, treten solche bei Fixierung nach Benda mit Formalin und ansteigender Chromsäure, nach Altmann oder in Müllerscher Flüssigkeit und anschließender Färbung mit Methylenblau oder Thionin in Erscheinung, desgleichen bei der Osmiumsäure-Safraninmethode. Die in dieser Weise dargestellten Granula liegen in dem dem Lumen zugewandten Teil der Zelle, verschmelzen teils schon intercellulär, teils erst später zu einem Sekretfaden und sind oft noch da, wo diese Fäden sich zu einem Zapfen vereinigt haben, als isolierte Gebilde sichtbar.

Wir haben noch den *Einfluß der Nervenreizung und Nervendurchschneidung* auf das histologische Bild der Magenschleimhaut zu betrachten. Fichera[2]) fand nach Vagusreizung die Haupt- und Belegzellen vergrößert, die Belegzellen stark granuliert. Di Cristina[3]), der die Verhältnisse am Hunde bei Fixierung nach Altmann und Färbung nach Galeotti untersuchte, verglich Normalbilder gefütterter und hungernder Tiere mit solchen, die er nach kürzerer oder längerer Vagusreizung erhielt.

Beim normalen Hunde enthielten die Hauptzellen 4 Stunden nach der Fütterung wenige runde oder längliche Granula peripher oder perinucleär. Im Kern waren nur spärliche Granula vorhanden. Die Belegzellen waren groß, mit Körnchen erfüllt und enthielten auch Vakuolen. Nach 20 Stunden Hungern waren im Zelleib der Hauptzellen nur spärliche, im Zellkern hingegen viele Granula nachweisbar. Der jetzt etwas kleinere Kern der Belegzellen enthielt sehr viele Körnchen.

Di Cristina glaubte auf Grund dieser Befunde eine Entstehung der Sekretgranula im Zellkern annehmen zu dürfen. Wurde der Vagus 10 Minuten lang 1 Stunde nach der Fütterung gereizt, so erschienen die Hauptzellen vakuolisiert und nicht selten granulafrei, die Kerne enthielten die Granula nur in geringer Menge. Die Belegzellen hingegen waren mit Granulis angefüllt, doch waren jetzt in ihren Kernen keine fuchsinophilen Körnchen mehr vorhanden. Die Granula schienen also auf den Nervenreiz hin aus den Kernen beider Zellarten ausgetreten zu sein.

Bei einem Hunde, der 20 Stunden vorher gehungert hatte, war das Bild nach Vagusreizung dasselbe. Bei einem Hunde, bei dem durch Druck eines um die Kardia gelegten Fadens 30 Tage lang ein Vagusreiz auf den Magen ausgelöst wurde, enthielten bei Untersuchung im Ruhezustand beide Zellarten und ihre Kerne viele Granula, die Hauptzellen auch stäbchenartige Gebilde.

Wenn die Anschauung di Cristinas über die Beteiligung der Kerne an der Bildung der Granula auch nicht als bewiesen gelten kann, so dürften seine Untersuchungen doch immerhin auf histophysiologische Vorgänge hinweisen, deren weitere Erforschung von Bedeutung scheint. Die nach kurzer Vagusreizung erhaltenen Bilder ähneln in manchem denen, die wir nach starker Sekretion durch Pilocarpin erhalten.

E. Müller[4]) fand hier bei der Katze 1 Stunde nach der Injektion beide Zellarten granulafrei, von rein protoplasmatischem Aussehen. Metzner sah beim pilocarpinisierten Kaninchen hingegen in den Belegzellen immer noch Granula, die in unregelmäßigen Haufen und Strängen angeordnet lagen und helle Lücken umfaßten.

---

[1]) Pilliet, A. H.: Cpt. rend. des séances de la soc. de biol. Bd. 38. 1886.

[2]) Fichera, G.: Ricer. laborat. anat. Roma Bd. X, 1. 1903.

[3]) Di Cristina, G.: Virchows Arch. f. pathol. Anat. u. Physiol. Bd. 194, S. 32. 1908.

[4]) Müller, E.: Zitiert auf S. 563.

Sachs[1]), Bonnet[2]), Hamburger[3]), Zimmermann[4]) und Noll und Sokoloff[5]) konnten in den Belegzellen *Leukocyten* nachweisen. Bizzozero[6]) und E. Müller[7]) beobachteten in derselben Zellart bei Hund und Katze einen *geißeltragenden Spirillus*, einen Befund, den ich bestätigen kann. Ich konnte auch feststellen, daß dieser Bewohner der Magenschleimhaut, der sich in den Belegzellen, Belegzellengängen und im Hauptlumen normaler Mägen fand, auch in den Belegzellen eine lebhafte Vermehrung zeigte, ein Befund, der vielleicht darauf hinweisen könnte, daß in dieser Zellart keine freie Salzsäure vorhanden ist. Kahle[8]) hat bei der Landschildkröte *Wanderzellen* beschrieben, die bei Anwendung der Metznerschen Methode blaue Granula enthalten. Unna und Wissig[9]) fanden im Rattenmagen neben *Plasmazellen* im Drüsengebiet und *Mastzellen* in der Muscularis eine färberisch gut charakterisierte dritte Zellart, die sie als *Y-Zellen* bezeichnen und deren Verbreitung auf die nächste Umgebung des sekretorischen Schleimhautareals beschränkt ist.

E. Die Leber.

I. Allgemeiner Bau.

Die Leber stellt eine in verschiedener Weise angeordnete Drüse dar, in deren Masse zwei getrennte Röhren- oder Kanalsysteme verlaufen. Einmal das System der zu- und abführenden Blut- und Lymphgefäße, das die Aufgabe hat, die Leberzellen zu ernähren, die dem Betriebs- und Baustoffwechsel dienenden Produkte den Zellen zuzuführen und aus diesen gewisse Produkte aufzunehmen. Zweitens das System der Gallencapillaren, das das spezifische Baustoffwechselprodukt der Zellen, die Galle, aufnimmt und in die größeren Ausführungsgänge überleitet. Diese beiden Systeme sind stets durch eine Leberzelle getrennt, welche mit ihrer Basis an den Blut- bzw. Lymphstrom, mit ihren Seitenflächen an andere Leberzellen grenzt und mit ihrer ektoplasmatischen Oberflächengrenze die Wandung der Gallencapillaren bildet.

Die physiologischen Aufgaben der basalen und oberflächlichen Zellgrenze sind also verschiedene, indem die Zelle durch erstere die zur Verarbeitung herangeführten Stoffe aufnimmt bzw. Produkte abgibt, durch letztere ihr spezifisches Sekretionsprodukt, die Galle, ausscheidet. Wo das Organ einen netzförmigen tubulösen Bau zeigt, können wir sehen, daß der durch die Oberfläche stets zweier Zellen formierte Gallencapillarraum das Drüsenlumen der anderen Drüsen darstellt, das hier aber nicht blind endet, sondern in andere gleiche Bildungen übergeht, eine Anordnung, der die Umgestaltung der Drüsenendstücke zu verzweigten Drüsenbalken entspricht.

Betrachten wir das Blutgefäßsystem der Leber, so fällt vor allem seine reiche Entwicklung auf und die große Berührungsfläche, mit denen das Drüsenparenchym im Gegensatz zu anderen Drüsen hier mit dem Blutstrom in Beziehung tritt. Wir verstehen diese reichliche Blutversorgung aus der bedeutenden und vielseitigen Rolle der Leber im Stoffwechsel. Beim Maulwurf ist nach Pfuhl[10]) das relative Lebergewicht besonders groß, das ganze Gefäßsystem auffallend weit, das venöse System ohne Muskulatur. Es kann auf diese Weise der Blutstrom sehr ausgiebig und langsam die Drüse passieren und damit dem intensiven Stoffwechsel dieser Tierart sich besser anpassen.

Auch das System der Lymphbahnen zeigt in der Leber eine reiche Entwicklung. Neben oberflächlichen und interlobulären Lymphgefäßen besitzt die Leber nach Mac Gillavry[11]) noch ein Lymphsystem für die einzelnen Leberläppchen. Diese Räume, welche die Blutgefäße umgeben und die Basis der Zellen begrenzen, haben eine besondere Wandung [Mac Gillavry[11]), Disse[12])] und lassen sich von den Lymphgefäßen aus injizieren [Disse[12])]. Sie sind bei Fischen, Amphibien und Reptilien ausgedehnter und treten hier als Wanderungswege lymphoider Wanderzellen in Erscheinung.

---

[1]) Sachs, A.: Inaug.-Dissert. Breslau 1886.
[2]) Bonnet, R.: Zitiert auf S. 558.   [3]) Hamburger, K.: Zitiert auf S. 608.
[4]) Zimmermann, K. W.: Zitiert auf S. 558.
[5]) Noll, A. u. A. Sokoloff: Zitiert auf S. 613.
[6]) Bizzozero, G.: Zitiert auf S. 615.   [7]) Müller, E.: Zitiert auf S. 563.
[8]) Kahle, H.: Zitiert auf S. 551.
[9]) Unna, P. G. u. E. T. Wissig: Zitiert auf S. 609.
[10]) Pfuhl, W.: Zeitschr. f. d. ges. Anat., Abt. 1: Zeitschr. f. Anat. u. Entwicklungsgesch. Bd. 72, S. 545. 1924.
[11]) Mac Gillavry: Sitzungsber. d. Akad. d. Wiss., Wien. Mathem.-naturw. K. 2, Bd. 50, S. 207. 1864.
[12]) Disse, J.: Arch. f. mikroskop. Anat. Bd. 36, S. 203. 1890.

Unter den Elementen, welche die Blutgefäßwände formieren, haben die Sternzellen eine besondere histophysiologische Bedeutung. Sie stellen bei den Säugetieren nach v. Kupffer[1]) einen Bestandteil des Endothels der Pfortadercapillaren dar und bilden mit ihren protoplasmatischen Ausläufern ein Syncytium mit kernhaltigen Knotenpunkten, das in besonderem Grade die Eigenschaft der Phagocytose besitzt.

Das ausführende System der Gallencapillaren bildet nach Braus[2]) außer bei Myxinoiden überall Gallencapillarnetze. Von diesen Netzen können blind endende Seitenäste, Seitencapillaren, ausgehen. Die Verbindung dieses Systems mit der Zelle kann aber noch weiter gehen, indem es zu binnenzelligen Gallencapillaren kommt, welche sich in die Drüsenlumina öffnen. Braus unterscheidet die Gallencapillarmaschen als unicelluläre oder monocytische, wenn sie eine Zelle umschließen, als pluricelluläre oder polycytische, wenn sie zwei oder mehrere Zellen umfassen. Die polycytischen Maschen umschließen entweder als vasozonale ein Blutgefäß oder als cytozonale nur Zellen.

Der Übergang der Gallencapillaren in die Ausführungsgänge geschieht in der Weise, daß an die Stelle der Leberzellen mit oder ohne Übergangsstufen Pflasterepithelzellen treten und das Lumen der Kanäle sich dabei allmählich erweitert.

Die Betrachtung der Leber und ihres Baues in der Wirbeltierreihe zeigt uns, daß in der Ausbildung des Parenchyms und seiner beiden Capillarsysteme funktionelle Gesichtspunkte der Beanspruchung des Organs im Stoffwechsel zum Ausdruck kommen. Die Leber der Fische ist nach Braus eine netzförmige tubulöse Drüse, deren Schläuche ein Balkenwerk bilden. Die Gallencapillaren sind fein, liegen streng axial und zeigen manchmal intercelluläre Aussackungen, aber keine größeren Seitencapillaren. Die Leber der Amphibien zeigt keinen rein tubulösen Bau, ihre Zellbalken sind nicht überall gleich dick. Die Gallencapillaren bestehen hier aus Zentral- und Seitencapillaren, welch letztere bei den Urodelen sehr lang und manchmal verzweigt sind. In der Reptilienleber, einer zusammengesetzt tubulösen Drüse, sind die Gallencapillaren meist von ungleicher Weite und besitzen nur spärliche Seitenzweige. Die Leber der Vögel schließt sich in ihrer Zellanordnung mehr der Säugetierleber, in ihrem Gallencapillarsystem hingegen ganz dem Reptilientypus an. Die Leber der Säugetiere ist aus Leberläppchen (Acini, Lobuli, Insulae) zusammengesetzt, an deren Peripherie, in Bindegewebe eingebettet, die Pfortader-, Leberarterienäste und Gallengänge verlaufen. Im Zentrum eines jeden Läppchens liegt eine Lebervene. Innerhalb der Acini sind die Leberzellen und Gefäße verschieden angeordnet. Im fetalen Leben besteht noch ein tubulöser Bau, der in eine Läppchenbildung übergeht, in der Weise, daß bei der Geburt jedes Läppchen mehreren Acini des ausgewachsenen Organes entspricht und eine radiäre Anordnung der Zellbalken und Gefäße annimmt. Beim Ameisenigel besteht der tubulöse Bau der Drüse auch während des Lebens fort. Beim Schnabeltier und einigen anderen Säugetieren sind an Stelle der Schläuche zusammenhängende Leberzellmassen vorhanden. Die Leber der Säugetiere zeigt eine viel reichlichere Entwicklung der Blutgefäße und Gallencapillaren. Die Gallencapillaren sind überall zu monocytischen Netzen vereinigt [Braus[2])].

Die Leberzellen zeigen vielfach *zwei und mehr Kerne*. Leonard[3]) beobachtete zweikernige Leberzellen beim Grasfrosch, bei den Säugetieren ist eine Zwei- und Mehrkernigkeit von Remak[4]), Kölliker, R. Heidenhain, Ranvier, Braus, Reinke[5]) u. a. beschrieben worden. Münzer[6]), der diese Frage neuerdings eingehend untersucht hat, kommt zu folgenden Feststellungen. Die Zweikernigkeit der Leberzellen kommt in verschiedenen Wirbeltierklassen zur Beobachtung, ist aber vor allem für die Leber der Säugetiere charakteristisch, bei denen der Gehalt an zweikernigen Zellen durchschnittlich 1—20% beträgt. Der Prozentgehalt an zweikernigen Zellen ist für jede Spezies ziemlich konstant, die höchsten Werte hat das Kaninchen mit 20%, der Mensch mit ungefähr 10% steht in der Mitte. Von den niederen Wirbeltieren haben die Amphibien einen größeren Prozentsatz (durchschnittlich 0,3—0,6%). Die Zahl der zweikernigen Zellen ist in allen Leberabschnitten gleich, drei- und mehrkernige Zellen sind bei normalen Tieren nur selten.

---

[1]) v. Kupffer, C.: Zitiert auf S. 617.   [2]) Braus, H.: Zitiert auf S. 558.
[3]) Leonard, Alice: Arch. f. (Anat. u.) Physiol. Suppl. 1884.
[4]) Remak: Arch. f. Anat. Bd. 99. 1854.
[5]) Reinke, Fr.: Verhandl. d. anat. Ges., XII. Versamml. 1899.
[6]) Münzer, F. T.: Arch. f. Entwicklungsmech. Bd. 98, S. 249. 1923 u. Bd. 104, S. 138. 1925.

Die Prozentzahl zweikerniger Zellen in den verschiedenen Leberregionen. (Nach MÜNZER.)

Nr.	Spezies	Rechter Lappen				Mittellappen				Linker Lappen				Differenz der extremen Werte
		Gesamtzahl gezählter Zellen	Davon großkernige Zellen	Davon zweikernige Zellen	Zweikernige Zellen in %	Gesamtzahl gezählter Zellen	Davon großkernige Zellen	Davon zweikernige Zellen	Zweikernige Zellen in %	Gesamtzahl gezählter Zellen	Davon großkernige Zellen	Davon zweikernige Zellen	Zweikernige Zellen in %	
1	Ratte, ♂	1518	19	244	16,074	1774	21	246	16,69	1375	28	219	15,928	0,762%
2	Kaninchen, 5 Tage alt	460	—	5	1,0	461	6	4	0,86	693	—	5	0,72	0,28%
3	Kaninchen, 12 Tage alt	1280	9	14	1,093	1081	7	11	1,02	1138	12	12	1,05	0,073%
4	Kaninchen, 21 Tage alt	1356	18	68	5,015	1248	11	54	4,488	1578	5	72	4,563	0,527%
5	Kaninchen ♀, ungef. 2 Jahre alt	706	11	143	20,27	794	18	163	20,53	768	17	162	21,9	0,82%
6	Meerschweinchen, ♂, 5 bis 6 Monate alt	3989	10	119	2,732	4194	15	140	3,338	4142	13	132	3,187	0,606%
7	Ziege, ♂, 3 Tage alt	3927	39	49	1,248	2771	18	39	1,407	2647	28	36	1,360	0,159%
8	Maulwurf, ♂	2680	39	0	0	2524	40	0	0	2567	26	0	0	0%

Im Gegensatz zu den Angaben von BEALE und BUDGE ist eine Zweikernigkeit im Embryonalleben selten. Auch das neugeborene Tier besitzt nur spärliche zweikernige Zellen. Nach der Geburt bleibt diese Zahl zuerst ziemlich konstant, nimmt dann zu, um mit vollendetem Wachstum ihr Maximum zu erreichen. Was die physiologischen Einflüsse betrifft, so scheint die Zahl der zweikernigen Zellen nach Beobachtungen am Maulwurf im Frühjahr anzusteigen, auch scheint hier eine gewisse Abhängigkeit vom wechselnden Zustand der Geschlechtsorgane zu bestehen. So fanden sich die höchsten Werte der Zweikernigkeit bei graviden bzw. lactierenden Weibchen des Meerschweinchens, Ziesels, Igels und Hundes. Doch wurde diese Erscheinung bei anderen Spezies, z. B. beim Rinde, vermißt. Hier war aber eine deutliche Zunahme nach der Kastration des männlichen Tieres nachweisbar.

Nach weiteren Untersuchungen von MÜNZER tritt beim Kaninchen nach intravenöser Injektion von Tusche und Hammelblutserum eine Vermehrung der zweikernigen Leberzellen auf. Beim Meerschweinchen nehmen die zweikernigen Leberzellen bei Mast zu, bei Hunger ab. Die Vermehrung ist bei Eiweißfütterung am stärksten, bei Fettfütterung weniger und bei Fütterung mit Zucker am wenigsten ausgesprochen. Die Mehrkernigkeit der Leberzellen kann ihre Entstehung einer mitotischen oder amitotischen Kernteilung verdanken.

NAUWERCK[1]) und REINKE[2]) sprachen sich für eine Amitose aus, MÜNZER[3]) gelangt zu derselben Auffassung.

Nach den Untersuchungen ILLINGs[4]) an Haussäugetieren ist die zweikernige Leberzelle nicht größer als die einkernige, manchmal kleiner. Zwischen der Größe der Läppchen und der einzelnen

---

[1]) NAUWERCK: Dtsch. med. Wochenschr. 1893, Nr. 35.
[2]) REINKE, FR.: Zitiert auf S. 629.
[3]) MÜNZER, F. T.: Zitiert auf S. 629.
[4]) ILLING, G.: Anat. Anz. Bd. 26, S. 177. 1905.

Der Einfluß des Geschlechtes und besonders der Gravidität auf die Zweikernigkeit der Leberzellen beim Meerschweinchen. (Nach MÜNZER.)

Nr.	Geschlecht, Alter	Gesamt-zahl gezählter Zellen	Davon groß-kernige Zellen	Davon zwei-kernige Zellen	Zwei-kernige Zellen in %	Groß-kernige Zellen in %
1	♂, Alter ? 15. V. 1921	5241	23	188	3,587	0,439
2	♂, mindestens 2 Jahre alt, 780 g schwer, 28. VII. 1921	3753	17	230	6,128	0,453
3	♂, über 2 Jahre alt, 620 g schwer, 4. VIII. 1921	5047	19	233	4,616	0,376
4	♂, über 2 Jahre alt, 680 g schwer, 16. IX. 1921	5461	35	318	5,823	0,659
5	♀, jung, gravid (Beginn), 15. V. 1921	4028	12	209	5,188	0,298
6	♀, jung, gravid, 15. V. 1921	4003	21	286	7,144	0,524
7	♀, etwa 6 Monate alt, gravid, 7. VII. 1921	4565	40	316	6,922	0,876
8	♀, lactierend, 7. VII. 1921	4378	61	415	9,479	1,392
9	♀, über 2 Jahre alt, drei- bis viermal geworfen, etwa 5 Tage post partum, 570 g schwer	5224	21	485	9,284	0,402
10	♀, über 2 Jahre alt, 4 Wochen post partum, 550 g schwer, 18. VIII. 1921	4217	17	405	9,604	0,403

Die Zweikernigkeit der Leberzellen von Talpa europaea während verschiedener Jahreszeiten. (Nach MÜNZER.)

Nr.	Jahreszeit, Geschlecht	Gesamt-zahl gezählter Zellen	Davon groß-kernige Zellen	Davon zwei-kernige Zellen	Zwei-kernige Zellen in %	Groß-kernige Zellen in %
1	7. II. 1913, Geschlecht ?	4730	6	4 (+ 1 frag-liche Zelle)	0,0845	0,13
2	5. III. 1913, Geschlecht ?	4132	0	10	0,242	0
3	Juli, ♂	3670	52	0	0	1,41
4	Juli 1921, Geschlecht ? (junges Tier)	5105	3	1	0,0195	0,058
5	8. VIII. 1919	2567	35	21	0,818	1,363
6	28. X. 1914, ♂	4345	2	0	0	0,046
7	15. XII. 1920, ♂ (junges Tier)	4057	16	7	0,173	0,394
8	30. XII. 1912 (Geschlecht ?)	3723	16	4	0,107	0,43

Der Einfluß der Kastration auf die Zweikernigkeit der Leberzellen beim Rind. (Nach MÜNZER.)

Nr.	Geschlecht, Alter	Gesamt-zahl gezählter Zellen	Davon groß-kernige Zellen	Davon zwei-kernige Zellen	Zwei-kernige Zellen in %	Groß-kernige Zellen in %
1	♂ (Stier), 4 Jahre alt, 13. VI. 1921	7308	306	180	2,463	4,187
2	♂ (Stier), 3—4 Jahre alt, April 1921	3030	76	78	2,57	2,50
3	♀ (Kalbin), 1 Jahr alt, 14. IX. 1921	4767	211	48	1,007	4,426
4	♀ (Kalbin), 2 Jahre alt, Juli 1921	4934	164	93	1,885	3,323
5	♀ (Kuh), 8—9 Jahre alt, fünf- bis sechsmal ge-kalbt, zuletzt vor 5½ Monaten, 21. VII. 1921	6266	334	165	2,633	5,33
6	♀ (Kuh), 18 Jahre alt, 24. IV. 1921	5113	316	116	2,268	6,18
7	♀ (Kuh), 20 Jahre alt, 13mal gekalbt, zuletzt vor 1 Jahr, Juli 1921	4539	164	113	2,489	3,679
8	♀ (Kuh), 6 Jahre alt, gravid (etwa 5. Monat)	4671	114	84	1,798	2,44
9	♂ (Ochs), 15 Monate alt, 25. IX. 1921	4795	198	141	2,940	4,337
10	♂ (Ochs), 30 Monate alt, 24. IX. 1921	4435	200	169	3,810	4,509
11	♂ (Ochs), 4 Jahre alt, 13. VI. 1921	6895	243	303	4,394	3,524
12	♂ (Ochs), 4 Jahre alt	4491	164	192	4,276	3,651

Zellen, die sie bilden, besteht eine ungefähre Parallele, was sowohl für das wachsende wie erwachsene Tier Geltung hat.

Die Betrachtung der Leberzelle geht am besten vom *lebenden, überlebenden und frisch in indifferenten Flüssigkeiten untersuchten Objekt* aus. Langley[1]) hat die Leberzelle im Leben an Eidechsen und Blindschleichen untersucht, über das Aussehen der überlebenden und frischen Zelle liegen zahlreiche Beobachtungen vor. Wir können die Leberzelle als eine cytoplasmatische Masse ansehen, in welche die paraplasmatischen Substanzen des Betriebs- und Baustoffwechsels eingeschlossen sind. Das Cytoplasma bildet auch hier ein Netzwerk (v. Kupffer, Klein, R. Heidenhain, Langley, Ranvier u. a.). Launoy[2]) und Fiessinger[3]), welche Leberzellen bei Zusatz von Blutserum untersuchten, konnten das Netzwerk, das in seinen Maschen verschiedenartige Substanzen umschließt, in gleicher Weise beobachten, so daß es sich nicht um ein Kunstprodukt handeln dürfte. Dieses Protoplasmanetz, welches als ein in der Zelle ausgespanntes Gerüstwerk gedacht werden kann, steht mit dem Zellkern und der Zellgrenzschicht (der Zellmembran einiger Autoren) in Verbindung. In der Umgebung des Kernes finden wir eine protoplasmatische Zentralmasse, die nach Arnold oft eine homogene helle Zone bildet. In gleicher Weise ist das Protoplasma an der Zellperipherie zu einer besonderen Schicht verdichtet. Braus[4]) hat bei Myxine, Anuren, Reptilien und beim Ameisenigel Protoplasmaverdichtungen wechselnder Form und Lage beobachtet und als Nebenkörper bezeichnet.

Die Frage, ob die Leberzellen eine Membran im morphologischen Sinne besitzen, kann noch als umstritten gelten. Nach Leydig[5]) vergeht diese Membran auf Wasserzusatz, was nicht für eine morphologische Struktur spricht. Arnold hingegen konnte sie an mit Jodjodkalilösung behandelten Leberzellen isolieren und fand sie homogen strukturlos, doch läßt sich gegen seine Methodik vieles einwenden.

Die paraplasmatischen Substanzen, welche die Leberzelle mit ihren cytoplasmatischen Anteilen umschließt, sind sehr verschiedener Natur. Nach Langley[6]) können wir als formaloptischen Ausdruck solcher Substanzen Körnchen, Fetttröpfchen und hyaline Substanz unterscheiden. Wenn wir neben den gut charakterisierten Fetttropfen und den granulären Vorstufen der Gallenbereitung die aus Eiweiß bestehenden tropfigen Gebilde Bergs[7]) und das vielleicht diffus verteilte Glykogen in Betracht ziehen, so dürfte sich für die Lagerung all dieser Stoffe zueinander in der frischen Leberzelle kaum etwas Sicheres ermitteln lassen. Arnold hat die Leberzellen vieler Tiere in indifferenten Flüssigkeiten untersucht und fand in ihnen, in eine homogene Substanz eingebettet, Körner und Granula wechselnder Zahl, Größe und verschiedenen Lichtbrechungsvermögens, daneben fädige Gebilde wechselnden Kalibers und verschiedener Länge. Viele der Granula lagen in Fäden eingebettet oder bildeten durch Aneinanderreihung Fadenkörner.

Der Versuch, die einzelnen Elemente durch Behandlung der Zelle mit Jodjodkaliumlösung zu isolieren, führte zu Körnern, Stäbchen, Fäden, Fadenkörnern, Bläschen und vakuolenartigen Gebilden. Arnold glaubte, daß diese Elemente dem tatsächlichen Bau der lebenden bzw. überlebenden Zelle zugrunde lägen. Gegen diese Auffassung dürften aber mit Recht schwere Bedenken zu erheben sein, da die Behandlung mit Jodjodkaliumlösung keineswegs einen für die Zellvitalität indifferenten Prozeß darstellt und gerade die Leber, wie wir dies für das Glykogen und die Plastosomen wissen, äußerst empfindliche und leicht veränderliche Substanzen enthält. Da wir annehmen dürfen, daß in den von Arnold dem Isolierungsprozeß unterworfenen Zellen cytoplasmatische und paraplasmatische Zellinhalte vorhanden waren, so mußten sich diese Zellbestandteile in verschiedener Anordnung auch in den Isolierungsprodukten wiederfinden lassen.

Gestützt auf seine Beobachtungen glaubte Arnold, von protoplasmatischen elementaren Bausteinen, Plasmosomen und Plasmomiten der Zelle sprechen zu dürfen und schrieb diesen die Rolle einer Trägersubstanz zu. Wenn wir aber den wohlberechtigten Standpunkt vertreten, daß die Leberzelle ein System aus Zellkolloiden ist, das bei der Jodkalidissoziierung mannigfache physikalisch-chemische Veränderungen erfährt, die von dem im Leben vor-

---

[1]) Langley, J. W.: Zitiert auf. S. 553.

[2]) Launoy: Cpt. rend. des séances de la soc. de biol. Bd. 54. 1904; Bd. 65. 1908; Bd. 68. 1910 u. Cpt. rend. hebdom. des séances de l'acad. des sciences Bd. 150. 1910.

[3]) Fiessinger: Journ. de physiol. et pathol. gén. Bd. 10. 1908 u. Rev. gén. d'histol. Bd. 4. 1911.

[4]) Braus, H.: Zitiert auf S. 558.

[5]) Leydig, F.: Zelle und Gewebe. Bonn 1885.

[6]) Langley, J. W.: Zitiert auf S. 553.

[7]) Berg, W.: Anat. Anz. Bd. 42, S. 251. 1912; Münch. med. Wochenschr. 1913, Nr. 2 u. 1914, Nr. 19, S. 1043; Biochem. Zeitschr. Bd. 61, S. 428. 1914 u. Bd. 61, S. 434. 1914.

handenen Zustand gerade entfernen, anstatt sich ihm zu nähern und z. B. aus metamikroskopischen Bestandteilen der intakten Zelle mikroskopisch umschreibbare Gebilde schaffen, so dürfte die Auffassung ARNOLDS eine auf nicht einwandfreier Methodik beruhende Hypothese bleiben.

II. Histophysiologie der Leber.

Es sind zahlreiche Untersuchungen gemacht worden, die histophysiologischen Vorgänge in der Leber durch *Vital- und Supravitalfärbung* zu ergründen. MICHAELIS[1]) versuchte als erster, durch intravenöse und subcutane Injektion von Farbstoffen die Granula der Leberzellen darzustellen. Bei Injektion einer Methylenblaulösung in die Mesenterialvene eines Meerschweinchens oder unter die Haut einer Maus färbte sich die Leber intensiv blau. Waren die Leberzellen noch lebensfähig, so zeigten sie bei mikroskopischer Betrachtung einen ungefärbten Kern und blaugefärbte, um den Kern angeordnete präformierte Zentralkörner. Waren die Zellen im Versuch abgestorben, so trat zuerst eine Färbung des Kernes auf, während die Färbung der Körnchen nicht mehr elektiv hervortrat. Die supravitale Färbung gelang nicht so leicht wie die vitale, beim Frosch war die Färbung der Körnchen schwieriger zu erreichen, am leichtesten durch subcutane Injektion von Janusgrün. Die Form der so erhaltenen Granula war in den meisten Fällen regelmäßig rund, mitunter hatten die gefärbten Gebilde die Gestalt kurzer Stäbchen. Eine Abhängigkeit vom Funktionszustand des Organs bestand nicht, Mäuse, die bis zur Erschöpfung gehungert hatten, zeigten die runden Granula ebenso wie gut gefütterte Tiere.

Andere Bilder erhielt MICHAELIS bei subcutaner Injektion oder supravitaler Färbung mit Neutralrot. Hier traten in den Leberzellen peripher gelegene rot gefärbte Randkörner auf, über deren Präexistenz sich kein bestimmtes Urteil gewinnen ließ.

Im Anschluß an diese Beobachtungen von MICHAELIS haben ARNOLD, GOLDMANN[2]), LAUNOY[3]) u. a. mit basischen Farbstoffen mannigfache Granula in den Leberzellen zur Darstellung gebracht. Ihre Darstellung gelingt auch mit sauren Farben. SCHULEMANN[4]) konnte sie mit Trypanblau, RIBBERT[5]), SCHLECHT[6]) und PARI[7]) mit Lithiumcarmin darstellen.

Was das Kapitel der Vital- und Supravitalfärbung der Leber betrifft, so sind hier die Fragen, welche sich mit der Betrachtung des *Übertritts des Farbstoffs in die Zelle*, der dabei eingeschlagenen Wege und der Ausscheidung des Farbstoffs beschäftigen, von besonderem histophysiologischen Interesse. Es sind verschiedene Gründe zu der Annahme vorhanden, daß in der Säugetierleber der injizierte Farbstoff seinen Weg über die Sternzellen nimmt, die ihn zunächst speichern und erst sekundär an die Leberzellen abgeben. Seit der Feststellung PONFICKS[8]), daß in die Blutbahn injizierte Substanzen von den Sternzellen aufgenommen werden, ist ihre speichernde Eigenschaft in Versuchen mit Zinnober, Indigo, Tusche, Carmin, Pyrrolblau, Isaminblau, Trypanblau, Argentum col-

---

[1]) MICHAELIS, L.: Zitiert auf S. 556.
[2]) GOLDMANN, E.: Die äußere und innere Sekretion des Organismus im Lichte der vitalen Färbung. Tübingen 1909; und: Neue Untersuchungen über die innere und äußere Sekretion im gesunden und kranken Organismus im Lichte der vitalen Färbung. Tübingen 1912.
[3]) LAUNOY: Zitiert auf S. 632.
[4]) SCHULEMANN, W.: Arch. f. mikroskop. Anat. Bd. 79. 1912 u. Biochem. Zeitschr. Bd. 80, S. 1. 1917.
[5]) RIBBERT, H.: Zeitschr. f. allg. Physiol. Bd. 4, S. 201. 1904.
[6]) SCHLECHT, H.: Beitr. z. pathol. Anat. u. z. allg. Pathol. Bd. 40, S. 312. 1907.
[7]) PARI, G. A.: Frankfurt. Zeitschr. f. Pathol. Bd. 4. 1910.
[8]) PONFICK, E.: Virchows Arch. f. pathol. Anat. u. Physiol. Bd. 48, S. 1. 1869.

loidale bestätigt worden [Hoffmann und Langerhans[1]), Siebel[2]), Asch[3]),
v. Kupffer[4]), Schilling[5]), Goldmann[6]), Schulemann[7]) u. a.]. Petroff[8])
fand, daß partielle Leberresektion und Gallengangsunterbindung zu einer Verminderung der Aufnahme zugeführten kolloidalen Silbers von seiten der Sternzellen führt. Kraft[9]) konnte zeigen, daß mit Aufsteigen in der Wirbeltierreihe
die Eigenschaft der vitalen Speicherung von Farbstoffen vom Endothelsystem
immer mehr an die Leberzellen abgegeben wird. Während das Endothelsystem
der Fische Trypanblau nicht speichert, ist dies bereits beim Endothelsystem
der Amphibien der Fall. Schon bei den Reptilien gewinnen die Leberzellen selber
die Fähigkeit, diesen Farbstoff vital aufzunehmen. Pfuhl[10]), der bei Kaninchen
und Katzen in die Pfortader in Kochsalzlösung aufgeschwemmte Tusche und
unmittelbar danach Fixierungsflüssigkeit einspritzte, konnte an den Sternzellen
eine Fähigkeit der Formveränderung nachweisen. Sind die Zellen leer oder
haben sie nur wenig Tusche aufgenommen, dann befinden sie sich in Fangstel-
lung, die nach reichlicher Phagocytose in die Verdauungsstellung übergeht,
wobei die vorher ausgestreckten Zellausläufer ganz oder teilweise eingezogen
werden und die Zelle für weitere Phagocytose blockiert ist. Bei nicht ganz
lebensfrischer Fixierung erscheinen die Zellen zusammengesunken ohne Ausläufer in Kadaverstellung. Seemann[11]) fand bei Froschlebern, die er mit Ringerlösung unter Zusatz von Farbstoff überlebend durchspülte, Sternzellen und
Leberzellen diffus gefärbt, wenn er Trypanblau anwandte, während die Sternzellen Lithioncarmin phagocytieren. Schilling konnte feststellen, daß die
Sternzellen Tuschekörnchen auch supravital phagocytieren. Hofmann[12]) fand
im Lebergewebe eines Meerschweinchenembryos, das er nach Carrel in mit
Trypanblau versetztem Plasma des Muttertieres züchtete, schon nach 2 Tagen
in den Sternzellen eine Farbstoffspeicherung, ganz wie wir sie im ausgewachsenen
Organ bei intakter Blutzirkulation beobachten. Von Möllendorff spricht die
Ansicht aus, daß für die Speicherung in den Sternzellen der Dispersitätsgrad
der angebotenen Substanz maßgebend ist und die Adsorption um so größer wird,
je weniger ausscheidbar die Substanz ist. Was die Ausscheidung der im Organ
gespeicherten Farbstoffe betrifft, so wissen wir, daß sie nach kürzerer oder
längerer Zeit in der Galle erscheinen.

Von Möllendorff untersuchte die *Ausscheidung* verschiedener *saurer Farben
in der Kaninchenleber* und fand, daß die Farbe um so früher in der Galle erscheint,
je diffusibler sie ist. Weit schwieriger wird die Frage, wenn wir die Ausscheidungs-
wege in der Leber betrachten. Goldmann konnte Trypanblau in der Galle nachweisen, glaubte aber, da die Leberzellen keinen Farbstoff enthielten, daß die
Ausscheidung unmittelbar aus der Blutbahn in die Gallenwege erfolge. Kiyono[13]),
der die Ausscheidung des indigschwefelsauren Natrons bei Hühnern, Kaninchen,
Meerschweinchen und Hunden untersuchte, fand beim Hunde eine Anfüllung
der Gallencapillaren, die 1—2 Stunden nach der Injektion maximal war. Er

[1]) Hoffmann, F. A. u. P. Langerhans: Virchows Arch. f. pathol. Anat. u. Physiol.
Bd. 48, S. 304. 1869.
[2]) Siebel, W.: Virchows Arch. f. pathol. Anat. u. Physiol. Bd. 104, S. 514. 1886.
[3]) Asch, E.: Inaug.-Dissert. Bonn 1884.   [4]) v. Kupffer, C.: Zitiert auf S. 617.
[5]) Schilling, V.: Virchows Arch. f. pathol. Anat. u. Physiol. Bd. 196, S. 1. 1909.
[6]) Goldmann, E.: Zitiert a. S. 633.   [7]) Schulemann, W.: Zitiert auf S. 633.
[8]) Petroff, J. R.: Zeitschr. f. d. ges. exp. Med. Bd. 35, S. 219. 1923.
[9]) Kraft, J.: Zeitschr. f. Zellen- u. Gewebelehre Bd. 1, S. 517. 1924.
[10]) Pfuhl, W.: Tagung d. dtsch. physiol. Ges., Rostock 1925.
[11]) Seemann, G.: Beitr. z. pathol. Anat. u. z. allg. Pathol. Bd. 74, S. 332. 1925.
[12]) Hofmann: Folia haematol. Bd. 18, S. 136. 1914.
[13]) Kiyono, K.: Die vitale Carminspeicherung. Jena 1914.

schloß aus der Entfärbung der Gallencapillaren auf eine bereits erfolgte Farbstoffausscheidung, aus der ungleichen Färbung der Gallenwege auf eine spezifische
Tätigkeit der Leberzellen bei der Farbstoffexkretion.

In demselben Sinne sprechen auch Untersuchungen PLATTNERS[1]). Er untersuchte die Ausscheidung saurer Farbstoffe in der überlebend durchströmten Froschleber und konnte zeigen, daß bei geschlossenen äußeren Gallenwegen, d. h. bei erhöhtem Druck in mit eiweißfreier Indigocarmin-Ringerlösung durchströmter Leber
keine Färbung der Gallencapillaren eintritt, hingegen zu erzielen ist, wenn man
der Durchströmungsflüssigkeit Pepton oder Serum zusetzt. Wurde durch Anlegen
einer Gallenblasenfistel ein normaler Druck geschaffen, so trat auch ohne Eiweiß-
zusatz eine Färbung der Gallencapillaren auf. Die gegenüber der Durchströmungsflüssigkeit stärkere Konzentrierung des Farbstoffes in der Blasengalle wies auf
eine aktive Tätigkeit der Leberzellen hin, ebenso die Unterdrückungsfähigkeit
dieser Konzentrierung durch Narkotisierung der Zellen.

Als mit den hier beschriebenen Vorgängen verwandt dürfen die Erscheinungen betrachtet
werden, die wir in der Leber nach *Inhalation von Eisenstaub* beobachten. ARNOLD fand in
solchen Versuchen über exogene Siderosis hauptsächlich die Sternzellen mit Eisenpartikelchen
beladen, zuweilen auch das Bindegewebe. Bei Versuchen längerer Dauer und intensiverer
Staubinhalation fanden sich die Partikelchen auch in den Leberzellen, vorwiegend in der
perinucleären Zone der periportalen Zellen. ARNOLD spricht auch hier von einer Bindung
des Eisens an protoplasmatische Granula und Fäden im Sinne eines synthetischen Prozesses;
doch ist es wahrscheinlicher, daß es sich lediglich um den Ausdruck einer Ablagerung toter
zellfremder Stoffe handelt.

Die Veränderungen, welche wir an der frischen Leberzelle auf *Zusatz verschiedener Reagenzien* beobachten, weisen teils auf chemische, teils auf physikalisch-chemische Vorgänge hin.

AFANASSIEW[2]) erhielt an den Leberzellen des Hundes die MILLONsche Reaktion, die
bei Eiweißfütterung stärker positiv ausfiel als bei Fütterung mit Kohlenhydraten. BERG[3])
stellte fest, daß diese Reaktion an die aus Eiweiß bestehenden Einschlüsse der Zellen geknüpft
ist. LÖWIT[4]) erhielt an den Leberzellen eben gefangener Frösche, BAUM[5]) an den Leberzellen vom Pferde eine positive Gallenfarbstoffreaktion, FORSGREN[6]) hat mit besonderer
Methode in den Leberzellen und Gallencapillaren Gallenbestandteile nachgewiesen. Die
Leberzellen färben sich auf Salpetersäure grünlichgelb, auf Zucker und Schwefelsäure rot.
Wasser erzeugt einen Niederschlag von dunklen Körnchen, nach SCHMAUS und ALBRECHT[7])
eine tropfige Entmischung. Die auf Wasserzusatz niedergeschlagenen Körnchen lösen sich
in Essigsäure vollkommen. Auf Zusatz von Äther, Alkohol, Schwefelsäure oder Salpetersäure
werden die Zellen klein und körnig, verdünnte Laugen lösen sie nach vorausgehender
Quellung auf.

Die Betrachtung des Einflusses verschiedener Ragenzien leitet zur elektiven
Fixierung und Färbung der Leberzelle über, zur Darstellung der einzelnen Zellinhalte, ihrer Natur und ihren histophysiologischen Veränderungen. Wir können
nach Wesen und Bedeutung histophysiologisch zwei Gruppen von Zellinhalten
unterscheiden, Betriebsstoffe und Baustoffe. Zu den Betriebsstoffen gehören
Fett, Glykogen und Granoplasma, zu den histologisch erfaßbaren Baustoffen
die Plastosomen als mögliche Träger der Gallenbereitung, die Lipoide, der Harnstoff, das Eisen und die Pigmente.

1. Betriebsstoffe.

Beginnen wir mit der Betrachtung des **Fettes**, so wissen wir, daß es aus dem
Fett der Nahrung, wohl auf dem Wege einer Spaltung und Wiedersynthese,

[1]) PLATTNER, F.: Pflügers Arch. f. d. ges. Physiol. Bd. 206, S. 91. 1924.
[2]) AFANASSIEW, M.: Zitiert auf S. 552.   [3]) BERG, W.: Zitiert auf S. 552.
[4]) LÖWIT, M.: Beitr. z. pathol. Anat. u. z. allg. Pathol. Bd. 4, S. 223. 1889.
[5]) BAUM, H.: Dtsch. Zeitschr. f. Tiermed. u. vergl. Pathol. Bd. 12, S. 267. 1886.
[6]) FORSGREN: Anat. Anz. Bd. 51, S. 309. 1918/19.
[7]) SCHMAUS, H. u. E. ALBRECHT: Zitiert auf S. 555.

in der Leber entsteht. Die Untersuchung der Leber bei hungernden Kalt- und Warmblütern zeigt uns, daß auch in diesem Zustand das Organ des Depotfettes nicht völlig entbehrt. Wir dürfen noch weiterhin annehmen, daß diese Substanz aus anderen Organen des Körpers mobilisiert und in der Leber wieder abgelagert werden kann. So fanden Langley[1]), Altmann und Starke[2]) das Maximum des Fettgehalts der Leber bei überwinternden hungernden Fröschen am Ende der Winterruhe, und Berg[3]) konnte diese Beobachtung auch für den Salamander bestätigen. Nach Deflandre[4]), Stieve[5]) und Berg[3]) scheint dieser Fettgehalt mit der Ausbildung der Geschlechtsprodukte und dem Brünstigwerden in Beziehung zu stehen.

Neuere Untersuchungen von Berg[6]) am Salamander zeigten, daß bei dieser Tierart etwa Mitte März Fett abgelagert wird, das aus der Stammuskulatur, nicht aber aus Hoden und Fettkörper stammt. Gilbert und Jomier[7]) und Rathery und Terroine[8]) konnten bei Hunden und Katzen beobachten, daß die Fettmenge in der Leber im Hunger anstieg. Pfeiffer[9]), Schulz[10]), Schöndorff[11]) und Junkersdorf[12]) fanden, daß die Leber im Hunger Fett stärker zurückhält als Glykogen. Nach Junkersdorf[12]) ist ein gewisser Antagonismus zwischen dem Wassergehalt und Fettgehalt der Leber vorhanden. Wollen wir die Fettablagerung in der Leber histophysiologisch verfolgen, so werden wir Tiere mit Fett, z. B. Speck oder Sahne, oder einer fetthaltigen gemischten Kost füttern oder nach dem Verfahren Arnolds Öl, Ölsäure, Sahne, Seifen oder Seifenlösungen subcutan injizieren. Wir können auch einen anderen Weg einschlagen, indem wir die Tiere mit Kohlenhydraten mästen, wobei dann aus den überschüssigen Kohlenhydraten in der Leber Fett gebildet wird. Hingegen läßt sich die Frage der Bildung des Fettes aus Eiweiß histophysiologisch bis heute nicht entscheiden.

Kölliker[13]) konnte bei Säugetieren in der Periode des Saugens viel Fett in der Leber nachweisen, das wohl der fettreichen Muttermilch entstammte. Sinéty[14]) fand, vielleicht als Ausdruck einer Rückresorption der Milch, viel Fett in der Leber stillender Frauen.

Wir haben bereits bei Betrachtung der Methodik die Frage der histologischen Darstellung des Fettes berührt und auf die Untersuchungen Starkes hingewiesen. Bei Anwendung der Osmiumsäure erscheint in der Leber das Fett in Gestalt von schwarzen oder grauen Voll- oder Ringkörnern, die sicher zum Teil formaloptische Produkte der Fixierung sind.

Starke[15]) gelangte auf Grund sorgfältiger Untersuchungen an der Leber von Grasfrosch, Salamander, Kaninchen und Hund zu der Anschauung, daß die Fetttropfen der Leberzellen zwei Arten von Substanzen enthalten, eine Palmitin-Stearinsubstanz und eine Oleinsubstanz bzw. Ölsäure. Während die erstere Substanz Osmiumsäure bindet, ohne sie primär zu reduzieren, und nach der Osmierung in absolutem Alkohol unlöslich ist, reduziert

---

[1]) Langley, J. N.: Zitiert auf S. 553.   [2]) Starke, J.: Zitiert auf S. 550.

[3]) Berg, W.: Arch. f. mikroskop. Anat. Bd. 96, S. 54. 1923.

[4]) Deflandre: Thèse de Paris 1903.

[5]) Stieve, H.: Verhandl. d. anat. Ges. Jena 1920.

[6]) Berg, W.: Zeitschr. f. mikroskop.-anat. Forsch. Bd. 96, S. 54. 1922.

[7]) Gilbert u. Jomier: Cpt. rend. des séances de la soc. de biol. Bd. 68. 1904.

[8]) Rathery u. Terroine: Cpt. rend. des séances de la soc. de biol. Bd. 75. 1913.

[9]) Pfeiffer, L.: Zeitschr. f. Biol. Bd. 23. 1887.

[10]) Schulz, Fr N.: Pflügers Arch. f. d. ges. Physiol. Bd. 66, S. 145. 1897.

[11]) Schöndorff, B.: Pflügers Arch. f. d. ges. Physiol. Bd. 99, S. 191. 1903.

[12]) Junkersdorf, P.: Pflügers Arch. f. d. ges. Physiol. Bd. 186, S. 238, 254. 1921; Bd. 187. S. 269. 1921; Bd. 192, S. 305. 1921.

[13]) Kölliker, A.: Zitiert auf S. 593.

[14]) Sinéty: Cpt. rend. des hebdom. séances de l'acad. des sciences Bd. 75, S. 1773. 1872.

[15]) Starke, J.: Zitiert auf S. 550.

die zweite Substanz Osmiumsäure primär und ist in absolutem Alkohol löslich, in wasserhaltigem Alkohol unlöslich. Durch Alkohol tritt bei den Substanzen, welche keine primäre Schwärzung zeigen, eine sekundäre Alkohol-Osmiumreduktion ein. A. FISCHER hat gegen diese Erklärung geltend gemacht, daß die sekundäre Schwärzung auf Alkohol eine Lichtwirkung sei, die man auch an mit Osmiumsäure gefällten Eiweißkörpern sowohl in Wasser wie in Alkohol beobachten könne, woraus hervorgeht, daß nicht alles, was bei Alkoholbehandlung sekundär geschwärzt erscheint, aus Fett zu bestehen braucht. Es ist hier mit M. HEIDENHAIN ferner der Gesichtspunkt heranzuziehen, daß durch Behandlung der als Fetttropfen anzusprechenden Gebilde mit Osmiumsäure neue Körper entstehen können, die dann ganz andere Eigenschaften haben als die darzustellende Substanz. Schließlich ist mit STARKE daran zu denken, daß beim Einbetten durch Wiederoxydation oder Extraktion ein Erblassen vorher geschwärzter Vollkörner eintreten könnte.

Es ist aus der histologischen Betrachtung der Fettablagerung in der Leber mehrfach gefolgert worden, daß das Fett hier an eine andere Substanz gebunden sein könne.

So sprach BENEKE[1]) von die Fettmassen umgebenden Eiweißmembranen, SCHMAUS[2]) beschrieb ähnliche Gebilde. Er fand in der Leber auch geschichtete myelintropfenartige Einschlüsse, die er auf Verseifung des Fettes in der lebenden Zelle zurückführte.

Eine besondere Bedeutung in dieser Frage gewinnt die granuläre Fettsynthese, die Anschauung, daß bei der Synthese des Fettes die Granula beteiligt sind. ALTMANN fand in der nichtmaximalen Fettleber des Grasfrosches osmiumgeschwärzte Granula, deren Zentrum sich zum Teil mit Säurefuchsin rot färbte. Er stellte sich vor, daß die Fettanlagerung durch farblose Granula erfolge, zunächst als Ausdruck von Ringkörnern in der Peripherie des Granulums, aus denen dann durch Füllung des Zentrums mit Fett Vollkörner hervorgehen sollten.

Auch METZNER[3]) konnte in der Fettleber von Gänsen solche geschwärzte Granula mit fuchsinophilem Zentrum zur Darstellung bringen. Andere Untersucher hingegen, wie STARKE[4]), lehnten die von ALTMANN gegebenen Bilder und ihre Deutung ab.

Gegen die ALTMANNsche Anschauung spricht einmal, daß für die Annahme farbloser Granula als Trägersubstanz des Fettes keine hinreichenden Beweise vorhanden sind und ferner, daß aus der gelegentlichen Anfärbung des Zentrums mit Säurefuchsin bei den sehr verwickelten physikalisch-chemischen Prozessen nicht einfach auf eine den fuchsinophilen Granulis gleichzusetzende Substanz geschlossen werden kann. Vor allem ist hier zu bemerken, daß nach den Untersuchungen STARKES die osmiumgeschwärzten Körner der Frosch- und Salamanderleber vor der Osmiumbehandlung, d. h. im frischen Präparat, restlos in Fettlösungsmitteln löslich waren, d. h. also keine Eiweißsubstanzen enthielten, welche allein für die postulierte Trägermasse in Frage kommen könnten.

Die Anschauungen ARNOLDS, welche nur eine besondere Modifikation des ALTMANNschen Gedankens darstellen, wurden bereits oben in ihrer Tragweite erörtert. KÖLLIKER[5]) hat in der Leber sog. Fettvakuolen beschrieben, über deren Entstehung und Bedeutung die Ansichten weit auseinandergehen. Während dieselben von einigen in das Hyaloplasma oder Netzwerk der Zelle verlegt wurden, führt sie ARNOLD auf Umwandlung der Granula zurück, da er im Innern dieser Vakuolen verschieden gefärbte Granula beobachten konnte. HOTTINGER[6]), welcher die geschwärzten Ringkörner als die Anfänge von Vakuolen auffaßt, spricht von lipolytischen Resorptionserscheinungen und lipogenen Membranen.

Wenden wir uns zur näheren histophysiologischen Analyse des Fettes in der Leber, so sind zunächst die *Wege* zu betrachten, *auf denen das Fett in das Organ gelangt.* Bei den niederen Wirbeltieren spielen hier die lymphoiden Wander-

---

[1]) BENEKE, zit. nach OPPEL.   [2]) SCHMAUS, H.: Zitiert auf S. 553.
[3]) METZNER, R.: Arch. f. Anat. (u. Physiol.) 1890, S. 82.
[4]) STARKE, J.: Zitiert auf S. 550.   [5]) KÖLLIKER, A.: Zitiert auf S. 593.
[6]) HOTTINGER: Inaug.-Dissert. Zürich 1904.

zellen, bei den Vögeln und Säugetieren die Sternzellen eine besondere Rolle. Viele Untersuchungen an Frosch, Kröte, Molch und Salamander haben gezeigt, daß zwischen Fettgehalt der Leber und Pigmentreichtum ein umgekehrtes Verhältnis besteht und gerade zu den Zeiten des Jahres, zu denen wohl in Beziehung zur Geschlechtsfunktion die Leber sehr fettreich ist, ein nur geringer Pigmentgehalt besteht. BERG[1]) konnte zeigen, daß die lymphoiden Zellen in der Leber des Feuersalamanders bei geringem Pigmentgehalt viel Fett aufnehmen können, während bei starker Pigmentbeladung wenig oder kein Fett aufgenommen wird. Wir dürfen aus diesen Befunden folgern, daß die Funktion dieser Zellen, die Spaltungsprodukte des Fettes aufzunehmen, zu Fett zu synthetisieren und an die Leberzellen hinzuführen, von dem bereits vorhandenen Gehalt an anderen Stoffen abhängt, der, wenn er groß ist, die Beladung mit Fett hindert und umgekehrt. Was die Sternzellen der Vögel und Säuger betrifft, die wohl den lymphoiden Zellen der niederen Wirbeltiere entsprechen, so haben zahlreiche Untersuchungen [SCHILLING[2]), v. PLATEN[3]), ASCH[4]), ARNOLD u. a.] gezeigt, daß sie die Funktion besitzen, Fett zu speichern. Doch läßt sich hier die Frage, inwieweit es sich um Fettsynthese handelt, und in welchem Ausmaß diese zum Fetttransport und Fettgehalt der Leberzellen steht, bis heute nicht sicher entscheiden. Vom physiologischen Standpunkt ist anzunehmen, daß das in den Wander- bzw. Sternzellen gestapelte Fett durch Wiederspaltung und Wiedersynthese zum Teil in die Leberzellen tritt. E. H. WEBER[5]) hat an Hühnerembryonen gefunden, daß am 19. bzw. 20. Bebrütungstage, zu einer Zeit, wo eine rasche Resorption des Dottersackes durch die Dottergefäße stattfindet, die Leber sich mit Fett belädt. METZNER[6]), der diese Angaben nachprüfte, konnte schon am 11. oder 12. Bebrütungstage mit Osmiumsäure zarte, nur in grauem Tone gefärbte Körnchen in der Leber nachweisen, welche am 14. Bebrütungstage in grauschwarze Ringelchen übergingen und in späteren Stadien unter Anwachsen und Grauwerden des Zentrums in geschwärzte Vollkörner übergingen. Auch bei jungen gestopften Gänsen, bei jungen Hunden, Katzen und Kaninchen konnte er die charakteristischen Ringelbilder als ersten Ausdruck der Fettablagerung beobachten, die, wie er mit ALTMANN glaubt, den Ausdruck der Fettanlagerung an eine Granulumsubstanz darstellen.

Gehen wir zu den Befunden über, die wir am ausgewachsenen Tier nach Zufuhr von Fett, Seifen oder Ölen in den Leberzellen erhalten, so ist hier zunächst die Verteilung des Fettes auf die Läppchenbezirke von Interesse.

R. HEIDENHAIN beobachtete nach Darreichung von fetthaltiger Nahrung, daß das Fett mehr in den peripheren als zentralen Teilen der Läppchen angehäuft war. Bei Einführung von Seifen und Seifenlösungen in den Lymphsack von Fröschen fand ARNOLD keine sehr regelmäßige Verteilung des Fettes im Acinus. Das Zentrum der Läppchen war zwar meist fettärmer als die intermediäre Zone. Aber auch die periphere Zone enthielt zuweilen nur wenig Fett. Die verschiedenen Leberbezirke enthielten das Fett in wechselnder Menge, es war auch in zahlreichen Leukocyten, Gefäßwandzellen, Pigmentzellen und Epithelzellen der größeren Gallengänge nachweisbar. Bei Mäusen, welche die Lösungen subcutan eingespritzt erhielten, war das Fett namentlich in der peripheren Läppchenzone abgelagert, es waren Fettkörnchenzellen und freie Fettgranula auch in der Blutbahn nachweisbar. Fettkörnchenzellen waren ferner in den Scheiden der größeren Gefäße und im interstitiellen Bindegewebe vorhanden. Bei gemästeten Hühnern und Gänsen lag das Fett hauptsächlich in der intermediären Zone, in den Lebern von Meerschweinchen, Kaninchen, Hunden und Menschen in der Peripherie und im Zentrum der Acini, während die intermediäre Zone kein Fett enthielt.

---

[1]) BERG, W.: Zeitschr. f. Morphol. u. Anthropol. Bd. 18, S. 579. 1914.
[2]) SCHILLING, V.: Zitiert auf S. 634.
[3]) v. PLATEN, O.: Virchows Arch. f. pathol. Anat. u. Physiol. Bd. 74, S. 268. 1878.
[4]) ASCH, E.: Zitiert auf S. 634.
[5]) WEBER, E. H.: Zeitschr. f. ration. Med. 1846, S. 161.
[6]) METZNER, R.: Zitiert auf S. 637.

Neben Fetttropfen, wie sie schon von AFANASSIEW[1]) bei Hunden nach Fütterung mit gemischter Kost und Fibrin + Fett, von BOEHM und ASHER[2]) bei Mäusen nach Speckfütterung in den Leberzellen beschrieben wurden, beobachten wir als weiteren Effekt der Fettzufuhr eine Vergrößerung der Zellen.

So fand LUKJANOW[3]) bei Mäusen, die er mit Speck fütterte, die Leberzellen größer als normal, dieselbe Beobachtung machte BERG[4]) nach Fütterung von Fett in den Leberzellen des Feuersalamanders.

Um den Vorgang der Fettablagerung nach der Nahrungsaufnahme besser verfolgen zu können, ist mehrfach der Versuch gemacht worden, die Leber der Tiere durch vorausgehendes Aushungern fettarm bzw. fettfrei zu machen. METZNER[5]) fütterte ganz ausgehungerte Molche einmal mit süßer Sahne und sah bei Osmiumsäurebehandlung schon nach einigen Stunden inselartig verteilte, spärliche hellgraue Granula, die im Verlauf weiterer Stunden sich dunkler färbten und an Größe zugenommen hatten. Wurden die Tiere hingegen in ausgiebiger Weise mit Sahne gefüttert, so traten neben wohl schon vorher vorhandenen Vollkörnern zahlreiche Ringkörner auf. BERG[4]) hat diese Vorgänge an der Leber des Feuersalamanders in neuerer Zeit eingehend studiert.

Nach mehr als 8 Monaten Hungern, im Herbst beginnend, erwies sich die Leber der Tiere bis auf Spuren, welche freie Ölsäure enthielten, als fettfrei. Wurden diese Tiere mit Mohnöl gefüttert, so war nach 23 Stunden zum erstenmal mit Sicherheit neues Fett in der Leber nachzuweisen, das sich wie Neutralfett färbte. Saures Fett lag noch in den lymphoiden Zellen. Nach 2 Tagen waren in der Leber zahlreiche Fetttröpfchen nachweisbar, in den lymphoiden Zellen mit Nilblausulfat sich violett färbende Tropfen. Nach 5 Tagen war das Fett in den Leberzellen merklich vermindert. Die Tropfen zeigten öfters Vakuolen. Die Vakuolen färbten sich mit Nilblausulfat violett, während die Fetttropfen meist rötlich gefärbt erschienen. In den Parenchymzellen lagen die Tropfen meist auf der Seite der Blutcapillaren. In den Pigmentzellen war fast nie Fett vorhanden, während fetthaltige Endothelzellen nicht selten zur Beobachtung kamen. BERG beobachtete auch, daß an den Plastosomen nach Ölfütterung Veränderungen auftraten, bevor die Leberzellen neues Fett aufgenommen hatten, eine Abhängigkeit der Veränderung der Plastosomen von dem Auftreten der Fetttropfen bestand nicht.

Viele Untersucher weisen darauf hin, daß das Fett in der Leber des hungernden Kaltblüters nicht schwindet.

BERG beobachtete in diesem Sinne, daß bei frei lebenden Salamandern in der warmen Jahreszeit, auch nach einer Hungerperiode von 6—7 Monaten, in den Parenchym-, Endothel- und lymphoiden Zellen eine ansehnliche Menge Fett vorhanden sein kann. Dieses Fett färbt sich aber mit Nilblausulfat blau, enthält also eine nicht unbedeutende Menge freier Ölsäure. Die Beobachtungen am überwinternden Kaltblüter zeigen in gleicher Weise das Vorhandensein von Fett trotz langdauernder Karenz.

Was die Säugetiere betrifft, so konnte TRAINA[6]) in der Hungerleber des Kaninchens Fett nachweisen, während nach CÉSA-BIANCHI[7]) in der Leber hungernder Mäuse das Fett schwindet. Es dürfte bei Beurteilung dieser Unterschiede die verschiedene Intensität des Stoffwechsels maßgebend sein.

HABAS[8]) fand, daß bei längerem Hungern das Fett aus den Parenchymzellen schwindet, während die Sternzellen nur in sehr vorgeschrittenen Hungerstadien ihr Fett verlieren.

---

[1]) AFANASSIEW, M.: Zitiert auf S. 552.
[2]) BOEHM, P. u. L. ASHER: Zeitschr. f. Biol. Bd. 51, S. 409. 1908.
[3]) LUKJANOW, zit. nach OPPEL.
[4]) BERG, W.: Arch. f. mikrosk. Anat. Bd. 96, S. 54. 1922.
[5]) METZNER: Zitiert auf S. 637.
[6]) TRAINA, R.: Beitr. z. pathol. Anat. u. z. allg. Pathol. Bd. 35. 1903.
[7]) CÉSA-BIANCHI: Frankfurt. Zeitschr. f. Pathol. Bd. 3. 1909.
[8]) HABAS, zit. nach ARNOLD.

Ein weiterer Betriebsstoff, den wir histophysiologisch verfolgen können, ist das **Glykogen.** Wir erhalten diese Substanz, welche die Leberzelle aus dem Traubenzucker des Blutes durch Polymerisation bildet, einmal durch Verfütterung von Kohlenhydraten und Einspritzung von Traubenzucker und anderen Hexosen in die Blutbahn. Zahlreiche Untersuchungen an der überlebenden, künstlich durchspülten Leber, namentlich des Kaltblüters, haben aber gezeigt, daß die Bildung dieser Substanz auch aus Alanin, Glykokoll, Asparagin, Formaldehyd und Glycerin erfolgen kann. Es ist indessen bis heute nicht möglich, die Bildung dieses Stoffes aus Komponenten des Eiweißes und Fettes auch histophysiologisch zu verfolgen. Eine Verarmung der Leber an Glykogen erreichen wir einmal durch Entziehung der Kohlenhydrate in der Nahrung, durch intensive Muskelarbeit [Külz[1])], durch Hunger und erhöhte Außentemperatur. Letztere Versuchsanordnung hat namentlich bei Fröschen mehrfach Anwendung gefunden [Langendorff[2]), Moszeik[3]), Vohwinkel[4])]. Langendorff und Moszeik haben gezeigt, daß nach Strychninapplikation der Glykogengehalt der Leber bedeutend abnimmt. Es ist mit dieser Methode möglich, glykogenfreie Lebern zu erhalten. Pflüger und Junkersdorf[5]) wiesen nach, daß bei einseitiger Ernährung mit Eiweiß nach vorausgehender Glykogenmast das Leberglykogen abnimmt.

Wir haben bereits oben betrachtet, daß wir uns das Glykogen in der lebenden Zelle als eine hyaline, mehr diffus verteilte Substanz vorstellen müssen, die durch Alkoholfixation in Gestalt von Bröckeln, Schollen und Körnchen ausgefällt wird. Auf die Ansicht der Autoren, daß das Glykogen an eine Trägersubstanz der Zelle gebunden sei, wurde bereits hingewiesen. Noll[6]) kommt auf Grund neuerer Untersuchungen über das Glykogen der Froschleber zu der Auffassung, daß diese Trägersubstanz nur in geringer Menge vorhanden sein könne.

Arnold betrachtet auch das Glykogen an die Plasmosomen gebunden. An Sublimatpräparaten, die er nach Heidenhain-Best färbte, zeigten die Glykogengranula einen gemischten Farbenton von rot und graublau. Nach Behandlung solcher Präparate mit filtriertem Speichel bei 37° im Brutofen schwand die rote Färbung, während die graublaue blieb. Gegen die Beweiskraft dieser Versuche ließ sich verschiedenes einwenden. Einmal, daß die Bestsche Färbung keine spezifische ist, ferner die berechtigte Annahme, daß das Glykogen erst sekundär durch die Fixierung an eine zweite mit Eisenhämatoxylin darstellbare Substanz niedergeschlagen sein kann, ohne daß eine solche Bindung an eine Trägersubstanz in der lebenden Zelle bestanden hat. Der gleiche Einwand gilt auch für die Beobachtung Arnolds, daß größere Fetttropfen in der Leber eine Färbung durch Bestsches Carmin annehmen können.

Wir dürfen das Glykogen physikalisch-chemisch als ein Hydrokolloid betrachten, das sich in der lebenden Zelle in gequollenem Zustand befindet und Wasser in sich bindet. Es erklärt sich aus dieser Auffassung einmal die Beobachtung, daß glykogenreiche Lebern größer, schwerer, weicher und heller gefärbt sind als glykogenarme [Wolffberg[7]), Boehm und Hoffmann[8]), Külz[1]), Afanassiew[9]), Barfurth[10]) u. a.]. Dementsprechend fand Afanassiew bei Hunden, daß der größte Wassergehalt mit dem größten Gehalt an Glykogen und dem kleinsten an Eiweißsubstanzen einherging.

---

[1]) Külz, E.: Pflügers Arch. f. d. ges. Physiol. Bd. 24, S. 1. 1881.
[2]) Langendorff, O.: Zitiert auf S. 600.
[3]) Moszeik, O.: Pflügers Arch. f. d. ges. Physiol. Bd. 42, S. 556. 1888.
[4]) Vohwinkel, K. H.: Pflügers Arch. f. d. ges. Physiol. Bd. 203, S. 632. 1924.
[5]) Pflüger, E. u. P. Junkersdorf: Pflügers Arch. f. d. ges. Physiol. Bd. 131, S. 201. 1910.
[6]) Noll, A.: Pflügers Arch. f. d. ges. Physiol. Bd. 201, S. 339. 1923.
[7]) Wolffberg: Zeitschr. f. Biol. 1876, S. 266.
[8]) Boehm, R. u. T. A. Hoffmann: Arch. f. exp. Pathol. u. Pharmakol. Bd. 8, S. 271. 1877.
[9]) Afanassiew, M.: Zitiert auf S. 552.   [10]) Barfurth, C. G.: Zitiert auf S. 553.

Eine Parallele zwischen Wassergehalt und Glykogengehalt fanden auch Pugliese[1]) und Zuntz[2]); Barfurth[3]), Bleibtreu[4]) und Junkersdorf[5]) fanden hingegen einen höheren Glykogengehalt mit einem niedrigeren Wassergehalt verbunden. Die von Lukjanow[6]), v. Voit[7]), Profitlich[8]) und Junkersdorf[5]) beobachtete Wasserabnahme im Hunger könnte auf eine Verarmung des Organs an Glykogen zurückgeführt werden.

Betrachten wir zunächst die Wege, auf denen wir uns den Transport der Substanz nach den Parenchymzellen vorstellen können.

Arnold sah in der Froschleber das Glykogen in den adventitiellen Scheiden der Gefäße in Gestalt von ziemlich dichten Netzen abgelagert, welche den Leberzellen zuweilen direkt anlagen und besonders dort deutlich waren, wo die Parenchymzellen kein Glykogen enthielten. Diese Netze hingen mit den perivasculären Netzen und den glykogenführenden Lymphgefäßen zusammen und wurden von ihm als ein Teil der mit Glykogen gefüllten Saftbahnen aufgefaßt. Auch die Muskulatur der größeren Gefäße enthielt die Substanz in granulärer Anordnung. Beim Kaninchen war in gleicher Weise die Substanz in den adventitiellen Scheiden der Capillaren und in dem die größeren Gefäße und Gallengänge umscheidenden Bindegewebe vorhanden. Auch hier waren mit Glykogen gefüllte Lymphgefäße nachweisbar.

In der Leber des Menschen waren die Bilder entsprechend und die Substanz in den Sternzellen vorhanden. Die Annahme, daß wir in diesen Bildern die Etappen angedeutet finden, auf denen das Glykogen und seine Bausteine den Parenchymzellen zugeführt werden, führt zur Betrachtung der Substanz in den Leberzellen selber. Hier gewinnt vor allem die Verteilung der Substanz auf die Regionen der Läppchen für uns Bedeutung. Bock und Hoffmann[9]), R. Heidenhain, Kayser[10]), Ehrlich[11]) und Barfurth[3]) beobachteten, daß das Glykogen in der intermediären Zone am meisten angehäuft lag. Rosenberg[12]) sah unter normalen Verhältnissen eine zentrale, bei starkem Glykogengehalt eine diffuse Verteilung der Substanz. Klestadt[13]) fand eine diffuse Verteilung am häufigsten. Wurden Lebern von Kaninchen glykogenfrei gemacht, so hielten Zentrum und intermediäre Zone das Glykogen am längsten fest. Wurden die Tiere erneut gefüttert, so lagerte sich die Substanz zunächst im Zentrum und dann in der intermediären Zone ab. Klestadt erklärt sich diese Verteilung in der Weise, daß die Substanz am längsten in den Zellen liegen bleibe, welche der V. hepatica unmittelbar angrenzen. Bei erneutem Angebot von der Pfortader her werde die Substanz dort am schnellsten bzw. längsten gebildet, wo die Zellen am längsten mit der Ernährungsflüssigkeit in Kontakt seien. Dies sei das zentrale Gebiet. Arndt[14]) glaubt hingegen, daß die zentrale Lagerung den Ausdruck eines Restbestandes darstellt. Rosenberg sprach die Vermutung aus, daß auch innerhalb der Läppchen auf dem Blutwege ein Transport der Substanz stattfinden

---

[1]) Pugliese: Journ. de physiol. et de pathol. gén. 1903, Nr. 4, S. 666.

[2]) Zuntz, N., in Oppenheimers Handb. d. Biochem. Bd. IV, 1. Teil.

[3]) Barfurth, C. G.: Zitiert auf S. 553.

[4]) Bleibtreu, M.: Mitt. a. d. naturwiss. Verein f. Neupommern u. Rügen, Greifswald 1908.

[5]) Junkersdorf, P.: Zitiert auf S. 636.   [6]) Lukjanow: Zitiert nach Oppel.

[7]) v. Voit, C.: Zeitschr. f. Biol. Bd. 30, S. 510. 1894.

[8]) Profitlich, W.: Pflügers Arch. f. d. ges. Physiol. Bd. 119, S. 465. 1907.

[9]) Bock, C. u. F. A. Hoffmann: Zitiert auf S. 553.

[10]) Kayser: Breslauer ärztl. Zeitschr. 1879, Nr. 19.

[11]) Ehrlich, P.: Zitiert auf S. 550.

[12]) Rosenberg, O.: Beitr. z. pathol. Anat. u. z. allg. Pathol. Bd. 49, S. 284. 1910.

[13]) Klestadt, W.: Frankfurt. Zeitschr. f. Pathol. Bd. 4. 1910 u. Ergebn. d. allg. Pathol. B d. 15, II, S. 349. 1911.

[14]) Arndt, H. J.: Virchows Arch. f. pathol. Anat. u. Physiol. Bd. 253, S. 254. 1924.

könne. Daß bei der Beurteilung dieser Frage die verschiedenen Stadien der Glykogenablagerung und Mobilisierung in Betracht zu ziehen sind, hat schon Barfurth hervorgehoben.

Verfolgen wir die Substanz in die einzelne Leberzelle, so wurde schon oben betont, daß wir nur die Quantität, nicht aber die Lage des Glykogens in der Zelle histophysiologisch verwerten können. Es erübrigt sich, darum auch auf die Beobachtungen früherer Autoren, daß das Glykogen sich in der nach dem Zentrum gelegenen Seite der Zelle angehäuft findet, näher einzugehen. Cl. Bernard[1]) hat auf die wichtige Tatsache hingewiesen, daß das Glykogen der Leber erst gegen die Mitte des intrauterinen Lebens auftritt und die Bildung der Galle vor der des Glykogens einsetzt. Barfurth konnte dies für Kaninchen-, Schaf- und Meerschweinchenembryonen früher Stadien bestätigt finden. Während hier viele Organe Glykogen enthielten, war die Leber glykogenfrei und, wie schon Cl. Bernard beobachtete, schwand die Substanz aus den Organen in dem Maße, in dem die Glykogenfunktion der Leber sich entwickelte. Von besonderem Interesse ist auch die Beobachtung Cl. Bernards, daß in einigen fetalen Drüsen wie Leber, Parotis und Pankreas die Drüsenzellen glykogenfrei waren, während das Epithel der Ausführungsgänge viel Glykogen enthielt. Barfurth[2]) deutete diese Befunde in dem Sinne, daß die Drüsenzellen das Glykogen verbrauchen, während das Epithel der Ausführungsgänge infolge seiner Passivität die Substanz behält.

Neuere Untersuchungen von Konopacki[3]) über das Glykogen während der Entwicklung von Froschembryonen ergaben, daß nach dem Ausschlüpfen, wenn die Tiere Nahrung aufnehmen, das Glykogen zunächst im Darmepithel und erst später in der Leber nachweisbar wird.

Betrachten wir die Speicherung der Substanz in den Leberzellen des ausgewachsenen Tieres, so interessieren hier zunächst die Verhältnisse beim Kaltblüter. Die Untersuchungen von Luchsinger[4]), Leonard[5]), Barfurth[2]), Langley[6]), Athanasiu[7]) u. a. haben übereinstimmend gezeigt, daß die Leber des überwinternden Frosches sehr glykogenreich ist. Nach Leonard sind die Zellen am größten im November, im April am kleinsten. Während Langley beim Sommerfrosch die Zellen fein und gleichmäßig granuliert findet, sind sie beim Winterfrosch, besonders an der Peripherie, mit einer hyalinen Substanz, dem Glykogen, erfüllt.

Wir können uns die Tatsache, daß die Leber des überwinternden Frosches ihr Glykogen festhält, aus der sehr niedrigen Außentemperatur, der Muskelruhe und dem sehr trägen Stoffwechsel zu dieser Zeit erklären. Dafür spricht auch die Beobachtung, daß es gelingt, das Leberglykogen zum Schwinden zu bringen, wenn man überwinternde Frösche in eine hohe Außentemperatur bringt. Barfurth[3]) hat gezeigt, daß zur Zeit des Winterschlafes nicht nur der Verbrauch, auch die Aufspeicherung der Substanz beim Kaltblüter verlangsamt sein muß. An im Dezember zum Versuch herangezogenen Fröschen gelang es ihm nicht, durch Fütterung das Leberglykogen weiter zu vermehren und eine Ablagerung der Substanz in anderen Organen zu erzielen. Bei Fröschen und Kröten, die hingegen im Mai untersucht wurden und deren Leber sich als glykogenfrei erwies, gelang es selbst nach 10 Tagen Fütterung nicht, eine Glykogenablagerung in

[1]) Bernard, Cl.: Zitiert auf S. 592.
[2]) Barfurth, C. G.: Zitiert auf S. 553.
[3]) Konopacki, M.: Cpt. rend. des séances de la soc. de biol. Bd. 91, S. 973. 1924.
[4]) Luchsinger: Inaug.-Dissert. Zürich 1875.
[5]) Leonard, Alice: Zitiert auf S. 629.   [6]) Langley, J. N.: Zitiert auf S. 553.
[7]) Athanasiu, J.: Pflügers Arch. f. d. ges. Physiol. Bd. 74, S. 511. 1899.

der Leber zu erzielen, es mußte die Fütterung hier erst längere Zeit fortgesetzt und dann plötzlich verstärkt werden, bis das Glykogen im Organ mikroskopisch nachweisbar wurde. Aus diesen Untersuchungen schien hervorzugehen, daß der Verbrauch der Substanz in dieser Jahreszeit ein sehr intensiver sein muß, so daß es gar nicht erst zur Ablagerung kommt.

Wir haben bereits erwähnt, daß wir das Glykogen als ein Hydrokolloid auffassen dürfen. Die Anfüllung der Zellen mit dieser quellbaren Masse nach der Fütterung wird darum auch eine erhebliche Vergrößerung der Zellen zur Folge haben.

So sind nach STOLNIKOW[1]) und MOSZEIK[2]) die Leberzellen des Frosches nach Kohlenhydratfütterung vergrößert, in den Leberzellen des Feuersalamanders schwinden nach BERG[3]) auf Fütterung mit Traubenzucker oder Glykogen die aus Eiweiß bestehenden Einschlüsse, das Protoplasma ist stärker aufgelockert als in den Zellen der Hungertiere.

Was die Säugetiere betrifft, so geht aus älteren Untersuchungen von KÜLZ[4]) am Kaninchen hervor, daß das Maximum der Glykogenspeicherung nach der Nahrungsaufnahme hier in der 16.—20. Stunde erreicht wird. Nach R. HEIDENHAIN läßt sich die Substanz 12—24 Stunden nach der Nahrungsaufnahme in der Leber histologisch nachweisen. Nach LANGLEY[5]) schwinden beim Maulwurf 6—8 Stunden nach der Fütterung die wohl aus Eiweiß bestehenden Körnchen im Zentrum der Zelle, und es treten mit Glykogen gefüllte weite Zwischenräume im Netzwerk auf.

Nach Beobachtungen von LAHOUSSE[6]) an Frosch, Taube und Hase sind die Zellen 5—6 Stunden nach der Nahrungsaufnahme vergrößert, die Capillaren erweitert, 12 Stunden nach der Nahrungsaufnahme nehmen die Capillaren wieder ihre frühere Weite an, die Größe der Zellen kehrt zur Norm zurück. AFANASSIEW[7]), welcher Hunde mit Kartoffeln und Zucker fütterte, fand ihre Leberzellen stark vergrößert; BAUM[8]) beobachtete in gleicher Weise bei Haussäugetieren eine starke Vergrößerung auf Kohlenhydratzufuhr. Wenn wir Tiere hungern lassen, so kann die Substanz in der Leber schwinden, falls die Muskelglykogenreserven erschöpft sind. Nach LUCHSINGER[9]) ist bei Sommerfröschen ein solcher Effekt nach 3—6 Wochen absoluten Hungerns zu erreichen, nach TSCHERINOW[10]) bei Hühnern nach 3—4 Tagen.

Wir dürfen annehmen, daß die Verkleinerung der Zellen, wie sie von STOLNIKOW[1]) und MOSZEIK[2]) beim Frosch, BERG[3]) beim Salamander, LAHOUSSE[6]) bei der Taube, R. HEIDENHAIN, AFANASSIEW[7]), LANGLEY[5]), BOEHM und ASHER[11]) bei Säugetieren beschrieben wurde, hauptsächlich auf Kosten des Glykogenschwundes zu beziehen ist. Es treten im Hunger an Stelle einer hyalinen Substanz mehr die den Plastosomen entsprechenden Körncheninhalte hervor.

LANGENDORFF[12]), der Frösche mit Strychnin vergiftete, fand die Zellen verkleinert, die dem Glykogen entsprechende homogene Interfilarmasse war geschwunden.

Die neuere Zeit hat uns eine dritte Substanz kennen gelehrt, die wir als einen Betriebsstoff der Leber auffassen dürfen, das *Granoplasma* oder die Cytose UNNAS. Mehrere Forscher [HAMMARSTEN[13]), SCHMIEDEBERG[14]), WOHLGEMUTH[15]), SCAFFIDI[16]) u. a.] haben aus der Leber ein sog. „Nucleoproteid" dargestellt, eine

---

[1]) STOLNIKOW: Arch. f. (Anat. u.) Physiol., Suppl. 1887.

[2]) MOSZEIK O.: Zitiert auf S. 640.

[3]) BERG, W.: Arch. f. mikroskop. Anat. (Festschr. f. Hertwig) 1920, S. 518.

[4]) KÜLZ, E.: Zitiert auf S. 640.

[5]) LANGLEY, J. N.: Zitiert auf S. 553.

[6]) LAHOUSSE: Arch. de biol. Bd. 7, S. 167. 1887.

[7]) AFANASSIEW, M.: Zitiert auf S. 552.   [8]) BAUM, H.: Zitiert auf S. 635.

[9]) LUCHSINGER: Zitiert auf S. 642.   [10]) TSCHERINOW, zit. nach MOSZEIK.

[11]) BOEHM, P. u. L. ASHER: Zitiert auf S. 639.

[12]) LANGENDORFF, O.: Zitiert auf S. 600.

[13]) HAMMARSTEN, O.: Hoppe-Seylers Zeitschr. f. physiol. Chem. Bd. 19, S. 19. 1894.

[14]) SCHMIEDEBERG, O.: Arch. f. exp. Pathol. u. Pharmakol. Bd. 33, S. 101. 1894.

[15]) WOHLGEMUTH, J.: Hoppe-Seylers Zeitschr. f. physiol. Chem. Bd. 37, S. 475. 1903; Bd. 42, S. 519; Bd. 44, S. 530. 1904.

[16]) SCAFFIDI, V.: Hoppe-Seylers Zeitschr. f. physiol. Chem. Bd. 54, S. 448. 1908; Bd. 58, S. 272. 1909.

komplizierte Eiweißverbindung, die bei der Spaltung Pentose lieferte und neben
Phosphor Eisen und Purinkörper enthielt. Es ist sehr wahrscheinlich, daß diese
wohl als ein Gemisch aufzufassende Substanz der physiologischen Chemiker
auch das Granoplasma enthält. Daß in der Leber bei Angebot von Eiweiß in
der Nahrung der N-Gehalt ansteigt, ist durch chemische Analysen des Organs
mehrfach erwiesen worden [Seitz[1]), Grund[2]), Tichmeneff[3]), Junkersdorf[4]).

Seitz erhielt solche Befunde bei Hühnern und Enten, Tichmeneff, welcher weiße
Mäuse nach vorausgehendem Hungern mit gekochtem Rindfleisch fütterte, fand die Leber
der Tiere vergrößert, den Stickstoffgehalt vermehrt, während der Phosphorgehalt nicht
merklich zugenommen hatte. Er ließ aber die Frage offen, ob das hier gespeicherte Eiweiß

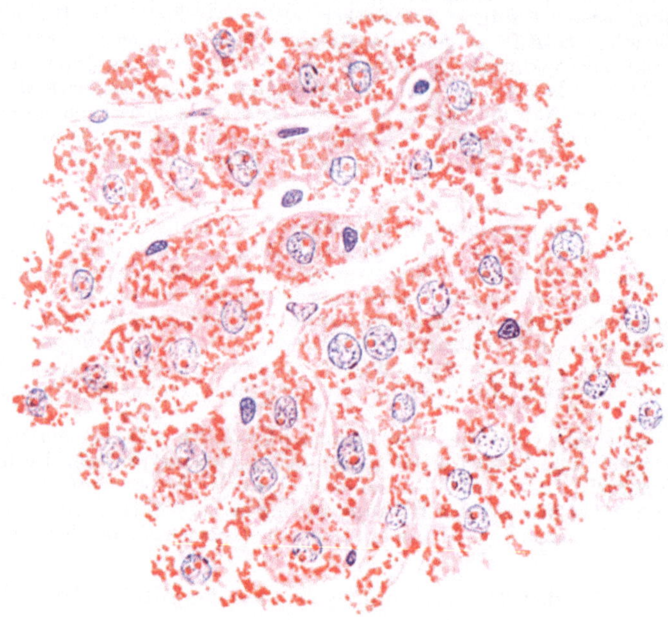

Abb. 168.   Leber einer reichlich mit Fleisch gefütterten Ratte.   Fix. Alkohol. absol.,
Paraffinschn. 5 μ.   Methylgrün-Pyronin. Zeiß' apochrom. Immers. 2 mm, num. Ap. 1, 3,
Zeichenapparat nach Abbé. (Nach H. Stübel: Pflügers Arch. f. d. ges. Physiol. Bd. 185.)

als Reserveeiweiß zu bezeichnen sei. Reach[5]) fand, daß die Leber jod ertes Eiweiß speichern
kann und es zum Teil spaltet. Nach Messerli[6]) ist die Möglichkeit einer Resorption von
Albumosen und Peptonen vorhanden. Hier haben die histophysiologischen Untersuchungen
uns wesentlich weiter geführt.

Berg[7]) verdanken wir eine eingehende histophysiologische Analyse dieses
Stoffes in den Leberzellen des Feuersalamanders. ·Er stellte zunächst fest, daß
die Leberzellen frisch getöteter gutgenährter Tiere viele tropfige Einschlüsse

———————

¹) Seitz, W.: Pflügers Arch. f. d. ges. Physiol. Bd. 111, S. 309. 1906.
²) Grund. G.: Habilitationsschr. Halle 1910 u. Zeitschr. f. Biol. Bd. 54, S. 173. 1910.
³) Tichmeneff, N.: Biochem. Zeitschr. Bd. 59, S. 326. 1914.
⁴) Junkersdorf, P.: Zitiert auf S. ʳ36.
⁵) Reach, F.: Biochem. Zeitschr. Bd. 16, S. 357. 1909.
⁶) Messerli, H.: Biochem. Zeitschr. Bd. 54, S. 336. 1913.
⁷) Berg, W.: Zitiert auf S. 643.

enthalten, die sich mit Neutralrot in Ringerlösung supravital färben lassen, während bei solchem Verfahren weder Fett und Glykogen noch Plastosomen

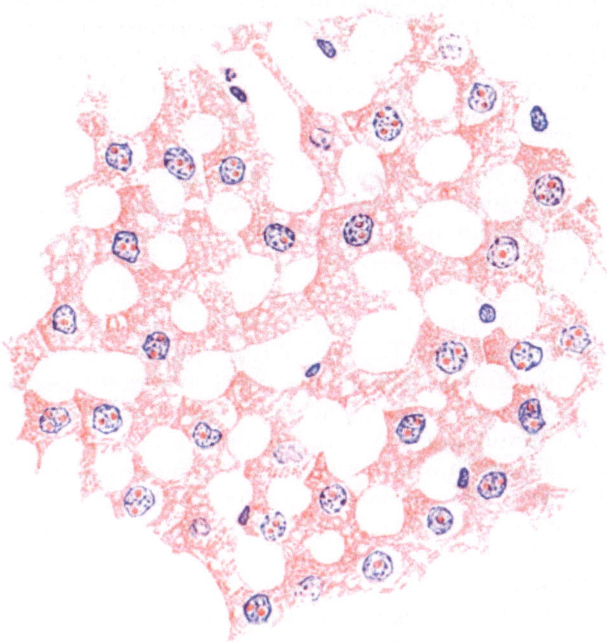

Abb. 169. Leber einer verhungerten Ratte. (Nach H. Stübel: Pflügers Arch. f. d. ges. Physiol. Bd. 185.)

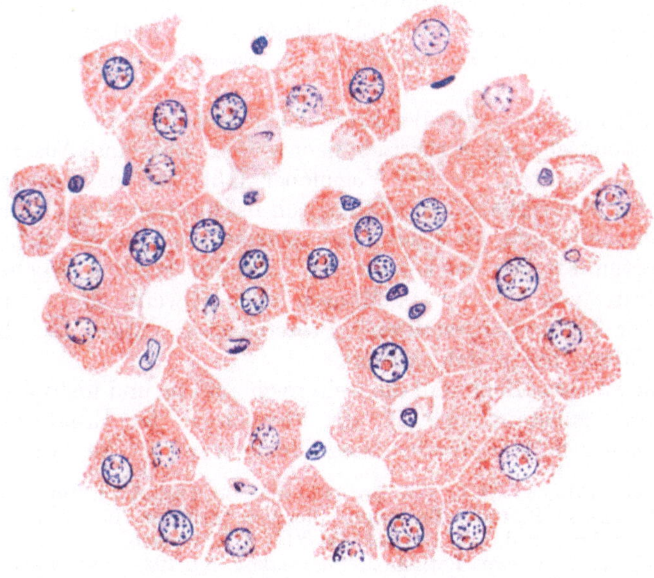

Abb. 170. Leber einer reichlich mit Fleisch gefütterten Ratte 4 Stunden nach Einspritzung von Adrenalin. (Nach H. Stübel: Pflügers Arch. f. d. ges. Physiol. Bd. 185.)

das Neutralrot annehmen. Es handelt sich, wie Berg gegenüber Stübel[1]) betont, um präformierte Gebilde, welche bei Behandlung mit Alkohol gefällt werden und hierbei ihre Struktur verändern, Befunde, die mit den von mir an den Magenhauptzellen gewonnenen vollkommen übereinstimmen. Durch die Tatsache, daß diese Einschlüsse in der Salamanderleber die Millonsche und die Ninhydrinreaktion geben und durch die Befunde Stübels[1]) an der Leber der Ratte, daß sie sich mit Pepsinsalzsäure verdauen lassen und nach Verdauung des Glykogens mittels Speichel noch vorhanden sind, ist ihre Eiweißnatur bewiesen.

Berg hat auch durch ausgedehnte Fütterungsversuche an Salamandern und Kaninchen den Nachweis geführt, daß diese Granoplasmatropfen sich nur durch Fütterung von Eiweiß und Eiweißabbauprodukten, nicht von Fett und Kohlenhydraten hervorrufen lassen, daß sie ferner beim Hunger schwinden und weder mit den Plastosomen noch dem eigentlichen Protoplasma der Zellen identisch sind. Berg und Cahn-Bronner[2]) zeigten, daß es gelingt, durch Verfütterung der alkoholunlöslichen Teile des Wittepeptons, des Pepton e carne und seines alkohollöslichen Anteils immer die gleichen Granoplasmaablagerungen in den Leberzellen zu erzeugen, während parenterale Zufuhr ganz ohne Einfluß ist. Sie weisen auch darauf hin, daß es Faktoren gibt, welche diese Eiweißspeicherung in den Zellen verhindern, auch wenn alle nötigen Baustoffe angeboten werden. In neueren Versuchen Bergs an weißen Ratten gelang der Nachweis, daß Pepton als einzige stickstoffhaltige Nahrungsquelle imstande ist, eine Eiweißspeicherung in den Leberzellen hervorzurufen. Stübel[1]), der die Befunde Bergs nachprüfte, erhielt an Frosch und Kaninchen keine positiven Resultate, während Untersuchungen an weißen Ratten positiv ausfielen. Die Leber von mit Fleisch gefütterten Tieren enthielt die Eiweißschollen in reichlicher Menge, bei Fütterung mit Semmel war die pyroninophile Substanz spärlicher vorhanden, nach absolutem Hungern war in einem Falle schon nach 8 Stunden eine deutliche Abnahme der Eiweißschollen zu beobachten. Wurde den Tieren subcutan Adrenalin eingespritzt, so schwand die Substanz in den Zellen in gleicher Weise (Abb. 168—170). E. Hesse[3]) hat nachgewiesen, daß dasselbe der Fall ist, wenn man reichlich mit Fleisch gefütterten Ratten Jodnatrium darreicht.

Rothmann[4]) konnte auch in der Froschleber nach Eiweißmast eine Zunahme der Substanz chemisch und färberisch nachweisen und eine Ausschwemmung auf Adrenalin beobachten. In der Vogelleber läßt sich nach meinen Untersuchungen die Substanz gleichfalls histologisch nachweisen Die Untersuchungen Esakis[5]) zeigen schließlich, daß das Granoplasma auch in der Leber von mit Eiweiß gefütterten Fischen vorkommt und aus ihr nach 5 Wochen Hunger schwindet. Ob die von Noël[6]) bei Mäusen nach Eiweiß-, Fett- und Zuckerfütterung in der Leber dargestellten „Proteoplasten" unter den Begriff des Granoplasmas fallen, bleibt dahingestellt.

Es ist nicht zu bezweifeln, daß die weitere chemische und histophysiologische Erkenntnis dieser Substanz viele für die Physiologie der Ernährung und des Stoffwechsels wesentliche Befunde zutage fördern wird. So fand Wegelin[7])

[1]) Stübel, H.: Pflügers Arch. f. d. ges. Physiol. Bd. 185, S. 74. 1920.
[2]) Berg, W. und C. E. Cahn-Bronner: Biochem. Zeitschr. Bd. 66, S. 289. 1914. — Berg, W.: Pflügers Arch. f. d. ges. Physiol. Bd. 214, S. 243. 1926.
[3]) Hesse, E.: Arch. f. exp. Pathol. u. Pharmakol. Bd. 102, S. 64. 1924.
[4]) Rothmann, H.: Zeitschr. f. d. ges. exp. Med. Bd. 40, S. 255. 1924.
[5]) Esaki, Shiro: Folia anat. japon. Bd. 3, S. 138. 1925.
[6]) Noël, R.: Presse méd. Bd. 31, S. 158. 1923.
[7]) Wegelin: Zitiert nach Glanzmann: Schweiz. med. Wochenschr. 1922, Nr. 3 u. 4.

die Leberzellen vitaminfrei ernährter Tiere klein mit feinkörnigem Protoplasma, ein Befund, den ich auf Grund eigener an vitaminfrei ernährten Mäusen, deren Leberzellen im Gegensatz zu den normal ernährten Kontrollen das Granoplasma nur mehr in Gestalt feinster Bröckel und Körnchen enthielten, auf die Abnahme dieser Substanz zurückführen möchte.

Es ist naheliegend, daß die Füllung der Leberzelle mit den hydrokolloiden Einschlüssen von Reserveeiweiß die Zellgröße ändern wird. Viele der in der Literatur niedergelegten Beobachtungen dürften in diesem Sinne zu deuten sein.

So fand MOSZEIK[1]) die Leberzellen des Frosches nach Fütterung mit Fibrin und gemischter Kost vergrößert, BERG dasselbe bei den mit Eiweiß gefütterten Salamandern. AFANASSIEW[2]) sah beim Hunde, daß die Parenchymzellen nach Fütterung mit Fleisch und gemischter Kost nicht so stark vergrößert erschienen wie nach Darreichung von Kartoffeln und Zucker. BOEHM und ASHER[3]), die weiße Mäuse als Versuchstiere wählten, sahen in gleicher Weise nach Fütterung mit Fleisch und Wittepepton eine Zunahme der Zellgröße, während auf Darreichung von Alanin und Asparagin die Zellen wenig größer als im Hungerzustand waren.

12 Mäuse, Berechnung in μ.

Art der Fütterung	Längs-durchmesser der Zelle	Quer-durchmesser der Zelle	Quer-durchmesser des Kernes
Albumosen	31,5	22,9	9,9
Fett	24,3	20,6	8,2
Eiweiß	24,5	18,8	7,9
Asparagin	24,2	19,0	7,0
Alanin	21,9	17,5	6,8
Hunger	17,7	15,2	7,2

2. Baustoffe.

Gehen wir zur Betrachtung der histologisch faßbaren Produkte über, welche in den Baustoffwechsel des Organs fallen, so beginnen wir die Besprechung am besten mit den Gebilden, welche in vielfach noch unklarer und umstrittener Namengebung die Bezeichnung Granula, Plastosomen, Plastokonten, Chondriosomen, Mitochondrien, Körner, Stäbchen und Fädchen tragen. Es handelt sich hier um formaloptische Strukturen, welche, gegen Einflüsse außerordentlich empfindlich, die verschiedenartigsten Formen annehmen können, ob als Ausdruck der Präexistenz, ob als Effekt der Fixierung, läßt sich nicht mit Sicherheit entscheiden. Schon LANGLEY[4]) und LAHOUSSE[5]) glaubten, daß wir in den Granulis der Leberzellen die histologischen Äquivalente der Gallenbereitung vor uns haben. Doch hat diese Auffassung auf Grund der Befunde von ASCHOFF[6]) und MANN, BOLLMAN und MAGATH[7]), daß die Gallenbildung auch außerhalb der Leber vor sich geht, noch keineswegs eine sichere physiologische Grundlage.

ALTMANN, der die Chondriosomen in der Leber des Wasser- und Grasfrosches mit seiner Methode untersuchte, beobachtete, daß in den Leberzellen des Wasserfrosches eine Neigung der Granula zur Fädchenbildung bestand, die in den Leberzellen des Grasfrosches weniger hervortrat. Er unterschied eine Fütterungsleber, die beim Sommerfrosch nach reichlicher Nahrungsaufnahme und beim Frosch im Winterschlaf zur Beobachtung kam und in ihren Parenchymzellen mehr

---

[1]) MOSZEIK, O.: Zitiert auf S. 640.   [2]) AFANASSIEW, M.: Zitiert auf S. 552.
[3]) BOEHM, P. u. L. ASHER: Zitiert auf S. 639.
[4]) LANGLEY, J. N.: Zitiert auf S. 553.   [5]) LAHOUSSE: Zitiert auf S. 643.
[6]) ASCHOFF, L.: Klin. Wochenschr. Jg. 3, S. 961. 1924.
[7]) MANN, BOLLMAN u. MAGATH: Americ. journ. of physiol. Bd. 69, S. 393. 1924.

fadenförmige Chondriosomen enthielt, und eine Hungerleber, deren verkleinerte Parenchymzellen vorwiegend Körner enthielten. Er gab selber zu, daß man in fast allen Jahreszeiten Übergänge zwischen beiden Bildern beobachten könne und auch individuelle Schwankungen vorhanden seien.

Policard[1]), welcher die Leber der Winterfrösche als Hungerleber bezeichnete, sah in ihren Parenchymzellen mehr fädige Gebilde, die bei Fütterung der Tiere in derselben Jahreszeit mit Hühnerei in tropfenförmige Chondriosomen übergingen. Im Gegensatz zu diesen Befunden konnten Bang und Sjövall[2]) in den Leberzellen beider Froscharten bei exakter Fixierung stets nur fadenförmige Chondriosomen erhalten. Ein Einfluß der Jahreszeit und der Nahrungsaufnahme bestand nicht, hingegen machten sich bei der durch ihren reichlichen Glykogengehalt wasserreicheren Leber der Winterfrösche die sekundär auf die Form der Chondriosomen wirkenden osmotischen Einflüsse stärker geltend.

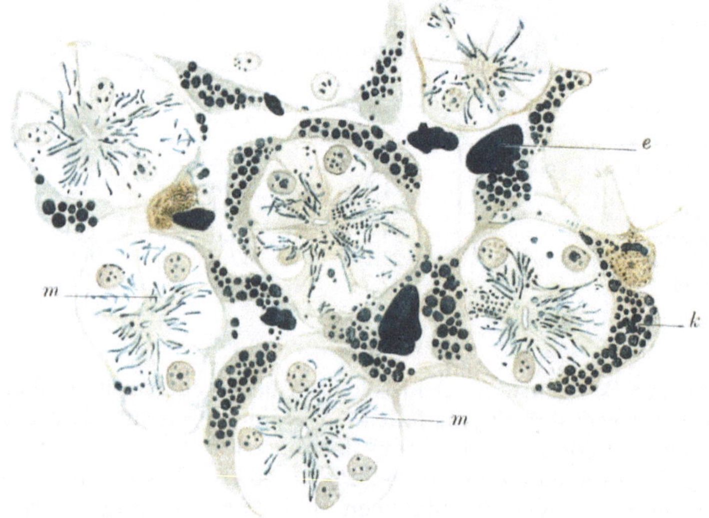

Abb. 171. Leber des Winterfrosches. Heidenhainsche Eisenhämatoxylin-Färbung. *e* Erythrocyten. *k* Kupffersche Sternzellen mit Erythrocyten-Zerfalltropfen. *m* Mitochondria. (Zeiß' Okul. 4 × Immers. $^1/_{12}$.) (Nach Okamoto: Virchows Arch. f. pathol. Anat. u. Physiol. Bd. 250.)

Wenn Okamoto[3]) in jüngster Zeit beschreibt, daß die Leberzellen des Winterfrosches verschieden geformte Fäden enthalten, während in den Zellen des Maifrosches feine granuläre Gebilde vorherrschen (Abb. 171 u. 172), so könnte dieser Unterschied auf dem verschiedenen Wassergehalt des Organs im Winter und Frühjahr und seinemEinfluß auf den Fixierungseffekt beruhen.

Wie vorsichtig man bei der histophysiologischen Beurteilung dieser Gebilde sein muß, geht aus den Befunden Wails[4]) hervor. Wail fand bei ein und demselben Frosch, dem er zu verschiedenen Zeiten Leberstückchen entnahm, eine außerordentliche Verschiedenheit der Mitochondrien nach Form, Menge und Verteilung.

[1]) Policard, A.: Cpt. rend. des séances de la soc. de biol. Bd. 68. 1909; Bd. 69. 1910; Bd. 72. 1912.

[2]) Bang, J. u. E. Sjövall: Zitiert auf S. 554.

[3]) Okamoto, H.: Virchows Arch. f. pathol. Anat. u. Physiol. Bd. 250, H. 1/2, S. 275. 1924.

[4]) Wail, S. S.: Virchows Arch. f. pathol. Anat. u. Physiol. Bd. 256, S. 518. 1925.

Esaki[1]), der die Plastosomen der Fischleber untersuchte, fand beim Normaltier die Gebilde fadenförmig, nach Fütterung mit Fett tropfenförmig, nach Fütterung mit Stärke stäbchenförmig.

Berg[2]) hat auch diese Gebilde beim Feuersalamander eingehend studiert. Bei Anwendung der Eisenhämatoxylinmethode erschienen in den Leberzellen frischgefangener gutgenährter Tiere gerade oder geschlängelte Stäbchen, vielfach in der Nähe der Zellgrenzen angehäuft. Oft waren die Stäbchen an einem Ende angeschwollen und lagen dann zwischen Zellkern und Gallenpol. Daneben traten Körner und Ringe auf. Die Ringe leiteten zu Hohlkörpern mit exzentrisch gelegener Vakuole über. Bei Hungertieren fanden sich meist gerade oder nur schwach gebogene Stäbchen, die infolge der Verkleinerung der Zelle dichter gelagert erschienen. Eine Veränderung zu Hohlkörpern war hier nur selten zu beobachten. Hungerten die Tiere in der warmen Jahreszeit 5—6 Monate, so war jetzt auch eine Abnahme dieser bald als Körnchen, bald als Stäbchen auftretenden Zelleinschlüsse festzustellen. Fütterung der Tiere mit Fett ergab Hohlkörper in der Nähe der Gallencapillaren. Fütterung mit Eiweiß, Körnchen und Stäbchen.

Wurden die Tiere hingegen mit Kohlenhydraten gefüttert, so traten meist Stäbchen auf, die die Zellrindenschicht und die Umgebung der Gallencapillaren (vielleicht im Zusammenhang mit einer Glykogenablagerung dortselbst) frei ließen.

Was die Warmblüter betrifft, so beobachtete Buch[3]) bei Tauben nach Fütterung rundliche Körner, Mayer, Rathery und Schaeffer[4]) in der maximalen Fettleber der Ente Stäbchen oder Körnchen, Rathery[5]) in der Leber von Kaninchen und Hunden Körnchen. Bei Hunden trat auf Fütterung von Fett, Kohlenhydraten, Eiweiß oder Lecithin keine Veränderung dieser Gebilde auf [Rathery und Terroine[6])]. Lahousse[7]) beobachtete beim Kaninchen, wie 5—6 Stunden nach der Fütterung die Körnchen peripher rückten und 11—12 Stunden nach der Nahrungsaufnahme im Zusammenhang mit der Gallensekretion schwanden. Policard[8]), der einen jungen Hund 24 Stunden hungern ließ, fand in Ketten angeordnete Stäbchen neben Körnchen und Übergangsstufen.

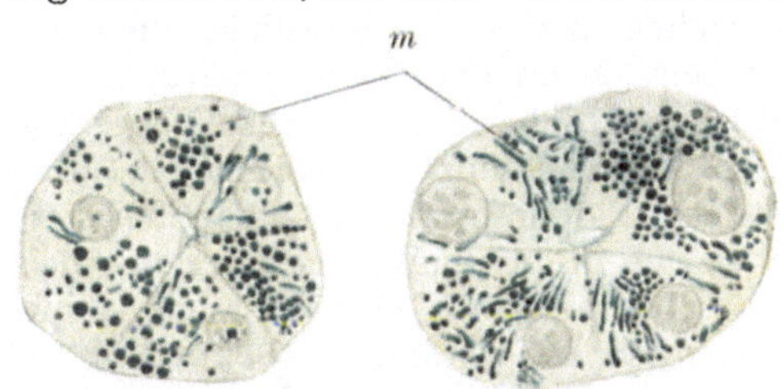

Abb. 172. Leber des Maifrosches. Heidenhainsche Eisenhämatoxylin-Färbung. *m* Mitochondria. (Zeiß' Okul. 4 × Immers. $^1/_{12}$.) (Nach Okamoto: Virchows Arch. f. pathol. Anat. u. Physiol. Bd. 250.)

In der Leber von Mäusen fand Noël[9]) die Gebilde in 3 Zonen angeordnet. Wurden die Tiere nur mit gekochtem Eiereiweiß gefüttert, so traten im periportalen Parenchym der Leberzellen grobe Körner auf, die sich aus fadenförmigen Chondriokonten bildeten. In der Gegend der Venae sublobulares trat eine solche Umbildung nicht auf. Die Ausscheidung von Eiweißkörnern durch das Chondriom der Zellen soll einen normalen Vorgang darstellen, der durch Eiweißfütterung noch gesteigert werden kann.

---

[1]) Esaki, Shiro: Zitiert auf S. 646. [2]) Berg, W.: Zitiert auf S. 644.
[3]) Buch, H.: Anat. Hefte Bd. 45, S. 285. 1912.
[4]) Mayer, Rathery u. Schaeffer: Cpt. rend. des séances de la soc. de biol. Bd. 68. 1911.
[5]) Rathery: Arch. de méd. exp. et l'anat. pathol. 1909; Cpt. rend. des séances de la soc. de biol. Bd. 72.
[6]) Rathery u. Terroine: Zitiert auf S. 636.
[7]) Lahousse: Zitiert auf S. 643. [8]) Policard, A.: Zitiert auf S. 648.
[9]) Noël, R.: Ann. anat. microscop. Bd. 19, S. 1. 1923; Cpt. rend. des séances de la soc. de biol. Bd. 86, S. 449. 1922; Bd. 87, S. 212. 1923; Bd. 92, S. 1312. 1925.

Um die Bedeutung dieser Zelleinschlüsse für die Gallenbildung und Sekretion zu klären, ist der Versuch gemacht worden, die Gallenabsonderung durch *Cholagoga* zu vermehren. Schon Afanassiew[1]) vergiftete Hunde mit Toluylendiamin und sah, entsprechend der gesteigerten Gallensekretion, die gelben Granula der Leberzellen nach einigen Stunden zunehmen und ziemlich gleichmäßig in den Läppchen verteilt. Mayer, Rathery und Schaeffer[2]) beobachteten Veränderungen der Einschlüsse nach Einführung gesättigter und ungesättigter Fettsäuren und von Toluidendiamin.

Berg[3]), der beim Salamander durch Verfütterung von Neutralfett, fettsaurem Salz, Galle, gallensaurem Salz und Ammonnitrat die Gallensekretion steigerte, sah, wie sich dabei die Plastosomen in Hohlkörper umwandelten. Diese Veränderung konnte sich auf alle oder fast alle Plastosomen einer Zelle erstrecken, so daß die Zellen leer von Plastosomen wurden. In solchen Zellen konnten sich dann neue Plastosomen von der Form feiner Stäbchen in großer Anzahl entwickeln. Bei Vergiftung der Tiere mit Acetylphenylhydrazin erschienen die Leberzellen vergrößert, die Plastosomen zu gleichmäßig großen Körnchen zerfallen. Sprechen diese Befunde vielleicht für die Beteiligung der Gebilde an der Gallenbereitung, so wird diese Beziehung noch weiterhin durch das Bild der ikterischen Leber nahegelegt. Arnold fand in solchen Fällen in den Parenchymzellen Körnchen, Stäbchen, Fäden neben Vakuolen und verästelten Figuren, welche Gallenfarbstoff enthielten. Er ließ die Frage offen, ob es sich in diesen Bildern um den Ausdruck einer Durchtränkung der Inhalte mit Gallenfarbstoff oder um eine abnorme Speicherung oder eine gesteigerte bzw. irgendwie veränderte Sekretion des Gallenfarbstoffs handelte. Das, was die Deutung all dieser histologischen Bilder so schwierig gestaltet, ist die außerordentliche Empfindlichkeit der hier in Frage kommenden Strukturen gegen Einflüsse mannigfacher Art.

Aus den Befunden von Bang und Sjövall[4]) geht klar hervor, daß sich hier physikalisch-chemische Einflüsse wesentlich geltend machen und ferner, daß dabei der Gehalt an dem wasserreichen Glykogen eine Rolle spielen muß.

Was die in der mikroskopischen Technik eingeschlagenen Wege zur Darstellung dieser Strukturen betrifft, so haben Doyon und Policard[5]) gezeigt, daß schon einmaliges Gefrieren diese Zelleinschlüsse schädigt, ein Befund, den ich bestätigen kann. Während sich bei vorausgehender Stückfixierung der Leber in Formol die Plastosomen und ihre Abkömmlinge im Formolgefrierschnitt mit Eisenhämatoxylin darstellen lassen, gelingt dies an frischen Gefrierschnitten nicht, auch dann nicht, wenn diese Schnitte vor der Färbung in Formalin fixiert werden. Auf die starke Empfindlichkeit dieser Einschlüsse gegenüber unzureichender Fixierung haben Fiessinger[6]) und Bang und Sjövall[4]) aufmerksam gemacht. Rathery und Saison[7]) fanden beim Kaninchen die Einschlüsse durch Chloroform und Äthernarkose verändert. Mayer, Rathery und Schaeffer[2]) beobachteten einen schnellen postmortalen Zerfall. Bang und Sjövall[4]) sahen bei Einwirkung von Galle auf die überlebende Leber des Frosches einen äußerst schnellen degenerativen Zerfall der Gebilde eintreten, dieselben Veränderungen zeigten sich bei traumatischer Schädigung des Organs.

Aus Versuchen von Ciaccio[8]), Fiessinger[6]), Bang und Sjövall[4]) u. v. a. geht auch hervor, daß sich bei Vergiftungen verschiedener Art dieselben degenerativen Einflüsse geltend machen. Stolnikow[9]), der Frösche mit *Phosphorpillen*

---

[1]) Afanassiew, M.: Zitiert auf S. 552.
[2]) Mayer, Rathery u. Schaeffer: Zitiert auf S. 649.
[3]) Berg, W.: Zitiert auf S. 643.   [4]) Bang, J. u. E. Sjövall: Zitiert auf S. 554.
[5]) Doyon, M. u. A. Policard: Zitiert auf S. 553.
[6]) Fiessinger: Zitiert auf S. 632.
[7]) Rathery u. Saison: Cpt. rend. des séances de la soc. de biol. Bd. 67 u. Tribune méd. 1910.
[8]) Ciaccio, C.: Zentralbl. f. Pathol. Bd. 20. 1909 u. 1913; Arch. f. Zellforsch. Bd. 5. 1911 u. 1912; Biol. med. 1912.
[9]) Stolnikow: Zitiert auf S. 643.

fütterte, sah in den Leberzellen der Tiere viele nigrosinophile Körper, die in den Zellen der normalen Leber nur vereinzelt auftraten. Ähnliche Bilder traten bei Pilocarpininjektion und Peptonfütterung auf.

PLETNEW[1]) fand durch Anhäufung von Pepton die Glykogenbildung beeinträchtigt, RICHARDSON[2]) und ABELIN und CORRAL[3]) sahen dasselbe im Durchströmungsversuch.

Nach JUNKERSDORF[4]) findet durch unphysiologische Eiweißabbauprodukte eine Zunahme der Fettbildung aus Glykogen statt.

KATHARINA KUSMINE[5]), die den Einfluß von Lymphagoga (Pepton, Krebsmuskelextrakt, Blutegelextrakt) auf das Leberzellbild des Hundes untersuchte, fand in diesen Fällen die Zellen prall mit Körnern erfüllt, daneben kugelige und ovale scharfrandige Gebilde von verschiedener Größe und ohne bestimmte Lagerung, meist innerhalb, selten außerhalb der Zelle. Da in den Zellen nach der Injektion das Glykogen ganz oder zum größten Teil geschwunden war, konnten diese Einschlüsse nicht als Glykogen angesprochen werden. STOLNIKOW[6]) hatte in der Peptonleber des Frosches bereits ähnliche Einschlüsse beobachtet.

Auch für die Bildung der Galle in den Leberzellen ist von mehreren Autoren eine *Beteiligung des Kernes* angenommen worden. So glaubte STOLNIKOW[6]), daß in den Leberzellen des Frosches aus den Zellkernen Plasmosomen entstehen und sich im Zelleib in bräunlich pigmentierte Gebilde umwandeln.

EUGENIE KOIRANSKY[7]) konnte in den Leberzellen von Frosch, Salamander und Molch mit Eisenhämatoxylin Stäbchen darstellen, die zwischen Kern und Gallencapillare lagen. Während sie im Gegensatz zu GARNIER bei der Zelltätigkeit keine wesentlichen Veränderungen im Kern beobachten konnte, so glaubte sie doch, diese dem Kern direkt anliegenden Gebilde als Ausdruck einer Verschiebung und Wanderung aus dem Kern in den Zelleib austretender Substanzen auffassen zu dürfen. Auch CARLIER[8]) war der Ansicht, daß das Kernchromatin in den Zelleib übertritt und sich dort an der Sekretion beteiligt, BAUM[9]) hält die Leberzellkerne für die Gallenbildner.

BROWICZ[10]) hat in mehreren Arbeiten die vielfach bestrittene Auffassung entwickelt, daß der Leberzellkern Blutfarbstoff in Gallenfarbstoff umwandelt. Die Blutcapillaren sollen durch ein besonderes intracelluläres Kanälchensystem mit den Zellkernen in Verbindung stehen.

Wir haben uns noch zu fragen, *ob zwischen den histologischen Äquivalenten des Bau- und Betriebsstoffwechsels Beziehungen bestehen.* Es wurde bereits erwähnt, daß ARNOLD eine solche Beziehung für das Fett und Glykogen annahm. Daß das Granoplasma mit den Plastosomen und den von ihnen abzuleitenden Gebilden in keinerlei histophysiologischer Verbindung steht, haben die Untersuchungen BERGS[11]) am Salamander gezeigt. Etwas schwieriger liegen die Verhältnisse beim Glykogen. Die meisten, die sich mit dieser Frage beschäftigten, haben eine Beziehung verneint. Zahlreiche Untersuchungen früherer Autoren haben gezeigt, daß das Maximum der Gallenbildung in die 2.—15. Stunde nach der Nahrungsaufnahme fällt, dem Maximum der Glykogenspeicherung also erhebliche Zeit vorausgeht. CL. BERNARD[12]) und BARFURTH[13]) bemerkten, daß

---

[1]) PLETNEW u. ASHER: Biochem. Zeitschr. Bd. 21. 1909.
[2]) RICHARDSON: Biochem. Zeitschr. Bd. 70. 1915.
[3]) ABELIN u. CORRAL: Biochem. Zeitschr. Bd. 83. 1915.
[4]) JUNKERSDORF, P.: Zitiert auf S. 636.
[5]) KUSMINE, KATHARINA: Zeitschr. f. Biol. Bd. 46, S. 554. 1905.
[6]) STOLNIKOW: Zitiert auf S. 643.
[7]) KOIRANSKY, EUGENIE: Anat. Anz. Bd. 25, S. 435. 1904.
[8]) CARLIER, A.: Zitiert auf S. 594.   [9]) BAUM, H.: Zitiert auf S. 635.
[10]) BROWICZ, C.: Zentralbl. f. Physiol. Bd. 19. 1905.
[11]) BERG, W.: Zitiert auf S. 643.
[12]) BERNARD, CL.: Zitiert auf S. 592.   [13]) BARFURTH: Zitiert auf S. 553.

beim Embryo die Bildung der Galle in der Leber früher erfolgt als die Glykogen-speicherung. R. Heidenhain machte vor allem geltend, daß im Hunger das Glykogen schwinden kann, während die Gallenbildung weitergehe, und Rathery[1]) konnte entsprechend im histologischen Bilde zeigen, daß in diesem Zustand das Leberglykogen fehlen kann, während noch massenhaft Granula vorhanden sind.

Für eine Beziehung beider Vorgänge sprach sich Barfurth[2]) aus, der den Einwurf Wolffbergs[3]) heranzog, eine Abwesenheit des Glykogens beweise nicht, daß es nicht doch in der Zelle vorhanden sei. Wir können gegen solche Hypothesen einwenden, daß sie außer-halb des Rahmens des histologisch Erfaßbaren fallen und darum auch nicht Gegenstand der Histophysiologie sein können.

Bang und Sjövall[4]) brachten überlebende Froschlebern in Ringerlösung mit 3proz. Alkohol bzw. Adrenalin 1 : 100 000 und fanden danach keine wesent-lichen Veränderungen der Plastosomen. Nachdem sie auf diese Weise festgestellt hatten, daß Adrenalin die Plastosomen nicht verändert, spritzten sie Fröschen Adrenalinlösung ein. Während sich das Glykogen in der Leber hierbei stark vermindert hatte, zeigten die Plastosomen keine wesentlichen Veränderungen. Sie lehnten auf Grund dieser Versuche eine Beziehung der Elemente der Gallen-bildung zur Zuckerbildung ab. Wir dürfen eine solche Beziehung in biologischem und chemischem Sinne mit Recht verneinen, schon aus dem Grunde, weil irgend-welche chemisch-biologische Korrelationen zwischen Betriebsstoffen und Bau-stoffen, selbst wenn sie bestehen, über den Stand unserer heutigen histophysio-logischen Erkenntnis weit hinausgehen. Wir dürfen hingegen gerade für das Glykogen eine physikalisch-chemische Beziehung zu den histologischen Äquiva-lenten des Baustoffwechsels annehmen, die bei der Fixierung sekundär zum Ausdruck kommt.

Wir wenden uns von der Gallenbereitung zur *Gallenabsonderung*.

Seit frühere Autoren gezeigt hatten, daß in die Gallengänge eingeführte Injektions-massen in die Leberzellen eindringen, haben zahlreiche Forscher ihre Aufmerksamkeit dieser Frage zugewandt. Die Untersuchungen von v. Kupffer[5]), Asp[6]), Pfeiffer[7]), Wyss[8]), Popoff[9]), Krause[10]), Jagić[11]), Heinz[12]), Eppinger[13]), Schlater[14]) u. a. haben überein-stimmend die Existenz intracellulärer Gallencapillaren erwiesen. Die mit der Golgi-Methode, nach Heidenhain-Biondi und mit Weigerts Neurogliabeize darstellbaren Kanälchen dringen bis gegen den Zellkern vor und umgreifen ihn halbkreisförmig, ohne direkt mit ihm in Zusammenhang zu treten. Was ihre Wandung betrifft, so besteht sie nach einigen [Eberth[15]), Peszke[16]), Fleischl[17]), Eppinger[13])] aus einer direkten Fortsetzung des Cuticular-saumes der Gallengangsepithelien, nach anderen [Hering[18]), Frey[19]), Harley[20]), v. Ebner[21]),

---

[1]) Rathery: Zitiert auf S. 649.   [2]) Barfurth: Zitiert auf S. 553.
[3]) Wolffberg: Zitiert auf S. 640.   [4]) Bang, J. u. E. Sjövall: Zitiert auf S. 554
[5]) v. Kupffer, C.: Zitiert auf S. 617.
[6]) Asp, G.: Ber. d. kgl. sächs. Ges. d. Wiss. 1873.
[7]) Pfeiffer, L.: Arch. f. mikroskop. Anat. Bd. 23, S. 22. 1884.
[8]) Wyss, O.: Virchows Arch. f. pathol. Anat. u. Physiol. Bd. 35, S. 553. 1866.
[9]) Popoff. L.: Virchows Arch. f. pathol. Anat. u. Physiol. Bd. 81, S. 524. 1880.
[10]) Krause, R.: Arch. f. mikroskop. Anat. Bd. 42, S. 53. 1893.
[11]) Jagić, W.: Beitr. z. pathol. Anat. u. z. allg. Pathol. Bd. 33, S. 302. 1903.
[12]) Heinz, R.: Arch. f. mikroskop. Anat. Bd. 58, S. 567. 1901.
[13]) Eppinger, H.: Beitr. z. pathol. Anat. u. z. allg. Pathol. Bd. 31, S. 230. 1902.
[14]) Schlater, G.: Anat. Anz. Bd. 22. 1902.
[15]) Eberth, C. J.: Virchows Arch. f. pathol. Anat. u. Physiol. Bd. 39, S. 70. 1867 u. Arch. f. mikroskop. Anat. Bd. 3, S. 423. 1867.
[16]) Peszke: Inaug.-Dissert. Dorpat 1873.
[17]) Fleischl: Ber. d. kgl. sächs. Ges. d. Wiss. 1874.
[18]) Hering, E.: Sitzungsber. d. Akad. d. Wiss., Wien. Mathem.-naturw. Kl. I, Bd. 54.
[19]) Frey: Verhandl. d. Kongr. f. inn. Med. 1892.
[20]) Harley, V.: Arch. f. (Anat. u.) Physiol. 1893, S. 291.
[21]) v. Ebner. V.: Köllikers Handb. d. Gewebelehre, 6. Aufl., Bd. III. 1899.

Geberg[1]), Krause[2]), Zimmermann[3])] aus einer verdichteten ektoplasmatischen Grenzschicht der Leberzellsubstanz.

Die Frage der Wandung steht auch hier wieder in Beziehung zu der histophysiologischen Deutung der Kanäle im Sinne präformiert morphologisierter oder funktionell wechselnder Strukturen. Scubinski[4]), welcher bei Hunden den Ductus choledochus unterband, fand in den binnenzelligen Kanälen knopfförmige Verdickungen, die er als Sekretvakuolen deutete, was gegen eine morphologisierte Präexistenz der Strukturen spricht. Auch Arnold kam zu der Auffassung, daß es sich hier nicht um unveränderliche Einrichtungen der Zelle handeln könne, glaubte aber, daß die Kanäle einer Verflüssigung und Vakuolisierung von Zellinhalten ihre Entstehung verdanken. Eine ähnliche Anschauung entwickelte Fiessinger[5]), der während der Funktion der Zellen Vakuolen auftreten sah, die mit den Kanälen nur durch einen feinen Fortsatz zusammenhingen und sich allmählich entleerten. Wenn wir die physikalisch-chemische Betrachtungsweise heranziehen, so können wir annehmen, daß es sich bei den binnenzelligen Kanälen um den Ausdruck einer Verflüssigung von Sekretionsprodukten handelt, die sich von den nichtverflüssigten abtrennen und in Gestalt von Sekretstraßen nach bestimmter Richtung Abfluß verschaffen. In diesem Sinne sprechen auch Beobachtungen Kuljabkos[6]), der bei Fröschen die Kanälchen in der Tätigkeit zahlreich fand, während sie bei Zellruhe und bei Winterfröschen fehlten.

Die neuere Zeit, namentlich die Untersuchungen von Ciaccio[7]), Aschoff[8]) und Kawamura[9]), haben unsere histochemische Kenntnis der Fette auf die *Lipoide* und die *Cholesterinester* erweitert. Zahlreiche Untersuchungen haben gezeigt, daß auf Zufuhr lipoider Substanzen eine Vermehrung der Lipoide in der Leber eintritt. Viele dieser Befunde fallen bereits in das Gebiet der pathologischen Anatomie, sind aber auch für die normale Histophysiologie von größtem Interesse.

Ciaccio stellte fest, daß schon unter normalen physiologischen Bedingungen die Leberzellen, Sternzellen und Epithelzellen der Gallencapillaren lipoide Substanzen enthalten können. Hanes[10]) fand in der Leber eines 7 Tage alten Hühnerembryos nicht doppelbrechende Fetttropfen. Nach 14 Tagen Bebrütung waren die Tropfen zum Teil doppelbrechend, am 16. Bebrütungstage zeigten sie alle diese Erscheinung. 10 Tage nach Verlassen des Eies waren noch reichlich doppelbrechende Tropfen vorhanden. Später gaben diese Gebilde die charakteristischen Färbereaktionen der Cholesterinester, so daß ein Übergang von Lipoidgemischen in fast reine Cholesterinester anzunehmen war. In noch späteren Stadien war diese Reaktion nicht mehr vorhanden. Die Leber von Hunden gab fetal und eine Woche nach der Geburt dasselbe Resultat. Ignatkowsky[11]), welcher Kaninchen mit *Hühnerei* fütterte, fand die Leber der Tiere lipoidreich, einen großen Teil der Zellen geschädigt. Neben Cholesterinschollen und Nadeln waren Lipoidtropfen nachzuweisen. Chalatoff[12]) erhielt dieselben Befunde bei Fütterung mit Ochsenhirn, nicht aber, wenn Sonnenblumenöl, Lebertran oder Ochsenfett verfüttert wurden. Wesselkin[13]), der Kaninchen mit Eidotter oder Lecithinmilch ernährte, fand die Leber vergrößert und besonders in der Läppchenperipherie

[1]) Geberg: Internat. Monatsschr. f. Anat. u. Physiol. Bd. 50 u. 54.
[2]) Krause, R.: Arch. f. mikroskop. Anat. Bd. 42, S. 53. 1893.
[3]) Zimmermann, K. W.: Zitiert auf S. 558.
[4]) Scubinski, A.: Beitr. z. pathol. Anat. u. z. allg. Pathol. Bd. 26, S. 446. 1899.
[5]) Fiessinger: Zitiert auf S. 632.
[6]) Kuljabko, A. A.: Zentralbl. f. Physiol. Bd. 12, S. 380. 1898.
[7]) Ciaccio, C.: Zitiert auf S. 650.   [8]) Aschoff. L.: Zitiert auf S. 550.
[9]) Kawamura, R.: Zitiert auf S. 550.
[10]) Hanes: Zentralbl. f. allg. Pathol. Bd. 23. 1912.
[11]) Ignatkowsky, A. J.: Nachr. d. k. mil.-med. Akad. Bd. 17. 1908.
[12]) Chalatoff, S. S.: Charkower med. Zeitschr. 1912.
[13]) Wesselkin, W. W.: Virchows Arch. f. pathol. Anat. u. Physiol. Bd. 212, S. 225. 1913.

sudanophile Tropfen, daneben Schollen und Nadeln, auch außerhalb der Zellen. Die Tropfen waren nicht doppelbrechend und Neutralfett, die Schollen und Nadeln doppelbrechend. Sie schmolzen bei 54—56° und erwiesen sich damit als Cholesterinester. Auch die Leber normaler, mit Milch ernährter Kaninchen konnte manchmal diese Krystalle enthalten.

Leschke[1]) hat mit Mercurinitrat-Schwefelwasserstoff in der Leber **Harnstoff** histochemisch dargestellt. Er fand bei Anwendung seiner Methode geschwärzte, auf Harnstoff beruhende Niederschläge, die bei der Fütterung die Leberzellen erfüllten, während sie im Zustand der Verdauungsruhe mehr in den Sternzellen lagen. Die interessanten Befunde zeigen, daß die Zellen des reticuloendothelialen Apparates nicht nur beim Hintransport, sondern auch beim Abtransport von Stoffen in der Leber beteiligt sind.

Gehen wir zur Betrachtung des **Eisens** über, so handelt es sich hier um ein histophysiologisch sehr problematisches Gebiet, das wir auf Grund tieferer Erkenntnis heute anders beurteilen als die früheren Autoren. Macallum hat auf Grund ausgedehnter Untersuchungen histochemisch anorganisches freies Eisen und maskiertes organisch gebundenes Eisen unterschieden.

Ersteres gibt die Berlinerblaureaktion, letzteres läßt sich bei Anwendung der Ammoniumsulfidglycerinmethode, nach längerem Stehen der Präparate im Brutofen bei 60°, nachweisen. Das Hämoglobineisen wird durch diese Methode nach Macallum nicht angegriffen.

Im Gegensatz zu dieser Auffassung sind wir in neuerer Zeit zu der Anschauung gelangt, daß man von maskiertem Eisen nicht sprechen kann. Denn, wie Hueck[2]) feststellte, gibt u. U. auch das anorganische Eisen keine Reaktion, weil im Gewebe Stoffe vorhanden sind, welche eine solche Reaktion verhindern (wahrscheinlich Nucleinsäure). Eine positive Eisenreaktion beweist also nur, daß Eisen an den Stellen der positiven Reaktion vorhanden ist, aber nicht, daß es an anderen Stellen fehlt, wo es die Reaktion aus inneren Ursachen der Zelle heraus nicht anzeigt. Wir können hier noch weiter gehen. Takahata[3]) hat jüngst gezeigt, daß in Organen, welche anorganische Eisensalze enthalten, eine gewisse Menge von ihnen in Eiweiß und Nucleoproteidniederschläge übergeht, wo das Metall in kolloider Lösung gehalten wird und erst ausflockt, wenn die Lösungen längere Zeit erwärmt werden. Es ist damit das Prinzip der Macallumschen Methode geklärt und histophysiologisch dahin beantwortet, daß der Nachweis des Eisens an bestimmten Stellen der Zelle durch diese Methode nicht beweist, daß das Metall im Leben tatsächlich an dieser Stelle bzw. in dem betreffenden Zellbestandteil gelegen hat.

Schneider[4]) konnte in der Leber des Olmes histochemisch reichlich Eisen nachweisen, das gleichmäßig im Bindegewebe und namentlich in den Sternzellen lag, während die Parenchymzellen nur wenig Eisen enthielten. Die Kerne gaben deutliche Eisenreaktion. Ziegler[5]), der Tieren Ferratin subcutan oder intravenös einspritzte, fand in den Bindegewebszellen, Sternzellen, Capillarendothelien und Leukocyten der Leber Eisen abgelagert, die Leberzellen waren meist frei davon. Nach Hochhaus und Quincke[6]) läßt sich in der Leber normal ernährter Mäuse besonders im portalen Teil der Läppchen Eisen nachweisen, das nach Fütterung mit Carniferrinkäse + Brot manchmal an Menge zunahm. Hall[7]) fand in ähnlichen Versuchen mit Carniferrinfütterung nach einer Woche in der Leber nur wenige siderofere Körnchen, während nach 3—6 Wochen Fütterung die Körnchen stark vermehrt waren und sich besonders in den der V. centralis benachbarten Zellen und in den Gallengängen

---

[1]) Leschke, E.: Verhandl. d. dtsch. Kongr. f. inn. Med., Wiesbaden 1914.
[2]) Hueck, W.: Beitr. z. pathol. Anat. u. z. allg. Pathol. Bd. 54, S. 68. 1912.
[3]) Takahata: Hoppe-Seylers Zeitschr. f. physiol. Chem. Bd. 136, S. 214. 1924.
[4]) Schneider, R.: Sitzungsber. d. preuß. Akad. d. Wiss. Bd. 2, S. 887. 1890.
[5]) Ziegler, P.: Verhandl. d. Ges. dtsch. Naturforsch. u. Ärzte, 66. Vers. Wien 1894.
[6]) Hochhaus, H. u. H. Quincke: Arch. f. exp. Pathol. u. Pharmakol. Bd. 37, S. 159. 1896.
[7]) Hall, W. S.: Arch. f. (Anat. u.) Physiol. 1896, S. 49.

fanden. Da sich zu dieser Zeit der Eisengehalt der Darmwand gerade umgekehrt verhielt, so war anzunehmen, daß eine Wanderung des Metalls aus dem Darmepithel in die Leber stattgefunden hatte, die es speicherte und wahrscheinlich in der Galle wieder ausschied. In den Lebern eisenfrei ernährter Mäuse waren siderofere Körnchen nur spärlich vorhanden. HALL beobachtete auch, daß sich einige Körnchen erst nach 12 Stunden Behandlung im Brutofen färbten. Die Erklärung dieses Befundes liegt in dem oben Gesagten. Bei ganz jungen säugenden Mäusen war die histochemische Reaktion negativ, obgleich sie nach chemischen Analysen nicht weniger Eisen enthielten als erwachsene Tiere.

Es seien schließlich noch Befunde erwähnt, welche zwar die anderen Verdauungsdrüsen betreffen, am besten aber hier besprochen werden. Im *Pankreas*, in den Magendrüsen und in den Speicheldrüsen konnte MACALLUM mit seiner Methode cytoplasmatisch maskierte Eisenverbindungen nachweisen, die er mit der Bildung der Zymogene in Beziehung brachte und als Prozymogen bezeichnete. Wenn die Zellen, wie im Ruhestadium, mit Präprodukten angefüllt waren, war die Menge des maskierten Eisens gering, während die ermüdete granulaarme Zelle das maskierte Eisen viel reichlicher enthielt. Besonders auffallend war, daß sich diese Verbindung nur in den Hauptzellen, nicht in den Belegzellen des Säugetiermagens fand. Auf Grund unserer heutigen Kenntnis werden wir daran denken müssen, daß sich in den sekreterfüllten Zellen Stoffe befinden, welche irgendwie an die Präprodukte gebunden, die Ausflockung des Eisens bei Erwärmung zum Teil verhindern. Der Befund MACALLUMS in den Hauptzellen läßt den Gedanken aufkommen, daß das Granoplasma, das, wie wir oben bemerkten, wahrscheinlich in dem sog. Nucleoproteid der Autoren enthalten ist, hierbei eine Rolle spielt. Der sehr wechselnde Eisengehalt der Nucleoproteide dürfte in dem von TAKAHATA gegebenen Sinne zu deuten sein.

Mit dem Eisen in gewissem Zusammenhang stehen **einige Pigmente.** Wir finden Pigment vor allem bei niedrigen Wirbeltieren in Zellen mesenchymatischer Herkunft.

EBERTH[1]), der diese Elemente bei zahlreichen Amphibien untersuchte, unterschied corticale und zentrale Zellenmassen, die je nach Alter, Jahreszeit und Tierart in verschiedener Stärke entwickelt sein konnten. Es handelte sich um meist mehrkernige, zwischen Blutgefäßen und Parenchymzellen eingeschaltete Zellen, die an frischen Objekten amöboide Bewegungen ausführten und häufig Pigment enthielten. Nach PONFICK[2]) und OPPEL[3]) liegen die Zellen in Lymphräumen, nach LEONARD[4]) um die Blutgefäße, während BRAUS[5]) auch eine intravasale Lokalisation für möglich hält, wie sie EBERTH beim Frosch beschrieben hat. Was ihre Herkunft betrifft, so sprach sie EBERTH als farblose Blutkörperchen oder Elemente der Milzpulpa an, und LEONARD wies auf die Ähnlichkeit mit pigmentierten Zellen hin, die man in der Milz antrifft. LÖWIT[6]) brachte sie beim Frosch mit Endothelzellen und Leukocyten in Zusammenhang. OPPEL und BRAUS kamen zu der Auffassung, daß es sich um Wanderzellen handelt, die zu bestimmten Zeiten aus dem Darm auf dem Lymphwege in die Leber wandern. Nach den Untersuchungen von ASVADOUROWA[7]) entstammen sie in der Leber der Amphibien aus polynucleären Leukocyten des lymphoiden Lebergewebes, aus den KUPFFERschen Zellen und mononucleären intravasalen Leukocyten. Je nach Tierart, Jahreszeit und physiologischem Funktionszustand des Organs werden diese Quellen in verschiedener Weise zur Bildung der Zellen herangezogen. Über die Entstehungsweise ihres Pigments sind recht verschiedene Auffassungen vertreten worden. ALICE LEONARD[4]) glaubte, daß in der Froschleber Kerne zerfallen könnten, wobei eine Substanz entstehe, aus der sich das Pigment bilde. LÖWIT[6]) schloß aus der Beobachtung, daß die Pigmentzellen der Froschleber häufig rote Blutkörperchen und deren Zerfallsprodukte enthielten, daß sich das Pigment aus den roten Blutkörperchen bildet. Diese Auffassung ist dann von ASVADOUROWA[7]) in neuerer Zeit bestätigt worden. Sie wies für Frosch und Kröte nach, daß die Pigmentzellen rote Blutkörperchen phagocytieren und auslaugen, wobei aus den Blutkörperchenresten kugelige Körper entstehen, welche die Eisenreaktion geben. Diese Einschlüsse konnten sich in Pigment umwandeln. Wir haben bereits oben erwähnt, daß beim Kaltblüter ein umgekehrtes Verhältnis zwischen Fettanhäufung und Pigmentgehalt der Leber besteht. EBERTH fand Pigmentlebern bei frisch gefangenen Salamandern beiderlei Geschlechts von Beginn des Frühlings bis gegen die Mitte des Winters, pigmentarme Lebern außerhalb dieser

---

[1]) EBERTH, C. J.: Zitiert auf S. 652.   [2]) PONFICK, E.: Zitiert auf S. 633.
[3]) OPPEL, A.: Sitzungsber. d. Ges. f. Morphol. u. Physiol. in München, Dez. 1889.
[4]) LEONARD, ALICE: Zitiert auf S. 629.
[5]) BRAUS, H.: Zitiert auf S. 558.   [6]) LÖWIT, M.: Zitiert auf S. 635.
[7]) ASVADOUROWA: Cpt. rend. des séances de la soc. de biol. 1907; Cpt. rend assoc. anat. Nancy 1909; Arch. d'anat. microscop. Bd. 15.

Zeit. Alice Leonard berechnete den Pigmentgehalt der Leber des Wasserfrosches für verschiedene Jahreszeiten und kam zu folgenden Zahlen:

im November	0,7 %
„ Dezember	4,13%
„ April	11,17%
„ Juni	2,77%
„ Juli	0,68%

In neuerer Zeit hat Berg[1]) am Feuersalamander die Histophysiologie dieser Elemente weiter verfolgt. Bei guternährten Tieren im Herbst ist die Zahl der Pigmentzellen relativ gering, sie sind hier nur vereinzelt in der corticalen Schicht und in den zentralen Inseln vorhanden. Man findet bei solchen Tieren zwei Zelltypen, Zellen von unregelmäßig polygonaler Form, mit viel dunklem Pigment angefüllt, und Zellen mit mehr ausgebreiteten breiten Fortsätzen und nur geringem Pigmentgehalt. Diese Zellart enthält homogene kugel- oder linsenförmige Einschlüsse, die sich zuweilen mit Methylgrün-Pyronin rötlichblau, mit Triacid schmutziggrün färben. In der kleinen Leber des Hungertieres im Frühling sind die Pigmentzellen stark vermehrt. Neben großen, unregelmäßig polygonalen dunklen Elementen, welche einen verschieden gelegenen Kern und Einschlußkörper enthalten, um die vielfach die Pigmentkörnchen konzentriert oder geballt sind, kommen unregelmäßig geformte, meist langgestreckte Zellen vor, die sich zwischen die pigmentierten und pigment- freien Zellen einschieben. Diese Zellen enthalten wenig Pigment und zahlreiche homogene basophile Einschlüsse. Berg führte den Nachweis, daß es sich um rote Blutkörperchen handelt, welche phagocytiert werden und nach vorausgehender Quellung einem Zerfall unterliegen, wobei Größe und Färbbarkeit abnimmt. Mit dem Grade des Zerfalls geht gleich- zeitig eine Vermehrung des Pigments und des nachweisbaren Eisens einher. Beim extremen Hungertier war eine solche Phagocytose der roten Blutkörperchen noch häufiger zu beob- achten, so daß der Zustand des Stoffwechsels als Ursache für den wechselnden Pigment- gehalt der Leber anzusprechen ist. Nehmen die Tiere mit der warmen Jahreszeit wieder Nahrung auf, so nimmt die Zahl der Pigmentzellen und ihr Pigmentgehalt ab. Es treten dann in den zentralen Inseln mehr Leukocyten auf, unter denen die eosinophilen besonders auffallen. Die Pigmentzellen werden jetzt kleiner, ihre Einschlußkörper seltener, bei manchen Zellen sieht man Buchten, in denen Leukocyten gelegen sind. Ein Teil der Zellen verfällt der Degeneration unter Abgabe des Pigments nach außen.

Während die Pigmentzellen beim frisch gefangenen Salamander im Spätsommer und Herbst meist eisenfrei waren und nur zuweilen eine geringe, an einzelne Einschlußkörper gebundene Berlinerblaufärbung zeigten, waren die Elemente beim Hungertier im Frühling reich an freiem Eisen. Hier färbte sich in den großen Pigmentzellen ein Teil der Kugeln blau, ebenso die Klumpen, welche um die Kugeln konzentriert waren. In den jungen Pigment- zellen waren die intakten roten Blutkörperchen nicht gefärbt, wohl aber die sie umgebenden Körner und Klumpen. Die Endothelzellen der Blutcapillaren enthielten in solchen Präpa- raten vielfach stark blau gefärbte Einschlüsse, seltener fanden sich diese in intravasalen Leukocyten, während die Leberzellen nie nachweisbares Eisen enthielten.

In der Leber der Warmblüter treten die hier beschriebenen mesenchyma- tischen Elemente gegenüber dem Anteil der Parenchymzellen zurück, und wir finden ihre phagocytären Eigenschaften in den Sternzellen wieder.

Pilliet[2]) beschrieb Pigmentzellen bei der Ente und dem Bussard in unmittelbarem Kontakt mit der Vene. Carlier[3]) sah beim Igel neben Pigmentkörnchen in der Leberzelle große runde oder ovale einkernige Zellen, die eisenhaltiges Pigment enthielten. Sie fanden sich in den großen, zur Leber gehenden Venen und in den Capillaren. Er glaubte, daß es sich um phagocytäre Elemente handle, die das Pigment zugrunde gegangener Blutkörperchen aufnehmen. Nach Übertritt der Körnchen in die Leberzellen sollen die Körnchen das Eisen verlieren und in die Galle als Gallenpigment übergehen.

In der Leber des Menschen kommt ein sog. Abnutzungspigment vor (Lipofuscin Borst). Nach Hueck[4]) zeigt es eine Ähnlichkeit mit den Lipoiden im Sinne Aschoffs, färbt sich mit Sudan gelbrot, nach Ciaccio blau, mit Eisenhämatoxylin schwarz, mit Osmiumsäure verschieden. Es ist in geringem Maße fettlöslich und blaßt nach Kochen mit Alkohol und Chloroform ab. Neben diesem Pigment findet sich in der normalen Leber auch Hämosiderin- pigment, das die Eisenreaktion gibt, in Säuren löslich ist und sich gegen Alkali, Fettlösungs- und Bleichungsmittel resistent verhält. Lipochrome werden nur selten angetroffen.

---

[1]) Berg, W.: Zitiert auf S. 638.   [2]) Pilliet, A. H.: Zitiert auf S. 627.
[3]) Carlier, A.: Zitiert auf S. 594.   [4]) Hueck, W.: Zitiert auf S. 654.

Nach ARNDT[1]) enthält die Leber der Haussäugetiere Abnutzungspigment nur selten, während sich Hämosiderinpigment besonders bei Pferd und Schwein findet. Nach OKAMOTO[2]) sind in der Leber der Kröte beide Pigmentarten vorhanden, zur Begattungszeit vermehrt, im Sommer hingegen vermindert.

Wir haben noch die *Lage und Größe des Kernes in der Leberzelle unter dem Gesichtspunkt der Zellfunktion* zu betrachten. Es dürften hier sehr komplizierte Vorgänge vorliegen, bei denen es sich vorerst nicht entscheiden läßt, inwieweit Prozesse im Kern selber oder der Gehalt des Zelleibs an Betriebs- bzw. Baustoffen maßgebend sind.

Während OPPEL auf Grund seiner Untersuchungen am Olm betonte, daß der Leberzellkern stets zentral liege, erwähnte FLEMMING[3]), daß er an der dem Blutgefäß zugekehrten Seite gelegen sei. BAUM[4]) fand beim Pferd, daß der Kern gewöhnlich zentral liegt, bei der Tätigkeit aber mehr nach der Peripherie rückt. MÜNZER[5]) fand in der Leber der Eidechse die Kerne fast regelmäßig an der Blutgefäßseite. Über die Änderung der Kerngröße unter den verschiedenen funktionellen Bedingungen liegen viele Untersuchungen vor. ALICE LEONARD[6]) fand beim Grasfrosch die Zellkerne im April am größten, wenn der Umfang des Zelleibes sein Minimum hatte. Im Dezember waren die Kerne klein, im Juni und Juli von verschiedener Größe. Im Juli lagen sie bald am Zellrand, bald in der Zellmitte, manchmal waren in einer Zelle jetzt zwei Kerne vorhanden. MOSZEIK[7]) beobachtete in der Hunger- und Wärmeleber des Frosches relativ große Kerne. Der Kern der Leberzellen frisch gefangener, gut ernährter Salamander ist nach BERG[8]) groß und chromatinreich, während er sich beim Hungertier einigermaßen proportional dem Hungerzustand verkleinert. Die Kerne von mit Kohlenhydraten gefütterten Tieren hatten im ganzen die Größe der von Hungertieren, doch waren bisweilen übermäßig große Kerne vorhanden. Häufiger fanden sich etwas aufgequollene Nucleolen sowie solche, in denen sich ein oder zwei exzentrisch gelegene Körnchen fanden. Das Chromatin an der Innenseite der Kernmembran fehlte fast ganz, das im Kernraum verteilte Chromatin war grob granulär. Bei mit Eiweiß gefütterten Tieren standen die Kerne an Größe zwischen denen der frisch gefangenen und der Hungertiere. Es war die Anzahl der Kerne mit zwei und drei Nucleolen vermehrt, das randständige Chromatin war etwas stärker ausgebildet.

Beim Hunde fand AFANASSIEW[9]) die Zellkerne der Leberzellen bei Fütterung mit Kartoffeln und Zucker besonders groß, beim Hunger verkleinert. Die Änderung der Kerngröße in den Leberzellen weißer Mäuse unter verschiedenen Bedingungen der Fütterung wird durch die oben gebrachten Befunde BOEHMS und ASHERS[10]) illustriert.

Über die Mehrkernigkeit der Leberzellen haben wir bereits oben gesprochen. Es sei hier noch erwähnt, daß ARAPOW[11]) bei weißen Mäusen die Verdoppelung der Kerne bei Fütterung von Eiweiß und Pepton am häufigsten sah, bei Fütterung mit Fett und Kohlenhydraten weniger häufig, im Hungerzustand vereinzelt. In der Hungerleber des Hundes sind hingegen nach AFANASSIEW[9]) zweikernige Leberzellen häufig.

Was die *Abhängigkeit des Leberzellbildes vom Nervensystem* betrifft, so fand AFANASSIEW[9]) beim Hunde nach Durchschneidung der Lebernerven die Leberzellen mäßig vergrößert und mit braungelblichen Körnchen erfüllt. Nach Exstirpation des Plexus coeliacus waren nach FICHERA[12]) während der einsetzenden Glykosurie die Zellen geschwollen, mit Glykogen angefüllt, der Kern kleiner

---

[1]) ARNDT, H. J.: Zeitschr. f. Infektionskrankh., parasitäre Krankh. u. Hyg. d. Haustiere Bd. 28, S. 81. 1925.

[2]) OKAMOTO, H.: Frankfurt. Zeitschr. f. Pathol. Bd. 31, S. 16. 1925.

[3]) FLEMMING, W.: Zellsubstanz, Kern- und Zellteilung. Leipzig 1882.

[4]) BAUM, H.: Zitiert auf S. 635.   [5]) MÜNZER, F. T.: Zitiert auf S. 629.

[6]) LEONARD, ALICE: Zitiert auf S. 629.   [7]) MOSZEIK, O.: Zitiert auf S. 640.

[8]) BERG, W.: Zitiert auf S. 638.   [9]) AFANASSIEW, M.: Zitiert auf S. 652.

[10]) BOEHM, P. u. L. ASHER: Zitiert auf S. 639.

[11]) ARAPOW: Arch. des sciences biol. publ. par l'inst. imp. de med. exp. à St. Petersbourg Bd. 8, 2, S. 184. 1901.

[12]) FICHERA, G.: Zitiert auf S. 550.

als normal. Wenn die Glykosurie geschwunden war, nahmen die Zellen wieder normales Aussehen an und enthielten Körnchen. Cavazzani[1]), welcher den Plexus coeliacus reizte, fand danach die Zellen verkleinert, ihren Glykogengehalt vermindert, die Granula zentral gerückt und zahlreicher. Der Kern war verkleinert und lag mehr in der Zellmitte, das Gesamtbild der Zelle entsprach mehr dem Hungerbild. Nach Anlegung einer *Eckschen Fistel* beim Hunde sind nach Fischler[2]) die Leberzellen verkleinert.

F. Der Darm.

I. Der allgemeine Bau des Darmes als Ausdruck der Funktion.

Der an den Magen bzw. die Schlundhöhle sich anschließende Teil des Verdauungsrohres, der Darm, stellt in seiner primitivsten Entwicklung beim Amphioxux, den Rundmäulern, einigen Knochenfischen, Lurchfischen und den niedrigsten Amphibien (Olm) ein gerades Rohr dar, das durch die Einmündungsstelle des Ductus hepatoentericus in Vorder- und Mitteldarm getrennt wird und sich in den Enddarm fortsetzt. Schon bei manchen Fischen kommt es zu Schlängelungen und Schlingenbildungen des Rohres, die bei höheren Wirbeltieren stärkere Grade erreichen und, wie der Darm der Pflanzenfresser zeigt, eine Anpassung des aus funktionellen Ursachen verlängerten Darmrohres an den ihm zur Verfügung stehenden Bauchraum bedeuten.

Bei einigen Fischen, mehr noch bei Amphibien, Reptilien, Vögeln und Säugern ist das Darmrohr in zwei deutliche Abschnitte abgesetzt, und es kommt hier oft durch Bildung einer kreisförmigen Klappe zur Trennung in einen Dünndarm- und Dickdarmabschnitt. Bei Amphibien und Reptilien zeigt der Endabschnitt des Dickdarms, das Rectum, eine beträchtliche Ausdehnung, während bei den Säugern der weiter nach oben gelegene Abschnitt, das Kolon, eine besondere Entwicklung erfährt und eine Neuerwerbung dieser Tierklasse darstellt. Bei vielen Fischen, bei den Amphibien, Reptilien, Vögeln und Monotremen mündet der Darm gemeinsam mit den Urogenitalkanälen in einen besonderen Hohlraum, die Kloake, bei den Säugern sind die Mündungsstellen getrennt. Bei Fischen, welche keine Kloake besitzen, liegt die Darmmündung vor der Urogenitalöffnung. Bei Vögeln besitzt die Rückwand der Kloake eine besondere Tasche, die Bursa Fabricii, deren Bedeutung unbekannt ist. Bei weiblichen Marsupialiern, Nagern und Insectivoren sind Anus und Urogenitalöffnungen von einem gemeinsamen Sphincter umgeben.

Die funktionellen Momente, welche am Darm der Wirbeltiere zum Ausdruck kommen und auf seine Gestaltung im Laufe der Entwicklung eingewirkt haben, lassen sich auf drei Gesichtspunkte zurückführen. Einmal darauf, daß der Darm ganz allgemein einen *Nahrungsbehälter* darstellt, zweitens, daß *Einrichtungen* getroffen sein müssen, *die Nahrung fortzubewegen und die Beanspruchung des Rohres auf Druck- und Zugfestigkeit in seiner Gesamtheit wie in seinen Zellen funktionell anzupassen*, drittens *auf die chemische Aufgabe der Resorption des Darminhalts und der Sekretion der Verdauungssäfte.*

Für die Aufgabe des *Darmes als Behälter der Nahrung* ist das Nahrungsbedürfnis, das Quantum der aufgenommenen Nahrung, maßgebend.

Schon Nuhn[3]) bemerkte, daß die Wirbeltiere, welche in einer Zeit mehr Nahrung aufnehmen, einen längeren Mitteldarm besitzen. Gaupp[4]) berechnete das Verhältnis der Rumpflänge zur Dünndarmlänge bei Rana esculenta 1 : 1,9, bei Rana fusca nur 1 : 1,02 und führte diese bei ganz gleicher Ernährungsweise beobachteten Unterschiede auf die größere Kraft und vitale Energie des Wasserfrosches zurück.

Bei den Säugetieren, welche große Mengen einer voluminösen cellulosereichen Pflanzennahrung zu sich nehmen, finden wir das Kolon und namentlich das Coecum besonders geräumig. Daß hier aber die Celluloseverdauung nicht allein

¹) Cavazzani, E.: Pflügers Arch. f. d. ges. Physiol. Bd. 57, S. 181. 1894.
²) Fischler, F.: Physiologie und Pathologie der Leber. Berlin 1916.
³) Nuhn, A.: Du Bois' Arch. f. Anat. u. Physiol. 1870, S. 333.
⁴) Gaupp, E.: Anatomie des Frosches. Braunschweig 1904.

maßgebend ist, sehen wir beim Vogel, der zum Teil einen langen und weiten Enddarm besitzt, aber keine Cellulose verdaut.

Was die *mechanische Anpassung* betrifft, so finden wir beim Amphioxus in dem der Nahrungspassage dienenden Epibranchialhöhlenabschnitt und im Mittel- und Enddarm, der hier muskelfrei ist, Zellen mit Geißelhaaren, welche vielleicht dazu dienen, die Beförderung des Darminhalts zu unterstützen.

Eine solche Funktion dürfen wir sicher dem *Flimmerbesatz der Zellen* zuschreiben, der beim Amphioxus und bei Protopterus das ganze Leben vorhanden ist, bei Ammocoetes bis zur Metamorphose besteht und beim erwachsenen Neunauge, bei vielen anderen Fischen und bei Amphibien nur noch in gewissen Darmabschnitten sich findet, während er bei den höheren Wirbeltieren nur noch ausnahmsweise vorkommt. Doch ist die Ansicht berechtigt, daß die Strichelung des Randsaumes der Zylinderepithelzellen, die wir hier finden, ein Überbleibsel des früher vorhandenen Flimmersaumes darstellt. Daß der Stäbchenbesatz der Darmepithelien eine mechanische Anpassung bedeutet, ist naheliegend.

v. Thanhofer[1]) hat beim Frosch, Wiedersheim[2]) bei Selachiern, Molch und Salamanderlarven beobachtet, wie die einzelnen Epithelzellen pseudopodienartige Fortsätze ausstreckten, ihr Protoplasma sich am freien Rande in einer aktiven amöboiden Bewegung befand. Zimmermann[3]) fand im S. Romanum des Menschen feine Pseudopodien, die von den Epithelzellen zwischen den Stäbchen der Cuticula ausgestreckt wurden, um die Nahrung aufzunehmen. Die Cuticularstäbchen veränderten sich dabei nicht.

Einige der in den Epithelzellen des Darmes darstellbaren Strukturelemente können wir als Anpassungserscheinungen des Epithels an die Beanspruchung auf Zug- und Druckfestigkeit betrachten. M. Heidenhain fand in den Darmepithelzellen von Amphibien feine undeutlich gekörnte Plasmafibrillen, die die Zelle in der Längsrichtung vom Randsaum nach der Basis hin durchzogen und vom Kern beiseite gedrängt wurden. Er konnte auch feststellen, daß in manchen Fällen die gesamten Fasern um die Achse gedreht waren und halbseitige Drehungen der Fasermasse auftraten. Er erklärte sich die Bedeutung dieser Strukturen in der Weise, daß sie bei Höhenzunahme der Zelle durch Seitendruck der Deformation einen Widerstand leisten und darum als Widerstandsfibrillen oder Tonofibrillen zu bezeichnen seien. Er dachte auch an die Möglichkeit, daß diese Gebilde bei der Resorption, namentlich beim Transport des Wassers, eine Rolle spielen könnten.

C. C. Schneider[4]) hat dieselben Strukturen bei Amphibien und beim Löwen gesehen. Er fand feine Fädchen, die in Abständen Körnchen enthielten und von der Basis nach der Zelloberfläche verliefen, wo sie sich in den Stäbchenbesatz fortsetzten. Durch ihre Verklebung entstanden manchmal gröbere Fibrillen, Basalkörper waren nicht vorhanden. Schaeppi[5]) hat sie in neuerer Zeit auch für den Darm der weißen Ratte nachgewiesen. Ihr Verlauf war hier gerade oder spiralig, in den Drüsenzellen waren sie mehr gestreckt, in den Zottenzellen mehr wellig gekrümmt. Häufig umfaßten sie den Kern allseitig. Ihre Anzahl war geringer als beim Frosch.
Die in den Cuticularsaum reichenden Gebilde gingen von deutlich nachweisbaren Basalkörpern aus und enthielten in Abständen mit Eosin färbbare Körnchen.

Schaeppi, der den Gedanken Heidenhains wieder aufnahm, daß sie bei der Resorption des Wassers in Frage kommen könnten, machte mit Recht geltend, daß in diesem Falle eine Capillarstruktur anzunehmen sei. Wir können noch eine andere Erklärung heranziehen. Da die Epithelzellen einem in zweifacher Richtung

---

[1]) Thanhofer, L. v.: Zitiert auf S. 607.
[2]) Wiedersheim, R.: Festschr. d. 56. Versamml. dtsch. Naturforsch. u. Ärzte, Freiburg 1883.
[3]) Zimmermann, K. W.: Zitiert auf S. 558.
[4]) Schneider, C. C.: Histologisches Praktikum. Jena 1908.
[5]) Schaeppi, Th.: Arch. f. mikroskop. Anat. Bd. 69, S. 791. 1907.

verlaufenden physiologischen Vorgang, einer Resorption und Sekretion dienen, muß in besonderer Weise für Organe zur Erhaltung der Zellform gesorgt sein.

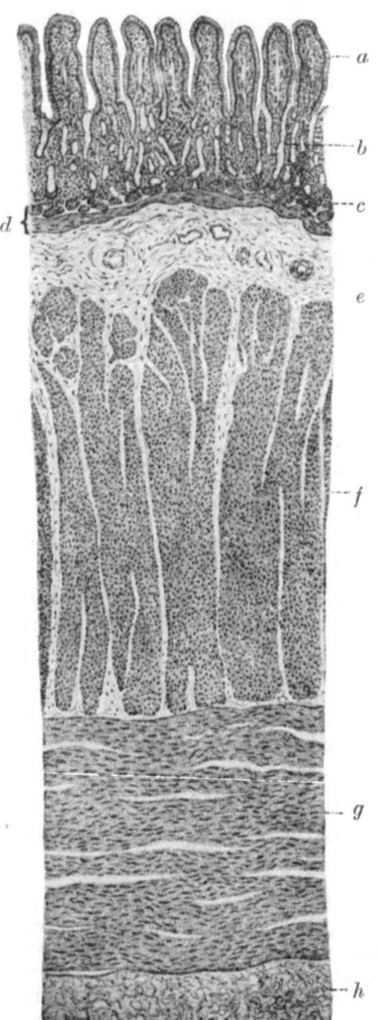

Abb. 173. Pferd. Längsschnitt aus dem Ileum. *a* Zotte mit Zentralchyluskanal, *b* Darmeigendrüse, *c* Stratum subglandulare, *d* Muscularis mucosae (Kreisfaser- und Längsfaserschicht), *e* Submucosa mit Blutgefäßen, *f* Kreisfaserschicht der Tunica muscularis, *g* Längsfaserschicht der Tunica muscularis, *h* Serosa. Zu beachten ist beim Pferde außerordentlich stark entwickelte Tunica muscularis, die etwa 6 mal so stark als das Stratum glandulare ist. (Nach Trautmann.)

Als wesentliche Organe der Fortbewegung der Nahrung im Darmrohr kommen die *Längs- und Ringsmuskeln* in Betracht. Babák[1]) hat in interessanten Versuchen an Froschlarven gezeigt, daß die Muscularis der mit Fleisch gefütterten Tiere bedeutend verdickt war. Bei Berechnung des Darminhaltes auf die Oberflächeneinheit der inneren Darmbekleidung ergab sich für die fleischgefütterten Tiere ein ungefähr zweimal größerer Inhalt als für die mit Pflanzen ernährten Kontrollen. Es kann hier als Erklärung herangezogen werden, daß der Darm der mit Fleisch gefütterten Tiere infolge seines relativ größeren Inhaltes auch einer stärkeren Entwicklung der Muscularis als eines Mittels zur Fortbewegung der Nahrung bedurfte. Wurden die Tiere einmal mit Fleisch, das andere Mal mit Fleisch unter Zusatz von Cellulose oder Glaspulver gefüttert, so ergab sich eine wenn auch geringe Verlängerung des Darmes, in letzterem Falle wohl infolge einer stärkeren mechanischen Beanspruchung und Reizung.

Die Beziehung der Stärke der Darmmuscularis zur Art der Nahrung tritt sehr deutlich bei den Säugetieren in Erscheinung. Trautmann[2]) konnte zeigen, daß Pferd, Hund und Katze die stärkste Mitteldarmmuscularis besitzen, während Rind, Schwein, Schaf und Ziege nur eine dünne Muskellage aufweisen (Abb. 173). Zieht man die Größenverhältnisse in Betracht, so haben die Fleischfresser Hund und Katze die am stärksten entwickelte Muskulatur. In gleicher Weise ist das elastische Gewebe bei den Fleischfressern viel mehr ausgeprägt. Die Erklärung liegt vielleicht darin, daß der Fleischfresser viel mehr Salzsäure produziert und mit dieser Sekretion in Zusammenhang der Dünndarm einen ständig vorhandenen Chemoreflex zeigt, der lediglich einem aboralwärts fortgesetzten Pylorusreflex entspricht. Zum Zustandekommen dieses Reflexes und infolge ständiger Übung hat sich die Muskulatur beim Fleischfresser dann stärker entwickelt.

Trautmann machte darauf aufmerksam, daß bei den Haussäugetieren die Muscularis mucosae die Tunica muscularis bei ihrer Tätigkeit unterstützt und darum wohl an Stellen mit schwächer entwickelter Muscularis kompensatorisch stärker entwickelt ist. Exner[3]) und Bienenfeld[4]) haben der Schleimhautmuskulatur die Bedeutung einer Schutzeinrichtung zugeschrieben. Für diese Auffassung könnte sprechen, daß wir diese Muskelschicht bei Hund, Katze und Pferd stärker entwickelt finden, d. h. bei solchen Tieren, deren Nahrung gerade spitze und harte Körper enthält, die den Darm mechanisch reizen und verletzen könnten. In demselben Sinne wird von Bienenfeld die verschiedene Entwicklung des Stratum granulosum und compactum gedeutet, elastischer Geflechte, die im Dünn-

———

   [1]) Babák, E.: Beitr. z. chem. Physiol. u. Pathol. Bd. 7, S. 323. 1905; Biol. Zentralbl. Bd. 23, S. 13. 1903; Zentralbl. f. Physiol. Bd. 18, Nr. 21. 1905.
   [2]) Trautmann, A.: Inaug.-Dissert. Zürich 1908.
   [3]) Exner, A.: Pflügers Arch. f. d. ges. Physiol. Bd. 89, S. 253. 1902.
   [4]) Bienenfeld, Bianca: Pflügers Arch. f. d. ges. Physiol. Bd. 98, S. 389. 1903.

darm der Propria mucosae basal anliegen. Wir finden ein Stratum compactum nach OPPEL bei Raubfischen, nach TRAUTMANN unter den Haussäugetieren nur bei Hund und Katze, also durchweg bei Carnivoren.

Beim Pferd kommt es zur Ausbildung eines besonderen Subglandulargewebes, das mit dem nur bei Carnivoren, nicht bei Herbivoren entwickelten Stratum granulosum nicht identisch ist.

Wir haben bereits betrachtet, daß die Epithelzellen des Darmes besondere Einrichtungen besitzen, die sie gegen die Beanspruchung auf Zug und Druck widerstandsfähig machen. Diese Einrichtungen kommen noch in anderer Weise zum Ausdruck. SCHAEPPI[1]) wies an den Darmepithelzellen der weißen Maus basale Zellfortsätze nach, die die Grenzmembran der Zotten durchbrechen und mit dem Netzwerk des reticulären Bindegewebes in direkter Kontinuität stehen. Damit wäre ein direkter, aus mechanischen Gesichtspunkten erklärbarer Konnex zwischen Epithel und Zottenstroma geschaffen. SCHAEPPI hat auch bei der Maus protoplasmatische, die Intercellulärräume durchsetzende Fasern dargestellt, die die Epithelzellen miteinander verbinden und aus den gleichen mechanischen Gesichtspunkten erklärbar sind. Übrigens hatte schon R. HEIDENHAIN an eine direkte Verbindung zwischen Epithel und Stroma gedacht, diese Ansicht aber später wieder aufgegeben. Die im histologischen Bilde darstellbaren Anpassungsstrukturen auf Zug und Druck werden uns noch verständlicher, wenn wir den Mechanismus der Resorption betrachten.

Die *Zotten* des Darmes besitzen eigene Elemente glatter Muskelfasern, deren Ursprung, wie TRAUTMANN zeigte, in der Muscularis mucosae liegt. Ihre Bedeutung liegt darin, daß sie den Zotten eine aktive Beweglichkeit verleihen, die beim Mechanismus der Resorption in Erscheinung tritt.

Graf SPEE[2]) stellte durch Messungen fest, daß sich der zentrale Chylusraum der Darmzotten bei der Zottenkontraktion erweitert und aus dem Zottengewebe die zu resorbierende Flüssigkeit aufnimmt, um sie bei der Extension der Zotten an die abführenden Wege abzugeben. Der wichtigste Moment für die Streckung der Zotten ist nach ihm die peristaltische Kontraktion der Darmmuskulatur. Nach ELLENBERGER und SCHEUNERT taucht die erschlaffte und gestreckte Zotte in den Darminhalt ein und saugt sich mit Inhalt voll, den sie bei der Kontraktion der Zottenmuskulatur nach dem Ort des niedrigeren Druckes, d. h. in den axialen Hohlraum, abgibt, wo er in die abführenden Wege abfließt.

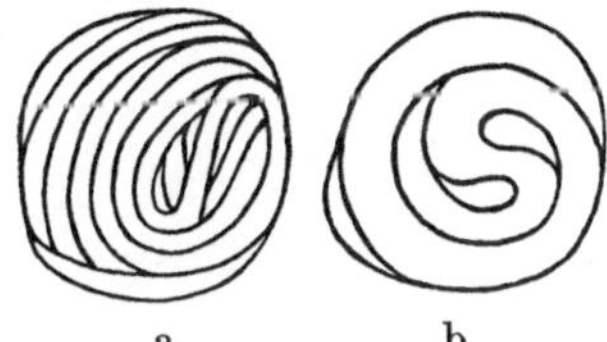

a   b

Abb. 174. Darmknäuel von zwei Froschlarven, von denen die eine (a) mit Pflanzenkost, die andere (b) mit Fleisch ernährt wurde. 3 mal vergr. (Nach BABÁK.)

Wenden wir uns zur **chemischen Funktion** des Darmes, so kommt sie in der Länge und Weite des Rohres, in der Vergrößerung der resorbierenden und sezernierenden Oberfläche und in der Entwicklung besonderer Zellelemente zum Ausdruck.

Die *Länge und Weite des Darmrohres*, die in der Wirbeltierreihe außerordentlich wechselt, fällt im wesentlichen mit der Größe der resorbierenden Innenauskleidung zusammen. Wir beobachten hier allgemein, daß der Darm solcher Tiere, welche pflanzliche, schwerer verdauliche Nahrung zu sich nehmen, länger ist und können hier neben der Schaffung ausgiebiger Resorptionsflächen einen durch den längeren Weg bedingten längeren Kontakt des Darminhalts mit der Schleimhaut in Betracht ziehen.

Dieser funktionelle Gesichtspunkt kommt in der ganzen Wirbeltierreihe zum Ausdruck und findet sich schon bei den Fischen. So haben bei den Zahnkarpfen die fleischfressenden Gattungen einen kurzen Darm, die pflanzenfressenden einen langen mit zahlreichen Windungen. Die omnivore Froschlarve besitzt eine lange Darmspirale, die bei der Umwandlung in den fleischfressenden Frosch einem Rohre Platz macht, das die Körperlänge des Tieres nur wenig übertrifft. BABÁK[3]) konnte zeigen, daß, wenn man Froschlarven mit Fleisch füttert, der Darm nur wenige Spiraltouren aufweist, während er bei den mit Pflanzen gefütterten Tieren zahlreiche Spiraltouren bildet (Abb. 174 a und b). Es ist dabei gleichzeitig

---

[1]) SCHAEPPI, TH.: Zitiert auf S. 659.
[2]) SPEE, Graf, F.: Arch. f. Anat. (u. Physiol.) 1885, S. 159.
[3]) BABÁK, E.: Zitiert auf S. 660.

der Darm der mit Fleisch ernährten Tiere bedeutend weiter. Wurden die Tiere mit Pflanzeneiweiß oder Krebsfleisch gefüttert, so zeigte ihr Darm gegenüber den mit Wirbeltierfleisch gefütterten Individuen eine bedeutende Verlängerung, was darauf schließen läßt, daß auch die Wertigkeit des Eiweißes eine Rolle spielt.

KLATT[1]) konnte an Tritonlarven feststellen, daß auf reine Fleischnahrung, im Gegensatz zur Wildnahrung, der Darm verkürzt wird, während Muschelfleisch und Krebsfleisch entweder keine Verschiedenheiten oder aber ein umgekehrtes Verhalten wie bei Anurenlarven hervorgerufen. Nach KUNTZ[2]) nehmen bei der Metamorphose von Rana pipiens und Amblystoma tigrinum die Wände von Magen und Darm um so viel an Dicke zu, als sie an Länge abnehmen, es handelt sich also um eine Neuordnung schon vorhandener Gewebselemente.

Was die Reptilien betrifft, so ist der Enddarm bei der pflanzenfressenden Landschildkröte bedeutend dicker als bei der Sumpfschildkröte, einem Fleischfresser, indes ist bei letzterer Art der Darm länger.

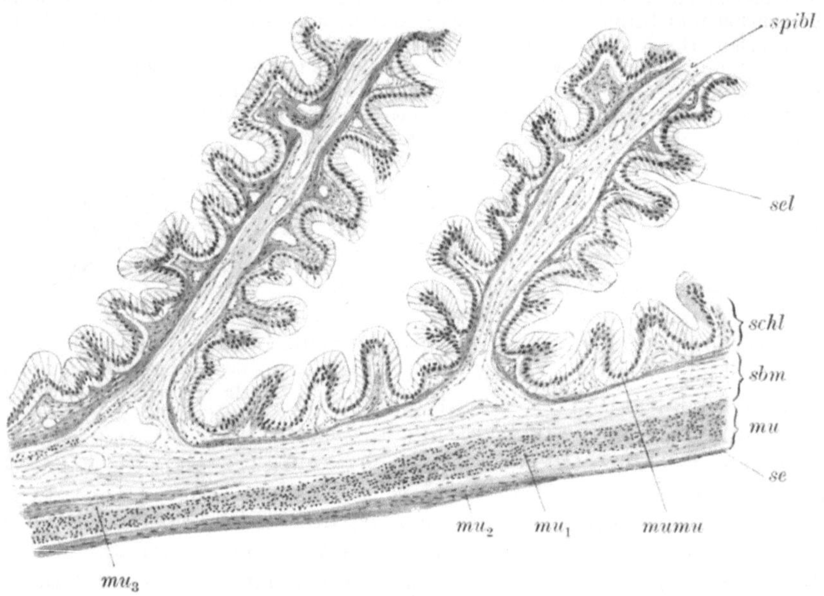

Abb. 175. Zitterrochen, Spiraldarm (Längsschnitt). *spibl* Spiralblatt, *sel* Sekundärleisten, *schl* Schleimhaut, *sbm* Submucosa, *mu* Muscularis, *se* Serosa, *mumu* Muscularis mucosae, mu_1 zirkuläre innere Muskelschicht, mu_2 longitudinale äußere Muskelschicht. (Aus KRAUSE: Mikroskopische Anatomie der Wirbeltiere in Einzeldarstellungen IV.)

Bei den Vögeln kommt der Unterschied noch stärker zum Ausdruck. So beträgt die Darmlänge, in Verhältnis zur Körperlänge gesetzt, beim Kauz 10 : 19, bei der Krähe 10 : 33, beim Buchfink hingegen 10 : 37,5, beim Haushuhn 10 : 40,7. Bei den Fleisch- und Fruchtfressern ist die relative Darmlänge zumeist kleiner als 5, bei den Körner- und Pflanzenfressern zumeist größer als 8. Doch dürften hier noch andere, uns unbekannte Momente eine Rolle spielen. So finden wir z. B. den längsten Darm beim afrikanischen Strauß, während der Darm des amerikanischen Straußes und des Kasuars bedeutend kürzer ist.

Ebenso ausgeprägt sind diese Unterschiede bei den Säugetieren. Wir sehen dies bei Vergleich der Darmlängen von fleischfressenden Beutlern und pflanzenfressenden Flugbeutlern. Auch unsere Haustiere, bei denen die Darmlänge in der Reihenfolge Hund, Katze, Pferd, Schwein, Rind und Schaf beträchtlich zunimmt, bringen den funktionellen Gesichtspunkt zum Ausdruck. DAUBENTON[3]) konnte sogar zeigen, daß der Darm unserer nicht zu den reinen Fleischfressern gehörenden Hauskatze um ein Drittel länger ist als der der Wild-

---

[1]) KLATT, B.: Zeitschr. f. wiss. Biol., Abt. D: Wilh. Roux' Arch. f. Entwicklungsmech. d. Organismen Bd. 107, S. 314. 1926.

[2]) KUNTZ, A.: Jahrb. f. Morphol. Bd. 38, S. 581. 1924.

[3]) Zitiert nach HESSE-DOFLEIN: Tierbau und Tierleben. Leipzig u. Berlin 1910.

katze, und GURLT[1]) beobachtete einen entsprechenden Unterschied bei Vergleich der Darmlängen des Wolfes und des allesfressenden Haushundes.

Unter dieselben funktionellen Gesichtspunkte fallen auch *eine Reihe besonderer Einrichtungen*, die wir im Darm der Wirbeltiere bemerken.

Bei Selachiern, Ganoiden und Dipnöern finden wir im Darm Spiralklappen oder Falten, denen die Bedeutung zukommt, die resorbierende Fläche des Rohres zu vergrößern und die Passage der Nahrung zeitlich zu verlängern (Abb. 175). Bei den Ganoiden und vielen Teleostiern finden wir hinter dem Pylorus fingerartige oder lappige Anhänge in verschiedener Zahl, die Appendices pyloricae, gegen deren funktionelle Wichtigkeit freilich ihre sehr verschiedene Ausgestaltung zu sprechen scheint. Bei der Wühlmaus zeigt nach PATZELT[2]) der Dickdarm einige Besonderheiten, die aus der Schwerverdaulichkeit der Nahrung dieser Tiere abzuleiten sind. Es sind hier vor allem die *Blinddärme* zu nennen, die vielen Fischen und den Amphibien fehlen, bei den Reptilien zum Teil vorhanden sind und bei den Vögeln und Säugern eine besondere Ausgestaltung erfahren. Unter den Vögeln, wo sie zumeist paarig auftreten, sind sie besonders bei den Pflanzenfressern von großer Länge, hier wiederum bei den Arten, die grüne Pflanzenteile in der Nahrung aufnehmen. Bei den Fisch- und Aasfressern, bei den Raubvögeln, den reinen Zerealienfressern und den Insektenfressern sind sie hingegen nicht vorhanden oder nur kurz und klein. Bei den Waldhühnern zeigen sie nach SCHUMACHER[3]) einen ganz besonderen Bau, Gliederung in drei Abschnitte und Sekre-

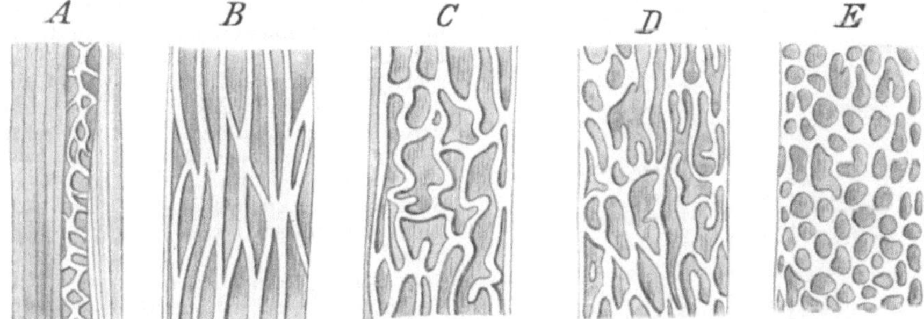

Abb. 176. Halbschematische Flächenschnitte durch Fischdärme zur Demonstration des Überganges der Längsbuchten in rundliche Krypten. (Nach EDINGER.) *A* von Petromyzon mit der deutlich vorspringenden Spiralfalte, *B* von einem Selachier, *C—E* von verschiedenen Teleostiern. (Aus WIEDERSHEIM: Vergleichende Anatomie der Wirbeltiere.)

tionserscheinungen des Epithels, während die Darmeigendrüsen hier rudimentär sind. In gleicher Weise sehen wir diesen Darmabschnitt bei den pflanzenfressenden Beutlern, bei den Nagern und Huftieren stark entwickelt, während er bei den Fleischfressern klein ist und den fleischfressenden Beutlern fehlt. Bei den Menschenaffen und dem Menschen ist der Darmteil rückgebildet und tritt hier als Wurmfortsatz in Erscheinung.

Durch die *Entwicklung besonderer Zerklüftungen und Erhebungen der Schleimhaut* ist im Darm eine Vergrößerung der resorptiven Fläche geschaffen worden, die über das Maß der durch die Länge bedingten hinausgeht.

Schon bei den Selachiern und den Amphibien können wir eine Vergrößerung der Innenfläche beobachten, die durch Zerklüftung der Oberfläche und Bildung kleiner Erhebungen zustande kommt. Wir sehen bei den Fischen, wie sich durch verschiedene Ausgestaltung des Innenreliefs rundliche Krypten aus Längsbuchten entwickeln (Abb. 176). Es entstehen auf diese Weise Leisten und Falten, und durch weitere Verlängerung Zotten. Unter den Amphibien finden wir eine echte Zottenbildung bei Kröte und Salamander, während den Reptilien eigentliche Zotten fehlen. Unter den Vögeln ist nach BUJARD[4]) eine Bildung von Längs- und Querfalten besonders bei Körnerfressern ausgeprägt, während eine Zottenbildung

---

[1]) Zitiert nach HESSE-DOFLEIN: Tierbau und Tierleben. Leipzig u. Berlin 1910.
[2]) PATZELT, V.: Anat. Anz. Bd. 60, Erg.-Heft S. 270. 1925.
[3]) SCHUMACHER, S. v.: Zeitschr. f. d. ges. Anat., Abt. 1: Zeitschr. f. Anat. u. Entwicklungsgesch. Bd. 64, S. 76. 1922; Bd. 76, S. 640. 1925.
[4]) BUJARD, E.: Internat. Monatsschr. f. Anat. u. Physiol. Bd. 26, S. 1. 1909.

besonders bei den Fleischfressern, doch auch bei Taube und Gans vorhanden ist. Bei den Säugetieren ist vor allem die Feststellung von Wichtigkeit, daß im Säuglingsalter die Form der Zotten bei verschiedenen Arten gleich ist. Das Innenrelief zeigt beim erwachsenen Tier hingegen eine nach der Tierart sehr große Verschiedenheit. Nach Bujard[1]) besitzen Kaninchen, Meerschweinchen und Ratte lamellöse Zotten, Hund und Katze fingerförmige Gebilde, während beim Maulwurf nur Längsfalten vorhanden sind.

Die chemischen Aufgaben des Darmes bei der Verdauung haben zu einer *besonderen Ausgestaltung seines Epithels* geführt.

Beim Amphioxus finden wir nach Krause[2]) Geißelzellen, die im Enddarm durch Zylinderzellen verdrängt werden.   Beim Neunauge ist der Vorderdarm mit Flimmerzellen ausgekleidet. Jenseits der Leber treten zwischen dieser Zellform flimmerlose Zellen auf, die acidophile, zum Teil große Granula enthalten. Sie gehen aus Flimmerzellen hervor und wandeln sich in diese Zellform zurück, wenn sie ihre Körnchen ausgestoßen haben, die zum Teil schon innerhalb der Zelle verflüssigt werden (Abb. 177). Wir dürften hier das erste Auftreten einer sekretorischen Funktion vor uns haben, das noch mit einer mechanischen Funktion abwechselt. Beim Rochen hat die Entwicklung dann weitere Fortschritte gemacht. Hier treten im Mitteldarm kurze schlauchförmige Drüsen auf, deren Zellen acidophile Körnchen enthalten, im Spiraldarm und Enddarm sehen wir Becherzellen und Zylinderzellen mit Stäbchensaum nebeneinander. Der Darm der Knochenfische bietet das gleiche histologische Bild.

Gehen wir in der Wirbeltierreihe weiter, so finden wir die *Becherzellen* und das Stäbchenepithel in Dünn- und Dickdarm als lumenseitige Bekleidung der Schleimhaut wieder. Die Becherzellen, welche sich bei Vögeln und Säugern auch in den Krypten finden, sind besonders reichlich im Dickdarm vorhanden. Nach Clara[3]) ist bei den Vögeln die Fähigkeit der Schleimbildung im ganzen Mittel- und Enddarm auch den Hauptzellen eigen, aus denen jederzeit Becherzellen gebildet werden können, es bestehen zwischen beiden Zellarten alle funktionellen Übergänge. Der Stäbchensaum ist bei einer Vogelart nicht immer nachweisbar. Trautmann[4]) hat gezeigt, daß die Becherzellen bei Hund und Katze weit zahlreicher vorhanden sind als bei den Pflanzenfressern (Abb. 178 A u. B). Wenn wir ihre Aufgabe, Schleim zu bilden, heranziehen, so ist dies verständlich, da die Nahrung der Fleischfresser viel mehr mechanisch reizende Körper enthält als die der Pflanzenfresser, gegen die sich der Darm durch Bildung einer Schleimhülle schützt. Es wäre auch der Gedanke heranzuziehen, daß die reichlichere Produktion von Schleim im Darm des Fleischfressers mit der stärkeren Salzsäureproduktion des Magens zusammenhängt, indem der Schleim die in den Darm

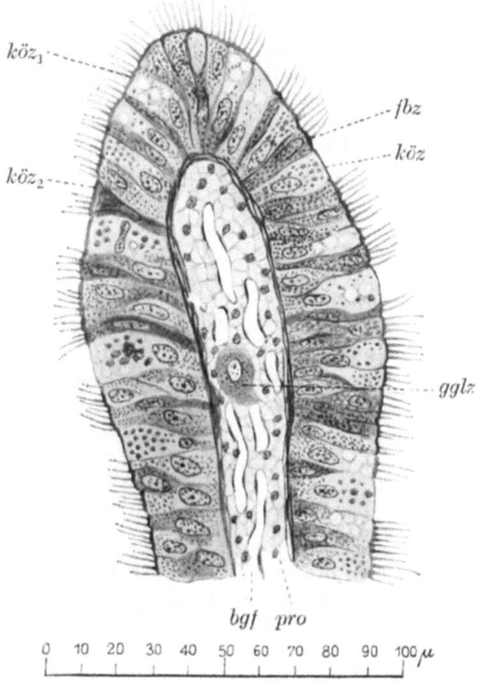

Abb. 177. Neunauge. Falte des Mitteldarms. *fbz* Flimmerzellen, *köz* Körnerzellen, *köz₁* eine solche mit Vakuolen, *köz₂* kollabierte Körnerzelle, *pro* Propria, *bgf* Blutgefäße, *gglz* sympathische Ganglienzelle. (Aus Krause: Mikroskopische Anatomie der Wirbeltiere in Einzeldarstellungen IV.)

<hr>

   [1]) Bujard, E.: Zitiert auf S. 663.
   [2]) Krause, R.: Mikroskopische Anatomie der Wirbeltiere in Einzeldarstellungen. I. Säugetiere. Berlin u. Leipzig 1921. II. Vögel und Reptilien. 1922. III. Amphibien. 1923. IV. Teleostier, Plagiostomen, Cyclostomen und Leptokardier. 1923.
   [3]) Clara, M.: Zeitschr. f. mikroskop.-anat. Forsch. Bd. 4, S. 346. 1925; Bd. 6, S. 1 u. 256. 1926.
   [4]) Trautmann, A.: Zitiert auf S. 608.

tretende Säure abstumpft und die sehr empfindliche Oberfläche der Zellen vor Säureschädigung schützt. Wir dürfen nicht vergessen, daß der Schleim auch im Darme dieselbe Aufgabe erfüllen kann wie in der Mundhöhle, nämlich die Gleitfähigkeit des Darminhaltes zu erhöhen. Dieses Moment dürfte vor allem für den Dickdarm der Säuger und den Darm der zum Teil sehr schnell verdauenden Vögel gelten.

Aus den soliden Zellknospen des Oberflächenepithels, wie wir sie bei den Amphibien beobachten, entwickeln sich bei Vögeln und Säugetieren besondere Drüsen, die *Lieberkühnschen Drüsen oder Krypten*. Schon RANVIER hatte beobachtet, daß sie gekörnte Zellen enthalten. PANETH[1]) hat diese Zellart bei Maus.

Ratte und Meerschweinchen zum erstenmal beschrieben. (Abb. 179 u. 180.)

Es handelt sich bei den *Panethschen oder Körnerzellen* um besondere Zellen, die mäßig lichtbrechende Körnchen enthalten, die sich mit Osmiumsäure bräunen und nach Fixierung in Pikrinsäure Kernfarbstoffe, saure Farben und Mucinfarben annehmen. Am sichersten gelingt ihre Darstellung nach ALTMANN. Daß die Zellen Glykogen enthalten können, hat KRIEGER[2]) gezeigt. Sie kommen nach NICOLAS[3]) im Dünndarm der Eidechse, nach CLARA[4]) im Dünndarm einiger Vogelarten (Turdidae, Anas) vor und sind von vielen Untersuchern [R. HEIDENHAIN, BIZZOZERO[5]), KOKUBO[6]), SCHAFFER[7]), MÖLLER[8]), ZIMMERMANN[9]), SALTYKOW[10]), SCHMIDT[11]), TRAUTMANN[12])] bei verschiedenen Säugetieren und beim Menschen gesehen worden. Nach TRAUTMANN[12]) und WEISSBART[13]) finden sie sich

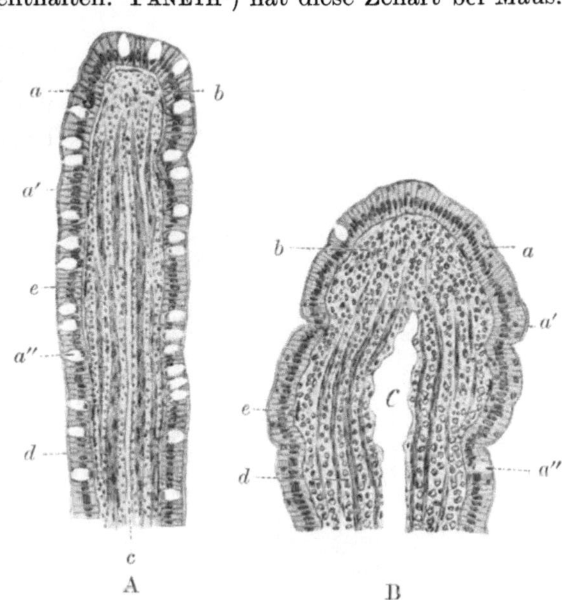

Abb. 178. A. Katze. Längsschnitt einer Dünndarmzotte. *a* Zylinderepithel mit Cuticularsam (*a'*) und Becherzellen (*a''*), *b* Zottenstroma, *c* Zentralchyluskanal, *d* Längslagen glatter Muskeln, *e* Subepitheliale Basalmembran. Die große Anzahl der Becherzellen im Oberflächen- bzw. Zottenepithel ist charakteristisch für die Carnivoren, während den Herbivoren und dem Schwein eine bei weitem geringere Anzahl zukommt. — B. Ziege. Längsschnitt einer Dünndarmzotte. *a* Zylinderepithel mit Cuticularsaum (*a'*) und Becherzellen (*a''*), *b* Zottenstroma, *c* Zentralchyluskanal, *d* Längslagen glatter Muskeln, *e* Subepitheliale Basalmembran. (Nach TRAUTMANN.)

---

[1]) PANETH, J.: Arch. f. mikroskop. Anat. Bd. 31, S. 113. 1888.
[2]) KRIEGER, H.: Inaug.-Dissert. Dresden 1914.
[3]) NICOLAS, A.: Bull. des séances de la soc. des sciences de Nancy Nr. 5, S. 45. 1890; Internat. Monatsschr. f. Anat. u. Physiol. Bd. 8. 1891.
[4]) CLARA, M.: Zeitschr. f. mikroskop.-anat. Forsch. Bd. 6, S. 55. 1926.
[5]) BIZZOZERO, G.: Zitiert auf S. 615.
[6]) KOKUBO: Zitiert auf S. 622.
[7]) SCHAFFER, J.: Sitzungsber. d. Akad. d. Wiss., Wien. Mathem.-naturw. Kl. 100. 1891; 103, 106. 1897.
[8]) MÖLLER, W.: Zeitschr. f. wiss. Zool. Bd. 66, S. 69. 1899.
[9]) ZIMMERMANN, K. W.: Zitiert auf S. 558.
[10]) SALTYKOW: Inaug.-Dissert. Zürich 1901.
[11]) SCHMIDT, J. E.: Arch. f. mikroskop. Anat. Bd. 66, S. 12. 1905.
[12]) TRAUTMANN, A.: Arch. f. mikroskop. Anat. Bd. 76, S. 288. 1910.
[13]) WEISSBART, M.: Inaug.-Dissert. Dresden 1919.

auch bei den Fleischfressern Hund und Katze. Was ihre Lokalisation im Darmrohr betrifft, so konnte sie Trautmann[1]) bei Pferd und Esel bis hinab ins Coecum nachweisen, der Dickdarm zeigte die Zellen nicht. Bloch[2]) hat sie hingegen auch im Dickdarm des Säuglings gefunden, Kostitsch[3]) fand sie in großer Zahl im Dickdarm des hungernden Igels. Nach Schmidt[4]) sind die Panethschen Zellen beim Menschen im 7. Fetalmonat durch den ganzen Dünndarm vorhanden, häufig finden sie sich auch im Coecum, selten hingegen im Dickdarm. Die Becherzellen entwickeln sich früher und sind schon im 3. Fetalmonat nachweisbar.

Bizzozero hielt die Panethschen Zellen für junge Schleimzellen, Kull[5]) glaubt in gleicher Weise in den Lieberkühnschen Krypten hungernder Mäuse Über

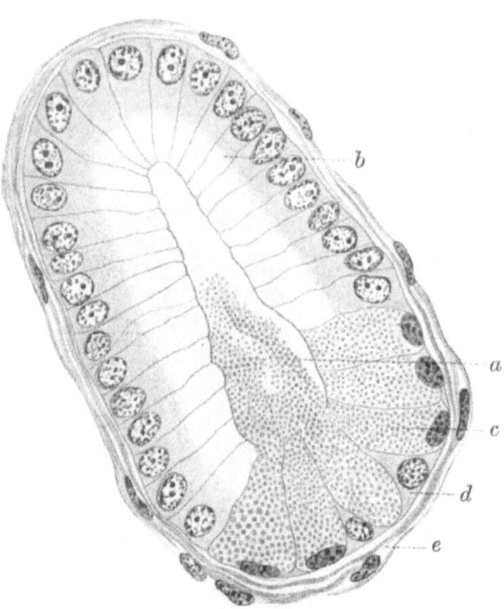

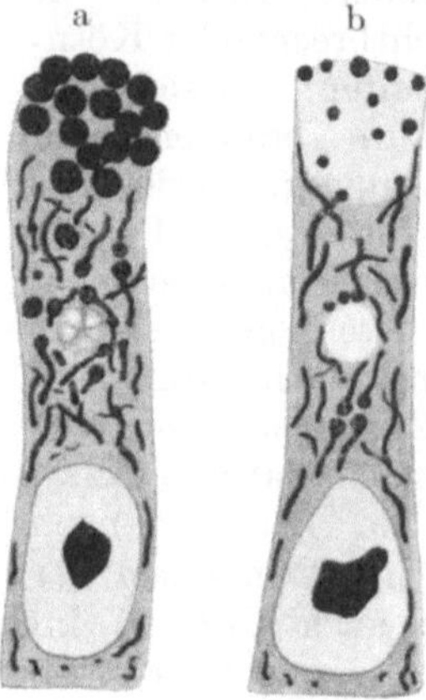

Abb. 179. Schrägschnitt durch den Fundus einer Darmeigendrüse vom Duodenum des Pferdes. (Fixierung: Zenkersche Flüssigkeit; Färbung: Hämatoxylin (Friedl.) — Aurantia — Eosin.] *a* Lumen mit Sekretgranula, *b* Zylinderzelle, *c* Panethsche Körnchenzelle mit Granula angefüllt, *d = b*, *e* periglanduläres Gewebe. (Nach Trautmann: Arch. f. mikroskopische Anatomie und Entwicklungsgeschichte Bd. 76, 1910.)

Abb. 180. Körnerzellen von Turdus merula. Fixation Kaliumbichromat-Formol nach Kopsch. Färbung nach Regaud. Plastokontenstruktur der Körnerzellen. Bei a eine mit Körnern gefüllte Zelle, bei b eine Zelle mit hellem, distalem „Becher" und wenigen Körnern. — In beiden Zellen deutliche Körner im Bereiche der hellen, supranukleären „Vakuolen". (Nach Clara: Zeitschr. f. mikr. anat. Forsch. Bd. IV, 1.)

gänge zwischen Becherzellen und Panethschen Zellen gesehen zu haben. Paneth, Nicolas, Möller, Trautmann, Clara u. a. haben hingegen einen Übergang zwischen beiden Zellarten verneint und halten die Panethschen Zellen für Zellen sui generis.

Neben den Panethschen oder Körnerzellen kommt eine weitere Art von Darmzellen vor, die als *enterochromaffine Zellen* [Ciaccio[6])], *gelbe Zellen* [Schmidt[4]),

---

[1]) Trautmann, A.: Zitiert auf S. 608.
[2]) Bloch, C. E.: Jahrb. f. Kinderheilk., N. F. Bd. 58, Erg.-Heft. 1903.
[3]) Kostitsch, A.: Cpt. rend. des séances de la soc. de biol. Bd. 90, S. 259. 1924.
[4]) Schmidt, J. E.: Zitiert auf S. 665.
[5]) Kull, H.: Arch. f. mikroskop. Anat. Bd. 77, S. 541. 1911.
[6]) Ciaccio, C.: Cpt. rend. des séances de la soc. de biol. Bd. 1, S. 60. 1906; Arch. ital. di anat. e di embriol. Bd. 6. 1907.

HAMPERL[1])], *chromaffine und acidophile basalgekörnte Zellen* [KULL[2]), CLARA[3])] bezeichnet worden sind. Es handelt sich um Zellen, deren Granula bei Fixierung in Müller-Formol oder Kalibichromat den gelben Farbenton des Fixierungsmittels annehmen und teils eine Affinität zu dem acidophilen Eosin zeigen.

Nach HAMPERL, KULL und CLARA ist dies ein Ausdruck verschiedener Funktionsstadien einer Zellart.

Die basalgekörnten Zellen sind im Darm des Menschen und vieler Säugetiere, von GRESCHIK[4]), KULL und CLARA auch im Darm vieler Vögel nachgewiesen worden (Abb. 181). Was ihre Lokalisation betrifft, so finden sie sich nach SCHMIDT, KULL und CLARA über den ganzen Darm verteilt und sind auch in den BRUNNERschen Drüsen und im Ductus pancreaticus vorhanden. Bei einigen Vogelarten, wie Huhn und Taube, sind sie nach CLARA gerade im Enddarm besonders häufig. TANG[5]) hat darauf hingewiesen, daß bei einer Tierart die PANETH-schen und die basalgekörnten Zellen in umgekehrtem Zahlenverhältnis zueinander stehen.

Die von den Pylorusdrüsen zu trennenden *Brunnerschen Drüsen* stellen eine Sondererwerbung des Säugetierdarmes dar.

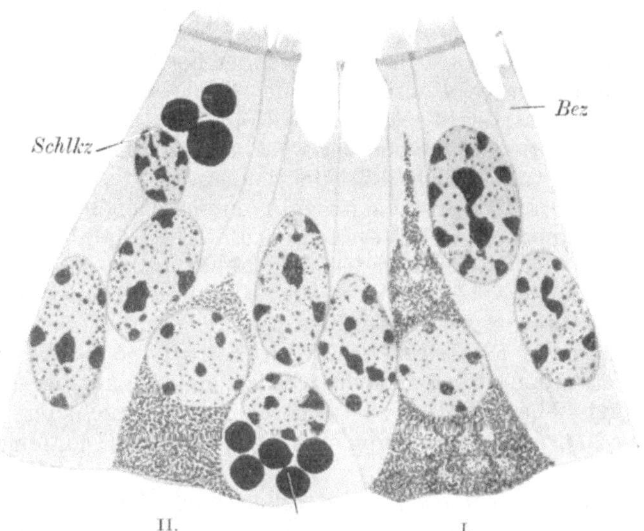

Abb. 181. Basalgekörnte Zellen aus einem Kryptenfundus des Blinddarmes von Dendrocopus medius. Fixation Formalin, Färbung Heidenhainsches Eisenhämatoxylin + Eosin. Bei der Zelle I Körnchen verhältnismäßig reichlich auch oberhalb des Kernes sichtbar. In der Verteilung der Körnchen sind dichter und dünner besetzte Partien erkennbar, die zum Teil Vorstufen der Vakuolen darstellen dürften. Bei der Zelle II nur wenige Körnchen oberhalb des Kernes; unterhalb des Kernes mehr gleichmäßige Körnelung. *Schlkz* Schollenleukozyten im Epithel, *Bez* eine schleimkappentragende Zelle. (Nach CLARA: Zeitschr. f. mikroskop. anat. Forsch. Bd. VI, I.)

SCHAFFER[6]), KAUFMANN[7]) und OPPEL[8]) konnten im Darm des Menschen *Belegzellen* nachweisen, WEISSBART[9]) fand Belegzellen im Dünndarm des Schweines.

---

[1]) HAMPERL, H.: Über die gelben (chromaffinen) Zellen im Epithel des Verdauungstraktes. 1925.

[2]) KULL, H.: Arch. f. mikroskop. Anat. Bd. 81. 1913; Zeitschr. f. mikroskop.-anat. Forsch. Bd. 2. 1925.

[3]) CLARA, M.: Zeitschr. f. mikroskop.-anat. Forsch. Bd. 6, S. 28. 1926.

[4]) GRESCHIK, E.: Aquila Bd. 29. 1922.

[5]) TANG, E. H.: Arch. f. mikroskop. Anat. Bd. 96. 1922.

[6]) SCHAFFER, J.: Sitzungsber. d. Akad. d. Wiss., Wien. Mathem.-naturw. Kl. III, Bd. 100. 1891.

[7]) KAUFMANN, M.: Anat. Anz. Bd. 28, S. 465. 1906.

[8]) OPPEL, A.: Arch. f. mikroskop. Anat. Bd. 76, S. 525. 1910/11.

[9]) WEISSBART, M.: Zitiert auf S. 665.

Histophysiologisch haben wir uns nun zu fragen, *inwieweit die hier beschriebenen Zellformen bei Bereitung der Darmfermente beteiligt sind.* Wir wissen, daß die Menge des vom Darm täglich abgesonderten Verdauungssaftes erheblich ist. Da man in den Zellen der Lieberkühnschen Krypten vielfach Mitosen fand, so dachte man daran, daß sie dem Ersatz der zugrunde gehenden Darmepithelzellen dienen. Andere Untersucher sind indessen der Meinung, daß diesen Drüsen die Produktion der Darmfermente zukommt, während das Oberflächenepithel die Aufgabe der Resorption übernimmt. Ob diesem neben der resorptiven Aufgabe eine sekretorische Funktion im Sinne der Sekretion eines Fermentes zukommt, läßt sich bis heute nicht entscheiden.

Daß die *Panethschen Zellen* Sekretbereiter sind, geht schon aus den Beobachtungen ihres Entdeckers hervor, der bei Mäusen nach vorausgehender Fütterung auffallend viel entleerte Zellen fand.

Cordier[1]) stellte bei Meerschweinchen, denen er Pilocarpin einspritzte, an den Panethschen und basalgekörnten Zellen einen Schwund der Granula fest. $1^1/_2$ Stunde nach der Injektion waren die Körnchen in den Zellen wieder ersetzt. Das Pankreas zeigte ganz entsprechende Veränderungen. Auf Grund seiner Befunde und der Feststellung Parats[2]), daß bei menschlichen Embryonen die Panethschen Zellen in dem Augenblick auftreten, in dem Leber und Pankreas zu funktionieren beginnen, glaubt Cordier, daß zwischen der Sekretion von Leber, Pankreas und Darm histophysiologische Beziehungen bestehen.

Was die *basalgekörnten Zellen* betrifft, so ist von einigen Untersuchern (Parat, Kull) daran gedacht worden, daß sie mit der Secretinbereitung in Beziehung stehen. Daß die Panethschen Zellen nicht mit der Verdauung pflanzlicher Nahrung in Beziehung stehen, ist durch ihr Vorkommen bei Fleischfressern hinreichend widerlegt.

Die *Brunnerschen Drüsen* sollen nach Abderhalden und Rona[3]) Pepsin bilden. In Extraktivversuchen mit dem diese Drüsen enthaltenden Schleimhautabschnitt (Pferd, Schwein und Rind) fanden hingegen Scheunert und Grimmer[4]) kein proteolytisches Ferment, so daß wir auch diese Frage als noch ungeklärt betrachten dürfen.

II. Histophysiologie des Darmes.

Wenden wir uns zur Histophysiologie des Darmes, so sind hier zunächst die Versuche, mit **Vitalfärbung** die Wege der Resorption zu ermitteln, von besonderer Bedeutung. Zahlreiche Untersuchungen mit basischen Farbstoffen [O. Schultze[5]), Mitrophanow[6]), Fischel[7]), Arnold u. a.] haben übereinstimmend gezeigt, daß es gelingt, die Darmepithelien mit basischen Farben vital anzufärben. Und zwar erscheint hier die Farbe in Gestalt intracellulärer Granula, die von Schultze mit den Altmannschen Granulis, von Arnold mit den Plasmosomen in Beziehung gebracht wurden, von denen wir aber nur sagen können, daß es sich um gefärbte, aus Eiweiß oder Lipoiden bestehende Einschlüsse handelt, deren Verfolgung uns keine direkte Vorstellung vom Resorptionsvorgang in der Zelle vermittelt.

[1]) Cordier, R.: Cpt. rend. des séances de la soc. de biol. Bd. 1, S. 88. 1923.

[2]) Parat, M.: Cpt. rend. des séances de la soc. de biol. Bd. 90. 1924; Cpt. rend. de assoc. des anatomistes XIX Réunion. Straßburg 1924.

[3]) Abderhalden, E. u. P. Rona: Hoppe-Seylers Zeitschr. f. physiol. Chem. Bd. 47, S. 359. 1906.

[4]) Scheunert, A. u. W. Grimmer: Internat. Monatsschr. f. Anat. Bd. 23, S. 335. 1906.

[5]) Schultze, O.: Anat. Anz. Bd. 2, S. 684. 1887.

[6]) Mitrophanow, P.: Biol. Zentralbl. Bd. 9, S. 541. 1889.

[7]) Fischel, A.: Anat. Hefte Bd. 16, S. 417. 1901.

HÖBER[1]), der an Froschlarven, Fröschen und Säugetieren Versuche mit basischen und sauren Farben anstellte, fand, daß nur die lipoidlöslichen basischen Farbstoffe die Zellen anfärbten, während die sauren, lipoidunlöslichen Farben zwar resorbiert wurden, die Zellen aber ungefärbt ließen. Er stellte sich auf Grund dieser Befunde vor, daß lipoidunlösliche Stoffe, wie Salze, Zucker und Aminosäuren, intercellulär resorbiert würden. Von STARLING[2]) wurde diese Anschauung aus dem Grunde bestritten, weil es sich bei der Vitalfärbung um körperfremde Stoffe handelt und aus ihrem Verhalten ein Schluß auf die physiologischen Vorgänge bei der Resorption nicht erlaubt ist.

Schon früher hatten ARNOLD und THOMA[3]) bei Injektion von Indigcarmin in die Blutbahn von Fröschen intercelluläre netzige Figuren erhalten.

Zahlreiche Versuche GOLDMANNS[4]), welche die Speicherung saurer Farben (Trypanblau, Pyrrolblau) im Darm von Fröschen und Ratten zum Gegenstand hatten, haben gezeigt, daß bei hochgetriebener Vitalfärbung die Färbung makroskopisch am Pylorus beginnt, sich auf den Dünndarm und den obersten Teil des Jejunums fortsetzt, dann abnimmt, um am Coecum und Dickdarm an Intensität wieder zuzunehmen. Die mikroskopische Untersuchung ergab, daß die Färbung von mit Farbstoffpartikeln beladenen histiocytären Wanderzellen herrührte. Diese Elemente fanden sich besonders bei lebhafter Verdauungstätigkeit, vorwiegend in den Zottenspitzen und auf der Wanderung dorthin begriffen, vielfach auch zwischen den Darmepithelien und Drüsenzellen, während sie bei Winterfröschen und im Hunger nicht vorhanden waren, um nach der Fütterung an typischer Stelle wieder zu erscheinen.

GOLDMANN hatte den Eindruck, als ob diese Zellen, die mit ungefärbtem Körncheninhalt in die Darmwand eintraten, dort ihren Körncheninhalt abgaben und fast leer wieder die Darmwand verließen.

KUCZYNSKI[5]), der das Nachlaßmaterial dieses Forschers bearbeitete und durch eigenes ergänzte, stellt hingegen der Auffassung GOLDMANNs, daß es sich um eine durch Zellverschiebung bedingte Farbstoffverschiebung handelt, die Ansicht gegenüber, die beobachteten Erscheinungen seien auf eine wechselnde Anfärbung der betreffenden Elemente, eine verschiedene Farbstoffaufnahme der einzelnen Zellindividuen zurückzuführen. Neben diesen Zellen, den Klasmatocyten, deren Entstehung GOLDMANN in das Stroma verlegte und deren Fähigkeit zur Phagocytose und amöboiden Bewegung aus vielen anderen Beobachtungen hervorgeht, kommen aber auch die Darmepithelzellen selber als Speicherungsorte saurer Farbstoffe in Frage. PARI[6]) erhielt bei parenteraler Lithioncarminzufuhr, vor allem nach doppelseitiger Ureterenunterbindung, den Farbstoff im Dünndarm gespeichert, und BOUFFARD[7]) erzielte bei Mäusen durch wochenlange Fütterung mit Trypanblau dasselbe.

VON MÖLLENDORFF[8]) hatte früher an Froschlarven, die er in Lösungen von Trypanblau und anderen sauren Farbstoffen hielt, eine starke Färbung des Darminhalts erhalten und auf eine Resorption an dieser Stelle geschlossen.

---

[1]) HÖBER, R.: Pflügers Arch. f. d. ges. Physiol. Bd. 86, S. 199. 1901 u. Biochem. Zeitschr. Bd. 20, S. 56. 1909; Bd. 67, S. 420. 1914.

[2]) STARLING, in Oppenheimers Handb. d. Biochem. III, Bd. 2, S. 218. 1909.

[3]) THOMA, R.: Zentralbl. f. d. med. Wiss. u. Virchows Arch. f. pathol. Anat. u. Physiol. Bd. 64, S. 394. 1875.

[4]) GOLDMANN, E.: Zitiert auf S. 633.

[5]) KUCZYNSKI, M. H.: Virchows Arch. f. pathol. Anat. u. Physiol. Bd. 239, S. 185. 1922.

[6]) PARI, G. A.: Zitiert auf S. 633.

[7]) BOUFFARD: Ann. de l'Inst. Pasteur 1906.

[8]) v. MÖLLENDORFF, W.: Münch. med. Wochenschr. 1924, Nr. 18.

In neueren Versuchen, in denen er saugende Mäuse untersuchte, deren Mutter mit Trypanblau gespritzt war und den Farbstoff durch die Milch den Jungen zuführte, fand er eine intensive Farbstoffspeicherung in bestimmten Abschnitten des Darmes. Schon makroskopisch ergab sich hier ein ganz anderes Bild als in den Versuchen Goldmanns. Während der Mageninhalt konstant blau gefärbt war, zeigte der obere Dünndarmabschnitt, welcher beim normalen Tier emulgiertes Fett enthielt, keinerlei Färbung. An Stelle der gelben Zone des Normaltieres, die an der Grenze zwischen mittlerem und unterem Drittel des Dünndarms ihr Höchstmaß der Verfärbung erreichte, um nach dem Coecum wieder abzublassen, findet sich beim vitalgefärbten Säugling eine blaue Zone, die nach dem Coecum hin eine grüne und erst im Coecum selber eine gelbe Färbung annimmt. Es hat also durch Hinzutritt des Trypanblaus eine Verschiebung des gelben Stoffes caudalwärts stattgefunden. Die mikroskopische Untersuchung solcher Därme zeigte nun, daß die blaue und gelbe Farbe auf zahlreichen, die Zottenspitzen bevorzugenden intracellulären tropfigen Einschlüssen beruht. Niemals nahm hierbei der Farbstoff mit dem Fett identische Orte ein, während Mischungen zwischen Trypanblau und Gallenfarbstoff zur Beobachtung kamen. Wurde an erwachsene Tiere Farbstoff verfüttert, so trat auch hier eine, wenn auch nur schwache Farbstoffspeicherung in den Epithelzellen ein, die sich aber auch nach länger durchgeführter Farbstoffdarreichung nicht verstärkte und nach dem Coecum hin an Intensität zunahm. Während also in diesem Falle trotz verstärkten Farbstoffangebots die Resorption erschwert war, trat beim Säugling schon bei geringem Farbstoffangebot eine starke Resorptionsspeicherung auf. Von Möllendorff wies darauf hin, daß bei der durch parenterale Farbstoffzufuhr erfolgenden Farbstoffspeicherung, die auf einer Resorptionsspeicherung des mit der Galle ausgeschiedenen Farbstoffes beruht, junge Mäuse nicht die Speicherungsintensität zeigen wie erwachsene. Während bei parenteraler Farbstoffzufuhr die Epithelzellen den Farbstoff in den verschiedenen Stadien der Ausflockung enthalten, sind die Resorptionstropfen beim Säugling, der mit der Milch der Mutter den Farbstoff aufnimmt, von völlig ungeflockter Beschaffenheit. Beim erwachsenen Tier scheinen sie bei enteraler Farbstoffdarreichung teilweise ausgeflockten Farbstoff zu enthalten. Was die schon von Goldmann beobachtete intensive Färbung des Coecums betrifft, so glaubt v. Möllendorff, daß hierfür die besonders intensive Wasserresorption, die Anhäufung des schwer resorbierbaren Farbstoffes und der längere Aufenthalt des Darminhalts in diesem Abschnitt des Verdauungstraktus als Erklärung heranzuziehen seien.

Im Oberflächenepithel des Darmes und in den Darmdrüsen lassen sich durch elektive Fixierung und Färbung verschiedene Substanzen zur Darstellung bringen, die teils, wie das Fett und Glykogen, dem Betriebsstoffwechsel, teils, wie die Plastosomen und ihre Abkömmlinge und das Eisen, dem Baustoffwechsel zugehören. Da die Zellen der Darmschleimhaut neben einer resorptiven Aufgabe auch sekretorische Eigenschaften besitzen können, so ist hier die Entscheidung, ob die erhaltenen Bilder in dem einen oder anderen Sinne zu deuten sind, besonders schwierig.

1. Betriebsstoffe.

Unter den Betriebsstoffen steht das **Fett** als die am besten studierte Substanz an erster Stelle. R. Heidenhain[1]) hatte 1888 bei seinen Studien über die Histophysiologie der Darmschleimhaut an Hunden und Kaninchen beobachtet, daß nach Fütterung mit fetthaltiger Nahrung in den Darmepithelzellen Fett-

---

[1]) Heidenhain, R.: Zitiert auf S. 566.

tropfen erscheinen, die *Resorption des Fettes* also durch die Zellen selber erfolgt, während das gelegentlich zwischen den Zellen erscheinende Fett den Ausdruck einer Rückstauung bereits resorbierten Fettes darstellt. ALTMANN und KREHL[1]) haben diese Vorgänge weiter verfolgt. Sorgfältige Untersuchungen KREHLS an Fröschen, die nach vorausgehender Hungerperiode mit Olivenöl oder süßer Sahne gefüttert wurden, zeigten in gleicher Weise im Osmiumpräparat das Fett niemals frei zwischen den Epithelien, es lag vielmehr, wenn es überhaupt sichtbar war, stets in den Epithelzellen selber. Während bei Winterfröschen, die lange gehungert hatten, das Fett erst nach mehreren Fütterungen in den Darmepithelien nachweisbar wurde, ging die Fettresorption bei Sommerfröschen viel rascher vor sich. Wurden Sommerfrösche nach der Fütterung getötet, so traten hier zum ersten Male 3 Stunden nach der Nahrungsaufnahme in den Epithelzellen zwischen Kern und Stäbchensaum feine, teils graue, teils schwarze Körnchen auf, die, wie die Untersuchung von Fröschen in späteren Verdauungsstadien zeigte, allmählich an Größe zunahmen und dann auch im Basalteil der Zellen erschienen. Diese Körnchen lagen zuweilen in Reihen, die parallel der Längsachse der Zellen verliefen. 24 Stunden nach der Fütterung hatten die Einschlüsse erheblich an Größe zugenommen, beeinflußten sich in ihrer Gestalt gegenseitig und veränderten die Form der Zelle. Die kleinen Körnchen der Anfangsstadien waren jetzt nur noch spärlich vorhanden. Bei Winterfröschen waren solche Resorptionsbilder auch nach 1—2 Tagen der Fütterung noch nicht vorhanden. Bei Säugetieren waren die Resorptionsbilder mehr fleckenweise verteilt, die Körnchen nicht alle gleichmäßig schwarz, zum großen Teil als Ringkörner vorhanden. KREHL schloß aus seinen Befunden in Übereinstimmung mit seinem Lehrer ALTMANN, daß es sich um eine Beteiligung der Granula beim Resorptionsvorgang im Sinne einer granulären Fettsynthese handle. Wir haben diese Anschauung schon bei der Histophysiologie der Leber näher berührt. In der Folgezeit sind solche Untersuchungen oft wiederholt worden. ARNOLD kam in Versuchen mit Seifen- oder Ölfütterung zu der Auffassung, daß auch bei der Resorption des Fettes im Darmepithel eine Bindung an Plasmosomen das Primäre sei. J. und S. BONDI[2]) sahen bei Fütterung mit Butter und Speck die Epithelien der Zotten mit Fetttropfen erfüllt in der Weise, daß die kleineren Tropfen näher dem Stäbchensaum, die größeren näher der Zellbasis lagen. Auch die Zellen der LIEBERKÜHNschen Drüsen enthielten vereinzelte Fetttropfen. Bei Hungertieren, bei Phlorrhizinvergiftung und nach Entfernung des Pankreas waren hingegen die Epithelien der LIEBERKÜHNschen Drüsen vorwiegend mit Fett angefüllt. NOLL[3]), der an Kaninchen größere Mengen Olivenöl oder Triolein verfütterte, fand bei Beginn der Resorption das Fett nur in den Epithelien, in späteren Stadien vorwiegend in den abführenden Wegen. Ehe die Fettresorption der Epithelien, die hauptsächlich auf der Höhe der Zotten erfolgte, ihr Maximum erreicht hatte, war schon Fett in den Chylusbahnen vorhanden. NOLL schloß daraus, daß ein Teil des Fettes die Zellen passiert, ohne von ihnen zurückgehalten zu werden. NAUMANN[4]) gelangte an Fröschen zu einer entgegengesetzten Auffassung, doch läßt sich sein Befund, daß hier alles Fett zunächst von den Zellen gespeichert wird, aus dem sehr trägen Stoffwechsel des Kaltblüters erklären. CHAMPY[5]) sah nach Fütterung von Olivenöl, Olein und Seifen, daß

---

[1]) KREHL, L.: Arch. f. Anat. (u. Physiol.) 1890, S. 97.

[2]) BONDI, J. u. S.: Zitiert auf S. 609.

[3]) NOLL, A.: Arch. f. (Anat. u.) Physiol., Suppl. 1908, S. 145; Pflügers Arch. f. d. ges. Physiol. Bd. 136, S. 208. 1910.

[4]) NAUMANN, K.: Zeitschr. f. Biologie. Bd. 60, S. 58. 1913.

[5]) CHAMPY, CH.: Cpt. rend. des séances de la soc. de biol. Bd. 66. 1909; Bd. 67. 1909; Arch. d'anat. microscop. Bd. 13. 1911.

vor dem Erscheinen des Fettes Granula auftraten. Wurde ölsaures Natron injiziert, so teilten sich die Nucleolen, die Mitochondrien wandelten sich teilweise in Granula um.

Weitere Untersuchungen betreffen die Frage, *ob das Fett des Darminhalts in komplexer oder gelöster Form von den Epithelien aufgenommen wird.* Während frühere Untersucher [Teichmann[1]) u. a.] die erste Auffassung vertraten, können wir heute annehmen, daß die Darmepithelzelle die Spaltungsprodukte des Fettes empfängt und in sich zu Fett synthetisiert. Diese Auffassung bereitet indessen einige Schwierigkeiten. Wie M. Heidenhain auseinandersetzt, muß bei Anerkennung der Lösungstheorie eine mindestens dreimalige Spaltung und Wiedersynthese des Fettes bei seinem Transport in die Chylusgefäße angenommen werden. Hofbauer[2]), welcher zur Lösung dieses Problems eine vorausgehende Färbung des dargereichten Fettes anwandte, fand bei Hunden, denen er mit Alcannarot gefärbte Butter verabreichte, das rotgefärbte Fett in den Chyluswegen der Zotten wieder und schloß daraus auf eine Resorption in unverseiftem Zustand. Pflüger[3]), der diese Versuche nachprüfte, konnte aber zeigen, daß sie für die Anschauung, die Fetttröpfchen müßten unverseift die Darmwand passiert haben, nicht zu verwerten sind. Arnold, der solche Versuche an Fröschen wiederholte, fand bei Verfütterung gefärbter Seifen und Öle eine Färbung der Darmepithelien nur an einzelnen Stellen, vorwiegend an solchen, wo Zerfallserscheinungen der Zellen vorhanden waren. Bei längerem Liegen des Darmes an der Luft nahm die Färbung an Intensität und Ausdehnung zu. Nachträgliche Färbung der Zellen mit Sudan zeigte, daß sie zahlreiche, vorher ungefärbte Fetttropfen enthielten. Es ist zur Stützung der corpusculären Theorie angeführt worden, daß auch der Grenzsaum der Epithelien manchmal Fetttropfen enthält [Kischensky[4])]. Demgegenüber ist zu bemerken, daß sich solche Fetttropfen nur sehr vereinzelt finden und ihr Vorhandensein im Stäbchensaum auch auf hängengebliebenem Darminhalt oder aus dem Epithel herausgepreßtem Fett beruhen kann.

Cramer und Ludford[5]) stellten neuerdings fest, daß bei Tieren eine histologisch nachweisbare Fettresorption nur dann eintritt, wenn in der Nahrung Vitamin A und B vorhanden ist.

Wenden wir uns zum *Glykogen*, so ist hier mit seinem Nachweis in der Darmwand noch nicht der Beweis erbracht, daß die Substanz aus dem resorbierten Zucker des Darminhalts stammt. Es kommt vielmehr auch eine Polymerisation aus dem Zucker der versorgenden Blutbahn in Frage. Barfurth[6]), der die Speicherung des Glykogens bei Fröschen nach dem Winterschlaf verfolgte, fand bei Winterfröschen, die vorher nicht gefüttert waren, die Darmwand glykogenfrei. Eine einmalige reichliche Fütterung der Tiere änderte diesen Befund nicht. Wurde hingegen die Fütterung längere Zeit fortgesetzt und dann plötzlich verstärkt, dann war die Substanz in der Darmwand, namentlich in der Muscularis und im Epithel der Darmdrüsen, nachzuweisen. Außerordentlich große Mengen von Glykogen finden sich nach Cl. Bernard[7]) und Barfurth in den Zylinderepithelien der Darmwand von Wirbeltierembryonen, während sich im Darmepithel erwachsener Tiere nach Barfurth in keinem Stadium der Verdauung die Substanz nachweisen läßt.

[1]) Teichmann, M.: Zitiert auf S. 550.

[2]) Hofbauer, L: Pflügers Arch. f. d. ges. Physiol. Bd. 81, S. 263. 1900 u. Bd. 84, S. 619. 1901.

[3]) Pflüger, E.: Zitiert auf S. 550.

[4]) Kischensky, D.: Beitr. z. pathol. Anat. u. z. allg. Pathol. Bd. 32, S. 197. 1901.

[5]) Cramer, W. u. R. C. Ludford: Journ. of physiol. Bd. 60, S. 342. 1925.

[6]) Barfurth, C. G.: Zitiert auf S. 553.   [7]) Bernard, Cl.: Zitiert auf S. 592.

Arnold, der den Darm von Frosch, Meerschweinchen, Katze, Hund und Mensch auf Glykogen (Bestsche Methode) untersuchte, erhielt indessen etwas andere Befunde. Beim Frosch kam die Substanz in Gestalt von Granulis in vereinzelten Zellen des Oberflächenepithels und der Krypten vor. Es fanden sich auch eosinophile und andere Leukocyten, deren Granula die Glykogenreaktion gaben. Beim Meerschweinchen gelang der Nachweis nicht, bei der Katze und beim Hunde boten die Becherzellen und die Lieberkühnschen Drüsen eine Rotfärbung dar. Beim Menschen fand sich die Substanz vor allem in den Brunnerschen Drüsen und in den tiefergelegenen Drüsenabschnitten der Schleimhaut. Diese Befunde geben uns, ganz abgesehen von der nicht sicher feststehenden Elektivität der Bestschen Färbung, keinen feststehenden Beweis dafür, daß die hier nachgewiesene Substanz tatsächlich auf eine Polymerisation aus dem Darminhalt resorbierten Zuckers zurückzuführen ist. Teilen wir aber diese Anschauung, so zeigen sie, daß die Resorption des Zuckers im Darme sehr schnell vor sich geht, so daß es gar nicht oder nur in geringem Maße zu einer Bildung bzw. Speicherung von Glykogen kommt.

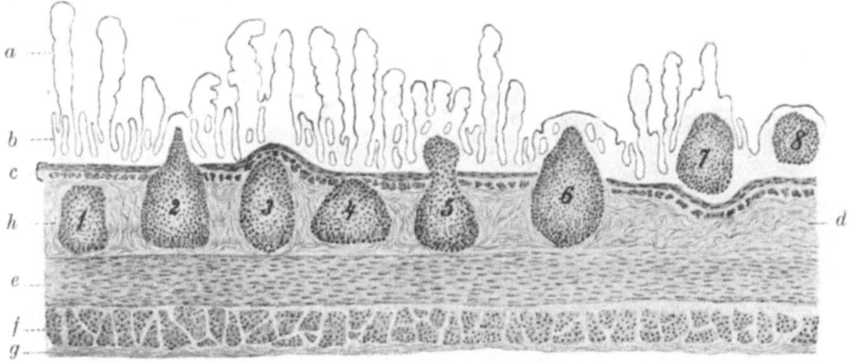

Abb. 182. Schematische Übersicht über die verschiedenen Formen der Lymphknötchen. Außerdem ist zur Darstellung gebracht, wo die Follikel ihren Sitz haben, wie sich die Muscularis mucosae, die Zotten und Darmeigendrüsen und ferner die Oberfläche des Darmkanals bei den Haustieren verhalten. *a* Zotte, *b* Darmeigendrüse, *c* Muscularis mucosae, *d* Submucosa, *e* Kreisfaserschicht, *f* Längsfaserschicht, *g* Serosa, *h* Follikel 1—8. (Nach Trautmann.)

Was das Granoplasma betrifft, so läßt es sich nach meinen Befunden auch im Darmepithel nachweisen. Cohnheim[1]) hat gezeigt, daß die resorbierten Aminosäuren in der Darmwand zum Teil gespalten werden.

Mit den Resorptionsvorgängen im Darm stehen die *Lymphfollikel und Lymphzellen* in Zusammenhang (Abb. 182 u. 183).

Die Lymphfollikel kommen als Einzelkörnchen (Noduli) und bei Vögeln und Säugetieren auch in Gruppen als gehäufte Knötchen (Peyersche Haufen, Plaques) vor. Die Größe der Einzelknötchen ist bei den einzelnen Haussäugetieren nach Trautmann großen Schwankungen unterworfen. Die größten Einzelfollikel finden sich bei Rind und Schaf, die kleinsten beim Pferd. Sie sind entweder mit einer Kapsel versehen oder gehen ohne Grenzen in das umgebende Gewebe über. Die einzelnen Knötchen in den Peyerschen Haufen sind entweder scharf abgesetzt oder gehen ineinander über, das internoduläre Gewebe kann auch durch Lymphzelleneinlagerungen verwischt sein (Pferd und Schwein). Mucosa und Submucosa sind in der Umgebung der Follikel mit Lymphzellen durchsetzt, über den Follikeln können Zotten vorhanden sein oder fehlen. Die Darmdrüsen werden durch die Follikel, wenn sie mit ihnen topographische Beziehungen eingehen, zur Seite gedrängt. Man findet

---

[1]) Cohnheim, O.: Sitzungsber. d. Heidelberg. Akad. d. Wiss., mathem.-naturw. Kl. 1911.

hier auch kurze rudimentäre Drüsenabschnitte, zuweilen ragen Drüsen in die Lymphknötchen hinein. Die Lymphgefäße dringen nicht in das Innere der Follikel hinein. Nach Ellenberger und Trautmann[1]) ist das Lymphgewebe beim Schwein und den Wiederkäuern am stärksten entwickelt, während es beim Pferd und bei den Fleischfressern an Entwicklung zurücktritt. R. Heidenhain, der Epithelbreite und Stromabreite des Dünndarms miteinander verglich, fand bei Kaninchen und Meerschweinchen im Gegensatz zum Hund die Stromabreite gegen die Epithelbreite zurückbleibend.

Was nun die physiologische Bedeutung der Lymphfollikel betrifft, so hat schon Flemming[2]) in den Lymphknötchen des Kaninchendarmes zahlreiche Mitosen ihrer lymphoiden Zellelemente beobachtet, und Hofmeister[3]) konnte diesen Befund für die Katze bestätigen. Es geht aus diesen Beobachtungen hervor, daß wir einen Teil der um die Follikel und im übrigen Gewebe auftretenden

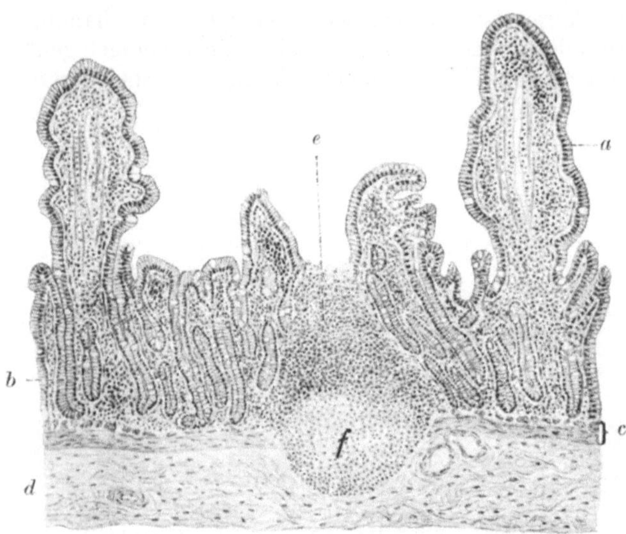

Abb. 183. Schwein. Längsschnitt durch die sich kraterförmig einsenkende Dünndarmschleimhaut am Sitze eines Solitärlymphknötchens. An dem mukös-submukös liegenden Lymphknötchen ist die Muscularis mucosae durchbrochen; die in der Nähe liegenden Zotten sind rudimentär; die Darmeigendrüsen zeigen eine Verlagerung. a Zotte mit Zentralchyluskanal und Längslagen glatter Muskeln, b Darmeigendrüse (normale Lage), c Muscularis mucosae (Kreisfaserschicht und Längsfaserschicht), d Submucosa, e Solitärlymphknötchen, f Keimzentrum. (Nach Trautmann.)

Lymphzellen als ausgewanderte Elemente der Lymphfollikel betrachten dürfen. Hofmeister, der den Darm hungernder und mit Fleisch gefütterter Katzen verglich, fand bei verdauenden Tieren einen reichlicheren Lymphzellengehalt des Zottenparenchyms, dementsprechend die Zotten verbreitert, die Lieberkühnschen Drüsen durch Zellanhäufungen auseinandergedrängt. Bei hungernden Tieren hingegen erschienen die Zotten schmäler oder kürzer und zellärmer, die Drüsen lagen hier dichter aneinander [auch Demjanenko[4])] (Abb. 184). Während bei gutgenährten Tieren im Jejunum und Ileum die gehäuften Follikel dichtstehende, über die Schleimhautfläche hervorragende Bildungen darstellten, waren sie beim hungernden Tier in die Submucosa zurückgesunken und von der übrigen Schleimhaut kaum zu unterscheiden. Die mikroskopische Untersuchung ergab in diesen Fällen eine Verminderung der zelligen Elemente. Auch im Dickdarm, besonders in den Follikeln des Wurmfortsatzes, war eine Verminderung der Zellelemente als Hungereffekt wahrzunehmen. Hofmeister stellte sich vor, daß unter Vermittelung von Lymphzellen eine Rückverwandlung vom Darm resorbierter Peptone in genuine Eiweißkörper stattfinde, eine Ansicht, die durch R. Heidenhain wider-

[1]) Trautmann, A.: Zitiert auf S. 608.   [2]) Flemming, W.: Zitiert auf S. 657.
[3]) Hofmeister, F.: Arch. f. exp. Pathol. u. Pharmakol. Bd. 19, S. 1. 1885; Bd. 20, S. 291. 1886; Bd. 22, S. 306. 1887.
[4]) Demjanenko, K.: Zeitschr. f. Biol. Bd. 52, S. 153. 1909.

legt wurde. Man hat die Lymphzellen auch mit der Bildung der Darmfermente in Beziehung gebracht, doch ist die Meinung berechtigt, daß uns für die Beurteilung ihrer histophysiologischen Rolle die Grundlagen noch fehlen. Neben wohl aus den Follikeln stammenden Elementen finden wir andere, deren extrafollikulärer Ursprung durch viele Beobachtungen feststeht. Sie lassen sich zusammen mit den Lymphzellen follikulären Ursprungs histophysiologisch im Gewebe verfolgen und durch bestimmte strukturelle und färberische Unterschiede in mehrere Zellformen trennen.

R. Heidenhain[1]) hat vier verschiedene Zellformen unterschieden und als Wanderzellen, seßhafte Zellen, rotkörnige Zellen und große Phagocyten bezeich-

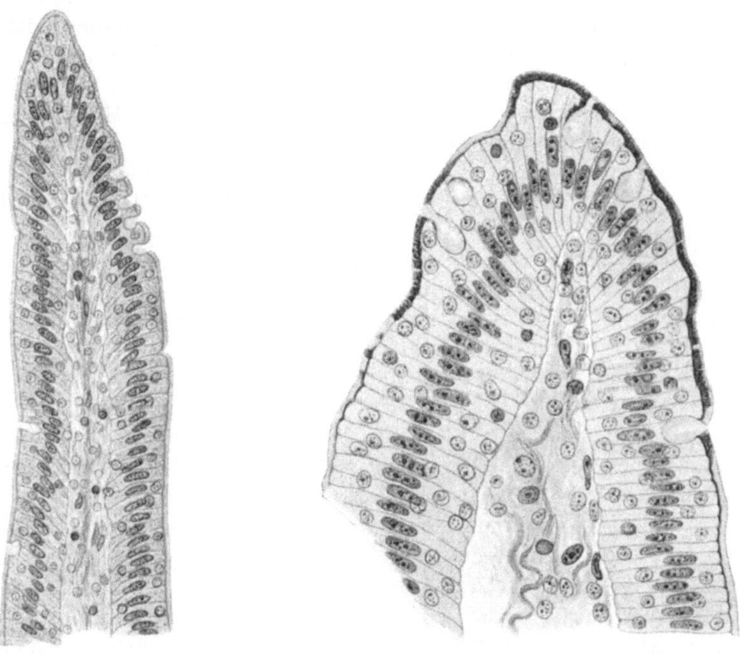

a   b

Abb. 184. Darmzotte des Kaninchens. a Hungerdarm. b Fütterungsdarm. Fixierung mit Zenkerscher Lösung. Färbung nach Heidenhain mit Erythrosinnachfärbung. Seibert: Occ. II, Obj. V. (Nach Demjanenko: Zeitschr. f. Biologie Bd. 52.)

net. Die Wanderzellen fanden sich besonders reichlich bei winterschlafenden Fledermäusen, Hunger und reichliche Flüssigkeitszufuhr begünstigte ihre Wanderung nach dem Epithel zu. Nach Injektion von Salzlösungen fanden sie sich massenhaft im Darmlumen und auf der Schleimhautoberfläche. Die seßhaften Zellen stellten nur einen anderen Funktionszustand der ersten Zellform dar. Die großen Phagocyten fanden sich vor allem beim Meerschweinchen, nicht beim Hunde. Beim Hungern brachen sie in das Epithel ein, destruierten seine Zellen und strebten der Darmoberfläche zu. Die bei Ehrlich-Biondi-Färbung hervortretenden rotkörnigen Zellen enthielten Körner, die in organischen Lösungsmitteln nicht löslich waren, also nicht aus Fett bestanden. Es handelt sich hier um eosinophile Zellen, die schon vor Heidenhain von Ellenberger gesehen

---

1) Heidenhain, R.: Zitiert auf S. 566.

43*

worden sind und nach Zitschmann[1]) nach reichlicher Ernährung in den Zotten und im subglandulären Gewebe massenhaft auftreten, während ihre Zahl nach mehrtägigem Hungern bedeutend abnimmt. Erdély[2]) unterscheidet im Darm der weißen Ratte fünf verschiedene Zelltypen, kleine und große Lymphocyten, rotkörnige Zellen, seßhafte Zellen und vesiculonucleäre Leukocyten. Auf Fleischfütterung ist die Zahl der rotkörnigen Formen relativ und absolut am größten, bei Darreichung von Fett und Kohlenhydraten tritt dieser Zelltypus zurück, im Hunger ist er nur spärlich vorhanden. Bei Fettfütterung finden sich mehr große als kleine Lymphocyten, bei Fütterung mit Kartoffeln kleine Lymphocyten neben vesiculonucleären Leukocyten. Bei den kleinen Lymphocyten und den rotkörnigen Zellen ist eine Auswanderung in die Zotten zu bemerken, die erstere Zellform fand sich auch zahlreich im Darmlumen. Im allgemeinen ist bei den einzelnen Ernährungsformen nicht eine absolute Verminderung, nur eine ungleiche Vermehrung der einzelnen Zellarten zu beobachten. Weill[3]), der in neuerer Zeit diese Verhältnisse im Darm einiger Säuger und des Menschen studierte, konnte an Zellformen Wanderzellen (kleine und große Lymphocyten), Plasmazellen, kompakt- und gelapptkernige eosinophile Leukocyten, Russelsche Fuchsinkörper, Schollenleukocyten und basophil gekörnte Mastzellen abgrenzen. Die Lymphocyten werden teils in Lymphgefäße abgeführt, teils wandern sie durch das Epithel in das Darmlumen, ein Teil wird in granulierte Formen umgewandelt. Die Plasmazellen werden wahrscheinlich nach Abgabe ihrer Einschlüsse in kleine Lymphocyten zurückverwandelt. Die eosinophilen Formen verlassen den Darm teils auf dem Blut- und Lymphwege, die größte Zahl scheint im Gewebe zu bleiben und dort zugrunde zu gehen. Auch eine Durchwanderung des Epithels ist nicht selten. Die Mastzellen wandern in der Tunica propria umher. Den Mastzellen, die bei günstigen Ernährungsbedingungen Mitosen zeigen, kommt vielleicht die Aufnahme resorbierbarer Nahrungsstoffe zu. Die rotkörnigen Zellen Heidenhains sind zum Teil als eosinophile Leukocyten, zum Teil als Mastzellen aufzufassen. Nach Clara[4]) lassen sich Schollenleukocyten auch im Vogeldarm nachweisen (Abb. 181).

Kuczynski[5]), der den Darm von Mäusen und Ratten untersuchte, kommt zu der Auffassung, daß sich aus dem Stroma auf besondere Reize hin histocytäre Wanderzellen absondern. Neben diesen Elementen kommen Lymphkörper und Lymphzellen, letztere nach Art resorptiv tätiger Zellen, vor, Mastzellen sind in mäßiger Anzahl vorhanden. Leukocyten finden sich vor allem dann, wenn durch eine zu große Nahrungsmenge oder eine ungewohnte Nahrung ein unphysiologischer Reiz gesetzt wird. Bei Mäusen, die Brot und Hafer erhielten, fanden sich im Stroma Plasmazellen, daneben Lymphzellen, die teilweise Degenerationserscheinungen zeigten. Leukocyten konnten fehlen. Bei Eigelbmilchfütterung war hingegen eine leukocytäre Einwanderung zu beobachten. Betrachten wir die Rolle all dieser Elemente beim Transport der Betriebsstoffe, so fand R. Heidenhain in den Leukocyten der Darmwand osmierbare Körnchen, denen aber kein Fett zugrunde lag. Er lehnte deshalb die Bedeutung dieser Zellformen für den Fetttransport ab. Daß einige dieser Zellformen Glykogen speichern können, geht aus den Untersuchungen Arnolds hervor. Auch Kuczynski findet, daß Mäuse nach Fütterung mit Zuckerbrot Glykogen in den Stromazellen speichern.

---

[1]) Zitschmann, O.: Internat. Monatsschr. f. Anat. u. Physiol. Bd. 22, S. 1. 1905.
[2]) Erdély, A.: Zeitschr. f. Biol. Bd. 46, S. 119. 1905.
[3]) Weill, P.: Arch. f. mikroskop. Anat. Bd. 93, S. 1. 1920.
[4]) Clara, M.: Zeitschr. f. mikroskop.-anat. Forsch. Bd. 6, S. 305. 1926.
[5]) Kuczynski, M. H.: Zitiert auf S. 669.

2. Baustoffe.

Betrachten wir die **Granula und die mit ihnen in Beziehung stehenden Gebilde** in den Zellen der Darmschleimhaut, so können für ihre funktionellen Veränderungen drei Gesichtspunkte herangezogen werden. Einmal kann es sich bei solchen Veränderungen um den primären Ausdruck einer Resorptionstätigkeit handeln. Zweitens ist es aber nicht ausgeschlossen, daß solche Veränderungen im Sinne einer Sekretion gedeutet werden können, deren Lokalisation auf die einzelnen Epithelien wir nicht kennen. Drittens ist die Möglichkeit vorhanden, daß die zu beobachtenden funktionellen Bilder einer sekundären Beeinflussung durch die Speicherung von Betriebsstoffen ihr Auftreten verdanken. Es ist aus diesen Überlegungen heraus nicht berechtigt, das Stäbchenepithel als eine gewissermaßen umgedrehte Epithelzelle zu betrachten, ebensowenig dürfen alle Veränderungen einfach und allein als histophysiologische Erscheinungen der resorptiven Funktion angesprochen werden. MINGAZZINI[1]) stellte die Theorie auf, daß in der Oberzone der Stäbchenepithelien die erste Verarbeitung der resorbierten Stoffe stattfinde, in der Unterzone eine innere Sekretion des resorbierten Inhalts nach unten. Während bei Huhn und Maus im Hunger keine Zonen bestanden, waren die Zellen nach der Fütterung unterhalb des Kernes mit einer gallertigen Masse erfüllt, die auf der Höhe der Resorption und Verdauung den größten Raum einnahm. Diese Befunde, welche in gewissem Umfang von REUTER[2]), DRAGO[3]), MONTI[4]) und PUGLIESE[5]) bestätigt wurden, erfuhren von anderer Seite [DEMJANENKO[6]) u. a.] Widerspruch.

Die mit Sublimat fixierte und nach HEIDENHAIN gefärbte Darmepithelzelle des Frosches zeigt nach M. HEIDENHAIN oberhalb des Kernes eine parallelfaserige Struktur, die Zellbasis ist dunkler, weniger durchsichtig und plasmareicher. Eine solche Verdichtung der Substanz findet sich auch am freien Ende der Zelle, wo mitunter ein feinalveolärer Bau hervortritt. Die der parallelfaserigen Struktur zugrunde liegenden Fibrillen enthalten Körnchen und Fädchen, welche den vegetativen Fädchen ALTMANNs und den Mitochondrien BENDAS entsprechen. Ferner finden sich in der Darmepithelzelle vielfach dunkle, stärker färbbare protoplasmatische Inhalte, die als Klumpen, gewöhnlich jedoch als Balkenfiguren erscheinen.

POLICARD[7]) hat in den Darmepithelien des Frosches Fädchen beschrieben. Nach CHAMPY[8]), GUIEYESSE-PELLISIER[9]), CORTI[10]) und LEVI[11]) sind sie in der Zelle in zwei Paketen angeordnet, von denen das eine am oberen, das andere am unteren Zellende liegt. Daneben finden sich Granula und Vakuolen. Die Stäbchen stehen nach CHAMPY in ihrer Dicke und Länge in keinem Verhältnis zur Größe der Zellen, die Größenverhältnisse sind dabei in allen Zellen eines Tieres gleich.

CHAMPY untersuchte die Veränderungen, welche bei Salamandern, Molchen und Fröschen nach der Nahrungsaufnahme in den Darmepithelzellen auftreten. Auf der Höhe der Zotten zeigten die Zellen bei maximaler Resorption eine Vergrößerung der Kerne und eine Vermehrung der Nucleolen. Zu Beginn der Resorption nahmen die Granula durch Umwandlung der Stäbchen in Körnchen im oberen Abschnitte der Zelle zu, derselbe Vorgang trat etwas später am unteren Zellpol ein. Die Granula wurden rasch größer, büßten ihre Färbbarkeit nach ALTMANN ein und gingen wahrscheinlich in Vakuolen über, die nach der Bildung der Körnchen zunächst im oberen, später auch im unteren Zellpol erschienen.

---

[1]) MINGAZZINI: Rend. della R. acad. dei Lincei Bd. 9, 1. 1900 u. Ricerche hal. anat. Roma Bd. 9, 1. 1900/01; Bd. 8, 2. 1901.

[2]) REUTER, K.: Anat. Hefte Bd. 21, S. 121. 1903.

[3]) DRAGO: Rassegna intern. della med. moderna. Bd. I, S. 105. Catania 1900.

[4]) MONTI, R.: Memor. cetto al roy. inst. Lomb. Pavia 1903.

[5]) PUGLIESE: Boll. d. scienze med., Bologna (7) Bd. 76. 1905.

[6]) DEMJANENKO, K.: Zitiert auf S. 674.

[7]) POLICARD, A.: Zitiert auf S. 648.   [8]) CHAMPY, CH.: Zitiert auf S. 671.

[9]) GUIEYESSE-PELLISIER: Cpt. rend. des séances de la soc. de biol. Bd. 72. 1910.

[10]) CORTI: Arch. ital. di anat. e di embriol. 1912 und 1921.

[11]) LEVI: Arch. ital. di anat. e di embriol. Bd. 10. 1911 u. Anat. Anz. Bd. 42. 1912.

Nach Fütterung mit Fett ging dem Auftreten des Fettes in der Zelle die Bildung von Granula voraus. Nach der Resorption blieben gekörnte Stäbchen zurück, später erschienen wieder kurze Stäbchen, lange Stäbchen hingegen erst nach langer Ruhe. Champy ließ es unentschieden, ob letztere durch Verschmelzung von Granulis oder durch Auswachsen dieser entstanden. Bei Fütterung mit Eiweiß wurden die Stäbchen fast vollständig in Körnchen umgewandelt, dasselbe war nach Injektion von Witte-Pepton der Fall, während Zucker die Stäbchen nicht veränderte. Versuche mit Pilocarpin und Atropin ergaben auch für die Darmepithelien dieselbe Reaktionsweise, wie wir sie von anderen Drüsen kennen.

Corti[1]) fand bei Säugetieren im oberen Zellpol fast ausschließlich Stäbchen, im unteren Zellpol Körnchen, Stäbchen traten hier nur nach längerer Ruhe auf. In den Lieberkühnschen Drüsen waren in gleicher Weise Granula vorhanden, die nach längerer Ruhe sich in Stäbchen umwandelten. Bei der Fledermaus und dem Igel nahmen die Einschlüsse während des Winterschlafes eine vorwiegend granuläre Beschaffenheit an, es bestand also ein wesentlich anderes Bild als in der Ruhe. In der Da mschleimhaut der Fische waren gleichfalls während der Verdauung histophysiologische Veränderungen zu sehen.

Zu scheinbar anderen Ergebnissen haben die Untersuchungen Ashers[2]) und seiner Schüler Demjanenko[3]) und Zillinberg-Paul[4]) mit der Altmannschen Methode geführt. Asher fand im Rattendarm, wenn die Tiere gehungert hatten, die Epithelzellen mit Granulis angefüllt, die Granula manchmal im oberen und unteren Zellpol angehäuft. Die Lieberkühnschen Drüsen enthielten Granula in gleicher Weise. Wurden die Tiere gefüttert, so nahm die Zahl der Granula in den Epithelzellen, den Brunnerschen und Lieberkühnschen Drüsen ab, sie erschienen kleiner und verwaschen. Demjanenko, der zahlreiche Tierarten untersuchte, fand in den Epithelzellen der hungernden Taube, besonders in der Unterzone, zahlreiche Granula, während sie bei Fütterung abnahmen. In den Epithelzellen der Katze, wo die Granula besonders im oberen und unteren Zellpol lagen, war der Effekt der Fütterung der gleiche.

Ottilie Zillinberg-Paul[4]), welche diese Untersuchungen fortsetzte, kam für den Rattendarm zu folgenden Ergebnissen: 3 Stunden nach der Fütterung waren die Granula vermindert und hatten an Größe abgenommen. Die Veränderungen betrafen besonders die Oberzone, während die Unterzone in ihren Granulis noch das Ruhebild zeigte. Die Zellen der Brunnerschen und Lieberkühnschen Drüsen wiesen gegenüber dem Ruhebild keine besonderen Unterschiede auf. 5—6 Stunden nach der Fütterung hatte die Zahl der Körnchen weiter abgenommen, die größere Menge lag jetzt in der Oberzone. 6 Stunden nach der Nahrungsaufnahme standen die Granula hier dichter, in den Brunnerschen und Lieberkühnschen Drüsen waren viele Granula vorhanden. 9 bis 10 Stunden nach der Fütterung waren die Epithelzellen mit zahlreichen kleinen Granulis ohne besondere Prädilektionsstelle erfüllt. Im Gegensatz zum Hungerdarm erschienen die Einschlüsse aber hier feinkörniger. Die Granula der Brunnerschen und Lieberkühnschen Drüsen zeigten auch jetzt keine Veränderung. Wurde den Tieren nach einer eintägigen Hungerperiode Pilocarpin eingespritzt, so erschienen die Granula der Epithelzellen 1 Stunde nach der Injektion verhältnismäßig groß, standen aber weiter auseinander als im Hungerdarm.

Zillinberg-Paul verfolgte in ihren Untersuchungen auch das Verhalten der rotgekörnten Lymphzellen. 1 Stunde nach der Fütterung fanden sich in

---

[1]) Corti: Zitiert auf S. 677.
[2]) Asher, L.: Zeitschr. f. Biol. Bd. 51, S. 115. 1908.
[3]) Demjanenko, K.: Zitiert auf S. 674.
[4]) Zillinberg-Paul, Ottilie: Zeitschr. f. Biol. Bd. 52, S. 327. 1909.

Epithel und Stroma nur wenig Lymphzellen, die spärliche rote Granula enthielten. In der dritten Verdauungsstunde hatten die rotgekörnten Zellen bedeutend zugenommen, und ihre Einwanderung in das Zottenepithel war sehr
umfangreich. In der 9.—10. Verdauungsstunde hatte die Zahl der rotgekörnten
Zellen wieder abgenommen, und sie waren in den Epithelien jetzt seltener anzutreffen. Pilocarpin rief eine starke Vermehrung dieser Elemente hervor, sowohl
im Stroma wie in den Epithelien selber. Die Befunde der ASHERschen Schule
konnten im wesentlichen von STICKEL[1]) beim Neugeborenen bestätigt werden.
ASHER und seine Schüler deuteten ihre Befunde im Sinne einer Sekretion nach
innen, die während der Resorption stattfindet. Man kann aber ebensogut diese
Bilder als den Ausdruck einer während der Resorption parallel verlaufenden
Sekretion von Verdauungssäften nach außen auffassen. Der Einfluß des Pilo-
carpins auf das Bild der Epithelzellen zeigt, daß sie im wesentlichen anders
reagieren als z. B. die serösen Zellen der Mundhöhlendrüsen.

Wenn wir diese Befunde schließlich mit den vorher besprochenen vergleichen,
so ergibt sich kein Widerspruch, wenn wir annehmen, daß im Altmann-Präparat
nur die Granula, nicht die Stäbchen zur Darstellung gelangen. Die roten Granula,
welche aus den Stäbchen hervorgehen, sind vielleicht die ersten granulären Präprodukte, die nach CHAMPY in nicht mehr färbbare Gebilde des Altmann-Präparates
übergehen, womit gesagt ist, daß die Zahl der rotgefärbten Körner sich vermindert.

Zahlreiche Untersuchungen haben sich mit dem histochemischen Nachweis
des **Eisens** im Darme beschäftigt. SAMOILOFF und LIPSKI[2]) spritzten Eisensalze
in das Blut von Katzen und Hunden und erhielten eine Eisenreaktion im Lumen
der LIEBERKÜHNschen Drüsen und im Darmepithel. CHAMPY[3]), der solche
Versuche wiederholte, fand schon nach 20 Minuten eine Färbung der Darmschleimhaut und erhielt eine Reaktion im Bindegewebe, nicht aber in den Epithelien. Hingegen waren im Darmlumen Phagocyten nachweisbar, welche
siderofere Granula enthielten, und man konnte diese Zellen auch zwischen den
Epithelien, gleichsam auf der Wanderung in das Darmlumen, verfolgen. Da sie
nur am Ende der Resorption auftraten, so glaubte CHAMPY in Übereinstimmung
mit den erstgenannten Autoren, daß es sich um den Ausdruck einer Ausscheidung
des Metalles durch die Darmschleimhaut handle. Diesen Befunden stehen andere
gegenüber, welche auf eine Resorption des Eisens hinweisen. Schon SCHNEIDER[4])
hatte beobachtet, daß der Darm von Olmen bemerkenswerte Mengen resorbierten
Eisens enthält, und daß diese Mengen abnahmen, wenn die Tiere in eisenarmem
Wasser gehalten wurden. MACALLUM fand im Dünndarm normal ernährter
Meerschweinchen das Eisen fast nur subepithelial und in Leukocyten abgelagert,
während bei Zufuhr eisenhaltiger Nahrung auch in den Epithelien und in den
zwischen ihnen gelegenen Leukocyten die Eisenreaktion auftrat. HOCHHAUS
und QUINCKE[5]) fanden bei Mäusen normal und nach Fe-Fütterung in den Epithelien des Dünndarms eine nicht gleichmäßig auf alle Zotten verteilte Eisenreaktion. Die Reaktion war hier zum Teil an feine Körnchen gebunden. Nach
zweitägiger Eisenkarenz war die Reaktion in den Epithelien nur noch schwach
oder negativ, im Stroma fiel sie länger positiv aus. Die Dickdarmepithelien
gaben die Reaktion seltener, auch hier zum Teil an Körnchen gebunden, die sich
auch in fixen Zellen und in Wanderzellen fanden. Zuweilen waren Bilder einer
Durchwanderung von sideroferen Leukocyten vorhanden. Bei normal ernährten
Meerschweinchen fanden sich siderofere Granula in den Epithelzellen des Dünn-

---

[1]) STICKEL: Arch. f. Gynäkologie. Bd. 92, S. 1. 1910.
[2]) SAMOILOFF u. LIPSKI: Abhandl. d. pharmakol. Inst. zu Dorpat Bd. 7. 1891 u. Bd. 9. 1893.
[3]) CHAMPY, CH.: Zitiert auf S. 671.   [4]) SCHNEIDER, R.: Zitiert auf S. 654.
[5]) HOCHHAUS, H. u. H. QUINCKE: Zitiert auf S. 654.

darms nahe dem freien Zellrand, die Körnchen waren hier feiner und zahlreicher
als bei der Maus. Das Coecum und der Dickdarm enthielten eisenhaltige Leukocyten, zum Teil zwischen den Epithelien, die keine positive Reaktion gaben.
Bei normal ernährten Kaninchen zeigte das Epithel des Dünndarms eine unregelmäßig verteilte Eisenreaktion, desgleichen der Blinddarm, im Dickdarm
war die Reaktion weniger ausgesprochen. Nach Fe-Fütterung war die Reaktion
intensiver und verbreiterter und erschien bald grob, bald feinkörnig, bald diffus.
Beim Frosch, der nach dem Winterschlaf untersucht wurde, fanden sich siderofere Leukocyten durch die ganze Dicke des Epithels bis zur Oberfläche. An
einigen Stellen zeigten auch die Epithelien die Reaktion in diffuser oder körniger Form.
Quincke und Hochhaus schlossen aus ihren Befunden, daß das Eisen vom Dünndarm
resorbiert und im Dickdarm wieder ausgeschieden wird.

Hall[1]) sah bei eisenfrei ernährten Mäusen (Behandlung des Darmes mit Ammoniumsulfid-Alc. abs., Einbettung in Paraffin) im Darmlumen oft eine diffuse blaue Färbung, in den Epithelien keine. Wurden die Tiere mit Carniferrinfutter ernährt, so waren nach einer Woche in den Epithelzellen des Dünndarms blaue Körnchen vorhanden. Nach 3—6 wöchentlicher Fütterung hingegen waren im Dünndarmepithel nur noch einzelne Körnchen nachweisbar, das Metall war zur Leber gewandert. Macallum fand nach Anwendung von Eisensulfat, daß das Lumen der Lieberkühnschen Drüsen Eisen enthielt, das nach seiner

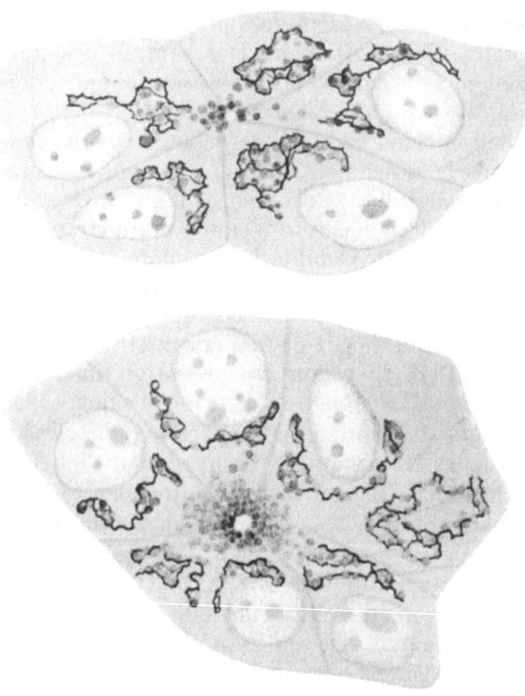

Abb. 185. Pankreaszellen des Axolotl. Osmierung
nach Fixierung in der Mischung von Champy. Granula und Binnennetz. (Nach Nassonov: Arch. f.
mikroskop. Anatomie Bd. 97.)

Ansicht von der Drüse ausgeschieden worden war. Im Zytoplasma der Lieberkühnschen Zellen ließ sich „maskiertes" Eisen nachweisen. Swirski[2]), der im
Lumen der Drüsen gleichfalls eine Eisenreaktion beobachtete, führte dies auf eine
Resorption von Eisen aus dem Darmlumen zurück. Wir haben bereits bei der
Leber betrachtet, mit welcher Reserve all diese Untersuchungen zu verwerten sind.

Am Ende unserer Betrachtung angelangt, haben wir noch eine Reihe von
Strukturen zu besprechen, die in verschiedenen Verdauungsdrüsen vorkommen,
über deren histophysiologische Bedeutung wir aber nichts Sicheres aussagen
können. Es handelt sich zunächst um die Gebilde, welche als *Golgische Binnennetze* in der Literatur bekannt sind.

---

[1]) Hall, W. S.: Zitiert auf S. 654.
[2]) Swirski, G.: Pflügers Arch. f. d. ges. Physiol. Bd. 74, S. 466. 1899.

Cajal[1]) fand sie in den Speicheldrüsen, Negri[2]), v. Bergen[3]), Golgi[4]), Kolster[5]), Cajal[1]) und Nassonov[6]) im Pankreas, Golgi[4]), d'Agata[7]) und Kolster[5]) in den Oberflächenepithelien und den Hauptzellen des Magens, Cajal[1]) und Nassonov[6]) in den Stäbchenepithelien des Darmes, Stropeni[8]) in den Leberzellen. Es dürfte sich also um sehr verbreitete Bildungen handeln. Von Bergen, Golgi und Kolster, die eine Veränderung der Binnennetze bemerkten, glaubten, daß es sich um eine mechanische Lageverschiebung der Strukturen durch den wechselnden Druck des ungleichen Zellinhalts handle. Cajal[1]) fand in den Darmepithelzellen des Meerschweinchens und anderer Säuger das Binnennetz sofort nach der Sekretausstoßung stark reduziert, bei der Sekretansammlung in der Zelle nahm es den Charakter eines echten Netzes an, wobei es in Stücke zerfiel, die sich dem Sekret beimengten. Eine Lageverschiebung trat nicht ein.

Nassonov[6]) hingegen, der Granula und Binnennetz gleichzeitig zur Darstellung brachte (Abb. 185), sah im Pankreas von Molch und Axolotl die Granula zunächst im Binnennetz auftreten, aus dem sie sich bei der Sekretion herauslösten, um sich am Drüsenlumen anzusammeln. Wachstum und Lösung der Granula war nicht an das Netz gebunden, das in allen Sekretionsstadien dasselbe Aussehen zeigte. Im Oberflächenepithel des Tritondarmes entstanden die Granula in gleicher Weise im Binnennetz. Bei der Tätigkeit wurde das über dem Kern liegende Netz größer, erhielt verdickte Balken und zeigte Einbuchtungen. Den Balken entlang lagen Schleimtropfen, wobei aber Schleim auch im Binnennetz wie in einem Korbe liegen blieb. Wenn der Schleimbecher sich durch Granulaanhäufung vergrößerte, konnte er unten an das Binnennetz stoßen, ohne daß dieses in den Becher hineindrang.

In manchen Zellen konnte der Schleim im Becher und im Netz zugleich sein. Es konnte auch zwischen den beiden Ansammlungen ein Zwischenraum entstehen, der keine Granula enthielt. Nie war ein Zerfall des Netzes zu beobachten. Im Pankreas der Maus ist das Binnengerüst nach Pilocarpininjektion geschrumpft. Morelle[9]), der sich gegen die Anschauungen Nassonovs wendet, glaubt, daß es sich beim Golgi-Apparat um eine besondere Substanz handelt, die nur unter dem Einfluß des Fixierungsmittels zu strangartigen Gebilden koaguliert.

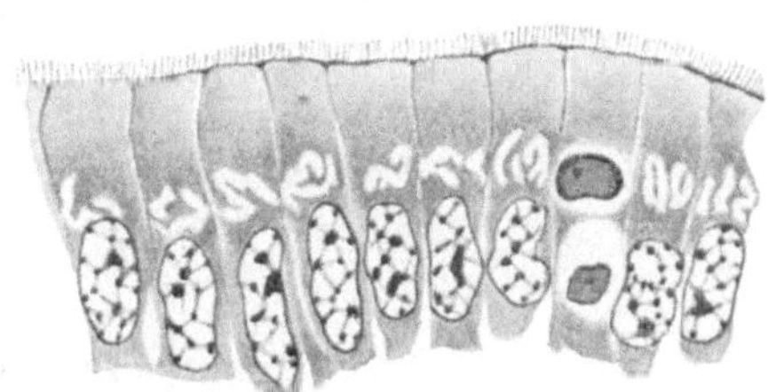

Abb. 186. Trophospongien in den Zottenepithelzellen eines hingerichteten Mannes. (Nach E. Holmgren: Anat. Anzeiger Bd. 22.)

Die hier beschriebenen Bildungen erinnern in mehr als einer Hinsicht an die Strukturen, welche als Holmgrensche *Kanäle* bekannt sind. Holmgren[10]) konnte mit bestimmten Fixierungsmethoden in den Becherzellen und serösen Zellen verschiedener Verdauungsdrüsen namentlich beim Igel korkzieherartige Saftkanälchen darstellen, die sich in die perivasculären Räume öffneten und in der Leber mit den gleichzeitig darstellbaren intracellulären Gallencapillaren nicht identisch waren (Abb. 186). Er glaubte, daß diese Bildungen, um die sich bei Anwendung bestimmter Färbemethoden Körnchenablagerungen zeigten, durch Verflüssigung von Netzbalken (Trophospongien) zustande kommen. Beim hungernden Igel waren die Kanälchen in den Leberzellen spärlich, die Trophospongien aber vorhanden. Nach Fütterung mit Kohlenhydraten standen die Trophospongien zurück. Holmgren glaubt, daß diese Gebilde mit den Golgischen Binnennetzen identisch sein könnten; es sei möglich, daß die Binnennetze einen Chromsilberniederschlag in Saftkanälchen darstellten.

---

[1]) Cajal, R. Y.: Trav. laborat. recherch. biol. Univ. Madrid Bd. 5, S. 151. 1907; Bd. 6, S. 123. 1908; Trabajos del laborat. de investig. biol. de la univ. de Madrid Bd. 12 a. 1915. — Cajal, R. Y. u. Sala: Terminación des los nervios y tubos glandulares del pancreas de los vertebrados. Barcelona 1891.

[2]) Negri: Boll. d. soc. med.-chir. Pavia 1899 u. Verhandl. d. anat. Ges. Pavia 1900.

[3]) von Bergen, F.: Arch. f. mikroskop. Anat. Bd. 64, S. 498. 1904.

[4]) Golgi, C.: Zitiert auf S. 625.

[5]) Kolster, R.: Verhandl. d. anat. Ges. in Greifswald 1913.

[6]) Nassonov, O.N.: Arch. f. mikroskop. Anat. Bd. 97, S. 136. 1923; Bd. 100, S. 433. 1924.

[7]) d'Agata: Boll. d. soc. med.-chir. Pavia 1910.

[8]) Stropeni: Boll. d. soc. med.-chir. Pavia 1908.

[9]) Morelle, J.: Cpt. rend. des séances de la soc. de biol. Bd. 91, S. 1173. 1924.

[10]) Holmgren, E.: Anat. Anz. Bd. 20, S. 433. 1901/02; Bd. 21, S. 477. 1902; Bd. 22, S. 9, 313, 374. 1903.

Gewinnung reiner Sekrete der Verdauungsdrüsen.

Von

B. P. Babkin

Halifax N. S. (Canada).

Mit einer Abbildung.

Zusammenfassende Darstellungen.

Pawlow, I. P.: Die physiologische Chirurgie des Verdauungskanals. Ergebn. d. Physiol. Jg. 1, Abt. 1, S. 246. 1902. — Pawlow, I. P.: Die operative Methodik des Studiums der Verdauungsdrüsen. Tigerstedts Handb. d. physiol. Methodik, Bd. II, Abt. 2, S. 150. 1908. — Pawlow, I. P.: The work of the digestive glands. 2. Aufl. London: W. H. Thompson 1910. — London, E. S.: Operative Technik zum Studium der Verdauung und der Resorption. Abderhaldens Handb. d. biol. Arbeitsmethoden Bd. III, S. 75. 1910. — Zuntz, E.: Methoden zur Untersuchung der Verdauungsprodukte. Ebenda Bd. III, S. 189—216. 1910. — Play, A. le Technique opératoire physiologique. Tube digestif et ses annexes. Paris 1912. (Die Arbeit enthält, was Deutlichkeit und Systematik anbetrifft, einzig dastehende Zeichnungen der verschiedenen Operationsmomente. [Leider ist auf Zeichnung 76 versehentlich angegeben, daß der Gang der Ohrspeicheldrüse sich beim Hunde auf der Schleimhaut des Unterkiefers öffnet. In Wirklichkeit mündet die Papille des Stenoniusschen Ganges auf der Schleimhaut der Oberlippe $1—1^1/_2$ cm vom Rande des Zahnfleisches zwischen dem 1. und 2. Backzahn.]) — Bickel, A. u. G. Katsch: Chirurgische Technik zur normalen und pathologischen Physiologie des Verdauungsapparates. Berlin 1912. — Cohnheim, O.: Die Methodik der Dauerfisteln des Magendarmkanals. Abderhaldens Handb. d. biochem. Arbeitsmethoden Bd. VI, S. 564. 1912. — London, E. S.: Physiologische und pathologische Chymologie. S. 1—52. Leipzig 1913. — Boldyreff, W. N.: Surgical method in the physiology of digestion. Ergebn. d. Physiol. Bd. 24, S. 399. 1925.

Reine Sekrete der Verdauungsdrüsen lassen sich an Tieren gewinnen erstens bei einem akuten Versuch oder zweitens mittels Anlegung von Dauerfisteln des Verdauungskanals. Im ersteren Falle wird, wenn der Ausführungsgang der Drüse einen ausreichenden Durchmesser hat, eine Glas- oder Metallkanüle in denselben eingeführt (Speicheldrüsen, Bauchspeicheldrüse, Gallengänge). Wenn die Drüsen in der Schleimhaut zerstreut liegen und ihre Ausführungsgänge so klein sind, daß sie die Einführung einer Kanüle nicht zulassen (Magen, Dünn- und Dickdarm), so muß man den entsprechenden Teil des Verdauungskanals durch Ligaturen isolieren. In einen solchen Abschnitt wird durch Einschnitte eine Glas- oder Metallkanüle eingeführt und befestigt; durch diese fließt das Sekret nach außen ab. In diesem Falle darf man nur mit Vorsicht von einem „reinen" Sekret der Drüsen sprechen, da ihm die Absonderungen der

Schleimhaut und nicht selten Blut beigemengt sind. LIM[1]) änderte diese Methodik hinsichtlich des Magens etwas ab. Er führt in den Magen durch sein pylorisches Ende ein langes perforiertes Glasröhrchen ein, durch das der Magensaft abfließt. Der Magen wird am Schlund und in der Nähe des Pylorus mit Ligaturen unterbunden. Außerdem wird in den Magen ein mit einem Registrierapparat verbundener Ballon eingeführt. Dieser gibt Hinweise sowohl über die selbständigen Kontraktionen des Magens als auch über die, welche unter dem Einfluß der Veränderungen der Atembewegungen vor sich gehen. Auf diese Weise erhält man die Möglichkeit, die wirkliche Sekretion des Magensaftes von einem einfachen Herauspressen desselben aus der Magenhöhle zu unterscheiden.

Wenn sich auch vermittels Anlegung von Fisteln bei einem akuten Versuch ziemlich große Quantitäten eines reinen Sekretes [Speichel, Pankreassaft[2])] gewinnen lassen, so leidet diese Methodik nichtsdestoweniger an den gewöhnlichen Vivisektionsmängeln. Besonders wichtig ist jedoch, daß die Zusammensetzung des Saftes und seine Fermenteigenschaften in diesem Falle beträchtlich von den normalen Verhältnissen abweichen können. Bei Erforschung der Tätigkeit der Verdauungsdrüsen und der Eigenschaften der Sekrete, die sie unter verschiedenen Bedingungen absondern, spielte die Methodik der Anlegung von Dauerfisteln und die Abtrennung bestimmter Abschnitte des Verdauungskanals aus dem Zusammenhang eine äußerst wichtige Rolle. Die Tiere überleben diese Operation verschieden lange. Der eigentliche Schöpfer dieser Methodik ist PAWLOW.

Folgende Bedingungen müssen nach Möglichkeit bei Ausarbeitung einer Methode zur Anlegung von Dauerfisteln aller Organe erfüllt sein: 1. Nachaußenleitung des Drüsenganges oder Isolierung der ganzen Drüse oder eines Teiles derselben unter Aufrechterhaltung ihrer nervösen Verbindungen; 2. Erzielung eines reinen Drüsensekrets ohne Beimischung von Nahrung oder anderen Säften; 3. möglichste Beschränkung von Verlusten des betreffenden Sekretes und 4. Erhaltung des Tieres bei voller Gesundheit[3]).

Hier kann nur auf die allgemeinen Prinzipien der Anlegung der verschiedenen Dauerfisteln hingewiesen werden.

Speicheldrüsen. Die Methode der Anlegung von permanenten Speichelfisteln nach GLINSKI[4]) besteht darin, daß die natürliche Öffnung des Ganges der Ohrspeicheldrüse oder der gemischten Drüse zusammen mit einem kleinen Stück der sie umgebenden Schleimhaut (Papilla salivalis) ausgeschnitten wird. Die Wange oder die Mundhöhlenwand werden durchstochen und der Gang mit der Papille an die Außenseite der Schnauze des Tieres hinausgeleitet und mit einigen Nähten an der äußeren Mundhöhlenwand befestigt.

Solche Fisteln wurden am Hunde, am Ziegenbock [SAWITSCH und TICHOMIROW[5])] und mit einigen Abänderungen am Pferde und am Schaf ausgeführt [SCHEUNERT und TRAUTMANN[6])]. SCHEUNERT und TRAUTMANN bezweifeln,

---

[1]) LIM, K. S.: A method of recording gastric secretion in acute experiments on normal animals. Quart. journ. of exp. physiol. Bd. 13, S. 71. 1922.

[2]) STARLING, E. H.: Die Anwendung des Secretins zur Gewinnung von Pankreassaft. Abderhaldens Handb. d. biochem. Arbeitsmethoden Bd. 7, S. 65. 1913. — Hinsichtlich der Methode der Erlangung von Pankreassaft durch Ausübung eines Reizes auf die sekretorischen Nerven s. BABKIN: Die äußere Sekretion der Verdauungsdrüsen. S. 299. Berlin 1914.

[3]) BABKIN, B. P.: Die äußere Arbeit der Verdauungsdrüsen. S. 5. Berlin 1914.

[4]) PAWLOW: Ergebn. d. Physiol. Bd. I, Abt. 1, S. 252. 1902.

[5]) SAWITSCH u. TICHOMIROW, zitiert nach BABKIN: Die äußere Sekretion der Verdauungsdrüsen. S. 10. Berlin 1914.

[6]) SCHEUNERT, A. u. A. TRAUTMANN: Zum Studium der Speichelsekretion. Mitt. 1, 2 u. 3. Pflügers Arch. f. d. ges. Physiol. Bd. 192, S. 1, 33 u. 70. 1921.

daß diese Methodik als einwandfrei anzusehen ist. Eine histologische Untersuchung von Drüsen, die etwa ein Jahr lang oder länger mit Dauerfisteln versehen waren, ergab in vielen Fällen, jedoch nicht immer, das Vorhandensein pathologischer Strukturveränderungen (starke Entwicklung von Bindegewebe, Abflachung des sezernierenden Epithels usw.). Die Wichtigkeit dieses Hinweises steht außer Frage. Man kann jedoch schwerlich auf Grund dieser Beobachtungen die Genauigkeit der Ergebnisse zahlreicher Autoren, die an Tieren mit Speichelfisteln nach Glinski gearbeitet haben, in Zweifel ziehen. Erstens haben Scheunert und Trautmann selbst die oben beschriebenen Veränderungen der Speicheldrüsen nicht immer beobachtet, und zweitens wurden die erwähnten Versuchsergebnisse wiederholt an Hunden sowohl mit alten als auch mit frischen Speichelfisteln erhalten. Auf jeden Fall muß Glinskis Methode bis heute als die beste angesehen werden.

Der gemischte Speichel der Mundhöhle des Menschen kann natürlich nicht als reines Sekret angesehen werden. In der Mehrzahl der Untersuchungen — angefangen mit den Arbeiten Mitscherlichs[1]) — bedienten sich die Forscher [Zebrowski[2]), Smirnow[3]) u. a.] zur Speichelgewinnung zufällig vorhandener Fisteln des Ausführungsganges der Ohrspeicheldrüse des Menschen. (Hinweise hinsichtlich der Fisteln der anderen Drüsen fehlen.) Einige Forscher, z. B. de Sanctis-Monaldi[4]), kehrten zu der alten Methode zurück, den Speichel der Ohrspeicheldrüse durch eine in die Öffnung des Speichelganges eingeführte Kanüle zu erhalten. Ebenfalls dieser Methode bedienten sich Ordenstein[5]), Eckhard[6]) und Schiff[7]).

Magendrüsen. Reiner Fundusmagensaft kann gewonnen werden bei Scheinfütterung von Tieren (gewöhnlich Hunden), denen eine gewöhnliche Metallmagenfistel angelegt und bei denen eine Oesophagotomie vorgenommen ist [Pawlow und Schumowa-Simanowskaja[8])]. Es muß in Betracht gezogen werden, daß der auf diese Weise gewonnene Magensaft außer mit Magenschleim, der sich leicht entfernen läßt, bisweilen mit Sekreten, die aus dem Zwölffingerdarm zurückgeworfen werden (Galle, Pankreas- und Darmsaft) verunreinigt ist. Eine Beimengung dieser Säfte läßt sich leicht an der durch die Galle hervorgerufenen gelblichen Färbung des für gewöhnlich wasserklaren Magensaftes erkennen.

Sowohl der isolierte kleine Magen nach Heidenhain[9]) als auch der völlig isolierte Magen nach Frémont[10]) können in Anbetracht der Zerstörung der Nervenverbindungen nicht längere Zeit hindurch völlig normalen Magensaft absondern. Diese Bedingungen erfüllt nur der isolierte kleine Magen von Heidenhain-

---

[1]) Mitscherlich, C. G.: Über den Speichel des Menschen. Rusts Magazin Bd. 38. S. 491. 1832.

[2]) Zebrowski, E.: Zur Frage der sekretorischen Funktion der Parotis bei Menschen. Pflügers Arch. f. d. ges. Physiol. Bd. 110, S. 105. 1905.

[3]) Smirnow, A. I.: Die Sekretion der Ohrspeicheldrüse beim Menschen. Kubanski nautschno-medizinski journal 1921, Nr. 2—4.

[4]) Sanctis-Monaldi, T. de: Azione di alcuni stimoli gustativi sulla velocita di secrezione e sul potero amilolitico della saliva parotidea umana. Arch. di fisiol. Bd. 18, S. 167. 1920.

[5]) Ordenstein, M.: Parotidenspeichel des Menschen. Eckhards Beiträge Bd. 2, S. 101. 1860.

[6]) Eckhard, C.: Über die Eigenschaften des Sekretes der menschlichen Glandula submaxillaris. Eckhards Beiträge Bd. 3, S. 39. 1863.

[7]) Schiff, M.: Leçons sur la physiologie de la digestion. Bd. I, S. 182ff. 1867.

[8]) Pawlow, I. P. u. Schumowa-Simanowskaja: Die Innervation der Magendrüsen beim Hunde. Arch. f. (Anat. u.) Physiol. 1895, S. 53.

[9]) Heidenhain, R.: Über die Absonderung der Fundusdrüsen des Magens. Pflügers Arch. f. d. ges. Physiol. Bd. 19, S. 148. 1879.

[10]) Frémont: L'estomac expérimentalement isolé. Bull. de l'acad. de méd. Bd. 34, S. 509. 1895.

Pawlow[1]). Die Idee der Methode Pawlows besteht darin, daß die Kontinuität der in der Muscularis des Magens verlaufenden Vagusäste gewahrt wird. Der isolierte kleine Magen wird hierbei vom Hauptmagen nur durch Durchschneidung der Schleimhaut und nicht der Muscularis abgetrennt. (Die beste und genaueste bildliche Darstellung des Verlaufes der sehr komplizierten Operation des isolierten kleinen Magens findet man im Buche von le Play, auf das in der Literaturzusammenstellung zu Beginn dieser Arbeit hingewiesen worden ist.) Für die Untersuchung mancher die Magensekretion betreffenden Probleme kann Heidenhains Blindsack, Frémonts isolierter Magen und Bickels[2]) „nervenloser Magen" von großem Nutzen sein.

Im Pylorusteil des Magens kann ein isolierter kleiner Magen nach der Methode Heidenhain-Pawlow hergestellt werden [Kresteff[3]), Schemjakin[4])] mit Erhaltung der Innervation der Pylorusdrüsen. Eine völlige Isolierung des Pylorusteils kann erzielt werden [Klemensiewitz[5]), Schemjakin[4])] mit zirkulären Schnitten durch alle Schichten des Magens an der Grenze des Fundusteils des Magens und des Zwölffingerdarms. Irgendein Unterschied in der Funktion der Pylorusdrüsen läßt sich bei den beiden verschiedenen Operationsmethoden nicht beobachten [Schemjakin[4])].

Drüsen des Dünn- und Dickdarms. Man kann das Darmsekret erlangen durch Metallseitenfisteln, die man nach der Methode Pawlow-Glinski[6]) oder London[7]) anlegt. Außerdem lassen sich auch die einzelnen Teile des Dünn- und Dickdarms auf verschiedene Weise isolieren. Als grundlegende Methode ist die Methode von Thiry[8]) anzusehen. Aus dem Darm wird ein Abschnitt herausgeschnitten. An seinem distalen Ende wird dieser Abschnitt dann durch Naht verschlossen und mit dem proximalen Ende in die Bauchwunde eingenäht. Die Kontinuität des Verdauungstraktus wird, wie auch bei allen folgenden Operationen, durch Vernähen des oralen mit dem analen Ende des Darmes nach Isolierung des betreffenden Abschnittes wieder hergestellt. Bei der Thiry-Vellaschen[9]) Fistel wird ein etwas größeres Darmstück herausgeschnitten und beide Enden desselben in die Wunde eingenäht. Endlich kann in den isolierten Darmabschnitt eine Metallfistel eingeführt werden, durch die der Darmsaft abfließen kann [Methode Hermann-Pawlow[10])] und durch die gleichfalls die Bewegungen des Abschnitts registriert werden können [Babkin und Sinelnikov[11])].

Die Isolierung der Brunnerschen Drüsen des Zwölffingerdarms weicht von den oben beschriebenen Operationen insofern ab, als Magen und Zwölffingerdarm

---

[1]) Pawlow, I. P.: Zur chirurgischen Methodik der Untersuchung der Magensekretion. Verhandl. d. Ges. russ. Ärzte zu St. Petersburg 1894, S. 151.

[2]) Bickel, A. u. G. Katsch: Chirurgische Technik zur normalen und pathologischen Physiologie des Verdauungsapparates. Berlin 1912, S. 79.

[3]) Kresteff, S.: Contribution à l'étude de la sécrétion du suc pylorique. Rev. méd. de la Suisse romande Bd. 19, S. 452 u. 496. 1899.

[4]) Schemjakin, A. I.: L'excitabilité spécifique de la muqueuse du canal digestif. Arch. des sciences biol. Bd. 10, S. 87. 1903.

[5]) Klemensiewicz, R.: Über den Succus pyloricus. Sitzungsber. d. Akad. d. Wiss., Wien, Mathem.-naturw. Kl. III, Bd. 71, S. 249. 1875.

[6]) Glinski, D. L.: Zur Physiologie des Darmes. Dissert. St. Petersburg 1891.

[7]) London, E. S.: Abderhaldens Handb. d. biochem. Arbeitsmethoden Bd. VI, S. 564. 1912.

[8]) Thiry, L.: Über eine neue Methode, den Dünndarm zu isolieren. Sitzungsber. d. Akad. d. Wiss., Wien, Bd. 50, S. 77. 1864.

[9]) Vella, L.: Neues Verfahren zur Gewinnung reinen Darmsaftes. Moleschotts Unters. z. Naturlehre Bd. 13, S. 40. 1882.

[10]) Babkin: Die äußere Sekretion der Verdauungsdrüsen. S. 352. 1914.

[11]) Babkin, B. P. u. E. J. Sinelnikov: Isolation of different parts of the digestive thact as a method of studying its movements. Journ. of physiol. Bd. 58, S. 15. 1923.

an der Grenze des Pylorus lediglich in der Schleimhautschicht durchtrennt werden. Der Magen und der Anfang des Dünndarms werden durch Gastroenteroanastomose verbunden [Ponomareff[1])]. Der Saft der Brunnerschen Drüsen fließt aus der Fistel, vermischt mit dem Saft der Lieberkühnschen Drüsen, die auch in diesem Teil des Zwölffingerdarms in reichlicher Menge vorhanden sind.

Der Blinddarm des Hundes, der einen verlängerten Auswuchs an der Grenze des Ileum und des Dickdarms darstellt, kann leicht isoliert werden [Vella[2]), Berlatzki[3]), Straschesko[4])]. Er wird vom Darmkanal abgetrennt und mit dem abgeschnittenen Ende in die Bauchwunde eingenäht.

Bauchspeicheldrüse. Das Prinzip der Anlegung einer Dauerfistel des großen oder kleinen Pankreasganges ist das gleiche wie bei den Speicheldrüsen nach Glinski. Diese Methode wurde bereits im Jahre 1879 von Pawlow[5]) vorgeschlagen. Sie besteht darin, daß die natürliche Öffnung des Pankreasganges mit einem kleinen Stück der sie umgebenden Schleimhaut (Papilla pancreatica) aus dem Zwölffingerdarm herausgeschnitten und in der Bauchwunde eingenäht wird. Der Darm wird durch Naht verschlossen. Keine der anderen Methoden zur Anlegung einer Pankreasfistel [Heidenhain[6]), Fodera[7])] hat in der Physiologie festen Fuß gefaßt.

Die Methode Pawlows hat zwei Mängel: erstens führen die beständigen Verluste an Pankreassaft gewöhnlich zur Erkrankung und nicht selten zum Tode der Hunde, und zweitens wird der aus der Fistel herausfließende Pankreassaft durch das Sekret der Lieberkühnschen Drüsen in der Papille des Ganges aktiviert und erweist sich nicht als rein. Der erste dieser Mängel wird teilweise, der zweite völlig beseitigt, wenn man einige Zeit nach der Operation die Papille auf operativem Wege entfernt. Die Öffnung des Ganges muß täglich, um seine Vernarbung zu verhindern [Babkin[8])], bougiert werden.

Eine Modifikation der Anlegung der Fistel des Pankreasganges nach Pawlow wird von de P. Inlow[9]) angegeben. Der Zwölffingerdarm wird unter der Haut befestigt, der Pankreasgang in der Nähe seiner Einmündung in das Duodenum durchschnitten und in einer besonderen kleinen Bauchdeckenwunde durch Nähte befestigt.

Gallengänge. Mehr als bei der Tätigkeit irgendwelcher anderen Drüsen tritt bei der äußeren sekretorischen Arbeit der Leber die Bedeutung der motorischen Tätigkeit der Ausführungsgänge, d. h. der Gallengänge und der Gallenblase, zutage. Es ist nicht nur die kontinuierlich erfolgende Gallensekretion

---

[1]) Siehe Pawlow: Ergebn. d. Physiol. Jg. 1, Abt. 1, S. 246. 1902.

[2]) Vella. L.: Über die Verrichtungen des Coecum und des übrigen Dickdarms. Moleschotts Unters. z. Naturlehre Bd. 13, S. 432. 1882.

[3]) Berlatzky, R. B.: Material zur Physiologie des Dickdarms. Dissert. St. Petersburg 1904.

[4]) Straschesko, N. D.: Zur Physiologie des Darms. Dissert. St. Petersburg 1904.

[5]) Pawlow, I. P.: Neue Methoden der Anlegung pankreatischer Fisteln. Verhandl. d. Naturf., St. Petersburg, Bd. 11, S. 51. 1879.

[6]) Heidenhain, R.: Hermanns Handb. d. Physiol. Bd. V, T. 1, S. 179. 1883.

[7]) Fodera, Ph. A.: Permanente Pankreasfistel. Moleschotts Unters. z. Naturlehre Bd. 16, S. 79. 1896.

[8]) Babkin, B. P.: Zur Frage über die sekretorische Arbeit der Bauchspeicheldrüse. Nachr. d. militärmed. Akad. Bd. 9, S. 93. 1904; s. auch Tigerstedts Handb. d. physiol. Methodik Bd. 11, Abt. 2, S. 177. 1908.

[9]) Inlow, W. de P.: A technique for the establishment of a permanent pancreatic fistula with the secretion of inactive proteolytic ferment. Journ. of laborat. a. clin. med. Bd. 7, S. 86. 1921. — Vgl. A. Frouin: Nouvelle téchnique de la fistule pancréatique permanente. Cpt. rend. de la soc. de biol. Bd. 74, S. 1283. 1913.

von dem während des Durchganges der Speise durch den Zwölffingerdarm erfolgenden Austritt von Galle in den Zwölffingerdarm zu unterscheiden; man muß vielmehr gleichfalls in Betracht ziehen, wie dies die Untersuchungen von VOLBORTH[1]) gezeigt haben, daß auch während der Verdauung, abhängig von verschiedenen Bedingungen, Galle entweder in den Darm oder in die Gallenblase oder schließlich in beide gelangen kann.

Die Anordnung der Gallengänge beim Hunde geht aus Abb. 187 hervor. An den Gallengängen können folgende Fisteln angelegt werden. Zwei Methoden, die von SCHIFF[2]) und PAWLOW[3]), lassen den Ductus cysticus und Ductus choledochus in normalem Zustande; er wird nicht unterbunden. Die Fistel SCHIFFS wird an der Gallenblase (Abb. 187, *A*), die Fistel PAWLOWS an dem entgegengesetzten Ende der Gallengänge — an dem Ductus choledochus (Abb. 187, *B*) in dem Zwölffingerdarm, angebracht (das gleiche Prinzip wie bei der Anlegung der Pankreasfistel). Die Methode PAWLOWS (Choledochusfistel) gibt die Möglichkeit, den Gallenaustritt in den Zwölffingerdarm zu studieren. Bei zwei anderen Methoden wird die Fistel der Gallenblase (Abb. 187, *A*) mit einer Unterbindung des Gallenganges kombiniert. SCHWANN[4]) empfiehlt, den Ductus choledochus bei *C* zu unterbinden (Abb. 187). Dies gibt die Möglichkeit, die gesamte, durch die Leber zur Absonderung gelangende Galle zu erhalten. TSCHERMACK[5]) rät, den Ductus cysticus bei *D* zu unterbinden (Abb. 187). Dadurch kann man einen Teil der Galle aus der Fistel der Gallenblase zur Untersuchung entnehmen (Abb. 187, *A*), während ein Teil der Galle durch den Ductus choledochus in den

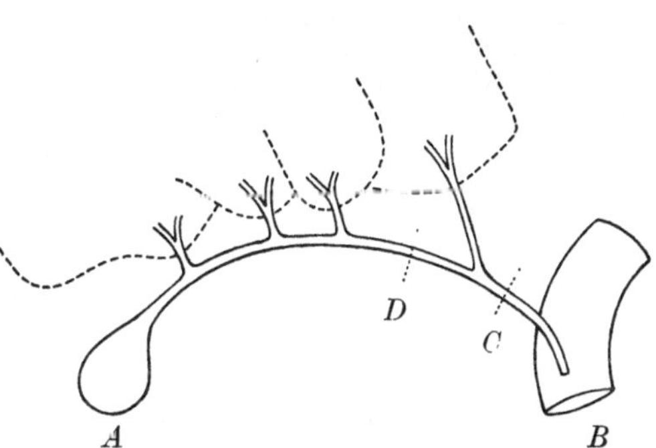

Abb. 187. Die Punktierung gibt die unteren Flächen der Leberlappen an, aus denen 4 Ducti hepatici hervorgehen, doch können beim Hunde auch noch mehr vorhanden sein. Sie münden in den Ductus cysticus, der sich nach einer Seite hin in die Gallenblase fortsetzt (*A*), nach der anderen Seite hin in den sich in den Zwölffingerdarm öffnenden Ductus choledochus (*B*). (Nach VOLBORTH.)

Darmkanal gelangt. LEVASCHEFF[6]) schlägt vor, in den Gang bei *C* (Abb. 187) ein T-förmiges Metallröhrchen einzuführen. Je nach Wunsch kann man dann die Galle durch Verschluß des nach außen führenden Schenkels des Röhrchens in den Darm leiten oder aber, durch Öffnen dieses Schenkels, Galle zur Untersuchung erlangen. Diese Methodik wurde nur vom Autor selbst angewandt.

[1]) VOLBORTH, G.: Données nouvelles concernant l'écoulement de la bile dans le doudénum. Cpt. rend. des séances de la soc. de biol. 1915, S. 293. — VOLBORTH, G.: On the method of investigation of the secretion of bile and its discharge into the intestine. Journ. russe de physiol. Bd. 1, S. 63. 1917.
[2]) SCHIFF, M.: Bericht über einige Versuchsreihen. I. Gallenbildung, abhängig von der Aufsaugung der Gallenstoffe. Pflügers Arch. f. d. ges. Physiol. Bd. 3, S. 598. 1870.
[3]) PAWLOW, J. P.: Ergebn. d. Physiol. Jg. 1, Abt. 1, S. 246. 1902.
[4]) SCHWANN, TH.: Versuche, um auszumitteln, ob die Galle im Organismus eine für das Leben wesentliche Rolle spielt. Müllers Arch. 1844, S. 127.
[5]) TSCHERMACK, A.: Eine Methode partieller Ableitung der Galle nach außen. Pflügers Arch. f. d. ges. Physiol. Bd. 82, S. 57. 1900.
[6]) LEVASCHEW, S. W.: Zur Methodik der Anlegung von Fisteln. Pflügers Arch. f. d. ges. Physiol. Bd. 30, S. 535. 1883.

688   B. P. Babkin: Gewinnung reiner Sekrete der Verdauungsdrüsen.

Endlich schlägt Volborth[1]) die gleichzeitige Herstellung einer Fistel der
Gallenblase (nach der Methode von Dastre[2])] und einer Fistel des Ductus choledochus nach Pawlow vor. Eine solche Methodik gibt die Möglichkeit, die Sekretion der Galle, ihren Austritt in den Zwölffingerdarm und ihre Fortbewegung in
den Gallengängen zu untersuchen. Die Methoden von Mann[3]), sowie von Rous
und McMaster[4]) zur Herstellung einer Dauerfistel des gemeinsamen Gallen-
gangs sollen in dem Abschnitt „Die Galle als Verdauungssekret" beschrieben
werden. (Das Vorgehen der letztgenannten Autoren ermöglicht die Gewinnung
einer sterilen Galle.)

---

[1]) Volborth, C. R.: Cpt. rend. des séances de la soc. de biol. 1915, S. 293; Journ.
russe de physiol. Bd. 1, S. 63. 1917.

[2]) Dastre: Opération de la fistule biliaire. Recherches sur la bile. Arch. de physiol.
Bd. 2, S. 714. 1890.

[3]) Mann, F. C.: A technic for making a bilian fistula. Journ. of laborant. and clinic.
med. Bd. 7. S. 84. 1921.

[4]) Rous, P. and Ph. D. McMaster: A method for the permanent sterile drainage
of intraabdominal ducts, as applied to the common duct. Journ. of exp. med. Bd. 37,
S. 11. 1923.